国家级线下一流本科课程、国家级精品课程配套教材

教育部高等学校航空航天类专业教学指导委员会推荐教材

科学出版社“十三五”普通高等教育本科规划教材
航空宇航科学与技术教材出版工程

空气动力学

Aerodynamics

刘沛清　编著

科学出版社
北京

内 容 简 介

本书是为我国航空航天工程大类专业“空气动力学”课程编撰的教材，分为空气动力学基础和应用空气动力学两大部分，重点阐述空气动力学的基本原理与方法，以及飞行器在低速、亚声速、跨声速、超声速绕流下空气动力特性，全书共分 14 章。其中，空气动力学基础 7 章，包括流体运动学和动力学原理、理想流体运动微分方程组（欧拉方程组）及旋涡运动、理想不可压缩流体平面势流理论和奇点叠加原理、黏性流体运动微分方程组（纳维-斯托克斯方程组）及其特性、边界层理论及其分离、可压缩空气动力学基础；应用空气动力学共 7 章，包括低速翼型绕流现象和薄翼理论、低速机翼绕流和升力线理论、翼身组合体低速绕流现象和干扰机制、亚声速薄翼型和机翼绕流气动特性、超声速翼型和机翼绕流气动特性、跨声速薄翼型和机翼绕流气动特性、大型飞机高升力装置气动特性。

本书可作为飞行器设计与工程、工程力学、飞行力学、导弹设计等专业的本科教材，也可供航空航天类相关专业的研究生、教师、科研人员和工程技术人员参考。

图书在版编目（CIP）数据

空气动力学／刘沛清编著. —北京：科学出版社，2021.3（2024.12重印）

航空宇航科学与技术教材出版工程　教育部高等学校航空航天类专业教学指导委员会推荐教材

ISBN 978-7-03-067421-0

Ⅰ. ①空…　Ⅱ. ①刘…　Ⅲ. ①空气动力学—高等学校—教材　Ⅳ. ①V211

中国版本图书馆 CIP 数据核字（2020）第 269726 号

责任编辑：徐杨峰／责任校对：谭宏宇
责任印制：黄晓鸣／封面设计：殷　靓

科学出版社 出版
北京东黄城根北街 16 号
邮政编码：100717
http：//www.sciencep.com

南京展望文化发展有限公司排版
广东虎彩云印刷有限公司印刷
科学出版社发行　各地新华书店经销

*

2021 年 3 月第　一　版　开本：787×1092　1/16
2024 年12月第十四次印刷　印张：39 1/2
字数：910 000

定价：130.00 元

（如有印装质量问题，我社负责调换）

航空宇航科学与技术教材出版工程
专家委员会

航空宇航科学与技术教材出版工程
编写委员会

丛书序

我在清华园中出生，旧航空馆对面北坡静置的一架旧飞机是我童年时流连忘返之处。1973 年，我作为一名陕北延安老区的北京知青，怀揣着一张印有西北工业大学航空类专业的入学通知书来到古城西安，开始了延绵 46 年矢志航宇的研修生涯。1984 年底，我在美国布朗大学工学部固体与结构力学学门通过 Ph. D 的论文答辩，旋即带着在 24 门力学、材料科学和应用数学方面的修课笔记回到清华大学，开始了一名力学学者的登攀之路。1994 年我担任该校工程力学系的系主任。随之不久，清华大学委托我组织一个航天研究中心，并在 2004 年成为该校航天航空学院的首任执行院长。2006 年，我受命到杭州担任浙江大学校长，第二年便在该校组建了航空航天学院。力学学科与航宇学科就像一个交互传递信息的双螺旋，记录下我的学业成长。

以我对这两个学科所用教科书的观察：力学教科书有一个推陈出新的问题，航宇教科书有一个宽窄适度的问题。20 世纪 80~90 年代是我国力学类教科书发展的鼎盛时期，之后便只有局部的推进，未出现整体的推陈出新。力学教科书的现状也确实令人扼腕叹息：近现代的力学新应用还未能有效地融入力学学科的基本教材；在物理、生物、化学中所形成的新认识还没能以学科交叉的形式折射到力学学科；以数据科学、人工智能、深度学习为代表的数据驱动研究方法还没有在力学的知识体系中引起足够的共鸣。

如果说力学学科面临着知识固结的危险，航宇学科却孕育着重新洗牌的机遇。在军民融合发展的教育背景下，随着知识体系的涌动向前，航宇学科出现了重塑架构的可能性。一是知识配置方式的融合。在传统的航宇强校（如哈尔滨工业大学、北京航空航天大学、西北工业大学、国防科技大学等），实行的是航宇学科的密集配置。每门课程专业性强，但知识覆盖面窄，于是必然缺少融会贯通的教科书之作。而 2000 年后在综合型大学（如清华大学、浙江大学、同济大学等）新成立的航空航天学院，其课程体系与教科书知识面较宽，但不够健全，即宽失于泛、窄不概全，缺乏军民融合、深入浅出的上乘之作。若能够将这两类大学的教育名家聚集于一堂，互相切磋，是有可能纲举目张，塑造出一套横跨航空和宇航领域，体系完备、粒度适中的经典教科书。于是在郑耀教授的热心倡导和推动下，我们聚得 22 所高校和 5 个工业部门（航天科技、航天科工、中航、商飞、中航发）的数十位航宇专家为一堂，开启“航空宇航科学与技术教材出版工程”。在科学出版社的大力促进下，为航空与宇航一级学科编纂这套教科书。

考虑到多所高校的航宇学科，或以力学作为理论基础，或由其原有的工程力学系改造而成，所以有必要在教学体系上实行航宇与力学这两个一级学科的共融。美国航宇学科之父冯·卡门先生曾经有一句名言："科学家发现现存的世界，工程师创造未来的世界……而力学则处在最激动人心的地位，即我们可以两者并举！"因此，我们既希望能够表达航宇学科的无垠、神奇与壮美，也得以表达力学学科的严谨和博大。感谢包为民先生、杜善义先生两位学贯中西的航宇大家的加盟，我们这个由 18 位专家（多为两院院士）组成的教材建设专家委员会开始使出十八般武艺，推动这一出版工程。

因此，为满足航宇课程建设和不同类型高校之需，在科学出版社盛情邀请下，我们决心编好这套丛书。本套丛书力争实现三个目标：一是全景式地反映航宇学科在当代的知识全貌；二是为不同类型教研机构的航宇学科提供可剪裁组配的教科书体系；三是为若干传统的基础性课程提供其新貌。我们旨在为移动互联网时代，有志于航空和宇航的初学者提供一个全视野和启发性的学科知识平台。

这里要感谢科学出版社上海分社的潘志坚编审和徐杨峰编辑，他们的大胆提议、不断鼓励、精心编辑和精品意识使得本套丛书的出版成为可能。

是为总序。

2019 年于杭州西湖区求是村、北京海淀区紫竹公寓

本书序

本书是作者在北京航空航天大学讲授流体力学和空气动力学课程二十年的讲稿基础上编撰而成。在编撰过程中，作者坚持哥廷根应用力学学派的风格和陆士嘉先生倡导的理论与应用相结合的思想，强化基础，面向工程，由浅入深，引导读者从自然现象和实验观察中获取灵感、激发兴趣、凝练关键科学问题、提高自主创新能力。

本书分空气动力学基础和应用空气动力学两大部分。空气动力学基础部分包括流体运动学和流体动力学的原理和基本方程组，阐明理想和黏性流动、不可压缩和可压缩流动的不同特性，揭示流动中的波、涡、湍流、分离现象的机理，着重解析近代力学划时代的成就——普朗特边界层理论及其对促进航空工程飞速发展的重大意义。在应用空气动力学部分则主要阐述从低速经高亚声速、跨声速再到超声速的翼型、机翼、机身和翼身组合体的绕流，重点关注升力、阻力等气动特性和流动控制原理，譬如：减阻、增升技术，以及为克服声障的超临界机翼设计方法等。读者在掌握了上述有关空气动力学的基本原理后，便可举一反三，开展高速列车、大型风机、高层建筑、新型桥梁等低速工业空气动力学的研究，乃至通过进一步学习气动热化学，成为高超声速空气动力学相关的航天工程领域的研究者。

本书可作为飞行器设计与工程、工程力学、飞行力学、导弹设计等专业的本科生、研究生、教师、科研人员和工程技术人员的参考教材。

本书是作者多年一线教学经验的结晶，深信读者研读之后，定能获益良多，故本人欣然为之作序，并愿意将本书郑重推荐给广大读者。

2020 年 6 月于北京

前　言

空气动力学是北京航空航天大学飞行器设计与工程专业的核心课程，是继高等数学、理论力学、材料力学之后的一门专业基础课程。其总体定位是：通过讲授空气动力学基本原理和方法，重点培养学生航空航天意识、提出和解决问题的能力及综合利用所学知识进行创新实践的能力。本教材根据我校航空工程大类专业的教学大纲而编写，分空气动力学基础和应用空气动力学两大部分，重点阐述空气动力学的基本原理与方法，以及飞行器在低速、亚声速、跨声速、超声速绕流下空气动力特性，主要服务对象是航空航天类大学飞行器设计与工程、工程力学、飞行力学、导弹设计等专业的本科生，也可作为相近专业学生和技术人员的参考书。

本教材是作者近 20 年在北京航空航天大学讲授空气动力学课程讲稿基础上编撰而成。北京航空航天大学从 1952 年建校之初就开设空气动力学课程，20 世纪 80 年代使用的教材是我校徐华舫编著的《空气动力学基础》，20 世纪 90 年代使用教材包括北京航空航天大学、南京航空航天大学和西北工业大学三院校统编的教材《空气动力学》（编著者陈再新、刘福长、鲍国华）与南京航空航天大学杨岞生、俞守勤编著的《飞行器部件空气动力学》，21 世纪初至今采用我校钱翼稷编著的《空气动力学》。为了适应现代空气动力学的发展，在教学改革的推动下，作者在多年的讲授过程中，对教学内容进行了整合与补充，以体现课程教学的前沿性和时代性。在编著过程中，作者坚持哥廷根应用力学学派的治学思想和陆士嘉先生一贯倡导的理论与应用相结合的原则，强化基础，面向工程，引导读者善于从自然现象和实验过程中获取灵感、凝练科学思想、激发学习兴趣、提高创新意识。譬如，在空气动力学基础部分，吸收了徐华舫编著的《空气动力学基础》、吴望一著的《流体力学》、赵学端和廖其奠主编的《粘性流体力学》、陈懋章编著的《粘性流体动力学基础》和张涵信著的《分离流与旋涡运动的结构分析》的部分内容，加强了传统空气动力学基础部分的理论推导，修订了经典势流理论，增补了黏性流动、边界层理论与分离等部分内容；在应用空气动力学部分，吸收了陈再新、刘福长、鲍国华编著的《空气动力学》、美国马里兰大学安德森著的《空气动力学基础》以及英国华威大学、美国普渡大学和克拉克森大学合著的《工程空气动力学》的特点，以低速、亚声速、超声速和跨声速飞行器机翼绕流现象和气动力计算为主线，并增加了高升力装置气动原理，以突出空气动力学的工程应用。本教材总学时数 128，其中空气动力学基础 80 学时（包括理论教学 64 学时，实验教学 16 学时)，应用空气动力学 48 学时(包括理论教学 32 学时，课程设计 16 学时)。

本教材第一部分空气动力学基础共 7 章，包括：第 1 章绪论，阐述了空气动力学发展历史、研究对象、分类、方法等；第 2 章介绍流体和空气的物理属性、流体静力学原理和标准大气；第 3 章介绍流体运动学和动力学原理、理想流体运动微分方程组(欧拉方程组)及旋涡运动等；第 4 章介绍理想不可压缩流体平面势流理论、点涡、点源(汇)和偶极子等奇点叠加原理；第 5 章介绍黏性流体运动微分方程组(纳维-斯托克斯方程组)及其特性；第 6 章介绍边界层理论及其分离等；第 7 章介绍可压缩空气动力学基础、一维压缩流方程、激波和膨胀波等。

第二部分应用空气动力学共 7 章，包括：第 8 章介绍低速翼型绕流现象、空气动力特征、薄翼理论等；第 9 章介绍低速机翼(三维)绕流现象、空气动力特征及其升力线理论等；第 10 章介绍翼身组合体低速绕流现象、空气动力特征及其干扰机制等；第 11 章介绍亚声速薄翼型和机翼绕流与空气动力特性，以及压缩性修正等；第 12 章介绍超声速薄翼型和机翼绕流与空气动力特性，以及激波、膨胀波对气动力的影响等；第 13 章介绍跨声速翼型和机翼绕流与空气动力特性；第 14 章介绍大型飞机高升力装置绕流及其气动特性。

围绕本教材的理论教学，配置 8 项空气动力学实验项目，包括：不可压缩流体定常流能量方程、不可压缩流体定常流动量定律、雷诺流态转捩实验、不可压缩流体平板边界层测量、拉瓦尔喷管沿程马赫数分布实验、圆柱和三角翼绕流显示实验、翼型压强分布和机翼纵向气动力风洞实验。

与本教材配套的 PPT 教案是在课程组全体教师长期教学实践的基础上编撰而成，并经过两次修订。这套教案围绕理论教学进行取材，教学内容适当，图文并茂，概念清晰，结构合理，深受学生欢迎。第一版由刘沛清、张华、吴宗成、陈泽民完成；第二版为第一版的修订版，由屈秋林、刘沛清完成；第三版为第二版的修订版，由郭昊、刘沛清完成。

与本教材配套的微信教材约 90 篇在空气动力学教学平台和风流知音微信平台上面向全国发行。

中国科学院力学研究所李家春院士为本书作序，在此表示衷心的感谢。

清华大学符松教授、北京航空航天大学孙茂教授和浙江大学郑耀教授审阅了本书初稿，并提出了宝贵意见，在此表示衷心感谢。

感谢课程组全体老师对本人教学工作的长期支持，特别是在多年的教学研讨中给本人的启发和帮助。感谢课程组屈秋林和郭昊副教授在撰写过程中给予的大力帮助。感谢刘媛博士生为各章编撰的习题集。

由于本人水平有限，不当之处在所难免，恳请读者批评指正。

刘沛清

2020 年 6 月于北京航空航天大学陆士嘉实验室

目　录

第二部分　应用空气动力学

第一部分　空气动力学基础

第1章 绪 论

本章主要介绍空气动力学课程定义、研究对象和任务、研究方法和分类，以及空气动力学的发展史，特别是在现代飞行器研制中所起的先导性作用。

学习要点：

(1) 空气动力学的定义、研究对象、研究方法、研究内容与分类；

(2) 空气动力学的发展历史及其在现代飞行器研制中的先导性作用。

1.1 空气动力学研究任务

大自然中存在着五种基本的物质形态，包括固态、液态、气态、等离子态及超密态。其中，固态对应固体，液态对应液体，气态对应气体，物质的这三种形态是常见的，是由物质内部微观结构、分子热运动、分子之间的作用力共同决定，如图1.1所示的物质相图。从宏观受力角度看，在静止状态下液体和气体的受力状态是相同的(几乎不能承受拉力和剪力)，故称液体与气体为流体。

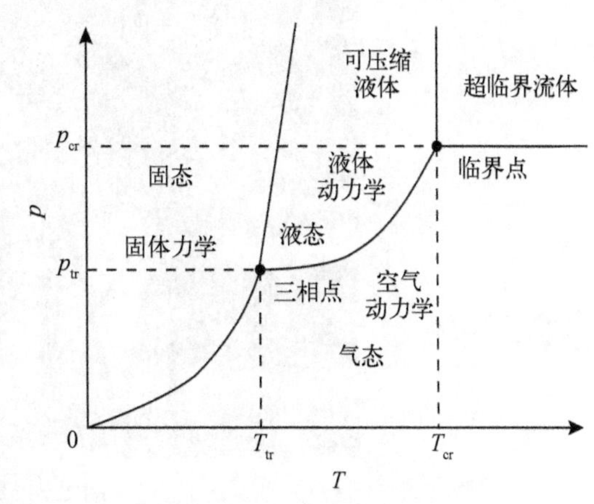

图1.1 物质相图

按照定义，力学是研究物体处于平衡和机械运动规律及其应用的学科，所以固体力学是研究固体处于平衡和机械运动规律及其应用的学科，而流体力学是研究流体处于平衡和机械运动规律及其应用的学科。空气动力学是流体力学的一个分支，是研究空气处于平衡和机械运动规律及其应用的学科。空气动力学也是物理学的一个分支，其主要研究物体与空气之间存在相对运动时，空气(或物体)的运动及作用力规律的学科。传统的空气动力学是指飞行器的空气动力学，尤其是普通飞机的空气动力学。空气对运动飞行器的作用力一部分体现为升力(垂直于飞行器的飞行方向)，对飞行器起上举作用；另一部分体现为阻力(与飞行方向相反)，对飞行器起阻碍作用;还有一部分是由飞行器表面上作用的分布压强而产生的合力矩,对飞行器姿态起控制作用。人们在研究空气动力学问题时,常依据相对飞行原理,将飞行器穿过空气的运动等效为飞行器不动空气绕过飞行器的运动。利用这一原理,研究飞行器以一定速度在静止空气中做匀速直线运动时,其所受的空气动力学行为,与飞行器固定不动而让空气以同样大小和相反方向的速度(空气动力学称为来流速度)绕过飞行器时所受的空气动力是等效的,如图 1.2 所示。相对飞行原理,为空气动力学的研究提供了便利,其是空气动力学实验的基础。人们在实验研究时,可以将飞行器模型固定不动,人工制造直匀气流流过模型,以便观察流动现象,测量模型受到的空气动力,进行空气动力学试验研究,而且在风洞试验中让空气流动要比让物体移动更容易实现(图 1.3)。在飞行力学中,把相对飞行器的速度称为空速(来流速度),用以计算空气动力;而把相对地面的速度称为地速,用以计算飞行器的飞行距离。在无侧风情况下,飞行器的空速和地速大小相等,方向相反;但在有侧风时,两者就不同了。

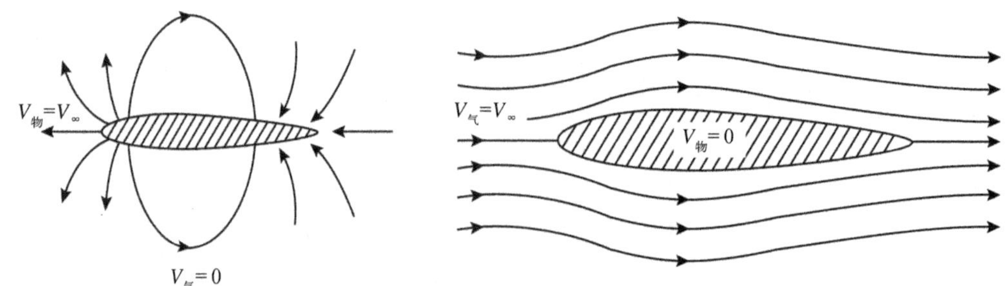

图 1.2　相对飞行原理

图 1.3　风洞试验

作为经典教材,空气动力学基础主要内容包括：空气运动学和动力学基础;在低速流动中,不可压缩理想流体(无黏流体)二维和三维势流、薄翼理论、升力线和升力面理论、后掠翼绕流等;黏性流体动力学方程组、近壁区边界层理论、边界层分离、绕流物体阻力、多段翼型绕流等;在亚声速流动中,可压缩理想势流的全速度势函数非线性椭圆型偏微分方程、扰动线化理论、普朗特-格劳特法则、卡门-钱学森公式;在超声速流动中,可压缩理想势流速度势函数的小扰动线性双曲型偏微分方程、压缩波、膨胀波、激波和普朗特-迈耶尔流等；在跨声速流动中，理想势流速度势函数的非线性混合型偏微分方程、临界马赫数、超临界翼型和跨声速机翼绕流等。

1.2 空气动力学发展史

1.2.1 定性认识与实践

长期以来人类渴望像小鸟一样在空中自由飞翔，有许多美丽而玄妙的神话与传说都与飞行有关，譬如古希腊与古罗马的驾战车飞行、羽衣飞行、丘比特飞行射箭等，中国的飞车、嫦娥奔月等。这些美妙的传说，无一不表现出人类对翱翔天空、凌云御风的遐想。但作为科学记载，最早对空气流动给出描述的应属古代先哲、古希腊科学家亚里士多德（图1.4）。公元前350年，亚里士多德首先给出了一种描述空气的连续性模型，发现物体在连续空气中运动时会受到阻力。公元前250年，古希腊科学家阿基米德（图1.5），提出流体静力学原理（即物体在静止水体中的浮力定理），发现在水体中存在压差时，水体将发生运动。经过黑暗的中世纪进入文艺复兴时期，意大利全才科学家达·芬奇（图1.6）通过对鸟飞行的大量观测与研究，发现在鸟翼下翼面存在高压空气，从而使鸟翼受到向上的力（升力），认为鸟是一台按照数学法则（力平衡法则）工作的仪器，在飞行时鸟的重心与压力中心不重合，以及对空气流动和流线型物体可以减阻等给出定性描述。据记载，1673年法国物理学家马略特（图1.7）通过大量水射流对平板冲击力测量试验首次发现，平板的升力与来流速度的平方成正比。1668年，荷兰物理学家惠更斯（图1.8）在研究物体降落特性时，发现物体的阻力正比于速度的平方，而非达·芬奇给出的一次方关系。微积分问世后，科学研究进入到定量化的时代，其中创立的连续可微函数与质点力学结合的经典连续介质力学理论，构成力学快速发展的理论基础。在1687年，英国科学家牛顿（图1.9）在其著的《自然哲学之数学原理》中提出作用于机翼上的升力和阻力比例关系。即

$$L \propto \rho V_\infty^2 S,\ D \propto \rho V_\infty^2 S$$

图1.4 古代先哲、古希腊科学家亚里士多德（Aristotle，公元前384年~公元前322年）

图1.5 古希腊科学家阿基米德（Archimedes，公元前287年~公元前212年）

图1.6 意大利全才科学家达·芬奇（Da Vinci，1452~1519年）

图 1.7　法国物理学家埃德姆·马略特(Edme Mariotte, 1620~1684 年)

图 1.8　荷兰物理学家克里斯蒂安·惠更斯(Christiaan Huygens, 1629~1695 年)

图 1.9　英国物理学家艾萨克·牛顿(Issac Newton, 1642~1726 年)

其中,L 和 D 为升力和阻力;V_∞ 为来流速度;S 为机翼面积;ρ 为空气的密度。但当年牛顿仅关注下翼面的空气顶托力,而没有考虑上翼面的吸力作用,得出升力与迎角的平方成正比,而不是后来实验发现的与迎角一次方成正比,这样在小迎角下牛顿预测的升力明显小于实际的升力值。英国乔治·凯利(图 1.10)被称为经典空气动力学之父,对鸟类飞行原理进行了大量的研究,通过对鸟翼面积、鸟的体重和飞行速度的观察,估算出速度、鸟翼面积和升力之间的关系,发现机翼的升力除正比飞行速度的平方和机翼面积外,还随机翼的迎角发生变化。同时建议,人造飞行器应该将推进动力和升力面分开考虑。

$$L \propto V_\infty^2 S C_L(\alpha)$$

图 1.10　英国空气动力学乔治·凯利(George Cayley, 1773~1857 年)

图 1.11　美国科学家兰利(Langley, 1834~1906 年)

图 1.12　德国工程师和滑翔家奥托·李林达尔(Otto Lilienthal, 1848~1896 年)

美国兰利(图 1.11)提出了机翼升力计算公式。德国工程师和滑翔飞行家李林达尔(图 1.12)开始制造滑翔机,他是制造与实践固定翼滑翔机的航空先驱者之一,并在柏林附近试飞 2 000 多次,积累了丰富的资料,为日后美国莱特兄弟实现动力飞行提供了宝贵的经验。英国空气动力学家兰彻斯特(图 1.13)在 1891 年的论文中指出重于空气飞行器的飞行原理,发现了机翼的翼梢涡(图 1.14),1894 年首先解释了机翼产生升力原理,提出了正确的计算方法。美国莱特兄弟是两位既有实践经验又有理论知识,且富有想象力和

图 1.13 英国流体力学家兰彻斯特
(Lanchester,1868~1946 年)

图 1.14 兰彻斯特给出的机翼翼梢涡

图 1.15 美国飞机发明家莱特兄弟
威尔伯·莱特(Wilbur Wright,1867~1912 年,左)和奥维尔·莱特(Orville Wright,1871~1948 年,右)

远见的工程师(图 1.15),在 1903 年 12 月 27 日,奥维尔·莱特驾驶他们设计制造“飞行者一号”首次试飞成功,这是人类历史上第一架有动力、载人、持续、稳定、可操纵的飞行器。从此开创了动力飞行的新纪元。其后,飞机的发展推动了空气动力学的迅速发展。如图 1.16 所

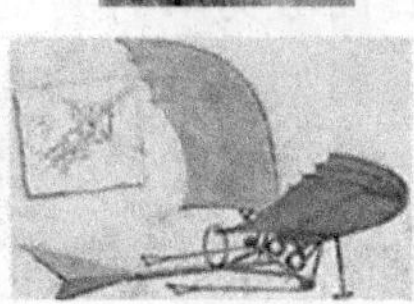

图 1.16 航空飞行的认知过程

示，从嫦娥奔月到达・芬奇的定性研究人类经过1945年定性认识过程，从达・芬奇的仿鸟模型到莱特兄弟的动力飞行人类经过430年的定量试验和科学认知过程。

1.2.2 低速流理论

当17世纪后期，英国科学家牛顿（图1.9）和德国科学家莱布尼茨（图1.17）发明微积分后，数学家和力学家们很快将微积分连续可微函数与质点力学理论结合起来，1727年瑞士科学家约翰・伯努利（Johann Bernoulli，1677～1748年）提出经典连续介质力学，这为流体力学和空气动力学的发展奠定了坚实的理论基础。1738年瑞士科学家丹尼尔・伯努利（图1.18）将质点的动能定理用于同一理想流体微元流管上，导出了一元流机械能守恒方程，即著名的理想流体定常流动能量方程（后称为伯努利方程）。对于理想不可压缩流体的定常流动，在不计质量力的情况下，伯努利方程表明，沿同一条流线单位质量流体质点的压强势能和动能之和为常数：

$$\frac{p}{\rho} + \frac{V^2}{2} = C$$

图1.17 德国数学家戈特弗里德・威廉・莱布尼茨（Gottfried Wilhelm Leibniz，1646～1716年）

图1.18 瑞士数学家与流体力学家丹尼尔・伯努利（Daniel Bernoulli，1700～1782年）

图1.19 瑞士数学家与流体力学家莱昂哈德・欧拉（Leonhard Euler，1707～1783年）

伯努利方程的发现，正确地回答了机翼上翼面吸力对升力的贡献缘由。后来的风洞试验表明：对于翼型而言，上翼面吸力的贡献占翼型总升力的60%～70%。1755年瑞士数学家与流体力学家欧拉（图1.19），提出描述流体运动的欧拉方法，并基于连续介质假设和理想流体模型，利用牛顿第二定理建立了理想流体运动微分方程组，即欧拉方程组：

$$\frac{\mathrm{d}\boldsymbol{V}}{\mathrm{d}t} = \boldsymbol{f} - \frac{1}{\rho}\nabla p$$

对于质量力有势、理想不可压缩流体的定常流动，沿着流线积分欧拉方程组，可得到伯努利方程。进一步研究表明，不仅沿着同一条流线满足伯努利方程，沿着同一条涡线、势流流场、螺旋流均满足伯努利方程。进入19世纪，流体力学重点发展了理想流体无旋运动的求解，建立了理想流体旋涡运动理论和黏性流体运动微分方程组等。1858 年德国流体力学家亥姆霍兹（图 1.20），提出流体微团的速度分解定理，同时研究了理想不可压缩流体在有势力作用下的有旋运动，提出亥姆霍兹旋涡运动守恒定律，即沿涡管的涡强不变定律、涡管保持定律和涡强守恒定律，建立了理想流体旋涡运动理论。在流场中任取一条封闭曲线，速度沿该封闭曲线的线积分称为该封闭曲线的速度环量，速度环量的符号不仅决定于流场的速度方向，而且与封闭曲线的绕行方向有关，规定积分时逆时针绕行方向为正。根据斯托克斯（Stokes）线积分与面积分公式，在速度矢量场中，沿任意封闭曲线的速度环量等于该封闭曲线所张的任意曲面的涡通量。即

$$\Gamma = \oint_L \boldsymbol{V} \cdot \mathrm{d}\boldsymbol{s} = \iint_S 2\boldsymbol{\omega} \cdot \mathrm{d}\boldsymbol{S} = \iint_S \nabla\times \boldsymbol{V} \cdot \mathrm{d}\boldsymbol{S}$$

其中，Γ 为通过围线 L 区域内的涡强（速度环量）；$\boldsymbol{V}$ 为速度场；$\boldsymbol{\omega}$ 为流体微团的旋转角速度；$\nabla\times \boldsymbol{V} = 2\boldsymbol{\omega}$ 为流体微团的涡量。为了确定翼型的升力，1902 年德国数学家库塔（图 1.21）和 1906 年俄国物理学家茹科夫斯基（图 1.22），将有环量圆柱绕流升力计算公式推广到任意形状物体的绕流，提出对于任意形状物体的绕流，只要存在速度环量，就会产生升力，升力方向沿着来流方向按反环量旋转 90°，后人称为库塔-茹科夫斯基升力环量定律（图 1.23）。即

$$L = \rho V_\infty \Gamma$$

图 1.20 德国流体力学家赫尔曼·冯·亥姆霍兹（Hermann von Helmholtz，1821～1894 年）

图 1.21 德国数学家库塔（Martin Wihelm Kutta，1867～1944 年）

图 1.22 俄罗斯科学家尼古拉·叶戈罗维奇·茹科夫斯基（Joukowski，1847～1921 年）

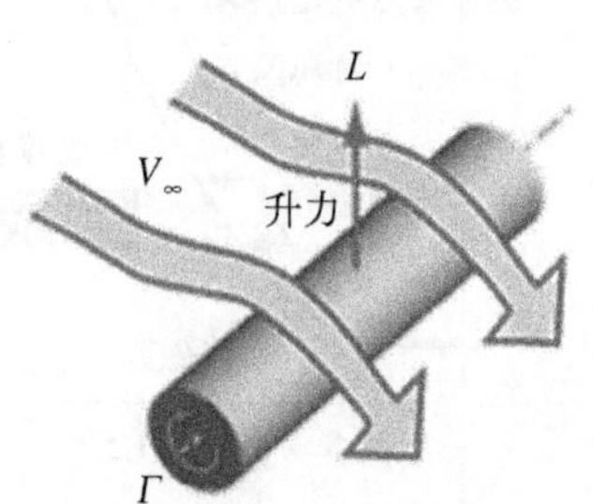

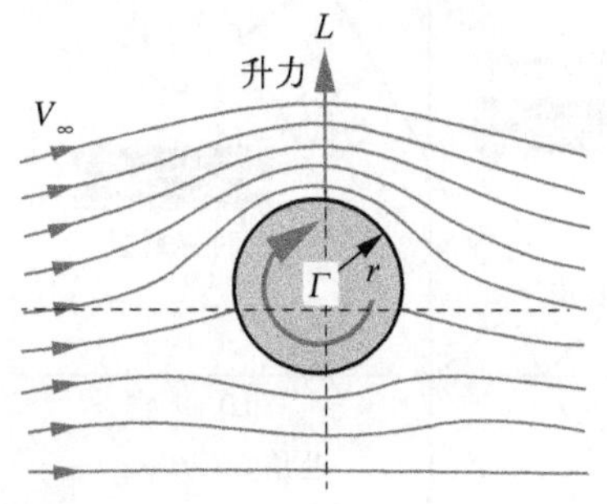

图 1.23 茹科夫斯基升力环量定律

式中，L 为作用在绕流物体上的升力；ρ 为来流空气密度；V_∞ 为来流速度；Γ 为绕流物体的速度环量。1909 年，茹科夫斯基利用复变函数的保角变换法研究了理想流体翼型定常绕流，提出著名的茹科夫斯基翼型(图 1.24)理论。在第一次世界大战期间，交战各国都在实践中摸索出一些性能较好的翼型，如茹科夫斯基翼型、德国 Gottingen 翼型、英国的 RAF 翼型(Royal Air Force，英国皇家空军；后改为 RAE 翼型，Royal Aircraft Estabilishment，皇家飞机研究院)、美国的 Clark Y 翼型等。20 世纪 30 年代以后，出现美国 NACA 翼型和苏联的 ЦАГИ 翼型(中央空气流体研究院)。美国国家航空咨询委员会(National Advisory Committee for Aeronautics，NACA，1958 年以后改为 NASA，National Aeronautics and Space Administration)在 20 世纪 30 年代后期，对翼型的性能作了系统的研究(图 1.25)，提出了 NACA 4 位数翼族和 5 位数翼族等，如图 1.26 所示。与此同时，鉴于理想流体圆柱绕流无阻力结论与实际不符，人们开始研究黏性流体运动，由 1822 年法国工程师纳维(图 1.27)开始，最后由 1845 年英国科学家斯托克斯(图 1.28)在剑桥大学三一学院完成了牛顿流体运动微分方程组，即著名的纳维-斯托克斯(Navier－Stokes)方程组，简称 N－S 方程组。对于不可压缩黏性流体运动的微分方程组，其矢量形式为

$$\frac{\mathrm{d}\boldsymbol{V}}{\mathrm{d}t}=\boldsymbol{f}-\frac{1}{\rho}\nabla p+\nu\Delta\boldsymbol{V}$$

这个方程组说明，导致流体微团加速度变化的是作用于流体微团上的质量力、压强差力(表面法向力)和黏性力。1904 年世界流体力学大师德国力学家普朗特(图 1.29)，在德

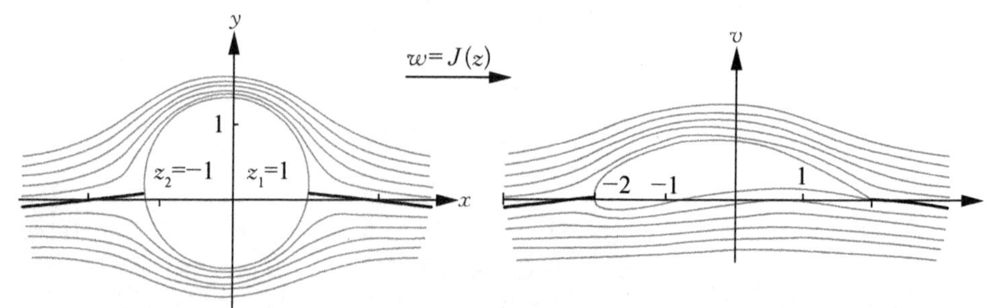

图 1.24　茹科夫斯基翼型

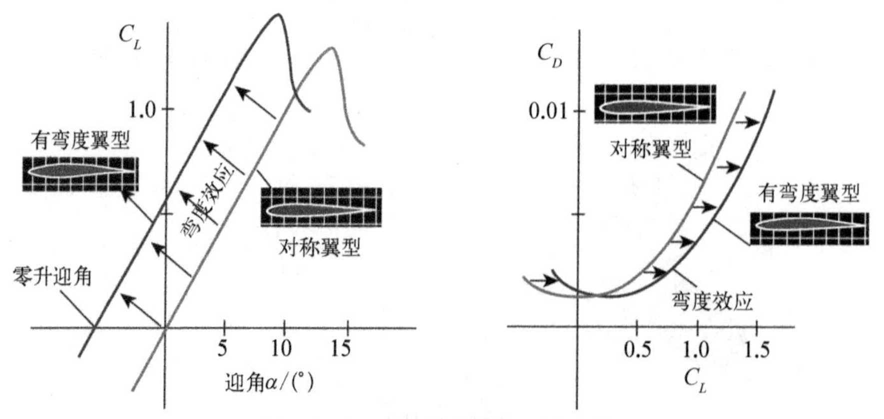

图 1.25　翼型的升力系数与阻力系数

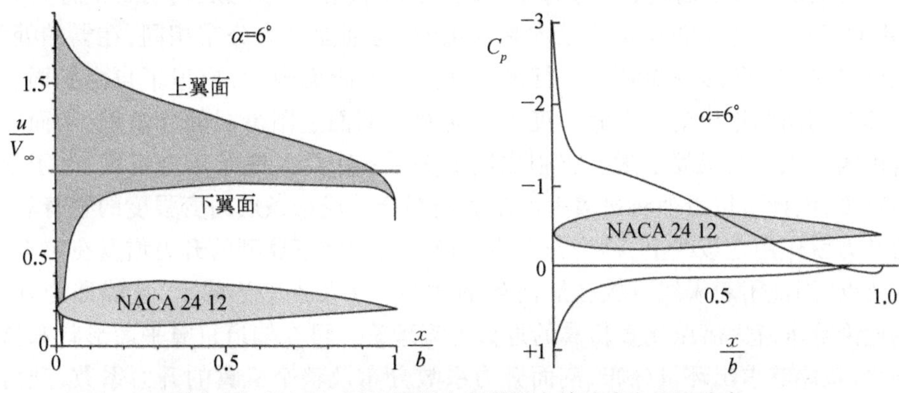

图 1.26 NACA 2412 翼型上下翼面上的速度和压强分布

图 1.27 法国力学家纳维(Navier,1785~1836 年)

图 1.28 英国力学家与数学家乔治·加布里埃尔·斯托克斯(George Gabriel Stokes,1819~1903 年)

图 1.29 德国力学家、世界流体力学大师路德维希·普朗特(Ludwig Prandtl,1875—1953 年)

国海德堡第三次国际数学年会上发表了一篇论小黏性流体运动的论文,提出著名的边界层概念,深刻阐述了绕流物体在大雷诺数情况下表面受黏性影响的边界层流动特征及其控制方程,巧妙地解决了整体流动和局部流动的关系问题,从而为解决黏性流体绕过物体的阻力问题找到了新的途径(图 1.30),起到划时代的作用。

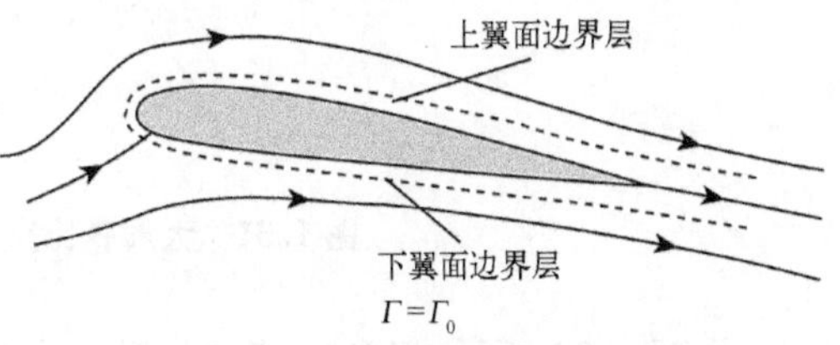

图 1.30 翼型绕流边界层发展

1911~1918 年,普朗特通过风洞试验发现,大展弦比的直机翼(机翼前缘后掠角小于 20°,展弦比大于 5)绕流,因受展向流动的影响,绕过机翼的流动可用直匀流叠加附着涡(线)和自由涡面的模型取代(图 1.31),附着涡和自由涡面之间用无数条 Π 形马蹄涡联系,称为升力面模型。该气动模型之所以符合实际绕流,原因如下:① 该模型符合沿一根涡线强度不变,且不能在流体中中断的理想流体涡强不变定理;② Π 形马蹄涡垂直来流的部分是附着涡,可代替机翼的升力作用,展向各剖面上通过的涡线数目不同,附着涡强也不同。其中,中间剖面通过的涡线最多,环量最大;翼端剖面无涡线通过,环量为零,模拟了环量和升力的展向分布(椭圆分布最佳)。由此可见,附着涡的强度沿展向是变化的,与剖面升力分布相同,在翼梢处为零,在翼根处最大;③ Π 形马蹄涡系平行来流且拖向下游无限远,模拟了自由涡面。由于展向相邻两剖面间拖出的自由涡强度等于这两个剖面上附着涡的环量差,从而建立了展向自由涡线强度与机翼上附着涡强之间的关系;④ 对大展弦比直机翼,由于弦长比展长小得多,因此可以近似将机翼上的附着涡系合并成一条展向变强度的附着涡线,各剖面的升力就作用在该线上,称为升力线假设。因为低速翼型的升力增量在焦点处,约在 1/4 弦点,因此附着涡线可放在展向各剖面的 1/4 弦点的连线上,此线即为升力线。升力线理论是求解大展弦比直机翼的近似势流理论。可在知道机翼平面形状和翼型气动数据后,就能够求出环量分布、剖面升力系数分布及整个机翼的升力系数、升力线斜率及诱导阻力系数。其突出的优点是可以明确地给出机翼平面参数对机翼气动特性的影响。

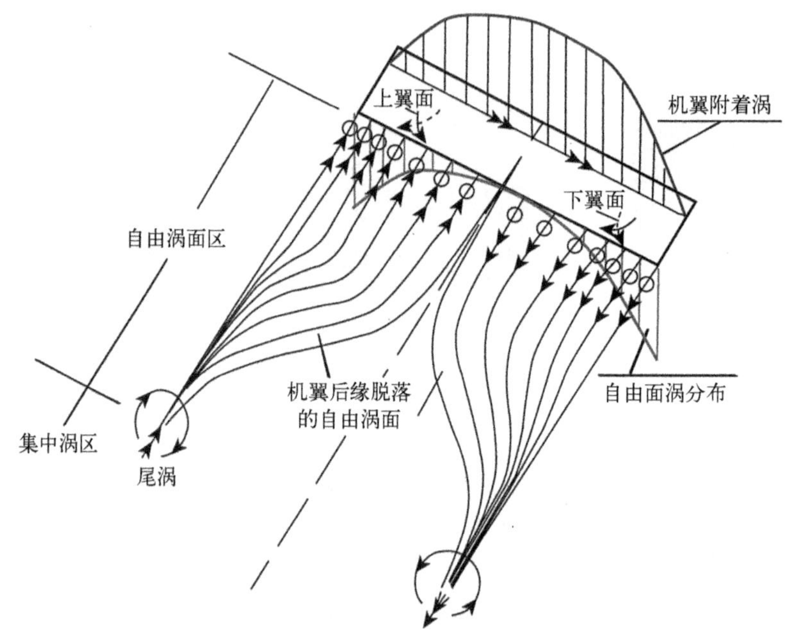

图 1.31　大展弦比直机翼附着涡与自由涡关系

如图 1.32 所示,经典低速空气动力学的发展经历了从牛顿的漂石理论到茹科夫斯基的升力环量定律提出,从翼型绕流到三维机翼绕流的升力线理论建立,促进了多层机翼到单层机翼的发展。

综上所述,任何理论的建立都是在大量实验研究的基础上发展起来的,流体力学理论的建立也不例外,从历史角度看,如果没有大量的实验,没有微积分和连续介质力学,就不会有伯努利方程的建立。可以毫不夸张地说,伯努利方程是人们研究流体运动的开创性的成果,起到了里程碑的作用,如果没有伯努利方程,不可能将一些貌似不相干的流动现象用统一理论公式精确表达;如果没有伯努利方程的建模思想,也不可能有后来的表征理

图 1.32 经典低速空气动力学的发展

想流体微团运动的欧拉方程组;如果没有 Euler 方程组,更不会推广到表征黏性流体微团运动的 Navier - Stokes 方程组(N - S 方程组)。当然,如果没有这些,就不会有流体力学的基本理论,也不会有后来的边界层理论、湍流、流动控制、气动噪声等理论的建立,概括起来可以用图 1.33 表达流体力学的发展历程。伯努利方程作为流体力学的核心方程,起到灵魂的作用(图 1.34)。

1.2.3 高速流理论

随着喷气技术发展,使飞行器的飞行速度快速增大。实验发现,当来流马赫数大于 0.3 后,空气密度对流动的影响不能忽略,此时必须将流体力学和热力学理论结合起来,建立正确的高速空气动力学理论。1887~1896 年,奥地利科学家马赫(图 1.35)在研究弹丸运动扰动传播时指出:在小于或大于声速的流动中,弹丸引起的扰动传播特征和区域是不同的,引入流动速度与当地声速之比作为一个无量纲参数来表征。1929 年,德国空气动力学家阿克莱特(Ackeret)首次把这个无量纲参数称为马赫数,以后在空气动力学中得到广泛引用。通常按远前方未经扰动的来流马赫数的大小,划分流动。当马赫数小于 0.3 时,不考虑空气的压缩性,称为低速流动;当马赫数为 0.3~0.8,称为亚声速流动,这时压缩性对空气动力特性的影响可通过低速流动结果进行压缩性修正。当马赫数为 0.8~1.2,称为跨声速流动,这时流场中会有局部超声速或局部亚声速区,一般会出现激波。在这个范围内,随着马赫数的增大空气动力系数会有很大变化,当马赫数为 1.2~5 时,称为超声速流动。当马赫数超过 5 时,称为高超声速流动。

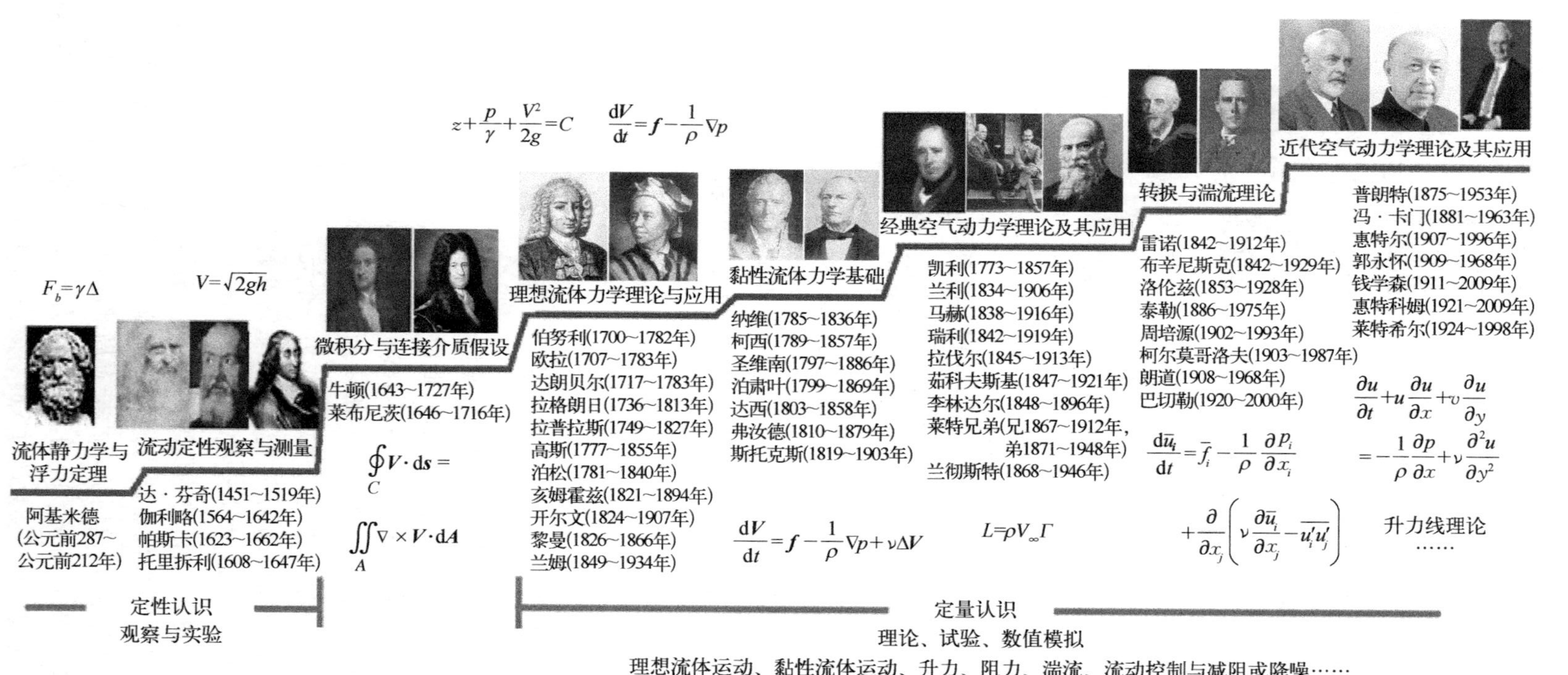

图 1.33 流体力学的发展历程

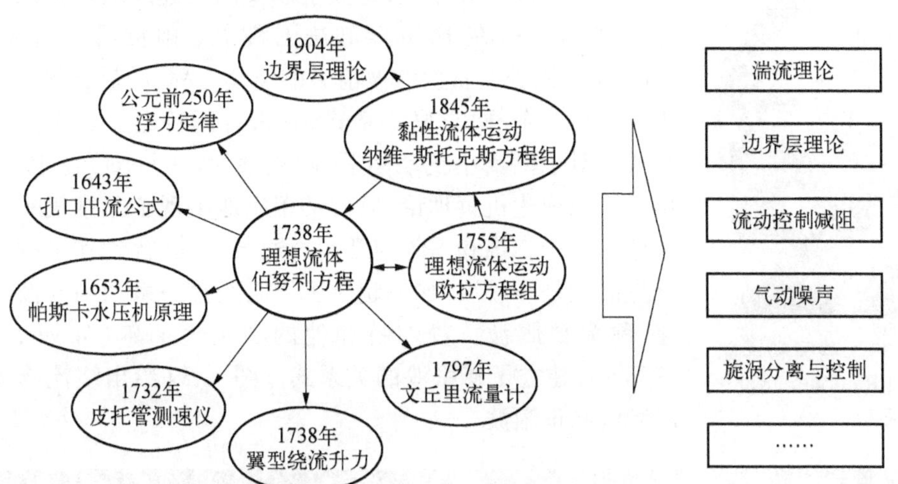

图 1.34 流体力学基础理论建立与发展

图 1.35 奥地利物理学家恩斯特 · 马赫(Ernst Mach,1836~1916 年)

图 1.36 美籍空气动力学家冯 · 卡门(von Kármán,1881~1963 年)

图 1.37 中国科学家钱学森(1911~2009 年)

(1) 对于亚声速流动,理想可压缩势流的控制方程为非线性二阶椭圆型偏微分方程,研究这类流动的主要近似方法是小扰动线化理论,国际流体力学大师普朗特(1922 年)与英国空气动力学家格劳特(H. Glauert,1928 年)建立了亚声速流压缩性修正法则,即普朗特-格劳特法则,依据这一法则可将压缩性对空气动力特性的影响由低速流动的结果进行修正获得,不必另外求解可压缩流方程。1939 年,美国空气动力学家冯 · 卡门(图 1.36)和中国科学家钱学森(图 1.37)进一步修正了普朗特-格劳特法则,提出著名的卡门-钱法则,这一法则更好地建立了亚声速气流中空气压缩性对物面压强的修正关系式,适应范围比普朗特-格劳特法则明显扩大,特别是对翼型背风面压强系数的修正更加合理。

(2) 对于超声速流动,理想可压缩势流的控制方程为非线性二阶双曲型偏微分方程。同样,基于超声速小扰动线化理论,建立线性二阶双曲型偏微分方程,并利用特征线法求解。在超声速流动中,主要研究压缩波、膨胀波、激波等对流动的影响规律。理

图 1.38　英国科学家兰金(Rankine, 1820～1872 年)

想气体的激波没有厚度,是数学意义的不连续面。英国科学家兰金(图 1.38)在 1870 年和法国科学家雨贡尼(Hugoniot)在 1887 年分别独立从斜激波前后的连续方程、动量方程和能量方程推导出兰金-雨贡尼关系式,后来普朗特建立了正激波的关系式。对于薄翼小扰动问题,阿克莱特(Ackeret)在 1925 年提出了二维线化机翼理论,以后又相应地出现了三维机翼的线化理论。对于二维和三维定常超声速气流动,扰动和未扰动区的分界面就是马赫波,如果超声速气流经过一系列马赫波膨胀加速,称为膨胀波。普朗特和他的学生迈耶尔(Meyer, 1907～1908 年)建立了膨胀波的关系式。图 1.39 给出绕流物体头部斜激波和正激波。

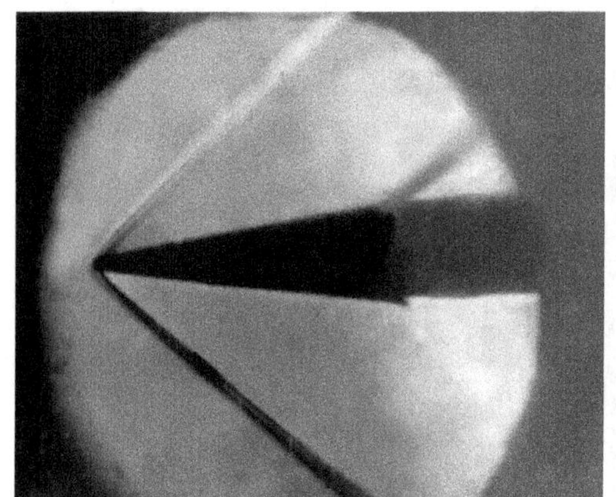

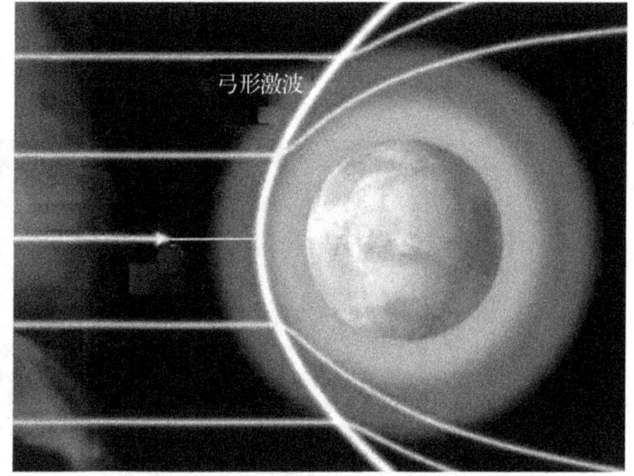

图 1.39　斜激波与正激波(弓形激波)

(3) 对于跨声速流动,在绕流场中将会部分超声速区(伴随着激波的出现,图 1.40),流动变化复杂,流动的控制方程为二阶非线性混合型偏微分方程,理论求解更加困难。特别是当飞行速度或流动速度接近声速时,飞行器的气动性能发生急剧变化,阻力突增,升力骤降,严重影响飞行器的操纵性和稳定性,这就是著名的声障。大推力喷气发动机突破了声障,但并没有很好地解决复杂的跨声速流动问题。直至 20 世纪 60 年代,由于跨声速巡航飞行的需求,跨声速流动研究得到高度重视,美国空气动力学家理查德 · 惠特科姆(图 1.41),1952 年提出飞机跨声速面积律理论(Area Rule),1967 年提出超临界翼型(supercritical airfoil),这种翼型使局部激波的产生推迟,大大地提高了翼型的阻力发散马赫数,从而提高了亚声速飞机的巡航速度。

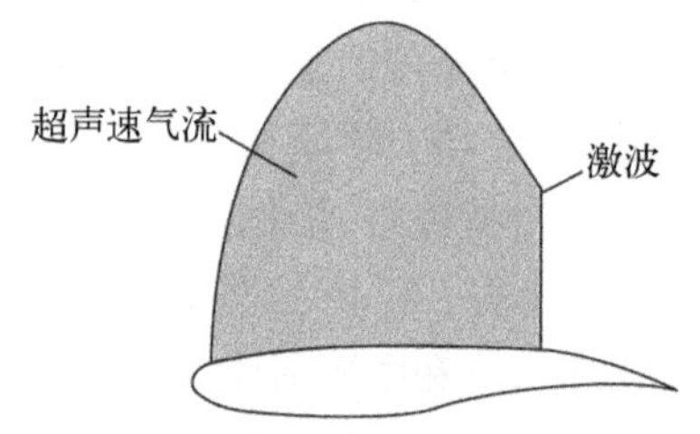

图 1.40　跨声速翼型绕流

(4) 对于高超声速流动,由我国科学家钱学森于 1946 年提出,主要研究高超声速流动的理论、计算方法和实验技术。高超声速流动一般指气流速度在五倍以上声速的流动,存在的主要问题是气动力(升力、阻力、力矩、压强分布等)、气动热(热流计算、防热措施

图 1.41 美国空气动力学家理查德·惠特科姆(Richard T. Whitcomb,1921~2009年)

等)和气动物理(流场的光电特性)。在实验技术方面,高超声速流地面模拟的主要参数包括:自由流马赫数、雷诺数、流动总焓、激波前后密度比、试验气体、壁温与总温比及流场的热化学性质。常见的地面模拟设备有激波管、电弧加热风洞、高超声速风洞和自由弹道靶。

1.3 空气动力学在飞行器研制中的先导性作用

作为航空航天技术的基础和前瞻性学科,空气动力学一直在各种飞行器研制中起着先行和关键的作用,因此其发展水平对飞行器可能实现的先进性起到了决定性作用。例如在战斗机的发展过程中(图 1.42),在 20 世纪 50 年代,喷气发动机的出现,发展了第一代超声速战斗机(米格-15、F-86 等);在 20 世纪 60 年代,大后掠翼和面积律气动难题的突破,发展了第二代战斗机,使飞机速度增加到 2 倍声速(米格-21、F-4、法国幻影Ⅲ等);在 20 世纪 80 年代,非线性升力技术、边条翼布局等气动新技术的突破,发展了第三代战斗机(苏-27、F-15 等),使武器性能、机载设备、机动性能等得到明显改善;在 20 世纪 90 年代以后,翼身融合一体化设计、新材料、电子等的新技术的突破,发展了以美国 F-22 为代表的第五代战斗机,具有隐身、超声速巡航、超视距作战能力、高机动性和敏捷性(图 1.43)。中国的第五代战斗机歼 20(图 1.44),是一款高隐身性、高态势感知、高机动性的第五代战斗机。可见,在战斗机的发展中,飞机上除必须应用推进技术、电子技术、新材料技术和隐身技术等高科技成果外,对空气动力学提出了更为严峻的挑战。如何尽可能扩大迎角的使用范围,如何提高飞机的机敏性,如何在满足飞行性能的同时达到尽可能小的可探测性,如何发挥推进系统的高效率等,这些均属于空气动力学需要突破的难题。为此,NASA 近年来将空气动力学列为未来研究战略方面中的关键技术之一。对空气动力学提出的目标是:发展新的概念,提出物理的理解和理论、试验和 CFD 计算的验证

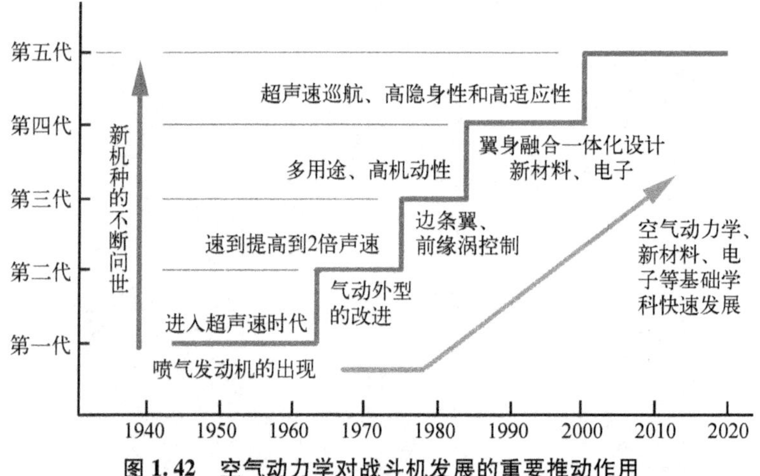

图 1.42　空气动力学对战斗机发展的重要推动作用

图 1.43　美国单座双发高隐身性第五代战斗机(F－22)

图 1.44　中国单座双发高隐身性第五代战斗机(歼 20)

等,最终保证飞行器的有效设计和安全运行。

另外,从民用飞机的发展趋势来看,高性能的动力装置和优良的空气动力特性是民用飞机获得优异的巡航性能、起飞着陆性能和经济性的保证。从 1952 年英国彗星号开始,大型民用飞机的发展几乎与空气动力学的进展密不可分,超临界机翼和增升装置设计、翼梢小翼、流动控制、可变形机翼等技术的引进和突破大大地促进了民机的发展(图 1.45)。在大型客机方面,如美国波音公司生产的 300 座位的新款飞机 B787(图 1.46),空客公司生产的 550 座位的 A380(图 1.47),中国生产的 C919(图 1.48);大型运输机方面,如美国洛克希德公司生产的大型战略军用运输机 C-5(图 1.49),中国的 Y20(图 1.50)。为了解决当今空气动力学所面临的各种挑战性难题,人们普遍认为加强开展学科基础研究工作非常重要,必须不断地探索各种复杂流动现象机制和规律。诸如湍流结构、层流的转捩过程、前缘涡及其破裂、旋成体大迎角下非对称涡的起因及其控制、层流的有效控制及湍流减阻、激波与边界层干扰等,这些将是该学科未来的主要研究方向。

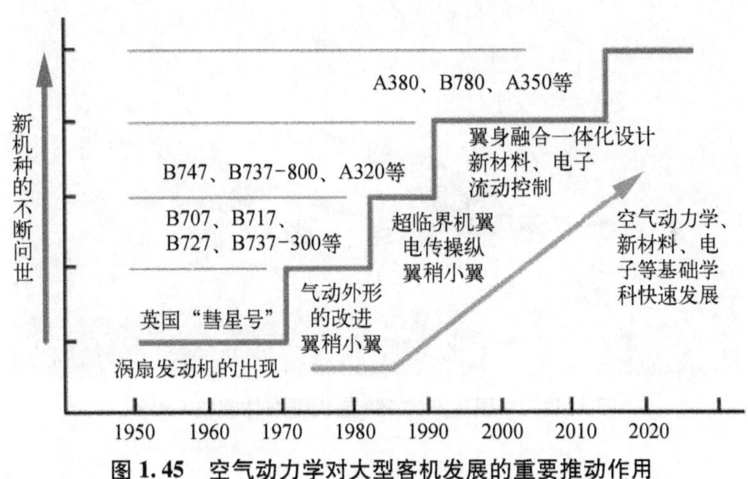

图 1.45 空气动力学对大型客机发展的重要推动作用

图 1.46 美国波音公司生产的 300 座新款飞机 B787

图 1.47　空客公司生产的 550 座大型宽体客机 A380

图 1.48　中国生产的 150 座大型窄体客机 C919

图 1.49　美国洛克希德公司生产的大型战略军用运输机 C-5

图 1.50 中国生产的大型运输机 Y20

1.4 空气动力学研究方法与分类

空气动力学是研究飞行器(飞机、导弹等)在不同飞行条件下流场与气动力规律的学科。主要研究方法包括理论分析、实验研究和数值计算等三种方法。其中,理论分析方法,主要利用基本的概念、定律和数学工具,抓住问题的主要因素,通过某种抽象出来的模型,定量分析,从而揭示规律。实验研究方法,主要基于相对飞行原理,借助于风洞和水洞设备,实验测量绕过模型的物理量变化,此外还有自由飞实验和高速轨道车实验等。数值计算方法,主要利用数值离散方法(有限差分法、有限元法等),数值模拟流动现象。理论分析、实验研究和数值计算三种方法各有利弊,相辅相成,互相促进。

空气动力学按照研究方法分为理论空气动力学、实验空气动力学和计算空气动力学;按照飞行器速度大小分为低速空气动力学、亚声速空气动力学、超声速空气动力学和跨声速空气动力学;按照服务对象分为飞机空气动力学、导弹空气动力学、汽车空气动力学等;按照是否考虑黏性分为理想空气动力学和黏性空气动力学,等等。

1.5 量纲与单位

物理量(简称量)是指定性区分和定量确定现象和物质的一种属性。在自然界中,物理现象所涉及的量可以按照其属性分为两类:一类物理量的大小与度量时所选用的单位有关,称为有量纲量,如常见的有长度、时间、质量、速度、加速度、力、动能、功等;另一类物理量的大小与度量时所选用的单位无关,则称为无量纲量,如角度、两个长度之比、两个时间之比、两个力之比、两个能量之比等。对任何物理现象的认识,最简单的方法是通过量纲分析,建立反映该现象本质的固有联系。

在力学系统中,只有三个量是独立的,称为基本物理量,其他物理量是导出物理量(可根据定义、规律、关系导出)。在国际单位制中,人们约定长度 L、质量 M、时间 T 为基本物理量。同一类量是指物理上可以相加减和比较大小的量,测量单位也是一种物理量,且与被测物理量属于同一类量。物理量的大小表示数值和单位的乘积,用大小不同的同类单位表达一个量,不会改变这个量的种类和量值,如 1 m = 100 cm = 1 000 mm。量纲是指物理量类别,同一类量具有相同的量纲。单位与量纲的关系是:量纲表示物理量的类别,单位表示物理量的类别和大小。

设质量量纲 M、长度量纲 L、时间量纲 T 为三个独立物理量量纲,则导出物理量量纲表达式为

$$[q] = M^x L^y T^z \tag{1.1}$$

其中,x、y、z 为量纲指数,可由物理定理或定义确定(量纲表达式中只能用基本量的幂积,而不能用指数、对数、三角函数和加减运算)。无量纲的量指在一个量的量纲表达式中,所有的量纲指数为零,否则为有量纲的量。无量纲的量与纯数不同,具有特定的物理意义和量的特性。有量纲量的数值随单位的不同而变,无量纲量的数值不随单位不同而变。由量纲和谐原理可知:在正确反映客观规律的物理方程中,相加减的各项量纲一致;物理方程中各项量纲一致,与各个物理量所共同选用的单位制无关;任一有量纲的物理方程可用无量纲方程表示;物理方程中规律性不因基本物理量的不同而改变。关于相似原理与量纲分析将在第五章黏性流体动力学基础上给出。

习　题

一、思考题

1.1 为什么早期出现双层翼、三层翼飞机,今天都不见了?说明增大飞机升力的主要措施。

1.2 定性说明平板、弯板、翼型三者的气动力差别原因。

1.3 如果飞机起落架不收起,请说明如何影响飞机的飞行性能。

1.4 飞机在飞行中,平衡要求绕飞机重心的合力矩为零,如果力矩不平衡了,飞机上靠什么部件调整力矩?

1.5 请给出力、力矩、加速度的量纲和单位。

1.6 什么是相对飞行原理?地速与空速的差别是什么?

1.7 逆风与顺风飞行的空气动力学差别是什么?

1.8 英国物理学家乔治·凯利空气动力学的科学思想是什么?

1.9 说明翼型绕流中,上下翼面近区的速度大小,并指出翼面的受力特征。

1.10 说明俄罗斯物理学家茹科夫斯基的升力环量定理(升力大小和方向)。

1.11 在直匀流中,圆柱体的升力取决于圆柱的旋转快慢。对不转的机翼来说,通过什么可以改变升力的大小?

1.12 飞机在飞行中,通过发动机产生推力与阻力平衡,鸟在翱翔是靠什么力与阻力平衡?

1.13 为什么飞机的机身是细长体的,一般飞机的长细比(机身长度与最大直径的比值)取值是多少?

1.14　固定翼飞机起飞为什么要滑跑？说明影响飞机起飞速度的主要因素。

1.15　翼梢小翼主要的作用是什么？简述气动原理。

1.16　简述飞机上采用增升装置的原因。

二、计算题

1.17　低速 V 下球体上阻力的 Stokes－Oseen 公式为

$$F = 3\pi\mu DV + \frac{9\pi}{16}\rho V^2 D^2$$

其中，D 为球体直径；μ 为黏度；ρ 为密度。证明公式等号两边量纲一致。

1.18　如果 p 是压强，y 是坐标，以 $\{MLT\}$ 为基准，给出量纲：

(1) $\partial p/\partial y$；(2) $\int p\mathrm{d}y$；(3) $\partial^2 p/\partial y^2$；(4) ∇p。

1.19　证明量纲一致，通过直径为 D 的孔口体积流量 Q 满足下列公式，该孔位于液体表面下 h 的一侧。

$$Q = 0.68D^2\sqrt{gh}$$

其中，g 是重力加速度。常数 0.68 的量纲是什么？

1.20　证明边界层 x－方向的动量方程量纲一致。

$$u\frac{\partial u}{\partial x} + v\frac{\partial u}{\partial y} = f_x - \frac{1}{\rho}\frac{\partial p}{\partial x} + \frac{1}{\rho}\frac{\partial \tau}{\partial y}$$

其中，u、v 为流体质点运动速度分量；f_x 为单位质量的质量力；p 为压强；τ 为切应力；ρ 为流体质点密度。

第2章
流体的基本属性与流体静力学

本章主要介绍流体的连续介质假设、流体的基本力学属性(如易流动性、压缩性与弹性、黏滞性与牛顿内摩擦定律等)、流体微团的受力分类、静止流体内部任一点压强的各向同性特征等,导出欧拉平衡微分方程组及其积分形式,介绍标准大气特性。

学习要点:

(1) 熟悉流体连续介质假设、流体的基本力学属性和流体微团的受力特征;

(2) 掌握静止流体内部任一点压强的各向同性证明过程;

(3) 掌握欧拉平衡微分方程组及其积分形式的推导过程;

(4) 了解标准大气特性。

2.1 流体的基本属性

从宏观力学角度看,流体的基本属性包括流体的密度、流体的易流动性、压缩性与弹性、黏滞性等。

2.1.1 连续介质假设

流体是由大量的分子组成,分子间的距离尺度远大于分子本身的尺度。所有分子在做无休止的无规则运动,交换着能量和动量。所以,流体的运动在微观上是不均匀、离散和随机的。但是,人们用肉眼或仪器观察到流体的宏观运动行为是均匀、连续和确定的。由此便形成了研究流体力学的问题的两种方法:一种方法是从微观分子和原子运动出发的统计力学,采用统计平均的方法建立宏观物理量所要满足的方程,从而确定流体的宏观性质和运动行为。这种方法应用上受到限制,目前还不能为流体力学提供足够的理论支持;另一种方法是基于连续介质假设的连续介质力学,从宏观角度假设流体是由无数个质点组成,利用宏观流体物理性质和物体运动定律(扩散、黏性、热传导等输运性质,质量、动量和能量守恒定律、热力学定律),研究流体质点所具有的物理量(如质量、速度、压力、温度等)满足的规律性,这种方法在流体力学领域得到广泛应用,是流体力学研究的基础。

当然,统计力学方法力图从微观层面探究宏观规律,揭示宏观和微观的关系,对理解流体力学中宏观的基本性质和概念不无裨益。

从宏观上研究流体运动和作用力规律,研究对象是由流体质点组成的介质。流体质点的定义是:流体力学中的质点是由微观上充分大(由大量分子组成)、宏观上足够小到可忽略体积大小的带质量的空间点(物质点,图 2.1),是表达流体宏观力学行为的最小单元。流体连续介质假设认为:**流体是由无数个质点组成,它们在任何情况下均无空隙地充满所占据的空间**。也就是说,从宏观上要求流体质点和空间点在任何情况下(运动和静止),均必须满足一对一的关系,即每一个流体质点在任一时刻只能占据一个空间点,而不能占据两个以上空间点,确保流体质点的物理量在空间上不出现间断;每一个空间点在任一时刻只能被一个流体质点所占据,而不能被两个以上质点所占据,确保流体质点物理量在空间上不出现多值。这样人们就很自然地把单值连续可微函数的微积分知识引入分析流体质点运动的物理量变化中。

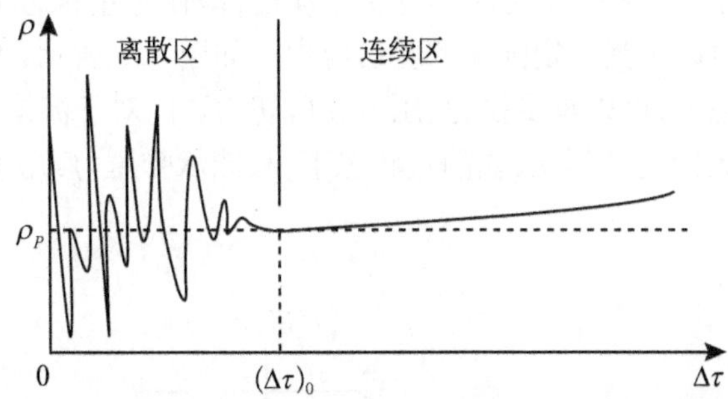

图 2.1　流体的平均密度 ρ 随分子团体积大小的变化关系

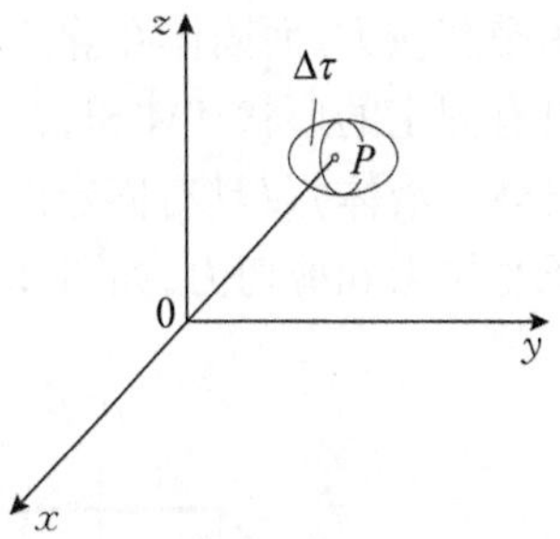

图 2.2　流体空间中的微团

从宏观上看,流体质点的所占据体积为零。但从微观上看,质点却代表了由大量分子组成的分子团,质点的位置代表分子团的形心点。如图 2.2 所示,在流体中任意取一微小体积 $\Delta\tau$, 其所含质量为 Δm, 则按照定义,流体介质的平均密度表示为

$$\bar{\rho} = \frac{\Delta m}{\Delta \tau} \tag{2.1}$$

从微观角度,当 $\Delta\tau \to \Delta\tau_0$ 时,流体微团的平均密度与分子数无关,是空间位置的函数。如果从宏观角度看,可认为是 $\Delta\tau \to 0$ 时流体质点的密度为

$$\rho = \lim_{\Delta\tau \to 0} \frac{\Delta m}{\Delta \tau} = f(x,\ y,\ z,\ t) \tag{2.2}$$

现以空气为例说明质点与分子之间的关系。在海平面上,常温下标准气压为 101 325 Pa,温度为 288.15 K,此时每立方厘米空间含有空气分子 2.7×10^{19} 个,分子的有效直径为 3.18×10^{-10} m,分子的平均自由程为 8.71×10^{-8} m,分子的平均自由程与直径的比值约为 274,那在什么情况下分子流满足质点连续流的定义,而不是离散运动问题,涉及分子平均自由程与物体特征尺度之间的关系。丹麦物理学家克努森(M. Knudsen, 1871~1949 年)研究分子运动论和气流中的低压现象时,提出用克努森数(Kn 数)来判断

分子的相对离散程度,即 Kn 数定义为分子平均自由程与研究物体的特征尺度之比值。中国科学家钱学森 1946 年在研究稀薄气体动力学时,提出用 Kn 数判断流体运动的连续性条件。一般空气分子平均自由程约 10 nm 量级,把克努森数小于 0.01 的称为连续流,即宏观尺度要在 1 000 nm 以上才可认为是连续流,这时可采用流体力学宏观方程描述流体运动。而 Kn 数在 0.01~1 为滑移流,可用有滑移边界条件的黏性流体运动方程描述流体运动。Kn 数在 1.0~10 为过渡流;Kn 大于 10 为分子流(宏观尺度小于 1 nm),此时采用分子离散流假设,可用分子运动的波尔兹曼方程(Boltzmann equation)来描述流体运动。也就是说,宏观尺度小于 1 nm 即为彻底的分子流运动(离散运动)。一旦进入连续流状态,个别分子的碰撞与穿插等效应对主流的影响几乎到了微乎其微的地步,如同大象的行为(物体尺度)靠大象身上个别蚂蚁(分子)的随机运动是撼不动的。

2.1.2 流体的易流动性

流体与固体在宏观受力上存在的本质区别是流体具有易流动性,即在静止状态下不能承受剪应力,而固体在静止状态下可以承受一定强度的剪切应力。如图 2.3 所示,因固体具有固定的形状和体积,在静止状态下,可以承受拉力、压力和剪切力。而对于流体(包括气体与液体)仅具有固定的体积而无固定的形状,在静止状态下,只能承受压力,几乎不能承受拉力和剪切力,如图 2.4 所示。

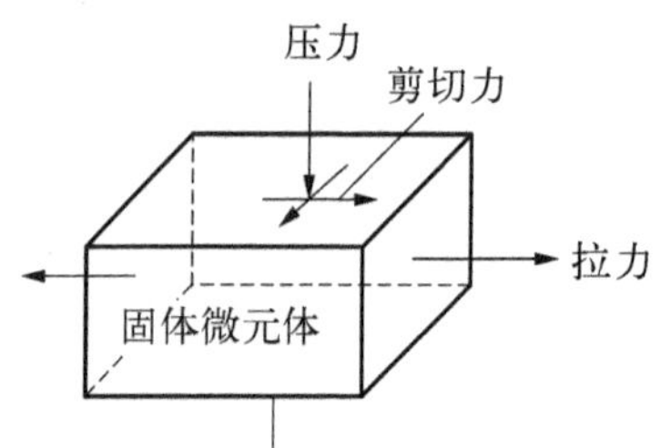

图 2.3 在静止状态下固体微团受力

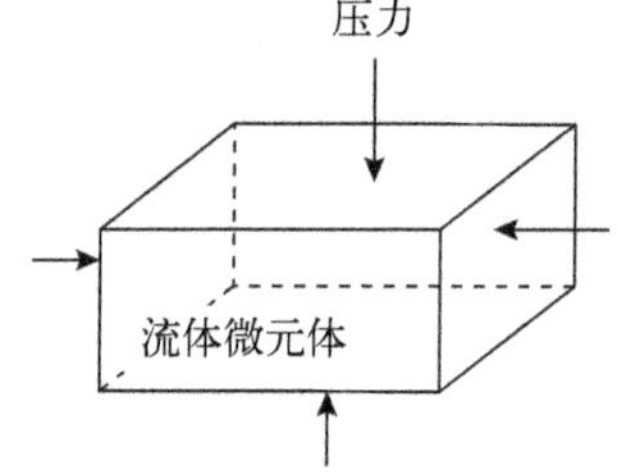

图 2.4 在静止状态下流体微团受力

对于固体微块,在静止状态下能够承受一定的剪力,如图 2.5 所示。按照胡克定律(Robert Hooke,英国科学家,1635~1703 年),固体微块所受的剪力与微块的剪切角变形量 θ 成正比,即

$$F = G\Delta A\theta,\ \tau = \frac{F}{\Delta A} = G\theta \tag{2.3}$$

其中,G 为剪切模量(单位: N/m^2);ΔA 为微块的底面积;τ 为剪切应力(单位: N/m^2)。

然而对于流体,如果任取一微团做类似实验,发现在任意剪力作用下,流体微团

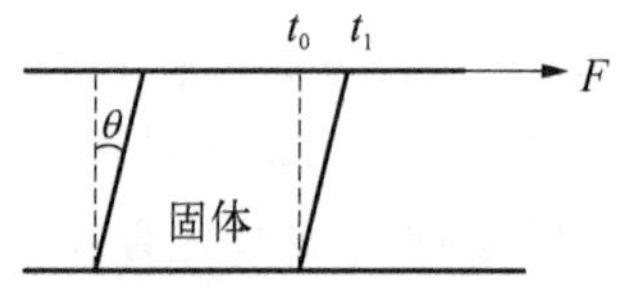

图 2.5 固体所受的剪力

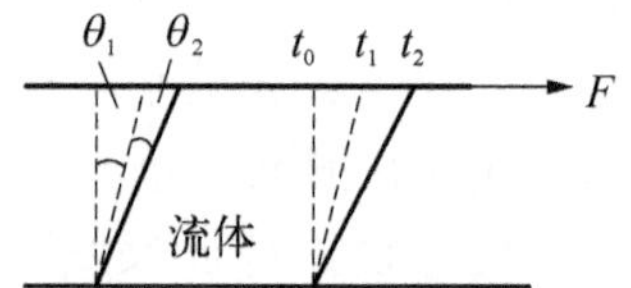

图 2.6 流体微团所受的剪力

将发生连续不断的变形运动，微团的角变形量大小不仅与剪切应力 τ 大小有关，而且与剪切应力 τ 持续时间成正比，如图 2.6 所示。由此说明，不论所加剪切应力 τ 多么小，只要不等于零，流体都将在剪应力作用下持续不断地发生变形运动，这种特性称为流体的易流动性。也可以说，流体的易流动性表示流体在静止状态下不能承受任何剪力。

流体和固体的区别不是绝对的，有些物质的性质介于固体和流体之间，具有固体和流体双重的性质。例如胶状物和油漆这类物质放置一段时间后它们的性质看起来像固体，但在摇动和刷漆时却失去弹性，发生很大的变形运动，其行为完全像流体。本教材主要研究水或空气这类纯流体。

2.1.3　流体的压缩性与弹性

流体在运动中，由于压力和温度等因素的改变，引起其体积发生变化的性质称为流体的压缩性，真实流体都具有压缩性，而把流体抵抗压缩变形的能力称为流体的弹性。类似于材料力学，用体积弹性模量度量流体的弹性。按照定义，流体体积弹性模量表示引起单位相对体积变化所需的压强增量。即

$$E = -\frac{\mathrm{d}p}{\mathrm{d}\forall / \forall} \tag{2.4}$$

其中，E 为流体的体积弹性模量（单位：$\mathrm{N/m^2}$）；$\forall$ 为流体微团体积；负号表示流体受压（$\mathrm{d}p > 0$）时，体积是减小的（即体积增量是负的 $\mathrm{d}\forall < 0$）。对于一定质量的流体，$m = \rho\forall$ = 常数，通过微分得到

$$\mathrm{d}m = 0,\ \mathrm{d}(\rho\forall) = 0,\ \rho\mathrm{d}\forall + \forall\mathrm{d}\rho = 0 \tag{2.5}$$

将式(2.5)代入式(2.4)中，得到体积弹性模量为

$$E = \frac{\mathrm{d}p}{\mathrm{d}\rho/\rho} = \rho\frac{\mathrm{d}p}{\mathrm{d}\rho} \tag{2.6}$$

由此可见，当 E 较大时，则流体不容易被压缩；反之当 E 较小时，流体容易被压缩。液体的体积弹性模量一般较大，通常可视为不可压缩流体。而气体的体积弹性模量通常较小，且与热力过程有关，故气体具有压缩性。对具体流动问题是否应考虑空气的压缩性，需要看流动产生的压强变化引起密度变化对流动影响的大小而定。一般情况下，当空气流动速度较低时，压强变化引起的密度变化很小，可不考虑空气压缩性对流动的影响。表 2.1 给出常见流体的密度与弹性模量。

水在常温常压下：$\rho_w = 1\,000\ \mathrm{kg/m^3}$，$E_w = 2.1\times10^9\ \mathrm{N/m^2}$。而对于空气，在常温 $T = 288.15\ \mathrm{K}$ 和标准大气压下：$\rho_a = 1.225\ \mathrm{kg/m^3}$，$E_a = \rho\dfrac{\mathrm{d}p}{\mathrm{d}\rho} = 1.42\times10^5\ \mathrm{N/m^2}$。

表 2.1　常见流体的密度与弹性模量

流体名称	温度/K	密度/(kg/m^3)	弹性模量/(N/m^2)
酒　精	288.15	789.5	0.9×10^9
甘　油	288.15	1 259.9	4.8×10^9
水　银	288.15	13 600.0	20.3×10^9
水	288.15	1 000.0	2.1×10^9
二氧化碳(液)	288.15	1 177.0	1.6×10^9
空　气	288.15	1.225	1.4×10^5

2.1.4　流体的黏滞性(流体的动量输运)

流体的黏滞性反映了流体的动量输运。流体在静止状态下虽不能承受剪切应力,但在运动状态下当相邻流体层之间发生相对运动时(剪切变形运动),流体具有抵抗流层相对运动的能力,这种抵抗力称为流层剪切力。实际流体是都有黏性的,不过有大有小,空气和水的黏性都很小(属于小黏性的流体),这使得人们在日常生活中如喝水和呼吸等活动不会感到费劲。但实验发现,尽管流体黏性小,但当流层之间相对运动很大时,因流体黏性对流层相对运动的抵抗作用将不能忽略,反映在流层面上就是剪切力。

1686 年,牛顿在《自然哲学的数学原理》中给出抵抗流层相对运动的内摩擦定律。对于间距为 h 的两个平行平板中间放置不同的流体,牛顿通过实验发现:当移动上平板时,紧贴上板面的流体质点黏附在平板上与平板一起运动,离开移动平板流体速度逐渐减小,到静止平板速度为零(黏附在静止平板上),拖曳移动平板的剪切力 F,正比于上板的移动速度 U 和板的面积 A,而反比于平板之间的间距 h。即

$$F \propto \frac{U}{h}A,\ \tau = \frac{F}{A} \propto \frac{U}{h} \tag{2.7}$$

把式(2.7)写成等式,得到

$$\tau = \mu \frac{U}{h} \tag{2.8}$$

式中,比例系数 μ 与流体的属性有关,不同的流体其值不同,称为流体动力黏性系数[单位:$N/(m^2 \cdot s)$、$Pa \cdot s$];U/h 为单位高度的速度增量,称为速度梯度。剪切应力 τ 的方向,对静止的平板起推动作用,对移动的平板起阻碍作用,如图 2.7 所示。

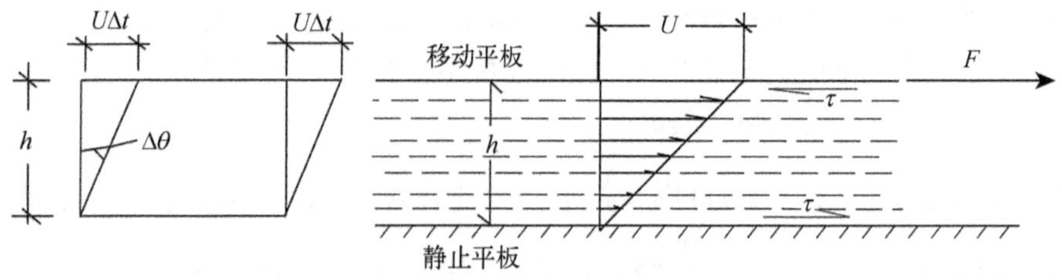

图 2.7　牛顿内摩擦定律

如图2.7所示，在Δt时段内，移动平板的水平距离为$\Delta x = U\Delta t$，平板的间距为h，则由几何关系，平板间流体团的剪切变形角$\Delta\theta$为

$$\tan(\Delta\theta) \approx \Delta\theta \approx \frac{\Delta x}{h} = \frac{U\Delta t}{h},\ \frac{\mathrm{d}\theta}{\mathrm{d}t} = \lim_{\Delta t\to 0}\frac{\Delta\theta}{\Delta t} = \frac{U}{h} \tag{2.9}$$

式(2.9)表明，流层相对运动速度梯度等于流层的剪切变形速率。因此，牛顿内摩擦定律也称为剪切应力与流层剪切变形速率之间的本构关系。动力黏性系数μ由流体的物性决定，量纲为

$$[\mu] = [\tau]/[U/h] = \frac{M}{LT} \tag{2.10}$$

其中，M为质量量纲；L为长度量纲；T为时间量纲。

从分子动力学角度看，流体的黏性是由流层之间分子热运动和碰撞引起的动量交换结果。流体分子的速度由平均速度和分子热运动速度组成，前者反映流体质点的宏观速度，后者表示流体微观分子随机热运动速度。对于相邻的流层，以各自的宏观速度u运动时，由于分子的随机热运动和碰撞，而产生流层之间动量交换，宏观速度大的流体层通过交换使其动量减小，宏观速度小的流体层通过交换使其动量增大，由动量定理，在两层流体之间就产生了一对平行于运动方向的剪切力，如图2.8所示。这个剪切力对于快层与运动速度方向相反，对该层起阻碍作用；对于慢层而言与运动速度方向相同，起促进作用。因此，这个剪切力在流层内部是成对出现的，而且大小相等方向相反，故称为流体内摩擦力或黏性剪切力。根据分子动力学理论，结合牛顿内摩擦定律，可得到流体的动力黏性系数近似表达为

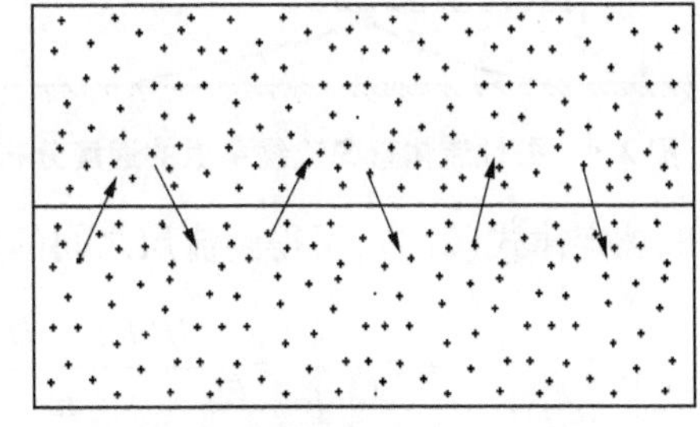

图2.8　分子的热运动

$$\mu = 0.499\rho c\lambda \tag{2.11}$$

其中，c为分子热运动速度；λ为分子的平均自由程。不同流体的动力黏性系数如表2.2所示。由牛顿内摩擦定律可以看出，流体与固体在摩擦规律上是截然不同的。流体中的摩擦力取决于流体间的相对运动，即其大小与速度梯度呈正比；而固体间的摩擦力与速度无关，但与两固体之间所承受的正压力成正比。在常温常压下，空气和水的动力黏性系数分别为$\mu_a = 1.7894\times10^{-5}$ Pa·s，$\mu_w = 1.139\times10^{-3}$ Pa·s。

表2.2　常见流体的动力黏性系数

流体名称	温度/K	密度/(kg/m^3)	动力黏性系数/(N·s/m^2、Pa·s)
酒精	300.00	789.5	1.57×10^{-2}
甘油	300.00	1 259.9	79.9×10^{-2}
水银	300.00	13 600.0	1.56×10^{-3}
水	300.00	1 000.0	1.0×10^{-3}

续 表

流体名称	温度/K	密度/(kg/m³)	动力黏性系数/(N·s/m²、Pa·s)
二氧化碳(液)	300.00	1 177.0	1.49×10^{-5}
空 气	293.15	1.225	1.79×10^{-5}

如果我们观察黏性流体直匀流绕过平板的情况,会发现平板上方的流速度分布类似抛物线分布。原因是:因流体黏性效应,紧贴平板面的一层流体体质点黏附在平板上,相对于平板面无相对运动,流层速度降为零,这个条件称为黏性流体绕过物面的无滑移条件;稍外一层的流体质点受到底层流体的阻碍作用速度也下降至接近于零,但由于已离开板面流层,多少有些速度,以后随离平板距离增大流体黏性效应逐层减小,流层速度不断增加,到离板面一定距离后,黏性效应基本消失,流层速度变为均匀,如图 2.9 所示。对此情况,需要将牛顿内摩擦定律推广到速度梯度变化流动中。假设垂直于平板的坐标 y,平行于平板的速度 u 是 y 的连续可微函数 $u(y)$,现在离平板 y 距离处,取厚度 dy 的流体层,该流层下面的流体质点速度为 $u(y)$,上面的流体质点速度为 $u(y+dy)$,流层上下面流体质点速度增量为 du,按照牛顿内摩擦定律式(2.8),可得到流层之间的剪切应力为

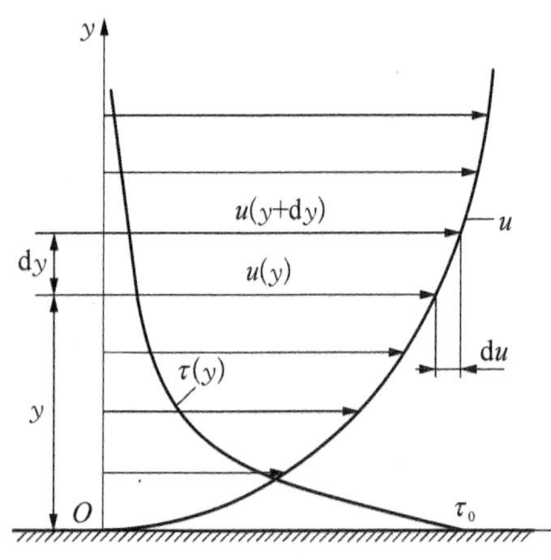

图 2.9　黏性流体直匀流绕平板的速度分布

$$\tau=\mu\frac{U}{h}=\mu\frac{U(h)-U(0)}{h}=\mu\frac{u(y+dy)-u(y)}{dy}=\mu\frac{du}{dy} \tag{2.12}$$

式(2.12)就是在速度变化的流场中,任意一点的牛顿内摩擦定律。由此式表明,对于平板绕流的情况,在板面上速度梯度最大,剪切应力也最大,该剪切应力为平板对流体的阻力,称为壁面摩擦阻力;随着离开平板距离增大,平板对流体的阻碍作用减弱,剪切应力也在减小;直到离平板一定距离后速度梯度趋于零,剪切应力也趋于零,平板的阻滞作用消失。

从牛顿内摩擦定律看出:

(1) 流体的剪切应力与压强 p 无关(注意到固体摩擦力与正压力有关);

(2) 当 $\tau\neq0$ 时,$\dfrac{du}{dy}\neq0$,表明无论剪应力多小,只要不等于零,流体就会发生连续不断的变形运动,因此牛顿内摩擦定律也可看成是易流动性的数学表达;

(3) 当 $\dfrac{du}{dy}=0$ 时,$\tau=0$,表示只要流体静止或无相对运动(变形运动),就不存在剪应力,换言之,流体不存在静摩擦力;

(4) 由于流体与固体表面无滑移,故壁面处的速度梯度为有限值,所以壁面处剪应力

τ_0 也为有限值。

在流体力学中,把剪切应力满足牛顿内摩擦定律、动力黏性系数不变的流体,称为牛顿流体;反之为非牛顿流体。本书研究的空气属于牛顿流体。对于非牛顿流体(图2.10),一般本构关系可写为

$$\tau = \tau_i + \mu\left(\frac{du}{dy}\right)^n \tag{2.13}$$

其中,τ_i 为初始应力;n 为指数。例如,

(1) 对于泥浆、血浆、牙膏等宾汉流体,$\tau_i \neq 0$, $n = 1.0$。

(2) 对于尼龙、橡胶、油漆、绝缘等伪塑性流体,$\tau_i = 0$, $n = 0.5$。

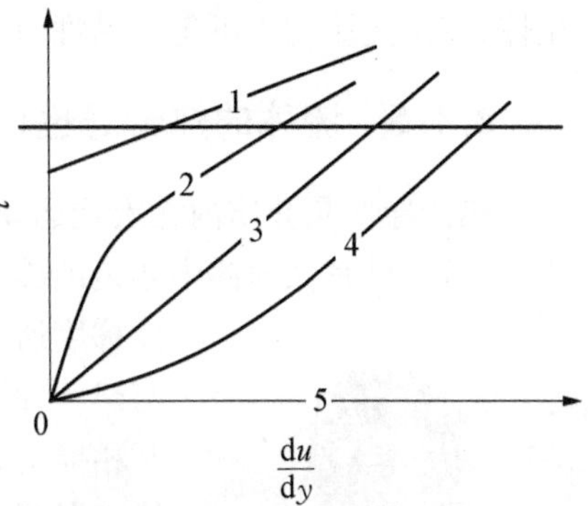

图 2.10 不同流体的本构关系

1-宾汉流体;2-伪塑性流体;3-牛顿流体;4-胀塑性流体;5-理想流体

(3) 对于水、空气、汽油、酒精等牛顿流体,$\tau_i = 0$, $n = 1.0$。

(4) 对于生面团、浓淀粉糊等胀塑性流体,$\tau_i = 0$, $n = 2.0$。

(5) 如果不考虑流体黏性,称为理想流体,$\tau_i = 0$, $\mu = 0$。

实验发现,流体的动力黏性系数随流体的温度而变化,但随流体的压力变化不大(除非在特高压下,流体的黏性系数均随压强的增加而增大)。当温度升高时,气体的动力黏性系数增大。这是因为,气体的黏性力主要来自相邻流层分子热运动引起的横向动量交换,显然温度越高,分子热运动导致的动量交换加剧,从而黏性系数增大。但是,液体则不同。随着温度的升高,液体的黏性系数减小。因为液体的黏性力主要来自相邻流动层间分子的内聚力,随着温度的升高,液体分子热运动加剧,液体分子间的距离变大,因而分子间的内聚力将随之减小,故黏性系数减小。

液体和气体的动力黏性系数随温度变化的关系可查阅相应手册或近似公式,其中对于气体最常用的萨特兰(Sutherland)公式为

$$\frac{\mu}{\mu_0} = \left(\frac{T}{288.15}\right)^{1.5} \frac{288.15 + C}{T + C} \tag{2.14}$$

式中,μ_0 为在温度 $T = T_0 = 288.15\ \text{K}$ 时对应的 μ 值,对于空气,$\mu_0 = 1.7894 \times 10^{-5}\ \text{Pa}\cdot\text{s}$;$C$ 为常数,等于 110.4 K。

在空气动力学的许多问题中,影响流动的不是动力黏性系数,而是单位质量的动力黏性系数,称为运动黏性系数,用 ν 表示为

$$\nu = \frac{\mu}{\rho} \tag{2.15}$$

运动黏性系数的单位是 m^2/s,量纲为 $[\nu] = \left[\frac{L^2}{T}\right]$。在常温常压下,空气和水的运动黏性系数分别为 $\nu_a = 1.461 \times 10^{-5}\ m^2/s$、$\nu_w = 1.139 \times 10^{-6}\ m^2/s$。

因为 ν 的量纲只包含长度和时间,为运动学量,故称为运动黏性系数。对于小黏性的流体,在某些流动中可忽略黏性效应,我们把不考虑黏性的流体称为理想流体。

2.1.5 流体的热传导性(流体的热量输运)

热传导性是介质内无宏观运动时的传热现象,其在固体、液体和气体中均可发生,但严格而言,只有在固体中才是纯粹的热传导,而流体即使处于静止状态,其中也会由于温度梯度所造成的密度差而产生自然对流,因此,在流体中热对流与热传导同时发生。热传导实质是由流体中大量的分子热运动互相撞击,而使能量从流体高温部分传至低温部分的过程。设流体内温度是空间坐标和时间的函数 $T(x, y, z, t)$,热量从高温传向低温的过程满足傅里叶定律(由法国数学家、物理学家傅里叶于 1822 年首先提出,图 2.11),即垂直于传热方向单位面积的传热量 q(也称热流密度),与该方向的温度梯度成正比,写成等式关系为

图 2.11 法国数学家、物理学家傅里叶(Fourier, 1768～1830 年)

$$q_x = -k\frac{\partial T}{\partial x},\ q_y = -k\frac{\partial T}{\partial y},\ q_z = -k\frac{\partial T}{\partial z} \tag{2.16}$$

式中,k 为热传导系数[单位: W/(K · m)];q 为热流密度(单位: W/m^2),q 下标为热传导方向,负号表示热量总是从高温传向低温。

2.1.6 流体的扩散性(流体的质量输运)

扩散现象是指物质分子从高浓度区域向低浓度区域转移直到均匀分布的现象,扩散速率与物质的浓度梯度成正比。扩散是由于分子热运动而产生的质量迁移现象,主要是由于密度差引起的。分子热运动认为在绝对零度不会发生。扩散现象的大量事实表明,一切物质的分子都在不停地做无规则的运动。早在 1855 年,德国生理学家菲克(图 2.12)就提出:单位时间内通过垂直于扩散方向单位面积的物质扩散量与该截面处的物质浓度梯度成正比。也就是说,浓度梯度越大,物质扩散通量越大。并且菲克参照傅里叶定律,建立了描述物质从高浓度区向低浓度区扩散的数学表达式。假设 $C(x, y, z, t)$ 为物质浓度场分布,则物质扩散通量为

图 2.12 德国生理学家阿道夫 · 菲克(Adolf Fick,1829～1901 年)

$$J_x = -D\frac{\partial C}{\partial x},\ J_y = -D\frac{\partial C}{\partial y},\ J_z = -D\frac{\partial C}{\partial z} \tag{2.17}$$

式中,D 为物质扩散系数(单位: m^2/s);C 为扩散物质的体积浓度(单位: kg/m^3);J 为物质扩散通量[单位: kg/(m^2 · s)],J 下标为物质扩散方向,负号表示物质浓度总是从高浓度向低浓度扩散。

上述三类输运现象均属于梯度输运过程,这是自然界中普遍存在的一类物理现象。

其实流体的动量、热量、质量输运性质，从微观上看它们的形成机理是相似的，均是通过分子热运动和分子碰撞而导致的输运，从宏观上看均与各自输运物理量的梯度成正比。即

动量输运（牛顿内摩擦定律）：$\tau = \mu \dfrac{\mathrm{d}u}{\mathrm{d}y}$；

热量输运（傅里叶定律）：$q_x = -k \dfrac{\partial T}{\partial x}$；

质量输运（菲克定律）：$J_x = -D \dfrac{\partial C}{\partial x}$。

2.2　作用在流体微团上力的分类

在流体中任取一以封闭曲面 S 为界面的体积 τ（图 2.13），作用在流体团上的力，按照作用方式分类，分为质量力和表面力。其中，质量力是外力场作用于每个流体质点上的，大小与流体微团质量成正比，属于非接触力，例如重力、惯性力和磁流体具有的电磁力等都属于质量力，由于质量与体积成正比，质量力也称为体积力或彻体力。假设作用在流体微团 Δm 上的质量力 $\Delta \boldsymbol{F}$，单位质量的质量力可表示为

$$\boldsymbol{f} = \lim_{\Delta m \to 0} \frac{\Delta \boldsymbol{F}}{\Delta m} = f_x \boldsymbol{i} + f_y \boldsymbol{j} + f_z \boldsymbol{k} \tag{2.18}$$

其中，Δm 为流体微团质量；$\Delta \boldsymbol{F}$ 为作用在微团上的质量力；$\boldsymbol{i}$、$\boldsymbol{j}$、$\boldsymbol{k}$ 分别表示三个坐标方向的单位向量；f_x、f_y、f_z 分别是三个方向的单位质量力的分量。

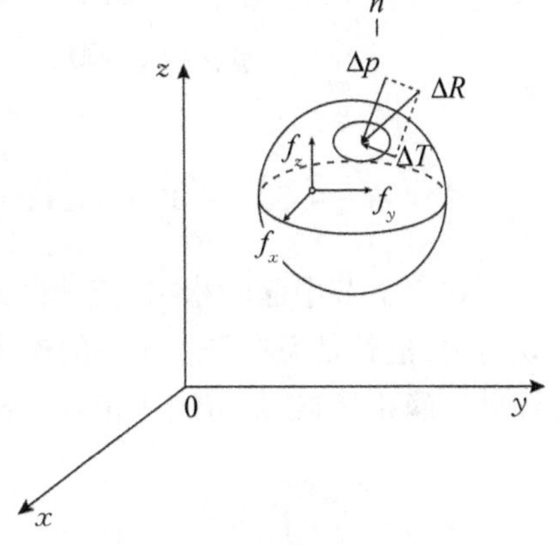

图 2.13　流体中的受力

在封闭曲面 S 上，存在相邻流体或物体对所取流体团的作用力，其大小与作用面的面积成正比，属于接触力，称为表面力，例如，压力和摩擦力均是表面力。由于表面力按面积分布，一般与表面法线方向并不重合，故又可以将表面力分解为法向力和切向力，如图 2.13 所示。假设在 S 上任意取一微元面积 ΔS，在流体力学中把指向作用面内法线方向单位面积上正向力称为压强，定义为

$$p = \lim_{\Delta S \to 0} \frac{\Delta P}{\Delta S} \tag{2.19}$$

压强和真空的概念由法国物理学家帕斯卡（Pascal，1623～1662 年）提出。

与作用面相切的单位面积上的切向力称为切应力，定义为

$$\tau = \lim_{\Delta S \to 0} \frac{\Delta T}{\Delta S} \tag{2.20}$$

在流体力学中，研究对象分理想流体和黏性流体。对于理想流体，无论是运动和静止状态，流体内任意微元面上的作用力只有法向力而无切向力，只存在压强 p。但是对于黏

性流体(也称实际流体),在静止和运动状态下微元面上的受力行为是不同的。在静止状态下,微元面上只受法向应力(压强)而无切向应力;但在运动状态下,微元面上作用着法向应力和切向应力,其中切向应力完全由黏性抵抗流体微团剪切变形引起的,而在法向应力中包含了因惯性和黏性引起的法向应力,但黏性引起的法向应力一般比惯性引起的法向应力要小得多,故在运动流体中也常把内法向应力称为压强。

压强 p 是流体中的一个特征量,其量纲和单位表示方法如下:

(1) 压强量纲; $[p] = \left[\dfrac{\Delta P}{\Delta S}\right] = \dfrac{N}{L^2} = \dfrac{ML}{L^2T} = \dfrac{M}{LT}$;

(2) 用单位面积的力表示,压强单位 N/m^2、Pa 或 kPa;

(3) 用液柱高度 ($h = p/\gamma$) 表示,压强单位可表示为 m、cm、mm;

(4) 用大气压来表示(通常的气压表),表示为 p_{atm}(一个大气压);

(5) 用气象学中的单位 bar、mbar 表示,1 bar = 100 000 Pa = 1 000 mbar。

大气压强分标准大气压强(p_{atm})和工程大气压强(p_{at}),其中,

$$p_{atm} = 101\,300\ \text{Pa} = 101.3\ \text{kPa} = 1.013\ \text{bar} = 1\,013\ \text{mbar}$$

$$p_{at} = 98\,000\ \text{Pa} = 98\ \text{kPa} = 980\ \text{mbar}$$

2.3 静止流体内任一点压强的各向同性特征

在 2.1 节中已经指出,流体区别于固体的一个显著特征是静止流体不能承受任何剪切应力,也就是说在静止状态的流体中只存在法向应力,而没有切向应力。这里所说的流体处于静止状态,是指流体相对于某一坐标系而言静止不动。这一坐标系可以是惯性坐标系,也可以是非惯性坐标系。不管采用哪种坐标系,只要流体相对于该坐标系静止不动,在流体中就只存在法向应力(压强 p),而没有切向应力。现在静止流体中,围绕 O 点任意取一微分四面体,过 O 点取直角坐标系(图 2.14),微元体在三个坐标方向的长度分别是 Δx、Δy、Δz,微元体四个面分别是 $\triangle BCO$、$\triangle ACO$、$\triangle ABO$ 及斜面 $\triangle ABC$,作用在各个面上形心点压强分别是 p_x、p_y、p_z 和 p_n,作用在微元体上的单位质量力为 f_x、f_y、f_z,根据力平衡原理,建立沿各方向的力平衡方程为

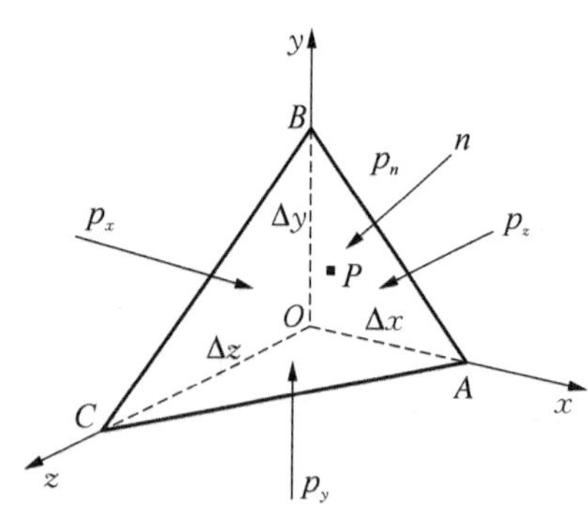

图 2.14 微元四面体受力平衡

$$p_x \frac{1}{2}\Delta y\Delta z - p_n \Delta S\cos(n,\ x) + \Delta F_x = 0 \tag{2.21}$$

$$p_y \frac{1}{2}\Delta z\Delta x - p_n \Delta S\cos(n,\ y) + \Delta F_y = 0 \tag{2.22}$$

$$p_z \frac{1}{2}\Delta x\Delta y - p_n \Delta S\cos(n,\ z) + \Delta F_z = 0 \tag{2.23}$$

由几何关系,可得

$$\Delta S\cos(n,\ x)=\frac{1}{2}\Delta y\Delta z,\ \Delta S\cos(n,\ y)=\frac{1}{2}\Delta z\Delta x,\ \Delta S\cos(n,\ z)=\frac{1}{2}\Delta x\Delta y \quad (2.24)$$

如果流体的密度为ρ,质量力可表示为

$$\Delta F_x=\rho f_x\frac{1}{6}\Delta x\Delta y\Delta z,\ \Delta F_y=\rho f_y\frac{1}{6}\Delta x\Delta y\Delta z,\ \Delta F_z=\rho f_z\frac{1}{6}\Delta x\Delta y\Delta z \quad (2.25)$$

将式(2.24)和式(2.25)代入式(2.21)~式(2.23)中,得

$$p_x-p_n+\rho f_x\frac{1}{3}\Delta x=0 \quad (2.26)$$

$$p_y-p_n+\rho f_y\frac{1}{3}\Delta y=0 \quad (2.27)$$

$$p_z-p_n+\rho f_z\frac{1}{3}\Delta z=0 \quad (2.28)$$

让微元四面体缩小到零,令$\Delta x\to 0,\ \Delta y\to 0,\ \Delta z\to 0$,则由式(2.26)~式(2.28)得

$$p_x=p_y=p_z=p_n \quad (2.29)$$

由于过O点斜面的法向n是任意的,故式(2.29)说明在静止流体中过一点作用在任意方向斜面上的压强大小相等(与作用面的方位无关),方向垂直指向作用面。因此,在流体中,任意一点的压强可表示为坐标位置的连续函数。即

$$p=p(x,\ y,\ z,\ t) \quad (2.30)$$

用同样的方法可以证明:对于理想流体,由于流层之间不存在切应力,无论是静止还是运动状态,流场内部任意一点压强也满足各向同性的性质。

2.4　欧拉平衡微分方程组

在静止平衡流体(绝对静止或相对静止)中,取笛卡儿坐标系$O-xyz$,坐标轴方位任意。在流体内任取一点$M(x,\ y,\ z)$,然后以M点为中心,沿坐标轴三个方向取三个长度Δx、Δy、Δz,划出一微元六面体作为分析对象,如图2.15所示。设$M(x,\ y,\ z)$点的压强p是坐标位置的函数$p(x,\ y,\ z)$,作用在六面体上的力由表面力和质量力组成,利用力平衡原理,可建立流体静力平衡方程组。如图2.15所示,六面体体积为$\Delta x\Delta y\Delta z$,在

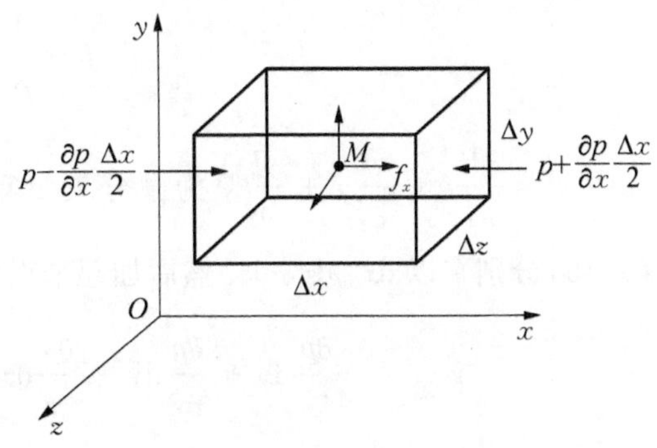

图2.15　微分六面体受力

$M(x, y, z)$点的密度为$\rho(x, y, z)$，作用在M点的单位质量力为f_x、f_y、f_z，微元六面体的表面力可用中心点处压强p的一阶泰勒级数展开表达，以x方向受力建立平衡方程。微元六面体，在x方向的表面力合力为

$$\left(p - \frac{\partial p}{\partial x}\frac{\Delta x}{2}\right)\Delta y\Delta z - \left(p + \frac{\partial p}{\partial x}\frac{\Delta x}{2}\right)\Delta y\Delta z = -\frac{\partial p}{\partial x}\Delta x\Delta y\Delta z \tag{2.31}$$

x方向的质量力为

$$f_x\rho\Delta x\Delta y\Delta z \tag{2.32}$$

因流体静止，则x方向的合外力为零，$\sum F_x = 0$，由此得到

$$-\frac{\partial p}{\partial x}\Delta x\Delta y\Delta z + f_x\rho\Delta x\Delta y\Delta z = 0 \tag{2.33}$$

上式除以$\Delta x\Delta y\Delta z$，并令微元体趋于零，可得x方向平衡微分方程。即

$$f_x - \frac{1}{\rho}\frac{\partial p}{\partial x} = 0 \tag{2.34}$$

同理可得y、z方向的平衡微分方程为

$$f_y - \frac{1}{\rho}\frac{\partial p}{\partial y} = 0 \tag{2.35}$$

$$f_z - \frac{1}{\rho}\frac{\partial p}{\partial z} = 0 \tag{2.36}$$

这三个方程表明，当流体静止平衡时，单位质量力沿某方向的分量等于压强沿该方向偏导数除以密度。这个平衡方程组即为1755年由瑞士科学家欧拉推导出来的，称为欧拉平衡微分方程组。

由式(2.34)~式(2.36)，可得到矢量表达的方程。即

$$\boldsymbol{f} - \frac{1}{\rho}\nabla p = 0 \tag{2.37}$$

其中，$\nabla = \frac{\partial}{\partial x}\boldsymbol{i} + \frac{\partial}{\partial y}\boldsymbol{j} + \frac{\partial}{\partial z}\boldsymbol{k}$为微分矢量算子，也称为哈密顿算子。将式(2.34)~式(2.36)分别乘以$\mathrm{d}x$、$\mathrm{d}y$、$\mathrm{d}z$，然后加起来得到

$$\frac{\partial p}{\partial x}\mathrm{d}x + \frac{\partial p}{\partial y}\mathrm{d}y + \frac{\partial p}{\partial z}\mathrm{d}z = \rho(f_x\mathrm{d}x + f_y\mathrm{d}y + f_z\mathrm{d}z) \tag{2.38}$$

此式左边是压强的全微分：

$$dp = \frac{\partial p}{\partial x}dx + \frac{\partial p}{\partial y}dy + \frac{\partial p}{\partial z}dz \tag{2.39}$$

在流体中沿着任意封闭曲线积分式(2.38)，如图 2.16 所示，得

$$\oint_C \frac{\partial p}{\partial x}dx + \frac{\partial p}{\partial y}dy + \frac{\partial p}{\partial z}dz = \oint_C \rho(f_x dx + f_y dy + f_z dz) \tag{2.40}$$

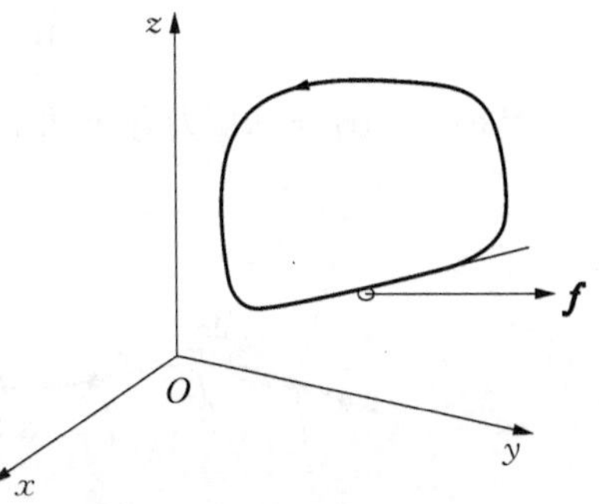

图 2.16　质量力曲线积分

因压强是单值连续可微函数，则上式中左边积分为零，也就是

$$\oint_C \frac{\partial p}{\partial x}dx + \frac{\partial p}{\partial y}dy + \frac{\partial p}{\partial z}dz = \oint_C dp = 0$$

由此得到式(2.40)右边积分也为零，有

$$\oint_C \rho(f_x dx + f_y dy + f_z dz) = 0 \tag{2.41}$$

由于积分曲线是任意的，流体密度又不为零，所以式(2.41)左边括号内质量力的微分量一定是某个函数的全微分，这个函数 Π 称为质量力的力势函数。即

$$\begin{gathered} f_x = -\frac{\partial \Pi}{\partial x},\ f_y = -\frac{\partial \Pi}{\partial y},\ f_z = -\frac{\partial \Pi}{\partial z} \\ f_x dx + f_y dy + f_z dz = -d\Pi,\ \oint_C -\rho d\Pi = 0 \end{gathered} \tag{2.42}$$

说明，流体在静止状态下，作用于流体质点上的质量力一定是有势力。但在有势力作用下，流体可以静止，也可以运动。

质量力为有势力所满足的充分必要条件为

$$\frac{\partial f_x}{\partial y} = \frac{\partial f_y}{\partial x},\ \frac{\partial f_y}{\partial z} = \frac{\partial f_z}{\partial y},\ \frac{\partial f_z}{\partial x} = \frac{\partial f_x}{\partial z} \tag{2.43}$$

根据式(2.38)，将力平衡方程可写成全微分形式，即

$$dp = -\rho d\Pi \tag{2.44}$$

当 ρ 为常数时，积分上式得到

$$p = -\rho\Pi + C \tag{2.45}$$

式中，C 为积分常数，由 Π 的取值决定。如果知道某一点的压强值 p_a 和力势函数 Π_a 的值，则任何其他点的压强和势函数之间的关系为

$$p = p_a - \rho(\Pi - \Pi_a) \tag{2.46}$$

在流体中，由压强相等的空间点组成的几何曲线或曲面称为等压线或等压面。由式

(2.44)可知,在流体内(包括自由液面)等压面(p = 常数)必是质量力的等势面(Π = 常数)。如图 2.17 所示,在等压面上满足 $\mathrm{d}p = 0$,

$$-\mathrm{d}\Pi = f_x\mathrm{d}x + f_y\mathrm{d}y + f_z\mathrm{d}z = \boldsymbol{f} \cdot \mathrm{d}\boldsymbol{r} = 0 \tag{2.47}$$

$\mathrm{d}\boldsymbol{r} = \mathrm{d}x\boldsymbol{i} + \mathrm{d}y\boldsymbol{j} + \mathrm{d}z\boldsymbol{k}$ 为等压面上的向径,上式表明质量力与等压面正交。

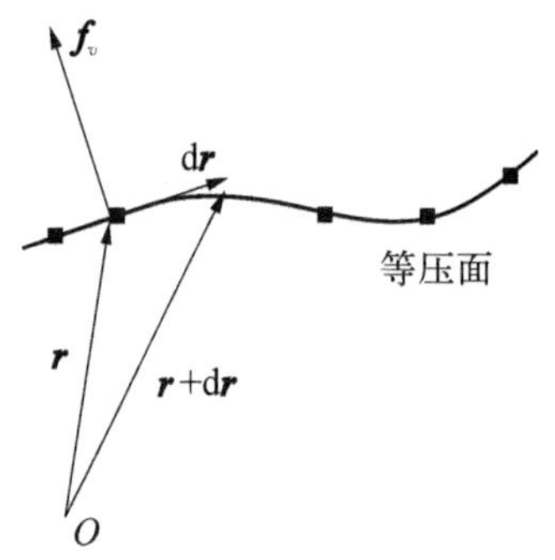

图 2.17　等压线

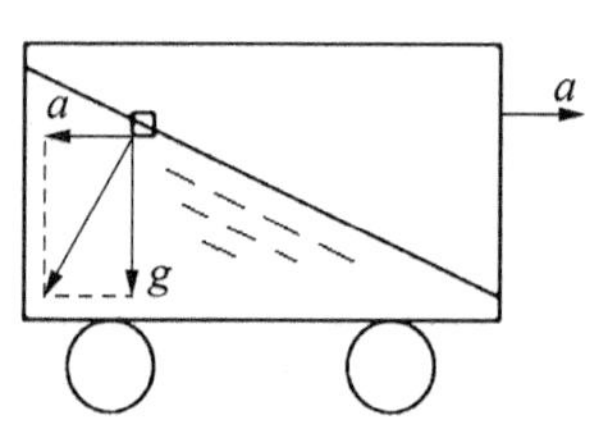

图 2.18　水平加速向右运动小车中倾斜的水面

例如,在重力作用下静止液体的等压面是水平面;在加速上升或下降电梯中的液体除了受到重力之外,还受到向下或向上的惯性力,二者合成的质量力均与重力平行,因此等压面也是水平面;在水平向右加速容器中的液体除了受到垂向的重力之外,还受到向左的惯性力,二者合成的质量力偏离垂线左边,因此等压面是倾斜平面,如图 2.18 所示。

2.5　重力场静止液体中的压强分布规律

现在考察在地球表面重力场中静止不动液体内部压强分布规律。在重力场中,设封闭容器中装有液体,自由面处压强为 p_0,建立如图 2.19 所示坐标系,考虑距水平轴高度为 z 处的某流体质点,其单位质量力只有重力,可表示为

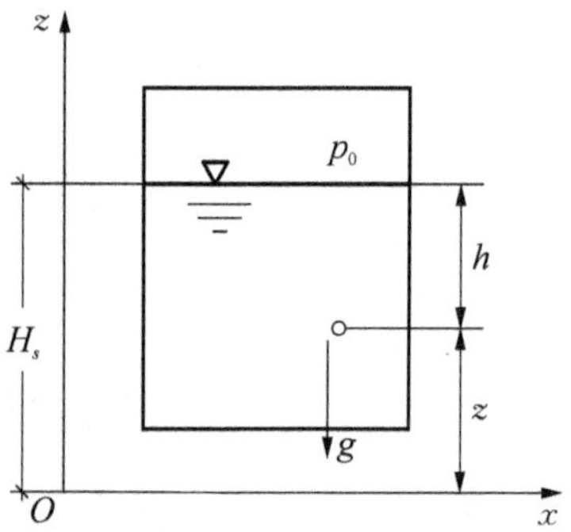

$$f_x = 0,\ f_y = 0,\ f_z = -g$$

图 2.19　重力作用下静止液体压强

力势函数微分为

$$\mathrm{d}\Pi = -(f_x\mathrm{d}x + f_y\mathrm{d}y + f_z\mathrm{d}z) = -(-g\mathrm{d}z) = g\mathrm{d}z \tag{2.48}$$

其中,g 为重力加速度,代入平衡全微分方程(2.44)中,得

$$\mathrm{d}p = -\rho\mathrm{d}\Pi = -\rho g\mathrm{d}z$$

取 $\gamma = \rho g$,沿高度方向积分后,得

$$\frac{p}{\gamma} + z = H(\text{常数}) \tag{2.49}$$

此式即为在重力作用下,静止液体的平衡积分方程。该式表明,在重力作用下,静止液体

中任意一点的 p/γ 与 z 之和为常数。显然,静止液体中等压面为水平面 $z = C$。

下面说明式(2.49)的几何和物理意义。式中,z 表示液体质点在坐标系中所处位置高度,水力学中称为位置水头;p/γ 表示液体质点所受压强的液柱高度,水力学中称为压强水头;H 表示上述位置和压强高度之和,对于液体内任意点是常数,水力学中称为测压管水头(在静止液体中也称为总水头)。如图 2.20 所示,对于在同一容器中,不同位置高度上的点 1、2、3,由平衡积分方程(2.49)可知

$$\frac{p_1}{\gamma} + z_1 = \frac{p_2}{\gamma} + z_2 = \frac{p_3}{\gamma} + z_3 = H \tag{2.50}$$

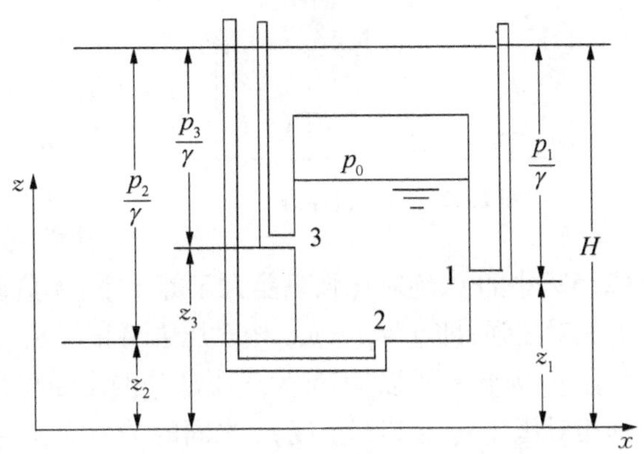

图 2.20　位置和压强高度之和为常数

由此表明,在静止液体中,位置水头与压强水头可以互换,但总水头保持不变。

从物理学上看,式(2.49)各项的物理意义是: z 代表单位质量液体所具有的重力势能,因为对于质量 m 的液体团,位置高度 z,则其相对于参考坐标原点,液体质团所具有的势能为 mgz,单位质量的重力势能等于 $mgz/(mg) = z$;p/γ 代表单位质量液体所具有的压强势能;H 代表单位质量液体所具有的总势能;平衡方程 $\frac{p}{\gamma} + z = H$ 表示: 静止液体中,单位质量液体所具有的势能与压能之和不变,但它们可以互相转换。

假设自由液面距水平轴(基准轴)距离为 H_s,则自由面与 z 处液体质点满足的平衡方程是

$$\frac{p}{\gamma} + z = \frac{p_0}{\gamma} + H_s$$

整理得到

$$p = p_0 + \gamma(H_s - z) \quad 或 \quad p = p_0 + \gamma h \tag{2.51}$$

其中,$h = H_s - z$ 为 z 点距离自由液面下的深度,也称为水下深度。式(2.51)表示,静止液体中,距自由面深 h 处的压强来自两部分的贡献: 一是 z 点上方单位面积上的液柱质量 γh,这部分与水下淹没深度呈正比;二是自由面处的压强 p_0,该部分等值不变地传递到液体内部任一点处,与深度无关。这一等值传递特性,就是著名的帕斯卡原理(图 2.21,1653 年由法国物理学家帕斯卡提出,并制成水压机),利用这一原理帕斯卡发明了水压机。这一原理表明: 密闭容器中静止液体,当外加压强发生变化时,液体内任一点的压强将发生同样大小的变化,即施加于静止液体中的

图 2.21　法国科学家帕斯卡(Pascal, 1623～1662 年)

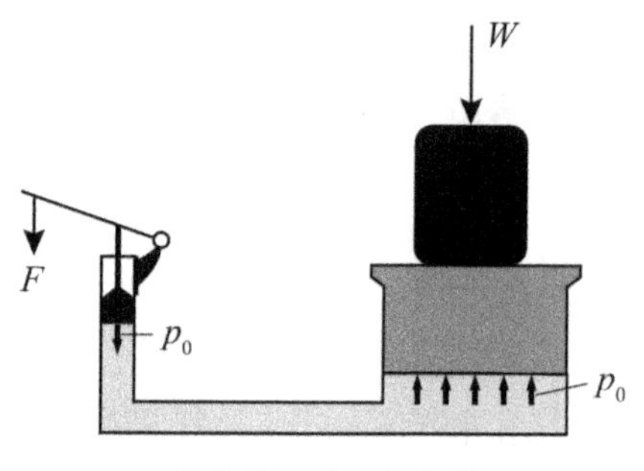

图 2.22 水压机原理

压强等值传递到液体内各点，如图 2.22 所示。

如果液体的自由面为大气压强 p_a，距自由面水下深度 h 处的压强为

$$p = p_a + \gamma h \tag{2.52}$$

水力学中，可用该式计算挡水墙的水压力，如图 2.23 所示。

对于压强，可用不同的参考值计量。以绝对真空为参考值计量的压强称为绝对压强，如式(2.52)中的 p，绝对压强只能大于等于零，无负值；以大气压 p_a 为参考压强计量的压强称为相对压强，即 $p_r = p - p_a$，相对压强可正可负，在气体力学用气压表记，称为表压强；以大气压 p_a 为参考压强，不足大气压部分的压强称为真空度 $p_v = p_a - p$；对于同一个压强值 p，其相对压强 p_r 与其真空度 p_v 之间的关系为 $p_r = -p_v$，如图 2.24 所示。

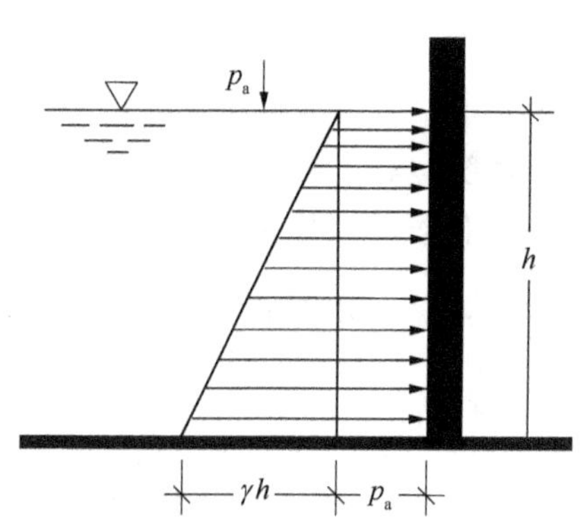

图 2.23 挡水墙水压力分布

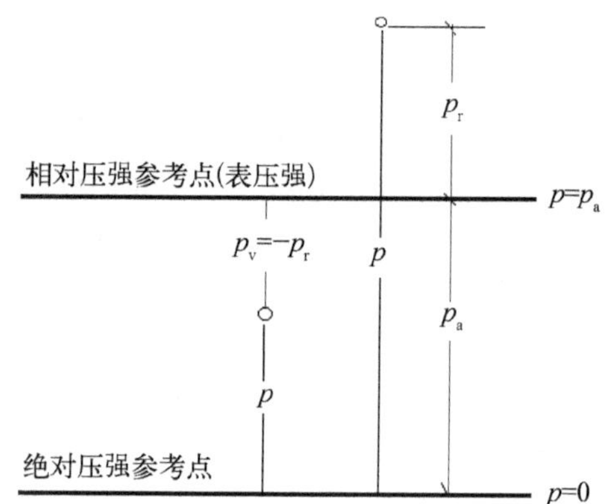

图 2.24 压强的计量方法

例题 1　湿式大气压力表的工作原理　有一种大气压力表是用汞柱高度来表达大气压的数值，如图 2.25 所示。一根上端封闭的长玻璃管和一个盛汞的底盒，玻璃管竖立。玻璃管中的汞与底盒中的汞相连通。玻璃管中汞柱的上端是绝对真空的。如图 2.25 所示，将坐标 z 轴的基准面 0－0 在盒中汞液面上，管中汞柱上表面处于绝对真空，该处的 $p_0 = 0$, $z_0 = 0$。按公式 $p = p_0 + \gamma h$，玻璃管下面与盒中汞面等高的 A 处(距上表面的深度为 h)的压强 p_A 是 $p_A = \rho_{Hg} g h$。而 p_A 和大气压强 p_a 是相等的，即 $p_a = \rho_{Hg} g h = \gamma_{Hg} h$。因汞和水的密度比是 13.6，故 $\gamma_{Hg} = 13.6\gamma_w$。这样要计算大气压值，只要把气压表上读取的汞柱高度乘以汞的容重就能得到，大气压读数往往只说汞柱高就行了，标准气压是 760 mm 汞柱。

例题 2　水下封闭物体的浮力大小　早在公元前约 250 年，古希腊科学家阿基米德就提出了浮力定理，即任何物体所受浮力大小等于物体体积排开水体的质量。如图 2.26 所示，对于淹没于水下的任意物体，按照式(2.52)计算物面上的水压强，然后绕封闭曲面积分水压力在垂直方向的分力，可以很容易得到浮力大小，即 $F_w = \gamma_w \forall$(物体的体积)。

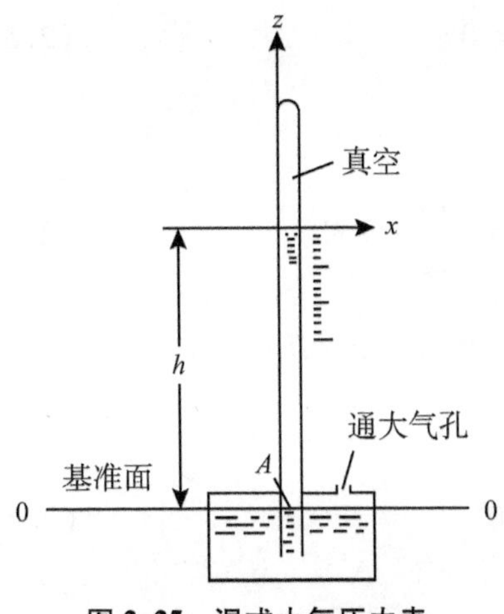

图 2.25　湿式大气压力表

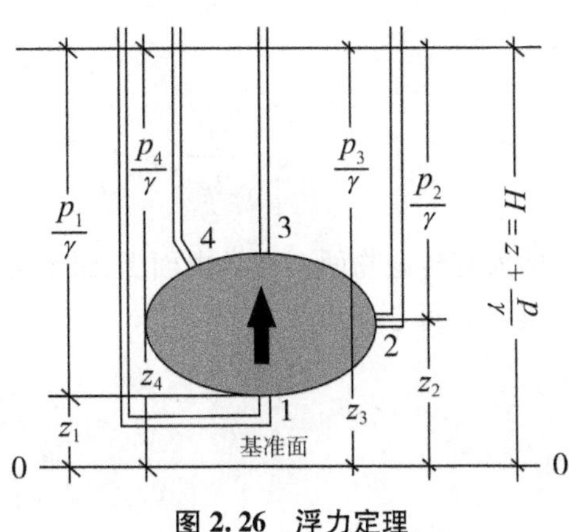

图 2.26　浮力定理

2.6　相对静止液体的平衡规律

欧拉平衡微分方程组不仅适用于绝对静止流体，也适用于相对静止的流体，如液体像刚体一样做匀速直线运动的均质流体，同时也适用于旋转容器中稳定后的相对静止的均质流体。如图 2.27 所示，假设一盛有部分水体的容器，绕中心轴以角速度 ω 旋转，当容器内的水体稳定后，水体处于相对静止状态。现在利用欧拉平衡微分方程组，求解容器内水体的压强分布和自由面形状。

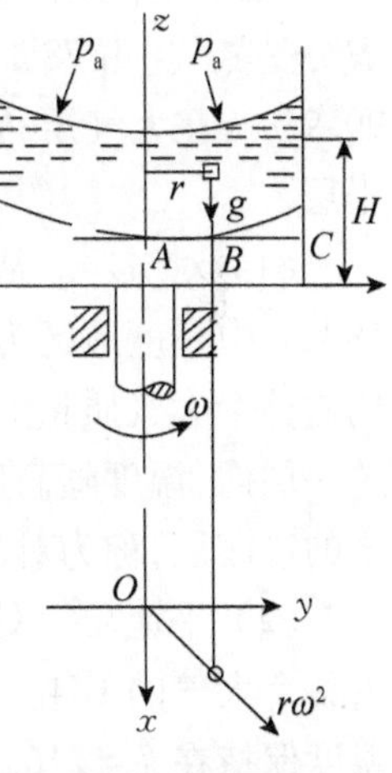

图 2.27　旋转容器内水体相对平衡

(1) 水体压强分布。如图 2.27 所示，在水体内任意一点所受的单位质量力（计入离心惯性力）为

$$f_x = x\omega^2,\ f_y = y\omega^2,\ f_z = -g \tag{2.53}$$

代入平衡微分方程 $dp = \rho(f_x dx + f_y dy + f_z dz)$，可得到

$$dp = \rho(\omega^2 x dx + \omega^2 y dy - g dz) \tag{2.54}$$

积分得

$$p = \frac{\rho\omega^2}{2}(x^2 + y^2) - \rho g z + C \tag{2.55}$$

由自由面条件，确定积分常数 C。如图 2.27 所示，在 $x = y = 0,\ z = H$ 时，$p = p_a$，由式(2.55)得到积分常数 $C = p_a + \rho g H$。代入后，得

$$p = p_a + \rho g\left[\frac{\omega^2}{2g}(x^2 + y^2) + (H - z)\right] \tag{2.56}$$

(2) 自由面形状。根据等压面定义，在等压面上，由式(2.54)得到

$$\omega^2 x\mathrm{d}x + \omega^2 y\mathrm{d}y - g\mathrm{d}z = 0 \tag{2.57}$$

积分得

$$z = \frac{\omega^2}{2g}(x^2 + y^2) + C \quad 或 \quad z = \frac{\omega^2 r^2}{2g} + C \tag{2.58}$$

上式即为旋转抛物面。在自由面上，最低点位置是：$r = 0$, $C = z = H$。

故自由面方程为

$$z_s = \frac{\omega^2}{2g}(x^2 + y^2) + H \tag{2.59}$$

其中，$z_s = \dfrac{\omega^2 r^2}{2g}$ 称为超高，即自由液面高出抛物线顶点的部分。

2.7 标准大气

包围地球的空气总称为大气。大气的总质量约为地球质量的百万分之一。空气主要成分是氮气(占78%)和氧气(占21%)，离地面50 km以内的范围内集中了大气质量的99.9%。在大气层内温度、压强等随高度发生变化。按其变化特征，可将大气分为若干层。

(1) 对流层。从海平面起算的最低一层大气，高度随纬度变化而不同，赤道处为16~18 km，中纬度地区为10~12 km，两极为7~10 km。在这一层内密度最大，所含空气质量约占整个大气质量的3/4。空气存在上下流动，雷雨和风暴等复杂的气象变化均发生在这一层内，温度随高度直线下降。对流层到平流层之间有一个厚度仅为数百米到一、二千米的过渡层，称为对流顶层。

(2) 平流层。处在对流顶层之上，范围为从对流顶层到32 km以内，所含空气质量占整个大气的1/4。大气只有水平方向的运动，没有雷雨等气象变化。高度在12~20 km，温度保持在T=216.65 K，这一层被称为同温层；高度在20~32 km，温度随高度增加而上升。

(3) 中间大气层。高度在32~80 km，这一层温度先是随高度上升，在53 km处达到282.66 K，以后下降，在80 km处降低到196.86 K。这一层的空气质量约占总质量的1/3 000。

(4) 高温层。高度在80~400 km，温度随高度上升，到400 km处达1 500~1 600 K。这是由于直接受到太阳的短波辐射的缘故。这个区域由于空气分子被短波辐射分解成离子，故存在有好几个电离层：最低层称D层，在60~80 km处；第二层为E层，在100~120 km处；第三层为F_1层，在180~220 km处；最高层称为F_2层，在300~350 km处。100 km以上的高空空气是很好的导电体。在150 km以上，由于空气过分稀薄，可闻声已经不存在。

(5) 外层大气。高度在400~1 600 km,空气分子有机会逸入太空而不与其他分子碰撞。空气质量占总质量的$1/10^{11}$。

普通飞机主要在对流层和平流层里活动。据记载,飞机最大高度39 km,探测气球最大高度44 km,人造卫星的近地点大多在100 km以上,远地点可达到1 000 km以上。大多数陨石消灭在40~60 km高度上。气象条件逐日都有些变化,更不用说不同的季节了,并且不同地区气象也不相同。无论做飞行器设计,还是做实验研究,都要用到大气条件,为了便于比较,工程上需要规定一个标准大气。这个标准是按中纬地区的平均气象条件定出来的。这样做计算时,都依此标准进行计算;做实验时,也都换算成标准条件下的数据。

1. 标准大气温度分布

标准大气规定在海平面上,大气温度为15℃或 T_0 = 288. 15 K, 压强 p_0 = 760 mm汞柱=101 325 N/m^2,密度 ρ_0 = 1. 225 kg/m^3。如图2. 28所示,从基准面到11 km的高空称为对流层,在对流层内大气密度和温度随高度有明显变化,温度随高度增加而下降,高度每增加1 km,温度下降6. 5 K,即 $T = 288.15 - 0.0065z$; 11~21 km的高空大气温度基本不变,温度保持为216. 5 K;高度大于21 km以上时,大气温度随高度的变化复杂,主要因素包括地表吸收太阳热量、臭氧吸热与电离放热、空气或宇宙尘埃受短波辐射升温等。

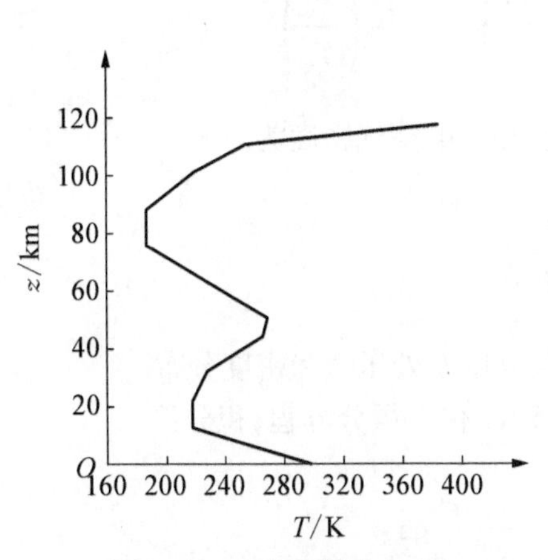

图2. 28　大气层温度分布

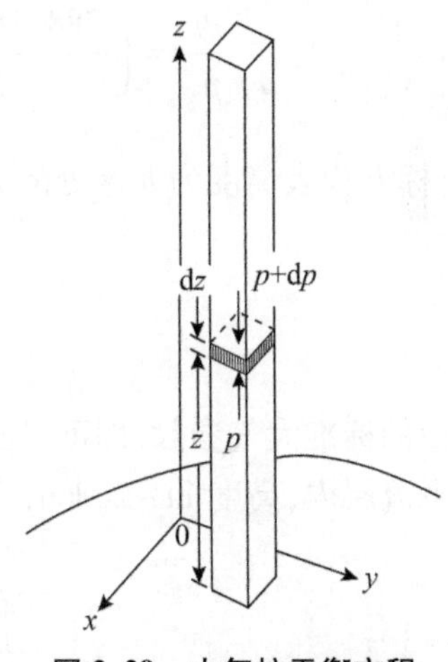

图2. 29　大气柱平衡方程

2. 标准大气压强分布

如图2. 29所示,建立坐标系统,用静平衡微分方程推导压强随高度的变化规律。因为大气密度ρ是变量,故在某高度处大气压强可以看作是单位面积上一根上端无界的空气柱的重量压下来的结果,如图2. 29所示。考虑某高度处的单位质量空气微元,其受的质量力分量为

$$f_x = 0, f_y = 0, f_z = -g$$

代入平衡微分方程,得

$$dp = -g\rho dz \tag{2.60}$$

根据完全气体状态方程，密度可写为压强和温度的表达式。即

$$\rho = p/RT \tag{2.61}$$

代入平衡微分方程，得

$$\frac{dp}{dz} = -\frac{gp}{RT} \tag{2.62}$$

其中，温度 T 是高度 y 的已知函数，严格说来 g 也随 y 有所变化，但在对流层这个范围内，其影响极小，这里就看作常数，其值为 9.806 65 m/s²。将 T 的表达式代入上式，然后积分可得到压强随高度的变化关系。

在对流层，$T = 288.15 - 0.0065z$，代入平衡微分方程，得到

$$\int_{p_0}^{p_h} \frac{dp}{p} = -\frac{g}{R}\int_0^h \frac{dz}{288.15 - 0.00065z}$$

进行积分，得

$$\frac{p_h}{p_0} = \left(\frac{288.15 - 0.0065h}{288.15}\right)^{5.25588} = \left(\frac{T_h}{T_0}\right)^{5.25588} \tag{2.63}$$

式中，下标 h 代表高度为 h 米处的大气参数。相应的空气密度为

$$\frac{\rho_h}{\rho_0} = \left(\frac{T_h}{T_0}\right)^{4.25588} \tag{2.64}$$

根据地面的标准大气参数，即可得出对流层某高度 h 处压强和密度分布。

在平流层内，高度 11~20 km，$T = 216.65$ K，代入微分方程，积分得

$$\int_{p_{11}}^{p_h} \frac{dp}{p} = -\frac{g}{RT}\int_{11}^{h} dz \tag{2.65}$$

结果得

$$\frac{p_h}{p_{11}} = \frac{\rho_h}{\rho_{11}} = e^{-\frac{h-11000}{6341.62}} \tag{2.66}$$

下标“11”代表 $h = 11000$ m 处的大气参数。其他高度上的压强、密度参数都可以仿此由温度随高度的变化关系代入平衡微分方程后积分得出。这样计算出来的大气参数（压强、密度、温度等）列成标准大气表，可供查阅参考。图 2.30 是温度 T、压强 p、密度 ρ 随高度 h 变化曲线。

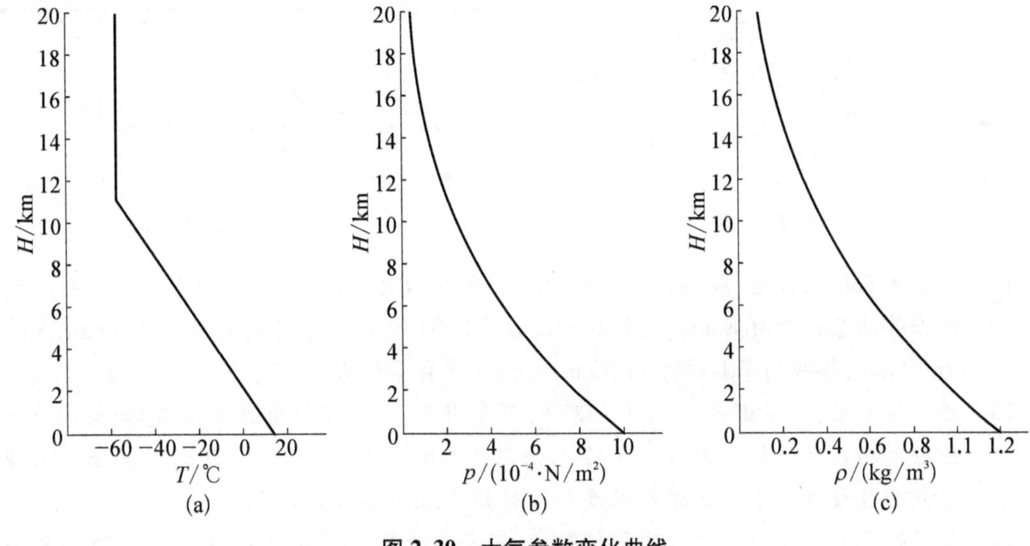

图 2.30　大气参数变化曲线

习　　题

一、思考题

2.1　什么是流体的连续介质假设?

2.2　从微观上看流体状态,如何描述?从宏观看流体状态,如何描述?

2.3　为什么可用克努森数表征流体的连续性?结合标准大气表,请说明对于 1 000 mm 长的物体,在什么高度以上不满足连续介质假设。

2.4　什么是流体的易流动性?请从微观上说明流体的易流动性。

2.5　对于空气和水,如果体积压缩 1%,求需要的压强增量。

2.6　什么是流体的黏滞性?为什么流体内的黏性切应力与剪切变形速率呈正比,而不是剪切变形量?

2.7　请说明宾汉流体、伪塑性流体、胀塑性流体、牛顿流体切应力与变形率的关系。

2.8　已知某一点气压表读数 2.5 个大气压,试问该点的相对压强、绝对压强是多少?

2.9　静止流体内部任意一点静压强的各向同性指什么?

二、计算题

2.10　一平板距离另一固定平板 0.5 mm,两板间充满液体,上板在每平方米上有 2 N 的力作用下以 0.25 m/s 的速度移动,试求该液体的黏度。

2.11　如习题 2.11 图所示,有一底面积为 60 cm×40 cm 的平板,质量为 5 kg,沿一与水平面成 20°角的斜面下滑,平面与斜面之间的油层厚度为 0.6 mm,若下滑速度为 0.84 m/s,求油的动力黏度 μ。

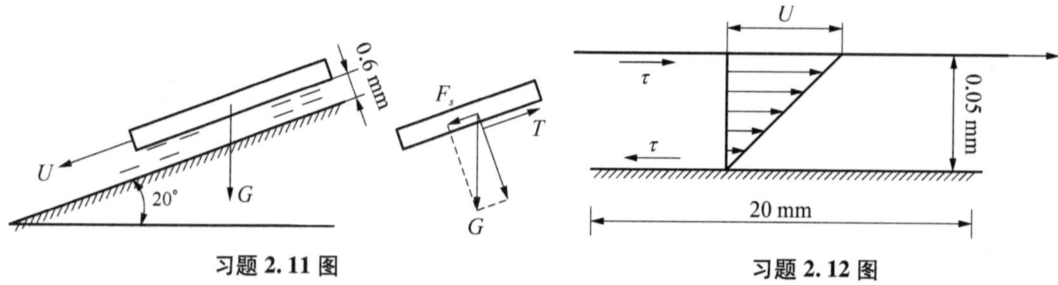

习题 2.11 图　　　　习题 2.12 图

2.12　为了进行绝缘处理，将导线从充满绝缘涂料的模具中间拉过，如习题 2.12 图所示，已知导线直径为 0.8 mm，涂料的黏度 $\mu = 0.02$ Pa·s，模具的直径为 0.9 mm，长度为 20 mm，导线的牵拉速度为 50 m/s，试求所需牵拉力。

2.13　两平行圆盘，直径都是 d，两者相距 h，下盘固定，上盘以匀角速度 ω 旋转，盘间有一种黏度为 μ 的液体。假设与直径 d 相比两盘的距离 h 为小量，两盘之间液体的速度分布呈线性关系。试推导黏度 μ 与转矩 T 及角速度 ω 之间的关系。

2.14　如习题 2.14 图所示，上下两平行圆盘，直径均为 d，两盘间间隙厚度为 δ，间隙中液体的动力黏度为 μ，若下盘固定不动，上盘以角速度 ω 旋转，求所需力矩 M 的表达式。

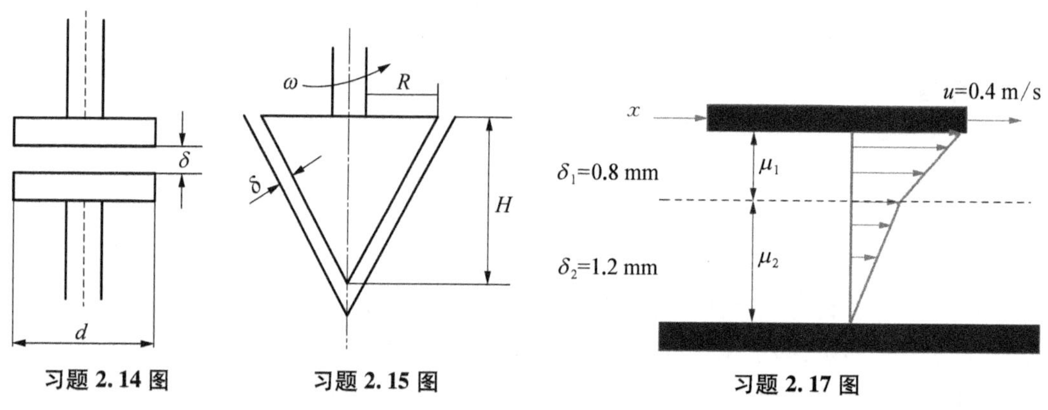

习题 2.14 图　　　　习题 2.15 图　　　　习题 2.17 图

2.15　如习题 2.15 图所示，已知 $\omega = 16$ rad/s，$\delta = 1$ mm，$R = 0.3$ m，$H = 0.5$ m，$\mu = 0.1$ Pa·s，求作用于圆锥体的阻力矩。

2.16　有一矩形断面的宽渠道，其水流速度分布为：$u = 0.002\dfrac{\gamma}{\mu}\left(hy - \dfrac{y^2}{2}\right)$，式中 γ 为水的容重，μ 为水的动力黏性系数，y 为水深，$h = 0.5$ m。试求渠底 $y = 0$ 处的切应力 τ_0。

2.17　如习题 2.17 图所示，两平板间充满了两种不相混合的液体，其黏度系数分别为液体动力黏度 $\mu_1 = 0.14$ Pa·s，$\mu_2 = 0.24$ Pa·s，液体厚度分别为 $\delta_1 = 0.8$ mm，$\delta_2 = 1.2$ mm，假定速度分布为直线规律，试求推动底面积 $A = 0.1\ \text{m}^2$ 的上平板以 0.4 m/s 速度做匀速运动所需要的力。

2.18　太平洋中的马里亚纳山脉深度是 11 034 m。在该高度水的容重 $\gamma = 10\,520\ \text{N/m}^3$。

估计这个海拔的压强。

2.19　假设大气的密度是个常数,其值为 1.225 kg/m^3,试求大气层的上界为多少米。(假设在海平面处的压强与国际标准大气值相同)

2.20　一个垂直的干净的玻璃压力计管的内径为 1 mm。当施加压力时,20℃的水上升到 25 cm 的高度。修正表面张力后,估算压强。

2.21　压缩机压缩空气,绝对压强从 9.806 7×10^4 Pa 升高到 5.884 0×10^5 Pa,温度从 20℃升高到 78℃,问空气体积减小了多少?

2.22　内径为 10 mm 的开口玻璃管插入温度为 20℃的水中,已知水与玻璃的接触角 θ=10°。试求水在管中上升的高度。

2.23　一个封闭的容器包含 1.5 m 的油、1 m 的水、20 cm 的汞和一个顶部的空气空间,温度都是 20℃。如果 p_{bottom} = 60 kPa, 那么空气空间的压力是多少?

2.24　在习题 2.24 图中,两种流体的温度都是 20℃。如果表面张力的影响可以忽略不计,那么油的密度是多少?(单位: kg/m^3)

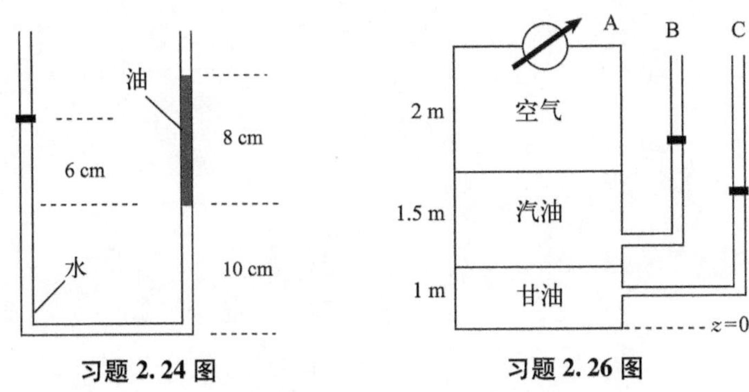

习题 2.24 图　　**习题 2.26 图**

2.25　某发动机的设计高度为 1 000 m,试求出该高度处的大气压强密度和温度,并与国际标准大气表上所给出的参数相比较。

2.26　在习题 2.26 图中,传感器 A 的读数为 1.5 kPa(计)。所有液体都在 20℃。确定打开的压力计管 B 和 C 的液面高度 z(m)。

2.27　一个储气罐的容积为 6 m^3,内储 48.1 kg 的空气,试确定储气罐内空气的密度。

2.28　一个直径 5 mm 的毛细管被用作油的黏度计。当流量为 0.071 m^3/h 时,单位长度测得的压降为 375 kPa/m,估计流体的黏度。该液体是层流吗?能否估计流体的密度?

2.29　如习题 2.29 图所示为一等加速向下运动的盛水容器,水深 h = 2 m,加速度 a = 4.9 m/s^2。试确定:① 容器底部的流体绝对静压强;② 加速度为何值时容器底部所受压强为大气压强?③ 加速度为何值时容器底部的绝对静压强等于零?

2.30　某日气压表的读数为 101.672 kPa,试求:在每平方米面积上,大气压强所作用的力为多少牛?

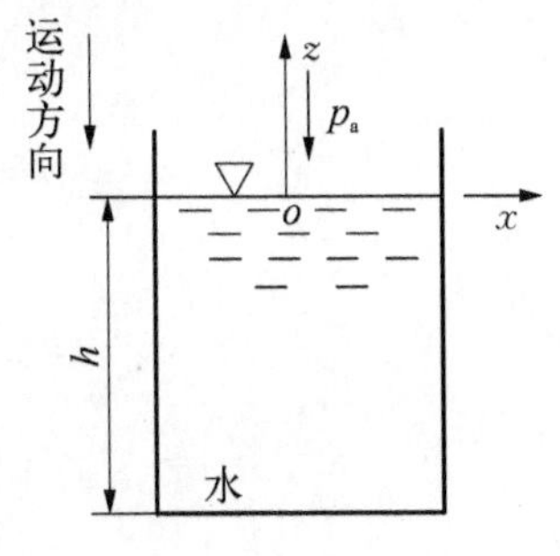

习题 2.29 图

2.31 某气罐容积为 27.1 m^3,内储压缩空气。已知罐中空气的温度为 303 K,压强为 127.825 kPa,试求罐内压缩空气的质量为多少千克?

2.32 用容积为 1 000 m^3 的金属罐做水压试验。先在容器内注满压强为 1.013×10^5 Pa 的水,然后加压注水,要使容器内压强增加到 7×10^5 Pa,需再注入多少水?

2.33 假设大气的温度是个常数,其值为 288.15 K,5 000 m 高度处的压强为多少?请将该压强值和相同高度下标准大气的对应值相比较,并解释产生这种差别的主要原因。

第3章 流体运动学与动力学基础

本章主要介绍描述流体运动拉格朗日方法和欧拉方法、流体质点运动特征(流线、迹线等)以及流体质点物理量随时间的变化率(包括速度、加速度、物理量的随体导数)等;推导流体微团的基本运动形式分解定理、流场的散度和旋度以及流体微团的连续性方程和运动微分方程组;介绍伯努利积分方程及其应用、雷诺输运方程和流体运动的积分方程组;介绍流体微团的旋涡运动及其特征。

学习要点:

(1) 熟悉流体质点运动的两种描述方法及其流体质点运动要素的表征(包括速度、加速度、物理量的随体导数等);

(2) 掌握流体微团的基本运动形式分解及其各运动分量的数学表达式、流场的散度和旋度以及流体旋涡运动及其特征;

(3) 熟练掌握欧拉运动微分方程组及其积分形式、雷诺输运方程和流体运动的积分方程组的推导过程;

(4) 熟练掌握伯努利方程的适用条件及其应用。

3.1 描述流体运动的方法

当流体发生运动时,如何正确表征各个流体质点的运动特性,必须回答两个基本问题:一是怎样跟踪和区分每一个流体质点;二是如何描述每一个流体质点的运动特征及其变化,这是流体运动学的基本问题。根据观察者着眼点的不同,对流体质点的运动可用拉格朗日方法和欧拉方法描述。

3.1.1 拉格朗日方法(质点法或质点系法)

这种方法称为流体的质点系法,首先由瑞士数学家与流体力学家欧拉提出,然后由法国数学家、物理学家拉格朗日(图3.1)于1781年发展的。在该方法中,通过标识确认所有流体质点(不标识空间点),然后记录每个质点在不同时刻的位置坐标,从而达到对整体流动行为的了解。显然这种方法要求观察者随时随地跟踪每个流体质点,记录该质点

图 3.1 法国数学家、物理学家拉格朗日(Joseph-Louis Lagrange, 1736～1813 年)

运动历程(直接测量资料是不同时刻质点的位置,引出质点轨迹线的概念),从而获得整体流动的运动规律。设在静止时刻或某一初始时刻 t_0 时,把流体质点的初始位置坐标(a, b, c)作为该质点的标识符(做到质点标识不重名,图 3.2),则在任意 t 时刻,质点的空间位置可表示为

$$\begin{cases} x = x(a, b, c, t) \\ y = y(a, b, c, t) \\ z = z(a, b, c, t) \end{cases} \tag{3.1}$$

式中,a、b、c、t 称为 lagrange 变数。a、b、c 是流体质点的标识符,用于区分和识别各质点,也是流体质点的跟随性条件。t 表示时间。如果 t 给定,式(3.1)表示在给定时刻不同质点的空间位置;如果(a, b, c)给定,式(3.1)表示给定质点在不同时刻的位置,给出质点的轨迹。通过跟踪所有质点的全过程,就可以了解流动全貌。其中,不同时刻任意质点的位置记录即为直接测量资料,由此通过定义、定律得到的速度、加速度数据为间接测量数据。

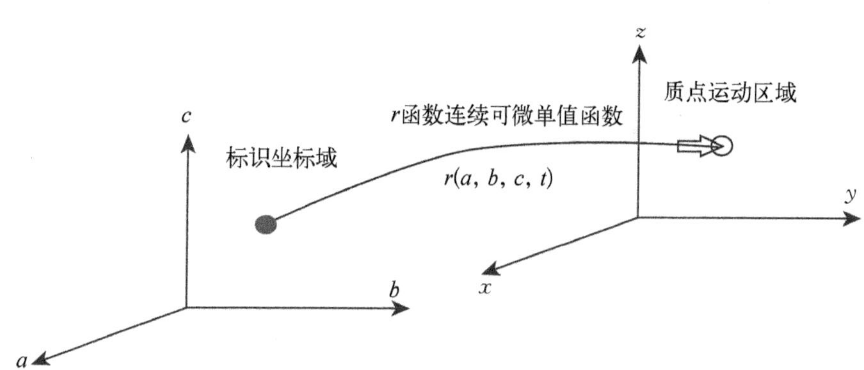

图 3.2 质点标识法

如果知道给定质点位置,则可以根据定义确定质点的速度。即

$$\begin{aligned} u &= \lim_{\Delta t \to 0} \frac{x(a, b, c, t + \Delta t) - x(a, b, c, t)}{\Delta t} = \frac{\partial x(a, b, c, t)}{\partial t} \\ v &= \lim_{\Delta t \to 0} \frac{y(a, b, c, t + \Delta t) - y(a, b, c, t)}{\Delta t} = \frac{\partial y(a, b, c, t)}{\partial t} \\ w &= \lim_{\Delta t \to 0} \frac{z(a, b, c, t + \Delta t) - z(a, b, c, t)}{\Delta t} = \frac{\partial z(a, b, c, t)}{\partial t} \end{aligned} \tag{3.2}$$

这里用时间偏导数,因为流体质点是给定。同样,由定义可得给定质点的加速度表达式。即

$$
\begin{aligned}
a_x &= \lim_{\Delta t \to 0} \frac{u(a, b, c, t+\Delta t) - u(a, b, c, t)}{\Delta t} = \frac{\partial u(a, b, c, t)}{\partial t} = \frac{\partial^2 x}{\partial t^2} \\
a_y &= \lim_{\Delta t \to 0} \frac{v(a, b, c, t+\Delta t) - v(a, b, c, t)}{\Delta t} = \frac{\partial v(a, b, c, t)}{\partial t} = \frac{\partial^2 y}{\partial t^2} \\
a_z &= \lim_{\Delta t \to 0} \frac{w(a, b, c, t+\Delta t) - w(a, b, c, t)}{\Delta t} = \frac{\partial w(a, b, c, t)}{\partial t} = \frac{\partial^2 z}{\partial t^2}
\end{aligned} \tag{3.3}
$$

以上各式中，u、v、w 分别表示流体质点速度沿着 x、y、z 三个方向的速度分量；a_x、a_y、a_z 分别表示流体质点加速度沿着 x、y、z 三个方向的分量。对于任意给定流体质点，其在不同时刻所处空间位置的连线称为该质点的迹线（图 3.3）。这种跟踪质点的方法（形象地可看作为“警察跟踪小偷”的工作方式）实际上是理论力学中的质点系法的直接延伸，之所以是概念延伸，这里指无数连续质点系，那里指可数离散质点系。这种方法概念清晰，便于物理定律的直接推广，缺点是记录资料过多，尤其是对于仅考察局部区域的流动特征十分不便。例如每年到汛期，人们仅想了解武汉段的长江水情（武汉关水位），但用这种方法描述时，必须把通过武汉段长江内的所有水质点的来龙去脉搞清楚，全程跟踪并记录各质点流动过程，才能刻画武汉段长江内的流动特征。这样做，实际上对许多不在武汉段长江内的水质点记录是无用的。

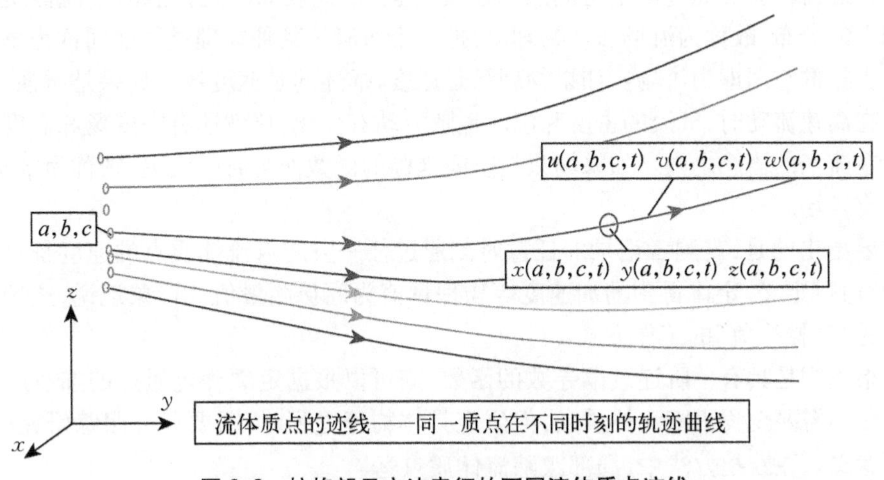

图 3.3　拉格朗日方法表征的不同流体质点迹线

3.1.2　欧拉方法（空间点法或流场法）

这种方法是由瑞士数学家与流体力学家欧拉（Leonhard Euler, 1707 ~ 1783 年）于 1752~1755 年提出的。这种方法也被称为空间点法或流场法。为了避免拉格朗日法不必要的资料记录，欧拉提出不标识流体质点，改成标识流动区域的空间点（空间点和质点的关系仍然满足连续性假设），观察者相对于空间点不动，记录不同时刻、不同质点通过固定空间点的快慢，观察者直接记录的量是不同时刻通过给定空间点的质点速度值，如将每个空间点上布置一个观察者，记录各个空间点在各时刻的质点速度值，这样就可以对所考察

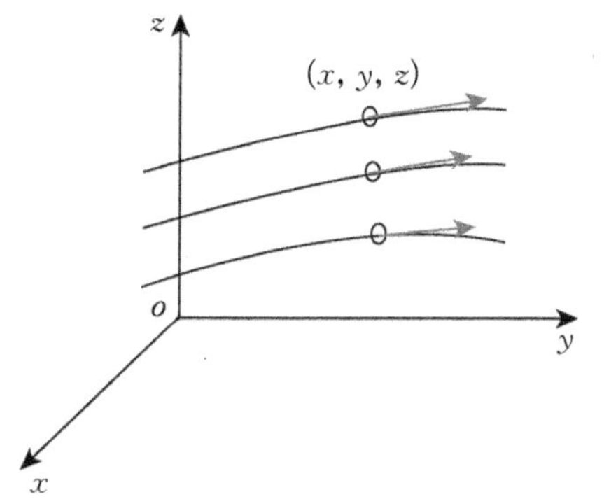

图 3.4　欧拉法描述的流场

的流动区域特征给出全面了解。请注意,这种方法虽然标识的是空间点,但研究的仍然是流体质点,因此可以说是无标识的质点系法。如图 3.4 所示,假设在所考察的流动区域内,任一空间点的位置坐标是(x, y, z),在 t 时刻由位于该处的观测者直接记录的通过该空间点流体质点速度为

$$\begin{cases} u = u(x, y, z, t) \\ v = v(x, y, z, t) \\ w = w(x, y, z, t) \end{cases} \qquad \boldsymbol{v} = u\boldsymbol{i} + v\boldsymbol{j} + w\boldsymbol{k} \tag{3.4}$$

式中,x、y、z 为空间坐标;t 表示时间;x、y、z、t 称为欧拉变数。若 x、y、z 给定,t 变化,表示不同时刻不同流体质点通过同一空间点的速度(快慢);若 t 给定,x、y、z 变化,表示给定时刻,占据不同空间点流体质点的速度,给定速度场。应指出,空间点速度本质上指的是 t 瞬时恰好占据该空间点流体质点的速度。这一点在推导流体力学基本方程组时要特别注意。如果在同一时刻,对所考察的流动区域所有空间点全部记录通过质点的速度,那么就可以了解该区域在任意时刻的流场全貌,这种方法不需要标识流体质点信息,而是需要记录任意流体质点通过固定空间点的速度信息,因此表征的是任意时刻流体质点速度在空间上的分布,故称为流场法。物理上,把一个布满了某种物理量的空间称为场。流体流动所占据的空间即为流场。如果物理量是速度,描述的是速度场。如果是压强,称为压强场。在高速流动时,气流的密度和温度也随流动有变化,那就还有密度场和温度场。这都包括在流场的概念之内。如果场只是空间坐标的函数而与时间无关,则称为定常场,否则为非定常场。

需要指出的是,观测者记录的任意时刻通过任一空间点流体质点的速度是直接测量值,由此通过定义、定律得到的加速度等物理量值为间接测量值。形象地说,这种方法也可以看为“守株待兔”的工作方式。

如果速度是具有一阶连续偏导数的函数,则可以根据定义确定质点的加速度。虽然欧拉方法不需要全程跟踪流体质点,但研究具体物理过程时,需要局部跟踪研究的对象,否则无意义。在欧拉方法中,局部跟踪流体质点运动的跟随性条件是

$$\frac{\mathrm{d}x}{\mathrm{d}t} = u, \ \frac{\mathrm{d}y}{\mathrm{d}t} = v, \ \frac{\mathrm{d}z}{\mathrm{d}t} = w \tag{3.5}$$

在研究流体质点加速度时,就需要局部跟踪所考察的质点速度变化情况。如图 3.5 所示,设某一流体质点在 t 时刻位于流场中 $M(x, y, z)$点,经过微分时段 Δt 后该质点由 M 点移动到 $N(x + \Delta x, y + \Delta y, z + \Delta z)$ 点,根据质点加速度定义,有

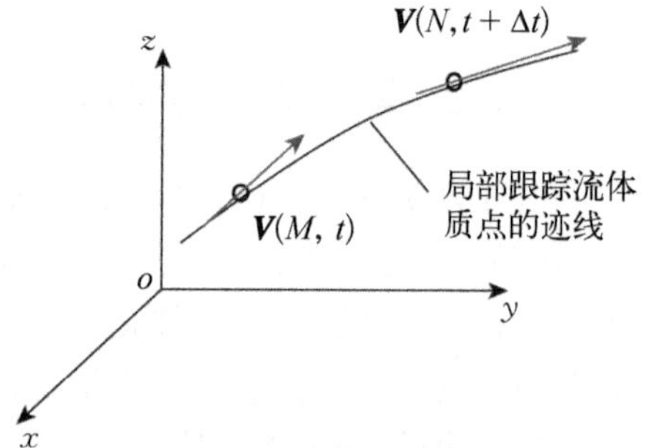

图 3.5　流体质点的加速度

$$
\begin{aligned}
\boldsymbol{a} &= \frac{\mathrm{d}\boldsymbol{V}}{\mathrm{d}t} = \lim_{\Delta t \to 0} \frac{\Delta \boldsymbol{V}}{\Delta t} = \lim_{\Delta t \to 0} \frac{\boldsymbol{V}(N, t+\Delta t) - \boldsymbol{V}(M, t)}{\Delta t} \\
\frac{\mathrm{d}\boldsymbol{V}}{\mathrm{d}t} &= \lim_{\Delta t \to 0} \frac{\boldsymbol{V}(N, t+\Delta t) - \boldsymbol{V}(N, t)}{\Delta t} + \lim_{\Delta t \to 0} \frac{\boldsymbol{V}(N, t) - \boldsymbol{V}(M, t)}{\Delta t}
\end{aligned}
\tag{3.6}
$$

式(3.6)表明,质点的加速度由两部分组成,第一部分是质点在 Δt 时段内通过固定空间点的速度变化引起的加速度,第二部分是在给定时间质点通过相邻空间点速度变化引起的加速度。根据泰勒级数展开,对于第一部分,相当于固定空间位置由流体质点速度随时间变化引起的加速度为

$$
\boldsymbol{V}(N, t+\Delta t) = \boldsymbol{V}(N, t) + \frac{\partial \boldsymbol{V}(N, t)}{\partial t}\Delta t + O(\Delta t^2) \tag{3.7}
$$

由此得

$$
\begin{aligned}
&\lim_{\Delta t \to 0} \frac{\boldsymbol{V}(N, t+\Delta t) - \boldsymbol{V}(N, t)}{\Delta t} \\
&= \lim_{\Delta t \to 0} \frac{\dfrac{\partial \boldsymbol{V}(N, t)}{\partial t}\Delta t + O(\Delta t^2)}{\Delta t} = \frac{\partial \boldsymbol{V}(M, t)}{\partial t} = \frac{\partial \boldsymbol{V}}{\partial t}
\end{aligned}
\tag{3.8}
$$

对于第二部分,相当于固定时间由相邻不同空间位置流体质点速度变化引起的加速度,同样可根据泰勒级数展开获得

$$
\begin{aligned}
\boldsymbol{V}(N, t) &= \boldsymbol{V}(x+\Delta x, y+\Delta y, z+\Delta z, t) \\
&= \boldsymbol{V}(x, y, z, t) + \frac{\partial \boldsymbol{V}(x, y, z, t)}{\partial x}\Delta x + \frac{\partial \boldsymbol{V}(x, y, z, t)}{\partial y}\Delta y \\
&\quad + \frac{\partial \boldsymbol{V}(x, y, z, t)}{\partial z}\Delta z + O(\Delta x^2, \cdots)
\end{aligned}
\tag{3.9}
$$

$$
\boldsymbol{V}(N, t) - \boldsymbol{V}(M, t) = \frac{\partial \boldsymbol{V}(M, t)}{\partial x}\Delta x + \frac{\partial \boldsymbol{V}(M, t)}{\partial y}\Delta y + \frac{\partial \boldsymbol{V}(M, t)}{\partial z}\Delta z + O(\Delta x^2, \cdots)
$$

代入式(3.6)右边第二部分,得

$$
\begin{aligned}
&\lim_{\Delta t \to 0} \frac{\boldsymbol{V}(N, t) - \boldsymbol{V}(M, t)}{\Delta t} \\
&= \lim_{\Delta t \to 0} \frac{\Delta x}{\Delta t} \frac{\partial \boldsymbol{V}(M, t)}{\partial x} + \lim_{\Delta t \to 0} \frac{\Delta y}{\Delta t} \frac{\partial \boldsymbol{V}(M, t)}{\partial y} + \lim_{\Delta t \to 0} \frac{\Delta z}{\Delta t} \frac{\partial \boldsymbol{V}(M, t)}{\partial z} \\
&= u \frac{\partial \boldsymbol{V}(M, t)}{\partial x} + v \frac{\partial \boldsymbol{V}(M, t)}{\partial y} + w \frac{\partial \boldsymbol{V}(M, t)}{\partial z}
\end{aligned}
\tag{3.10}
$$

请注意,由于是跟踪同一流体质点,所以才满足 $\Delta x = u\Delta t$, $\Delta y = v\Delta t$, $\Delta z = w\Delta t$, 给定流体质点的跟随性条件。综合起来,可得到在欧拉框架下,流体质点的全加速度为

$$\boldsymbol{a}=\frac{\mathrm{d}\boldsymbol{V}}{\mathrm{d}t}=\frac{\partial \boldsymbol{V}}{\partial t}+u\frac{\partial \boldsymbol{V}}{\partial x}+v\frac{\partial \boldsymbol{V}}{\partial y}+w\frac{\partial \boldsymbol{V}}{\partial z}$$
$$\boldsymbol{a}=\frac{\mathrm{d}\boldsymbol{V}}{\mathrm{d}t}=\frac{\partial \boldsymbol{V}}{\partial t}+(\boldsymbol{V}\cdot\nabla)\boldsymbol{V} \tag{3.11}$$

如果写成分量形式,可有

$$a_x=\frac{\mathrm{d}u}{\mathrm{d}t}=\frac{\partial u}{\partial t}+u\frac{\partial u}{\partial x}+v\frac{\partial u}{\partial y}+w\frac{\partial u}{\partial z}$$
$$a_y=\frac{\mathrm{d}v}{\mathrm{d}t}=\frac{\partial v}{\partial t}+u\frac{\partial v}{\partial x}+v\frac{\partial v}{\partial y}+w\frac{\partial v}{\partial z} \tag{3.12}$$
$$a_z=\frac{\mathrm{d}w}{\mathrm{d}t}=\frac{\partial w}{\partial t}+u\frac{\partial w}{\partial x}+v\frac{\partial w}{\partial y}+w\frac{\partial w}{\partial z}$$

在全加速度表达式(3.11)中,等式右边第1项表示速度对时间的偏导数,是由流场的非定常性引起的,称为局部加速度或当地加速度;右边第2项表示因流体质点位置变化引起的加速度,称为迁移加速度或位变加速度或对流加速度,两者的合成称为全加速度或随体加速度(跟随流体质点的加速度)。

为了便于理解加速度表达式的物理意义,现以简单的水箱和管道出水系统说明。如图3.6所示,第1张图表示水箱水位不变的等直径管道出流;第2张图表示水位下降的等直径管道出流;第3张图表示水位不变的收缩管道出流;第4张图表示水位下降的收缩管道出流。假设在管道中,水流流动近似看作一维流动,取管道中心轴向为x轴,则管道内速度为$u(x, t)$,加速度表达式为

$$\frac{\mathrm{d}u}{\mathrm{d}t}=\frac{\partial u}{\partial t}+u\frac{\partial u}{\partial x}$$

现对于第1张图管道内加速度$\frac{\mathrm{d}u}{\mathrm{d}t}=0$,流动是定常均匀的;第2张图管道加速度

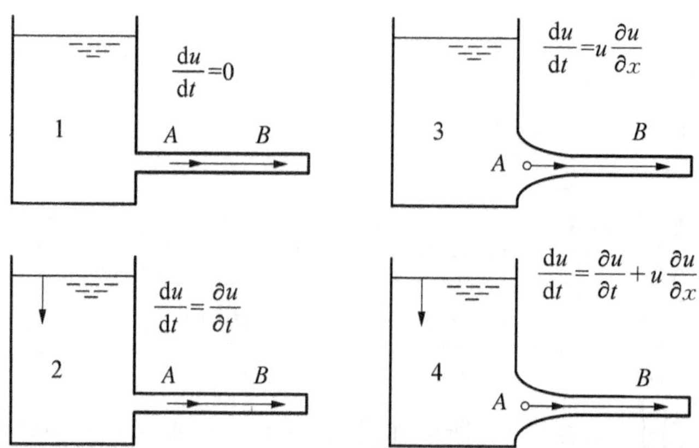

图3.6 欧拉框架下流体质点加速度

$\dfrac{\mathrm{d}u}{\mathrm{d}t} = \dfrac{\partial u}{\partial t} < 0$，流动是非定常均匀的，管道速度随水位下降而减小；第 3 张图管道内加速度 $\dfrac{\mathrm{d}u}{\mathrm{d}t} = u\dfrac{\partial u}{\partial x} > 0$，流动是定常非均匀的，管道速度沿程增大；第 4 张图管道内加速度 $\dfrac{\mathrm{d}u}{\mathrm{d}t} = \dfrac{\partial u}{\partial t} + u\dfrac{\partial u}{\partial x}$，流动是非定常非均匀的，管道速度沿程增加，但随时间减小。

可见，引起流场加速度的是流场的非定常性和不均匀性。

上述局部跟踪流体质点推导质点加速的方法，也适用于其他物理量，如果物理量是压强 p，则压强的随体导数为

$$\frac{\mathrm{d}p}{\mathrm{d}t} = \frac{\partial p}{\partial t} + u\frac{\partial p}{\partial x} + v\frac{\partial p}{\partial y} + w\frac{\partial p}{\partial z} \tag{3.13}$$

同样，如果物理量是温度 T，则温度的随体导数为

$$\frac{\mathrm{d}T}{\mathrm{d}t} = \frac{\partial T}{\partial t} + u\frac{\partial T}{\partial x} + v\frac{\partial T}{\partial y} + w\frac{\partial T}{\partial z} \tag{3.14}$$

在流体力学中，定义随体导数表达式为

$$\frac{\mathrm{d}}{\mathrm{d}t} = \frac{\partial}{\partial t} + u\frac{\partial}{\partial x} + v\frac{\partial}{\partial y} + w\frac{\partial}{\partial z} \tag{3.15}$$

请注意，这里的随体导数与场论中的全导数是不同的。在场论中，任一个函数 ϕ 的全导数是

$$\frac{\mathrm{d}\phi}{\mathrm{d}t} = \frac{\partial \phi}{\partial t} + \frac{\mathrm{d}x}{\mathrm{d}t}\frac{\partial \phi}{\partial x} + \frac{\mathrm{d}y}{\mathrm{d}t}\frac{\partial \phi}{\partial y} + \frac{\mathrm{d}z}{\mathrm{d}t}\frac{\partial \phi}{\partial z} \tag{3.16}$$

如果是随体导数，必须满足跟随性条件，$\mathrm{d}x = u\mathrm{d}t$，$\mathrm{d}y = v\mathrm{d}t$，$\mathrm{d}z = w\mathrm{d}t$。即

$$\frac{\mathrm{d}\phi}{\mathrm{d}t} = \frac{\partial \phi}{\partial t} + u\frac{\partial \phi}{\partial x} + v\frac{\partial \phi}{\partial y} + w\frac{\partial \phi}{\partial z} \tag{3.17}$$

从上述随体导数表达式中可看出，在欧拉坐标系下，任意流体质点的加速度由局部加速度和迁移加速度组成，前者决定于速度场的非定常性，后者决定于速度场的不均匀性。由于任何物理定理均是针对物质而言的，因此在欧拉坐标系下跟随流体质点的物理量导数均指随体导数。

概括起来，拉格朗日法描述流体运动的特征是：**整体跟踪，全程记录**。欧拉方法描述流体运动特征是：**局部跟踪，全区记录**。实际在流体力学分析中，一般是整体上用欧拉法，局部用拉格朗日法。

3.2　流场的基本概念

在流体力学中，流场是指流体流动所占据的空间，表征流场特性的物理量是占据不同

空间位置的流体质点所具有的物理量,如速度场、压力场、温度场、密度场等,这些物理量也称为流场的运动要素,它们随时间和空间的变化特征就是流场的特性。根据流体的连续介质假设,在分析过程中自然可把这些物理量看作是空间和时间的连续可微函数。

3.2.1 定常场与非定常场

在流场中,如果各空间点上流体质点的运动要素都不随时间而变化,这样的流场称为定常场,相应的流动称为定常流动,如图 3.6 中第 1 张图的管道流动所示,此时流体质点的物理量仅是空间位置的函数,与时间无关。即

$$\begin{cases} u = u(x, y, z) \\ v = v(x, y, z) \\ w = w(x, y, z) \\ p = p(x, y, z) \\ \cdots\cdots \end{cases} \tag{3.18}$$

如果对上述物理量求时间偏导数均为零,即

$$\frac{\partial u}{\partial t} = 0, \frac{\partial v}{\partial t} = 0, \frac{\partial w}{\partial t} = 0, \frac{\partial p}{\partial t} = 0, \frac{\partial T}{\partial t} = 0, \cdots \tag{3.19}$$

对于非定常流场,流体质点的物理量不仅是空间坐标的连续可微函数,而且也是时间的连续可微函数,任意物理量(可代表速度分量、压强、温度等)ϕ 对时间的偏导数不为零。即

$$\phi = \phi(x, y, z, t), \frac{\partial \phi}{\partial t} \neq 0 \tag{3.20}$$

3.2.2 流线和迹线

在流体力学中,描述流体质点运动方法有拉格朗日法和欧拉法。拉格朗日法也称为质点系法,考察者跟踪每个质点记录质点在不同时刻的空间位置,这种方法自然引出流体质点的轨迹线,相应的数学表达式为流体质点的轨迹线方程。即

$$\frac{\mathrm{d}x}{u} = \frac{\mathrm{d}y}{v} = \frac{\mathrm{d}z}{w} = \mathrm{d}t \tag{3.21}$$

因为该方程描述了同一流体质点在连续时间过程内所占据的空间位置的连线,所以在迹线方程中,自变量是时间 t,质点的标识符 a、b、c 为参数,不同的 a、b、c 值代表了不同的质点迹线。则上式还可以表示为

$$\frac{\mathrm{d}x(a, b, c, t)}{u(a, b, c, t)} = \frac{\mathrm{d}y(a, b, c, t)}{v(a, b, c, t)} = \frac{\mathrm{d}z(a, b, c, t)}{w(a, b, c, t)} = \mathrm{d}t \tag{3.22}$$

而欧拉方法也称为流场法(空间点法),考察者固定在空间位置记录流体质点通过的速度变化情况(快慢),自然可引入场论知识。由于流场法可以考察同一时刻流体质点通

过不同空间点的流动情况,这种方法可引出流线的概念。流线是指在给定时刻在流场中可画出一条虚拟的空间曲线,在该曲线上各空间点的流体质点速度方向与曲线在该空间点的切线方向平行,如图3.7所示。在某一时刻,根据流线定义,过流场中任意一点的流线方程为

$$\frac{dx}{u(x,\ y,\ z,\ t)}=\frac{dy}{v(x,\ y,\ z,\ t)}=\frac{dz}{w(x,\ y,\ z,\ t)} \tag{3.23}$$

式中,x、y、z 为自变量;t 为参数。不同的时间代表不同时的流线,如图3.8所示。

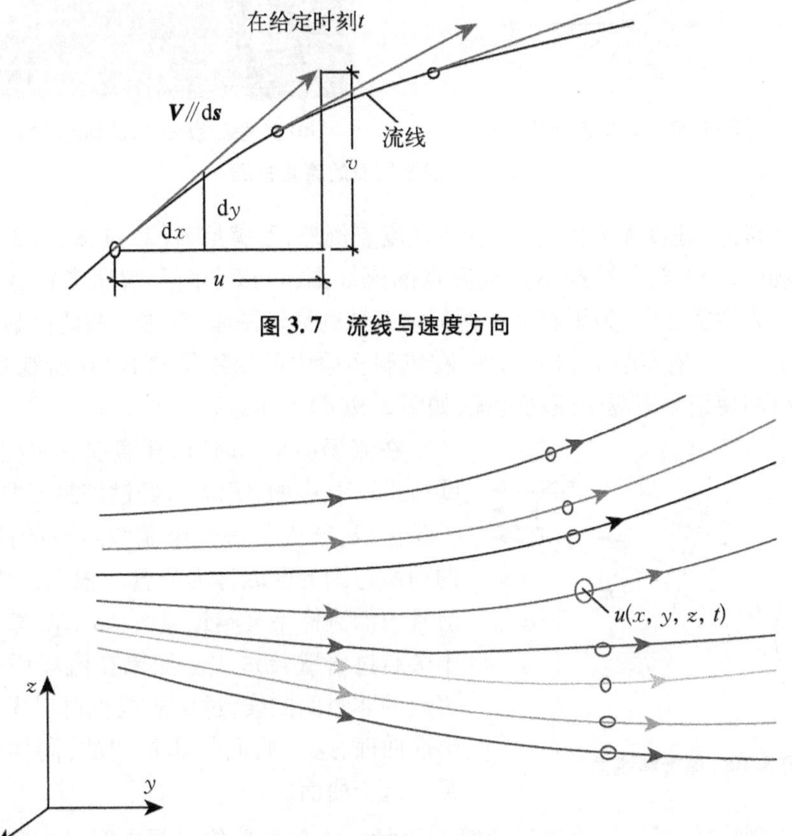

图3.7 流线与速度方向

图3.8 在同一时刻流场中通过不同点的流线(流线指同一时刻不同流体质点组成的虚拟曲线,在该曲线上流体质点的速度方向与当地的曲线切向平行)

流线是反映流场瞬时流速方向的曲线,由同一时刻不同质点组成。而迹线是同一质点在不同时刻的轨迹线。根据流线的定义,流线具有以下性质:

(1) 在定常流动中,流体质点的迹线与流线重合,但在非定常流动中,流线和迹线一般是不重合的,如果流体通道固定,即使是非定常流动,迹线和流线也是重合的;

(2) 在常点处,流线不能相交、分叉、汇交、转折,流线只能是一条光滑的曲线,也就是在同一时刻,任一点处只能通过一条流线,如图3.8所示;

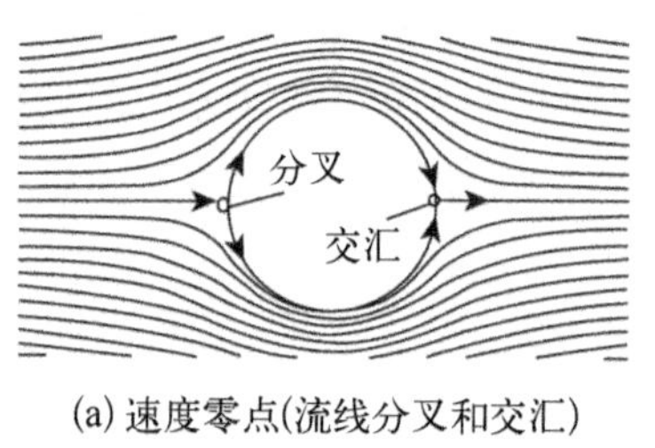

(a) 速度零点(流线分叉和交汇)

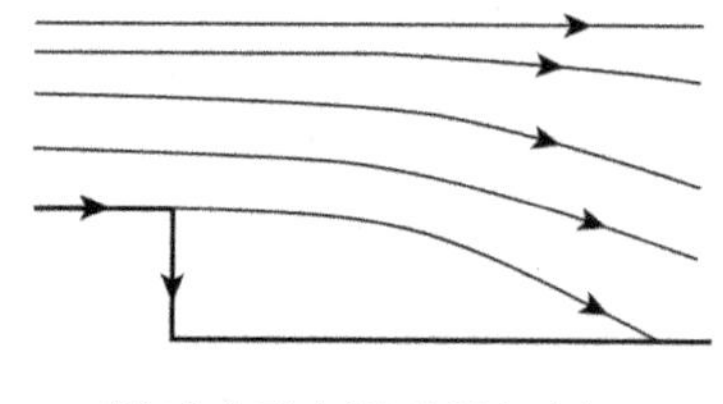

(b) 速度零点(流线转折点)

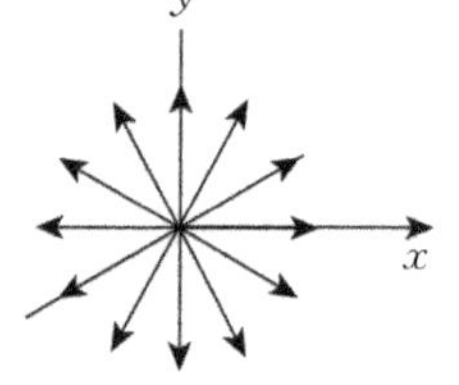

(c) 速度无穷大点(流线交汇)

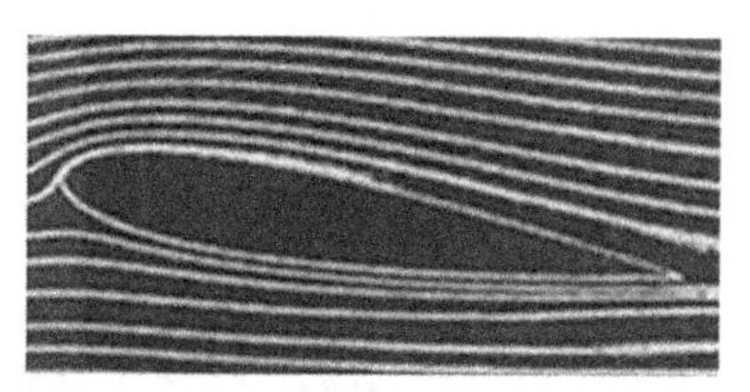

(d) 翼型绕流风洞实验烟流流线

图 3.9　绕不同点的流线特征

(3) 在奇点(速度无穷大的点)和零速度点例外,不满足第(2)点,如图 3.9 所示。

在流场中,同一时刻绘制不同空间点的流线图,可以全面了解所考察区域的流动情况。在流体力学实验中,为了获得绕过流动区域的流动图画,常用一些能够显示流动方向的"指示剂"(如水槽实验中的染色液、在风洞实验中的烟线等)撒放在所观察的流场中,利用照相机即使记录流场中流动情况,如图 3.9(d)所示。

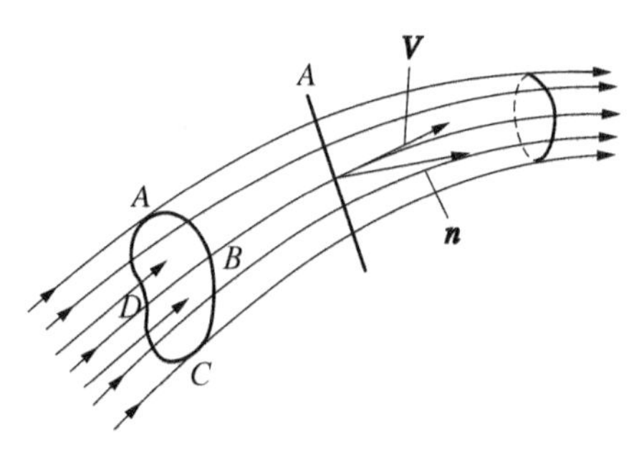

图 3.10　流管和流面

在流场中某一时刻,任意取一非流线的封闭曲线(图 3.10 中的 $ABCD$),经过该封闭曲线每一点做一条流线,形成了一个由流线组成的曲面,由这个曲面所包围的区域称为流管。根据流线的定义,在流管内的流体不会越过流管流出来,管外的流体也不会越过管壁流进去。如果在流场中任取一条非流线的非封闭曲线,过该曲线也可以做一系列流线形成曲面,这个曲面是非封闭的,同样流体也不能穿过这个曲面。

根据流管特征,可以计算通过流管的流量。流量是单位时间内穿过指定截面的流体量(体积、质量或重量)。如图 3.10 所示,穿过流管中任意 A 截面的体积流量、质量流量和重量流量分别定义为

$$Q = \int_A (\boldsymbol{V} \cdot \boldsymbol{n})\,\mathrm{d}A \tag{3.24}$$

$$m' = \int_A \rho(\boldsymbol{V} \cdot \boldsymbol{n})\,\mathrm{d}A \tag{3.25}$$

$$G' = \int_A \rho g(\boldsymbol{V} \cdot \boldsymbol{n})\,\mathrm{d}A \tag{3.26}$$

其中，$\boldsymbol{V}$ 是局部速度矢量；ρ 是流体密度；$\boldsymbol{n}$ 是截面的微元面积 $\mathrm{d}A$ 的法向矢量。

3.2.3 一维、二维和三维流

流场是指流体质点物理量在空间的分布，因此可根据物理量与空间坐标的关系，将其分为一维流、二维流和三维流。一维流是指流场物理量仅与一个空间坐标有关，如 $u(x, t)$。如果建立流程坐标 s，流动速度 $u = u(s, t)$。在这种情况下，加速度表达式为

$$\frac{\mathrm{d}u(x, t)}{\mathrm{d}t} = \frac{\partial u}{\partial t} + u\frac{\partial u}{\partial x}, \quad \frac{\mathrm{d}u(s, t)}{\mathrm{d}t} = \frac{\partial u}{\partial t} + u\frac{\partial u}{\partial s} \tag{3.27}$$

如果流场物理量是两个空间坐标变量的函数，即 $u = u(x, y, t)$，则称这种流动为二维流。在这种情况下，加速度表达式为

$$\frac{\mathrm{d}u(x, y, t)}{\mathrm{d}t} = \frac{\partial u}{\partial t} + u\frac{\partial u}{\partial x} + v\frac{\partial u}{\partial y} \tag{3.28}$$

如果流场物理量是三个空间坐标变量的函数，即 $u = u(x, y, z, t)$，则称这种流动为三维流。

3.3 流体微团运动分解

3.3.1 流体微团基本运动形式

在理论力学中，研究对象是质点和刚体（无变形体），它们的基本运动形式可表示为：

（1）质点（无体积大小的物质点）只有平移运动；

（2）刚体（具有一定体积大小，但无变形的物体）运动包括平移和旋转运动。

对于质点的平移运动，只需要确定质点在不同时间位置坐标；对于刚体运动，除了形心的平移运动外，还有表征刚体姿态的旋转运动，但由于刚体质点之间无相对运动，因此刚体的旋转运动是整体旋转运动。

在流体力学中，研究对象除质点外，还有流体团（具有体积和形状的质点团），确定流体团的位置和姿态对流动的影响至关重要，因流体团内部质点之间存在相对运动，因此研究流体微团的运动，必然包括平移运动、转动和变形运动，如图 3.11 所示。变形运动有两种：一是引起体积大小变化的边长伸缩线变形运动；二是引起形状变化的角变形运动。由此可将流体微团的运动分解为平动、转动、线变形运动和角变形运动，如图 3.12 所示。

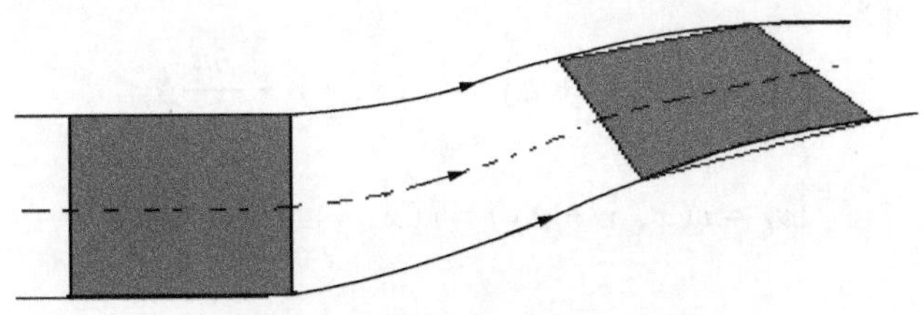

图 3.11 流体微团的运动示意图

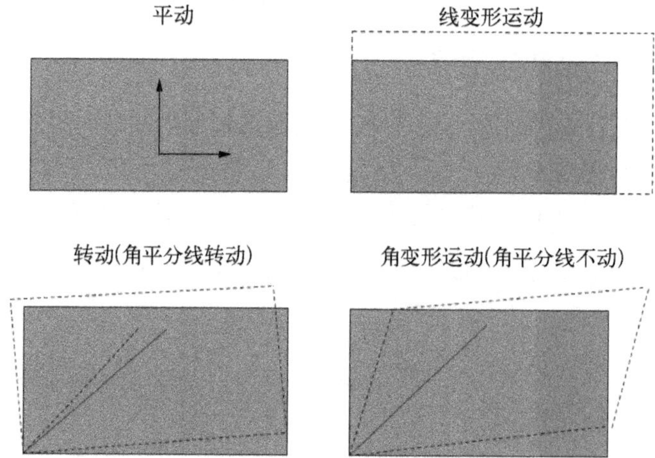

图 3.12　流体微团的运动分解为不同的形式

为便于分析,现在给定时刻 t 在流场中任取一平面微团,如图 3.13 所示。设微团的边长分别是 Δx 和 Δy,微团 A 的速度为 $u(x, y)$、$v(x, y)$,根据泰勒级数展开,微团其他三个顶点的速度分量分别如下:

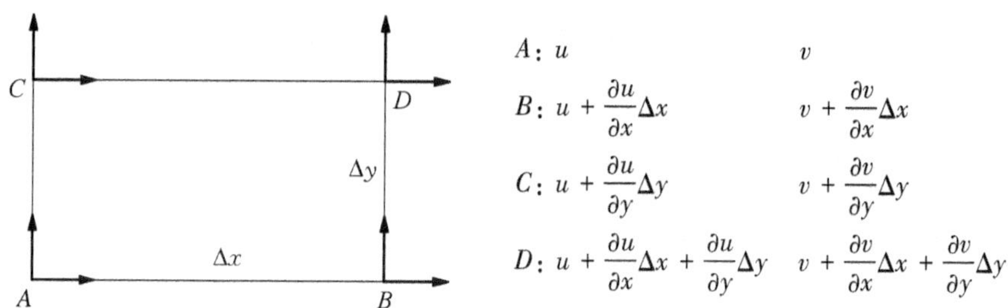

图 3.13　微团顶点速度的泰勒展开

微团顶点 B 点速度为

$$\begin{cases} u_B = u(x + \Delta x, y) = u(x, y) + \dfrac{\partial u}{\partial x}\Delta x \\ v_B = v(x + \Delta x, y) = v(x, y) + \dfrac{\partial v}{\partial x}\Delta x \end{cases} \tag{3.29}$$

微团顶点 C 点速度为

$$\begin{cases} u_C = u(x, y + \Delta y) = u(x, y) + \dfrac{\partial u}{\partial y}\Delta y \\ v_C = v(x, y + \Delta y) = v(x, y) + \dfrac{\partial v}{\partial y}\Delta y \end{cases} \tag{3.30}$$

微团顶点 D 点速度为

$$\begin{cases} u_D = u(x+\Delta x,\ y+\Delta y) = u(x,\ y) + \dfrac{\partial u}{\partial x}\Delta x + \dfrac{\partial u}{\partial y}\Delta y \\ v_D = v(x+\Delta x,\ y+\Delta y) = v(x,\ y) + \dfrac{\partial v}{\partial x}\Delta x + \dfrac{\partial v}{\partial y}\Delta y \end{cases} \tag{3.31}$$

（1）微团 $ABCD$ 的平动速度，如果各顶点速度相同将表征微团的平移运动，因此称微团的平动速度为 $u(x,\ y)$、$v(x,\ y)$；

（2）微团的线变形运动，指微团各边长发生伸缩的运动。线变形速率定义为单位时间单位长度的线变形量。对于 AB 边长，在微分时段 Δt 内该边长增加量为

$$\Delta(AB) = \left[u + \frac{\partial u}{\partial x}\Delta x - u\right]\Delta t = \frac{\partial u}{\partial x}\Delta x\Delta t \tag{3.32}$$

由此得到，微团在 x 方向的线变形速率为

$$\varepsilon_x = \lim_{\Delta t\to 0}\frac{\Delta(AB)}{\Delta t\Delta x} = \frac{\partial u}{\partial x} \tag{3.33}$$

同理，微团在 y 方向的线变形速率为

$$\varepsilon_y = \lim_{\Delta t\to 0}\frac{\Delta(AC)}{\Delta t\Delta y} = \frac{\partial v}{\partial y} \tag{3.34}$$

微团的面积变化率（单位时间单位面积的变化率）为

$$\begin{aligned} \lim_{\Delta t\to 0}\frac{\Delta(AB\times AC)}{\Delta x\Delta y\Delta t} &= \lim_{\Delta t\to 0}\frac{\left(\Delta x + \dfrac{\partial u}{\partial x}\Delta x\Delta t\right)\left(\Delta y + \dfrac{\partial v}{\partial y}\Delta y\Delta t\right) - \Delta x\Delta y}{\Delta x\Delta y\Delta t} \\ &= \lim_{\Delta t\to 0}\frac{\left(\dfrac{\partial u}{\partial x} + \dfrac{\partial v}{\partial y}\right)\Delta x\Delta y\Delta t + \dfrac{\partial u}{\partial x}\dfrac{\partial v}{\partial y}\Delta x\Delta y\Delta t^2}{\Delta x\Delta y\Delta t} \\ &= \frac{\partial u}{\partial x} + \frac{\partial v}{\partial y} = \varepsilon_x + \varepsilon_y \end{aligned} \tag{3.35}$$

（3）角变形速率与旋转角速度，在微分时段 Δt 内，AB 与 AC 两正交边夹角的变化与微团的角变形和转动有关，如图 3.14 所示。在 Δt 时段内 AB 边的偏转角度（逆时针旋转为正）为

$$\theta_1 = \frac{BB'}{\Delta x} = \frac{\left(v + \dfrac{\partial v}{\partial x}\Delta x - v\right)\Delta t}{\Delta x} = \frac{\partial v}{\partial x}\Delta t \tag{3.36}$$

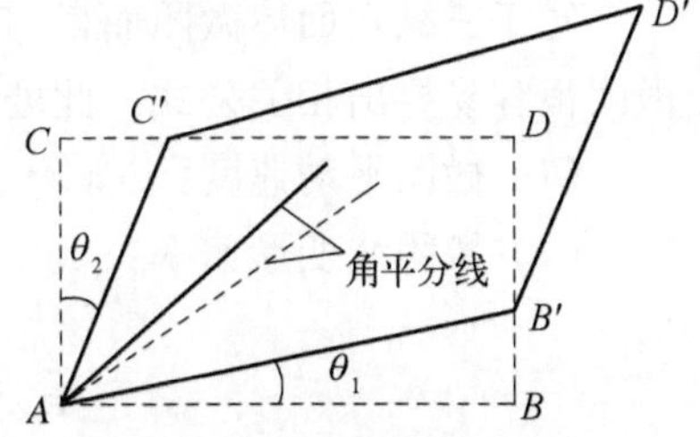

图 3.14　流体微团的旋转与角变形运动

同样，在微分 Δt 时段内 AC 边的偏转角度（顺时针旋转为负）为

$$\theta_2 = -\frac{CC'}{\Delta y} = -\frac{\left(u + \frac{\partial u}{\partial y}\Delta y - u\right)\Delta t}{\Delta y} = -\frac{\partial u}{\partial y}\Delta t \tag{3.37}$$

如图 3.14 所示,微团 AC 和 AB 两边的夹角总变化量可分解为微团两直边的角平分线的转动部分和角平分线不动两边相对偏转同样大小角度的钝角变形部分,如图 3.15 所示。

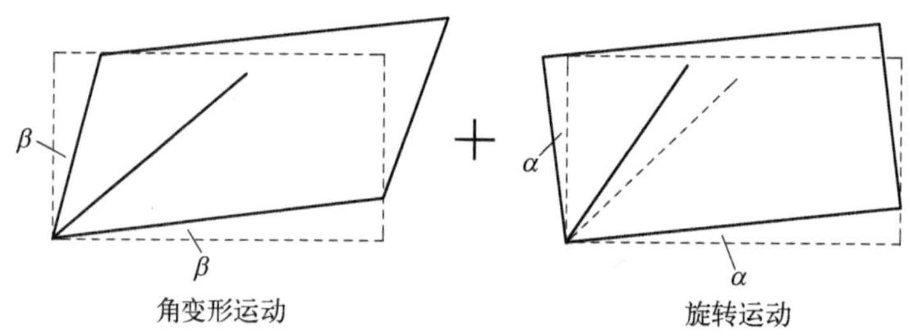

图 3.15　微团的角变形和旋转运动

在微分时段内,假设微团角平分线转动角度为 α,边线的钝角变形量为 β,则由图(3.15)的几何关系,可得

$$\theta_1 = \alpha + \beta,\ \theta_2 = \alpha - \beta \tag{3.38}$$

求解后,得到

$$\alpha = \frac{\theta_1 + \theta_2}{2} \quad \beta = \frac{\theta_1 - \theta_2}{2} \tag{3.39}$$

定义微团的旋转角速度(单位时间的旋转角度)为

$$\omega_z = \lim_{\Delta t \to 0} \frac{\alpha}{\Delta t} = \frac{1}{2}\left(\frac{\partial v}{\partial x} - \frac{\partial u}{\partial y}\right) \tag{3.40}$$

微团的角变形速率(单位时间单边角变形量)为

$$\varepsilon_{xy} = \lim_{\Delta t \to 0} \frac{\beta}{\Delta t} = \frac{1}{2}\left(\frac{\partial v}{\partial x} + \frac{\partial u}{\partial y}\right) \tag{3.41}$$

对于三维六面体微团而言,其运动形式同样可分为平动、转动和变形运动,类似平面微团很容易导出相关公式。此处不再推导,以下直接给出。

(1) 微团平动速度:$u(x, y, z, t)$, $v(x, y, z, t)$, $w(x, y, z, t)$

(2) 微团线变形速率:

$$\varepsilon_x = \frac{\partial u}{\partial x},\ \varepsilon_y = \frac{\partial v}{\partial y},\ \varepsilon_z = \frac{\partial w}{\partial z} \tag{3.42}$$

(3) 微团角变形速率(剪切变形速率):

$$\varepsilon_{xy}=\frac{1}{2}\left(\frac{\partial v}{\partial x}+\frac{\partial u}{\partial y}\right),\ \varepsilon_{yz}=\frac{1}{2}\left(\frac{\partial w}{\partial y}+\frac{\partial v}{\partial z}\right),\ \varepsilon_{zx}=\frac{1}{2}\left(\frac{\partial u}{\partial z}+\frac{\partial w}{\partial x}\right) \tag{3.43}$$

（4）微团旋转角速度：

$$\omega_x=\frac{1}{2}\left(\frac{\partial w}{\partial y}-\frac{\partial v}{\partial z}\right),\ \omega_y=\frac{1}{2}\left(\frac{\partial u}{\partial z}-\frac{\partial w}{\partial x}\right),\ \omega_z=\frac{1}{2}\left(\frac{\partial v}{\partial x}-\frac{\partial u}{\partial y}\right) \tag{3.44}$$

3.3.2　流体微团速度分解定理

德国物理学家亥姆霍兹(Helmholtz,1821~1894 年)1858 年提出流场速度分解定理,明确了流体微团各运动形式对速度空间变化的作用。设在流场中给定时刻,任取相距小量的两点(图 3.16),按泰勒级数展开给出分解。

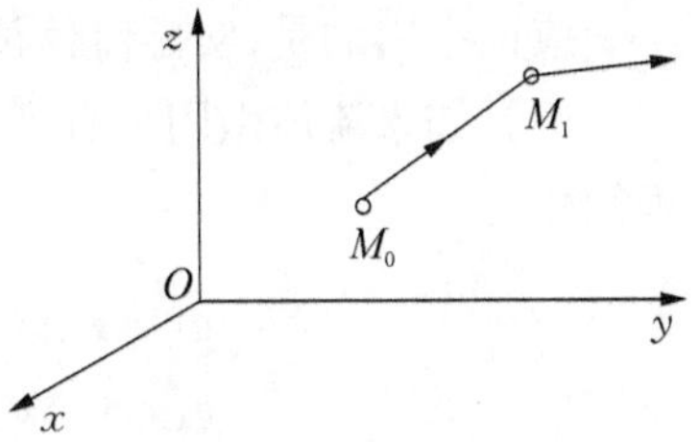

图 3.16　相邻两点速度

设在 $M_0(x, y, z, t)$ 速度为

$$\begin{cases}u=u(x, y, z, t)\\ v=v(x, y, z, t)\\ w=w(x, y, z, t)\end{cases} \tag{3.45}$$

在邻点 $M_1(x+\Delta x, y+\Delta y, z+\Delta z, t)$ 点处,速度为

$$\begin{cases}u=u(x+\Delta x, y+\Delta y, z+\Delta z, t)\\ v=v(x+\Delta x, y+\Delta y, z+\Delta z, t)\\ w=w(x+\Delta x, y+\Delta y, z+\Delta z, t)\end{cases} \tag{3.46}$$

按泰勒级数展开有

$$\begin{aligned}
u(x+\Delta x, y+\Delta y, z+\Delta z, t)&=u(x, y, z, t)+\frac{\partial u}{\partial x}\Delta x+\frac{\partial u}{\partial y}\Delta y+\frac{\partial u}{\partial z}\Delta z\\
v(x+\Delta x, y+\Delta y, z+\Delta z, t)&=v(x, y, z, t)+\frac{\partial v}{\partial x}\Delta x+\frac{\partial v}{\partial y}\Delta y+\frac{\partial v}{\partial z}\Delta z\\
w(x+\Delta x, y+\Delta y, z+\Delta z, t)&=w(x, y, z, t)+\frac{\partial w}{\partial x}\Delta x+\frac{\partial w}{\partial y}\Delta y+\frac{\partial w}{\partial z}\Delta z
\end{aligned} \tag{3.47}$$

对上式中的线性增量部分,根据各运动形式分解,进行组合。以 u 方向速度分量为例说明之。即

$$\begin{aligned}
u(x+\Delta x, y+\Delta y, z+\Delta z, t)&=u(x, y, z, t)+\frac{\partial u}{\partial x}\Delta x+\frac{\partial u}{\partial y}\Delta y+\frac{\partial u}{\partial z}\Delta z\\
&=u(x, y, z, t)+\frac{1}{2}\left(\frac{\partial u}{\partial z}-\frac{\partial w}{\partial x}\right)\Delta z-\frac{1}{2}\left(\frac{\partial v}{\partial x}-\frac{\partial u}{\partial y}\right)\Delta y+\frac{\partial u}{\partial x}\Delta x\\
&\quad+\frac{1}{2}\left(\frac{\partial v}{\partial x}+\frac{\partial u}{\partial y}\right)\Delta y+\frac{1}{2}\left(\frac{\partial u}{\partial z}+\frac{\partial w}{\partial x}\right)\Delta z
\end{aligned}$$

$$= u(x, y, z, t) + (\omega_y \Delta z - \omega_z \Delta y) + \varepsilon_x \Delta x + \varepsilon_{xy} \Delta y + \varepsilon_{zx} \Delta z \tag{3.48}$$

按照式(3.47),速度分量 v 和 w 也可以分解为

$$\begin{aligned}
u(x + \Delta x, y + \Delta y, z + \Delta z, t) &= u(x, y, z, t) + (\omega_y \Delta z - \omega_z \Delta y) + \varepsilon_x \Delta x + \varepsilon_{xy} \Delta y + \varepsilon_{xz} \Delta z \\
v(x + \Delta x, y + \Delta y, z + \Delta z, t) &= v(x, y, z, t) + (\omega_z \Delta x - \omega_x \Delta z) + \varepsilon_{yx} \Delta x + \varepsilon_y \Delta y + \varepsilon_{yz} \Delta z \\
w(x + \Delta x, y + \Delta y, z + \Delta z, t) &= w(x, y, z, t) + (\omega_x \Delta y - \omega_y \Delta x) + \varepsilon_{zx} \Delta x + \varepsilon_{zy} \Delta y + \varepsilon_z \Delta z
\end{aligned} \tag{3.49}$$

式(3.49)即为亥姆霍兹速度分解定理,在这个表达式中包含了平动、转动、变形运动的影响。

应该指出的是,实际流体微团的运动可以是一种或几种运动形式的组合。如:

(1) 如果流体微团只有平动,无转动和变形运动(匀速直线运动)。则速度场分解定理简化为

$$\begin{aligned}
u(x + \Delta x, y + \Delta y, z + \Delta z, t) &= u(x, y, z, t) \\
v(x + \Delta x, y + \Delta y, z + \Delta z, t) &= v(x, y, z, t) \\
w(x + \Delta x, y + \Delta y, z + \Delta z, t) &= w(x, y, z, t)
\end{aligned} \tag{3.50}$$

(2) 如果流体微团只有平动和变形运动,但无旋转运动。则速度场分解定理简化为

$$\begin{aligned}
u(x + \Delta x, y + \Delta y, z + \Delta z, t) &= u(x, y, z, t) + \varepsilon_x \Delta x + \varepsilon_{xy} \Delta y + \varepsilon_{xz} \Delta z \\
v(x + \Delta x, y + \Delta y, z + \Delta z, t) &= v(x, y, z, t) + \varepsilon_{yx} \Delta x + \varepsilon_y \Delta y + \varepsilon_{yz} \Delta z \\
w(x + \Delta x, y + \Delta y, z + \Delta z, t) &= w(x, y, z, t) + \varepsilon_{zx} \Delta x + \varepsilon_{zy} \Delta y + \varepsilon_z \Delta z
\end{aligned} \tag{3.51}$$

(3) 如果流体微团仅有平动和旋转运动,而无变形运动,则速度分解定理简化为

$$\begin{aligned}
u(x + \Delta x, y + \Delta y, z + \Delta z, t) &= u(x, y, z, t) + (\omega_y \Delta z - \omega_z \Delta y) \\
v(x + \Delta x, y + \Delta y, z + \Delta z, t) &= v(x, y, z, t) + (\omega_z \Delta x - \omega_x \Delta z) \\
w(x + \Delta x, y + \Delta y, z + \Delta z, t) &= w(x, y, z, t) + (\omega_x \Delta y - \omega_y \Delta x)
\end{aligned} \tag{3.52}$$

如果旋转角度为 $\omega_x = 0$, $\omega_y = 0$, $\omega_z = \omega$, 代入上式有

$$\begin{aligned}
u(x + \Delta x, y + \Delta y, z + \Delta z, t) &= u(x, y, z, t) - \omega \Delta y \\
v(x + \Delta x, y + \Delta y, z + \Delta z, t) &= v(x, y, z, t) + \omega \Delta x
\end{aligned} \tag{3.53}$$

显然这是一个刚体绕 z 轴旋转的速度场,如旋转容器中流体的速度场。

从本质上看,刚体的速度分解定理和流体微团的速度分解定理除了变形运动外,还有一个重要的差别,刚体速度分解定理是对整个刚体而言的,因此属于整体性定理;而流体微团的速度分解定理只是对流体微团成立,因此它是局部性定理。譬如,刚体的角速度是刻画整个刚体转动的一个特征量,在刚体上任意一点都是不变的;而流体的旋转角速度是刻画局部流体微团绕自身轴旋转的一个局部特征量,在不同点处微团的旋转角速度一般是不同的。

3.4　速度场的散度和旋度

3.4.1　速度场的散度及其物理意义

对于任意速度场 $\boldsymbol{V} = u\boldsymbol{i} + v\boldsymbol{j} + w\boldsymbol{k}$，根据场论知识，速度场的散度定义为

$$\mathrm{div}\,\boldsymbol{V} = \nabla\cdot\boldsymbol{V} = \frac{\partial u}{\partial x} + \frac{\partial v}{\partial y} + \frac{\partial w}{\partial z} \tag{3.54}$$

分析上面表达式，右边三项实际上是流体微团三个相互垂直方向的线变形率，因此速度场的散度可表征为微团的三个垂直轴方向线变形速率之和。其实从流体微团几何变形角度看，速度场散度也表示流体微团的相对体积膨胀率（单位时间单位体积的膨胀量）。如图3.17所示，假设流体微团变形前各边长度分别是 Δx、Δy、Δz，原始体积为 $\Delta x\Delta y\Delta z$，经过 Δt 时段后三个边长分别变为

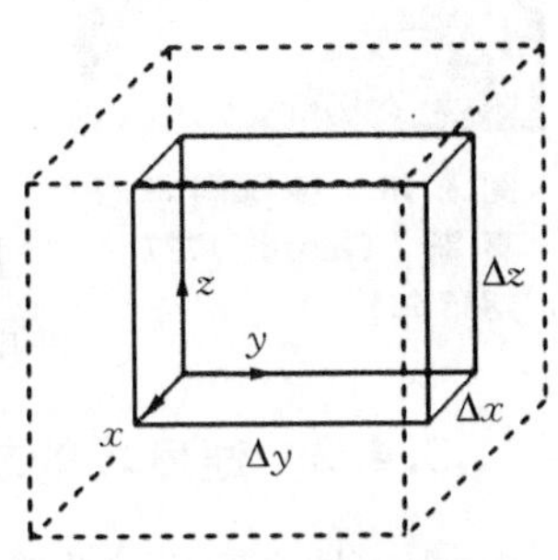

图3.17　流体微团体积膨胀量

$$\begin{aligned}\Delta x_1 &= \left(1 + \frac{\partial u}{\partial x}\Delta t\right)\Delta x\\ \Delta y_1 &= \left(1 + \frac{\partial v}{\partial y}\Delta t\right)\Delta y\\ \Delta z_1 &= \left(1 + \frac{\partial w}{\partial z}\Delta t\right)\Delta z\end{aligned} \tag{3.55}$$

则相对体积膨胀率（单位时间单位体积的增长量）为

$$\begin{aligned}\mathrm{div}\,\boldsymbol{V} &= \lim_{\Delta t\to 0}\frac{1}{\Delta x\Delta y\Delta z\Delta t}\left[\left(1 + \frac{\partial u}{\partial x}\Delta t\right)\Delta x\left(1 + \frac{\partial v}{\partial y}\Delta t\right)\Delta y\left(1 + \frac{\partial w}{\partial z}\Delta t\right)\Delta z - \Delta x\Delta y\Delta z\right]\\ &= \frac{\partial u}{\partial x} + \frac{\partial v}{\partial y} + \frac{\partial w}{\partial z} = \nabla\cdot\boldsymbol{V}\end{aligned} \tag{3.56}$$

实际流体微团在运动过程中，无论它形状和体积怎么变，但其质量总是不变的。考虑到质量等于体积乘以密度，所以对于密度不变的流体运动，流体微团的体积也是不变的，其速度场散度必为零。

$$\mathrm{div}\,\boldsymbol{V} = \nabla\cdot\boldsymbol{V} = \frac{\partial u}{\partial x} + \frac{\partial v}{\partial y} + \frac{\partial w}{\partial z} = 0 \tag{3.57}$$

所以对于密度不变的流体，流体在运动中体积也是不变的，故称为不可压缩流体，散度等于零即为不可压缩流体的连续性方程。

对于速度场散度不等于零的流场，速度场的散度代表了流场内源（汇）的分布大小或流体微团体积变形率的大小，散度大于零的表示源为正，散度小于零的表示源为负（汇）。

图 3.18　德国科学家高斯（Gauss，1777～1855 年）

根据场论知识，对于流场中任意封闭体积∀，封闭的表面积为 S，则由高斯（图 3.18）公式得

$$\iiint_{\forall}(\nabla\cdot \boldsymbol{V})\mathrm{d}x\mathrm{d}y\mathrm{d}z = \oint_{S}\boldsymbol{V}\cdot \mathrm{d}\boldsymbol{S} \tag{3.58}$$

如果令流体体积∀趋于零，速度场的散度还可以写为

$$\nabla\cdot \boldsymbol{V} = \lim_{\forall\to 0}\frac{\oint_{S}\boldsymbol{V}\cdot \mathrm{d}\boldsymbol{S}}{\forall} \tag{3.59}$$

上式表示单位时间单位体积内散射出的流体体积或者单位体积散射出的流体体积通量。

3.4.2　速度场的旋度和速度势函数

由流体微团运动分解可知，流体微团绕自身轴的旋转角速度的三个分量为 ω_x、ω_y、ω_z，利用式（3.44）角速度矢量可表示为

$$\boldsymbol{\omega} = \omega_x\boldsymbol{i} + \omega_y\boldsymbol{j} + \omega_z\boldsymbol{k} = \frac{1}{2}\mathrm{rot}\,\boldsymbol{V} = \frac{1}{2}\nabla\times \boldsymbol{V} \tag{3.60}$$

式中，rot $\boldsymbol{V}$ 或 $\nabla\times \boldsymbol{V}$ 表示速度场的旋度，因此可以说速度场的旋度等于微团绕自身轴旋转角速度的 2 倍，表示流场旋转快慢的特征量。如果在流场中，某一区域内旋度大，说明该区域流体团旋转快，反之则旋转慢。旋度的行列式表达式为

$$\mathrm{rot}\,\boldsymbol{V} = \nabla\times \boldsymbol{V} = \begin{vmatrix} \boldsymbol{i} & \boldsymbol{j} & \boldsymbol{k} \\ \dfrac{\partial}{\partial x} & \dfrac{\partial}{\partial y} & \dfrac{\partial}{\partial z} \\ u & v & w \end{vmatrix} \tag{3.61}$$

如果一个流场中，各处的 ω 都等于零，这样的流场称为无旋流场，相应的流动称为无旋流动。否则称为有旋流场，相应流动称为有旋流动。

在无旋流场中，存在速度势函数或速度位，仅是坐标位置和时间的函数：

$$\varphi = \varphi(x,\ y,\ z,\ t) \tag{3.62}$$

速度势函数存在的充分必要条件是速度场的旋度为零（无涡流动）。即

$$\frac{\partial w}{\partial y} - \frac{\partial v}{\partial z} = 0,\quad \frac{\partial u}{\partial z} - \frac{\partial w}{\partial x} = 0,\quad \frac{\partial v}{\partial x} - \frac{\partial u}{\partial y} = 0 \tag{3.63}$$

此时，速度势函数与速度分量的关系为

$$u = \frac{\partial\varphi}{\partial x},\quad v = \frac{\partial\varphi}{\partial y},\quad w = \frac{\partial\varphi}{\partial z},\quad \boldsymbol{V} = \nabla\varphi \tag{3.64}$$

表示速度势函数在某个方向的偏导数等于这个方向的速度分量。在无旋流(有势)场中,沿任一条连接 A、B 两点的曲线进行速度线积分,结果只与两端点的速度势函数值之差有关,而与积分路径无关。即

$$\int_A^B (u\mathrm{d}x + v\mathrm{d}y + w\mathrm{d}z) = \int_A^B \mathrm{d}\varphi = \varphi_B - \varphi_A \tag{3.65}$$

例题　设有一个二维流场,其速度分布是 $u = 2ax$, $v = -2ay$。试问:该流动是有旋还是无旋?有无速度势函数存在?流线方程和变形率如何?

解:根据流场速度分量,流体微团绕 z 轴的旋转角速度为

$$\omega_z = \frac{1}{2}\left(\frac{\partial v}{\partial x} - \frac{\partial u}{\partial y}\right) = \frac{1}{2}(0 - 0) = 0$$

说明流动是无旋的,存在速度势函数。速度势函数的微分式为

$$\mathrm{d}\varphi = u\mathrm{d}x + v\mathrm{d}y = 2ax\mathrm{d}x - 2ay\mathrm{d}y$$

积分得

$$\varphi = a(x^2 - y^2) + C \tag{3.66}$$

式中,C 为积分常数。

按照定义,流线方程为

$$\frac{\mathrm{d}x}{u} = \frac{\mathrm{d}y}{v},\ \frac{\mathrm{d}x}{2ax} = \frac{\mathrm{d}y}{-2ay}$$

积分后得到

$$xy = C \tag{3.67}$$

常数 C 取一系列的值,可画出一系列的流线,如图 3.19 所示。

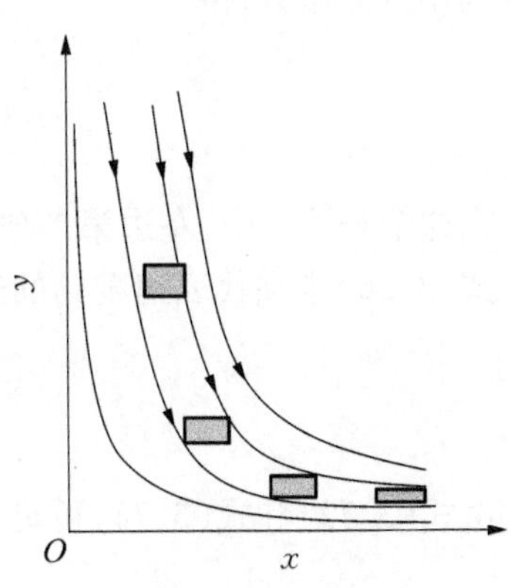

图 3.19　绕角流动

流体微团的线变形速率为

$$\varepsilon_x = \frac{\partial u}{\partial x} = 2a,\ \varepsilon_y = \frac{\partial v}{\partial y} = -2a$$

面积膨胀率为

$$\mathrm{div}\,\boldsymbol{V} = \varepsilon_x + \varepsilon_y = 0$$

角变形速率为

$$\varepsilon_{xy} = \frac{1}{2}\left(\frac{\partial v}{\partial x} + \frac{\partial u}{\partial y}\right) = 0 \tag{3.68}$$

考察矩形微团 $ABCD$,在如图 3.19 所示的流场中,将从左上方流向右下方,由于流动无旋,在流动过程中微团不旋转;由于面积膨胀率为零,流体微团在运动过程中 x 方向线

段伸长、y 方向线段必缩短,微团面积保持不变;流体微团无角变形,形状不变。

3.5 连续性微分方程

流体力学是研究流体质点的宏观运动行为,必然满足物质运动的普遍规律,质量守恒定律就是其中之一,用以表征流体运动的连续性条件。基于拉格朗日观点,在无源(无汇)的流场中任取一个流体团,质量守恒定律要求流体团在流动过程中质量保持不变;如果基于欧拉观点,在无源(无汇)的流场中任意取一固定的控制体,质量守恒定律要求在微分时段内流入与流出控制体内的质量差(净流入量)等于控制体内因流体质量密度变化引起的质量增量。

3.5.1 基于拉格朗日观点推导连续性微分方程

在流场中,任取一流体微团 Δx、Δy、Δz,流体密度为 ρ,流体微团的质量为 Δm,即

$$\Delta m = \rho\Delta x\Delta y\Delta z \tag{3.69}$$

质量守恒定律要求,在流动过程中该微团的质量不变,即 Δm = 常数。利用连续介质假设,可把这个质量守恒定律写成为

$$\frac{\mathrm{d}(\Delta m)}{\mathrm{d}t} = 0 \tag{3.70}$$

将式(3.69)代入式(3.70),得

$$\frac{\mathrm{d}(\rho\Delta x\Delta y\Delta z)}{\mathrm{d}t} = 0 \tag{3.71}$$

利用分部微分,得

$$\frac{\mathrm{d}\rho}{\mathrm{d}t} + \rho\frac{\mathrm{d}(\Delta x\Delta y\Delta z)}{\Delta x\Delta y\Delta z\mathrm{d}t} = 0 \tag{3.72}$$

在这个表达式中,左边第二项表示相对体积膨胀率(单位时间单位体积的增长量),根据式(3.56)本项代表速度场的散度 $\nabla\cdot \boldsymbol{V}$,代入式(3.72)得

$$\frac{\mathrm{d}\rho}{\mathrm{d}t} + \rho\,\nabla\cdot \boldsymbol{V} = 0 \tag{3.73}$$

由式(3.72)和式(3.73)可见

$$\nabla\cdot \boldsymbol{V} = \frac{\mathrm{d}(\Delta x\Delta y\Delta z)}{\Delta x\Delta y\Delta z\mathrm{d}t} = -\frac{1}{\rho}\frac{\mathrm{d}\rho}{\mathrm{d}t} \tag{3.74}$$

利用密度的随体导数表达式:

$$\frac{\mathrm{d}\rho}{\mathrm{d}t} = \frac{\partial\rho}{\partial t} + u\frac{\partial\rho}{\partial x} + v\frac{\partial\rho}{\partial y} + w\frac{\partial\rho}{\partial z} \tag{3.75}$$

由式(3.73)得

$$\frac{\partial \rho}{\partial t}+u\frac{\partial \rho}{\partial x}+v\frac{\partial \rho}{\partial y}+w\frac{\partial \rho}{\partial z}+\rho\left(u\frac{\partial u}{\partial x}+\frac{\partial v}{\partial y}+\frac{\partial w}{\partial z}\right)=0 \tag{3.76}$$

整理式(3.76),得

$$\frac{\partial \rho}{\partial t}+\frac{\partial(\rho u)}{\partial x}+\frac{\partial(\rho v)}{\partial y}+\frac{\partial(\rho w)}{\partial z}=0 \tag{3.77}$$

写成矢量形式:

$$\frac{\partial \rho}{\partial t}+\nabla\cdot(\rho \boldsymbol{V})=0 \tag{3.78}$$

3.5.2　基于欧拉观点推导连续性微分方程

现在流场中,任取一边长分别为 Δx、Δy、Δz 的矩形六面体(控制体),这个微元体相对于坐标系是固定不变的,被流体所通过,基于连续性假设,可推导由质量守恒定律控制的连续性微分方程。假设在 t 时刻,微分六面体中心点坐标为$(x,\ y,\ z)$,速度为 u、v、w,密度为ρ。如图 3.20 所示,现推导在 x 方向流体通过控制体的净流入量。在微分时段 Δt 内,由微分控制体左面流入的质量为

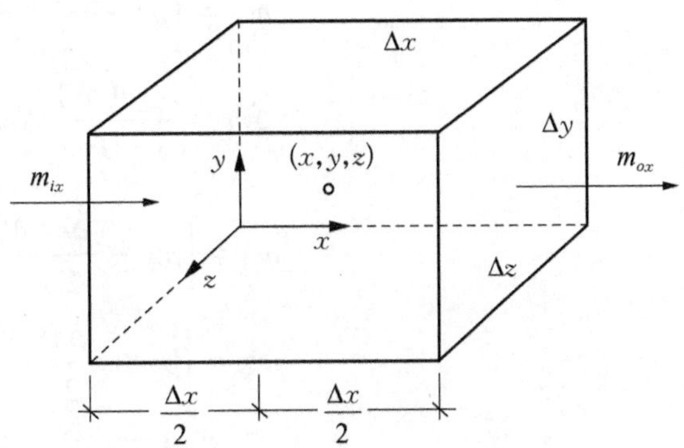

图 3.20　流体通过微分控制体的质量

$$m_{ix}=\rho\left(x-\frac{\Delta x}{2},\ y,\ z,\ t\right)u\left(x-\frac{\Delta x}{2},\ y,\ z,\ t\right)\Delta y\Delta z\Delta t \tag{3.79}$$

利用泰勒级数展开,取括号内的一阶小量,上式可写为

$$\begin{aligned}m_{ix}&=\rho\left(x-\frac{\Delta x}{2},\ y,\ z,\ t\right)u\left(x-\frac{\Delta x}{2},\ y,\ z,\ t\right)\Delta y\Delta z\Delta t\\&=\left(\rho-\frac{\Delta x}{2}\frac{\partial \rho}{\partial x}\right)\left(u-\frac{\Delta x}{2}\frac{\partial u}{\partial x}\right)\Delta y\Delta z\Delta t\\&=\left(\rho u-\frac{\Delta x}{2}\frac{\partial(\rho u)}{\partial x}\right)\Delta y\Delta z\Delta t\end{aligned} \tag{3.80}$$

同理,在微分控制体的右面流出的质量为

$$m_{ox}=\rho\left(x+\frac{\Delta x}{2},\ y,\ z,\ t\right)u\left(x+\frac{\Delta x}{2},\ y,\ z,\ t\right)\Delta y\Delta z\Delta t$$

$$= \left(\rho u + \frac{\Delta x}{2}\frac{\partial(\rho u)}{\partial x}\right)\Delta y \Delta z \Delta t \tag{3.81}$$

沿着 x 方向流入微分控制体的净流入质量为

$$\begin{aligned}\Delta m_x = m_{ix} - m_{ox} &= \left[\rho u - \frac{\Delta x}{2}\frac{\partial(\rho u)}{\partial x}\right]\Delta y \Delta z \Delta t - \left[\rho u + \frac{\Delta x}{2}\frac{\partial(\rho u)}{\partial x}\right]\Delta y \Delta z \Delta t \\ &= -\frac{\partial(\rho u)}{\partial x}\Delta x \Delta y \Delta z \Delta t\end{aligned} \tag{3.82}$$

对于 y、z 方向的流入和流出的质量可写为

$$\begin{aligned}m_{iy} &= \left[\rho v - \frac{\Delta y}{2}\frac{\partial(\rho v)}{\partial y}\right]\Delta z \Delta x \Delta t \\ m_{oy} &= \left[\rho v + \frac{\Delta y}{2}\frac{\partial(\rho v)}{\partial y}\right]\Delta z \Delta x \Delta t \\ \Delta m_y &= -\frac{\partial(\rho v)}{\partial y}\Delta x \Delta y \Delta z \Delta t\end{aligned} \tag{3.83}$$

$$\begin{aligned}m_{iz} &= \left[\rho w - \frac{\Delta z}{2}\frac{\partial(\rho w)}{\partial z}\right]\Delta x \Delta y \Delta t \\ m_{oz} &= \left[\rho w + \frac{\Delta z}{2}\frac{\partial(\rho w)}{\partial z}\right]\Delta x \Delta y \Delta t \\ \Delta m_z &= -\frac{\partial(\rho w)}{\partial z}\Delta x \Delta y \Delta z \Delta t\end{aligned} \tag{3.84}$$

在微分时段 Δt 内，流体通过微分控制体净流入质量为

$$\Delta m_{xyz} = \Delta m_x + \Delta m_y + \Delta m_z = -\left[\frac{\partial(\rho u)}{\partial x} + \frac{\partial(\rho v)}{\partial y} + \frac{\partial(\rho w)}{\partial z}\right]\Delta x \Delta y \Delta z \Delta t \tag{3.85}$$

同时，在微分时段 Δt 内，微分控制体内因密度变化引起的质量增量是

$$\Delta m_t = \left(\rho + \frac{\partial \rho}{\partial t}\Delta t - \rho\right)\Delta x \Delta y \Delta z = \frac{\partial \rho}{\partial t}\Delta x \Delta y \Delta z \Delta t \tag{3.86}$$

由质量守恒定律可知，对于无源（无汇）的流场，通过微分控制体净流入质量等于控制体内因密度变化引起的质量增量。由 $\Delta m_{xyz} = \Delta m_t$，得

$$\frac{\partial \rho}{\partial t} + \frac{\partial(\rho u)}{\partial x} + \frac{\partial(\rho v)}{\partial y} + \frac{\partial(\rho w)}{\partial z} = 0 \tag{3.87}$$

该式与式（3.78）一致。将式（3.87）写成散度的形式为

$$\frac{\partial \rho}{\partial t} + \nabla \cdot (\rho \boldsymbol{V}) = 0,\ \frac{\mathrm{d}\rho}{\mathrm{d}t} + \rho\, \nabla \cdot \boldsymbol{V} = 0 \tag{3.88}$$

对于不可压缩流体，$\frac{\mathrm{d}\rho}{\mathrm{d}t} = 0$，连续方程变为

$$\nabla \cdot \boldsymbol{V} = 0,\ \frac{\partial u}{\partial x} + \frac{\partial v}{\partial y} + \frac{\partial w}{\partial z} = 0 \tag{3.89}$$

流体不可压缩条件 $\frac{\mathrm{d}\rho}{\mathrm{d}t} = 0$，是指流体质点密度在流动过程中保持不变，但是这个流体质点和那个流体质点的密度可以不同，即流体可以是非均值的，因此不可压缩流体的密度并不一定处处都是常数，例如变密度平行流动。而均值流体的定义为 $\nabla\rho = 0$，即密度在空间上是均匀的，但不能保证随时间不变化，即 $\frac{\partial \rho}{\partial t}$ 不一定为零。只有在既是不可压缩流体，同时又是均值流体，流体密度才处处都是常数。这是因为，将均值条件 $\nabla\rho = 0$，代入不可压缩流体条件中：

$$\frac{\mathrm{d}\rho}{\mathrm{d}t} = \frac{\partial \rho}{\partial t} + u\frac{\partial \rho}{\partial x} + v\frac{\partial \rho}{\partial y} + w\frac{\partial \rho}{\partial z} = \frac{\partial \rho}{\partial t} + \boldsymbol{V} \cdot \nabla\rho = 0$$

得

$$\frac{\partial \rho}{\partial t} = 0 \tag{3.90}$$

于是 ρ = 常数，即流体密度既不随时间变化，也不随位置变化，在整个流场中是个常数。

以上推导的连续性微分方程仅是流体微团运动学行为，与动力学无关，因此它们适应于理想流体和黏性流体。上述反映质量守恒的连续性微分方程是由欧拉于 1753 年导出的。

3.6　理想流体运动微分方程组（欧拉方程组）

1755 年，瑞士数学家与流体力学家欧拉（Leonhard Euler，1707～1783 年）基于连续介质假设和理想流体模型，基于局部跟踪流体微团的观点，利用牛顿第二定律（动量守恒定律）建立了理想流体运动微分方程组，简称欧拉微分方程组。现在流场中，在 t 时刻任取一流体微团（质团），该微团的三边长度分别为 Δx、Δy、Δz，微团形心点坐标为 (x, y, z)，速度为 u、v、w，密度为 ρ，压强为 p，单位质量力为 f_x、f_y、f_z。对于理想流体，在流体微团表面上仅作用压强，而无切应力。如图 3.21 所示，在 t 时刻形心点压强为 $p(x, y, z, t)$，则利用泰勒级数展开并忽略高阶项，在 x 方向，作用在微团左面压力为 $\left(p - \frac{\partial p}{\partial x}\frac{\Delta x}{2}\right)\Delta y\Delta z$，在微团右面的压力为 $\left(p + \frac{\partial p}{\partial x}\frac{\Delta x}{2}\right)\Delta y\Delta z$。微团质量力在 x 方向

的分力为 $\rho\Delta x\Delta y\Delta z f_x$，根据牛顿第二定律，作用于微团 x 方向合外力等于质量乘以 x 方向微团的加速度，即

$$\left(p - \frac{\partial p}{\partial x}\frac{\Delta x}{2}\right)\Delta y\Delta z - \left(p + \frac{\partial p}{\partial x}\frac{\Delta x}{2}\right)\Delta y\Delta z + \rho f_x \Delta x\Delta y\Delta z = \frac{\mathrm{d}u}{\mathrm{d}t}\rho\Delta x\Delta y\Delta z \quad (3.91)$$

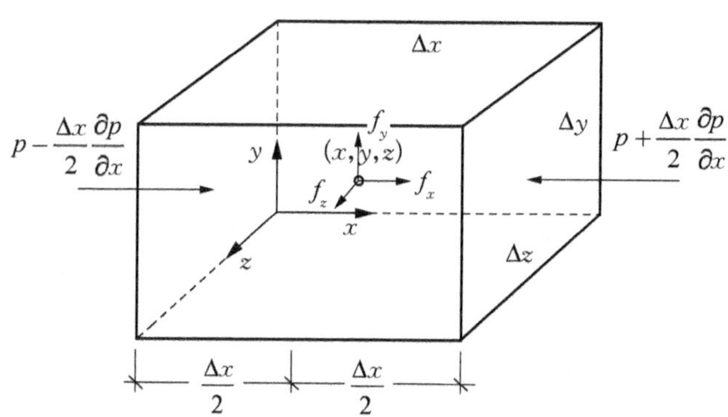

图 3.21　理想流体微团在 x 方向的受力

对式(3.91)两边同除以微团的质量 $\rho\Delta x\Delta y\Delta z$，取极限得到 x 方向的运动微分方程为

$$\frac{\mathrm{d}u}{\mathrm{d}t} = f_x - \frac{1}{\rho}\frac{\partial p}{\partial x} \quad (3.92)$$

这里用全加速度形式，是因为在上述推导过程中，在微分时段内跟随流体微团建立的。也可以将式(3.92)写成为

$$\frac{\partial u}{\partial t} + u\frac{\partial u}{\partial x} + v\frac{\partial u}{\partial y} + w\frac{\partial u}{\partial z} = f_x - \frac{1}{\rho}\frac{\partial p}{\partial x} \quad (3.93)$$

同理可建立其他两个方向的运动微分方程。综合起来，欧拉方程组为

$$\begin{aligned} \frac{\mathrm{d}u}{\mathrm{d}t} &= f_x - \frac{1}{\rho}\frac{\partial p}{\partial x} \\ \frac{\mathrm{d}v}{\mathrm{d}t} &= f_y - \frac{1}{\rho}\frac{\partial p}{\partial y} \\ \frac{\mathrm{d}w}{\mathrm{d}t} &= f_z - \frac{1}{\rho}\frac{\partial p}{\partial z} \end{aligned} \quad (3.94)$$

其向量形式为

$$\frac{\mathrm{d}\boldsymbol{V}}{\mathrm{d}t} = \boldsymbol{f} - \frac{1}{\rho}\nabla p \quad (3.95)$$

以上三式即为笛卡儿坐标系下理想流体运动微分方程组，即欧拉微分方程组。其表明，流体微团沿着某一方向的加速度等于质量力减去压强梯度力。如果质量力为零，流体微团沿着某一方向的加速度等于负的压强梯度力。以 x 方向的微分方程为例说明之。如果当

$f_x=0$，则 x 方向的方程为

$$\frac{\mathrm{d}u}{\mathrm{d}t}=-\frac{1}{\rho}\frac{\partial p}{\partial x} \tag{3.96}$$

对于顺压梯度流动（沿着流动方向压强减小），$\frac{\partial p}{\partial x}<0$，流体质点沿着流动方向做加速运动；对于逆压梯度流动（沿着流动方向压强增大），$\frac{\partial p}{\partial x}>0$，流体质点沿着流动方向做减速运动；对于零压梯度流动，$\frac{\partial p}{\partial x}=0$，流体质点沿着流动方向速度不变。

式(3.95)的另一种形式为

$$\begin{aligned}
&\frac{\partial u}{\partial t}+u\frac{\partial u}{\partial x}+v\frac{\partial u}{\partial y}+w\frac{\partial u}{\partial z}=f_x-\frac{1}{\rho}\frac{\partial p}{\partial x}\\
&\frac{\partial v}{\partial t}+u\frac{\partial v}{\partial x}+v\frac{\partial v}{\partial y}+w\frac{\partial v}{\partial z}=f_y-\frac{1}{\rho}\frac{\partial p}{\partial y}\\
&\frac{\partial w}{\partial t}+u\frac{\partial w}{\partial x}+v\frac{\partial w}{\partial y}+w\frac{\partial w}{\partial z}=f_z-\frac{1}{\rho}\frac{\partial p}{\partial z}
\end{aligned} \tag{3.97}$$

矢量形式为

$$\frac{\partial \boldsymbol{V}}{\partial t}+(\boldsymbol{V}\cdot\nabla)\boldsymbol{V}=\boldsymbol{f}-\frac{1}{\rho}\nabla p \tag{3.98}$$

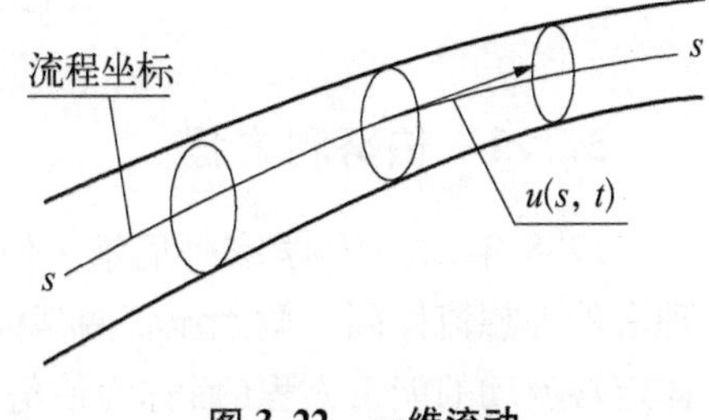

图 3.22　一维流动

对于一维流动(图3.22)，运动方程可写为

$$\frac{\partial u}{\partial t}+u\frac{\partial u}{\partial s}=f_s-\frac{1}{\rho}\frac{\partial p}{\partial s} \tag{3.99}$$

图 3.23　英国数学家、力学家贺拉斯·兰姆(Horace Lamb, 1849～1934年)

如果把加速度项重新组合，可以在加速度项中显示出旋转角度分量，这样的方程称为格罗米柯-兰姆(图3.23)型方程组。如 x 方向的方程为

$$\begin{aligned}
&u\frac{\partial u}{\partial x}+v\frac{\partial u}{\partial y}+w\frac{\partial u}{\partial z}\\
&=u\frac{\partial u}{\partial x}+v\frac{\partial v}{\partial x}+w\frac{\partial w}{\partial x}-v\left(\frac{\partial v}{\partial x}-\frac{\partial u}{\partial y}\right)+w\left(\frac{\partial u}{\partial z}-\frac{\partial w}{\partial x}\right)\\
&=\frac{\partial}{\partial x}\left(\frac{V^2}{2}\right)-2v\omega_z+2w\omega_y
\end{aligned} \tag{3.100}$$

式中，$\frac{V^2}{2}=\frac{u^2+v^2+w^2}{2}$ 表示流体微团单位质量的动能。由此

可得格罗米柯-兰姆型方程组为

$$
\begin{aligned}
f_x - \frac{1}{\rho}\frac{\partial p}{\partial x} &= \frac{\partial u}{\partial t} + \frac{\partial}{\partial x}\left(\frac{V^2}{2}\right) - 2(v\omega_z - w\omega_y) \\
f_y - \frac{1}{\rho}\frac{\partial p}{\partial y} &= \frac{\partial v}{\partial t} + \frac{\partial}{\partial y}\left(\frac{V^2}{2}\right) - 2(w\omega_x - u\omega_z) \\
f_z - \frac{1}{\rho}\frac{\partial p}{\partial z} &= \frac{\partial w}{\partial t} + \frac{\partial}{\partial z}\left(\frac{V^2}{2}\right) - 2(u\omega_y - v\omega_x)
\end{aligned} \tag{3.101}
$$

写成矢量形式为

$$
\boldsymbol{f} - \frac{1}{\rho}\nabla p - \nabla\left(\frac{V^2}{2}\right) = \frac{\partial \boldsymbol{V}}{\partial t} - 2\boldsymbol{V} \times \boldsymbol{\omega} \tag{3.102}
$$

格罗米柯-兰姆型方程组仍是理想流体运动微分方程组。其优点是在方程中显示了旋转角速度项,便于分析无旋流动。对于理想流体,流体微团在运动过程中不会受到切向力(即黏性剪切力)的作用,因而流体微团在运动过程中不会改变它的旋度,如原来旋度为零的(即无旋流),在运动过程也保持无旋流;原来有旋的,继续保持为有旋流,且其旋度不变。

3.7 伯努利方程及其物理意义

3.7.1 伯努利方程

1738 年,瑞士科学家丹尼尔·伯努利(Daniel Bernoulli,1700~1782 年)将质点动能定理沿着理想流体同一微元流管两截面建立,导出一元流机械能守恒方程,即著名的理想流体定常流动的能量方程(后称为伯努利方程)。1755 年,欧拉推导了理想流体运动的微分方程组,然后针对质量力有势、理想流体的定常流动,积分欧拉方程组,同样可得伯努利方程。而且通过推导表明:伯努利方程不仅沿着同一条流线成立,而且对同一条涡线、势流流场、螺旋流均成立。以下基于格罗米柯-兰姆型方程,通过积分推导伯努利方程。

对于理想正压流体[密度仅是压强的函数,$\rho(p)$;如果密度是温度和压强的函数 $\rho(T, p)$,称为斜压流体],在质量力有势条件下,流动是定常流动。现在考察式(3.102)中的各项。即

$$
\boldsymbol{f} - \frac{1}{\rho}\nabla p - \nabla\left(\frac{V^2}{2}\right) = \frac{\partial \boldsymbol{V}}{\partial t} - 2\boldsymbol{V} \times \boldsymbol{\omega}
$$

(1) 质量力 $\boldsymbol{f}$ 为有势力,存在质量力的势函数 Π,有

$$
\begin{gathered}
\boldsymbol{f} = -\nabla\Pi \\
f_x = -\frac{\partial \Pi}{\partial x},\ f_y = -\frac{\partial \Pi}{\partial y},\ f_z = -\frac{\partial \Pi}{\partial z}
\end{gathered} \tag{3.103}
$$

式中,负号表示力势函数梯度方向与质量力方向相反。

(2) 对理想正压流体,密度为常数(不可压缩流体)或仅为压强的函数(比如绝热或等熵流动),定义一个函数 $P(p)$,使得

$$\nabla P = \frac{1}{\rho}\nabla p \tag{3.104}$$

(3) 对于定常流动,有

$$\frac{\partial \boldsymbol{V}}{\partial t} = 0 \tag{3.105}$$

将式(3.103)~式(3.105)代入格罗米柯-兰姆型方程(3.102)中,得

$$\begin{aligned} -\nabla\Pi - \nabla P - \nabla\left(\frac{V^2}{2}\right) &= -2\boldsymbol{V}\times\boldsymbol{\omega} \\ \nabla\left(\Pi + P + \frac{V^2}{2}\right) &= 2\boldsymbol{V}\times\boldsymbol{\omega} \end{aligned} \tag{3.106}$$

将上式写成分量形式为

$$\begin{aligned} \frac{\partial}{\partial x}\left(\Pi + P + \frac{V^2}{2}\right) &= 2(\boldsymbol{V}\times\boldsymbol{\omega})_x \\ \frac{\partial}{\partial y}\left(\Pi + P + \frac{V^2}{2}\right) &= 2(\boldsymbol{V}\times\boldsymbol{\omega})_y \\ \frac{\partial}{\partial z}\left(\Pi + P + \frac{V^2}{2}\right) &= 2(\boldsymbol{V}\times\boldsymbol{\omega})_z \end{aligned} \tag{3.107}$$

现在流场中,任取一条光滑曲线,并将上式投影到曲线上(图3.24),也就是用 $\mathrm{d}x$、$\mathrm{d}y$、$\mathrm{d}z$ 分别乘以式(3.107)各分量式,得

$$\begin{aligned} \frac{\partial}{\partial x}\left(\Pi + P + \frac{V^2}{2}\right)\mathrm{d}x &= 2(\boldsymbol{V}\times\boldsymbol{\omega})_x\mathrm{d}x \\ \frac{\partial}{\partial y}\left(\Pi + P + \frac{V^2}{2}\right)\mathrm{d}y &= 2(\boldsymbol{V}\times\boldsymbol{\omega})_y\mathrm{d}y \\ \frac{\partial}{\partial z}\left(\Pi + P + \frac{V^2}{2}\right)\mathrm{d}z &= 2(\boldsymbol{V}\times\boldsymbol{\omega})_z\mathrm{d}z \end{aligned} \tag{3.108}$$

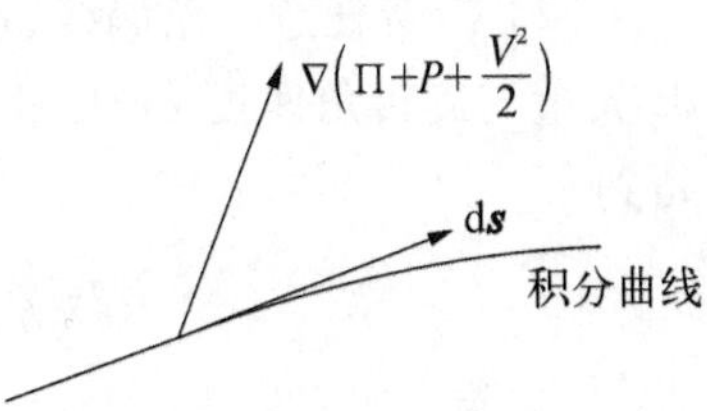

图3.24　沿着曲线投影积分

把式(3.108)各分量加起来,写成矢量形式,得到

$$\begin{aligned} \nabla\left(\Pi + P + \frac{V^2}{2}\right)\cdot \mathrm{d}\boldsymbol{s} &= 2\boldsymbol{V}\times\boldsymbol{\omega}\cdot\mathrm{d}\boldsymbol{s} \\ \frac{\partial}{\partial s}\left(\Pi + P + \frac{V^2}{2}\right)\mathrm{d}s &= 2\boldsymbol{V}\times\boldsymbol{\omega}\cdot\mathrm{d}\boldsymbol{s} \end{aligned} \tag{3.109}$$

如果取式(3.109)右边项为零,则

$$\boldsymbol{V} \times \boldsymbol{\omega} \cdot \mathrm{d}\boldsymbol{s} = 0 \tag{3.110}$$

代入式(3.109),得到在曲线上下式成立。

$$\frac{\partial}{\partial s}\left(\Pi + P + \frac{V^2}{2}\right) = 0 \tag{3.111}$$

沿着曲线积分,得到

$$\Pi + P + \frac{V^2}{2} = C(s) \tag{3.112}$$

这个积分就是著名的伯努利方程或伯努利积分(Bernoulli 积分)。式中,积分常数 $C(s)$ 沿着积分曲线 s 不变。上式表明:对于理想正压流体的定常流动,在质量力有势条件下,单位质量流体微团沿着特定积分曲线 s 的势能(Π)、压能(P)和动能 $\left(\dfrac{V^2}{2}\right)$ 之和不变,即总机械能守恒。

伯努利方程成立的充分必要条件是:$\boldsymbol{V} \times \boldsymbol{\omega} \cdot \mathrm{d}\boldsymbol{s} = 0$。以下分析满足这一条件的具体情况。

(1) 沿着任意一条流线,伯努利方程成立。这是因为,在此情况下,流线上的微分段 $\mathrm{d}\boldsymbol{s}$ 与流体质点速度平行,速度 $\boldsymbol{V}$ 与旋转角速度 $\boldsymbol{\omega}$ 矢量叉积与速度 $\boldsymbol{V}$ 矢量垂直,因此其与 $\mathrm{d}\boldsymbol{s}$ 矢量点积为零。在流线上 $\mathrm{d}\boldsymbol{s} = \boldsymbol{V}\mathrm{d}t$,即

$$\mathrm{d}\boldsymbol{s} \mathbin{/\mkern-5mu/} \boldsymbol{V},\ \boldsymbol{V} \times \boldsymbol{\omega} \perp \boldsymbol{V},\ \boldsymbol{V} \times \boldsymbol{\omega} \cdot \mathrm{d}\boldsymbol{s} = 0 \tag{3.113}$$

$$\boldsymbol{V} \times \boldsymbol{\omega} \cdot \mathrm{d}\boldsymbol{s} = \begin{vmatrix} \mathrm{d}x & \mathrm{d}y & \mathrm{d}z \\ u & v & w \\ \omega_x & \omega_y & \omega_z \end{vmatrix} = \begin{vmatrix} u & v & w \\ u & v & w \\ \omega_x & \omega_y & \omega_z \end{vmatrix} \mathrm{d}t = 0 \tag{3.114}$$

(2) 沿着任意一条涡线,伯努利方程成立。这是因为,在此情况下,在涡线上,微分段 $\mathrm{d}\boldsymbol{s}$ 矢量与旋转角速度 $\boldsymbol{\omega}$ 矢量平行,即在涡线上令 $\mathrm{d}\boldsymbol{s} = k\boldsymbol{\omega}\,|\mathrm{d}s|$ (k 为比例系数),由此得到

$$\mathrm{d}\boldsymbol{s} \mathbin{/\mkern-5mu/} \boldsymbol{\omega},\ \boldsymbol{V} \times \boldsymbol{\omega} \perp \boldsymbol{\omega},\ \boldsymbol{V} \times \boldsymbol{\omega} \cdot \mathrm{d}\boldsymbol{s} = 0 \tag{3.115}$$

$$\boldsymbol{V} \times \boldsymbol{\omega} \cdot \mathrm{d}\boldsymbol{s} = \begin{vmatrix} \mathrm{d}x & \mathrm{d}y & \mathrm{d}z \\ u & v & w \\ \omega_x & \omega_y & \omega_z \end{vmatrix} = \begin{vmatrix} \omega_x & \omega_y & \omega_z \\ u & v & w \\ \omega_x & \omega_y & \omega_z \end{vmatrix} k\,|\mathrm{d}s| = 0 \tag{3.116}$$

(3) 在 $\boldsymbol{V} \times \boldsymbol{\omega} = 0$ 条件下,伯努利方程与所取的曲线无关,在整个流场中积分常数不变,等于同一个常数。即

(a) 静止流场,$\boldsymbol{V} = 0$;

(b) 无旋流场,有势流动,$\boldsymbol{\omega} = 0$;

(c) 流线与涡线重合，即螺旋流动，$\boldsymbol{V} /\!/ \boldsymbol{\omega}$。

对于不可压缩流体，在不计质量力情况下，沿着流线伯努利方程是

$$\frac{p}{\rho}+\frac{V^2}{2}=C(s),\ p+\rho\frac{V^2}{2}=C(s) \tag{3.117}$$

式(3.117)正确回答了机翼上翼面存在吸力对升力的贡献，回答了翼型绕流产生升力的机制。后来的风洞试验表明：对于翼型而言，上翼面吸力对升力的贡献约占总升力 70%。这比 1686 年牛顿在《自然哲学的数学原理》中提出“漂石理论”（Skipping Stone Theory）前进了一大步，牛顿认为翼型的升力是翼型下翼面对气流冲击作用的结果，与上翼面无关。

如果质量力只有重力，沿着流线的伯努利方程是

$$gz+\frac{p}{\rho}+\frac{V^2}{2}=C(s) \tag{3.118}$$

如果两边同除以 g，最后得到的伯努利方程形式为

$$z+\frac{p}{\gamma}+\frac{V^2}{2g}=H(s) \tag{3.119}$$

上式就是理想不可压缩流体在质量力为重力作用下，沿流线积分的伯努利方程。其各项的物理意义可表示为单位重量流体所具有的势能、压能和动能之和不变。具体如下。

(1) z 表示单位时间、单位重量流体微团所具有的位置势能，这个相对于基准面的高度也称为位置水头。如质量为 m 的流体微团，在 z 处所具有的势能为 mgz，单位重量的势能为 $mgz/(mg)=z$。

(2) p/γ 表示单位时间、单位重量流体微团所具有的压强势能，这个势能通过压强储存在流体内部，该式是以液柱高度表示的，即 $mg(p/\gamma)/(mg)=p/\gamma$，称为压强高度。如果压强基准选绝对真空点，则液柱高度为绝对压强高度；如果压强基准选大气压强，则液柱高度为相对压强高度。

(3) $\frac{V^2}{2g}$ 表示单位时间、单位重量流体微团所具有的动能，即 $[mg(V^2/2g)]/(mg)=V^2/2g$，相当于以初速度 V 垂直向上抛所能达到高度，称为动能高度或速度水头。

(4) $H(s)$ 表示单位时间、单位重量流体微团所具有的总机械能沿着流线不变，称其为总水头。如图 3.25 所示，可以根据伯努利方程以图示的形式表示出来。例如，总能量线就是总水头，测压管线或测压

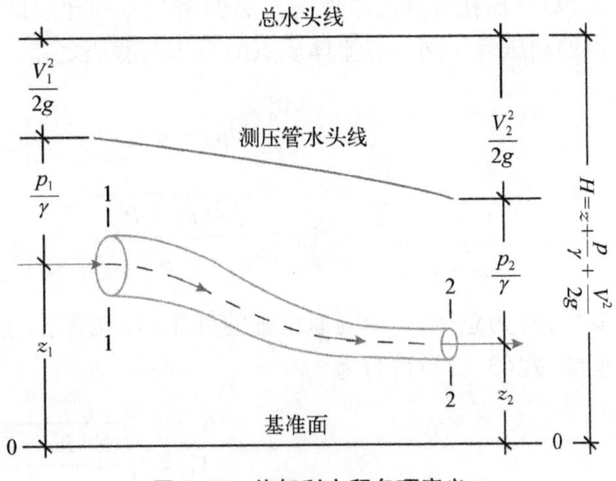

图 3.25　伯努利方程各项意义

管水头线就是 $z+\dfrac{p}{\gamma}$。

3.7.2 伯努利方程的应用

例题 1 定常孔口出流公式。1643 年,意大利科学家托里拆利(Torricelli,1608~1647 年)通过大量的孔口出流实验,提出了定常孔口出流的基本公式,表明孔口出流速度与孔口上的水深 h 平方根成正比。如图 3.26 所示,光滑容器中小孔的出流速度 v,小孔中心距自由面高度为 h。忽略流体黏性,假设流动是定常的,建立 1-2 点流线的伯努利方程,即

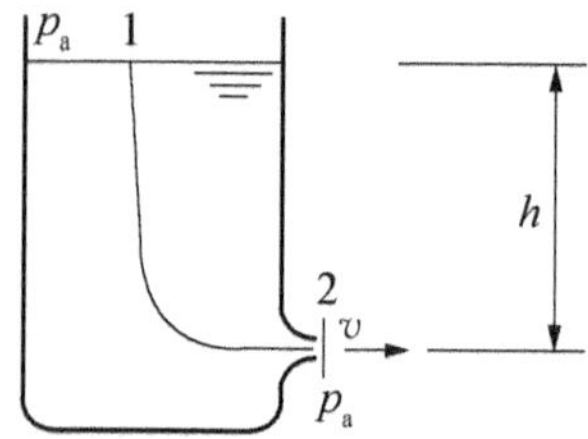

图 3.26 在大气压强下的孔口出流

$$\frac{p_a}{\gamma}+h+0=\frac{p_a}{\gamma}+0+\frac{V^2}{2g} \tag{3.120}$$

整理后,得

$$V=\sqrt{2gh} \tag{3.121}$$

其中,h 为液面高度;V 为出口水流速度。式(3.121)称为托里拆利公式,其物理意义是:单位重量流体质点从 1 点液面位置运动到 2 点出口位置时,其所具有的重力势能转变化为相应的动能。对于黏性流体,空口出流过程存在一定机械能损失,所以实际的空口出流速度将比上述理论值偏低,通常写为 $v=c_v\sqrt{2gh}$,其中 c_v 称为速度系数,实验表明 $c_v=0.97$。

例题 2 皮托管测速仪。1732 年,法国水力工程师皮托(图 3.27)发明了一种测量流场中总压的装置,即皮托管,也称毕托管(图 3.28)。皮托发现河流中的皮特管水柱高度正比于皮托管入口流速的平方,水流中任意一点的速度大小,可以对同一点分别用总压管和静压管的测量值之差获得。后来 1905 年世界流体力学大师普朗特将这一方法发展了一种同时测量流体质点的总压和静压的装置,该装置称为普朗特风速管,或皮托管测速仪(图 3.29)。皮托管测速原理是按照伯努利方程建立的,表明流体质点的动压等于同一点流体质点的总压与静压之差。

图 3.27 法国水力工程师亨利 · 皮托(Henri Pitot,1695~1771 年)

$$\rho\frac{V_0^2}{2}=p_0-p_s \qquad V_0=\sqrt{\frac{2(p_0-p_s)}{\rho}} \tag{3.122}$$

其中,p_0 为总压;p_s 为测速位置的静压;V_0 为所测速度。实际测速中,由于结构和损失等影响,式(3.122)可写为

$$V_0=\sqrt{\frac{2\xi(p_0-p_s)}{\rho}} \tag{3.123}$$

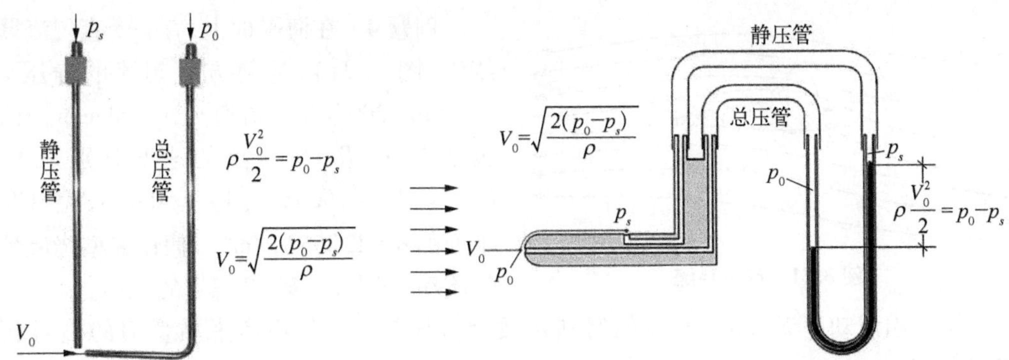

图 3.28 皮托总压管(伯努利方程应用) **图 3.29 普朗特风速管(皮托管测速仪)**

其中,ξ 为修正系数,其值为 0.98~1.05。

例题 3 文丘里流量计。1797 年,意大利物理学家文丘里(Venturi,1746~1822 年)通过对变截面管道实验,发现小截面处速度大、压强小(文丘里效应),提出利用这一效应和连续条件测量管道流体流量的收缩扩张型管道,称为文丘里管(图 3.30)。其原理是:对于通过理想不可压缩流体的水平管道,如果在管道中插入一段先收缩后扩张的管段,根据文丘里效应,建立管道收缩前 1 断面和收缩后 2 断面之间的伯努利方程,并利用连续性条件,可得管道通过的体积流量。即

$$p_1+\rho\frac{V_1^2}{2}=p_2+\rho\frac{V_2^2}{2} \tag{3.124}$$

$$Q=V_1A_1=V_2A_2$$

$$Q=V_1A_1=A_1\sqrt{\frac{2}{\rho}\frac{(p_1-p_2)}{\frac{A_1^2}{A_2^2}-1}} \tag{3.125}$$

其中,Q 为流量;V_1、p_1、A_1 分别为截面 1 处流速、压强和截面积;V_2、p_2、A_2 分别为截面 2 处流速、压强和截面积。

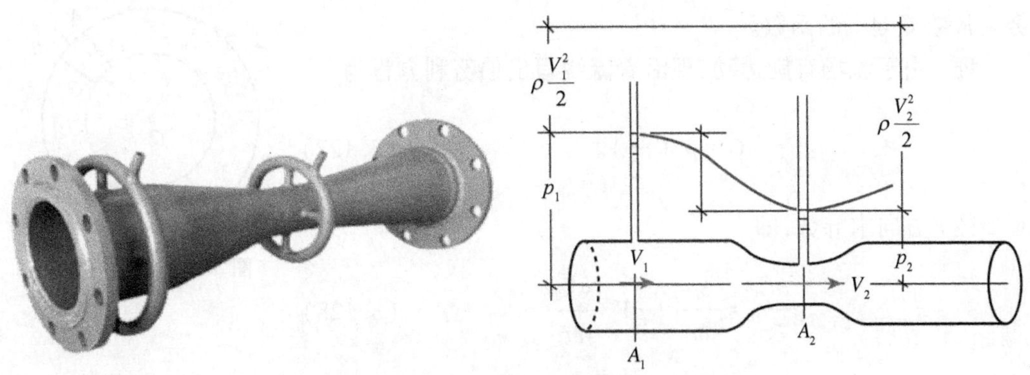

图 3.30 文丘里流量管及流量计原理

例题 4 在海平面上，有一个直匀流翼型绕流（图 3.31），远前方直匀流的静压 $p = p_\infty = 101\ 200\ \mathrm{N/m^2}$，流速 $v_\infty = 100\ \mathrm{m/s}$。已知翼型上 A、B、C 三点的速度分别是 $V_A = 0\ \mathrm{m/s}$、$V_B = 150\ \mathrm{m/s}$、$V_C = 50\ \mathrm{m/s}$，空气在海平面的 $\rho = 1.255\ \mathrm{kg/m^3}$。假设翼型绕流是无旋流动，试求 A、B、C 三点的压强。

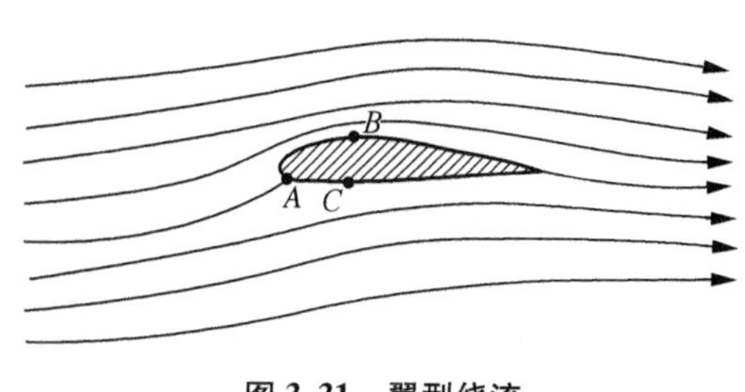

图 3.31　翼型绕流

解：因流动是无旋的，所以伯努利常数全流场是一样。不考虑质量力的伯努利方程为

$$p + \rho \frac{V^2}{2} = p_\infty + \rho \frac{V_\infty^2}{2} = C \tag{3.126}$$

根据远前方的条件，得常数 C 为

$$C = p_\infty + \rho \frac{V_\infty^2}{2} = 101\ 200 + \frac{1.225}{2} \times (100)^2 = 107\ 325\ \mathrm{N/m^2}$$

利用式(3.126)，可以计算各点的压强为

$$p_A = C - \frac{\rho}{2} V_A^2 = 107\ 325\ \mathrm{N/m^2}$$

$$p_B = C - \frac{\rho}{2} V_B^2 = 107\ 325 - 0.612\ 5 \times 22\ 500 = 93\ 825\ \mathrm{N/m^2}$$

$$p_C = C - \frac{\rho}{2} V_C^2 = 107\ 325 - 1\ 531 = 105\ 794\ \mathrm{N/m^2}$$

计算结果表明：A 为驻点，$p_A > p_\infty$，p_A 最大；C 点为下翼面的点，速度小于来流速度，$p_C > p_\infty$；B 点为上翼面的点，速度大于来流速度，$p_B < p_\infty$。

例题 5 旋转容器。在旋转容器内，假设流场只存在圆周向速度，V_θ 正比于半径 r，即 $V_\theta = kr$，如图 3.32 所示。试证：伯努利常数 C 是 r 的函数。

证：由于流场有旋运动，现沿着流线写出伯努利方程为

$$C = p + \frac{\rho}{2} V_\theta^2 \tag{3.127}$$

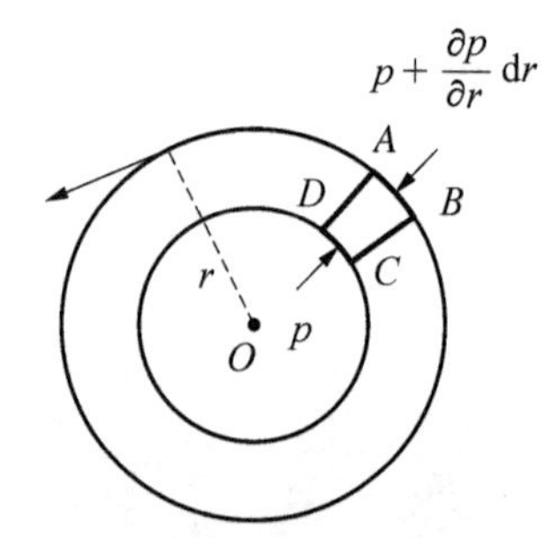

图 3.32　旋转容器流动

对半径 r 方向求导数，即

$$\frac{\partial C}{\partial r} = \frac{\partial p}{\partial r} + \rho V_\theta \frac{\partial V_\theta}{\partial r} \tag{3.128}$$

径向压力差必须平衡微团 $ABCD$ 的离心力，故有

$$\left(p+\frac{\partial p}{\partial r}\mathrm{d}r\right)(r+\mathrm{d}r)\mathrm{d}\theta-\frac{1}{2}\left(p+p+\frac{\partial p}{\partial r}\mathrm{d}r\right)(r+\mathrm{d}r-r)\mathrm{d}\theta-pr\mathrm{d}\theta$$
$$=\frac{V_\theta^2}{r}\rho\left(\frac{r+r+\mathrm{d}r}{2}\right)\mathrm{d}\theta\mathrm{d}r \tag{3.129}$$

上式左边的第二项是 AD 面和 BC 面上的压力在 r 向的投影。略去高次小量，得

$$\frac{\partial p}{\partial r}=\rho\frac{V_\theta^2}{r} \tag{3.130}$$

把上式代入式(3.128)，并将 $V_\theta=kr$ 代入，得

$$\frac{\partial C}{\partial r}=2\rho k^2 r,\ C=\rho k^2 r^2 \tag{3.131}$$

如果速度场是

$$V_\theta=\frac{k}{r} \tag{3.132}$$

代入式(3.128)，得

$$\frac{\partial C}{\partial r}=\frac{\partial p}{\partial r}+\rho V_\theta\frac{\partial V_\theta}{\partial r}=\rho\frac{1}{r}\left(\frac{k}{r}\right)^2+\rho\frac{k}{r}\left(-\frac{k}{r^2}\right)=0 \tag{3.133}$$

说明伯努利方程中的常数与 r 无关，对整个流场是一样的。可以证明该流场是一个无涡流场，能量方程积分常数不变。即

$$\begin{aligned}&V_\theta=\frac{K}{r}\quad u=-K\frac{y}{x^2+y^2}\quad v=K\frac{x}{x^2+y^2}\\&\omega_z=\frac{1}{2}\left(\frac{\partial v}{\partial x}-\frac{\partial u}{\partial y}\right)=\frac{K}{2}\left[\frac{y^2-x^2}{(x^2+y^2)^2}-\frac{y^2-x^2}{(x^2+y^2)^2}\right]=0\end{aligned} \tag{3.134}$$

对于在流场中一个集中的旋涡，分涡核和涡核外的诱导流场。在涡核内流体质点像刚体一样绕涡轴旋转，其周向速度与 r 成正比，在涡核外的诱导流场是无涡运动，其周向速度与 r 成反比。

例题6　如图3.33所示，射流泵的工作原理是，借助工作室上游水箱管道的喷嘴1－1断面高速射流产生真空，将外部下游水池中的水吸入工作室，然后再由射流带入出水管流出。已知：$H=2$ m，$h=1$ m，$d_3=0.15$ m，$d_2=0.10$ m，$d_1=0.10$ m，$d_0=0.15$ m，$z=2$ m，水的密度 $\rho=1\,000$ kg/m^3，不计黏性损失，工作室内的静压强相等。试求：

（1）出水管中的流量 Q_3；

（2）通过射流泵的流量 Q_1；

（3）通过吸水管的流量 Q_2；

（4）工作室内的真空度 h_v；

（5）工作室内最大真空度 $h_{vm}(Q_2=0)$。

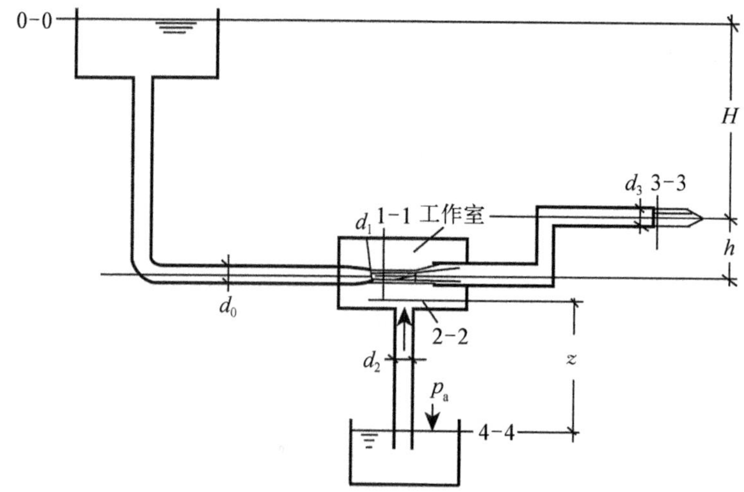

图 3.33 射流泵工作原理

解：当射流泵工作稳定后，水体在工作室混合，通过射流 V_1 引射水池水体进入出水管道流出。现建立 0－0 与出水管出口 3－3 断面之间的能量方程，有

$$H=\frac{V_3^2}{2g},\ V_3=\sqrt{2gH}=\sqrt{2\times 9.8\times 2}=6.261\ \text{m/s}$$

由连续性方程，有

$$A_1V_1+A_2V_2=A_3V_3,\ V_1=\frac{A_3}{A_1}V_3-\frac{A_2}{A_1}V_2=2.25V_3-V_2$$

由 0－0 断面与 1－1 断面之间的能量方程为

$$H+h=\frac{p_1}{\gamma}+\frac{V_1^2}{2g}$$

由下游水池 4－4 与 2－2 断面之间的能量方程为

$$\frac{p_a}{\gamma}=\frac{p_a+p_1}{\gamma}+z+\frac{V_2^2}{2g}$$

利用以上三式，可得

$$V_2=\frac{2.25^2V_3^2-2g(H+h+z)}{4.5V_3}=3.565\ \text{m/s}$$

通过吸水管的流量为

$$Q_2 = V_2A_2 = 3.565 \times 0.7854 \times 0.1^2 = 0.0280 \text{ m}^3/\text{s}$$

通过射流泵的流量为

$$Q_1 = V_1A_1 = 10.522 \times 0.7854 \times 0.1^2 = 0.0826 \text{ m}^3/\text{s}$$

通过出水管的流量为

$$Q_3 = V_3A_3 = 6.261 \times 0.7854 \times 0.15^2 = 0.111 \text{ m}^3/\text{s}$$

工作室内的真空度为

$$h_v = -\frac{p_1}{\gamma} = z + \frac{V_2^2}{2g} = 2 + \frac{3.565^2}{2g} = 2.648 \text{ m}$$

工作室内最大真空度为

$$h_{vm} = -\frac{p_1}{\gamma} = -(H + h) + \frac{V_1^2}{2g} = -3 + \frac{2.25^2 \times 6.261^2}{2g} = 7.125 \text{ m}$$

3.8　流体运动的积分方程

3.8.1　控制体与系统的基本概念

在流体动力学中，需要解决的三个方面的问题是：

(1) 流体的运动学问题；

(2) 作用于流体上各种力的特征；

(3) 控制流体运动的普遍规律(质量守恒、动量守恒、能量守恒等定律)。

流体力学的任务是将描述物质运动的普遍规律，应用于流体运动的物理现象中，从而得到流体运动各物理量之间的关系式，这些关系式就是流体动力学的基本方程组。如果关系式是以积分形式给出的，称为流体动力学积分方程组，如果是以微分形式给出的，称为微分方程组。上一节建立了流体运动的微分方程组。本节推导和建立流体动力学积分方程组，具体包括连续方程、动量方程、动量矩方程、能量方程。

1. 系统(system)

系统是指包含着确定不变物质的任何集合体。在流体力学中，系统是指由任何确定流体质点组成的团体。系统的基本特点是：

(1) 系统的边界随流体一起运动；

(2) 在系统的边界上没有质量的交换；

(3) 在系统的边界上受到系统外界的表面力；

(4) 在系统的边界上存在能量的交换。

例如，对于系统而言，牛顿第二定律 $F = ma$ 表示，F 指作用于系统上所有外力的合力，a 指系统的质心加速度，m 指系统的质量。流体系统对应于拉格朗日观点，即以确定流体质点的集合体作为研究对象,研究系统各物理量的关系,这类方程称为拉格朗日型积分方程组。

2. 控制体(control volume)

控制体是指相对于坐标系而言,固定不变的任何体积。控制体的边界称为控制面。在流体运动中,控制体是固定不变的,但被流体所通过,也就是说所占据控制体的流体质点随时间发生变化。需要说明的是,控制体也是可以运动和变形的,将在3.8.5小节讨论这种情况。控制体的特点是:

(1) 控制体的边界相对于坐标系而言是固定不变的;

(2) 在控制面上可以发生质量交换,即流体可以流进、流出控制面;

(3) 在控制面上受到外界作用于控制体内流体上的力;

(4) 控制体内的流体将受到质量力的作用;

(5) 在控制面上存在能量的交换。

例如,对于控制体而言,牛顿第二定律 $F=ma$ 表示,F 指作用于控制体及其边界面上流体质点的所有外力的合力,a 指控制体内流体质团质心加速度,m 指控制体内流体的质量。控制体对应欧拉观点,即以通过控制体流体质点系统作为研究对象,研究控制体内流体各物理量的关系,这类方程称为欧拉型积分方程组。

3.8.2 拉格朗日型积分方程组

在流场中,任意取一流体系统作为考察对象,系统的体积为 τ_0,系统的边界表面积为 S_0。根据物质运动的普遍规律,建立拉格朗日型积分方程组。

(1) 连续方程(质量守恒):

$$\frac{\mathrm{d}M}{\mathrm{d}t}=\frac{\mathrm{d}}{\mathrm{d}t}\iiint_{\tau_0}\rho\,\mathrm{d}\tau_0=0 \tag{3.135}$$

其物理意义是,在流体系统内不存在源和汇的情况下,系统的质量不随时间变化。

(2) 动量方程:

$$\frac{\mathrm{d}\boldsymbol{K}}{\mathrm{d}t}=\frac{\mathrm{d}}{\mathrm{d}t}\iiint_{\tau_0}\rho\boldsymbol{V}\mathrm{d}\tau_0=\iiint_{\tau_0}\rho\boldsymbol{f}\mathrm{d}\tau_0+\oiint_{S_0}\boldsymbol{p}_n\mathrm{d}S_0 \tag{3.136}$$

其物理意义是,流体系统的动量对时间的变化率等于外界作用于系统上的所有外力的矢量和。

(3) 动量矩方程:

$$\frac{\mathrm{d}\boldsymbol{M}_r}{\mathrm{d}t}=\frac{\mathrm{d}}{\mathrm{d}t}\iiint_{\tau_0}\rho\boldsymbol{r}\times\boldsymbol{V}\mathrm{d}\tau_0=\iiint_{\tau_0}\rho(\boldsymbol{r}\times\boldsymbol{f})\mathrm{d}\tau_0+\oiint_{S_0}\boldsymbol{r}\times\boldsymbol{p}_n\mathrm{d}S_0 \tag{3.137}$$

其物理意义是,流体系统对某点的动量矩对时间的变化率等于外界作用于系统上所有外力对同一点力矩之和。

(4) 能量方程:

$$Q+W=\frac{\mathrm{d}}{\mathrm{d}t}\iiint_{\tau_0}\rho E\mathrm{d}\tau_0=\frac{\mathrm{d}}{\mathrm{d}t}\iiint_{\tau_0}\rho\left(e+\frac{V^2}{2}\right)\mathrm{d}\tau_0 \tag{3.138}$$

其中，e 为单位质量流体的内能；E 为单位质量流体总能量，$E = e + \frac{V^2}{2}$。式（3.138）的物理意义是，单位时间内由外界传入流体系统的热量 Q 与单位时间内作用于流体系统上所有力做的功 W 之和等于该系统的总能量随时间的变化率。外界传给系统的热量包括热传导热量 Q_h 和热辐射热量 Q_r。

热传导热量 Q_h 是指单位时间内，由系统表面传入的总热传导量，表示为

$$Q_h = \oint\!\!\!\oint_{S_0} q_\lambda \mathrm{d}S_0 = \oint\!\!\!\oint_{S_0} k\frac{\partial T}{\partial n}\mathrm{d}S_0 = \oint\!\!\!\oint_{S_0} k\,\nabla T \cdot \boldsymbol{n}\mathrm{d}S_0 \tag{3.139}$$

其中，k 为热传导系数；T 为温度。

单位时间内，热辐射热量 Q_r 可以表示为

$$Q_r = \iiint_{\tau_0} \rho q_r \mathrm{d}\tau_0 \tag{3.140}$$

其中，q_r 为单位质量由辐射传入的热量。

作用于流体系统上的力包括质量力和表面力。单位时间内所有力对系统做的功 W 包括质量力功 W_b 和表面力功 W_s。对于理想流体，表面力为压强功 W_s。即

$$W_s = \oint\!\!\!\oint_{S_0} \boldsymbol{p}_n \cdot \boldsymbol{V}\mathrm{d}S_0 = -\oint\!\!\!\oint_{S_0} p\boldsymbol{n} \cdot \boldsymbol{V}\mathrm{d}S_0 \tag{3.141}$$

质量力功 W_b 为

$$W_b = \iiint_{\tau_0} \rho \boldsymbol{f} \cdot \boldsymbol{V}\mathrm{d}\tau_0 \tag{3.142}$$

单位时间内，由质量力和表面力所做的功率为

$$W = \iiint_{\tau_0} \rho \boldsymbol{f} \cdot \boldsymbol{V}\mathrm{d}\tau_0 + \oint\!\!\!\oint_{S_0} \boldsymbol{p}_n \cdot \boldsymbol{V}\mathrm{d}S_0 \tag{3.143}$$

最后得到的能量方程为

$$\oint\!\!\!\oint_{A_0} q_\lambda \mathrm{d}S_0 + \iiint_{\tau_0} \rho q_r \mathrm{d}\tau_0 + \iiint_{\tau_0} \rho \boldsymbol{f} \cdot \boldsymbol{V}\mathrm{d}\tau_0 + \oint\!\!\!\oint_{S_0} \boldsymbol{p}_n \cdot \boldsymbol{V}\mathrm{d}S_0 = \frac{\mathrm{d}}{\mathrm{d}t}\iiint_{\tau_0} \rho\left(e + \frac{V^2}{2}\right)\mathrm{d}\tau_0 \tag{3.144}$$

至此，给出了基于流体系统的拉格朗日型积分方程组。在实际问题中，常常关心指定区域内流体的运动特征，而不是流体系统的全貌。因此，需要将拉格朗日型的积分方程组转换为欧拉型的积分方程组，所面临的主要问题是将系统的积分转换成控制体的积分。

3.8.3　雷诺输运方程

对于任意函数 σ，在系统上的积分式为

$$N = \iiint_{\tau_0} \rho\sigma \mathrm{d}\tau_0 \tag{3.145}$$

取不同的 σ 值，N 表示了不同的物理量积分。例如，当 $\sigma = 1$ 时，$N = M$ 表示系统的质量；当 $\sigma = \boldsymbol{V}$ 时，$N = K$ 表示系统的动量；当 $\sigma = \boldsymbol{r} \times \boldsymbol{V}$ 时，$N = M_r$ 表示系统的动量矩；当 $\sigma = e + \dfrac{V^2}{2}$ 时，$N = E$ 表示系统的能量。

为了区分系统和控制体，在体积和面积带下标“0”的是针对系统，无下标的是针对控制体。设在 t 时刻流体系统与控制体重合，然后跟随该流体系统，在 $t + \Delta t$ 时刻该系统的体积和位置均发生了变化。设在 t 时刻，系统的体积为 $\tau_0(t)$，与所取的控制体重合，在 $t + \Delta t$ 时刻该系统移动下一位置，系统体积变为 $\tau_0(t + \Delta t)$，如用 τ_{01} 表示两者的公共部分，τ_{03} 是 $\tau_0(t)$ 减去 τ_{01} 的部分，τ_{02} 是 $\tau_0(t + \Delta t)$ 减去 τ_{01} 的部分。S_{01} 是 τ_{01} 与 τ_{02} 相交的边界（对于控制体而言为流出面），S_{02} 是 τ_{03} 与 τ_{01} 相交的边界（对于控制体而言为流入面）。如图 3.34 所示，几何上有

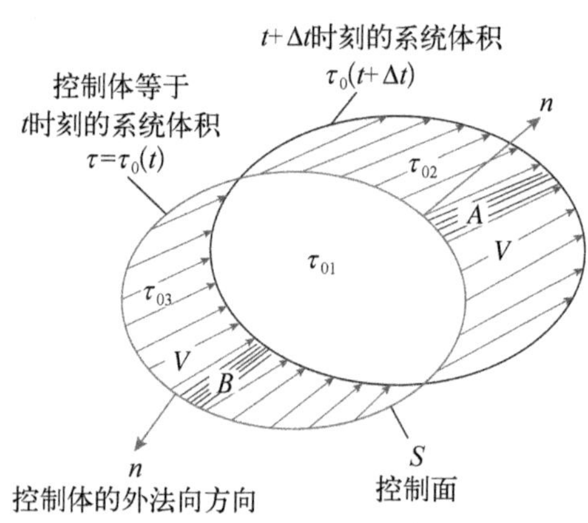

图 3.34 系统与控制体的关系

$$\tau_0(t) = \tau_{01} + \tau_{03}, \ \tau_0(t + \Delta t) = \tau_{01} + \tau_{02} \tag{3.146}$$

可以想象，τ_{02} 的体积是由 S_{01} 面运动扫过的，其中的柱状微元 A 的体积 $\mathrm{d}\tau_0$ 可以用 S_{01} 上的微元 $\mathrm{d}S$ 及其扫掠速度决定，即 $\mathrm{d}\tau_0 = (\boldsymbol{V} \cdot \boldsymbol{n})\mathrm{d}S\Delta t$，那么积分 $\iiint\limits_{\tau_{02}} \rho\sigma \mathrm{d}\tau_0$ 可以转化为

$$\iiint\limits_{\tau_{02}} \rho\sigma \mathrm{d}\tau_0 = \iint\limits_{S_{01}} \rho\sigma(\boldsymbol{V} \cdot \boldsymbol{n})\mathrm{d}S\Delta t \tag{3.147}$$

同理，τ_{03} 的体积是由 S_{02} 面运动扫过的，其中的柱状微元 B 的体积 $\mathrm{d}\tau_0$ 可以用 S_{02} 上的微元 $\mathrm{d}S$ 及其扫掠速度决定，考虑到速度与外法向夹角始终大于 90°，所以 $\mathrm{d}\tau_0 = -(\boldsymbol{V} \cdot \boldsymbol{n})\mathrm{d}S\Delta t$，那么积分 $\iiint\limits_{\tau_{03}} \rho\sigma \mathrm{d}\tau_0$ 可以转化为

$$\iiint\limits_{\tau_{03}} \rho\sigma \mathrm{d}\tau_0 = -\iint\limits_{S_{02}} \rho\sigma(\boldsymbol{V} \cdot \boldsymbol{n})\mathrm{d}S\Delta t \tag{3.148}$$

在 Δt 时段内，某函数的增量为

$$\begin{aligned}
\Delta N &= N(t + \Delta t) - N(t) = \iiint\limits_{\tau_0(t+\Delta t)} \rho\sigma \mathrm{d}\tau_0 - \iiint\limits_{\tau_0(t)} \rho\sigma \mathrm{d}\tau_0 \\
&= \iiint\limits_{\tau_{01}+\tau_{02}} \rho\sigma(t + \Delta t)\mathrm{d}\tau_0 - \iiint\limits_{\tau_{01}+\tau_{03}} \rho\sigma(t)\mathrm{d}\tau_0 \\
&= \iiint\limits_{\tau_{01}} \rho[\sigma(t + \Delta t) - \sigma(t)]\mathrm{d}\tau_0 + \iiint\limits_{\tau_{02}} \rho\sigma(t + \Delta t)\mathrm{d}\tau_0 - \iiint\limits_{\tau_{03}} \rho\sigma(t)\mathrm{d}\tau_0
\end{aligned} \tag{3.149}$$

现在分析上式中各项的物理意义。其中，ΔN 为系统物理量的增量；$\iiint\limits_{\tau_{01}}\rho[\sigma(t+\Delta t)-\sigma(t)]\mathrm{d}\tau_0$ 为体积不变物理量随时间的增量；$\iiint\limits_{\tau_{02}}\rho\sigma(t+\Delta t)\mathrm{d}\tau_0-\iiint\limits_{\tau_{03}}\rho\sigma(t)\mathrm{d}\tau_0$ 是体积变化引起的物理量增量。

对式(3.149)两边同除以 Δt 并取极限。得

$$\lim_{\Delta t\to 0}\frac{N(t+\Delta t)-N(t)}{\Delta t}=\frac{\mathrm{d}N}{\mathrm{d}t} \tag{3.150}$$

$$\lim_{\Delta t\to 0}\frac{1}{\Delta t}\iiint\limits_{\tau_{01}}\rho[\sigma(t+\Delta t)-\sigma(t)]\mathrm{d}\tau_0=\iiint\limits_{\tau}\frac{\partial\rho\sigma}{\partial t}\mathrm{d}\tau \tag{3.151}$$

$$\lim_{\Delta t\to 0}\frac{1}{\Delta t}\iiint\limits_{\tau_{02}}\rho\sigma(t+\Delta t)\mathrm{d}\tau_0=\iint\limits_{S_{01}}\rho\sigma(\boldsymbol{V}\cdot\boldsymbol{n})\mathrm{d}S \tag{3.152}$$

$$\lim_{\Delta t\to 0}\frac{1}{\Delta t}\iiint\limits_{\tau_{03}}\rho\sigma(t)\mathrm{d}\tau_0=-\iint\limits_{S_{02}}\rho\sigma(\boldsymbol{V}\cdot\boldsymbol{n})\mathrm{d}S \tag{3.153}$$

由图3.34所示，式(3.152)减去(3.153)即是通过控制面 S(控制体的边界面)的净流出量，为

$$\iint\limits_{S_{01}}\rho\sigma(\boldsymbol{V}\cdot\boldsymbol{n})\mathrm{d}S+\iint\limits_{S_{02}}\rho\sigma(\boldsymbol{V}\cdot\boldsymbol{n})\mathrm{d}S=\oiint\limits_{S}\rho\sigma(\boldsymbol{V}\cdot\boldsymbol{n})\mathrm{d}S \tag{3.154}$$

最后合起来，得到雷诺输运方程为

$$\begin{aligned}\frac{\mathrm{d}N}{\mathrm{d}t}&=\frac{\mathrm{d}}{\mathrm{d}t}\iiint\limits_{\tau_0}\rho\sigma\mathrm{d}\tau_0=\iiint\limits_{\tau}\frac{\partial\rho\sigma}{\partial t}\mathrm{d}\tau+\oiint\limits_{S}\rho\sigma(\boldsymbol{V}\cdot\boldsymbol{n})\mathrm{d}S\\&=\frac{\partial}{\partial t}\iiint\limits_{\tau}\rho\sigma\mathrm{d}\tau+\oiint\limits_{S}\rho\sigma(\boldsymbol{V}\cdot\boldsymbol{n})\mathrm{d}S\end{aligned} \tag{3.155}$$

式(3.155)为流体系统的随体导数转化为控制体的表达式，即雷诺输运方程。该式右边各项物理意义是：$\frac{\partial}{\partial t}\iiint\limits_{\tau}\rho\sigma\mathrm{d}\tau$ 是控制体内物理量随时间的变化率，表征流场非定常性引起的增量；$\oiint\limits_{S}\rho\sigma(\boldsymbol{V}\cdot\boldsymbol{n})\mathrm{d}S$ 是单位时间内通过控制面输出控制体的物理量净增量，表征流场的不均匀性引起的净增量。

利用高斯积分和连续性方程，也可以直接导出式(3.155)。对式(3.145)求随体导数，有

$$\frac{\mathrm{d}N}{\mathrm{d}t}=\frac{\mathrm{d}}{\mathrm{d}t}\iiint\limits_{\tau_0}\rho\sigma\delta\tau_0=\iiint\limits_{\tau}\frac{\mathrm{d}\sigma}{\mathrm{d}t}\rho\delta\tau+\iiint\limits_{\tau_0}\sigma\frac{\mathrm{d}(\rho\delta\tau_0)}{\mathrm{d}t} \tag{3.156}$$

由连续方程可得

$$\frac{\mathrm{d}(\rho\delta\tau_0)}{\mathrm{d}t}=\frac{\mathrm{d}(\delta m)}{\mathrm{d}t}=0 \tag{3.157}$$

上式表示,跟随流体微团运动时,流体质量不变。代入式(3.156)得

$$\frac{\mathrm{d}N}{\mathrm{d}t}=\frac{\mathrm{d}}{\mathrm{d}t}\iiint_{\tau_0}\rho\sigma\delta\tau_0=\iiint_{\tau}\frac{\mathrm{d}\sigma}{\mathrm{d}t}\rho\delta\tau \tag{3.158}$$

由于

$$\frac{\mathrm{d}\sigma}{\mathrm{d}t}=\frac{\partial\sigma}{\partial t}+\boldsymbol{V}\cdot\nabla\sigma \tag{3.159}$$

对上式两边乘以ρ,得

$$\rho\frac{\mathrm{d}\sigma}{\mathrm{d}t}=\rho\frac{\partial\sigma}{\partial t}+\rho\boldsymbol{V}\cdot\nabla\sigma \tag{3.160}$$

由连续方程得

$$\sigma\frac{\mathrm{d}\rho}{\mathrm{d}t}=\sigma\frac{\partial\rho}{\partial t}+\sigma\nabla\cdot(\rho\boldsymbol{V})=0 \tag{3.161}$$

对式(3.160)与式(3.161)求和,得

$$\rho\frac{\mathrm{d}\sigma}{\mathrm{d}t}=\rho\frac{\partial(\rho\sigma)}{\partial t}+\nabla\cdot(\rho\sigma\boldsymbol{V}) \tag{3.162}$$

将式(3.162)代入式(3.158)得

$$\begin{aligned}\frac{\mathrm{d}N}{\mathrm{d}t}&=\iiint_{\tau}\left[\frac{\partial(\rho\sigma)}{\partial t}+\nabla\cdot(\rho\sigma\boldsymbol{V})\right]\delta\tau\\&=\frac{\partial}{\partial t}\iiint_{\tau}\rho\sigma\delta\tau+\iiint_{\tau}\nabla\cdot(\rho\sigma\boldsymbol{V})\delta\tau\\&=\frac{\partial}{\partial t}\iiint_{\tau}\rho\sigma\delta\tau+\oiint_{S}\rho\sigma(\boldsymbol{V}\cdot\boldsymbol{n})\delta S\end{aligned} \tag{3.163}$$

综上所述,雷诺输运方程的物理意义可表述为:流体系统物理量的随体导数等于控制体内流体系统物理量的时间变化率与单位时间内通过控制面流体物理量的净流出量。

3.8.4 欧拉型积分方程组

欧拉型积分方程组是对控制体建立的积分方程组,基于雷诺输运方程,很容易获得。

1. 连续方程(质量守恒)

取 $\sigma = 1$, 由式(3.155)可得

$$\frac{\mathrm{d}M}{\mathrm{d}t} = \frac{\mathrm{d}}{\mathrm{d}t}\iiint_{\tau_0}\rho \mathrm{d}\tau = \frac{\partial}{\partial t}\iiint_{\tau}\rho \mathrm{d}\tau + \oiint_{S}\rho(\boldsymbol{V}\cdot\boldsymbol{n})\mathrm{d}S = 0 \tag{3.164}$$

式(3.164)表示：在控制体内无源和汇的情况下,单位时间内从控制体流出的净质量等于控制体内质量的减小量。

2. 动量方程

取 $\sigma = \boldsymbol{V}$, 由式(3.155)可得

$$\frac{\mathrm{d}\boldsymbol{K}}{\mathrm{d}t} = \frac{\mathrm{d}}{\mathrm{d}t}\iiint_{\tau_0}\rho\boldsymbol{V}\mathrm{d}\tau_0 = \frac{\partial}{\partial t}\iiint_{\tau}\rho\boldsymbol{V}\mathrm{d}\tau + \oiint_{S}\rho\boldsymbol{V}(\boldsymbol{V}\cdot\boldsymbol{n})\mathrm{d}S = \iiint_{\tau}\rho\boldsymbol{f}\mathrm{d}\tau + \oiint_{S}\boldsymbol{p}_n\mathrm{d}S \tag{3.165}$$

式(3.165)表示：单位时间内,在控制体内动量的增量加上通过控制面流出的净动量等于外界作用于控制体上所有外力的矢量和。

3. 动量矩方程

取 $\sigma = \boldsymbol{r}\times\boldsymbol{V}$, 由式(3.155)可得

$$\begin{aligned}\frac{\mathrm{d}\boldsymbol{M}_{\mathrm{r}}}{\mathrm{d}t} &= \frac{\mathrm{d}}{\mathrm{d}t}\iiint_{\tau_0}\rho\boldsymbol{r}\times\boldsymbol{V}\mathrm{d}\tau_0 = \frac{\partial}{\partial t}\iiint_{\tau}\rho\boldsymbol{r}\times\boldsymbol{V}\mathrm{d}\tau + \oiint_{S}\rho\boldsymbol{r}\times\boldsymbol{V}(\boldsymbol{V}\cdot\boldsymbol{n})\mathrm{d}S \\ &= \iiint_{\tau}\rho(\boldsymbol{r}\times\boldsymbol{f})\mathrm{d}\tau + \oiint_{S}\boldsymbol{r}\times\boldsymbol{p}_n\mathrm{d}S\end{aligned} \tag{3.166}$$

式(3.166)表示：单位时间内,控制体内动量矩的增量加上通过控制面流出的净动量矩等于外界作用于控制体上所有外力矩之和。

4. 能量方程

取 $\sigma = e + \dfrac{V^2}{2}$, 由式(3.155)可得

$$\begin{aligned}&\frac{\mathrm{d}}{\mathrm{d}t}\iiint_{\tau_0}\rho\left(e + \frac{V^2}{2}\right)\mathrm{d}\tau_0 \\ &= \frac{\partial}{\partial t}\iiint_{\tau}\rho\left(e + \frac{V^2}{2}\right)\mathrm{d}\tau + \oiint_{S}\rho\left(e + \frac{V^2}{2}\right)(\boldsymbol{V}\cdot\boldsymbol{n})\mathrm{d}S \\ &= \oiint_{S}q_{\lambda}\mathrm{d}S + \iiint_{\tau}\rho q_{\mathrm{r}}\mathrm{d}\tau + \iiint_{\tau}\rho\boldsymbol{f}\cdot\boldsymbol{V}\mathrm{d}\tau + \oiint_{S}\boldsymbol{p}_n\cdot\boldsymbol{V}\mathrm{d}S\end{aligned} \tag{3.167}$$

式(3.167)表示：单位时间内,控制体内总能量的增量加上通过控制面流出的净总能量等于传给控制体内流体的热量加上所有力对控制体内流体所做的功。

对于理想流体、质量力有势、绝热的定常流动,可将能量方程进行简化。对于绝热流动,没有热传导和热辐射,此时有

$$\oiint_{S}q_{\lambda}\mathrm{d}S + \iiint_{\tau}\rho q_{\mathrm{r}}\mathrm{d}\tau = 0 \tag{3.168}$$

在质量力有势的情况下 $\boldsymbol{f} = -\nabla\Pi$，应用定常流连续方程 $\nabla\cdot(\rho\boldsymbol{V}) = 0$，故有

$$\iiint_\tau \rho\boldsymbol{f}\cdot\boldsymbol{V}\mathrm{d}\tau = -\iiint_\tau \rho\,\nabla\Pi\cdot\boldsymbol{V}\mathrm{d}\tau = -\iiint_\tau \nabla\cdot(\Pi\rho\boldsymbol{V})\,\mathrm{d}\tau + \iiint_\tau \Pi\,\nabla\cdot(\rho\boldsymbol{V})\,\mathrm{d}\tau$$
$$= -\iiint_\tau \nabla\cdot(\Pi\rho\boldsymbol{V})\,\mathrm{d}\tau = -\oiint_S \boldsymbol{n}\cdot(\Pi\rho\boldsymbol{V})\,\mathrm{d}S \tag{3.169}$$

对于定常流动，由连续方程可得

$$\oiint_S (\boldsymbol{n}\cdot\rho\boldsymbol{V})\,\mathrm{d}S = \iiint_\tau \nabla\cdot(\rho\boldsymbol{V})\,\mathrm{d}\tau = 0 \tag{3.170}$$

对于理想流体，有

$$\oiint_S \boldsymbol{p}_n\cdot\boldsymbol{V}\mathrm{d}S = -\oiint_S \boldsymbol{n}\cdot\boldsymbol{V}p\,\mathrm{d}S \tag{3.171}$$

其中，$\boldsymbol{p}_n = -\boldsymbol{n}p$。对于定常流动，有

$$\frac{\partial}{\partial t}\iiint_\tau \rho\left(e + \frac{V^2}{2}\right)\mathrm{d}\tau = 0 \tag{3.172}$$

将式(3.168)~式(3.172)代入能量方程(3.167)中，得

$$\oiint_S \rho\left(e + \frac{V^2}{2} + \frac{p}{\rho} + \Pi\right)(\boldsymbol{V}\cdot\boldsymbol{n})\,\mathrm{d}S = 0 \tag{3.173}$$

对于不可压流体的绝热定常流动，有

$$\oiint_S \rho e(\boldsymbol{n}\cdot\boldsymbol{V})\,\mathrm{d}S = 0 \tag{3.174}$$

$$\oiint_S \rho\left(\frac{V^2}{2} + \frac{p}{\rho} + \Pi\right)(\boldsymbol{V}\cdot\boldsymbol{n})\,\mathrm{d}S = 0 \tag{3.175}$$

考虑积分体积的任意性，由式(3.175)得到

$$\frac{V^2}{2} + \frac{p}{\rho} + \Pi = C \tag{3.176}$$

该式即为伯努利方程。

3.8.5 相对于固定坐标系做任意移动控制体的雷诺输运方程

假设控制体相对于坐标系是移动的，控制体的边界面相对于坐标系的移动速度为 $\boldsymbol{V}_\mathrm{b}$，设静止控制体为 τ，静止控制体边界面为 S；运动控制体为 τ_V，运动控制体边界面为 S_V；流体系统体积为 τ_0，流体系统的边界面为 S_0。如图 3.35 所示，在 t 时刻，取流体系统与运动控制体与静止控制体重合，即 $\tau_0 = \tau_V = \tau$，$S_0 = S_V = S$，流体系统的边界面 S_0 上的速度为 $\boldsymbol{u}_\mathrm{b}$，在移动控制边界面 S_V 上的速度为 $\boldsymbol{V}_\mathrm{b}$。在 $t + \Delta t$ 时刻，所取的流体系统、运动

控制体和静止控制体的相对位置，如图 3.35 所示，如果把运动控制体看作流体系统，则利用雷诺输运方程式(3.155)，对于任意函数 $f(x, y, z, t)$，有

$$\frac{\mathrm{d}}{\mathrm{d}t}\int_{\tau_V} f(x, y, z, t)\delta\tau = \int_{\tau} \frac{\partial f(x, y, z, t)}{\partial t}\delta\tau + \oint_S \boldsymbol{n}\cdot(\boldsymbol{V}_\mathrm{b} f)\delta A \tag{3.177}$$

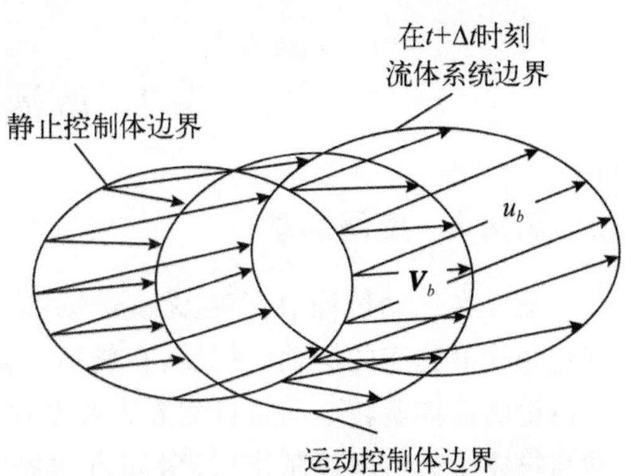

图 3.35　在 $t+\Delta t$ 时刻的流体系统、运动控制体、静止控制体相对位置

如果将流体系统应用于雷诺输运方程(3.155)，有

$$\frac{\mathrm{d}}{\mathrm{d}t}\int_{\tau_0} f(x, y, z, t)\delta\tau_0 = \int_{\tau} \frac{\partial f(x, y, z, t)}{\partial t}\delta\tau + \oint_S \boldsymbol{n}\cdot(\boldsymbol{u}_\mathrm{b} f)\delta A \tag{3.178}$$

利用式(3.178)取代式(3.177)的右边第一项，则式(3.177)变为

$$\frac{\mathrm{d}}{\mathrm{d}t}\int_{\tau_V} f(x, y, z, t)\delta\tau = \frac{\mathrm{d}}{\mathrm{d}t}\int_{\tau_0} f(x, y, z, t)\delta\tau_0 - \oint_S \boldsymbol{n}\cdot(\boldsymbol{u}_\mathrm{b} f)\delta A + \oint_S \boldsymbol{n}\cdot(\boldsymbol{V}_\mathrm{b} f)\delta A$$

整理后，得到

$$\frac{\mathrm{d}}{\mathrm{d}t}\int_{\tau_V} f(x, y, z, t)\delta\tau = \frac{\mathrm{d}}{\mathrm{d}t}\int_{\tau_0} f(x, y, z, t)\delta\tau_0 - \oint_S \boldsymbol{n}\cdot(\boldsymbol{u}_\mathrm{b} - \boldsymbol{V}_\mathrm{b}) f\delta A \tag{3.179}$$

式(3.179)表明：对运动控制体积分的随体导数等于流体系统的随体导数减去净流出运动控制体的增量。

利用式(3.179)，也可以写为

$$\frac{\mathrm{d}}{\mathrm{d}t}\int_{\tau_0} f(x, y, z, t)\delta\tau_0 = \frac{\mathrm{d}}{\mathrm{d}t}\int_{\tau_V} f(x, y, z, t)\delta\tau + \oint_S \boldsymbol{n}\cdot(\boldsymbol{u}_\mathrm{b} - \boldsymbol{V}_\mathrm{b}) f\delta A \tag{3.180}$$

式(3.180)表明：对流体系统积分的随体导数等于对运动控制体积分的随体导数加上净流出运动控制体的增量。

如果取 $f(x, y, z, t) = \rho\boldsymbol{u}$，利用式(3.180)可写为

$$\frac{\mathrm{d}}{\mathrm{d}t}\int_{\tau_0} \rho\boldsymbol{u}\delta\tau_0 = \frac{\mathrm{d}}{\mathrm{d}t}\int_{\tau_V} \rho\boldsymbol{u}\delta\tau + \oint_{S_c} \boldsymbol{n}\cdot(\boldsymbol{u}_\mathrm{b} - \boldsymbol{V}_\mathrm{b})\rho\boldsymbol{u}_\mathrm{b}\delta A \tag{3.181}$$

式(3.181)表明：流体系统的动量积分随体导数等于流体系统通过运动控制体的动量积分随体导数与净流出运动控制体的动量增量。

3.9 旋涡运动及其特性

3.9.1 旋涡运动

流体在运动过程中，存在无旋运动和有旋运动两种类型。无旋运动是指流体微团的旋转角速度为零的运动。相反，有旋运动是指流体微团的旋转角速度不为零的运动。本节讨论的流体旋转运动是自然界中普遍存在的一类运动，人们发现旋涡一旦形成，其对流动与物体受力将起控制作用，譬如自然界中常见的龙卷风、绕过海岛的涡及飞机的尾涡等，如图 3.36 所示。德国空气动力学屈西曼（普朗特的学生，图 3.37）曾说过：旋涡是流体运动的肌腱。我国流体力学家陆士嘉（普朗特的学生，图 3.38）也曾指出：流体经不住搓，一搓就搓出个涡，涡是流体运动的本质。

(a) 龙卷

(b) 海洋暗礁绕流的旋涡

(c) 飞机尾涡

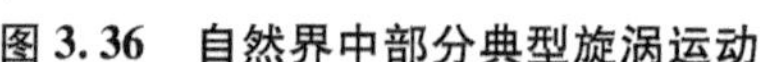

图 3.36 自然界中部分典型旋涡运动

图 3.37 德国空气动力学家屈西曼（Küchemann，1911～1976 年）

图 3.38 中国流体力学家陆士嘉（1911～1986 年）

旋涡运动的表现形式多种多样，本节主要讨论集中涡（vortex），其定义为在流场中存在一群绕公共中心轴旋转的流体质团运动，如图 3.39 所示。集中涡的结构主要包括柱状涡、螺旋涡、圆盘涡（环状），如图 3.40 所示。

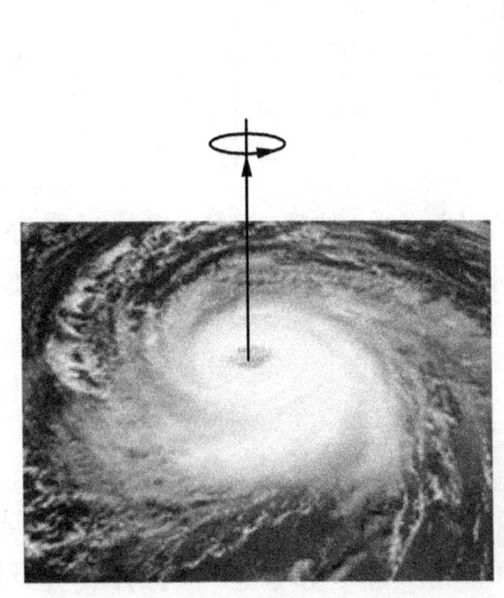
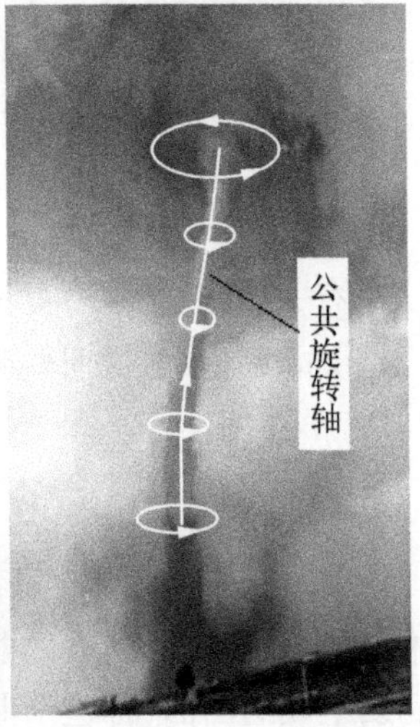

图 3.39　集中涡定义(vortex)

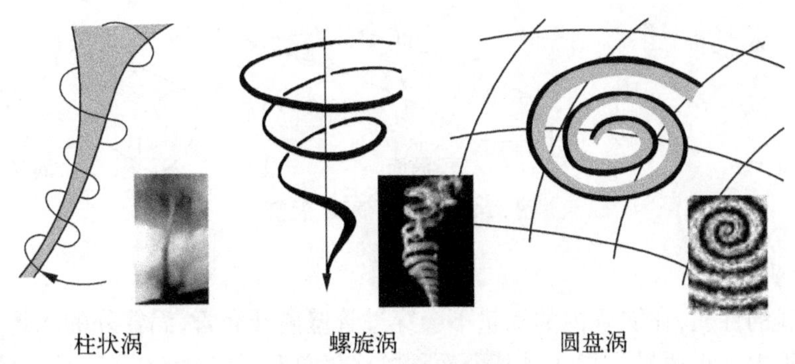

图 3.40　集中涡的结构

19 世纪下半叶,科学家利用理想流体模型建立了流体旋涡运动理论。1858 年德国流体力学家亥姆霍兹在流体微团速度分解定理的基础上,研究了理想不可压缩流体在有势力作用下的旋涡运动,提出亥姆霍兹旋涡运动的三大定律,即沿涡管的涡强不变定律、涡管保持定律和涡强守恒定律,建立了理想流体旋涡运动理论。

3.9.2　涡量、涡通量和环量

1. 涡量

涡量是指流场中任何一点流体微团旋转角速度的二倍,如对平面问题(对于 xy 平面)的涡量为 $2\omega_z$,涡量是个纯运动学的概念。在三维流场中,任意流体微团存在绕三个坐标轴旋转的三个角速度分量,即 ω_x、ω_y、ω_z,其合成角速度矢量是

$$\boldsymbol{\omega} = \omega_x \boldsymbol{i} + \omega_y \boldsymbol{j} + \omega_z \boldsymbol{k},\ |\boldsymbol{\omega}| = \omega = \sqrt{\omega_x^2 + \omega_y^2 + \omega_z^2} \tag{3.182}$$

涡量也是速度场的旋度,即

$$\boldsymbol{\Omega} = \mathrm{rot}\,\boldsymbol{V} = 2\boldsymbol{\omega} = \nabla\times \boldsymbol{V} \tag{3.183}$$

$$\boldsymbol{\Omega} = \mathrm{rot}\,\boldsymbol{V} = \begin{vmatrix} \boldsymbol{i} & \boldsymbol{j} & \boldsymbol{k} \\ \dfrac{\partial}{\partial x} & \dfrac{\partial}{\partial y} & \dfrac{\partial}{\partial z} \\ u & v & w \end{vmatrix} \tag{3.184}$$

涡量的旋转轴线按右手法则确定。如同流线一样,在某一瞬时涡量场中存在一条光滑的曲线,在曲线上每一点的涡量与该曲线相切,这条曲线称为涡线。涡线的微分方程是(给定时刻,t 为参量)

$$\frac{\mathrm{d}x}{\omega_x} = \frac{\mathrm{d}y}{\omega_y} = \frac{\mathrm{d}z}{\omega_z} \tag{3.185}$$

在涡量场中,任意取一段非涡线的曲线(图 3.41),过该段曲线上每一点做一条涡线,形成了一个由涡线组成的曲面,称这个曲面为涡面。如果是一条封闭的曲线,由这条封闭曲线上涡线所形成的管状曲面,称为涡管。

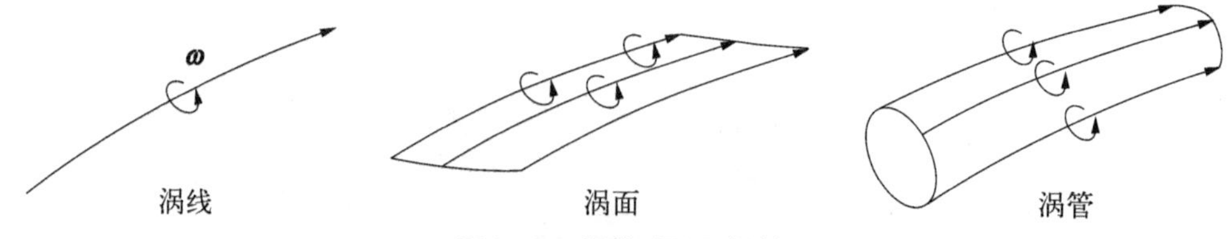

图 3.41　涡线、涡面、涡管

2. 涡通量

根据涡线的性质,在涡管内的涡量不会穿过管壁离开涡管,涡管外的涡量不会越过管壁面进入涡管内。涡通量是指通过某个面积的涡量总和,涡通量也是表征该区域的涡强。对于平面问题(图 3.42),通过任意面积 A 的涡通量可表示为

$$I = \iint_A 2\omega_z \mathrm{d}A \tag{3.186}$$

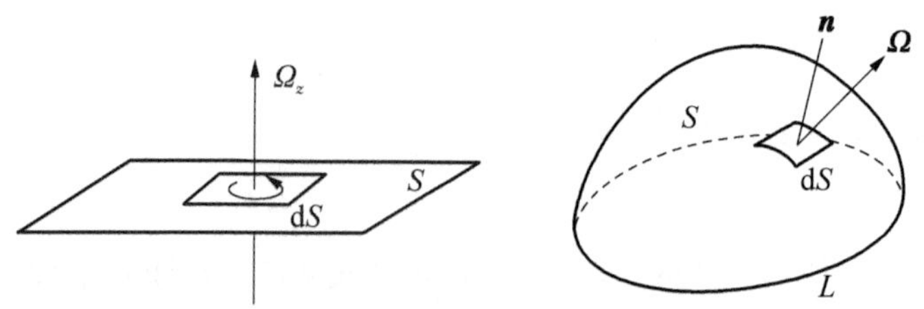

图 3.42　平面和曲面涡通量

对于三维问题,通过任意空间曲面的涡通量可表示为

$$I = \iint_S \boldsymbol{\Omega} \cdot \mathrm{d}\boldsymbol{S} = \iint_S \mathrm{rot}\,\boldsymbol{V} \cdot \mathrm{d}\boldsymbol{S} = \iint_S \boldsymbol{\Omega} \cdot \boldsymbol{n}\mathrm{d}S \tag{3.187}$$

式中,S 为任意形状的曲面;$\mathrm{d}S$ 为该曲面上的微元面积;$\boldsymbol{n}$ 为微元的法向量。

3. 环量

在流场中任取一条封闭曲线，速度矢量沿该封闭曲线的线积分称为该封闭曲线的速度环量。速度环量是1869年由英国科学家开尔文(图3.43)首先提出的。像力做功的计算方法一样，速度环量也可形象地称为速度绕封闭曲线的速度功。速度环量的符号不仅决定于流场的速度方向，而且与封闭曲线的绕行方向有关，规定积分时逆时针绕行方向为正，即封闭曲线所包围的区域总在行进者的左边。根据以上定义，如图3.44所示，速度环量 Γ 可以表示为线积分的形式。即

$$\Gamma = \oint_L \boldsymbol{V} \cdot \mathrm{d}\boldsymbol{s} = \oint_L V\cos\alpha \mathrm{d}s \tag{3.188}$$

图3.43　英国科学家开尔文
(Lord Kelvin, 1824~1907年)

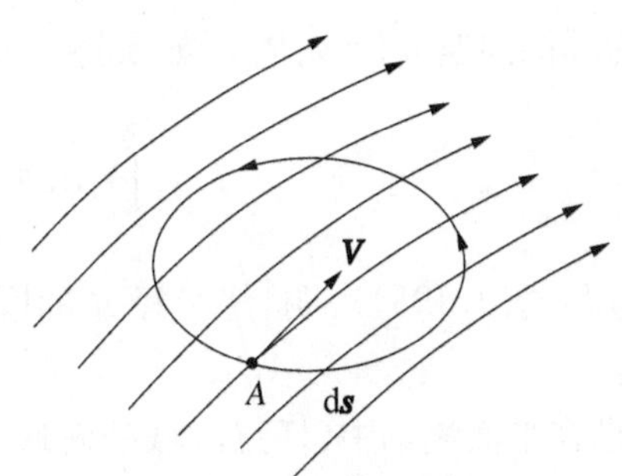

图3.44　速度环量

如果用三个分量 u、v、w 表示速度，线段 $\mathrm{d}s$ 用 $\mathrm{d}x$、$\mathrm{d}y$、$\mathrm{d}z$ 三个分量表示，则有

$$\boldsymbol{V} \cdot \mathrm{d}\boldsymbol{s} = u\mathrm{d}x + v\mathrm{d}y + w\mathrm{d}z \tag{3.189}$$

于是环量表达式为

$$\Gamma = \oint_L (u\mathrm{d}x + v\mathrm{d}y + w\mathrm{d}z) \tag{3.190}$$

如果流动是无旋的，必存在速度势函数 φ，则速度分量与速度势函数的关系为

$$u = \frac{\partial\varphi}{\partial x},\ v = \frac{\partial\varphi}{\partial y},\ w = \frac{\partial\varphi}{\partial z} \tag{3.191}$$

$$\Gamma = \oint_L (\boldsymbol{V} \cdot \mathrm{d}\boldsymbol{s}) = \oint_L \left(\frac{\partial\varphi}{\partial x}\mathrm{d}x + \frac{\partial\varphi}{\partial y}\mathrm{d}y + \frac{\partial\varphi}{\partial z}\mathrm{d}z\right) = \oint_L \mathrm{d}\varphi = 0 \tag{3.192}$$

说明在无旋流场中，沿着任意一条封闭曲线的速度环量均等于零。但是在有旋流动中，绕任意一条封闭曲线的速度环量一般不等于零。

3.9.3　涡通量和环量的关系

在有旋流动中，速度环量与涡通量是从不同角度出发表征旋涡整体旋转强弱的物理

量，两者之间必然存在一定的关系。以下展开分析。

首先考察一个半径为 R 的二维流场，其中涡量分布均匀（图 3.45），通过半径为 R 的圆内的涡通量为

$$I = \Omega_z A = 2\pi R^2 \omega_z \tag{3.193}$$

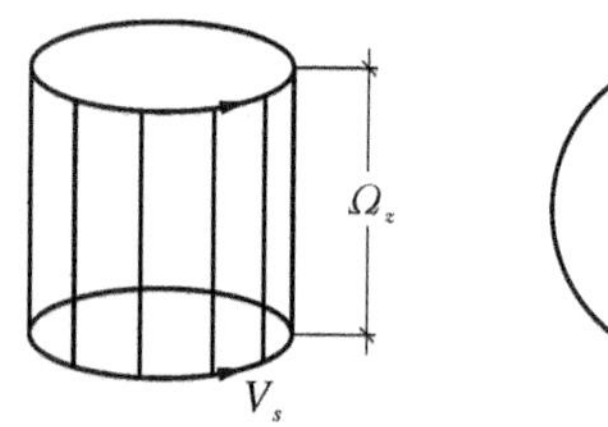

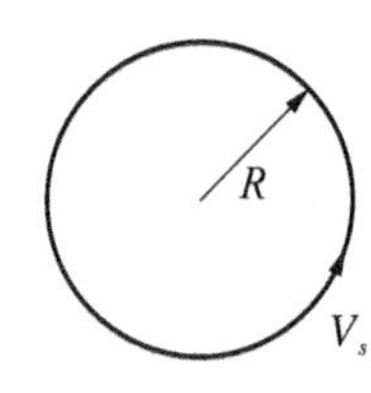

图 3.45　等涡量分布的旋涡

绕过圆周的速度环量为

$$\Gamma = \oint_{2\pi R} \boldsymbol{V} \cdot \mathrm{d}\boldsymbol{s} = \oint_{2\pi R} V_s \mathrm{d}s = \int_0^{2\pi} V_s R \mathrm{d}\theta = 2\pi R V_s \tag{3.194}$$

式中，V_s 为圆周向速度（$=\omega_z R$）。如果将 V_s 的表达式代入上式，得

$$\Gamma = \int_0^{2\pi} V_s R \mathrm{d}\theta = 2\pi R^2 \omega_z = I \tag{3.195}$$

式（3.193）和式（3.195）表明，绕半径 R 的圆周速度环量等于通过圆域的涡通量，表征了旋涡强度。

为了求在平面流场中，任意区域的涡通量与速度环量的关系。如图 3.46 所示，现在平面流场中任取一封闭曲线 L，将该封闭曲线所围成的面积用两组坐标的平行线分割成一系列微小面积，计算每一块微小面积的速度环量并求和，从而可求得围线的总速度环量。对于微元 $ABCD$，速度环量为

$$\begin{aligned}
\mathrm{d}\Gamma &= \int_{ABCDA} \boldsymbol{V} \cdot \mathrm{d}\boldsymbol{s} \\
&= \left(u + \frac{\partial u}{\partial x}\frac{\mathrm{d}x}{2}\right)\mathrm{d}x + \left(v + \frac{\partial v}{\partial x}\mathrm{d}x + \frac{\partial v}{\partial y}\frac{\mathrm{d}y}{2}\right)\mathrm{d}y \\
&\quad - \left(u + \frac{\partial u}{\partial y}\mathrm{d}y + \frac{\partial u}{\partial x}\frac{\mathrm{d}x}{2}\right)\mathrm{d}x - \left(v + \frac{\partial v}{\partial y}\frac{\mathrm{d}y}{2}\right)\mathrm{d}y \\
&= \left(\frac{\partial v}{\partial x} - \frac{\partial u}{\partial y}\right)\mathrm{d}x\mathrm{d}y = 2\omega_z \mathrm{d}x\mathrm{d}y
\end{aligned} \tag{3.196}$$

图 3.46　平面区域速度环量与涡通量的关系

对所有网格区域的速度环量求和，可得到绕整个封闭曲线的速度环量值。即

$$\Gamma = \oint_L \boldsymbol{V} \cdot \mathrm{d}\boldsymbol{s} = \oint_L (u\mathrm{d}x + v\mathrm{d}y) = \iint_A \left(\frac{\partial v}{\partial x} - \frac{\partial u}{\partial y} \right) \mathrm{d}S = \iint_A 2\omega_z \mathrm{d}S \tag{3.197}$$

该式表明，在平面流动中，任意取一区域 A，其封闭围线为 L，则绕 L 的速度环量等于通过区域 A 的涡通量，该式在场论中称为格林公式。

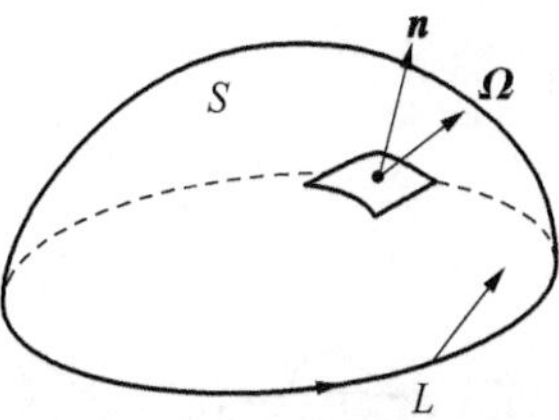

图 3.47　三维流场速度环量与通量的关系

对于任意的三维曲面 S，其底边封闭围线为 L，由英国力学家与数学家斯托克斯的线积分与面积分的关系式，表明通过曲面 S 的涡通量等于绕过封闭围线 L 上的速度环量，如图 3.47 所示。即

$$\Gamma = \oint_L \boldsymbol{V} \cdot \mathrm{d}\boldsymbol{s} = \iint_S \mathrm{rot}\ \boldsymbol{V} \cdot \mathrm{d}\boldsymbol{S} = \iint_S \boldsymbol{\Omega} \cdot \mathrm{d}\boldsymbol{S} = I \tag{3.198}$$

$$\begin{aligned} \Gamma &= \oint_L \boldsymbol{V} \cdot \mathrm{d}\boldsymbol{s} \\ &= \iint_S \left[\left(\frac{\partial w}{\partial y} - \frac{\partial v}{\partial z} \right) \cos(n, x) + \left(\frac{\partial u}{\partial z} - \frac{\partial w}{\partial x} \right) \cos(n, y) + \left(\frac{\partial v}{\partial x} - \frac{\partial u}{\partial y} \right) \cos(n, z) \right] \mathrm{d}S \end{aligned} \tag{3.199}$$

如果是无涡流场，其旋度处处为零，由式(3.198)可得

$$\oint_L \boldsymbol{V} \cdot \mathrm{d}\boldsymbol{s} = 0 \tag{3.200}$$

考虑到积分曲线的任意性，上式说明速度场的曲线积分与路径无关，仅是坐标位置的函数。在数学上可将式(3.200)中的微分量表示成某个函数的全微分，即

$$d\varphi = \boldsymbol{V} \cdot \mathrm{d}\boldsymbol{s} = u\mathrm{d}x + v\mathrm{d}y + w\mathrm{d}z \tag{3.201}$$

代入式(3.200)，得

$$\oint_L \boldsymbol{V} \cdot \mathrm{d}\boldsymbol{s} = \oint_L \mathrm{d}\varphi = 0 \tag{3.202}$$

3.9.4　涡的诱导速度

在任意一条强度为 Γ 的涡线上取一微段 d$\boldsymbol{s}$，其对线外任意一点 P 会产生一个诱导速度 d$\boldsymbol{v}$，涡的诱导与电磁感应的情况一样，利用毕奥-萨伐尔公式可得微段涡所诱导的速度公式为

$$\mathrm{d}\boldsymbol{v} = \frac{\Gamma}{4\pi} \frac{\mathrm{d}\boldsymbol{s} \times \boldsymbol{r}}{r^3} \tag{3.203}$$

式中，d$\boldsymbol{v}$ 是一个垂直于线段 d$\boldsymbol{s}$ 与受扰点 P 所组成的平面的速度(图 3.48)，其值正比于涡

强 Γ 和涡段长度 ds，但反比于距离 r 的平方，另外还要乘以 r 与 ds 之间夹角 θ 的正弦。对于有限线段 AB 诱导的速度为

$$\boldsymbol{v} = \int_A^B \frac{\Gamma}{4\pi} \frac{\mathrm{d}\boldsymbol{s} \times \boldsymbol{r}}{r^3} \tag{3.204}$$

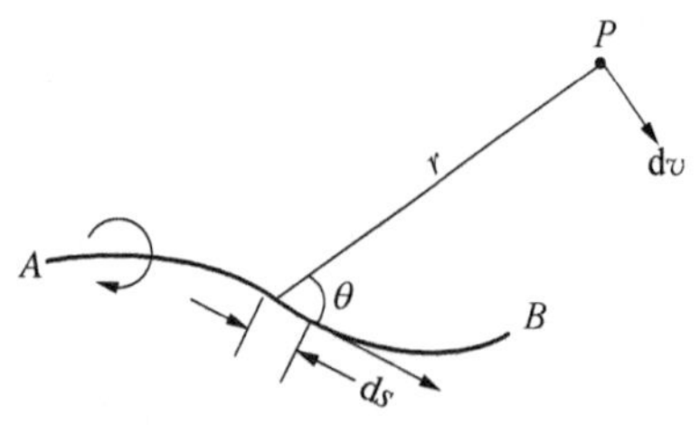

图 3.48　涡线和诱导速度

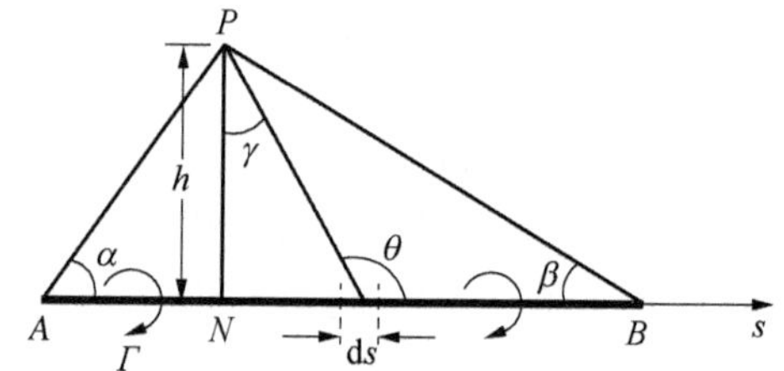

图 3.49　直线涡的诱导速度

现在对一条强度为 Γ 的直线涡，求其外任一点所诱导的速度。如图 3.49 所示，设 AB 涡线，P 为线外一点，P 到 AB 的距离是 h。令任意微段 ds 与 P 的连线和 AB 垂线 PN 之间夹角为 γ，几何关系有

$$\mathrm{d}s = \mathrm{d}(h\tan\gamma) = h(\sec^2\gamma)\mathrm{d}\gamma,\ \mathrm{d}v = \frac{\Gamma}{4\pi h}(\cos\gamma)\mathrm{d}\gamma \tag{3.205}$$

再令 PA 与 AB 的夹角为 α，PB 与 BA 的夹角为 β。积分式(3.196)，γ 由 $-\left(\frac{\pi}{2}-\alpha\right) \sim +\left(\frac{\pi}{2}-\beta\right)$，得

$$v = \frac{\Gamma}{4\pi h}(\cos\alpha + \cos\beta) \tag{3.206}$$

这个诱导速度是垂直于纸面的，按图 3.49 所示的 Γ 方向，诱导速度指向外。如果涡线一头是无限长，有

$$v = \frac{\Gamma}{4\pi h}(1 + \cos\alpha) \tag{3.207}$$

如果涡线是半无限长，且 P 点位于涡线的底面，则有

$$v = \frac{\Gamma}{4\pi h} \tag{3.208}$$

如果涡线两头都伸展到无限远，有

$$v = \frac{\Gamma}{2\pi h} \tag{3.209}$$

3.9.5　兰金涡模型的流场

1872 年,英国科学家兰金(图 3.50)基于理想流体模型,提出自由涡、强迫涡和组合涡的数学模型,即著名的兰金涡流模型。

图 3.50　英国科学家兰金(Rankine,1820 ~ 1872 年)

兰金涡模型假设,集中涡流场由涡核及其诱导的流场组成,其中涡核内为等涡量旋转流场,在涡核外部为涡核诱导的流场。由此得到的速度场和压强场如下。

1. 涡核内的流场(强迫涡流场)

在涡核内为等涡量的有涡流场,其周向速度满足刚体绕轴旋转规律。即

$$u_\theta = \frac{\Gamma}{2\pi R^2} r \tag{3.210}$$

其中,u_θ 为半径 r 处圆周方向的速度;R 为涡核半径;Γ 为涡强(速度环量)。利用式(3.130),积分得到在任意半径 r 处相应的静压强为

$$p = p_c + \frac{1}{2}\rho u_\theta^2 \tag{3.211}$$

其中,p_c 为涡核中心处的静压强。

2. 涡核外的流场(自由涡流场)

在涡核外,为点涡诱导的流场(为无涡流场),在半径 r 处的周向速度为

$$u_\theta = \frac{\Gamma}{2\pi r} \tag{3.212}$$

因为是势流场,由伯努利方程,得到静压强为

$$p = p_\infty - \frac{1}{2}\rho u_\theta^2 \tag{3.213}$$

其中,p_∞ 为无穷处的压强。外流压强与涡心处的压强之差(压强漏斗)为

$$\Delta p = p_\infty - p_c = \rho u_\theta^2(R) = \rho V_R^2 \tag{3.214}$$

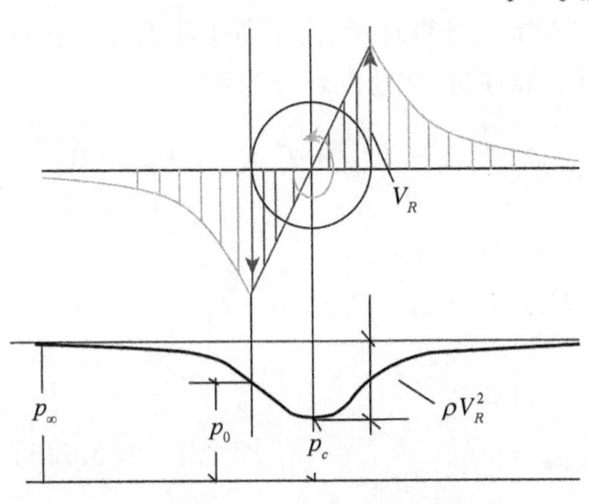

图 3.51　兰金涡模型的流场

兰金涡流模型为人们认识龙卷风形成机制提供了理论依据,如图 3.51 ~ 图 3.53 所示。从流体力学角度看,龙卷风实际上是一个空间集中涡的发展过程。

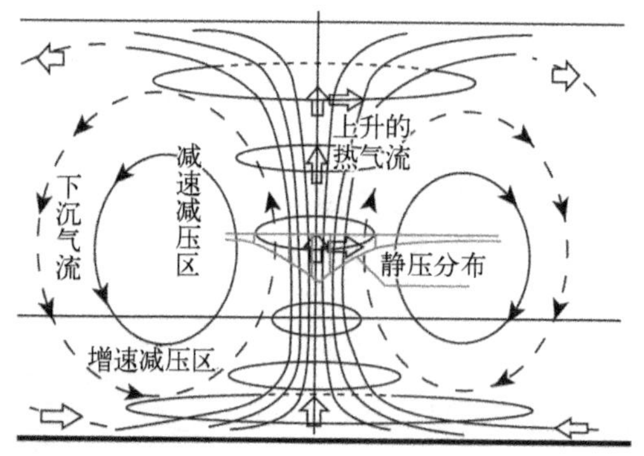

图 3.52 上升热气流产生的龙卷风结构

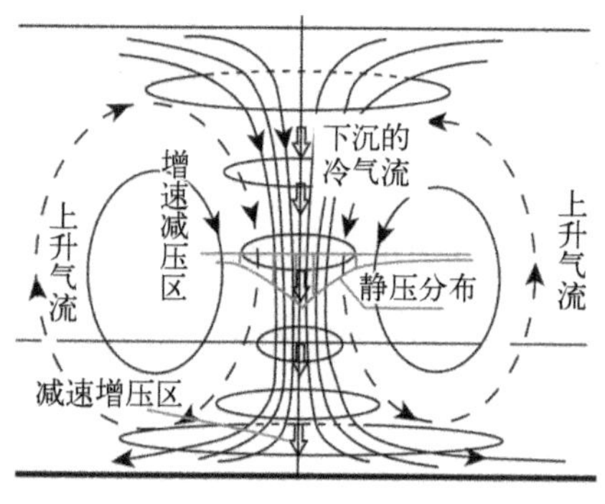

图 3.53 下沉冷气流产生的龙卷风结构

3.9.6 亥姆霍兹涡定理

1858 年,德国流体力学家亥姆霍兹对于理想正压流体,在质量力有势条件下,提出关于涡量场的三大定理,后称为亥姆霍兹三大定理。

定理一:沿涡线或涡管的涡强度保持不变(涡强保持定理)。

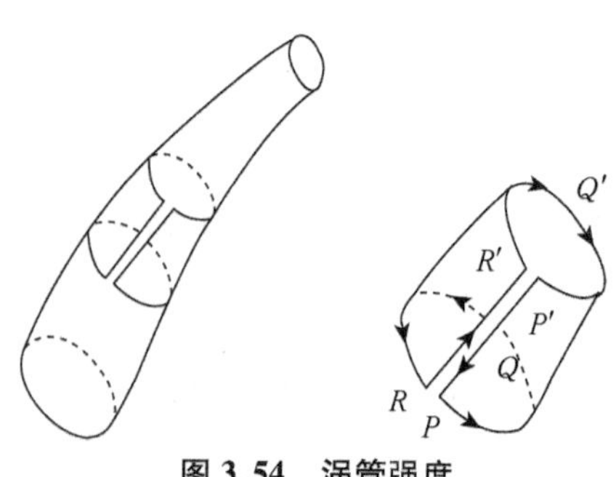

图 3.54 涡管强度

如图 3.54 所示,在涡管上两条围线 PQR 和 $P'Q'R'$ 作两条重合的连线 PP' 和 RR',沿着 $PQRR'Q'P'P$ 围线计算环量,由于所张曲面位于涡管壁面,没有涡线穿过,故总的环量为零。

$$\Gamma_{PQRR'Q'P'P} = \Gamma_{PQR} + \Gamma_{RR'} + \Gamma_{R'Q'P'} + \Gamma_{P'P} = 0$$

由于

$$\Gamma_{P'P} = -\Gamma_{RR'},\ \Gamma_{R'Q'P'} = -\Gamma_{P'Q'R'}$$

由此可得

$$\Gamma_{PQR} = \Gamma_{P'Q'R'} \tag{3.215}$$

这就是说沿涡管,不论在什么地方计算其环量(涡强),其值保持不变。这条定理称为亥姆霍兹第一定理,或简称第一涡定理。

第一定理的推广：一根涡管在流体里不可能中断,可以伸展到无限远去,可以自相连接成一个涡环(不一定是圆环),也可以止于边界,固体的边界或自由边界(如自由液面),如图 3.55 所示。

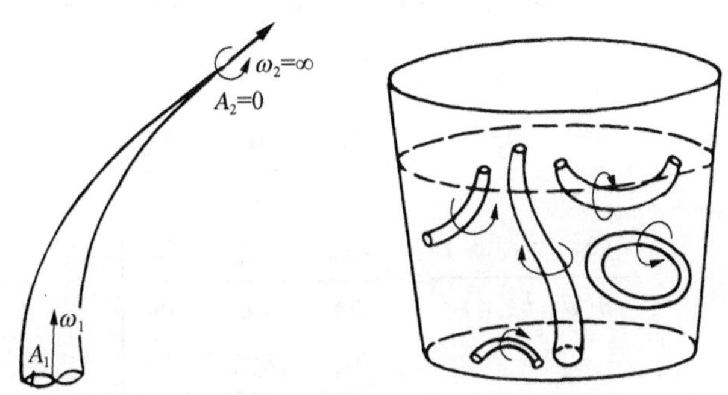

图 3.55　涡管强度守恒(左)和涡管可能的存在形式

定理二：在某时刻构成涡线或涡管的流体质点,在以后运动过程中仍将构成涡线或涡管(涡线或涡面保持定理)。

对于理想正压流体,在质量力有势的条件下,涡线和涡管随着构成它的流体质点一起运动,也就是说某一时刻组成涡面、涡管和涡线的流体质点,在这之前或以后仍然组成涡面、涡管和涡线。

定理三：涡的强度不随时间变化,既不会增强,也不会削弱或消失(涡强守恒定理)。

上述三大定理说明,对于理想正压流体,在质量力有势条件下,流体的旋涡运动既不能产生,也不能消亡。也就是,有旋运动永远保持有旋,无旋运动永远保持无旋。旋涡运动产生和消亡的原因是：黏性流体、非正压流体(斜压流体)和质量力无势。

3.10　理想流体拉格朗日型运动微分方程组

1. 拉格朗日型的连续微分方程

设在 t_0 时刻,流体微团形心点的坐标为

$$\begin{cases} x_0 = x_0(a,\ b,\ c,\ t_0) \\ y_0 = y_0(a,\ b,\ c,\ t_0) \\ z_0 = z_0(a,\ b,\ c,\ t_0) \end{cases} \tag{3.216}$$

密度为 $\rho_0 = \rho_0(a,\ b,\ c,\ t_0)$。在 t 时刻,该流体微团形心点的坐标为

$$\begin{cases} x = x(a,\ b,\ c,\ t) \\ y = y(a,\ b,\ c,\ t) \\ z = z(a,\ b,\ c,\ t) \end{cases} \tag{3.217}$$

密度为 $\rho = \rho(a,\ b,\ c,\ t)$。根据质量守恒定律,该微团在运动过程中质量不变,则有

$$\rho_0 \mathrm{d}x_0 \mathrm{d}y_0 \mathrm{d}z_0 = \rho \mathrm{d}x \mathrm{d}y \mathrm{d}z \tag{3.218}$$

利用积分变量置换法则,有

$$\rho_0 \frac{\partial(x_0, y_0, z_0)}{\partial(a, b, c)} = \rho \frac{\partial(x, y, z)}{\partial(a, b, c)} \tag{3.219}$$

其中,

$$\frac{\partial(x_0, y_0, z_0)}{\partial(a, b, c)} = \begin{vmatrix} \dfrac{\partial x_0}{\partial a} & \dfrac{\partial y_0}{\partial a} & \dfrac{\partial z_0}{\partial a} \\ \dfrac{\partial x_0}{\partial b} & \dfrac{\partial y_0}{\partial b} & \dfrac{\partial z_0}{\partial b} \\ \dfrac{\partial x_0}{\partial c} & \dfrac{\partial y_0}{\partial c} & \dfrac{\partial z_0}{\partial c} \end{vmatrix} \tag{3.220}$$

$$\frac{\partial(x, y, z)}{\partial(a, b, c)} = \begin{vmatrix} \dfrac{\partial x}{\partial a} & \dfrac{\partial y}{\partial a} & \dfrac{\partial z}{\partial a} \\ \dfrac{\partial x}{\partial b} & \dfrac{\partial y}{\partial b} & \dfrac{\partial z}{\partial b} \\ \dfrac{\partial x}{\partial c} & \dfrac{\partial y}{\partial c} & \dfrac{\partial z}{\partial c} \end{vmatrix} \tag{3.221}$$

对于不可缩流体,$\rho = \rho_0$,初始时刻取 $x_0 = a$, $y_0 = b$, $z_0 = c$,则有

$$\frac{\partial(x, y, z)}{\partial(a, b, c)} = 1 \tag{3.222}$$

2. 拉格朗日型的运动微分方程组

关于拉格朗日型的方程组,可以从欧拉运动方程组直接转换得到。对于理想流体,欧拉运动微分方程组为

$$\begin{cases} \dfrac{\mathrm{d}u}{\mathrm{d}t} = f_x - \dfrac{1}{\rho}\dfrac{\partial p}{\partial x} \\ \dfrac{\mathrm{d}v}{\mathrm{d}t} = f_y - \dfrac{1}{\rho}\dfrac{\partial p}{\partial y} \\ \dfrac{\mathrm{d}w}{\mathrm{d}t} = f_z - \dfrac{1}{\rho}\dfrac{\partial p}{\partial z} \end{cases}$$

在拉格朗日方法中,流体质点加速度分量可以分别写为

$$a_x = \frac{\partial^2 x}{\partial t^2},\ a_y = \frac{\partial^2 y}{\partial t^2},\ a_z = \frac{\partial^2 z}{\partial t^2} \tag{3.223}$$

将上式代入欧拉方程组中,得

$$\begin{cases} f_x - \dfrac{\partial^2 x}{\partial t^2} = \dfrac{1}{\rho}\dfrac{\partial p}{\partial x} \\ f_y - \dfrac{\partial^2 y}{\partial t^2} = \dfrac{1}{\rho}\dfrac{\partial p}{\partial y} \\ f_z - \dfrac{\partial^2 z}{\partial t^2} = \dfrac{1}{\rho}\dfrac{\partial p}{\partial z} \end{cases} \tag{3.224}$$

根据坐标变换关系为

$$\begin{cases} \dfrac{\partial p}{\partial a} = \dfrac{\partial p}{\partial x}\dfrac{\partial x}{\partial a} + \dfrac{\partial p}{\partial y}\dfrac{\partial y}{\partial a} + \dfrac{\partial p}{\partial z}\dfrac{\partial z}{\partial a} \\ \dfrac{\partial p}{\partial b} = \dfrac{\partial p}{\partial x}\dfrac{\partial x}{\partial b} + \dfrac{\partial p}{\partial y}\dfrac{\partial y}{\partial b} + \dfrac{\partial p}{\partial z}\dfrac{\partial z}{\partial b} \\ \dfrac{\partial p}{\partial c} = \dfrac{\partial p}{\partial x}\dfrac{\partial x}{\partial c} + \dfrac{\partial p}{\partial y}\dfrac{\partial y}{\partial c} + \dfrac{\partial p}{\partial z}\dfrac{\partial z}{\partial c} \end{cases} \tag{3.225}$$

可得拉格朗日型的运动微分方程组为

$$\begin{cases} \dfrac{1}{\rho}\dfrac{\partial p}{\partial a} = \left(f_x - \dfrac{\partial^2 x}{\partial t^2}\right)\dfrac{\partial x}{\partial a} + \left(f_y - \dfrac{\partial^2 y}{\partial t^2}\right)\dfrac{\partial y}{\partial a} + \left(f_z - \dfrac{\partial^2 z}{\partial t^2}\right)\dfrac{\partial z}{\partial a} \\ \dfrac{1}{\rho}\dfrac{\partial p}{\partial b} = \left(f_x - \dfrac{\partial^2 x}{\partial t^2}\right)\dfrac{\partial x}{\partial b} + \left(f_y - \dfrac{\partial^2 y}{\partial t^2}\right)\dfrac{\partial y}{\partial b} + \left(f_z - \dfrac{\partial^2 z}{\partial t^2}\right)\dfrac{\partial z}{\partial b} \\ \dfrac{1}{\rho}\dfrac{\partial p}{\partial c} = \left(f_x - \dfrac{\partial^2 x}{\partial t^2}\right)\dfrac{\partial x}{\partial c} + \left(f_y - \dfrac{\partial^2 y}{\partial t^2}\right)\dfrac{\partial y}{\partial c} + \left(f_z - \dfrac{\partial^2 z}{\partial t^2}\right)\dfrac{\partial z}{\partial c} \end{cases} \tag{3.226}$$

3.11　欧拉积分方程的典型算例

例题1　在空气动力学风洞实验中，常用一种尾迹流场测量翼型绕流阻力系数，称尾迹方法。为了测定翼型的阻力系数 C_D，将翼型置于二维定常不可压缩流场中，进行流场测量，流场高度 h_0，在截面 1－3（入流截面，速度分布均匀）和截面 2－4（出流截面）上测得速度分布如图 3.56 所示，设该二截面上流场压强均匀为 p_∞，试求翼型阻力系数 $C_D = \dfrac{D}{\frac{1}{2}\rho V_\infty^2 b}$，其中，密度为 ρ，翼型弦长为 b。

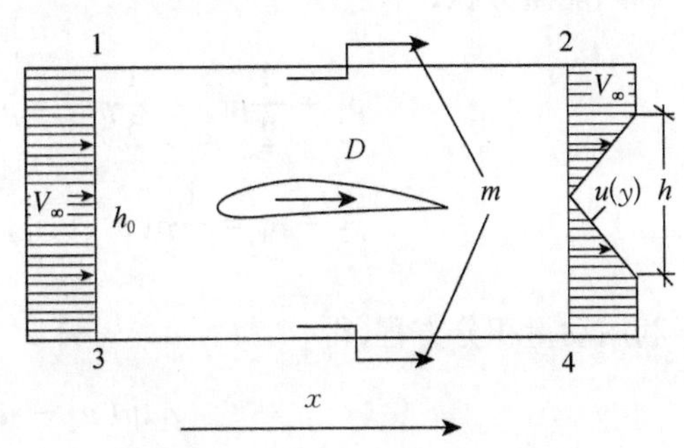

图 3.56　尾迹法测量翼型阻力系数

解：对于定常不可缩流动，由连续性方程，可得单位时间由 1－2、3－4 侧面流出的质量 m 为

$$\int_0^{h_0}\rho u_2 \mathrm{d}y - \int_0^{h_0}\rho V_\infty \mathrm{d}y + m = 0,\ m = \int_0^{h_0}\rho V_\infty \mathrm{d}y - \int_0^{h_0}\rho u_2 \mathrm{d}y$$

其中，u_2 为截面 2－4 处的出流速度分布。假设翼型对气流的作用力为 D，其与气流对翼型的阻力大小相等，方向相反，现在沿着 x 方向建立动量积分方程（不考虑质量力），有

$$-D = \int_0^{h_0}\rho u_2^2 \mathrm{d}y - \int_0^{h_0}\rho V_\infty^2 \mathrm{d}y + mV_\infty$$

$$\begin{aligned} D &= \int_0^{h_0}\rho V_\infty^2 \mathrm{d}y - \int_0^{h_0}\rho u_2^2 \mathrm{d}y - V_\infty\int_0^{h_0}\rho V_\infty \mathrm{d}y + V_\infty\int_0^{h_0}\rho u_2 \mathrm{d}y \\ &= \int_0^{h_0}\rho u_2(V_\infty - u_2)\mathrm{d}y \end{aligned} \tag{3.227}$$

阻力系数为

$$C_D = \frac{D}{\frac{1}{2}\rho V_\infty^2 b} = \frac{2}{b}\int_0^{h_0}\frac{u_2}{V_\infty}\left(1 - \frac{u_2}{V_\infty}\right)\mathrm{d}y = \frac{1}{3}\frac{h}{b}$$

例题 2 如图 3.57 所示，有一间距为 h 的平面叶栅，考察理想不可压缩绝热定常流动，不考虑质量力，假设叶栅前、后无穷远处速度和压强分布均匀，叶栅前 1－1 截面的速度分量和压强为 u_1、v_1、p_1，叶栅后 2－2 截面的速度分量和压强为 u_2、v_2、p_2，试求流体所用于单个叶片的合力。

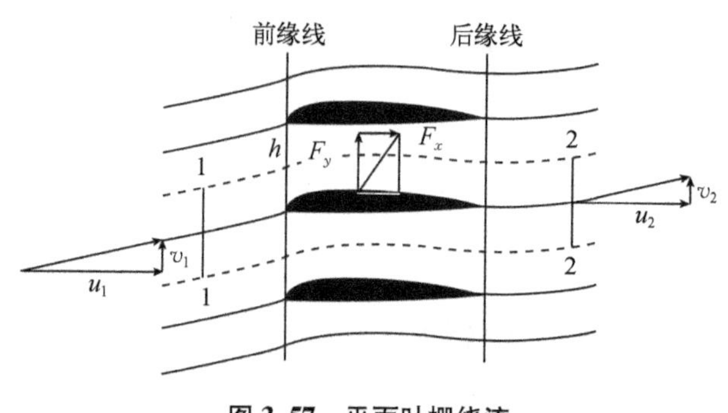

图 3.57　平面叶栅绕流

解： 假设流体作用单个叶片上的水平分力为 F_x、垂直分力为 F_y，这个力与叶片作用于流体上的力大小相等、方向相反。围绕叶片取如图所示的控制体，控制的入流截面 1－1，出流截面 2－2，侧面为 1－2，如图 3.57 所示，现利用连续方程，可得

$$\rho u_1 h = \rho u_2 h,\ u_1 = u_2 = u$$

利用能量方程，得

$$\begin{aligned} &p_1 + \frac{1}{2}\rho v_1^2 + \frac{1}{2}\rho u^2 = p_2 + \frac{1}{2}\rho v_2^2 + \frac{1}{2}\rho u^2 \\ &p_2 - p_1 = \frac{1}{2}\rho(u^2 + v_1^2) - \frac{1}{2}\rho(u^2 + v_2^2) = \frac{1}{2}\rho v_1^2 - \frac{1}{2}\rho v_2^2 \end{aligned} \tag{3.228}$$

利用动量积分方程，得

$$\begin{aligned} &\rho uh(u_2 - u_1) = (p_1 - p_2)h - F_x \\ &\rho uh(v_2 - v_1) = -F_y \end{aligned} \tag{3.229}$$

$$F_x = (p_1 - p_2)h = \left(\frac{1}{2}\rho v_2^2 - \frac{1}{2}\rho v_1^2\right) h \tag{3.230}$$

$$F_y = \rho u h(v_1 - v_2)$$

引入速度环量，取围绕 1－2－2－1－1 顺时针旋转一周，速度环量（顺时针旋转）为

$$\Gamma = h(v_1 - v_2)$$

$$F_x = -\rho \frac{v_2 + v_1}{2}\Gamma$$

$$F_y = \rho u \Gamma$$

$$F = \rho\Gamma\sqrt{u^2 + \left(\frac{v_2 + v_1}{2}\right)^2} = \rho\Gamma V_m \tag{3.231}$$

$$v_m = \frac{v_1 + v_2}{2},\ u_m = u,\ V_m = \sqrt{u_m^2 + v_m^2}$$

$$\frac{F_x}{F_y}\frac{u}{v_m} = -1$$

上式即为平面叶栅绕流单个叶片的库塔-茹科夫斯基升力环量定律。升力方向为顺着来流方向反着环量 Γ 旋转 90°对应的方向。如果取 $h \to \infty$，环量 Γ 保持不变，此时有 $(v_1 - v_2) \to 0$，$V_m = V_\infty$，则

$$F = \rho\Gamma V_\infty \tag{3.232}$$

这就是著名的单个翼型绕流的库塔-茹科夫斯基升力环量定律。

例题 3　如图 3.58 所示，有一个吸气式喷气发动机。在巡航状态下，假设发动机以 V_∞ 的速度随飞行器一起作定常匀速直线运动，现取坐标系固结于发动机上，远前方取 1－1 截面、远后方取 2－2 截面形成控制体。入流截面 1－1 速度为 V_∞、压强为大气压强 p_a、过流面积为 A_1，经过发动机燃烧、增压、膨胀后，出流截面 2－2 处的高温气流速度为 V_j、引射的冷气流为 V_d，截面积为 A_2、压强为大气压强 p_a，不计质量力，试求气流对发动机的推力。

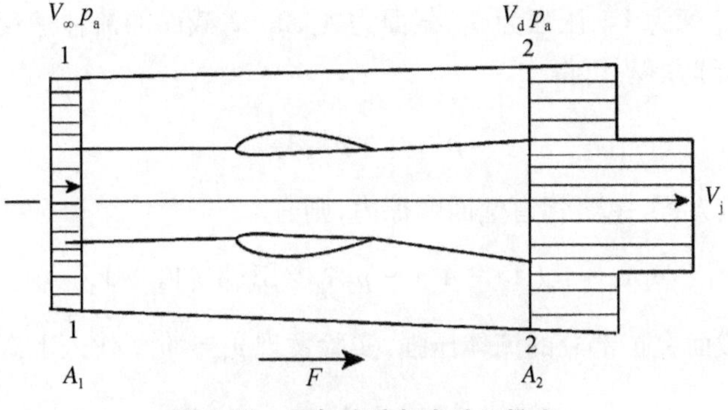

图 3.58　吸气式喷气发动机推力

解: 假设单位时间从发动机入流截面吸入的气体质量为 m_1,从发动机喷出的质量为 m_3,发动机燃烧的质量为 m_f,则由质量守恒定律,有

$$m_1 + m_f = m_3$$

发动机外部的冷气流质量流量为

$$m_1' = m_2' = m'$$

设 F 为发动机传给气流的力,则有动量定理可得

$$F = m_3 V_j - m_1 V_\infty + m'(V_d - V_\infty) \tag{3.233}$$

气流对发动机的推力与 F 大小相等,方向相反。如果 $V_d \approx V_\infty$,则

$$F = m_3 V_j - m_1 V_\infty \tag{3.234}$$

例题 4 如图 3.59 所示,有一水平放置的管道突扩不可压缩定常流动(不考虑流体质量力),法国物理学家包达(Borda,1733~1799 年)利用总流动量方程,获得著名的管道突扩分离流的局部能量损失公式,简称为包达公式,试推导。

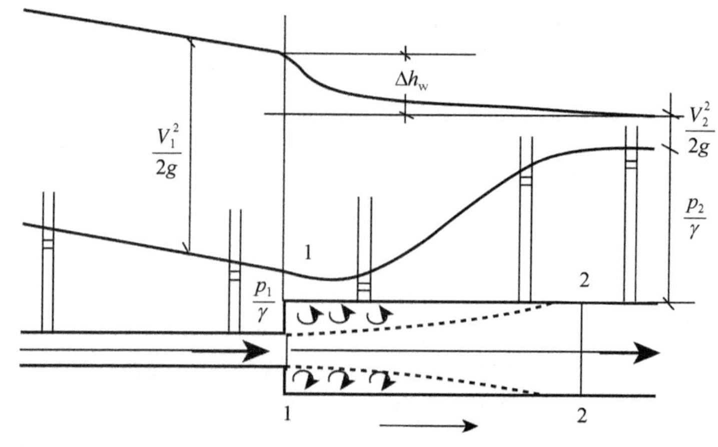

图 3.59 管道突扩分离流动

解: 设流体密度为 ρ,取如图 3.59 所示的控制体,入流截面 1-1,出流截面 2-2,1-1 截面的流体速度为 V_1、压强为 p_1、截面为 A_1,2-2 截面的流体速度为 V_2、压强为 p_2、截面为 A_2,利用连续方程,可得

$$\rho V_1 A_1 = \rho V_2 A_2 \tag{3.235}$$

沿 x 方向应用动量方程,忽略管道壁面摩擦力,则有

$$p_1 A_1 + p_s(A_2 - A_1) - p_2 A_2 = \rho V_1 A_1 (V_2 - V_1) \tag{3.236}$$

其中,p_s 为 1-1 截面突扩部分的流体压强,实验发现 $p_s \approx p_1$,代入上式有

$$p_1 A_2 - p_2 A_2 = \rho V_2^2 A_2 - \rho V_1^2 A_1$$

$$(p_1 + \rho V_1^2) - (p_2 + \rho V_2^2) = \rho V_1^2\left(1 - \frac{A_1}{A_2}\right) \tag{3.237}$$

在1－1和2－2截面之间单位重量流体的能量损失(γ为流体容重)为

$$h_w = \left(\frac{p_1}{\gamma} + \frac{V_1^2}{2g}\right) - \left(\frac{p_2}{\gamma} + \frac{V_2^2}{2g}\right) = \frac{(V_1 - V_2)^2}{2g} \tag{3.238}$$

例题5　如图3.60所示，考察一定常水箱，侧壁开一小孔，孔口面积为A，作定常不可压缩流动，试求孔口出流时对壁面的作用力。(忽略能量损失)

解：如图3.60所示，取1－1、2－2、$C-C$截面之间围成的体积为控制体，设空口中心至水面的高度为h，孔口出流速度为u_c，由伯努利方程，得

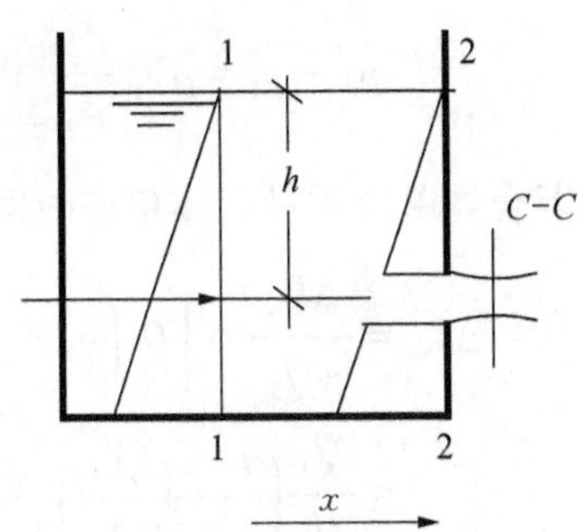

图3.60　定常孔口出流

$$h = \frac{u_c^2}{2g}$$

设F为侧壁对水流的推力，孔口出流收缩断面为A_c，收缩系数为

$$\varepsilon = \frac{A_c}{A}$$

由动量方程

$$p_c A + F = \rho u_c A_c (u_c - 0) = \rho u_c^2 A\varepsilon \tag{3.239}$$

由静水压强

$$p_c = \rho g h$$

$$F = \rho g h A(2\varepsilon - 1)$$

试验表明，收缩系数为0.62，则

$$F = \rho g h A(2\varepsilon - 1) = 0.24\rho g h A \tag{3.240}$$

孔口出流对侧壁的推力与F大小相等，方向相反。

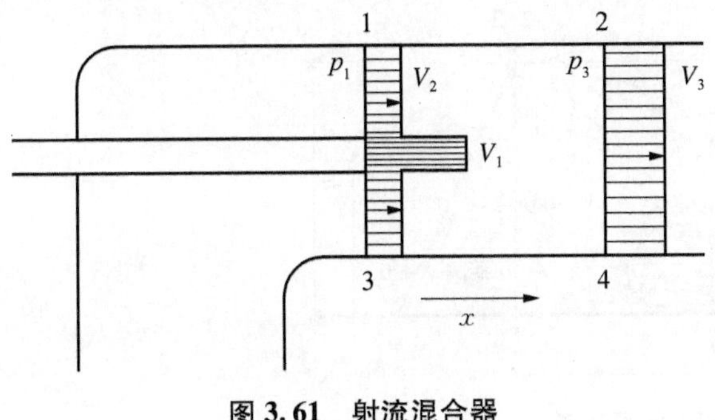

图3.61　射流混合器

例题6　有一射流混合器，高速流体从喷口喷出，引射周围流体运动，假定两者为同一种流体，密度相等，混合室直径不变。已知射流截面为A_1，混合室截面为$A_3(=3A_1)$，射流速度为V_1，引射流体速度为V_2，流体密度为ρ。试求，混合室出流速度V_3和$p_3 - p_1$，如图3.61所示。

解: 取如图 3.61 所示的控制体,控制体的入流截面为 1－3,出流截面为 2－4,假设在 1－3 截面上压强均匀为 p_1,由连续方程,有

$$\rho V_1 A_1 + \rho V_2 (A_3 - A_1) = \rho V_3 A_3$$

$$V_3 = V_2 + (V_1 - V_2)\frac{A_1}{A_3} \tag{3.241}$$

沿 x 方向建立动量方程(忽略摩擦力),得

$$p_1 A_3 - p_3 A_3 = \rho V_3^2 A_3 - \rho V_1^2 A_1 - \rho V_2^2 (A_3 - A_1)$$

$$p_3 - p_1 = \rho V_1^2 \frac{A_1}{A_3} + \rho V_2^2 \left(1 - \frac{A_1}{A_3}\right) - \rho V_3^2 = \rho (V_1 - V_2)^2 \frac{A_1}{A_3}\left(1 - \frac{A_1}{A_3}\right) \tag{3.242}$$

混合器单位重量流体单位时间所消耗的机械能为

$$\begin{aligned}\Delta h_{\mathrm{w}} &= \frac{\Delta P_{\mathrm{w}}}{\gamma Q_3} = \left[Q_1\left(p_1 + \frac{1}{2}\rho V_1^2\right) + Q_2\left(p_1 + \frac{1}{2}\rho V_2^2\right) - Q_3\left(p_3 + \frac{1}{2}\rho V_3^2\right)\right] \Big/ (\gamma Q_3) \\ &= \frac{Q_1}{Q_3}\left(\frac{p_1}{\gamma} + \frac{V_1^2}{2g}\right) + \frac{Q_2}{Q_3}\left(\frac{p_1}{\gamma} + \frac{V_2^2}{2g}\right) - \left(\frac{p_3}{\gamma} + \frac{V_3^2}{2g}\right)\end{aligned} \tag{3.243}$$

$$\begin{aligned}\Delta h_{\mathrm{w}} = \frac{\Delta P_{\mathrm{w}}}{\gamma Q_3} &= \frac{4}{9}\frac{Q_1}{Q_1 + Q_2}\frac{V_1^2}{2g}\left(1 + \frac{V_2}{V_1} - 2\frac{V_2^2}{V_1^2}\right) \\ &\quad - \frac{4}{9}\frac{Q_2}{Q_1 + Q_2}\frac{V_1^2}{2g}\left(-\frac{5}{4} + \frac{V_2}{V_1} + \frac{1}{4}\frac{V_2^2}{V_1^2}\right)\end{aligned} \tag{3.244}$$

如果 $V_1 \gg V_2$,则有

$$\Delta h_{\mathrm{w}} = \frac{4}{9}\frac{V_1^2}{2g} \tag{3.245}$$

例题 7 如图 3.62 所示,在一个水平底板上,水流突然跃起,流动为不可压缩定常流动(水体密度为 ρ)。已知来流速度和水深分别为 V_1 和 h_1,跃后水深为 h_2、速度为 v_2,在截面 1－1 和 2－2 处沿着垂线上近似满足静水压强分布规律。试求:(1) h_2/h_1;(2) 单位重量水体的机械能损失。

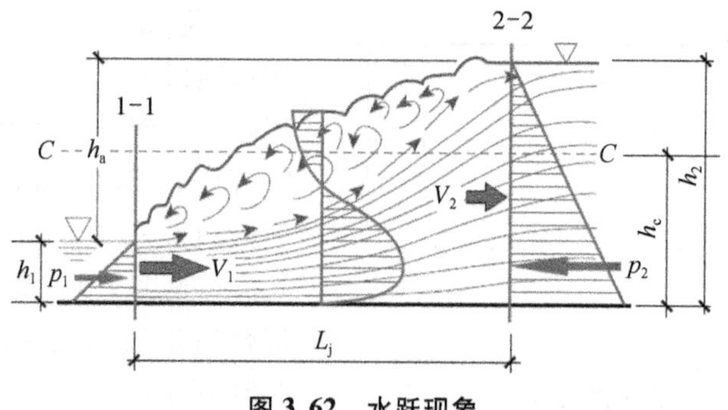

图 3.62 水跃现象

解：取 1－1 截面和 2－2 截面之间的体积为控制体，由连续方程可得

$$\rho V_1 h_1 = \rho V_2 h_2$$

忽略 1－1 截面和 2－2 截面之间壁面的摩擦力，沿水平流动方向建立动量方程，得

$$\frac{1}{2}\gamma h_1^2 - \frac{1}{2}\gamma h_2^2 = \rho V_2^2 h_2 - \rho V_1^2 h_1$$

联立求解以上两式，得

$$2Fr_1^2 = \frac{h_2}{h_1}\left(1 + \frac{h_2}{h_1}\right)$$

$$\frac{h_2}{h_1} = \frac{1}{2}\left(-1 + \sqrt{1 + 8Fr_1^2}\right),\ Fr_1 = \frac{V_1}{\sqrt{gh_1}} \tag{3.246}$$

在 1－1 截面与 2－2 截面之间的能量损失为

$$h_w = h_1 + \frac{V_1^2}{2g} - \left(h_2 + \frac{V_2^2}{2g}\right) = \frac{(h_2 - h_1)^3}{4h_2 h_1} \tag{3.247}$$

例题 8　如图 3.63 所示，有一段收缩管道，管内为理想不可压缩流体定常流动，已知入流截面 1－1 速度为 V_1、面积为 A_1，出流截面 2－2 压强为 p_2、面积为 A_2，试求入流断面压强 p_1 和流动对收缩段的推力。

解：取如图 3.63 所示的控制体，控制体入流截面 1－1、出流截面 2－2，假设 F 为收缩段对流体的作用力，由连续方程得

$$\rho V_1 A_1 = \rho V_2 A_2,\ V_2 = V_1 \frac{A_1}{A_2}$$

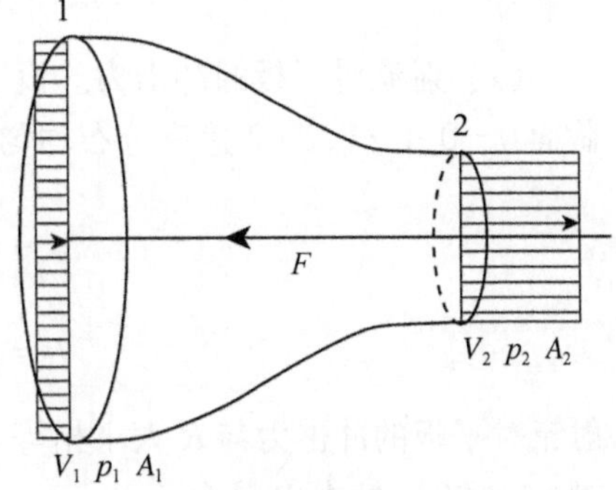

图 3.63　收缩段流动

由能量方程，有

$$p_1 + \frac{1}{2}\rho V_1^2 = p_2 + \frac{1}{2}\rho V_2^2$$

解出

$$p_1 = p_2 + \frac{1}{2}\rho V_2^2 - \frac{1}{2}\rho V_1^2 = p_2 + \frac{1}{2}\rho V_1^2\left(\frac{A_1^2}{A_2^2} - 1\right) \tag{3.248}$$

沿流动方向建立动量方程，有

$$p_1 A_1 - p_2 A_2 - F = \rho V_2^2 A_2 - \rho V_1^2 A_1$$

解出

$$F = \frac{1}{2}\rho V_1^2 A_1\left(\frac{A_1}{A_2} - 1\right)^2 + p_2 A_1\left(1 - \frac{A_2}{A_1}\right)$$
$$F = \frac{1}{2}\rho V_2^2 A_1\left(1 - \frac{A_2}{A_1}\right)^2 + p_2 A_1\left(1 - \frac{A_2}{A_1}\right) \tag{3.249}$$

气流对收缩段的推力与 F 大小相等,方向相反(向右)。

例题 9 求宽度为 b_0 的二维不可压定常射流对固定斜板(与水平成 θ 角)的冲击力,射流宽度比 b_1/b_2,以及冲击力的作用点。假设不计重力和流动损失。

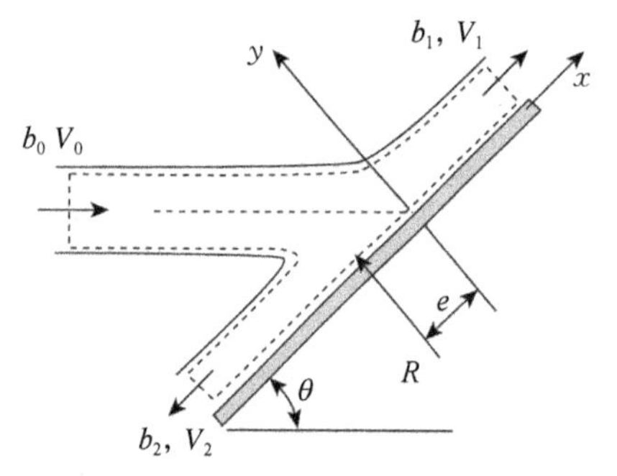

图 3.64 水平射流对平板的冲击

解: 取如图 3.64 所示虚线的围成的控制体。自由射流的入流截面 0-0、出流截面 1-1 与 2-2 和与周围大气接触的边界面均为大气压强。分别沿上下两条流线建立不计重力的伯努利方程(或认为流动均匀无旋,伯努利常数全场成立),得

$$p_0 + \frac{1}{2}\rho V_0^2 = p_0 + \frac{1}{2}\rho V_1^2 = p_0 + \frac{1}{2}\rho V_2^2$$

得到

$$V_1 = V_2 = V_0$$

由连续方程可得

$$V_2 b_2 + V_1 b_1 - V_0 b_0 = 0,\ b_0 = b_2 + b_1 \tag{3.250}$$

(1) 射流对平板的冲击力。设平板对射流的作用力为 R(方向如图 3.64 所示),三个截面 0-0、1-1、2-2 速度分布均匀,建立沿平板法向的动量方程(不计重力)。即

$$0 - \left(-\iint_{0-0}\rho V_0^2 \mathrm{d}S\sin\theta\right) = R$$
$$R = \rho V_0^2 b_0 \sin\theta \tag{3.251}$$

射流对平板的冲击力与 R 大小相等方向相反。可见冲击力 R 与 θ 有关。当射流垂直入射时,$\theta = 90°$,冲击 R 最大。

(2) 射流宽度比 b_1/b_2。沿平板方向 x 建立动量方程,得

$$\rho V_1^2 b_1 - \rho V_2^2 b_2 - \rho V_0^2 b_0 \cos\theta = 0$$

考虑到 $V_1 = V_2 = V_0$,上式变为

$$b_0 \cos\theta = b_1 - b_2$$

与 $b_0 = b_1 + b_2$ 联立求解,得到

$$b_1 = \frac{1 + \cos\theta}{2} b_0,\ b_2 = \frac{1 - \cos\theta}{2} b_0 \tag{3.252}$$

故射流宽度比为

$$\frac{b_1}{b_2}=\frac{1+\cos\theta}{1-\cos\theta} \tag{3.253}$$

由于速度相等,这也是流量比 Q_1/Q_2。

(3) 冲击力 R 的作用点 e。如图 3.64 所示,设冲击力的作用点与 y 轴的距离为 e,取顺时针方向的力矩为正,由动量矩方程得到

$$R\cdot e=0+\left(V_1\frac{b_1}{2}\right)\rho V_1 b_1-V_2\frac{b_2}{2}\rho V_2 b_2$$

整理上式,得

$$e=\frac{\frac{1}{2}\rho V_0^2(b_1^2-b_2^2)}{\rho V_0^2 b_0\sin\theta}=\frac{1}{2}\frac{(b_1+b_2)(b_1-b_2)}{b_0\sin\theta}=\frac{b_0}{2}\frac{\cos\theta}{\sin\theta} \tag{3.254}$$

仅当 $\theta=90°$ 时,合力的作用点才通过射流中心。

例题 10 利用动量矩定律,推导透平机械欧拉方程。假设透平机械的动轮旋转角速度为 ω。流体通过动轮通道时,与动轮发生机械能交换,动轮对流体做功的机械称为透平压缩机(压气机、风扇和水泵等),动轮接受流体机械能的机械称为透平发动机(水力发电机、风力发电机等)。如图 3.65 所示,取两叶片之间的通道作为控制体 $ABCD$,流体进入 AB 面的相对速度为 w_1、绝对速度为 V_1、圆周速度为 u_1,流体从 CD 面出流的相对速度 w_2、绝对速度为 V_2、圆周速度为 u_2,流体的密度为 ρ。

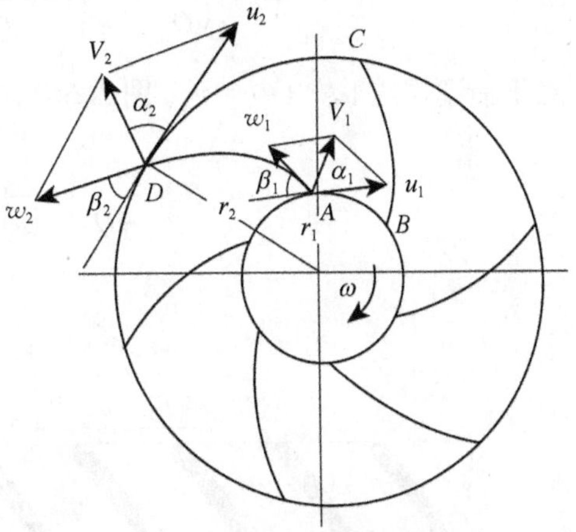

图 3.65　旋转机械动量矩(离心机)

解: 对于定常流动,利用绕旋转轴的动量矩方程,有

$$\oiint_S \rho(\boldsymbol{r}\times\boldsymbol{V})_z(\boldsymbol{V}\cdot\boldsymbol{n})\,\mathrm{d}S=M_z$$

其中,M_z 为叶片对通过流体的作用力矩。α_1 和 α_2 为绝对速度与切线之间的夹角;A_1 和 A_2 分别为叶轮入口和出流面积,可以得到

$$\iint_{A_2}\rho V_2 r_2\cos\alpha_2 V_{2n}\,\mathrm{d}A-\iint_{A_1}\rho V_1 r_1\cos\alpha_1 V_{1n}\,\mathrm{d}A=M_z \tag{3.255}$$

积分形式的连续性方程为

$$Q=\iint_{A_2}V_{2n}\,\mathrm{d}A=\iint_{A_1}V_{1n}\,\mathrm{d}A$$

代入式(3.252)得

$$\rho V_2 r_2 \cos\alpha_2 \iint_{A_2} V_{2n} \mathrm{d}A - \rho V_1 r_1 \cos\alpha_1 \iint_{A_1} V_{1n} \mathrm{d}A = M_z$$
$$\rho Q(V_{2\tau} r_2 - V_{1\tau} r_1) = M_z \tag{3.256}$$

单位时间传给流体的功率为

$$P = M_z \omega = \rho Q(V_{2\tau} r_2 \omega - \rho V_{1\tau} r_1 \omega) = \rho Q(V_{2\tau} u_2 - V_{1\tau} u_1) \tag{3.257}$$

其中，$u_2 = r_2\omega$ 和 $u_1 = r_1\omega$ 分别为叶轮入口和出口的圆周速度。单位时间单位重量流体所获得的机械能为

$$H = \frac{P}{\gamma Q} = \frac{1}{g}(V_{2\tau} u_2 - V_{1\tau} u_1) \tag{3.258}$$

其中，$V_{1\tau}$ 和 $V_{2\tau}$ 为叶轮入口和出口沿圆周切线方向的绝对速度分量。β_1 和 β_2 为相对速度与圆周方向之间的夹角。由图 3.65 可见，

$$V_{2\tau} = u_2 - w_2\cos\beta_2,\ V_{1\tau} = u_1 - w_1\cos\beta_1$$
$$V_2^2 = u_2^2 + w_2^2 - 2u_2 w_2\cos\beta_2,\ V_1^2 = u_1^2 + w_1^2 - 2u_1 w_1\cos\beta_1$$

代入上式，得

$$H = \frac{P}{\gamma Q} = \frac{1}{g}\left(\frac{V_2^2 - V_1^2}{2} + \frac{u_2^2 - u_1^2}{2} + \frac{w_1^2 - w_2^2}{2}\right) \tag{3.259}$$

对于轴流式透平机（$u_1 = u_2$，图 3.66），式(3.259)可以简化为

$$H = \frac{P}{\gamma Q} = \frac{1}{g}\left(\frac{V_2^2 - V_1^2}{2} + \frac{w_1^2 - w_2^2}{2}\right) \tag{3.260}$$

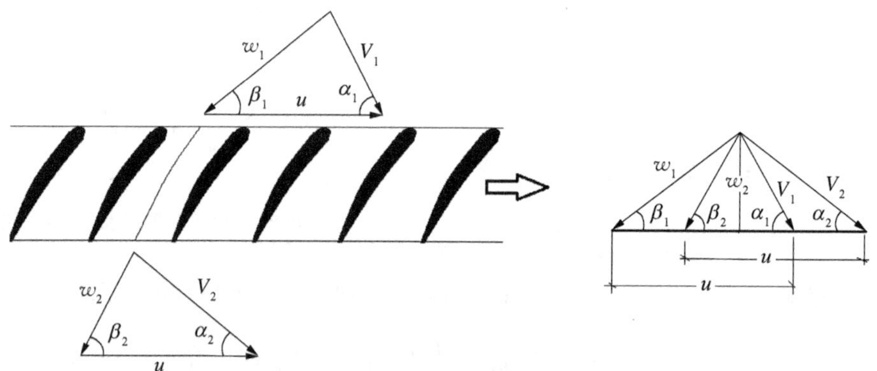

图 3.66 轴流式透平机叶片

例题 11 已知离心式通风机叶轮转速为 1 500 r/min，内径 $d_1 = 480$ mm，入流角度 $\beta_1 = 60°$，入口宽度 $b_1 = 105$ mm，外径 $d_2 = 600$ mm，出口角度 $\beta_2 = 120°$，出口宽度 $b_2 = 84$ mm，流量 $Q = 12\ 000\ \mathrm{m^3/h}$，空气容重 $\gamma = 11.8\ \mathrm{N/m^3}$。试求叶轮入口和出口的圆周速度、相对速度、绝对速度、叶轮机的理论压力高度和有效功率。

解:
$$u_1=\frac{\pi d_1 n}{60}=\frac{3.141\,59\times 0.48\times 1\,500}{60}=37.7\ \text{m/s}$$

$$V_{1n}=\frac{Q}{\pi d_1 b_1}=\frac{12\,000}{3\,600\times 3.141\,59\times 0.48\times 0.105}=21\ \text{m/s}$$

$$w_1=\frac{V_{1n}}{\sin\beta_1}=\frac{21}{\sin 60^\circ}=24.3\ \text{m/s}$$

$$V_{1\tau}=u_1-w_1\cos\beta_1=37.7-24.3\times\cos 60^\circ=25.5\ \text{m/s}$$

$$V_1=\sqrt{V_{1n}^2+V_{1\tau}^2}=\sqrt{21^2+25.5^2}=33\ \text{m/s}$$

$$u_2=\frac{\pi d_2 n}{60}=\frac{3.141\,59\times 0.6\times 1\,500}{60}=47.1\ \text{m/s}$$

$$V_{2n}=\frac{Q}{\pi d_2 b_2}=\frac{12\,000}{3\,600\times 3.141\,59\times 0.6\times 0.084}=21\ \text{m/s}$$

$$w_2=\frac{V_{2n}}{\sin\beta_2}=\frac{21}{\sin 120^\circ}=24.3\ \text{m/s}$$

$$V_{2\tau}=u_2-w_2\cos\beta_2=47.1-24.3\times\cos 120^\circ=59.3\ \text{m/s}$$

$$V_2=\sqrt{V_{2n}^2+V_{2\tau}^2}=\sqrt{21^2+59.3^2}=63\ \text{m/s}$$

叶轮的理论压力高度为

$$H=\frac{59.3\times 47.1-25.5\times 37.7}{9.8}=187\ \text{m}$$

叶轮机的有效功率为

$$P=\gamma QH=11.8\times\frac{12\,000}{3\,600}\times 187=7.4\ \text{kW}$$

例题 12　有一火箭,其初始总质量为 m_0,发射后以 $V_0(t)$ 速度垂直向上飞行。相对于火箭的排气速度为 V_j,单位时间内的排气质量为 Q_m,排气压强为 p_j,排气面积为 A_j。假定 V_j、Q_m 和 p_j 均为常数,并假设火箭的阻力为 D,试求火箭运动微分方程。

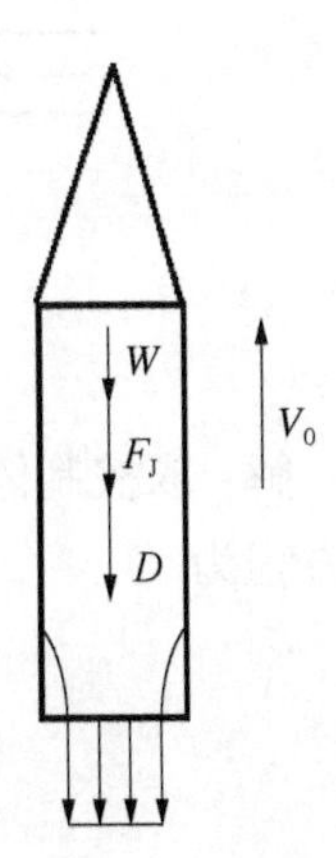

图 3.67　火箭运动

解: 如图 3.67 所示,取控制固结在火箭上,假设火箭的向上加速度为

$$a_0=\frac{dV_0}{dt}$$

由排气口流出控制的质量为 Q_m,有

$$\oiint_A \rho(\boldsymbol{V}\cdot\boldsymbol{n})\mathrm{d}A = \rho_{\mathrm{j}}V_{\mathrm{j}}A_{\mathrm{j}} = Q_{\mathrm{m}}$$

若控制体内的总质量为 $m(t)$，则有

$$\iiint_\tau \frac{\partial\rho}{\partial t}\mathrm{d}\tau = \frac{\partial}{\partial t}\iiint_\tau \rho\mathrm{d}\tau = \frac{\partial m(t)}{\partial t} = -Q_{\mathrm{m}} \tag{3.261}$$

积分，得

$$m(t) = m_0 - Q_{\mathrm{m}}t \tag{3.262}$$

沿垂直方向建立动量方程，有

$$m(t)\frac{\mathrm{d}V_0}{\mathrm{d}t} - Q_{\mathrm{m}}V_{\mathrm{j}} = -m(t)g - D + (p_{\mathrm{j}} - p_{\mathrm{a}})A_{\mathrm{j}}$$

解出

$$\frac{\mathrm{d}V_0}{\mathrm{d}t} = \frac{-D + (p_{\mathrm{j}} - p_{\mathrm{a}})A_{\mathrm{j}} + Q_{\mathrm{m}}V_{\mathrm{j}}}{m_0 - Q_{\mathrm{m}}t} - g \tag{3.263}$$

例题 13　如图 3.68 所示，有一水平放置的水平管道，管道长度 L，在初始时刻，管道内满水长度 x，入口射流速度为 V_1，面积为 A_1（直径 D_1），管道面积为 A_2（直径 D_2），速度为 V_2，管道入口和出口均处于大气中，水平管道的摩擦切应力为 $\tau_0 = \frac{1}{8}\rho\lambda V_2^2$，水的密度为常数。试求：

（1）x 随时间的变化率 $\frac{\mathrm{d}x}{\mathrm{d}t}$；

（2）管道内速度 V_2 随时间的变化率 $\frac{\mathrm{d}V_2}{\mathrm{d}t}$。

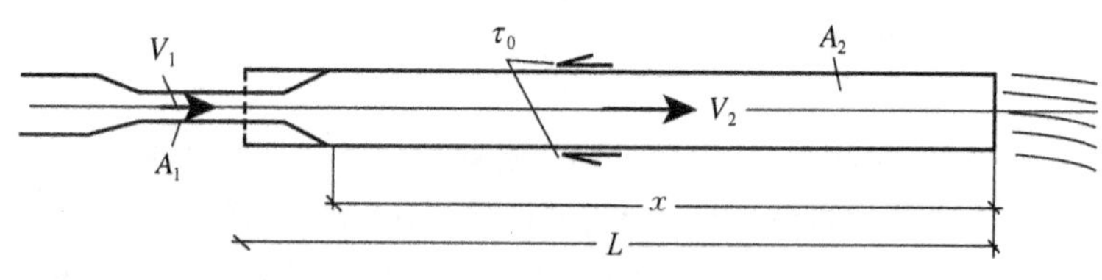

图 3.68　射流对水平管内水体的冲击流动

解：取控制体的长度为 L，在任意 t 时刻，管道内的满水长度为 x，由积分形式的连续性方程为

$$\frac{\partial}{\partial t}\iiint_\tau \rho\mathrm{d}\tau + \oiint_S \rho\boldsymbol{V}\cdot\mathrm{d}\boldsymbol{S} = 0$$

由图 3.68 可得

$$\frac{\partial}{\partial t}[\rho(L-x)A_1+\rho x A_2]+\rho(V_2A_2-V_1A_1)=0$$

简化后,得到

$$\frac{\mathrm{d}x}{\mathrm{d}t}=-\frac{V_2A_2-V_1A_1}{A_2-A_1} \tag{3.264}$$

建立沿着 x 方向的动量积分方程为

$$\frac{\partial}{\partial t}\iiint_{\tau}\rho V_x\mathrm{d}\tau+\oiint_{S}\rho V_x(\boldsymbol{V}\cdot\mathrm{d}\boldsymbol{S})=\sum F_x$$

由图 3.68 可以得到

$$\frac{\partial}{\partial t}[\rho A_2xV_2+\rho A_1(L-x)V_1]+\rho A_2V_2^2-\rho A_1V_1^2=-\rho\lambda\frac{1}{8}V_2^2\pi D_2x$$

将 $\mathrm{d}x/\mathrm{d}t$ 表达式,代入上式得到

$$\frac{\mathrm{d}V_2}{\mathrm{d}t}=\frac{1}{A_2x}\left[\frac{(A_2V_2-A_1V_1)^2}{A_2-A_1}+A_1V_1^2-A_2V_2^2-\lambda\frac{1}{8}V_2^2\pi D_2x\right] \tag{3.265}$$

习　题

一、思考题

3.1　说明描述流体质点运动的拉格朗日方法的物理本质。观察者记录的 x、y、z 指什么?

3.2　说明描述流体质点运动的欧拉方法的物理本质。观察者记录的 u、v、w 指什么?

3.3　给出拉格朗日变数 a、b、c、t 与欧拉变数 x、y、z、t 之间的转换关系。

3.4　在拉格朗日方法中,质点的压强为 $p(a, b, c, t)$,说明这个表达式的物理意义。

3.5　在拉格朗日方法中,跟随质点运动由 (a, b, c) 不变表征。在欧拉方法中如何表征质点的跟随性?说明以下两个表达式的差别。

$$\frac{\mathrm{d}p}{\mathrm{d}t}=\frac{\partial p}{\partial t}+\frac{\partial p}{\partial x}\frac{\mathrm{d}x}{\mathrm{d}t}+\frac{\partial p}{\partial y}\frac{\mathrm{d}y}{\mathrm{d}t}+\frac{\partial p}{\partial z}\frac{\mathrm{d}z}{\mathrm{d}t}$$

$$\frac{\mathrm{d}p}{\mathrm{d}t}=\frac{\partial p}{\partial t}+u\frac{\partial p}{\partial x}+v\frac{\partial p}{\partial y}+w\frac{\partial p}{\partial z}$$

3.6　在欧拉法中,加速度的各项物理意义是什么?对于定常流动,为什么不能说明加速度为零?

3.7　流体质点的迹线和流线的物理意义是什么?在什么情况下,两者重合?对于非定常流动,为什么说两者一般是不重合?

3.8　利用温度的随体导数公式,说明热传导和热对流的物理意义。

3.9 流体质点的基本运动形式是什么？流体微团的基本运动形式是什么？写出表征流体微团运动特征的速度表达式(平动速度、转动速度、角变形速率、线变形速率)。

3.10 说明流体微团旋转运动和刚体旋转运动的异同。

3.11 请推导亥姆霍兹速度分解定理的表达式。

3.12 从物理上说明速度场散度的意义。流体在运动过程中,散度可以大于零、小于零和等于零,请说明各表示的物理意义。

3.13 质量守恒定律在流体运动过程中的表达式是什么？如果流体质点不具有连续性条件,如何表达质量守恒？

3.14 如果在控制体内存在质量源,如何表达质量守恒定律？

3.15 请用连续方程证明,流体微团体积膨胀时,密度减小；体积压缩时,密度增大；体积不变,密度随时间不变。

3.16 在理想流体中,改变流体质点运动的主要因素是什么？

3.17 在等压流场中,如何引起质点速度变化？在不计质量力情况下,如何引起流体质点速度变化？

3.18 结合欧拉运动微分方程组,说明水平收缩管道,速度沿程增大,压强如何变化？水平扩展管道,速度沿程减小,压强如何变化？

3.19 请推导拉格朗日型的流体运动微分方程组。

3.20 请说明速度场旋度的物理意义。其与流体微团绕自身轴旋转角速度的关系是什么？并写出旋度表达式。

3.21 旋转角速度等于零的流场称为无旋流场,请用斯托克斯公式证明速度的线积分与积分路径无关,存在速度势函数。

3.22 速度势函数增量与速度大小的关系是什么？

3.23 流体沿着水平扩张管道和收缩管道流动,请从欧拉方程出发,说明加速度和压强的变化关系,指出造成流体质点加速度的原因。

3.24 请写出欧拉方程的矢量形式和沿着流线的投影形式。

3.25 请写出欧拉方程沿着 x 方向的分量表达式。

3.26 请写出 x 方向的格罗米柯–兰姆型方程,并写出矢量形式的格罗米柯–兰姆型方程。

3.27 指出伯努利积分存在的条件。写出理想不可压缩流体、质量力为重力、定常流动,单位质量的能量方程,并说明各项的物理意义。

3.28 写出理想不可压缩流体、不计质量力、定常流动,单位质量的能量方程,并说明各项的物理意义。

3.29 如果假设压强与密度的关系为 $p = C\rho^{\gamma}$,其中 C 为常数。写出理想可压缩流体、不计质量力、定常流动,单位质量的能量方程。

3.30 在不计质量力的情况下,顺压梯度和逆压梯度流动的速度如何变化？请用特定的例子说明。

3.31 什么是系统？什么是控制体？说明系统和控制体的差别。

3.32 雷诺输运方程的物理意义是什么？指出雷诺输运方程的适应条件。

3.33 写出动量积分方程,并说明各项的物理意义。

3.34　写出能量积分方程，并说明各项的物理意义。

3.35　什么是理想正压流体、定常流动、质量力有势？

3.36　对于管道流动，请给出雷诺输运方程的简化形式。

3.37　在理想正压流体、质量力有势的条件下，涡强守恒。说明黏性流体绕流，如何产生旋涡？

3.38　什么是涡？什么是涡量、涡通量、速度环量？

3.39　说明斯托克斯积分的物理意义。在任何封闭曲线内，速度环量等于零，为什么该区域内不能判断是无涡场？

3.40　如何表征一群流体质团的旋转快慢？

3.41　什么是亥姆霍兹三大涡守恒定理？其适应条件是什么？

3.42　为什么一根涡管不能在流体内中断？

3.43　为什么龙卷风可以把大树拔起？龙卷风的强弱如何表征？

3.44　飞机在飞行中产生的翼梢涡如何影响飞机的升力？

3.45　现代战斗机机翼前缘涡的强弱如何影响飞机的升力？

3.46　在涡管中，涡量分布不均匀如何计算涡通量？

3.47　请说明无限长圆柱形涡在垂直于涡轴对称面上诱导速度的表达式。

二、计算题

3.48　流场速度分量 $u = y/(x^2 + y^2)$ 和 $v = -x/(x^2 + y^2)$。计算通过点(0, 5)的流线方程。

3.49　给出的速度场 $u = y/(x^2 + y^2)$ 和 $v = -x/(x^2 + y^2)$，计算一个半径为5 m的圆形路径周围的环流。u 和 v 的单位是m/s。

3.50　已知速度场：

$$\begin{cases} u = 2t + 2x + 2y \\ v = t - y + z \\ w = t + x - z \end{cases}$$

试求点(2, 2, 1)在 $t = 3$ 时的加速度。

3.51　二维速度场 $V = (x^2 - y^2 + x)i - (2xy + y)j$，当$(x, y) = (1, 2)$时，计算：

(1) 加速度 a_x 和 a_y；

(2) $\theta = 40°$ 方向上的速度分量、最大速度方向及最大加速度的方向。

3.52　已知速度场：

$$u = xy^2,\ v = -\frac{1}{3}y^3,\ w = xy$$

试求：

(1) 点(1, 2, 3)的加速度；

(2) 是几维流动；

(3) 是定常流还是非定常流;

(4) 是均匀流还是非均匀流。

3.53 弯曲成 U 形的一段管道。管道内径为 0.5 m。空气以 100 m/s 的平均速度进入管道的一个管段,以相同的速度从另一个管段流出,但方向相反。入口和出口处的流量压力是周围环境的压力。计算气流对管道施加的力的大小和方向。空气密度为 1.23 kg/m^3。

3.54 如习题 3.54 图所示,管道收缩段长 $l = 60$ cm, 直径 $D = 20$ cm, $d = 10$ cm, 通过流量 $Q = 0.2$ m^3/s, 现逐渐关闭调节阀门,使流量成线性减小,在 20 s 内流量减为零,试求在关闭阀门的第 10 s 时,管轴线上 A 点的加速度(假设断面上速度均匀分布)。

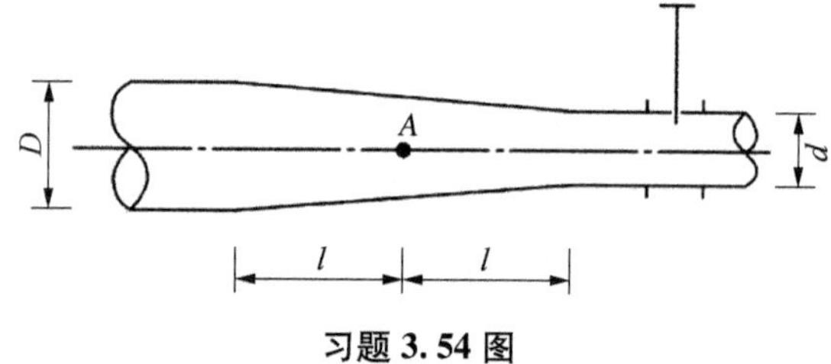

习题 3.54 图

3.55 考虑速度场,其中速度的径向分量和切向分量分别为 $V_r = 0$ 和 $V_\theta = c_r$, 其中 c 为常数。得到流线方程。

3.56 已知平面流动的速度场为 $u = -\dfrac{Cy}{x^2 + y^2}$, $v = \dfrac{Cx}{x^2 + y^2}$, 其中 C 为常数,试求流线方程。

3.57 考虑任意形状的物体。如果物体表面的压力分布是恒定的,证明物体上的合力为零。

3.58 考虑风洞中的翼型(即横跨整个试验段的机翼),证明单位跨距升力可由风洞顶部和底部壁面上的压力分布(即翼型上方和下方壁面上的压力分布)获得。

3.59 流体运动具有分速度

$$\begin{cases} u = \dfrac{x}{(x^2 + y^2 + z^2)^{3/2}} \\ v = \dfrac{y}{(x^2 + y^2 + z^2)^{3/2}} \\ w = \dfrac{z}{(x^2 + y^2 + z^2)^{3/2}} \end{cases}$$

试问该流场是否有旋?如果无旋,求出其速度位函数。

3.60 有不可压流体作定常运动,其速度场为

$$u = ax$$
$$v = ay$$
$$w = -2az$$

式中,a 为常数。求:

(1) 线变形率、角变形率;

(2) 流场是否有旋；

(3) 是否有速度位函数存在。

3.61　设下列几种函数分别代表流动的三个分速度：

(1) $u = x^2yz$, $v = -y^2x$;

(2) $u = x^2 + 3z^2x$, $w = -z^3 + y^2$

哪种情况可以代表不可压流？

3.62　已知不可压缩流体平面流动，在 y 方向的速度分量为 $u_y = y^2 = 2x + 2y$ 试求速度在 x 方向的分量 u_x。

3.63　设下列几种函数分别代表流动的三个分速度：

(1) $u = kx$, $v = -ky$, $w = 0$

(2) $u = kx$, $v = -ky$, $w = kx$

(3) $u = kx$, $v = -ky$, $w = kz$

(4) $u = kx$, $v = -ky$, $w = -2kz$

(5) $u = kx$, $v = ky$, $w = kx$

其中，k 为常数。问哪几种情况代表不可压流动？

3.64　如习题 3.64 图所示，在送风道的壁上有一面积为 0.4 m² 的风口，试求风口出流的平均速度 v。

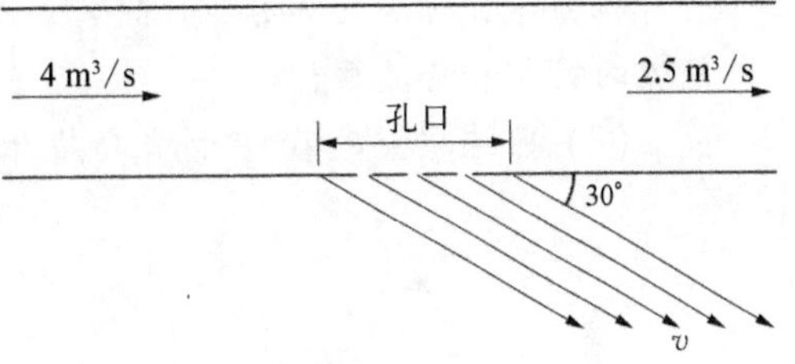

习题 3.64 图

3.65　求两平行平板间，流体的单宽流量，已知速度分布为

$$u = u_{\max}\left[1 - \left(\frac{y}{b}\right)^2\right]$$

式中，$y = 0$ 为中心线，$y = \pm b$ 为平板所在位置；$u_{\max}$ 为常数。

3.66　由空气预热器经两条管道送往锅炉喷燃器的空气的质量流量 $q_m = 8\,000$ kg/h，气温 400℃，管道截面尺寸均为 400 mm × 600 mm。已知标准状态（0℃，101 325 Pa）下空气的密度 $\rho = 1.29$ kg/m³，求输气管道中空气的平均流速。

3.67　连续管系中的 90° 渐缩弯管放在水平面上（习题 3.67 图），管径 $d_1 = 15$ cm，$d_2 = 7.5$ cm，入口处水平均流速 $v_1 = 2.5$ m/s，静压 $p_{e1} = 6.86 \times 10^4$ Pa（计示压强）。如不计能量损失，试求支撑弯管在其位置所需的水平力。

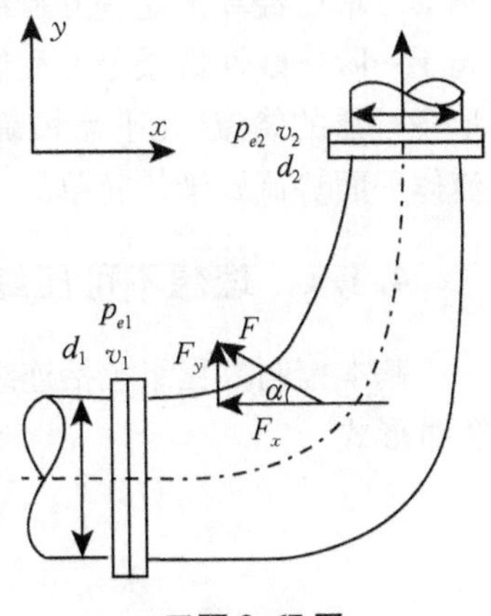

习题 3.67 图

第4章
理想不可压缩流体平面势流

本章介绍理想不可压缩流体平面势流的控制方程及其解法。引入速度势函数和流函数概念，阐述奇点叠加原理及其解法，介绍源(汇)、偶极子和点涡的基本解，以及钝体绕流和圆柱绕流(有、无环量)的特征和势流解。

学习要点：

(1) 熟悉理想不可压缩流体平面势流的控制方程及其基本解法；

(2) 掌握奇点叠加原理，源(汇)、偶极子和点涡的基本解以及钝体绕流和圆柱绕流的特征和势流解；

(3) 熟练掌握库塔-茹科夫斯基升力环量定理的推导过程及其物理意义。

4.1 理想不可压缩流体平面势流的基本方程组

对于理想不可压缩流体，基本方程组是连续性微分方程和欧拉运动微分方程组。本书第三章已经导出这些方程组，本章重点讨论这些方程组的简化及其求解。欧拉方程组属于一阶非线性偏微分方程组，数学上求解这组偏微分方程并非易事，特别是对于复杂外形飞行器的绕流，几乎无精确解，只能求近似解。为了简化求解问题，本章所研究的理想流体平面势流属于最简单的一类流动问题。

4.1.1 理想不可压缩流体无旋运动的基本方程组

基本控制方程组包括连续性微分方程和欧拉微分方程组。即

矢量形式

$$\begin{cases}\nabla \cdot \boldsymbol{V} = 0 \\ \dfrac{\partial \boldsymbol{V}}{\partial t} + (\boldsymbol{V} \cdot \nabla)\boldsymbol{V} = \boldsymbol{f} - \dfrac{1}{\rho}\nabla p\end{cases} \tag{4.1}$$

分量形式

$$
\begin{cases}
\dfrac{\partial u}{\partial x} + \dfrac{\partial v}{\partial y} + \dfrac{\partial w}{\partial z} = 0 \\
\dfrac{\partial u}{\partial t} + u\dfrac{\partial u}{\partial x} + v\dfrac{\partial u}{\partial y} + w\dfrac{\partial u}{\partial z} = f_x - \dfrac{1}{\rho}\dfrac{\partial p}{\partial x} \\
\dfrac{\partial v}{\partial t} + u\dfrac{\partial v}{\partial x} + v\dfrac{\partial v}{\partial y} + w\dfrac{\partial v}{\partial z} = f_y - \dfrac{1}{\rho}\dfrac{\partial p}{\partial y} \\
\dfrac{\partial w}{\partial t} + u\dfrac{\partial w}{\partial x} + v\dfrac{\partial w}{\partial y} + w\dfrac{\partial w}{\partial z} = f_z - \dfrac{1}{\rho}\dfrac{\partial p}{\partial z}
\end{cases} \tag{4.2}
$$

这是一组一阶非线性偏微分方程组,方程组个数 4 个,未知量个数 4 个,分别是 u、v、w、p。

初始条件为

$$
t = t_0 \text{ 时}, \boldsymbol{V} = \boldsymbol{V}(x, y, z), \ p = p(x, y, z) \tag{4.3}
$$

边界条件为

$$
\begin{aligned}
&\text{在物体的边界上} \quad V_n = 0(\text{不穿透条件}) \\
&\text{在无穷远处} \quad V = V_\infty
\end{aligned} \tag{4.4}
$$

由式(4.2)可见,如果没有无旋流条件进一步简化方程组,求解很困难。这是因为方程组不仅是非线性的,而且需要速度 V 和压强 p 相互偶合求解。但是,研究无旋流动,问题的复杂性可得到简化,特别是可将速度和压力分开求解。这是因为,对于无旋运动,流场的速度旋度为零,即

$$
\begin{aligned}
&\text{rot}\,\boldsymbol{V} = \nabla\times \boldsymbol{V} = 2\boldsymbol{\omega} = 0 \\
&\omega_x = 0,\ \omega_y = 0,\ \omega_z = 0
\end{aligned} \tag{4.5}
$$

则流场存在速度势函数(位函数)φ,有

$$
\boldsymbol{V} = \nabla\varphi,\ u = \frac{\partial \varphi}{\partial x},\ v = \frac{\partial \varphi}{\partial y},\ w = \frac{\partial \varphi}{\partial z} \tag{4.6}
$$

将式(4.6)代入不可压缩流体的连续方程中,得

$$
\left\{ \frac{\partial u}{\partial x} + \frac{\partial v}{\partial y} + \frac{\partial w}{\partial z} = 0,\ \frac{\partial^2 \varphi}{\partial x^2} + \frac{\partial^2 \varphi}{\partial y^2} + \frac{\partial^2 \varphi}{\partial z^2} = 0 \right. \tag{4.7}
$$

图 4.1　法国数学家、流体力学家拉普拉斯(Laplace,1749~1827 年)

式(4.7)可见,无旋流动和连续性方程组合可得到大家熟知的关于速度势函数的拉普拉斯方程(图 4.1,拉普拉斯是法国数学家和流体力学家),这是一个二阶线性齐次偏微分方程,属于纯运动学方程。如果对这个方程赋予适定的定解条件,就可以单独解出速度势函数,继而求出速度值。与压强 p 没有进行偶合求解,那么如何确定压强呢?在这种情况下,可将速度值作为已知量代入运动方程中,解出 p 值。实际求解并不是直接代入运动方

程中,而是利用伯努利积分求得。于是整个问题的求解步骤概括为:

(1) 根据纯运动学方程求出速度势函数和速度分量;

(2) 利用伯努利方程确定流场中各点的压强。

这样的求解,在两个方面使问题得到简化:一是原非线性问题线性化;二是原速度和压强的耦合问题变为独立求解。

综合起来对于理想不可压缩流体无旋流动,控制方程及其初边界条件为

$$\begin{cases}\dfrac{\partial^2\varphi}{\partial x^2}+\dfrac{\partial^2\varphi}{\partial y^2}+\dfrac{\partial^2\varphi}{\partial z^2}=0\\[2ex]\dfrac{\partial\varphi}{\partial t}+\dfrac{V^2}{2}+\dfrac{p}{\rho}+\Pi=C(t)\end{cases}\tag{4.8}$$

其中,V 为流体质点合速度, $V=\sqrt{u^2+v^2+w^2}$。

初始条件为

$$t=t_0\quad \boldsymbol{V}=\boldsymbol{V}_0(x,\ y,\ z)\quad p=p_0(x,\ y,\ z)$$

边界条件为

$$\begin{cases}\dfrac{\partial\varphi}{\partial n}=0 & \text{固壁面条件}\\ p=p_{\mathrm{s}} & \text{自由面条件}\\ \boldsymbol{V}=\boldsymbol{V}_\infty & \text{无穷远处}\end{cases}\tag{4.9}$$

式(4.9)表明,物体绕流的壁面条件属于第二类边界条件,即在边界上给定速度势函数的偏导数。

4.1.2 速度势函数的性质

速度势函数是求解势流问题的关键未知量,因其与流场速度的特殊关系,了解该函数的性质对求解过程不无裨益。

(1) 速度势函数沿着某一方向的偏导数等于该方向的速度分量,速度势函数的增值方向沿着流线方向。

(2) 速度势函数允许相差任意常数,而不影响流动速度。

(3) 速度势函数满足拉普拉斯方程,是调和函数。因其是二阶线性齐次偏微分方程,所以其解满足线性迭加原理,即速度势函数的线性组合也满足拉普拉斯方程。

$$\varphi=\sum_{i=1}^{n}C_i\varphi_i\tag{4.10}$$

$$\frac{\partial^2\varphi}{\partial x^2}+\frac{\partial^2\varphi}{\partial y^2}+\frac{\partial^2\varphi}{\partial z^2}=\sum_{i=1}^{n}C_i\left(\frac{\partial^2\varphi_i}{\partial x^2}+\frac{\partial^2\varphi_i}{\partial y^2}+\frac{\partial^2\varphi_i}{\partial z^2}\right)=0\tag{4.11}$$

(4) 速度势函数相等的点连成的线称为等势线，等势线与速度方向垂直(图4.2)。

$$d\varphi = 0,\ d\varphi = \boldsymbol{V} \cdot d\boldsymbol{s} = u dx + v dy + w dz = 0,\ \boldsymbol{V} \perp d\boldsymbol{s} \tag{4.12}$$

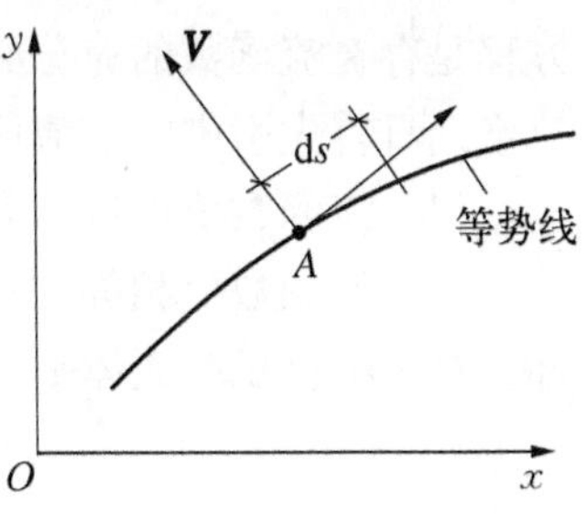

图4.2　等势线与速度矢量垂直

速度方向为速度势函数的增值方向。

(5) 连接流场中任意两点曲线上的速度曲线积分等于该两点的速度势函数之差。速度线积分与路径无关，仅决定于两点的位置。如果是封闭曲线，则速度环量为零。

$$\begin{aligned}\int_A^B \boldsymbol{V} \cdot d\boldsymbol{s} &= \int_A^B (u dx + v dy + w dz) \\ &= \int_A^B \left(\frac{\partial \varphi}{\partial x} dx + \frac{\partial \varphi}{\partial y} dy + \frac{\partial \varphi}{\partial z} dz \right) = \int_A^B d\varphi = \varphi_B - \varphi_A\end{aligned} \tag{4.13}$$

4.1.3　流函数及其性质

由格林公式可知

$$\oint_L P dx + Q dy = \iint_\sigma \left(\frac{\partial Q}{\partial x} - \frac{\partial P}{\partial y} \right) dx dy \tag{4.14}$$

式中，$P(x, y)$、$Q(x, y)$为光滑连续可微函数。如果令

$$P = -v \quad Q = u \tag{4.15}$$

代入式(4.14)，可得

$$\oint_L P dx + Q dy = \oint_L -v dx + u dy = \iint_\sigma \left(\frac{\partial u}{\partial x} + \frac{\partial v}{\partial y} \right) dx dy \tag{4.16}$$

由该式可见，不可压缩流体平面流动的连续性微分方程为

$$\frac{\partial u}{\partial x} + \frac{\partial v}{\partial y} = 0 \tag{4.17}$$

是式(4.16)积分与路径无关的充分必要条件。这样，在不可压缩流体平面流动中，一定存在某个函数ψ全微分，满足

$$d\psi = -v dx + u dy \tag{4.18}$$

由此可得

$$u = \frac{\partial \psi}{\partial y},\ v = -\frac{\partial \psi}{\partial x} \tag{4.19}$$

这个函数称为流函数。由此可见，对于不可压缩流体的平面流动，无论是理想流体还是黏性流体，无论是有旋流动还是无旋流动，均存在流函数，因为不可压缩流体的连续性微分

方程是存在流函数的充分必要条件。流函数的概念是 1781 年由法国数学家和物理学家拉格朗日首先引进的。流函数的基本性质：

(1) 流函数值可以相差任意常数，而不影响流场速度。

(2) 流函数值相等的点连线是流线。即等流函数线的切线方向与速度矢量方向重合。对于不可压缩流体平面流动，在等流函数线上 $d\psi = 0$，即

$$d\psi = -v dx + u dy = 0 \tag{4.20}$$

由此可得

$$\frac{dx}{u} = \frac{dy}{v} \tag{4.21}$$

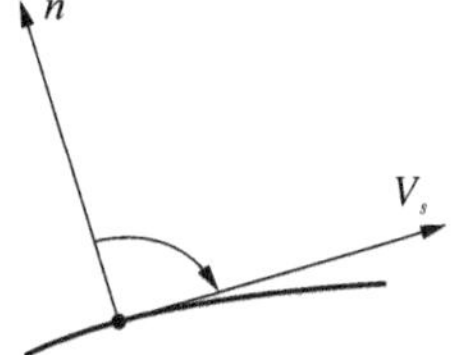

图 4.3　流函数导数与速度分量

可见，式(4.21)为平面流动的流线方程。说明等流函数线为一条流线，也就是在同一条流线上流函数值不变。

(3) 在流场中，任一点流函数沿着某一方向的偏导数等于沿着该方向顺时针旋转 90°方向的速度分量，如图 4.3 所示。

$$V_s = \frac{\partial\psi}{\partial n} = \frac{\partial\psi}{\partial x}\frac{\partial x}{\partial n} + \frac{\partial\psi}{\partial y}\frac{\partial y}{\partial n} = -v\cos(n, x) + u\cos(n, y), \ \boldsymbol{n} \perp \boldsymbol{s} \tag{4.22}$$

根据流函数这一性质，如果沿着流线取 s，逆时针旋转 90°取 n 方向，则有

$$V_s = \frac{\partial\psi}{\partial n}, \ V_n = -\frac{\partial\psi}{\partial s} = 0 \tag{4.23}$$

由式(4.23)表明，流函数增值的方向是顺着流线方向逆时针旋转 90°的方向。

(4) 理想不可压缩流体平面势流，流函数满足拉普拉斯方程。即

$$\omega_z = \frac{1}{2}\left(\frac{\partial v}{\partial x} - \frac{\partial u}{\partial y}\right) = \frac{1}{2}\left[\frac{\partial}{\partial x}\left(-\frac{\partial\psi}{\partial x}\right) - \frac{\partial}{\partial y}\left(\frac{\partial\psi}{\partial y}\right)\right] = -\frac{1}{2}\left(\frac{\partial^2\psi}{\partial x^2} + \frac{\partial^2\psi}{\partial y^2}\right) = 0 \tag{4.24}$$

(5) 过同一点的等速度势函数线与等流函数线正交(等势线与流线正交)，如图 4.4 所示。因等流函数线是流线，则

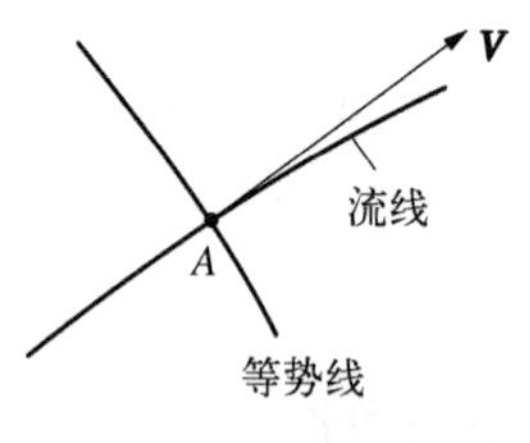

图 4.4　流线与等势线垂直

$$d\psi = -v dx + u dy = 0$$

$$K_1 = \frac{dy}{dx} = \frac{v}{u} \tag{4.25}$$

另一方面，过该点的等势函数线方程为

$$d\varphi = \frac{\partial\varphi}{\partial x}dx + \frac{\partial\varphi}{\partial y}dy = u dx + v dy = 0$$

$$K_2 = \frac{dy}{dx} = - \frac{u}{v} \tag{4.26}$$

则在同一点处，流线与等势线的斜率乘积为

$$K_1 K_2 = \frac{v}{u}\left(-\frac{u}{v}\right) = -1 \tag{4.27}$$

（6）流网及其特征。对于理想不可压缩流体定常平面势流，流场中每一点均存在速度势函数和流函数。这样在流场中存在两族曲线，一族为流线（等流函数线），另一族为等势线（等势函数线），且彼此相互正交。流体力学中把这种正交曲线构成的网格称为流网，如图 4.5 所示。在流网中，每一个网格的边长之比等于势函数和流函数的增值之比。

$$\begin{gathered} d\psi = V_s dn,\ d\varphi = V_s ds \\ \frac{dn}{ds} = \frac{d\psi}{d\varphi} \end{gathered} \tag{4.28}$$

流网不仅可以显示速度的方向，还可以反映速度的大小。如流线密的地方流速大，流线稀疏的地方流速小。如果相邻流线之间的流函数差为常数，等于单位宽度流量的增量。即

$$V_s = \frac{d\psi}{dn} = \frac{dq}{dn} \quad \frac{V_{s1}}{V_{s2}} = \frac{dn_2}{dn_1} \tag{4.29}$$

表示流速与网格间距成反比，因此流线疏密程度反映速度的大小。如图 4.6 所示。

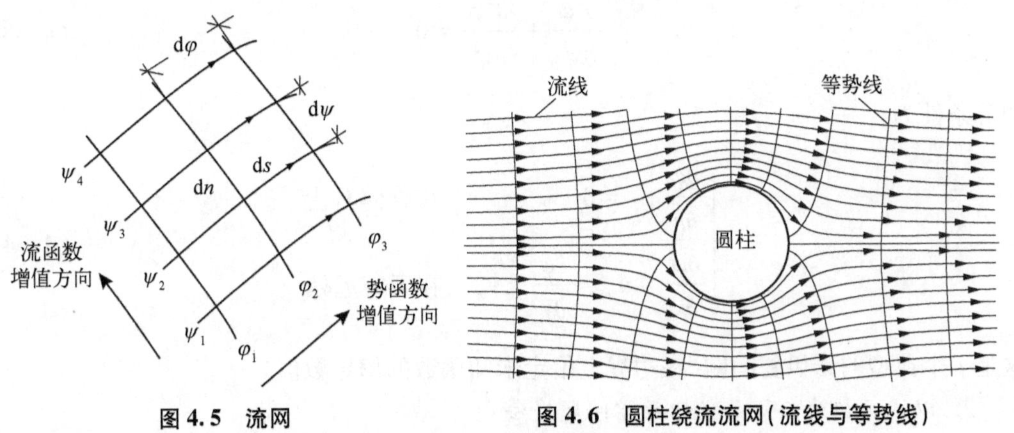

图 4.5　流网　　**图 4.6　圆柱绕流流网（流线与等势线）**

例题　假设某一理想不可压缩流体的平面势流，其势函数为

$$\varphi(x,\ y) = \frac{1}{2}a(x^2 - y^2) \tag{4.30}$$

求流场上的速度和压强，并作流线和等势线的流网图。

解：按照速度势函数的定义，两个速度分量为

$$u = \frac{\partial \varphi}{\partial x} = ax \quad v = \frac{\partial \varphi}{\partial y} = -ay$$

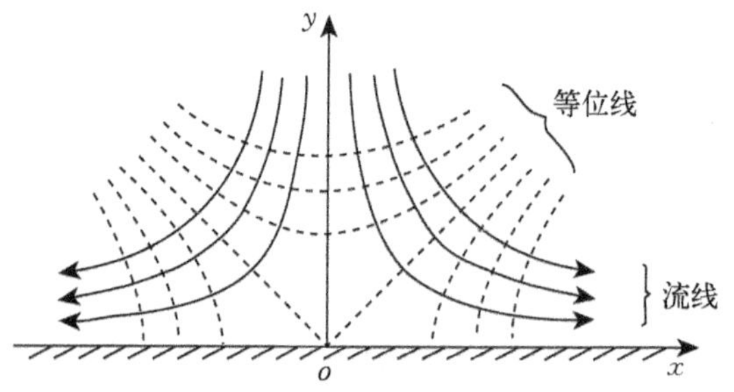

图 4.7 垂向射流对平板冲击流场的流线与等位线

如图 4.7 所示，流线方程为

$$\frac{dx}{u}=\frac{dy}{v},\quad \frac{dx}{x}=-\frac{dy}{y}$$

$$\frac{dx}{x}=-\frac{dy}{y}$$

积分得

$$xy=C \tag{4.31}$$

流线为双曲线族，以 x、y 轴为渐近线。等势线族为

$$a(x^2-y^2)=C \tag{4.32}$$

等势线族也为双曲线族，以 $x=y$ 及 $x=-y$ 两直线为其渐近线，如图 4.6 所示的流网。

4.1.4 理想不可压缩流体定常平面势流数学问题的提法

对于理想不可压缩流体定常平面势流问题的数学提法有三种。基本问题：对于一个给定的平面物体 C，无穷远来流为直匀流，试确定这个平面物体绕流的数学问题。

1. *以速度势函数为未知函数的数学问题提法*

求物体 C 外无界区域内的速度势函数 φ，其满足的拉普拉斯方程为

$$\frac{\partial^2\varphi}{\partial x^2}+\frac{\partial^2\varphi}{\partial y^2}=0 \tag{4.33}$$

边界条件为

$$\begin{cases}\left.\dfrac{\partial\varphi}{\partial n}\right|_C=0 & \text{在物体 C 上}\\ \dfrac{\partial\varphi}{\partial x}=u_\infty,\ \dfrac{\partial\varphi}{\partial y}=v_\infty & \text{在无穷远处}\end{cases} \tag{4.34}$$

这是一个典型的诺伊曼问题（在边界上给定未知函数的偏导数值）。

2. *以流函数为未知函数的数学问题提法*

求物体 C 外无界区域内的流函数 ψ，其满足拉普拉斯方程为

$$\frac{\partial^2\psi}{\partial x^2}+\frac{\partial^2\psi}{\partial y^2}=0 \tag{4.35}$$

边界条件为

$$\begin{cases}\psi=\text{常数} & \text{在物体 C 上}\\ \dfrac{\partial\psi}{\partial x}=-v_\infty\quad \dfrac{\partial\psi}{\partial y}=u_\infty & \text{在无穷远处}\end{cases} \tag{4.36}$$

这是一个典型的狄利克雷问题(在边界上给定未知函数值)。

3. 以复位势 $w(z)$ 为未知函数的数学问题提法

对于理想不可压缩平面势流,速度势函数和流函数均满足拉普拉斯方程,因此它们是调和函数,可以组成复速度势(复位势)来研究。即

$$w(z) = \varphi + \mathrm{i}\psi \tag{4.37}$$

需要求解满足定解条件在 C 外区域内的解析函数。

在以上三种数学问题提法中,第一种提法属于拉普拉斯方程的诺伊曼问题;第二种提法属于拉普拉斯方程的狄利克雷问题;第三种提法属于复变函数求解范畴。

4.2　典型奇点诱导的势流

本节主要讨论一些典型奇点诱导的势流,这些势流的解也是如圆柱绕流等复杂流动的基本解。

4.2.1　直匀流

直匀流是一种速度不变的平行流动,匀速直线流动。流向在坐标系中是任意的,其流速场(图 4.8)为

$$u = a,\ v = b \tag{4.38}$$

速度势函数为

$$u = \frac{\partial\varphi}{\partial x} = a,\ v = \frac{\partial\varphi}{\partial y} = b,\ \mathrm{d}\varphi = \frac{\partial\varphi}{\partial x}\mathrm{d}x + \frac{\partial\varphi}{\partial y}\mathrm{d}y = a\mathrm{d}x + b\mathrm{d}y$$

积分后得到

$$\varphi = ax + by + c \tag{4.39}$$

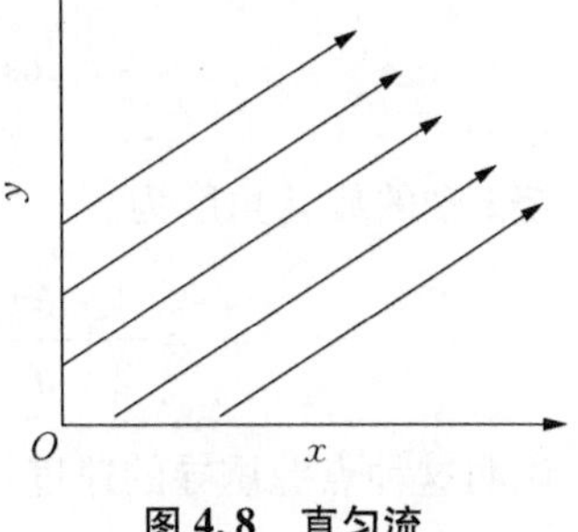

图 4.8　直匀流

常用的是平行于 x 轴的直匀流,从左面远方来流的速度为 V_∞,相应的流函数和势函数为

$$\varphi = V_\infty x + c$$

$$\mathrm{d}\psi = \frac{\partial\psi}{\partial x}\mathrm{d}x + \frac{\partial\psi}{\partial y}\mathrm{d}y = -v\mathrm{d}x + u\mathrm{d}y \tag{4.40}$$

$$\psi = V_\infty y + c$$

4.2.2　点源(汇)

点源是指流入流场的流量,点汇是指流出流场的流量,为便于讨论也可以将点汇称为负源。对于正的点源,从某一点向四面八方发散的流动,而负源是从四面八方向某点汇聚的流动。

如果在坐标原点放置点源(图 4.9),考虑到点源是一个向四面八方发散的流动,流场只存在径向速度 v_r,而无周向速度 v_θ。设半径 r 处的径向速度为 v_r,点源的总流量为 Q,由质量守恒定理得到

$$Q = 2\pi r v_r,\ v_r = \frac{Q}{2\pi}\frac{1}{r} \tag{4.41}$$

由于流量 Q 是常数,故径向流速 v_r 与半径成反比。可以证明式(4.41)所描述的速度场是势流场。

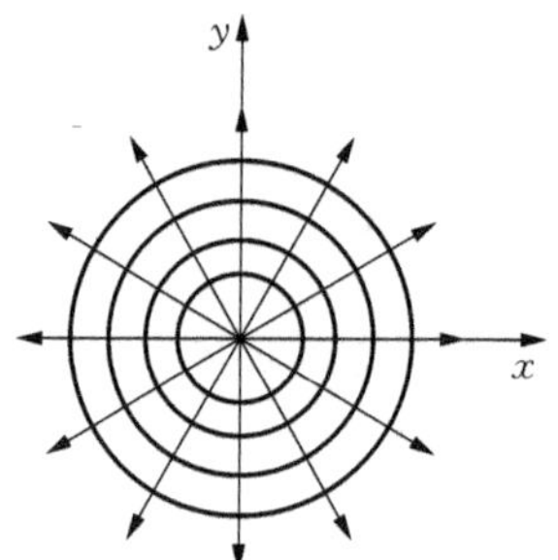

图 4.9 点源诱导的速度场

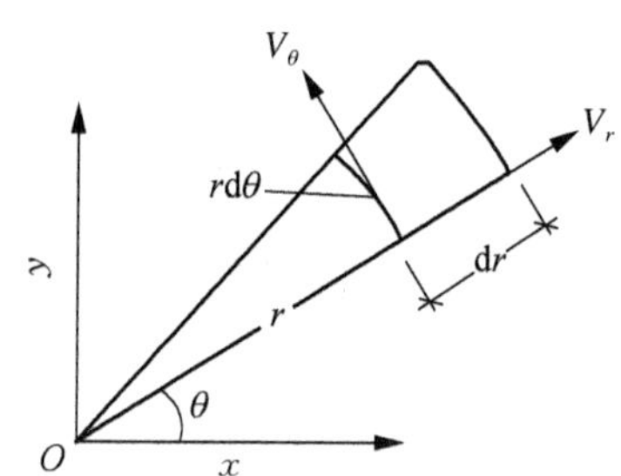

图 4.10 直角坐标与极坐标的关系

如图 4.10 所示,可将径向流速 v_r 表示为直角坐标分量,即

$$u = v_r\cos\theta = \frac{Q}{2\pi}\frac{x}{x^2+y^2},\ v = v_r\sin\theta = \frac{Q}{2\pi}\frac{y}{x^2+y^2} \tag{4.42}$$

绕 z 轴的旋转角度为

$$\omega_z = \frac{1}{2}\left(\frac{\partial v}{\partial x} - \frac{\partial u}{\partial y}\right) = \frac{Q}{4\pi}\left[\frac{-2xy}{(x^2+y^2)^2} - \frac{-2xy}{(x^2+y^2)^2}\right] = 0 \tag{4.43}$$

说明这种点源诱导的速度场为势流场,因此存在速度势函数和流函数。为了求解方便,需要建立极坐标系下的速度分量表达式。如图 4.10 所示,在极坐标下速度分量为

$$\begin{aligned} v_r &= \frac{\partial\varphi}{\partial r},\ v_\theta = \frac{1}{r}\frac{\partial\varphi}{\partial\theta} \\ v_r &= \frac{1}{r}\frac{\partial\psi}{\partial\theta},\ v_\theta = -\frac{\partial\psi}{\partial r} \end{aligned} \tag{4.44}$$

利用式(4.41)和式(4.44),速度势函数为

$$\varphi = \frac{Q}{2\pi}\ln r,\ r = \sqrt{x^2+y^2} \tag{4.45}$$

流函数为

$$\psi = \frac{Q}{2\pi}\theta,\ \psi = \frac{Q}{2\pi}\mathrm{arctg}\,\frac{y}{x} \tag{4.46}$$

如果点源的位置不在坐标原点,而在 $A(\xi,\ \eta)$ 处,则速度势函数、流函数为

$$\varphi = \frac{Q}{2\pi}\ln\sqrt{(x-\xi)^2+(y-\eta)^2} \tag{4.47}$$

$$\psi = \frac{Q}{2\pi}\text{arctg}\,\frac{y-\eta}{x-\xi} \tag{4.48}$$

$$\begin{aligned} u &= \frac{\partial\varphi}{\partial x} = \frac{Q}{2\pi}\frac{(x-\xi)}{(x-\xi)^2+(y-\eta)^2} \\ v &= \frac{\partial\varphi}{\partial y} = \frac{Q}{2\pi}\frac{(y-\eta)}{(x-\xi)^2+(y-\eta)^2} \end{aligned} \tag{4.49}$$

4.2.3　偶极子

等强度的一个点源和一个点汇，放在 x 轴线上，点源放在$(-h, 0)$处，点汇放在$(0, 0)$处。从源出来的流量都进入汇。现在利用势流叠加原理，可以得到叠加后的速度势函数和流函数。根据式(4.47)和式(4.48)，速度势函数为

$$\varphi = \frac{Q}{2\pi}\left[\ln\sqrt{(x+h)^2+y^2} - \ln\sqrt{x^2+y^2}\right] \tag{4.50}$$

流函数为

$$\psi = \frac{Q}{2\pi}(\theta_1-\theta_2) \tag{4.51}$$

其中，$\theta_1 = \text{arctg}\,\frac{y}{x+h}$；$\theta_2 = \text{arctg}\,\frac{y}{x}$，表示流场点 P 分别与源和汇连线与 x 轴之间的夹角。叠加后的流线和等势线如图 4.11 所示。

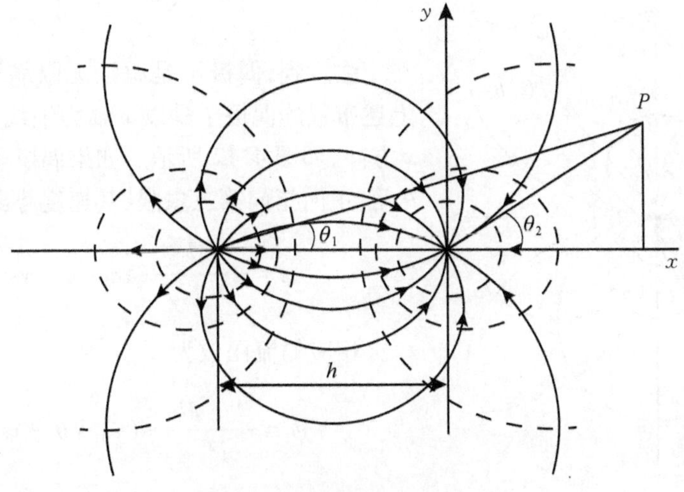

图 4.11　点源与点汇的合成

现在我们考虑一种极限，当 $h \to 0$，同时 Q 增大，但 $\frac{Qh}{2\pi} = M$ 保持不变的极限。此时速度势函数变为

$$\varphi(x, y) = \lim_{h \to 0} \frac{Q}{4\pi}\left(\ln \frac{x^2 + y^2 + 2xh + h^2}{x^2 + y^2}\right) = \lim_{h \to 0} \frac{Qh}{2\pi} \frac{x}{x^2 + y^2} = M \frac{x}{x^2 + y^2} \tag{4.52}$$

其等势线是圆心在 x 轴上的圆，且都过原点。

$$\frac{x}{x^2 + y^2} = C', \ (x - c)^2 + y^2 = c^2 \tag{4.53}$$

从流函数的表达式可知，取 $h \to 0$ 而 $\frac{Qh}{2\pi} = M$ 保持不变的极限，有

$$\psi = - M \frac{y}{x^2 + y^2} \tag{4.54}$$

$$\frac{y}{x^2 + y^2} = C', \ x^2 + (y - c)^2 = c^2 \tag{4.55}$$

流线也是圆，但圆心在 y 轴上，且都过源点 O。速度分量的表达式为

$$\begin{aligned} u &= \frac{\partial \varphi}{\partial x} = \frac{M(y^2 - x^2)}{(x^2 + y^2)^2} = - M \frac{\cos 2\theta}{r^2} \\ v &= \frac{\partial \varphi}{\partial y} = - \frac{M(2xy)}{(x^2 + y^2)^2} = - M \frac{\sin 2\theta}{r^2} \end{aligned} \tag{4.56}$$

合速度为

$$V = \sqrt{u^2 + v^2} = \frac{M}{r^2} \tag{4.57}$$

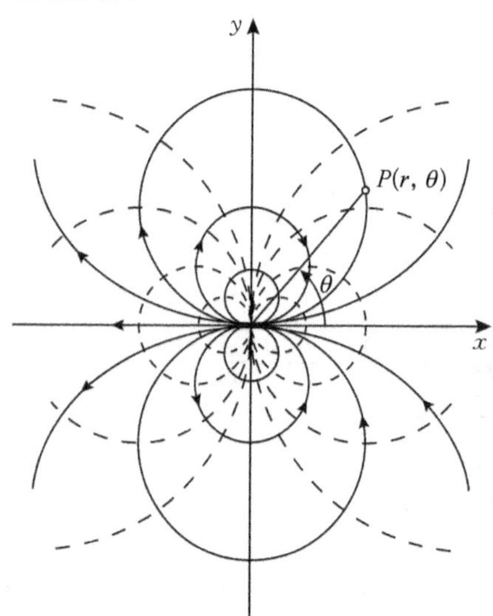

图 4.12 偶极子及其流场

注意到，偶极子是源汇无限靠近的极限流场。上述布置的偶极子是以 x 轴为轴线，其正向指向负 x 方向，如图 4.12 所示。如果偶极子轴线和 x 轴成 θ 角，正向指向第三象限，其速度势函数为

$$\varphi = \frac{M}{x^2 + y^2}(x\cos\theta + y\sin\theta) \tag{4.58}$$

相应的流函数为

$$\psi = - \frac{M}{x^2 + y^2}(y\cos\theta - x\sin\theta) \tag{4.59}$$

如果偶极子位于 (ξ, η)，轴线和 x 轴成 θ 角，

正向指向第三象限,则势函数和流函数分别为

$$\varphi = M\frac{(x-\xi)\cos\theta + (y-\eta)\sin\theta}{(x-\xi)^2 + (y-\eta)^2} \tag{4.60}$$

$$\psi = -M\frac{(y-\eta)\cos\theta - (x-\xi)\sin\theta}{(x-\xi)^2 + (y-\eta)^2} \tag{4.61}$$

4.2.4　点涡

设有一强度为 Γ 的点涡位于原点,流线是同心圆,径向射线是等势线,如图 4.13 所示。对于由点涡诱导的流场只有轴向速度分量 v_θ,而无径向速度分量 v_r。即

$$\Gamma = v_\theta(2\pi r),\ v_\theta = \frac{\Gamma}{2\pi}\frac{1}{r} \tag{4.62}$$

式中,Γ 为点涡强度(为常数),反时针方向为正。分速度 v_θ 和离中心点的距离 r 成反比,指向反时针方向,如图 4.13 所示。说明点涡外部流场周向速度的大小与至中心点的距离成反比,离点涡越远诱导速度越小,这是符合实际的。

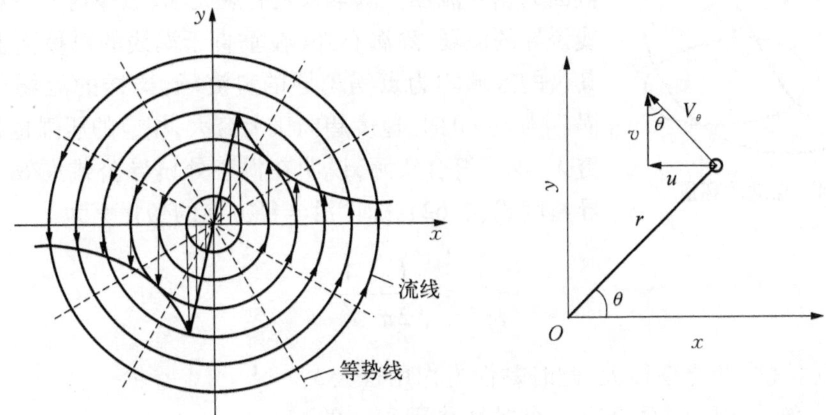

图 4.13　点涡及其流场

根据速度场式(4.62),在直角坐标系下,速度分量为

$$u = -\frac{\Gamma}{2\pi}\frac{y}{x^2+y^2},\ v = \frac{\Gamma}{2\pi}\frac{x}{x^2+y^2} \tag{4.63}$$

绕 z 轴的旋转角度为

$$\omega_z = \frac{1}{2}\left(\frac{\partial v}{\partial x} - \frac{\partial u}{\partial y}\right) = \frac{\Gamma}{4\pi}\left[\frac{y^2-x^2}{(x^2+y^2)^2} - \frac{-(x^2-y^2)}{(x^2+y^2)^2}\right] = 0 \tag{4.64}$$

说明这种点涡诱导的速度场为势流场,因此存在速度势函数(等势线是射线)和流函数(流线是圆)。即

$$\varphi = \frac{\Gamma}{2\pi}\theta + C \tag{4.65}$$

$$\psi = -\frac{\Gamma}{2\pi}\ln r + C \tag{4.66}$$

如果点涡的位置不在原点，而在点(ξ, η)，则点涡的速度势函数和流函数分别为

$$\varphi = \frac{\Gamma}{2\pi}\text{arctg}\frac{y-\eta}{x-\xi} \tag{4.67}$$

$$\psi = -\frac{\Gamma}{2\pi}\ln\sqrt{(x-\xi)^2+(y-\eta)^2} \tag{4.68}$$

围绕点涡的任意形状的封闭围线计算出的环量值均为 Γ，但不包含点涡围线的环量均等于零。根据亥姆霍兹涡定理，如图 4.14 所示，绕包围点涡的 *ARCDEA* 围线速度环量为 Γ，绕不包围点涡的 *IGFHI* 围线速度环量值为零。

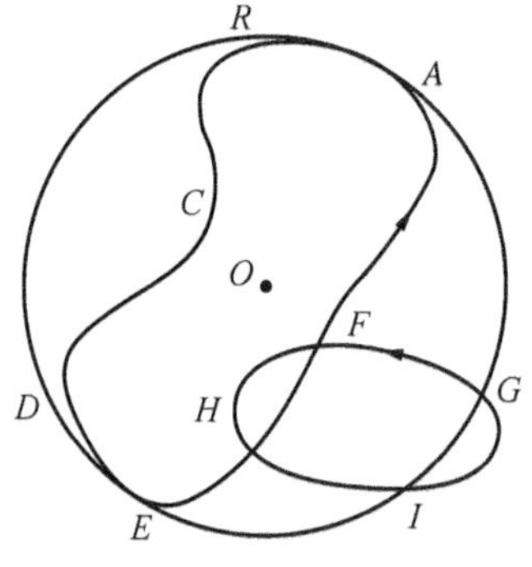

图 4.14　点涡的环量

这种点涡相当于一根在 z 方向无限长的直涡线在对称截面的诱导流场。涡本来是有旋流动，但像这样一根单独涡线诱导的流场，除涡心外(在垂直于涡线的对称面上一点)，其余的区域均为点涡诱导的势流场，这样的流场称为有势涡。当 $r\to 0$ 时，速度趋向于无穷大，相应的压强也趋于负无穷大，这不符合实际，说明在涡心处诱导公式失效。按照诱导速度式(4.62)，速度沿半径方向的变化率为

$$\frac{\partial v_\theta}{\partial r} = -\frac{\Gamma_0}{2\pi}\frac{1}{r^2} \tag{4.69}$$

当 r 很小时，这个变化率很大，此时黏性力作用很大，势流理论失效。实际涡总是有一个黏性作用很大的涡核，核内流体质点的速度与 r 呈正比，核内是有涡运动。但涡核外诱导速度大小与 r 呈反比，如图 4.15 所示。如果核内有涡流的面积为 A_c，核外是无旋流的面积为 A，因涡核面积与核外面积之比是一个远远小于 1 的小量，即 $A_c/A \ll 1$，所以在研究外流场时可以不考虑涡核面积的影响，将其看作一个强度为 Γ 的点涡。实际的涡结构如同兰金组合涡模型。

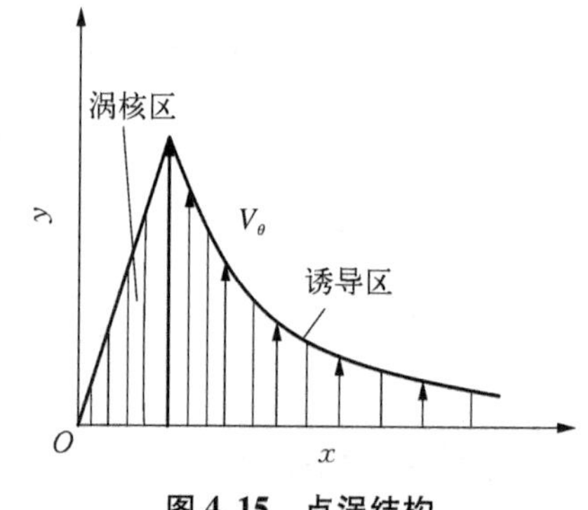

图 4.15　点涡结构

4.3　一些简单物体绕流的奇点叠加流场

本节利用奇点叠加原理，讨论一些奇点叠加的势流解。由于势流满足叠加原理，故由

各奇点叠加的合成流动也是势流。根据式(4.10)和式(4.11),假设由各奇点产生的速度势函数分别为 φ_1、φ_2、φ_3…,则它们线性组合后的函数也是速度势函数为

$$\varphi = C_1\varphi_1 + C_2\varphi_2 + C_3\varphi_3 + \cdots \tag{4.70}$$

式中,系数 C_i 可以是不为零的任意常数,取不同系数的组合可以理解为各奇点势函数对合成势函数的贡献。

4.3.1　钝头半无限体绕流

钝头半无限体绕流可以用直匀流与点源的叠加获得。设一个平行于 x 轴向右流动的直匀流,在坐标原点布置一个强度为 Q 的源,由此叠加的合成势流速度势函数为

$$\varphi(x, y) = C_1 V_\infty x + C_2 \frac{Q}{2\pi}\ln r = C_1 V_\infty x + C_2 \frac{Q}{4\pi}\ln(x^2 + y^2) \tag{4.71}$$

合成势流的速度分量为

$$\begin{cases} u = \dfrac{\partial\varphi}{\partial x} = C_1 V_\infty + C_2 \dfrac{Q}{2\pi}\dfrac{x}{x^2 + y^2} \\ v = \dfrac{\partial\varphi}{\partial y} = C_2 \dfrac{Q}{2\pi}\dfrac{y}{x^2 + y^2} \end{cases} \tag{4.72}$$

对于这个合成流场,需要满足物理方面的条件。如:

(1) 由式(4.72)可见,当 $x \to -\infty$, $u = C_1 V_\infty$, $v = 0$, 为了使合成流场的来流条件与叠加流场的直匀流 V_∞ 一致,显然这里只能取系数 $C_1 = 1.0$;

(2) 当 $r \to 0$, 取围绕点源的围线,由点源得到的通过围线的流量为 Q,而由式(4.72)计算的合成流场通过同样围线的流量为 $C_2 Q$,物理上要求两者应相等,所以系数 $C_2 = 1.0$。

由此可见,在奇点叠加求解中,系数 C_i 取为 1。这样式(4.71)和式(4.72)可写为

$$\varphi(x, y) = V_\infty x + \frac{Q}{2\pi}\ln r = V_\infty x + \frac{Q}{4\pi}\ln(x^2 + y^2) \tag{4.73}$$

合成势流的速度分量为

$$\begin{cases} u = \dfrac{\partial\varphi}{\partial x} = V_\infty + \dfrac{Q}{2\pi}\dfrac{x}{x^2 + y^2} = V_\infty + \dfrac{Q}{2\pi}\dfrac{\cos\theta}{r} \\ v = \dfrac{\partial\varphi}{\partial y} = \dfrac{Q}{2\pi}\dfrac{y}{x^2 + y^2} = \dfrac{Q}{2\pi}\dfrac{\sin\theta}{r} \end{cases} \tag{4.74}$$

先分析合成速度式(4.74)的流动特征。首先,该合成流动在 x 轴线上有一个合速为零的点,即驻点 A。在驻点处要求, $y_A = 0$, $u_A = 0$, $v_A = 0$。 由式(4.74)得

$$V_\infty + \frac{Q}{2\pi x_A} = 0 \tag{4.75}$$

得驻点 A 的坐标为

$$x_A = -\frac{Q}{2\pi V_\infty},\ y_A = 0 \tag{4.76}$$

由该式表明,驻点离原点的距离正比于点源的强度,反比于匀直流的速度。物理上驻点是从点源出来的流体质点速度与那里的直匀流速度相抵消的点,如图 4.16 所示。

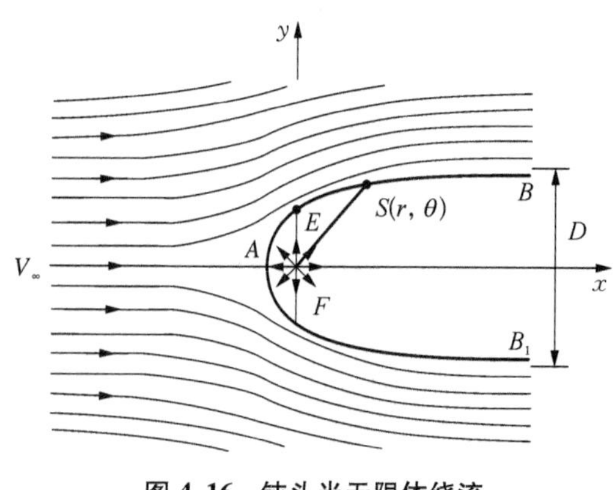

图 4.16 钝头半无限体绕流

合成流动的流函数是

$$\psi = V_\infty r\sin\theta + \frac{Q}{2\pi}\theta \tag{4.77}$$

对于零流线

$$\psi = 0,\ \theta = 0 \tag{4.78}$$

是一条通过坐标原点的水平线。

如果取 $\psi = Q/2$, 解式(4.77)得到 $\theta = \pi$, 其为通过驻点的一条水平流线。对于另一条边界非水平流线,取 $\psi = Q/2$, 由式(4.77)解出的半径 r 为

$$r = \frac{Q}{2V_\infty \sin\theta}\left(1 - \frac{\theta}{\pi}\right) \tag{4.79}$$

对于 $\theta = \frac{\pi}{2}$, $\theta = \frac{3\pi}{2}$, 相应的半径 r 为

$$r_E = \frac{Q}{4V_\infty},\ r_F = \frac{Q}{4V_\infty} \tag{4.80}$$

在边界流线上,E 点和 F 点之间的距离为

$$D_{EF} = r_E + r_F = \frac{Q}{2V_\infty} \tag{4.81}$$

$\psi = \frac{Q}{2}$ 的流线是经过驻点 A 的一条边界流线 BAB_1。这条流线把流场划分成为两部分,这条流线外面的流动是直匀流绕过此流线的流动;而里面的流动是点源在此流线内的流动。这样,可以把外部流动看作是直匀流绕过一个 BAB_1 那样形状的钝头半无限体的绕流场。因物体后面是不封闭的,称半无限体。这个半无限体在$+x$ 无限远处,其宽度(y 向尺寸)趋向一个渐近值 D(绕流物体厚度)为

$$D = \frac{Q}{V_\infty} \tag{4.82}$$

对于无量纲压强系数 C_p,其定义是当地静压减去来流静压再除以来流的动压头。在边界

流线上,任意一点的压强由伯努利方程得到。即

$$p_s = p_\infty + \frac{\rho}{2}V_\infty^2 - \frac{\rho}{2}V_s^2$$

由 C_p 的定义为

$$C_p = \frac{p_s - p_\infty}{\frac{1}{2}\rho V_\infty^2} = 1 - \frac{V_s^2}{V_\infty^2} = 1 - \frac{u_s^2 + v_s^2}{V_\infty^2} \tag{4.83}$$

在 $\psi = \frac{Q}{2}$ 的边界流线上,将半径 $r_s = \frac{Q}{2V_\infty \sin\theta}\left(1 - \frac{\theta}{\pi}\right)$ 代入式(4.74)可得

$$\begin{cases} u_s = V_\infty + \dfrac{Q}{2\pi}\dfrac{\cos\theta}{r_s} = V_\infty\left(1 + \dfrac{\sin\theta\cos\theta}{\pi - \theta}\right) \\ v_s = \dfrac{\partial\varphi}{\partial y} = \dfrac{Q}{2\pi}\dfrac{\sin\theta}{r_s} = V_\infty \dfrac{\sin^2\theta}{\pi - \theta} \end{cases} \tag{4.84}$$

代入式(4.83),得到沿这个半无限体外表面上的压强系数为

$$C_p = -\frac{\sin 2\theta}{\pi - \theta} - \left(\frac{\sin\theta}{\pi - \theta}\right)^2 \tag{4.85}$$

在驻点 A 处,对上式取 $\theta_A = \pi$,按照罗必达法则求得驻点 A 处的压强系数为

$$C_{pA} = \lim_{\theta \to \pi}\left[-\frac{\sin 2\theta}{\pi - \theta} - \left(\frac{\sin\theta}{\pi - \theta}\right)^2\right] = 1 \tag{4.86}$$

离开驻点后,C_p 迅速降低,在距 A 点不远处,C_p 降为零,该点合流速达远前方的来流速度。此后气流继续沿物面加速,到达一定位置后,流速达最大值,C_p 降低到最小值。这一点称最大速度点,或最低压强点,过了最大速度点之后气流开始减速,到无限远的右方,流速减到和远前方来流速度一样大小,这是大多数钝头物体低速绕流的特点(图 4.17)。头部附近形成一个低速高压区,随后速度迅速加大,压强急剧下降,属于顺压梯度流动。

根据式(4.85),对 C_p 求 θ 导数,并令其为零,得到 C_p 的最小值。即

$$\frac{dC_p}{d\theta} = 0,\ \theta_m = \tan^{-1}\left(\frac{\pi - \theta_m}{\pi - \theta_m - 1}\right),\ \theta_m = 62.96° \tag{4.87}$$

最小压强系数为 $C_{p\min} = -0.587$,相应的最大绕流壁面速度为 $V_{\max} = 1.26V_\infty$。

4.3.2　兰金卵石绕流

沿 x 轴布置向右流动的直匀流,在距坐标原点左侧 $h/2$ 布置一个强度为 Q 的点源,在坐标原点右侧 $h/2$ 位置布置强度为 Q 的点汇,叠加后的合成势流可以模拟兰金卵石绕流场。合成速度势函数为

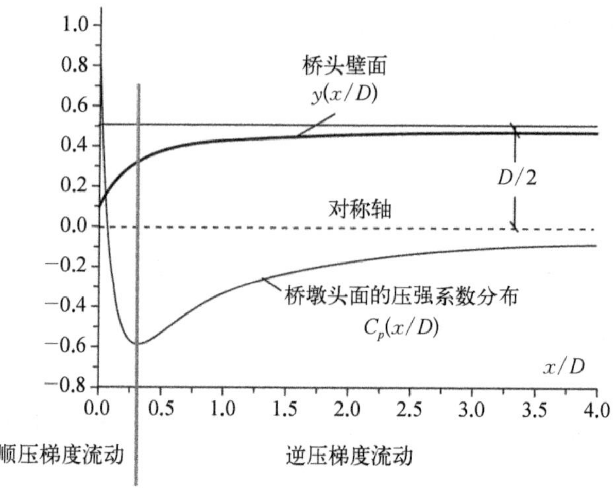

图 4.17 桥墩头半无限体绕流壁面压强分布

$$\varphi(x,\ y) = V_\infty x + \frac{Q}{4\pi}\ln\left[\left(x + \frac{h}{2}\right)^2 + y^2\right] - \frac{Q}{4\pi}\ln\left[\left(x - \frac{h}{2}\right)^2 + y^2\right] \tag{4.88}$$

合成势流的速度分量为

$$\begin{cases} u = \dfrac{\partial\varphi}{\partial x} = V_\infty + \dfrac{Q}{2\pi}\dfrac{x + \dfrac{h}{2}}{\left(x + \dfrac{h}{2}\right)^2 + y^2} - \dfrac{Q}{2\pi}\dfrac{x - \dfrac{h}{2}}{\left(x - \dfrac{h}{2}\right)^2 + y^2} \\ v = \dfrac{\partial\varphi}{\partial y} = \dfrac{Q}{2\pi}\dfrac{y}{\left(x + \dfrac{h}{2}\right)^2 + y^2} - \dfrac{Q}{2\pi}\dfrac{y}{\left(x - \dfrac{h}{2}\right)^2 + y^2} \end{cases} \tag{4.89}$$

合成流动的流函数是

$$\psi = V_\infty y + \frac{Q}{2\pi}\tan^{-1}\left(\frac{y}{x + \dfrac{h}{2}}\right) - \frac{Q}{2\pi}\tan^{-1}\left(\frac{y}{x - \dfrac{h}{2}}\right) \tag{4.90}$$

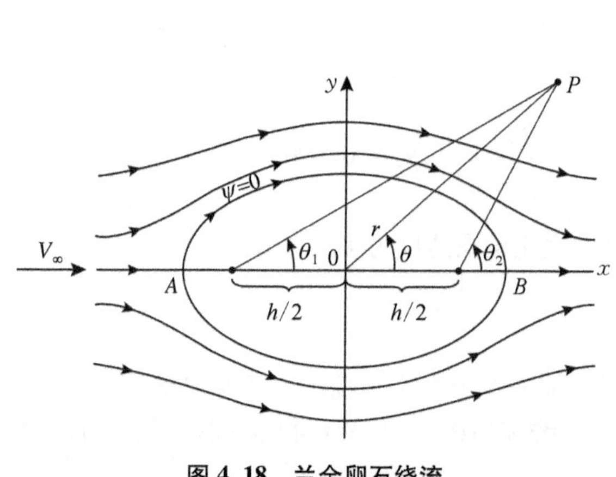

图 4.18 兰金卵石绕流

利用流函数式(4.90),取不同的流函数值,可以绘制流线图;利用速度势函数式(4.88),取不同的势函数值,可绘制等势线,如图 4.18 所示。

如果取兰金石的长轴半长度为 a，短轴半长度为 b，则由图 4.19 给出不同细长比兰金石形状[在流函数 $\psi=0$ 的情况下，由式(4.90)计算得到]，图 4.20 给出不同细长比兰金石表面切向速度与来流速度的比值，图 4.21 给出不同细长比兰金石表面压强系数的分布曲线。由图 4.21 可见，不同头部形状直接影响头部压强系数的分布。对于头部较为尖的 NACA66－012 层流翼型，物面上的最小压强系数出现在最大厚度点下游，如图 4.22 所示。而对于头部较钝的 NACA0012 翼型，物面上的最小压强系数出现在最大厚度点上游，如图 4.23 所示。

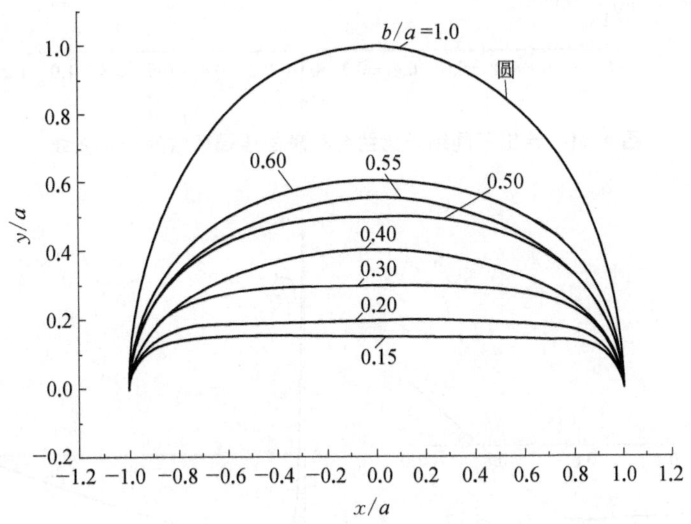

图 4.19　不同细长比兰金石形状

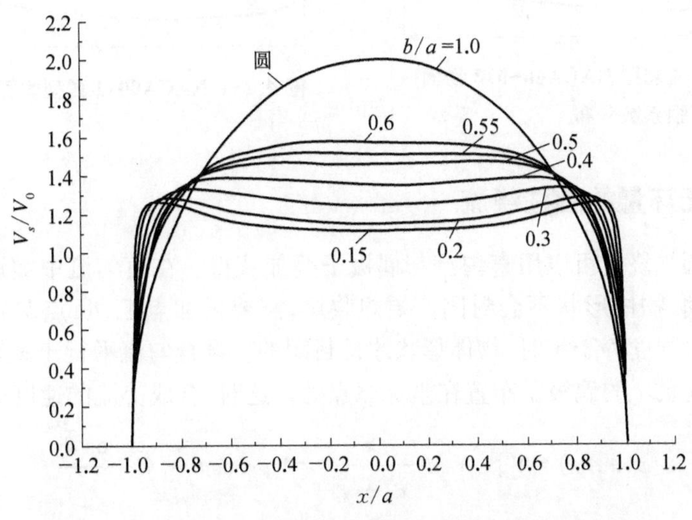

图 4.20　不同细长比兰金石表面切向速度与来流速度的比值

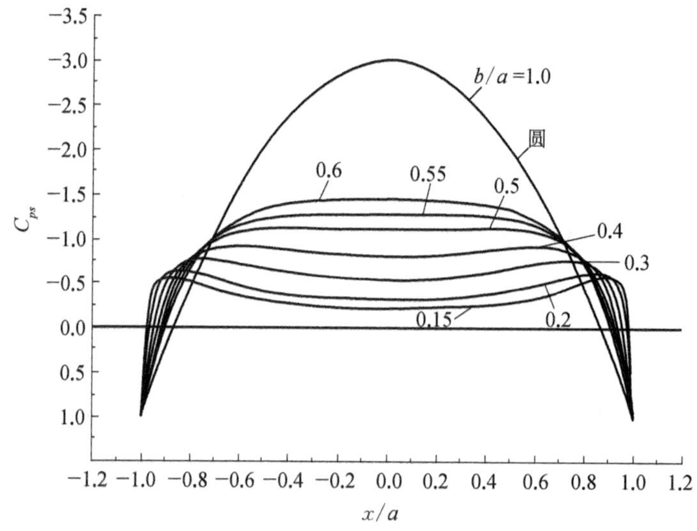

图 4.21　给出不同细长比兰金石表面压强系数的分布曲线

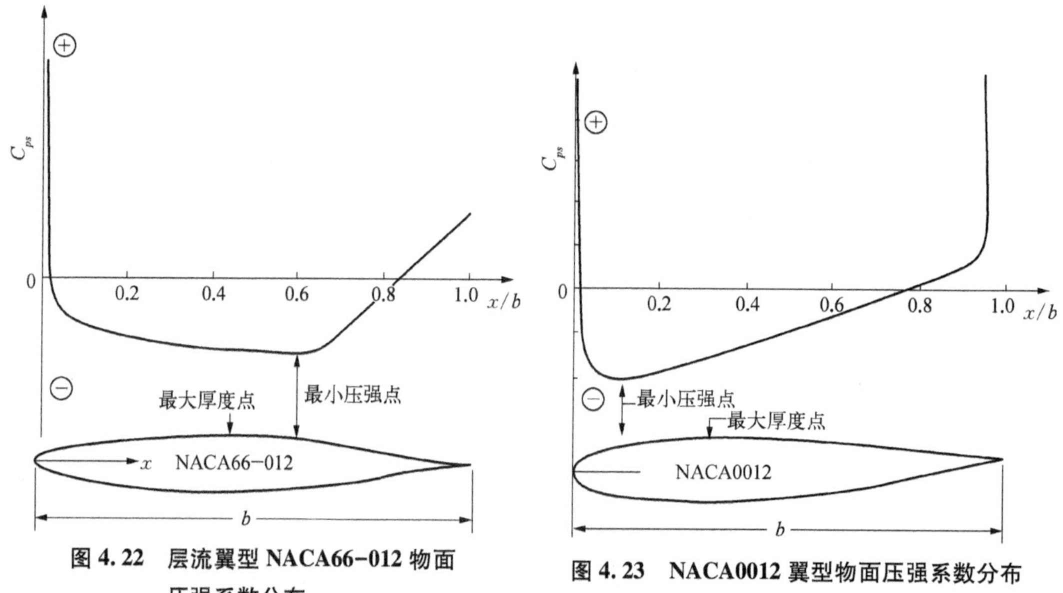

图 4.22　层流翼型 NACA66-012 物面压强系数分布

图 4.23　NACA0012 翼型物面压强系数分布

4.3.3　无环量的圆柱绕流

无环量的圆柱绕流可以用直匀流与偶极子叠加获得。在直匀流中加点源,可出现绕半无限体的流动,物体形状不会封闭。要想收尾,需要再加点汇(负点源)。只有当正点源和负点源的总强度等于零时,物体形状才是封闭的。设直匀流平行于 x 轴向右流动,再把一个轴线指向负 x 的偶极子布置在坐标原点处。这时,合成势流的速度势函数为

$$\varphi(x,\ y) = V_\infty x + M\frac{x}{x^2 + y^2} = V_\infty r\cos\theta + M\frac{\cos\theta}{r} \tag{4.91}$$

其中,M 为偶极子的强度。

合成势流场的流函数为

$$\psi(x,\ y) = V_\infty y - M\frac{y}{x^2 + y^2} = V_\infty r\sin\theta - M\frac{\sin\theta}{r} \tag{4.92}$$

合成速度场为

$$\begin{aligned} u &= \frac{\partial\varphi}{\partial x} = V_\infty + M\frac{y^2 - x^2}{(x^2 + y^2)^2} \\ v &= \frac{\partial\varphi}{\partial y} = M\frac{-2xy}{(x^2 + y^2)^2} \end{aligned} \tag{4.93}$$

利用式(4.93),可确定在 x 轴上的驻点。在驻点处，$y_A = 0$，$u_A = 0$，$v_A = 0$。 可得到

$$V_\infty - \frac{M}{x_A^2} = 0 \tag{4.94}$$

得

$$x_A^2 = \frac{M}{V_\infty},\ a^2 = \frac{M}{V_\infty} \tag{4.95}$$

其中,a 为圆柱的半径。这样速度势函数可以写成为

$$\varphi(x,\ y) = V_\infty\left(x + \frac{a^2 x}{r^2}\right) = V_\infty\left(r + \frac{a^2}{r}\right)\cos\theta \tag{4.96}$$

流函数方程为

$$\psi(x,\ y) = V_\infty\left(r - \frac{a^2}{r}\right)\sin\theta \tag{4.97}$$

对于 $\psi = 0$ 的流线,容易证明在该流线上除通过驻点的 x 轴线以外,还有 $r = a$ 的圆,如图 4.24 所示。根据速度分量的表达式为

$$\begin{aligned} V_r &= \frac{\partial\varphi}{\partial r} = V_\infty\left(1 - \frac{a^2}{r^2}\right)\cos\theta \\ V_\theta &= \frac{1}{r}\frac{\partial\varphi}{\partial\theta} = -V_\infty\left(1 + \frac{a^2}{r^2}\right)\sin\theta \end{aligned} \tag{4.98}$$

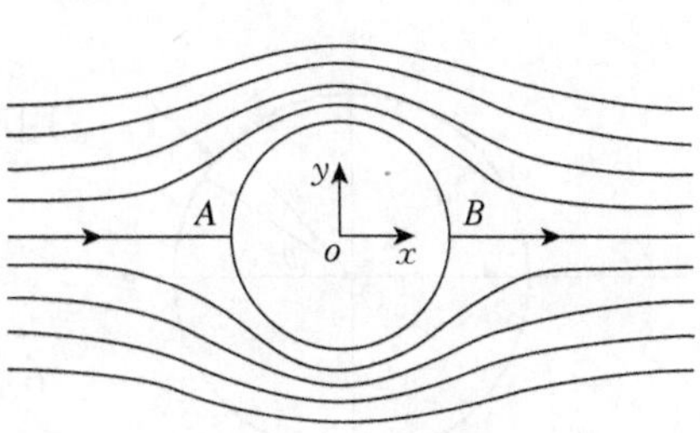

图 4.24　圆柱绕流

在圆周上，$r = a$，速度分量为

$$\begin{aligned} V_{rs} &= \frac{\partial\varphi}{\partial r} = V_\infty\left(1 - \frac{a^2}{a^2}\right)\cos\theta = 0 \\ V_{\theta s} &= \frac{1}{r}\frac{\partial\varphi}{\partial\theta} = -V_\infty\left(1 + \frac{a^2}{a^2}\right)\sin\theta = -2V_\infty\sin\theta \end{aligned} \tag{4.99}$$

根据伯努利方程和压强系数定义，圆柱表面压强系数分布为

$$C_p = 1 - \frac{V_{\theta s}^2}{V_\infty^2} = 1 - 4\sin^2\theta \tag{4.100}$$

在圆柱面上的压强系数分布，如图 4.25 所示。

在圆周前后驻点，$\theta = 0°$、π，压强系数等于 1.0。从前驻点往后流，在 $\theta = \pm 150°$ 处流速加快到和来流的流速一样大。以后继续加速，在 $\theta = \pi/2$ 处达最大速度，其值为来流速度的二倍，C_p 为-3.0。从前驻点开始，流体质点沿物面压强减小，速度增大。而过了最大速度点以后，流体质点速度减小，在 $\theta = 0°$ 处降为零，这一点称为后驻点。因此在圆柱体物面，从前驻点到后驻点，流动经历了一个加速过程和一个减速过程。在加速过程中，沿圆柱物面的压强梯度是负的，这个区域称为顺压梯度的流动；在流动的减速过程中，沿圆柱物面的压强梯度是正的，这个区域称为逆压梯度的流动。

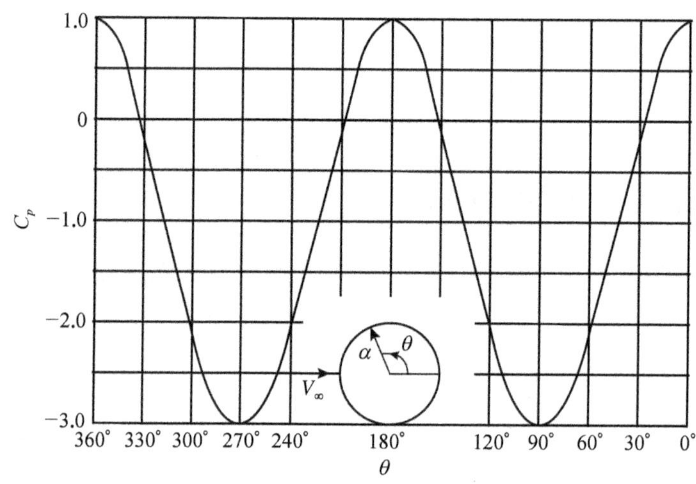

图 4.25　圆柱物面上的压强系数分布

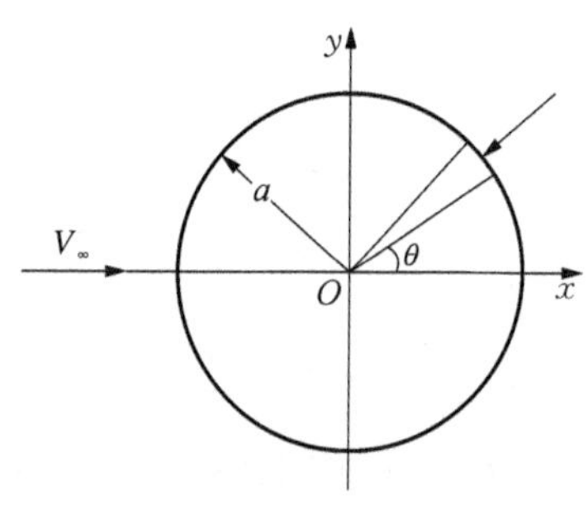

图 4.26　圆柱绕流的受力

如图 4.26 所示，对圆柱物面压强进行积分，可求出作用于圆柱上的合力。沿着 x 轴方向的分量，称为阻力。即

$$D = \oint_{2\pi a} -p_s\cos\theta \mathrm{d}s = \int_0^{2\pi} -p_s a\cos\theta \mathrm{d}\theta \tag{4.101}$$

沿着垂直于来流方向的分量，称为升力。即

$$L = \oint_{2\pi a} -p_s\sin\theta \mathrm{d}s = \int_0^{2\pi} -p_s a\sin\theta \mathrm{d}\theta \tag{4.102}$$

利用式(4.99)，由伯努利方程可得到圆柱物面上的压强为

$$p_s = p_\infty + \frac{1}{2}\rho V_\infty^2 - \frac{1}{2}\rho(-2V_\infty\sin\theta)^2 \tag{4.103}$$

将式(4.103)代入式(4.101)和式(4.102),得

$$D = 0,\ L = 0 \tag{4.104}$$

图 4.27 法国数学家和力学家让·勒朗·达朗贝尔(Jean le Rond d'Alembert,1717~1783年)

可见,理想不可压缩流体圆柱绕流的合力为零。因为圆柱绕流物面上的压强分布不仅上下对称,而且左右也对称,结果合力零。不过实际流动左右是不对称的,因为实际流体是有黏性的,当流体质点绕过最大速度点后,流动进入逆压梯度区,流体质点沿流动方向减速增压,由于黏性损失和逆压梯度的双重作用,不可能始终贴着圆柱表面流至后驻点,而是在圆柱背面某点离开物面,产生流动分离,这就造成圆柱表面上的压强分布前后不对称,从而产生了阻力。关于理想不可压缩流体圆柱绕流无阻力的问题,早在1752年法国数学家与力学家达朗贝尔(图4.27)在发表的"流体阻尼的一种新理论"一文中,首次用数学的方法,证明了理想不可压缩流体任意三维物体定常绕流无阻力的结论,后人称为达朗贝尔佯谬。这为人们研究黏性流体运动起到促进作用。

4.3.4 有环量的圆柱绕流

在直匀流与偶极子叠加的基础上,再在圆心处加一个强度为$-\Gamma$的点涡(顺时针转为负)。由于点涡造成的流动是绕点涡的圆周运动,所以无环量的圆柱绕流叠加点涡后,原来对称的流场将不复存在,如图4.28所示。

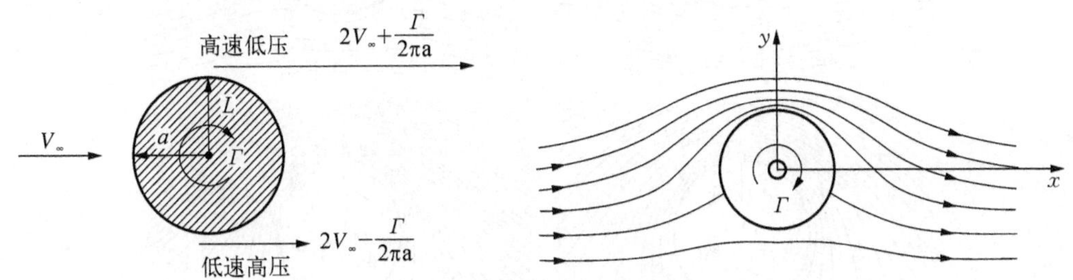

图 4.28 有环量的圆柱绕流

按照如图4.28的奇点布置,所叠加的合成势流的速度势函数和流函数分别为

速度势函数为

$$\varphi(x,\ y) = V_\infty\left(r + \frac{a^2}{r}\right)\cos\theta - \frac{\Gamma}{2\pi}\theta \tag{4.105}$$

流函数为

$$\psi(x,\ y) = V_\infty\left(r - \frac{a^2}{r}\right)\sin\theta + \frac{\Gamma}{2\pi}\ln r \tag{4.106}$$

在极坐标系下,合成势流的速度分量为

$$
\begin{cases}
v_r = \dfrac{\partial \varphi}{\partial r} = V_\infty \left(1 - \dfrac{a^2}{r^2}\right) \cos\theta \\
v_\theta = \dfrac{1}{r}\dfrac{\partial \varphi}{\partial \theta} = - V_\infty \left(1 + \dfrac{a^2}{r^2}\right) \sin\theta - \dfrac{\Gamma}{2\pi r}
\end{cases}
\tag{4.107}
$$

$r = a$ 的圆柱面是一条流线。在这个圆上 $V_r = 0$，圆周速度(图 4.28)为

$$
V_{\theta s} = - 2V_\infty \sin\theta - \frac{\Gamma}{2\pi a} \tag{4.108}
$$

可见,驻点不在 $\theta = \pi$ 与 $\theta = 0$ 处,令 $V_\theta = 0$ 可以确定新的驻点。即

$$
V_{\theta s} = - 2V_\infty \sin\theta - \frac{\Gamma}{2\pi a} = 0,\ \sin\theta_0 = - \frac{\Gamma}{4\pi a V_\infty} \tag{4.109}
$$

前后驻点在第三和第四象限内,它们对 y 轴是对称的,新驻点离 π 和 0°的偏离量由所加的环量与来流速度和圆柱半径的乘积之比决定。在来流速度和圆柱半径一定的情况下,不同 Γ 值所产生绕流场,如图 4.29 所示。

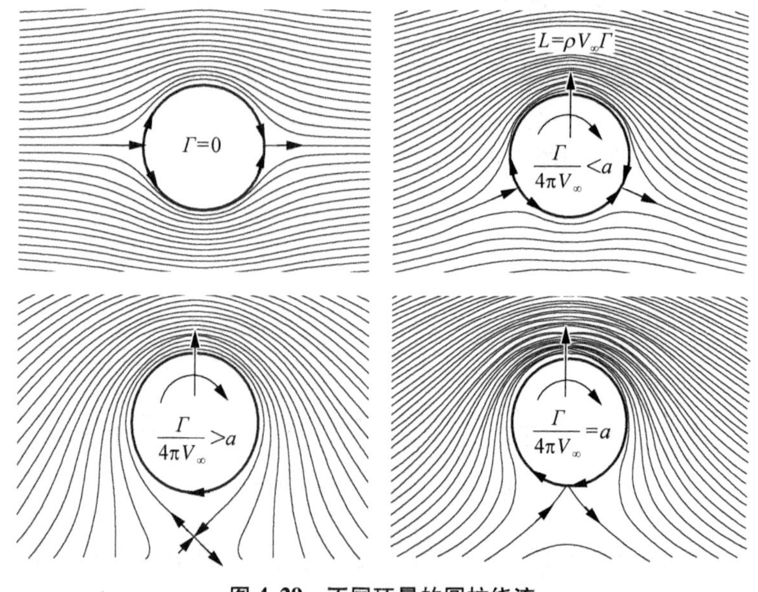

图 4.29　不同环量的圆柱绕流

由图 4.29 可见,随着环量的增加,绕流驻点发生在不同位置。

(1) 对于环量 $\Gamma = 0$ 的情况,圆柱绕流是对称流动,前后驻点位于 x 轴上。

(2) 对于 $\dfrac{\Gamma}{4\pi a V_\infty} < 1$ 的情况,圆柱绕流为不对称流动,前后驻点位于第三和第四象限。但随着环量的增大,驻点的偏角也在增大。

(3) 对于 $\dfrac{\Gamma}{4\pi a V_\infty} = 1$ 的情况,在圆柱上前后驻点合成为一个点,这是驻点在物面上

的最大环量值。

(4) 对于 $\dfrac{\Gamma}{4\pi a V_\infty} > 1$ 的情况，因速度环量过大，在圆柱上无驻点，驻点出现在离开圆柱面的流场中。

根据伯努利方程，在圆柱面上任意一点的压强为

$$p_s = p_\infty + \frac{\rho}{2}V_\infty^2 - \frac{\rho}{2}V_{\theta s}^2 \tag{4.110}$$

将式(4.108)代入上式，得

$$p_s = p_\infty + \frac{\rho}{2}V_\infty^2 - \frac{\rho}{2}\left(-2V_\infty \sin\theta - \frac{\Gamma}{2\pi a}\right)^2 \tag{4.111}$$

由此得到圆柱面上的压强系数为

$$C_p = 1 - \frac{V_{\theta s}^2}{V_\infty^2} = 1 - 4\left(\sin\theta + \frac{\Gamma}{4\pi a V_\infty}\right)^2 \tag{4.112}$$

利用式(4.112)所绘制的圆柱面上的压强系数分布，如图 4.30 所示。从图中可见，在驻点处，$\sin\theta + \dfrac{\Gamma}{4\pi a V_\infty} = 0$，压强系数为 1.0；在 $\theta = 90°$，此处圆柱面上的速度最大，压强系数最小，其值为

$$C_{p_{\min}} = 1 - 4\left(1 + \frac{\Gamma}{4\pi a V_\infty}\right)^2 \tag{4.113}$$

对于驻点在圆柱表面的极限情况，$\dfrac{\Gamma}{4\pi a V_\infty} = 1$，此时最小压强系数 $C_{p_{\min}} = -15$。

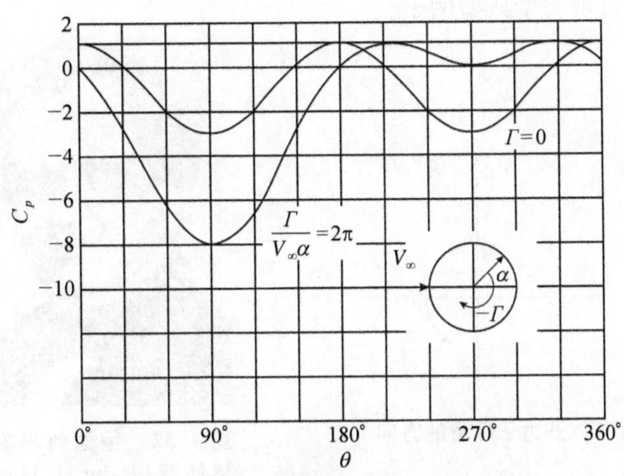

图 4.30　有环量圆柱体绕流压强系数分布

如果取，$\dfrac{\Gamma}{4\pi a V_\infty}=\dfrac{1}{2}$，此时最小压强系数 $C_{p_{\min}}=-8$。

如图 4.30 所示，利用式(4.111)，对圆柱物面压强进行积分，沿 x 轴向投影，得到阻力为

$$
\begin{aligned}
D &= \int_0^{2\pi} -p_s a\cos\theta\mathrm{d}\theta = -\int_0^{2\pi}\left[p_\infty + \frac{\rho}{2}V_\infty^2 - \frac{\rho}{2}\left(-2V_\infty\sin\theta - \frac{\Gamma}{2\pi a}\right)^2\right]a\cos\theta\mathrm{d}\theta \\
&= \frac{1}{2}\rho V_\infty^2\int_0^{2\pi}\left(2\sin\theta + \frac{\Gamma}{2\pi V_\infty a}\right)^2 a\cos\theta\mathrm{d}\theta = 0
\end{aligned}
\tag{4.114}
$$

沿着垂直于来流方向投影，得到升力为

$$
\begin{aligned}
L &= \int_0^{2\pi} -p_s a\sin\theta\mathrm{d}\theta = \int_0^{2\pi} -\left[p_\infty + \frac{\rho}{2}V_\infty^2 - \frac{\rho}{2}\left(-2V_\infty\sin\theta - \frac{\Gamma}{2\pi a}\right)^2\right]a\sin\theta\mathrm{d}\theta \\
&= \int_0^{2\pi} -\left(p_\infty + \frac{\rho}{2}V_\infty^2\right)a\sin\theta\mathrm{d}\theta + \int_0^{2\pi}\left[\frac{\rho}{2}V_\infty^2\left(2\sin\theta + \frac{\Gamma}{2\pi V_\infty a}\right)^2\right]a\sin\theta\mathrm{d}\theta \\
&= \frac{\rho}{2}V_\infty^2\int_0^{2\pi}\left[4\sin^2\theta + \frac{2\Gamma\sin\theta}{\pi V_\infty a} + \left(\frac{\Gamma}{2\pi V_\infty a}\right)^2\right]a\sin\theta\mathrm{d}\theta \\
&= \frac{\rho V_\infty\Gamma}{\pi}\int_0^{2\pi}\sin^2\theta\mathrm{d}\theta = \rho V_\infty\Gamma
\end{aligned}
\tag{4.115}
$$

式(4.114)称为有环量物体绕流的库塔-茹科夫斯基升力环量定理。德国数学家库塔于 1902 年提出，俄国物理学家茹科夫斯基于 1906 年提出。库塔-茹科夫斯基定理表明：对于理想不可压缩流体绕过任一封闭物体，其所受的升力等于来流速度、来流密度和环量的乘积，升力的方向等于沿着来流方向逆着环量 Γ 旋转 90°的方向，如图 4.31 所示。即

$$
\boldsymbol{L} = \rho\boldsymbol{V}_\infty \times \boldsymbol{\Gamma} \tag{4.116}
$$

实际上早在 1852 年，德国科学家马格纳斯(图 4.32)通过实验发现，在旋转圆柱绕流中出现侧向力(升力)，使圆柱产生横向运动，这个现象称为马格纳斯效应。关于这一点，旋转球的弧线轨迹就是一个典型例子。

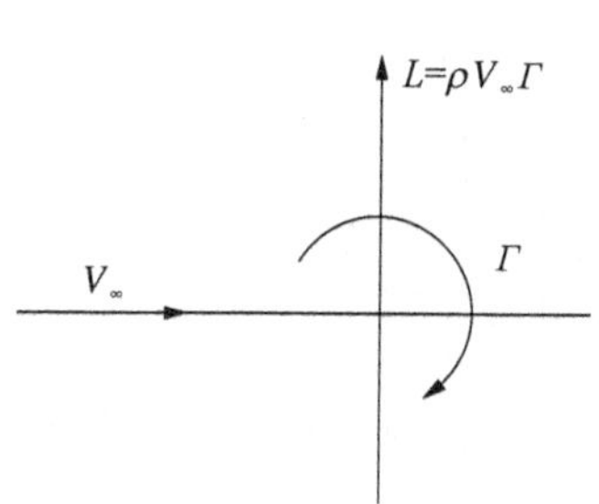

图 4.31　升力于环量的方向

图 4.32　德国科学家马格纳斯(Heinrich Gustav Magnus，1802~1870 年)

4.4　二维对称物体定常绕流的数值解法

把直匀流和分布的偶极子(或总强度为零的分布点源和点汇)叠加,所得到的合成流动可以表示对称封闭物体绕流。如图4.33所示,直匀流沿x轴正向流来,来流速度是V_∞,在x轴上$x=a$和$x=b$范围内布置连续分布的偶极子,设单位长度偶极子强度分布函数为$m(x)$(偶极子密度)。如果偶极子密度分布在所讨论的区域内,则在离原点为ζ的微小区域内,利用式(4.54)可得,由微小段$\mathrm{d}\zeta$偶极子产生的流函数$\mathrm{d}\psi$为

$$\mathrm{d}\psi = -\frac{m(\zeta)y\mathrm{d}\zeta}{(x-\zeta)^2+y^2} \tag{4.117}$$

合成势流的总流函数为

$$\psi = V_\infty y - \int_a^b \frac{m(\zeta)y}{(x-\zeta)^2+y^2}\mathrm{d}\zeta \tag{4.118}$$

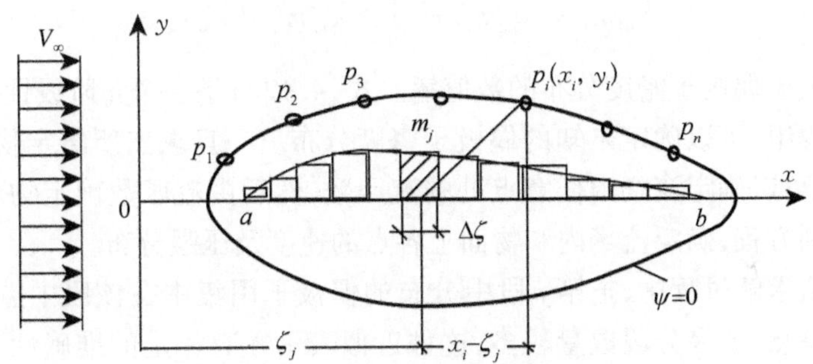

图4.33　任意物体绕流数值解法

物体的外形由零流线表示。改变不同的偶极子密度分布,可以获得不同形状的封闭物体,由零流函数值确定物体形状,根据零流线上的速度,确定物体表面的压强分布。

对于实际问题,往往是给定物体的外形来确定其流动的特性。在这种情况下,偶极子密度分布函数的确定需要由流函数求解。对偶极子密度来说,流函数是一个积分方程,求它的精确解比较困难,可用数值方法求解。

数值解法步骤如下。

(1) 把偶极子密度函数分布区域分成等宽度的n段,设每段的宽度为$\Delta\zeta$,段数n可根据精度要求而定。

在流场中,某一定点P处的流函数为

$$\psi = V_\infty y - \sum_{j=1}^{n} \frac{m_j \Delta\zeta y}{(x-\zeta_j)^2+y^2} \tag{4.119}$$

式中,ζ_j为第j段中点离原点的距离;m_j为第j段内偶极子密度的平均值;$m_j\Delta\zeta$表示第j段内偶极子的强度。

(2) 用物面边界条件来确定偶极子密度函数分布。对于给定物体表面上的 n 个已知点(x_i, y_i),可以得到一个对未知函数的 n 元一次联立代数方程组为

$$\psi_i = 0,\ V_\infty y_i - \sum_{j=1}^{n} \lambda_{ij} m_j = 0,\ i = 1, 2, \cdots, n \tag{4.120}$$

式中,影响系数 λ_{ij} 为

$$\lambda_{ij} = \frac{y_i \Delta\zeta}{(x_i - \zeta_j)^2 + y_i^2} \tag{4.121}$$

表示在 x 轴上 ζ_j 处,单位偶极子密度对物体表面点 $P_i(x_i, y_i)$ 的流函数贡献。

展开式(4.120),可得

$$\begin{aligned}
\lambda_{11} m_1 + \lambda_{12} m_2 + \cdots + \lambda_{1n} m_n &= V_\infty y_1 \\
\lambda_{21} m_1 + \lambda_{22} m_2 + \cdots + \lambda_{2n} m_n &= V_\infty y_2 \\
&\vdots \\
\lambda_{n1} m_1 + \lambda_{n2} m_2 + \cdots + \lambda_{nn} m_n &= V_\infty y_n
\end{aligned} \tag{4.122}$$

(3) 求解关于偶极子密度分布的数值解。式(4.122)是一个 n 阶线性方程组,通过数值求解这个方程组,可以确定未知的偶极子密度分布。一旦求出所给定物体外形的偶极子密度分布,就可以确定流场内任意点处的流函数,然后由流函数确定物面上的速度值,最后利用伯努利方程,确定流场内和物面上各点的速度及压强分布。

在上述数值求解过程中,把第 j 段中分布的偶极子用集中在该段中点处的等强度偶极子来代替。显然,如果分段数量较多,这种近似表示才有一定的准确性。理论上,当段数 n 趋于无限大时,偶极子密度分布的数值结果趋近于精确解。在实际应用时,常取有限段数,就可满足工程精度要求。当然也可以由速度势函数求解,但用势函数时对应的物面边界条件是不穿透条件,即势函数物面的法向偏导数为零。这两种方法是等价的。

习　题

一、思考题

4.1　为什么理想不可压缩流体势流速度势函数满足拉普拉斯方程?

4.2　对于可压缩势流,请推导速度势函数满足的微分方程。

4.3　请说明理想不可压缩势流速度势函数满足拉普拉斯方程的条件。

4.4　请说明理想不可压缩势流流函数满足拉普拉斯方程的条件。

4.5　对于不可压缩平面流动,请推导流函数与涡量的关系。

4.6　对于理想不可压缩势流,请证明流线与等势线正交。

4.7　请给出物体绕流的势流问题关于速度势函数和流函数的定解问题提法。

4.8　在钝物体绕流中,请分析物面上压强分布沿物面的变化,求最小压强系数。

4.9　圆柱绕流中,请说明从前驻点到后驻点沿圆柱面速度与压强的变化规律。

4.10　点涡强度 $\Gamma=\pi aV_\infty$、$2\pi aV_\infty$、$3\pi aV_\infty$、$3.464\pi aV_\infty$、$4\pi aV_\infty$ 时，请给出对应圆柱面上驻点的角度。

4.11　对于有环量的圆柱绕流，对圆柱面上的压强积分，求圆柱的升力。圆柱面上的压强系数为

$$C_p=1-\left(2\sin\theta+\frac{\Gamma}{2\pi aV_\infty}\right)^2$$

二、计算题

4.12　令 $G(x, y)$ 是二维拉普拉斯方程的解，请证明 $G(x, y)$ 可以代表二维无黏不可压缩流的势函数或流函数。

4.13　试证明不可压缩流体平面流动：$v_x=2xy+x$，$v_y=x^2-y^2$，满足连续方程，是一个有势流动，并求出速度势。

4.14　已知速度势 $\varphi=xy$，求速度分量和流函数，画出 φ 为 1、2、3 的等势线。证明等势线和流线是互相正交的。

4.15　不可压缩流体平面流动的流函数为 $\varphi=xy+2x-3y+10$，试求其速度势。

4.16　叠加中心在原点的点涡和点源，试证其合成流动是一种螺旋形流动。在这种流动中，速度与极半径之间的夹角处处相等，其值等于 $\arctan(-\Gamma/Q)$。

4.17　已知平面无旋流动为速度势 $\varphi=\dfrac{2x}{x^2-y^2}$，试求流函数和速度场。

4.18　如习题 4.18 图所示，已知平面流动的速度为直线分布，若 $y_0=4$ m，$u_0=80$ m/s，试求：(1) 流函数 ψ；(2) 流动是否为有势流动。

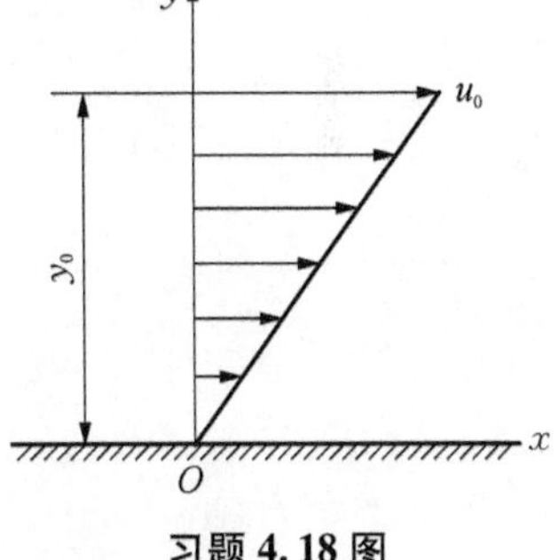

习题 4.18 图

4.19　试证明下列两个流场是等同的：

$$\varphi=x^2+x-y^2;\ \psi=2xy+y^2$$

4.20　无穷远处有一速度为 u_0 的均匀直线来流，坐标原点处有一强度为 $-q$ 的汇流，试求两个流动叠加后的流函数、驻点位置以及流体流入和流过汇流的分界线方程。

4.21　位于 $(0, a)$ 和 $(0, -a)$ 处有两个等强度的旋转方向相反的点涡，当 $a\to 0$ 时保持 $2\pi a\Gamma$ 为常数，试证其对应的流动与轴线在 x 轴上的偶极子完全相同。

4.22　有位于 $(1, 0)$ 和 $(-1, 0)$ 两点具有相同强度 4π 的点源，试求在 $(0, 0)$、$(0, 1)$、$(0, -1)$ 和 $(1, 1)$ 处的速度。

4.23　相距 $2a$、强度为 Q 的等强度点源和点汇，位于一条与正 x 轴成 45° 角的直线上，点源和点汇相对于原点对称。试证当 $a\to 0$，并保持 $2\pi aQ$ 等于常数 M 时，由此形成的偶极子的流函数为

$$\varphi=-\frac{M}{2\pi}\frac{\sqrt{2}}{2}\frac{y-x}{x^2+y^2}$$

4.24 试证在直匀流中,半径为 a 的圆柱体表面上的压强系数为

$$C_p = 1 - 4\sin^2\theta\left(1 + \frac{\Gamma}{4\pi a V_\infty \sin\theta}\right)^2$$

绕圆柱体的环量为 Γ。

4.25 直径为 1.2 m、长为 50 m 的圆柱体以 90 r/min 的角速度绕其轴旋转,空气流以 80 km/h 的速度沿与圆柱体轴相垂直的方向绕过圆柱体流动。试求速度环量、升力和驻点的位置。假设环流与圆柱体之间没有滑动,$\rho = 1.205\ \text{kg/m}^3$。

4.26 某二维流场的流函数表达式可写为

$$\psi = 100y\left(1 - \frac{25}{r^2}\right) + \frac{628}{2\pi}\ln\frac{r}{5}$$

试求:零流线的形状、驻点的位置、绕物体的环量、无限远处的速度和作用在该物体上的力。

第5章 黏性流体动力学基础

本章介绍黏性流体力学基础,包括黏性流体运动的应力状态、广义牛顿内摩擦定理(本构关系)、黏性流体运动微分方程组(Navier - Stokes 方程组)的推导、黏性流体运动的基本性质、层流和湍流的基本特性以及相似性原理和量纲分析等。

学习要点:

(1) 熟悉黏性流体运动的基本特性、黏性流体运动的应力状态和广义牛顿内摩擦定理(本构关系);

(2) 熟练掌握黏性流体运动微分方程组(Navier - Stokes 方程组)的推导过程及其各项的物理意义;

(3) 熟悉黏性流体运动的基本性质和层流、湍流及其能量损失的物理意义;

(4) 掌握相似原理与量纲分析方法。

5.1 流体的黏性及其对流动的影响

黏性流体力学是流体力学的一个分支,研究黏性流体运动规律及其与固体的相互作用。黏性是流体的基本物理性质之一,反映了流体抵抗剪切变形的能力。在理论流体力学发展的早期阶段,对于黏性很小的流体,使用了理想流体模型。理想流体没有黏性和导热性,这给数学求解带来了很大方便,由此可以得到一系列流动问题的解析解。理想流体模型是对真实流体的一种近似,实验发现在求解受黏性影响小的升力问题时,结果还是有一定精度的;但在求解阻力问题时,理想流体模型得到的结果与实验结果差别很大,甚至会得到相反的结论,如二维圆柱绕流无阻力就是一个典型的例子。本章主要讨论黏性流体的应力状态、与流体运动的本构关系、黏性流动的基本微分方程组——Navier - Stokes 方程组推导、黏性流体运动的基本性质及层流和湍流的基本特性。

5.1.1 流体的黏滞性

在静止状态下,流体不能承受剪力。但是在运动状态下,流体可以承受剪力,而且不同流体所承受剪力大小是不同的。流体的黏滞性反映了流体在运动状态下抵抗剪切变形的能力。流体的剪切变形是指流体质点之间出现相对运动。因此,流体的黏滞性是指流体抵抗质点之间的相对运动能力。流体抵抗剪切变形的能力,可通过流层之间的剪切力表现出来(这个剪切力称为内摩擦力)。流体在流动过程中,必然要克服内摩擦力做功,因此流体黏滞性是流体发生机械能损失的根源。

早在1686年,牛顿在《自然哲学之数学原理》一书中提出了流体运动的内摩擦定律,即

$$\tau = \mu \frac{\mathrm{d}u}{\mathrm{d}y} \tag{5.1}$$

5.1.2 黏性流体运动的特点

自然界中流体都是有黏性的,所以黏性对流体运动的影响是普遍的。但对于具体的流动问题而言,黏性所起的作用并不一定相同。特别是像水和空气这样的小黏性流体,黏性的影响并不是都能忽略。以下用若干流动事例说明黏性对流动的影响。

1. 绕过平板的流动

当理想流体绕过平板(无厚度)时,平板对流动不产生任何影响,在平板表面上允许流体质点滑过平板,但不允许穿透平板(通常称为不穿透条件)。平板对流动无阻滞作用,平板阻力为零。

但如果是黏性流体,情况就不同了。由于存在黏性,紧贴平板表面的流体质点黏附在平板上(图5.1),与平板表面不存在相对运动(既不允许穿透,也不允许滑动),这就是说,在边界面上流体质点必须满足不滑移条件。随着离开平板距离的增大,流体速度由壁面处的零值迅速增大到来流的速度。这样在平板近区存在着速度梯度很大的流动,因此流层之间的黏性切应力就不能忽略,对流动起阻碍作用。这个区域称为边界层区。平板对流动起阻滞作用,平板的阻力不为零,阻力大小等于对板面上摩擦切应力的积分。即

$$D_f = 2\int_0^L \tau_0 \mathrm{d}x \tag{5.2}$$

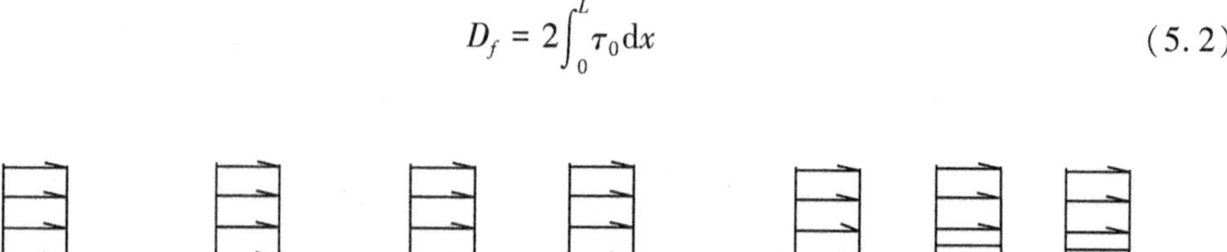

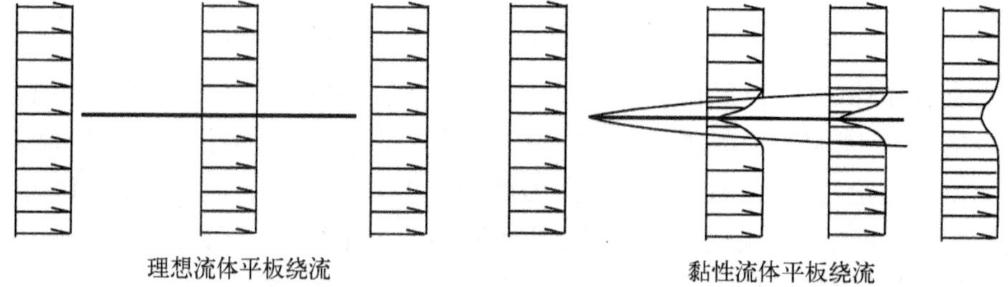

图5.1 不同流体的平板绕流

2. 绕过圆柱的流动

理想流体圆柱绕流,在圆柱上存在前驻点 A 和后驻点 D 及最大速度点 B、C。中心流线在前驻点分叉,后驻点汇合,如图5.2所示。根据伯努利方程,流体质点绕过圆柱所经

历的过程为在 $A-B(C)$ 区，流体质点在驻点 A 点流速为零、压强最大，以后质点的压强沿程减小，流速沿程增大，到达 B 点流速最大、压强最小，该区属于增速减压区，顺压梯度区；在 $B(C)-D$ 区，流体质点的压强沿程增大，流速沿程减小，到达 D 点压强最大、流速为零，该区属于减速增压区，为逆压梯度区。在流体质点绕过圆柱的过程中，只有动能、压能的相互转换，而无机械能的损失。在圆柱面上压强分布对称，无阻力存在（达朗贝尔佯谬）。即

$$D = \oint_{2\pi R} (-p_s \cos\theta)\,\mathrm{d}s = 0 \tag{5.3}$$

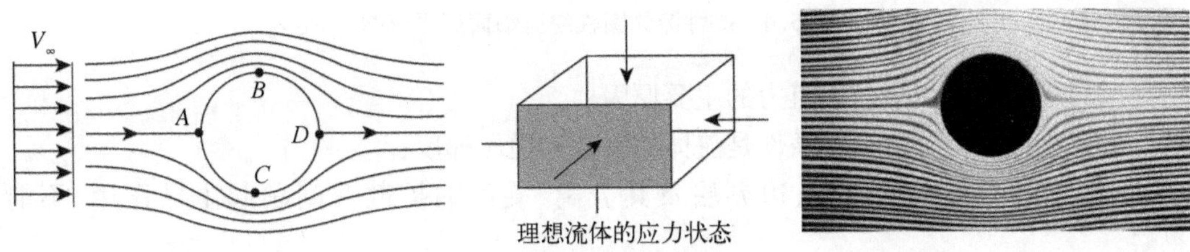

图 5.2　理想流体圆柱绕流

对于黏性流体的绕流，与理想流体绕流存在很大的差别。由于流体与固壁表面的黏附条件，在物面近区将产生边界层，受流体黏性的阻滞作用，流体质点在由 A 点到 B 点的流动中，将消耗部分动能用于克服摩擦阻力做功，以致使其无法满足由 B 点到 D 点压力升高的要求，导致流体质点在 BD 流程内，流经一段距离会将全部动能消耗殆尽（一部分转化为压能，一部分克服摩擦阻力做功），于是在壁面某点速度变为零（S 点），以后流来的流体质点将从这里离开物面进入主流场中，这一点称为分离点。这种现象称为边界层分离，如图 5.3 所示。在分离点之间的空腔内流体质点发生倒流，由下游高压区流向低压区，从而在圆柱后面形成了旋涡区。这个旋涡区的出现，使得圆柱壁面压强分布发生了变化，前后不对称（如前驻点的压强要明显大于后驻点的压强，图 5.4），因此出现了阻力 D。

$$D = \oint_{2\pi R} \tau_0 \sin\theta \mathrm{d}s + \oint_{2\pi R} -p_s \cos\theta \mathrm{d}s = D_f + D_p \neq 0 \tag{5.4}$$

总体结论如下：

(1) 黏性摩擦切应力与物面的黏附条件（无滑移条件）是黏性流体运动有别于理想流体运动的主要标志；

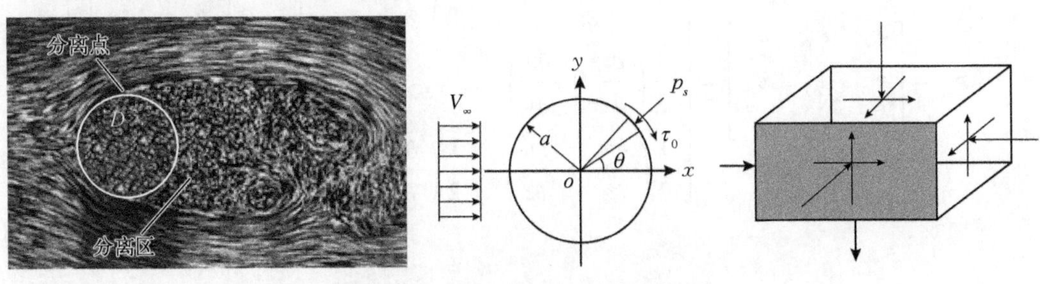

图 5.3　黏性流体圆柱绕流与分离

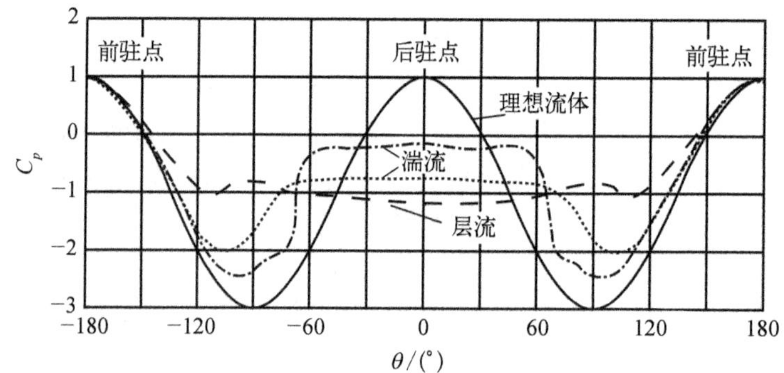

图 5.4　黏性流体圆柱绕流物面压强分布

（2）黏性的存在是产生阻力的主要原因；

（3）边界层的分离必要条件是流体的黏性和逆压梯度；

（4）黏性对于研究阻力、边界层及其分离、旋涡的扩散等问题起主导作用，不能忽略。

5.2　流体微团的变形率矩阵

流体微团在运动过程中，不仅发生刚体运动（平动和转动），还有变形运动（线变形和角变形运动）。出现这样的复合运动，特别是转动和变形运动，是由速度场的梯度矩阵决定的。即

$$[\boldsymbol{I}]=\begin{bmatrix}\dfrac{\partial u}{\partial x} & \dfrac{\partial u}{\partial y} & \dfrac{\partial u}{\partial z}\\ \dfrac{\partial v}{\partial x} & \dfrac{\partial v}{\partial y} & \dfrac{\partial v}{\partial z}\\ \dfrac{\partial w}{\partial x} & \dfrac{\partial w}{\partial y} & \dfrac{\partial w}{\partial z}\end{bmatrix} \tag{5.5}$$

根据德国物理学家亥姆霍兹速度分解定理，速度场的变形率矩阵为

$$[\boldsymbol{\varepsilon}]=\begin{bmatrix}\varepsilon_x & \varepsilon_{yx} & \varepsilon_{zx}\\ \varepsilon_{xy} & \varepsilon_y & \varepsilon_{zy}\\ \varepsilon_{xz} & \varepsilon_{yz} & \varepsilon_z\end{bmatrix}=\begin{bmatrix}\dfrac{\partial u}{\partial x} & \dfrac{1}{2}\left(\dfrac{\partial u}{\partial y}+\dfrac{\partial v}{\partial x}\right) & \dfrac{1}{2}\left(\dfrac{\partial u}{\partial z}+\dfrac{\partial w}{\partial x}\right)\\ \dfrac{1}{2}\left(\dfrac{\partial v}{\partial x}+\dfrac{\partial u}{\partial y}\right) & \dfrac{\partial v}{\partial y} & \dfrac{1}{2}\left(\dfrac{\partial v}{\partial z}+\dfrac{\partial w}{\partial y}\right)\\ \dfrac{1}{2}\left(\dfrac{\partial w}{\partial x}+\dfrac{\partial u}{\partial z}\right) & \dfrac{1}{2}\left(\dfrac{\partial w}{\partial y}+\dfrac{\partial v}{\partial z}\right) & \dfrac{\partial w}{\partial z}\end{bmatrix} \tag{5.6}$$

速度场旋转矩阵为

$$[\boldsymbol{\omega}]=\begin{bmatrix} 0 & -\dfrac{1}{2}\left(\dfrac{\partial v}{\partial x}-\dfrac{\partial u}{\partial y}\right) & \dfrac{1}{2}\left(\dfrac{\partial u}{\partial z}-\dfrac{\partial w}{\partial x}\right) \\ \dfrac{1}{2}\left(\dfrac{\partial v}{\partial x}-\dfrac{\partial u}{\partial y}\right) & 0 & -\dfrac{1}{2}\left(\dfrac{\partial w}{\partial y}-\dfrac{\partial v}{\partial z}\right) \\ -\dfrac{1}{2}\left(\dfrac{\partial u}{\partial z}-\dfrac{\partial w}{\partial x}\right) & \dfrac{1}{2}\left(\dfrac{\partial w}{\partial y}-\dfrac{\partial v}{\partial z}\right) & 0 \end{bmatrix} \tag{5.7}$$

显然,式(5.6)和式(5.7)是式(5.5)的分解,式(5.6)是对称矩阵,式(5.7)是反对称矩阵。由于变形率矩阵是表征流体微团单位时间发生相对变形的程度,因此流体微团的黏性应力与这个变形率矩阵存在直接关系。在这个变形率矩阵中,每个分量的大小与坐标系的选择有关,如果求这个变形率矩阵的特征值,发现有三个量是与坐标轴选择无关的不变量。变形率矩阵的特征方程为

$$\begin{vmatrix} \varepsilon_x-\lambda & \varepsilon_{xy} & \varepsilon_{xz} \\ \varepsilon_{yx} & \varepsilon_y-\lambda & \varepsilon_{yz} \\ \varepsilon_{zx} & \varepsilon_{zy} & \varepsilon_z-\lambda \end{vmatrix}=0 \tag{5.8}$$

展开关于特征量 λ 的三次方程为

$$D=-\lambda^3+I_1\lambda^2-I_2\lambda+I_3=0 \tag{5.9}$$

其中,三个不变量的表达式为

$$I_1=\varepsilon_x+\varepsilon_y+\varepsilon_z \tag{5.10}$$

$$\begin{aligned} I_2 &= \begin{vmatrix} \varepsilon_x & \varepsilon_{yx} \\ \varepsilon_{xy} & \varepsilon_y \end{vmatrix}+\begin{vmatrix} \varepsilon_y & \varepsilon_{zy} \\ \varepsilon_{yz} & \varepsilon_z \end{vmatrix}+\begin{vmatrix} \varepsilon_z & \varepsilon_{xz} \\ \varepsilon_{zx} & \varepsilon_x \end{vmatrix} \\ &= \varepsilon_x\varepsilon_y+\varepsilon_y\varepsilon_z+\varepsilon_x\varepsilon_z-\varepsilon_{xy}^2-\varepsilon_{yz}^2-\varepsilon_{zx}^2 \end{aligned} \tag{5.11}$$

$$I_3=\begin{vmatrix} \varepsilon_x & \varepsilon_{xy} & \varepsilon_{xz} \\ \varepsilon_{yx} & \varepsilon_y & \varepsilon_{yz} \\ \varepsilon_{zx} & \varepsilon_{zy} & \varepsilon_z \end{vmatrix} \tag{5.12}$$

其中,第一不变量 I_1 具有明确的物理意义,表示速度场的散度或流体微团的相对体积膨胀率。即

$$I_1=\varepsilon_x+\varepsilon_y+\varepsilon_z=\frac{\partial u}{\partial x}+\frac{\partial v}{\partial y}+\frac{\partial w}{\partial z}=\nabla\cdot\boldsymbol{V} \tag{5.13}$$

如果选择坐标轴是变形率矩阵的三个主轴,则此时变形率矩阵的非对角线上的分量为零,相应的变形率矩阵与不变量为

$$[\boldsymbol{\varepsilon}]=\begin{bmatrix} \varepsilon_1 & 0 & 0 \\ 0 & \varepsilon_2 & 0 \\ 0 & 0 & \varepsilon_3 \end{bmatrix} \tag{5.14}$$

$$
\begin{aligned}
I_1 &= \varepsilon_1 + \varepsilon_2 + \varepsilon_3 \\
I_2 &= \varepsilon_1\varepsilon_2 + \varepsilon_2\varepsilon_3 + \varepsilon_1\varepsilon_3 \\
I_3 &= \varepsilon_1\varepsilon_2\varepsilon_3
\end{aligned}
\tag{5.15}
$$

5.3 黏性流体微团的应力状态

黏性流体在运动状态下,流体质点之间存在相对运动,流层之间存在抵抗剪切变形的剪切力。因此,作用于流体内部任意面上的力既有法向力,也有切向力。此时在流场中,通过任意一点的单位面积上的表面力与作用面并不垂直(如同固体单元存在法向力和切向力),且各个方向的合力大小也不一定相等。因此,作用于任意方向微元面积上合应力可分解为法向应力和切向应力。如果取作用面的法线方向与坐标轴重合,则合应力可分解为三个分量,包括垂直于作用面的法向应力和两个平行于作用面切应力,两个切向应力分别平行于另外两个坐标轴,为切应力在坐标轴向的投影分量。如图 5.5 所示,以法向 y 轴的作用面为例说明各量的取值,作用面的法向和作用力的投影方向分别表示在应力的下标位置。如 τ_{yx} 的第一个下标 y 表示作用面的法线方向,第二个下标 x 表示应力分量的投影方向,其他方向类推;对于 τ_{yy} 表示作用于 y 面上沿着 y 方向的应力分量,也就是 y 面上的法向力(正应力),以拉为正。这样对过一点的三个坐标面上的应力可写成为 9 个应力分量。即

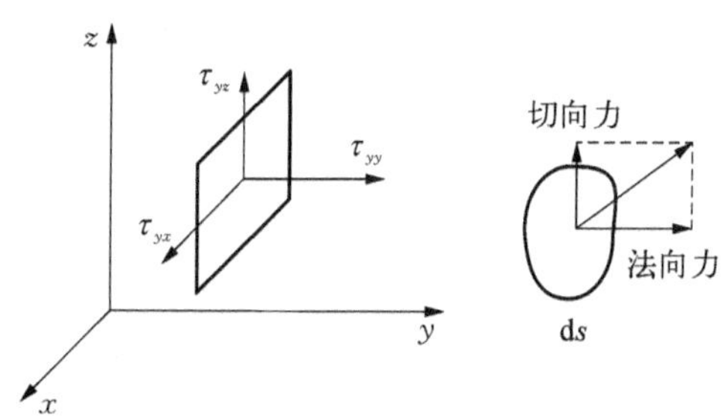

图 5.5 在黏性流体运动中一点的应力状态

在 x 面上的合应力为

$$\boldsymbol{\tau}_x = \tau_{xx}\boldsymbol{i} + \tau_{xy}\boldsymbol{j} + \tau_{xz}\boldsymbol{k} \tag{5.16}$$

在 y 面上的合应力

$$\boldsymbol{\tau}_y = \tau_{yx}\boldsymbol{i} + \tau_{yy}\boldsymbol{j} + \tau_{yz}\boldsymbol{k} \tag{5.17}$$

在 z 面上的合应力为

$$\boldsymbol{\tau}_z = \tau_{zx}\boldsymbol{i} + \tau_{zy}\boldsymbol{j} + \tau_{zz}\boldsymbol{k} \tag{5.18}$$

如果在同一点上给出三个相互垂直坐标面上的应力,那么过该点任意方向作用面上的应力可通过坐标变换唯一确定。因此,常把三个坐标面上的 9 个应力分量称为该点的应力状态,由这 9 个应力分量组成的矩阵称为应力矩阵。根据剪力互等定理,在这 9 个应力分量中,只有 6 个分量是相互独立的,其中 3 个法向应力和 3 个切向应力。这个应力矩阵如同变形率矩阵一样,是个对称矩阵。

$$[\boldsymbol{\tau}] = \begin{bmatrix} \tau_{xx} & \tau_{xy} & \tau_{xz} \\ \tau_{yx} & \tau_{yy} & \tau_{yz} \\ \tau_{zx} & \tau_{zy} & \tau_{zz} \end{bmatrix},\ \tau_{xy} = \tau_{yx},\ \tau_{xz} = \tau_{zx},\ \tau_{yz} = \tau_{zy} \tag{5.19}$$

同样,应力矩阵的特征方程为

$$\begin{vmatrix} \tau_{xx} - \lambda & \tau_{xy} & \tau_{xz} \\ \tau_{yx} & \tau_{yy} - \lambda & \tau_{yz} \\ \tau_{zx} & \tau_{zy} & \tau_{zz} - \lambda \end{vmatrix} = 0 \tag{5.20}$$

展开后由应力矩阵的特征量 λ 方程, $D = -\lambda^3 + I_1\lambda^2 - I_2\lambda + I_3 = 0$, 得到三个不变量的表达式为

$$I_1 = \tau_{xx} + \tau_{yy} + \tau_{zz} \tag{5.21}$$

$$\begin{aligned} I_2 &= \begin{vmatrix} \tau_{xx} & \tau_{yx} \\ \tau_{xy} & \tau_{yy} \end{vmatrix} + \begin{vmatrix} \tau_{yy} & \tau_{zy} \\ \tau_{yz} & \tau_{zz} \end{vmatrix} + \begin{vmatrix} \tau_{zz} & \tau_{xz} \\ \tau_{zx} & \tau_{xx} \end{vmatrix} \\ &= \tau_{xx}\tau_{yy} + \tau_{yy}\tau_{zz} + \tau_{xx}\tau_{zz} - \tau_{xy}^2 - \tau_{yz}^2 - \tau_{zx}^2 \end{aligned} \tag{5.22}$$

$$I_3 = \begin{vmatrix} \tau_{xx} & \tau_{xy} & \tau_{xz} \\ \tau_{yx} & \tau_{yy} & \tau_{yz} \\ \tau_{zx} & \tau_{zy} & \tau_{zz} \end{vmatrix} \tag{5.23}$$

对于第一不变量 I_1,其明确的物理意义是在黏性流体运动中,三个垂直轴方向的法向应力之和不随坐标系的选择而改变。如果定义一点的压强为这个不变量的平均值,则有

$$p = -\frac{I_1}{3} = -\frac{\tau_{xx} + \tau_{yy} + \tau_{zz}}{3} \tag{5.24}$$

其中,负号表示 p 垂直指向作用面,以压为正,这样定义的压强在黏性流体运动中不是真实的压强,故称为名义压强,其值不随作用面的方位而改变,具有各向同性的特征,如同理想流体运动中的真实压强的性质一样。

$$[\boldsymbol{\tau}] = \begin{bmatrix} -p & 0 & 0 \\ 0 & -p & 0 \\ 0 & 0 & -p \end{bmatrix} + \begin{bmatrix} \tau_{xx} + p & \tau_{xy} & \tau_{xz} \\ \tau_{yx} & \tau_{yy} + p & \tau_{yz} \\ \tau_{zx} & \tau_{zy} & \tau_{zz} + p \end{bmatrix} \tag{5.25}$$

式(5.25)右边第一部分为与黏性无关的应力部分;第二部分是与黏性相关的应力部分,称为偏应力矩阵。也可以表示为

$$[\boldsymbol{\tau}] = -p[\boldsymbol{E}] + [\boldsymbol{D}] \tag{5.26}$$

其中，$[\boldsymbol{E}]$ 为单位矩阵；$[\boldsymbol{D}]$ 为偏应力矩阵。即

$$[\boldsymbol{E}]=\begin{bmatrix}1&0&0\\0&1&0\\0&0&1\end{bmatrix},\ [\boldsymbol{D}]=\begin{bmatrix}\tau_{xx}+p&\tau_{xy}&\tau_{xz}\\\tau_{yx}&\tau_{yy}+p&\tau_{yz}\\\tau_{zx}&\tau_{zy}&\tau_{zz}+p\end{bmatrix} \tag{5.27}$$

概括起来，可得以下几点结论：

(1) 在理想流体中，不存在切应力，三个法向应力相等，等于该点压强的负值。其应力矩阵为

$$\tau_{xx}=\tau_{yy}=\tau_{zz}=-p,\ [\boldsymbol{\tau}]=-p\begin{bmatrix}1&0&0\\0&1&0\\0&0&1\end{bmatrix} \tag{5.28}$$

(2) 在黏性流体中，通过任意一点三个相互垂直面上的法向应力分量不一定相等，但其和是一个不变量，与坐标系的选择无关。定义此不变量平均值的负值为该点的平均压强。表达式为

$$p=-\frac{\tau_{xx}+\tau_{yy}+\tau_{zz}}{3}$$

(3) 在黏性流体中，与黏性相关的应力矩阵称为偏应力矩阵，在流体内部任意面上变形率一般不为零，故切应力也不为零。即在黏性流体运动中，一般情况下 $\tau_{xy}\neq\tau_{yz}\neq\tau_{xz}\neq 0$。

5.4 广义牛顿内摩擦定律(本构关系)

由牛顿内摩擦定律表明：黏性流体作直线层流运动时，流层之间的切应力与速度梯度呈正比。对于牛顿流体，在平面流动中，切应力与速度梯度的关系如式(5.1)所示。如图 5.6 所示，对于黏性流体平面运动，其速度分量为

$$u(x,\ y)=u(y),\ v(x,\ y)=0,\ w=0 \tag{5.29}$$

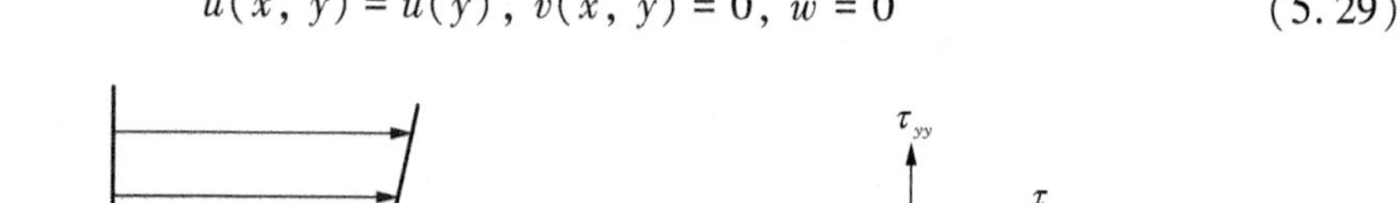

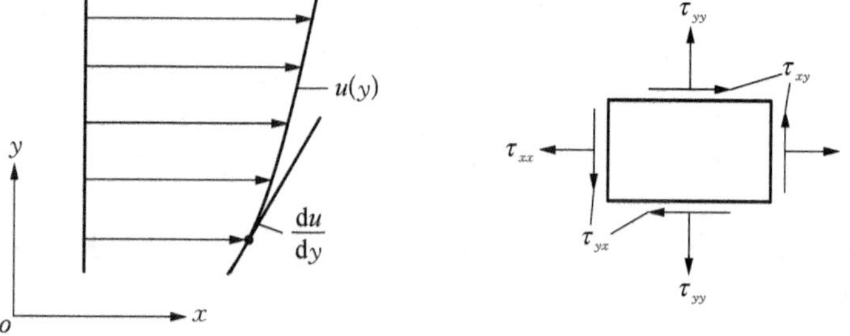

图 5.6　简单平面流动速度分布与切应力

由式(5.6)可知,变形率分量为

$$\varepsilon_{xy} = \varepsilon_{yx} = \frac{1}{2}\left(\frac{\partial v}{\partial x} + \frac{\partial u}{\partial y}\right) = \frac{1}{2}\frac{\mathrm{d}u}{\mathrm{d}y},\ \varepsilon_x = \frac{\partial u}{\partial x} = 0,\ \varepsilon_y = \frac{\partial v}{\partial y} = 0 \tag{5.30}$$

将式(5.30)代入式(5.1),可将牛顿内摩擦定律写为更一般的表达式。即

$$\tau_{yx} = \tau_{xy} = 2\mu\varepsilon_{yx} = \mu\left(\frac{\partial u}{\partial y} + \frac{\partial v}{\partial x}\right) = \mu\frac{\mathrm{d}u}{\mathrm{d}y} \tag{5.31}$$

说明流体微团的切应力与相应的剪切变形率分量成正比。

对于一般的三维黏性流动,英国力学家与数学家斯托克斯在 1845 年通过三条假定,将牛顿内摩擦定律推广到黏性流体运动更一般情况,提出著名的广义牛顿内摩擦定律。斯托克斯建议的三条假设是:

(1) 流体是连续的,其偏应力矩阵与变形率矩阵呈线性关系,与流体的平动和转动无关;

(2) 流体是各向同性的,其偏应力矩阵与变形率矩阵的关系与坐标系的选择无关;

(3) 所建立的关系不仅适合运动情况,也适应静止情况。当流体静止时,变形率为零,流体中的应力为静压强。

由第三条件假定可知,在静止状态下,流体的应力只有正应力,无切应力。即静止状态的应力为

$$\tau_{xx} = \tau_{yy} = \tau_{zz} = -p_0 \tag{5.32}$$

式中,p_0 为流体静压强。在静止状态下,流体的应力矩阵为

$$[\boldsymbol{\tau}] = \begin{bmatrix} \tau_{xx} & \tau_{xy} & \tau_{xz} \\ \tau_{yx} & \tau_{yy} & \tau_{yz} \\ \tau_{zx} & \tau_{zy} & \tau_{zz} \end{bmatrix} = \begin{bmatrix} -p_0 & 0 & 0 \\ 0 & -p_0 & 0 \\ 0 & 0 & -p_0 \end{bmatrix} = -p_0\begin{bmatrix} 1 & 0 & 0 \\ 0 & 1 & 0 \\ 0 & 0 & 1 \end{bmatrix} = -p_0[\boldsymbol{E}] \tag{5.33}$$

根据斯托克斯的第一条假定,并受第三条假定的启发,可将偏应力矩阵与变形率矩阵写成线性关系式(本构关系)。利用式(5.26)和式(5.27),有

$$[\boldsymbol{D}] = \begin{bmatrix} \tau_{xx}+p & \tau_{xy} & \tau_{xz} \\ \tau_{yx} & \tau_{yy}+p & \tau_{yz} \\ \tau_{zx} & \tau_{zy} & \tau_{zz}+p \end{bmatrix} = a\begin{bmatrix} \varepsilon_x & \varepsilon_{yx} & \varepsilon_{zx} \\ \varepsilon_{xy} & \varepsilon_y & \varepsilon_{zy} \\ \varepsilon_{xz} & \varepsilon_{yz} & \varepsilon_z \end{bmatrix} + b\begin{bmatrix} 1 & 0 & 0 \\ 0 & 1 & 0 \\ 0 & 0 & 1 \end{bmatrix} \tag{5.34}$$

总的应力矩阵为

$$[\boldsymbol{\tau}] = -p[\boldsymbol{E}] + [\boldsymbol{D}] = -p[\boldsymbol{E}] + a[\boldsymbol{\varepsilon}] + b[\boldsymbol{E}] \tag{5.35}$$

式中,系数 a、b 均是与坐标系选择无关的标量。参照牛顿内摩擦定律式(5.31),系数 a 只与流体的物理属性有关,可取

$$a = 2\mu \tag{5.36}$$

系数 b 与坐标系的选择无关，因此可以推断，要保持偏应力与变形率呈线性关系，系数 b 只能由应力矩阵与变形率矩阵中的那些线性不变量(如第一不变量)构成。即假设

$$b = b_1(\tau_{xx} + \tau_{yy} + \tau_{zz}) + b_2(\varepsilon_x + \varepsilon_y + \varepsilon_z) + b_3 \tag{5.37}$$

并利用式(5.13)和式(5.24)，可得

$$b = -3b_1 p + b_2 \nabla\cdot \boldsymbol{V} + b_3 \tag{5.38}$$

式中，b_1、b_2、b_3 为待定系数。将 a、b 代入式(5.35)，可得

$$[\boldsymbol{\tau}] = -p[\boldsymbol{E}] + 2\mu[\boldsymbol{\varepsilon}] + (-3pb_1 + b_2 \nabla\cdot \boldsymbol{V} + b_3)[\boldsymbol{E}] \tag{5.39}$$

取上式中两边矩阵主对角线上的三个分量之和，并利用式(5.24)，可得

$$-3p = -3p + 2\mu \nabla\cdot \boldsymbol{V} + 3(-3pb_1 + b_2 \nabla\cdot \boldsymbol{V} + b_3) \tag{5.40}$$

整理后，得到

$$-3pb_1 + \left(b_2 + \frac{2\mu}{3}\right) \nabla\cdot \boldsymbol{V} + b_3 = 0 \tag{5.41}$$

在静止状态下，速度的散度为零，代入上式得

$$\nabla\cdot \boldsymbol{V} = 0,\ -3pb_1 + b_3 = 0,\ b_3 = 3pb_1 \tag{5.42}$$

将式(5.42)中的 b_3 代入式(5.41)，得到

$$\left(b_2 + \frac{2\mu}{3}\right) \nabla\cdot \boldsymbol{V} = 0 \tag{5.43}$$

得

$$b_2 = -\frac{2}{3}\mu \tag{5.44}$$

系数 b_2 表征了流体微团的体积膨胀率对法向应力的影响。将 b_3 系数式(5.42)和 b_2 系数式(5.44)代入式(5.39)，得

$$[\boldsymbol{\tau}] = -p[\boldsymbol{E}] + 2\mu[\boldsymbol{\varepsilon}] - \frac{2\mu}{3} \nabla\cdot \boldsymbol{V}[\boldsymbol{E}] = 2\mu[\boldsymbol{\varepsilon}] - \left(p + \frac{2\mu}{3} \nabla\cdot \boldsymbol{V}\right)[\boldsymbol{E}] \tag{5.45}$$

式(5.45)称为广义牛顿内摩擦定律，建立了牛顿流体运动的本构关系，即黏性流体运动的应力与变形率关系式。写成矩阵形式为

$$\begin{bmatrix} \tau_{xx} & \tau_{xy} & \tau_{xz} \\ \tau_{yx} & \tau_{yy} & \tau_{yz} \\ \tau_{zx} & \tau_{zy} & \tau_{zz} \end{bmatrix} = 2\mu \begin{bmatrix} \varepsilon_x & \varepsilon_{yx} & \varepsilon_{zx} \\ \varepsilon_{xy} & \varepsilon_y & \varepsilon_{zy} \\ \varepsilon_{xz} & \varepsilon_{yz} & \varepsilon_z \end{bmatrix} - \left(p + \frac{2\mu}{3} \nabla\cdot \boldsymbol{V}\right) \begin{bmatrix} 1 & 0 & 0 \\ 0 & 1 & 0 \\ 0 & 0 & 1 \end{bmatrix} \tag{5.46}$$

对于不可压缩流体，有 $\nabla\cdot \boldsymbol{V} = 0$，式(5.45)简化为

$$[\boldsymbol{\tau}] = -p[\boldsymbol{E}] + 2\mu[\boldsymbol{\varepsilon}] \tag{5.47}$$

利用变形率矩阵式(5.6),把式(5.47)写成分量形式为

切向应力为

$$\tau_{xy} = 2\mu\varepsilon_{xy} = \mu\left(\frac{\partial v}{\partial x} + \frac{\partial u}{\partial y}\right) \tag{5.48}$$

$$\tau_{yz} = 2\mu\varepsilon_{yz} = \mu\left(\frac{\partial w}{\partial y} + \frac{\partial v}{\partial z}\right) \tag{5.49}$$

$$\tau_{zx} = 2\mu\varepsilon_{zx} = \mu\left(\frac{\partial u}{\partial z} + \frac{\partial w}{\partial x}\right) \tag{5.50}$$

法向应力为

$$\tau_{xx} = -p + 2\mu\frac{\partial u}{\partial x} = -p + 2\mu\varepsilon_x \tag{5.51}$$

$$\tau_{yy} = -p + 2\mu\frac{\partial v}{\partial y} = -p + 2\mu\varepsilon_y \tag{5.52}$$

$$\tau_{zz} = -p + 2\mu\frac{\partial w}{\partial z} = -p + 2\mu\varepsilon_z \tag{5.53}$$

5.5　黏性流体运动微分方程组——Navier－Stokes 方程组

5.5.1　流体运动的基本微分方程组

利用牛顿第二定理推导以应力形式表示的黏性流体运动微分方程。如图 5.7 所示,在流场中取一个微分六面体流体微团,其边长分别为 Δx、Δy、Δz,微团的质量为 $\Delta m = \rho\Delta x\Delta y\Delta z$,以 x 方向为例建立运动微分方程。即

$$\sum F_x = m\frac{\mathrm{d}u}{\mathrm{d}t} \tag{5.54}$$

对流体微团沿 x 方向的表面力求和,有

$$\sum F_{sx} = \left[\left(\tau_{xx} + \frac{\partial \tau_{xx}}{\partial x}\Delta x\right) - \tau_{xx}\right]\Delta y\Delta z + \left[\left(\tau_{yx} + \frac{\partial \tau_{yx}}{\partial y}\Delta y\right) - \tau_{yx}\right]\Delta z\Delta x + \left[\left(\tau_{zx} + \frac{\partial \tau_{zx}}{\partial z}\Delta z\right) - \tau_{zx}\right]\Delta x\Delta y \tag{5.55}$$

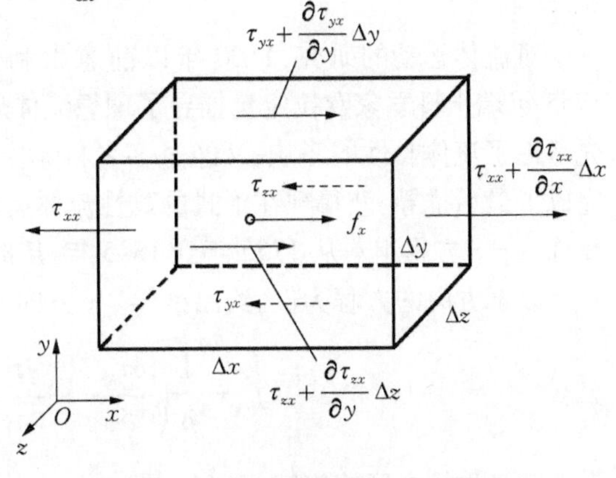

图 5.7　黏性流体微团沿 x 方向的受力

作用在微团上,x 方向的质量力为

$$F_{mx}=\rho f_x\Delta x\Delta y\Delta z \tag{5.56}$$

将式(5.55)和式(5.56)代入式(5.54),可得到

$$\sum F_x=\left(\frac{\partial\tau_{xx}}{\partial x}+\frac{\partial\tau_{yx}}{\partial y}+\frac{\partial\tau_{zx}}{\partial z}\right)\Delta x\Delta y\Delta z+\rho f_x\Delta x\Delta y\Delta z \tag{5.57}$$

最后由式(5.54),得

$$\left(\frac{\partial\tau_{xx}}{\partial x}+\frac{\partial\tau_{yx}}{\partial y}+\frac{\partial\tau_{zx}}{\partial z}\right)\Delta x\Delta y\Delta z+\rho f_x\Delta x\Delta y\Delta z=\rho\frac{\mathrm{d}u}{\mathrm{d}t}\Delta x\Delta y\Delta z \tag{5.58}$$

对上式两边同除以 $\Delta x\Delta y\Delta z$, 并取极限 $\Delta x\rightarrow 0$, $\Delta y\rightarrow 0$, $\Delta z\rightarrow 0$, 得 x 方向的运动微分方程为

$$\frac{\mathrm{d}u}{\mathrm{d}t}=f_x+\frac{1}{\rho}\left(\frac{\partial\tau_{xx}}{\partial x}+\frac{\partial\tau_{yx}}{\partial y}+\frac{\partial\tau_{zx}}{\partial z}\right) \tag{5.59}$$

同理做类似的推导,可得 y 和 z 方向的运动微分方程。即

$$\begin{cases}\dfrac{\mathrm{d}u}{\mathrm{d}t}=f_x+\dfrac{1}{\rho}\left(\dfrac{\partial\tau_{xx}}{\partial x}+\dfrac{\partial\tau_{yx}}{\partial y}+\dfrac{\partial\tau_{zx}}{\partial z}\right)\\ \dfrac{\mathrm{d}v}{\mathrm{d}t}=f_y+\dfrac{1}{\rho}\left(\dfrac{\partial\tau_{xy}}{\partial x}+\dfrac{\partial\tau_{yy}}{\partial y}+\dfrac{\partial\tau_{zy}}{\partial z}\right)\\ \dfrac{\mathrm{d}w}{\mathrm{d}t}=f_z+\dfrac{1}{\rho}\left(\dfrac{\partial\tau_{xz}}{\partial x}+\dfrac{\partial\tau_{yz}}{\partial y}+\dfrac{\partial\tau_{zz}}{\partial z}\right)\end{cases} \tag{5.60}$$

这是以应力形式表达的流体运动微分方程组,具有普遍意义,既适应于理想流体,也适应于黏性流体。但这是一组不封闭的方程组,在质量力已知的情况下,方程组中多了 6 个应力分量,要想得到封闭形式,必须引入本构关系式,如黏性流体的广义牛顿内摩擦定律。

5.5.2 Navier－Stokes 方程组

对流体运动的研究,1500 年以前意大利全才科学家达·芬奇给出了定性的描述;1755 年瑞士科学家欧拉定量推导了理想流体运动微分方程组;1822 年法国工程师纳维首先考虑了流体黏性的影响;又经过多名科学家的努力,到 1845 年由英国科学家斯托克斯完成了最后推导,获得现在形式的黏性流体运动微分方程组,称为 Navier－Stokes 方程组,简称 N－S 方程组。从 1755 年到 1845 年,历时 90 年。

以 x 方向的方程为例,给出推导。x 方向的微分方程式(5.60)为

$$f_x+\frac{1}{\rho}\left(\frac{\partial\tau_{xx}}{\partial x}+\frac{\partial\tau_{yx}}{\partial y}+\frac{\partial\tau_{zx}}{\partial z}\right)=\frac{\mathrm{d}u}{\mathrm{d}t}$$

引入广义牛顿内摩擦定律(5.45),即

$$\tau_{xx}=-p+2\mu\frac{\partial u}{\partial x}-\frac{2}{3}\mu\nabla\cdot\boldsymbol{V},\ \tau_{yx}=\mu\left(\frac{\partial v}{\partial x}+\frac{\partial u}{\partial y}\right),\ \tau_{zx}=\mu\left(\frac{\partial w}{\partial x}+\frac{\partial u}{\partial z}\right)\tag{5.61}$$

得到

$$\begin{aligned}\frac{\mathrm{d}u}{\mathrm{d}t}=&f_x-\frac{1}{\rho}\frac{\partial p}{\partial x}+\frac{1}{\rho}\frac{\partial}{\partial x}\left(2\mu\frac{\partial u}{\partial x}-\frac{2}{3}\mu\nabla\cdot\boldsymbol{V}\right)\\&+\frac{1}{\rho}\frac{\partial}{\partial y}\left[\mu\left(\frac{\partial v}{\partial x}+\frac{\partial u}{\partial y}\right)\right]+\frac{1}{\rho}\frac{\partial}{\partial z}\left[\mu\left(\frac{\partial w}{\partial x}+\frac{\partial u}{\partial z}\right)\right]\end{aligned}\tag{5.62}$$

同理可得 y 和 z 方向的方程为

$$\begin{aligned}\frac{\mathrm{d}v}{\mathrm{d}t}=&f_y-\frac{1}{\rho}\frac{\partial p}{\partial y}+\frac{1}{\rho}\frac{\partial}{\partial x}\left[\mu\left(\frac{\partial v}{\partial x}+\frac{\partial u}{\partial y}\right)\right]\\&+\frac{1}{\rho}\frac{\partial}{\partial y}\left(2\mu\frac{\partial v}{\partial y}-\frac{2}{3}\mu\nabla\cdot\boldsymbol{V}\right)+\frac{1}{\rho}\frac{\partial}{\partial z}\left[\mu\left(\frac{\partial w}{\partial y}+\frac{\partial v}{\partial z}\right)\right]\end{aligned}\tag{5.63}$$

$$\begin{aligned}\frac{\mathrm{d}w}{\mathrm{d}t}=&f_z-\frac{1}{\rho}\frac{\partial p}{\partial z}+\frac{1}{\rho}\frac{\partial}{\partial x}\left[\mu\left(\frac{\partial w}{\partial x}+\frac{\partial u}{\partial z}\right)\right]\\&+\frac{1}{\rho}\frac{\partial}{\partial y}\left[\mu\left(\frac{\partial w}{\partial y}+\frac{\partial v}{\partial z}\right)\right]+\frac{1}{\rho}\frac{\partial}{\partial z}\left(2\mu\frac{\partial w}{\partial z}-\frac{2}{3}\mu\nabla\cdot\boldsymbol{V}\right)\end{aligned}\tag{5.64}$$

这就是描述黏性流体运动的 N－S 方程组，适用于可压缩和不可压缩流体。

对于不可缩流体，$\nabla\cdot\boldsymbol{V}=0$，且黏性系数和密度看作常数，方程组可得到简化。以 x 方向方程为例来说明。将不可压缩流体的连续性方程代入式(5.62)，得

$$\begin{aligned}&\frac{1}{\rho}\frac{\partial}{\partial x}\left(2\mu\frac{\partial u}{\partial x}-\frac{2}{3}\mu\nabla\cdot\boldsymbol{V}\right)+\frac{1}{\rho}\frac{\partial}{\partial y}\left[\mu\left(\frac{\partial v}{\partial x}+\frac{\partial u}{\partial y}\right)\right]+\frac{1}{\rho}\frac{\partial}{\partial z}\left[\mu\left(\frac{\partial w}{\partial x}+\frac{\partial u}{\partial z}\right)\right]\\=&\frac{2\mu}{\rho}\frac{\partial^2 u}{\partial x^2}+\frac{\mu}{\rho}\left(\frac{\partial^2 v}{\partial x\partial y}+\frac{\partial^2 u}{\partial y^2}\right)+\frac{\mu}{\rho}\left(\frac{\partial^2 w}{\partial x\partial z}+\frac{\partial^2 u}{\partial z^2}\right)\\=&\frac{\mu}{\rho}\left(\frac{\partial^2 u}{\partial x^2}+\frac{\partial^2 u}{\partial y^2}+\frac{\partial^2 u}{\partial z^2}\right)+\frac{\mu}{\rho}\frac{\partial}{\partial x}\left(\frac{\partial u}{\partial x}+\frac{\partial v}{\partial y}+\frac{\partial w}{\partial z}\right)=\nu\left(\frac{\partial^2 u}{\partial x^2}+\frac{\partial^2 u}{\partial y^2}+\frac{\partial^2 u}{\partial z^2}\right)\end{aligned}\tag{5.65}$$

由此得到不可压缩流体微团的运动微分方程组。即

$$\begin{aligned}\frac{\mathrm{d}u}{\mathrm{d}t}&=f_x-\frac{1}{\rho}\frac{\partial p}{\partial x}+\nu\left(\frac{\partial^2 u}{\partial x^2}+\frac{\partial^2 u}{\partial y^2}+\frac{\partial^2 u}{\partial z^2}\right)\\\frac{\mathrm{d}v}{\mathrm{d}t}&=f_y-\frac{1}{\rho}\frac{\partial p}{\partial y}+\nu\left(\frac{\partial^2 v}{\partial x^2}+\frac{\partial^2 v}{\partial y^2}+\frac{\partial^2 v}{\partial z^2}\right)\\\frac{\mathrm{d}w}{\mathrm{d}t}&=f_z-\frac{1}{\rho}\frac{\partial p}{\partial z}+\nu\left(\frac{\partial^2 w}{\partial x^2}+\frac{\partial^2 w}{\partial y^2}+\frac{\partial^2 w}{\partial z^2}\right)\end{aligned}\tag{5.66}$$

这组方程与不可压缩连续性方程一起,组成描述不可压缩流体运动的封闭微分方程组。不可压缩流体的连续性微分方程为

$$\frac{\partial u}{\partial x}+\frac{\partial v}{\partial y}+\frac{\partial w}{\partial z}=0 \tag{5.67}$$

即 4 个未知量(u、v、w、p)、4 个微分方程。将式(5.66)和式(5.67)写成矢量形式为

$$\frac{\mathrm{d}\boldsymbol{V}}{\mathrm{d}t}=\boldsymbol{f}-\frac{1}{\rho}\nabla p+\nu\Delta\boldsymbol{V} \tag{5.68}$$

$$\nabla\cdot\boldsymbol{V}=0 \tag{5.69}$$

与欧拉方程组相比,N-S 方程组是一组二阶拟线性偏微分方程组。为了研究流体的旋涡运动,将式(5.68)写成格罗米柯-兰姆型方程为

$$\frac{\partial\boldsymbol{V}}{\partial t}+\nabla\left(\frac{V^2}{2}\right)+2\boldsymbol{\omega}\times\boldsymbol{V}=\boldsymbol{f}-\frac{1}{\rho}\nabla p+\nu\Delta\boldsymbol{V} \tag{5.70}$$

5.5.3 伯努利积分

与理想流体运动微分方程的伯努利积分类似,现沿着流线积分 N-S 方程组。假定:① 流体为不可压缩黏性流体;② 流动为定常流;③ 质量力有势(重力);④ 沿流线积分,如图 5.8 所示。

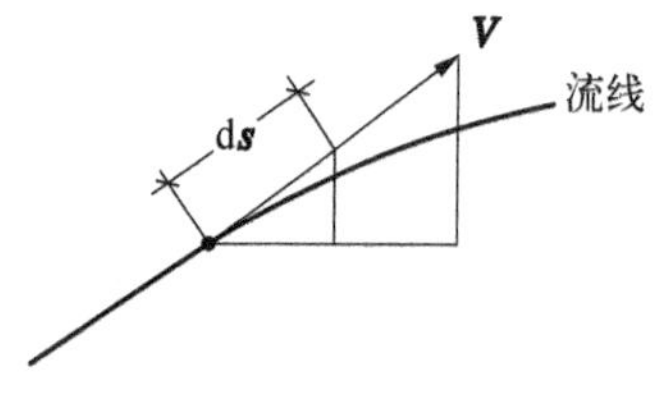

图 5.8 沿着流线积分 N-S 方程

沿流线积分 N-S 方程,可获得黏性流体的能量方程。与理想流体能量方程不同的是,方程中多了一项因黏性引起的损失项,表示流体质点克服黏性应力做功所消耗的能量。如图 5.8 所示,在黏性不可压缩定常流动中,任取一条流线,在流线上某处取一微段 ds, d$\boldsymbol{s}=\mathrm{d}x\boldsymbol{i}+\mathrm{d}y\boldsymbol{j}+\mathrm{d}z\boldsymbol{k}$, 该处所对应的流速为 $\boldsymbol{V}=u\boldsymbol{i}+v\boldsymbol{j}+w\boldsymbol{k}$, 沿着流线积分 N-S 方程,得

$$\begin{aligned}
\frac{\mathrm{d}u}{\mathrm{d}t}\mathrm{d}x&=\left(f_x-\frac{1}{\rho}\frac{\partial p}{\partial x}+\nu\Delta u\right)\mathrm{d}x\\
\frac{\mathrm{d}v}{\mathrm{d}t}\mathrm{d}y&=\left(f_y-\frac{1}{\rho}\frac{\partial p}{\partial y}+\nu\Delta v\right)\mathrm{d}y\\
\frac{\mathrm{d}w}{\mathrm{d}t}\mathrm{d}z&=\left(f_z-\frac{1}{\rho}\frac{\partial p}{\partial z}+\nu\Delta w\right)\mathrm{d}z
\end{aligned} \tag{5.71}$$

写成矢量形式为

$$\frac{\mathrm{d}\boldsymbol{V}}{\mathrm{d}t}\cdot\mathrm{d}\boldsymbol{s}=\left(\boldsymbol{f}-\frac{1}{\rho}\nabla p+\nu\Delta\boldsymbol{V}\right)\cdot\mathrm{d}\boldsymbol{s} \tag{5.72}$$

在定常流情况下,迹线和流线重合。流线微段与速度之间的关系为

$$dx = udt,\ dy = vdt,\ dz = wdt \tag{5.73}$$

这样得到

$$\begin{aligned}\frac{d\boldsymbol{V}}{dt}\cdot d\boldsymbol{s} &= \frac{du}{dt}dx + \frac{dv}{dt}dy + \frac{dw}{dt}dz \\ &= \frac{dx}{dt}du + \frac{dy}{dt}dv + \frac{dz}{dt}dw \\ &= udu + vdv + wdw \\ &= d\frac{u^2}{2} + d\frac{v^2}{2} + d\frac{w^2}{2} \\ &= d\frac{V^2}{2}\end{aligned} \tag{5.74}$$

在质量力有势的条件下,可得到

$$f_x dx + f_y dy + f_z dz = -\left(\frac{\partial\Pi}{\partial x}dx + \frac{\partial\Pi}{\partial y}dy + \frac{\partial\Pi}{\partial z}dz\right) = -d\Pi \tag{5.75}$$

对不可压缩定常流动,有

$$-\left(\frac{1}{\rho}\frac{\partial p}{\partial x}dx + \frac{1}{\rho}\frac{\partial p}{\partial y}dy + \frac{1}{\rho}\frac{\partial p}{\partial z}dz\right) = -d\left(\frac{p}{\rho}\right) \tag{5.76}$$

对于黏性项的总和表示为

$$\begin{aligned}dP_w &= -\mu(\Delta u dx + \Delta v dy + \Delta w dz) \\ &= -\mu(u\Delta u + v\Delta v + w\Delta w)dt\end{aligned} \tag{5.77}$$

在流线微段上,微分形式为

$$d\left(\Pi + \frac{p}{\rho} + \frac{V^2}{2}\right) + \frac{dP_w}{\rho} = 0 \tag{5.78}$$

与理想流体能量微分方程相比,在上式中多了一项与黏性有关的项 $\frac{dP_w}{\rho}$, 物理上表示单位质量流体质点克服黏性应力做功而消耗的机械能,这部分能量损失不能再被流体质点的机械运动所利用,故称为单位质量流体的机械能损失或能量损失。

对于质量力为重力的情况,方程(5.78)可写为

$$d\left(gz + \frac{p}{\rho} + \frac{V^2}{2}\right) + \frac{dP_w}{\rho} = 0 \tag{5.79}$$

方程两边同除以 g,得到

$$d\left(z + \frac{p}{\gamma} + \frac{V^2}{2g}\right) + \frac{dP_w}{\gamma} = 0 \tag{5.80}$$

其中，$\frac{dP_w}{\gamma}$ 表示单位重量流体在微段上所消耗的机械能。也可以令

$$dh_w = \frac{dP_w}{\gamma} \tag{5.81}$$

则式(5.80)写为

$$d\left(z + \frac{p}{\gamma} + \frac{V^2}{2g}\right) + dh_w = 0 \tag{5.82}$$

沿着流线积分式(5.82)，得

$$z_1 + \frac{p_1}{\gamma} + \frac{V_1^2}{2g} = z_2 + \frac{p_2}{\gamma} + \frac{V_2^2}{2g} + h_{w1-2} \tag{5.83}$$

上式说明，在黏性流体中，沿同一条流线上单位时间单位重量流体所具有的机械能(势能、压能和动能之和)沿程减小，不能保持守恒(理想流体时，总机械能是保持守恒的，无机械能损失)，减小的部分代表着流体质点克服黏性应力做功所消耗的机械能，如图 5.9 所示。黏性流体的伯努利方程(5.83)说明：黏性流体在流动中，无论势能、压能和动能如何转化，但总机械能是沿程减小的，总是从机械能高的地方流向机械能低的地方。通常所说的，水从高处流向低处，高压流向低压，都是不完全的。

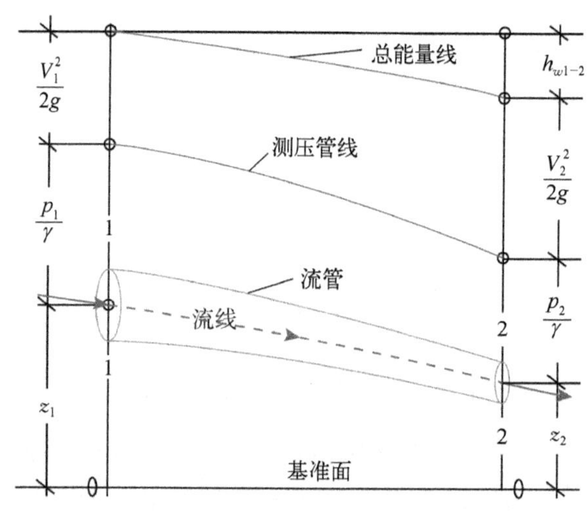

图 5.9　黏性流体能量方程

5.6　Navier - Stokes 方程组的精确解

Navier - Stokes 方程组加上适当的初始和边界条件，理论上可以求解任何黏性流体运动。但由于 Navier - Stokes 方程组是一个二阶拟线性偏微分方程组，一般精确求解十分困难。本节只讨论特定条件下，Navier - Stokes 方程组存在精确解的情况。

5.6.1　库埃特流动(剪切流动)

现在讨论一种两端无限长的平行平板之间的流动,一个平板静止,一个平板水平移动,平板之间充满的流体,移动的平板达到稳定后,求平板之间的速度分布,如图 5.10 所示。这个问题是由法国物理学家库埃特(Couette)于 1890 年提出的。

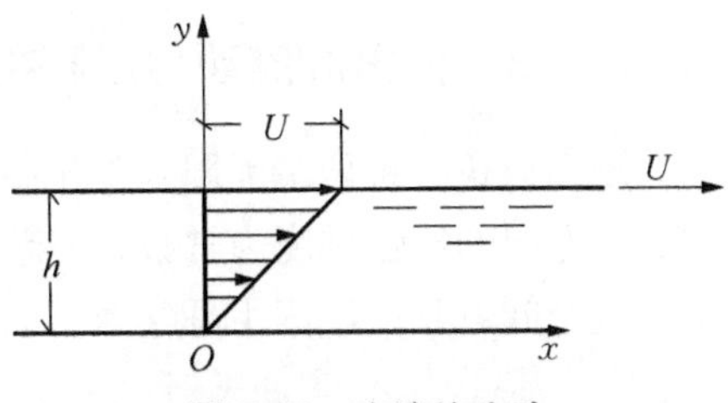

图 5.10　库埃特流动

假设,平板间距为 h,上平板移动的定常速度为 U,两段无限长,端部影响忽略不计,流动是二维平行流动,流场是定常,速度场为

$$\begin{cases} u = u(x,\ y) \\ v \approx 0 \end{cases} \tag{5.84}$$

边界条件为

$$u = u(x,\ 0) = 0,\ u(x,\ h) = U \tag{5.85}$$

由连续方程,可知

$$\frac{\partial u}{\partial x} + \frac{\partial v}{\partial y} = 0,\ \frac{\partial u}{\partial x} = 0 \tag{5.86}$$

表明 $u(x,\ y) = u(y)$。由 x 方向的 Navier - Stokes 方程,不考虑质量力,流动定常,沿 x 方向的压强梯度为零,可得

$$\nu \frac{\mathrm{d}^2 u}{\mathrm{d}y^2} = 0$$

沿 y 方向积分,得到

$$u(y) = C_1 y + C_2 \tag{5.87}$$

由 $y = 0,\ u = 0$,得 $C_2 = 0$。当 $y = h,\ u = U$,得 $C_1 = U/h$。则精确解为

$$u(y) = U \frac{y}{h} \tag{5.88}$$

壁面切应力为

$$\tau_0 = \mu \frac{\mathrm{d}u}{\mathrm{d}y}\bigg|_{y=h} = \mu \frac{U}{h} \tag{5.89}$$

这个公式为牛顿内摩擦定律。如果板长为 b,平板的阻力为

$$F_D = \tau_0 b = \mu \frac{U}{h} b \tag{5.90}$$

平板移动所需要的功率为

$$P_w = F_D U = \mu \frac{U^2}{h} b \tag{5.91}$$

5.6.2 泊肃叶流动(压强梯度流动)

现在讨论一种两端无限长的平行平板之间的流动,上下两个平板均静止,但在平板之间沿 x 方向的压强梯度为常数,当流动达到稳定后,求平板之间的速度分布,如图 5.11 所示。这个问题是由法国生理学家泊肃叶(Poiseuille)于 1840 年研究管道流动提出的。

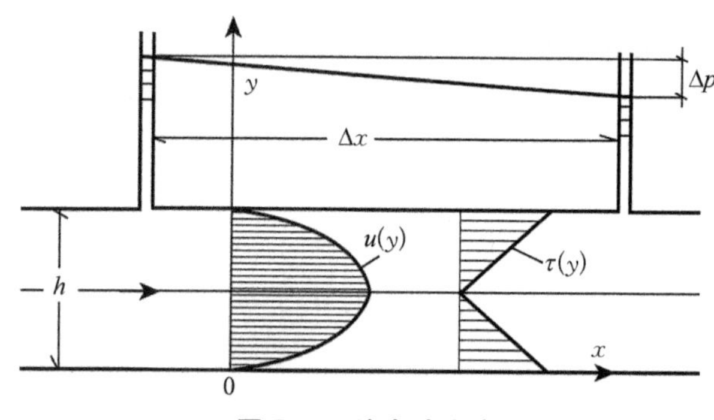

图 5.11 泊肃叶流动

假设,平板间距为 h,上下平板静止,两段无限长,端部影响忽略不计,流动是二维平行流动,流场是定常,速度场为

$$\begin{cases} u = u(x, y) \\ v \approx 0 \end{cases}$$

边界条件为

$$u = u(x, 0) = 0, \; u(x, h) = 0 \tag{5.92}$$

由连续方程,可知

$$\frac{\partial u}{\partial x} + \frac{\partial v}{\partial y} = 0, \; \frac{\partial u}{\partial x} = 0$$

表明 $u(x, y) = u(y)$。由 x 方向的 Navier - Stokes 方程,不考虑质量力,流动定常,沿 x 方向的压强梯度为常数,可得

$$-\frac{1}{\rho}\frac{\partial p}{\partial x} + \nu \frac{\mathrm{d}^2 u}{\mathrm{d}y^2} = 0 \tag{5.93}$$

令沿 x 方向的压强梯度为

$$\frac{\partial p}{\partial x} = \frac{\Delta p}{\Delta x} = k \tag{5.94}$$

积分式(5.93),可得

$$\frac{\mathrm{d}u}{\mathrm{d}y}=\frac{k}{\mu}y+C_1,\ u=\frac{1}{2}\frac{k}{\mu}y^2+C_1y+C_2 \tag{5.95}$$

由 $y=0,\ u=0$,得 $C_2=0$。当 $y=h,\ u=0$,得

$$C_1=-\frac{1}{2}\frac{k}{\mu}h \tag{5.96}$$

精确解为

$$u(y)=\frac{1}{2}\frac{k}{\mu}y^2-\frac{1}{2}\frac{k}{\mu}hy=-\frac{1}{2\mu}\frac{\Delta p}{\Delta x}h^2\left(1-\frac{y}{h}\right)\frac{y}{h} \tag{5.97}$$

说明沿着 y 方向的速度分布是抛物线分布。中心最大速度为

$$u_{\max}=u\left(\frac{h}{2}\right)=-\frac{1}{2\mu}\frac{\Delta p}{\Delta x}h^2\left(1-\frac{1}{2}\right)\frac{1}{2}=-\frac{1}{8\mu}\frac{\Delta p}{\Delta x}h^2 \tag{5.98}$$

式(9.97)也可表示为

$$\frac{u(y)}{u_{\max}}=4\left(1-\frac{y}{h}\right)\frac{y}{h} \tag{5.99}$$

壁面切应力为

$$\tau_0=\mu\left.\frac{\mathrm{d}u}{\mathrm{d}y}\right|_{y=0}=-\frac{1}{2}\frac{\Delta p}{\Delta x}h \tag{5.100}$$

通过的体积流量为

$$Q=\int_0^h u(y)\mathrm{d}y=-\frac{1}{2\mu}\frac{\Delta p}{\Delta x}\frac{h^3}{6} \tag{5.101}$$

流动所消耗的功率为

$$P_w=Q(-\Delta p)=\frac{1}{2\mu}\frac{\Delta p^2}{\Delta x}\frac{h^3}{6} \tag{5.102}$$

5.6.3　库埃特流动和泊肃叶流动组合

这种流动相当于剪切作用与压强梯度作用的组合流动。因压强梯度有顺压梯度和逆压梯度之别,所以与剪切流动组合,存在正组合和负组合。

1. 顺压强梯度的流动(正向组合)

现在讨论一种两端无限长的平行平板之间的流动,上平板以速度 U 移动,下平板静止,在平板之间沿 x 方向的顺压强梯度(压强梯度沿着流动方向在减小)为常数,当流动达到稳定后,求平板之间的速度分布,如图5.12所示。假设,平板间距为 h,上平板以 U 移

动，两段无限长，端部影响忽略不计，流动是二维平行流动，流场是定常，得到 Navier - Stokes 精确解的速度场式(5.95)为

$$u(y)=\frac{1}{2\mu}\frac{\Delta p}{\Delta x}y^2+C_1y+C_2$$

由 $y=0$, $u=0$，得 $C_2=0$。当 $y=h$, $u=U$, 得

$$C_1=\frac{1}{h}\left(U-\frac{1}{2\mu}\frac{\Delta p}{\Delta x}h^2\right) \tag{5.103}$$

得到，精确解为

$$u(y)=U\frac{y}{h}-\frac{1}{2\mu}\frac{\Delta p}{\Delta x}h^2\left(1-\frac{y}{h}\right)\frac{y}{h} \tag{5.104}$$

说明，沿着 y 方向的速度分布也是抛物线分布，而且是式(5.88)和式(5.97)的叠加，组合的速度分布如图 5.12 所示。

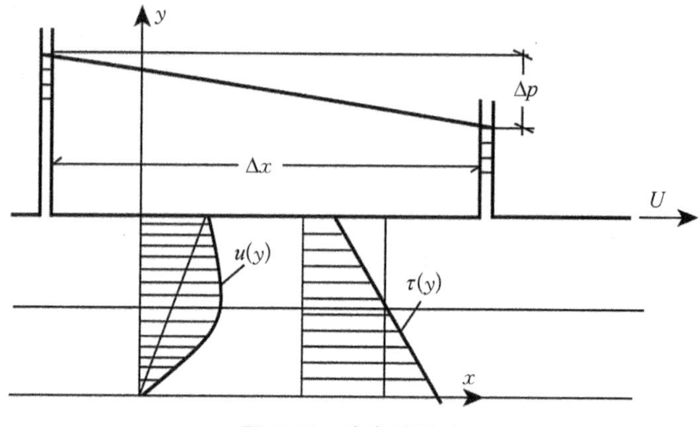

图 5.12　泊肃叶流动

下壁面切应力为

$$\tau_{0d}=\mu\frac{\mathrm{d}u}{\mathrm{d}y}\bigg|_{y=0}=\mu\frac{U}{h}-\frac{1}{2}\frac{\Delta p}{\Delta x}h \tag{5.105}$$

上壁面切应力为

$$\tau_{0u}=\mu\frac{\mathrm{d}u}{\mathrm{d}y}\bigg|_{y=h}=\mu\frac{U}{h}+\frac{1}{2}\frac{\Delta p}{\Delta x}h \tag{5.106}$$

切应力为

$$\tau(y)=\mu\frac{\mathrm{d}u}{\mathrm{d}y}=\mu\frac{U}{h}-\frac{1}{2}\frac{\Delta p}{\Delta x}h\left(1-2\frac{y}{h}\right) \tag{5.107}$$

由于 $\Delta p<0$, 以上两式说明，上壁面切应力小于下壁面切应力，如图 5.12 所示。

通过的体积流量为

$$Q = \int_0^h u(y)\,\mathrm{d}y = \frac{Uh}{2} - \frac{1}{2\mu}\frac{\Delta p}{\Delta x}\frac{h^3}{6} \tag{5.108}$$

当上壁面的切应力为零时，由式(5.106)得到

$$\tau_{0u} = \mu \frac{\mathrm{d}u}{\mathrm{d}y}\bigg|_{y=h} = \mu\frac{U}{h} + \frac{1}{2}\frac{\Delta p}{\Delta x}h = 0,\ \frac{\Delta p}{\Delta x} = -\frac{2\mu U}{h^2} \tag{5.109}$$

代入式(5.104)，得到速度分布为

$$u(y) = 2U\frac{y}{h} - U\frac{y^2}{h^2} \tag{5.110}$$

下壁面的切应力为

$$\tau_{0d} = \mu \frac{\mathrm{d}u}{\mathrm{d}y}\bigg|_{y=0} = \mu\frac{U}{h} - \frac{1}{2}\frac{\Delta p}{\Delta x}h = 2\mu\frac{U}{h} \tag{5.111}$$

2. 逆压强梯度的流动(负向组合)

现在讨论一种两端无限长的平行平板之间的流动，上平板以速度 U 移动，下平板静止，在平板之间沿 x 方向的逆压梯度(压强梯度沿着流动方向增大)为常数，当流动达到稳定后，求平板之间的速度分布，如图 5.13 所示。

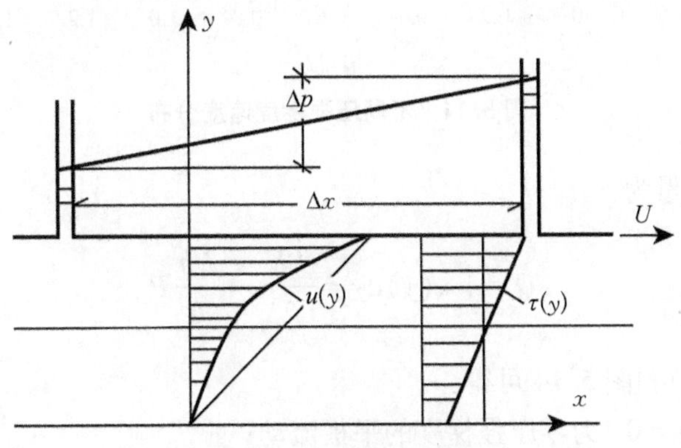

图 5.13　泊肃叶流动

假设平板间距为 h，上平板以 U 移动，两段无限长，端部影响忽略不计，流动是二维平行流动，流场是定常，得到 Navier－Stokes 方程精确解的速度场为式(5.104)。由于 $\Delta p > 0$，说明逆压梯度的作用使流量减小。由式(5.105)和式(5.106)可知，下壁面切应力减小，上壁面切应力增大。令 P 为压强梯度无量纲系数

$$P = -\frac{h^2}{2\mu U}\frac{\Delta p}{\Delta x} \tag{5.112}$$

将 P 代入速度分布公式(5.104)，有

$$\frac{u(y)}{U}=\frac{y}{h}+P\left(1-\frac{y}{h}\right)\frac{y}{h} \tag{5.113}$$

当下壁面的切应力为零时,由式(5.105)得到

$$\tau_{0d}=\mu\left.\frac{\mathrm{d}u}{\mathrm{d}y}\right|_{y=0}=\mu\frac{U}{h}-\frac{1}{2}\frac{\Delta p}{\Delta x}h=0,\ \frac{\Delta p}{\Delta x}=\frac{2\mu U}{h^2},\ P=-1 \tag{5.114}$$

在不同 P 作用下,速度分布曲线如图 5.14 所示。

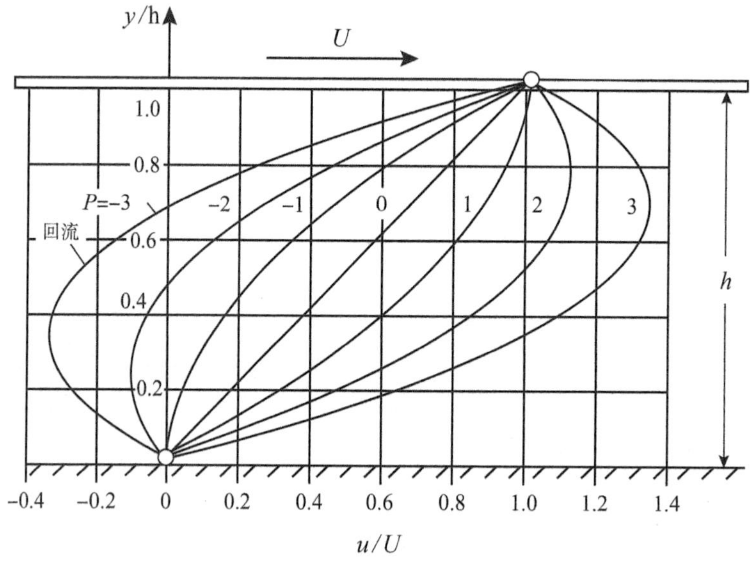

图 5.14　不同压强梯度速度分布

通过的体积流量为

$$Q=\int_0^h u(y)\,\mathrm{d}y=\frac{Uh}{2}+\frac{Uh}{6}P \tag{5.115}$$

分析式(5.113)和图 5.14 可得:

(1) $P=0$, $\Delta p=0$, 为零压强梯度的平板流动;

(2) $P>0$, $\Delta p<0$, 压强沿流动方向减小,顺压梯度流动;

(3) $P<0$, $\Delta p>0$, 压强沿流动方向增大,逆压梯度流动;

(4) $P=-1$, 底壁切应力为零;

(5) $P<-1$, $\Delta p>0$, 在底平板附近出现倒流;

(6) $P=-3$, 通过管道的流量为零,说明倒流流量与正流量相等。

5.6.4　涡柱及其诱导流场

假设在一个无限流场中,有一个无限长的涡核定常旋转,涡核半径为 R,涡核旋转角度为 ω,求当流场达到稳定后,涡核及其诱导的流场。

因流动为不可压缩定常二维流动，不考虑质量力，假设流场为

$$u_r = 0,\ u_\theta = u_\theta(r,\ \theta),\ u_z = 0,\ p = p(r) \tag{5.116}$$

将该式代入柱坐标系的连续方程为

$$\frac{\partial u_r}{\partial r} + \frac{1}{r}\frac{\partial u_\theta}{\partial \theta} + \frac{\partial u_z}{\partial z} + \frac{u_r}{r} = 0 \tag{5.117}$$

得

$$\frac{\partial u_\theta}{\partial \theta} = 0,\ u_\theta(r,\ \theta) = u_\theta(r) \tag{5.118}$$

由 r 方向的动量方程为

$$\begin{aligned} & u_r\frac{\partial u_r}{\partial r} + \frac{u_\theta}{r}\frac{\partial u_\theta}{\partial \theta} + u_z\frac{\partial u_z}{\partial z} - \frac{u_\theta^2}{r} \\ = & -\frac{1}{\rho}\frac{\partial p}{\partial r} + \nu\left(\frac{\partial^2 u_r}{\partial r^2} + \frac{1}{r}\frac{\partial u_r}{\partial \theta} + \frac{1}{r^2}\frac{\partial^2 u_r}{\partial \theta^2} + \frac{\partial^2 u_r}{\partial z^2} - \frac{2}{r^2}\frac{\partial u_\theta}{\partial \theta} - \frac{u_r}{r^2}\right) \end{aligned}$$

简化为

$$\frac{\partial p}{\partial r} = \rho\frac{u_\theta^2}{r} \tag{5.119}$$

由 θ 方向的动量方程为

$$\begin{aligned} & u_r\frac{\partial u_\theta}{\partial r} + \frac{u_\theta}{r}\frac{\partial u_\theta}{\partial \theta} + u_z\frac{\partial u_\theta}{\partial z} + \frac{u_r u_\theta}{r} \\ = & -\frac{1}{\rho}\frac{1}{r}\frac{\partial p}{\partial \theta} + \nu\left(\frac{\partial^2 u_\theta}{\partial r^2} + \frac{1}{r}\frac{\partial u_\theta}{\partial r} + \frac{1}{r^2}\frac{\partial^2 u_\theta}{\partial \theta^2} + \frac{\partial^2 u_\theta}{\partial z^2} + \frac{2}{r^2}\frac{\partial u_r}{\partial \theta} - \frac{u_\theta}{r^2}\right) \end{aligned} \tag{5.120}$$

简化后得到

$$\frac{\partial^2 u_\theta}{\partial r^2} + \frac{1}{r}\frac{\partial u_\theta}{\partial r} - \frac{u_\theta}{r^2} = 0 \tag{5.121}$$

因为 $u_\theta = u_\theta(r)$，上式可变为

$$\frac{\mathrm{d}^2 u_\theta}{\mathrm{d}r^2} + \frac{1}{r}\frac{\mathrm{d}u_\theta}{\mathrm{d}r} - \frac{u_\theta}{r^2} = 0 \tag{5.122}$$

整理上式得

$$\frac{\mathrm{d}^2 u_\theta}{\mathrm{d}r^2} + \frac{\mathrm{d}}{\mathrm{d}r}\left(\frac{u_\theta}{r}\right) = 0$$

积分,得

$$\frac{\mathrm{d}u_\theta}{\mathrm{d}r}+\frac{u_\theta}{r}=C_1,\ \frac{1}{r}\frac{\mathrm{d}}{\mathrm{d}r}(ru_\theta)=C_1$$

再积分,有

$$u_\theta=\frac{C_1}{2}r+\frac{C_2}{r} \tag{5.123}$$

其中,C_1 和 C_2 积分为常数。由边界层条件定。

(1) 在涡核区。当 $r=R$ 时, $u_\theta=u_R$;当 $r=0$, $u_\theta=0$。得到 $C_2=0$, $C_1=\frac{2u_R}{R}$。有

$$u_\theta=u_R\frac{r}{R} \tag{5.124}$$

由于 $u_R=R\omega$, 上式得到

$$u_\theta=\omega r \tag{5.125}$$

(2) 在涡核外区。当 $r=R$ 时,$u_\theta=u_R$;当 $r\to\infty$, $u_\theta\to 0$。得到 $C_1=0$, $C_2=u_R R$。有

$$u_\theta=u_R\frac{R}{r}=\omega\frac{R^2}{r} \tag{5.126}$$

绕半径 $r(>R)$ 圆周求速度环量,有

$$\Gamma=\oint_r u_\theta r\mathrm{d}\theta=\int_0^{2\pi}\omega\frac{R^2}{r}r\mathrm{d}\theta=2\pi\omega R^2,\ u_\theta=\frac{\Gamma}{2\pi r} \tag{5.127}$$

总结起来,可见对于 Γ 的涡核及其诱导速度场的理论解为

$$\begin{cases}u_\theta=\dfrac{\Gamma}{2\pi R}\dfrac{r}{R},\ r\leqslant R\\[2ex] u_\theta=\dfrac{\Gamma}{2\pi r},\ r>R\end{cases} \tag{5.128}$$

这个理论解与兰金组合涡是一致的,是龙卷风的一种近似模型。如图 5.15 所示,在涡核内为等涡量圆柱旋转流场,在涡核外部为自由涡诱导流场。

讨论:

(1) 涡核区。根据涡核速度场

$$u_\theta=\frac{\Gamma}{2\pi R}\frac{r}{R}$$

在涡核区内流体微团的旋转角速度为

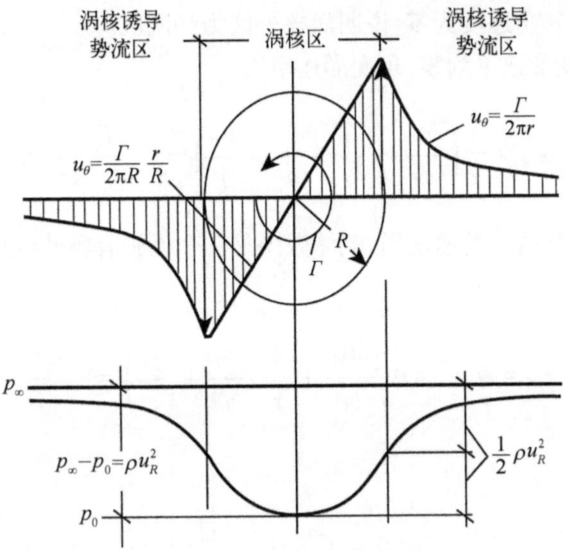

图 5.15　涡核及其诱导速度场

$$\omega_z=\frac{1}{2}\left[\frac{1}{r}\frac{\partial(ru_\theta)}{\partial r}-\frac{1}{r}\frac{\partial u_r}{\partial\theta}\right]=\frac{\Gamma}{2\pi R^2}\neq 0 \tag{5.129}$$

涡核区是有涡流动,且涡量不变,类似刚性旋转圆柱的速度场。

流体微团的线变形速率为零,角变形速率为

$$\varepsilon_{r\theta}=\frac{1}{2}\left(\frac{\partial u_\theta}{\partial r}+\frac{1}{r}\frac{\partial u_r}{\partial\theta}-\frac{u_\theta}{r}\right)=0$$

说明涡核区内流体微团是一个无变形的运动,因此也无黏性。涡流区为有涡无黏流动。

将涡核区速度代入式(5.119),得

$$\frac{\partial p}{\partial r}=\rho\frac{u_\theta^2}{r}=\rho\frac{1}{r}\left(\frac{\Gamma}{2\pi R}\frac{r}{R}\right)^2=\rho\left(\frac{\Gamma}{2\pi R^2}\right)^2 r \tag{5.130}$$

积分,得

$$p=p_0+\frac{1}{2}\rho\left(\frac{\Gamma}{2\pi R^2}r\right)^2=p_0+\frac{1}{2}\rho\left(\frac{\Gamma}{2\pi R}\frac{r}{R}\right)^2=p_0+\frac{1}{2}\rho u_\theta^2 \tag{5.131}$$

其中,p_0 为涡心处的压强。

(2) 涡核外诱导的势流区。根据势流区速度场

$$u_\theta=\frac{\Gamma}{2\pi r}$$

在涡核外流体微团的旋转角速度为

$$\omega_z=\frac{1}{2}\left[\frac{1}{r}\frac{\partial(ru_\theta)}{\partial r}-\frac{1}{r}\frac{\partial u_r}{\partial\theta}\right]=0 \tag{5.132}$$

涡核外，流体微团旋转角速度为零，说明涡核外区为势流区。

流体微团的线变形速率为零，角变形速率为

$$\varepsilon_{r\theta} = \frac{1}{2}\left(\frac{\partial u_\theta}{\partial r} + \frac{1}{r}\frac{\partial u_r}{\partial \theta} - \frac{u_\theta}{r}\right) = -\frac{\Gamma}{2\pi r^2} \neq 0 \tag{5.133}$$

说明涡核区外，为涡核诱导的速度场，流体微团是一个无旋有黏性流动。在该区内的剪切应力为

$$\tau_{r\theta} = 2\mu\varepsilon_{r\theta} = \mu\left(\frac{\partial u_\theta}{\partial r} + \frac{1}{r}\frac{\partial u_r}{\partial \theta} - \frac{u_\theta}{r}\right) = -\frac{\mu\Gamma}{\pi r^2} \tag{5.134}$$

产生的力矩为

$$M_z = \int_0^{2\pi} \tau_{r\theta} R^2 \mathrm{d}\theta = \int_0^{2\pi} R^2\left(-\frac{\mu\Gamma}{\pi R^2}\right)\mathrm{d}\theta = -2\mu\Gamma \tag{5.135}$$

功率为

$$P_w = M_z\omega = 2\mu\Gamma\frac{\Gamma}{2\pi R^2} = \frac{\mu\Gamma^2}{\pi R^2} \tag{5.136}$$

将涡核外诱导的速度场，代入式(5.119)，得

$$\frac{\partial p}{\partial r} = \rho\frac{u_\theta^2}{r} = \rho\left(\frac{\Gamma}{2\pi r}\right)^2\frac{1}{r} \tag{5.137}$$

积分，得

$$p = p_\infty - \frac{1}{2}\rho\left(\frac{\Gamma}{2\pi r}\right)^2 = p_\infty - \frac{1}{2}\rho u_\theta^2 \tag{5.138}$$

由势流的伯努利方程也可以得到式(5.138)，即 $p_\infty = p + \frac{1}{2}\rho u_\theta^2$。在涡核边界上，压强应满足

$$\begin{aligned} p_0 + \frac{1}{2}\rho u_R^2 &= p_\infty - \frac{1}{2}\rho u_R^2 \\ p_\infty - p_0 &= \rho u_R^2 = \rho\left(\frac{\Gamma}{2\pi R}\right)^2 \end{aligned} \tag{5.139}$$

说明涡核存在压强漏斗，压强漏斗的高度与涡强的平方呈正比。

5.6.5 重力作用下沿无限长斜面的平行流动

如图5.16所示，在一个无限长的倾斜(倾角为 θ)平板上，有一层厚度为 h 的液体层

在重力作用下作定常匀速平行流动，求液层的速度分布。取如图 5.16 所示的坐标系，x 轴沿着斜面下向，y 轴垂直于 x 轴。由于无限长，忽略两端的影响，假设流动是二维平行流动，流场是定常，速度场为

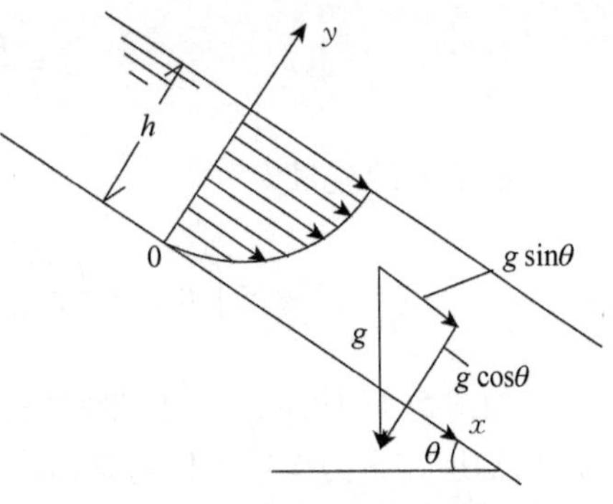

图 5.16　无限长斜面平行流动

$$u = u(x,\ y),\ v \approx 0,\ \frac{\partial u}{\partial x} = 0$$

由于是自由面流动，压强 p 与 x 无关。即

$$\frac{\partial p}{\partial x} \approx 0 \tag{5.140}$$

单位质量力只有重力，其分量为

$$f_x = g\sin\theta,\ f_y = -g\cos\theta \tag{5.141}$$

由二维 Navier－Stokes 方程组，简化为

$$0 = g\sin\theta + \nu\frac{\partial^2 u}{\partial y^2} \tag{5.142}$$

$$0 = -g\cos\theta - \frac{1}{\rho}\frac{\partial p}{\partial y} \tag{5.143}$$

沿着 y 方向积分式(5.143)，得

$$p = -\gamma y\cos\theta + c \tag{5.144}$$

在自由液面上，$y = h$，$p = p_a$，代入上式得 c，最后式(5.144)变为

$$p = p_a + \gamma(h - y)\cos\theta \tag{5.145}$$

沿着 y 方向积分式(5.142)，得

$$u = -\frac{\rho g}{2\mu}y^2\sin\theta + C_1 y + C_2 \tag{5.146}$$

代入边界条件

$$y = 0,\ u = 0;\ y = h,\ \frac{\mathrm{d}u}{\mathrm{d}y} = 0(\tau = 0) \tag{5.147}$$

得

$$C_2 = 0,\ C_1 = \frac{\rho g}{\mu}h\sin\theta \tag{5.148}$$

代入式(5.146)，得

$$u = \frac{\rho g h^2 \sin\theta}{2\mu} \frac{y}{h}\left(2 - \frac{y}{h}\right) \tag{5.149}$$

沿斜板下泄的流量为

$$q = \int_0^h u \mathrm{d}y = \frac{\rho g h^2 \sin\theta}{2\mu} \int_0^h \frac{y}{h}\left(2 - \frac{y}{h}\right) \mathrm{d}y = \frac{\rho g h^3 \sin\theta}{3\mu} \tag{5.150}$$

如图 5.17 所示，有一皮带收集油污的装置，皮带倾斜角度为 θ，在皮带上的油层厚度为 h，油层在重力作用下作定常匀速平行流动，皮带向上的速度为 U，求皮带的输油流量。如图 5.17 所示，单位质量重力的分量为

$$f_x = -g\sin\theta,\ f_y = -g\cos\theta \tag{5.151}$$

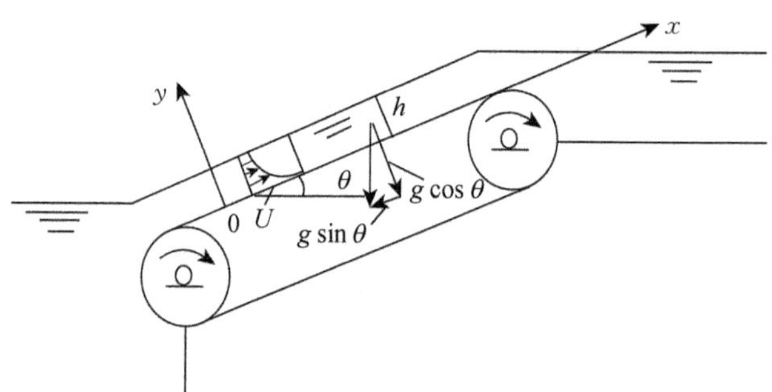

图 5.17　皮带收集油污的装置

由二维 Navier - Stokes 方程组，简化为

$$0 = -g\sin\theta + \nu \frac{\partial^2 u}{\partial y^2} \tag{5.152}$$

沿着 y 方向积分式(5.152)，得

$$u = \frac{\rho g}{2\mu} y^2 \sin\theta + C_1 y + C_2 \tag{5.153}$$

该问题的边界条件为

$$y = 0,\ u = U;\ y = h,\ \frac{\mathrm{d}u}{\mathrm{d}y} = 0(\tau = 0) \tag{5.154}$$

利用式(5.153)，得到积分常数为

$$C_1 = -\frac{\rho g h}{\mu}\sin\theta,\ C_2 = U \tag{5.155}$$

代入式(5.153)，得到

$$u = U - \frac{\rho g h^2 \sin\theta}{2\mu} \frac{y}{h}\left(2 - \frac{y}{h}\right) \tag{5.156}$$

沿 y 方向积分，得

$$q=\int_0^h u\mathrm{d}y=Uh-\frac{\rho gh^2\sin\theta}{2\mu}\int_0^h\frac{y}{h}\left(2-\frac{y}{h}\right)\mathrm{d}y=Uh-\frac{\rho gh^3\sin\theta}{3\mu}\tag{5.157}$$

5.7　黏性流体运动的基本性质

因存在切应力，与理想流体运动相比，黏性流体运动在运动过程中表现的主要特点是运动的有旋性，旋涡的扩散性，能量的耗散性。

5.7.1　黏性流体运动的涡量输运方程

根据德国流体力学家亥姆霍兹的三大涡量定理，对于理想正压流体，在质量力有势条件下，涡量保持守恒，即一旦无旋就永远无旋。但对于黏性流体、斜压或者质量力为无势的情况，涡量就不能保持守恒，在流动过程中涡量可以产生，也可以消亡。特别是黏性流体的流动，涡量随流动总是在产生和消亡中变化着，因此除了极个别例外，几乎都是有旋运动。

为了讨论旋涡在黏性流体流动中的性质和规律，首先需要推导涡量输运方程。对于不可压缩流体，由格罗米柯-兰姆型方程有

$$\frac{\partial\boldsymbol{V}}{\partial t}+\nabla\left(\frac{V^2}{2}\right)+2\boldsymbol{\omega}\times\boldsymbol{V}=\boldsymbol{f}-\frac{1}{\rho}\nabla p+\nu\Delta\boldsymbol{V}$$

引入涡量 $\boldsymbol{\Omega}=2\boldsymbol{\omega}$，上式可写为

$$\frac{\partial\boldsymbol{V}}{\partial t}+\nabla\left(\frac{V^2}{2}\right)+\boldsymbol{\Omega}\times\boldsymbol{V}=\boldsymbol{f}-\frac{1}{\rho}\nabla p+\nu\Delta\boldsymbol{V}\tag{5.158}$$

对上式两边取旋度，得

$$\nabla\times\left\{\frac{\partial\boldsymbol{V}}{\partial t}+\nabla\left(\frac{V^2}{2}\right)+\boldsymbol{\Omega}\times\boldsymbol{V}\right\}=\nabla\times\left\{\boldsymbol{f}-\frac{1}{\rho}\nabla p-\nu\Delta\boldsymbol{V}\right\}\tag{5.159}$$

运算各项，得

$$\nabla\times\frac{\partial\boldsymbol{V}}{\partial t}=\frac{\partial(\nabla\times\boldsymbol{V})}{\partial t}=\frac{\partial\boldsymbol{\Omega}}{\partial t}\tag{5.160}$$

$$\nabla\times\nabla\left(\frac{V^2}{2}\right)=0\tag{5.161}$$

$$\nabla\times\boldsymbol{\Omega}\times\boldsymbol{V}=-(\boldsymbol{\Omega}\cdot\nabla)\boldsymbol{V}+(\boldsymbol{V}\cdot\nabla)\boldsymbol{\Omega}\text{（利用}\nabla\cdot\boldsymbol{V}=0\text{）}\tag{5.162}$$

$$\nabla\times\nu\Delta\boldsymbol{V}=\nu\Delta(\nabla\times\boldsymbol{V})=\nu\Delta\boldsymbol{\Omega}\tag{5.163}$$

$$\nabla\times\left(\frac{1}{\rho}\nabla p\right)=\frac{1}{\rho}\nabla\times\nabla p=0\text{（对斜压流体这一项不为零）}\tag{5.164}$$

将式(5.160)~式(5.164)代入式(5.159),整理后得到不可压缩黏性流体运动的涡量输运方程为

$$\frac{\partial \boldsymbol{\Omega}}{\partial t} + (\boldsymbol{V} \cdot \nabla)\boldsymbol{\Omega} = (\boldsymbol{\Omega} \cdot \nabla)\boldsymbol{V} + \nabla \times \boldsymbol{f} + \nu \Delta \boldsymbol{\Omega} \tag{5.165}$$

这就是不可压缩黏性流体运动的亥姆霍兹涡量输运方程。方程左边为涡量的随体导数;右边第一项由流体微团的拉伸和剪切变形引起的涡量变化;右边第二项为质量力引起的,如果是有势力,该项为零;第三项是由黏性引起的涡量扩散。由该方程表明:流体的黏性、质量力无势、斜压流体是破坏涡量守恒的三大根源。在这三者中,最常见的是黏性作用。例如,① 黏性流体绕流物体近壁区的流动就是旋涡层;② 非正压流体,密度是压强与温度的函数,大气分层流就可以形成旋涡,在一些极端情况下可以形成强烈的旋风;③ 质量力无势,地球上的气流在哥氏力(质量力无势)作用下,就可以形成旋涡。现分别讨论如下。

(1) 如果质量力有势、不可压缩流体且无黏性,则涡量输运方程简化为

$$\nabla \times \boldsymbol{f} = \nabla \times (-\nabla \Pi) = 0 \tag{5.166}$$

$$\frac{\mathrm{d}\boldsymbol{\Omega}}{\mathrm{d}t} - (\boldsymbol{\Omega} \cdot \nabla)\boldsymbol{V} = 0 \tag{5.167}$$

该方程即为理想流体的亥姆霍兹涡量守恒方程。

(2) 如果质量力有势、不可压缩黏性流体,则涡量输运方程变为

$$\frac{\mathrm{d}\boldsymbol{\Omega}}{\mathrm{d}t} = (\boldsymbol{\Omega} \cdot \nabla)\boldsymbol{V} + \nu \Delta \boldsymbol{\Omega} \tag{5.168}$$

(3) 对于不可压缩黏性流体的二维流动 ($\boldsymbol{\Omega} = \Omega_z \boldsymbol{k}$),式(5.168)简化为

$$(\boldsymbol{\Omega} \cdot \nabla)\boldsymbol{V} = \Omega_x \frac{\partial \boldsymbol{V}}{\partial x} + \Omega_y \frac{\partial \boldsymbol{V}}{\partial y} + \Omega_z \frac{\partial \boldsymbol{V}}{\partial z} = \Omega_z \frac{\partial \boldsymbol{V}}{\partial z} = 0,\ \boldsymbol{V} = \boldsymbol{V}(x, y, t) \tag{5.169}$$

$$\frac{\mathrm{d}\Omega_z}{\mathrm{d}t} = \nu \Delta \Omega_z \tag{5.170}$$

5.7.2 黏性流体运动的有旋性

理想流体运动可以是无旋的,也可以是有旋的,但涡量不变。而黏性流体运动一般总是有旋的。用反证法可说明这一点。对于不可压缩黏性流体,其运动方程组(N-S 方程组)为

$$\nabla \cdot \boldsymbol{V} = 0$$

$$\frac{\mathrm{d}\boldsymbol{V}}{\mathrm{d}t} = \boldsymbol{f} - \frac{1}{\rho}\nabla p + \nu \Delta \boldsymbol{V}$$

由场论知识有

$$\Delta \boldsymbol{V} = \nabla(\nabla \cdot \boldsymbol{V}) - \nabla \times (\nabla \times \boldsymbol{V}) = - \nabla \times \boldsymbol{\Omega} \tag{5.171}$$

将式(5.171)代入 N－S 方程组，得

$$\begin{aligned} &\nabla \cdot \boldsymbol{V} = 0 \\ &\frac{\mathrm{d}\boldsymbol{V}}{\mathrm{d}t} = \boldsymbol{f} - \frac{1}{\rho}\nabla p - \nu \nabla \times \boldsymbol{\Omega} \end{aligned} \tag{5.172}$$

如果流动无旋，上式简化为

$$\begin{aligned} &\nabla \cdot \boldsymbol{V} = 0 \\ &\frac{\mathrm{d}\boldsymbol{V}}{\mathrm{d}t} = \boldsymbol{f} - \frac{1}{\rho}\nabla p \end{aligned} \tag{5.173}$$

这组方程与理想不可压缩流体运动的欧拉方程组完全一样，黏性力的作用消失，说明黏性流体流动与理想流体流动完全一样，且原方程的数学性质也发生了变化，由原来的二阶拟线性偏微分方程组变成一阶拟线性偏微分方程组。问题出现在固壁边界上。在黏性流体运动中，固壁面的边界条件是不穿透条件和不滑移条件。即在固壁面上，需要满足

$$\begin{aligned} &V_n = 0(\text{不穿透条件}) \\ &V_\tau = 0(\text{不滑移条件}) \end{aligned} \tag{5.174}$$

要求降阶后的方程组(5.173)同时满足这两个边界条件，一般是不可能的。这说明一般情况下，黏性流体流动总是有旋的，但也有特例。如果固壁面的切向速度正好等于固壁面处理想流体的切向速度，也就是固壁面与理想流体质点不存在相对运动，自然满足不滑移条件，这样理想流体方程自动满足固壁面边界条件。说明在这种情况下，黏性流体流动可以是无涡的。如点涡诱导的速度场就是一个典型的黏性无涡流场。但一般情况下，固壁面与理想流体质点总是存在相对运动的，受流体黏性的作用，必然要产生旋涡。由此可得出结论：黏性流体旋涡是由存在相对运动的固壁面与流体的黏性相互作用产生的，或者两层不同速度的黏性流体混合时，因黏性的作用也要产生涡。

5.7.3　黏性流体旋涡的扩散性

均质不可压缩无黏性流体在有势力作用下，涡的强度保持不变，流场中的涡就像"冻结"在涡线上一样。但是黏性流体中，旋涡的大小不仅可以随时间产生、发展、衰减、消失，而且还会扩散，涡量从强度大的地方向强度小的地方扩散，直至旋涡强度均匀分布。以一空间孤立涡线的扩散规律为例说明之。由于流场是轴对称的，在极坐标情况下

$$u_\theta = u_\theta(r,\ t),\ v_r = 0 \tag{5.175}$$

涡量 Ω_z 的表达式为

$$\Omega_z = \frac{1}{r}\frac{\partial(ru_\theta)}{\partial r} - \frac{1}{r}\frac{\partial v_r}{\partial \theta} = \frac{1}{r}\frac{\partial(ru_\theta)}{\partial r} = \Omega_z(r,\ t) \tag{5.176}$$

在极坐标下,式(5.170)有

$$\frac{\partial \Omega_z}{\partial t} + v_r \frac{\partial \Omega_z}{\partial r} + \frac{u_\theta}{r}\frac{\partial \Omega_z}{\partial \theta} = \frac{\nu}{r}\frac{\partial}{\partial r}\left(r\frac{\partial \Omega_z}{\partial r}\right) + \frac{1}{r^2}\frac{\partial^2 \Omega_z}{\partial \theta^2} \tag{5.177}$$

在轴对称条件下,简化为

$$\frac{\partial \Omega_z}{\partial t} = \frac{\nu}{r}\frac{\partial}{\partial r}\left(r\frac{\partial \Omega_z}{\partial r}\right) \tag{5.178}$$

这样,涡线强度扩散过程定解问题为

$$\begin{cases} \text{控制方程:}\ \dfrac{\partial \Omega_z}{\partial t} = \dfrac{\nu}{r}\dfrac{\partial}{\partial r}\left(r\dfrac{\partial \Omega_z}{\partial r}\right) \\ \text{定解条件:}\ \begin{matrix} t = 0,\ r > 0,\ \Omega_z = 0 \\ t \geqslant 0,\ r \to \infty,\ \Omega_z = 0 \end{matrix} \end{cases} \tag{5.179}$$

这个问题表征了一个半径为 r_0 的圆柱,其轴线 z 与流动面垂直,如果圆柱绕 z 轴的旋转角速度为 $\Omega_0/2$,则在定常流动情况下,旋转圆柱外诱导的速度场为

$$u_{\theta 0} = \frac{\Gamma_0}{2\pi r} = \frac{\Omega_0 r_0}{2}\frac{r_0}{r},\ \Gamma_0 = \Omega_0 \pi r_0^2 \tag{5.180}$$

求解式(5.179),可采用数学物理方程中的相似变换法进行求解,即引进由自变量组合成的无量纲相似变量,将偏微分方程化成常微分方程进行求解。引进无量纲变量 η,即

$$\eta = \frac{r^2}{\nu t} \tag{5.181}$$

令在任意时刻的涡量为

$$\Omega_z = \frac{\Gamma_0}{\nu t}F(\eta) \tag{5.182}$$

其中,$F(\eta)$为无量纲涡量函数。将上式代入式(5.179),得

$$F(\eta) + \eta F'(\eta) + 4[F'(\eta) + \eta F''(\eta)] = 0 \tag{5.183}$$

$$\frac{\mathrm{d}[F(\eta) + 4F'(\eta)]}{F(\eta) + 4F'(\eta)} + \frac{\mathrm{d}\eta}{\eta} = 0 \tag{5.184}$$

积分得

$$\eta[F(\eta) + 4F'(\eta)] = C_1 \tag{5.185}$$

考虑到在涡心处,$F(\eta)$及 $F'(\eta)$均为有限值,则积分常数 C_1 应取为零。由此得

$$F(\eta) + 4F'(\eta) = 0,\ F = Ce^{-\frac{r^2}{4\nu t}} \tag{5.186}$$

由此解出

$$\Omega_z = \frac{\Gamma_0}{\nu t} Ce^{-\frac{r^2}{4\nu t}} \tag{5.187}$$

为了确定积分常数 C,在半径 r 区域内,利用 Stokes 积分,得

$$\int_0^{2\pi} u_\theta r \mathrm{d}\theta = \iint_r \Omega_z \mathrm{d}\sigma,\ u_\theta = \frac{1}{2\pi r}\int_0^r \frac{\Gamma_0}{\nu t} Ce^{-\frac{r^2}{4\nu t}} 2\pi r \mathrm{d}r \tag{5.188}$$

积分得到

$$u_\theta = \frac{2\Gamma_0 C}{r}\left(1 - e^{-\frac{r^2}{4\nu t}}\right) \tag{5.189}$$

利用初始条件式(5.180),得到 $C = \dfrac{1}{4\pi}$,代入式(5.187)和式(5.189),由

$$\Omega_z = \frac{\Gamma_0}{4\pi\nu t} e^{-\frac{r^2}{4\nu t}} \tag{5.190}$$

$$u_\theta = \frac{\Gamma}{2\pi r} = \frac{\Gamma_0}{2\pi r}\left(1 - e^{-\frac{r^2}{4\nu t}}\right) \tag{5.191}$$

对 Ω_z 积分,得到在任意时刻的涡强为

$$\Gamma = \int_0^r \Omega_z 2\pi r \mathrm{d}r = \Gamma_0\left(1 - e^{-\frac{r^2}{4\nu t}}\right) \tag{5.192}$$

可见,在黏性流动中,涡量随时间是扩散的,扩散范围 $\delta \approx \sqrt{4\nu t}$,如图 5.18 所示。

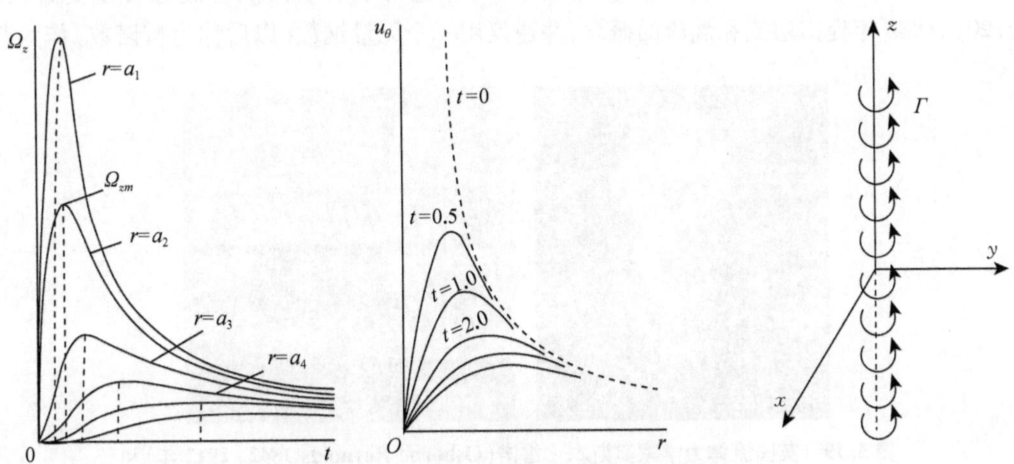

图 5.18　涡量和周向速度的随时间的扩散

5.7.4 黏性流体能量的耗散性

在黏性流体中,流体微团运动必然要克服黏性应力做功而消耗机械能。这部能量通过摩擦而生热,不可能再被回收机械能中做有用功,是一个不可逆过程,因此称为能量损失。显然,这部能量主要决定于流体的黏性和微团变形运动。如流体微团再运动过程中变形率越大,机械功的耗散就越大。

5.8 层流、湍流及其能量损失

5.8.1 黏性流体微团的受力及其对流动的影响

黏性流体运动与理想流体运动的主要区别在于微团的受力除惯性力外,还有黏性力,反映在流体微团的受力行为上除法向应力外(压强),还有切向应力(黏性切应力)。因此,黏性流体微团的运动行为实质上是惯性力与黏性力二者相互作用的结果。按照定义,黏性力的作用是阻止流体微团发生相对运动,而惯性力的作用与黏性力的作用正好相反,对流体微团的运动起加剧作用。在流体力学中,对两种受力极端的情况给予了高度的重视,其一是黏性力的作用远大于惯性力的作用,其二是惯性力的作用远大于黏性力的作用,可以推测在这两种情况下流体微团的运动特征是截然不同的。由此引出了层流和湍流的概念。

5.8.2 雷诺转捩试验

自然界中存在着大量的流动不是层流,而是与其截然不同的湍流,这类流动极其复杂,实际应用更加迫切。于是湍流的形成与发展机制不断引起人们的高度重视。这其中涉及层流失稳的转捩问题和充分发展的湍流问题。对于转捩问题,早在 1839 年德国学者哈根(Hagen)发现圆管中的水流特性与速度大小有关,1869 年发现两种不同流态水流特性不同。1880 年英国流体力学家雷诺(图 5.19)进行了著名的圆管流态转捩实验(图 5.20),1883 年提出层流和湍流的概念,并建议用一个无量纲数(以后称为雷诺数)作为判

图 5.19 英国流体力学家奥斯本・雷诺(Osborne Reynolds 1842~1912 年)和转捩实验装置

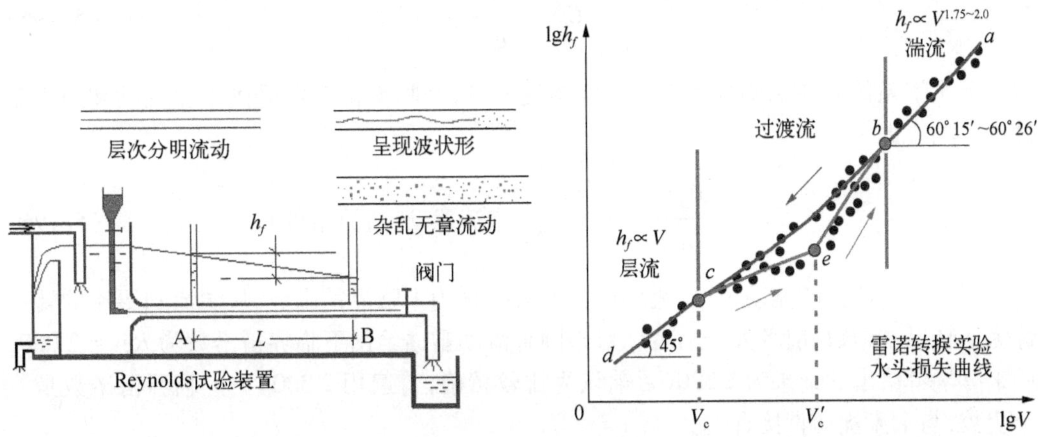

图 5.20 雷诺转捩实验

别条件,给出的圆管转捩雷诺数为 2 000(现在取 2 320)。对于边界层为湍流流态的观察也早有记载,1872 年英国学者弗劳德(图 5.21)观察到平板阻力与速度的 1.85 次幂成正比,而不是层流的一次幂。1914 年世界流体力学大师普朗特研究圆球阻力时提出湍流边界层概念。

图 5.21 英国流体力学家威廉·弗劳德(William Froude,1810~1879 年)

层流失稳形成湍流,一个最明显的特征是湍流的随机性。现已发现:湍流的随机性特征并不仅仅来自外部边界条件的各种扰动和激励,更重要的是来自内部的非线性机制。混沌的发现大大地冲击了"确定论",即确定的方程系统并不像著名科学家 Laplace 所说的那样,只要给出定解条件就可决定未来的一切,而是确定的系统可以产生不确定的结果。混沌使确定论和随机论有机地联系起来,使我们更加确信,确定的 Navier - Stokes 方程组可以用来描述湍流[即一个耗散系统受非线性惯性力的作用,在一定的条件下可能发生多次非线性分叉(bifurcation)而最终变成混乱的结构]。

5.8.3 流动形态的判别准则——临界雷诺数

实验发现,层流转捩的临界流速与管径、流体密度和动力黏度系数有关。临界流速与动力黏度系数成正比,与管径和流体密度成反比。由量纲分析可得

$$V_c = f(\rho,\ d,\ \mu) \tag{5.193}$$

根据实验结果,临界速度可写为

$$V_c = C\frac{\mu}{\rho d} \tag{5.194}$$

其中,系数 C 为无量纲系数。其值可表示为

$$C = \frac{V_c \rho d}{\mu} \tag{5.195}$$

这个无量纲系数 C 称为临界雷诺数。实验发现，这个临界雷诺数受到来流扰动和边界条件的影响。即

$$Re_c = \frac{\rho V_c d}{\mu} = \frac{V_c d}{\nu} = f(\text{来流扰动,边界条件}) \tag{5.196}$$

对于同一边界特征的流动，从层流到湍流的转捩称为上临界雷诺数，从湍流到层流的转捩称为下临界雷诺数，前者大于后者。对于圆管流动雷诺给出下临界雷诺数为 $Re_c = 2\,000$，后来有学者给出的结果为 2 320（目前认为比较精确，普遍用 2 300）。上临界雷诺数是一个变数，与来流扰动直接有关。

除临界雷诺数外，也可用任意管道速度和管径特征尺度计算，可得一般意义的雷诺数为

$$Re = \frac{\rho V d}{\mu} = \frac{V d}{\nu} \tag{5.197}$$

雷诺数是表征流体流动惯性力与黏性力的比值。如果设流体团的特征尺度为 L，质量为 $m = \rho L^3$，流体团运动的特征速度为 V、特征时间为 T，则流体团的惯性力为

$$F_I = m\frac{\mathrm{d}V}{\mathrm{d}t} = \rho L^3 \frac{V}{T} = \rho L^2 V^2$$

黏性力为

$$F_\mu = \mu \frac{\mathrm{d}V}{\mathrm{d}y} L^2 = \mu L V$$

由此可得

$$Re = \frac{F_I}{F_\mu} = \frac{\rho V^2 L^2}{\mu V L} = \frac{V L}{\nu}$$

对流体微团而言，因惯性力的作用是促使质点失稳，扰动放大；黏性力的作用是对质点起约束作用，是遏制扰动的。雷诺数大表示质点惯性力大于黏性力，流动失去稳定，流动为湍流；雷诺数小表示流体质点黏性力大于惯性力，流动稳定，层次分明，表现为层流。

5.8.4 阻力损失分类

在黏性流体流动中，机械能损失是不可避免的。在管道中损失可为：

（1）沿程损失 h_f，指流体沿程克服固壁摩擦阻力和流层之间内摩擦阻力做功引起的机械能损失；

（2）局部损失 h_j，指流体绕过管壁发生突变的区域，使流动发生急剧变化而引起的内摩擦阻力做功损失的机械能。

大量的管道实验发现：管道沿程损失 h_f 是流体密度 ρ、管道速度 V、管道直径 d、管道长度 L、重力加速度 g、流体黏性系数 μ 和管道粗糙度 Δ 等变量的函数。即

$$h_f = f(\rho,\ V,\ d,\ L,\ g,\ \mu,\ \Delta) \tag{5.198}$$

实验发现阻力损失与下列变量成正比。即

$$h_f \propto \frac{V^2}{2g},\ h_f \propto L,\ h_f \propto \frac{1}{d} \tag{5.199}$$

综合起来,得

$$h_f \propto \frac{L}{d}\frac{V^2}{2g},\ h_f = \lambda \frac{L}{d}\frac{V^2}{2g} \tag{5.200}$$

图 5.22　法国工程师亨利・达西(Henry Darcy,1803~1858 年)

式中,λ 为无量纲系数,与流动雷诺数和管道壁面相对粗糙度有关。该式由德国科学家魏斯巴赫(Julius Weisbach,1806~1871 年)于 1850 年首先提出,法国科学家达西(图 5.22)在 1858 年用实验的方法进行了验证,故称为达西-魏斯巴赫公式,也称沿程水头损失通用公式,简称达西公式。达西-魏斯巴赫公式适用于任何截面形状的光滑和粗糙管内充分发展的层流和湍流流动,具有重要的工程应用价值。

局部损失一般表达式为与当地动能成正比,比例系数 ζ 称为局部阻力系数,其值与流动区域的形状和流动分离有关。即

$$h_j = \zeta \frac{V^2}{2g} \tag{5.201}$$

5.8.5　湍流的定义

最早对湍流现象进行研究的,可追溯到意大利文艺复兴时期的科学和艺术全才达・芬奇。如图 5.23 所示,他对湍流的流动进行了细致观察,在一副关于湍流的名画中写到：乌云被狂风卷散撕裂,沙粒从海滩上扬起,树木弯下了腰。这些现象构成了现代壁湍流的主要特征,即旋涡的分裂和破碎、旋涡的卷吸、近壁区的剪切作用。

图 5.23　达・芬奇的湍流名画

1883 年,英国流体力学家雷诺把湍流定义为曲折运动(波动)。1937 年,英国力学家泰勒(图 5.24)和美籍科学家西奥多・冯・卡门(图 5.25)把湍流定义为：湍流是一种不规则的运动,当流体流过固体表面,或者当相邻同类流体流过或绕过时,一般会在流体中出现这种不规则运动(这个定义突出了湍流的不规则性)。1959 年,欣兹(荷兰科学

家)定义：湍流是一种不规则的流动形态，但其各种物理量随时间和空间坐标的变化表现出随机性，因而能辨别出不同的统计平均值。我国著名科学家周培源(图 5.26)先生一贯主张：湍流是一种不规则的旋涡运动。一般教科书定义湍流是一种杂乱无章、互相混掺，不规则的随机运动，表征湍流中流体质点的运动轨迹。比较公认的观点认为湍流是一种由大小不等、频率不同的旋涡结构组成，使其物理量对时间和空间的变化均表现出不规则的随机性。随着近年认识的加深，人们认为湍流中即包含着有序的大尺度旋涡结构，也包含着无序的、随机的小尺度旋涡结构。湍流物理量的随机脉动就是由这些大小不同尺度涡共同作用的结果。

图 5.24　英国力学家泰勒(Taylor，1886~1975 年)

图 5.25　美籍科学家西奥多·冯·卡门(Theodore von Kármán，1881~1963 年)

图 5.26　中国著名流体力学家周培源(1902~1993 年)

5.8.6　湍流的基本特征

1. 湍流的有涡性与涡串级理论

湍流中伴随有大小不等、频率不同的旋涡运动，旋涡是引起湍流物理量随机脉动的主要根源。一般认为，湍流物理量的随机变化过程是由这些大小不等的旋涡产生的，显然在一个物理量变化过程中，大涡产生大的涨落，小涡产生小的涨落，如果在大涡中还含有小涡，则会在大涨落中含有小涨落，如图 5.27 所示。从形式上看，这些旋涡四周速度方向是

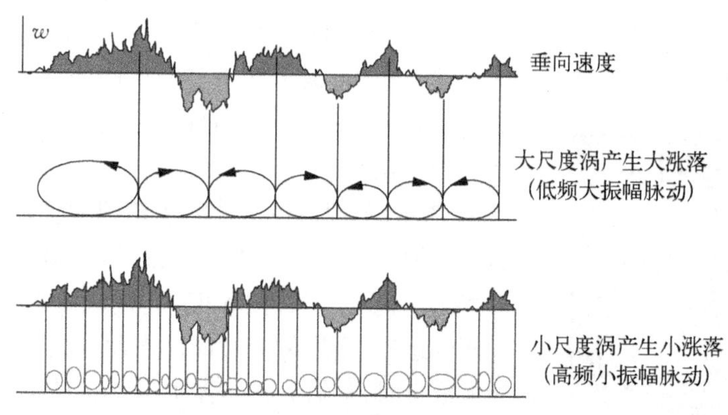

图 5.27　湍流物理量的脉动与涡结构

相对(相反)的，表明在涡体之间的流体层内存在相当大的速度梯度，大涡从基本流动(又称时均流动或平均流动)中获取能量，是湍流能量的主要含能涡体，然后再通过黏性和色散(失稳)过程串级分裂成不同尺度的小涡，并在这些涡体的分裂破碎过程中将能量逐级传给小尺度涡，直至达到黏性耗散为止，这个过程就是1922年英国气象学家理查德森提出的涡串级理论，如图5.28所示。

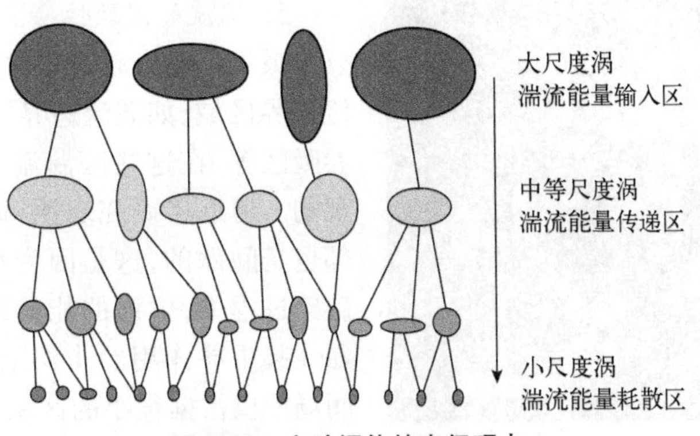

图5.28　紊动涡体的串级观点

2. 湍流的不规则性与随机性

湍流中流体质点的运动是杂乱无章、无规律的随机运动。但由于湍流场中含有大大小小不同尺度的涡体，理论上并无特征尺度，因此这种随机运动必然要伴随有各种尺度的跃迁。湍流场中流体质点的各物理量是时间和空间的随机变量，它们的统计平均值服从一定的规律性。

3. 湍流的扩散性和能量的耗散性

由于湍流中流体质点的脉动和混掺，致使湍流中动量、能量、热量、质量、浓度等物理量的扩散大大增加，远大于层流的情况。

湍流中的小尺度涡将产生大的瞬时速度梯度，从而引起较大的黏性耗散作用，这是由于湍动涡体产生的，比层流大得多。

4. 湍流的拟序结构

经典湍流理论认为湍流中的脉动是一种完全无序的不规则运动。但是自从20世纪70年代Brown和Roshko用阴影仪发现自由剪切湍流中的相干结构(也称拟序结构，图5.29)以来，人们认识到湍流中的脉动并非完全是不规则的运动，而是在表面上看来不规

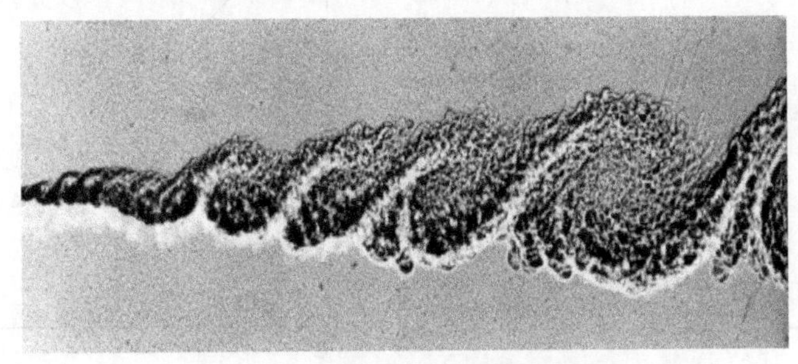

图5.29　湍流中的大尺度相干结构

则运动中仍具有可检测的有序运动，这种拟序结构对剪切湍流脉动生成和发展起着主导作用。例如，自由剪切湍流中（湍流混合层、远场的湍射流和湍尾流等）的拟序结构的发现，清晰地刻画了拟序大尺度涡在湍流中的混掺和湍射流中的卷吸作用；在壁剪切湍流中条带结构的发现，揭示了在壁面附近湍流生成的物理机制。

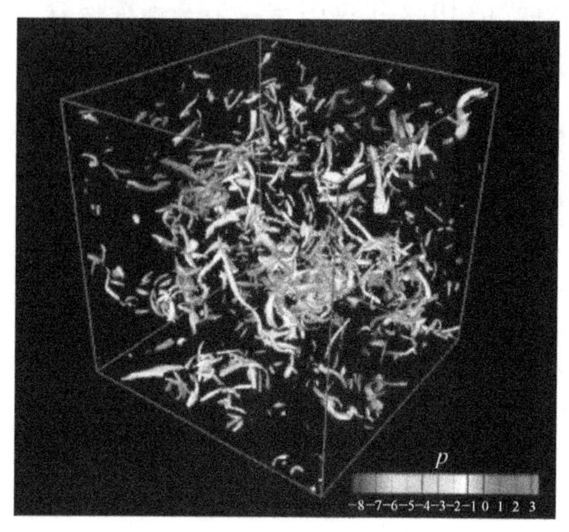

图 5.30　小尺度湍流涡结构

5. 湍流的间歇性

最早发现湍流的间歇性是在湍流和非湍流交界区域，如湍流边界层的外区、湍射流的卷吸区等，在这些区湍流和非湍流是交替出现的。但近年研究表明，即使是在湍流的内部也是间歇的，这是因为在湍流涡体的分裂破碎过程中，大涡的能量最终会串级到那些黏性起主导作用的小涡上，而这些小涡在空间场中仅占据很小的区域。因此湍流的间歇性是普遍的，且也是奇异的，如图 5.30 所示。

5.8.7　雷诺时均值的概念

考虑到湍流的随机性，1895 年英国流体力学家雷诺首次将瞬时湍流看作时均运动（描述流动的平均趋势）与脉动运动（偏离时均运动的程度）两部分组成，以后人们又提出空间分解和统计分解等方法。

1. 时间分解法（雷诺的时均值概念）

如果湍流运动是一个平稳的随机过程（图 5.31），则在湍流场中任一点的瞬时速度 u 可分解为时均速度与脉动速度之和。即

$$u = \bar{u} + u' \tag{5.202}$$

其中，时均速度 $\bar{u}$ 定义为

$$\bar{u} = \frac{1}{T}\int_0^T u\mathrm{d}t = \lim_{T\to\infty}\frac{1}{T}\int_0^T u\mathrm{d}t \tag{5.203}$$

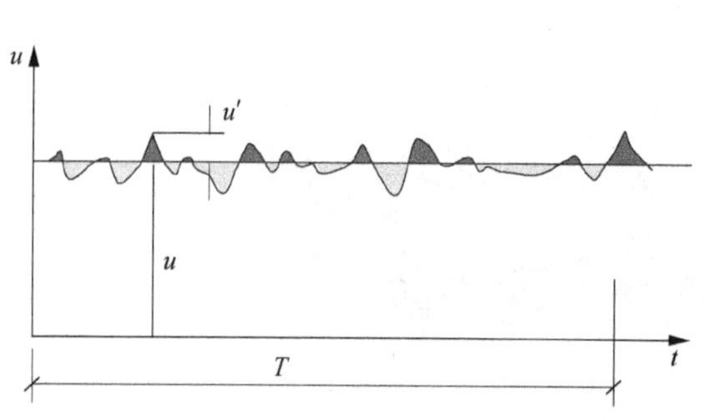

图 5.31　湍流的平稳随机过程

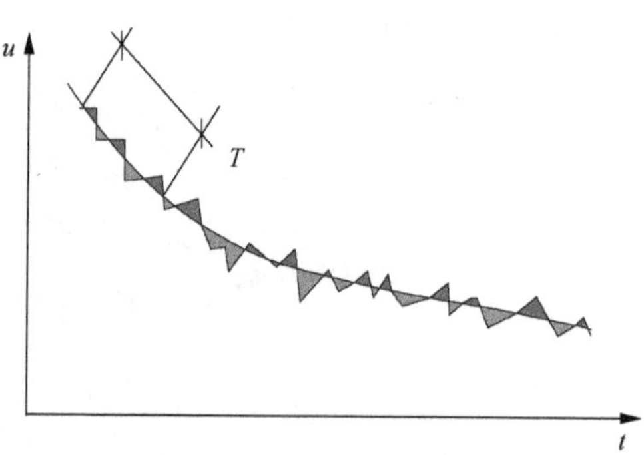

图 5.32　湍流的非平稳随机过程

式中，取时均值的时间 T 要求远远大于脉动运动的积分时间尺度。对于非平稳随机过程（图 5.32），严格而言不能用时均分解法，但如果时均运动的特征时间远大于脉动运动的特征时间，且当取均值时间 T 远小于时均运动的特征时间而又远大于脉动运动的特征时间时，时均值分解仍近似成立。

2. 空间分解法（空间平均法）

如果湍流场是具有空间均匀性的随机场，则可采用空间平均法对湍流的瞬时量进行空间分解。即

$$\bar{u} = \frac{1}{L}\int_0^L u\mathrm{d}x \tag{5.204}$$

3. 系综平均法（概率意义上的分解）

如果湍流运动既不是时间平稳的，也不是空间均匀的，那么还可以在概率意义上对湍流的瞬时运动进行分解。即

$$\bar{u} = \frac{1}{N}\sum_{i=1} u_i = \int_{-\infty}^{\infty} pu\mathrm{d}u \tag{5.205}$$

上述三种分解方法，虽然是针对不同性质的湍流场提出的，但在一定的条件下它们之间在统计意义上是等价的。由概率论的各态历经性定理可知，一个随机变量在重复多次试验中出现的所有可能值，也会在相当长的时间内（或相当大的空间范围内）一次试验中重复出现许多次，且出现的概率是相同的。因而，对于时间上平稳、空间上均匀的湍流场，各物理量按上述三种分解法得到的平均值是相等的。

5.8.8　雷诺时均运动方程组

在直角坐标系中，描述不可压缩黏性流体瞬时运动的 Navier－Stokes 方程组为

$$\begin{aligned}
\frac{\partial u}{\partial t} + \frac{\partial u^2}{\partial x} + \frac{\partial uv}{\partial y} + \frac{\partial uw}{\partial z} &= f_x - \frac{1}{\rho}\frac{\partial p}{\partial x} + \nu\left(\frac{\partial^2 u}{\partial x^2} + \frac{\partial^2 u}{\partial y^2} + \frac{\partial^2 u}{\partial z^2}\right)\\
\frac{\partial v}{\partial t} + \frac{\partial uv}{\partial x} + \frac{\partial v^2}{\partial y} + \frac{\partial vw}{\partial z} &= f_y - \frac{1}{\rho}\frac{\partial p}{\partial y} + \nu\left(\frac{\partial^2 v}{\partial x^2} + \frac{\partial^2 v}{\partial y^2} + \frac{\partial^2 v}{\partial z^2}\right)\\
\frac{\partial w}{\partial t} + \frac{\partial uw}{\partial x} + \frac{\partial vw}{\partial y} + \frac{\partial w^2}{\partial z} &= f_z - \frac{1}{\rho}\frac{\partial p}{\partial z} + \nu\left(\frac{\partial^2 w}{\partial x^2} + \frac{\partial^2 w}{\partial y^2} + \frac{\partial^2 w}{\partial z^2}\right)
\end{aligned} \tag{5.206}$$

不可压缩流体的连续性微分方程为

$$\frac{\partial u}{\partial x} + \frac{\partial v}{\partial y} + \frac{\partial w}{\partial z} = 0 \tag{5.207}$$

雷诺基于时均值的概念，假设湍流的瞬时运动满足不可压缩黏性流体运动的 N－S 方程组，然后对瞬时运动方程组取时均值运算，得到描述湍流时均运动的雷诺方程

组。即

$$u=\bar{u}+u',\ v=\bar{v}+v',\ w=\bar{w}+w',\ p=\bar{p}+p' \tag{5.208}$$

且

$$\overline{u^2}=\overline{(\bar{u}+u')^2}=\bar{u}^2+\overline{u'^2},\overline{uv}=\overline{(\bar{u}+u')(\bar{v}+v')}=\bar{u}\bar{v}+\overline{u'v'} \tag{5.209}$$

对式(5.206)取时均值运算,得

$$\frac{\partial\bar{u}}{\partial t}+\bar{u}\frac{\partial\bar{u}}{\partial x}+\bar{v}\frac{\partial\bar{u}}{\partial y}+\bar{w}\frac{\partial\bar{u}}{\partial z}=\bar{f}_x-\frac{1}{\rho}\frac{\partial\bar{p}}{\partial x}+\frac{1}{\rho}\frac{\partial}{\partial x}\left(\mu\frac{\partial\bar{u}}{\partial x}-\rho\overline{u'^2}\right)$$
$$+\frac{1}{\rho}\frac{\partial}{\partial y}\left(\mu\frac{\partial\bar{u}}{\partial y}-\rho\overline{u'v'}\right)+\frac{1}{\rho}\frac{\partial}{\partial z}\left(\mu\frac{\partial\bar{u}}{\partial z}-\rho\overline{u'w'}\right) \tag{5.210}$$

$$\frac{\partial\bar{v}}{\partial t}+\bar{u}\frac{\partial\bar{v}}{\partial x}+\bar{v}\frac{\partial\bar{v}}{\partial y}+\bar{w}\frac{\partial\bar{v}}{\partial z}=\bar{f}_y-\frac{1}{\rho}\frac{\partial\bar{p}}{\partial y}+\frac{1}{\rho}\frac{\partial}{\partial x}\left(\mu\frac{\partial\bar{v}}{\partial x}-\rho\overline{u'v'}\right)$$
$$+\frac{1}{\rho}\frac{\partial}{\partial y}\left(\mu\frac{\partial\bar{v}}{\partial y}-\rho\overline{v'^2}\right)+\frac{1}{\rho}\frac{\partial}{\partial z}\left(\mu\frac{\partial\bar{v}}{\partial z}-\rho\overline{v'w'}\right) \tag{5.211}$$

$$\frac{\partial\bar{w}}{\partial t}+\bar{u}\frac{\partial\bar{w}}{\partial x}+\bar{v}\frac{\partial\bar{w}}{\partial y}+\bar{w}\frac{\partial\bar{w}}{\partial z}=\bar{f}_z-\frac{1}{\rho}\frac{\partial\bar{p}}{\partial z}+\frac{1}{\rho}\frac{\partial}{\partial x}\left(\mu\frac{\partial\bar{w}}{\partial x}-\rho\overline{u'w'}\right)$$
$$+\frac{1}{\rho}\frac{\partial}{\partial y}\left(\mu\frac{\partial\bar{w}}{\partial y}-\rho\overline{v'w'}\right)+\frac{1}{\rho}\frac{\partial}{\partial z}\left(\mu\frac{\partial\bar{w}}{\partial z}-\rho\overline{w'^2}\right) \tag{5.212}$$

时均运动连续性方程为

$$\frac{\partial\bar{u}}{\partial x}+\frac{\partial\bar{v}}{\partial y}+\frac{\partial\bar{w}}{\partial z}=0 \tag{5.213}$$

其中,$\bar{u}$ 为 x 方向的时均速度分量;u' 为 x 方向的脉动速度分量;$\bar{p}$ 为时均压强;$\bar{f}_x$ 为 x 方向的单位质量体积力的时均值;$-\rho\overline{u'v'}$ 等项为脉动速度的二阶相关项,称为雷诺应力项或湍动应力项,物理上被解释由流体质点脉动运动引起的动量交换项。

$$[-\rho\overline{u_i'u_j'}]=\begin{bmatrix}-\rho\overline{u'^2} & -\rho\overline{u'v'} & -\rho\overline{u'w'}\\ -\rho\overline{u'v'} & -\rho\overline{v'^2} & -\rho\overline{v'w'}\\ -\rho\overline{u'w'} & -\rho\overline{v'w'} & -\rho\overline{w'^2}\end{bmatrix} \tag{5.214}$$

由这 6 个湍动应力组成的矩阵称为雷诺应力矩阵。

5.9　湍涡黏性与混合长理论

基于唯像学原理,1877 年法国力学家布辛尼斯克(图 5.33)首先将湍流脉动产生的附加切应力(后来称为雷诺应力)与黏性切应力进行比拟,提出著名的涡黏性假设,建立了雷诺应力与时均速度梯度之间的比拟关系。虽然涡黏性的概念早于雷诺方程组的出现,但却为后来的工程湍流计算奠定了基础。对于简单的近壁区时均二维流动(图 5.34),湍动应力(雷诺应力)可表达为

图 5.33　法国科学家约瑟夫·瓦伦丁·布辛尼斯克(Joseph Valentin Boussinesq,1842~1929 年)

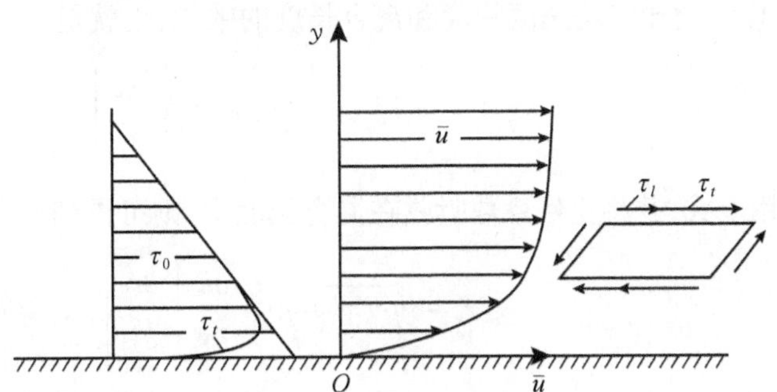

图 5.34　近壁区剪切湍流

$$\tau_t = -\rho\overline{u'v'} = \rho\nu_t \frac{\partial\bar{u}}{\partial y} \tag{5.215}$$

式中,ν_t 为涡黏性系数。相对比,时均流产生的黏性切应力为

$$\tau_l = \rho\nu \frac{\partial\bar{u}}{\partial y} \tag{5.216}$$

作用于流层之间的总切应力为

$$\tau_0 = \tau_t + \tau_l = \rho(\nu + \nu_t) \frac{\partial\bar{u}}{\partial y} \tag{5.217}$$

式中,ν_t 不是流体的物理属性,而是湍流运动状态的函数。

如何确定 ν_t 的大小及分布?起初布辛尼斯可认为 ν_t 是常数,后来人们发现 ν_t 不仅对不同的流动问题取值不同,且对同一流动问题在不同时刻不同区域其值也不是常数,根据湍流运动特性,ν_t 可在流场中发生明显的变化。按照量纲分析和湍流研究结果,涡黏性 ν_t 由载能涡的特征长度尺度和特征速度尺度乘积成正比。即

$$\nu_t \propto l_t V_t \tag{5.218}$$

湍动应力与黏性应力的比值为

$$\frac{\tau_t}{\tau_l}=\frac{-\rho\overline{u'v'}}{\rho\nu\dfrac{\partial u}{\partial y}}=\frac{\rho\nu_t\dfrac{\partial\bar{u}}{\partial y}}{\rho\nu\dfrac{\partial\bar{u}}{\partial y}}=\frac{\nu_t}{\nu}=\frac{l_tV_t}{\nu}=Re_t \tag{5.219}$$

式中，Re_t 表征大尺度湍涡运动特性雷诺数，一般 $Re_t=10^3\sim10^5$。1925 年，普朗特基于分子运动论的比拟，提出混合长理论，并在 1932 年德国学者尼古拉泽(Nikuradse)沙粒管道阻力实验结果的基础上，解决了管道湍流时均速度分布和阻力损失问题，导出著名的对数速度分布公式。按照普朗特的混合长理论，对于剪切湍流，普朗特认为湍流涡体的特征速度 V_t 正比于时均速度梯度和混合长度的乘积，也就是

$$V_t\propto l_m\left|\frac{\partial\bar{u}}{\partial y}\right| \tag{5.220}$$

利用上式，并将比例系数吸收在混合长度中，则可得到

$$\tau_t=-\rho\overline{u'v'}=\rho l_m^2\frac{\partial\bar{u}}{\partial y}\left|\frac{\partial\bar{u}}{\partial y}\right|,\ \nu_t=l_m^2\left|\frac{\partial\bar{u}}{\partial y}\right| \tag{5.221}$$

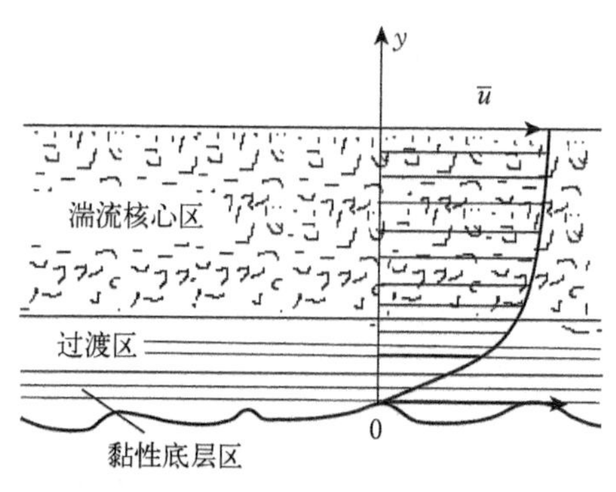

图 5.35　近壁区湍流结构

近壁湍流(图 5.35)受壁面影响脉动速度很小，湍动切应力也很小，但流速梯度很大，黏性切应力起主导作用，速度分布是线性的，这一层区称为黏性底层区。在黏性底层外区是湍流核心区，此时湍动切应力起主导作用，速度分布符合对数或幂次分布。在湍流核心区和黏性底层区之间为过渡区。黏性底层不是层流，也不是湍流。在这层内存在湍斑。黏性底层厚度与壁面粗糙度直接影响沿程能量损失。在近壁湍流区，假设湍动切应力近似等于壁面切应力 τ_w，假设混合长度与质点到壁面的距离 y 成正比，即 $l_m=ky$(k 为卡门常数，约为 0.4)，得

$$\frac{\tau_w}{\rho}=k^2y^2\left(\frac{d\bar{u}}{dy}\right)^2 \tag{5.222}$$

积分上式，得著名的近壁区时均速度对数分布曲线为

$$\frac{\bar{u}}{u^*}=\frac{1}{k}\ln\frac{u^*y}{\nu}+C \tag{5.223}$$

其中，C 为常数，$u^*=\sqrt{\dfrac{\tau_w}{\rho}}$ 为摩阻速度。对于光滑壁面，$C=5.5$，则光滑壁面的速度分布为

$$\frac{\bar{u}}{u^*} = \frac{1}{k}\ln\frac{u^* y}{\nu} + 5.5 \tag{5.224}$$

如果是粗糙壁面,时均速度分布为

$$\frac{\bar{u}}{u^*} = \frac{1}{k}\ln\frac{y}{\Delta} + 8.5 \tag{5.225}$$

式中,Δ 为壁面粗糙高度。混合长理论建立了涡黏性系数和当地时均速度梯度的关系,对于不同的流动可由实验确定 l_m。对于常见的一些剪切层流动,已有相应的混合长度经验关系,此处不再赘述。

5.10　相似原理与无量纲微分方程组

5.10.1　量纲分析原理——π 定理

流体力学试验一般分为实物试验和模型试验两大类。实物试验(各种原型观测试验)不会发生模型和环境模拟失真问题,一直是最后鉴定实物流动动力特性和观测流场的手段(如飞机试飞试验),但试验费用昂贵,试验条件难以控制。而模型试验采用与真实物体几何相似的模型,在人工控制的条件下进行。为使模型试验结果能够应用于实际情况,需使绕模型和绕实物两种流动相似。这样,它们的无量纲流体动力学特性才能相同。这就要求在所有相似对应点上作用于体积元上的同类力具有相同的比值。这些无量纲数的比值称为相似参数或相似准则,相似参数很多,如马赫数、雷诺数、弗劳德数等。

由物理方程导出相似准则的方法,称为相似变换法。相似变换法导出相似准则的具体步骤如下:

(1) 列出物理方程;

(2) 列出各物理量的相似变换式,并代入物理方程;

(3) 得出由相似数组成的相似指标和相似准则。

取长度量纲 L、时间量纲 T、质量量纲 M 为基本量纲,其他物理量量纲为导出量纲,相应的量纲表达式为

$$[q] = M^x L^y T^z \tag{5.226}$$

其中,x、y、z 为量纲指数,可由物理定理或定义确定。如果在一个物理量的量纲表达式中,所有量的量纲指数为零,则该物理量为无量纲量,否则为有量纲的量。无量纲的量与纯数不同,具有特定的物理意义和量的特性。有量纲量的数值随单位的不同而变,无量纲量的数值不随单位不同而变。

根据量纲和谐原理,对于任何物理过程,包含着 n 个有量纲的物理量,如果选择其中 m 个作为基本物理量,那么该物理过程可以由 $n-m$ 个独立的无量纲量组成关系式来描述,因这些无量纲的量是用 π 表达的,所以称为 π 定理。π 定理是 1914 年由美国物理学

图 5.36　美国物理学家埃德加·白金汉(Edgar Buckingham, 1867~1940 年)

家白金汉(图 5.36)提出的,是量纲分析的基础,也称白金汉定理。

如果用 A_1、A_2、A_3, …, A_n 表示一个物理过程的 n 个物理量(如速度、压强、温度等),其函数关系为

$$f(A_1, A_2, A_3, \cdots, A_n) = 0 \tag{5.227}$$

如果选 m 个基本物理量,则可用无量纲量给出如下的表达式。即

$$f(\pi_1, \pi_2, \pi_3, \cdots, \pi_{n-m}) = 0 \tag{5.228}$$

在确定无量纲变量 π_i 时,先从 n 个物理量中,选出 m 个独立变量(称为基本物理量。在国际单位制中,一般最多选三个独立变量,因包含长度、质量、时间三个基本量纲),然后重复利用基本物理量与剩余物理量逐个利用式(5.226)确立无量纲量 π_i。即

$$\pi_i = \frac{A_i}{A_{01}^x A_{02}^y A_{03}^z} \tag{5.229}$$

其中,A_{01}、A_{02}、A_{03} 为所选的三个基本物理量,最好选择影响物理过程的主要物理量。以下例说明 π 定理的应用。

如某飞机以匀速直线飞行,试验发现,影响飞机阻力 D 的主要物理量包括:空气密度 ρ,飞行速度 V_∞,机翼的展长 b,空气的黏性系数 μ,空气波速 a,重力加速度 g,机翼的厚度 c,飞机的迎角 α……如果写成函数关系为

$$D = f(\rho, V_\infty, b, \mu, a, g, c, \alpha, \cdots) \tag{5.230}$$

如果选用空气密度 ρ、飞行速度 V_∞、机翼的展长 b 作为基本物理量(包含了 L、M、T 三个基本量纲),这三个基本物理量是独立的,彼此不能相互导出。因为这三个基本物理量的量纲指数行列不为零,它们彼此是独立的,不能相互表达。即

$$[\rho] = M^1L^{-3}T^0,\ [V_\infty] = M^0L^1T^{-1},\ [b] = M^0L^1T^0 \tag{5.231}$$

则

$$\begin{vmatrix} 1 & -3 & 0 \\ 0 & 1 & -1 \\ 0 & 1 & 0 \end{vmatrix} = 1 \neq 0 \tag{5.232}$$

这样,无量纲量表达式为

$$\pi_D = f(\pi_c, \pi_\mu, \pi_a, \pi_g, \pi_\alpha) \tag{5.233}$$

各无量纲量确定如下。

$$\pi_D = \frac{D}{\rho^x V_\infty^y b^z} \tag{5.234}$$

根据量纲分析,确定指数 x、y、z。即

$$[\pi_D] = \frac{[D]}{[\rho]^x[V_\infty]^y[b]^z} \tag{5.235}$$

因 π_D 为无量纲量,且阻力 D 的量纲为

$$[\pi_D] = M^0L^0T^0,\ [D] = M^1L^1T^{-2} \tag{5.236}$$

将式(5.231)和式(5.236)代入式(5.235),可得

$$M^0L^0T^0 = \frac{M^1L^1T^{-2}}{[ML^{-3}]^x[LT^{-1}]^y[L]^z} = M^{1-x}L^{1+3x-y-z}T^{-2+y} \tag{5.237}$$

比较等式两边关于 M、L、T 的指数,得

$$\begin{aligned} 1 - x &= 0 \\ 1 - 3x - y - z &= 0 \\ -2 + y &= 0 \end{aligned} \tag{5.238}$$

解出:$x = 1,\ y = 2,\ z = 2$。则 π_D 为

$$\pi_D = \frac{D}{\rho^x V_\infty^y b^z} = \frac{D}{\rho V_\infty^2 b^2} \tag{5.239}$$

也可用另一种更简单的方法求解。由式(5.231)确定基本量纲,然后代入式(5.236),直接导出 π_D。由式(5.231)可知

$$\begin{aligned} \rho &= M^1L^{-3}T^0 \\ V_\infty &= M^0L^1T^{-1} \\ b &= M^0L^1T^0 \end{aligned} \tag{5.240}$$

解出 M、L、T 为

$$\begin{aligned} M &= \rho b^3 \\ T &= b/V_\infty \\ L &= b \end{aligned} \tag{5.241}$$

代入式(5.236)得到与式(5.239)一样的结果。

$$[D] = \rho b^3 b\left(\frac{V_\infty}{b}\right)^2 = \rho V_\infty^2 b^2,\ \pi_D = \frac{D}{\rho V_\infty^2 b^2} \tag{5.242}$$

用同样方法可得其他物理量的无量纲量。即

$$[\mu] = M^1L^{-1}T^1,\ \pi_\mu = \frac{\mu}{\rho b^3 b^{-1}(b/V_\infty)^{-1}} = \frac{\mu}{\rho b V_\infty} \tag{5.243}$$

$$[a] = LT^{-1},\ \pi_a = \frac{a}{b(b/V_\infty)^{-1}} = \frac{a}{V_\infty} \tag{5.244}$$

$$[g] = LT^{-2},\ \pi_a = \frac{g}{b(b/V_\infty)^{-2}} = \frac{gb}{V_\infty^2} \tag{5.245}$$

$$[c] = L,\ \pi_c = \frac{c}{b} \tag{5.246}$$

飞机的迎角 α,本身就是个无量纲量,无须进行运算,$\pi_\alpha = \alpha$。将式(5.242)~式(5.246)代入式(5.233)中,得

$$\pi_D = \frac{D}{\rho V_\infty^2 b^2} = f\left(\frac{\mu}{\rho b V_\infty},\ \frac{a}{V_\infty},\ \frac{gb}{V_\infty^2},\ \frac{c}{b},\ \alpha\right) \tag{5.247}$$

或写成为

$$\begin{gathered} D = \rho \frac{V_\infty^2}{2} S f\left(Re,\ Ma,\ Fr^2,\ \frac{c}{b},\ \alpha\right) \\ Re = \frac{\rho b V_\infty}{\mu},\ Ma = \frac{V_\infty}{a},\ Fr = \frac{V_\infty}{\sqrt{gb}},\ S = b^2(\text{代表机翼面积}) \end{gathered} \tag{5.248}$$

其中,Re 表示雷诺数;Ma 表示马赫数;Fr 表示弗劳德数。

5.10.2 无量纲 N-S 方程组

基于两个相似的流动,必须为同一物理方程所描述,对于表征不可压缩流动的 N-S 方程组,可以表示成无量纲方程组。对于有量纲的不可压缩流体 N-S 方程组(质量力只有重力)为

$$\frac{\partial \boldsymbol{V}}{\partial t} + (\boldsymbol{V} \cdot \nabla)\boldsymbol{V} = \boldsymbol{g} - \frac{1}{\rho}\nabla p + \nu \Delta \boldsymbol{V}$$

$$\nabla \cdot \boldsymbol{V} = 0$$

如果要变成无量纲形式,则对方程组中的各量进行无量纲变换。取 L、T、V_0、p_0 为特征长度、时间、速度和压强,做如下的无量纲变换:

$$t^* = \frac{t}{T},\ x^* = \frac{x}{L},\ u^* = \frac{u}{V_0},\ p^* = \frac{p}{p_0} \cdots \tag{5.249}$$

代入连续性方程中,得到无量纲连续性方程。即

$$\frac{\partial u^*}{\partial x^*} + \frac{\partial v^*}{\partial y^*} + \frac{\partial w^*}{\partial z^*} = 0 \tag{5.250}$$

代入 x 方向的 N-S 方程,得

$$\frac{V_0}{T}\frac{\partial u^*}{\partial t^*}+\frac{V_0^2}{L}\left(u^*\frac{\partial u^*}{\partial x^*}+v^*\frac{\partial u^*}{\partial y^*}+w^*\frac{\partial u^*}{\partial z^*}\right)$$
$$=g-\frac{p_0}{\rho L}\frac{\partial p^*}{\partial x^*}+\nu\frac{V_0}{L^2}\left(\frac{\partial^2 u^*}{\partial x^{*2}}+\frac{\partial^2 u^*}{\partial y^{*2}}+\frac{\partial^2 u^*}{\partial z^{*2}}\right) \tag{5.251}$$

整理成无量纲形式有

$$St\frac{\partial u^*}{\partial t^*}+u^*\frac{\partial u^*}{\partial x^*}+v^*\frac{\partial u^*}{\partial y^*}+w^*\frac{\partial u^*}{\partial z^*}$$
$$=\frac{1}{Fr^2}-Eu\frac{\partial p^*}{\partial x^*}+\frac{1}{Re}\left(\frac{\partial^2 u^*}{\partial x^{*2}}+\frac{\partial^2 u^*}{\partial y^{*2}}+\frac{\partial^2 u^*}{\partial z^{*2}}\right) \tag{5.252}$$

其中,St 为斯特劳哈尔数,即

$$St=\frac{L}{V_0 T} \tag{5.253}$$

Fr 为弗劳德数,即

$$Fr=\frac{V_0}{\sqrt{gL}} \tag{5.254}$$

Eu 为欧拉数,即

$$Eu=\frac{p_0}{\rho V_0^2} \tag{5.255}$$

Re 为雷诺数,即

$$Re=\frac{V_0 L}{\nu} \tag{5.256}$$

显然,如果两个流动相似,则必须为同一无量纲的物理方程所描述。对于原型与模型相似的流动,如果基本物理量的相似比尺分别为

$$\lambda_L=\frac{L_p}{L_m},\ \lambda_T=\frac{T_p}{T_m},\ \lambda_M=\frac{M_p}{M_m} \tag{5.257}$$

式中,下标 p 表示原型;下标 m 表示模型;λ_L 成为长度比尺;λ_T 为时间比尺;λ_M 为质量比尺。根据无量纲的方程,可得原型与模型的相似准则有

（1）斯特劳哈尔数相似准则为

$$St_p=St_m,\ \frac{L_p}{V_pT_p}=\frac{L_m}{V_mT_m},\ \frac{\lambda_L}{\lambda_V\lambda_T}=1 \tag{5.258}$$

（2）弗劳德数相似准则为

$$Fr_p = Fr_m,\ \frac{V_p}{\sqrt{g_p L_p}} = \frac{V_m}{\sqrt{g_m L_m}},\ \frac{\lambda_V}{\sqrt{\lambda_g \lambda_L}} = 1 \tag{5.259}$$

（3）欧拉数相似准则为

$$Eu_p = Eu_m,\ \frac{p_p}{\rho_p V_p^2} = \frac{p_m}{\rho_m V_m^2},\ \frac{\lambda_p}{\lambda_\rho \lambda_V^2} = 1 \tag{5.260}$$

（4）雷诺数相似准则为

$$Re_p = Re_m,\ \frac{V_p L_p}{\nu_p} = \frac{V_m L_m}{\nu_m},\ \frac{\lambda_V \lambda_L}{\lambda_\nu} = 1 \tag{5.261}$$

对于可压缩流动，除上述相似准则外，将引出表征压缩性的马赫相似准则，即

$$Ma_p = Ma_m,\ \frac{V_p}{a_p} = \frac{V_m}{a_m},\ \frac{\lambda_V}{\lambda_a} = 1 \tag{5.262}$$

其中，a 为声波速度。

习　题

一、思考题

5.1　流体的黏性在什么情况下能够反映出来？从流体运动输运性质看，流体黏性表征什么物理量的输运？

5.2　请说明牛顿内摩擦定律的物理意义。动力黏性系数的产生物理机制是什么？

5.3　写出流体微团的变形率矩阵及其三个不变量，说明散度的物理意义。

5.4　写出流体微团的应力矩阵及其三个不变量，说明作用于黏性流体微团上的名义压强物理意义。在黏性流体运动中，说明引起微团各坐标轴法向应力不同的物理因素。

5.5　Stokes 关于广义牛顿内摩擦定律的三条假设是什么？并解释物理意义。

5.6　写出不可压缩黏性流体微团运动的本构关系式。在一个等截面直管定常流动中，三个法向应力的表达式是什么？

5.7　写出一个收缩管道定常流动中，三个法向应力的本构关系。

5.8　写出不可压缩黏性流体运动微分方程组（N－S 方程组）的分量形式、矢量形式？其各项的物理意义是什么？

5.9　为什么说黏性流体运动一般是有涡运动？对于不可压缩黏性流体运动，在质量力有势条件下，旋涡的产生主要发生何处？为什么？

5.10　请说明无限长旋转圆柱诱导的流场是黏性流体运动，但是无旋运动，也就是黏性势流。

5.11　写出不可压缩黏性流体运动的涡量输运方程，指出各项的物理意义。

5.12　写出不可压缩黏性流体运动的葛罗米柯－兰姆型运动微分方程，说明各项的物理意义。

5.13　在质量力为重力作用下，对于不可压缩流体运动的 N－S 方程组沿着流线积分的伯努利方程，说明伯努利积分各项的物理意义，并说明能量损失的物理机制。

5.14　说明“水总是从高处流向低处”说法的是否正确，为什么？如果不正确，请给出正确的说法。

5.15　与理想流体运动相比，指出黏性流体运动的主要特征。

5.16　为什么说黏性和逆压梯度是边界层分离的必要条件？

5.17　为什么说物面的黏附条件是黏性流体绕流与理想流体绕流的区别所在？请说明绕流物体产生阻力的物理原因，并指出为什么低速物体绕流存在摩擦阻力和压差阻力。

5.18　请指出低速物体绕流运动减小阻力的主要措施。

二、计算题

5.19　如习题 5.19 图所示，油缸内油的计示压强 $p = 29.418 \times 10^4$ Pa，油的黏度 $\mu = 0.1$ Pa·s，柱塞的直径 $d = 50$ mm，柱塞与套筒间的径向间隙 $\delta = 50$ mm，套筒的长度 $l = 300$ mm。设以力 F 推着柱塞使其保持不动，求油的漏损流量 q_v 和力 F 的大小。

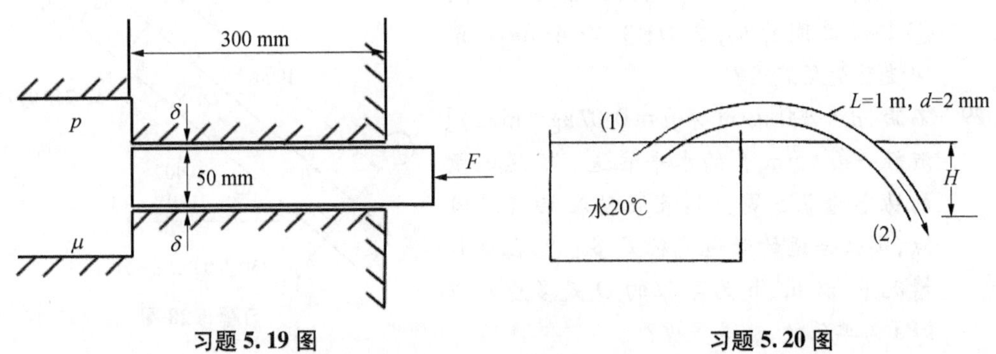

习题 5.19 图　　　　习题 5.20 图

5.20　20℃的水将通过一根长 1 m、直径 2 mm 的管道被吸出，如习题 5.20 图所示。求管道内流动是层流时的高度 H。如果 $H = 50$ cm，流速是多少？忽略管曲率。

5.21　油的相对密度 $d = 0.85$，黏度 $\mu = 3 \times 10^3$ Pa·s，流过 $r_1 = 15$ cm、$r_2 = 7.5$ cm 的环形管道。若管道水平放置时每米管长的压强降为 196 Pa 试求：① 油的流量；② 外管壁上的切向应力；③ 作用在每米管上的轴向力。

5.22　习题 5.22 图所示为两平板沿相反的方向运动 $v_1 = 2v_2 = 2$ m/s 倘若 $p_1 = p_2 = 9.806 \times 10^4$ Pa，$a = 1.5$ mm，$\mu = 0.49$ Pa·s，求作用在每块平板的切向应力。

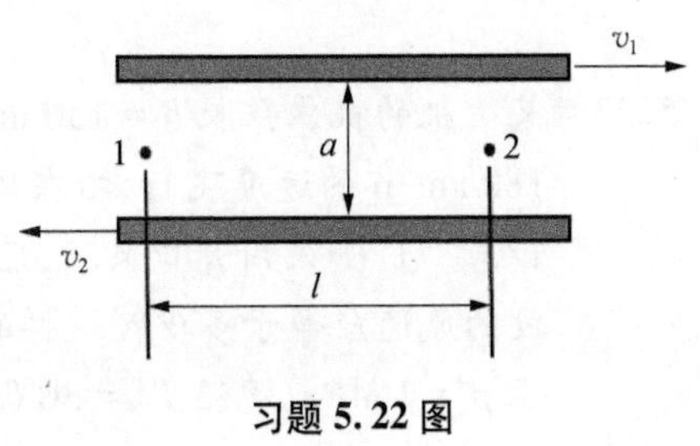

习题 5.22 图

5.23　考虑两个距离 h 的无限长平行板之间的空气的不可压缩黏性流动。底板是静止的，顶板以恒定的速度 u_e 沿板的方向运动。假设在流动方向上不存在压力梯度。求：① 板间速度变化的表达式；② 如果 T = 常数 = 320 K，$u_e = 30$ m/s，$h = 0.01$ m，计算上下板的剪切应力。

5.24 两个距离 h 的无限长平行板之间的空气流动为不可压缩黏性流动。两个平行板都是静止的，但流动方向上存在恒定的压力梯度（即 $\mathrm{d}p/\mathrm{d}x$ = 恒定）。① 求两个板块之间速度变化的表达式；② 求板上剪应力表达式。

5.25 外径为 $2r_1$ 和内径为 $2r_2$ 的两个同心圆管，各以角速度 ω_1 和 ω_2 同向旋转。试证明：两圆管间的速度分布为

$$v_\theta = \frac{1}{r_1^2 - r_2^2}\left[r(r_1^2 w_1 - r_2^2 w_2) - \frac{r_1^2 r_2^2}{r_1^2 - r_2^2}(w_1 - w_2)\right]$$

5.26 在同样雷诺数 Re_l 的情况下，试求 20℃ 的水和 30℃ 的空气各平行流过长 l 的平板时产生摩擦阻力之比。

5.27 一块长为 6 m、宽 2 m 的平板平行静止的放在速度 60 m/s 的 40℃ 空气流中，在平板边界层内从层流转变为湍流的临界雷诺数 $Re = 10^6$，试计算平板的摩擦阻力。

5.28 如习题 5.28 图所示油通过斜管向上流动，以 $\rho = 900$ kg/m^3 和 $\upsilon = 0.0002$ m^2/s，在 1、2 段相距 10 m。假设层流稳定，计算：① 1~2 之间的 h_f；② Q；③ V；④ Re_d。请问流动是层流吗？

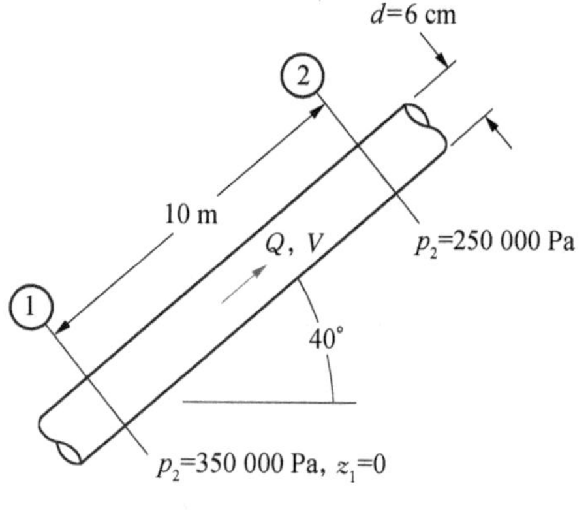

习题 5.28 图

5.29 石油 [$\rho = 890$ kg/m^3 和 $\mu = 0.07$ kg/(m·s)] 流经一条 15 m 长的水平管道。输送流量的功率为 735 W。如果流动在层流过渡点，那么合适的管道直径是多少？在这种情况下，以 m^3/h 为单位的 Q 是多少？以 kPa 为单位的 τ_w 是多少？

5.30 水泵的轴功率 N 与泵轴的转矩 M、角速度 ω 有关，试用瑞利法导出轴功率表达式。

5.31 水中的声速 a 与体积模量 K 和密度 ρ 有关，试用瑞利法导出声速的表达式。

5.32 已知文丘里流量计喉管流速 V 与流量计压强差 Δp、主管直径 d_1、喉管直径 d_2，以及流体的密度 ρ 和运动黏度 v 有关，试用 π 定理证明流速关系式为

$$V = \sqrt{\frac{\Delta p}{\rho}}\varphi\left(Re, \frac{d_2}{d_1}\right)$$

5.33 某飞机的机翼弦长 $b = 150$ mm，在气压 $p_a = 10^5$ Pa、气温 $T = 10$℃ 的大气中以 $V = 180$ km/h 的速度飞行，拟在风洞中用模型试验测定翼型阻力，采用长度比例尺 $k_l = 1/3$。① 如果用开口风洞，已知试验段的气压 $p_a' = 101\,325$ Pa，气温 $T' = 25$℃，试验段的风速应等于多少？这样的试验有什么问题？② 如果用压力风洞，试验段的气压 $p_a'' = 1$ MPa，气温 $T'' = 30$℃，$\mu'' = 1.854 \times 10^5$ Pa·s，试验段的风速应等于多少？

第6章 边界层理论及其近似

本章介绍不可压缩流体大雷诺数壁面绕流边界层的概念及其性质、边界层控制方程组及其近似求解、边界层动量积分方程及其求解、边界层分离现象及其特征以及绕流物体阻力与飞机减阻技术等。

学习要点：

(1) 熟悉不可压缩流体大雷诺数壁面绕流边界层的概念及其性质；

(2) 熟练掌握边界层微分方程组和动量积分方程的推导过程及其近似求解；

(3) 了解边界层分离特性、绕流物体阻力成因和飞机减阻技术。

6.1 边界层近似及其特征

6.1.1 大雷诺数物体绕流黏性的影响

自从1845年导出N－S方程以来，人们一直在寻求其精确解，但由于该方程组是一组非线性二阶偏微分方程组，获得一般意义的精确解在数学上是极其困难的，据说至今只找到为数不多的N－S精确解例子，著名的例子有无压平板拖曳产生的库埃特流动和充分发展的层流管流（泊肃叶流动），小雷诺数圆球绕流的斯托克斯解等。实际中存在的大量问题，只能利用近似方法求解。

自从1752年法国物理学家达朗贝尔提出任意三维物体理想流体定常绕流无阻力的达朗贝尔佯谬以来，人们对基于理想流体模型的经典理论提出质疑，到19世纪上半叶随着理想势流理论的完善，经典流体力学处于低谷状态，特别是用该模型得出圆柱绕流无阻力的结论，促使人们开始考虑黏性流体运动的N－S方程解。所碰到一个棘手问题是如何求解大雷诺数下物体绕流黏性效应的影响。按照当时公认的事实，当以来流速度和圆柱直径计算的来流雷诺数大于10^4以后，黏性效应的影响可以忽略不计，也就是说可以不考虑黏性的影响，那就又回到理想流体绕流的老命题上。如果不忽略黏性的影响，那大雷诺数的概念如何理解，再说当时也无法较精确求解全N－S方程组。这个问题直到1904年世界流体力学大师普朗特提出著名的边界层理论之后，才得到令人信服的解决方案，从

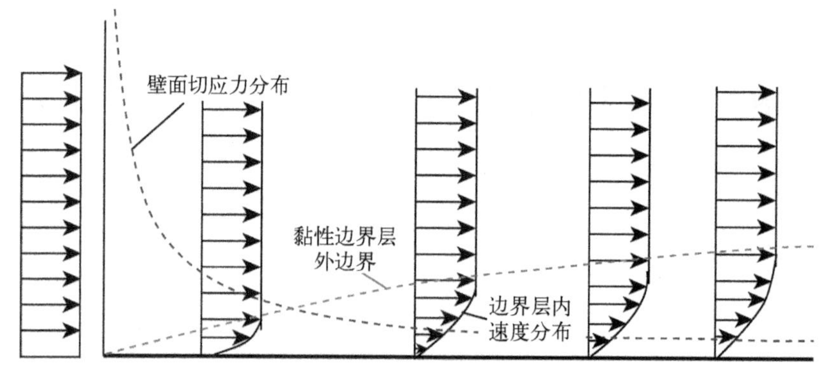

图 6.1　在零压梯度下的层流边界层

1752 年达朗贝尔疑题算起，经历 152 年；从 1845 年导出 N－S 方程组算起，也徘徊了 59 年。现在看来是一个简单的问题，即整体流动和局部流动的关系问题，属于大雷诺数物体绕流近壁黏性影响区域问题。1904 年，普朗特在德国海德堡第三次国际数学年会上发表了一篇论小黏性流体运动的论文，提出著名的边界层概念(图 6.1)，深刻阐述了绕流物体在大雷诺数下表面受黏性影响的边界层流动特征及其控制方程，巧妙地解决了整体流动和局部流动的问题，即以来流速度和圆柱直径计算的来流雷诺数只能表征整体流动特征，无法表征绕流物体壁面附近的局部流动(边界层内流动)，来流雷诺数只能控制黏性效应对边界层外的流动影响，而对边界层内的黏性影响只能由边界层内的流动特征决定。并在此基础上，提出边界层分离与控制的概念(图 6.2)，找到了物体绕流近壁黏流与远离壁面无黏外流的匹配关系，从而为黏性流动问题的解决找到了新的途径，起到里程碑的作用。

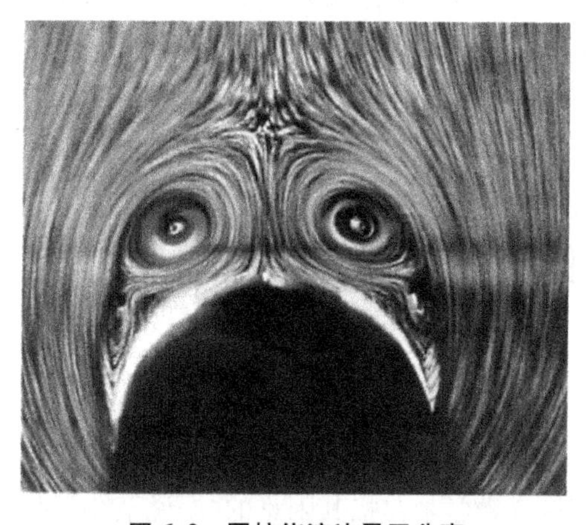

图 6.2　圆柱绕流边界层分离

6.1.2　边界层概念的提出

普朗特通过大量实验发现，对于像空气和水这样小黏性的流体，在足够大的来流雷诺数下，黏性的影响仅局限在靠近绕流物体表面区域的薄层流体内，流动特性与理想流动相差甚远，沿着法向存在很大的速度梯度，黏性力无法忽略。普朗特把这一物面近区黏性力起重要作用的薄层称为边界层(boundary layer)。边界层概念的引入，为人们在大来流雷诺数绕流条件下如何计入黏性的作用开拓了思路，对整体流动提出分区的思想，即

(1) 在大来流雷诺数下，整体流动区域可分成理想流体的流动区域(势流区)和黏性流体的流动区域(黏流区)；

(2) 在远离物体的理想流体流动区域，可忽略黏性的影响，按势流理论处理；

(3) 在黏性流动区域，仅限于物面近区的薄层内，称为边界层区。在该区内，一个重

要特点是黏性应力作用不能忽略,与惯性力同量级,流体质点做有旋运动。根据边界层内黏性力与惯性力同量级假设,可估算边界层的厚度。以平板绕流为例,设来流速度为 V_∞,在 x 方向的长度为 L,边界层厚度为 δ。在边界层内,流体微团的惯性力为

$$F_J = m\frac{\mathrm{d}u}{\mathrm{d}t} \propto \rho L^2\delta\frac{V_\infty}{T} = \rho L^2\delta\frac{V_\infty}{L/V_\infty} = \rho L V_\infty^2\delta \tag{6.1}$$

流体微团的黏性力为

$$F_\mu = \rho\nu A\frac{\mathrm{d}u}{\mathrm{d}y} \propto \rho L^2\nu\frac{V_\infty}{\delta} = \rho L^2\nu\frac{V_\infty}{\delta} \tag{6.2}$$

根据惯性力与黏性力同量级假设,得到

$$\begin{aligned} &F_J \sim F_\mu,\ \rho L\delta V_\infty^2 \sim \rho L^2\nu\frac{V_\infty}{\delta} \\ &\frac{\delta}{L} \sim \frac{1}{\sqrt{Re_L}},\ Re_L = \frac{V_\infty L}{\nu} \end{aligned} \tag{6.3}$$

式(6.3)表明,边界层厚度与板长度之比与以来流速度和板长计算的整体雷诺数的开方成反比。如果空气的来流速度 $V_\infty = 14.6\ \mathrm{m/s}$, 板长度 $L = 1.0\ \mathrm{m}$, 空气运动黏性系数为 $\nu = 1.46\times10^{-5}\ \mathrm{m^2/s}$, 计算得 $Re_L = 10^6$, 边界层厚度为毫米量级,相当于板长的 1/1 000。平板层流边界层的理论解 $\delta \approx 5.0\ \mathrm{mm}$。

6.1.3　边界层的各种厚度及其特征

1. 边界层定义

业已知道,在物面附近,由于流体和物面之间的黏附条件,与物面直接接触的流体速度降为零,而且与之相邻的流体速度也会受到这一层流体的影响而减速,但是随着离开物面的距离增大,流体速度迅速增加。当到达离物面一定距离处,流体速度达到外流场的速度值,黏性的影响可以忽略不计,这点即为边界层和外流区的分界点,相应的厚度称为边界层厚度。严格而言,边界层区与外流区之间无明显界限,普朗特规定以速度达到外流区速度 V_∞ 的 0.99 倍作为边界层的外边界,相应的由边界层外边界到物面的垂直距离称为边界层的名义厚度,用 δ 表示,如图 6.3 所示。

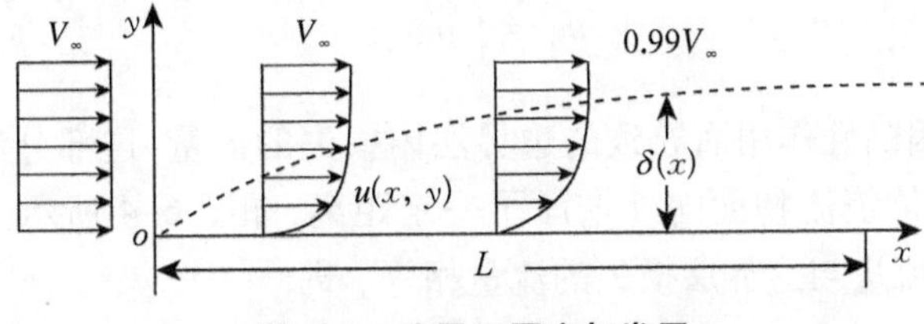

图 6.3　边界层厚度与发展

2. 边界层的有涡性

黏性流体运动总伴随涡量的产生、扩散、衰减。边界层就是涡层,当流体绕过物面时,

无滑移边界条件相当于使物面成为具有一定强度的连续分布的涡源。以二维流动为例说明，此时根据牛顿内摩擦定律，物面上的涡源强度为

$$\Omega_z = \frac{\partial v}{\partial x} - \frac{\partial u}{\partial y} = -\frac{\partial u}{\partial y} = -\frac{\tau_0}{\mu} \tag{6.4}$$

对于不可压缩流体，二维流动的涡量输运方程是

$$\frac{\mathrm{d}\Omega_z}{\mathrm{d}t} = \nu\Delta\Omega_z = \nu\left(\frac{\partial^2\Omega_z}{\partial x^2} + \frac{\partial^2\Omega_z}{\partial y^2}\right) \tag{6.5}$$

上式表明，受黏性的影响，物面上的涡量一方面沿垂直流线方向扩散；另一方面，涡量沿主流方向迁移，并随之逐渐衰减。涡量的扩散速度与黏性有关，涡量的迁移速度取决于流动速度。

3. 各边界层厚度的定义与量级估计

1）边界层厚度

由边界层内黏性力与惯性力同量级，可估算边界层的厚度。对于平板绕流，由式(6.3)可见，边界层的厚度与板长的关系为

$$\frac{\delta}{L} \sim \frac{1}{\sqrt{Re_L}},\ Re_L = \frac{V_\infty L}{\nu}$$

由此可见，在高雷诺数下，边界层的厚度远小于被绕流物体的特征长度。

2）边界层排移厚度

受黏性的影响，边界层内的流体速度要小于来流速度，因此通过边界层的流体质量流量要小于同厚度的来流质量流量，这部分质量流量差相当于边界层的作用使来流向外排移一定距离，称边界层排移厚度。具体计算如下。

对于平板绕流边界层，设来流速度为 V_∞，流体密度为 ρ，当地边界层的厚度为 δ，理想流体通过边界层的质量流量为

$$m_i = \int_0^\delta \rho V_\infty \mathrm{d}y \tag{6.6}$$

由于黏性的阻滞作用，边界层内的速度小于来流速度，黏性流体通过的质量流量为

$$m_e = \int_0^\delta \rho u \mathrm{d}y \tag{6.7}$$

以上两项之差表示因黏性作用而导致的边界层内损失的流量，这部分流量被排挤到边界层外，相当于理想流体绕流物面向外增厚了一定距离，如图 6.4 所示。设增加的厚度为 δ_1，则这个厚度内的流量与边界层损失的流量相等。即

$$\rho V_\infty \delta_1 = \int_0^\delta \rho(V_\infty - u)\mathrm{d}y \tag{6.8}$$

得

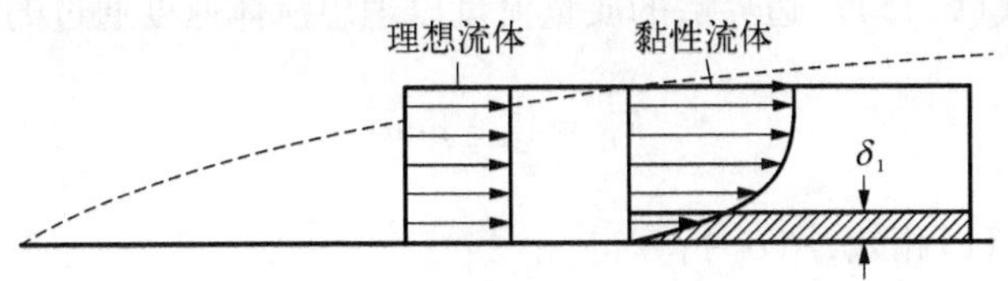

图 6.4　边界层的排移厚度

$$\delta_1 = \int_0^{\delta}\left(1 - \frac{u}{V_\infty}\right)\mathrm{d}y \tag{6.9}$$

3) 边界层动量损失厚度

同样,受黏性的阻滞作用,边界层内黏性流体通过的动量要小于理想流体通过边界层的动量,二者之差即为边界层内动量损失。如果用理想流体速度计算这个损失所得的折算厚度,称为动量损失厚度。

理想流体通过边界层的动量为

$$K_i = \int_0^{\delta}\rho V_\infty^2\,\mathrm{d}y \tag{6.10}$$

黏性流体通过的动量为

$$K_e = \int_0^{\delta}\rho u^2\mathrm{d}y \tag{6.11}$$

以上两项之差表示黏性作用所损失的动量。如果这部分动量损失用来流 V_∞ 计算,折算的动量损失厚度为 δ_{20},则

$$\rho V_\infty^2\delta_{20} = \int_0^{\delta}\rho(V_\infty^2 - u^2)\,\mathrm{d}y \tag{6.12}$$

展开上式得

$$\begin{aligned}\rho V_\infty^2\delta_{20} &= \int_0^{\delta}\rho(V_\infty + u)(V_\infty - u)\,\mathrm{d}y \\ &= \int_0^{\delta}\rho V_\infty(V_\infty - u)\,\mathrm{d}y + \int_0^{\delta}\rho u(V_\infty - u)\,\mathrm{d}y\end{aligned} \tag{6.13}$$

代入式(6.8),整理得

$$\begin{aligned}&\rho V_\infty^2\delta_{20} = \rho V_\infty^2\int_0^{\delta}\left(1 - \frac{u}{V_\infty}\right)\mathrm{d}y + \rho V_\infty^2\int_0^{\delta}\frac{u}{V_\infty}\left(1 - \frac{u}{V_\infty}\right)\mathrm{d}y \\ &\delta_{20} = \delta_1 + \delta_2\end{aligned} \tag{6.14}$$

其中,δ_{20} 为绝对动量损失厚度;δ_2 为相对动量损失厚度。上式表明,绝对动量损失厚度包括两部分:由质量损失引起的损失;除质量外因速度差引起的损失。如果扣除质量损失的部分,得到的动量损失厚度为

$$\delta_2 = \int_0^{\delta}\frac{u}{V_\infty}\left(1 - \frac{u}{V_\infty}\right)\mathrm{d}y \tag{6.15}$$

也可以这样推导式(6.15)。边界层的质量流量以理想流体速度通过的动量为

$$K_{i1} = V_\infty \int_0^\delta \rho u \mathrm{d}y \tag{6.16}$$

式(6.16)与式(6.11)相减,用 δ_2 折算得

$$K_{i1} - K_e = V_\infty \int_0^\delta \rho u \mathrm{d}y - \int_0^\delta \rho u^2 \mathrm{d}y = \rho V_\infty^2 \delta_2 \tag{6.17}$$

整理上式,可得式(6.15)。

4) 边界层动能损失厚度

同样,边界层内因黏性流体通过的动能要小于理想流体通过边界层的动能,两者之差即为边界层内动能损失。如果用理想流体速度计算这个损失所得的折算厚度,称为动能损失厚度。

理想流体通过边界层的动能为

$$E_i = \int_0^\delta \rho \frac{V_\infty^2}{2} V_\infty \mathrm{d}y \tag{6.18}$$

黏性流体通过的动能为

$$E_e = \int_0^\delta \rho \frac{u^2}{2} u \mathrm{d}y \tag{6.19}$$

以上两式之差表示因黏性作用所损失的动能。如果这部分动能损失用来流 V_∞ 计算,折算的动能损失厚度为 δ_{30},则

$$\rho \frac{1}{2} V_\infty^3 \delta_{30} = \int_0^\delta \rho \frac{1}{2} (V_\infty^3 - u^3) \mathrm{d}y \tag{6.20}$$

展开上式得

$$\begin{aligned} \rho V_\infty^3 \delta_{30} &= \int_0^\delta \rho (V_\infty - u)(V_\infty^2 + V_\infty u + u^2) \mathrm{d}y \\ &= \int_0^\delta \rho V_\infty^2 (V_\infty - u) \mathrm{d}y + \int_0^\delta \rho u (V_\infty - u)(V_\infty + u) \mathrm{d}y \\ &= \rho V_\infty^3 \int_0^\delta \left(1 - \frac{u}{V_\infty}\right) \mathrm{d}y + \rho V_\infty^3 \int_0^\delta \frac{u}{V_\infty} \left(1 - \frac{u^2}{V_\infty^2}\right) \mathrm{d}y \end{aligned} \tag{6.21}$$

代入式(6.9),得

$$\delta_{30} = \delta_1 + \delta_3 \tag{6.22}$$

式中,δ_3 表示为

$$\delta_3 = \int_0^\delta \frac{u}{V_\infty} \left(1 - \frac{u^2}{V_\infty^2}\right) \mathrm{d}y \tag{6.23}$$

其中，δ_{30} 为绝对动能损失厚度；δ_3 为相对动能损失厚度。上式表明，绝对动能损失厚度包括两部分：由质量损失引起的损失；除质量外因速度差引起的损失。如果扣除质量损失的部分，得到的动能损失厚度用 δ_3 表示。如果不考虑质量损失部分，式(6.23)的推导如下。

边界层内的质量流量以理想流体速度通过时所具有的动能为

$$E_{i1} = \frac{1}{2}V_\infty^2\int_0^\delta \rho u\mathrm{d}y \tag{6.24}$$

用式(6.24)与式(6.19)之差，可得 δ_3，即

$$E_{i1} - E_e = \frac{1}{2}V_\infty^2\int_0^\delta \rho u\mathrm{d}y - \int_0^\delta \rho\frac{1}{2}u^3\mathrm{d}y = \frac{1}{2}\rho V_\infty^3\delta_3 \tag{6.25}$$

整理上式，可得式(6.23)。

如果物面不是平板，而是曲面(气流没有分离)，流体密度也不是常数，通过类似推导可得边界层各厚度为

$$\delta_1 = \int_0^\delta\left(1 - \frac{\rho u}{\rho_e u_e}\right)\mathrm{d}y \tag{6.26}$$

$$\delta_2 = \int_0^\delta \frac{\rho u}{\rho_e u_e}\left(1 - \frac{u}{u_e}\right)\mathrm{d}y \tag{6.27}$$

$$\delta_3 = \int_0^\delta \frac{\rho u}{\rho_e u_e}\left(1 - \frac{u^2}{u_e^2}\right)\mathrm{d}y \tag{6.28}$$

其中，ρ_e 为边界层外边上的密度；u_e 为边界层外边界上的速度。

4. 几点说明

(1) 实际流动中，边界层内气流与理想气流是渐近过渡的，边界层的外边界线实际上是不存在的，因此边界层的外边界线不是流线，而是被流体通过，允许流体穿过边界线流动，但在无穷远处，边界层外边界线接近流线。在边界层内，流线是向外偏的，如图 6.5 所示。

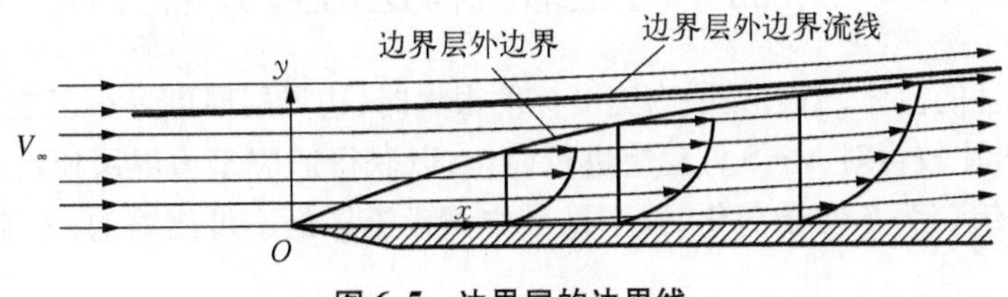

图 6.5　边界层的边界线

(2) 边界层各种厚度的定义式既适用于层流，也适用于湍流。只要边界层不分离，给定速度分布，就可以计算。

(3) 边界层各种厚度的大小与边界层内流速分布有关，但各厚度的大小依次是：边

界层厚度>边界层排移厚度>边界层动量损失厚度,如图 6.6 所示。对于边界层内的速度分布为外凸型分布,边界层各厚度的关系近似为

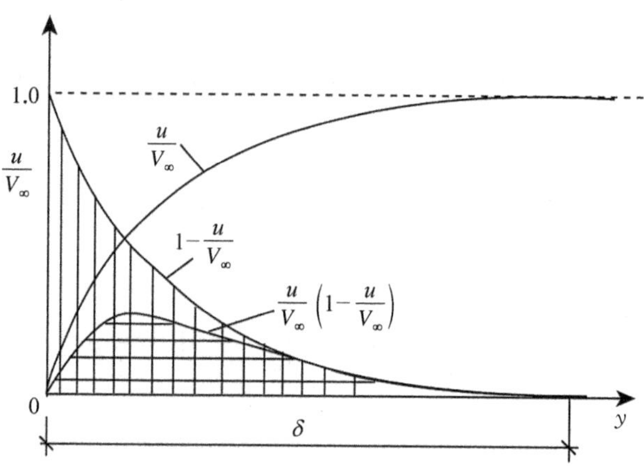

图 6.6　边界层排移厚度与动量损失厚度对应的面积

$$\frac{\delta_1}{\delta} \approx \begin{cases} \dfrac{1}{3} & (\text{层流边界层}) \\ \dfrac{1}{7} & (\text{湍流边界层}) \end{cases} \tag{6.29}$$

$$\frac{\delta_2}{\delta} \approx \begin{cases} \dfrac{1}{8} & (\text{层流边界层}) \\ \dfrac{1}{10} & (\text{湍流边界层}) \end{cases} \tag{6.30}$$

边界层随流向坐标 x 的变化率为

$$\frac{\mathrm{d}\delta}{\mathrm{d}x} \approx \begin{cases} 0.015\,2 & (\text{层流边界层},Re_x = 3 \times 10^4) \\ 0.015 & (\text{湍流边界层}),\text{外边界线的外缘角为 } 1^\circ \end{cases} \tag{6.31}$$

6.2　平面不可压缩流体层流边界层方程

对于小黏性的流体,当边界层内速度梯度很大时,边界层厚度远小于绕流物体表面特征长度,由量级比较可对 N－S 方程组进行简化,以获得适应于边界层流动且相对容易求解的控制方程组。为了便于简化,以下推导中假设流体是不可压缩的,来流均匀,而且黏性系数为常数。

6.2.1　平板壁面上的边界层方程

首先推导比较简单的平板壁面上的边界层方程。根据普朗特边界层假设,通过量级比较,对 N－S 方程组进行简化,可得到边界层近似方程。对于二维不可压缩流体运动,

N－S 方程组为

$$\begin{cases}\dfrac{\partial u}{\partial x}+\dfrac{\partial v}{\partial y}=0\\ \dfrac{\partial u}{\partial t}+u\dfrac{\partial u}{\partial x}+v\dfrac{\partial u}{\partial y}=f_x-\dfrac{1}{\rho}\dfrac{\partial p}{\partial x}+\nu\left(\dfrac{\partial^2 u}{\partial x^2}+\dfrac{\partial^2 u}{\partial y^2}\right)\\ \dfrac{\partial v}{\partial t}+u\dfrac{\partial v}{\partial x}+v\dfrac{\partial v}{\partial y}=f_y-\dfrac{1}{\rho}\dfrac{\partial p}{\partial y}+\nu\left(\dfrac{\partial^2 v}{\partial x^2}+\dfrac{\partial^2 v}{\partial y^2}\right)\end{cases} \tag{6.32}$$

选取物面长度 L 为特征长度，边界层外的主流速度 V_∞ 为特征速度，并取时间特征尺度为 $T=\dfrac{L}{V_\infty}$，现做如下量级比较和量纲分析。

（1）根据边界层定义，纵向偏导数远远小于横向偏导数，即在二维边界层的流动中，流体物理量沿流向的变化要比沿法向的变化缓慢得多，因为法向的速度梯度非常大，即

$$\begin{gathered}\frac{\delta}{L}\propto\frac{1}{\sqrt{Re}},\ \delta\ll L,\ Re=\frac{V_\infty L}{\nu}\\ \frac{\partial}{\partial x}\propto\frac{1}{L},\ \frac{\partial}{\partial y}\propto\frac{1}{\delta},\ \frac{\partial}{\partial x}\ll\frac{\partial}{\partial y}\end{gathered} \tag{6.33}$$

（2）由于物面不穿透性，法向速度远远小于纵向速度，即

$$\begin{aligned}&v\propto\frac{\delta}{T}=\frac{\delta}{L/V_\infty}=\frac{\delta}{L}V_\infty,\ \frac{v}{V_\infty}\propto\frac{1}{\sqrt{Re}},\ \frac{v}{\delta}\propto\frac{V_\infty}{L}\\ &u\propto\frac{L}{T}=V_\infty,\ v\ll u\end{aligned} \tag{6.34}$$

（3）边界层内的压强与外流速度的平方呈正比，即

$$p\propto\rho V_\infty^2 \tag{6.35}$$

将这些量级关系代入 N－S 方程组(6.32)中，并进行方程各项量级比较，f_x 和 f_y 的量级暂时不考虑，则方程中各项的量级如下。

连续方程与各项量级比较：

$$\begin{array}{ccccc}\dfrac{\partial u}{\partial x} & + & \dfrac{\partial v}{\partial y} & = & 0\\ \dfrac{V_\infty}{L} & & \dfrac{V_\infty}{L} & & \\ O(1) & & O(1) & & \end{array} \tag{6.36}$$

其中，$O(1)$表示“1”量级。

x 方向的动量方程与各项量级比较：

$$
\begin{array}{cccccccc}
\dfrac{\partial u}{\partial t} & + u\dfrac{\partial u}{\partial x} & + v\dfrac{\partial u}{\partial y} & = f_x & - \dfrac{1}{\rho}\dfrac{\partial p}{\partial x} & + \nu\Bigg(& \dfrac{\partial^2 u}{\partial x^2} & + \dfrac{\partial^2 u}{\partial y^2}\Bigg) \\
\dfrac{V_\infty^2}{L} & \dfrac{V_\infty^2}{L} & \dfrac{V_\infty^2}{L} & & \dfrac{V_\infty^2}{L} & & \nu\dfrac{V_\infty}{L^2} & \nu\dfrac{V_\infty}{\delta^2} \\
O(1) & O(1) & O(1) & & O(1) & & O\left(\dfrac{1}{Re}\right) & O(1)
\end{array}
\tag{6.37}
$$

y 方向的动量方程与各项量级比较：

$$
\begin{array}{cccccccc}
\dfrac{\partial v}{\partial t} & + u\dfrac{\partial v}{\partial x} & + v\dfrac{\partial v}{\partial y} & = f_y & - \dfrac{1}{\rho}\dfrac{\partial p}{\partial y} & + \nu\Bigg(& \dfrac{\partial^2 v}{\partial x^2} & + \dfrac{\partial^2 v}{\partial y^2}\Bigg) \\
\dfrac{V_\infty^2}{L\sqrt{Re}} & \dfrac{V_\infty^2}{L\sqrt{Re}} & \dfrac{V_\infty^2}{L\sqrt{Re}} & & \dfrac{\sqrt{Re}\,V_\infty^2}{L} & & \dfrac{V_\infty^2}{LRe\sqrt{Re}} & \dfrac{V_\infty^2}{L\sqrt{Re}} \\
O\left(\dfrac{1}{\sqrt{Re}}\right) & O\left(\dfrac{1}{\sqrt{Re}}\right) & O\left(\dfrac{1}{\sqrt{Re}}\right) & & O(\sqrt{Re}) & & O\left(\dfrac{1}{Re\sqrt{Re}}\right) & O\left(\dfrac{1}{\sqrt{Re}}\right)
\end{array}
\tag{6.38}
$$

通过各项量级比较，在高雷诺数情况下忽略小量，得到如下简化方程组：

$$
\begin{cases}
\dfrac{\partial u}{\partial x} + \dfrac{\partial v}{\partial y} = 0 \\
\dfrac{\partial u}{\partial t} + u\dfrac{\partial u}{\partial x} + v\dfrac{\partial u}{\partial y} = f_x - \dfrac{1}{\rho}\dfrac{\partial p}{\partial x} + \nu\dfrac{\partial^2 u}{\partial y^2} \\
0 = f_y - \dfrac{1}{\rho}\dfrac{\partial p}{\partial y}
\end{cases}
\tag{6.39}
$$

这个简化方程组就是 1904 年由普朗特给出的边界层方程组。与 N－S 方程组相比得到大大简化，并且方程组的类型也发生改变，原 N－S 方程组为椭圆型方程组，而简化后的边界层方程为抛物型方程组。

如果忽略质量力，由第三个方程得

$$
0 = -\frac{1}{\rho}\frac{\partial p}{\partial y} \tag{6.40}
$$

这说明，在高雷诺数情况下，在边界层内压强沿法线方向不变。也就是说，边界层内的压强等于法线上边界层外边界线上的压强，p 与 y 无关，仅是 x 和 t 的函数，即

$$
p = p_e(x,\ t) \tag{6.41}
$$

这说明，在边界层方程中，压强不是未知量，而是由边界层外势流条件确定。由于边界层外区是势流场，可通过求解势流确定速度场，对于定常流动，可利用伯努利方程确定边界层内的压强。即

$$p_e(x,\ t) + \frac{1}{2}\rho u_e^2 = p_\infty + \frac{1}{2}\rho V_\infty^2 \tag{6.42}$$

对于非定常流动,可用外部势流的欧拉方程确定。即

$$\frac{\partial u_e}{\partial t} + u_e \frac{\partial u_e}{\partial x} = -\frac{1}{\rho}\frac{\partial p_e}{\partial x} \tag{6.43}$$

式中,u_e 为边界层外边界上的速度。

如果忽略质量力,普朗特的边界层方程组变为

$$\begin{cases} \dfrac{\partial u}{\partial x} + \dfrac{\partial v}{\partial y} = 0 \\ \dfrac{\partial u}{\partial t} + u\dfrac{\partial u}{\partial x} + v\dfrac{\partial u}{\partial y} = -\dfrac{1}{\rho}\dfrac{\partial p}{\partial x} + \nu\dfrac{\partial^2 u}{\partial y^2} \\ -\dfrac{1}{\rho}\dfrac{\partial p}{\partial y} = 0 \end{cases} \tag{6.44}$$

边界条件为

$$\begin{cases} y = 0,\ u = 0,\ v = 0 \\ y = \infty,\ u = V_\infty \end{cases} \tag{6.45}$$

边界层内的压强按照理想流体势流方程确定压强,将式(6.43)代入式(6.44),得

$$\begin{cases} \dfrac{\partial u}{\partial x} + \dfrac{\partial v}{\partial y} = 0 \\ \dfrac{\partial u}{\partial t} + u\dfrac{\partial u}{\partial x} + v\dfrac{\partial u}{\partial y} = \dfrac{\partial u_e}{\partial t} + u_e\dfrac{\partial u_e}{\partial x} + \nu\dfrac{\partial^2 u}{\partial y^2} \end{cases} \tag{6.46}$$

在定常流动情况下,有

$$\begin{cases} \dfrac{\partial u}{\partial x} + \dfrac{\partial v}{\partial y} = 0 \\ u\dfrac{\partial u}{\partial x} + v\dfrac{\partial u}{\partial y} = u_e\dfrac{\partial u_e}{\partial x} + \nu\dfrac{\partial^2 u}{\partial y^2} \end{cases} \tag{6.47}$$

综上所述,边界层基本特性可归纳如下:

(1) 边界层的厚度远远小于物面的长度尺度,即 $\dfrac{\delta}{L} \propto \dfrac{1}{\sqrt{Re}}$;

(2) 边界层内的法向速度远远小于流向速度,即 $\dfrac{v}{V_\infty} \propto \dfrac{1}{\sqrt{Re}}$;

(3) 边界层内沿流向的速度梯度远远小于沿法向的速度梯度,即 $\dfrac{\partial}{\partial x} \ll \dfrac{\partial}{\partial y}$;

（4）边界层内沿法向的压力梯度为零，即 $\frac{\partial p}{\partial y}=0$；

（5）边界层内的压强仅是流向位置和时间的函数，即 $p=p_e(x,\ t)$。

6.2.2 曲壁面上的边界层方程

前面推导了平板壁面上的二维边界层方程组，但是在实际流动中所遇到的物面常是弯曲的，因此推导曲壁面上的边界层方程更具有普遍意义。在推导过程中，使用曲壁面上的边界层坐标系。其中，x 轴贴着壁面，y 轴垂直于壁面。在边界层内任取一点 M，其坐标为 $x=ON$，$y=NM$，如图 6.7 所示。M' 为 M 的邻点，MM' 的弧长 $\mathrm{d}s$ 为

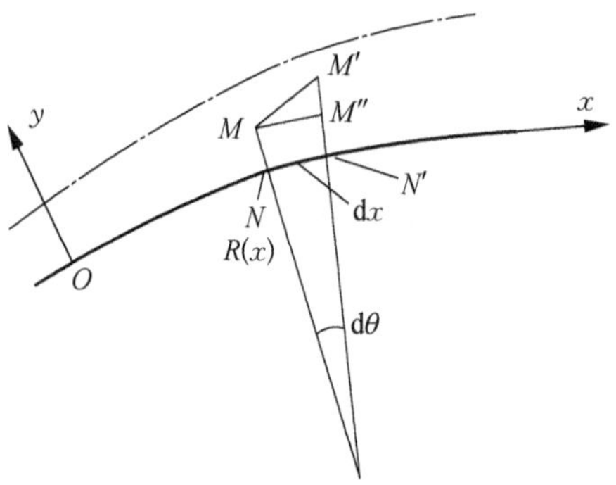

$$\mathrm{d}s=\sqrt{(MM'')^2+(M''M')^2} \tag{6.48}$$

在 x 处，设壁面的曲率半径为 $R(x)$，有

$$\begin{aligned} MM''&=(R+y)\mathrm{d}\theta=\frac{R+y}{R}\mathrm{d}x,\\ M''M'&=M'N'-MN=\mathrm{d}y \end{aligned} \tag{6.49}$$

图 6.7 曲面坐标系

代入式(6.48)，得

$$\begin{aligned} &\mathrm{d}s^2=(MM'')^2+(M''M')^2=\left(\frac{R+y}{R}\right)^2\mathrm{d}x^2+\mathrm{d}y^2=(H_1\mathrm{d}x)^2+(H_2\mathrm{d}y)^2\\ &H_1=\frac{R+y}{R},\ H_2=1 \end{aligned} \tag{6.50}$$

仍以 u 和 v 分别表示边界层坐标系中的 x 和 y 方向的速度分量，则在正交曲线坐标系中的 N－S 方程组如下：

连续性方程为

$$\frac{R}{R+y}\frac{\partial u}{\partial x}+\frac{\partial v}{\partial y}+\frac{v}{R+y}=0 \tag{6.51}$$

运动方程为

$$\begin{aligned} &\frac{\partial u}{\partial t}+\frac{R}{R+y}u\frac{\partial u}{\partial x}+v\frac{\partial u}{\partial y}+\frac{uv}{R+y}\\ &=-\frac{R}{R+y}\frac{1}{\rho}\frac{\partial p}{\partial x}+\nu\left[\left(\frac{R}{R+y}\right)^2\frac{\partial^2 u}{\partial x^2}+\frac{\partial^2 u}{\partial y^2}+\frac{1}{R+y}\frac{\partial u}{\partial y}-\frac{u}{(R+y)^2}\right.\\ &\left.\quad+\frac{2R}{(R+y)^2}\frac{\partial v}{\partial x}-\frac{Rv}{(R+y)^3}\frac{\mathrm{d}R}{\mathrm{d}x}+\frac{Ry}{(R+y)^3}\frac{\mathrm{d}R}{\mathrm{d}x}\frac{\partial u}{\partial x}\right] \end{aligned} \tag{6.52}$$

$$\frac{\partial v}{\partial t}+\frac{R}{R+y}u\frac{\partial v}{\partial x}+v\frac{\partial v}{\partial y}-\frac{u^2}{R+y}$$

$$= -\frac{1}{\rho}\frac{\partial p}{\partial y} + \nu\left[\left(\frac{R}{R+y}\right)^2\frac{\partial^2 v}{\partial x^2} + \frac{\partial^2 v}{\partial y^2} + \frac{1}{R+y}\frac{\partial v}{\partial y} - \frac{v}{(R+y)^2}\right.$$
$$\left. - \frac{2R}{(R+y)^2}\frac{\partial u}{\partial x} + \frac{Ru}{(R+y)^3}\frac{\mathrm{d}R}{\mathrm{d}x} + \frac{Ry}{(R+y)^3}\frac{\mathrm{d}R}{\mathrm{d}x}\frac{\partial v}{\partial x}\right] \tag{6.53}$$

假定物面的曲率半径 $R(x)$ 与 x 向的特征长度 L 同量级,y 的量级与边界层厚度同量级,故有

$$\begin{gathered}\delta \ll L,\ \delta \ll R,\ \frac{\mathrm{d}R}{\mathrm{d}x} \approx 1,\ \frac{\mathrm{d}\delta}{\mathrm{d}x} \ll 1,\ H_1 = 1 + \frac{y}{R} \approx 1,\ R + y \approx R \\ \frac{\partial}{\partial x} \propto \frac{1}{L},\ \frac{\partial}{\partial y} \propto \frac{1}{\delta},\ \frac{\partial}{\partial x} \ll \frac{\partial}{\partial y},\ \frac{y}{R} \propto \frac{1}{\sqrt{Re}}\end{gathered} \tag{6.54}$$

$$v \propto \frac{\delta}{t} \propto \frac{\delta}{L/u_e} = \frac{\delta}{L}u_e,\ \frac{v}{u_e} \propto \frac{1}{\sqrt{Re}},\ u \propto \frac{L}{t} = u_e,\ v \ll u \tag{6.55}$$

量级比较,简化的边界层方程组为

$$\begin{cases}\dfrac{\partial u}{\partial x} + \dfrac{\partial v}{\partial y} = 0 \\ \dfrac{\partial u}{\partial t} + u\dfrac{\partial u}{\partial x} + v\dfrac{\partial u}{\partial y} = -\dfrac{1}{\rho}\dfrac{\partial p}{\partial x} + \nu\dfrac{\partial^2 u}{\partial y^2} \\ \rho\dfrac{u^2}{R} = \dfrac{\partial p}{\partial y}\end{cases} \tag{6.56}$$

这就是曲壁面上的边界层方程,与平板壁面上的方程相比,只是 y 方向的方程有所不同。为了和流动弯曲所产生的离心力相平衡,必须有 y 方向的压力梯度。以下估计这个压力梯度的量级大小,初步假定边界层内速度分布为线性分布。

$$u = u_e\frac{y}{\delta},\ \frac{\partial p}{\partial y} = \frac{\rho}{R}\left(u_e\frac{y}{\delta}\right)^2 = \frac{\rho u_e^2}{R\delta^2}y^2 \tag{6.57}$$

从 $y = 0$ 到 $y = \delta$ 积分,有

$$\Delta p = p(\delta) - p(0) = \frac{1}{3}\rho u_e^2\frac{\delta}{R} \tag{6.58}$$

$$\frac{\Delta p}{\rho u_e^2} = \frac{1}{3}\frac{\delta}{R} \tag{6.59}$$

在 $R \gg \delta$ 的情况下,此压差是个小量,可忽略不计。由此仍可得出在曲壁面上的边界层内,法向压强也是不变的。这说明,在曲率半径足够大的情况下,曲壁面上的边界层方程与平壁面上的边界层方程完全相同。

6.3 平板层流边界层的相似解

边界层方程组与 N－S 方程组相比仅做了有限的简化，既没能使原方程线性化，也没有能使其降阶，仅改变了原方程的类型，因此求解起来仍有困难。1908 年，德国流体力学家勃拉休斯(Blasius，普朗特的学生)首先给出了无压梯度平板边界层级数解。勃拉休斯引进边界层内速度分布相似性假设，求解了平板层流边界层方程，得到了平板边界层近似解，获得平板阻力与来流速度的 1.5 次幂呈正比的规律。这是在流体力学史上首次用理论方法求解大雷诺数绕流的摩擦阻力，因此平板边界层解在边界层理论中具有重要的意义。对于零压梯度、定常流动、不可压缩流体平板层流绕流，边界层方程为

$$\begin{cases}\dfrac{\partial u}{\partial x}+\dfrac{\partial v}{\partial y}=0\\ u\dfrac{\partial u}{\partial x}+v\dfrac{\partial u}{\partial y}=\nu\dfrac{\partial^2 u}{\partial y^2}\end{cases}\tag{6.60}$$

边界条件为

$$\begin{cases}y=0,\ u=0,\ v=0\\ y=\infty,\ u=V_\infty\end{cases}\tag{6.61}$$

这是一个二阶拟线性偏微分方程组，方程组中的未知数为 u、v，两个方程联立求解。由于方程组类型变为抛物型方程，原则上可以由 $y=0$ 的已知值向外推进求解，但困难是在 $y=0$ 处 u 的一阶导数未知，而是给定了边界层外边上的速度 V_∞。因此，在求解时，需要先假设 $y=0$ 处 u 的一阶导数，然后推进求解，最后验算是否满足边界层外边界上的速度值。

为了将偏微分方程组转换为常微分方程进行推进求解，勃拉休斯假设：在平板上边界层内的速度分布是相似性的，即无量纲速度 u/V_∞ 仅是无量纲坐标 y/δ 函数，如图 6.8 所示。

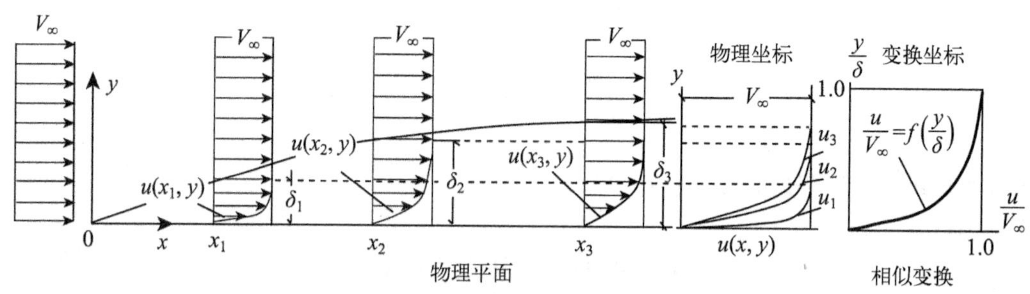

图 6.8　平板边界层相似变换

在物理坐标系中，速度是 x、y 的函数。即

$$u=f(x,\ y)\tag{6.62}$$

如果选用速度 V_∞、流向长度 L、垂向长度 δ 作为相似变换的特征量，则式(6.62)的无量纲表达式为

$$\frac{u}{V_\infty}=f\left(\frac{x}{L},\frac{y}{\delta}\right) \tag{6.63}$$

把物理坐标系中不同 x 站位的速度分布式(6.62),按照式(6.63)整理,发现这个无量纲速度分布曲线与站位坐标无关,仅是 y/δ 的函数,这就是边界层速度分布相似性假设。即

$$\frac{u}{V_\infty}=f\left(\frac{y}{\delta}\right) \tag{6.64}$$

根据量级比较,边界层厚度的量级为

$$\delta\propto\frac{x}{\sqrt{Re_x}}=\frac{x}{\sqrt{\frac{V_\infty x}{\nu}}}=\sqrt{\frac{x\nu}{V_\infty}} \tag{6.65}$$

由相似性假设

$$\frac{u}{V_\infty}=f(\eta),\ \eta=\frac{y}{\delta}=y\sqrt{\frac{V_\infty}{\nu x}} \tag{6.66}$$

引入流函数(平面不可压缩流动,存在流函数,但由于边界层内流动是有涡的,不存在速度势函数),可以消掉连续性方程。按照定义,通过积分式(6.66),可得

$$\psi=\int u\mathrm{d}y=\int V_\infty f(\eta)\sqrt{\frac{\nu x}{V_\infty}}\mathrm{d}\eta=\sqrt{\nu xV_\infty}F(\eta) \tag{6.67}$$

由流函数定义可知

$$u=\frac{\partial\psi}{\partial y}=\frac{\partial\psi}{\partial\eta}\frac{\partial\eta}{\partial y}=V_\infty\frac{\mathrm{d}F(\eta)}{\mathrm{d}\eta}=V_\infty F'(\eta)=V_\infty f(\eta) \tag{6.68}$$

$$\begin{aligned}v&=-\frac{\partial\psi}{\partial x}=-\frac{\partial}{\partial x}\left[\sqrt{\nu xV_\infty}F(\eta)\right]=-\left[\sqrt{\nu xV_\infty}\frac{\partial F}{\partial\eta}\frac{\partial\eta}{\partial x}+F(\eta)\frac{\partial}{\partial x}\sqrt{\nu xV_\infty}\right]\\&=\frac{V_\infty}{2}\frac{1}{\sqrt{Re_x}}(\eta F'-F)\end{aligned} \tag{6.69}$$

式中,$Re_x=\dfrac{V_\infty x}{\nu}$。通过运算,可以得

$$u\frac{\partial u}{\partial x}=-\frac{V_\infty^2}{2x}\eta F'F'' \tag{6.70}$$

$$v\frac{\partial u}{\partial y}=\frac{1}{2}\frac{V_\infty^2}{x}(\eta F'-F)F'' \tag{6.71}$$

$$\nu\frac{\partial^2 u}{\partial y^2}=\nu\frac{V_\infty^2}{x\nu}F'''=\frac{V_\infty^2}{x}F''' \tag{6.72}$$

将式(6.70)~式(6.72),代入方程组(6.60)第二式,得

$$-\frac{1}{2}\frac{V_\infty^2}{x}\eta F'F''+\frac{1}{2}\frac{V_\infty^2}{x}(\eta F'-F)F''=\frac{V_\infty^2}{x}F''' \tag{6.73}$$

化简后变为

$$FF''+2F'''=0 \tag{6.74}$$

边界条件为

$$\begin{cases}\eta=0,\ F'=0,\ F=0\\ \eta=\infty,\ F'=1.0\end{cases} \tag{6.75}$$

勃拉休斯用无穷级数求解式(6.74)。假设

$$F(\eta)=A_0+A_1\eta+\frac{A_2}{2!}\eta^2+\frac{A_3}{3!}\eta^3+\cdots+\frac{A_n}{n!}\eta^n+\cdots \tag{6.76}$$

其中,A_0, A_1, A_2, …, A_n 为待定系数。对 F 求一阶和二阶导数,得

$$\frac{dF}{d\eta}=A_1+\frac{A_2}{1}\eta+\frac{A_3}{2!}\eta^2+\cdots+\frac{A_n}{(n-1)!}\eta^{n-1}+\cdots \tag{6.77}$$

$$\frac{d^2F}{d\eta^2}=A_2+\frac{A_3}{1!}\eta^1+\cdots+\frac{A_n}{(n-2)!}\eta^{n-2}+\cdots \tag{6.78}$$

$$\frac{d^3F}{d\eta^3}=A_3+\frac{A_4}{1}\eta+\cdots+\frac{A_n}{(n-3)!}\eta^{n-3}+\cdots \tag{6.79}$$

将式(6.75)代入式(6.76)和式(6.77),得到 $A_0=0$, $A_1=0$, 则 F 变为

$$F(\eta)=\frac{A_2}{2!}\eta^2+\frac{A_3}{3!}\eta^3+\cdots+\frac{A_n}{n!}\eta^n+\cdots \tag{6.80}$$

将以上各式代入式(6.74)中,得

$$\left(\frac{A_2}{2!}\eta^2+\frac{A_3}{3!}\eta^3+\cdots+\frac{A_n}{n!}\eta^n+\cdots\right)\left(A_2+A_3\eta+\cdots+\frac{A_n}{(n-2)!}\eta^{n-2}+\cdots\right)$$
$$+2\left(A_3+A_4\eta\cdots+\frac{A_n}{(n-3)!}\eta^{n-3}+\cdots\right)=0 \tag{6.81}$$

展开,有

$$2A_3 + 2A_4\eta + \frac{\eta^2}{2!}(A_2^2 + 2A_5) + \frac{\eta^3}{3!}(4A_2A_3 + 2A_6)$$
$$+ \frac{\eta^4}{4!}(7A_2A_4 + 4A_3^2 + 2A_7) + \frac{\eta^5}{5!}(11A_2A_5 + 15A_3A_4 + 2A_8) + \cdots = 0 \tag{6.82}$$

因对 η 的任意次幂均需要满足式(6.82)，因此要求各系数均为零，得

$$A_3 = 0,\ A_4 = 0,\ A_5 = -\frac{A_2^2}{2},\ A_6 = 0,\ A_7 = 0,\ A_8 = \frac{11}{4}A_2^3,\ \cdots \tag{6.83}$$

将上式代入式(6.76)中，得

$$F(\eta) = A_2^{1/3}\left[\frac{1}{2!}(A_2^{1/3}\eta)^2 - \frac{1}{2}\frac{1}{5!}(A_2^{1/3}\eta)^5 + \frac{1}{2^2}\frac{11}{8!}(A_2^{1/3}\eta)^8 - \frac{1}{2^3}\frac{375}{11!}(A_2^{1/3}\eta)^{11}\cdots\right]$$
$$= A_2^{1/3}\sum_{n=0}^{\infty}\left(-\frac{1}{2}\right)^n\frac{C_n}{(3n+2)!}(A_2^{1/3}\eta)^{(3n+2)} \tag{6.84}$$

式中，各系数为

$$C_0 = 1,\ C_1 = 1,\ C_2 = 11,\ C_3 = 375,\ C_4 = 27\,897,\ C_5 = 3\,817\,137\cdots \tag{6.85}$$

对式(6.84)求 F 的一阶导数，得

$$F'(\eta) = A_2\eta - \frac{1}{2\times 4!}A_2^2\eta^4 + \frac{11}{2^2\times 7!}A_2^3\eta^7 - \frac{375}{2^3\times 10!}A_2^4\eta^{10}\cdots \tag{6.86}$$

由边界条件，$\lim_{\eta\to\infty} F'(\eta) = 1$，勃拉休斯给出的结果是

$$F''(0) = A_2 = 0.332\,1 \tag{6.87}$$

将 A_2 值代入式(6.69)、式(6.84)和式(6.86)，得

$$F(\eta) = 0.166\,1\eta^2 - 0.000\,46\eta^5 + 0.000\,002\,5\eta^8 - \cdots \tag{6.88}$$

$$\frac{u}{V_\infty} = F'(\eta) = 0.332\,1\eta - 0.002\,3\eta^4 + 0.000\,02\eta^7 - \cdots \tag{6.89}$$

$$\frac{v}{V_\infty} = \frac{1}{\sqrt{Re_x}}\frac{(\eta F' - F)}{2}$$
$$= \frac{1}{\sqrt{Re_x}}(0.083\,05\eta^2 - 0.000\,92\eta^5 + 0.000\,02\eta^8 - \cdots) \tag{6.90}$$

$$F''(\eta) = 0.332\,1 - 0.009\,2\eta^3 + 0.000\,14\eta^6 - \cdots \tag{6.91}$$

利用式(6.88)~式(6.91)的级数解，在不同 η 下的数值如表6.1所示，利用该表，就可以

确定边界层内的速度分布,得到某点处速度。同时,还可得到无量纲速度 $\frac{u}{V_\infty}$ 与无量纲坐标 $\frac{y}{\delta}$ 的关系,即 $\frac{u}{V_\infty}=f\left(\frac{y}{\delta}\right)=F'(\eta)$,如图 6.9 所示。

表 6.1　平板壁面绕流边界层的 $F(\eta)$ 及其导数

$\eta=y\sqrt{\frac{V_\infty}{\nu x}}$	$F(\eta)$	$F'(\eta)$	$F''(\eta)$
0.00	0.000	0.000	0.332 060
0.25	1.04E－02	8.30E－02	0.331 917
0.50	4.15E－02	0.165 887	0.330 914
0.75	9.33E－02	0.248 321	0.328 208
1.00	0.165 575	0.329 783	0.323 01
1.25	0.258 037	0.409 560	0.314 636
1.50	0.370 144	0.486 793	0.302 583
1.75	0.501 142	0.560 523	0.286 602
2.00	0.650 032	0.629 770	0.266 754
2.25	0.815 576	0.693 610	0.243 445
2.50	0.996 322	0.751 264	0.217 413
2.75	1.190 646	0.802 172	0.189 663
3.00	1.396 821	0.846 049	0.161 362
3.25	1.613 085	0.882 906	0.133 704
3.50	1.837 715	0.913 044	0.107 774
3.75	2.069 094	0.937 008	8.44E－02
4.00	2.305 766	0.955 522	6.42E－02
4.25	2.546 470	0.969 408	4.74E－02
4.50	2.790 157	0.979 517	3.40E－02
4.75	3.035 983	0.986 656	2.36E－02
5.00	3.283 299	0.991 544	1.59E－02
5.25	3.531 620	0.994 791	1.04E－02
5.50	3.780 600	0.996 882	6.58E－03
5.75	4.029 997	0.998 186	4.04E－03
6.00	4.279 651	0.998 976	2.41E－03
6.25	4.529 459	0.999 439	1.39E－03
6.50	4.779 355	0.999 703	7.76E－04
6.75	5.029 30	0.999 848	4.21E－04
7.00	5.279 273	0.999 926	2.21E－04
7.25	5.529 260	0.999 966	1.13E－04
7.50	5.779 254	0.999 987	5.58E－05
7.75	6.029 253	0.999 996	2.68E－05
8.00	6.279 252	1.000 001	1.25E－05

(1) 边界层厚度。按照边界层厚度的定义,取 $u/V_\infty=0.99$,查表 6.1 可知 $\eta=5.0$,由下式:

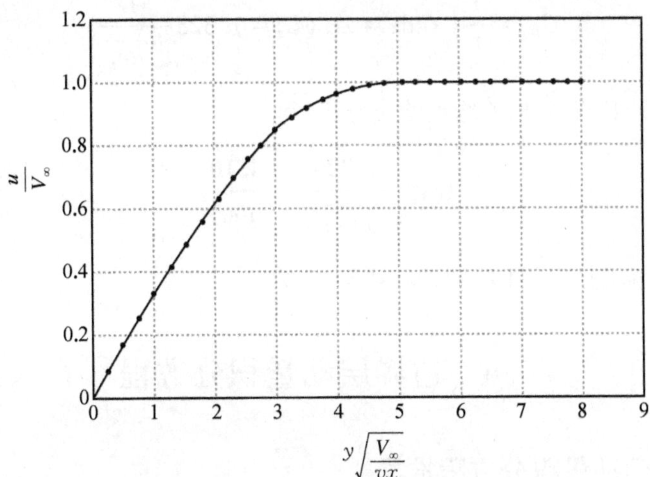

图 6.9　零迎角平板层流边界层的速度分布

$$\eta = y\sqrt{\frac{V_\infty}{\nu x}}$$

得

$$\delta = \frac{5x}{\sqrt{Re_x}} \tag{6.92}$$

（2）边界层排移厚度。利用式(6.9)，可求得排移厚度 δ_1。即

$$\delta_1 = \int_0^\delta \left(1 - \frac{u}{V_\infty}\right) \mathrm{d}y = 1.720\,8 \frac{x}{\sqrt{Re_x}} \tag{6.93}$$

（3）边界层动量损失厚度。同样利用式(6.15)，可求得动量厚度 δ_2，即

$$\delta_2 = \int_0^\delta \frac{u}{V_\infty}\left(1 - \frac{u}{V_\infty}\right) \mathrm{d}y = 0.664 \frac{x}{\sqrt{Re_x}} \tag{6.94}$$

（4）壁面切应力。

$$\tau_0 = \mu \frac{\partial u}{\partial y}\bigg|_{y=0} = 0.332\rho V_\infty^2 \frac{1}{\sqrt{Re_x}},\ \tau_0 \to \frac{1}{\sqrt{x}} \tag{6.95}$$

（5）壁面摩擦应力系数。

$$C_f = \frac{\tau_0}{0.5\rho V_\infty^2} = 0.664 \frac{1}{\sqrt{Re_x}} \tag{6.96}$$

（6）平均壁面摩擦总阻力系数。

$$C_{Df} = \frac{1}{L}\int_0^L C_f \mathrm{d}x = 2C_f(L) = 1.328\frac{1}{\sqrt{Re_L}} \tag{6.97}$$

郭永怀(1953 年)对平板前缘点给出修正,得

$$C_{Df} = \frac{1.328}{\sqrt{Re_L}} + \frac{4.10}{Re_L} \tag{6.98}$$

这个公式的适用范围是 $3 \times 10^5 < Re_L < 3 \times 10^6$。

6.4 边界层动量积分方程

6.4.1 卡门动量积分方程推导

普朗特的边界层微分方程组虽然得到大大简化,但由于方程组的非线性特征,获得精确解还是较为困难的。为了便于工程应用,1921 年美国空气动力学家冯·卡门基于动量积分方程,导出了著名的边界层动量积分关系式,利用这个积分关系式可以快速方便地给出边界层近似特性。动量积分关系式适用于层流边界层和湍流边界层,而且只要速度分布选择适当,求解结果还是具有一定精度的。下面给出具体推导。

如图 6.10 所示,对于二维边界层问题,假设流动是定常的,流体密度是常数,在边界层内任取一控制体 $abcd$,控制体长度为 $\mathrm{d}x$,控制面为 A_{ab}、A_{bc}、A_{cd}、A_{da}。现对控制体应用动量积分方程。

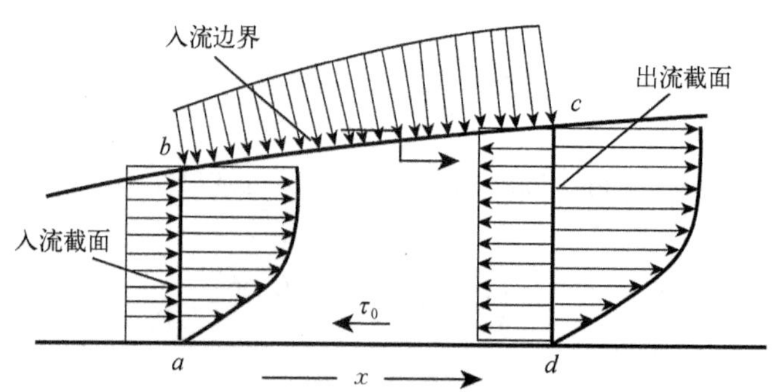

图 6.10 边界层动量积分关系

$$\frac{\partial}{\partial t}\iiint_\tau \rho \boldsymbol{V}\mathrm{d}\tau + \oint_S \rho \boldsymbol{V}(\boldsymbol{V}\cdot\boldsymbol{n})\mathrm{d}S = \iiint_\tau \rho \boldsymbol{f}\mathrm{d}\tau + \oint_S \boldsymbol{p}_n \mathrm{d}S$$

假设流动定常,不考虑质量力,并沿 x 方向投影上式,得

$$\oint_S \rho V_x(\boldsymbol{V}\cdot\boldsymbol{n})\mathrm{d}S = \oint_S \boldsymbol{p}_{nx}\mathrm{d}S \tag{6.99}$$

由 A_{ab} 面流入控制体的质量为

$$m_{ab} = \int_0^{\delta(x)} \rho u \mathrm{d}y \tag{6.100}$$

由 A_{cd} 面流出控制体的质量为

$$m_{cd} = m_{ab} + \frac{\partial}{\partial x}\left(\int_0^{\delta(x)} \rho u \mathrm{d}y\right) \mathrm{d}x \tag{6.101}$$

根据质量守恒定律,通过 A_{bc} 流入控制体的质量为

$$m_{bc} = m_{cd} - m_{ab} = \frac{\partial}{\partial x}\left(\int_0^{\delta(x)} \rho u \mathrm{d}y\right) \mathrm{d}x \tag{6.102}$$

由 A_{ab} 面流入控制体的动量为

$$K_{ab} = \int_0^{\delta(x)} \rho u^2 \mathrm{d}y \tag{6.103}$$

由 A_{cd} 面流出控制体的动量为

$$K_{cd} = K_{ab} + \frac{\partial}{\partial x}\left(\int_0^{\delta(x)} \rho u^2 \mathrm{d}y\right) \mathrm{d}x \tag{6.104}$$

通过 A_{bc} 流入控制体的动量在 x 方向的分量为

$$K_{bc} = u_e \frac{\partial}{\partial x}\left(\int_0^{\delta(x)} \rho u \mathrm{d}y\right) \mathrm{d}x \tag{6.105}$$

在 A_{ab} 面上沿 x 方向的作用力为

$$F_{ab} = p_e \delta(x) \tag{6.106}$$

在 A_{cd} 面上沿 x 方向的作用力为

$$F_{cd} = -\left(p_e + \frac{\mathrm{d}p_e}{\mathrm{d}x}\mathrm{d}x\right)[\delta(x) + \mathrm{d}\delta] \tag{6.107}$$

在 A_{bc} 面上沿 x 方向的作用力为

$$F_{bc} = \left(p_e + \frac{\mathrm{d}p_e}{\mathrm{d}x}\frac{\mathrm{d}x}{2}\right)\mathrm{d}\delta \tag{6.108}$$

在 A_{ad} 面壁面上的剪切力为

$$F_{ad} = -\tau_0 \mathrm{d}x \tag{6.109}$$

对控制体建立 x 方向的动量积分方程为

$$\begin{aligned} & p_e\delta(x) - \left(p_e + \frac{\mathrm{d}p_e}{\mathrm{d}x}\mathrm{d}x\right)[\delta(x) + \mathrm{d}\delta] + \left(p_e + \frac{\mathrm{d}p_e}{\mathrm{d}x}\frac{\mathrm{d}x}{2}\right)\mathrm{d}\delta - \tau_0\mathrm{d}x \\ & = K_{ab} + \frac{\partial}{\partial x}\left(\int_0^{\delta(x)} \rho u^2 \mathrm{d}y\right)\mathrm{d}x - K_{ab} - u_e\frac{\partial}{\partial x}\left(\int_0^{\delta(x)} \rho u \mathrm{d}y\right)\mathrm{d}x \end{aligned} \tag{6.110}$$

整理后,得

$$\frac{\mathrm{d}p_e}{\mathrm{d}x}\delta(x) + \tau_0 = u_e \frac{\partial}{\partial x}\left(\int_0^{\delta(x)} \rho u \mathrm{d}y\right) - \frac{\partial}{\partial x}\left(\int_0^{\delta(x)} \rho u^2 \mathrm{d}y\right) \tag{6.111}$$

考虑到上式等号右侧微分号内的 $\int_0^{\delta(x)} \rho u \mathrm{d}y$ 和 $\int_0^{\delta(x)} \rho u^2 \mathrm{d}y$ 都是 x 函数,可用全微分代替偏微分,则变为

$$\frac{\mathrm{d}p_e}{\mathrm{d}x}\delta(x) + \tau_0 = u_e \frac{\mathrm{d}}{\mathrm{d}x}\left(\int_0^{\delta(x)} \rho u \mathrm{d}y\right) - \frac{\mathrm{d}}{\mathrm{d}x}\left(\int_0^{\delta(x)} \rho u^2 \mathrm{d}y\right) \tag{6.112}$$

在边界层外边界上利用伯努利方程, $\frac{1}{2}\rho u_e^2 + p_e =$ 常数, 两端微分得到

$$u_e \frac{\mathrm{d}u_e}{\mathrm{d}x} = -\frac{1}{\rho}\frac{\mathrm{d}p_e}{\mathrm{d}x} \tag{6.113}$$

利用上式,式(6.112)左边第一项可写为

$$\frac{\mathrm{d}p_e}{\mathrm{d}x}\delta(x) = -\rho u_e \frac{\mathrm{d}u_e}{\mathrm{d}x}\int_0^{\delta(x)} \mathrm{d}y \tag{6.114}$$

式(6.112)右边第一项可写为

$$u_e \frac{\mathrm{d}}{\mathrm{d}x}\left(\int_0^{\delta(x)} \rho u \mathrm{d}y\right) = \frac{\mathrm{d}}{\mathrm{d}x}\left(\int_0^{\delta(x)} \rho u u_e \mathrm{d}y\right) - \frac{\mathrm{d}u_e}{\mathrm{d}x}\int_0^{\delta(x)} \rho u \mathrm{d}y \tag{6.115}$$

将式(6.114)和式(6.115)代入式(6.111),并整理后得

$$\frac{\tau_0}{\rho} = \frac{\mathrm{d}}{\mathrm{d}x}\left[u_e^2 \int_0^{\delta(x)} \frac{u}{u_e}\left(1 - \frac{u}{u_e}\right)\mathrm{d}y\right] + u_e \frac{\mathrm{d}u_e}{\mathrm{d}x}\int_0^{\delta(x)}\left(1 - \frac{u}{u_e}\right)\mathrm{d}y \tag{6.116}$$

利用边界层排移厚度和边界层动量损失厚度的定义,可以化简为

$$\frac{\tau_0}{\rho} = \frac{\mathrm{d}}{\mathrm{d}x}(u_e^2 \delta_2) + u_e \delta_1 \frac{\mathrm{d}u_e}{\mathrm{d}x} \tag{6.117}$$

这就是边界层动量积分方程。该方程是一阶常微分方程,适用于层流和湍流边界层。将上式的右边微分项展开并重新组合,得

$$\frac{\tau_0}{\rho} = u_e^2 \frac{\mathrm{d}\delta_2}{\mathrm{d}x} + u_e(2\delta_2 + \delta_1)\frac{\mathrm{d}u_e}{\mathrm{d}x} \tag{6.118}$$

如果写成无量纲形式,有

$$\frac{C_f}{2} = \frac{\mathrm{d}\delta_2}{\mathrm{d}x} + (2 + H)\frac{\delta_2}{u_e}\frac{\mathrm{d}u_e}{\mathrm{d}x},\ H = \frac{\delta_1}{\delta_2},\ C_f = \frac{\tau_0}{\frac{1}{2}\rho u_e^2} \tag{6.119}$$

式中, H 为边界层速度分布函数的形状因子,由边界层纵向速度分布函数决定。

6.4.2 由微分方程推导边界层动量积分方程

对于二维不可压缩流体边界层方程：

$$\begin{cases} \dfrac{\partial u}{\partial x} + \dfrac{\partial v}{\partial y} = 0 \\ \dfrac{\partial u}{\partial t} + u\dfrac{\partial u}{\partial x} + v\dfrac{\partial u}{\partial y} = \dfrac{\partial u_e}{\partial t} + u_e\dfrac{\partial u_e}{\partial x} + \nu\dfrac{\partial^2 u}{\partial y^2} \end{cases}$$

用 u_e 乘以连续方程，并利用连续方程把动量方程改写为

$$\begin{cases} \dfrac{\partial u_e u}{\partial x} + \dfrac{\partial u_e v}{\partial y} = u\dfrac{\partial u_e}{\partial x} \\ \dfrac{\partial u}{\partial t} + \dfrac{\partial uu}{\partial x} + \dfrac{\partial uv}{\partial y} = \dfrac{\partial u_e}{\partial t} + u_e\dfrac{\partial u_e}{\partial x} + \dfrac{1}{\rho}\dfrac{\partial \tau}{\partial y},\ \left(\tau = \rho\nu\dfrac{\partial u}{\partial y}\right) \end{cases} \tag{6.120}$$

两式相减，得

$$\frac{\partial}{\partial t}(u_e - u) + \frac{\partial}{\partial x}(u_e u - uu) + \frac{\partial}{\partial y}(u_e v - uv) + (u_e - u)\frac{\partial u_e}{\partial x} = -\frac{1}{\rho}\frac{\partial \tau}{\partial y} \tag{6.121}$$

积分上式，有

$$\begin{aligned} &\frac{\partial}{\partial t}\int_0^\infty (u_e - u)\mathrm{d}y + \frac{\partial}{\partial x}\int_0^\infty (u_e u - uu)\mathrm{d}y \\ &\quad + \int_0^\infty \frac{\partial}{\partial y}(u_e v - uv)\mathrm{d}y + \frac{\partial u_e}{\partial x}\int_0^\infty (u_e - u)\mathrm{d}y = -\frac{1}{\rho}\int_0^\infty \frac{\partial \tau}{\partial y}\mathrm{d}y \end{aligned} \tag{6.122}$$

整理后得到

$$\frac{\partial u_e\delta_1}{\partial t} + u_e^2\frac{\partial \delta_2}{\partial x} + u_e(2\delta_2 + \delta_1)\frac{\partial u_e}{\partial x} = \frac{\tau_0}{\rho} \tag{6.123}$$

对于定常流动，$\dfrac{\partial u_e\delta_1}{\partial t} = 0$，则有

$$u_e^2\frac{\partial \delta_2}{\partial x} + u_e(2\delta_2 + \delta_1)\frac{\partial u_e}{\partial x} = \frac{\tau_0}{\rho} \tag{6.124}$$

6.5 平板层流边界层动量积分方程的解

在动量积分方程中，含有三个未知数：排移厚度、动量损失厚度、壁面切应力。因此，

必须寻求两个补充关系,才能获得积分解。第一个补充关系是与三个未知量存在直接关系的边界层内速度分布,显然积分方程解的精度取决于边界层内速度分布的合理性。第二个补充关系是壁面切应力与速度分布的关系。对于层流边界层,采用牛顿内摩擦定律。假定边界层内流动为定常不可压缩流动,对于边界层内速度分布为

$$\frac{u}{u_e}=f(\eta)=a_0+a_1\eta+a_2\eta^2+a_3\eta^3+a_4\eta^4 \tag{6.125}$$

由平面边界层运动微分方程:

$$\begin{cases}\dfrac{\partial u}{\partial x}+\dfrac{\partial v}{\partial y}=0\\[2ex] u\dfrac{\partial u}{\partial x}+v\dfrac{\partial u}{\partial y}=u_e\dfrac{\partial u_e}{\partial x}+\nu\dfrac{\partial^2 u}{\partial y^2}\end{cases}$$

在平板壁面处, $y=0$, $u=v=0$, 由此可得

$$\frac{\partial^2 u}{\partial y^2}=-\frac{u_e}{\nu}\frac{\partial u_e}{\partial x} \tag{6.126}$$

$$\tau_0=\mu\frac{\partial u}{\partial y} \tag{6.127}$$

对式(6.126)沿着 y 方向求偏导,得

$$\frac{\partial^3 u}{\partial y^3}=0 \tag{6.128}$$

在边界层外边界上

$$y=\infty,\ u=u_e,\ \frac{\partial^n u_e}{\partial y^n}=0,\ n=1,\ 2,\ 3\cdots \tag{6.129}$$

综合起来,确定式(6.125)中各系数的条件为

$$\begin{aligned}&y=0,\ u=v=0,\ \frac{\partial u}{\partial y}=\frac{\tau_0}{\mu},\ \frac{\partial^2 u}{\partial y^2}=-\frac{u_e u_e'}{\nu},\ \frac{\partial^3 u}{\partial y^3}=0\\&y=\infty,\ u=u_e,\ \frac{\partial^n u}{\partial y^n}=0,\ n=1,\ 2,\ 3\cdots\end{aligned} \tag{6.130}$$

对于零压梯度的平板边界层定常流动,在边界层外的主流速度是一个定值,即

$$u_e=V_\infty=\text{const},\ \frac{\mathrm{d}u_e^2}{\mathrm{d}x}=0,\ \frac{\mathrm{d}p_e}{\mathrm{d}x}=0 \tag{6.131}$$

动量积分方程(6.124)简化为

$$\frac{\tau_0}{\rho} = V_\infty^2 \frac{d\delta_2}{dx} \tag{6.132}$$

假设边界层内速度分布为二次型曲线,即

$$\frac{u}{V_\infty} = f(\eta) = \eta(2 - \eta) \tag{6.133}$$

求得边界层动量损失厚度为

$$\delta_2 = \int_0^{\delta(x)} \frac{u}{V_\infty}\left(1 - \frac{u}{V_\infty}\right) dy = \delta\int_0^1 f(1 - f) d\eta = \delta\int_0^1 (2\eta - \eta^2)(1 - 2\eta + \eta^2) d\eta = \frac{2}{15}\delta \tag{6.134}$$

另外,对于壁面切应力,按照定义为

$$\tau_0 = \mu \frac{\partial u}{\partial y}\bigg|_{y=0} = \mu \frac{V_\infty}{\delta}\frac{\partial f}{\partial \eta}\bigg|_{\eta=0} = 2\mu \frac{V_\infty}{\delta} \tag{6.135}$$

将式(6.134)和式(6.135)代入式(6.132),得

$$V_\infty^2 \frac{2}{15}\frac{d\delta}{dx} = 2\frac{\mu}{\rho}\frac{V_\infty}{\delta}$$

积分上式,得

$$\frac{\delta}{x} = \frac{\sqrt{30}}{\sqrt{Re_x}} = \frac{5.477}{\sqrt{Re_x}},\ Re_x = \frac{V_\infty x}{\nu} \tag{6.136}$$

壁面切应力为

$$\tau_0 = \mu \frac{\partial u}{\partial y}\bigg|_{y=0} = \frac{2}{\sqrt{30}}\rho V_\infty^2 \frac{1}{\sqrt{Re_x}} = 0.365\,1\rho V_\infty^2 \frac{1}{\sqrt{Re_x}} \tag{6.137}$$

其他不同速度分布的计算结果如表6.2所示。

表6.2　不同速度分布的计算结果

速度分布	$\frac{u}{u_e} = f(\eta)$	$\frac{\delta}{x}$	$\frac{\tau_0}{\rho V_\infty^2}$
一次型	$f(\eta) = \eta$	$\frac{3.464}{\sqrt{Re_x}}$	$\frac{0.289}{\sqrt{Re_x}}$
二次型	$f(\eta) = 2\eta - \eta^2$	$\frac{5.477}{\sqrt{Re_x}}$	$\frac{0.365\,1}{\sqrt{Re_x}}$
三次型	$f(\eta) = \frac{3}{2}\eta - \frac{1}{2}\eta^3$	$\frac{4.614}{\sqrt{Re_x}}$	$\frac{0.323}{\sqrt{Re_x}}$

续 表

速度分布	$\frac{u}{u_e}=f(\eta)$	$\frac{\delta}{x}$	$\frac{\tau_0}{\rho V_\infty^2}$
四次型	$f(\eta)=2\eta-2\eta^3+\eta^4$	$\frac{5.835}{\sqrt{Re_x}}$	$\frac{0.343}{\sqrt{Re_x}}$
正弦型	$f(\eta)=\sin\left(\frac{\pi}{2}\eta\right)$	$\frac{4.795}{\sqrt{Re_x}}$	$\frac{0.328}{\sqrt{Re_x}}$
勃拉休斯	级数解	$\frac{5.0}{\sqrt{Re_x}}$	$\frac{0.3321}{\sqrt{Re_x}}$

用动量积分方程求解平板面上的摩擦阻力,计算虽然简单,但只要速度分布函数选择适当,可以获得较好的结果。

6.6 平板湍流边界层动量积分方程的解

对于湍流边界层流动,用动量积分方程求解壁面阻力和边界层的发展,实验结果发现(图 6.11),在壁面湍流区时均速度分布与 1932 年德国学者尼古拉兹(Nikuradse)管道湍流时均速度分布十分相似。只要把管道中心线最大速度作为外流速度 u_e,管道半径作为边界层厚度 δ,则在平板壁面上方湍流区的时均速度分布满足幂函数律。即

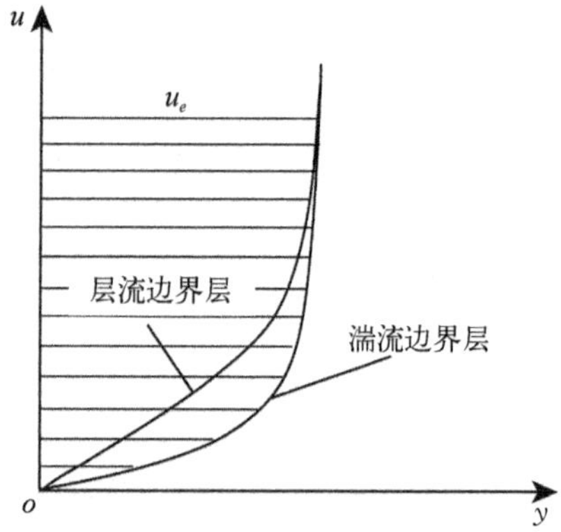

图 6.11 湍流边界层速度分布

$$\frac{\bar{u}}{u_e}=\left(\frac{y}{\delta}\right)^{1/n} \tag{6.138}$$

幂指数 n 为 6~10,经常取 7,与雷诺数 $\left(Re=\frac{u_e\delta}{\nu}\right)$ 有关。如果引进壁面摩阻速度 u_τ 作为无量纲参数,速度分布的幂函数律可以表示为

$$\frac{\bar{u}}{u_\tau}=K\left(\frac{u_\tau y}{\nu}\right)^{1/n} \tag{6.139}$$

式中,K 为无量纲系数,取值为 8.74~11.5,对于 $n=7$, $K=8.74$。摩阻速度为

$$u_\tau=\sqrt{\frac{\tau_w}{\rho}} \tag{6.140}$$

当 $y=\delta$ 时,式(6.139)变为

$$\frac{u_e}{u_\tau} = K\left(\frac{u_\tau \delta}{\nu}\right)^{1/n} \tag{6.141}$$

式(6.141)与式(6.139)之比,就可得到式(6.138)。如果对式(6.141)取 n 次方,在乘以 u_e,然后开 $(n+1)$ 次方,得

$$\frac{u_e}{u_\tau} = K^{\frac{n}{n+1}}\left(\frac{u_e \delta}{\nu}\right)^{\frac{1}{n+1}} \tag{6.142}$$

对于平板边界层流动,边界层外边界的速度 $u_e = V_\infty$,由边界层动量积分方程为

$$\frac{\tau_0}{\rho} = V_\infty^2 \frac{\mathrm{d}\delta_2}{\mathrm{d}x},\ \frac{\mathrm{d}\delta_2}{\mathrm{d}x} = \frac{u_\tau^2}{V_\infty^2} \tag{6.143}$$

将式(6.142)代入式(6.143),得

$$\frac{\mathrm{d}\delta_2}{\mathrm{d}x} = K^{-\frac{2n}{n+1}}\left(\frac{V_\infty \delta}{\nu}\right)^{-\frac{2}{n+1}} \tag{6.144}$$

利用式(6.138),边界层动量损失厚度为

$$\delta_2 = \delta\int_0^1 \frac{\bar{u}}{V_\infty}\left(1 - \frac{\bar{u}}{V_\infty}\right)\mathrm{d}\eta = \delta\int_0^1 \eta^{1/n}(1 - \eta^{1/n})\mathrm{d}\eta = \frac{n}{(n+1)(n+2)}\delta \tag{6.145}$$

代入式(6.144),得

$$\frac{n}{(n+1)(n+2)}\frac{\mathrm{d}\delta}{\mathrm{d}x} = K^{-\frac{2n}{n+1}}\left(\frac{V_\infty \delta}{\nu}\right)^{-\frac{2}{n+1}} \tag{6.146}$$

积分上式(假设 $x = 0$, $\delta = 0$, 平板上为全湍流),得

$$\frac{\delta}{x} = \left[\frac{(n+3)(n+2)}{n}\right]^{\frac{n+1}{n+3}} K^{-\frac{2n}{n+3}}\left(\frac{V_\infty x}{\nu}\right)^{-\frac{2}{n+3}} \tag{6.147}$$

壁面摩擦阻力系数为

$$C_f = \frac{2\tau_w}{\rho V_\infty^2} = 2\frac{u_\tau^2}{V_\infty^2} = 2K^{-\frac{2n}{n+3}}\left[\frac{(n+2)(n+3)}{n}\right]^{-\frac{2}{n+3}}\left(\frac{V_\infty x}{\nu}\right)^{-\frac{2}{n+3}} \tag{6.148}$$

取 $n = 7$, $K = 8.74$, $Re_x = \dfrac{V_\infty x}{\nu}$, 得

$$\frac{\delta}{x} = 0.371\left(\frac{V_\infty x}{\nu}\right)^{-\frac{1}{5}} = 0.371 Re_x^{-\frac{1}{5}} \tag{6.149}$$

边界层动量损失厚度为

$$\frac{\delta_2}{x}=\frac{n}{(n+1)(n+2)}\frac{\delta}{x}=\frac{7}{72}\times 0.371\left(\frac{V_\infty x}{\nu}\right)^{-\frac{1}{5}}=0.0361Re_x^{-\frac{1}{5}} \tag{6.150}$$

边界层排移厚度为

$$\frac{\delta_1}{x}=\frac{1}{(n+1)}\frac{\delta}{x}=\frac{1}{8}\times 0.371\left(\frac{V_\infty x}{\nu}\right)^{-\frac{1}{5}}=0.0464Re_x^{-\frac{1}{5}} \tag{6.151}$$

壁面摩擦阻力系数为

$$C_f=\frac{2\tau_w}{\rho V_\infty^2}=2\frac{u_\tau^2}{V_\infty^2}=0.0288\left(\frac{V_\infty x}{\nu}\right)^{-\frac{1}{5}}=0.0577Re_x^{-\frac{1}{5}} \tag{6.152}$$

$$\tau_w=0.0289\rho V_\infty^2 Re_x^{-\frac{1}{5}} \tag{6.153}$$

平板的总阻力为

$$D_f=\int_0^L \tau_w \mathrm{d}x=\int_0^L 0.0289\rho V_\infty^2 Re_x^{-\frac{1}{5}}\mathrm{d}x=0.361\rho V_\infty^2 L Re_L^{-\frac{1}{5}} \tag{6.154}$$

平板阻力系数为

$$C_{Df}=\frac{D_f}{\frac{1}{2}\rho V_\infty^2 L}=0.0722Re_L^{-\frac{1}{5}} \tag{6.155}$$

与实验数据对比,系数取 0.074 吻合更好,有

$$C_{Df}=\frac{D_f}{\frac{1}{2}\rho V_\infty^2 L}=0.074Re_L^{-\frac{1}{5}} \tag{6.156}$$

图 6.12 德国流体力学家赫尔曼·施利希廷(Hermann Schlichting, 1907~1982 年)

该式为普朗特平板阻力系数公式。上面的推导借用了管道湍流速度分布的 1/7 指数规律和壁面切应力关系,上述结果适应于 $Re_L=5\times10^5\sim5\times10^7$。对于 Re_L 大于 10^7 的情况,壁面湍流边界层速度分布适应于对数律,即

$$\frac{\bar{u}}{u_\tau}=5.756\lg\frac{u_\tau y}{\nu}+5.5 \tag{6.157}$$

普朗特(1927 年)和施利希廷(1932 年,师从普朗特教授,图 6.12)通过适当修正和推导,得到的平板阻力系数经验公式为

$$C_{Df}=\frac{0.455}{(\lg Re_L)^{2.58}} \tag{6.158}$$

德国学者舒尔茨-格鲁诺(F. Schultz-Grunow,1940 年)给出的经验公式为

$$C_{Df}=\frac{0.427}{(\lg Re_L-0.407)^{2.64}} \tag{6.159}$$

由图 6.13 给出阻力系数与雷诺数的关系曲线。其中,曲线①为层流阻力系数公式,②为湍流阻力系数普朗特公式,曲线③为普朗特-施利希廷公式,曲线④为舒尔茨-格鲁诺公式。

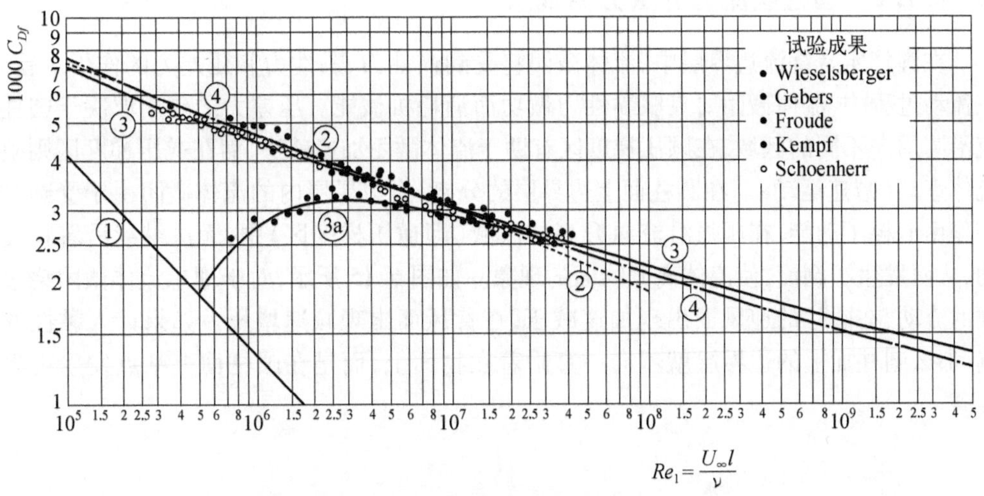

图 6.13　平板阻力系数曲线

上述给出了零压梯度平板湍流边界层的特征及其厚度的分布,实际上压强梯度对边界层的厚度分布和特性影响较大。相对零压梯度的边界层分布而言,在相似坐标系下顺压梯度($dp/dx<0$)边界层的速度分布曲线比零压梯度的曲线更向外凸,分布曲线更为饱满;而逆压梯度($dp/dx>0$)边界层的速度分布曲线比零压梯度的曲线偏瘦,如图 6.14 所示。

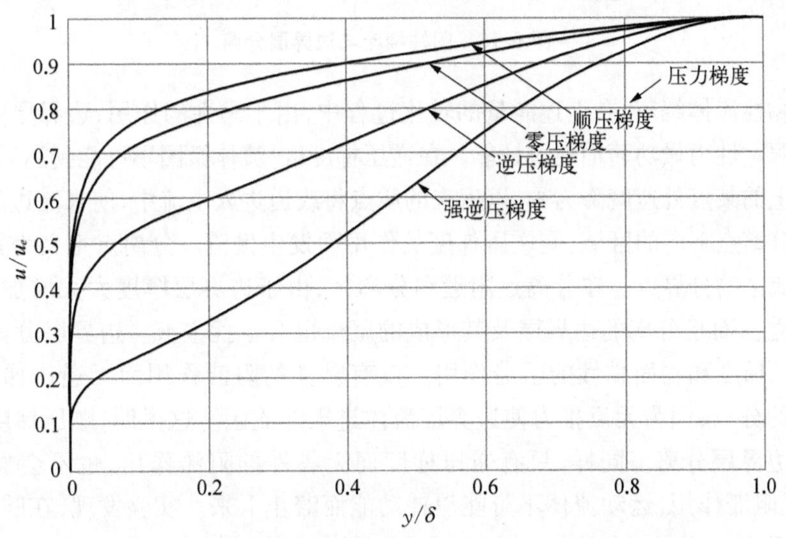

图 6.14　不同压强梯度下湍流边界层的时均速度分布曲线

6.7 边界层分离现象

前面讨论的边界层近似理论显然只适应于边界层没有分离的情况，因为流动一旦分离，边界层的近似假定失效。本节主要讨论边界层的分离、产生分离的原因及压力梯度对流动形态的影响。

6.7.1 圆柱绕流边界层分离现象

在圆柱定常绕流边界层中，流体微团将受到惯性力、黏性力和压差力的作用。首先，在流动过程中，流体微团要克服黏性力做功而消耗机械能。压差力的作用取决于圆柱绕流沿圆周向不同的区域，在顺压梯度区有助于流体微团加速前进，而在逆压梯度区则阻碍流体运动（减速运动）。在圆柱面上边界层的分离，指边界层内的流体微团由于受到黏性的作用消耗了动能，在压强沿流向升高的区域（即逆压梯度区）中，无法继续沿着物面流动，从而发生了倒流，使流体离开物面的现象。如图 6.15 所示，对于理想流体微团绕过圆柱的流动，在圆柱的迎风面出现加速减压，在背风面出现减速增压。如果计入黏性的影响，那么圆柱面上的边界层就不会一直附着在物面上，而是在圆柱面上某点发生边界层分离。

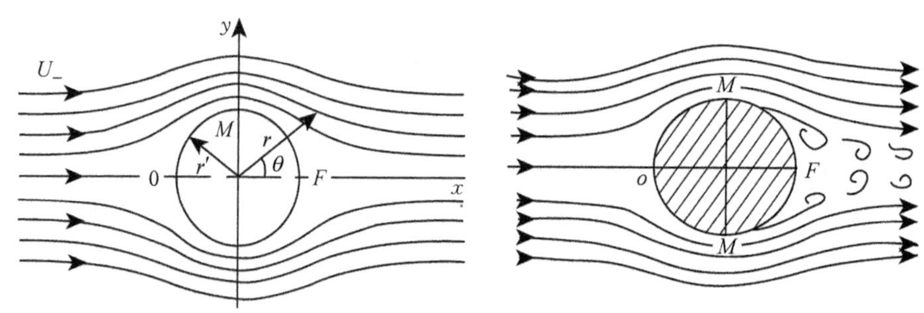

图 6.15　圆柱绕流与边界层分离

对于黏性流体绕流，在上述能量的转化过程中，由于黏性的作用，边界层内的流体质点将要克服黏性力做功而消耗机械能。在逆压梯度区，流体微团不可能到达后驻点，而是在背风面上的某点处速度降为零，以后来的质点将改道进入主流中，使来流边界层与壁面分离。在分离点下游的区域，受逆压梯度的作用而发生倒流。分离点定义为紧邻壁面顺流区与倒流区的分界点。在分离点附近和分离区，由于边界层厚度大大增加，边界层假设不再成立。而且分离的边界层及其形成的尾流也会干扰主流。边界层分离的必要条件是：逆压梯度和物面黏性的阻滞作用。仅有黏性的阻滞作用而无逆压梯度，不会发生边界层的分离，因为无反推力使边界层流体进入外流区。这说明，顺压梯度的流动不可能发生边界层分离。同样，只有逆压梯度而无黏性的阻滞作用，也不会发生分离现象，因为无阻滞作用，运动流体不可能消耗动能而滞止下来。实验发现，在圆柱绕流中，层流边界层绕流的分离角约 82°（与来流方向所夹的角度），湍流边界层分离角约 120°。

实际圆柱绕流的流动分离流态与绕流雷诺数 $\left(Re=\dfrac{V_\infty d}{\nu}\right)$ 有直接的关系，如图 6.16 所示。

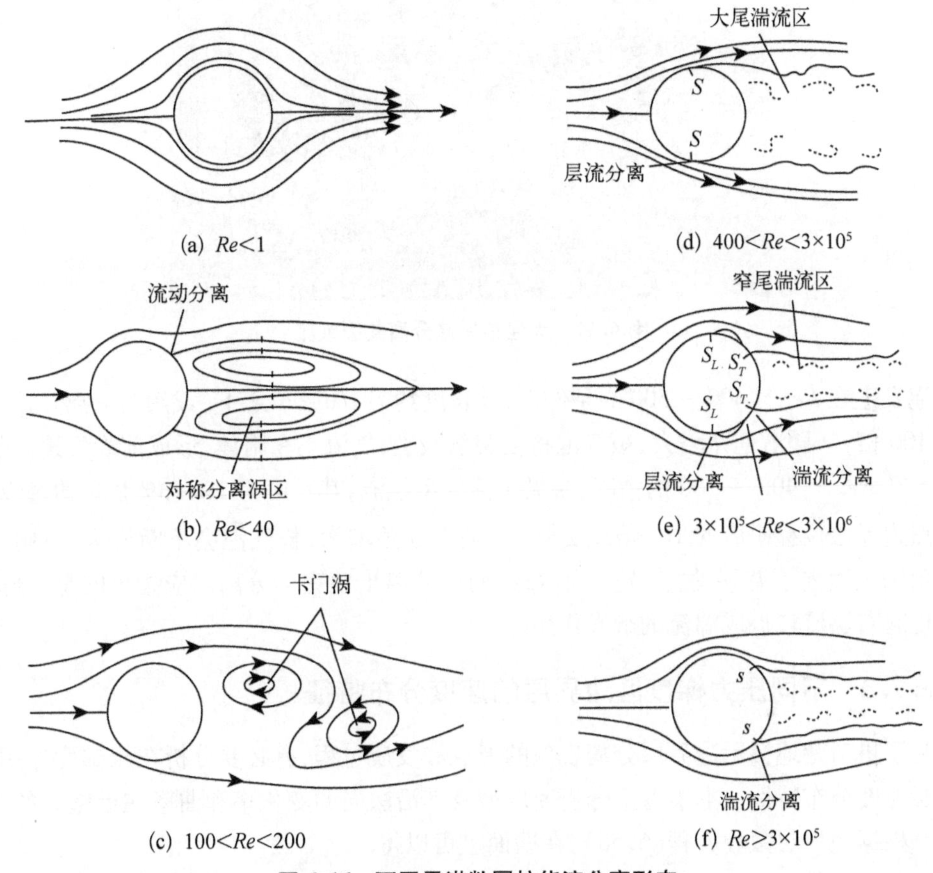

图 6.16　不同雷诺数圆柱绕流分离形态

6.7.2　翼型绕流分离现象

翼型定常绕流一般会出现后缘分离和前缘气泡分离，如图 6.17 所示，一旦翼型绕流出现分离，流动绕流结构复杂，在分离区后出现明显的旋涡区，同时绕流物体的阻力大大增加。后缘分离常见于中等以上厚度的大迎角低速翼型绕流，分离出现在后缘附近大的逆压梯度区。实验发现，后缘分离常为湍流分离，且随着迎角增大分离点逐渐向上游移动，分离区不断增大，分离区下游形成尾迹区。由后缘分离出现的失速状态，称为后缘失速，其特点是失速发展比较和缓。克拉布特雷(Crabtree)给出的后缘分离的半经验条件是 $Re_\delta > 2\,700$，其中 Re_δ 为基于边界层厚度的分离点雷诺数。对于薄翼型定常绕流，前缘附近存在较大的逆压梯度，当 Re_δ 超过某个数值后，翼型前缘附近便会形成分离气泡，即封闭的分离区。气泡外边界为一条流线，称为分离流线，它和物面的交点分别为分离点和再附点，气泡内的流动为旋涡流动。实验发现，依据分离泡的尺寸，可分为短气泡和长气泡。

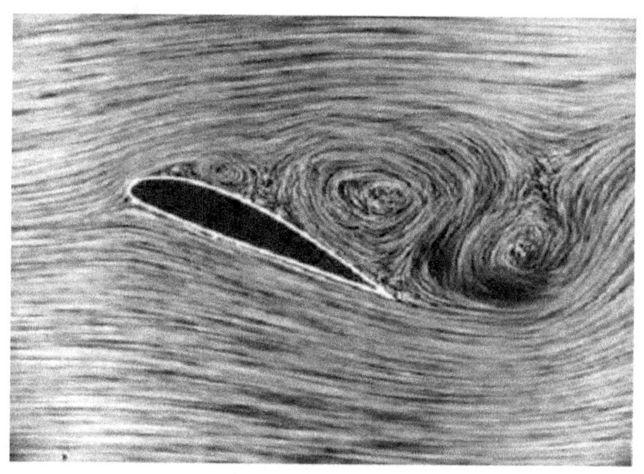

图 6.17　大迎角后缘分离翼型绕流

短气泡发生在 $Re_{\delta}>400\sim500$ 的条件下，其长度约为 1%弦长之下（或约为分离点位移厚度的 100 倍）。随着迎角增大，短气泡将会突然破裂，气流不在附体，形成前缘失速。长气泡发生在 $Re_{\delta}<400\sim500$ 的情况，常见于薄翼型绕流，其长度为 2%～3%弦长的量级（或分离点边界层位移厚度的 10^4 倍或更长）。随着迎角增大，长气泡会不断增大，再附点随着迎角增大而向下游移动，直至达到后缘，而使分离出现完全分离。应指出的是，分离泡的出现起着层流转捩成湍流的触发作用。

6.7.3　不同压力梯度区边界层的速度分布特征

为了更清楚地揭示边界层分离现象的形成和发展过程，有必要分析在压梯度作用下，边界层速度分布特性。本节着重分析速度型及其沿法向的变化率和曲率在近壁区的变化特点。根据边界层微分方程(6.56)，在壁面上可以得

$$\frac{\partial^2 u}{\partial y^2}=\frac{1}{\mu}\frac{\partial p}{\partial x}=-\frac{u_e}{\nu}\frac{\partial u_e}{\partial x} \tag{6.160}$$

因此，压力梯度对边界层内流动速度分布存在影响。如图 6.18 所示，对于顺压梯度的情况，有

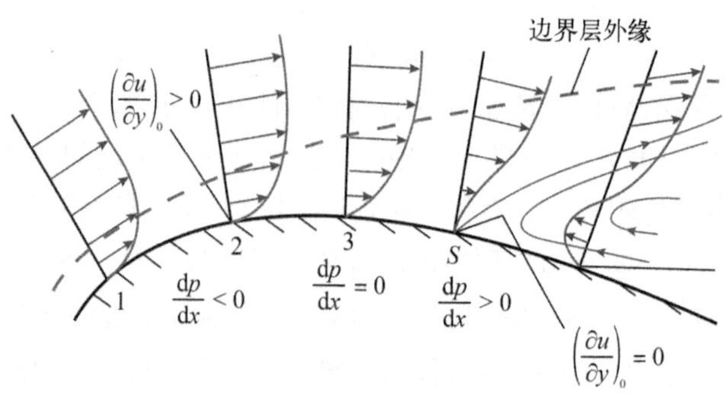

图 6.18　在曲面上的边界层

$$\frac{\partial p}{\partial x} < 0,\ \frac{\partial^2 u}{\partial y^2} < 0,\ \frac{\partial u_e}{\partial x} > 0 \tag{6.161}$$

对于逆压梯度的情况,有

$$\frac{\partial p}{\partial x} > 0,\ \frac{\partial^2 u}{\partial y^2} > 0,\ \frac{\partial u_e}{\partial x} < 0 \tag{6.162}$$

对于零压梯度的情况,有

$$\frac{\partial p}{\partial x} = 0,\ \frac{\partial^2 u}{\partial y^2} = 0,\ \frac{\partial u_e}{\partial x} = 0 \tag{6.163}$$

由此可见,随着压力梯度的变号,边界层速度分布的曲率将改变符号。

(1) 在顺压梯度区,压力沿程减小,速度沿程增加。在壁面处,有

$$\left.\frac{\partial u}{\partial y}\right|_{y=0} > 0,\ \left.\frac{\partial^2 u}{\partial y^2}\right|_{y=0} < 0 \tag{6.164}$$

另一方面,在边界层的外边界上,有

$$\left.\frac{\partial u}{\partial y}\right|_{y=\delta} = 0,\ \left.\frac{\partial^2 u}{\partial y^2}\right|_{y=\delta} < 0 \tag{6.165}$$

由此说明,在顺压梯度区,边界层内的速度沿 y 方向是单调增加的,分布曲线无拐点,是一条向外凸的光滑曲线,流动是稳定的,如图 6.19 所示。

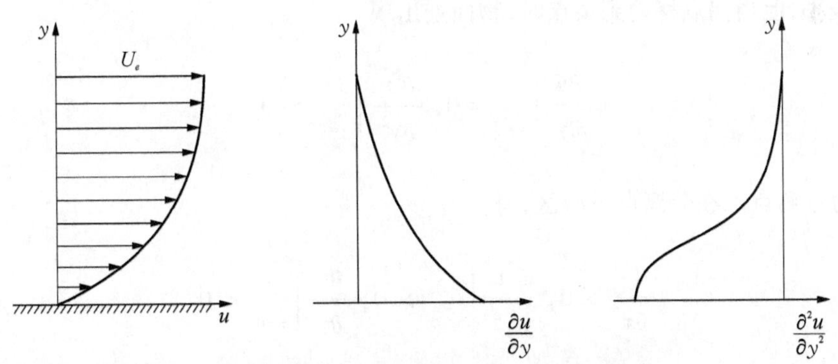

图 6.19　顺压梯度的流动(稳定速度分布)

(2) 在逆压梯度区(分离点前),压力沿程增加,速度沿程减小。在壁面处,有

$$\left.\frac{\partial u}{\partial y}\right|_{y=0} > 0,\ \left.\frac{\partial^2 u}{\partial y^2}\right|_{y=0} > 0 \tag{6.166}$$

另一方面,在边界层的外边界上,如图 6.20 所示,有

$$\left.\frac{\partial u}{\partial y}\right|_{y=\delta} = 0,\ \left.\frac{\partial^2 u}{\partial y^2}\right|_{y=\delta} < 0 \tag{6.167}$$

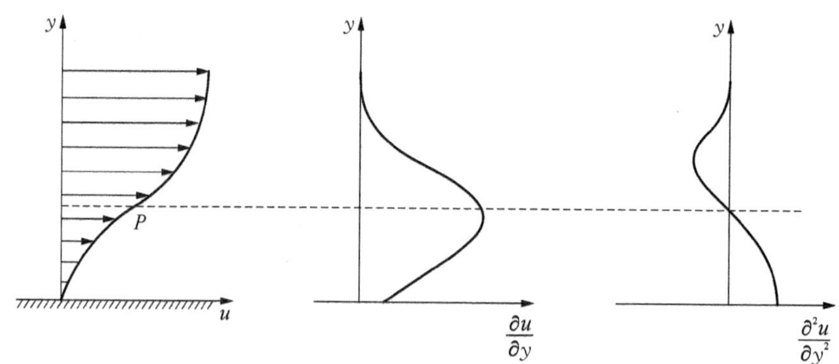

图 6.20　逆压梯度区速度分布

于是在边界层内 $0 < y < \delta$，速度分布曲率从正变为负，在某点处必然有

$$\left.\frac{\partial^2 u}{\partial y^2}\right|_{y=y_0} = 0 \tag{6.168}$$

这一点是速度分布的拐点。拐点的出现改变了速度分布的形状，在拐点以上为外凸型，在拐点以下为外凹型，存在拐点的速度分布型是不稳定的。

（3）在最小压力点处，有

$$\frac{\partial p}{\partial x} = 0,\ \left.\frac{\partial^2 u}{\partial y^2}\right|_{y=0} = 0 \tag{6.169}$$

说明拐点在物面上，随着流体质点向下游流动，拐点向外边界移动，物面近区的速度分布愈来愈瘦小，但当拐点移动到某点时，物面处出现

$$\left.\frac{\partial u}{\partial y}\right|_{y=0} = 0,\ \left.\frac{\partial^2 u}{\partial y^2}\right|_{y=0} > 0 \tag{6.170}$$

该点称为分离点。在分离点下游区，有

$$\frac{\mathrm{d}p}{\partial x} > 0,\ \left.\frac{\partial^2 u}{\partial y^2}\right|_{y=0} > 0,\ \left.\frac{\partial u}{\partial y}\right|_{y=0} < 0 \tag{6.171}$$

发生了回流，回流把主流推离壁面，边界层假设失效。由上分析可见，逆压梯度越大，边界层分离越靠前。边界层分离后，流动特征发生了变化。

综上所述，对于一般二维分离流动特征可归纳如下：

（1）分离点一般出现在逆压梯度区，即减速增压区；

（2）在分离点处，沿着壁面方向速度有 $\left(\frac{\partial u}{\partial y}\right)_s = 0$；

（3）在分离点附近，边界层厚度迅速增大，边界层近似假设失效；

（4）在分离点下游出现逆向流动，形成不稳定的旋涡区，从而使得主流区由原来的无

涡区变成有涡区；

(5) 在物面上压力分布由原来的几乎对称分布变成不对称分布，在分离点后出现低压区（或负压区），从而大大增加了绕流物体的压差阻力。

6.8　二维定常黏性流体分离流动及其特性

6.8.1　分离模式-普朗特分离图像

所谓分离模式，指的是分离流动的物理图像。正确的分离模式是在实验观测的基础上建立起来的。对于固壁附近定常二维流动（图 6.21），普朗特分离模式是指：原来附着物面向前运动的流体，若在某点 S 突然离开物面，且其后出现回流区，则称流动出现了分离，S 点为分离点。以 S 点为坐标原点 0，建立如图 6.21 所示的坐标系。把来流和回流分开的流线 0A 称为分离流线，这个分离图像称为普朗特分离模式。

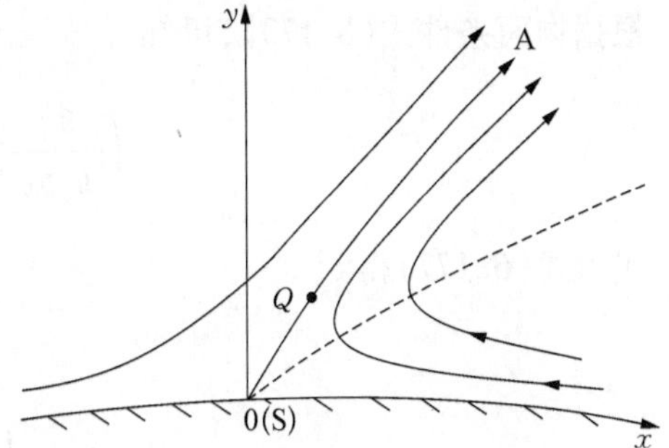

图 6.21　普朗特分离模式

6.8.2　流动分离的必要条件

如图 6.21 所示，物面为 x 轴，其法线方向为 y 轴，规定来流方向为 x 轴的正方向，流线方程为

$$\frac{\mathrm{d}y}{h_x \mathrm{d}x} = \frac{v}{u} \tag{6.172}$$

式中，h_x 为 x 方向的拉梅系数。因流体在物面上满足无滑移条件，即 $y = 0$ 时，有

$$u = v = 0 \tag{6.173}$$

为确定分离线 0A 的斜率，需要对式(6.172)利用洛必达法则，确定 0/0 型的极限值。即由于流线 0A 在 0 点突然抬起并离开物面，因此有

$$\tan\theta_0 = \frac{\mathrm{d}y}{h_x \mathrm{d}x} \neq 0 \tag{6.174}$$

其中，θ_0 为 0A 流线在 0 点的倾斜角。利用洛必达法则：

$$\tan\theta_0 = \left(\frac{\mathrm{d}y}{h_x \mathrm{d}x}\right)_0 = \frac{\left(\dfrac{\mathrm{d}v}{\mathrm{d}s}\right)_0}{\left(\dfrac{\mathrm{d}u}{\mathrm{d}s}\right)_0} \tag{6.175}$$

其中，d/ds 是沿着分离流线 0A 的方向导数。由于曲线坐标系中的方向导数为

$$\left(\frac{\mathrm{d}}{\mathrm{d}s}\right)_0 = \left(\frac{h_x \mathrm{d}x}{\mathrm{d}s}\right)_0 \left(\frac{\partial}{h_x \partial x} + \frac{\mathrm{d}y}{h_x \mathrm{d}x}\frac{\partial}{\partial y}\right)_0 = \left(\frac{h_x \mathrm{d}x}{\mathrm{d}s}\right)_0 \left(\frac{\partial}{h_x \partial x} + \tan\theta_0 \frac{\partial}{\partial y}\right)_0 \tag{6.176}$$

将式(6.176)代入式(6.175),有

$$\tan\theta_0 = \left(\frac{\mathrm{d}y}{h_x \mathrm{d}x}\right)_0 = \frac{\left(\frac{\mathrm{d}v}{\mathrm{d}s}\right)_0}{\left(\frac{\mathrm{d}u}{\mathrm{d}s}\right)_0} = \frac{\left(\frac{\partial v}{h_x \partial x}\right)_0 + \tan\theta_0\left(\frac{\partial v}{\partial y}\right)_0}{\left(\frac{\partial u}{h_x \partial x}\right)_0 + \tan\theta_0\left(\frac{\partial u}{\partial y}\right)_0} \tag{6.177}$$

根据物面条件式(6.173),可知

$$\left(\frac{\partial u}{h_x \partial x}\right)_0 = \left(\frac{\partial v}{h_x \partial x}\right)_0 = 0 \tag{6.178}$$

代入式(6.177)得到

$$\tan\theta_0 = \left(\frac{\mathrm{d}y}{h_x \mathrm{d}x}\right)_0 = \frac{\left(\frac{\partial v}{\partial y}\right)_0}{\left(\frac{\partial u}{\partial y}\right)_0} \tag{6.179}$$

又根据连续性方程,有

$$\frac{\partial(\rho u)}{\partial x} + \frac{\partial(\rho v h_x)}{\partial y} = 0 \tag{6.180}$$

可得

$$\left(\frac{\partial v}{\partial y}\right)_0 = -\left(\frac{1}{\rho h_x}\right)_0\left[\frac{\partial(\rho u)}{\partial x} + \frac{\partial(\rho h_x)}{\partial y}\right]_0 = 0 \tag{6.181}$$

根据式(6.179)和式(6.181),可见要得到非零解 $\tan\theta_0$,只有下式成立。即

$$\left(\frac{\partial u}{\partial y}\right)_0 = 0 \tag{6.182}$$

这个条件就是流动分离判据,也是分离流线存在的第一必要条件,但并没有说明分离流线离开物面的第二必要条件。也就是说,在分离点 0 处,要求分离流线离开物面,即 $v > 0$。由于在分离点 0 处, $v_0 = 0$, $\left(\frac{\partial v}{\partial y}\right)_0 = 0$, 这样要求 $v > 0$ 的条件为

$$\left(\frac{\partial^2 v}{\partial y^2}\right)_0 > 0 \tag{6.183}$$

对式(6.181)在 y 方向求偏导,得

$$\left(\frac{\partial^2 v}{\partial y^2}\right)_0 = -\frac{\partial}{\partial y}\left(\frac{1}{\rho h_x}\right)_0\left[\frac{\partial(\rho u)}{\partial x} + v\frac{\partial(\rho h_x)}{\partial y}\right]_0$$

$$-\left(\frac{1}{\rho h_x}\right)_0\left[\frac{\partial}{\partial y}\left(u\frac{\partial \rho}{\partial x}\right) + \frac{\partial \rho}{\partial y}\frac{\partial u}{\partial x} + \rho\frac{\partial^2 u}{\partial y \partial x} + v\frac{\partial^2(\rho h_x)}{\partial y^2} + \frac{\partial v}{\partial y}\frac{\partial(\rho h_x)}{\partial y}\right]_0$$

$$= -\left(\frac{1}{h_x}\right)_0\left(\frac{\partial^2 u}{\partial y \partial x}\right)_0 \tag{6.184}$$

由式(6.183),得到边界层分离的第二必要条件,即

$$\left[\frac{\partial}{\partial x}\left(\frac{\partial u}{\partial y}\right)\right]_0 < 0 \tag{6.185}$$

综上所述,分离流动的必要条件为

$$\begin{cases}\left(\dfrac{\partial u}{\partial y}\right)_0 = 0 \\ \left[\dfrac{\partial}{\partial x}\left(\dfrac{\partial u}{\partial y}\right)\right]_0 < 0\end{cases} \tag{6.186}$$

根据壁面摩擦应力, $\tau_w = \mu\dfrac{\partial u}{\partial y}$, 式(6.186)还可以写为

$$\begin{cases}(\tau_w)_0 = 0 \\ \left(\dfrac{\partial \tau_w}{\partial x}\right)_0 < 0\end{cases} \tag{6.187}$$

对于分离后再附着物面的流动,根据同样的分析可以得到再附着流动的必要条件为

$$\begin{cases}\left(\dfrac{\partial u}{\partial y}\right)_0 = 0 \\ \left[\dfrac{\partial}{\partial x}\left(\dfrac{\partial u}{\partial y}\right)\right]_0 > 0\end{cases} \tag{6.188}$$

用壁面摩擦应力表达为

$$\begin{cases}(\tau_w)_0 = 0 \\ \left(\dfrac{\partial \tau_w}{\partial x}\right)_0 > 0\end{cases} \tag{6.189}$$

6.8.3　流动分离的充分条件

如果在分离点 0 领域满足 N－S 方程组,则要求流速分量 u、v 在 0 点附近是连续可微

的,不会出现奇异。但由如下分析可知,对边界层方程描述的流动,u、v 在分离点附近不是解析的。所以在建立分离流动的必要条件时,采用了洛必达法则,对物理量的要求放宽了条件,使它们既适用于 N－S 方程组描述的流动,也适用于边界层方程所描述的流动。下面在 u、v 为解析函数条件下讨论问题。利用式(6.186),在分离点 0 附近的 u、v 可表示为

$$\begin{cases} u = \left(\dfrac{\partial^2 u}{\partial x \partial y}\right)_0 xy + \dfrac{1}{2}\left(\dfrac{\partial^2 u}{\partial y^2}\right)_0 y^2 + \cdots \\ v = \dfrac{1}{2}\left(\dfrac{\partial^2 v}{\partial y^2}\right)_0 y^2 + \cdots \end{cases} \tag{6.190}$$

将式(6.190)代入式(6.172),得

$$\frac{1}{h_x}\frac{\mathrm{d}y}{\mathrm{d}x} = \frac{v}{u} = \frac{\left(\dfrac{\partial^2 v}{\partial y^2}\right)_0 y}{\left(\dfrac{2}{h_x}\dfrac{\partial^2 u}{\partial x \partial y}\right)_0 (h_x)_0 x + \left(\dfrac{\partial^2 u}{\partial y^2}\right)_0 y} \tag{6.191}$$

引入自变量 ζ,使

$$\begin{cases} \dfrac{\mathrm{d}y}{\mathrm{d}\zeta} = \left(\dfrac{\partial^2 v}{\partial y^2}\right)_0 y = \mathrm{d}y \\ \dfrac{h_x \mathrm{d}x}{\mathrm{d}\zeta} = \left(\dfrac{2}{h_x}\dfrac{\partial^2 u}{\partial x \partial y}\right)_0 (h_x)_0 x + \left(\dfrac{\partial^2 u}{\partial y^2}\right)_0 y = a(h_x)_0 x + by \end{cases} \tag{6.192}$$

利用常微分方程的奇点理论,若令

$$\begin{aligned} q &= \left(\frac{\partial^2 v}{\partial y^2}\right)_0 \cdot \left(\frac{2}{h_x}\frac{\partial^2 u}{\partial x \partial y}\right)_0 \\ p &= -\left[\left(\frac{2}{h_x}\frac{\partial^2 u}{\partial x \partial y}\right)_0 + \left(\frac{\partial^2 v}{\partial y^2}\right)_0\right] \end{aligned} \tag{6.193}$$

则当 $q > 0$ 时,0 点是结点或螺旋点型的奇点,且 $p < 0$ 时结点或螺旋点是不稳定的,$p > 0$ 时的结点或螺旋点是稳定的;当 $q < 0$ 时,0 点是鞍点型的奇点。由连续性方程有

$$\frac{\partial}{\partial y}\left(\frac{1}{h_x}\frac{\partial u}{\partial x} + \frac{\partial v}{\partial y}\right)_0 = 0, \ \left(\frac{\partial^2 v}{\partial y^2}\right)_0 = -\left(\frac{1}{h_x}\frac{\partial^2 u}{\partial x \partial y}\right)_0 \tag{6.194}$$

代入式(6.193),可以得

$$q = -2\left(\frac{1}{h_x}\frac{\partial^2 u}{\partial x \partial y}\right)_0^2 < 0 \tag{6.195}$$

可见,0 点是鞍点型奇点。由于 0 在壁面上,所以 0 点附近的流动呈半鞍点图像。且由于

$\left(\frac{1}{h_x}\frac{\partial^2 u}{\partial x\partial y}\right)_0 < 0$, 流动指向0A 方向(图6.20), $\left(\frac{\partial^2 v}{\partial y^2}\right)_0 > 0$, 0 点流动必指向外,0 点必是分离点。当 $\left(\frac{1}{h_x}\frac{\partial^2 u}{\partial x\partial y}\right)_0 > 0$, 流动指向 0 点, $\left(\frac{\partial^2 v}{\partial y^2}\right)_0 < 0$, 0 点流动指向内,0 点为再附点。

6.8.4　在分离点附近的流动特征

1. 过分离点的流线 0A

如果式(6.191)代表过分离点 0 的流线,则式中 z 和 x 应在所讨论的流线上,且当 (x, y) 距 0 点很近时, $\frac{1}{h_x}\frac{\mathrm{d}y}{\mathrm{d}x} = \left(\frac{1}{h_x}\frac{y}{x}\right)_0 = \tan\theta_0$, 其中 θ_0 表示过分离点 0 处流线与 x 轴之间的夹角。由式(6.191),得到

$$\tan\theta_0 = \frac{\left(\frac{\partial^2 v}{\partial y^2}\right)_0 \tan\theta_0}{\left(\frac{2}{h_x}\frac{\partial^2 u}{\partial x\partial y}\right)_0 + \left(\frac{\partial^2 u}{\partial y^2}\right)_0 \tan\theta_0} \tag{6.196}$$

由此得到

$$\tan\theta_0\left[\left(\frac{\partial^2 u}{\partial y^2}\right)_0 \tan\theta_0 + \left(\frac{2}{h_x}\frac{\partial^2 u}{\partial x\partial y}\right)_0 - \left(\frac{\partial^2 v}{\partial y^2}\right)_0\right] = 0 \tag{6.197}$$

该式给出

$$\begin{cases}\tan\theta_0 = 0 \\ \tan\theta_0 = \dfrac{\left(\frac{\partial^2 v}{\partial y^2}\right)_0 - \left(\frac{2}{h_x}\frac{\partial^2 u}{\partial x\partial y}\right)_0}{\left(\frac{\partial^2 u}{\partial y^2}\right)_0}\end{cases} \tag{6.198}$$

可见过 0 点的流线有 2 个方向：一个沿着物面;一个与物面有一个倾斜角,后者为分离线 0A。利用由连续方程得到的式(6.194),分离线 0A 的斜率为

$$\tan\theta_0 = \frac{-3\left(\frac{1}{h_x}\frac{\partial^2 u}{\partial x\partial y}\right)_0}{\left(\frac{\partial^2 u}{\partial y^2}\right)_0} \quad 或 \quad \tan\theta_0 = \frac{3\left(\frac{\partial^2 v}{\partial y^2}\right)_0}{\left(\frac{\partial^2 u}{\partial y^2}\right)_0} \tag{6.199}$$

利用物面条件,由 N－S 方程组可知

$$\begin{cases}\left(\dfrac{\partial^2 u}{\partial y^2}\right)_0=\dfrac{1}{\mu}\dfrac{1}{h_x}\dfrac{\partial p}{\partial x}\\\left(\dfrac{\partial^2 v}{\partial y^2}\right)_0=\dfrac{1}{\mu}\dfrac{\partial p}{\partial y}\end{cases}\tag{6.200}$$

将式(6.200)和壁面切应力表达式代入式(6.199),得

$$\tan\theta_0=-3\frac{\left(\dfrac{\partial\tau_w}{\partial x}\right)_0}{\left(\dfrac{\partial p}{\partial x}\right)_0}\quad 或\quad \tan\theta_0=\frac{3\left(\dfrac{\partial p}{\partial y}\right)_0}{\left(\dfrac{1}{h_x}\dfrac{\partial p}{\partial x}\right)_0}\tag{6.201}$$

在分离流的情况下,由于$\left(\dfrac{\partial\tau_w}{\partial x}\right)_0<0$且$\tan\theta_0>0$,则在分离点处要求$\left(\dfrac{\partial p}{\partial x}\right)_0>0$,说明分离点位于逆压梯度区。另外,在分离点区域,$\left(\dfrac{\partial p}{\partial y}\right)_0>0$。

2. 过分离点的零 u 线

因在分离点下游存在回流区,所以必存在速度分量 $u=0$ 的曲线,称之为零 u 线(图6.21 所示的虚线)。现在确定零 u 线的坡度,由式(6.190)可知

$$y\left[\left(\frac{\partial^2 u}{\partial x\partial y}\right)_0 x+\frac{1}{2}\left(\frac{\partial^2 u}{\partial y^2}\right)_0 y+\cdots\right]=0\tag{6.202}$$

令零 u 线在 0 点的坡度为 $\tan\theta_u$,显然有 $\tan\theta_u=\dfrac{1}{h_x}\dfrac{\mathrm{d}y}{\mathrm{d}x}=\dfrac{1}{h_x}\dfrac{y}{x}$,这样上式(6.202)可得

$$\tan\theta_u\left[\left(\frac{1}{h_x}\frac{\partial^2 u}{\partial x\partial y}\right)_0+\frac{1}{2}\left(\frac{\partial^2 u}{\partial y^2}\right)_0\tan\theta_u\right]=0\tag{6.203}$$

由此得到

$$\begin{cases}\tan\theta_u=0\\\tan\theta_u=\dfrac{-\left(\dfrac{2}{h_x}\dfrac{\partial^2 u}{\partial x\partial y}\right)_0}{\left(\dfrac{\partial^2 u}{\partial y^2}\right)_0}=\dfrac{2}{3}\tan\theta_u\end{cases}\tag{6.204}$$

说明:一条零 u 线与物面相重合,这是自然成立的,因为物面黏附条件给出 $u=0$;另一条与物面倾斜,其斜率为分离流线 0A 斜率的 2/3。

3. 过分离点的零涡量线

在二维流动中,涡量的定义为

$$\Omega_z = \frac{1}{h_x}\frac{\partial v}{\partial x} - \frac{\partial u}{\partial y} \tag{6.205}$$

由此可见,在分离点处

$$\Omega_{z0} = \left(\frac{1}{h_x}\frac{\partial v}{\partial x}\right)_0 - \left(\frac{\partial u}{\partial y}\right)_0 = 0 \tag{6.206}$$

表示分离点为零涡量点,有些文献也有用零涡量判据作为分离点的判别条件。所谓零涡量线,指涡量为零的曲线。现在将式(6.190)代入式(6.205)得

$$\Omega_z = \frac{1}{h_x}\frac{\partial v}{\partial x} - \frac{\partial u}{\partial y} = -\left[\left(\frac{\partial^2 u}{\partial x \partial y}\right)_0 x + \left(\frac{\partial^2 u}{\partial y^2}\right)_0 y + \cdots\right] \tag{6.207}$$

由 $\Omega_z = 0$, 可得过分离点 0 的零涡量线的斜率为

$$\tan\theta_\Omega = \frac{1}{h_x}\frac{\mathrm{d}y}{\mathrm{d}x} = \frac{1}{h_x}\frac{y}{x} = -\frac{\left(\dfrac{1}{h_x}\dfrac{\partial^2 u}{\partial x \partial y}\right)_0}{\left(\dfrac{\partial^2 u}{\partial y^2}\right)_0} = \frac{1}{3}\tan\theta_0 \tag{6.208}$$

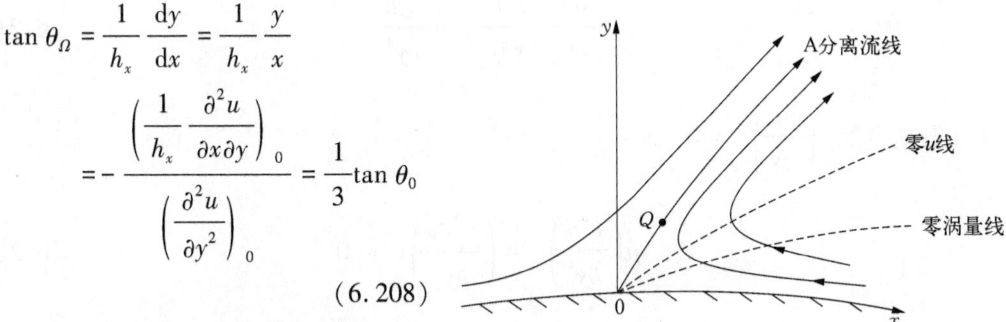

图 6.22　过分离点的流线、零 u 线、零涡量线

说明:过 0 点的零涡量线的斜率等于分离流线 0A 斜率的 1/3(图 6.22)。

6.8.5　边界层方程的奇异性

在分离点,实际上是边界层方程解的奇点(Goldstein 奇点)。以下证明这一点,在边界层物面坐标系中,不可压缩流体边界层方程为

$$\begin{cases} \dfrac{\partial u}{\partial x} + \dfrac{\partial v}{\partial y} = 0 \\ u\dfrac{\partial u}{\partial x} + v\dfrac{\partial u}{\partial y} = -\dfrac{1}{\rho}\dfrac{\partial p}{\partial x} + \nu\dfrac{\partial^2 u}{\partial y^2} \\ -\dfrac{1}{\rho}\dfrac{\partial p}{\partial y} = 0 \end{cases} \tag{6.209}$$

其中,假设物面的曲率半径较大,近似取 $h_x = 1.0$, 物面条件为

$$y = 0,\ u = v = 0 \tag{6.210}$$

对式(6.209)第二式沿着 y 方向求导,得

$$u\frac{\partial^2 u}{\partial x\partial y}+v\frac{\partial^2 u}{\partial y^2}+\frac{\partial u}{\partial y}\left(\frac{\partial u}{\partial x}+\frac{\partial v}{\partial y}\right)=\nu\frac{\partial^3 u}{\partial y^3} \tag{6.211}$$

利用连续方程,得

$$u\frac{\partial^2 u}{\partial x\partial y}+v\frac{\partial^2 u}{\partial y^2}=\nu\frac{\partial^3 u}{\partial y^3} \tag{6.212}$$

在对 y 求偏导,有

$$\frac{\partial u}{\partial y}\frac{\partial^2 u}{\partial x\partial y}+u\frac{\partial}{\partial x}\left(\frac{\partial^2 u}{\partial y^2}\right)+v\frac{\partial^3 u}{\partial y^3}+\frac{\partial v}{\partial y}\frac{\partial^2 u}{\partial y^2}=\nu\frac{\partial^4 u}{\partial y^4} \tag{6.213}$$

利用物面条件和连续方程,可知在物面上 $u=v=0$, $\frac{\partial v}{\partial y}=0$, 由上式得到在物面上有

$$\frac{\partial u}{\partial y}\frac{\partial^2 u}{\partial x\partial y}=\nu\frac{\partial^4 u}{\partial y^4} \tag{6.214}$$

由于分离点处, $\left(\frac{\partial u}{\partial y}\right)_0=0$, 而

$$\mu\left(\frac{\partial^4 u}{\partial y^4}\right)_0=\left(\frac{\partial^3 \tau_w}{\partial y^3}\right)_0\neq 0 \tag{6.215}$$

则

$$\frac{\partial}{\partial x}\left(\frac{\partial u}{\partial y}\right)_0=\infty \tag{6.216}$$

这表明,在求解传统的边界层方程时,一旦进入分离点领域, $x=0$, $\frac{\partial}{\partial x}\left(\frac{\partial u}{\partial y}\right)_0$ 出现奇异性,此种情况下边界层方程的近似不成立,推进计算被中断,说明边界层方程不能描述分离点及其下游的黏性流动。进一步研究分离点处的流动特性,由式(6.214)可知

$$\left[\frac{\partial}{\partial x}\left(\frac{\partial u}{\partial y}\right)^2\right]_0=2\nu\left(\frac{\partial^4 u}{\partial y^4}\right)_0 \tag{6.217}$$

因在分离点 $\left(\frac{\partial u}{\partial y}\right)_0^2=0$, 如将 $\left(\frac{\partial u}{\partial y}\right)^2$ 在分离点 0 进行泰勒级数展开,则

$$\left(\frac{\partial u}{\partial y}\right)^2=\left(\frac{\partial u}{\partial y}\right)_0^2+\left\{\frac{\partial}{\partial x}\left[\left(\frac{\partial u}{\partial y}\right)^2\right]\right\}_0 x+\cdots=2\nu\left(\frac{\partial^4 u}{\partial y^4}\right)_0 x+\cdots \tag{6.218}$$

在分离点上游 $x\leqslant 0$, 由上式可见,必有

$$\left(\frac{\partial^4 u}{\partial y^4}\right)_0 < 0 \tag{6.219}$$

令

$$2\nu\left(\frac{\partial^4 u}{\partial y^4}\right)_0 = -k^2 \tag{6.220}$$

式中，$k > 0$。这样式(6.218)变为

$$\begin{aligned}\left(\frac{\partial u}{\partial y}\right)^2 &= -2\nu\left(\frac{\partial^4 u}{\partial y^4}\right)_0 |x| = k^2 |x| \\ \left(\frac{\partial u}{\partial y}\right) &= \sqrt{-2\nu\left(\frac{\partial^4 u}{\partial y^4}\right)_0} |x|^{\frac{1}{2}} = k|x|^{\frac{1}{2}}\end{aligned} \tag{6.221}$$

对上式沿着 x 方向求导，得

$$\left(\frac{\partial^2 u}{\partial x \partial y}\right) = -\frac{1}{2}\sqrt{-2\nu\left(\frac{\partial^4 u}{\partial y^4}\right)_0} |x|^{-\frac{1}{2}} = -\frac{1}{2}k|x|^{-\frac{1}{2}} \tag{6.222}$$

表明：当来流从上游接近分离点时，$\left(\frac{\partial^2 u}{\partial x \partial y}\right)$ 按照 $|x|^{-\frac{1}{2}}$ 趋于无穷大，这种奇异特性称为 Goldstein 奇性，二维分离点称为 Goldstein 奇点。

在分离点上游附近（$x < 0$）：

$$u = \left(\frac{\partial u}{\partial y}\right) y = \sqrt{-2\nu\left(\frac{\partial^4 u}{\partial y^4}\right)_0} |x|^{\frac{1}{2}} y = k|x|^{\frac{1}{2}} y + O(y^2) \tag{6.223}$$

由连续方程，可得

$$v = -\int \frac{\partial u}{\partial x} \mathrm{d}y = -\frac{1}{4}\sqrt{-2\nu\left(\frac{\partial^4 u}{\partial y^4}\right)_0} |x|^{-\frac{1}{2}} y^2 = -\frac{1}{4}k|x|^{-\frac{1}{2}} y^2 + O(y^3) \tag{6.224}$$

因此，在分离点附近（上游，$x < 0$）的流线为

$$\frac{\mathrm{d}y}{\mathrm{d}x} = \frac{v}{u} = -\frac{1}{4}\frac{y}{x} \tag{6.225}$$

积分得

$$y^4 x = C \tag{6.226}$$

表示在 $x < 0$ 附近的流线（图 6.23），已经得到数值计算的证实。

总结上面的讨论得到：

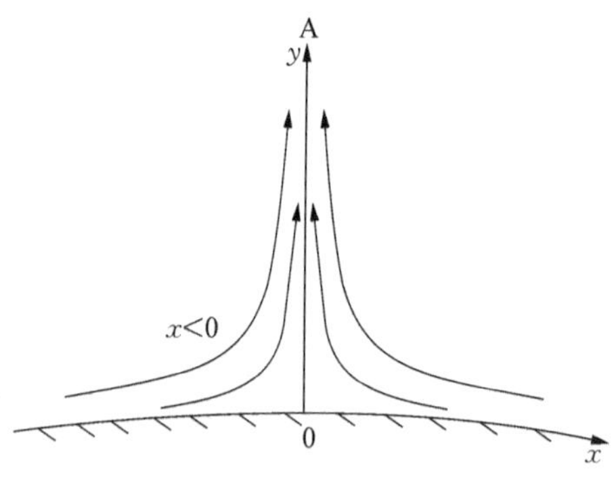

图 6.23　在分离点上游区流线形状

(1) 对于 N－S 方程组所描述的黏性流动，u、v 等物理量在分离点处是解析的，但在分离点附近边界层近似失效，使边界层方程所描述的流动存在 Goldstein 奇性；

(2) 从普朗特分离图像出发，利用洛必达法则建立的分离判据是必要和充分的，对 N－S 方程和边界层方程所描述的流动均适用；

(3) 对于边界层方程所描述的流动，分离线与物面垂直，分离点附近的流线以 y 轴为渐近线。当 $y > 0$ 时，$x = 0$ 处的 v 出现奇性，但对 N－S 方程所描述的流动是非奇异的。

6.8.6　二维定常分离流动的拓扑分析

1. 自守系统、相平面、临界点

在微分方程理论中，对于一阶常微分方程组：

$$\begin{cases} \dfrac{\mathrm{d}x}{\mathrm{d}t} = f(x,\ y) \\ \dfrac{\mathrm{d}y}{\mathrm{d}t} = g(x,\ y) \end{cases} \tag{6.227}$$

如果自变量仅以导数形式出现，而不在 f、g 中出现，这样的方程组称为自守方程组，由其控制的物理系统称为自守系统。

由直角坐标 x、y 组成的平面称为相平面。根据联立微分方程解的唯一性基本定理，当式(6.227)中的 $f(x,\ y)$ 和 $g(x,\ y)$ 是解析函数时，在给定初始条件下，式(6.227)的解是唯一的。但是，在某些点上 $f(x,\ y) = 0$，$g(x,\ y) = 0$，这些点称为临界点，也称为相平面中的零点或奇点，而其他点称为普通点或常点。如果给定临界点附近无其他临界点存在，则该临界点称为孤立奇点。

2. 临界点附近领域的线性近似

在直角坐标系中，流线方程为

$$\frac{\mathrm{d}y}{\mathrm{d}x} = \frac{v}{u} = \frac{v(x,\ y)}{u(x,\ y)} \tag{6.228}$$

式中，u、v 是 x、y 方向的速度分量。所谓临界点是指 $u(x,\ y) = v(x,\ y) = 0$ 的点。设 0 点为临界点，取坐标原点为 0 点，于是 0 点附近的 u、v 可展开为

$$\begin{cases} u = \left(\dfrac{\partial u}{\partial x}\right)_0 x + \left(\dfrac{\partial u}{\partial y}\right)_0 y + \cdots \\ v = \left(\dfrac{\partial v}{\partial x}\right)_0 x + \left(\dfrac{\partial v}{\partial y}\right)_0 y + \cdots \end{cases} \tag{6.229}$$

在 0 点处，利用连续方程 $\left(\frac{\partial v}{\partial y}\right)_0 = -\left(\frac{\partial u}{\partial x}\right)_0$，上式可表示为

$$\begin{cases} u = \left(\frac{\partial u}{\partial x}\right)_0 x + \left(\frac{\partial u}{\partial y}\right)_0 y + \cdots \\ v = \left(\frac{\partial v}{\partial x}\right)_0 x - \left(\frac{\partial u}{\partial x}\right)_0 y + \cdots \end{cases} \tag{6.230}$$

将式(6.230)代入式(6.228)，得到

$$\frac{\mathrm{d}y}{\mathrm{d}x} = \frac{v}{u} = \frac{cx + dy}{ax + by} \tag{6.231}$$

$$\begin{cases} \frac{\mathrm{d}x}{\mathrm{d}t} = ax + by + \cdots \\ \frac{\mathrm{d}y}{\mathrm{d}t} = cx + dy + \cdots \end{cases} \tag{6.232}$$

式中各系数为

$$a = \left(\frac{\partial u}{\partial x}\right)_0,\ b = \left(\frac{\partial u}{\partial y}\right)_0,\ c = \left(\frac{\partial v}{\partial x}\right)_0,\ d = \left(\frac{\partial v}{\partial y}\right)_0 = -a \tag{6.233}$$

假设式(6.232)的非寻常解为

$$\begin{cases} x = R\mathrm{e}^{\lambda t} \\ y = S\mathrm{e}^{\lambda t} \end{cases} \tag{6.234}$$

式中，R、S 是系数；λ 为特征值。将式(6.234)代入式(6.232)，得

$$\begin{cases} (a - \lambda)R + bS = 0 \\ cx + (d - \lambda)S = 0 \end{cases} \tag{6.235}$$

则其特征方程为

$$\begin{vmatrix} a - \lambda & b \\ c & d - \lambda \end{vmatrix} = 0 \tag{6.236}$$

即

$$\lambda^2 - (a + d)\lambda + (ad - cb) = 0 \tag{6.237}$$

令

$$\begin{aligned} p &= -(a + d) = -\left[\left(\frac{\partial u}{\partial x}\right)_0 + \left(\frac{\partial v}{\partial y}\right)_0\right] \\ q &= ad - cb = \left(\frac{\partial u}{\partial x}\right)_0\left(\frac{\partial v}{\partial y}\right)_0 - \left(\frac{\partial u}{\partial y}\right)_0\left(\frac{\partial v}{\partial x}\right)_0 \end{aligned} \tag{6.238}$$

当 $\Delta = p^2 - 4q \neq 0$ 时，特征值为

$$\lambda_{1,2} = \frac{-p \pm \sqrt{\Delta}}{2} = \frac{-p \pm \sqrt{p^2 - 4q}}{2} \tag{6.239}$$

式(6.232)的通解为

$$\begin{cases} x(t) = R_1 e^{\lambda_1 t} + R_2 e^{\lambda_2 t} \\ y(t) = S_1 e^{\lambda_1 t} + S_2 e^{\lambda_2 t} \end{cases} \tag{6.240}$$

相应的流线方程为

$$\frac{dy}{dx} = \frac{\lambda_1 S_1 e^{\lambda_1 t} + \lambda_2 S_2 e^{\lambda_2 t}}{\lambda_1 R_1 e^{\lambda_1 t} + \lambda_2 R_2 e^{\lambda_2 t}} \tag{6.241}$$

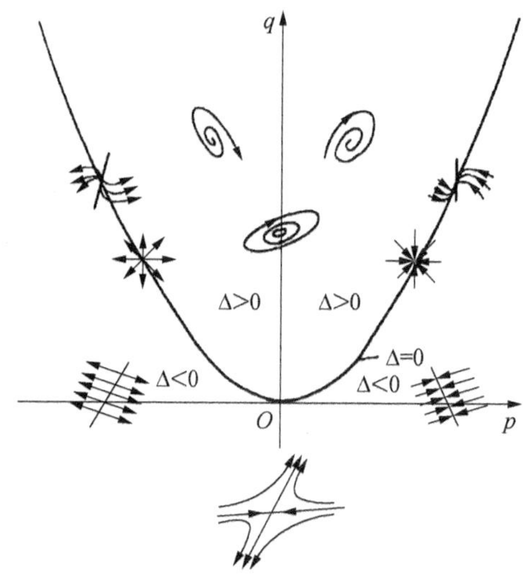

图 6.24　一个自守系统临界点的分类

3. 临界点性质

关于一个自守系统临界点的分类如图 6.24 所示。

1) 结点

如果 $\Delta > 0$, $q > 0$, 此临界点为结点，此时，λ_1、λ_2 为两个不等的实根，并同号。

2) 鞍点

如果 $\Delta > 0$, $q < 0$, 此临界点为鞍点，此时，$\lambda_1\lambda_2 = q$，是两个异号的实根。如果 $\Delta = 0$，此临界点为退化结点。此时，$\lambda_1 = \lambda_2 =$ 实数。

3) 焦点

如果 $\Delta < 0$，此临界点为焦点。此时，λ_1、λ_2 为共轭复数。如果 $a < 0$, $p > 0$，为稳定螺旋点(收缩型螺旋点)。如果 $a > 0$, $p < 0$，为不稳定螺旋点(外扩型螺旋点)。

4) 中心点

如果 $\Delta < 0$, $p = 0$，此临界点为中心点。解在相平面为以临界点为中心的椭圆。

6.9　三维定常黏性流体分离流动简介

6.9.1　概述

与二维分离流动相比，黏性流体三维定常分离流动要复杂得多，目前无论理论研究还是实验研究和数值计算均有大量工作可做。在实验研究方面，通过流场显形技术获取物面极限流线的流谱和分离区中涡的运动，仍然是三维分离流动研究的最主要手段。特别

是在理论研究方面，关于三维分离的各种概念、绕流图谱的拓扑规律和临界点理论等，很大程度上，都是借助风洞和水洞实验照片建立的。在数值计算方面，20 世纪 70 年代初，王国璋首先用边界层方程计算出三维椭球的分离线，以后这方面的工作取得很大进展。对于较小的分离区，如飞行器背风面一侧出现的气泡以及一些小的拐角流动，可有效运用 N－S 方法或简化 N－S 方程数值模拟分离区的流动特征。对于湍流分离问题，可利用时间平均的概念，研究时均流动分离。但是，对于非定常分离流动问题，因其复杂性，目前还处于探索阶段。

6.9.2　极限流线和奇点

在物面坐标系（如图 6.25 所示，x 和 y 沿着物面，z 轴垂直于物面）中，将贴近物面的流线，按近物面的速度分量展开，得

$$\frac{h_y \mathrm{d}y}{h_x \mathrm{d}x} = \frac{v_{z=0} + \left(\frac{\partial v}{\partial z}\right)_{z=0} z + \frac{1}{2}\left(\frac{\partial^2 v}{\partial z^2}\right)_{z=0} z^2 + \cdots}{u_{z=0} + \left(\frac{\partial u}{\partial z}\right)_{z=0} z + \frac{1}{2}\left(\frac{\partial^2 u}{\partial z^2}\right)_{z=0} z^2 + \cdots} \tag{6.242}$$

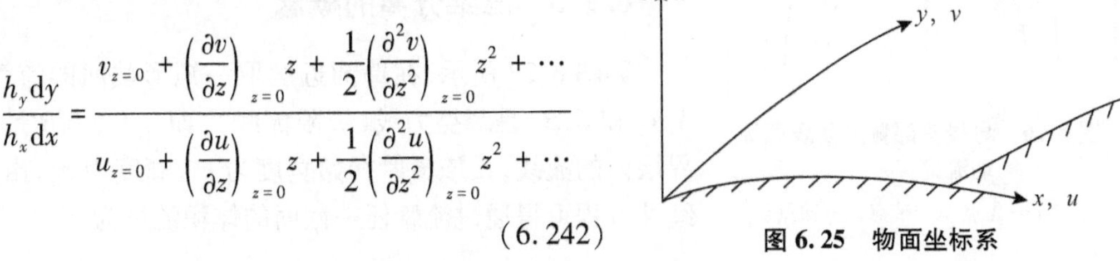

图 6.25　物面坐标系

其中，h_x 和 h_z 为物面坐标系沿坐标轴方向的拉梅系数。当 $z \to 0$ 时，对于静止不动的壁面，有 $u = v = 0$，那么

$$\left(\frac{h_y \mathrm{d}y}{h_x \mathrm{d}x}\right)_{z=0} = \left(\frac{\partial v/\partial z}{\partial u/\partial z}\right)_{z=0} = \left(\frac{\tau_y}{\tau_x}\right)_{z=0} \tag{6.243}$$

这就是极限流线的方程，它表明，在牛顿流体中，极限流线就是壁面摩擦力线。

若引入参变量 t，式(6.243)可以写成为

$$\left.\frac{h_y \mathrm{d}y}{\mathrm{d}t}\right|_{z=0} = \tau_y(x,\ y)\Big|_{z=0} \tag{6.244}$$

$$\left.\frac{h_x \mathrm{d}x}{\mathrm{d}t}\right|_{z=0} = \tau_x(x,\ y)\Big|_{z=0} \tag{6.245}$$

在那些 $\tau_x(x_s,\ y_s) = \tau_y(x_s,\ y_s) = 0$ 处，点 $(x_s,\ y_s)$ 称为临界点（或零点，也称为奇点）。上式可在临界点按泰勒级数展开为

$$\frac{\mathrm{d}y}{\mathrm{d}t} = a(x - x_s) + b(y - y_s) \tag{6.246}$$

$$\frac{\mathrm{d}x}{\mathrm{d}t} = c(x - x_s) + d(y - y_s) \tag{6.247}$$

其中，a、b、c、d 为系数。如果令 $p = -(a + d)$、$q = ad - bc$，则可定出极限流线中关于临界点的性质如下：

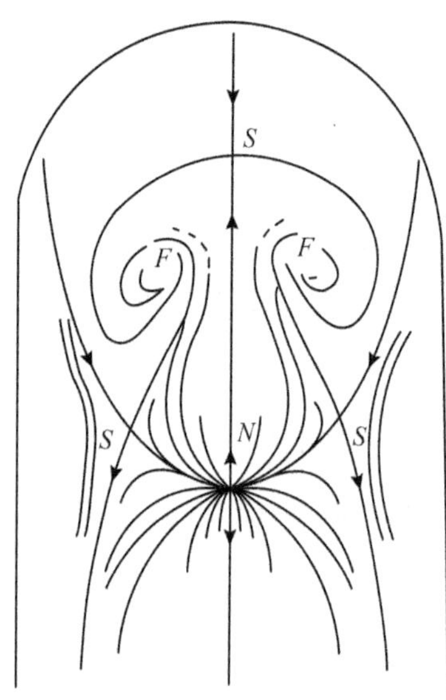

图 6.26　导弹头部背风面表面流动流谱

F—焦点；N—节点；S—鞍点

(1) $q<0$ 时，为鞍点；

(2) $q>0$、但 $\Delta=p^2-4q>0$ 时，为节点，其中 $p>0$ 为稳定节点，$p<0$ 为不稳定节点；

(3) $q>0$、但 $\Delta<0$ 时，为焦点，其中 $p>0$ 为稳定焦点，$p<0$ 为不稳定焦点；

(4) $\Delta=0$ 时，退化为节点，其中 $p>0$ 是稳定节点，$p<0$ 是不稳定节点；

(5) $\Delta<0$、但 $p=0$ 时，为中心。

图 6.26 给出了在某一迎角下导弹头部背风面一侧极限流线的临界点分布情况。

6.9.3　三维分离的概念

如图 6.27 所示，在壁面近区取一矩形截面的流管，A_1A_2 和 B_1B_2 是摩擦力线（极限流线），而 $A_1'A_2'$、$B_1'B_2'$是边界层内的流线，设该流管初始宽度为 n_1、高度为 h_1，由连续性方程可得通过流管任一截面的体积流量为

$$\dot{Q}\approx hnV_a \tag{6.248}$$

式中，V_a 为通过流管该截面的平均速度，可以写成

$$V_a=\frac{1}{2}h\sqrt{\left(\frac{\partial u}{\partial z}\right)^2+\left(\frac{\partial v}{\partial z}\right)^2}\Bigg|_{z=0} \tag{6.249}$$

由此可得

$$\dot{Q}=\frac{1}{2v}\sqrt{\tau_x^2+\tau_y^2}\Bigg|_{z=0}h^2n \tag{6.250}$$

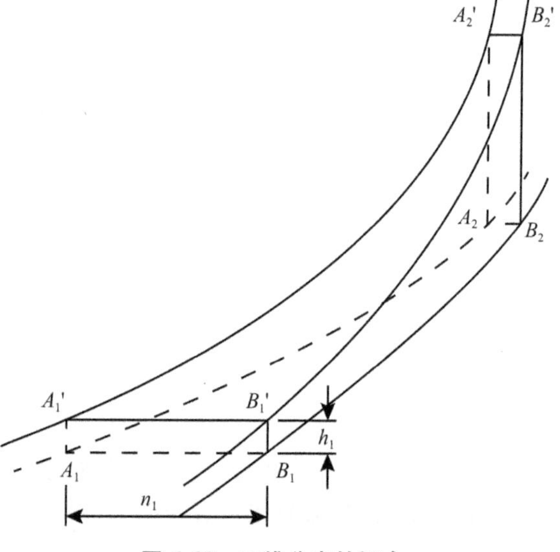

图 6.27　三维分离的概念

根据质量守恒，在同一流管内式(6.248)中 $\dot{Q}$ 是常数，因此当 $\tau_x=\tau_y=0$ 时，h 将趋于无穷，即边界层厚度将趋于无穷，此时流动将发生分离，这种分离恰巧是以临界点为起点。根据式(6.250)，在 $\sqrt{\tau_x^2+\tau_y^2}\Big|_{z=0}$ 不为零的情况下，由于流线 A_1A_2 和 B_1B_2 无限靠近，即 $n\to0$ 时，$h\to$无穷，此时流动的分离起始点不是临界点，而是正常点。

显然，边界层离开物面，将产生一分离面，分离面与物面的交线称为分离线。

莱特希尔(Lighthill)导出了式(6.250)，他定义分离线是临界点起始至临界点终结的

一段摩擦力线,并且除临界点外,分离线两侧的摩擦力线将以分离线为渐近线。

玛斯凯尔(Maskell)将三维分离分为气泡分离和自由涡分离两类,并定义分离线是极限流线的包络线。气泡分离以临界点为起始,而自由涡分离以正常点为起始,如图 6.28 所示。

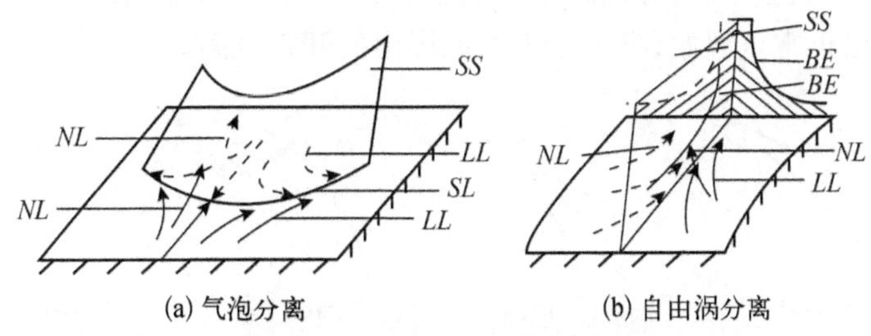

图 6.28　玛斯凯尔三维分离概念

LL—极限流线;SL—分离线;SS—分离面;NL—无黏流线;1—黏性区;BE—黏性层外缘

在玛斯凯尔三维分离概念的启发下,王国璋通过大量的实验和数值模拟,提出闭式分离和开式分离的概念。其中,闭式分离与通常二维分离概念一致,物面两侧的分离线在背风面前部相连接,并通过极限流线的奇点,分离线两侧的极限流线收拢于分离线,但前驻点出发的极限流线只能从一侧收拢于分离线,如图 6.29(a)所示。开式分离则不同,物面两侧的分离线在背风面前部不封闭,它们起始于正常点,即在分离起始点壁面摩擦力向量不为零,并且由前驻点发出的极限流线将在分离线两侧收拢于分离线,即有部分极限流线可以未经分离而延伸到分离线的下游,如图 6.29(b)所示,这个结论得到广泛的认同。

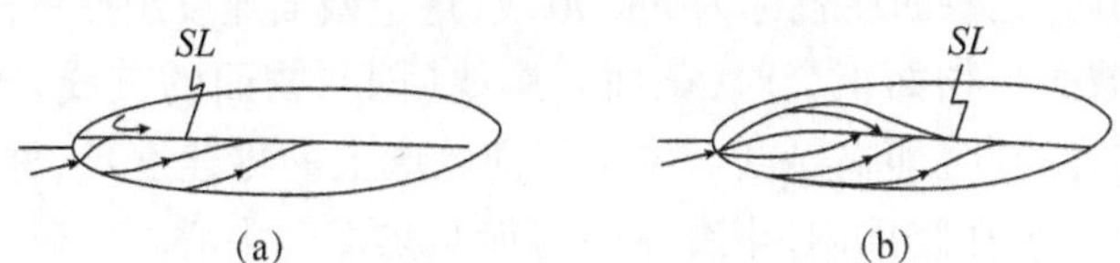

图 6.29　王国璋的三维分离概念(SL—分离线)

皮克(Peake)和托巴克(Tobak)将开式分离称为局部分离(local separation),但主张从前驻点作为起点,以保持莱特希尔关于分离线的定义。他们将临界点为起点的分离称为整体分离(global separation),其理由是按照拓扑观点,无分离流动的图形可以通过连续变形变成局部分离的流动,但不可能变成整体分离流动的图形。他们的定义,实质上和王国璋开式分离和闭式分离没有本质差别,主要是从不同的角度来定义。他们还指出了一种焦点类型的分离,也属于整体分离,如图 6.30 所示。

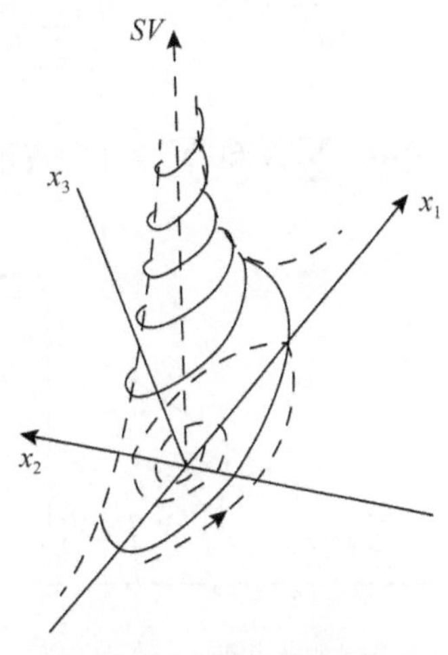

图 6.30　焦点类型的三维分离(SV—本征矢量)

我国学者张涵信研究了各种分离流线的性状,得出:从 N-S 方程出发,分离线本身就是表面摩擦力线的一部分,或者说,是邻近摩擦力线的渐近线;从边界层方程出发,分离线是物面摩擦力线的包络。分离线有四种基本形态,即:鞍点起始[图6.31(a)],正常点起始[图6.31(b)],以节点或焦点为终结点[图6.31(c)],以正常点为终结[图6.31(d)]。由上述基本形态可以组成千姿百态的分离流动。其中,分离线由鞍点向两侧伸延(一侧以正常点为终结,另一侧以焦点或节点为终结),类似于皮克和托巴克的焦点型分离;分离线由鞍点起始到节点或焦点终结,符合莱特希尔分离线的定义;分离线由正常点起始,类似于王国璋提出的开式分离。

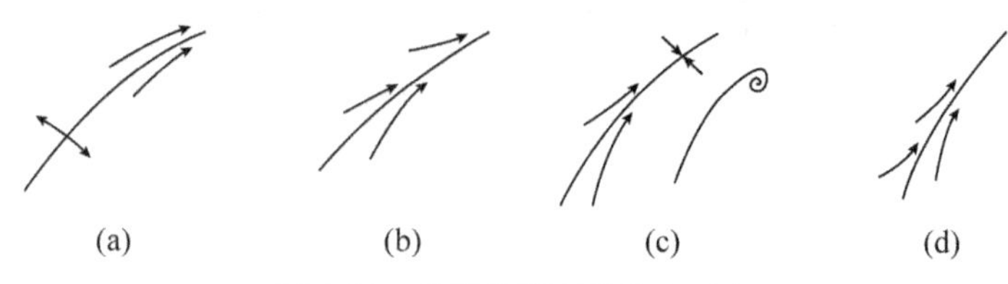

图6.31　分离线的四种基本形态

6.9.4　三维分离的拓扑规律

拓扑学是数学的一个分支,其讨论的对象是几何图形经过正逆两方面都单值而又连续的变换而不改变的性质,这种变换称为拓扑变换,这种性质称为拓扑性质。拓扑是比较深奥的,这里仅研究二维实空间中图形的拓扑性质,实际上,仍属于微分方程定性理论中的临界点理论。我们仅给出拓扑规律,而不加证明。

(1) 在三维流场中,可取任一截面,那么截面上任一点的速度可以分解为垂直于截面和切于截面两个分量,后者称为截面速度。在截面内可以构造一向量曲线族,使诸曲线,处处于截面速度相切,这些曲线就称为截面流线,这个截面速度组成的向量场称为截面流场。显然,只有当截面与物面正交时,截面轮廓线(即与物面的交线)才是截面流线。截面速度为零的点称为奇点(即临界点),位于截面轮廓上的零速度点,称为半奇点,原因是该点附近的流动有一半在物面内,半奇点不可能是焦点和中心。一般来说,截面流场中,除个别情况会有中心点外,其余都是节点、焦点和鞍点,并且满足

$$\left(\sum N+\sum N'\right)-\left(\sum S+\frac{1}{2}\sum S'\right)=1-n \tag{6.251}$$

式中,$\sum N$ 和 $\sum S$ 分别表示截面流场的节点总数(包括焦点在内)和鞍点总数,$\sum N'$ 和 $\sum S'$ 分别表示半节点总数和半鞍点总数,$n=1$ 是单连通域,$n=2$ 是复连通域。这条规律是由亨特(Hunt)首先发现和证明的。图6.32给出平面-圆柱组合体绕流在对称面上,由于圆柱高度出现双涡分离结构的流谱。其中,双涡结构中圆柱前有两个涡,一个是分离主涡 N_1,另一个是二次分离涡 N_2,S_1 是主分离点,A_1 是再附点,S_2 和 A_2 分别是二次分离点和再附点,此例中 $n=$

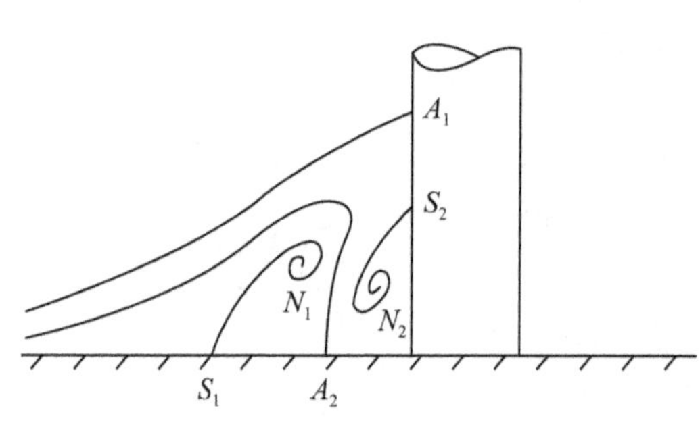

图6.32　平面-圆柱组合体绕流

A—再附点;S—分离点;N—节点

1，$\sum N = 2$，$\sum N' = 0$，$\sum S = 0$，$\sum S' = 4$，其结果满足式(6.251)。

图6.33是圆锥中等迎角绕流中AA截面的流动图谱。图中S_1、A_1是主分离点和再附点，S_2、A_2是二次分离点和再附点，N_1、N_3是主分离涡，N_2和N_4是二分离涡，A是前缘驻点（半鞍点），S是鞍点，$n = 2$，那么$\sum N = 4$，$\sum N' = 0$，$\sum S = 1$，$\sum S' = 8$，故满足式(6.251)。

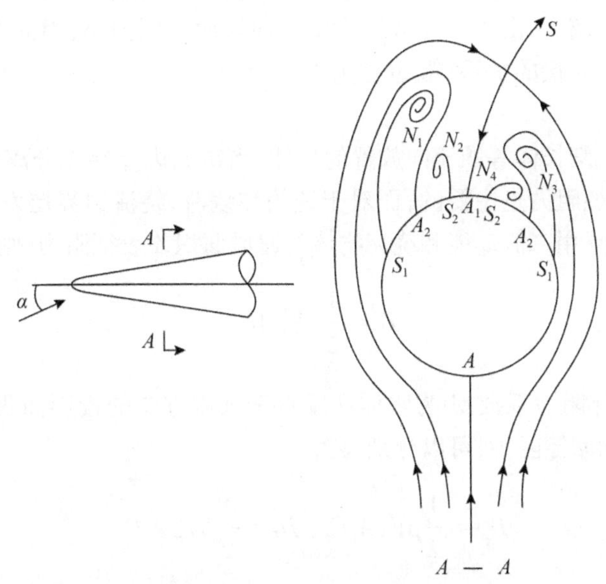

图6.33　圆锥大攻角绕流AA截面的流动

A-再附点；S-分离点；N-节点

(2) 在物体表面上，表面摩擦力线方程（或称极限流线方程）的临界点满足

$$\sum N - \sum S = 2(2 - n) \tag{6.252}$$

对于单连通物面，$n = 1$。这个规律是由莱特希尔首先应用于分离流动的。

(3) 在分离线上，节点和鞍点是交替分布的，而且节点（包括焦点）总数和鞍点总数最多相差1。

6.10　绕流物体阻力

6.10.1　任意绕流物体阻力

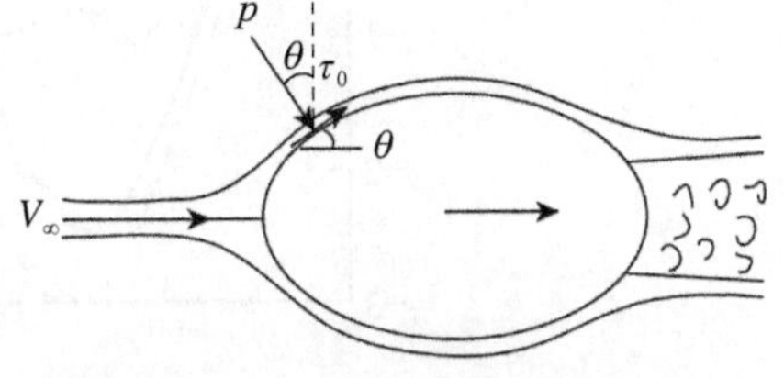

图6.34　任意物体绕流的阻力

对于二维任意物体绕流，作用于物体表面任意微段上的力包括压强力和剪切力，这些作用力在流动方向的投影，即为微段上的阻力，如图6.34所示。即

$$dD = (p\sin\theta + \tau_0\cos\theta)\,ds \tag{6.253}$$

$$\begin{aligned} D &= \oint(p\sin\theta + \tau_0\cos\theta)\,ds = D_f + D_p \\ D_p &= \oint(p\sin\theta)\,ds,\ D_f = \oint(\tau_0\cos\theta)\,ds \end{aligned} \tag{6.254}$$

表明作用于任意物体上的流体阻力可以分为：D_p 为表面压强差产生的阻力，称为压差阻力，物体绕流出现分离后，由于分离区压强要比迎风面的压强小，因此积分后存在压差阻力，与物面的形状有直接的关系，故也称为形状阻力；D_f 为表面切应力产生的阻力，称为表面摩擦阻力。

一般而言，对于细长体等顺流向放置的物体，当绕流边界层无分离（微小分离）时，在物体绕流阻力中摩擦阻力是主要的；而对于钝头体绕流，绕流边界层发生分离，压差阻力将成为主要的。如果用来流动能和绕流物体的迎风面积 A 表征阻力，则有

$$D = \frac{1}{2}\rho V_\infty^2 AC_D \tag{6.255}$$

其中，C_D 为绕流物体阻力系数；A 为物体在垂直于来流方向的投影面积（迎风面积）。同样，对于压差阻力和摩擦阻力，可以分别写为

$$D_p = \frac{1}{2}\rho V_\infty^2 A_p C_p,\ D_f = \frac{1}{2}\rho V_\infty^2 A_f C_f \tag{6.256}$$

式中，C_f 为摩擦阻力系数；C_p 为压差阻力系数；A_f 为顺流向的投影面积；A_p 为垂直于流向的投影面积。实验表明：对于黏性流体绕流，物体所受的阻力大小与流体黏性、物体形状、来流速度等有关，特别是对低速绕流物体，影响阻力系数的主要参数为绕流雷诺数，即

$$C_D = f(Re) = f\left(\frac{\rho V_\infty d}{\mu}\right) \tag{6.257}$$

图 6.35 给出不同来流雷诺数下，圆柱绕流壁面上压强系数分布。对于平板、圆柱等不同形状物体绕流的阻力系数与相应来流雷诺数的关系，如图 6.36 所示。

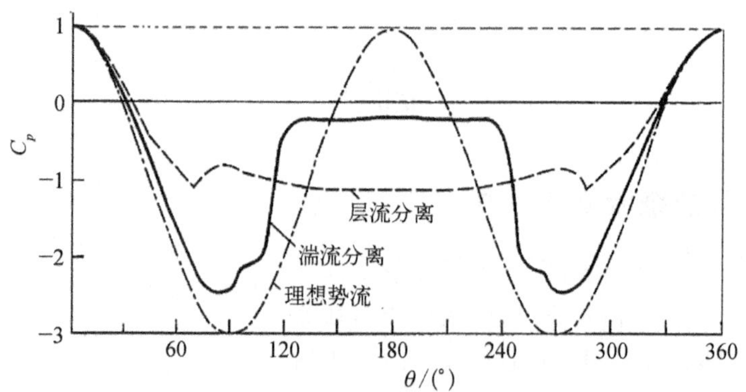

图 6.35　不同雷诺数下的圆柱绕流压强分布

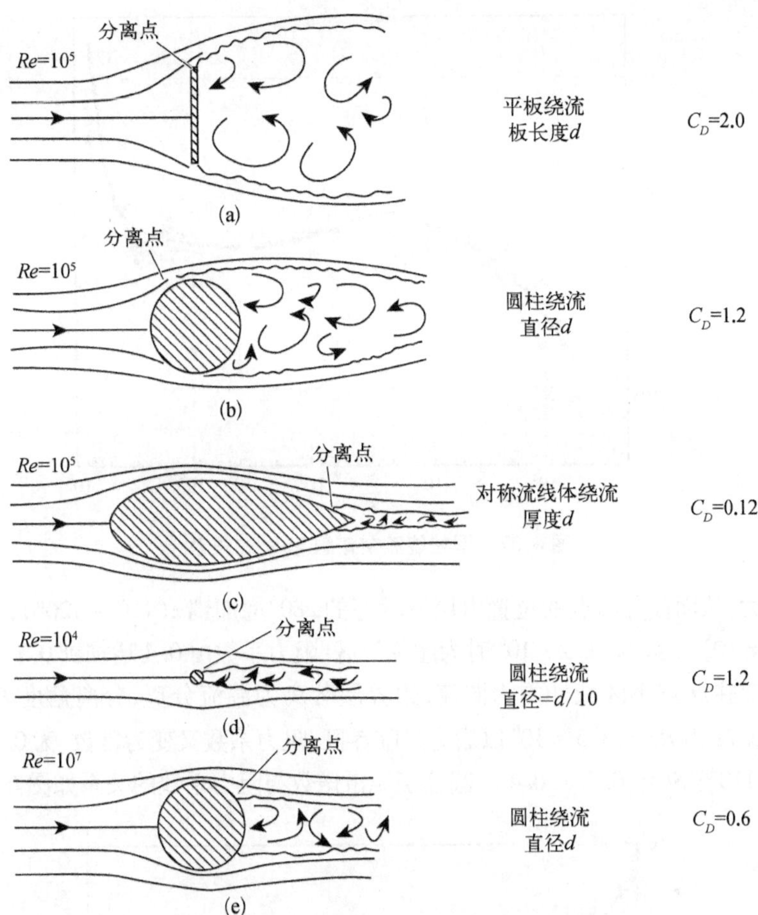

图 6.36　不同形状和来流雷诺数的绕流物体阻力系数

6.10.2　二维圆柱绕流阻力

圆柱绕流是一个复杂的分离流问题。在不同的绕流雷诺数下，绕流流态、分离角度、旋涡脱落频率及阻力系数等都是不同的。当 $Re<150\sim300$ 时为层流分离，此时边界层为层流，分离后剪切层和涡均为层流，圆柱后为层流涡街，分离涡的脱落频率为

$$St=\frac{fd}{V_\infty}=0.212\left(1-\frac{21.2}{Re}\right) \tag{6.258}$$

式中，St 为斯特劳哈尔数（捷克物理学家文岑茨 · 斯特劳哈尔，Vincenc Strouhal，1850～1922 年，在 1878 年研究细弦风吹发声时提出），表征圆柱绕流分离涡脱落的无量纲频率。圆柱绕流分离涡的脱落频率与雷诺数的关系如图 6.37 所示。

当 $300<Re<10^5$ 时为亚临界区，圆柱表面上的边界层为层流，但分离后剪切层和涡为湍流，圆柱后为湍流涡街，阻力系数 $C_D=1\sim1.2$，$St\approx0.2$，分离角度 $\theta_s\approx\pm80°$（由前驻点起算）；当 $10^5<Re<3.5\times10^5$ 时为临界区，阻力系数由 1.2 减小到 0.4，绕圆柱表面上的层流边界层发生分离后转捩成湍流，然后再附形成气泡，转捩为湍流的边界层提高了抵抗逆

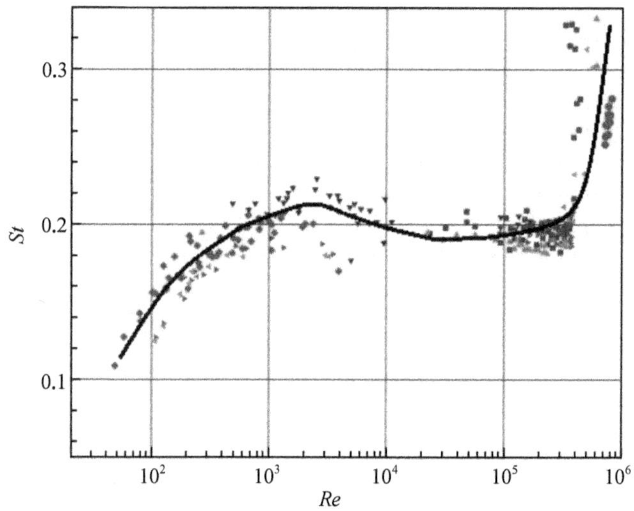

图 6.37　圆柱绕流雷诺数与 *St* 的关系

压梯度的能力,从而使分离点的位置由层流状态的±80°增加到±(110°~120°), $St=0.2\sim0.7$;当 $3.5\times10^5<Re<3.5\times10^6$ 时为超临界区,阻力系数由0.4增加到0.7~0.8,绕圆柱的边界层除前驻点较小区域外均为湍流,边界层分离为湍流分离,分离角度 $\theta_s\approx\pm110°$, $St=0.2\sim0.7$;当 $Re>3.5\times10^6$ 以后为过临界区,阻力系数又变为常数,为0.7~0.8,分离角度 $\theta_s\approx\pm110°$, $St=0.3\sim0.4$。圆柱绕流雷诺数与阻力系数的关系如图6.38所示。

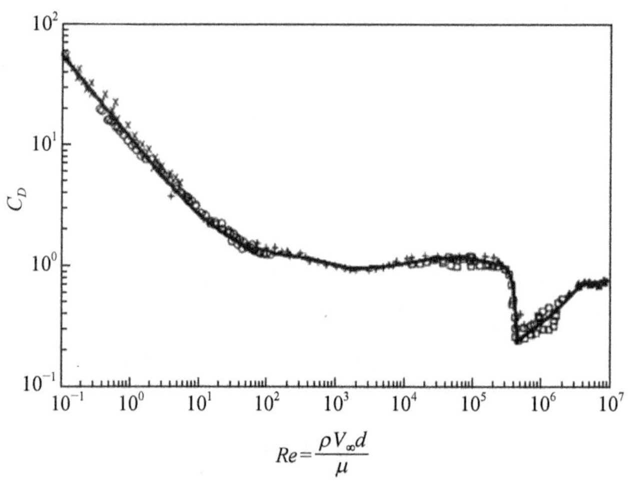

图 6.38　圆柱绕流雷诺数与阻力系数的关系

6.11　飞机阻力及其减阻技术

6.11.1　飞机阻力的组成

当气流绕过飞机时,飞机所受到的阻力为气流作用于飞机表面上的压强和摩擦切应力的合力在来流方向上的分力积分而得(图 6.39),把垂直于来流方向上分力的积分称为升力。飞机在巡航飞行时,飞机的重力与升力平衡,飞机发动机的推力与阻力平衡。因飞机表面上的压强和摩擦切应力与飞机的飞行速度、姿态角、飞机的尺寸、表面形状和粗糙度等有关,所以飞机的阻力必然要受到这些因素的影响。飞机阻力从大的方面分两类:一类是因压强在来流方向投影积分产生的阻力;另一类是因表面摩擦应力积分产生的阻力,称为摩擦阻力。具体来说,根据产生阻力的主要原因,由表面压强积分得到的阻力又分为:机翼后缘拖出自由尾涡诱导下洗产生的诱导阻力;飞机形状不同产生的压差阻力(包括翼身干扰阻力、底阻、绕外露部件的阻力等);飞机高亚声速以上速度飞行时,由激波引起的阻力。

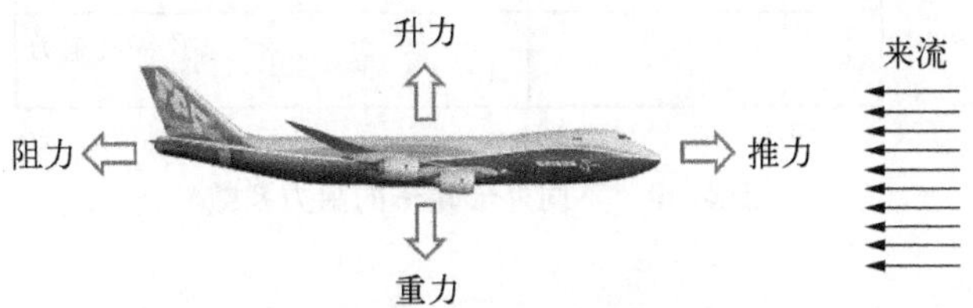

图 6.39　飞机巡航飞行状态受力示意图

如果用来流速度和机翼的特征面积表达阻力,可以写为

$$D = \frac{1}{2}\rho_\infty V_\infty^2 S C_D \tag{6.259}$$

其中,D 为飞机总阻力;ρ_∞ 为空气密度;V_∞ 为来流速度;S 为机翼特征面积;C_D 为总阻力系数。按照飞机阻力产生的具体原因,总阻力系数可细分为

$$C_D = C_f + C_{dp} + C_i + C_{sw} \tag{6.260}$$

其中,C_f 为摩擦阻力系数;C_{dp} 为因黏性边界层不同引起的压差阻力系数;C_i 为诱导阻力系数;C_{sw} 为激波阻力系数。在飞机设计中,也把摩擦阻力和黏性压差阻力之和称为寄生阻力或废阻力。飞机的航程可用 Breguet 关系式进行估算。即

$$R = \frac{C_L}{C_D}\frac{V_\infty}{\mathrm{SFC}}\ln\left(\frac{W_{\mathrm{L}} + W_{\mathrm{F}}}{W_{\mathrm{L}}}\right) \tag{6.261}$$

其中,R 为航程;C_L/C_D 为升阻比;SFC 为燃油消耗比(单位时间产生单位推力所需要的燃料);W_{F} 为燃油总质量;W_{L} 为基本质量。从上面的表达式可以看出,升阻比越大,飞机航程越远,因而降低飞机阻力对于提高飞行性能有直接帮助。研究表明:降低飞机阻力可增大航程、减少起飞质量、提高巡航升阻比、节省燃油、增加有效载荷以及减少飞机的直接操作费用。除此之外,通过减小阻力可减少燃油废气的排放,从而降低空中环境污染。

据有关资料表明,高亚声速大型飞机在巡航时,飞机表面摩擦阻力占总阻力的 50%,诱导阻力占 30%,激波阻力占 5%,压差阻力占 15%。图 6.40 和图 6.41 分别给出典型轿

车和大型飞机的阻力系数,但要注意的是轿车阻力系数用的特征面积是迎风最大面积,而飞机的特征面积为机翼的外露面积。以下将分别介绍降低摩擦阻力、诱导阻力和激波阻力的相关技术和流动机制。

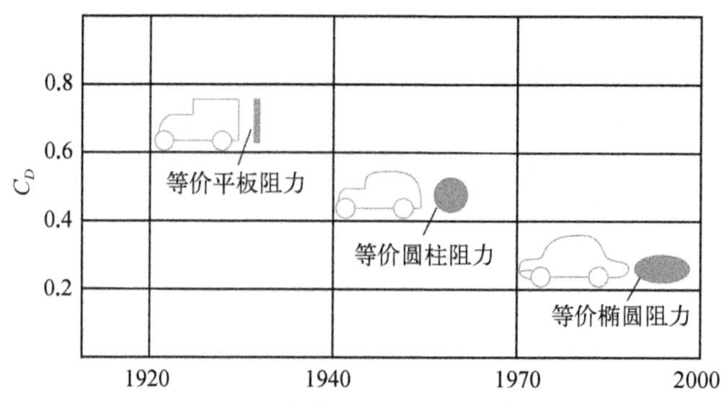

图 6.40　不同外形轿车的阻力系数

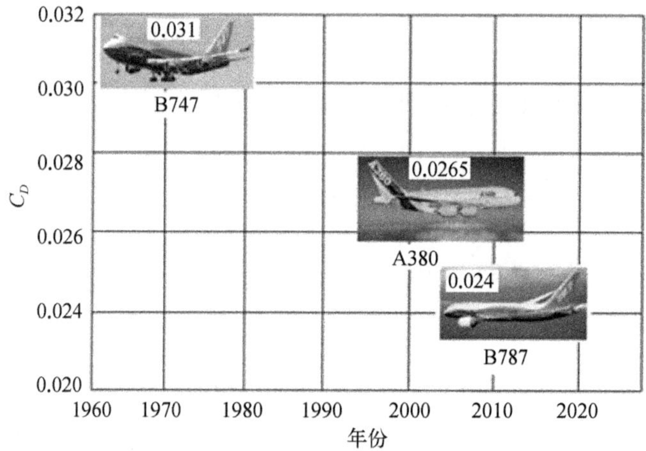

图 6.41　不同飞机的阻力系数

6.11.2　层流减阻技术

首先考虑占总阻力最大比重的飞机表面摩擦阻力。摩擦阻力与飞机表面的边界层直接相关。边界层因空气黏性和飞机与空气的相对运动而产生的,而且根据雷诺数的不同,在边界层内也会出现从层流到湍流的转捩。如以物面的流向长度 x 为特征长度、边界层外流速度 V_∞ 为特征速度计算雷诺数 Re_x,对于平板绕流,试验发现层流边界层转捩的雷诺数位于 $3.5\times10^5 \sim 3.5\times10^6$。飞机表面的摩擦切应力与边界层内的流态有关,一般层流边界层的摩擦切应力是湍流边界层摩擦切应力的 1/7~1/8,如图 6.42 和图 6.43 所示。因而,减小阻力最好方法是延迟边界层转捩,在机翼机身表面上尽量保持层流,由此提出通过层流控制减阻的技术。

减小飞机阻力最有效的方法是减小飞机表面上的摩擦阻力。由于湍流边界层的摩擦

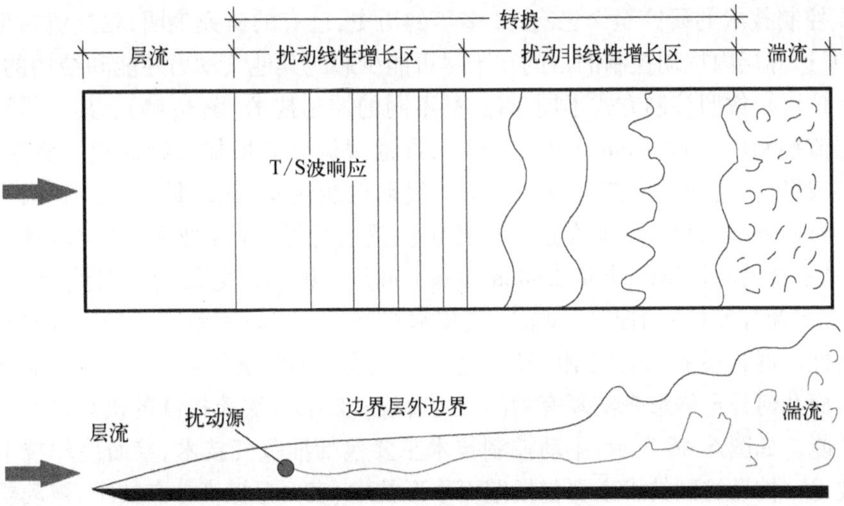

图 6.42　平板转捩

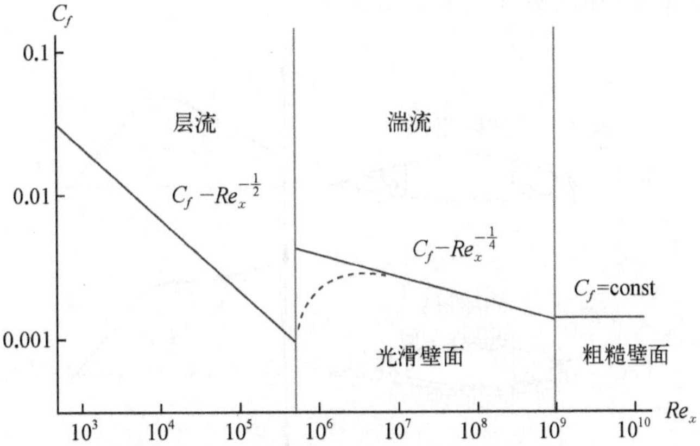

图 6.43　层流与湍流边界层摩擦阻力系数

阻力远大于层流边界层的摩擦阻力，因此减小摩擦阻力的基本思想包括两个方面：其一是尽可能延迟转捩的发生，扩大物面层流流动区域；其二是减小湍流边界层流动区域的摩擦阻力。在过去几十年里，国内外学者提出了许多减小摩擦阻力的控制技术，并对此进行了大量的研究。然而，目前这些技术仍处于研究阶段，几乎没有一种控制技术被用于实际飞机上。在众多的控制技术中，层流控制是减小摩擦阻力的有效方法之一，该技术是通过采取控制措施延迟边界层转捩，扩大物面的层流区域，从而达到减阻目的。对一架飞机而言，机翼、发动机吊舱、机头、水平尾翼和垂直尾翼等物面是获得层流流动的主要区域，如图 6.44 所示。

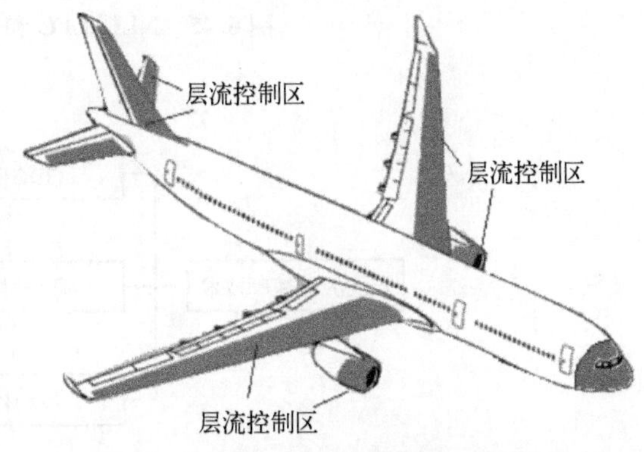

图 6.44　飞机表面主要层流控制区域

（包括飞机主翼、垂尾、平尾以及发动机短舱的外表面）

层流控制技术的研究至今已有 70 多年的历史,已有的研究表明,在层流翼型与机翼的设计中,边界层内扰动控制的目的在于尽可能少影响其他气动力性能和结构的前提下,延迟转捩位置。按照控制方式不同,有三种不同的控制技术(图 6.45):其一是被动控制或自然层流控制(natural laminar flow, NLF),即通过调整外形加大物面顺压梯度范围,从而推迟转捩发生,这种方法在非设计状态下气动性能较差;其二是主动控制或层流控制(laminar flow control, LFC),即在边界层特定位置进行操控(如抽吸气技术)延迟转捩发生;其三是混合层流控制(hybrid laminar flow control, HLFC),它结合了自然层流控制(被动控制)和层流控制(主动控制,如抽吸气技术)的优点,可以有效减少抽吸气量和控制系统的复杂性。混合层流流动控制的特点是:① 只需在前缘进行抽吸气;② 只需在前缘附近进行表面几何外形修形来实现有利的压力梯度;③ 混合层流控制的机翼设计具有良好的湍流性能。如图 6.46 所示,主动控制技术主要包括抽吸气技术、壁面冷却技术和主动柔顺壁技术。被动控制技术主要包括壁面修形技术、表面粗糙度分布技术、被动柔顺壁技术和多孔壁面技术等。目前发展的趋势是混合层流控制技术,应用最多的是壁面修形技术(保持较好顺压梯度)和抽吸气技术的结合。

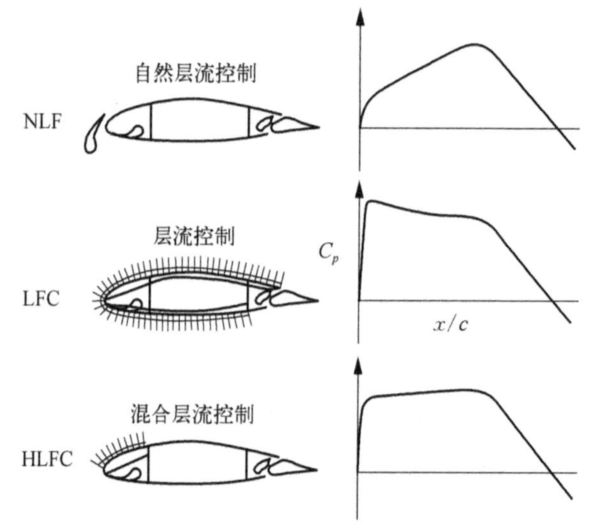

图 6.45　NLF、LFC 和 HLFC 的概念设计

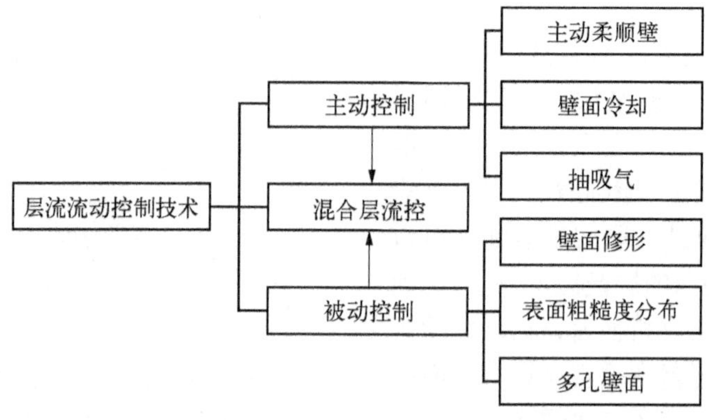

图 6.46　层流流动控制技术

1. 自然层流控制

例如，早期设计的 NACA－6 系列翼型就是自然层流的代表。早期的层流翼型设计结果通常不够让人满意，如 NACA 632－215 翼型尽管能够做到低阻力，但是可以使用的升力范围却比湍流翼型 NACA 23015 要小得多。当然，随着翼型设计技术的进步，自然层流翼型所能达到的性能也越来越好。如图 6.47 所示，美国波音公司的 B787 飞机发动机短舱就是采用层流控制技术设计的，但仅仅依靠层流翼型设计并不能解决大型运输机的层流控制问题。

图 6.47　B787 飞机发动机短舱的层流控制

2. 主动层流控制

主动层流控制的方式有吸气控制、温度控制、主动柔性壁面控制、等离子体控制等，其中吸气控制技术发展较为成熟，并且经过了大量飞行测试，减阻效果比较明显。吸气控制的原理可以简单地理解为改变了局部边界层的平均速度型，进而抑制相关不稳定扰动的增长。吸气通常有两种方式，其一是槽道吸气，其二是小孔吸气。为测试吸气控制的实际效果，NASA 开展了前缘飞行试验项目研究，将两部吸气控制装置分别安装在 C－140 Jetstar 飞机的两侧机翼前缘（图 6.48），并进行了大量的飞行测试。结果表明，在绝大部分飞行状态下都能实现层流化，覆盖 65%～75%的弦长。

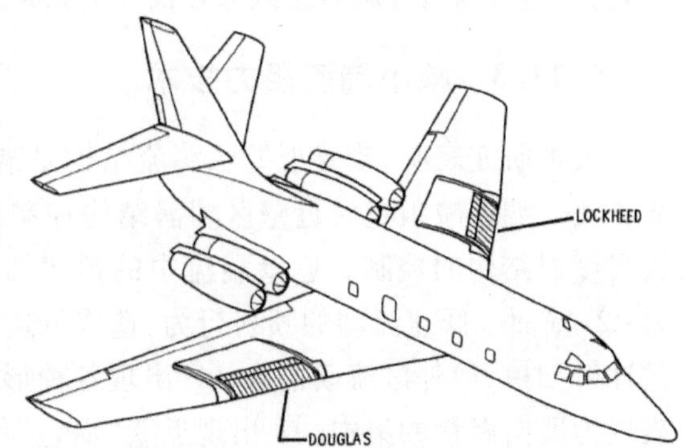

图 6.48　NASA C－140 Jetstar 飞机与安装在左右两侧的吸气控制装置

如果在自然层流的基础上增加主动控制，这种控制方式被称为混合层流控制。对于混合层流控制技术，NASA 在 B757（图 6.49）飞机上进行了测试。由图 6.50 可以清楚地看出，在层流控制区域边缘的地方流动已经变成湍流，而在主动控制区域内则维持层流的状态。飞行测试在马赫数为 0.8 的状态下结果表明：只需要设计吸气量的 1/3 就能实现 65%弦长的层流覆盖，结果比预期的更加理想，并且经过计算，该混合层流控制给飞机机翼减阻 29%，给整架飞机减阻大约 6%。

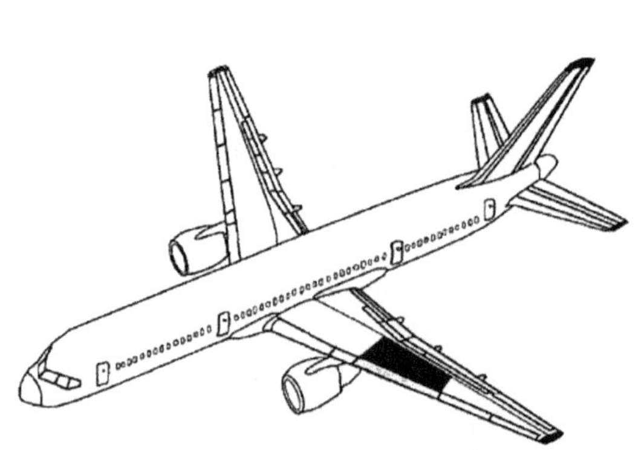

图 6.49　B757 飞机（左侧机翼上黑色区域为层流控制测试区域）

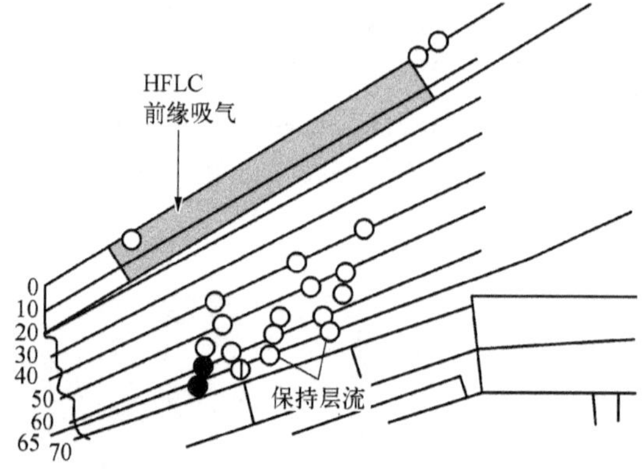

图 6.50　B757 飞机机翼混合层流控制结果

（空心圆点表示层流状态，实心圆点表示湍流状态，左侧数字表示位置相对弦长百分比）

除了飞机主翼，飞机发动机短舱外表面、垂尾上也分别进行了层流控制试验。例如欧洲空客公司在 A320 飞机的垂尾上，对基本型垂尾施加层流控制能获得 40%弦长层流覆盖，对 HLFC 型垂尾能获 50%现场覆盖，能够降低整架飞机 1%～1.5%的阻力。

3. 壁面粗糙控制

利用改善壁面结构控制和延迟边界层转捩的研究发展较晚，目前多数技术仍处于实验阶段。研究表明：这种层流控制是基于后掠机翼横流转捩原理，横流涡的发展与展向波长直接相关，而展向波长又决定于壁面微小的粗糙结构。如果不施加控制，最不稳定波长则会成为主导，进而较早转捩，如果增加分布式粗糙阵列，则横流涡的发展由粗糙阵列决定，于是可以通过调整参数来寻找一个能够推迟转捩的粗糙阵列。

6.11.3　减小湍流阻力技术

大量研究表明，改善近壁区湍流结构是减小湍流边界层区壁面摩擦阻力的一种有效方法。湍流减阻是对近壁区湍涡结构控制的结果，具体而言是对湍流边界层中拟序大尺度涡结构的控制。近壁湍流中的拟序结构主要特征为：① 黏性底层中的低速条带；② 壁面区低速流动的喷射行为，造成低速条带抬升；③ 边界层外缘高速流体向壁面的冲射扫掠，使外区流动涌入；④ 出现各种形式的湍涡结构；⑤ 近壁剪切结构的倾斜，表现为展向涡量的集中；⑥ 出现近壁"涡包"结构；⑦ 边界层外区大尺度湍涡结构运动所引起的剪切层"后移"，导致流向速度的不连续性。这些复杂的近壁湍流结构使边界层中物理量表现为空间和时间上的不确定性，所以湍流边界层的控制比层流边界层控制难得多。

实验发现，有效控制湍流边界层中的展向脉动就能降低湍流边界层的摩擦阻力，目前壁面沟槽控制就是一种被动控制技术。在湍流边界层控制研究中，鲨鱼皮沟槽减阻机制受到了广泛的关注。如图 6.51 所示，鲨鱼皮的微观结构实际上就是一种复杂的沟槽。

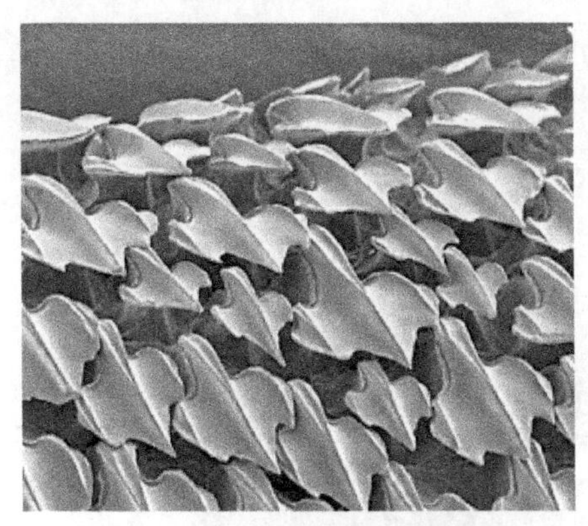
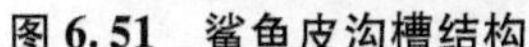

图 6.51 鲨鱼皮沟槽结构

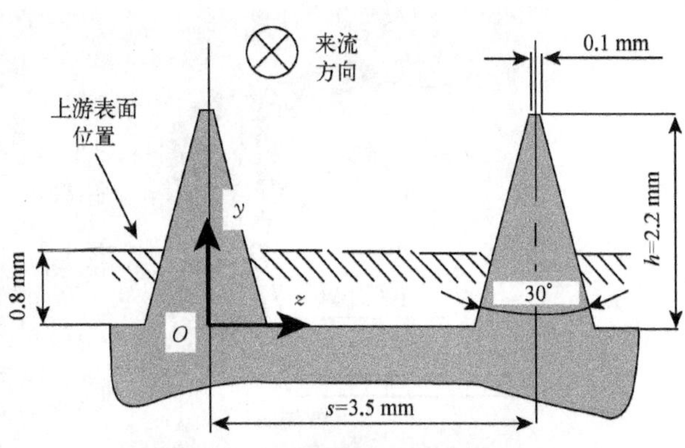

图 6.52 沟槽表面横截面示意图

研究者对沟槽表面湍流结构的测量发现,在某些沟槽参数下,能够达到大约8%的减阻效果,但同时也注意到沟槽并不对湍流猝发事件的频率产生明显影响。沟槽的存在能够明显抑制湍流边界层中展向脉动能量的交换。图6.52所示为一种典型的壁面沟槽,这种控制技术不需要能量输入,所以是一种边界层被动控制技术。经研究发现,减阻效果好的沟槽间距无量纲数为 $S^+=10\sim20$。其中,

$$S^+=\frac{u^*s}{\nu},\ u^*=\sqrt{\tau_0/\rho} \tag{6.262}$$

式中,u^* 为壁面摩阻速度。在飞行条件下,实际间距一般为 25~75 μm(人体的头发丝直径约 70 μm)。沟槽减阻 5%~15%。

6.11.4 减小诱导阻力技术

在巡航状态下,大型飞机机翼诱导阻力占总阻力的比例仅次于摩擦阻力,其是由机翼后缘脱落的自由涡对气流诱导的下洗流场造成的。降低诱导阻力可以通过扩大机翼展长来实现,但是展长的扩大将受到机翼结构的限制。为此,20世纪60年代,NASA兰利风洞实验室主任惠特科姆(Richard T. Whitcomb,1921~2009年)仿照天鹅在翱翔时翼梢羽毛出现翘起来的形状(图6.53),发明了一种翼梢上翘的装置,称为翼梢小翼。翼梢小翼主要是为了减小飞机巡航时的诱导阻力提出的。翼梢小翼发明后不久,美国空军就在KC-135加油机上测试了翼梢小翼的效果。测试结果表明,增加翼梢小翼之后,能降低巡航状态大约7%的阻力,并且据估算这项改进能使KC-135机群以后二十年里节省数十亿美元经费。现在美国波音公司和欧洲空客公司生产的大型飞机都装了翼梢小翼,我国的ARJ21飞机和C919飞机也安装了翼梢小翼。由于翼梢表面的压差作用,空气趋向于围绕翼尖沿下表面向外侧流动,而沿上表面向内侧流动。加装翼梢小翼后,将会对机翼展向流动起到端板的效应,并且小翼涡对机翼翼梢涡起到扩散作用,从而使机翼尾涡的下洗作用减弱,减小了下洗角,降低了诱导阻力。翼梢小翼的主要特点:① 端板效应,阻挡机翼下表面绕到上表面的流动,削弱翼梢涡强度,从而增大了机翼的有效展弦比;② 耗散主翼翼梢涡的作用,因为翼梢小翼本身也是小机翼,也产生翼

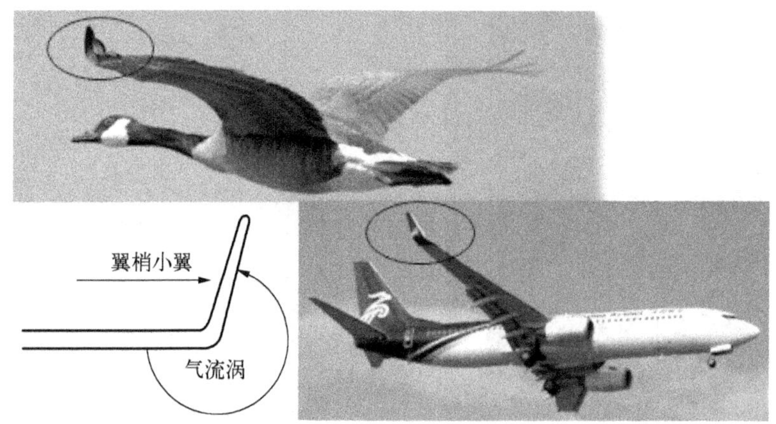

图 6.53 翼梢小翼

梢涡，其方向与主翼翼梢涡虽然相同，但因距离很近，在两涡交汇处形成强的剪切作用，造成大的黏性耗散，阻止了主涡的卷绕，起到扩散主涡的作用，同样达到减少诱导阻力的目的（图 6.54）；③ 增加机翼升力及向前推力，上翘翼梢小翼可利用三维畸变流场产生小翼升力和推力分量（图 6.55）；④ 推迟机翼翼梢气流的过早分离，提高失速迎角。一般来说，后掠机翼的翼梢三维效应更加明显，流管收缩，气流流过时先是急剧加速，压力降低，然后又是急剧压力恢复，进入很陡的逆压梯度区，过早引起翼尖边界层分离，造成失

图 6.54 翼梢涡与小翼涡剪切耗散

图 6.55 翼梢小翼增升与推力效应

速。然而安装在翼尖处的翼梢小翼可用其产生的有利压力梯度抵消部分翼尖逆压场，使压力分布变得缓和，减小逆压梯度。如果设计得当就可延迟机翼翼尖处的气流分离，提高飞机失速迎角。

翼梢小翼有单上翘小翼、上下小翼等多种形式的翼梢小翼。单上翘小翼由于结构简单而使用较多。飞机的诱导阻力占巡航阻力的 15%～30%。降低诱导阻力对提高巡航经济性具有重要意义。机翼的展弦比越大，诱导阻力越小。过分大的展弦比会使机翼根部弯矩太大，因而增大机翼展弦比有一定限度。翼梢小翼除作为翼梢端板能起增加机翼有效展弦比的作用外，还由于它利用机翼翼梢气流的偏斜而产生的“拉力效应”能减小诱导阻力。风洞和飞行试验结果表明，翼梢小翼能使全机诱导阻力减小 20%～30%，相当于升阻比提高 5%。翼梢小翼作为提高飞行经济性、节省燃油的一种先进空气动力设计措施，已在很多飞机上得到应用。翼梢小翼的类型还有翼梢涡扩散器（图 6.56）、鲨鱼鳍翼梢小翼（图 6.57）、翼梢帆片（图 6.58）。

图 6.56　翼梢涡扩散器（A320）

图 6.57　鲨鱼鳍翼梢小翼（B787）

6.11.5　减小激波阻力

长期以来，降低跨声速飞机的飞行阻力、提高阻力发散马赫数一直是飞行器设计的技术难点。早在 20 世纪 50 年代，NASA 的惠特科姆等通过风洞试验发现，当飞行速度在声速附近时，飞机的零升波阻受到其横截面积的纵向分布影响较大，而且与横截面积分布相

图 6.58 翼梢帆片(运 5)

同的旋成体的零升波阻相同。这就是说,飞机在纵向位置上的横截面积形状对波阻无影响,但横截面积大小在纵向的分布对波阻是有影响的。传统直机身在经过机翼时,将会引起明显波阻增大。如果采用蜂腰结构,波阻可以大大减小。由此提出跨声速面积律,通过修形机身是减少零升波阻的有效方法。实验发现,应用面积律可使跨声速的零升波阻降低 25%~30%,但随着马赫数增大,面积律的减阻效果逐渐减弱。当马赫数在 1.8~2.0 时,面积律效果几乎为零。

除了在飞机总体上设计考虑降低激波阻力之外,近年来发展出了一种通过在翼型上增加激波鼓包(contour bump)来控制机翼上激波强度,进而降低激波阻力的新技术。在超临界机翼设计中,给出了飞机在巡航设计状态下产生一个弱激波的后掠机翼,但是当飞行状态偏离设计状态后,激波阻力则会急剧上升。有研究者针对带鼓包翼型在跨声速状态下的气动性能,提出通过增加鼓包来改善翼型的跨声速阻力特性(图 6.59)。随后的研究表明,激波鼓包的范围可从 20%弦长延伸到 40%弦长,并可以按照需要进行动态调整鼓包外形。欧洲(Euroshock 项目)和美国(NASA 飞行器变形项目)都开展了对鼓包控制激波强度的系统研究。数值模拟和实验测试发现,经过合理设计的鼓包在飞行速度接近声速时能够有效提高飞行器的升阻比。

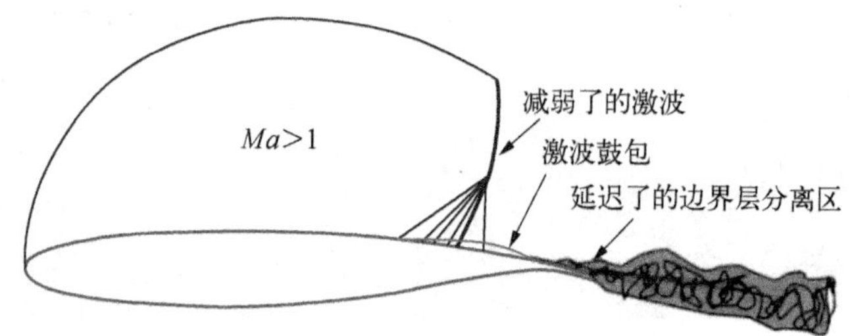

图 6.59 激波鼓包控制激波强度示意图

习 题

一、思考题

6.1 对于小黏性系数的流体,请说明近壁区的流动中黏性效应为什么不能忽略。

6.2　请说明边界层近似的基本假设。

6.3　写出边界层排移厚度、动量损失厚度、能量损失厚度表达式，说明物理意义。

6.4　在同一来流速度下，请说明不同黏性系数下绕过平板边界厚度的发展。

6.5　边界层内的黏性流体运动为旋涡运动，请写出壁面涡量与切应力的关系。

6.6　请写出边界层内的涡量扩散方程。

6.7　请写出普朗特的边界层方程，说明如何计算边界层内的压强。

6.8　指出边界层相似性假设的物理意义。

6.9　写出 Karman 动量积分方程，并指出求解动量积分方程需要补充的条件。

6.10　指出为什么逆压梯度和物面黏附条件是边界层分离的必要条件。

6.11　在顺压梯度下，为什么物面近区边界层内速度分布是稳定的，不存在速度拐点？

6.12　在逆压梯度下，为什么物面近区边界层内速度分布是不稳定的，在边界层内存在速度拐点？

6.13　请指出边界层内分离点的条件。为什么边界层分离后，物体绕流阻力明显增大？

6.14　说明抑制边界层分离的基本措施。

二、计算题

6.15　如果边界层的速度分布函数为 $\dfrac{u}{V_\infty}=\dfrac{y}{\delta}$ 和 $\dfrac{u}{V_\infty}=2\dfrac{y}{\delta}-\left(\dfrac{y}{\delta}\right)^2$，试计算边界层的排移、动量损失和能量损失厚度。

6.16　温度为25℃的空气，以30 m/s的速度纵向绕过一块极薄的平板，压强为大气压强，计算离平板前缘200 mm处边界层的厚度。

6.17　弦长 l 为3.5 m的平板，$Re_l=10^5$。试估计平板后缘处的边界层厚度（全部为层流）。

6.18　温度为20℃、$\rho=925\ \mathrm{kg/m^3}$ 的油流，以0.6 m/s的速度纵向绕过一宽15 cm、长50 cm的薄平板。试求总摩擦阻力和边界层厚度。在20℃时油的 $\nu=7.9\times10^{-5}\ \mathrm{m^2/s}$。

6.19　有一通用航空飞机的机翼是矩形（展长9.75 m，弦长1.6 m），飞机在海平面以巡航速度227 km/h做匀速飞行。假设机翼上的表面摩擦阻力可以近似为相同尺寸平板上的阻力，试计算表面摩擦阻力（流动完全是层流）。

6.20　在同样雷诺数 Re_l 的情况下，试求20℃的水和30℃的空气分别流过长度为 l 的平板时产生的摩擦阻力之比。

6.21　一块长6 m、宽2 m的平板，平行静止地安放在速度为60 m/s的40℃空气流中，在平板边界层内从层流转变为湍流的临界雷诺数 $Re_x=10^6$。试计算平板的摩擦阻力。

6.22　若边界层外边界处的速度为 $u_\delta=V_0x^m$，V_0 为常数。试证明相应的压强变化为

$$\frac{\partial p}{\partial x}=-m\rho V_0^2x^{2m-1}$$

因此，$m > 0$ 代表顺压梯度，$m < 0$ 代表逆压梯度。

6.23　曲率半径为 R 的二维曲面上的层流边界层，设边界层内速度分布为

$$\frac{u}{u_\delta} = 2\left(\frac{y}{\delta}\right) - \left(\frac{y}{\delta}\right)^2,\ 0 \leqslant y \leqslant \delta$$

边界层内的流线与曲面的曲率相同。试建立压强与离心力的平衡条件，并沿边界层横向积分，证明压强变化为

$$\Delta p = \frac{8}{15}\frac{\delta}{R}\rho u_\delta^2$$

若 $\delta = 0.01\ \mathrm{m}$，$R = 0.3\ \mathrm{m}$，边界层外边界处 $u_\delta = 100\ \mathrm{m/s}$，压强为海平面标准大气压强，试证明沿边界层横向（物面法线方向）的压强变化为 218 N/m²（远小于边界层外边界处的压强）。

6.24　平板层流边界层内速度分布规律为 $\dfrac{u}{u_\delta} = 2\dfrac{y}{\delta} - \left(\dfrac{y}{\delta}\right)^2$，试求边界层厚度和摩擦阻力系数与雷诺数的关系式。

6.25　若平板层流边界层内的速度分布为正弦曲线 $u = u_\delta \sin\left(\dfrac{\pi y}{2\delta}\right)$，试求 δ 和 C_f 与 Re 之间的关系式。

6.26　根据边界层内湍流速度分布的指数规律 $\dfrac{u}{u_\delta} = \left(\dfrac{y}{\delta}\right)^{\frac{1}{9}}$ 和 $\lambda = 0.185Re^{-\frac{1}{5}}$，试求湍流边界层厚度 δ。

6.27　假定平板（长度为 l）边界层内速度分布为

$$\frac{u}{u_\delta} = \frac{3}{2}\left(\frac{y}{\delta}\right) - \frac{1}{2}\left(\frac{y}{\delta}\right)^3$$

式中，δ 为边界层厚度。试用动量积分关系式方法求解：① $(\delta_2/x)\sqrt{Re_x}$；② $(\delta_1/x)\sqrt{Re_x}$；③ $(\delta/x)\sqrt{Re_x}$；④ $C_f\sqrt{Re_x}$；⑤ $C_f\sqrt{Re_x}$。

6.28　试求一辆汽车以 60 km/h 的速度行驶时，克服空气阻力所作的功率。已知汽车垂直于运动方向的投影面积为 2 m²，阻力系数为 0.3，假设静止空气的温度为 0℃。

6.29　设低速飞机在 3 000 m 高空以 360 km/h 飞行。若机翼面积为 40 m²，平均弦长为 2.5 m。试用二维平板边界层计算公式估算机翼的摩擦阻力（按完全湍流计算）。

6.30　在风洞中以 10 m/s 的风速垂直吹向直径为 50 cm 的圆盘，试求圆盘所受的阻力。空气温度为 20℃。

6.31　对于二维不可压缩流中顺流放置的平板，试用动量积分法求壁面摩擦切应力和平板一侧的摩擦阻力 F（平板宽 b、长 L），建议假设边界层内的速度分布为 0～90°的正弦曲线。试将所得结果与 Blasius 解进行比较。

6.32　如果对速度剖面采用$\frac{1}{7}$的幂次规律：

$$\frac{u}{u_\delta}=\left(\frac{y}{\delta}\right)^{\frac{1}{7}}$$

试证明边界层的位移厚度与动量损失厚度分别是$\delta_1=\frac{\delta}{8}$，$\delta_2=\frac{7}{72}\delta$。因此，平板的$H=\frac{\delta_1}{\delta_2}\approx 1.3$。

第 7 章 可压缩空气动力学基础

本章介绍可压缩空气动力学基础，包括热力学第一定律、气体微团运动能量方程的微分形式、声波速度和马赫数、一维可压缩定常流动理论、微小扰动的传播特征（马赫锥和马赫波）、膨胀波与超声速壁面外折角绕流、压缩波与激波、可压缩流体边界层流动、激波与边界层干扰、可压缩一维摩擦管道流动以及收缩喷管和拉瓦尔喷管的工作性能等。

学习要点：

(1) 熟悉可压缩空气运动的热力学第一定律、气动微团运动能量方程的推导过程及各项物理意义；

(2) 熟悉声波速度、马赫数定义、微小扰动的传播特征（马赫锥和马赫波等基本概念和物理意义）；

(3) 熟练掌握一维可压缩定常流动理论的推导过程及其应用、膨胀波与激波等基本方程；

(4) 了解可压缩流体边界层流动、激波与边界层干扰、可压缩一维摩擦管道流动以及收缩喷管和拉瓦尔喷管的工作性能等。

7.1 热力学的气体系统与热力学第一定律

热力学是一门研究热能和机械能之间转换的学科，也包括实现转换所用的各种工作介质的有关特性。本节主要讲授与高速流动有关的热力学基础，重点介绍热力学第一定律和第二定律以及气体运动的能量方程。

热力学中的气体系统，是指在指定边界内一定质量的气体作为总体，其与周围环境气体隔离出的一个任意形状的气体系统，简称物系。这个气体系统的尺寸必须是宏观的，其与外界的关系是：① 既无质量交换又无能量交换的物系，称为隔绝系统；② 无质量交换，但有能量交换的物系，称为封闭系统；③ 有质量交换，也有能量交换的物系，称为开放系统。

在高速空气动力学中，所遇到的多数流动问题属于隔绝系统或封闭系统的空气物系的流动问题。经典热力学所处理的都是处于平衡状态下的物系。

7.1.1　状态方程与完全气体假设

表征物系状态行为的主要参数是温度、压强和密度以及介质的组成成分(如果有电离或离解等发生)。任何气体的压强、密度、绝对温度不是独立的,三者之间存在一定的函数关系,此函数关系称为状态方程。其中两个确定后,第三个便是确定的。即

$$f(\rho,\ p,\ T) = 0 \tag{7.1}$$

这个函数称为物质的状态方程。其具体形式将因介质的种类不同而定。

理想气体是指忽略分子体积与分子间作用力的气体,其状态方程满足克拉贝龙方程(克拉贝龙,法国物理学家,Benoit Pierre Emile Clapeyron,1799~1864 年),即

$$\frac{p}{\rho} = RT \tag{7.2}$$

其中,R 为气体特性常数, $R = 287.053\ \mathrm{N\cdot m/(kg\cdot K)}$。在常温常压下,实际气体分子的体积和分子间的相互作用也可忽略不计,状态参数满足理想气体状态方程,所以空气动力学常把实际气体简化为理想气体,而且主要研究比热比为常数的理想气体称为完全气体。完全气体在低速流动中是适应的;但在高速流动中,如果气流的温度较高,气体分子的转动能和振动能随着温度的升高而相继受到激发,比热比不再是常数,在 1 500~2 000 K 的温度范围内,空气可视为变比热比的完全气体。

7.1.2　内能和焓

气体的内能是指分子微观热运动(与温度有关)所包含的动能与分子之间存在作用力而形成分子相互作用的内部势能之和。对于完全气体而言,分子之间无作用力,单位质量气体的内能 e 仅仅是分子热运动的结果,仅是温度的函数。

在热力学中,常引入另外一个代表热含量的参数 h(焓),即

$$h = e + \frac{p}{\rho} \tag{7.3}$$

由于 $\frac{p}{\rho}$ 表示单位质量气体所具有的压能,故焓 h 表示单位质量气体所具有的内能和压能之和。

7.1.3　热力学第一定律

热力学第一定律是能量守恒定律在热力学中的具体应用。其物理意义是:外界传给一个封闭物质系统的热量等于该封闭系统内能的增量与系统对外界所做机械功之和。对于一个微小变化过程,有

$$\mathrm{d}Q = \mathrm{d}E + p\mathrm{d}\forall \tag{7.4}$$

这是静止物系的热力学第一定律。其中，d∀ 表示物系的体积增量，p 为物系的压强。如果用物系的质量去除上式，就变成单位质量的能量方程。即

$$\mathrm{d}q = \mathrm{d}e + p\mathrm{d}\left(\frac{1}{\rho}\right) \tag{7.5}$$

其中，密度的倒数表示单位质量的体积。上式物理意义是：外界传给单位质量气体的热量 $\mathrm{d}q$ 等于单位质量气体的内能增量与压强对单位质量气体所做的膨胀功。

一个气体的压强、密度、温度都是空间点的函数，彼此之间存在一定的函数关系，但和变化过程无关，代表一个热力学状态。p、T、ρ、e、h 代表热力学状态参数，两个热力学参数可以确定一个热力学状态，如果取自变量为 T 和 ρ，则其他状态变量关系为

$$\begin{cases} p = p(\rho,\ T) \\ e = e(\rho,\ T) \\ h = e + \dfrac{p}{\rho} \end{cases} \tag{7.6}$$

对于焓进行微分，得

$$\mathrm{d}h = \mathrm{d}e + p\mathrm{d}\left(\frac{1}{\rho}\right) + \frac{1}{\rho}\mathrm{d}p \tag{7.7}$$

该式表明：在微分段内，气体焓的增量等于内能增量、气体膨胀功与压强差所做的功之和。

对于一个流动的气体微团而言，其能量方程变为

$$\mathrm{d}q = \mathrm{d}e + p\mathrm{d}\left(\frac{1}{\rho}\right) + \frac{\mathrm{d}p}{\rho} + \mathrm{d}\left(\frac{V^2}{2}\right) \tag{7.8}$$

与静止气体的能量方程式(7.5)相比，运动气体的能量方程多了两项，其中 $\dfrac{\mathrm{d}p}{\rho}$ 项表示气体微团在流动过程中所特有的功，代表气体微团在体积不变的情况下，由于压强变化引起的功(流体微团克服压差所做的功)；另一项 $\mathrm{d}\left(\dfrac{V^2}{2}\right)$ 是单位质量气体微团宏观运动的动能增量。即

$$\mathrm{d}\left(\frac{V^2}{2}\right) = \mathrm{d}\left(\frac{u^2 + v^2 + w^2}{2}\right) \tag{7.9}$$

如果将式(7.7)代入式(7.8)，得

$$\mathrm{d}q = \mathrm{d}h + \mathrm{d}\left(\frac{V^2}{2}\right) \tag{7.10}$$

式中，在微分时段，$\mathrm{d}q$ 是外界传给气体的热量，来源于传导和热辐射，也可以通过燃烧之

类的化学变化产生热量。

7.2 热力学过程

7.2.1 可逆与不可逆过程

在热力学中，如果将变化过程一步一步倒回去，气体的一切热力学参数都回到初始状态，且外界状态也都复旧，这样的过程称为可逆过程，否则是不可逆过程（例如高温向低温传热、机械功通过摩擦生热等都均是不可逆过程）。在数学上，可逆过程也称为准静态过程或连续的平衡态过程。

7.2.2 等容过程

在式(7.5)中，内能 e 是状态的函数，而 q 不是状态函数，因为其中的压力膨胀功不仅决定于过程的起点和终点，也与变化过程有关。如图 7.1 所示，整个变化过程做功可表示为

$$W_p = \int_1^2 p\mathrm{d}\left(\frac{1}{\rho}\right) \tag{7.11}$$

由 1 点到 2 点不同的曲线代表不同的热力学过程，这些不同的过程膨胀功是不同的。

如果在变化过程中，单位质量气体的容积保持不变，这样的过程称为等容过程。此时气体的膨胀功 $W_p = 0$ 为零。外界加入的热量全部用来增加气体的内能。即

$$\mathrm{d}q = \mathrm{d}u = C_V \mathrm{d}T \tag{7.12}$$

式中，C_V 称为比定容热容，单位是 J/(kg · K)。其物理意义是：在体积不变的情况下，单位质量气体温度每升高一度所需要的热量，如图 7.2 所示。

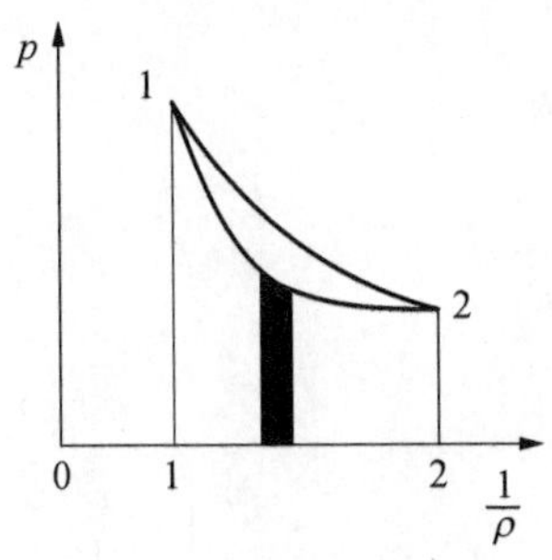

图 7.1　膨胀功示意图

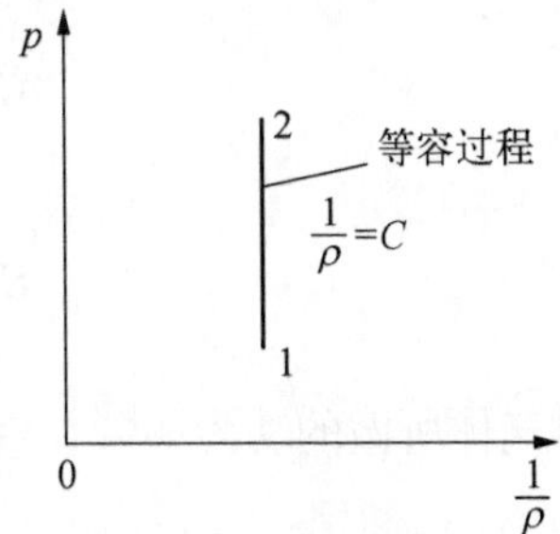

图 7.2　等容过程

由式(7.12)，可得

$$e = \int_0^T C_V \mathrm{d}T \tag{7.13}$$

$$C_V = \left(\frac{\mathrm{d}q}{\mathrm{d}T}\right)_\rho \tag{7.14}$$

7.2.3 等压过程

如果在变化过程中，气体的压强保持不变，这样的过程称为等压过程。此时气体的膨胀功不等于零。外界加入的热量一部分用来增加气体的内能，另一部分用于气体的膨胀功。在等压过程中，单位质量气体温度每升高一度，所需要的热量，称为定压比热，如图 7.3 所示。而气体等压变化时，p = 常数，$\mathrm{d}p = 0$，从式(7.5)和式(7.7)得

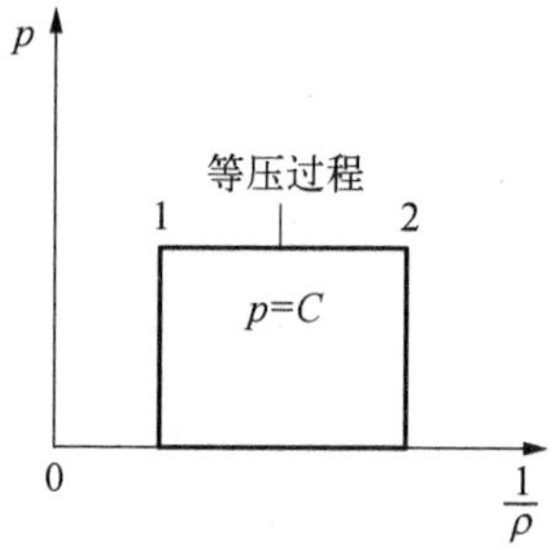

图 7.3 等压过程

$$C_p = \frac{\mathrm{d}q}{\mathrm{d}T} = \frac{\mathrm{d}h}{\mathrm{d}T} \tag{7.15}$$

$$C_p = \left(\frac{\partial h}{\partial T}\right)_p \tag{7.16}$$

定压比热与定容比热的比值，称为气体的比热比。即

$$\gamma = \frac{C_p}{C_V} \tag{7.17}$$

在空气动力学中，在温度小于 300℃ 和压强不高的情况下，一般 C_p、C_V、γ 等都是常数。对式(7.3)两端微分，有

$$\mathrm{d}h = \mathrm{d}e + \mathrm{d}\left(\frac{p}{\rho}\right) \tag{7.18}$$

利用状态方程，$p/\rho = RT$，上式可以转化为

$$\mathrm{d}h = \mathrm{d}e + R\mathrm{d}T \tag{7.19}$$

根据定义式(7.13)和(7.15)，由上式可得

$$C_p = \frac{\gamma}{\gamma - 1}R \tag{7.20}$$

$$C_V = \frac{1}{\gamma - 1}R \tag{7.21}$$

单位质量气体所做的功为

$$W_p = \int_1^2 p\mathrm{d}\left(\frac{1}{\rho}\right) = \int_1^2 \mathrm{d}\left(\frac{p}{\rho}\right) = \int_0^1 R\mathrm{d}T = R(T_2 - T_1)$$

7.2.4 等温过程

如果在变化过程中，气体的温度保持不变，这样的过程称为等温过程。如图 7.4 所示，在等温过程中，内能不变，热量与膨胀功相等。单位质量气体所做的功为

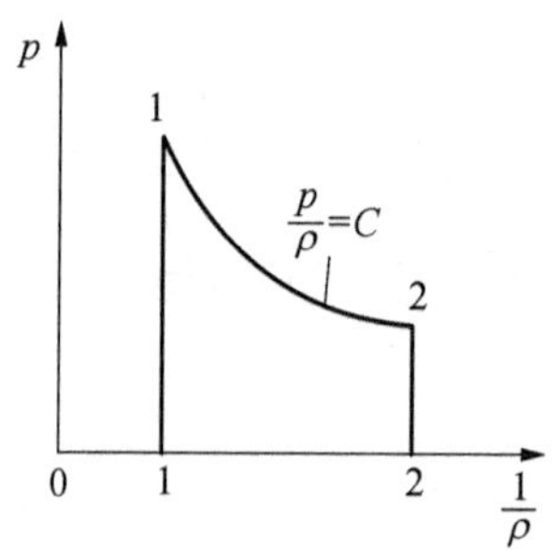

图 7.4 等温过程

$$q = W_p = \int_1^2 p\mathrm{d}\left(\frac{1}{\rho}\right) = \int_1^2 RT\rho\mathrm{d}\left(\frac{1}{\rho}\right) = RT\ln\frac{\rho_1}{\rho_2} \tag{7.22}$$

由于温度不变，故内能不变，即 $\mathrm{d}e = 0$。

7.2.5　绝热过程

在热力学变化过程中，与外界完全没有热量交换，这样的过程称为绝热过程，此时 $\mathrm{d}q = 0$。如图 7.5 所示，由能量方程(7.5)得

$$\mathrm{d}e + p\mathrm{d}\left(\frac{1}{\rho}\right) = 0 \tag{7.23}$$

$$C_V\mathrm{d}T + p\mathrm{d}\left(\frac{1}{\rho}\right) = 0 \tag{7.24}$$

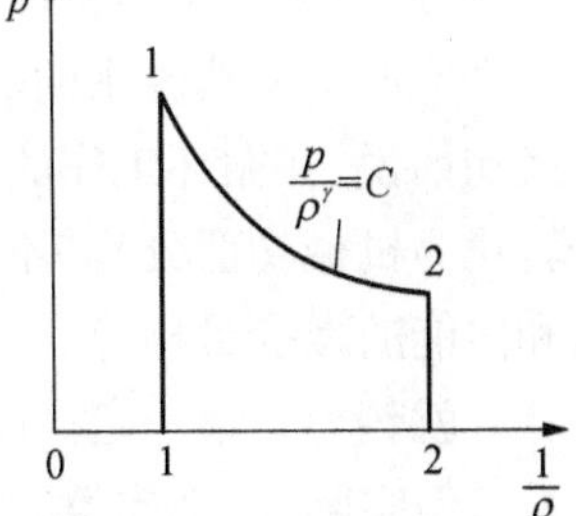

图 7.5　绝热过程

利用理想气体状态方程，有

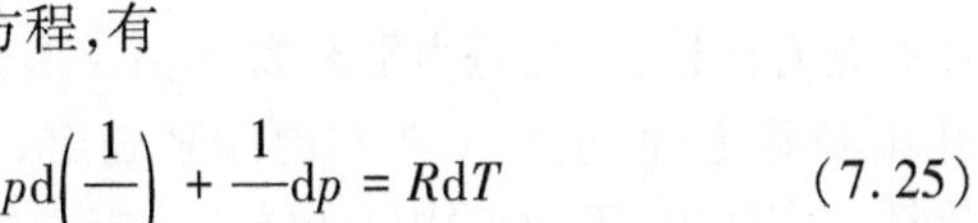

$$p\mathrm{d}\left(\frac{1}{\rho}\right) + \frac{1}{\rho}\mathrm{d}p = R\mathrm{d}T \tag{7.25}$$

将式(7.24)代入式(7.25)，得

$$(C_V + R)p\mathrm{d}\left(\frac{1}{\rho}\right) + C_V\frac{1}{\rho}\mathrm{d}p = 0 \tag{7.26}$$

或

$$C_p p\mathrm{d}\left(\frac{1}{\rho}\right) + C_V\frac{1}{\rho}\mathrm{d}p = 0 \tag{7.27}$$

两边同时除以 C_V，得

$$\gamma\frac{\mathrm{d}\left(\frac{1}{\rho}\right)}{\frac{1}{\rho}} + \frac{\mathrm{d}p}{p} = 0 \tag{7.28}$$

积分后，有

$$p = C\rho^\gamma \tag{7.29}$$

式(7.29)为在绝热过程中压强与密度的关系。在绝热过程中，单位质量气体所做的功为

$$W_p = \int_1^2 p\mathrm{d}\left(\frac{1}{\rho}\right) = \int_1^2 C\rho^\gamma\mathrm{d}\left(\frac{1}{\rho}\right) = \frac{-1}{\gamma-1}\left(\frac{p_2}{\rho_2} - \frac{p_1}{\rho_1}\right) \tag{7.30}$$

内能的变化为

$$\Delta e = C_V(T_2 - T_1) \tag{7.31}$$

7.3 热力学第二定律与熵

在自然界中,有许多自发的物理过程是单向的,绝不会自发地往回走,例如水从高处向低处流、高压气体向低压区膨胀、热量从高温物体传向低温物体等,这些不可逆现象是一种自发的物理过程。热力学第二定律就是以热量自发传导方向为依据,表征热量转换成功必须满足的限制定律。热力学第二定律有许多种说法,描述上虽有不同,但实质是一回事,就是要一个热机循环系统把热能转变为机械功,只有一个热源是不行的,还必须有一个冷源。从热源来的热能只能有一部分变为机械功,另一部分排入温度较低的冷源。换句话说,在循环工作的热机里,热能转变为机械功的时候,必然会分成可利用部分(即可转化为机械功部分)和不可利用的部分(即排入冷源的部分),例如对于绝热过程,正的功和内能的减少量相等。

就热力学第一定律而言,所有类型的能量都是同等有效的,由此建立了能量平衡关系。但实际上,不同类能量彼此是有区别的,功是力乘距离,表示系统之间的相互作用;内能是状态的函数,状态的变化由功确定;而热又由功和内能来确定。在热力学第一定律中,并没有提及热功的不等价性。实际上,不同类能量的转化是有方向性,不能可逆转换,譬如:

(1) 热总是从高温物体传向低温物体,反向不成立;

(2) 两种气体混合后不会自发分离出来;

(3) 摩擦机械功可以转化成热,但热不能100%转化成功;

(4) 不可能制造出一种连续运行的机器,使该机器只从单一热源中吸取热量,并将其转换成等量的功。

为了指明能量转化的不等价性,热力学第二定律规定了能量转化的方向性,即如果某一方向的变化过程可以实现,而逆方向的变化过程不能实现或者只能在特定条件下实现。热力学第二定律的表示方法很多,譬如:

(1) 克劳修斯说法:不可能制造出一种循环工作热机,将热量从温度较低的物体传至温度较高的物体;

(2) 开尔文-普朗克说法:不可能制造出一种循环工作热机,从单一热源中取出热量并使之全部变为有用功而不产生任何其他作用。

以下通过引入熵的概念,来表征在不可逆过程中热力学第二定律的限制。熵是表征热能不可利用部分的指标。单位质量气体的熵增定义为

$$ds = \frac{dq}{T} \tag{7.32}$$

其中,dq 与 dq/T 是不同的两个量。dq 与积分路径有关;而 dq/T 是一个与积分路径无关的量,可以表示成某一函数的全微分,即

$$ds = \frac{dq}{T} = \frac{1}{T}\left[de + pd\left(\frac{1}{\rho}\right)\right] = C_V\frac{dT}{T} + R\rho d\left(\frac{1}{\rho}\right) \tag{7.33}$$

$$ds = \frac{dq}{T} = d\left(C_V \ln T + R\ln\frac{1}{\rho}\right) \tag{7.34}$$

在研究热力学过程中,最有意义的是熵增量,即从状态1到状态2的熵增。

$$\Delta s = s_2 - s_1 = \int_1^2 ds = \int_1^2 \frac{dq}{T} = C_V \ln\frac{T_2}{T_1} + R\ln\frac{\rho_1}{\rho_2} \tag{7.35}$$

如果利用 $R = C_p - C_V$ 和 $p = R\rho T$, 得

$$\Delta s = \int_1^2 ds = \int_1^2 \frac{dq}{T} = C_V \ln\left[\frac{p_2}{p_1}\left(\frac{\rho_1}{\rho_2}\right)^{\gamma}\right] \tag{7.36}$$

热力学第二定律指出:对于孤立系统而言,在绝热变化过程中,如果过程是可逆,则熵值保持不变, $\Delta s = 0$, 称为等熵过程。由式(7.36)可见

$$\frac{p_2}{p_1}\left(\frac{\rho_1}{\rho_2}\right)^{\gamma} = 1,\ \frac{p_2}{\rho_2^{\gamma}} = \frac{p_1}{\rho_1^{\gamma}} = c,\ p = c\rho^{\gamma} \tag{7.37}$$

该式与完全气体的绝热过程关系式(7.29)一致。

如果过程不可逆,熵值必增, $\Delta s > 0$, 因此,热力学第二定律也称为熵增定律。引入熵的概念,就提供了判断过程是否是可逆的标准和衡量不可逆程度的尺度。在高速气体的流动过程中,不可逆是因气体的黏性摩擦、激波的出现以及因温度梯度存在而引起的热传导。一般在流场的绝大部分区域速度梯度和温度梯度都不大,流场可近似视为绝热可逆的,熵值不变,称为等熵流动,一条流线熵值不变称为沿流线等熵,在全流场中熵值不变,称为均熵流场。在边界层及其后的尾迹区,激波传过的流动区域,气体的黏性和热传导不能忽视区,流动是绝热不可逆过程(熵增),等熵关系式不能用。

例题　有1.5 kg的空气,由1个大气压强、21℃的起点,经绝热压缩后,压强达到4.08大气压强。求:① 起点气体的体积;② 终点气体的体积;③ 终点温度;④ 外界对介质所做的功;⑤ 加入的热量;⑥ 内能的变化。

解: ① 起点气体的体积。利用状态方程 $\dfrac{p}{\rho} = RT$, 可得

$$\rho_1 = \frac{p_1}{RT_1} = \frac{101\ 325}{287 \times (273.15 + 21)} = 1.2\ \text{kg/m}^3$$

$$\forall_1 = \frac{m_1}{\rho_1} = \frac{1.5}{1.2} = 1.25\ \text{m}^3$$

② 终点气体的体积。由于是绝热压缩过程,所以压强和密度的关系式为

$$p = C\rho^{\gamma} \quad p_1 = C\rho_1^{\gamma} \quad p_2 = C\rho_2^{\gamma}$$

所以

$$\frac{\rho_2}{\rho_1} = \left(\frac{p_2}{p_1}\right)^{\frac{1}{\gamma}}$$

就有

$$\rho_2 = \rho_1\left(\frac{p_2}{p_1}\right)^{\frac{1}{\gamma}} = 1.2 \times \left(\frac{4.08}{1.0}\right)^{\frac{1}{1.4}} = 3.276\ \mathrm{kg/m^3}$$

$$\forall_2 = \frac{m}{\rho_2} = \frac{1.5}{3.276} = 0.458\ \mathrm{m^3}$$

③ 终点温度:

$$T_2 = \frac{p_2}{R\rho_2} = \frac{4.08 \times 101\,325}{287 \times 3.276} = 439.69\ \mathrm{K}$$

④ 外界对介质所做的功:

$$W_P = -\int_1^2 p\mathrm{d}\left(\frac{1}{\rho}\right) = -\int_1^2 C\rho^{\gamma}\mathrm{d}\left(\frac{1}{\rho}\right) = \frac{1}{\gamma - 1}\left(\frac{p_2}{\rho_2} - \frac{p_1}{\rho_1}\right)$$

$$W_P = 1.5 \times \frac{1}{1.4 - 1} \times \left(\frac{4.08 \times 101\,325}{3.276} - \frac{101\,325}{1.2}\right) = 156\,580\ \mathrm{N \cdot m}$$

⑤ 加入的热量:

$$Q = 0$$

⑥ 内能的变化:

$$\begin{aligned}\Delta U &= mC_V(T_2 - T_1)\\ &= 1.5 \times 716 \times (439.69 - 294.15)\\ &= 156\,310\ \mathrm{N \cdot m}\end{aligned}$$

为绝热压缩过程,外界对气体所做的功全部变成气体的内能。

7.4 气体微团运动的能量方程

7.4.1 能量方程的物理意义

能量方程是热力学第一定律在运动流体中的表现形式。热力学第一定律表示:单位时间内作用于系统上所有力对系统所做的功与单位时间内输入系统的热量之和等于系统总能量的变化率,即

$$\frac{\mathrm{d}E}{\mathrm{d}t} = Q + W \tag{7.38}$$

其中，Q 为单位时间输入系统的总热量，包括热辐射和热传导；W 为单位时间作用于系统上所有力对系统所做的功，作用力包括表面力和体积力。

7.4.2　能量方程的推导过程

在黏性流体区域中，任取一个微分平行六面体的流体微团作为系统，六面体本身作为控制体，则该流体系统单位时间内总能量的变化率应等于单位时间作用于系统上所有作用力的功与外界传给系统的热量之和。用 e 表示单位质量流体所具有的内能，单位质量流体所具有的动能为 $\frac{V^2}{2}$，单位质量流体所具有的总能量（内能+动能）为

$$e_0 = e + \frac{V^2}{2} \tag{7.39}$$

单位时间内，流体微团系统总能量的变化率为

$$\frac{\mathrm{d}E}{\mathrm{d}t} = \rho \frac{\mathrm{d}}{\mathrm{d}t}\left(e + \frac{V^2}{2}\right) \mathrm{d}x\mathrm{d}y\mathrm{d}z \tag{7.40}$$

如图 7.6 所示，作用于系统上的力包括通过控制面作用于系统上的表面力和系统上的质量力。单位时间内，所有作用力对系统所做的功如下。

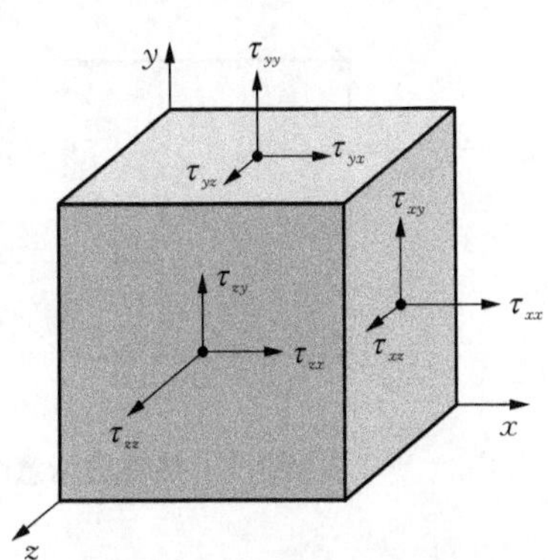

图 7.6　表面应力示意图

质量力的功率为

$$W_1 = (f_x u + f_y v + f_z w)\rho \mathrm{d}x\mathrm{d}y\mathrm{d}z = \rho \boldsymbol{f} \cdot \boldsymbol{V} \mathrm{d}x\mathrm{d}y\mathrm{d}z \tag{7.41}$$

x 方向表面力的功率为

$$\begin{aligned} W_{2x} = & \left[\tau_{xx}u + \frac{\partial(\tau_{xx}u)}{\partial x}\mathrm{d}x - \tau_{xx}u\right]\mathrm{d}y\mathrm{d}z \\ & + \left[\tau_{yx}u + \frac{\partial(\tau_{yx}u)}{\partial y}\mathrm{d}y - \tau_{yx}u\right]\mathrm{d}x\mathrm{d}z \\ & + \left[\tau_{zx}u + \frac{\partial(\tau_{zx}u)}{\partial z}\mathrm{d}z - \tau_{zx}u\right]\mathrm{d}x\mathrm{d}y \end{aligned} \tag{7.42}$$

$$W_{2x} = \left[\frac{\partial(\tau_{xx}u)}{\partial x} + \frac{\partial(\tau_{yx}u)}{\partial y} + \frac{\partial(\tau_{zx}u)}{\partial z}\right]\mathrm{d}x\mathrm{d}y\mathrm{d}z \tag{7.43}$$

同理可得，y 和 z 方向表面力的功率为

$$W_{2y} = \left[\frac{\partial(\tau_{xy}v)}{\partial x} + \frac{\partial(\tau_{yy}v)}{\partial y} + \frac{\partial(\tau_{zy}v)}{\partial z}\right]\mathrm{d}x\mathrm{d}y\mathrm{d}z \tag{7.44}$$

$$W_{2z} = \left[\frac{\partial(\tau_{xz}w)}{\partial x} + \frac{\partial(\tau_{yz}w)}{\partial y} + \frac{\partial(\tau_{zz}w)}{\partial z}\right]\mathrm{d}x\mathrm{d}y\mathrm{d}z \tag{7.45}$$

总表面力的功率为

$$W_2 = W_{2x} + W_{2y} + W_{2z}$$

$$\begin{aligned} W_2 = & \left[\frac{\partial(\tau_{xx}u)}{\partial x} + \frac{\partial(\tau_{yx}u)}{\partial y} + \frac{\partial(\tau_{zx}u)}{\partial z}\right] \mathrm{d}x\mathrm{d}y\mathrm{d}z \\ & + \left[\frac{\partial(\tau_{xy}v)}{\partial x} + \frac{\partial(\tau_{yy}v)}{\partial y} + \frac{\partial(\tau_{zy}v)}{\partial z}\right] \mathrm{d}x\mathrm{d}y\mathrm{d}z \\ & + \left[\frac{\partial(\tau_{xz}w)}{\partial x} + \frac{\partial(\tau_{yz}w)}{\partial y} + \frac{\partial(\tau_{zz}w)}{\partial z}\right] \mathrm{d}x\mathrm{d}y\mathrm{d}z \end{aligned} \tag{7.46}$$

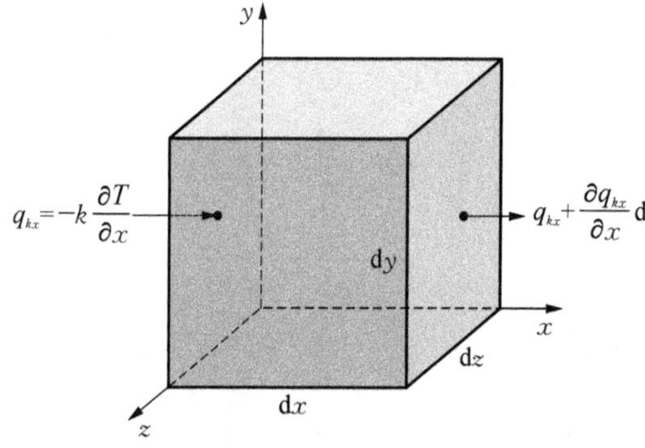

图 7.7　热传导示意图

单位时间内，外界传给系统的总热量 Q 包括热辐射和热传导。令 q 表示单位时间热辐射传给单位质量流体的热量，总的辐射热量为

$$Q_\mathrm{R} = \rho q \mathrm{d}x\mathrm{d}y\mathrm{d}z \tag{7.47}$$

由 Fourier 定理确定通过控制面传给系统的热量。如图 7.7 所示，对于 x 方向，单位时间通过控制面热传导传入系统的热量为

$$\begin{aligned} Q_{kx} &= \left[q_{kx} - \left(q_{kx} + \frac{\partial q_{kx}}{\partial x}\mathrm{d}x\right)\right]\mathrm{d}y\mathrm{d}z = -\frac{\partial q_{kx}}{\partial x}\mathrm{d}x\mathrm{d}y\mathrm{d}z \\ &= -\frac{\partial}{\partial x}\left(-k\frac{\partial T}{\partial x}\right)\mathrm{d}x\mathrm{d}y\mathrm{d}z = \frac{\partial}{\partial x}\left(k\frac{\partial T}{\partial x}\right)\mathrm{d}x\mathrm{d}y\mathrm{d}z \end{aligned} \tag{7.48}$$

同理可得，y 和 z 方向的热传导量为

$$Q_{ky} = \frac{\partial}{\partial y}\left(k\frac{\partial T}{\partial y}\right)\mathrm{d}x\mathrm{d}y\mathrm{d}z \tag{7.49}$$

$$Q_{kz} = \frac{\partial}{\partial z}\left(k\frac{\partial T}{\partial z}\right)\mathrm{d}x\mathrm{d}y\mathrm{d}z \tag{7.50}$$

整合起来，可得单位时间内总的热传导量为

$$\begin{aligned} Q_k &= Q_{kx} + Q_{ky} + Q_{kz} \\ &= \left[\frac{\partial}{\partial x}\left(k\frac{\partial T}{\partial x}\right) + \frac{\partial}{\partial y}\left(k\frac{\partial T}{\partial y}\right) + \frac{\partial}{\partial z}\left(k\frac{\partial T}{\partial z}\right)\right]\mathrm{d}x\mathrm{d}y\mathrm{d}z \\ &= \nabla\cdot(k\nabla T)\mathrm{d}x\mathrm{d}y\mathrm{d}z \end{aligned} \tag{7.51}$$

将以上各式代式(7.38)，得到基于系统的微分形式的能量方程为

$$\rho\frac{\mathrm{d}}{\mathrm{d}t}\left(e+\frac{V^2}{2}\right)=\rho\boldsymbol{f}\cdot\boldsymbol{V}+\nabla\cdot([\boldsymbol{\tau}]\cdot\boldsymbol{V})+\rho q+\nabla\cdot(k\nabla T) \tag{7.52}$$

其中,

$$\nabla\cdot([\boldsymbol{\tau}]\cdot\boldsymbol{V})=\frac{\partial(\tau_{xx}u+\tau_{xy}v+\tau_{xz}w)}{\partial x}+\frac{\partial(\tau_{yx}u+\tau_{yy}v+\tau_{yz}w)}{\partial y}+\frac{\partial(\tau_{zx}u+\tau_{zy}v+\tau_{zz}w)}{\partial z} \tag{7.53}$$

另外,用 u、v、w 分别乘以用应力形式表达的运动微分方程组(5.60)各对应方程,并求和,得

$$\begin{cases}\rho u\dfrac{\mathrm{d}u}{\mathrm{d}t}=\rho uf_x+u\left(\dfrac{\partial\tau_{xx}}{\partial x}+\dfrac{\partial\tau_{yx}}{\partial y}+\dfrac{\partial\tau_{zx}}{\partial z}\right)\\ \rho v\dfrac{\mathrm{d}v}{\mathrm{d}t}=\rho vf_y+v\left(\dfrac{\partial\tau_{xy}}{\partial x}+\dfrac{\partial\tau_{yy}}{\partial y}+\dfrac{\partial\tau_{zy}}{\partial z}\right)\\ \rho w\dfrac{\mathrm{d}w}{\mathrm{d}t}=\rho wf_z+w\left(\dfrac{\partial\tau_{xz}}{\partial x}+\dfrac{\partial\tau_{yz}}{\partial y}+\dfrac{\partial\tau_{zz}}{\partial z}\right)\end{cases} \tag{7.54}$$

$$\begin{gathered}\rho u\frac{\mathrm{d}u}{\mathrm{d}t}+\rho v\frac{\mathrm{d}v}{\mathrm{d}t}+\rho w\frac{\mathrm{d}w}{\mathrm{d}t}=\rho\frac{\mathrm{d}}{\mathrm{d}t}\left(\frac{V^2}{2}\right)\\ \rho uf_x+\rho vf_y+\rho wf_z=\rho\boldsymbol{f}\cdot\boldsymbol{V}\end{gathered} \tag{7.55}$$

$$\begin{aligned}&u\left(\frac{\partial\tau_{xx}}{\partial x}+\frac{\partial\tau_{yx}}{\partial y}+\frac{\partial\tau_{zx}}{\partial z}\right)+v\left(\frac{\partial\tau_{xy}}{\partial x}+\frac{\partial\tau_{yy}}{\partial y}+\frac{\partial\tau_{zy}}{\partial z}\right)+w\left(\frac{\partial\tau_{xz}}{\partial x}+\frac{\partial\tau_{yz}}{\partial y}+\frac{\partial\tau_{zz}}{\partial z}\right)\\ &=\frac{\partial}{\partial x}(\tau_{xx}u+\tau_{xy}v+\tau_{xz}w)+\frac{\partial}{\partial y}(\tau_{yx}u+\tau_{yy}v+\tau_{yz}w)+\frac{\partial}{\partial z}(\tau_{zx}u+\tau_{zy}v+\tau_{zz}w)\\ &\quad-\left(\tau_{xx}\frac{\partial u}{\partial x}+\tau_{yx}\frac{\partial u}{\partial y}+\tau_{zx}\frac{\partial u}{\partial z}\right)-\left(\tau_{xy}\frac{\partial v}{\partial x}+\tau_{yy}\frac{\partial v}{\partial y}+\tau_{zy}\frac{\partial v}{\partial z}\right)\\ &\quad-\left(\tau_{xz}\frac{\partial w}{\partial x}+\tau_{yz}\frac{\partial w}{\partial y}+\tau_{zz}\frac{\partial w}{\partial z}\right)\\ &=\nabla\cdot([\boldsymbol{\tau}]\cdot\boldsymbol{V})-\boldsymbol{\Phi}\end{aligned} \tag{7.56}$$

$$\begin{aligned}\boldsymbol{\Phi}&=\tau_{xx}\frac{\partial u}{\partial x}+\tau_{yy}\frac{\partial v}{\partial y}+\tau_{zz}\frac{\partial w}{\partial z}\\ &\quad+\tau_{xy}\left(\frac{\partial u}{\partial y}+\frac{\partial v}{\partial x}\right)+\tau_{zx}\left(\frac{\partial u}{\partial z}+\frac{\partial w}{\partial x}\right)+\tau_{yz}\left(\frac{\partial v}{\partial z}+\frac{\partial w}{\partial y}\right)\\ &=[\boldsymbol{\tau}]\cdot[\boldsymbol{\varepsilon}]\end{aligned} \tag{7.57}$$

将式(7.55)、式(7.56)和式(7.57)代入式(7.54)的求和表达式中,有

$$\rho \frac{\mathrm{d}}{\mathrm{d}t}\left(\frac{V^2}{2}\right) = \rho \boldsymbol{f} \cdot \boldsymbol{V} + \nabla\cdot([\boldsymbol{\tau}]\cdot \boldsymbol{V}) - \Phi \tag{7.58}$$

式中,Φ 为表面力做功函数。

将式(7.58)代入式(7.52),得

$$\rho \frac{\mathrm{d}e}{\mathrm{d}t} = \rho q + \nabla\cdot(k\nabla T) + \Phi \tag{7.59}$$

上述各式用张量形式表示更简洁。如式(7.52)张量形式为

$$\rho \frac{\mathrm{d}}{\mathrm{d}t}\left(e + \frac{u_i u_i}{2}\right) = \rho f_i u_i + \frac{\partial(\tau_{ij}u_j)}{\partial x_i} + \rho q + \frac{\partial}{\partial x_i}\left(k\frac{\partial T}{\partial x_i}\right) \tag{7.60}$$

下标 i、j 为运算指标,$i=1$、2、3,$j=1$、2、3,在一个算式中相同的两个指标,表示求和。如果用 u_i 乘以运动微分方程组,有

$$\begin{aligned}
&\rho u_i \frac{\mathrm{d}u_i}{\mathrm{d}t} = \rho f_i u_i + u_i \frac{\partial \tau_{ji}}{\partial x_j} \\
&\rho \frac{\mathrm{d}}{\mathrm{d}t}\left(\frac{u_i u_i}{2}\right) = \rho f_i u_i + \frac{\partial(\tau_{ji}u_i)}{\partial x_j} - \tau_{ji}\frac{\partial u_i}{\partial x_j} \\
&\rho \frac{\mathrm{d}}{\mathrm{d}t}\left(\frac{u_i u_i}{2}\right) = \rho f_i u_i + \frac{\partial(\tau_{ji}u_i)}{\partial x_j} - \tau_{ji}\frac{1}{2}\left(\frac{\partial u_i}{\partial x_j} + \frac{\partial u_j}{\partial x_i}\right) \\
&\rho \frac{\mathrm{d}}{\mathrm{d}t}\left(\frac{u_i u_i}{2}\right) = \rho f_i u_i + \frac{\partial(\tau_{ji}u_i)}{\partial x_j} - \tau_{ji}\varepsilon_{ji}
\end{aligned} \tag{7.61}$$

代入能量方程(7.60),得到能量方程的张量形式为

$$\rho \frac{\mathrm{d}e}{\mathrm{d}t} = \tau_{ij}\varepsilon_{ij} + \rho q + \frac{\partial}{\partial x_i}\left(k\frac{\partial T}{\partial x_i}\right) \tag{7.62}$$

其中,表面力做功函数为

$$\Phi = \tau_{ij}\varepsilon_{ij} \tag{7.63}$$

式(7.59)或(7.62)的物理意义是:在单位时间内,单位体积流体微团内能随时间的变化率等于单位体积流体微团表面力所做的变形功率与外部传入微团的热量之和。其中,表面力所做的变形功率包括法向力功率和剪切力功率,法向力功率表示流体微团变形时法向力做的膨胀功率,剪切力功率表示流体微团剪切变形时克服摩擦力所消耗的功率,这部分是流体黏性引起的,将流体微团部分机械能不可逆地转化为热能而消耗。

利用广义牛顿内摩擦定理式(5.45),由式(7.57)可得 Φ 为

$$\Phi = -p\nabla\cdot \boldsymbol{V} + \phi$$

$$\phi = -\frac{2}{3}\mu\left(\frac{\partial u}{\partial x} + \frac{\partial v}{\partial y} + \frac{\partial w}{\partial z}\right)^2 + 2\mu\left[\left(\frac{\partial u}{\partial x}\right)^2 + \left(\frac{\partial v}{\partial y}\right)^2 + \left(\frac{\partial w}{\partial z}\right)^2\right]$$

$$+\mu\left(\frac{\partial v}{\partial x}+\frac{\partial u}{\partial y}\right)^2+\mu\left(\frac{\partial u}{\partial z}+\frac{\partial w}{\partial x}\right)^2+\mu\left(\frac{\partial w}{\partial y}+\frac{\partial v}{\partial z}\right)^2$$

$$=-\frac{2}{3}\mu(\nabla\cdot\boldsymbol{V})^2+2\mu[\boldsymbol{\varepsilon}]\cdot[\boldsymbol{\varepsilon}] \tag{7.64}$$

式中，ϕ 表示因表面黏性应力所做的功率，称为耗散函数。

用张量的形式可表达为

$$\Phi=\tau_{ij}\varepsilon_{ij}=-p\frac{\partial u_i}{\partial x_i}+\phi$$
$$\phi=2\mu\varepsilon_{ij}\varepsilon_{ij}-\frac{2}{3}\mu\left(\frac{\partial u_i}{\partial x_i}\right)^2 \tag{7.65}$$

将式(7.64)代入式(7.59)，能量方程可写成为

$$\rho\frac{\mathrm{d}e}{\mathrm{d}t}=-p\,\nabla\cdot\boldsymbol{V}+\rho q+\nabla\cdot(k\,\nabla T)+\phi \tag{7.66}$$

张量形式是

$$\rho\frac{\mathrm{d}e}{\mathrm{d}t}=-p\frac{\partial u_i}{\partial x_i}+\rho q+\frac{\partial}{\partial x_i}\left(k\frac{\partial T}{\partial x_i}\right)+\phi \tag{7.67}$$

说明：单位体积流体微团内能的变化率等于法向压强力做的膨胀功率、外加热量以及由于黏性而消耗的机械功率之和。由连续方程，有

$$\nabla\cdot\boldsymbol{V}=-\frac{1}{\rho}\frac{\mathrm{d}\rho}{\mathrm{d}t},\quad -p\,\nabla\cdot\boldsymbol{V}=\frac{p}{\rho}\frac{\mathrm{d}\rho}{\mathrm{d}t} \tag{7.68}$$

对焓微分得

$$\frac{\mathrm{d}h}{\mathrm{d}t}=\frac{\mathrm{d}}{\mathrm{d}t}\left(e+\frac{p}{\rho}\right)=\frac{\mathrm{d}e}{\mathrm{d}t}+p\frac{\mathrm{d}}{\mathrm{d}t}\left(\frac{1}{\rho}\right)+\frac{1}{\rho}\frac{\mathrm{d}p}{\mathrm{d}t} \tag{7.69}$$

$$\rho\frac{\mathrm{d}h}{\mathrm{d}t}=\rho\frac{\mathrm{d}e}{\mathrm{d}t}-\frac{p}{\rho}\frac{\mathrm{d}\rho}{\mathrm{d}t}+\frac{\mathrm{d}p}{\mathrm{d}t} \tag{7.70}$$

将式(7.68)和式(7.70)代入能量方程(7.66)中，得

$$\rho\frac{\mathrm{d}h}{\mathrm{d}t}=\frac{\mathrm{d}p}{\mathrm{d}t}+\rho q+\nabla\cdot(k\,\nabla T)+\phi \tag{7.71}$$

再由 $\mathrm{d}h=C_p\mathrm{d}T$，$\mathrm{d}e=C_V\mathrm{d}T$，得到如下形式的能量方程为

$$\rho C_V\frac{\mathrm{d}T}{\mathrm{d}t}=-p\,\nabla\cdot\boldsymbol{V}+\rho q+\nabla\cdot(k\,\nabla T)+\phi \tag{7.72}$$

$$\rho C_p \frac{\mathrm{d}T}{\mathrm{d}t} = \frac{\mathrm{d}p}{\mathrm{d}t} + \rho q + \nabla \cdot (k \nabla T) + \phi \tag{7.73}$$

对于理想可压缩流体, $\phi = 0$, 有

$$\rho C_V \frac{\mathrm{d}T}{\mathrm{d}t} = -p \nabla \cdot \boldsymbol{V} + \rho q + \nabla \cdot (k \nabla T) \tag{7.74}$$

$$\rho C_p \frac{\mathrm{d}T}{\mathrm{d}t} = \frac{\mathrm{d}p}{\mathrm{d}t} + \rho q + \nabla \cdot (k \nabla T) \tag{7.75}$$

如果用理想流体运动的欧拉微分方程的矢量形式与速度矢量点积,得

$$\rho \frac{\mathrm{d}}{\mathrm{d}t}\left(\frac{V^2}{2}\right) = \rho \boldsymbol{f} \cdot \boldsymbol{V} - \boldsymbol{V} \cdot \nabla p \tag{7.76}$$

将式(7.75)和式(7.76)相加,得

$$\rho \frac{\mathrm{d}}{\mathrm{d}t}\left(C_p T + \frac{V^2}{2}\right) = \rho \boldsymbol{f} \cdot \boldsymbol{V} + \frac{\partial p}{\partial t} + \rho q + \nabla \cdot (k \nabla T) \tag{7.77}$$

或者写为

$$\rho \frac{\mathrm{d}}{\mathrm{d}t}\left(h + \frac{V^2}{2}\right) = \rho \boldsymbol{f} \cdot \boldsymbol{V} + \frac{\partial p}{\partial t} + \rho q + \nabla \cdot (k \nabla T) \tag{7.78}$$

对于理想可压缩流体绝热流动, $\phi = 0$, $\rho q = 0$, $k = 0$, 有

$$\rho C_V \frac{\mathrm{d}T}{\mathrm{d}t} = -p \nabla \cdot \boldsymbol{V} \tag{7.79}$$

$$\rho C_p \frac{\mathrm{d}T}{\mathrm{d}t} = \frac{\mathrm{d}p}{\mathrm{d}t} \tag{7.80}$$

$$\rho \frac{\mathrm{d}}{\mathrm{d}t}\left(h + \frac{V^2}{2}\right) = \rho \boldsymbol{f} \cdot \boldsymbol{V} + \frac{\partial p}{\partial t} \tag{7.81}$$

对于不可压缩黏性流体,有

$$\rho C_V \frac{\mathrm{d}T}{\mathrm{d}t} = \rho q + k \Delta T + \phi \tag{7.82}$$

$$\rho C_p \frac{\mathrm{d}T}{\mathrm{d}t} = \frac{\mathrm{d}p}{\mathrm{d}t} + \rho q + k \Delta T + \phi \tag{7.83}$$

7.5 声波速度和马赫数

7.5.1 在弹性介质中扰动波的传播速度

凡是弹性介质，给其任意的扰动，这个扰动都会自动地向四周传播，而且只要扰动不是太强，其传播速度是一定的，不因为扰动的具体形式而改变。声速实质上是微小扰动在弹性介质中的传播速度。以一个质量球与弹簧系统来说明，设有一个用质量球和弹簧连接的系统，球是刚性的，弹簧是无质量的。有人用小锤轻击一下左边的小球，现在来观察这个系统的运动，如图7.8所示。

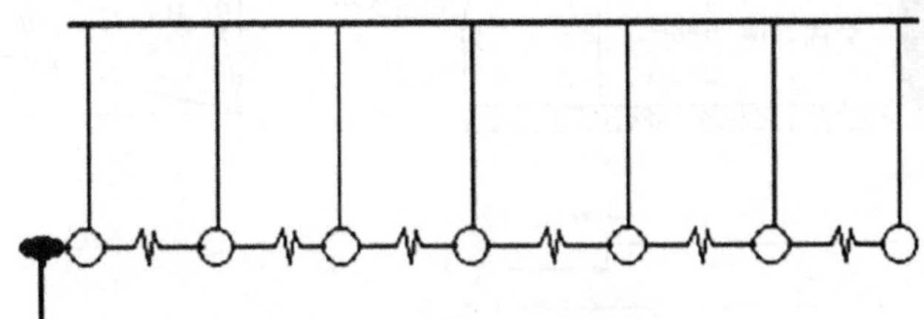

图7.8 扰动波的传播速度

第一个小球受击后向右发生微小运动，从而压缩第一节弹簧，第一节弹簧受压后便产生了弹性力，这个力去推动第二个质量球，使第二个小球产生向右的微小运动，从而去压缩第二个弹簧……以此类推，小锤的扰动由左向右一步一步地传下去，直至最后一个球为止。在这个传播过程中，需要区分小球的运动和扰动传递的关系。每个小球的运动是微小的，但扰动是通过弹簧逐个小球传递下去的，其传播速度与球的运动速度是截然不同的两回事。

分析这个系统的行为表明：扰动传播速度与介质本身的运动速度是不同的。量级上扰动传播速度要比由扰动引起介质本身的运动速度大得多。在微小扰动下，介质的受扰速度也是微小的，但微小扰动的传播速度则不是微小的，而是一个保持不变的常数，且要比介质质点运动速度大得多。实验发现，其值与介质的弹性和质量有关(物性的函数)，而与扰动的振幅无关。空气是一种弹性介质，在这种介质中任何一个微小扰动都会向四面传播，当然传播速度决定于介质的物理属性和状态。声音是一种可闻扰动的传播，与不可闻扰动的传播速度是一致的。

7.5.2 微小扰动传播速度——声波速度

微小扰动在弹性介质中的传播以压力波的形式传递，其传播速度(也称为声速)的大小与介质的弹性存在密切的关系，也是研究可压缩流场的一个重要物理量。实验发现：介质弹性大的(压缩性大)，传播速度就小；相反弹性小的(压缩性小)，传播速度就大；对于刚性物体(或不可压缩流体)，传播速度无限大，此时扰动的传递是瞬间完成的。为了简单起见，现推导一根长细管中的波速。假定有一根细长管道，管道截面积为A，管子左端有一个活塞。现将活塞以微小速度dV向右推动，使管道内空气产生一个压缩的微小扰动，如图 7.9 所示。设这个扰动将以不变的波速 a 向右传播，在管道中扰动以波阵面 $A-A$ 向右推进。在波阵面右侧的气体未受扰动，其压强、密度、温度和速度分别为 p、ρ、T、$v=0$。而在波阵面左侧的气体受扰动后，其压强、密度、温度和速度分别变为 $p+\mathrm{d}p$、$\rho+\mathrm{d}\rho$、$T+\mathrm{d}T$、$\mathrm{d}V$。如图 7.9 所示，因活塞的运动是微小的，由此在管道内产生的扰动是小量，即

$$\frac{\mathrm{d}p}{p} \ll 1,\ \frac{\mathrm{d}\rho}{\rho} \ll 1,\ \frac{\mathrm{d}T}{T} \ll 1,\ \frac{\mathrm{d}V}{a} \ll 1 \tag{7.84}$$

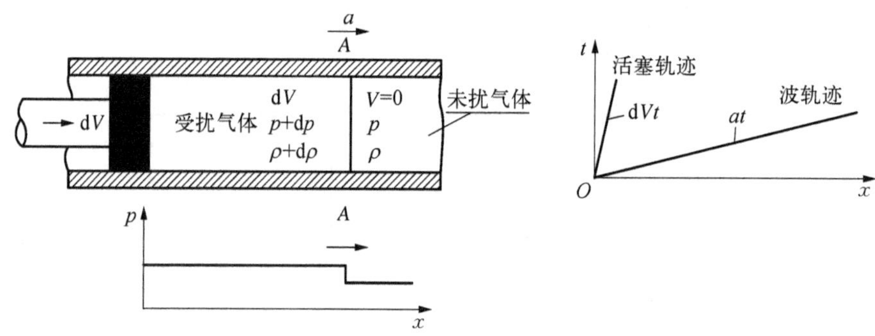

图 7.9 长细管道中扰动的传播速度

为便于分析，假设观察者跟随波阵面一起向右运动，这时整个流动问题相对于观察者而言，由原来的非定常流动变成一个定常流动。如图 7.10 所示，这时波阵面不动，未受扰动的气体以波速 a 向左运动，气流不断越过 $A-A$ 面进入扰动区，而受扰气流以 $a-\mathrm{d}V$ 速度相对于 $A-A$ 面向左离开。现围绕 $A-A$ 面取一控制体 1234，由质量守恒方程，可得

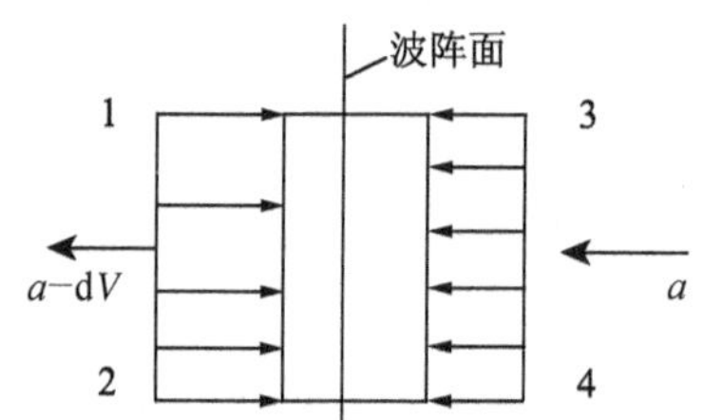

图 7.10 围绕波阵面的控制体

$$\rho A a = (\rho + \mathrm{d}\rho)(a - \mathrm{d}V)A \tag{7.85}$$

忽略二阶小量，有

$$a\mathrm{d}\rho = \rho \mathrm{d}V \tag{7.86}$$

由动量定理，可得

$$pA - (p + \mathrm{d}p)A = \rho a A(a - \mathrm{d}V - a) \tag{7.87}$$

化简后，有

$$\mathrm{d}p = \rho a \mathrm{d}V \tag{7.88}$$

联解式(7.86)和式(7.88)，可得

$$a^2 = \frac{\mathrm{d}p}{\mathrm{d}\rho} \tag{7.89}$$

式(7.89)就是微小扰动在流体介质中的传播速度，不仅限于气体，液体也适用。说明扰

动波的传播速度取决于流体介质中 $\mathrm{d}p$ 和 $\mathrm{d}\rho$ 的比值。根据定义,流体的体积弹性模量 E 定义为

$$E = -\frac{\mathrm{d}p}{\mathrm{d}\left(\frac{1}{\rho}\right) \Big/ \left(\frac{1}{\rho}\right)} = \rho \frac{\mathrm{d}p}{\mathrm{d}\rho} \tag{7.90}$$

代入声波公式(7.89)中,有

$$a = \sqrt{\frac{E}{\rho}} \tag{7.91}$$

物理上,因传播速度快,扰动小,在扰动传播过程中,可以认为气体既无热量交换,也无摩擦产生,可认为是一种绝热等熵过程,此时压力密度关系为

$$p = C\rho^{\gamma},\ p = \rho RT,\ a = \sqrt{\gamma RT} \tag{7.92}$$

对于海平面标准大气, $R = 287.053\ \mathrm{N \cdot m/(kg \cdot K)}$, $T = 288.15\ \mathrm{K}$, $\gamma = 1.4$, 得

$$a = \sqrt{1.4 \times 287.035 \times 288.15} = 340.3\ \mathrm{m/s}$$

对于水在常温常压下: $\rho_{\mathrm{w}} = 1\,000\ \mathrm{kg/m^3}$, $E_{\mathrm{w}} = 2.1 \times 10^9\ \mathrm{N/m^2}$, 代入式(7.91)得

$$a_{\mathrm{w}} = \sqrt{\frac{E}{\rho}} = \sqrt{\frac{E_{\mathrm{w}} = 2.1 \times 10^9\ \mathrm{N/m^2}}{1\,000}} = 1\,449.1\ \mathrm{m/s}$$

在水温 20℃下,水波速度为 1 482.0 m/s。

7.5.3　马赫数

Ma 表示气流速度 V 与当地声速 a 之比, $Ma = V/a$。其是表征可压缩流体的一个基本物理参数。不过,在气流场中因各点的声速 a 不同,同样的 Ma 不一定表示速度相同。例如,一架歼击机,在 10 km 高空飞行时, $Ma = 2$ 表示 $V = 600\ \mathrm{m/s}$; 同一架飞机,若在海平面高度以 $Ma = 2$ 飞行,飞行速度 $V = 682\ \mathrm{m/s}$。一般而言,流场中各点流速和声速是不同的,故 Ma 指的是当地值,称为当地马赫数。在空气动力学中,来流马赫数 $Ma_{\infty} = V_{\infty}/a_{\infty}$,表示来流速度 V_{∞} 与来流所对应的声速 a_{∞} 之比。

马赫数也是一个表征流场压缩性大小的无量纲参数,是高速空气动力学中重要的基本物理参数,反映流场压缩性大小的相似准则。衡量气体压缩性大小的可用相对密度变化来表示,而这个相对密度变化量就与 Ma 的大小存在密切的关系,即

$$a^2 = \frac{\mathrm{d}p}{\mathrm{d}\rho} \propto \frac{\Delta p}{\Delta \rho} \propto \frac{\rho V^2}{\Delta \rho},\ \frac{\Delta \rho}{\rho} \propto \frac{V^2}{a^2} = Ma^2 \tag{7.93}$$

说明 Ma 越大气体的压缩性越大。当 $Ma < 0.3$ 时,这时气体密度变化很小,将其可看作不可压缩流体处理。另外,Ma 还代表单位质量气体的动能和内能之比。即

$$\frac{V^2/2}{C_V T} = \frac{V^2/2}{\dfrac{\gamma RT}{\gamma(\gamma-1)}} = \frac{\gamma(\gamma-1)}{2}\frac{V^2}{a^2} = \frac{\gamma(\gamma-1)}{2}Ma^2 \tag{7.94}$$

7.5.4 不可压缩流动的假定

严格而言,任何气体均是可压缩的,按照伯努利方程,气流速度的大小会影响压强,压强会影响密度,而密度又会影响流动,因此可压缩性是普遍的。但当来流马赫数小到一定值后,气体压缩性对流动的影响是个小量,可以忽略不计,此时可以把气体流动看作不可缩流动。按照定义,来流动压可以写为

$$\rho_\infty \frac{V_\infty^2}{2} = \frac{1}{2}\frac{\rho_\infty}{\gamma p_\infty}\gamma p_\infty V_\infty^2 = \frac{1}{2}\frac{1}{\gamma RT_\infty}\gamma p_\infty V_\infty^2 = \frac{1}{2}\frac{V_\infty^2}{a_\infty^2}\gamma p_\infty = \frac{1}{2}Ma_\infty^2\gamma p_\infty \tag{7.95}$$

在可压缩流动中,任意一点的压强(见 7.6 节)为

$$\frac{p_0}{p_\infty} = \left(1 + \frac{\gamma-1}{2}Ma_\infty^2\right)^{\frac{\gamma}{\gamma-1}} \tag{7.96}$$

式中,p_0 为驻点压强。取气体特性常数,$\gamma = 1.4$。并用泰勒级数展开式(7.96),得

$$\begin{aligned}\frac{p_0}{p_\infty} &= \left(1 + \frac{\gamma-1}{2}Ma_\infty^2\right)^{\frac{\gamma}{\gamma-1}} = (1 + 0.2Ma_\infty^2)^{3.5} \\ &= 1 + \frac{7}{10}Ma_\infty^2 + \frac{7}{40}Ma_\infty^4 + \frac{7}{400}Ma_\infty^6 + \frac{7}{16\,000}Ma_\infty^8 + \cdots\end{aligned} \tag{7.97}$$

驻点的压强系数为

$$C_{p_0} = \frac{p_0 - p_\infty}{\dfrac{1}{2}\rho_\infty V_\infty^2} = \frac{p_\infty}{\dfrac{1}{2}\rho_\infty V_\infty^2}\left(\frac{p_0}{p_\infty} - 1\right) = \frac{2}{\gamma Ma_\infty^2}\left[\left(1 + \frac{\gamma-1}{2}Ma_\infty^2\right)^{\frac{\gamma}{\gamma-1}} - 1\right] \tag{7.98}$$

将式(7.97)代入式(7.98),得

$$\begin{aligned}C_{p_0} &= \frac{2}{\gamma Ma_\infty^2}\left[\left(1 + \frac{\gamma-1}{2}Ma_\infty^2\right)^{\frac{\gamma}{\gamma-1}} - 1\right] = \frac{1}{0.7Ma_\infty^2}[(1 + 0.2Ma_\infty^2)^{3.5} - 1] \\ &= \frac{10}{7Ma_\infty^2}\left(1 + \frac{7}{10}Ma_\infty^2 + \frac{7}{40}Ma_\infty^4 + \frac{7}{400}Ma_\infty^6 + \frac{7}{16\,000}Ma_\infty^8 + \cdots - 1\right) \\ &= 1 + \frac{1}{4}Ma_\infty^2 + \frac{1}{40}Ma_\infty^4 + \frac{1}{1\,600}Ma_\infty^6 + \cdots\end{aligned} \tag{7.99}$$

由上式可见,在 $Ma_\infty = 0$ 的情况下,$C_{p_0} = 1.0$,流动为不可压缩流动。在 $Ma_\infty = 0.3$ 的情

况下,由式(7.99)得 $C_{p_0}=1.0227$,说明与不可压缩结果相比,误差约 2%,在工程应用中可以忽略不计。因此,在空气动力学中,把马赫数小于 0.3 的流动视为不压缩流动或低速流动。

7.6　一维可压缩定常流动理论

与不可压流动相比,一维可压缩定常流动的参数由 2 个增加到 4 个,即 p、ρ、T 和 V,需要 4 个基本方程才能求解。除了状态方程、连续方程和理想流体的动量方程(即欧拉方程)外,还需要增加能量方程。

7.6.1　一维可压缩定常绝热流动的能量方程

对于一维可压缩定常流动,在不计质量力的情况下,能量方程式(7.8)为

$$\mathrm{d}q=\mathrm{d}\left(e+\frac{p}{\rho}+\frac{V^2}{2}\right) \tag{7.100}$$

在绝热流动条件下,沿着流线积分能量方程,得

$$h+\frac{V^2}{2}=C \tag{7.101}$$

利用 $h=C_pT$ 可得

$$C_pT+\frac{V^2}{2}=C \tag{7.102}$$

$$\frac{\gamma RT}{\gamma-1}+\frac{V^2}{2}=C \tag{7.103}$$

$$\frac{a^2}{\gamma-1}+\frac{V^2}{2}=C \tag{7.104}$$

$$\frac{\gamma}{\gamma-1}\frac{p}{\rho}+\frac{V^2}{2}=C \tag{7.105}$$

对于理想流体的绝热定常流动,也是等熵流动,上述能量方程也可由欧拉方程沿流线积分得到。利用等熵关系,在不计质量力的情况下,由欧拉方程沿流线积分得

$$\frac{V^2}{2}+\int\frac{\mathrm{d}p}{\rho}=C \tag{7.106}$$

利用等熵关系式 $p=C\rho^{\gamma}$,代入上式有

$$\frac{V^2}{2}+\frac{\gamma}{\gamma-1}\frac{p}{\rho}=C \tag{7.107}$$

在热力学中,绝热过程和等熵过程是两个不同的过程。对于理想流体的绝热流动,必然是等熵的;如是黏性流体,当流层之间存在摩擦时,尽管是绝热的,但摩擦使机械能转换为热能,使气流的熵增,绝热必不等熵。在绝热流动中,黏性摩擦的作用并不能改变气体的动能和焓之和,而是其中部分动能转换为焓而已(上述能量方程适用于绝热流动,绝热等熵流动)。

7.6.2 一维可压缩绝热定常流动参数间的基本关系式

对于一维可压缩定常绝热流动,可以确定流动参数沿流线积分的关系式,常需要参考点的参数值,所用的参考点可以是驻点或临界点。

1. 使用驻点作为参考值的参数关系式

驻点是指流动速度或动能为零的点,可以在流场中存在,也可以是一个虚拟的参考点。由一维可压缩绝热定常流动的能量方程可知,在驻点处流体的焓达到最大,称为总焓 h_0,相应的温度称为总温 T_0,压强为总压 p_0;而在速度不等于零的点,称为静焓、静温、静压强。利用驻点条件,能量方程可写成为

$$C_pT + \frac{V^2}{2} = h_0 \tag{7.108}$$

$$T + \frac{V^2}{2C_p} = T_0 \tag{7.109}$$

其中,$h_0 = C_pT_0$,代表了一维绝热流动的总能量,T_0 称为总温,而对于流场中 $V \neq 0$ 点处的温度 T,称为静温,利用 $C_p = \frac{\gamma}{\gamma - 1}R$,总温与静温的关系为

$$\frac{T_0}{T} = 1 + \frac{\gamma - 1}{2}Ma^2 \tag{7.110}$$

在一维绝热黏性流动中,定义流线上任意一点处的总压为 p_0,是该处流速等熵降为零达到的压强,即

$$\frac{p_0}{p} = \frac{\rho_0^\gamma}{\rho^\gamma} \tag{7.111}$$

$$\frac{p_0}{p} = \frac{\rho_0}{\rho}\frac{T_0}{T} \tag{7.112}$$

$$\frac{p_0}{p} = \left(\frac{T_0}{T}\right)^{\frac{\gamma}{\gamma-1}} = \left(1 + \frac{\gamma - 1}{2}Ma^2\right)^{\frac{\gamma}{\gamma-1}} \tag{7.113}$$

在流线上 1、2 点之间的熵增为

$$\Delta s = \int_1^2 \mathrm{d}s = \int_1^2 \frac{\mathrm{d}q}{T} = C_V\ln\left[\frac{p_2}{p_1}\left(\frac{\rho_1}{\rho_2}\right)^\gamma\right] \tag{7.114}$$

$$\frac{p_2}{p_1}\left(\frac{\rho_1}{\rho_2}\right)^{\gamma}=\left(\frac{p_{02}}{p_{01}}\right)^{-(\gamma-1)} \tag{7.115}$$

$$\Delta s=-C_v(\gamma-1)\ln\left(\frac{p_{02}}{p_{01}}\right) \tag{7.116}$$

由热力学第二定律可知，沿流动方向熵增加，$\Delta s>0$，则有 $p_{02}<p_{01}$，说明沿着流动方向，虽然总温 T_0 不变，但总压下降（代表气流中的总机械能）。

对于一维等熵流动，在流线上任意点处的总温和总压均相等，由此可得

$$\begin{cases}\dfrac{T_0}{T}=1+\dfrac{\gamma-1}{2}Ma^2\\[2mm]\dfrac{p_0}{p}=\left(\dfrac{T_0}{T}\right)^{\frac{\gamma}{\gamma-1}}=\left(1+\dfrac{\gamma-1}{2}Ma^2\right)^{\frac{\gamma}{\gamma-1}}\\[2mm]\dfrac{\rho_0}{\rho}=\left(\dfrac{p_0}{p}\right)^{\frac{1}{\gamma}}=\left(1+\dfrac{\gamma-1}{2}Ma^2\right)^{\frac{1}{\gamma-1}}\end{cases} \tag{7.117}$$

2. 使用临界点作为参考量的关系式

在一维绝热流动中，沿流线某点处的流速正好等于当地声速（$Ma=1$），该点称为临界点或临界断面。在该点处的物理量称为临界参数，用下标“ * ”表示。由一维绝热等熵流能量方程，可得

$$\frac{T_*}{T_0}=\frac{2}{\gamma+1}=0.833 \tag{7.118}$$

$$\frac{p_*}{p_0}=\left(\frac{2}{\gamma+1}\right)^{\frac{\gamma}{\gamma-1}}=0.528 \tag{7.119}$$

$$\frac{\rho_*}{\rho_0}=\left(\frac{2}{\gamma+1}\right)^{\frac{1}{\gamma-1}}=0.634 \tag{7.120}$$

$$\frac{a_*^2}{a_0^2}=\frac{2}{\gamma+1}=0.833 \tag{7.121}$$

由一维绝热流能量方程，可得

$$\frac{V^2}{2}+\frac{a^2}{\gamma-1}=\frac{\gamma+1}{\gamma-1}\frac{a_*^2}{2} \tag{7.122}$$

定义速度系数

$$\lambda=\frac{V}{a_*} \tag{7.123}$$

由于临界点的声速 a_* 仅是总温的函数,速度系数引入的最大好处是,在给定总温下其分母是常数,因此对速度系数的各种运算只对分子即可。

Ma 和速度系数的关系为

$$Ma^2 = \frac{V^2}{a^2} = \frac{V^2}{a_*^2}\frac{a_*^2}{a_0^2}\frac{a_0^2}{a^2}$$

$$Ma^2 = \lambda^2 \frac{2}{\gamma + 1}\left(1 + \frac{\gamma - 1}{2}Ma^2\right) \tag{7.124}$$

所以,有

$$\lambda^2 = \frac{\frac{\gamma + 1}{2}Ma^2}{1 + \frac{\gamma - 1}{2}Ma^2} \tag{7.125}$$

和

$$Ma^2 = \frac{\lambda^2 \frac{2}{\gamma + 1}}{1 - \lambda^2 \frac{\gamma - 1}{\gamma + 1}} \tag{7.126}$$

$$\begin{cases} \dfrac{T}{T_0} = 1 - \dfrac{\gamma - 1}{\gamma + 1}\lambda^2 = \tau(\lambda) \\ \dfrac{p}{p_0} = \left(1 - \dfrac{\gamma - 1}{\gamma + 1}\lambda^2\right)^{\frac{\gamma}{\gamma-1}} = \pi(\lambda) \\ \dfrac{\rho}{\rho_0} = \left(1 - \dfrac{\gamma - 1}{\gamma + 1}\lambda^2\right)^{\frac{1}{\gamma-1}} = \varepsilon(\lambda) \end{cases} \tag{7.127}$$

如图 7.11 所示,给出 $\tau(\lambda)$、$\pi(\lambda)$、$\varepsilon(\lambda)$ 与 λ 的关系曲线。

需要指出的是,当 $Ma \to \infty$ 时,速度系数 λ 取到最大值。即

$$\lambda_{\max} = \sqrt{\frac{\gamma + 1}{\gamma - 1}} = \sqrt{6} \tag{7.128}$$

在 $Ma < 1$, 速度系数大于 *Ma*;在 $Ma > 1$, 速度系数小于 *Ma*,如图 7.12 所示。
对于一维定常等熵管流,流过各截面的流量是一定的,用质量流量表示为

$$G = \rho A V \tag{7.129}$$

其中,取 $\rho = \rho_0 \varepsilon(\lambda)$, 其中 $\rho_0 = \dfrac{p_0}{RT_0}$, 速度为

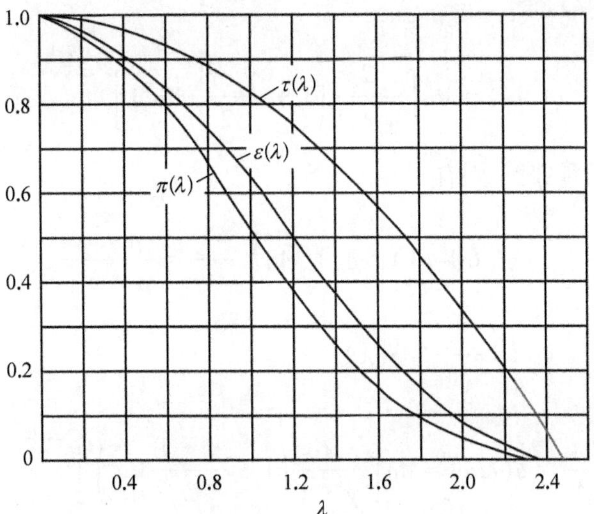

图 7.11　$\tau(\lambda)$、$\pi(\lambda)$、$\varepsilon(\lambda)$ 与 λ 的关系曲线

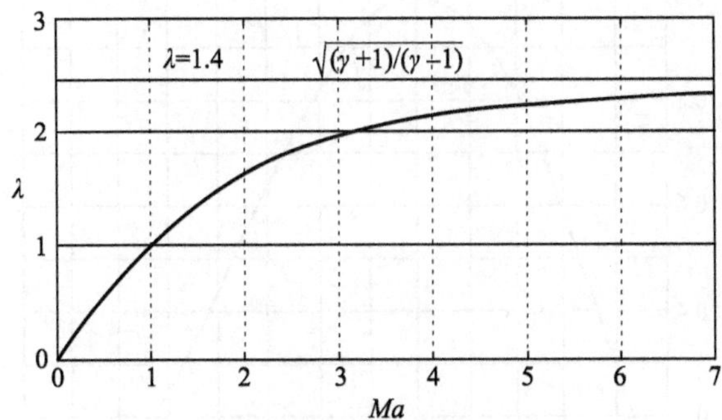

图 7.12　速度系数 λ 与马赫数 Ma 的关系

$$V = \lambda a_* = \lambda\sqrt{\frac{2\gamma}{1+\gamma}RT_0} \tag{7.130}$$

$$G = \frac{p_0 A}{\sqrt{T_0}}\sqrt{\frac{2\gamma}{1+\gamma}\frac{1}{R}}\lambda\varepsilon(\lambda) = C\frac{p_0 A}{\sqrt{T_0}}q(\lambda) \tag{7.131}$$

其中，

$$q(\lambda) = \left(\frac{\gamma+1}{2}\right)^{\frac{1}{\gamma-1}}\lambda\varepsilon(\lambda),\ C = \sqrt{\frac{\gamma}{R}\left(\frac{2}{1+\gamma}\right)^{\frac{\gamma+1}{\gamma-1}}} \tag{7.132}$$

对于温度和压强都不是很大的空气，$\gamma = 1.4$，$R = 287$，$C = 0.040\,42$。当 $\lambda = 1$ 时，$q(\lambda) = 1$；当 $\lambda = 0$ 和 $\lambda = \lambda_{\max}$ 时，$q(\lambda) = 0$。在式(7.131)用静参数来表达质量流量，可得

$$G = C\frac{p_0 A}{\sqrt{T_0}}q(\lambda) = C\frac{pA}{\sqrt{T_0}}\frac{q(\lambda)}{\pi(\lambda)} = C\frac{pA}{\sqrt{T}}\frac{q(\lambda)\sqrt{\tau(\lambda)}}{\pi(\lambda)} \tag{7.133}$$

用 Ma 表达式(7.132),得

$$q(Ma) = Ma\left[\frac{2}{\gamma+1}\left(1+\frac{\gamma-1}{2}Ma^2\right)\right]^{-\frac{\gamma+1}{2(\gamma-1)}} \tag{7.134}$$

由于,通过管道的质量守恒,则有

$$G = \rho VA = \rho_* V_* A_*,\ \frac{A_*}{A} = \frac{\rho}{\rho_*}\frac{V}{V_*} \tag{7.135}$$
$$\frac{A_*}{A} = q(\lambda)$$

$$\frac{A_*}{A} = q(Ma) = Ma\left[\frac{2}{\gamma+1}\left(1+\frac{\gamma-1}{2}Ma^2\right)\right]^{-\frac{\gamma+1}{2(\gamma-1)}} \tag{7.136}$$

如图 7.13 所示,给出 $q(\lambda)$ 与 λ 的关系曲线。

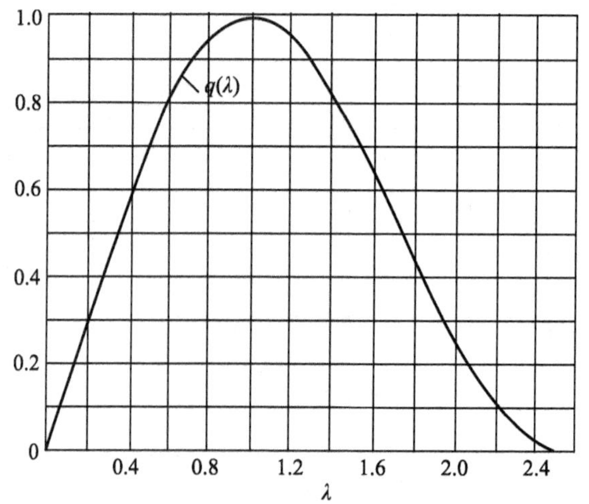

图 7.13　$q(\lambda)$ 与 λ 的关系曲线

例题　有一架飞机在 $H = 5\,000$ m,以 $Ma_\infty = 0.8$ 飞行。进气道进口截面面积 $A_1 = 0.5$ m^2, $Ma_1 = 0.4$,出口截面 $Ma_2 = 0.2$。试求来流的总参数和进口截面处的 p_1、ρ_1、T_1、质量流量 m_1。

解:(1) 由标准大气表,按 $H = 5\,000$ m,查得

$$p_H = 54\,020\ \text{N/m}^2,\ \rho_H = 0.736\,12\ \text{kg/m}^3,\ T_H = 255.65\ \text{K}$$

再由 $Ma_\infty = 0.8$,经过计算得

$$\frac{p_\infty}{p_0} = \frac{p_H}{p_0} = 0.656\,0,\ \frac{\rho_\infty}{\rho_0} = \frac{\rho_H}{\rho_0} = 0.740\,0,\ \frac{T_\infty}{T_0} = \frac{T_H}{T_0} = 0.886\,5$$

故得

$$p_0 = 82\,347.6\ \mathrm{N/m^2},\ \rho_0 = 0.994\,76\ \mathrm{kg/m^3},\ T_0 = 288.36\ \mathrm{K}$$

（2）由 $Ma_1 = 0.4$，计算得到

$$\frac{p_1}{p_0} = 0.895\,6,\ \frac{\rho_1}{\rho_0} = 0.924\,3,\ \frac{T_1}{T_0} = 0.969\,0$$

故有

$$p_1 = 73\,750.5\ \mathrm{N/m^2},\ \rho_1 = 0.919\,46\ \mathrm{kg/m^3}$$

$$T_1 = 279.44\ \mathrm{K},\ a_1 = 335.1\ \mathrm{m/s}$$

$$V_1 = M_1 a_1 = 0.4 \times 335.1 = 134.033\ m/s$$

$$m_1 = p_1 V_1 A_1 = 0.919\,46 \times 134.033 \times 0.5 = 61.62\ \mathrm{kg/s}$$

7.6.3 一维定常等熵管流的速度与截面积关系

1. 管道截面变化与速度关系

前面给出的仅是沿流线流动参数间关系式，没有将管流截面积考虑进去。现在研究管道截面积变化时，速度及其他参数的变化规律。为了突出截面积的变化，现在分析管道中的一维定常等熵流。由连续方程，可得

$$\frac{\mathrm{d}\rho}{\rho} + \frac{\mathrm{d}V}{V} + \frac{\mathrm{d}A}{A} = 0 \tag{7.137}$$

将声速关系 $a^2 = \dfrac{\mathrm{d}p}{\mathrm{d}\rho}$，代入欧拉方程 $\mathrm{d}p = -\rho V\mathrm{d}V$，有

$$\frac{\mathrm{d}\rho}{\rho} = -Ma^2\frac{\mathrm{d}V}{V} \tag{7.138}$$

代入连续方程，得

$$(Ma^2 - 1)\frac{\mathrm{d}V}{V} = \frac{\mathrm{d}A}{A} \tag{7.139}$$

由式(7.139)可得出：① $Ma < 1$，$\mathrm{d}A$ 与 $\mathrm{d}V$ 异号，$\mathrm{d}A > 0$，$\mathrm{d}V < 0$；$\mathrm{d}A < 0$，$\mathrm{d}V > 0$；② $Ma > 1$，$\mathrm{d}A$ 与 $\mathrm{d}V$ 同号，$\mathrm{d}A > 0$，$\mathrm{d}V > 0$；$\mathrm{d}A < 0$，$\mathrm{d}V < 0$；③ $Ma = 1$，$\mathrm{d}A/A = 0$，A 出现极值。

如图7.14所示，可以得出：① 对于亚声速（包括低速）流动，如果管道截面收缩则流速增加，面积扩大流速下降；② 对于超声速流动，如果管道截面收缩则流速减小，面

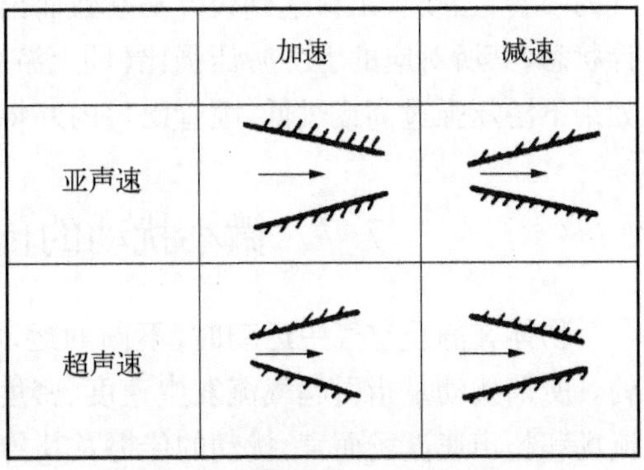

	加速	减速
亚声速		
超声速		

图7.14 管道截面与速度的关系

积扩大流速增加;③ 造成超声速截面流速与截面积变化规律与亚声速相反,其原因是超声速和亚声速流动,密度的变化对连续方程的贡献不同,亚声速时,密度变化较速度变化慢;而超声速时,密度变化比流速变化快,所以要想增加流速,亚声速时,截面积应缩小,超声速时截面积应放大。

2. 拉瓦尔喷管

对一维等熵定常管流,要使气流沿管轴线连续地从亚声速流加速到超声速流,即始终保持 $dV > 0$,管道应先收缩后扩张,中间有一个最小截面,称为喉道,具有这样形状的管道,称为拉瓦尔喷管,如图 7.15 所示。瑞典工程师拉瓦尔(图 7.16)于 1889 年成功地通过先收缩后扩展的管道获得了超声速气流,制造出冲击式蒸汽涡轮机,所以拉瓦尔是单级冲击式汽轮机发明者。拉瓦尔喷管是各工业技术领域中用以产生高速气流的主要装置,是航空航天飞行器动力装置及有关实验设备(校准风洞和叶栅风洞等)中的重要部件。收缩喷管的流道截面积是逐渐缩小的,在喷管进出口压强差的作用下,高温气体的内能转变成动能,产生很大的推力,但气流速度最多加速到声速。而采用拉瓦尔喷管后,气流过了喉道后,可以继续从声速断面加速到超声速流。

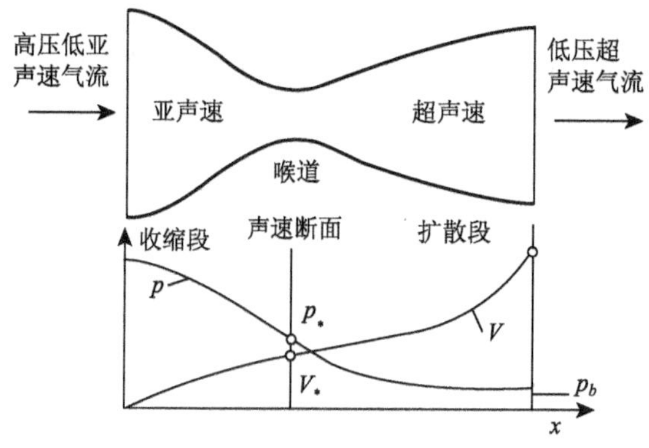

图 7.15 拉瓦尔喷管工作原理

图 7.16 瑞典工程师拉瓦尔(Laval,1845~1913 年)

拉瓦尔发现,一个喷管在出口截面产生 $Ma > 1$ 的超声速气流的条件是:① 管道形状应成为先收缩后扩张的拉瓦尔管;② 在喷管上下游配合足够大的压强比。一个出口接大气的喷管,当喷管出口达到设计马赫数而出口压强恰等于外界大气压强时,则喷管处于设计状态,其所对应的上下游压强比(即上游总压与出口大气背压之比),称为设计压强比。如果下游压强过高或过低,喷管出口内外将出现激波或膨胀波。

7.7 微小扰动的传播区、马赫锥、马赫波

物体在静止空气中运动时,不同的运动速度其对空气的影响范围、影响方式是不同的。所谓扰动是指引起气流发生速度、密度、压强等变化的现象。业已知道,对于亚声速流场和超声速流场而言,扰动的传播及其传播范围是不同的。在一个均匀流场中,假设气体是静止的,扰动源是运动的。扰源发出的扰动量将以声速向四周传播。其影响区将根

据声速与物体运动速度的相对大小而定，具体存在下面四种情况。

（1）静止的扰动源（$Ma = 0$），$V = 0$。从某瞬间看，前 i 秒发出的扰动波阵面是以扰源 O 为中心、半径为 ia 的同心球面。只要时间足够长，空间任一点均会受到扰源的影响，即扰源的影响区是全流场，如图 7.17(a)所示。

（2）亚声速扰动源（$Ma < 1$），$V < a$。当物体运动时，扰动的传播要受到物体运动速度的影响。前 i 秒扰源发出的半径为 ia 的球面波，将随扰源的移动速度而向下游移动，扰源从 O 向下游移到 O_i 点，$OO_i = iV$。由于 $iV < ia$，故扰动仍可传遍全流场，如图 7.17(b)所示。亚声速流场中小扰动可遍及全流场，气流在扰源到达之前已感受到其存在，因此当气流流向扰源时，将逐渐改变流向和气流参数以适应扰源的要求。

（3）声速扰动源（$Ma = 1$），$V = a$。当扰源以声速在流场中运动，小扰动波不会传到扰源上游，这说明气流在扰源到达之前没有感受到任何扰动，所以无法预先探知扰源的存在，如图 7.17(c)所示。

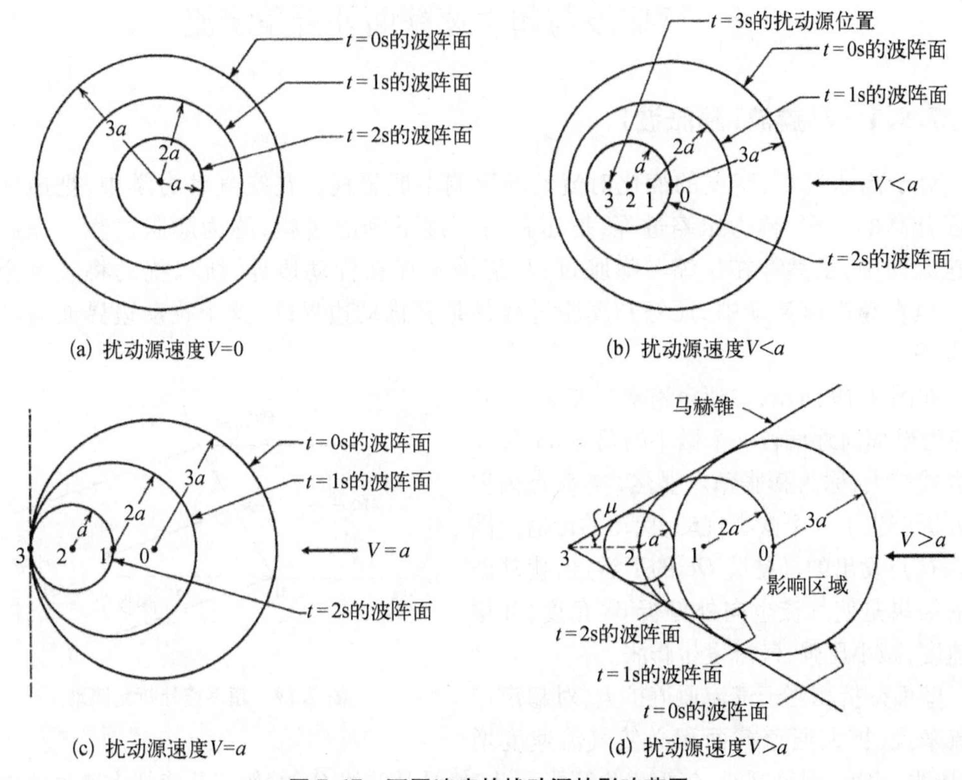

图 7.17　不同速度的扰动源的影响范围

（4）超声速扰动源（$Ma > 1$），$V > a$。当扰源在流场中以超声速运动时，扰动波不仅不能向上游传播，就是向下游传播的区域也是集中在一个有限的范围内。当超声速气流受到微小扰动后，将以声速向四周传播出去，但因扰源速度大于声速，扰动球面波将在下游形成包络面。在空气动力学中，把这个包络面称为马赫波阵面，简称马赫波（严格而言，马赫波不是波阵面，而是不同扰动波阵面的包络面，属于扰动波的边界线）。对于点扰动源,这个马赫波面呈锥形,因此也称为马赫锥(不同形状,马赫波面的形状是不同的,比如薄楔形物体的影响区是楔形的;对细长尖锥形物体,马赫锥当然也是圆锥形的)。在马赫波线外气流未受影响,在马赫波线内气流受到扰动影响。

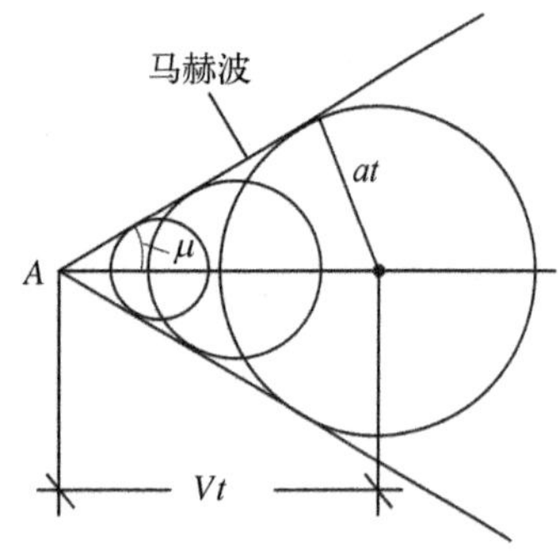

图 7.18　马赫波线与马赫角

马赫锥的半顶角称为马赫角,用 μ 表示。如图 7.18 所示,根据几何关系,因马赫波线的法向速度为声速 a,则有

$$\sin\mu = \frac{V_n}{V} = \frac{a}{V} \tag{7.140}$$

$$\mu = \arcsin\frac{a}{V} = \arcsin\frac{1}{Ma} \tag{7.141}$$

可见,来流马赫数越大,马赫锥的范围越小。

7.8　膨胀波与超声速壁面外折角绕流

7.8.1　马赫波(膨胀波)

对于高速气流,密度的变化对流动的影响不能忽视。在空气动力学中,把压强和密度升高的过程,称为压缩过程;把压强与密度下降的过程,称为膨胀过程。在高亚声速流动中,虽然存在压缩和膨胀过程,但因不存在扰动边界,所以扰动将波及全流场。但在超声速流动中,压缩和膨胀过程都是有扰动边界的,这个扰动边界面与马赫波有关。

如图 7.19 所示,在超声速平行流动中,若 O 点处壁面向外偏转一个微小的角度 $\mathrm{d}\delta$,使流动区域扩大,称为膨胀角。显然,在 O 点因壁面外折产生了一个微小扰动,扰动的传播范围是以 O 点发出的马赫波 OL 的下游区,扰动波及的结果是使气流也向外偏折 $\mathrm{d}\delta$ 角度,并增加速度,减小压强,气流发生膨胀。

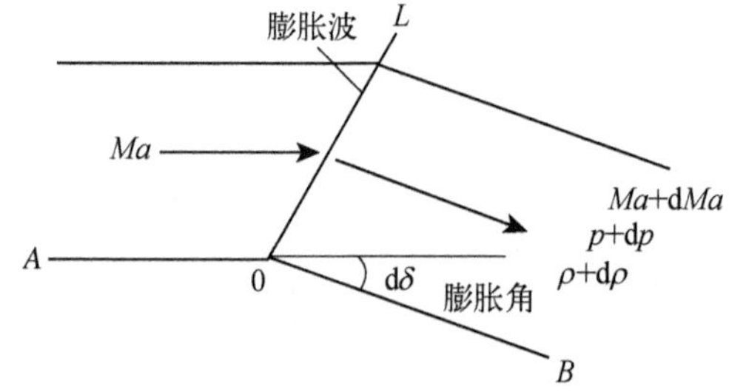

图 7.19　超声速外折角流动

壁面外折相当于气流通道扩大,对超声速气流来说,扩大通道截面积必使气流速度增大,压强、密度、温度减小,气流发生膨胀。此时,马赫波线 OL 的作用是使超声速气流增速减压,气流发生绝热加速膨胀过程,于是把马赫波 OL 称为膨胀波。

经过膨胀波以后,气流诸参数的变化趋势如下。

(1) 流速 V 增大, $\mathrm{d}V > 0$, 因此有

$$\mathrm{d}\left(\frac{V^2}{2}\right) > 0 \tag{7.142}$$

(2) 压强 p 减小, $\mathrm{d}p<0$。由理想气体的绝热等熵流动的能量方程(7.106),可知

$$\mathrm{d}\left(\frac{V^2}{2}\right)+\frac{\mathrm{d}p}{\rho}=0,\ \mathrm{d}p=-\rho\mathrm{d}\left(\frac{V^2}{2}\right)<0 \tag{7.143}$$

(3) 温度 T 减小, $\mathrm{d}T<0$。由绝热流动的能量方程(7.108),可知

$$\mathrm{d}\left(\frac{V^2}{2}\right)+C_p\mathrm{d}T=0,\ \mathrm{d}T=-\frac{1}{C_p}\mathrm{d}\left(\frac{V^2}{2}\right)<0 \tag{7.144}$$

(4) 密度 ρ 减小, $\mathrm{d}\rho<0$。因 $\mathrm{d}p=a^2\mathrm{d}\rho$, 代入式(7.143),得

$$\mathrm{d}\rho=-\frac{\rho}{a^2}\mathrm{d}\left(\frac{V^2}{2}\right)<0 \tag{7.145}$$

7.8.2　马赫波的物理参数关系

如图7.20所示,沿着马赫波线 OL 并跨过其任选取一微元控制体 $abcd$,其中 ab 平行于 OL,ac 垂直于 OL 线,控制体上游为波前气流参数,控制体下游为波后气流参数。对于一个 Ma 的平直超声速气流,在 AOB 壁面的 O 点有一个微小外偏角 $\mathrm{d}\delta$,在 O 点发出一道马赫波 OL,马赫波线与来流 AO 线之间的夹角为马赫角,其大小由式(7.141)确定。气流通过马赫波线 OL 后,偏转 $\mathrm{d}\delta$ 角度并与 OB 壁面平行,马赫波前气流参数为 Ma、p、T、ρ 等,波后气流参数为 $Ma+\mathrm{d}Ma$、$p+\mathrm{d}p$、$T+\mathrm{d}T$、$\rho+\mathrm{d}\rho$ 等。对于所取的控制体,由连续方程可得,通过控制体单位时间单位面积的质量为

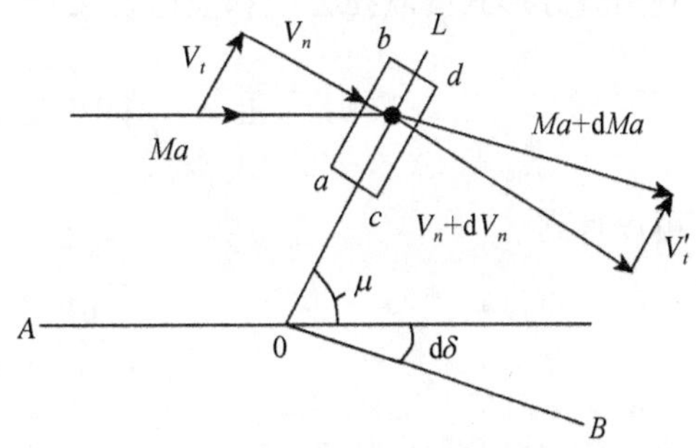

图7.20　马赫波流动分析

$$m=\rho V_n=(\rho+\mathrm{d}\rho)(V_n+\mathrm{d}V_n) \tag{7.146}$$

略去二阶小量,得

$$\mathrm{d}V_n=-V_n\frac{\mathrm{d}\rho}{\rho} \tag{7.147}$$

式中,V_n 为波前垂直于马赫波线 OL 的速度分量。同时,由于平行于马赫波线 OL 方向无压强变化(也就是在 ac 和 bd 面上的压强相等),故切向动量守恒,有

$$mV_t'-mV_t=0,\ V_t'=V_t \tag{7.148}$$

式中,V_t 为波前平行于马赫波线 OL 的速度分量;V_t'为波后平行于 OL 的速度分量。由垂直于 OL 线方向的动量方程,得

$$\mathrm{d}p=-m\mathrm{d}V_n \tag{7.149}$$

将 $m=\rho V_n$ 和式(7.147)代入式(7.149),得

$$a^2 = \frac{\mathrm{d}p}{\mathrm{d}\rho} = V_n^2,\ V_n = a \tag{7.150}$$

说明马赫波前气流的法向速度等于当地的声速。由图 7.20 的速度三角形的几何关系,有

$$V_n = V\sin\mu,\ V_t = V\cos\mu \tag{7.151}$$

$$V_t' = (V + \mathrm{d}V)\cos(\mu + \mathrm{d}\delta) \tag{7.152}$$

将以上两式代入式(7.148),得

$$V_t' = (V + \mathrm{d}V)\cos(\mu + \mathrm{d}\delta) = V_t = V\cos\mu \tag{7.153}$$

展开,化简为

$$V\cos\mu = (V + \mathrm{d}V)\cos(\mu + \mathrm{d}\delta) = (V + \mathrm{d}V)(\cos\mu\cos\mathrm{d}\delta - \sin\mu\sin\mathrm{d}\delta)$$

$$\frac{\mathrm{d}V}{V} = (\tan\mu)\mathrm{d}\delta = \frac{\mathrm{d}\delta}{\sqrt{Ma^2 - 1}} \tag{7.154}$$

利用微分形式的欧拉方程和波速定义,有

$$\mathrm{d}p = -\rho V\mathrm{d}V,\ p = c\rho^\gamma,\ a^2 = \frac{\mathrm{d}p}{\mathrm{d}\rho} = \gamma\frac{p}{\rho} \tag{7.155}$$

可以得到

$$\frac{\mathrm{d}V}{V} = -\frac{1}{\gamma Ma^2}\frac{\mathrm{d}p}{p} \tag{7.156}$$

将式(7.156)代入式(7.154),有

$$\frac{\mathrm{d}p}{p} = -\frac{\gamma Ma^2}{\sqrt{Ma^2 - 1}}\mathrm{d}\delta \tag{7.157}$$

将 $\frac{\mathrm{d}p}{\mathrm{d}\rho} = a^2,\ p = \rho RT$ 代入上式得

$$\begin{aligned} \frac{\mathrm{d}\rho}{\rho} &= -\frac{Ma^2}{\sqrt{Ma^2 - 1}}\mathrm{d}\delta \\ \frac{\mathrm{d}T}{T} &= -(\gamma - 1)\frac{Ma^2}{\sqrt{Ma^2 - 1}}\mathrm{d}\delta \end{aligned} \tag{7.158}$$

由式(7.154)、式(7.156)~式(7.158)可见,如果壁面外折 $\mathrm{d}\delta(>0)$ 伴随气流速度增大,压强、密度、温度减小,气流发生膨胀,故这个马赫波为膨胀波。如果壁面内折 $\mathrm{d}\delta(<0)$,通过收缩,流速减小,压强、密度、温度增加,气流发生压缩,此时的马赫波为压缩波。

通过马赫波后壁面上的压强系数为

$$C_p = \frac{p + \mathrm{d}p - p}{\frac{1}{2}\rho V^2} = \frac{\mathrm{d}p}{\frac{1}{2}\frac{pa^2}{RT}Ma^2} = \frac{2\mathrm{d}p}{\gamma p Ma^2} = -\frac{2\mathrm{d}\delta}{\sqrt{Ma^2 - 1}} \tag{7.159}$$

以上一维流理论的推导结果只适应于微小偏角，对大偏角的情况不能直接应用。

7.8.3　超声速壁面外折角绕流（Prandtl - Meyer 流动）

如果壁面外折角不是微小量，而是有限值，为了求得气动参数的关系，虽然不能直接用前面的微小量公式，但可通过一系列微小偏角求和得到。多个微小外偏角情况如图 7.21 所示。

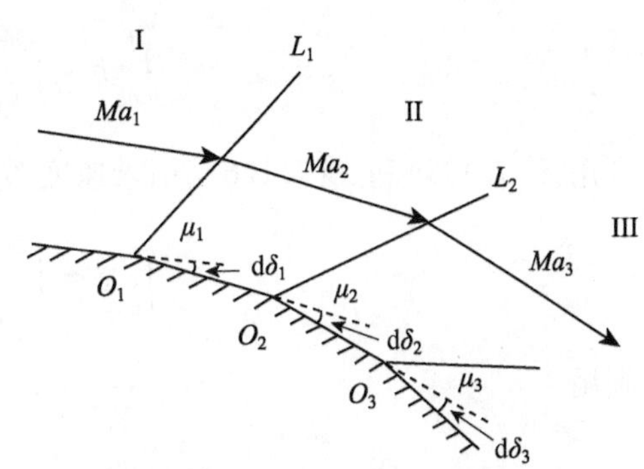

图 7.21　气流发生不同的外折偏转

如图 7.21 所示，假设在 O_1 点，壁面外偏 $\mathrm{d}\delta_1$，通过膨胀波 OL_1，气流参数变为

$$Ma_2 = Ma_1 + \mathrm{d}Ma_1 \tag{7.160}$$

在 O_2 点，壁面外偏 $d\delta_2$，通过膨胀波 OL_2，气流进一步膨胀，气流参数变为

$$Ma_3 = Ma_2 + \mathrm{d}Ma_2 \tag{7.161}$$

第一道膨胀波与来流方向之间的夹角为

$$\mu_1 = \arcsin\frac{1}{Ma_1} \tag{7.162}$$

第二道膨胀波与来流方向之间的夹角为

$$\mu_2 = \arcsin\frac{1}{Ma_2} \tag{7.163}$$

由于气流发生膨胀，$Ma_2 > Ma_1$，则 $\mu_2 < \mu_1$，这就是说，第二道膨胀波与波前气流方向的夹角小于第一道膨胀波的倾斜角。这样，后产生的每一道膨胀波相对于原始气流的倾斜角都比前面的小，所以每道膨胀波不可能出现彼此相交的情况，而是形成一个连续的散射膨胀区域。

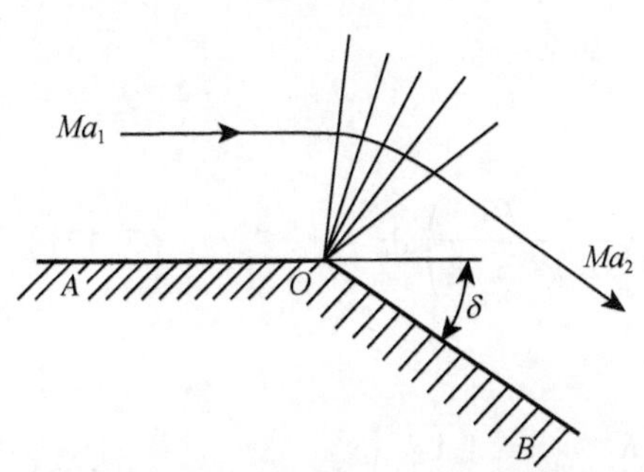

图 7.22　普朗特-迈耶尔流动

如图 7.21 所示，实际处理有限大小的偏折角时，划分成无数微小角度，然后让 O_1、O_2…各定点无线靠近，并对外折角求和，如图 7.22 所示。这个绕角流动的参数关系式于 1908 年由世界流体力学大师普朗特和他的学生迈耶尔首先导出，后人称这样的绕角流动为普朗特-迈耶尔（Prandtl - Meyer）流动。即

$$\delta = \sum_{n=1}^{\infty} \mathrm{d}\delta_n \tag{7.164}$$

7.8.4 超声速壁面外折角绕流计算公式

根据式(7.154),微小外偏角 $\mathrm{d}\delta$ 与速度增量的关系为

$$\mathrm{d}\delta = \sqrt{Ma^2 - 1}\,\frac{\mathrm{d}V}{V} \tag{7.165}$$

积分上式,壁面外折从零到 δ,马赫数由 Ma_1 增大到 Ma_2,则有

$$\int_0^{\delta} \mathrm{d}\delta = \int_{Ma_1}^{Ma_2} \sqrt{Ma^2 - 1}\,\frac{\mathrm{d}V}{V} \tag{7.166}$$

利用式(7.123)和式(7.126),引入速度系数,式(7.166)可写为

$$\int_0^{\delta} \mathrm{d}\delta = \int_{Ma_1}^{Ma_2} \sqrt{Ma^2 - 1}\,\frac{\mathrm{d}\lambda}{\lambda} \tag{7.167}$$

利用

$$Ma^2 = \frac{\dfrac{2}{\gamma + 1}\lambda^2}{1 - \dfrac{\gamma - 1}{\gamma + 1}\lambda^2} \tag{7.168}$$

式(7.167)变为

$$\delta = \int \sqrt{\frac{\lambda^2 - 1}{1 - \dfrac{\gamma - 1}{\gamma + 1}\lambda^2}}\,\frac{\mathrm{d}\lambda}{\lambda} + C \tag{7.169}$$

引进变量

$$t^2 = \frac{\lambda^2 - 1}{1 - \dfrac{\gamma - 1}{\gamma + 1}\lambda^2},\ K^2 = \frac{\gamma + 1}{\gamma - 1},\ t^2 = \frac{\lambda^2 - 1}{1 - \lambda^2/K^2} \tag{7.170}$$

可以得

$$\lambda^2 = \frac{K^2(1 + t^2)}{K^2 + t^2},\ \frac{\mathrm{d}\lambda}{\lambda} = \left(\frac{t}{1 + t^2} - \frac{t}{K^2 + t^2}\right)\mathrm{d}t \tag{7.171}$$

将式(7.170)和式(7.171)代入式(7.169),得

$$\delta = \int t\left(\frac{t}{1 + t^2} - \frac{t}{K^2 + t^2}\right)\mathrm{d}t = \int\left(\frac{K^2}{K^2 + t^2} - \frac{1}{1 + t^2}\right)\mathrm{d}t \tag{7.172}$$

$$\delta = K\arctan\frac{t}{K} - \arctan t + C$$

将变量 t 换回 λ，得

$$\delta = \sqrt{\frac{\gamma+1}{\gamma-1}}\arctan\sqrt{\frac{\gamma-1}{\gamma+1}\frac{\lambda^2-1}{1-\frac{\gamma-1}{\gamma+1}\lambda^2}} - \arctan\sqrt{\frac{\lambda^2-1}{1-\frac{\gamma-1}{\gamma+1}\lambda^2}} + C \tag{7.173}$$

积分常数可由初始条件确定。规定，$\lambda = 1$ 时，气流的方向角为零，$C = 0$。

$$\delta = \sqrt{\frac{\gamma+1}{\gamma-1}}\arctan\sqrt{\frac{\gamma-1}{\gamma+1}\frac{\lambda^2-1}{1-\frac{\gamma-1}{\gamma+1}\lambda^2}} - \arctan\sqrt{\frac{\lambda^2-1}{1-\frac{\gamma-1}{\gamma+1}\lambda^2}} \tag{7.174}$$

将式(7.168)代入上式，得

$$\delta = \sqrt{\frac{\gamma+1}{\gamma-1}}\arctan\sqrt{\frac{\gamma-1}{\gamma+1}(Ma^2-1)} - \arctan\sqrt{Ma^2-1} \tag{7.175}$$

对于原始气流速度为声速 ($\lambda = 1$) 的情况，上式给出了膨胀波中任何地方的当地速度系数与当地气流折角 δ(从 $\lambda = 1$ 算起)之间的函数关系。只要知道了当地的气流折角 δ 就可以唯一地确定当地速度系数 λ，反之亦然。

根据能量方程，气流的总能量等于动能加焓组成。二者可以相互转换，流速增大，焓值下降，当全部能量转换为动能时，流速达到 V_{max}，这是对应的速度系数达到最大。

$$\begin{gathered} V_{max} = \sqrt{2C_pT_0},\ \frac{V^2}{2} + \frac{a^2}{\gamma-1} = \frac{V_{max}^2}{2},\ a_*^2 = \frac{\gamma-1}{\gamma+1}V_{max}^2 \\ \lambda_{max} = \frac{V_{max}}{a_*} = \sqrt{\frac{\gamma+1}{\gamma-1}} = \sqrt{6} \end{gathered} \tag{7.176}$$

此时，超声速气流的 Ma 达到无限大，马赫角趋近零。所对应的最大可能的折转角为

$$\delta_{max} = \left(\sqrt{\frac{\gamma+1}{\gamma-1}} - 1\right)\frac{\pi}{2} \tag{7.177}$$

取 γ 为 1.4 时，可以得到

$$\delta_{max} = 130°27' \tag{7.178}$$

λ 随 δ 的增大而增大。但是，当 λ 达到 λ_{max} 时，气流膨胀到压强、温度、密度都降为零

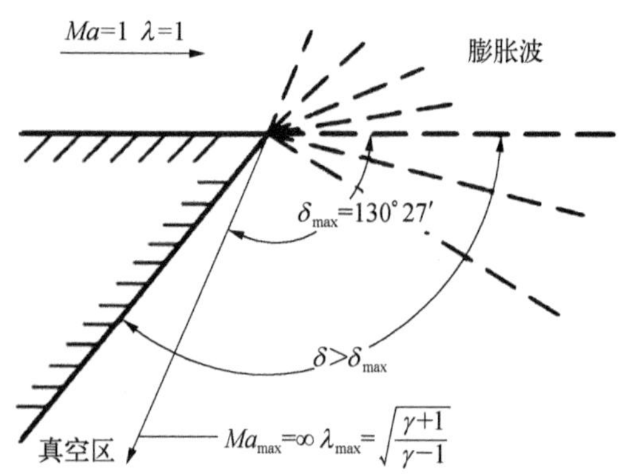

图 7.23　绕最大角度外折角的流动

的绝对真空状态，相对应的气流折角，称为最大折角 δ_{max}。如果实际折角大于 δ_{max}，气流在折转到 δ_{max} 以后，气流不可能再继续膨胀加速了，也不再贴着物面流动，气流与壁面之间出现了绝对真空区，如图 7.23 所示。

利用式(7.175)计算时，求解较为繁琐。为了简化，在外偏角不大的情况下（如偏角小于 10°），可利用泰勒级数展开，求二阶近似解。已知来流马赫数和外偏角分别是 Ma_∞ 和 δ，绕外折角 δ 后气流马赫数为 Ma、压强为 p，由于

$$\frac{p}{p_\infty}=\frac{p}{p_0}\frac{p_0}{p_\infty}=\left(\frac{1+\frac{\gamma-1}{2}Ma_\infty^2}{1+\frac{\gamma-1}{2}Ma^2}\right)^{\frac{\gamma}{\gamma-1}} \tag{7.179}$$

按照 δ 展开成泰勒级数，得

$$\frac{p}{p_\infty}=1-\frac{Ma_\infty^2}{\sqrt{Ma_\infty^2-1}}\delta+\frac{\gamma Ma_\infty^2}{2}\left[\frac{(\gamma+1)Ma_\infty^4-4(Ma_\infty^2-1)}{2(Ma_\infty^2-1)^2}\right]\delta^2+\cdots \tag{7.180}$$

压强系数为

$$\begin{aligned}C_p&=\frac{2}{\gamma Ma_\infty^2}\left(\frac{p}{p_\infty}-1\right)\\&=-\frac{2\delta}{\sqrt{Ma_\infty^2-1}}+\left[\frac{(\gamma+1)Ma_\infty^4-4(Ma_\infty^2-1)}{2(Ma_\infty^2-1)^2}\right]\delta^2+\cdots\end{aligned} \tag{7.181}$$

由式(7.179)解出，Ma 为

$$Ma=\sqrt{\frac{2}{\gamma-1}\left[\frac{1+\frac{\gamma-1}{2}Ma_\infty^2}{\left(\frac{p}{p_\infty}\right)^{\frac{\gamma-1}{\gamma}}}-1\right]} \tag{7.182}$$

例题 1　如图 7.24 所示的临界绕外折角 10°的流动。已知 $\lambda=1.0$ 的气流（$\gamma=1.4$），绕外折角 10°，$p_1=1.0\ \mathrm{p_{atm}}$（1 个大气压强），试求膨胀结束后气流的 λ 和 ρ。

解： 当 $\delta=10°$ 时，代入式(7.175)，得

$$\lambda_2 = 1.323$$

$$\frac{p_2}{p_0} = 0.299,\ \frac{p_1}{p_0} = 0.528,\ p_2 = \left(\frac{p_2}{p_0}\right) \cdot \left(\frac{p_0}{p_1}\right) \cdot p_1 = \frac{0.299}{0.528} = 0.565$$

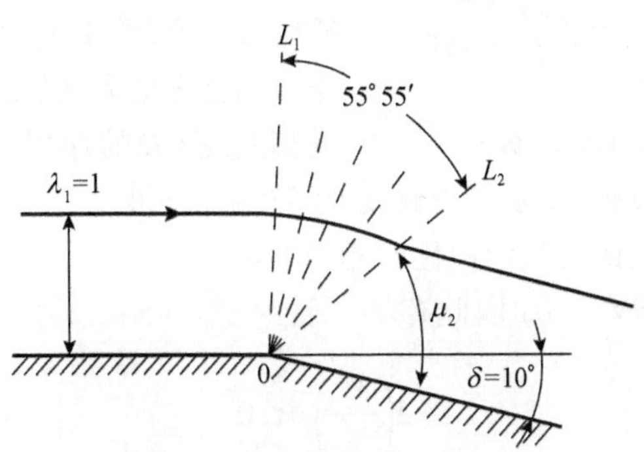

图 7.24　临界绕外折角 10°的流动

例题 2　如图 7.25 所示,为超声速绕外折角 10°的流动。已知 $\lambda_1 = 1.323$,外折角 10°,求 Ma_2。

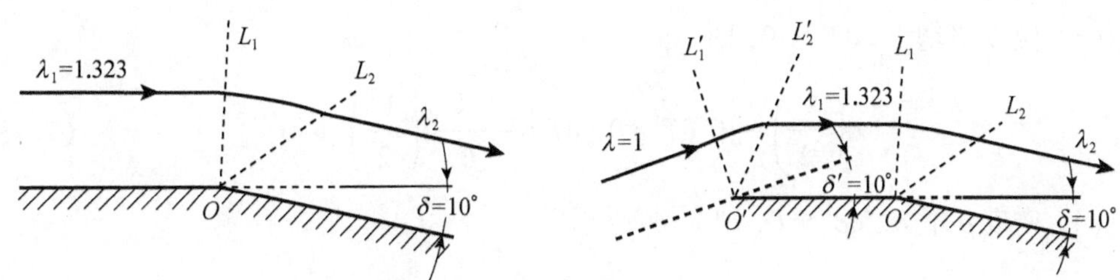

图 7.25　超声速绕外折角 10°的流动

解: 当原始气流的 $\lambda_1 \neq 1$ 时,按下列步骤计算:

(1) 根据给定 λ_1 值,计算对应于 $\lambda_1 = 1$ 假想的折角 δ',然后与外折角叠加得到总折角 $\sum\delta$;

(2) 按 $\sum\delta$ 值,计算 λ_2 值。

由 $\lambda_1 = 1.323$,计算出从 $\lambda_1 = 1$ 转折角度 10°,这样 λ_2 相当于气流从 $\lambda_1 = 1$ 共转折角度 $\sum\delta = 20°$,再次计算得 $\lambda_2 = 1.523$, $Ma_2 = 1.775$。

7.9　压缩波与激波

7.9.1　压缩波

如图 7.26 所示,在超声速平行流动中,若 O 点处壁面向内偏转一个微小的角度 $\mathrm{d}\delta$,使流动区域收缩,称为压缩角。显然,在 O 点因壁面内折产生了一个微小扰动,扰动的传

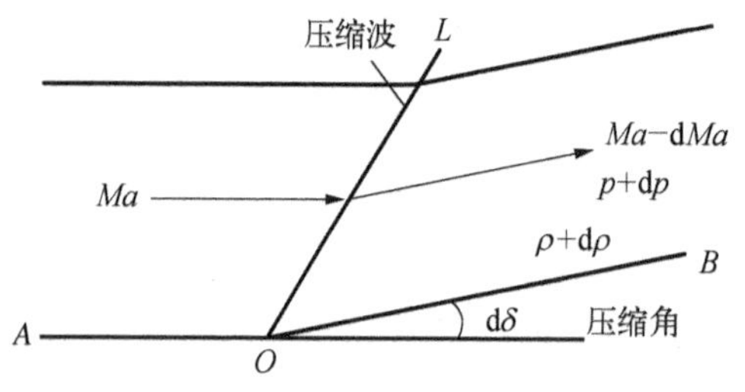

图 7.26　超声速内折角流动

播范围是以 O 点发出的马赫波 OL 的下游区，扰动波及的结果是使气流向内偏折 $d\delta$ 角度，速度减小，压强增大，气流发生压缩。

壁面内折，相当于气流通道收缩，对超声速气流来说，收缩通道截面积必使气流减速，压力和密度增大、温度升高，气流压缩。此时，马赫波线 OL 的作用是使超声速气流增压减速，气流发生绝热压缩过程，于是把马赫波 OL 称为压缩波。

经过压缩波后，气流诸参数的变化趋势如下。

(1) 流速 V 减小，$dV < 0$，因此有

$$d\left(\frac{V^2}{2}\right) < 0 \tag{7.183}$$

(2) 压强 p 增大，$dp > 0$，即

$$d\left(\frac{V^2}{2}\right) + \frac{dp}{\rho} = 0,\ dp = -\rho d\left(\frac{V^2}{2}\right) > 0 \tag{7.184}$$

(3) 温度 T 增大，$dT > 0$，即

$$d\left(\frac{V^2}{2}\right) + C_p dT = 0,\ dT = -\frac{1}{C_p}d\left(\frac{V^2}{2}\right) > 0 \tag{7.185}$$

(4) 密度 ρ 增大，$d\rho > 0$，即

$$d\rho = -\frac{\rho}{a^2}d\left(\frac{V^2}{2}\right) > 0 \tag{7.186}$$

7.9.2　激波的形成过程

在超声速气流中，两种波动现象最为重要，一个是膨胀波，另一个是压缩波，而激波是压缩波的一种极端形式。膨胀波是使气流增速减压，压缩波是使气流减速增压，而激波是一种使气流发生突然压缩的波。本节从最简单的正激波入手，分析激波现象及参数计算，了解激波所满足的物理规律。然后，在此基础上推广应用于斜激波，最后简单介绍激波的内部结构和激波与边界层的干扰。激波现象在航空航天领域是一种普遍的现象，图 7.27 给出战斗机尾喷管形成的激波。

假定有一根很长管的管子，管子左端用一个活塞封住，管内充满了静止气体，压强为 p_1、密度为 ρ_1、温度为 T_1。活塞从静止起动，向右做急剧加速运动，对管内气体压缩。从 $t=0$ 起到 $t=t_1$ 为止，活塞向右急剧加速，t_1 以后以匀速前进。从 $t=0$ 到 $t=t_1$ 的加速过程中，活塞右边的气体受到越来越强的压缩，活塞与被压气体相接触面上的气体压强不断提高，到 $t=t_1$ 时假定活塞面上的气体压强由原来 p_1 上升到 p_2。如图 7.28 所示，AA 界面是第一扰动所达到的地方，其右是未经扰动的气体，左侧是已经被压缩过的气体，而且越靠

图 7.27　战斗机尾喷管形成的激波

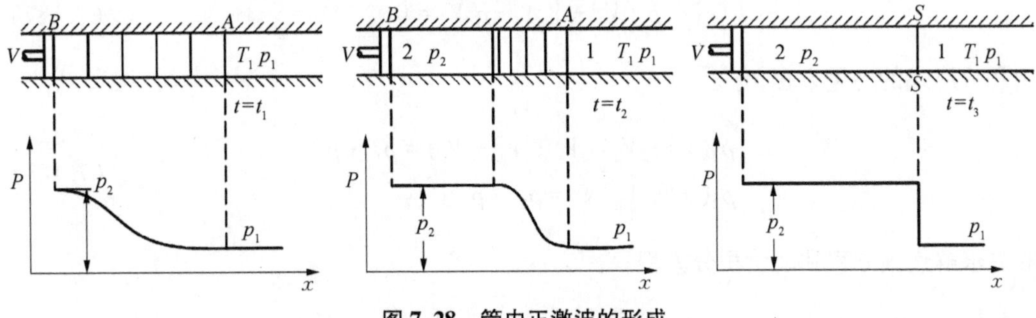

图 7.28　管内正激波的形成

活塞压缩得越厉害,气体的压强由 AA 处的 p_1 连续地上升到活塞处的 p_2。经过一定时间,所有后来产生的波都追上了第一道波,导致整个压缩波区 $A-B$ 的长度几乎缩短为零,无数多道微小的压缩波叠加,每一道波使压强提高一个 Δp,每一小步的压缩波都以当地的声速向右推进。活塞初动时的第一道小波以 $a_1=\sqrt{\gamma RT_1}$ 的速度向右推进,该波扫过的气体,压强和温度都有微小提高。第二道压缩波向右推进的速度是 $a_1+\Delta a=\sqrt{\gamma R(T_1+\Delta T)}$,比第一道波传播得快。第三道波又在第二道之后,每道后续的波都在追赶它前面的波。AA 到 BB 的长度,必随时间的推移越来越短。

微弱压缩波叠在一起,形成一个具有一定强度的突跃压缩面 $S-S$。在 $S-S$ 未到处,气体完全没有受到压缩,而只要 $S-S$ 一到,气体就突然受到压缩,压强由 p_1 突然增大到 p_2。这样一个突跃的压缩面 $S-S$,称为激波。因 $S-S$ 面与气流方向垂直,这种激波称为正激波。上面讨论未考虑气体微团的运动速度,气体原来静止,经第一道波压缩之后,气体微团多少有了一点向右的运动速度,所以第二道波的速度还应叠加该气体运动速度,两个因素都是使第二道波比第一道波快。激波形成是必然的。

7.9.3　激波的推进速度

当无数个微小压缩波叠加在一起形成激波后,其波阵面以一定的速度向右推进,现在利用积分形式的连续方程和动量方程,推导激波推进速度 V_s。取如图 7.28 所示,当活塞

以恒速 V_g 向右推进时，当气流稳定后，活塞的速度与激波压缩后的空气一体运动，所形成的激波推进速度以 V_s 向右推进，此时激波前的空气静止，流动参数为速度 $V_1=0$、压强为 p_1、密度为 ρ_1 等，激波后压缩的空气速度为 V_g、压强为 p_2、密度为 ρ_2 等，如果观察者随激波运动，可以看到气流相对于激波是定常流动，围绕激波波阵面取如图 7.29 所示的控制体 $ABCD$，气流相对于控制体的流动是定常的。气流通过 CD 截面的入流参数是速度 V_s、压强 p_1、密度 ρ_1 等；气流通过 AB 截面的出流参数是速度 (V_s-V_g)、压强 p_2、密度 ρ_2 等。由积分形式的连续方程可得

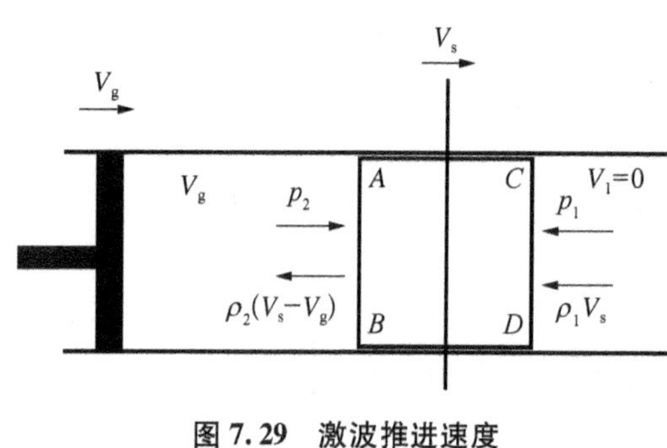

图 7.29　激波推进速度

$$\rho_2(V_s - V_g) - \rho_1 V_s = 0 \tag{7.187}$$

由积分形式的动量方程，有

$$\begin{aligned} \rho_2(V_s - V_g)(V_s - V_g - V_s) = p_1 - p_2 \\ \rho_2(V_s - V_g)V_g = p_2 - p_1 \end{aligned} \tag{7.188}$$

联立求解连续方程和动量积分方程，得

$$\begin{cases} V_g = \dfrac{\rho_2 - \rho_1}{\rho_2} V_s \\ V_s = \sqrt{\dfrac{\rho_2}{\rho_1} \dfrac{p_2 - p_1}{\rho_2 - \rho_1}} \\ V_g = \sqrt{\dfrac{(p_2 - p_1)(\rho_2 - \rho_1)}{\rho_2 \rho_1}} \end{cases} \tag{7.189}$$

为了由压强比得到密度比，需要将积分形式的能量方程应用于控制体上，即

$$\begin{aligned} &\frac{\partial}{\partial t}\iiint_\tau \rho\left(e + \frac{V^2}{2}\right) \mathrm{d}\tau + \oiint_S \rho\left(e + \frac{V^2}{2}\right)(\boldsymbol{V} \cdot \boldsymbol{n})\mathrm{d}S \\ &= \oiint_S q_\lambda \mathrm{d}S + \iiint_\tau \rho q_R \mathrm{d}\tau + \iiint_\tau \rho \boldsymbol{f} \cdot \boldsymbol{V} \mathrm{d}\tau + \oiint_S \boldsymbol{p}_n \cdot \boldsymbol{V} \mathrm{d}S \end{aligned} \tag{7.190}$$

不考虑热传导和热辐射，忽略质量力，流动定常，可得

$$\oiint_S \rho\left(e + \frac{V^2}{2}\right)(\boldsymbol{V} \cdot \boldsymbol{n})\mathrm{d}S = \oiint_S \boldsymbol{p}_n \cdot \boldsymbol{V} \mathrm{d}S \tag{7.191}$$

参考图 7.29，可以把式(7.191)展开，得

$$\oiint_S \rho\left(e+\frac{V^2}{2}\right)(\boldsymbol{V}\cdot\boldsymbol{n})\mathrm{d}S=\rho_2 A\left[e_2+\frac{(V_s-V_g)^2}{2}\right](V_s-V_g)-\rho_1 A\left(e_1+\frac{V_s^2}{2}\right)V_s \tag{7.192}$$

$$\oiint_S \boldsymbol{p}_n\cdot\boldsymbol{V}\mathrm{d}S=p_1V_sA-p_2(V_s-V_g)A \tag{7.193}$$

利用连续方程(7.187)，$\rho_1V_s=\rho_2(V_s-V_g)$，将式(7.193)和式(7.192)代入式(7.191)，可得

$$\rho_2\left[e_2+\frac{(V_s-V_g)^2}{2}\right]-\rho_2\left(e_1+\frac{V_s^2}{2}\right)=\frac{p_1}{\rho_1}\rho_2-p_2 \tag{7.194}$$

利用式(7.189)，整理化简得

$$\rho_1\left(e_2-e_1+\frac{V_g^2}{2}\right)V_s=p_2V_g \tag{7.195}$$

考虑到内能可以表示为

$$e=C_vT=\frac{p}{\rho(\gamma-1)} \tag{7.196}$$

代入式(7.195)，并用式(7.189)取代 V_s、V_g，求出压强与密度的关系为

$$\frac{\rho_2}{\rho_1}=\frac{\dfrac{\gamma+1}{\gamma-1}\dfrac{p_2}{p_1}+1}{\dfrac{p_2}{p_1}+\dfrac{\gamma+1}{\gamma-1}} \tag{7.197}$$

激波的推进速度和波后气体的运动速度也用压强和密度的比值表达为

$$V_s=\frac{a_1}{\sqrt{\gamma}}\sqrt{\frac{\rho_2}{\rho_1}\frac{p_2/p_1-1}{\rho_2/\rho_1-1}} \tag{7.198}$$

$$V_g=\frac{a_1}{\sqrt{\gamma}}\sqrt{\frac{(p_2/p_1-1)(\rho_2/\rho_1-1)}{\rho_2/\rho_1}} \tag{7.199}$$

如果规定了激波的强度 p_2/p_1，就可以求出激波推进速度。如果令

$$\frac{p_2}{p_1}=\frac{p_1+\Delta p}{p_1}=1+\frac{\Delta p}{p_1},\ \Delta p=p_2-p_1 \tag{7.200}$$

代入式(7.197)，得

$$\frac{\rho_2}{\rho_1}=\frac{\dfrac{\gamma+1}{\gamma-1}\dfrac{p_2}{p_1}+1}{\dfrac{p_2}{p_1}+\dfrac{\gamma+1}{\gamma-1}}=\frac{\dfrac{\gamma+1}{\gamma-1}\left(1+\dfrac{\Delta p}{p_1}\right)+1}{1+\dfrac{\Delta p}{p_1}+\dfrac{\gamma+1}{\gamma-1}}=1+\frac{2\dfrac{\Delta p}{p_1}}{2\gamma+\dfrac{\Delta p}{p_1}(\gamma-1)}>1 \tag{7.201}$$

激波速度为

$$V_s=\frac{a_1}{\sqrt{\gamma}}\sqrt{\frac{\rho_2}{\rho_1}\left(\gamma+\frac{\gamma-1}{2}\frac{\Delta p}{p_1}\right)}=a_1\sqrt{1+\frac{\gamma+1}{2\gamma}\frac{\Delta p}{p_1}}>a_1 \tag{7.202}$$

这就是说,激波的推进速度总是大于波前的声速。如果压强相对增量是一个小量 ε_p,则有

$$\frac{p_2}{p_1}=\frac{p_1+\Delta p}{p_1}=1+\frac{\Delta p}{p_1}=1+\varepsilon_p \tag{7.203}$$

代入式(7.202),得

$$V_s=a_1\sqrt{1+\frac{\gamma+1}{2\gamma}\varepsilon_p}\approx a_1 \tag{7.204}$$

由此表明,激波的推进速度总是比波前的声速大,也就是相对于激波而言,波前气体必是超声速的。由于激波后的气体已经存在速度 V_g,相对于激波后的气体速度 V_s-V_g 必然是亚声速的,即 $V_s-V_g<a_2$。证明如下。

由式(7.189)可得

$$V_s-V_g=V_s-\frac{\rho_2-\rho_1}{\rho_2}V_s=\frac{\rho_1}{\rho_2}V_s=\frac{\rho_1}{\rho_2}\sqrt{\frac{\rho_2}{\rho_1}\frac{p_2-p_1}{\rho_2-\rho_1}}=\sqrt{\frac{\rho_1}{\rho_2}\frac{p_2-p_1}{\rho_2-\rho_1}} \tag{7.205}$$

利用 $a_2=\sqrt{\gamma RT_2}=\sqrt{\gamma\dfrac{p_2}{\rho_2}}$ 和式(7.201),上式得到

$$V_s-V_g=\sqrt{\frac{p_2}{\rho_2}\frac{p_1}{p_2}\frac{p_2/p_1-1}{\rho_2/\rho_1-1}}=a_2\sqrt{1-\frac{\gamma+1}{2\gamma}\frac{p_2/p_1-1}{p_2/p_1}} \tag{7.206}$$

此式表明,激波后气流的速度小于激波后压缩空气的声速,说明激波后的气流相对速度是亚声速。

例题 设长管中的静止空气的压强 p_1 为 1 个大气压,$\rho_1=1.225\ \text{kg/m}^3$, $T_1=288\ \text{K}$,用活塞压缩空气产生激波,压缩后的空气压强 p_2 为 2 个大气压,求激波的推进速度 V_s、活塞的推进速度 V_g 和压缩空气的声速 a_2,相对激波的来流马赫数 Ma_1 和激波后的马赫数 Ma_2。取 $\gamma=1.4$, $R=287.053\ \text{m}^2/(\text{s}^2\cdot\text{K})$。

解：$a_1=\sqrt{\gamma RT_1}=340.1\ \text{m/s}$

$$\frac{\rho_2}{\rho_1}=\frac{\dfrac{\gamma+1}{\gamma-1}\dfrac{p_2}{p_1}+1}{\dfrac{p_2}{p_1}+\dfrac{\gamma+1}{\gamma-1}}=\frac{\dfrac{1.4+1}{1.4-1}\times 2+1}{2+\dfrac{1.4+1}{1.4-1}}=\frac{13}{8}=1.625$$

$$V_s=\frac{a_1}{\sqrt{\gamma}}\sqrt{\frac{\rho_2}{\rho_1}\frac{(p_2/p_1-1)}{(\rho_2/\rho_1-1)}}=a_1\sqrt{\frac{1.625}{1.4\times 0.625}}=1.363a_1=463.6\ \text{m/s}$$

$$V_g=\frac{a_1}{\sqrt{\gamma}}\sqrt{\frac{(p_2/p_1-1)(\rho_2/\rho_1-1)}{\rho_2/\rho_1}}=a_1\sqrt{\frac{1\times 0.625}{1.4\times 1.625}}=0.524a_1=178.3\ \text{m/s}$$

$$T_2=\frac{p_2}{p_1}\frac{\rho_1}{\rho_2}T_1=288\times 2/1.625=354.5\ \text{K}$$

$$a_2=\sqrt{\gamma RT_2}=\sqrt{1.4\times 287\times 354.5}=377.4\ \text{m/s}$$

$$V_s-V_g=463.6-178.3=285.3\ \text{m/s}$$

相对激波的气流马赫数：来流马赫数 $Ma_1=\dfrac{V_s}{a_1}=\dfrac{463.6}{340.1}=1.353$；激波后气流的相对马赫数 $Ma_2=\dfrac{V_s-V_g}{a_2}=\dfrac{285.3}{377.4}=0.756$。

7.9.4　正激波

正激波的波阵面与气流方向垂直。为了便于分析，现在考察跟随激波波阵面一起运动的坐标系（建立在相对于激波波阵面的坐标系）下激波前后气流参数之间的关系。采用相对坐标的优点是气流相对于波阵面而言是定常的，可以直接应用定常流的基本方程组。如图 7.30 所示，围绕激波波阵面取控制体 1122，激波前的气流参数为 $Ma_1(V_1)$、p_1、ρ_1 等，激波后气流的参数为 $Ma_2(V_2)$、p_2、ρ_2 等。应用连续方程，有

$$\rho_1V_1=\rho_2V_2\tag{7.207}$$

利用动量方程，有

$$-\rho_1V_1^2+\rho_2V_2^2=p_1-p_2\tag{7.208}$$

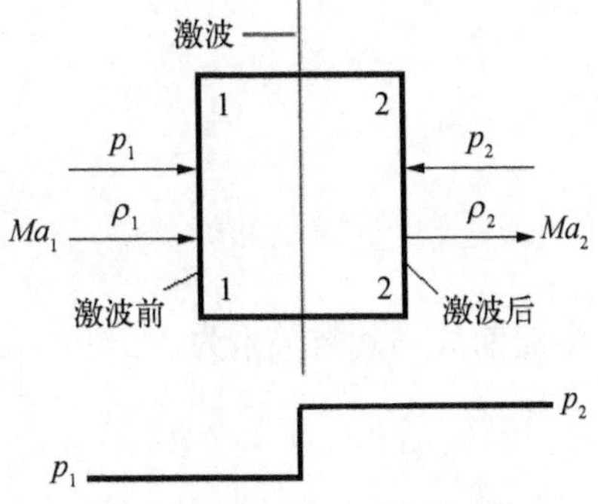

图 7.30　相对激波波阵面的控制体

应用绝热流的能量方程，得

$$V_1^2+\frac{2}{\gamma-1}a_1^2=V_2^2+\frac{2}{\gamma-1}a_2^2=\frac{\gamma+1}{\gamma-1}a_*^2\tag{7.209}$$

利用声速的定义，$a^2 = \gamma p/\rho$，上式变为

$$\frac{p}{\rho} = \frac{\gamma + 1}{2\gamma}a_*^2 - \frac{\gamma - 1}{2\gamma}V^2 \tag{7.210}$$

又由连续方程和动量方程，得

$$V_1 - V_2 = \frac{p_2}{\rho_2 V_2} - \frac{p_1}{\rho_1 V_1} \tag{7.211}$$

将式(7.210)代入式(7.211)中

$$\begin{aligned} V_1 - V_2 &= \frac{1}{V_2}\left(\frac{\gamma + 1}{2\gamma}a_*^2 - \frac{\gamma - 1}{2\gamma}V_2^2\right) - \frac{1}{V_1}\left(\frac{\gamma + 1}{2\gamma}a_*^2 - \frac{\gamma - 1}{2\gamma}V_1^2\right) \\ &= (V_1 - V_2)\left(\frac{\gamma + 1}{2\gamma}\frac{a_*^2}{V_1 V_2} + \frac{\gamma - 1}{2\gamma}\right) \end{aligned} \tag{7.212}$$

求解式(7.212)，一个解是 $V_1 = V_2$，代表流动无变化，平凡解。另一个解是

$$\frac{\gamma + 1}{2\gamma}\frac{a_*^2}{V_1 V_2} + \frac{\gamma - 1}{2\gamma} = 1 \tag{7.213}$$

解为

$$\frac{a_*^2}{V_1 V_2} = 1 \quad 或 \quad \lambda_1 \lambda_2 = 1 \tag{7.214}$$

该式即为著名的普朗特(Prandtl)激波公式，表示波前和波后流速系数的关系，说明正激波后的气流速度系数 λ_2 恰好是波前气流速度系数 λ_1 的倒数。因波前为超声流，$\lambda_1 > 1$，所以必有波后的速度系数 $\lambda_2 < 1$，就是说，超声速气流经过正激波后必为亚声速流。利用速度系数和马赫数的关系，可建立激波前后气流参数的关系。

因为，

$$\lambda^2 = \frac{\frac{\gamma + 1}{2}Ma^2}{1 + \frac{\gamma - 1}{2}Ma^2}$$

激波前后马赫数关系为

$$Ma_2^2 = \frac{1 + \frac{\gamma - 1}{2}Ma_1^2}{\gamma Ma_1^2 - \frac{\gamma - 1}{2}} \tag{7.215}$$

密度比关系为

$$\frac{\rho_2}{\rho_1}=\frac{V_1}{V_2}=\frac{\lambda_1}{\lambda_2}=\lambda_1^2=\frac{\frac{\gamma+1}{2}Ma_1^2}{1+\frac{\gamma-1}{2}Ma_1^2}\tag{7.216}$$

压强比关系为

$$\frac{p_2}{p_1}=1+\gamma Ma_1^2\left(1-\frac{\rho_1}{\rho_2}\right)=\frac{2\gamma}{\gamma+1}Ma_1^2-\frac{\gamma-1}{\gamma+1}\tag{7.217}$$

静温比关系为

$$\frac{T_2}{T_1}=\frac{p_2}{p_1}\frac{\rho_1}{\rho_2}=\frac{2+(\gamma-1)Ma_1^2}{(\gamma+1)Ma_1^2}\left(\frac{2\gamma}{\gamma+1}Ma_1^2-\frac{\gamma-1}{\gamma+1}\right)\tag{7.218}$$

利用式(7.127) $p_2=p_{02}\pi(\lambda_2)$，$p_1=p_{01}\pi(\lambda_1)$，可得总压比关系：

$$\sigma=\frac{p_{02}}{p_{01}}=\frac{p_2}{\pi(\lambda_2)}\frac{\pi(\lambda_1)}{p_1}=\lambda_1^2\left(\frac{1-\frac{\gamma-1}{\gamma+1}\lambda_1^2}{1-\frac{\gamma-1}{\gamma+1}\frac{1}{\lambda_1^2}}\right)^{\frac{1}{\gamma-1}}\tag{7.219}$$

或

$$\sigma=\left(\frac{2\gamma}{\gamma+1}Ma_1^2-\frac{\gamma-1}{\gamma+1}\right)^{-\frac{1}{\gamma-1}}\left[\frac{(\gamma+1)Ma_1^2}{(\gamma-1)Ma_1^2+2}\right]^{\frac{\gamma}{\gamma-1}}\tag{7.220}$$

通过激波的熵增量为

$$\frac{\Delta S}{C_v}=-(\gamma-1)\ln\frac{p_{02}}{p_{01}}=\ln\left\{\left(\frac{2\gamma}{\gamma+1}Ma_1^2-\frac{\gamma-1}{\gamma+1}\right)\left[\frac{(\gamma-1)Ma_1^2+2}{(\gamma+1)Ma_1^2}\right]^{\gamma}\right\}\tag{7.221}$$

以上关系式(7.216)~式(7.218)称为兰金-雨贡尼关系式。它们分别是由 1870 年英国科学家兰金(Rankine)和 1887 年法国科学家雨贡尼(Hugoniot)推导出来的。经过激波，总温不变，总压下降，熵增大，如图 7.31 所示。这与热力学第二定律所述隔绝系统中的熵只能增加的结论是一致的。

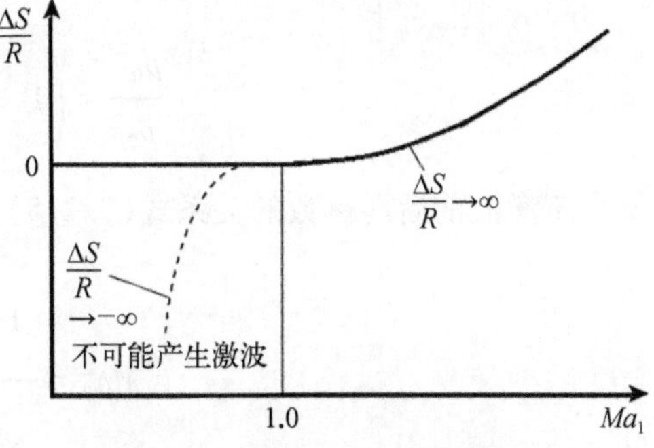

图 7.31　在激波中的熵增关系

当 $Ma_1>1$ 时，熵增量总是正的；而当 $Ma_1<1$ 时，熵增量总是负的。这就说明，对完全气体而言，只有在超声速流中才可能产生激波，而在亚声速流中根本不可能产生激

波。因为隔绝系统的熵增量不可能是负的,所以在亚声速流中产生激波,就违反了热力学第二定律。当然,在实际的问题中,弱激波可以看作等熵。下面我们来讨论这个问题。激波强度 P 定义为通过激波压强增量与波前压强之比。即

$$P = \frac{p_2 - p_1}{p_1} = \frac{p_2}{p_1} - 1 = \frac{2\gamma}{\gamma + 1}(Ma_1^2 - 1) \tag{7.222}$$

所谓弱激波,指的是强度 P 趋近于零的激波,由上式看出弱激波的 Ma_1 必趋近于 1。而弱激波可以看作等熵波,也就是等熵压缩波。证明如下。

$$\begin{aligned} \frac{\Delta S}{R} &= \frac{\gamma + 1}{12\gamma^2}P^3 - \frac{\gamma^2 - 1}{8\gamma^2}P^4 + \cdots \\ \frac{\Delta S}{R} &= \frac{2}{3}\frac{\gamma}{(\gamma + 1)^2}(Ma_1^2 - 1)^3 - \frac{2\gamma^2}{(\gamma + 1)^2}(Ma_1^2 - 1)^4 + \cdots \end{aligned} \tag{7.223}$$

当激波强度很弱时,通过激波所引起的熵增量是激波强度的三次幂。因而在一级近似计算中,完全可以不考虑弱激波引起的熵增量,可以将激波作为等熵波看待。

究竟 Ma_1 多大时可以算作弱激波?若规定总压损失不超过 1%,则波前马赫数允许达到 1.2。

算例 超声速流场中皮托管测速原理

在来流为超声速流场中,静压强为 p_∞,来流马赫数为 $Ma_\infty(>1)$,迎着气流方向放置皮托管,由皮托管测出的总压为 p_{20},试推导来流马赫数 Ma_∞ 与皮托管总压 p_{20} 之间的关系。如图 7.32 所示,因来流为超声速气流,在皮托管前方将出现弓形激波,弓形激波后为由亚声速气流形成皮托管总压 p_{20},假设在皮托管附近,弓形激波近似为正激波,激波后的亚声速气流马赫数为 Ma_2、静压强为 p_2,由正激波关系式(7.217)得

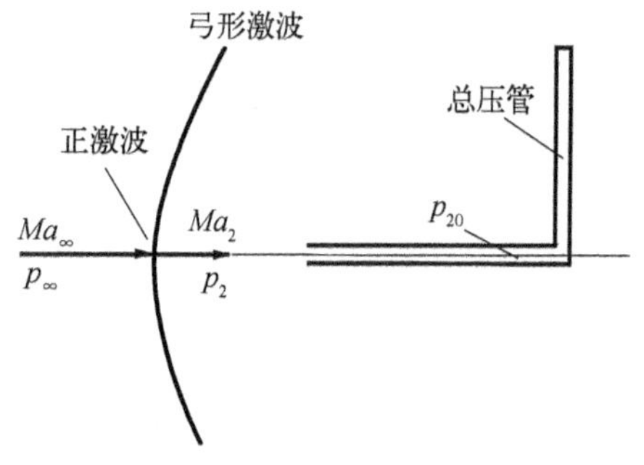

图 7.32 超声速流中皮托管测速原理

$$\frac{p_2}{p_\infty} = \frac{2\gamma}{\gamma + 1}Ma_\infty^2 - \frac{\gamma - 1}{\gamma + 1}$$

根据一维等熵流动关系式(7.117),得皮托管总压与静压的关系为

$$\frac{p_{02}}{p_2} = \left(1 + \frac{\gamma - 1}{2}Ma_2^2\right)^{\frac{\gamma}{\gamma - 1}}$$

又由正激波前后马赫数的关系式(7.215),可知

$$Ma_2^2 = \frac{1 + \frac{\gamma - 1}{2}Ma_\infty^2}{\gamma Ma_\infty^2 - \frac{\gamma - 1}{2}}$$

联解以上三式,可得

$$\frac{p_{02}}{p_\infty}=\frac{\left[\dfrac{\gamma+1}{2}Ma_\infty^2\right]^{\frac{\gamma}{\gamma-1}}}{\left[\dfrac{2\gamma Ma_\infty^2-(\gamma-1)}{\gamma+1}\right]^{\frac{1}{\gamma-1}}}$$

上式即为皮托管总压与来流马赫数的关系,称为瑞利超声速皮托管总压方程。风洞试验表明,用这个方程计算的来流马赫数具有较高的精度。

7.9.5　斜激波

实验发现,超声速气流经过每一个微小内折角时(图 7.33),将产生一道微小压缩波(马赫波),使气流减速、转向、增压,马赫数减小。通过一系列微小内折角后,气流产生一道道微小压缩波,马赫数不断减小,马赫角逐渐增大,最后这些弱压缩波向下游延伸汇聚在一体,形成一道激波,激波波阵面与来流方向成斜角,气流偏转角度为物面偏转角,这道激波称为斜激波。与正激波相比,这种激波的强度较弱。

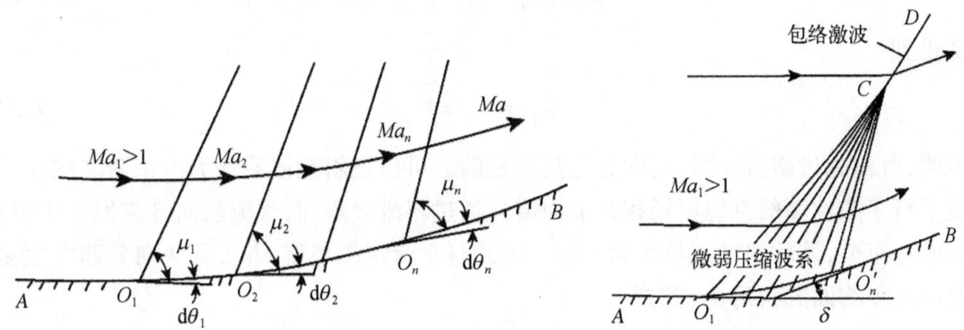

图 7.33　斜激波的形成过程

实际中,绕流物体的头部夹角不同,在超声速绕流中所产生的激波形状也不同。如一个具有菱形机翼形状的飞机,在超声速飞行时,实验发现在一定 $Ma_1>1$ 的情况下,如果机翼前缘尖劈的顶角 2δ 不太大(图 7.34),所形成的上下两道倾斜激波,其波阵面和运动方向成一定的斜角,激波依附在物体的尖端上,称为附着激波。在斜激波中,激波波阵面与来流方向之间的夹角 β,称为激波角。同样,斜激波后的气流方向也不与波阵面垂直,

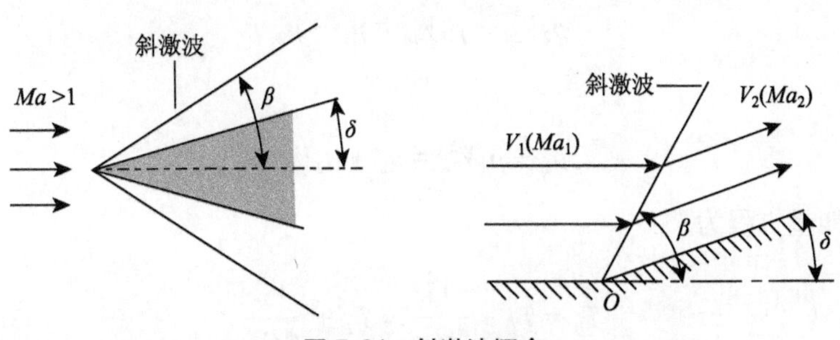

图 7.34　斜激波概念

与波前气流方向也不平行，而是与尖劈面平行（夹角 δ），称为气流折角，意指气流经过斜激波后所折转的角度，如图 7.34 所示。

现围绕斜激波波阵面取控制体 1234（图 7.35），其中 12 面、34 面都平行于波阵面，且两者靠得很近。按照波阵面的方向将速度分解为与波阵面垂直和平行的分量。12 面为入流面，来流速度为 V_1，分量为 V_{1t}、V_{1n}；34 面为出流面，合速度为 V_2，分量为 V_{2t}、V_{2n}。由几何关系：

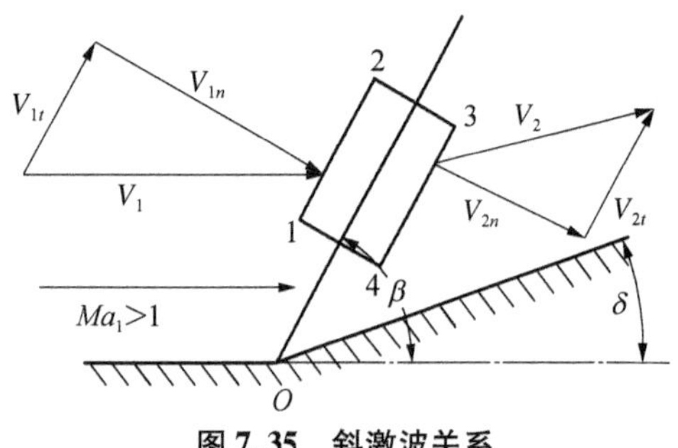

图 7.35　斜激波关系

$$V_{1n} = V_1 \sin\beta,\ V_{1t} = V_1 \cos\beta$$
$$V_{2n} = V_2 \sin(\beta - \delta),\ V_{2t} = V_2 \cos(\beta - \delta) \tag{7.224}$$

利用积分形式的质量方程，得

$$\rho_1 V_{1n} = \rho_2 V_{2n} \tag{7.225}$$

由切向动量积分方程（在 14 面和 23 面上压强相等），得

$$-\rho_1 V_{1n} V_{1t} + \rho_2 V_{2n} V_{2t} = 0 \tag{7.226}$$

由此得到

$$V_{1t} = V_{2t} = V_t \tag{7.227}$$

这说明，气流越过斜激波时，切向分速是不变的。可以把斜激波看作为由正激波的流场与一股平行于激波面的直匀流场相叠加而成。通过斜激波阵面，气流法向分速发生了突变，切向分速不变，波后的气流与物面平行。因此对于给定的来流 Ma_1，其法向分速发生多大突变取决于物面的斜角 δ。这样

$$\beta = f(Ma_1,\ \delta) \tag{7.228}$$

如果尖劈半顶角 δ 是小量，显然这个很薄的尖劈对超声速气流造成的扰动一定也是微小扰动，扰动波必是马赫波，扰动角是马赫角。随着尖劈角 δ 的增大，β 也逐渐增大。由此看来，就正激波而言，只要 Ma_1 确定，诸参数的增量就定了；而对斜激波而言，则需要由 Ma_1 和 δ 两个参数确定激波斜角 β，然后再根据 β 确定激波强度和其他物理量。

由法向动量积分方程，得

$$\rho_2 V_{2n}^2 - \rho_1 V_{1n}^2 = p_1 - p_2 \tag{7.229}$$

或

$$p_1 + \rho_1 V_{1n}^2 = p_2 + \rho_2 V_{2n}^2 \tag{7.230}$$

绝热运动的能量方程为

$$T_0 = T_1 + \frac{V_1^2}{2C_p} = T_2 + \frac{V_2^2}{2C_p} \tag{7.231}$$

由于 $V^2 = V_n^2 + V_t^2$，消去 V_t，有

$$T_1 + \frac{V_{1n}^2}{2C_p} = T_2 + \frac{V_{2n}^2}{2C_p} = T_{0n} \tag{7.232}$$

这里，T_{0n} 为不计 V_t 的总温，表示仅计及法向速度的部分总温。与之相对应的临界声速为

$$a_{*n}^2 = \frac{2\gamma}{\gamma+1}RT_{0n} \quad 或 \quad a_*^2 = a_{*n}^2 + \frac{\gamma-1}{\gamma+1}V_t^2 \tag{7.233}$$

由式(7.229)可得

$$V_{1n} - V_{2n} = \frac{p_2}{\rho_2 V_{2n}} - \frac{p_1}{\rho_1 V_{1n}} \tag{7.234}$$

最后得

$$V_{1n} - V_{2n} = (V_{1n} - V_{2n})\left(\frac{\gamma+1}{2\gamma}\frac{a_{*n}^2}{V_{1n}V_{2n}} + \frac{\gamma-1}{2\gamma}\right) \tag{7.235}$$

由此得出

$$\frac{a_{*n}^2}{V_{1n}V_{2n}} = 1,\ V_{1n}V_{2n} = a_{*n}^2 = a_*^2 - \frac{\gamma-1}{\gamma+1}V_t^2 \tag{7.236}$$

再由动量积分方程，得

$$\frac{p_2}{p_1} = 1 + \frac{\rho_1 V_{1n}^2}{p_1}\left(1 - \frac{V_{2n}}{V_{1n}}\right) = 1 + \gamma\frac{V_{1n}^2}{a_1^2}\left(1 - \frac{\rho_1}{\rho_2}\right) \tag{7.237}$$

利用几何关系 $V_{1n} = V_1 \sin\beta$，得

$$\frac{p_2}{p_1} = 1 + \frac{\rho_1 V_{1n}^2}{p_1}\left(1 - \frac{V_{2n}}{V_{1n}}\right) = 1 + \gamma Ma_1^2 \sin^2\beta\left(1 - \frac{\rho_1}{\rho_2}\right) \tag{7.238}$$

压强与密度比的关系不变，有

$$\frac{\rho_2}{\rho_1} = \frac{\frac{\gamma+1}{\gamma-1}\frac{p_2}{p_1} + 1}{\frac{p_2}{p_1} + \frac{\gamma+1}{\gamma-1}} \tag{7.239}$$

将上式代入式(7.238)，得

$$\frac{p_2}{p_1} = \frac{2\gamma}{\gamma+1}Ma_1^2 \sin^2\beta - \frac{\gamma-1}{\gamma+1} \tag{7.240}$$

利用与正激波的波前后参数变化相同的推导方法，我们可以得到斜激波前后一系列

的参数变化关系。

密度比为

$$\frac{\rho_2}{\rho_1}=\frac{\frac{\gamma+1}{\gamma-1}}{1+\frac{2}{\gamma-1}\frac{1}{Ma_1^2\sin^2\beta}}=\frac{(\gamma+1)Ma_1^2\sin^2\beta}{(\gamma-1)Ma_1^2\sin^2\beta+2}\tag{7.241}$$

温度比为

$$\frac{T_2}{T_1}=\frac{p_2}{p_1}\frac{\rho_1}{\rho_2}=\left(\frac{\gamma+1}{\gamma-1}\right)^2\left(\frac{2\gamma}{\gamma-1}Ma_1^2\sin^2\beta-1\right)\left(\frac{2}{\gamma-1}\frac{1}{Ma_1^2\sin^2\beta}+1\right)\tag{7.242}$$

总压比为

$$\sigma=\frac{p_{02}}{p_{01}}=\left(\frac{2\gamma}{\gamma+1}Ma_1^2\sin^2\beta-\frac{\gamma-1}{\gamma+1}\right)^{-\frac{1}{\gamma-1}}\left[\frac{(\gamma+1)Ma_1^2\sin^2\beta}{(\gamma-1)Ma_1^2\sin^2\beta+2}\right]^{\frac{\gamma}{\gamma-1}}\tag{7.243}$$

熵增量为

$$\frac{\Delta S}{C_v}=-(\gamma-1)\ln\sigma=\ln\left\{\left(\frac{2\gamma}{\gamma+1}Ma_1^2\sin^2\beta-\frac{\gamma-1}{\gamma+1}\right)\left[\frac{(\gamma-1)Ma_1^2\sin^2\beta+2}{(\gamma+1)Ma_1^2\sin^2\beta}\right]^{\gamma}\right\}\tag{7.244}$$

波后马赫数为

$$Ma_2^2=\frac{Ma_1^2+\frac{2}{\gamma-1}}{\frac{2\gamma}{\gamma-1}Ma_1^2\sin^2\beta-1}+\frac{\frac{2}{\gamma-1}Ma_1^2\cos^2\beta}{Ma_1^2\sin^2\beta+\frac{2}{\gamma-1}}\tag{7.245}$$

经过斜激波,切向速度不变,总温不变。由压强比的公式可见,对于给定的来流马赫数,激波强度与激波角有关,激波角越大,激波强度越大。当激波角等于90°时,激波强度最大,这说明正激波是最强的激波。另一个极端是弱激波,激波强度趋近零,有

$$\frac{p_2}{p_1}=\frac{2\gamma}{\gamma+1}Ma_1^2\sin^2\beta-\frac{\gamma-1}{\gamma+1}\approx 1\tag{7.246}$$

$$\sin\beta=\frac{1}{Ma_1}\tag{7.247}$$

将以上两式对比马赫波的波前后参数变化关系,我们不难发现,在给定马赫数下,最弱的激波是马赫波。现在利用几何关系确定激波角与气流折角的关系。即

$$V_{1n}V_{2n} = a_*^2 - \frac{\gamma - 1}{\gamma + 1}V_t^2 = \frac{\gamma - 1}{\gamma + 1}V_1^2 + \frac{2a_1^2}{\gamma + 1} - \frac{\gamma - 1}{\gamma + 1}V_t^2$$
$$= \frac{2a_1^2}{\gamma + 1} + \frac{\gamma - 1}{\gamma + 1}V_{1n}^2 \tag{7.248}$$

化简得

$$\frac{V_{2n}}{V_{1n}} = \frac{2}{\gamma + 1}\frac{1}{Ma_1^2\sin^2\beta} + \frac{\gamma - 1}{\gamma + 1} \tag{7.249}$$

根据几何关系,得

$$\frac{V_{2n}}{V_{1n}} = \frac{V_{2n}}{V_t}\frac{V_t}{V_{1n}} = \frac{\tan(\beta - \delta)}{\tan\beta} \tag{7.250}$$

代入上式,解出

$$\tan\delta = \frac{Ma_1^2\sin^2\beta - 1}{\left[Ma_1^2\left(\frac{\gamma + 1}{2} - \sin^2\beta\right) + 1\right]\tan\beta} \tag{7.251}$$

在给定 Ma_1 情况下,利用式(7.251),求

$$\frac{d\delta}{d\beta} = 0$$

得到最大 δ_{max} 所对应的 β_{max} 值,即

$$\sin^2\beta_{max} = \frac{1}{\gamma Ma_1}\left[\frac{\gamma + 1}{4}Ma_1^2 - 1 + \sqrt{(\gamma + 1)\left(1 + \frac{\gamma - 1}{2}Ma_1^2 + \frac{\gamma + 1}{16}Ma_1^4\right)}\right]$$

将该式代入 $\frac{d\delta}{d\beta} = 0$, 可得 δ_{max} 值。

(1) 对于给定 Ma_1 和 δ 的情况(图 7.36),都有两个不同的 β、Ma_2 等值,原因是对于一定的 Ma_1,气流经过正激波时,方向不变,即 $\delta = 0°$, 而气流经过马赫波(无限微弱的压缩波)时,仍然 $\delta = 0°$。 因此,当激波斜角 β 由马赫角 μ 增大到 90°时,中间必存在某个最大折角 δ_{max},当激波斜角 β 由 μ 开始逐渐增大时,δ 相应地由 0°逐渐增到 δ_{max};而 β 继续增大到 90°时,气流折角 δ 却相应地由 δ_{max} 逐渐减小。

(2) 在同一 Ma_1 之下,一个 δ 值对应两个 β。β 大者,代表较强的激波,称为强激波;β 小者,代表较弱的激波,称为弱激波。而图 7.36 中的最大壁面偏角线表示对应于 δ_{max} 各点的连线,这条线把各图分成两部分,β 大的一部分是强波,β 小的一部分是弱波。实际问题中出现的究竟是强波还是弱波,由产生激波的具体边界条件来确定。根据实验观察,由方向决定的斜激波,永远只出现弱波,不出现强波。

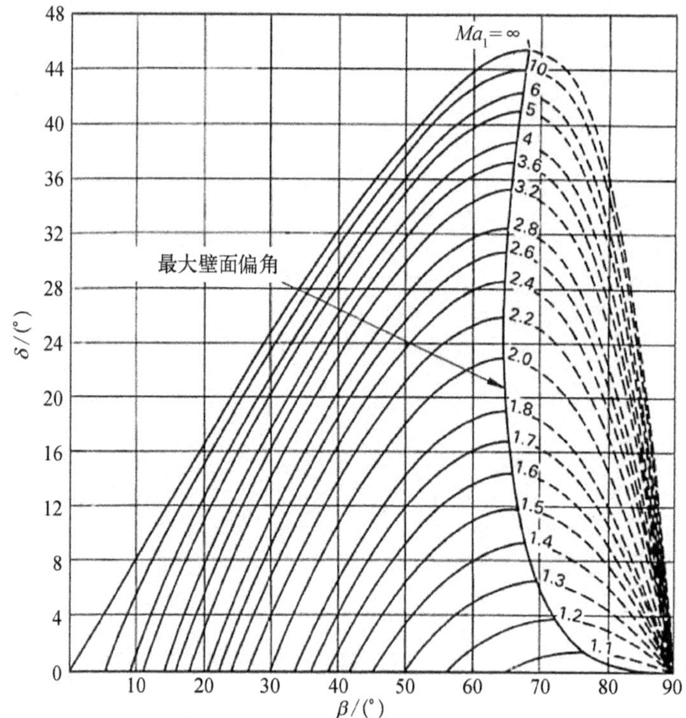

图 7.36 不同的马赫数下斜激波气流折角和尖劈角的关系

在超声气流中,产生激波形式存在三种情况。

(1) 由气流折转所确定的激波。在超声速气流中,放置一块尖劈,尖劈的斜面把气流通道挤小了,气流受到压缩,发生激波。这时的激波由斜面的角度所确定,如图 7.37 所示。

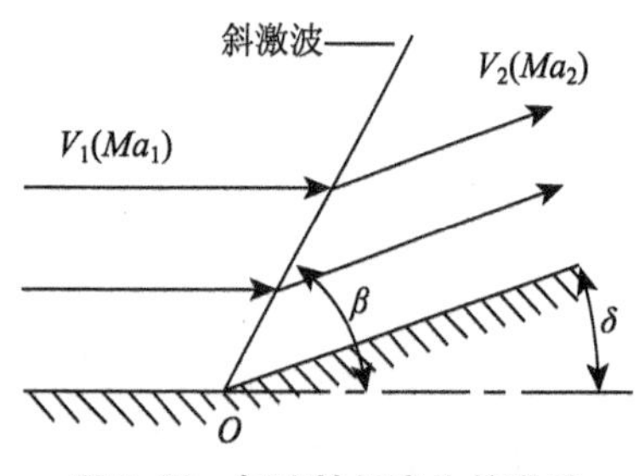

图 7.37 气流转折产生的激波

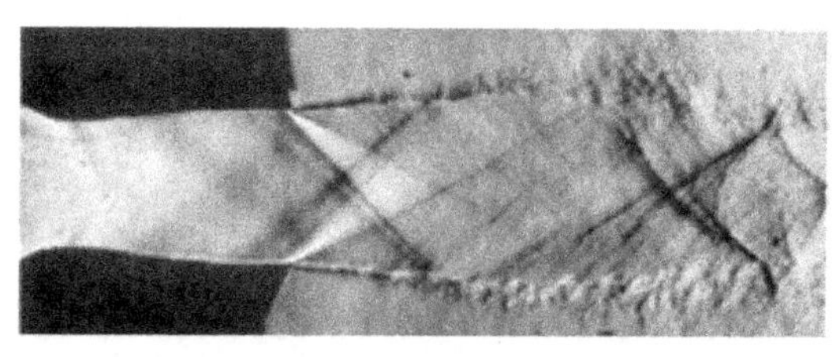

图 7.38 超声速喷流的激波

(2) 由压强条件确定的激波,即在自由边界上由压强条件所确定的激波。例如,超声速喷管出口的压强当低于外界大气压强时,气流将会产生激波来提高压强。图 7.38 是超声速气流激波现象的纹影图。从图中可以明显地看到,在射流出口和射流边界上会有激波的产生和反射,这都是由压强条件决定的。

(3) 壅塞激波,是指在管道中(如超声速风洞和喷气发动机的管道中),可能发生一种的壅塞现象。那是管道某个截面限制了流量的通过,使上游的部分来流通不过去。这时会迫使上游的超声速气流发生激波,调整气流。这种激波既不是由方向所规定,也不是由反压所规定。

7.9.6　离体激波

在斜激波曲线图 7.36 中，对于给定的 Ma_1，经过一道斜激波，气流的转折角存在一个最大值。即使对于 Ma_1 趋近于无穷大的情况，最大的气流折角也不过 45.58°。当 Ma_1 趋近于无穷大时，有

$$\lim_{Ma_1 \to \infty} \tan\delta = \frac{\sin^2\beta}{\left(\frac{\gamma+1}{2} - \sin^2\beta\right)\tan\beta} \tag{7.252}$$

再由极值条件 $\frac{d\delta}{d\beta} = 0$ 得

$$\sin^2\beta = \frac{\gamma+1}{2\gamma} \tag{7.253}$$

所以

$$\tan\delta_{max} = \frac{1}{\sqrt{(\gamma-1)(\gamma+1)}} \tag{7.254}$$

当 $\gamma = 1.4$ 时，可以得到 δ 和 β 的极值为

$$\delta_{max} = 45.58°,\ \beta = 67.79° \tag{7.255}$$

如果在某一马赫数下，物面要求的气流折角大于该马赫数下的最大折角，则无解。这说明，在这种情况下气流产生一道斜激波是不可能绕过物体的。实验发现，这时在物体头部出现离体激波，波阵面是弯曲的，呈弓形状态，名为弓形激波，中间是正激波，两边是弯斜的。激波位置离物体头部存在一定的距离。来流马赫数越大，越靠近物体。如图 7.39 所示，当尖劈角较小时为附体斜激波，当尖劈角大于最大尖劈角时，激波是离体的，而且正前方的激波近似为正激波。图 7.40 所示为附体激波和离体激波的纹影图。

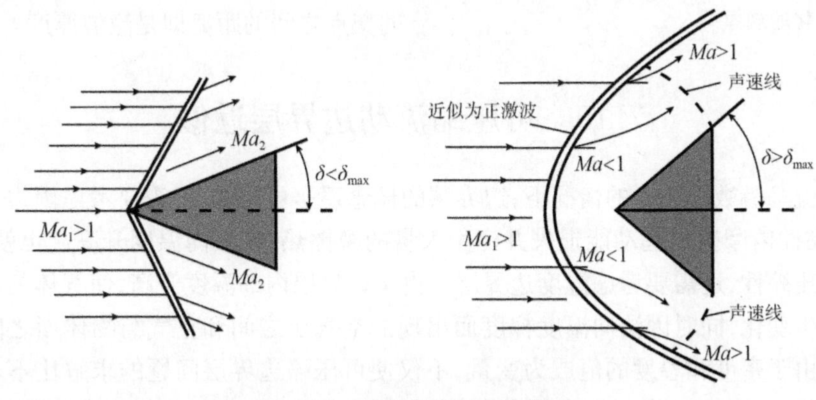

图 7.39　附体激波于离体激波

图 7.40　附体与离体激波纹影图

7.9.7　激波的内部结构

把激波当作没有厚度的突跃面（间断面）看待，在处理一般流动问题是可以的，不会造成较大误差。不过在有黏性的气体中，不存在无厚度的激波。速度经过激波既然有一定的变化，而激波厚度又为零，速度梯度就是无限大，这时黏性的影响很大，在黏性的作用下速度不可能在没有厚度的面内由 V_1 突然加速到 V_2，也就是说必须有一个过渡区，这个过渡区的厚度就是激波的厚度。不过这个厚度是一个很小的量，与分子平均自由程同量级。在海平面大气中，分子自由程为 70×10^{-6} mm。在 $Ma = 3$ 的情况下，用连续介质理论计算出的激波厚度为 66×10^{-6} mm。有人用考虑黏性和传热的连续介质的方程，去分析气流参数在激波内部的变化过程，发现速度等参数在激波内是连续变化的。如图 7.41 所示。速度从波前的 V_1 变化到波后的 V_2，是一个渐变的过程，所以激波厚度不能明确的定义。通常在 $V-x$ 曲线的拐点上做曲线的切线，它与 V_1 和 V_2 为常值的水平线的交点之间的距离即是激波厚度。

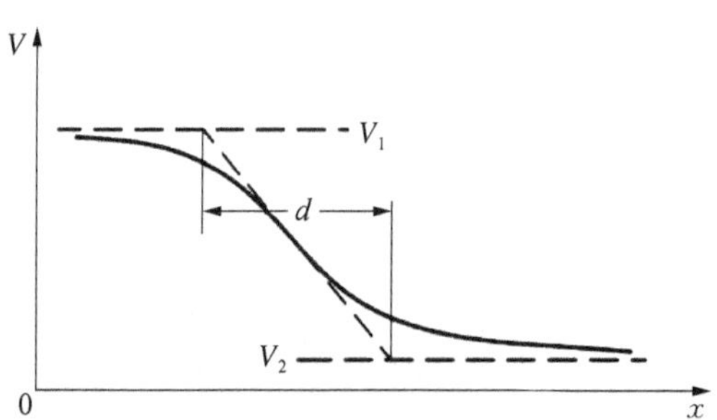

图 7.41　用连续介质假设得到的激波内速度变化的规律

7.10　可压缩流动边界层近似

在来流马赫数小于 5 的情况下，边界层的概念还是可用的，但需要考虑因边界层内速度很大，黏性内摩擦引起动能损失并产生大量的摩擦热，使层内温度升高。也就是说，不仅要考虑压缩性，还需要考虑温度边界层。由于边界层内的温度升高，使气体的密度和黏性系数发生变化，同时因法向温度梯度而出现的空气层之间和空气与物体面之间的热传导问题。由于密度和温度的值成为变量，不仅使可压缩边界层问题的求解比不可压缩边界层问题复杂，同时因黏性摩擦所形成的高温度梯度对飞行器壁面传入大量的热量，出现气动加热问题，从而为飞行器的结构设计带来难度，再加上气流中激波和边界层的干扰，导致物面压强分布发生显著变化。

7.10.1　温度边界层

气流摩擦生热使边界层内温度升高，主要限制在受黏性影响的边界层区。靠近物面处气流受到严重的阻滞，速度和温度梯度很大，产生很大的热量，温度相当高。随着距离物面的高度增大，气流受阻作用越来越小，温度逐渐下降。在物面边界层内，必须考虑温度梯度引起的热传导问题。与边界层概念一样，在物面附近存在一层温度变化的薄层，称为温度边界层。通常把层内温度达到理想气体对应的物面温度 T_e 的 99%的高度，称为温度边界层的外边界，即

$$y\Big|_{\frac{T}{T_e}=0.99} = \delta_T \tag{7.256}$$

一般温度边界层小于速度边界层。温度边界层内的速度分布在很大程度上取决于壁面的传热情况。如果有热量通过壁面传给空气，称为热壁，如图 7.42 所示。由于

$$q_w = -\lambda \frac{\partial T}{\partial y}\Big|_{y=0} > 0 \tag{7.257}$$

要求

$$\frac{\partial T}{\partial y}\Big|_{y=0} < 0 \tag{7.258}$$

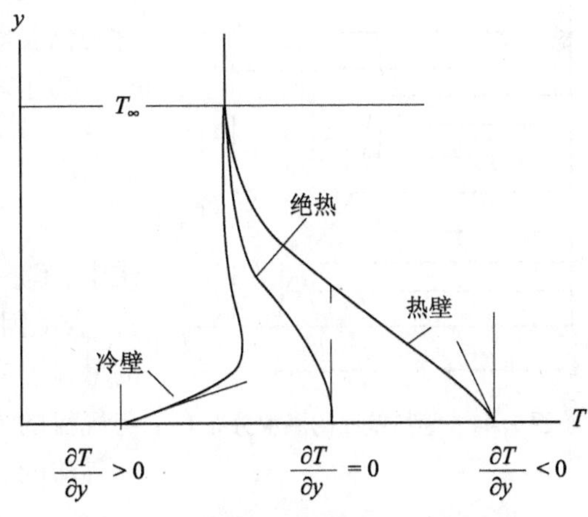

图 7.42　壁面边界层内温度分布与传热

如果是热量通过空气传给壁面，称为冷壁。则

$$\frac{\partial T}{\partial y}\Big|_{y=0} > 0 \tag{7.259}$$

鉴于速度边界层与温度边界层密切相关，现引入个重要的无量纲参数，即普朗特数定义为

$$Pr = \frac{\mu C_p}{\lambda} \tag{7.260}$$

式中，μ 为气体的黏性系数；λ 为热传导系数；C_p 为气体的定压比热。表征气体微团动量扩散与热扩散的之比，在边界层内表示因摩擦产生的热与因热传导而散出去的热之比。理论上可以证明，层流边界层厚度 δ 与温度边界层厚度 δ_T 之比与 $\sqrt{Pr}$ 同量级。如 $Pr = 1$，δ 与 δ_T 相当；$Pr > 1.0$，δ 大于 δ_T。对于空气的普朗特数 $Pr = 0.72$，δ 小于 δ_T，如图 7.43 所示。

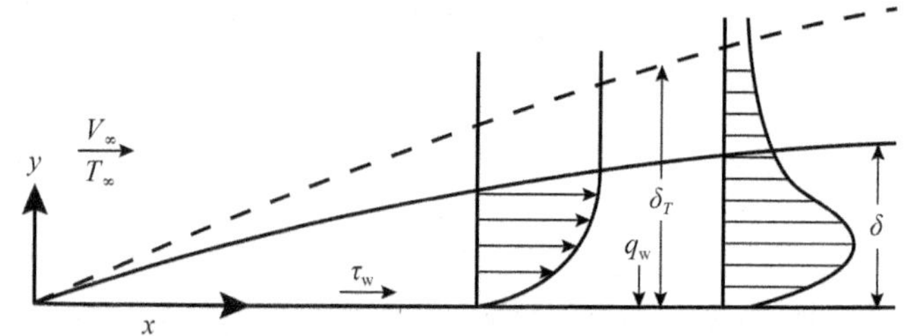

图 7.43　气流的速度边界层与温度边界层比较

7.10.2　绝热壁面的恢复温度及复温因子

绝热壁面时紧贴物面的空气温度(也称物面温度),实际总是低于主流的总温。虽然紧贴物面的空气速度为零,在绝热壁时不会向物面传热,但其温度要比距物面稍远处的空气温度高,物面附近空气就要向上层空气传热,从而使壁面温度比总温低。把不计热辐射作用的绝热壁温度称为恢复温度,用 T_r 表示,如图 7.44 所示。

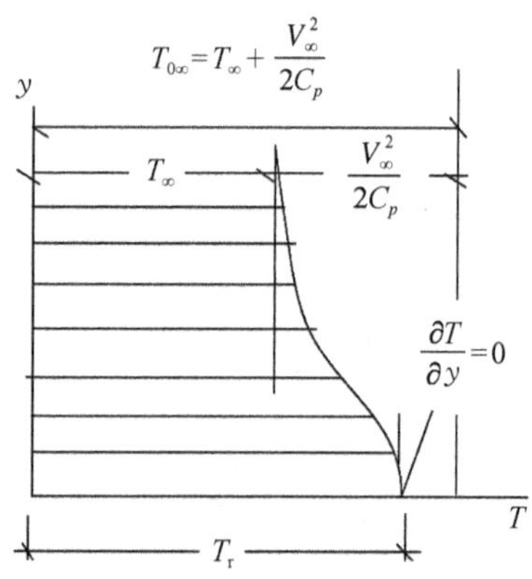

图 7.44　绝热壁面的温度分布

为了表示恢复温度的大小,引入复温因子 R,定义为

$$R = \frac{T_r - T_\infty}{T_{0\infty} - T_\infty} \tag{7.261}$$

式中,$T_{0\infty} - T_\infty$ 表示气流绝热滞止时的温度增量;$T_r - T_\infty$ 表示因壁面摩擦及热传导使气流在物面上滞止温度的增量。实验表明:R 随马赫数和雷诺数变化不大,只与气流的 Pr 有关。对于 $Pr = 1.0$,$R = 1$,$T_r = T_{0\infty}$。实际气流的 $Pr < 1$,$R < 1$,$T_r < T_{0\infty}$。此时恢复温度为

$$T_r = T_\infty\left(1 + R\frac{\gamma - 1}{2}Ma_\infty^2\right) \tag{7.262}$$

7.10.3　绝热壁面边界层方程

对于定常可压缩二维边界层流动,在不计质量力情况下,利用边界层近似(第 6 章),对连续方程、动量方程和能量方程进行简化为

$$\frac{\partial(\rho u)}{\partial x} + \frac{\partial(\rho v)}{\partial y} = 0 \tag{7.263}$$

$$\rho\left(u\frac{\partial u}{\partial x} + v\frac{\partial u}{\partial y}\right) = -\frac{1}{\rho}\frac{\partial p}{\partial x} + \frac{\partial}{\partial}\left(\mu\frac{\partial u}{\partial y}\right) \tag{7.264}$$

利用式(7.83)和式(7.64),能量方程可简化为

$$\rho C_p\left(u\frac{\partial T}{\partial x} + v\frac{\partial T}{\partial y}\right) = u\frac{\partial p}{\partial x} + \frac{\partial}{\partial y}\left(\lambda\frac{\partial T}{\partial y}\right) + \mu\left(\frac{\partial u}{\partial y}\right)^2 \tag{7.265}$$

如果边界层内压强用边界层外的值，这样边界内未知气流参数为 u、v、ρ、T，还需要一个补充方程（状态方程），$p=\rho RT$。

边界条件为

$$
\begin{aligned}
&y=0,\ u=v=0,\ T=T_{\mathrm{r}}\\
&y=\infty,\ u=V_{\infty},\ T=T_{\infty}
\end{aligned}
\tag{7.266}
$$

7.11　激波与边界层干扰特性

激波与可压缩边界层流动的干扰研究首先由美国流体力学家李普曼（Liepmann H W）于 1946 年和瑞士空气动力学家雅各布·阿克莱特（Jakob Ackeret，1898～1981 年）于 1947 年分别开始研究，此后一段时期发展缓慢。但随着超声速飞行器的问世，人们对这一问题的关注度开始提高。尤其是在近十几年来，在超声速飞行器、跨声速运输机及可重复使用空天高超声速飞行器研制的推动下，随着计算和实验流体力学的快速发展，将超声速可压缩边界层流动与激波干扰的研究推向新的高潮。根据绕流雷诺数不同，边界层内流动也存在层流和湍流之分，它们对壁面摩擦阻力和热传导性能的影响是截然不同的。如果存在激波与可压缩边界层的干扰作用，边界层内的流动更为复杂，可能会出现层流、转捩、湍流、分离、再附等复杂流动问题（图 7.45），从而严重影响飞行器升力、阻力和表面热防护等。

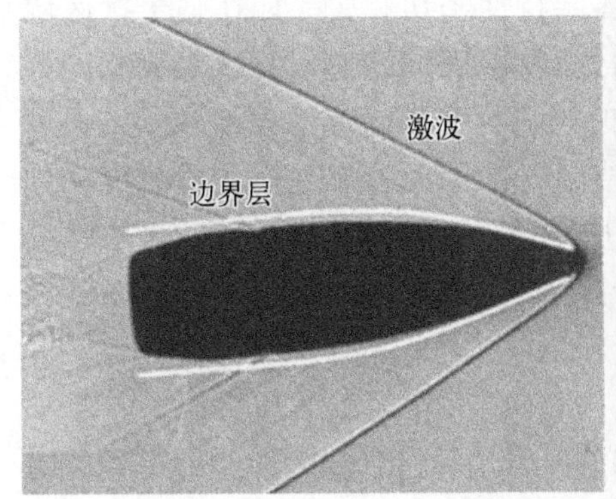

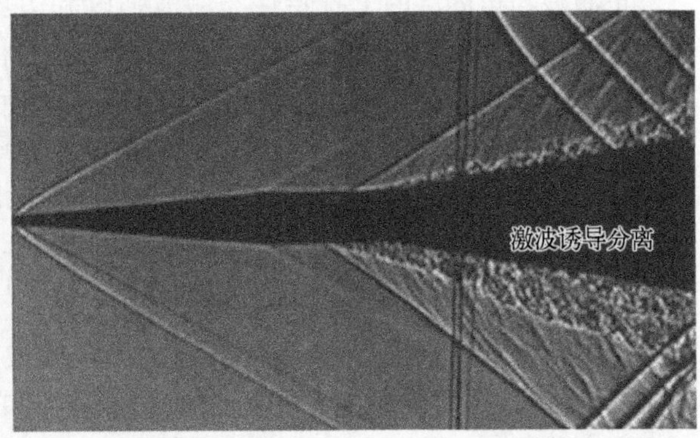

图 7.45　激波与边界层相互作用

7.11.1　正激波与层流边界层的干扰

对于超声速气流中出现正激波的情况，会使主流马赫数减小到亚声速值，这个减速过程伴随着沿流向压力、密度、温度快速增大。如果遇到壁面边界层，激波的作用类似于给边界层施加一个突然的逆压梯度，这将会严重改变边界层的流动特征等。如果激波较强，激波与边界层的干扰会使波后边界层出现分离，同时还会导致流动产生较强的非定常特性以及局部区域的强热传导，这些都会严重影响飞行器的性能。所以研究激波与边界层干扰机制，必然对预测边界层转捩位置、分离位置、控制激波振荡、控制分离等复杂问题具有重要意义。

对于超声速物体绕流，在物面边界层外区为超声速流动，但边界层内区流体因受黏性影响，流体速度迅速减小到壁面上的零速度，所以在层内存在亚声速和超声速区，边界层外的激波增压将通过层内的亚声速区向上游传播至激波前区。这种从下游向上游作用的逆压梯度明显地改变了激波上游的边界层状态，致使扰动区内的边界层变厚，层内速度、温度、压力、密度分布均发生变化，摩擦阻力减小，同时也改变了近壁区的局部激波结构。

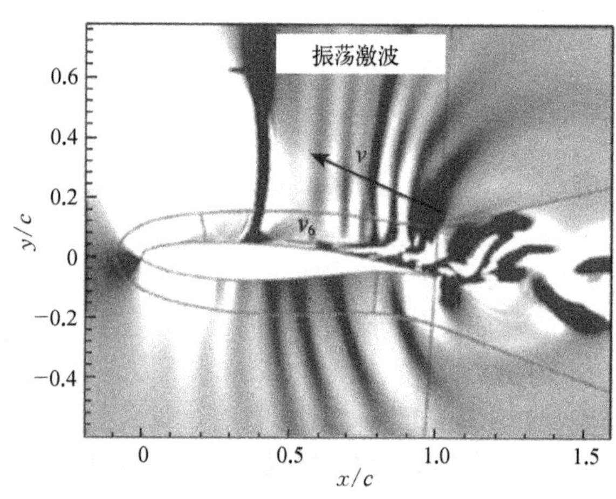

图 7.46　跨声速翼型绕流激波与边界层的相互作用

在跨声速翼型绕流中，当来流马赫数大于临界马赫数时，气流绕过上翼面流动时将会出现超声速流动区，显然这个超声区要通过几乎正激波形式与下游亚声速流动相衔接，这个激波增压减速行为在边界层外的超声速区不可能逆流前传，但遇到近壁亚声速边界层区激波增压将会沿边界层逆流向上游传播，致使边界层增厚，严重者会引起边界层分离(出现波后分离泡或完全分离，与激波强度和边界层特性有关)、激波振荡等复杂现象，如图 7.46 所示。

正激波与边界层的干扰特性与激波强度和边界层特性密切相关。如在强干扰区域内，通常边界层的定义和量级也不再适用，因为流向速度梯度和法向速度梯度具有相同量级。层流或湍流区内的干扰流动也明显不同。例如，当边界层外缘流动条件和激波强度相同时，在层流边界层内逆压向上游传播的距离较湍流边界层远，层流边界层抵抗流动分离的能力弱。正激波与层流边界层的干扰特性与边界层外的马赫数、雷诺数和激波强度有关，根据激波强度的不同，可能出现 3 种不同的干扰情况。

1. *弱干扰情况*

在跨声速翼型绕流中，翼型上翼面区出现激波相对较弱，发生激波与层流边界层干扰，弱的激波增压将波前边界层缓慢加厚，无转捩和分离发生。这个波前加厚的边界层使气流向内偏转，在波前边界层面上反射出一系列弱压缩波，并与主激波汇合，形成所谓的 λ 形波，导致主波阵面与边界层之间夹角小于 90°，如图 7.47 所示。在主激波后边界层再附壁面，厚度减薄，外边界偏向壁面，气流向外转折由亚声速区再次变成超声速区，从而出现扇形超声速膨胀波系，压力下降，随后再次出现二次激波，导致激波与层流边界层的再度干扰，干扰特性基本相似，但强度明显下降。如果条件合适，这种情况可能重复几次，形成一系列 λ 形波系。

2. *中等干扰情况*

如果来流速度增大，导致波前马赫数和雷诺数增大，虽说波前为层流边界层，但在较强的激波作用下(逆压梯度增大)，致使波后边界层分离，且很快转捩为湍流，再附于壁面。干扰结果是：① 在壁面出现分离泡；② 在主激波前出现一系列反射压缩波，与主激

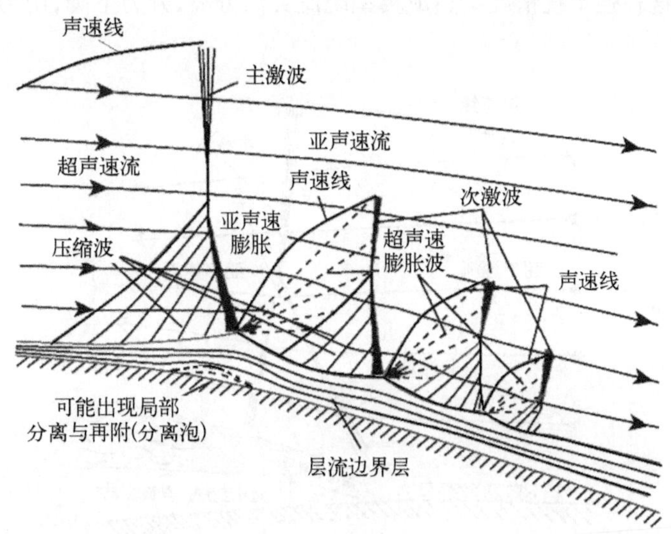

图 7.47　在曲面上的弱激波与层流边界层的干扰(层流边界层)

波形成 λ 形波系;③ 在主激波后,边界层再附于壁面,外边界偏向壁面,气流向外转折出现扇形超声速膨胀波系,压力下降,出现二次激波;④ 在往下游边界层变平,再次出现一系列压缩波系。由于来流雷诺数较大,激波较强,波后一般转捩为湍流边界层,如图 7.48 所示。

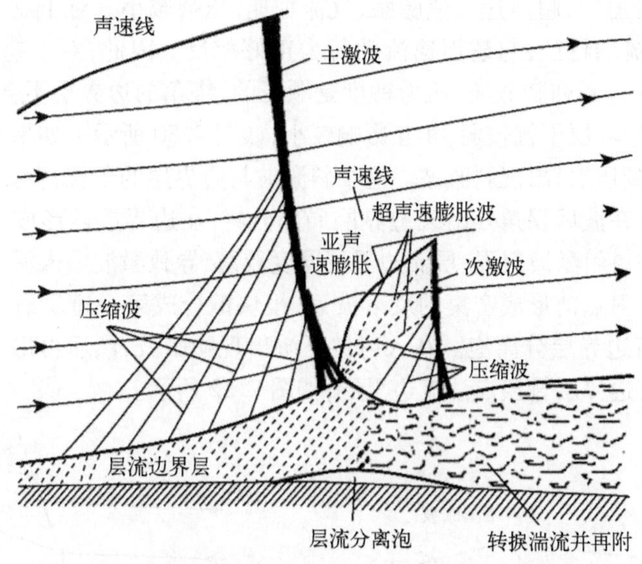

图 7.48　在曲面上的中等激波与层流边界层的干扰(转捩)

3. 强干扰情况

随着来流马赫数的增大,激波强度也增大,其与边界层的干扰,足够引起层流边界层分离。从而导致边界层外的主流方向发生明显的转折,在主激波前出现一个稳定的斜激波,这样在边界层上方形成明显的 λ 激波。因为边界层不能再附,二次激波不复存在,如

图 7.49 所示。这种强干扰情况会造成翼型绕流突然分离,升力下降,阻力突增,出现激波诱导失速。

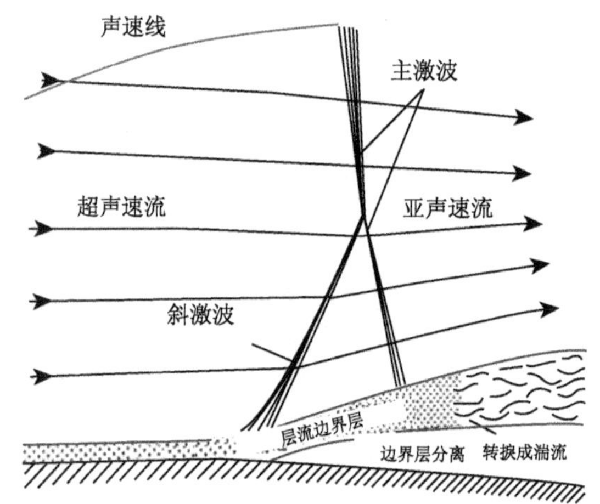

图 7.49　在曲面上的强激波与层流边界层的干扰(分离)

7.11.2　斜激波与边界层的干扰

超声速流与亚声速流之间的主要差别之一是随流管横截面积沿流向的变化,压力梯度沿流向的变化是反号。例如,在收缩管道中的超声速流,气流受到压缩,压强增大,速度减小;而在扩张管道中,超声速气流膨胀,气流加速,压强减小。对于亚声速流动,在收缩和扩张管道中的流动特征,与超声速流动行为正好相反。因此,对于超声速绕膨胀角流动,边界层外出现一系列膨胀波,压力梯度是顺压的,绕角的边界层不会出现分离。这样超声速膨胀波与边界层干扰较弱,相互影响较小,如图 7.50 所示。如果是压缩角绕流,在边界层外气流受到压缩,出现斜激波。这个斜激波与边界层的干扰,会在波前引起边界层加厚,并可能导致在波后拐角处出现边界层局部分离,在边界层外形成一系列压缩波,如图 7.51 所示。如果斜激波很强,层流边界层厚度较薄,导致激波穿入深,波后高压逆流前传区域较小,在入射点前形成密集的反射波系,很快汇合成第一道反射波,并受逆压梯度的作用,形成层流边界层分离泡。在入射波下游出现膨胀波,然后再出现第二道反射波。在反射波后,层流边界层转捩成湍流边界层,如图 7.52 所示。

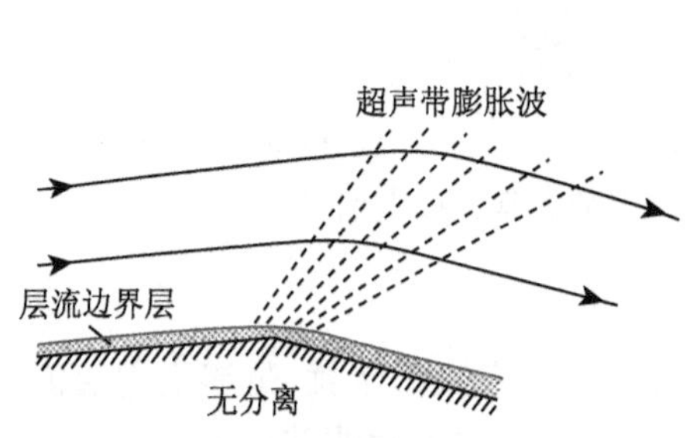

图 7.50　超声速膨胀角绕流膨胀波系与边界层干扰

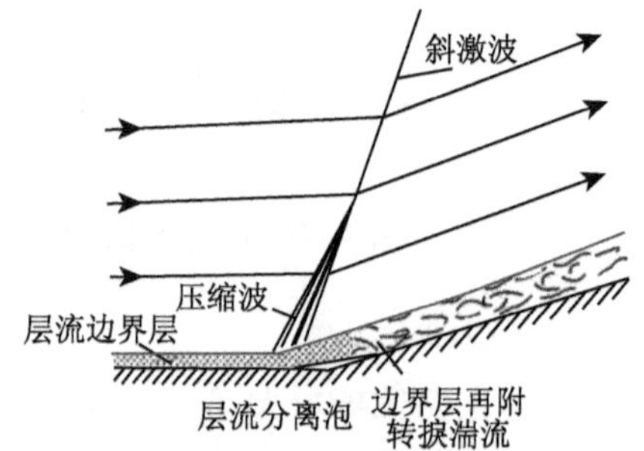

图 7.51　超声速压缩角绕流斜激波与边界层干扰(转捩湍流)

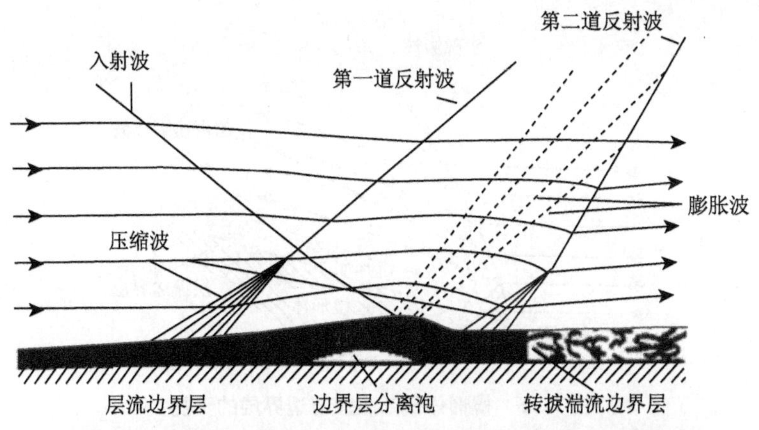

图7.52　超声速强斜激波与层流边界层干扰(分离泡、转捩湍流)

此外,斜激波与湍流边界层的干扰和层流边界层的情况相比也是不同的。在同样的来流条件下,湍流边界层时均速度分布饱满,边界层中的亚声速区比层流边界层的情况要薄,导致激波穿入深,波后高压逆流前传通道小,因而压力逆流传的距离比层流边界层的小。壁湍流脉动作用引起的动量交换能够抑制激波逆压梯度的作用,使边界层不易分离。如果相互作用后边界层不分离(图7.53),就会出现λ形波系,在入射点前形成密集的反射波系,很快汇合成一道接近理想流动的反射波。如果入射波较强,则产生湍流边界层局部分离和再附,形成分离泡,如图7.54所示。这时边界层鼓起较大,在入射点前出现较大范围的压缩波系,汇合形成反射波后穿过入射波,组成λ形激波。

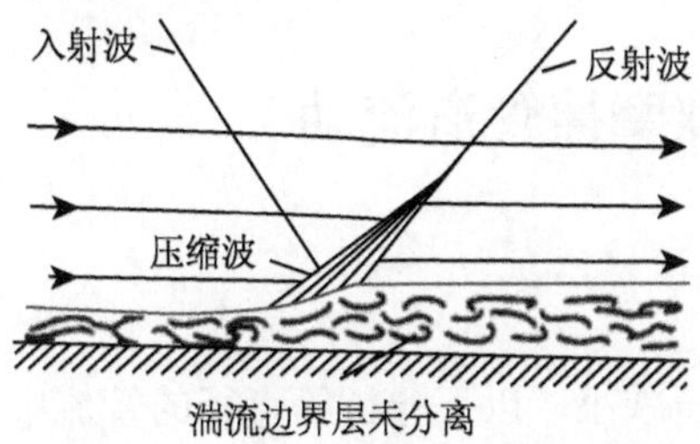

图7.53　斜激波与湍流边界层的干扰(湍流边界层未分离)

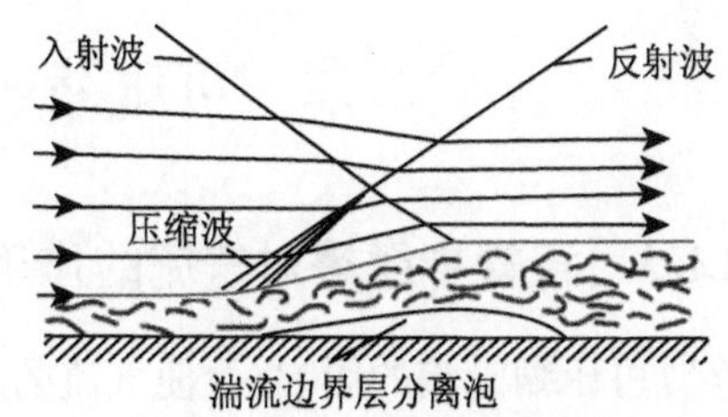

图7.54　斜激波与湍流边界层的干扰(湍流边界层分离泡)

7.11.3　头部激波与边界层的干扰

图7.55所示为楔形体超声速绕流头部弓形激波与边界层的干扰。受头部绕流快速变厚的边界层影响,使边界层外绕流头部变钝,出现离体激波(弓形激波),并在弓形激波后形成一个小区域的亚声速区。头部边界层发出的膨胀波与激波相交,使激波削弱而弯曲。同样,弓形激波的作用,也会使边界层发生变化。如果边界层较薄,相互影响主要发生在头部。对于绕平板的超声速流动,在头部同样会出现一个弱小的分离激波,但很快减弱为马赫波,如图7.56所示。

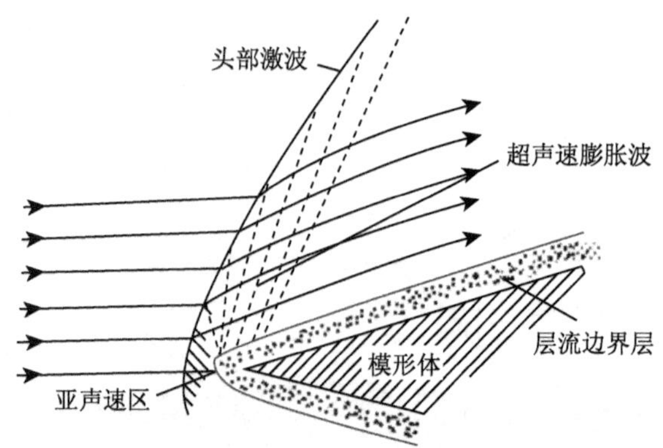

图 7.55　楔形体头部激波与边界层的干扰

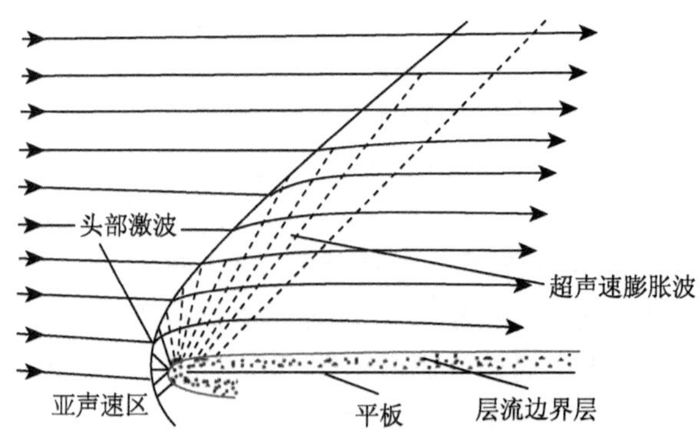

图 7.56　平板头部激波与边界层的干扰

7.12　可压缩一维摩擦管道流动

7.12.1　直管中摩擦对气流的作用

摩擦对可压缩管流的影响,会使气流的总压减小。以下分析等直径的管流中,因摩擦引起的损失大小。假定管壁是绝热的,气流与外界没有能量交换,气体微团之间也不考虑热交换。仍用一维假设,如图 7.57 所示,沿着管轴取一段长度为 dx 的控制体,管道的直径为 D、面积为 A,控制体上游断面的流动参数为 V、ρ、p、T,下游断面的流动参数为 $V+\mathrm{d}V$、$\rho+\mathrm{d}\rho$、$p+\mathrm{d}p$、$T+\mathrm{d}T$,管壁上的摩擦应力为 τ_0。

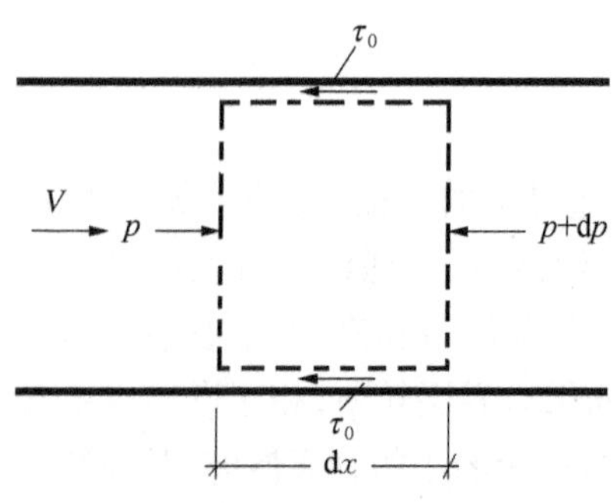

图 7.57　直管微段控制体

假设通过管道的流动是定常流动,质量守恒方程为

$$\mathrm{d}(\rho VA)=0,\ \frac{\mathrm{d}\rho}{\rho}+\frac{\mathrm{d}V}{V}+\frac{\mathrm{d}A}{A}=0 \quad (7.267)$$

在流动中,$\mathrm{d}A=0$,则有

$$\frac{d\rho}{\rho}+\frac{dV}{V}=0 \tag{7.268}$$

动量守恒方程(管道水平或不计质量力)为

$$pA-(p+dp)A-\tau_0\pi D dx=\rho VA(V+dV-V) \tag{7.269}$$

简化,得

$$\rho V dV+dp+\tau_0\frac{\pi D}{A}dx=0 \tag{7.270}$$

假设壁面切应力可表示为

$$\tau_0=\frac{1}{8}C_f\rho V^2 \tag{7.271}$$

其中,C_f 为管道的沿程阻力系数,其变化曲线如图 7.58 所示。图中,$Re=\dfrac{VD}{\nu}$ 为雷诺数,ν 为空气的运动黏性系数;Δ 为管道壁面粗糙高度。代入式(7.270)得

$$\rho V dV+dp+C_f\frac{1}{2}\rho V^2\frac{dx}{D}=0 \tag{7.272}$$

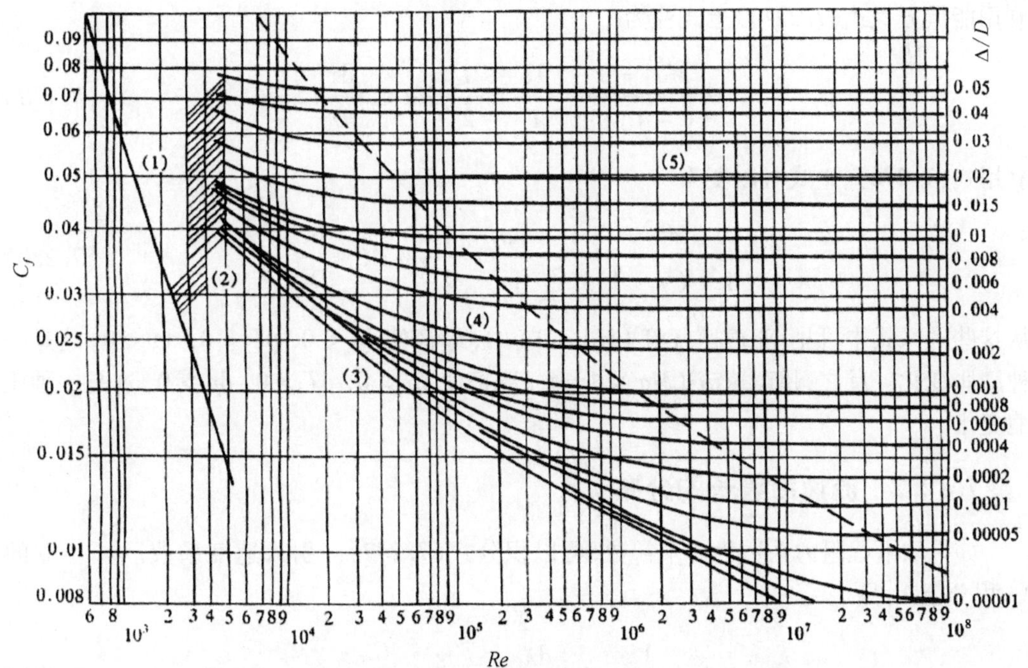

图 7.58　管道沿程阻力系数

由定常绝热流动的能量方程,有

$$dh + d\frac{V^2}{2} = 0 \tag{7.273}$$

其中,h 为气体的焓, $dh = C_p dT$, 则上式有

$$C_p dT + VdV = 0 \tag{7.274}$$

理想气体的状态方程为

$$\frac{p}{\rho} = RT \tag{7.275}$$

联立求解式(7.268)、式(7.272)、式(7.274)和式(7.275),可得

$$dp = -\rho\left(\frac{\gamma - 1}{\gamma} + \frac{1}{\gamma Ma^2}\right) VdV \tag{7.276}$$

$$(1 - Ma^2)\frac{dV}{V} = \frac{1}{2}\gamma Ma^2 C_f \frac{dx}{D} \tag{7.277}$$

上式表明,在亚声速流区 $dV > 0$, 摩擦使亚声速气流加速;当马赫数大于1,可得 $dV < 0$, 说明摩擦使超声速气流减速。利用连续性方程(7.268),上式可变为

$$(Ma^2 - 1)\frac{d\rho}{\rho} = \frac{1}{2}\gamma Ma^2 C_f \frac{dx}{D} \tag{7.278}$$

利用能量方程式(7.274),上式变为

$$\frac{Ma^2 - 1}{(\gamma - 1)Ma^2}\frac{dT}{T} = \frac{1}{2}\gamma Ma^2 C_f \frac{dx}{D} \tag{7.279}$$

利用式(7.276),上式可以变为

$$\frac{Ma^2 - 1}{1 + (\gamma - 1)Ma^2}\frac{dp}{p} = \frac{1}{2}\gamma Ma^2 C_f \frac{dx}{D} \tag{7.280}$$

从这些关系式中可见,亚声速气流 ($Ma < 1$) 中, 摩擦使 $d\rho < 0$, $dT < 0$, $dp < 0$, 这是一种膨胀变化。反之,超声速流 ($Ma > 1$) 中, 摩擦使 $d\rho > 0$, $dT > 0$, $dp > 0$, 这是一种压缩变化。

7.12.2 流速沿管长的分布

如果取沿程阻力系数为一个常数,可以积分式(7.277)。引入速度系数,从 $x = 0$ 的 λ_1 积分至 λ,得

$$\int_{\lambda_1}^{\lambda}\left(\frac{1}{\lambda^2} - 1\right)\frac{d\lambda}{\lambda} = \frac{\gamma}{\gamma + 1}\frac{C_f}{D}dx \tag{7.281}$$

积分，得

$$\left(\frac{1}{\lambda_1^2}-\frac{1}{\lambda^2}\right)-\ln\frac{\lambda^2}{\lambda_1^2}=\frac{\gamma}{\gamma+1}\frac{2C_f}{D}x \tag{7.282}$$

如果令

$$\eta=2C_f\frac{\gamma}{\gamma+1}\frac{x}{D} \tag{7.283}$$

称为折合管长，即

$$\left(\frac{1}{\lambda_1^2}-\frac{1}{\lambda^2}\right)-\ln\frac{\lambda^2}{\lambda_1^2}=\eta \tag{7.284}$$

对于给定的 λ_1，λ 值随 η 的变化与 λ_1 是大于 1 还是小于 1 有关。对于 $\lambda_1<1$ 的情况，λ 值随 η 的增大而增大；对于 $\lambda_1>1$ 的情况，λ 值随 η 的增大而减小。这表明摩擦使速度系数趋于 1.0。对于给定的 λ_1 值，极限管长 $\eta_{\max}(\lambda=1)$ 为

$$\eta_{\max}=\left(\frac{1}{\lambda_1^2}-1\right)+\ln\lambda_1^2 \tag{7.285}$$

7.13　收缩喷管、拉瓦尔喷管、超声速风洞的工作性能

7.13.1　收缩喷管的工作性能

根据一维等熵管流理论，当亚声速气流（或低速气流）通过收缩喷管时，管道内流速沿程增大，压强和密度减小，气流膨胀；而超声速气流通过收缩喷管时，气流速度沿程减小，压强和密度增大，气流压缩。下面结合一维等熵流关系分析收缩喷管的工作性能。对于如图 7.59 所示的收缩喷管的实验装置，在喷管前是一个大的容器，其内气体的速度很小，可视为动能趋于零，则容器内气体的总压为 p_0、总温为 T_0、总密度为 ρ_0；喷管出口面积为 A，出口压强为 p；背压室的压强（或称为背压）p_b 可以调节。假设喷管出口压力比 β 为

$$\beta=\frac{p}{p_0} \tag{7.286}$$

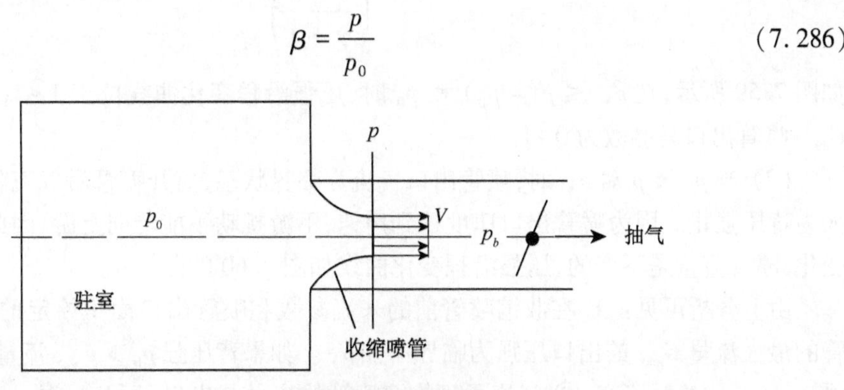

图 7.59　收缩喷管实验装置

收缩喷管的工作性能如下。

(1) 当 $p_* \leqslant p(=p_b) \leqslant p_0$ 时,收缩喷管内的流动均为亚声速流动,这里 p_* 为喷管出口速度达到声速 ($V=a$) 所对应的出口压强。喷管出流量可根据一维等熵流关系确定,由式(7.113)可得喷管出口马赫数与压力比的关系为

$$Ma = \frac{V}{a} = \sqrt{\frac{2}{\gamma - 1}\left(\beta^{\frac{\gamma-1}{\gamma}} - 1\right)} \tag{7.287}$$

出口速度为

$$V = \sqrt{\frac{2\gamma}{\gamma - 1}\frac{p}{\rho}\left(\beta^{\frac{\gamma-1}{\gamma}} - 1\right)} \tag{7.288}$$

出口流量与压力比的关系为

$$G = \rho VA = A\sqrt{\frac{2\gamma}{\gamma - 1}p_0\rho_0\left(\beta^{\frac{2}{\gamma}} - \beta^{\frac{\gamma+1}{\gamma}}\right)} \tag{7.289}$$

或用出口马赫数表示的流量为

$$G = \sqrt{\frac{\gamma}{R}\left(\frac{2}{1+\gamma}\right)^{\frac{\gamma+1}{\gamma-1}}}\frac{p_0A}{\sqrt{T_0}}Ma\left[\frac{2}{\gamma+1}\left(1 + \frac{\gamma-1}{2}Ma^2\right)\right]^{-\frac{\gamma+1}{2(\gamma-1)}} \tag{7.290}$$

由此可见,对于给定的收缩喷管,当喷管的出口面积和总压强给定后,出口流量仅是压力比 β 的函数。如果喷管出口压强为 p_* 时,出口速度为声速, $Ma=1$, 喷管流量达到最大为 G_{max},此时由式(7.290)得

$$G_{max} = \sqrt{\frac{\gamma}{R}\left(\frac{2}{1+\gamma}\right)^{\frac{\gamma+1}{\gamma-1}}}\frac{p_0A}{\sqrt{T_0}} \tag{7.291}$$

喷管出口临界压强为

$$\frac{p_*}{p_0} = \left(\frac{2}{\gamma+1}\right)^{\frac{\gamma}{\gamma-1}} \tag{7.292}$$

如图 7.59 所示,在 $p_* \leqslant p(=p_b) \leqslant p_0$ 时,压强沿程变化曲线位于 1~3,质量流量为 0~G_{max},喷管出口马赫数为 0~1。

(2) 当 $p_b < p \leqslant p_*$ 时,喷管出口气流为临界状态,离开喷管后气流将继续膨胀至压强为背压强止。因为喷管出口速度达到声速,下游扰动不能传向上游,因此不论背压如何变化,喷管流量是不变的,压强沿程变化曲线如图 7.60 的曲线 4。

由上分析可见: ① 在收缩喷管前的来流参数和喷管出口面积给定的情况下,通过喷管的最大流量 G_{max} 的出口压强为临界压强 p_*。如果背压强 $p_b > p_*$, 流量减小;如果背压强 $p_b < p_*$, 流量不变;② 气流通过收缩喷管的流量与出口面积、总温 p_0 成正比,与总温

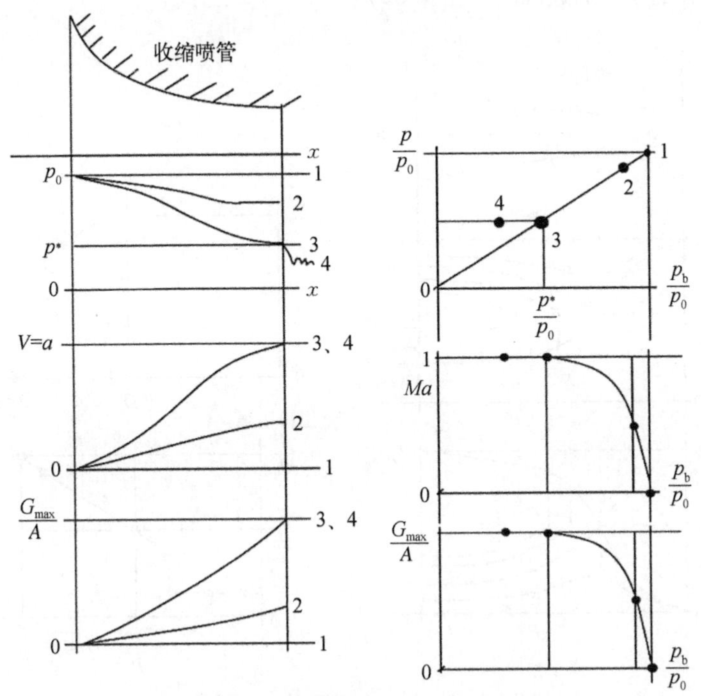

图 7.60　收缩喷管的工作性能

T_0 的平方根成反比;③ 在给定出口截面积下,要想增加喷管的最大流量,只有提高喷管前的气流总压才能做到。

对于截面积逐渐扩大的管段称为扩压管。当亚声速气流通过扩压管时,由于截面积增大,速度沿程减小,压强和密度沿程增加;当超声速气流通过扩压管时,由于截面积增大,速度沿程增大,压强和密度减小,气流膨胀。

7.13.2　拉瓦尔喷管的工作性能

业已知道,使用拉瓦尔喷管可以使气流越过声速而继续加速到超声速气流。结构形式上,拉瓦尔喷管是一个先收缩后扩张的管道,其工作性能比收缩喷管的工作性能要复杂,如图 7.61 所示为实验装置。

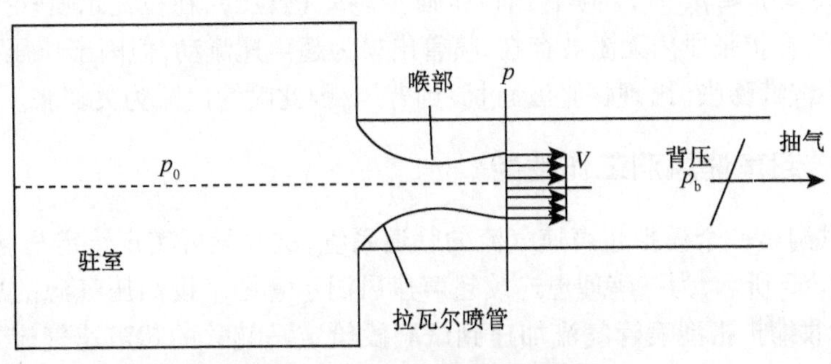

图 7.61　拉瓦尔喷管的实验装置

拉瓦尔喷管的工作性能如下(图 7.62)。

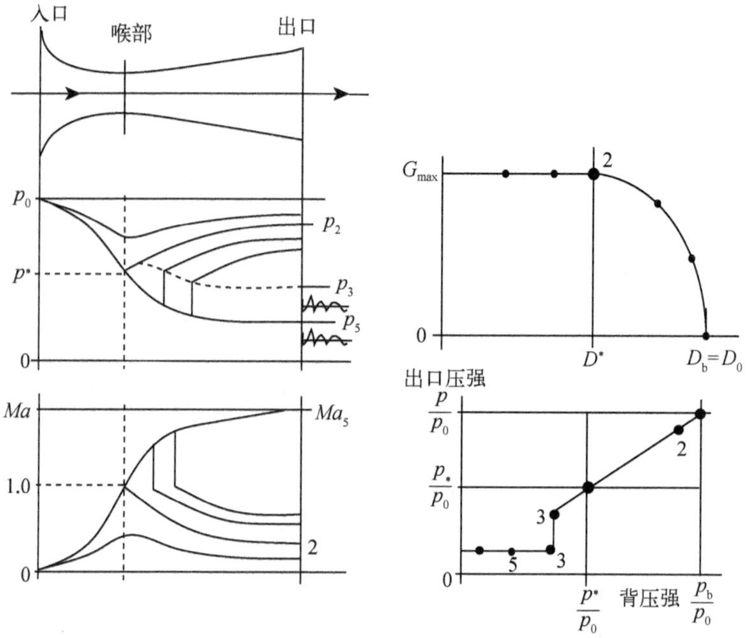

图 7.62　拉法尔喷管的工作性能

(1) 当 $p_2 \leqslant p(=p_b) \leqslant p_0$ 时,拉瓦尔喷管内的流动均为亚声速流动,这里 p_2 为拉瓦尔喷管喉部速度达到声速 ($V=a$) 所对应的出口压强。通过拉瓦尔喷管气流类似文丘里流量计的流动,在喉道前气流加速减压,在喉道后气流减速增压,在喉道处流速最大,但没有超过声速。出流量可根据一维等熵流关系确定。p_2 为喉道出现声速时对应的出口压强。

(2) 当 $p_3 \leqslant p(=p_b) \leqslant p_2$ 时,在拉瓦尔喷管内出现超声速流动,并在扩张段内出现激波,喷管出口为亚声速流动。其中,p_3 为拉瓦尔喷管出口处正好出现激波,激波后的喷管出口压强。

(3) 当 $p_5 \leqslant p \leqslant p_3$ 时,且喷管出口压强 $p < p_b$(背压),在拉瓦尔喷管扩张段全部出现超声速流动,在扩张段内无激波存在,喷管出口为超声速流动,但因出口压强小于背压,喷管出流后将产生压缩波(斜激波)过渡到背压,因此喷管出流为过膨胀。其中,p_5 为拉瓦尔喷管出口为超声速流动,出口压强等于背压,即 $p_5 = p_b$,这种情况称为喷管设计工况。

(4) 当 $p_b \leqslant p \leqslant p_5$ 时,且喷管出口压强 $p > p_b$(背压),在拉瓦尔喷管扩张段全部出现超声速流动,在扩张段内无激波存在,喷管出口为超声速流动,但因出口压强大于背压,喷管出流后将继续膨胀(出现膨胀波)过渡到背压,因此喷管出流为欠膨胀。

7.13.3　超声速风洞工作性能

超声速风洞是一个模拟超声速气流的管道系统,试验段可实现给定马赫数均匀的气流场。如图 7.63 所示,为一座理想连续超声速风洞示意图。设高压气源的总压为 p_0、总温为 T_0,通过收缩扩张型喷管气流加速到试验段给定马赫数的超声速气流,离开试验段进入风洞扩散段,超声速气流先通过收缩段减速到声速,然后通过扩散段进一步减速到低压气源。由低压气源到高压气源，气流通过冷却器和压缩机完成，以克服气流的摩擦损失和保持气流总温不变。

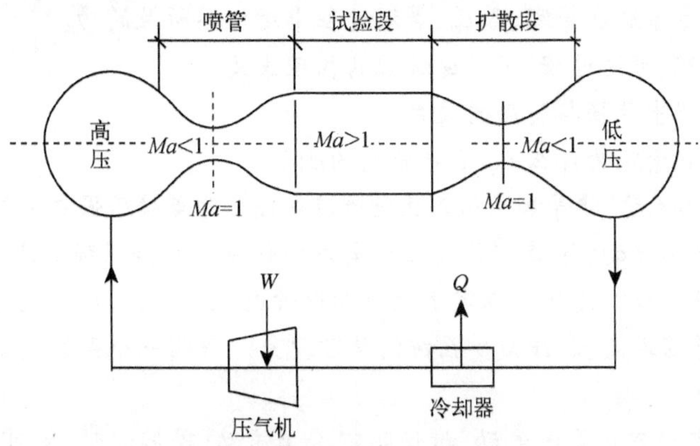

图 7.63　超声速风洞工作原理

在超声速风洞中，喷管与扩散段喉道均出现马赫数 $Ma = 1$ 的临界流。考虑到经过激波存在总压损失，根据式(7.285)，在喉道处总压与喉道面积乘积为常数，即

$$p_0 A_c = C \tag{7.293}$$

假设第一喉道面积为 A_{c1}、总压为 p_{01}，第二喉道面积为 A_{c2}、总压为 p_{02}，由式(7.293)得

$$\frac{p_{01}}{p_{02}} = \frac{A_{c2}}{A_{c1}} > 1 \tag{7.294}$$

因激波的损失，$p_{01} > p_{02}$，则有 $A_{c1} < A_{c2}$。说明要保持试验段为超声速气流，要求第二喉道面积大于第一喉道面积，并可以通过调整第二喉道的面积来稳定试验段的超声速气流。

如果第一喉道面积等于第二喉道面积，气流在第一喉道出现马赫数 $Ma = 1$ 的声速流，进入喷管扩张段的气流减速并在试验段保持亚声速流动。进入扩散段，在第二喉道气流加速到声速 $Ma = 1$，气流出现堵塞。如果背压降低到足够小，在扩散段第二喉道下游出现超声速流动，并在扩散段的扩张段出现正激波，如果进一步降低背压，激波继续向下游推移，而在喷管出口和试验段始终处于亚声速流动。但是如果第二喉道面积大于第一喉道面积，堵塞出现在第一喉道下游而不是第二喉道下游，这样气流在第一喉道出现声速 $Ma = 1$，而在第二喉道仍是亚声速流动。随着背压的降低，在第一喉道下游扩张段出现超声速气流，然后通过正激波过渡到亚声速气流。如果背压不断降低，激波向下游推移到第二喉道下游，此时整个试验段形成稳定的超声速流动。

习　题

一、思考题

7.1　请说明完全气体状态方程的物理意义。

7.2　什么是一个系统的内能、压能、动能、焓？

7.3　请写出在静止状态下的热力学第一定律的数学表达式和物理意义。

7.4 请说明在运动状态下的热力学第一定律的数学表达式和物理意义。指出与不可压缩流体定常流动能量方程(不计质量力)的差别。

7.5 写出单位质量系统在等容、等压、等温过程中对外界所做的功。

7.6 说明绝热过程、可逆过程、不可逆过程的物理意义。

7.7 写出绝热过程中压强与密度的关系。

7.8 什么是熵的概念？为什么 dq/T 是状态的函数？

7.9 对于定常绝热流动(非等熵),请写出沿着流线任意两点静压强之比与马赫数的关系。

7.10 对于定常绝热流动(等熵),请写出沿着流线任意两点静压强之比与马赫数的关系。

7.11 什么是驻点参数？为什么在定常绝热摩擦管道流动中,总焓不变,总压减少？

7.12 说明一个总温不变、总压减少系统的物理现象。说明一个系统总温不变、总压不变的物理现象。

7.13 一个绝热定常突扩管道流动,请说明不等熵流动、等熵流动、不可压缩流动突扩截面处的速度大小关系,为什么？

7.14 请推导变截面管道中,定常流动速度相对增量与面积相对增量的关系。

7.15 请推导变截面管道中,定常流动最小截面积与任意断面截面积之比与马赫数的关系。

7.16 什么是马赫波？说明马赫波的特点。写出通过马赫波压强系数。

7.17 写出通过马赫波线的连续方程、切向动量方程、法向动量方程。

7.18 为什么通过膨胀角时马赫波线是从扰源发出的射线？马赫波是什么波？

7.19 通过压缩角时马赫波是什么波？为什么马赫波线会汇聚？

7.20 请说明激波形成的物理机制。激波推进速度为什么大于激波前气体的波速？

7.21 激波推进速度为什么小于激波后气体的波速？

7.22 写出通过激波的控制方程(连续方程、动量方程、能量方程)。

7.23 请写出通过正激波的熵增表达式。为什么会出现熵增？

7.24 什么是斜激波？请指出斜激波与正激波的差别。

7.25 请说明在超声速气流中如何产生激波。

二、计算题

7.26 考虑一个有 5 m×7 m 的矩形地板和 3.3 m 高天花板的房间,室内空气压力和温度分别为 101 325 Pa 和 25℃,计算室内空气的内能和焓。

7.27 假设一架波音 747 飞机在 10 972 m 的标准高度飞行,机翼上某一点的压力为 19 152 Pa。假设机翼上有等熵流,计算此时的温度。

7.28 气流中某一点的压力、温度和速度分别为 101 325 Pa、46.85℃和 1 000 m/s,计算该点的总温度和总压力。

7.29 一架飞机在 3 048 m 的标准高度飞行。安装在机头的皮托管测量 105 336 Pa 的压力。这架飞机正以高于 483 km/h 的亚声速飞行,认为流动是可压缩的,计算飞机的速度。

7.30 考虑空气中的正常冲击波,其上游流动特性为 $u_1 = 680$ m/s、$T_1 = 288$ K 和 $p_1 = 101\ 325$ Pa,计算冲击波下游的速度、温度和压力。

7.31 计算气流中某一点的动能与内能之比,其中马赫数为:① $Ma = 2$ 和② $Ma = 20$。

7.32　一架飞机在3 048 m的标准高度飞行。安装在机头的皮托管测量106 294 Pa的压力。这架飞机正以高于482 km/h的亚音速飞行,计算飞机的速度。

7.33　高速导弹驻点的温度和压力分别为245℃和790 335 Pa,计算在这个位置密度。

7.34　在冲击波的上游,空气温度和压力分别为14.85℃和101 325 Pa;在冲击波的下游,空气温度和压力分别为417℃和877 069.2 Pa。计算波的焓、内能和熵的变化。

7.35　考虑翼型上的等熵流。自由流条件为 $T_\infty = -28.15$℃, $P_\infty = 4.35 \times 10^4\ \mathrm{N/m^2}$。在翼型上的某一点,压力为 $3.6 \times 10^4\ \mathrm{N/m^2}$,计算这一点的密度。

7.36　考虑通过超音速风洞喷嘴的等熵流。$T_0 = 227$℃, $P_0 = 1\ 013\ 250$ Pa。如果喷嘴出口处的 $P = 101\ 325$ Pa,计算出口温度和密度。

7.37　考虑流速和温度分别为396 m/s和−6℃的空气质点,计算此时的总焓。

7.38　在超声速风洞中,速度可以忽略不计,温度为727℃,喷嘴出口温度为327℃。假设通过喷嘴的为绝热流,计算出口速度。

7.39　翼型处于自由流中,其中 $p_\infty = 61\ 808.25$ Pa, $\rho_\infty = 0.819\ \mathrm{kg/m^3}$, $V_\infty = 300$ m/s。在翼型表面的某一点上,压力为50 662.5 Pa,假设为等熵流,计算该点的速度。

7.40　(1) 假设一根长300 m的管子,在47℃的温度下充满空气,管子的一端产生声波。波浪到达另一端要多长时间?

(2) 如果管子在320 K的温度下充满氦气,并且在管子的一端产生声波,声波到达另一端需要多长时间? 对于单原子气体(如氦), $\gamma = 1.67$。注: 氦 $R = 2\ 078.5$ J/(kg·K)。

7.41　假设一架飞机以250 m/s的速度飞行。如果它在① 海平面、② 5 km、③ 10 km的标准高度飞行,计算其马赫数。

7.42　假设气流中的一个点,压力和密度分别为70 927.5 Pa和0.98 kg/m³。① 计算等熵压缩系数的相应值;② 根据等熵压缩系数的值,计算流动中某点的声速。

7.43　如习题7.43图所示,考虑一个在马赫数为5的气流中具有15°半角的楔块,计算此楔块的阻力系数(假设基底上的压力等于自由流静压)。

7.44　考虑习题7.44图所示的二维抛物面钝体前方的分离弯曲弓形激波。自由流速度

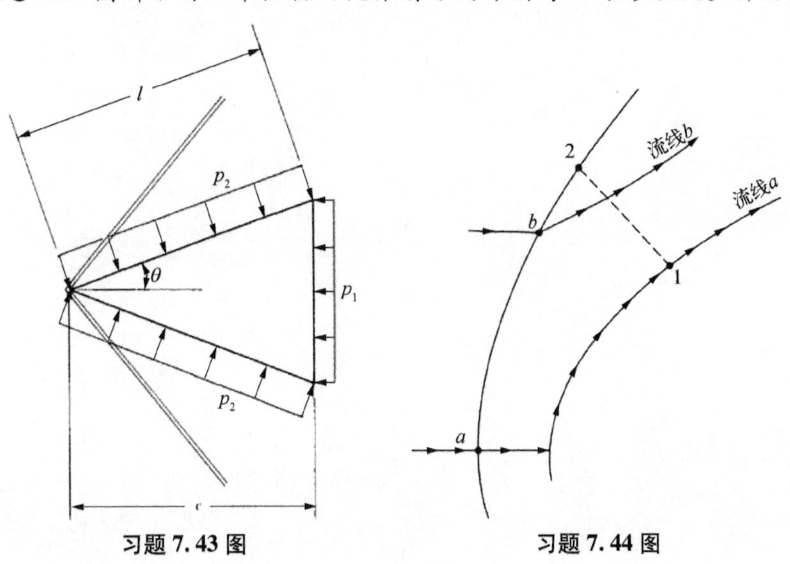

习题7.43图　　　　习题7.44图

是马赫数 8。考虑在图所示的 a 点和 b 点通过冲击的两条流线。a 点的波浪角为 90°，b 点的波浪角为 60°。计算并比较冲击后气流中流线 a 和 b 的熵值(相对于自由流)。

7.45 $Ma_1 = 1.5$, $p_1 = 101\,325$ Pa, $T_1 = 14.8$℃ 的超声速气流在尖角处(习题 7.45 图)以 15° 的偏转角扩展。计算 Ma_2、p_2、T_2、$p_{0,2}$、$T_{0,2}$，以及前后马赫线相对于上游流向的角度。

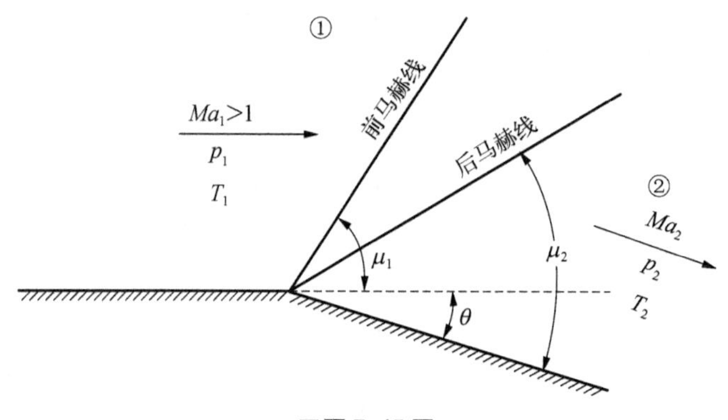

习题 7.45 图

7.46 考虑习题 7.46 图中绘制的等熵压缩面。波的马赫数和上游压力分别为 $Ma_1 = 10$ 和 $p_1 = 1$ atm(1 atm = 101 325 Pa)。气流通过 15°的斜坡，计算压缩波后②区的马赫数和压力。

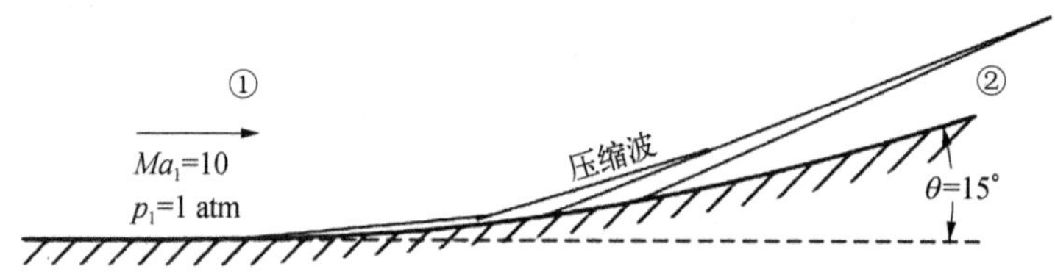

习题 7.46 图

第二部分　应用空气动力学

第 8 章
低速翼型绕流与气动特性

本章介绍二维低速翼型绕流的气动特性，包括翼型的几何参数、翼型发展历史、翼型的空气动力系数、翼型绕流与气动特性、库塔-茹科夫斯基后缘条件与环量的确定、翼型绕流升力产生的机理、翼型绕流物面近区边界层的发展、定常不可压缩绕翼型势流的解、薄翼型理论以及实用低速翼型的气动特性等。

学习要点：

（1）熟悉低速翼型绕流的特性、翼型几何和气动参数、翼型绕流特性等；

（2）熟练掌握库塔-茹科夫斯基后缘条件与环量的确定、翼型绕流升力产生的机理、翼型绕流物面近区边界层的发展以及定常不可压缩绕翼型势流的解和薄翼型理论；

（3）了解低速厚翼型和实用翼型的气动特性等。

8.1 翼型的几何参数及其发展

8.1.1 翼型的发展

在飞机的各种飞行状态下，机翼是飞机承受升力的主要部件，而立尾和平尾是飞机保持安定性和操纵性的气动部件。飞机一般都有对称面，如果平行于对称面在机翼展向任意位置切一刀，几何上切出来的机翼剖面称为翼剖面或翼型，气动上仅考虑在翼剖面上的二维流动。翼型是机翼和尾翼成形的重要组成部分，直接影响飞机的气动性能和飞行品质，如图 8.1 所示，鸟的羽翼剖面也是如此。

通常，飞机设计要求机翼和尾翼的升力尽可能大、阻力尽可能小，并有小的零升力矩。因此，对于不同的飞行速度，机翼的翼型形状是不同的。对于低亚声速飞机，为了提高升力系数，翼型形状为圆头尖尾形；对于高亚声速飞机，为了提高阻力发散马赫数，采用超临界翼型，其特点是前缘丰满、上翼面平坦、后缘向下凹；对于超声速飞机，为了减小激波阻力，采用尖头、尖尾形翼型。最早的机翼是模仿风筝的，在骨架上蒙布，基本上是平板。在实践中发现弯板比平板好，能用于较大的迎角范围。1903 年，莱特兄弟研制出薄而带正

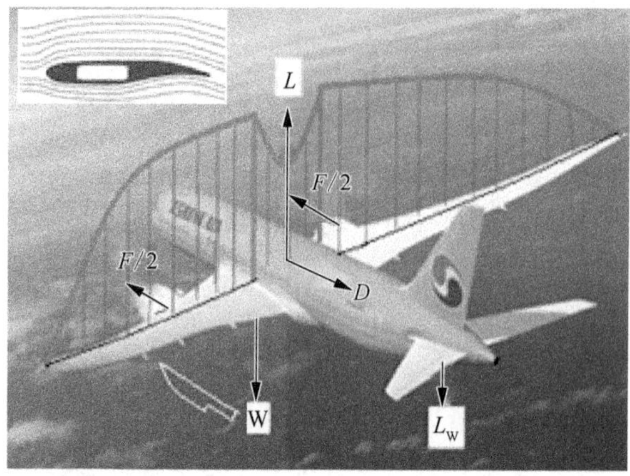

图 8.1　翼型的定义

弯度的翼型。1909 年,茹科夫斯基首先利用复变函数保角变换法研究了理想流体翼型定常绕流,提出著名的茹科夫斯基翼型,明确了低速翼型中圆头尖尾型气动效果更好,圆头型能适应更大的迎角范围。如图 8.2 所示,随着型面外形的改进,翼型绕流的升阻比越来越大。

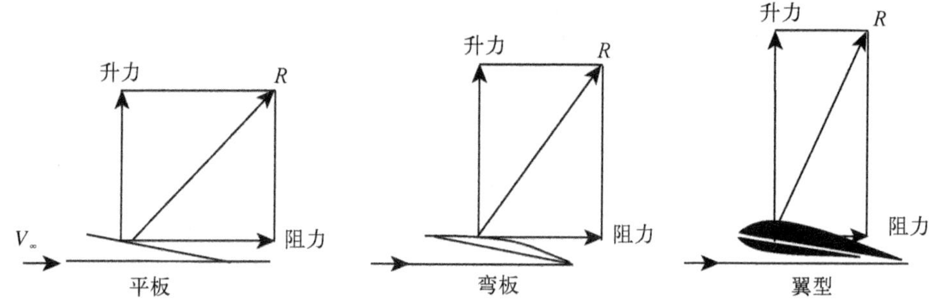

图 8.2　不同外形的翼型绕流升阻比

第一次世界大战期间(1914 年 7 月~1918 年 11 月),交战各国都在实践中摸索出一些性能较好的翼型,如茹科夫斯基翼型、德国 Gottingen 翼型、英国的皇家空军 RAF 翼型(Royal Air Force;后改为 RAE 翼型,Royal Aircraft Estabilishment,皇家飞机研究院)、美国的 Clark Y 等。20 世纪 30 年代以后,出现了美国 NACA 翼型和苏联中央空气流体研究院的 ЦАГИ 翼型,如图 8.3 所示。其中,在 20 世纪 30 年代后期,美国国家航空咨询委员会对各国的翼型性能进行了系统研究,提出了 NACA 四位数翼族和五位数翼族等。他们对翼型做了系统研究之后发现: ① 如果翼型不太厚,翼型的厚度和弯度作用可以分开考虑; ② 各国从经验上获得的良好翼型,如将弯度改直,即改成对称翼型,且折算成同一相对厚度的话,其厚度分布几乎是不谋而合的。由此提出当时认为是最佳的翼型厚度分布作为 NACA 翼型族的厚度分布。20 世纪 50 年代以后,随着飞行器的速度增大,开始出现适应于高亚声速、跨声速、超声速等翼型,20 世纪 60 年代以后发展了超临界翼型和层流翼型等。

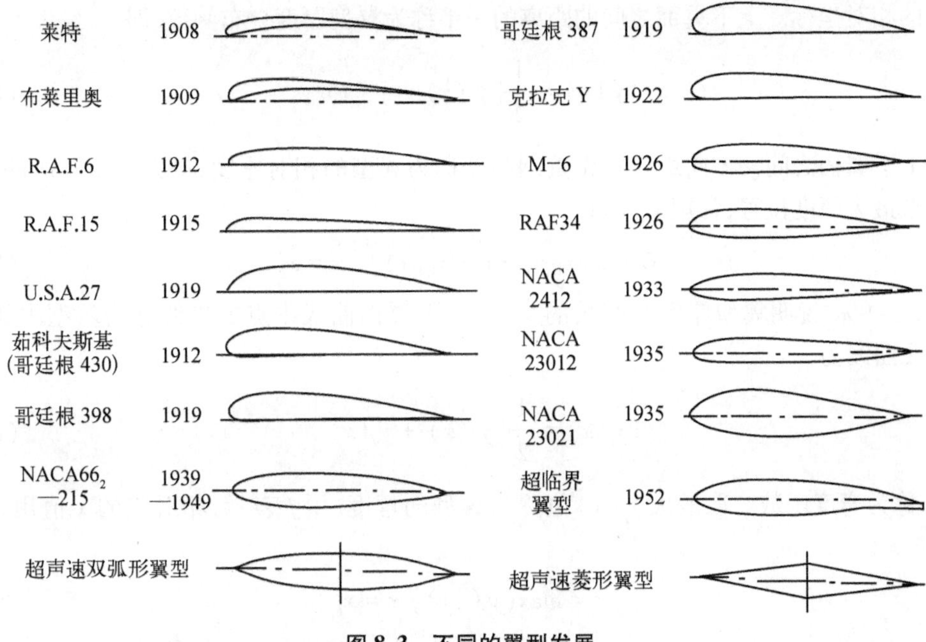

图 8.3　不同的翼型发展

8.1.2　翼型的定义与几何参数

如图 8.4 所示,翼型的几何参数包括：翼型的弦长、弯度、厚度、中弧线等。翼型的最前端点称为前缘点,最后端点称为后缘点。前缘点也可定义为：以后缘点为圆心,画圆弧,此弧和翼型的相切点即是前缘点。前后缘点的连线称为翼型的几何弦。对于某些下表面大部分为直线的翼型,也将此直线定义为几何弦。翼型前、后缘点之间的距离,称为翼型的弦长,用 b 表示。对于平直底的翼型,弦长定义为前、后缘在弦线上投影之间的距离。

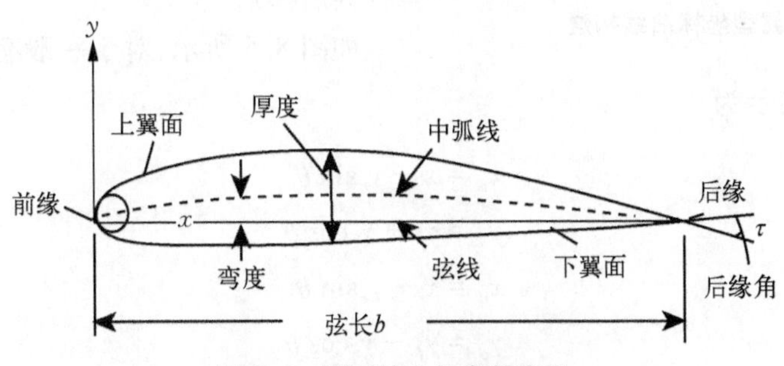

图 8.4　翼型的几何参数定义

一般翼型的上下表面(上、下缘)曲线用弦线长度的相对坐标的函数表示。以前缘点作为坐标原点,弦长方向为 x 轴,垂直方向为 y 轴,对上下翼面曲线定义如下的函数。为

$$x = \frac{\bar{x}}{b},\ y_u(x) = \frac{\bar{y}_u(x)}{b},\ y_d(x) = \frac{\bar{y}_d(x)}{b} \tag{8.1}$$

式中,x 和 y 是以弦长 b 为基准的相对值;$y_u(x)$ 为上翼面曲线的相对坐标;$y_d(x)$ 为下翼面

曲线的相对坐标。上下翼面之间的距离的一半称为翼型厚度分布函数,即

$$y_c(x) = \frac{1}{2}[y_u(x) - y_d(x)] \tag{8.2}$$

对于上下翼面之间 y 方向最大的无量纲高度称为翼型的相对厚度,最大厚度对应的 x 称为翼型最大厚度位置,常用 x_p 表示。

$$C = \max[y_u(x) - y_d(x)], \ x = x_p \tag{8.3}$$

例如,$C=9\%$,说明翼型厚度为弦长的9%。上下翼面曲线中点的连线称为翼型中弧线。中弧线曲线为

$$y_f(x) = \frac{1}{2}[y_u(x) + y_d(x)] \tag{8.4}$$

$y_f(x)$ 称为弯度函数。取最大 $y_f(x)$ 值称为翼型的弯度,用 f 表示,相对应的 x 值用 x_f 表示,即

$$f = \max(y_f(x)), \ x = x_f \tag{8.5}$$

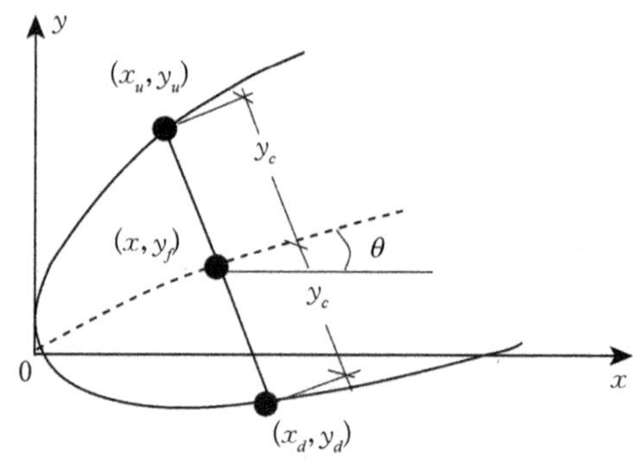

图 8.5 翼型坐标曲线构建

如果中弧线是一条直线(与弦线合一),这个翼型称为对称翼型。如果中弧线是曲线,该翼型必有弯度。弯度的大小用中弧线上最高点的 y 向坐标来表示。此值通常也是相对弦长表示的。此外,翼型的前缘是圆的,要很精确地画出前缘附近的翼型曲线,通常得给出前缘半径。这个与前缘相切的圆,其圆心在中弧线前缘点的切线上。翼型上下表面在后缘处切线间的夹角称为后缘角。

如图 8.5 所示,对于一般有弯度翼型,其上下缘曲线坐标表示为

$$\begin{aligned} x_u &= x - y_c \sin\theta \\ y_u &= y_f + y_c \cos\theta \\ x_d &= x + y_c \sin\theta \\ y_d &= y_f - y_c \cos\theta \end{aligned} \tag{8.6}$$

式中,θ 为中弧线在 x 位置处的倾角。

考虑到 θ 较小,可以用下列简化的坐标曲线,即

$$\begin{aligned} x_u &= x \\ y_u &= y_f + y_c \\ x_d &= x \\ y_d &= y_f - y_c \end{aligned} \tag{8.7}$$

对于圆头翼型,其前缘钝度用一个与前缘相切圆的半径 r_L 表示,圆心在中弧线前缘点的切线上,r_L 称为相对前缘半径。相对前缘半径的定义为 $r_L = \frac{\bar{r}_L}{b}$。翼型上下表面在后缘处切线间的夹角称为后缘角 τ,τ 值的大小表示后缘的尖锐程度。

8.1.3　NACA 翼型编号与构造

1. NACA 四位数翼型

20 世纪 30 年代后期,美国国家航空咨询委员会对翼型的性能进行了系统研究,提出了 NACA 四位数翼族和五位数翼族,总结各国良好翼型,除去弯度,给出了最佳翼型厚度分布的 NACA 翼型族的厚度分布,即

$$y_c(x) = \pm \frac{C}{0.2}(0.2969\sqrt{x} - 0.1260x - 0.3516x^2 + 0.2843x^3 - 0.1015x^4) \tag{8.8}$$

其中,C 为翼型厚度。前缘半径为 $r = 1.1019c^2$。中弧线取两段抛物线,在中弧线最高点二者相切,即

$$\begin{aligned} y_f &= \frac{f}{x_f^2}(2x_f x - x^2), \quad x < x_f \\ y_f &= \frac{f}{(1 - x_f)^2}[(1 - 2x_f) + (2x_f x - x^2)], \quad x > x_f \end{aligned} \tag{8.9}$$

式中,f 为中弧线最高点的纵坐标;x_f 为弧线最高点的弦向位置。中弧线最高点的高度 f(即弯度)和该点的弦向位置都是人为规定的。给 f、x_f 及厚度 C 以一系列的值便得翼型族。NACA 四位数翼族的形式如图 8.6 所示。其中第一位数代表弯度 f,为弦长的百分数;第二位数代表 x_f,表示弦长的十分数;最后两位数代表厚度,为弦长的百分数。例如,NACA 0012 是一个无弯度、厚 12%的对称翼型,NACA 2415(图 8.7),表示弯度 $f = 0.02$,弯度出现的弦向位置为 0.4,厚度为 0.15。有现成实验数据的 NACA 四位数翼族的翼型厚度有 6%、8%、9%、10%、12%、15%、18%、21%、24%。

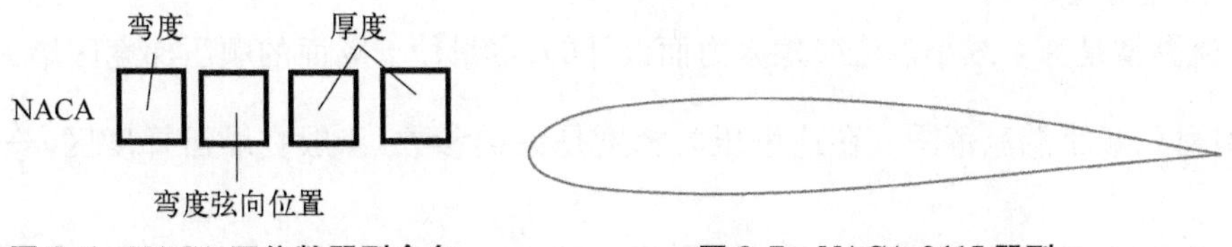

图 8.6　NACA 四位数翼型命名　　　**图 8.7　NACA 2415 翼型**

2. NACA 五位数翼型

五位数翼族的厚度分布与四位数翼型相同,厚度分布函数仍然为式(8.8),不同的是中弧线。由实验发现,调整中弧线最高点的弦向位置可以提高翼型最大升力系数,但后移或前移对力矩系数会产生影响。如后移过大,会使翼型绕流产生很大的俯仰力矩。如果

前移量大，原四位数翼型的中弧线不可用，必须改用其他形成的中弧线方程。这种中弧线的特点是，其曲率从前缘到后缘逐渐减小，掠过最高点后曲率降为零，此后为直线。中弧线的计算公式是

$$
\begin{aligned}
y_f &= \frac{1}{6}k_1[x^3 - 3mx^2 + m^2(3-m)x],\ 0 < x < m \\
y_f &= \frac{1}{6}k_1 m^3(1-x),\ m < x < 1.0
\end{aligned}
\tag{8.10}
$$

式中，m 和 k_1 是随中弧线最高点的弦向位置 x_f 而变化的数值，对于升力系数 0.3 的情况，取值如表 8.1 所示。

表 8.1　不同弦向位置的 m 和 k_1 的取值

序　号	中弧线最高点的弦向位置 x_f	m	K_1
1	0.05	0.058 0	361.4
2	0.10	0.126 0	51.64
3	0.15	0.202 5	15.957
4	0.20	0.290 0	6.643
5	0.25	0.391 0	3.230

五位数翼型的数码意义如图 8.8 所示。第一位数表示弯度，但不是一个直接的几何参数，而是通过设计升力系数来表达的，这个数乘以 3/2 就等于设计升力系数的 10 倍；第二、第三两位数是 $2x_f$，以弦长的百分数来表示；最后两位数仍是百分厚度。例如 NACA 23012 翼型，其设计升力系数是 $2 \times 3/20 = 0.30$，$x_f = 30/2$，即中弧线最高点的弦向位置在 15%弦长处，厚度仍为 12%。

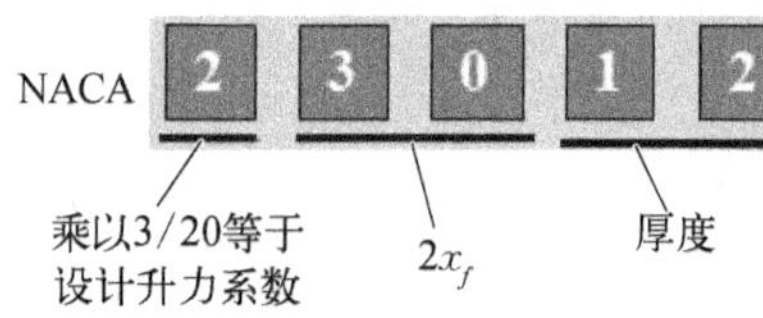

图 8.8　NACA 五位数字翼型命名

有现成实验数据的五位数翼族都是 230-系列的，设计升力系数都是 0.30，中弧线最高点的弦向位置 x_f 都在 15%弦长处，厚度有 12%、15%、18%、21%、24%五种。其他改型的五位数翼型在此就不介绍了。

3. *层流翼型*

层流翼型是为了减小湍流摩擦阻力而设计的，尽量使上翼面的顺压梯度区增大，减小逆压梯度区，减小湍流范围。在这里压力梯度是关键参数，一般在顺压梯度区 $\frac{dp}{ds} < 0$，边界层薄流态不易转捩成湍流；而在逆压梯度区 $\frac{dp}{ds} > 0$，边界层厚流态容易转捩成湍流。由于普通翼型顺压梯度区较短，为此 NACA 提出层流翼型族。层流翼型的厚度分布和中弧线分开设计，最大厚度点的弦向位置有 0.35、0.4、0.45、0.5 几种。中弧线的形状按载荷分布设计，载荷分布取一条折线，从前缘点开始到弦向某一位置 a 载荷为常数，以后到后缘载荷系数线性降为零。目前常用的 NACA6 系列为层流翼型（图 8.9），用一个六

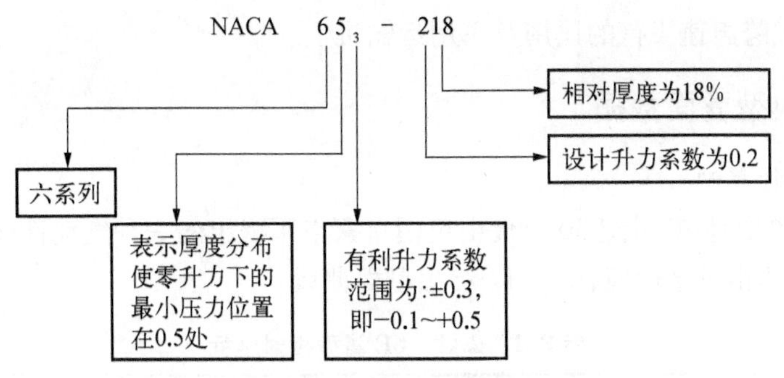

图 8.9　NACA6 系列翼型命名

位数字表示，还附带一个最终弧线的说明。例如 NACA65，3 - 218，a = 0.5，其中第一个 6 表示 6 系列，第二个 5 表示在迎角零度、对称翼型的情况下，最低压强点在 0.5 的弦长处（弦长的十分数），逗点后的 3 表示在设计升力系数上下 3/10 的范围，翼面上仍有有利的压强分布存在，跟着“-”之后的第一个数字是设计升力系数的 10 倍，C_L = 0.2。有利压强分布的范围是 0.2±3/10，即在 C_L =- 0.1 ~ 0.5，最后两位是厚度的百分数。如果该翼型的厚度分布曲线使用了不同的曲线，可以表示为 NACA65_3 - 218，a = 0.5。不同翼型的层流区是不同的，常规翼型层流区在 20% 以内，层流翼型可以到达 50%~60%，如图 8.10 所示。

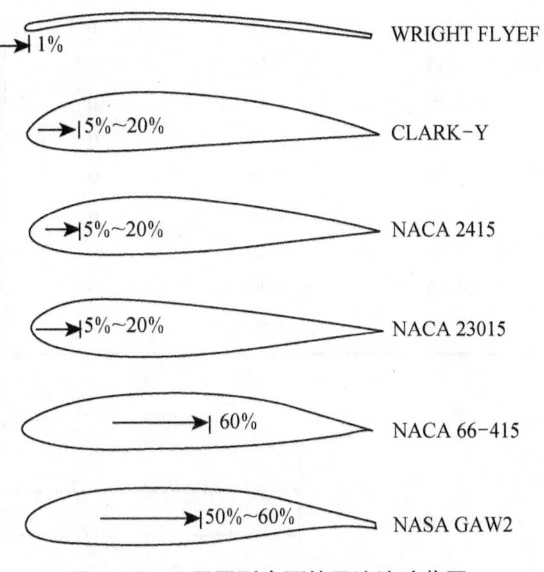

图 8.10　不同翼型表面的层流流动范围

8.1.4　超临界翼型

超临界翼型是由 NASA 兰利研究中心风洞实验室主任惠特科姆（Whitcomb，1921 ~ 2009 年）于 1967 年为了提高亚声速运输机阻力发散马赫数而提出的一种特殊翼型，如图 8.11 所示。该翼型能够明显推迟机翼在接近声速时阻力剧增现象发生，与普通翼型相比，阻力发散马赫数可以提高 0.05 ~ 0.12。型面上与普通层流翼型（尖峰翼型）相比，超临界翼型的前缘钝圆、上表面平坦、下表面后缘较薄并向下弯曲。由于其上表面平坦，减缓了气流加速过程，因而也减小了升力，为此通过增加下翼面后缘部分的下弯来弥补升力的不足，如图 8.11 所示。超临界翼型在 20 世纪 80 年代成功应用在大型客机 A320 上，目前是大型客机机翼设计的核心技术（超临界机翼）。因其具有跨声速巡航马赫数大、气动效率高、机翼相对较厚等优点，而被广

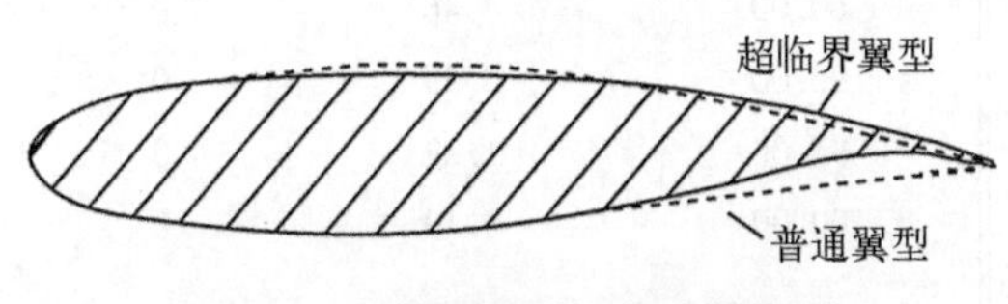

图 8.11　普通翼型与超临界翼型

泛应用于新一代跨声速飞行的民用及军用运输机上。

8.1.5 典型翼面数据

1. RAF-6E 翼型

RAF-6E 翼型是 20 世纪 30 年代由英国皇家空军提出的一种气动性能优良的平底翼型,表 8.2 给出其相对坐标值,图 8.12 给出型面曲线。

表 8.2 RAF-6E 翼型相对坐标

x/%	y_u/%	y_d/%	x/%	y_u/%	y_d/%
0.00	1.15	0	40.00	10.22	0
1.25	3.19	0	50.00	9.80	0
2.50	4.42	0	60.00	8.98	0
5.00	6.10	0	70.00	7.70	0
7.50	7.24	0	80.00	5.91	0
10.00	8.09	0	90.00	3.79	0
15.00	9.28	0	95.00	2.58	0
20.00	9.90	0	100.00	0.76	0
30.00	10.30	0			

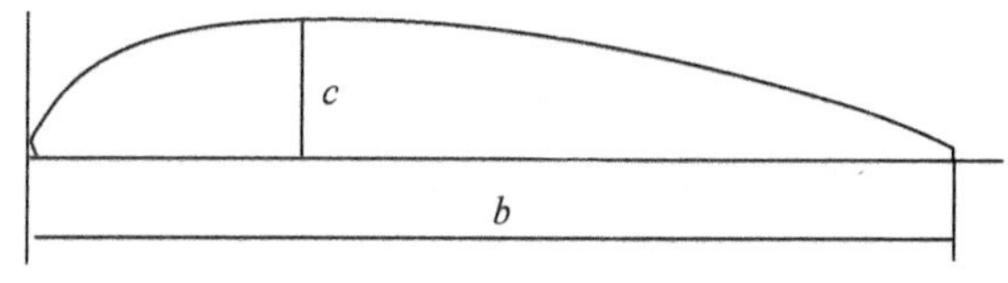

图 8.12 RAF-6E 翼型

2. Clark Y 翼型

Clark Y 翼型是 20 世纪 30 年代由美国 NACA 提出的另一种气动性能优良的平底翼型,表 8.3 给出其相对坐标值,图 8.13 给出型面曲线。

表 8.3 RAF-6E 翼型相对坐标

x/%	y_u/%	y_d/%	x/%	y_u/%	y_d/%
0.00	2.99	0	40.00	9.75	0
1.25	4.66	0	50.00	9.00	0
2.50	5.56	0	60.00	7.82	0
5.00	6.75	0	70.00	6.28	0
7.50	7.56	0	80.00	4.46	0
10.00	8.22	0	90.00	2.39	0
15.00	9.14	0	95.00	1.27	0
20.00	9.72	0	100.00	0.10	0
30.00	10.00	0			

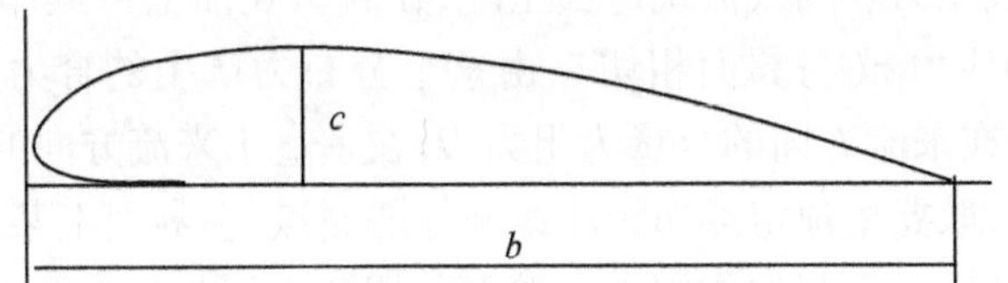

图 8.13　Clark - Y 翼型

3. NACA0012 翼型

NACA0012 翼型是 20 世纪 30 年代美国 NACA 提出四位数字标准翼型,表 8.4 给出其相对坐标值,图 8.14 给出型面曲线。

表 8.4　NACA0012 翼型相对坐标

x_u/%	y_u/%	y_d/%	x_u/%	y_u/%	y_d/%
0.00	0.00	0.00	55.00	4.95	-4.95
5.00	3.55	-3.55	60.00	4.56	-4.56
10.00	4.68	-4.68	65.00	4.13	-4.13
15.00	5.35	-5.35	70.00	3.66	-3.66
20.00	5.74	-5.74	75.00	3.16	-3.16
25.00	5.94	-5.94	80.00	2.62	-2.62
30.00	6.00	-6.00	85.00	2.05	-2.05
35.00	5.95	-5.95	90.00	1.45	-1.45
40.00	5.80	-5.80	95.00	0.81	-0.81
45.00	5.58	-5.58	100.00	0.13	-0.13
50.00	5.29	-5.29			

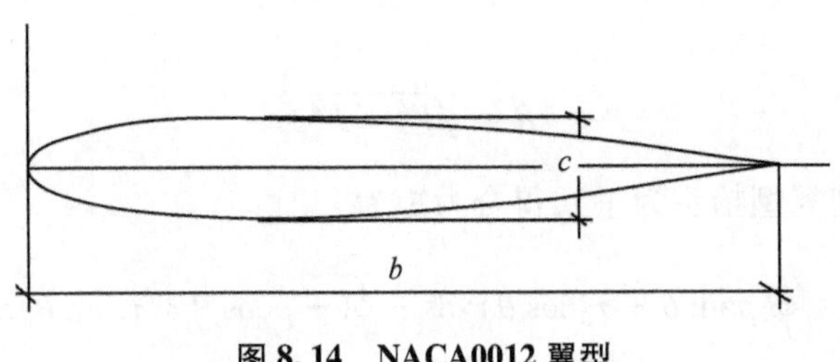

图 8.14　NACA0012 翼型

8.2　翼型的空气动力与空气动力系数

8.2.1　翼型的迎角与空气动力

在翼型平面内,定义来流 V_∞ 与翼弦线之间的夹角为翼型的几何迎角,简称迎角。对弦线而言,来流上偏为正,下偏为负,所以迎角有正负之分,正的迎角表示来流上偏,负的迎角表示来流下偏。翼型绕流为平面流动,翼型上的气动力可视为无限翼展机翼在展向取单位展长所受的气动力。当气流绕过翼型时,在翼型表面上每点作用力包括压强 p(垂直于翼面)和摩擦切应力 τ(与翼面相切),由这个分布力产生的合力为 R,合力的作用点称为压力中心,合力在来流方向的分量为阻力 D,在垂直于来流方向的分量为升力 L。

如图 8.15 所示,取翼型顶定点作为曲线坐标的原点,在翼面上某点任取一微段 ds,作用于该段上的力包括压强引起的作用力和壁面剪切应力引起的作用力,分别在 x 方向和 y 方向进行投影,得

$$dF_x = (p\sin\theta + \tau_0\cos\theta)ds \tag{8.11}$$

$$dF_y = (-p\cos\theta + \tau_0\sin\theta)ds \tag{8.12}$$

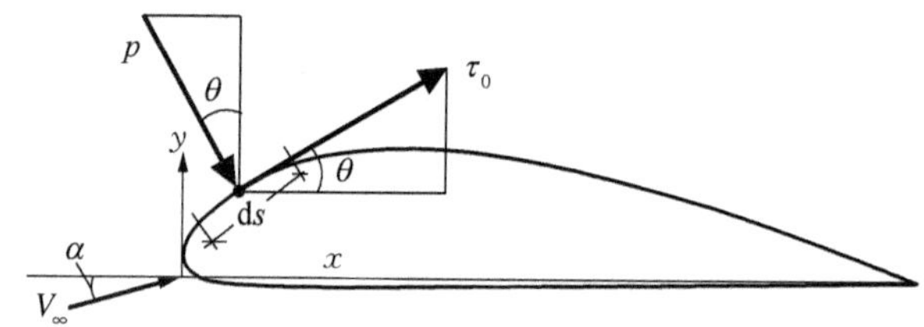

图 8.15 翼型上任意一点的受力分析

沿着物面积分上两式,得到分布力系的合力为

$$F_x = \oint(p\sin\theta + \tau_0\cos\theta)ds \tag{8.13}$$

$$F_y = \oint(-p\cos\theta + \tau_0\sin\theta)ds \tag{8.14}$$

由于坐标系 xy 取在翼型上,称其为体轴坐标系,相应的分力称为体轴坐标系下的分力。合力 R 为

$$R = \sqrt{F_x^2 + F_y^2} \tag{8.15}$$

对坐标原点取矩(使翼型抬头为正),得合力矩为

$$M_z = \oint(p\sin\theta + \tau_0\cos\theta)y\,ds - \oint(-p\cos\theta + \tau_0\sin\theta)x\,ds \tag{8.16}$$

式中,下标 z 表示取矩的轴。这样就把一个分布力系合成一个集中力和对原点的力矩,M_z 为原点取力矩的大小,以抬头为正,如图 8.16 所示。现将体轴系的 F_x 和 F_y 向来流方向和垂直于来流方向投影(称为风轴坐标系),可得翼型的升力和阻力分别为

$$\begin{aligned} L &= F_y\cos\alpha - F_x\sin\alpha \\ D &= F_y\sin\alpha + F_x\cos\alpha \end{aligned} \tag{8.17}$$

空气动力矩 M_z 的大小取决于力矩点的位置。如果取矩点位于翼型前缘,称为前缘力矩,力矩值用 M_z 表示,距前缘点的距离 $x_0 = 0$;如果取矩点位于分布力系的形心点,称为压力中心,距前缘点的距离 x_p,力矩值 M_{zp} 为零;如果取矩点位于力矩不随迎角变化的点,

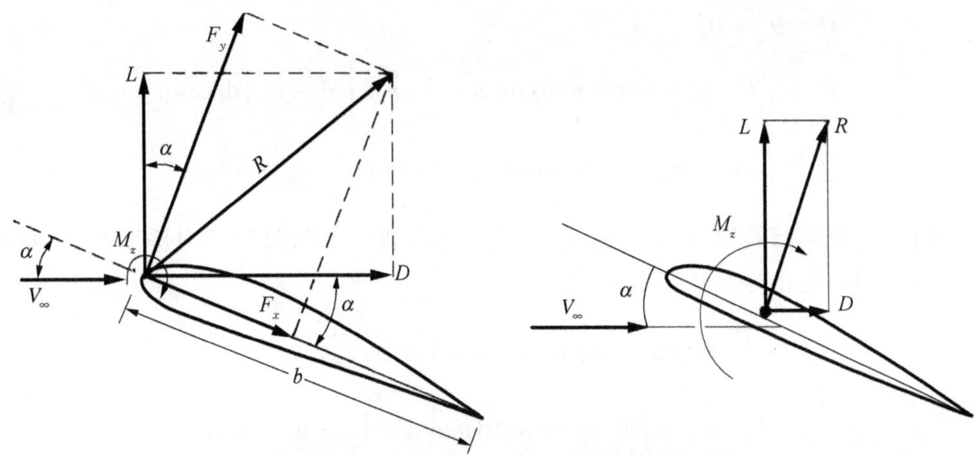

图 8.16　合力与合力矩(不同的取矩点)

距前缘点的距离 x_a,力矩值用 M_{za} 表示,称为翼型的气动中心,此时在一定迎角范围内合力对气动中心的力矩是不随迎角变化的。实验表明:薄翼型的气动中心为 0.25b(b 为翼型弦长),大多数翼型为 0.23b~0.24b,层流翼型为 0.26b~0.27b。

由图 8.17 可见,可以把对上述三种矩点的合力和合力矩表达如下:

(1) 以前缘点作为取矩点,$x = x_0 = 0$,合力和合力矩为 L、D、M_z;

(2) 以气动中心作为取矩点,$x = x_a$,合力和合力矩为 L、D、M_{za};

(3) 以压力中心作为取矩点,$x = x_p$,合力和合力矩为 L、D、$M_{zp} = 0$。

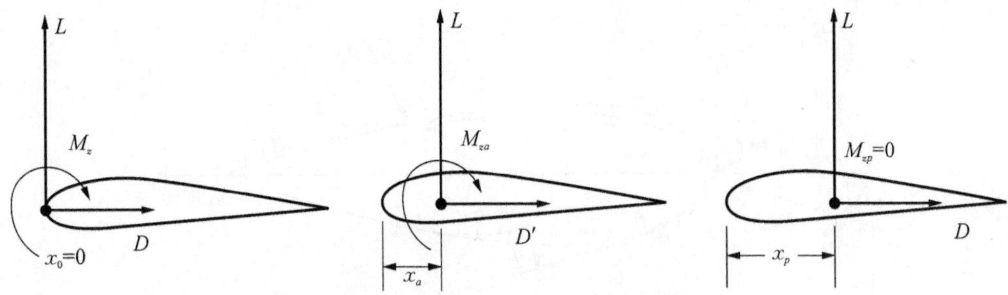

图 8.17　合力矩点与合力的平移

如果在上述求合力的过程中,对翼型上下翼面分开积分,就可以考察上下翼面对升阻力的贡献,特别是可以分析上下翼面对升力的贡献。利用

$$dx = ds\cos\theta,\ dy = ds\sin\theta = \tan\theta dx$$

代入以上各式中,有

$$L = L_u + L_d$$

$$L_u = \int_0^b (-p_u + \tau_{u0}\tan\theta)dx\cos\alpha - \int_0^b (p_u\tan\theta + \tau_{0u})dx\sin\alpha \tag{8.18}$$

$$L_d = \int_0^b (p_d - \tau_{d0}\tan\theta)dx\cos\alpha + \int_0^b (p_d\tan\theta + \tau_{0d})dx\sin\alpha$$

$$
\begin{aligned}
&D = D_u + D_d \\
&D_u = \int_0^b (-p_u + \tau_{u0}\tan\theta)\mathrm{d}x\sin\alpha + \int_0^b (p_u\tan\theta + \tau_{0u})\mathrm{d}x\cos\alpha \\
&D_d = \int_0^b (p_d - \tau_{d0}\tan\theta)\mathrm{d}x\sin\alpha + \int_0^b (p_d\tan\theta + \tau_{0d})\mathrm{d}x\cos\alpha
\end{aligned}
\tag{8.19}
$$

对于小迎角和薄翼型，θ 和 α 均较小（迎角小于 8°～10°，翼型相对厚度小于 10%～12%），上式可以简化为

$$
\begin{aligned}
&L_u = \int_0^b -p_u\mathrm{d}x\cos\alpha,\ L_d = \int_0^b p_d\mathrm{d}x\cos\alpha \\
&L = L_u + L_d = \int_0^b (-p_u + p_d)\mathrm{d}x\cos\alpha = \int_0^b (-p_u + p_d)\mathrm{d}x
\end{aligned}
\tag{8.20}
$$

$$
\begin{aligned}
&D_u = \int_0^b \tau_{0u}\mathrm{d}x,\ D_d = \int_0^b \tau_{0d}\mathrm{d}x \\
&D = \int_0^b (\tau_{0u} + \tau_{0d})\mathrm{d}x
\end{aligned}
\tag{8.21}
$$

$$
M_z = \int_0^b x(-p_u + p_d)\mathrm{d}x\cos\alpha = -\int_0^b x(-p_u + p_d)\mathrm{d}x \tag{8.22}
$$

由此可见，翼型的升力主要取决于上下翼面压强的分布，翼型的阻力主要由翼型上下表面的摩擦切应力确定。为此，研究翼面附近绕流流场至关重要，因为可以根据伯努利方程确定物面压强（图 8.18）。

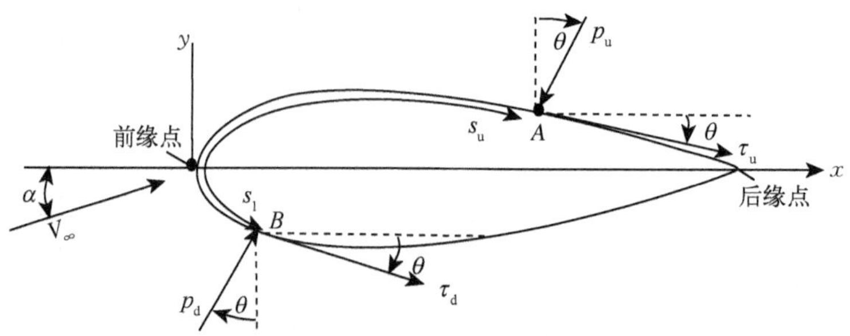

图 8.18　上下翼面气动力积分

8.2.2　空气动力系数

为便于分析和应用，在空气动力学中常用无量系数来表达各气动系数。以无穷远来流 V_∞ 和翼型弦长 b 作为特征量，把作用在翼型的升力 L（垂直 V_∞ 方向）、阻力 D（平行 V_∞ 方向）和力矩 M_z（绕过某参考点俯仰力矩）用无量纲系数表达。

升力系数为

$$
C_L = \frac{L}{\frac{1}{2}\rho V_\infty^2 b} = \frac{L}{q_\infty b} \tag{8.23}
$$

其中，$q_\infty = \dfrac{1}{2}\rho V_\infty^2$ 为来流动压。

$$C_D = \frac{D}{\frac{1}{2}\rho V_\infty^2 b} = \frac{D}{q_\infty b} \tag{8.24}$$

力矩系数为

$$C_m = \frac{M_z}{\frac{1}{2}\rho V_\infty^2 b^2} = \frac{M_z}{q_\infty b^2},\ C_{ma} = \frac{M_{za}}{q_\infty b^2} \tag{8.25}$$

其中，C_m、C_{ma} 分别表示绕翼型前缘点和气动中心的力矩系数。

压强系数为

$$C_p = \frac{p - p_\infty}{\frac{1}{2}\rho V_\infty^2} = \frac{p - p_\infty}{q_\infty} \tag{8.26}$$

翼面摩擦阻力系数为

$$C_f = \frac{\tau_0}{\frac{1}{2}\rho V_\infty^2} = \frac{\tau_0}{q_\infty} \tag{8.27}$$

利用以上无量纲系数的定义，代入式(8.20)和式(8.21)，得

$$C_L = \int_0^1 (-C_{pu} + C_{pd})\,\mathrm{d}x\cos\alpha = \int_0^1 (-C_{pu} + C_{pd})\,\mathrm{d}x \tag{8.28}$$

$$C_D = \int_0^1 (C_{fu} + C_{fd})\,\mathrm{d}x \tag{8.29}$$

其中，C_{pu}、C_{pd} 为上下翼面的压强系数；C_{fu}、C_{fd} 为上下翼面的摩擦阻力系数。根据伯努利方程，对于不可压缩的流体，物面压强系数可由物面近区的速度分布确定。即由伯努利方程可知

$$p + \frac{1}{2}\rho V^2 = p_\infty + \frac{1}{2}\rho V_\infty^2$$

依据边界层理论，实际空气绕过翼面时，在翼面上存在边界层，物面近区的绕流速度是指当地边界层外边界上的速度 V_B（外流场的势流速度），因为边界层内压强沿法向不变，所以翼面压强等于边界层外边界压强，如图 8.19 所示。

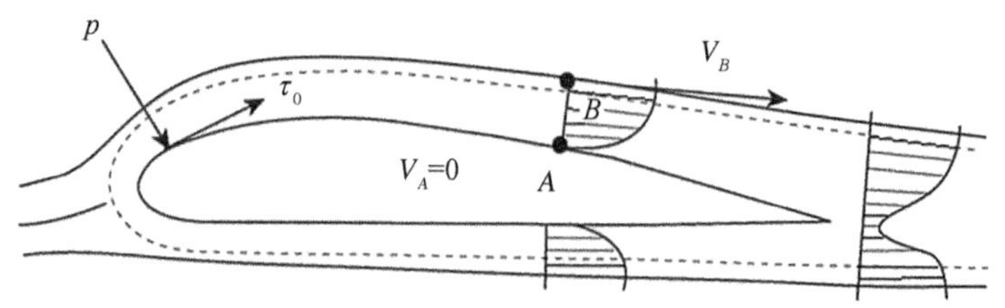

图 8.19　边界层外边界线的速度值

压强系数可以写为

$$C_p = \frac{p - p_\infty}{\frac{1}{2}\rho V_\infty^2} = \frac{p - p_\infty}{q_\infty} = 1 - \left(\frac{V}{V_\infty}\right)^2 \tag{8.30}$$

实验和理论研究表明,不同的翼面形状直接影响翼面附近的绕流速度分布,从而影响翼面压强分布。如图 8.20 所示,对于 NACA 2412 翼型绕流,在翼型头部上翼面近区的速度与来流速度比值为 1.8,代入式(8.30)中,得到 $C_{pu} = -2.24$;在翼型头部下翼面近区的速度与来流速度比值为 0.75,压强系数为 $C_{pd} = 0.4375$,图 8.21 给出 NACA 2412 翼面上的压强系数分布,可见改变翼型的形状,可改变翼面上的压强分布,从而改变了升力的大小。由此得出,当翼面近区速度大于来流速度时,翼面上的压强小于周围的大气压强,压强系数为负,对升力的贡献起吸力的作用(周围空气吸附翼面);当翼面近区速度小于来流速度时,翼面上的压强大于周围的大气压强,压强系数为正,对升力的贡献起顶托作用。风洞实验发现,对于低速翼型绕流,上翼面的吸力约占总升力的 70%,而下翼面的顶托力约占 30%(图 8.22)。可见伯努利方程的建立,为人们正确认识上翼面吸力对升力的贡献量提供了重要依据。图 8.23 为不同迎角下翼型绕流与升力和阻力变化特性。

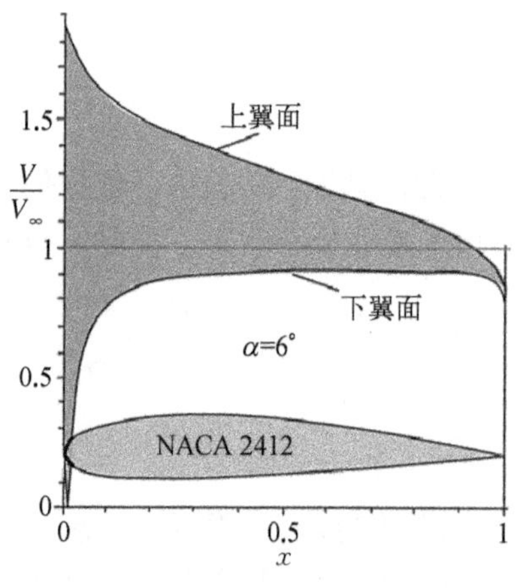

图 8.20　NACA 2412 翼型翼面近区速度分布

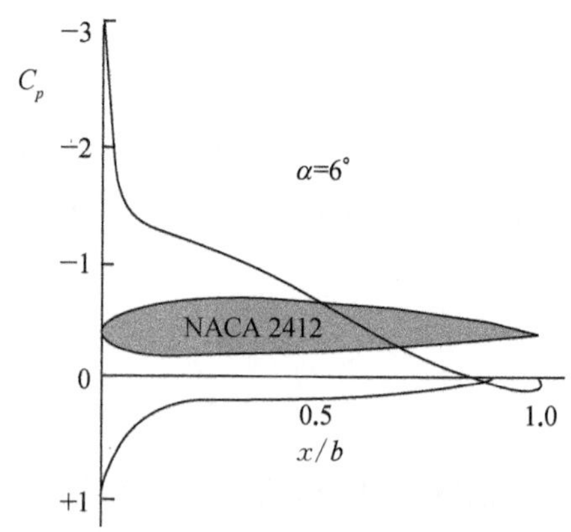

图 8.21　给出 NACA 2412 翼面上压强系数分布

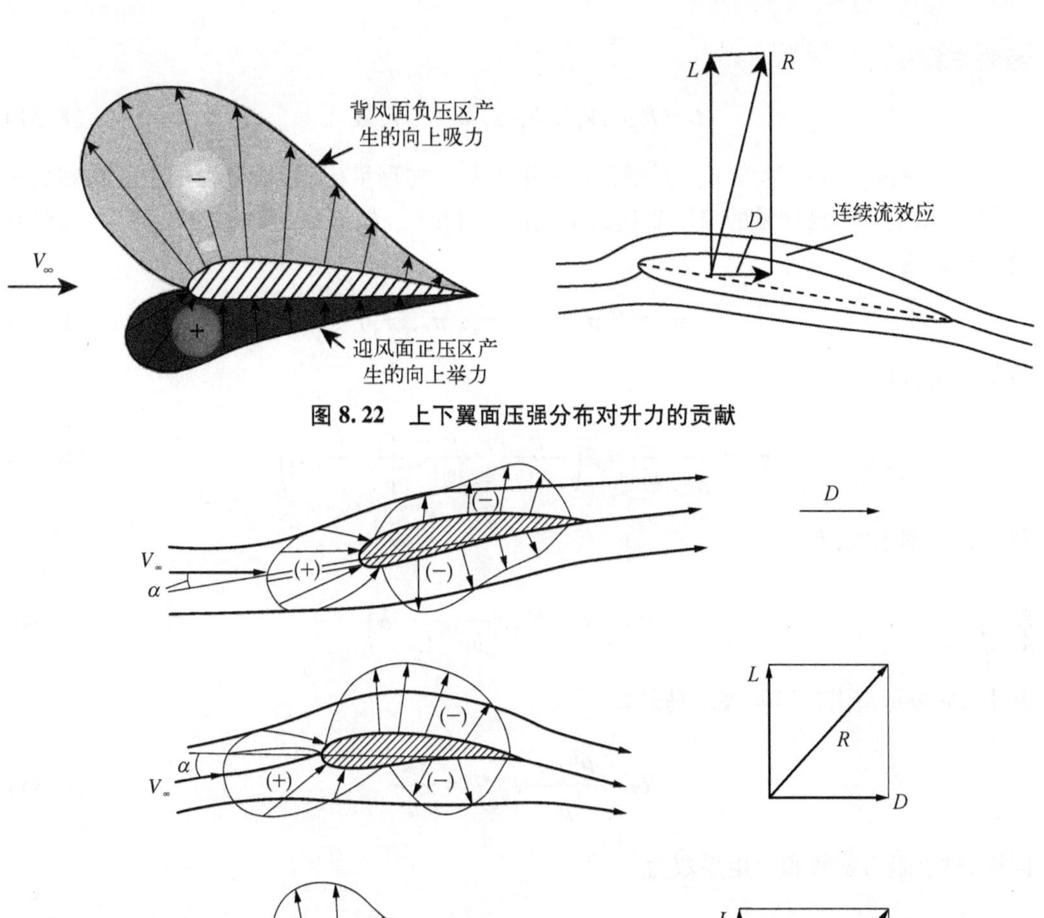

图 8.22　上下翼面压强分布对升力的贡献

图 8.23　不同迎角下翼型绕流与受力特性

8.2.3　升力系数的量纲分析

大量的风洞实验表明,影响翼型升力 L 的主要物理量包括空气密度 ρ、飞行速度 V_∞、翼型弦长 b、空气的黏性系数 μ、空气声速 a、翼型厚度 c、翼型弯度 f、翼型的迎角 α。写成

函数关系为

$$L = f(\rho,\ V_\infty,\ b,\ \mu,\ a,\ c,\ f,\ \alpha) \tag{8.31}$$

选用空气密度ρ、飞行速度V_∞、翼型弦长b作为基本物理量(从影响升力的主要物理量中选取,原则上三个物理量的量纲表达式不能彼此导出)。根据π定理,式(8.31)的无量纲量表达式为

$$\pi_L = f(\pi_\mu,\ \pi_a,\ \pi_c,\ \pi_f,\ \pi_\alpha) \tag{8.32}$$

量纲分析,得

$$\pi_L = \frac{L}{\rho V_\infty^2 b^2} = f\left(\frac{\mu}{\rho b V_\infty},\ \frac{a}{V_\infty},\ \frac{c}{b},\ \frac{f}{b},\ \alpha\right) \tag{8.33}$$

写成无量纲系数,有

$$C_L = f\left(Re,\ Ma,\ \frac{c}{b},\ \frac{f}{b},\ \alpha\right) \tag{8.34}$$

其中,Re表示雷诺数;Ma表示马赫数。

$$Re = \frac{\rho b V_\infty}{\mu},\ Ma = \frac{V_\infty}{a} \tag{8.35}$$

同样,对于阻力系数和力矩系数为

$$\begin{aligned} C_D &= f_D\left(Re,\ Ma,\ \frac{c}{b},\ \frac{f}{b},\ \alpha\right) \\ C_m &= f_m\left(Re,\ Ma,\ \frac{x_p}{b},\ \frac{c}{b},\ \frac{f}{b},\ \alpha\right) \end{aligned} \tag{8.36}$$

式中,x_p是取矩的位置。对于低速翼型绕流,空气的压缩性忽略不计,但必须考虑空气的黏性。因此,气动系数实际上是来流迎角和雷诺数的函数。至于函数的具体形式可通过实验或理论分析给出。对于高速流动,压缩性的影响必须计入,因此马赫数也是其中的主要影响参数。

8.3 低速翼型绕流及其气动特性

8.3.1 低速翼型绕流现象

由大量风洞实验表明,对于可压缩定常翼型扰流,如图 8.24 所示,其流动现象可归纳如下特点。

(1) 绕过翼型的气流始终附着翼面,在整个翼型面上没有分离,这种贴着翼面的流动称为附着流,在上下翼面存在边界层(来流雷诺数越大边界层越薄),且翼型后缘的尾迹

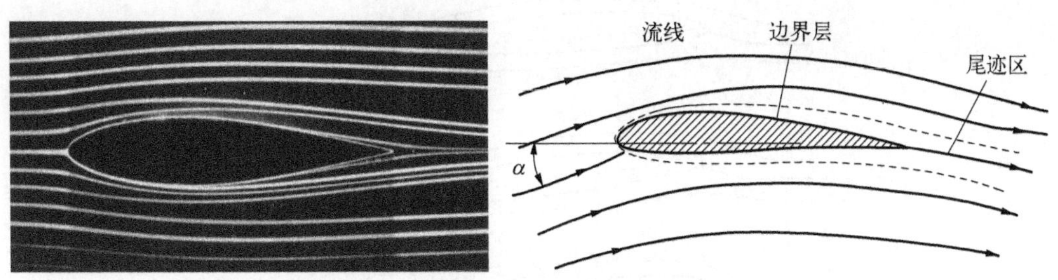

图 8.24　定常翼型绕流风洞烟流实验

区也很薄。

（2）前驻点（绕流速度为零的点）位于下翼面距前缘点不远处，流经驻点的流线分成两部分，一部分从驻点起绕过前缘点经上翼面顺壁面流去，另一部分从驻点起经下翼面顺壁面流去，在后缘处流动平滑地汇合后向下流去。

（3）在边界层外边界线上，上翼面的流体质点速度从前驻点的零值很快加速到最大值，然后逐渐减速直至离开翼面。根据伯努利方程，在驻点处压强最大，在最大速度点处压强最小，然后压强逐渐增大（过了最小压强点为逆压梯度区），流体质点在逆压环境下不断减速，边界层内的流动属于曲壁面上逆压梯度边界层流动，边界层相对较厚。相反，在翼型的下翼面流体质点速度从前驻点开始一直加速到后缘，流体质点在顺压梯度环境下不断加速至后缘，边界层内的流动属于曲壁面上顺压梯度边界层流动，边界层相对较薄。上下翼面气流在后缘点附近汇合后平顺离开翼面流向下游，如图 8.25 所示。

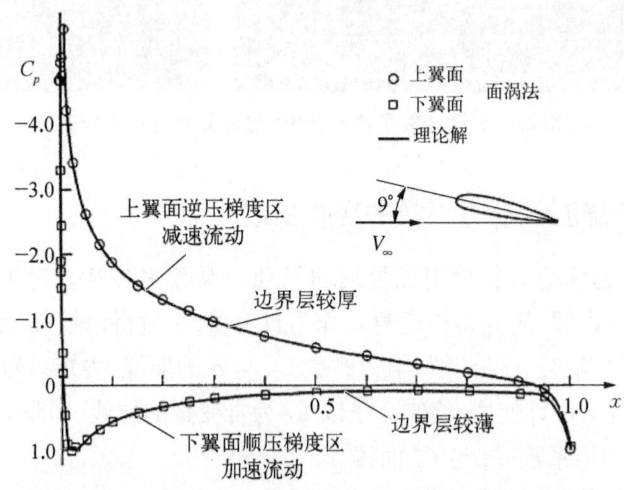

图 8.25　NACA 0012 翼型在迎角 9°时的翼面压强分布

（4）随着迎角的增大，驻点逐渐后移，最大速度点向前缘点靠近，最大速度值越大，上下翼面的压强差所围面积越大，因而升力越大。

（5）上下翼面气流在后缘处汇合后平顺离开后缘，在后缘点附近下游区不存在大的速度梯度，无明显的尾迹涡区。另外，后缘点也不一定均是后驻点，只要保证平顺即可，如图 8.26 所示。

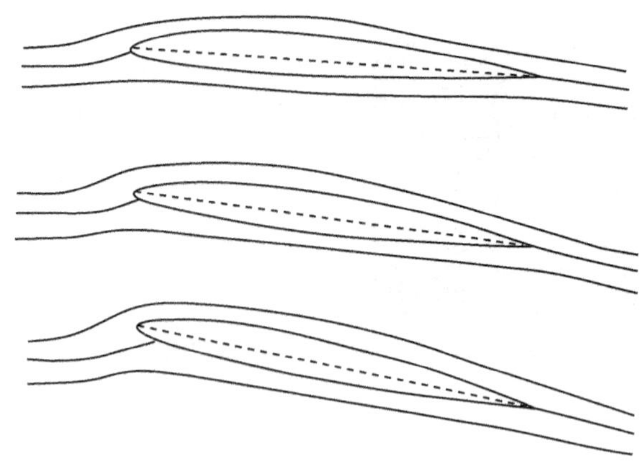

图 8.26　不同迎角下绕翼型的附着流动

(6) 当迎角增大到一定值后，气流先从后缘上翼面区出现分离(因为上翼面边界层处于逆压梯度区，边界层容易分离)，与无分离的情况相比，分离区翼面上的势流负压强消失，从而升力减弱，同时翼型绕流的尾迹区明显增大，出现大量的分离涡，如图 8.27 所示。

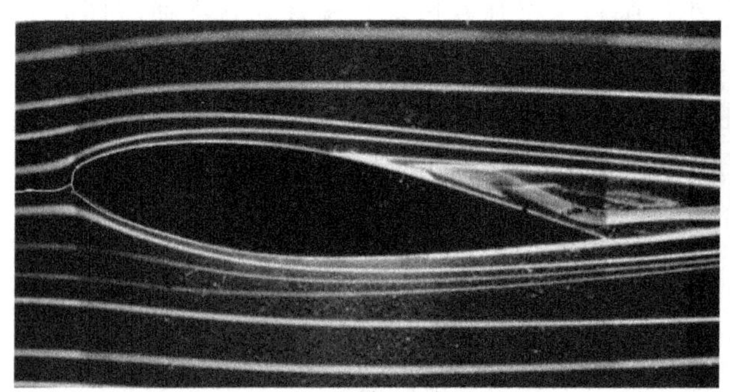

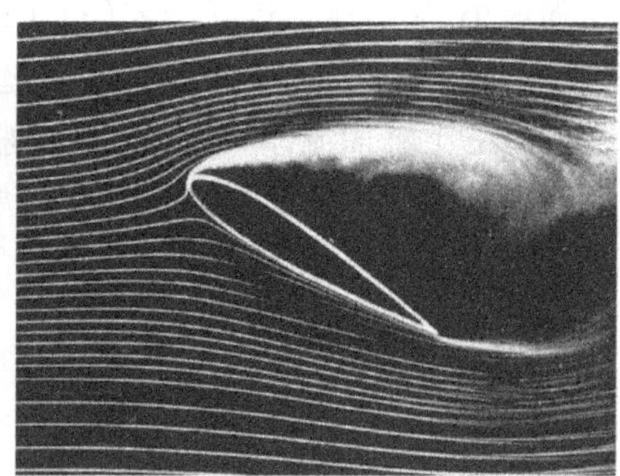

图 8.27　大迎角翼型绕流分离(部分分离与完全分离)

8.3.2　翼型绕流气动力系数的变化曲线

翼型扰流所受的气动力通常用无量纲的气动力系数来表达。对于不可压缩翼型绕流，根据式(8.34)~式(8.36)，常以迎角 α 作为自变量，来流雷诺数 Re 作为参变数绘制成曲线，包括升力系数 C_L 与 α 的曲线、阻力系数 C_D 与 α 的曲线、力矩系数 C_m 与 α 的曲线。另外，为便于飞机气动设计使用，绘制 2 条以 C_L 为自变量的曲线，即阻力系数 C_D 与 C_L 曲线(称为极曲线)、力矩系数 C_m 与 C_L 曲线。

在小迎角下，根据式(8.28)，薄翼型绕流的升力系数为

$$C_L = \int_0^1 (-C_{pu} + C_{pd})\,\mathrm{d}x\cos\alpha$$

其中，$C_{pu} \dfrac{p_{\mathrm{u}} - p_\infty}{\dfrac{1}{2}\rho V_\infty^2}$、$C_{pd} = \dfrac{p_{\mathrm{d}} - p_\infty}{\dfrac{1}{2}\rho V_\infty^2}$ 分别表示上下翼面的压强系数，通过对上下翼面压强

系数分布曲线的面积积分可得升力系数。在风洞实验中，也可以利用六分量天平直接测量气动力和力矩而获得。图 8.28 给出 NACA 23012 翼型在来流雷诺数 $Re = 6 \times 10^6$ 下，风洞实验的气动力系数曲线。图 8.29 给出 NACA 63_1-212 翼型在雷诺数 $Re = 6 \times 10^6$ 下，风洞实验的气动力系数曲线。

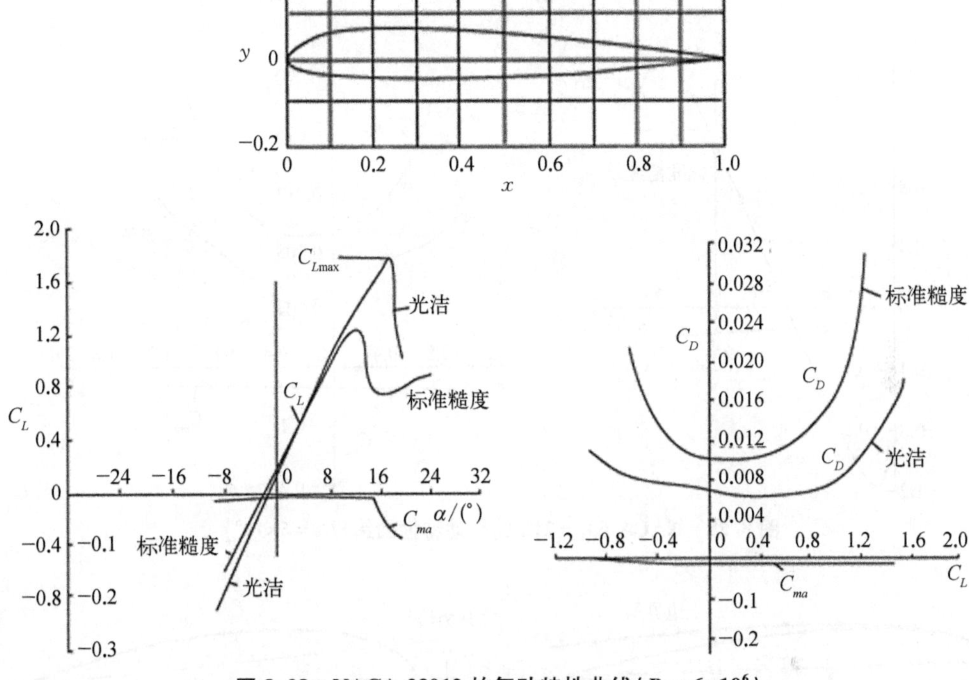

图 8.28　NACA 23012 的气动特性曲线($Re=6\times10^6$)

根据实验数据(图 8.28 和图 8.29)，可以得出如下特性。

(1) 在升力系数与迎角的变化曲线中，C_L 在一定迎角范围内为直线，这条直线的斜率记为

$$C_L^{\alpha} = \frac{\mathrm{d}C_L}{\mathrm{d}\alpha} \tag{8.37}$$

薄翼理论值为 2π/弧度，即 0.109 65/(°)，实验值略小。NACA 23012 的斜率是 0.105/°，NACA 63_1 - 212 的斜率是 0.106/(°)。实验值略小的原因在于实际气流的黏性作用。在正迎角时，上下翼面的边界层位移厚度不一样，受逆压梯度的作用上翼面的位移厚度要比下翼面大，其效果等于减小了翼型的中弧线弯度和改变了后缘位置，从而减小了有效迎角，如图 8.30 所示。升力线斜率是一个非常重要的参数，计算飞机的性能时，往往要按迎角去计算升力系数。

(2) 对于不同弯度的翼型，升力系数曲线并不通过原点，通常把升力系数为零的迎角称为零升迎角，用 α_0 表示。而过后缘点与几何弦线成 α_0 的直线称为零升力线。一般弯度越大，α_0 越大。弯度为正时(下弯)，零升迎角为负；弯度为负(上弯)时，零升迎角为正，

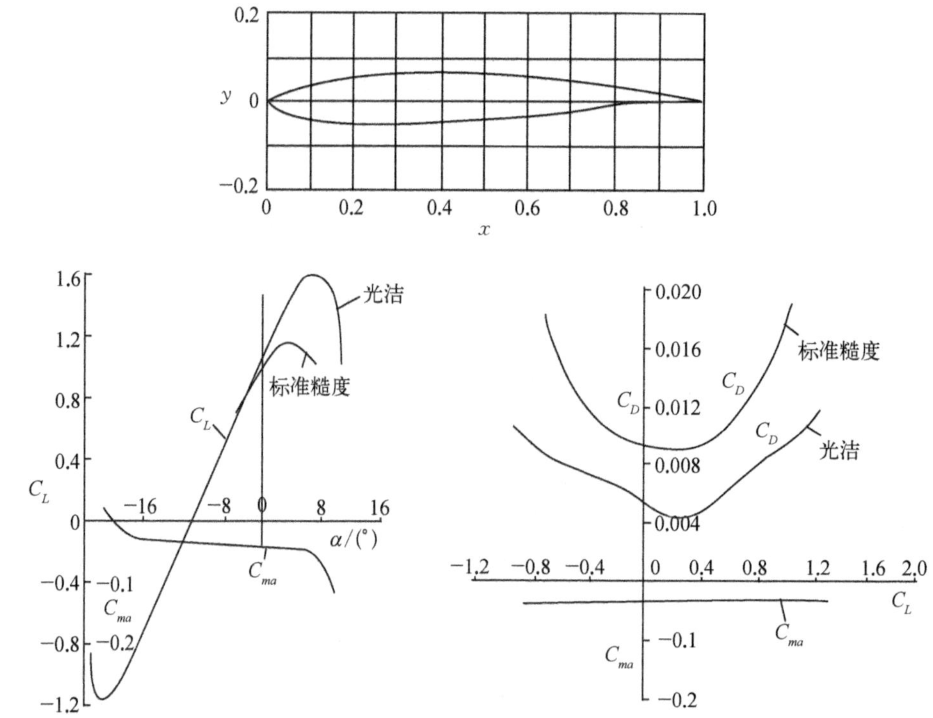

图 8.29　NACA 63_1-212 的气动特性曲线($Re=6\times10^6$)

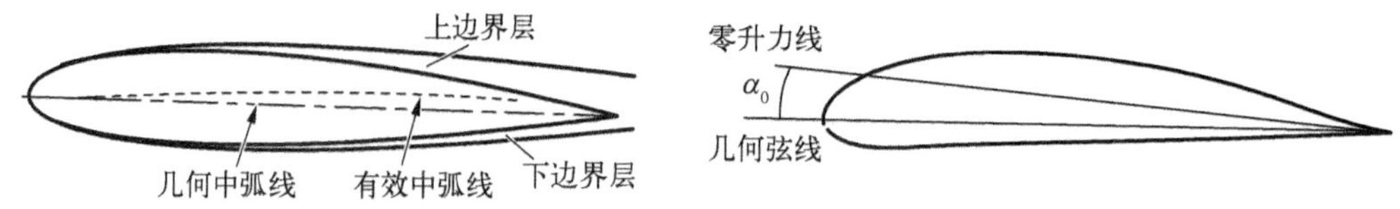

图 8.30　上下翼面边界层对弯度的影响

如图 8.31 所示。

(3) 当迎角大过一定的值之后,升力线开始弯曲,再大一些,就达到最大值,此值记为最大升力系数 $C_{L\max}$,这是翼型用增大迎角的办法所能获得的最大升力系数值,相对应的迎角称为临界迎角 α_J。再增大迎角,升力系数反而开始下降,这一现象称为翼型的失速。这个临界迎角也称为失速迎角。归纳起来,翼型升力系数曲线具有的形状如图 8.32 所示。弯度对升力系数和阻力系数的影响如图 8.33 所示。弯度使升力系数曲线向左上方平移,减小零升迎角;弯度使阻力系数曲线向右平移。

(4) 阻力系数曲线,存在一个最小阻力系数,以后随着迎角的变化阻力系数逐渐增大,与迎角大致成二次曲线关系。对于对称翼型,最小阻力系数对应的升力系数为零,主要贡献是摩擦阻力;对于存在弯度的翼型,最小阻力系数对应的升力系数是一个不大的正值,且也有压差的贡献。但应指出的是,无论摩擦阻力,还是压差阻力,都与黏性有关。因此,阻力系数与雷诺数存在密切关系。随着雷诺数的增大,翼面上的边界层变薄,因而延迟了分离,增加了最大升力系数,降低了阻力系数,如图 8.34 所示。

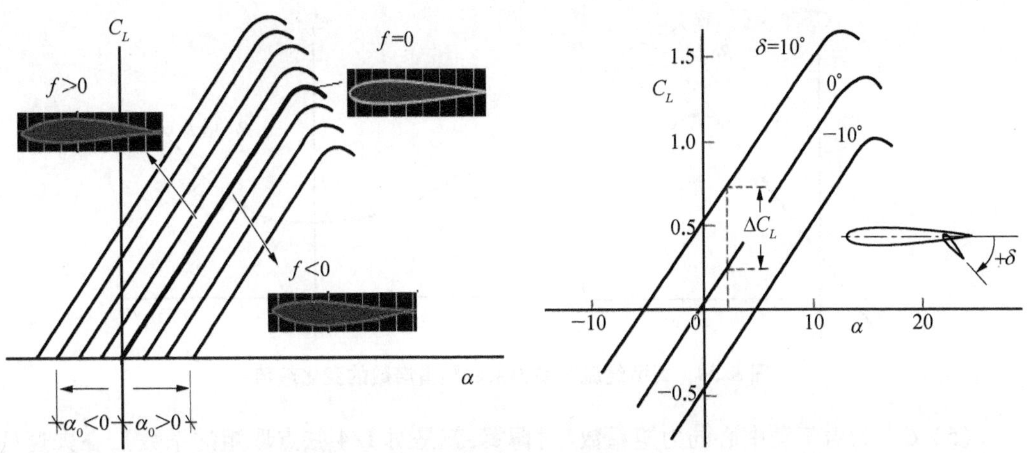

图 8.31　升力系数曲线与弯度的关系特性

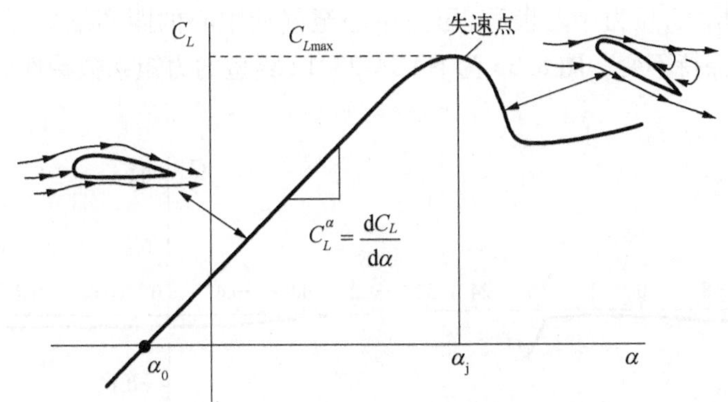

图 8.32　低速翼型绕流升力系数典型变化曲线

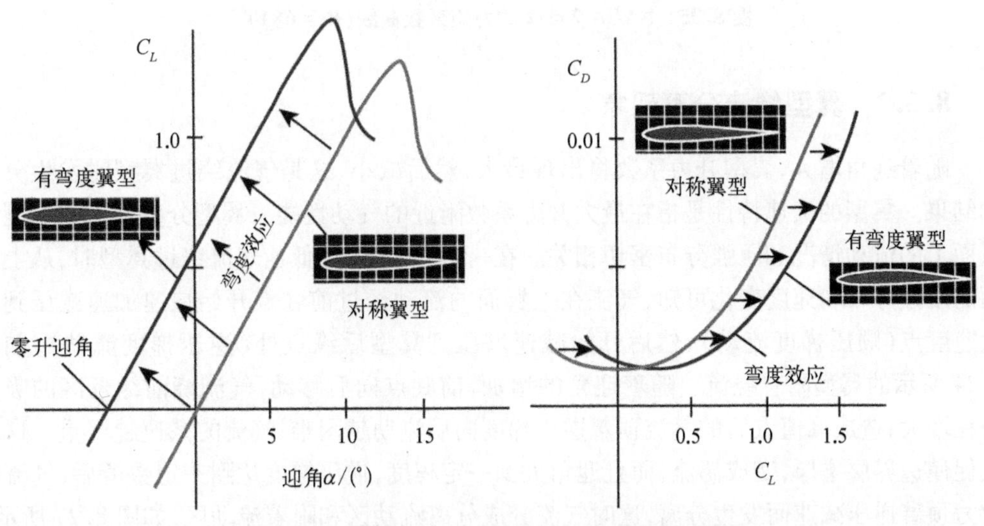

图 8.33　翼型弯度对气动升力和阻力系数的影响

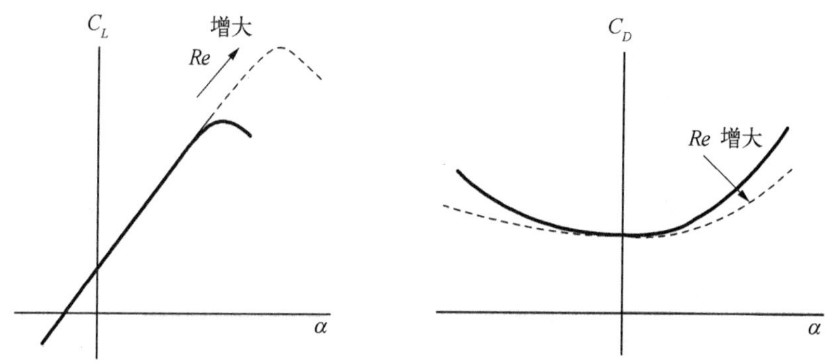

图 8.34 翼型绕流气动力系数随雷诺数的变化趋势

(5) C_{ma} 为对气动中心的力矩系数(对薄翼,就是对 1/4 弦点取矩的系数),在失速迎角以下,基本是直线,而且是一条水平线。但当迎角超过失速迎角,翼型绕流进入大面积分离流区,低头力矩大增,力矩曲线下跌。对气动中心取矩,力矩系数不变的原因是:随迎角增大,升力增大,压力中心前移,压力中心至气动中心的距离缩短,结果力乘力臂的积,即俯仰力矩保持不变。图 8.35 为 NACA 23012 翼型的力矩系数特性曲线。

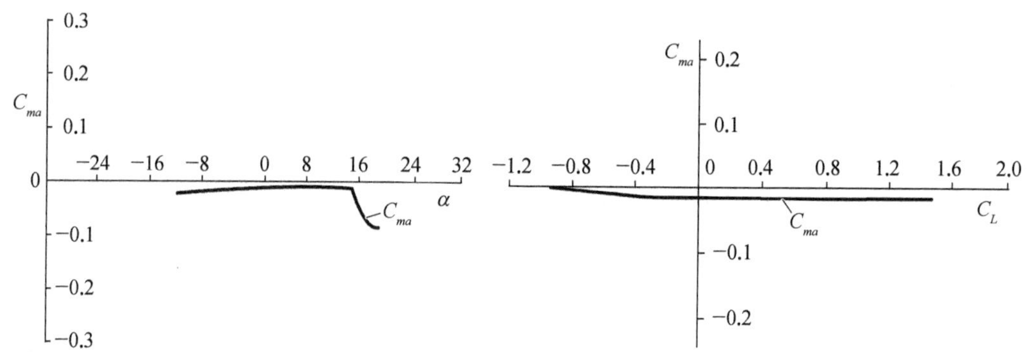

图 8.35 NACA 23012 的力矩系数曲线($Re=6\times10^6$)

8.3.3 翼型绕流分离现象

随着迎角增大,翼型升力系数将出现最大,然后减小,这是气流绕过翼型时发生分离的结果。翼型的失速特性是指在最大升力系数附近的气动性能。翼型分离现象与翼型背风面上的流动情况和压强分布密切相关。在一定迎角下,当低速气流绕过翼型时,从上翼面的压强分布和速度变化可知,气流在上翼面的流动经过前驻点开始快速加速减压到最大速度点(顺压梯度流动),然后开始减速增压到翼型后缘点处(逆压梯度流动),如图 8.24 所示的翼型附着绕流。随着迎角的增加,前驻点向后移动,气流绕前缘近区的吸力峰在增大,造成峰值点后的气流顶着逆压梯度向后流动越困难,气流的减速越严重。这不仅促使边界层增厚,变成湍流,而且迎角大到一定程度,逆压梯度达到一定数值后,气流就无力顶着逆压减速而发生分离,这时气流分成分离流动区和附着流动区,如图 8.27 所示。

在分离区外边界(称为自由边界)上,静压处处相等。分离后的主流就不再减速增压。分离区内的气流，由于主流在自由边界上通过黏性的作用不断地带走质量，中心部分便不断有气流从后面来填补，而形成中心部分的倒流，所以分离区壁面上的压强要比自由流区的压强小。根据大量实验，大雷诺数下翼型分离可根据其厚度不同分为：① 后缘分离（湍流分离）；② 前缘分离（前缘短气泡分离）；③ 薄翼分离（前缘长气泡分离）。不同分离形式对升力系数的影响是不同的，如图 8.36 所示。

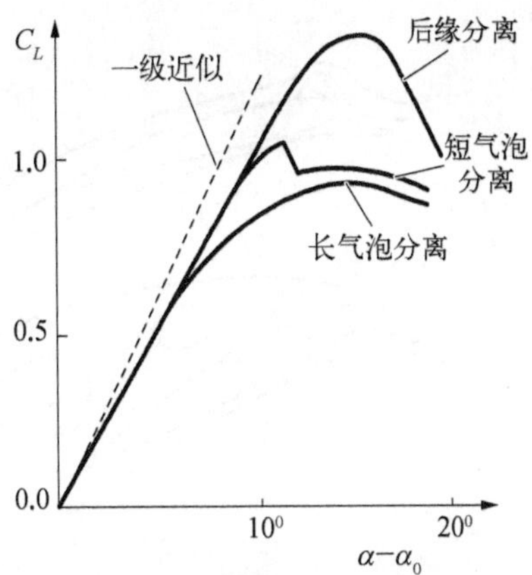

图 8.36　不同分离形式对升力系数的影响

1. 后缘分离（湍流分离）

这种分离对应的翼型厚度大于 12%，翼型头部的负压不是特别大（按照势流理论，气流绕前缘流动的离心力与压强平衡，所以压强与翼型头部半径的呈反比），分离从翼型上翼面后缘近区开始，随着迎角的增加，分离点逐渐向前缘发展，起初升力线斜率偏离直线，当迎角达到一定数值时，分离点发展到上翼面某一位置时（大约为弦长的一半），升力系数达到最大，以后升力系数下降。后缘分离的发展是比较缓慢的，一般是湍流分离，流谱的变化是连续的，失速区的升力曲线也变化缓慢，失速特性好，如图 8.37 所示。

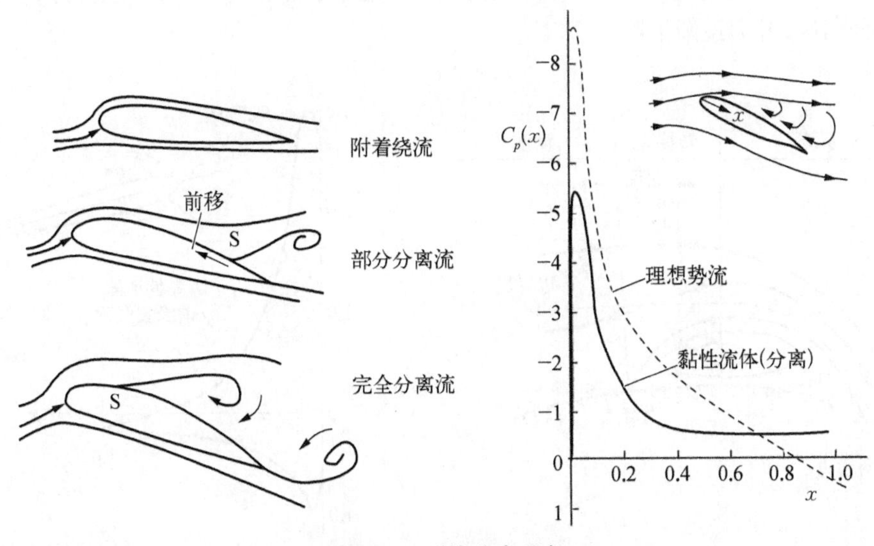

图 8.37　后缘分离现象

2. 前缘分离（前缘短气泡分离）

对于中等厚度的翼型（厚度 6%～9%），前缘半径较小，气流绕前缘时负压很大，从而局部区域产生很大的逆压梯度，即使迎角不大，前缘附近也会发生流动分离，分离后的边界层转捩成湍流，从外流中获取能量，然后再附到翼面上，形成分离气泡。起初这种短气泡很短，只有弦长的 0.5%～1%，当迎角达到失速角时，短气泡突然打开，气流不能再附，导致上翼面突然完全分离，使升力和力矩突然变化，如图 8.38 所示。

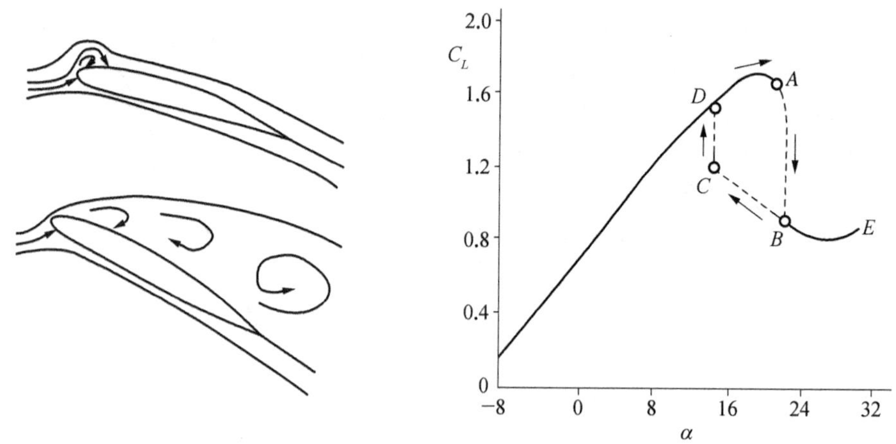

图 8.38　前缘短气泡分离现象

3. 薄翼分离(前缘长气泡分离)

对于薄翼型(厚度 4%~6%),因前缘半径更小,气流绕前缘时负压更大,从而产生很大的逆压梯度,即使在小迎角下,前缘附近引起流动分离,分离后的边界层转捩成湍流,从外流中获取能量,流动一段较长距离后再附到翼面上,形成长分离气泡,如图 8.39 所示。起初这种气泡不长,只有弦长的 2%~3%。但随着迎角增大,再附点不断向下游移动,当达到失速迎角时,气泡达到最大,升力也达到最大值;迎角继续增加,气泡打开,上翼面进入完全分离区,升力逐渐下降。

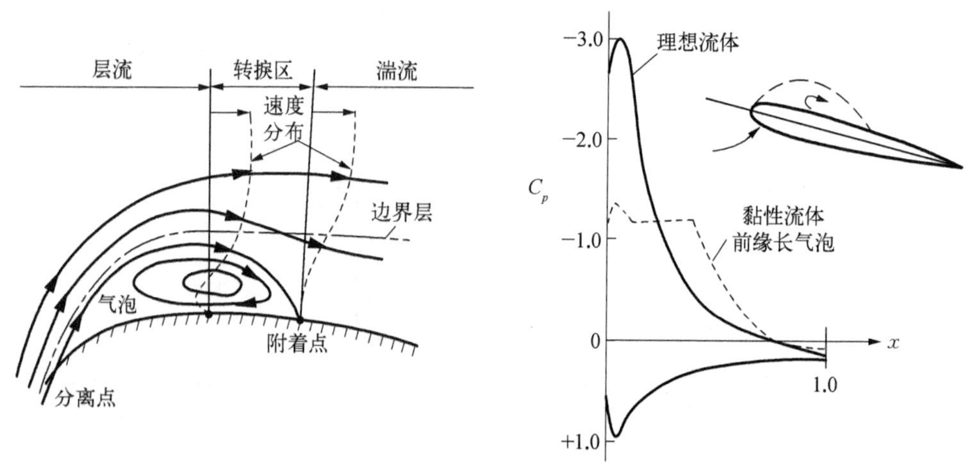

图 8.39　前缘长气泡分离现象

除上述三种分离外,还可能存在混合分离形式,绕过翼型的气流同时存在前缘和后缘分离现象。

8.3.4　翼型绕流失速特性

翼型绕流失速现象是指翼型升力系数达到最大值的现象。失速是由分离引起的,但分离不一定失速,只有当分离达到一定程度后才会出现失速。出现最大升力系数的原因与上翼面边界层分离及其发展密切相关。如图 8.40 所示，当迎角增大到一定值后，如果上翼面后缘区出现分离，则分离后的翼面将失去势流升力，使该区域的升力增量为负值，而且分离区越大升力减小量越大。随着迎角的增加，升力系数的增量可写为

$$C_L(\alpha + \Delta\alpha) = C_L(\alpha) + \Delta C_L = C_L(\alpha) + \frac{dC_L}{d\alpha}\Delta\alpha \tag{8.38}$$

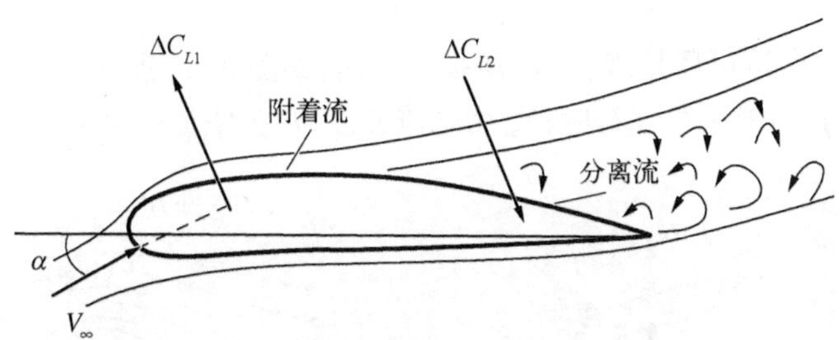

图 8.40　翼型上翼面分离后升力的增量

在最大升力系数的点，有

$$\frac{dC_L}{d\alpha} = 0 \tag{8.39}$$

这就要求在最大升力系数处，增加的升力系数等于减小的升力系数值。显然，这种情况只有翼面分离区达到一定程度时才有可能实现，这是因为在不分离的区域，势流的升力总是随迎角的增大而增大。假设不分离的势流升力系数增量用 $\Delta C_{L1} > 0$ 表示，而把分离区损失的升力系数用 $\Delta C_{L2} < 0$ 表示，因此总的升力系数增量为

$$\Delta C_L = \Delta C_{L1} + \Delta C_{L2} \tag{8.40}$$

随着迎角增大，如果上翼面不出现分离，ΔC_{L1} 大于零，ΔC_{L2} 等于零，升力系数随迎角线性增大。如果上翼面出现分离区，$\Delta C_{L1}(>0)$ 为不分离区势流的贡献，而 $\Delta C_{L2}(<0)$ 为分离区损失的升力量。因此在出现分离后，总升力增量偏离线性而变成曲线，使得升力系数偏低线性值。随着迎角的增大，分离区不断向前缘区发展，致使前段未分离区的势流升力增量 ΔC_{L1} 越来越小，而后段分离区的升力损失越来越大，最终当迎角达到临界迎角时，增加的升力和损失的升力相等时，总增量为零，升力达到最大值。超过临界迎角后，增加的升力量小于损失的升力量，从而导致总升力系数在减小。

8.4　库塔-茹科夫斯基后缘条件及环量的确定

8.4.1　库塔-茹科夫斯基后缘条件

如何利用势流理论建立升力模型？最好的解决办法是通过比拟翼型绕流与有环量的圆柱绕流而获得求解思路。业已知道，对于绕圆柱的势流，如果围绕圆柱存在速度环量，

圆柱上将存在升力,升力的大小正比于速度环量。由于势流解的边界条件是物面为一条流线,因此在圆柱上加任何环量均满足边界条件,所以加任何环量的圆柱绕流都是势流的一个解,圆柱所受的升力满足库塔-茹科夫斯基升力环量定律,即对于理想不可压缩流体定常流动,在有势力作用下,直均流绕过任意截面形状物体有环量的流动,将受到垂直于来流方向的升力(侧向力),升力的大小为

$$L = \rho V_\infty \Gamma \tag{8.41}$$

升力方向以来流方向按反环量旋转 90°所指的方向,如图 8.41 所示。式中,L 为作用在绕流物体上的升力;ρ 为来流空气密度;V_∞ 为来流速度;Γ 为绕流物体的速度环量。

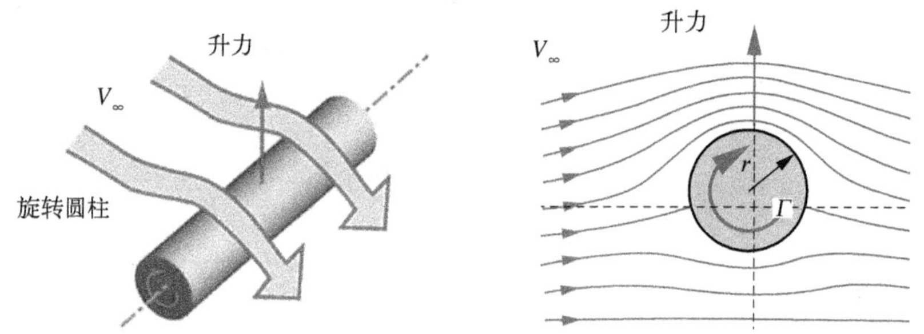

图 8.41　库塔-茹可夫斯基升力环量定律

这一定律对于任何物体绕流都是成立的,当然也适用于翼型绕流。显然与圆柱绕流的情况类似,加在翼型上的任何环量,都满足翼面是流线的条件,不管翼面形状如何,只要环量不为零,翼型绕流的升力也不为零;仔细观察绕流图画,对于不同的环量值,除了升力大小不同外,绕流在翼型上的前后驻点位置也不同。这就是说对于给定的翼型,在一定迎角下,无法按照这一定律确定绕翼型的环量值,因为任意值均满足翼型面是流线的边界条件。但实际情况是,对于给定的翼型,在一定的迎角下,升力是唯一确定的。这就是说对于实际翼型绕流,仅存在一个确定的环量值,其他环量值都不正确。那么,如何确定这个环量值? 看来必须另辟蹊径了。首先给出这一问题答案的是德国数学家库塔,于 1902 年提出翼型绕流确定环量的条件。1906 年,俄国物理学家茹科夫斯基也独立地给出同样的条件。

当不同的环量值加在翼型绕流上,从绕流图画看,由势流叠加原理得到,其前后驻点均发生移动,前驻点随环量值的增大由下翼面向前缘点移动,后驻点随环量值增大由上翼面向后缘点移动,如图 8.42 所示。针对加不同的环量值,势流理论给出后驻点可能位于上翼面、下翼面和后缘点处。就后驻点位于上、下翼面的情况而言,气流必然要绕过尖后缘流动,由势流理论得出,在该处绕尖角流动时将出现无穷大的速度和负压,这在物理上是不可能的。因此,受空气的黏性限制,在定常流动下,上翼面的气流不可能无分离地绕过后缘点从下翼面离开,同样下翼面的气流也不可能无分离地绕过后缘点从上翼面离开,这就是说黏性效应使得绕翼型的后驻点只能位于后缘点,而不出现分离现象。所以库塔和茹科夫斯基提出:实际气流绕过后缘时,上下翼面的气流在后缘处平顺离开[图 8.42(d)],且后缘速度值保持有限。这就是著名的库塔-茹科夫斯基唯一确定环量值

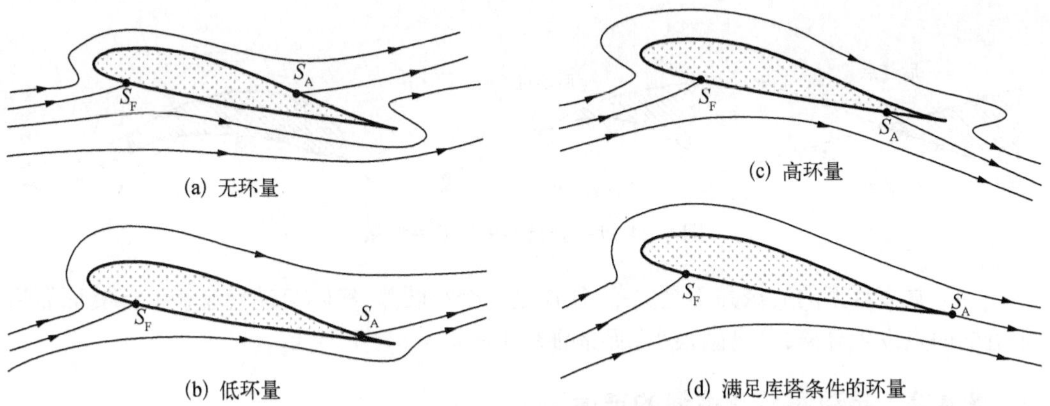

图 8.42　加不同环量值翼型绕流流态

的后缘条件。

一旦环量值确定,可以进一步比较有环量的圆柱绕流和有迎角的翼型绕流场特性。如图 8.43 所示,有环量的圆柱绕流流场,是一个上下不对称的流场,可表示为一个无环量圆柱绕流的对称流场和一个旋转圆柱诱导的反对称流场叠加而成,叠加的结果就出现了圆柱下面速度小、上面速度大的不对称绕流,从而由伯努利方程得到圆柱下面压强大、上面压强小的分布,这就导致了向上的升力。相比较,翼型绕流并无旋转,但是通过改变迎角和形面不对称,相当于给绕流场叠加了一个反对称的流场,由此导致翼型绕流出现上下不对称的流场,从而产生升力。

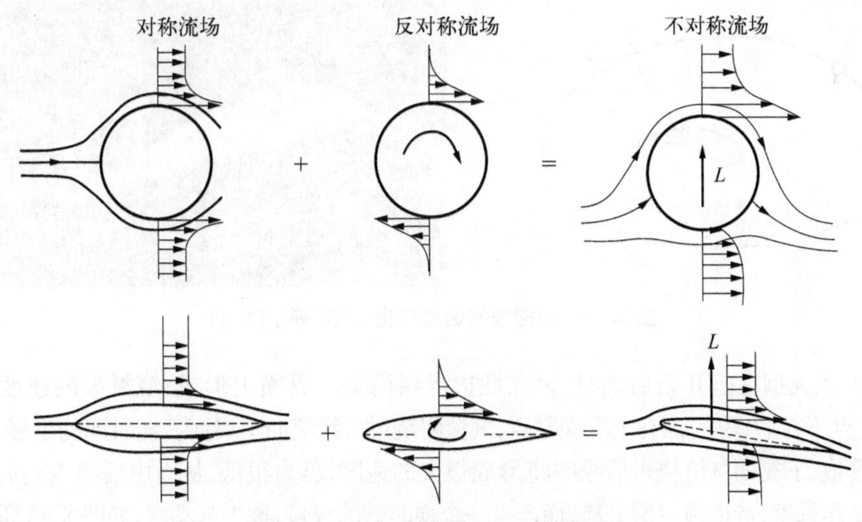

图 8.43　加不同环量值翼型绕流流态

总结起来,如图 8.44 所示,库塔−茹科夫斯基后缘条件表述如下:

(1) 对于给定的翼型和迎角,绕翼型的环量值应使平顺离开后缘;

(2) 若翼型后缘角>0°,后缘点为后驻点,即 $V_1 = V_2 = 0$;

(3) 若翼型后缘角 = 0°,后缘点的速度为有限值,且大小相等、方向相同,即 $V_1 = V_2 \neq 0$;

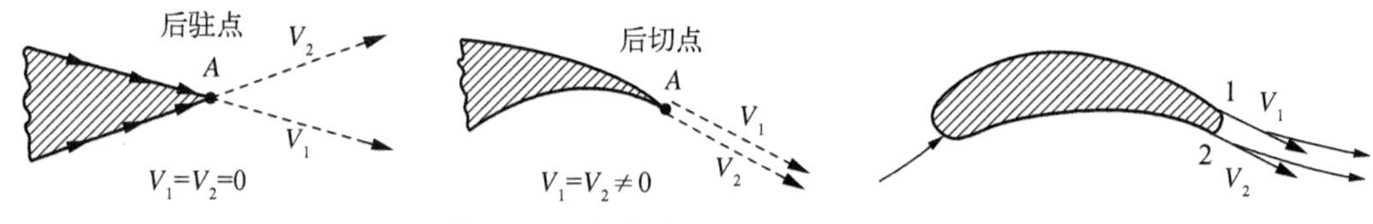

图 8.44　库塔-茹科夫斯基后缘条件

(4) 真实翼型的后缘并不是尖角,往往是一个小圆弧,实际流动气流在上下翼面靠后很近的两点发生分离,分离区很小,所提的条件是 $p_1=p_2$, $V_1=V_2$。

8.4.2　起动涡与环量值的产生

根据亥姆霍兹旋涡守恒定律,对于理想不可压缩流体,在有势力作用下,绕相同流体质点组成的封闭周线上的速度环量不随时间变化, $d\Gamma/dt=0$。翼型都是从静止状态开始加速运动到定常状态,根据旋涡守恒定律,翼型引起气流运动的速度环量应与静止状态一样处处为零,但由库塔-茹科夫斯基升力环量定律可知,升力又是由环量产生的,这似乎出现了矛盾,因此就提出了环量的产生问题。

为了解决这一问题,在翼型静止时,围绕翼型取一个很大流体围线作为封闭曲线。由亥姆霍兹旋涡守恒定律,可得如下结论。

(1) 处于静止状态,绕围线的速度环量为零,如图 8.45 所示。

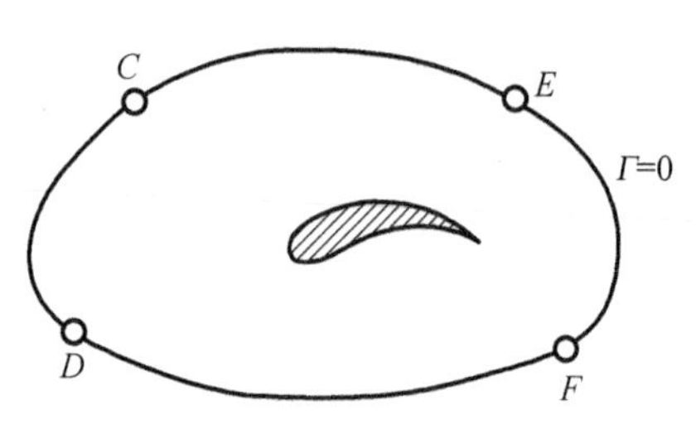

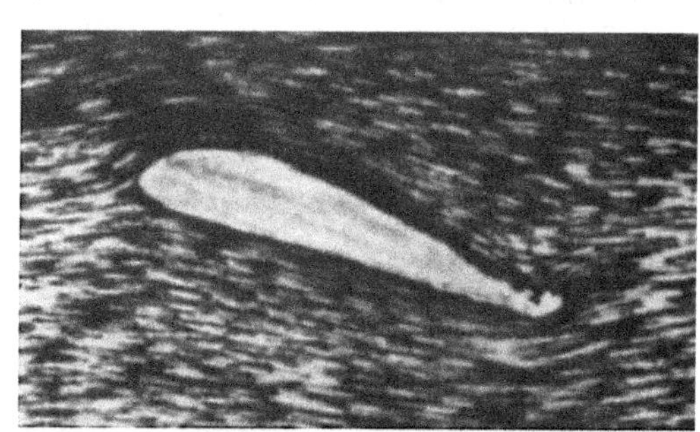

图 8.45　绕围线的速度环量为零(静止流场)

(2) 当翼型在刚开始启动时,因黏性边界层尚未在翼面上形成,绕翼型的速度环量为零,后驻点不在后缘处,而在上翼面某点,气流将绕过后缘流向上翼面。随时间的发展,翼面上边界层形成,下翼面气流绕过后缘时将形成很大的速度,压力很低,从而由后缘点到后驻点存在大的逆压梯度,造成边界层分离,而产生一个逆时针的环量,称为起动涡,如图 8.46 所示。

(3) 起动涡离开后缘随气流流向下游,封闭流体线也随气流运动,但始终包围翼型和起动涡,根据涡量保持定律,必然绕翼型产生一个顺时针方向的等环量涡(因其附着翼型上,因此称为附着涡),使得绕封闭围线的总环量为零,如图 8.47 所示。这样,翼型后驻点的位置在附着涡诱导下向后移动。只要后驻点尚未移动到后缘点,翼型后缘不断有逆时针旋涡脱落,因而绕翼型的附着环量不断增大,直到气流从后缘点平顺离开(后驻点移到后缘点)为止,附着涡与起动涡达到最大,如图 8.48 所示。

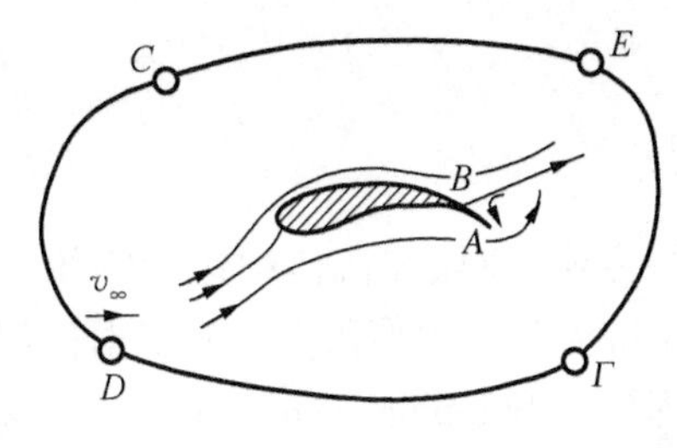

图 8.46　起动涡出现

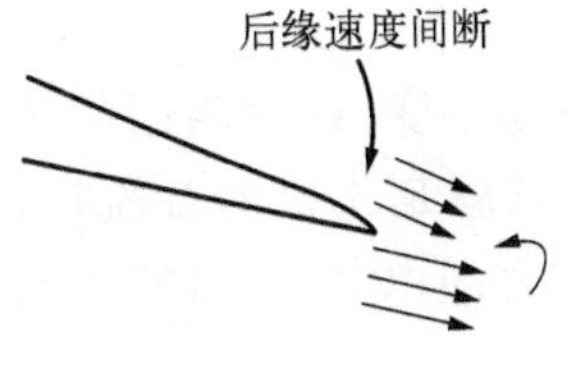

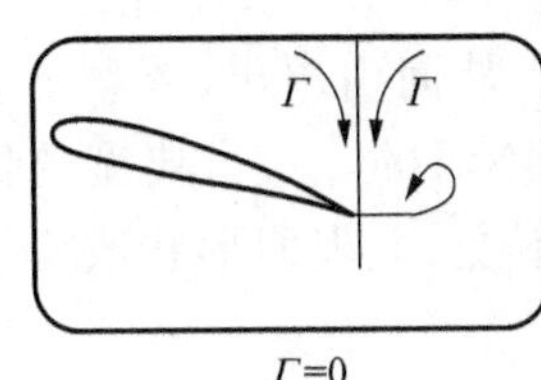

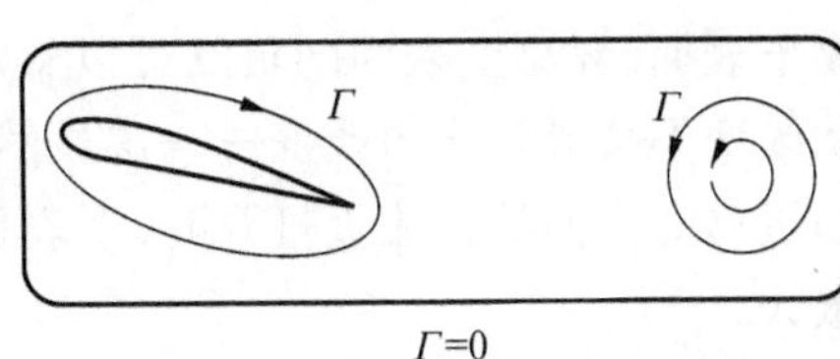

图 8.47　起动涡的产生

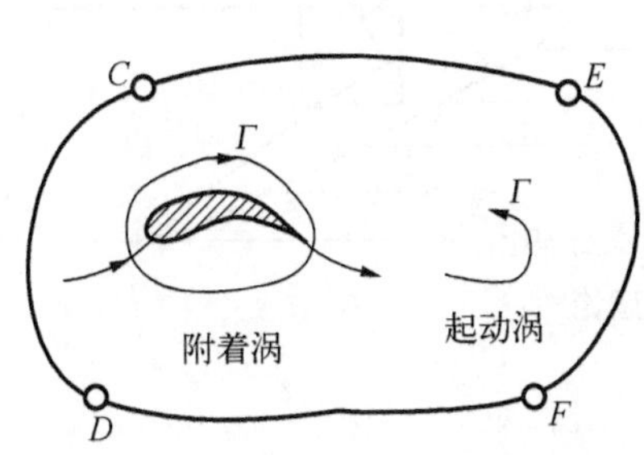

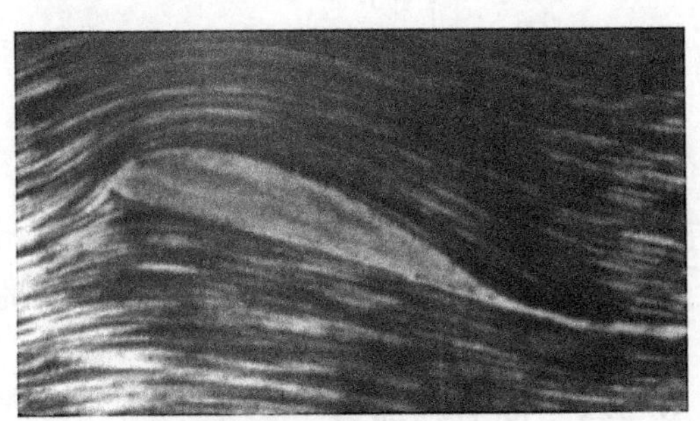

图 8.48　附着涡达到最大值(气流平顺离开后缘)

由上述讨论可得出：

(1) 流体黏性和翼型的尖后缘是产生起动涡的物理原因，绕翼型的附着涡环量值始终与起动涡环量值大小相等、方向相反；

(2) 对于一定形状的翼型，只要给定绕流速度和迎角，就有一个固定的速度环量与之对应，确定的条件是库塔条件；

(3) 如果速度和迎角发生变化，将重新调整速度环量，以保证气流绕过翼型时始终平顺离开后缘；

(4) 代表绕翼型环量的旋涡，始终附着在翼型上，根据升力环量定律，直匀流加上一定强度的附着涡所产生的升力，与直匀流中一个有环量的翼型绕流完全一样。

8.5　翼型绕流升力产生的机制

当气流绕过翼型时，会在翼型上作用升力和阻力。升力的大小除与来流速度、翼型几何形状和尺寸外,还与翼型和来流方向之间的夹角(迎角)有关。目前就翼型绕流产生升力的机制,有如下说法。

8.5.1 漂石理论(作用力与反作用力原理)

1686年,英国物理学家牛顿应用力学原理和演绎方法,建议在流体中运动物体所受的力,正比于物体运动速度的平方、物体特征面积以及流体密度的乘积。牛顿根据作用力与反作用力原理,对翼型的升力,提出所谓的"漂石理论"(Skipping Stone Theory)。这一理论认为,升力来源于空气对翼型下翼面的反作用力,就像打水漂一样,石子在快速滑过水面时,会排开水体从而获得反向的作用力重新离开水体,飞机在飞行时不断向下推开空气,从而依靠反作用力获取升力,如图8.49所示。由此得出,产生升力主要来源于翼型下表面,翼型上表面的贡献可以忽略。从而引申出,翼型下表面不变,则上表面的形状改变不会导致升力改变——这显然是不对的。一个典型的例子就是飞机的扰流板,当机翼上表面的扰流板打开时,下表面不变,上表面形状改变不大,但对气动力的影响很大。

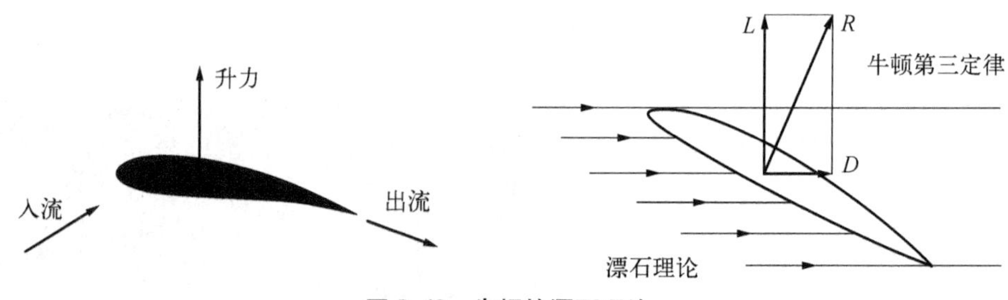

图8.49 牛顿的漂石理论

8.5.2 伯努利原理

1738年,瑞士数学家、流体力学家丹尼尔·伯努利给出理想流体能量方程式,建立了空气压强与速度之间的定量关系,为认识升力产生机制提供了理论基础,特别是由伯努利方程得出,翼型上的升力大小不仅与下翼面作用的空气顶托力有关,也与上翼面的吸力有关(图8.22),后来的风洞试验证实,上翼面吸力占翼型总升力的60%~70%。根据伯努利方程,上翼面的吸力是由于上翼面绕流速度大于来流速度的结果,而下翼面的顶托力是由于下翼面绕流速度小于来流速度的结果。因此,要想搞清楚升力的产生,就归结为翼型绕流上下翼面速度变化的原因。为此有两种说法。

(1) 长距理论或等时理论。这一理论认为,气流在翼型前缘点被分为上下翼面两部分,最后同时在翼型后缘汇合。因翼型上下表面形状不对称,气流沿翼型上表面运动的距离比下翼面的长,自然流速快,根据伯努利定理,速度快的气压小,这样就形成下翼面压强大于上翼面压强,从而产生升力。由于这个理论主要依赖于伯努利原理,后人称为伯努利学派。这个理论的关键在于,认为翼型上下表面不对称是产生升力之源。但现代飞机广泛采用的超临界翼型,出于减小激波强度目的,其下表面的长度实际上比上表面长度还长,因此这个解释也被怀疑。同时,这个理论也无法解释飞机倒飞的原因。

(2) 流管变化理论。当气流流过上下表面时,由于上表面凸起,导致上方流线间距变窄,而下方较平坦,流线间距变宽,根据流体的连续性方程,当流体连续不断地流过一个粗细不等的管道时,由于流道中任一部分的流体都不能中断或堆积起来,因此在同一时间内,流进任一截面的流体质量和从另一截面流出的流体质量是相等的,导致上表面流速大于下表面流速,从而上翼面压强小于下翼面压强,就产生升力。此理论疑点在于只能在二维环境中成立,真实机翼是三维绕流,流管收缩变形不明显。

8.5.3 动量理论

绕过翼型的气流流向存在向下偏的趋势,根据动量定律,存在产生反作用力的升力。这一部分升力确实存在,称为撞击升力,但在整个翼型升力中所占比重相对较小。对于大型客机采用的超临界翼型,其后加载效应是靠机翼后缘向下弯曲产生下洗流来提供升力。

上述各种观点都是在无黏流条件下的认知,均存在局限性。目前还没有一种观点能够令人满意地解释翼型产生升力的原因。实际上,各理论适应于翼型绕流不同的区域,如图 8.50 所示。

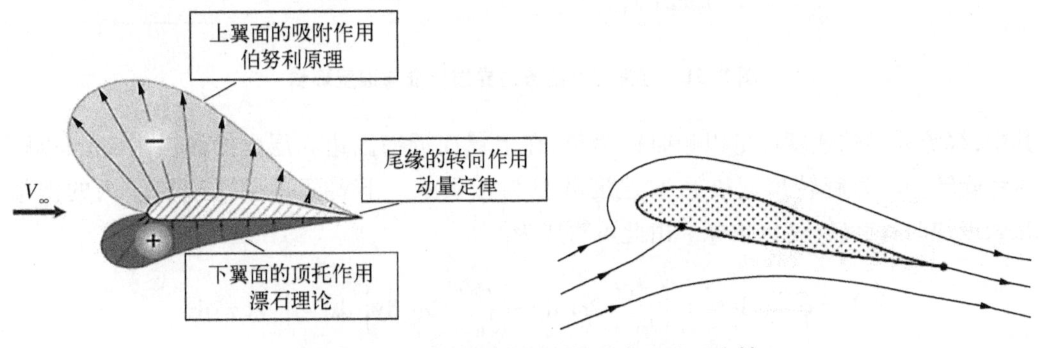

图 8.50　基于理想流体翼型绕流各理论适应性

8.6　翼型绕流物面近区边界层的发展与环量值的确定

在无界运动流场中,当以定转速旋转的无限长圆柱达到平衡时,在圆柱上作用一个与流动方向垂直的合力,称为升力。如果把旋转圆柱体看作涡核,则涡核内的流场为等涡量的有涡场,涡核外的流场为圆柱体诱导的流场,为无涡场,这样的流动模型就是典型的兰金涡模型。此时,旋转圆柱的环量通过与流体接触的圆柱边界面作用于流体上,从而诱导圆柱外的流场,流动直观易懂,也得到实验验证。但对于理想流体低速翼型绕流,翼型是不旋转的,那么环量是如何产生的?这就涉及翼型绕流环量(附着涡)形成过程的物理机制。20 世纪初,基于理想流体运动的起动涡与附着涡概念的物理解释,属于空气动力学公认的经典说法,但是附着涡是如何存在于翼型物面近区?如何施加于绕过翼型的流动?与翼面边界层的发展有何关系?翼型的姿态和形面会改变边界层的特征,是否也会改变附着涡的大小?这些问题只能借助普朗特的边界层理论给予解释。

8.6.1 黏性流体定常翼型绕流边界层特性与速度环量

如图 8.51 所示，对于定常黏性流体翼型绕流，将会在翼型上下翼面近壁区形成充分发展的边界层流动，处于稳定平衡状态，此时的翼型绕流可分为近壁区的边界层黏性流动(有涡流动)和边界层外的势流部分。现在翼型绕流边界层外任取一以顺时针旋转的包围翼型的封闭围线，由斯托克斯积分公式可得到此围线内绕翼型的速度环量值，即

$$\Gamma = \oint_C \boldsymbol{V} \cdot \mathrm{d}\boldsymbol{s} = \iint_A 2(\omega_u - \omega_d)\mathrm{d}\sigma \tag{8.42}$$

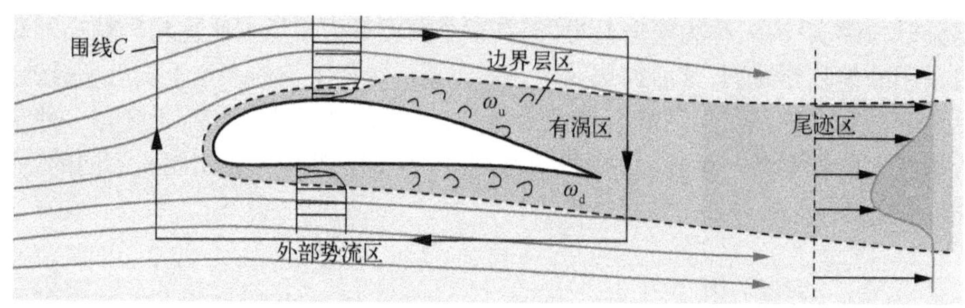

图 8.51　定常翼型绕流边界层特征与速度环量

其中，绕流翼型的速度环量以顺时针为正，在上翼面近壁区边界层内的涡量为 $2\omega_u$，以顺时针旋转(ω_u 为旋转角速度)，对速度环量为正贡献。下翼面近壁区边界层内的涡量 $2\omega_d$，以逆时针旋转，为负贡献。由此可写成为

$$\Gamma = \oint_C \boldsymbol{V} \cdot \mathrm{d}\boldsymbol{s} = \int_0^b \left[\int_0^{\delta_u(x)} 2\omega_u \mathrm{d}y - \int_0^{\delta_d(x)} 2\omega_d \mathrm{d}y\right] \mathrm{d}x = \int_0^b \gamma(x)\mathrm{d}x$$

$$\gamma(x) = \int_0^{\delta_u(x)} 2\omega_u \mathrm{d}y - \int_0^{\delta_d(x)} 2\omega_d \mathrm{d}y = \gamma_u(x) - \gamma_d(x) \tag{8.43}$$

$$\gamma_u(x) = \int_0^{\delta_u(x)} 2\omega_u \mathrm{d}y,\ \gamma_d(x) = \int_0^{\delta_d(x)} 2\omega_d \mathrm{d}y$$

其中，$\delta_u(x)$、$\delta_d(x)$ 分别表示上、下翼面边界层当地厚度；$\gamma(x)$ 为沿着弦线分布的面涡强度；γ_u 为上翼面的值(正贡献)；γ_d 为下翼面的值(负贡献)。

在翼型后缘处，按照库塔-茹科夫斯基后缘条件，要保持气流平顺离开后缘，也就是说上下翼面气流在离开后缘时，不存在速度剪切，无旋涡脱出，这就要求，在 $x = b$ 处，翼型的面涡强度为零，即

$$\gamma(b) = 0 \tag{8.44}$$

利用式(8.43)，可得

$$\gamma_u = \gamma_d,\ \int_0^{\delta_u(b)} 2\omega_u \mathrm{d}y = \int_0^{\delta_d(b)} 2\omega_d \mathrm{d}y \tag{8.45}$$

作为近似，如图 8.52 所示，根据定义可得

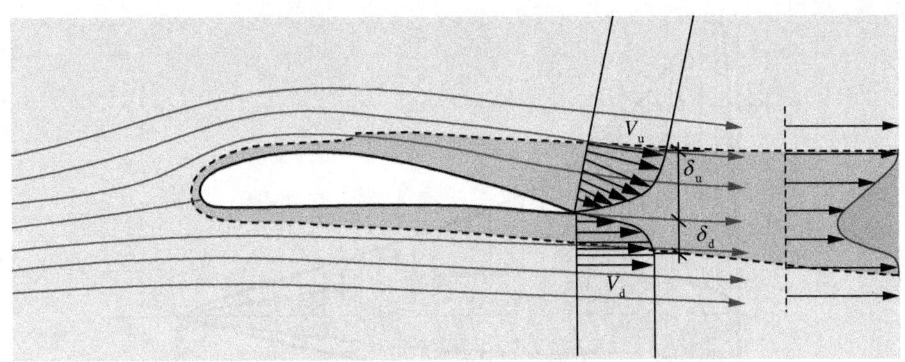

图 8.52　定常翼型绕流的库塔-茹科夫斯基后缘条件

$$2\omega_u \approx \frac{V_u}{\delta_u(b)},\ 2\omega_d \approx \frac{V_d}{\delta_d(b)} \tag{8.46}$$

由此得

$$\int_0^{\delta_u(b)} \frac{V_u}{\delta_u(b)} dy \approx \int_0^{\delta_d(b)} \frac{V_d}{\delta_d(b)} dy,\ V_u \approx V_d \tag{8.47}$$

这就是库塔-茹科夫斯基后缘条件。即平顺离开后缘，要求离开后缘的上下翼面边界层外边界线上的速度近似相等。

在翼型后缘，如果假设上翼面边界层内面涡强度为

$$\gamma_0 = \int_0^{\delta_u(b)} 2\omega_u dy \tag{8.48}$$

由式(8.43)，可得

$$\begin{aligned} &\Gamma = \oint_C \boldsymbol{V} \cdot d\boldsymbol{s} = \int_0^b (\gamma_u - \gamma_d) dx = \int_0^b (\gamma_u - \gamma_0) dx + \int_0^b (\gamma_0 - \gamma_d) dx = \Gamma_u + \Gamma_d \\ &L = \rho V_\infty \Gamma_u + \rho V_\infty \Gamma_d \end{aligned} \tag{8.49}$$

则可获得上下翼面对升力的贡献。如图 8.53 所示，在小迎角下，基于压强系数分布作用于翼型上升力系数的计算公式为

$$\begin{aligned} C_L &= \int_0^1 (C_{pd} - C_{pu}) d\xi = \int_0^1 C_{pd} dx + \int_0^1 - C_{pu} d\xi \\ L &= \rho V_\infty \Gamma_u + \rho V_\infty \Gamma_d = \frac{1}{2} \rho V_\infty^2 b C_L \\ \Gamma_d &= \frac{1}{2} V_\infty b \int_0^1 C_{pd} d\xi,\ \Gamma_u = \frac{1}{2} V_\infty b \int_0^1 - C_{pu} d\xi \end{aligned} \tag{8.50}$$

其中，C_{pu} 和 C_{pd} 分别为作用于上下翼面上的压强系数；ξ 为 x/b。

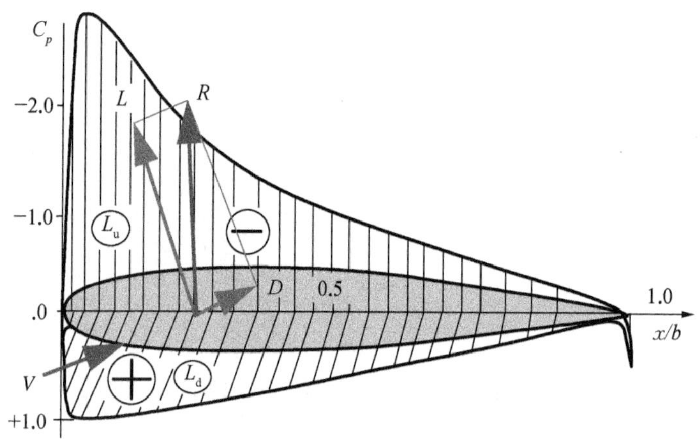

图 8.53　沿弦线分布的压强系数与气动力

显然,在离前缘任意位置处,$\gamma(x)$的大小决定于当地上下翼面边界层内涡量积分值之差,根据上下翼面边界层内的速度分布特征,$\gamma(x)$沿弦线的分布应由前缘向后缘逐渐减小的曲线,如图 8.54 所示。可见,基于理想流体绕流概念的附着涡,实际上是指翼型定常绕流上下翼面边界层内涡量积分值之差。如用理想流体绕流模型取代边界层绕流,应该看作理想流体绕过翼型型面边界曲线叠加边界层排移厚度的外形,同时在这个边界上附加由黏性边界层产生的速度环量值,这个速度环量值就是附着涡。这说明,附着涡是通过翼面边界层流动加给外部势流的。

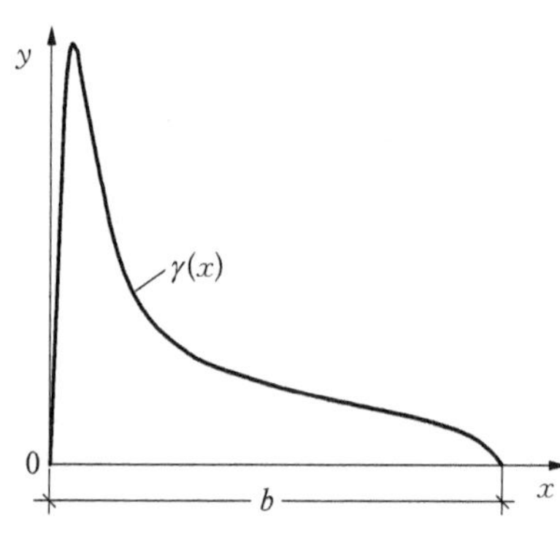

图 8.54　沿弦线分布的面涡强度分布

8.6.2　上下翼面边界层内涡量特性

对于在近壁区边界层内的流动,黏性流体运动总是伴随着涡量的产生、扩散和耗散。在来流大雷诺数情况下,近壁区边界层较薄,满足普朗特的边界层近似,在无滑移边界条件下,相当于在翼面近区形成一层具有一定强度分布的面涡源,其面涡强度为 Ω_b(顺时针为正)与壁面切应力 τ_b 关系为

$$\Omega_b = 2\omega_b = \left(\frac{\partial u}{\partial y} - \frac{\partial v}{\partial x}\right)_b = \left(\frac{\partial u}{\partial y}\right)_b = \frac{\tau_b}{\mu} \tag{8.51}$$

其中,u 和 v 为边界层内流动速度分量。由此可见,翼面上的涡量与壁面切应力有关,说明边界层内的涡量在翼面上最大,离开物面区涡量减小,这是由于涡量的黏性扩散和耗散引起的。对于不可压缩黏性流体翼型绕流,其涡量 Ω 的扩散方程为

$$\frac{\partial \Omega}{\partial t} + u\frac{\partial \Omega}{\partial x} + v\frac{\partial \Omega}{\partial y} = \nu\left(\frac{\partial^2 \Omega}{\partial x^2} + \frac{\partial^2 \Omega}{\partial y^2}\right) \tag{8.52}$$

在定常边界层流动中，式(8.50)简化为

$$u\frac{\partial\Omega}{\partial x}+v\frac{\partial\Omega}{\partial y}=\nu\frac{\partial^2\Omega}{\partial y^2} \tag{8.53}$$

在边界层内，一方面涡量沿着主流方向迁移，并随之逐渐衰减；另一方面涡量沿着垂直方向扩散，其垂向扩散速度和衰减快慢取决于流体黏性系数。涡量的迁移速度取决于水平方向的流动速度，这样物面上产生的涡量不会扩散至全场，只能局限在边界层内。涡量在壁面法线方向扩散的距离量级为 $\sqrt{\nu t}$，涡量沿流向迁移的距离为 $V_\infty t$，对于弦长为 b 翼型，从前缘产生的涡量迁移到后缘所需的时间为 b/V_∞，由此得到边界层厚度为

$$\begin{gathered}\delta\propto\sqrt{\nu\frac{b}{V_\infty}}=\sqrt{\nu\frac{b^2}{V_\infty b}}=b\sqrt{\frac{\nu}{V_\infty b}}\\ \frac{\delta}{b}\propto\frac{1}{\sqrt{Re}}\quad\left(Re=\frac{V_\infty b}{\nu}\right)\end{gathered} \tag{8.54}$$

8.6.3　翼型起动过程中边界层的演变机制

1. 边界层形成过程的控制方程

翼型起动过程中的非定常绕流属于翼面黏性边界层的形成与发展过程，物理机制复杂，涉及无黏流与黏性流的转化、黏性引起的动量扩散、上翼面后缘区分离点的移动、分离区和分离涡的演变发展过程。显然，在翼型起动过程中，速度环量的增加过程是一个非定常边界层的形成与发展过程，最终达到翼型定常绕流充分发展的边界层流动，控制这个过程的发展是不可压缩二维非定常层流边界层微分方程，即

$$\begin{gathered}\frac{\partial u}{\partial x}+\frac{\partial v}{\partial y}=0\\ \frac{\partial u}{\partial t}+u\frac{\partial u}{\partial x}+v\frac{\partial u}{\partial y}=\frac{\partial V_e}{\partial t}+V_e\frac{\partial V_e}{\partial x}+\nu\frac{\partial^2 u}{\partial y^2}\end{gathered} \tag{8.55}$$

式中，V_e 为边界层的外流速度。

在翼型从静止开始起步的初期(图 8.55)，边界层尚未形成，黏性剪切力很大，迁移惯性力较小，外流场的非定常惯性力是主要的，上述方程可简化为

$$\begin{gathered}\frac{\partial u}{\partial x}+\frac{\partial v}{\partial y}=0\\ \frac{\partial u}{\partial t}-\nu\frac{\partial^2 u}{\partial y^2}=\frac{\partial V_e}{\partial t}\end{gathered} \tag{8.56}$$

$\Gamma\approx 0$

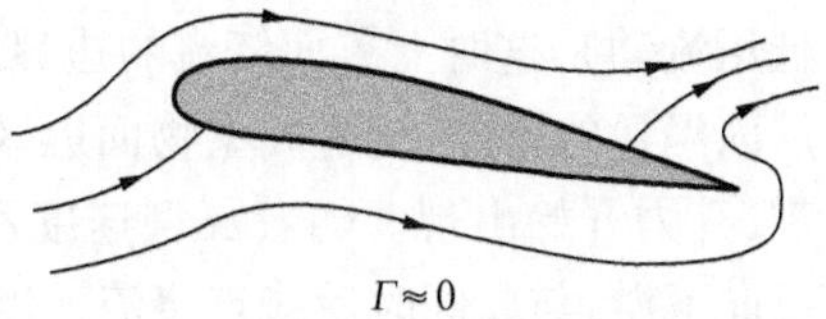

图 8.55　初期起动阶段

对于翼型起动过程的后期，边界层基本形成并接近稳定状态，此时非定常惯性力处于

次要地位,边界层方程可简化为

$$\begin{aligned}&\frac{\partial u}{\partial x}+\frac{\partial v}{\partial y}=0\\&\frac{\partial u}{\partial t}-\nu\frac{\partial^2 u}{\partial y^2}=V_e\frac{\partial V_e}{\partial x}-u\frac{\partial u}{\partial x}-v\frac{\partial u}{\partial y}\end{aligned}\tag{8.57}$$

现在,根据非定常翼型绕流边界层的形成过程,分离与旋涡脱落的演化,结合黏性流动的物理机制,可将翼型绕流的起动过程分为以下阶段。

2. *充分发展边界层的形成过程分析*

1)初期势流阶段

翼型刚开始起动(图 8.55),绕过翼型流动几乎未形成边界层流动,以理想流体绕流为主,后驻点位于上翼面后缘区,下翼面气流绕过后缘点到达后驻点,后缘点与后驻点不重合,在翼型后缘区无分离,此时翼面上边界层几乎没有形成,附着涡量几乎为零,升力也趋近于零。在此情况,物面近区的速度,下翼面略大于上翼面。

2)分离泡阶段

受绕过后缘点离心惯性力的影响,使得从后缘点到后驻点的绕流逆压强梯度不断增大,最终导致后缘区分离,形成分离泡(图 8.56),同时上翼面的后驻点移动到分离泡的末端,上翼面后缘区出现分离点,分离点与后缘点不重合(出现分离后,上翼面仅有分离点,而无驻点)。此时翼型后缘近区的黏性流动开始形成,但整体流动仍然以理想流体绕流为主,附着涡量几乎为零(分离泡内的两个反向旋转的涡相互抵消),升力也趋近于零。

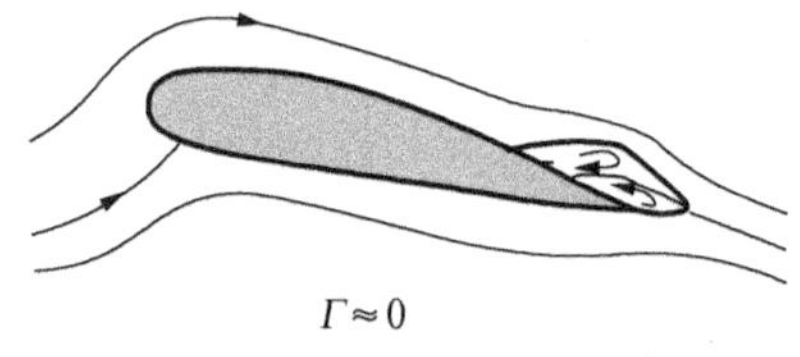

图 8.56　分离泡阶段(加速)

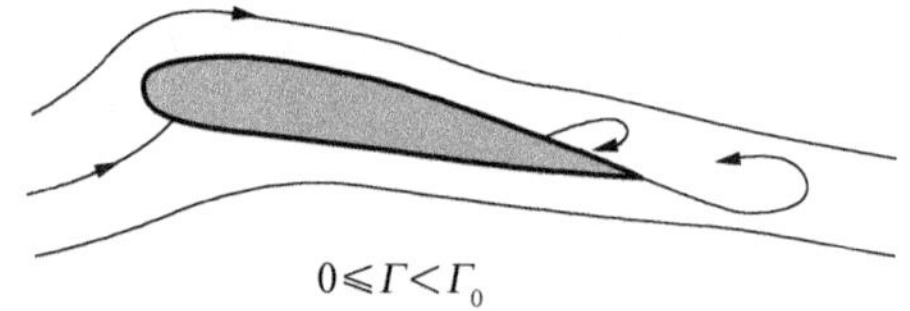

图 8.57　后缘分离涡周期性脱落阶段(加速)

3)后缘分离涡周期性脱落阶段

随着翼型速度的增大,分离泡内旋涡运动的能量不断增大,致使泡内流动动能堆积无法自耗,从而分离泡打开,形成旋涡脱落(图 8.57),同时因气流速度增大使绕后缘点离心惯性力增大,后缘点附近负压增强,致使上翼面后缘区的分离点向后缘点移动(从高压向低压流动),这时上翼面绕流的边界层开始形成,相对而言下翼面稍慢些,从而加大了边界层内涡量的增加,绕过翼型物面近区的边界层流动开始发挥作用,这样附着涡量就不等于零,升力开始出现。随着翼型速度不断增大,从后缘生成的旋涡不断脱落出去,并随流动甩向下游,与此同时后缘点绕流速度不断增大,后缘点离心惯性力的增大使后缘点附近负压不断增强,导致上翼面后缘区的分离点进一步向后缘点移动,这时上翼面绕流边界层不断发展,下翼面绕流边界层也开始形成和发展。随着翼型的加速,上下翼面边界层外流区的速度不断增大,绕翼型的附着涡量继续增大,升力也继续增大。

4）边界层稳定阶段

后缘分离涡周期性脱落重复进行到翼型达到匀速不再加速为止。此时，上翼面的分离点移动到后缘点，旋涡脱落停止，绕后缘点气流平顺离开，上下翼面边界层形成稳定状态，边界层外流区的速度差达到最大，绕翼型的附着涡量达到最大，升力也达到最大，翼型绕流完成起动过程，如图 8.58 所示。

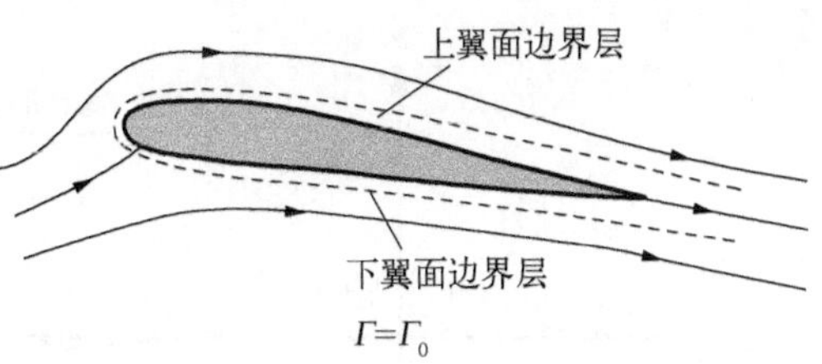

图 8.58　边界层稳定阶段（匀速）

应指出的是，如果翼型再次发生加速或减速，从一种稳定的边界层变化为另一种稳定的边界层，后缘点旋涡的脱落将继续出现直至形成新的稳定边界层为止（图 8.59），达到新的平衡态后绕后缘点流动又恢复到平顺离开后缘，只是加速翼型和减速翼型脱落涡的方向不同而已。

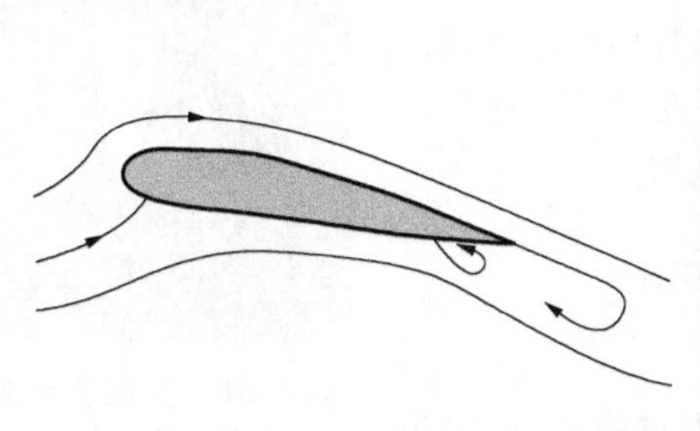

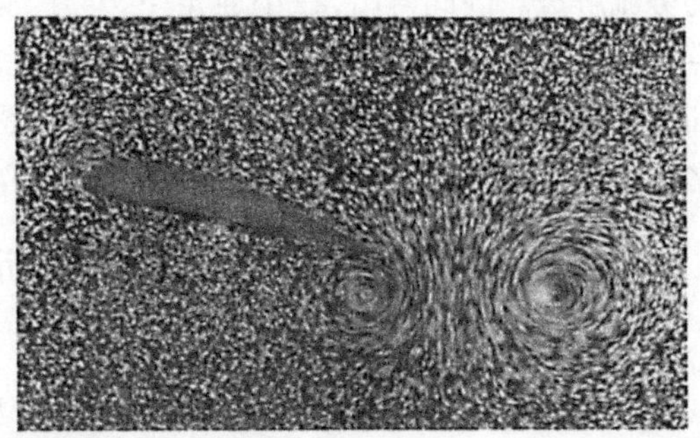

图 8.59　后缘分离涡周期性脱落阶段（减速）

8.7　定常不可压缩绕翼型势流的一般解法

对于迎角不大的翼型附着绕流，由式（8.20）和式（8.22）可见，对升力和力矩特性曲线由压强积分得到，根据边界层理论压强可以通过势流理论求解。这说明，黏性对升力和力矩系数的影响不大，可以忽略，但对阻力系数、最大升力系数和分离翼型绕流的气动特性影响较大，不能忽略。

8.7.1　保角变换法与势流叠加原理

1909 年，俄国物理学家茹科夫斯基考虑到，对于二维定常不可压缩绕翼型势流，存在速度势函数和流函数，两者均满足 Laplace 方程，首先引入复变函数理论求解翼型绕流问题，提出著名的茹科夫斯基翼型理论，如图 8.60 所示。保角变换法的主要思想是，利用流函数和速度势函数形成复速度，通过复变函数变换，将物理平面中的翼型变换成计算平面中的圆形（图 8.60），然后求出绕圆形的复势函数，再由变换式回到物理平面中的复势函数即可。在此基础上，德国空气动力学家马克斯·芒克（Max M. Munk，1890～1986 年，普朗特学生，1922 年提出并建造了第一座变密度风洞）于 1922 年和英国空气动力学家

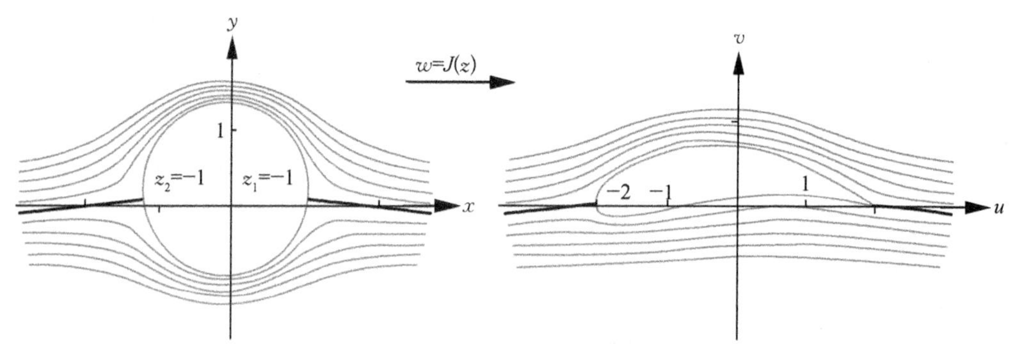

图 8.60　茹科夫斯基变换与翼型

H. 格劳特(图 8.61)于 1924 年发展和完善了薄翼型理论,利用速度势函数的奇点叠加原理和小扰动假设,提出求解任意薄翼型绕流的势流解法。因此得出,在小迎角下,对于理想不可压缩薄翼型定常绕流,扰动速度势、物面边界条件、压强系数均可进行线性叠加,作用在薄翼型上的升力、力矩可以视为弯度、厚度、迎角作用之和,因此绕薄翼型流动可用三个简单流动叠加。

图 8.61　英国空气动力学家 H. 格劳特(Hermann Glauert, 1892~1934 年)

8.7.2　绕翼型的数值计算法——面元法

1. 绕翼型势流叠加法基本思路

在平面势流中,根据势流叠加原理和孤立奇点流动,可得到某些规则物体的绕流问题。例如,通过直匀流与点源和点汇的叠加,可获得无环量的圆柱绕流;通过直匀流、点源和点汇、点涡的叠加,可获得有环量的圆柱绕流,继而求出绕流物体的升力大小。对于任意形状的物体绕流,当然不可能这样简单。但是,这样的求解思路是可取的。对于一定迎角下,任意形状、任意厚度的翼型绕流,利用势流叠加法求解的基本思路如下。

(1) 沿着翼型面布置连续分布的点源 $q(s)$,与直匀流叠加,满足翼面是一条流线的条件,从而模拟无升力的翼型厚度作用,如图 8.62 所示。

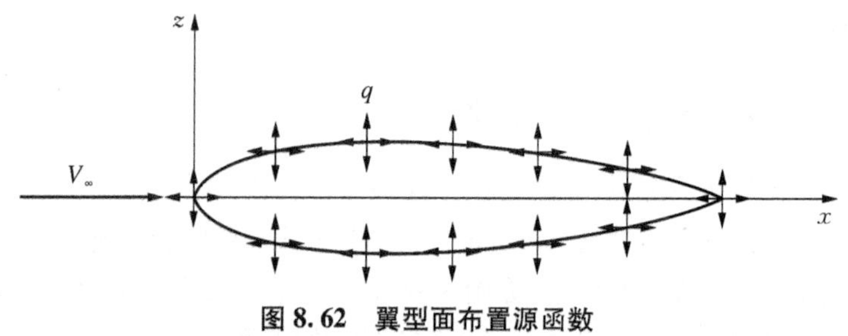

图 8.62　翼型面布置源函数

(2) 沿着翼型面布置连续分布的面涡函数 $\gamma(s)$,与直匀流叠加,满足翼面是一条流线的条件和尾缘库塔-茹科夫斯基后缘条件,从而模拟由于迎角和翼型弯度引起的升力效应,确定翼型的升力大小,如图 8.63 所示。

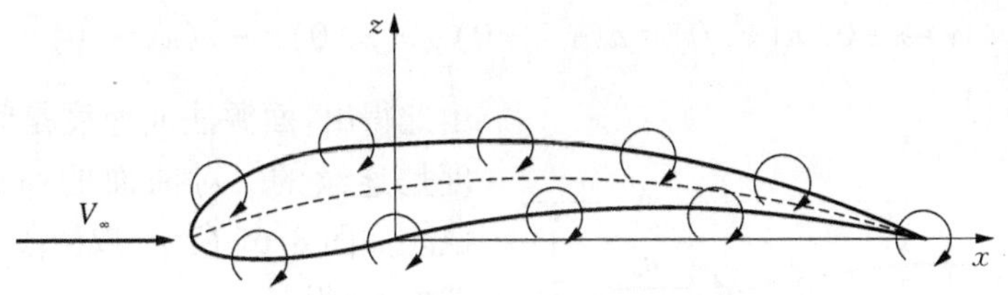

图 8.63　翼型面布置面涡函数

(3) 在翼面上布置的面源和面涡与直匀流叠加的势流解法,关键是求满足边界条件和库塔-茹科夫斯基后缘条件的分布函数 $q(s)$ 和 $\gamma(s)$。布置的面源由翼面是一条流线确定,布置面涡除满足翼面是流线条件外,还需要满足库塔-茹科夫斯基后缘条件。对于任意形状的翼型精确给出分布的面源和面涡函数是不易的。但通常用数值计算方法,求解数值是可能的。将翼面分成若干微分段(面元),在每个面元上布置待定的面源和面涡分布函数,在选定控制点上满足不穿透条件和在后缘满足后缘条件,从而确定分布函数,最后由分布函数计算物面压强分布、升力和力矩特性。

2. 面源函数的基本特性

如图 8.64 所示,设单位长度的面源强度为 q,则 ds 微段上面源强度为 $q\mathrm{d}s$,其在流场 P 点处诱导的速度(与 P 点的距离 r)为

$$\mathrm{d}V_r = \frac{q\mathrm{d}s}{2\pi r} \quad \mathrm{d}\varphi = \int \boldsymbol{V} \cdot \mathrm{d}\boldsymbol{r} = \int \frac{q\mathrm{d}s}{2\pi r}\mathrm{d}r = \frac{q\mathrm{d}s}{2\pi}\ln r \tag{8.58}$$

整个面源产生的速度势函数和面源强度为

$$\varphi = \int_a^b \mathrm{d}\varphi = \int_a^b \frac{q\mathrm{d}s}{2\pi}\ln r,\ Q = \int_a^b q\mathrm{d}s \tag{8.59}$$

除面源线外,流场中任意点都满足连续方程。但受面源强度的影响,在面源线上流体质点的法向速度是间断的。如图 8.64 所示,对于水平线的面源强度产生的诱导速度为

$$\begin{aligned} u(x,\ y) &= u(x,\ -y) \\ v(x,\ y) &= -v(x,\ -y) \end{aligned} \tag{8.60}$$

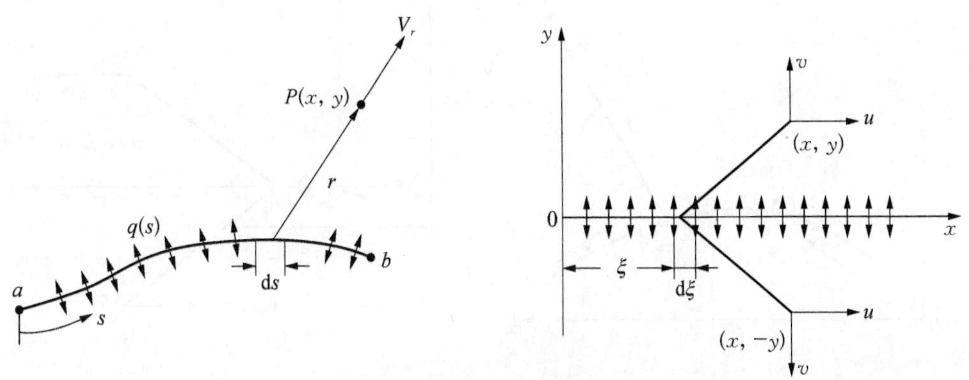

图 8.64　面源诱导速度场

$$y \to \pm 0,\ u(x,\ 0) = u(x,\ -0),\ v(x,\ 0) = -v(x,\ -0) \tag{8.61}$$

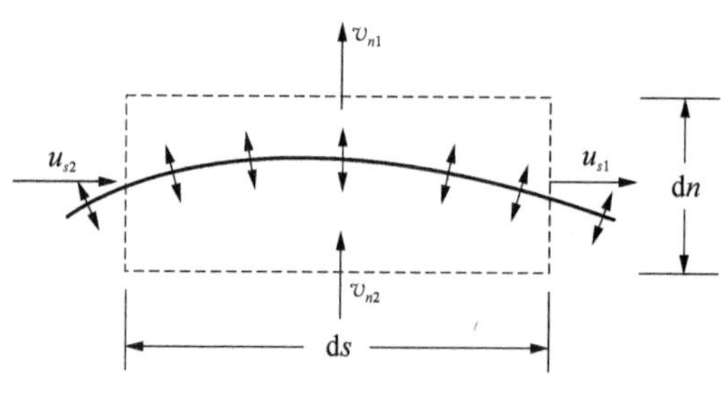

图 8.65 面源微段控制体

由此得出,面源法向速度是间断的,切向速度是连续的。对曲面的面源布置也是如此。如图 8.65 所示,取微段控制体,建立连续方程,得

$$q\mathrm{d}s = (v_{n1} - v_{n2})\mathrm{d}s + (u_{s1} - u_{s2})\mathrm{d}n \tag{8.62}$$

考虑到 $u_s(s)$ 的连续性,有

$$u_{s2} = u_s - \frac{\partial u_s}{\partial s}\frac{\mathrm{d}s}{2},\ u_{s1} = u_s + \frac{\partial u_s}{\partial s}\frac{\mathrm{d}s}{2} \tag{8.63}$$

取极限,得

$$q = v_{n1} - v_{n2} \tag{8.64}$$

这说明,面源线是法向速度间断面,穿过面源当地法向速度的突跃值等于当地的面源强度。对于直线面源函数,有

$$\begin{aligned} &q = v(x,\ 0) - v(x,\ -0) \\ &v(x,\ 0) = -v(x,\ -0) \\ &v(x,\ 0) = -v(x,\ -0) = \frac{q}{2} \end{aligned} \tag{8.65}$$

3. 面涡的基本特性

如图 8.66 所示,设单位长度的面涡强度为 γ(逆时针为正),则 ds 微段上面涡强度为 γds,其在流场 P 点处诱导的速度为(与 P 点的距离 r)

$$\mathrm{d}V_s = -\frac{\gamma\mathrm{d}s}{2\pi r},\ \mathrm{d}\varphi = \int \boldsymbol{V}\cdot\mathrm{d}\boldsymbol{r} = -\int \frac{\gamma\mathrm{d}s}{2\pi r}r\mathrm{d}\theta = -\frac{\gamma\mathrm{d}s}{2\pi}\theta \tag{8.66}$$

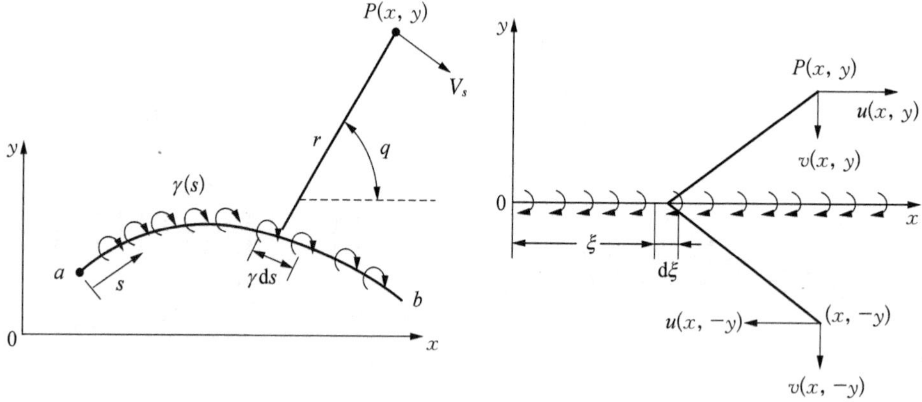

图 8.66 面涡诱导速度场

整个面涡产生的速度势函数和面涡强度为

$$\varphi = \int \mathrm{d}\varphi = -\int \frac{\gamma \mathrm{d}s}{2\pi}\theta,\ \Gamma = -\int_a^b \gamma \mathrm{d}s \tag{8.67}$$

除面涡线外，流场中任意点都满足连续方程。但受面涡强度的影响，在面涡线上流体质点的切向速度是间断的。如图 8.66 所示，对于水平线的面涡强度产生的诱导速度为

$$\begin{aligned} u(x,\ y) &= -u(x,\ -y) \\ v(x,\ y) &= v(x,\ -y) \end{aligned} \tag{8.68}$$

$$y \to \pm 0,\ u(x,\ 0) = -u(x,\ -0),\ v(x,\ 0) = v(x,\ -0) \tag{8.69}$$

由此得出，面涡上下切向速度是间断的，但法向速度是连续的。对曲面的面涡布置也是如此。如图 8.67 所示，围绕微段取一封闭曲线，绕围线顺时针为正，根据斯托克斯积分，得

$$\gamma \mathrm{d}s = (u_{s1} - u_{s2})\mathrm{d}s + (v_{n2} - v_{n1})\mathrm{d}n \tag{8.70}$$

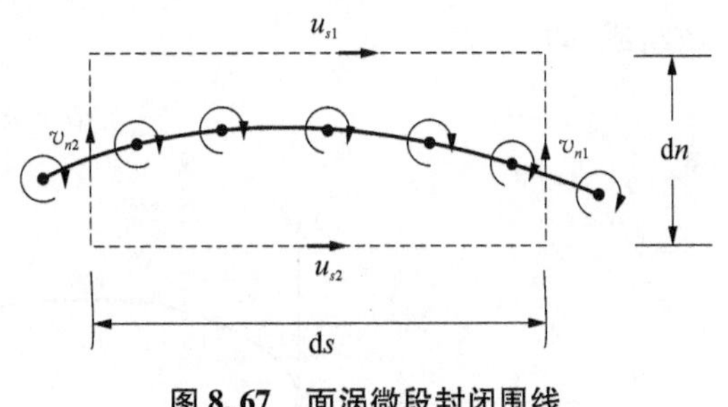

图 8.67　面涡微段封闭围线

考虑到 $v_n(n)$ 的连续性，有

$$v_{n2} = v_n - \frac{\partial v_n}{\partial s}\frac{\mathrm{d}s}{2},\ v_{n1} = v_n + \frac{\partial v_n}{\partial s}\frac{\mathrm{d}s}{2} \tag{8.71}$$

取极限，得

$$\gamma(s) = u_{s1} - u_{s2} \tag{8.72}$$

这说明，面涡线是切向速度的间断面，穿过面涡当地切向速度的突跃值等于当地的面涡强度。对于直线面涡分布函数，有

$$\begin{aligned} \gamma &= u(x,\ 0) - u(x,\ -0) \\ u(x,\ 0) &= -u(x,\ -0) \\ u(x,\ 0) &= -u(x,\ -0) = \frac{\gamma}{2} \end{aligned} \tag{8.73}$$

4. 面源法和面涡法

当求解无升力的物体绕流问题时，包括考虑厚度影响的无升力翼型绕流问题，可用面源法。

如果求解具有升力翼型（模拟弯度和迎角的影响）的绕流问题，可用面涡法，除满足翼面是流线外，要求翼型尾缘满足库塔-茹科夫斯基后缘条件，$\gamma = 0$。

8.8 薄翼型理论

对于理想定常不可压缩流体的翼型绕流,如果气流绕翼型的迎角、翼型厚度、翼型弯度都很小,则绕流场是一个小扰动的势流场。这时,翼面上的边界条件和压强系数可以线化,厚度、弯度、迎角三者的影响可以分开考虑,这种方法称为薄翼理论(Thin Airfoil Theory)。

8.8.1 薄翼型绕流分解

1. 扰动速度势函数

取如图 8.68 所示的 xoy 坐标系,如用 Φ 表示绕翼型的速度势函数,满足二维拉普拉斯方程,势函数的叠加原理成立。设 Φ 由直匀流势函数和翼型存在引起的扰动速度势函数组成,即

$$\Phi = \varphi_\infty + \varphi \tag{8.74}$$

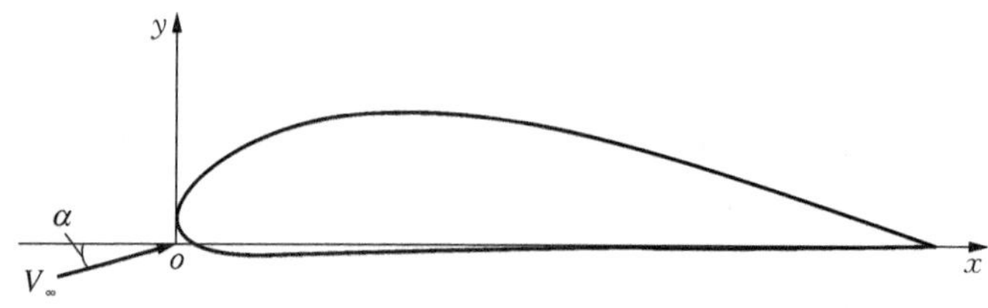

图 8.68 薄翼型绕流

扰动速度势函数也满足拉普拉斯方程,即

$$\begin{aligned} &\frac{\partial^2 \Phi}{\partial x^2} + \frac{\partial^2 \Phi}{\partial y^2} = 0 \quad \frac{\partial^2 (\varphi_\infty + \varphi)}{\partial x^2} + \frac{\partial^2 (\varphi_\infty + \varphi)}{\partial y^2} = 0 \\ &\frac{\partial^2 \varphi_\infty}{\partial x^2} + \frac{\partial^2 \varphi_\infty}{\partial y^2} = 0 \quad \frac{\partial^2 \varphi}{\partial x^2} + \frac{\partial^2 \varphi}{\partial y^2} = 0 \end{aligned} \tag{8.75}$$

2. 翼面边界条件线性表达式

设翼面上的扰动速度分别为 u'_w、v'_w,则在小迎角下速度分量为

$$\begin{aligned} u_w &= V_\infty \cos\alpha + u'_w \approx V_\infty + u'_w \\ v_w &= V_\infty \sin\alpha + v'_w \approx V_\infty \alpha + v'_w \end{aligned} \tag{8.76}$$

由翼面流线的边界条件为

$$\frac{dy_w}{dx} = \frac{v_w}{u_w} = \frac{V_\infty \alpha + v'_w}{V_\infty + u'_w},\ v'_w = V_\infty \frac{dy_w}{dx} + u'_w \frac{dy_w}{dx} - V_\infty \alpha \tag{8.77}$$

对于薄翼型,翼型的厚度和弯度很小,保留一阶小量,得

$$v'_{\mathrm{w}} = V_\infty \frac{\mathrm{d}y_{\mathrm{w}}}{\mathrm{d}x} - V_\infty \alpha \tag{8.78}$$

由于翼型的构造为

$$y_{\mathrm{w}}\mid_{ul} = y_f \pm y_c \tag{8.79}$$

其中，y_f 为翼型的弧度；y_c 为翼型的厚度。则有

$$v'_{\mathrm{w}}\mid_{ul} = V_\infty \frac{\mathrm{d}y_f}{\mathrm{d}x} \pm V_\infty \frac{\mathrm{d}y_c}{\mathrm{d}x} - V_\infty \alpha \tag{8.80}$$

上式说明，在小扰动下，翼面上的 y 方向速度可近似表示为弯度、厚度、迎角三部分贡献的线性之和。

3. 扰动速度势函数分解

根据扰动速度势函数方程和翼面 y 方向速度的线性化，可将扰动速度势函数分解为弯度、厚度、迎角三部分的速度势函数之和，即

$$\varphi = \varphi_f + \varphi_c + \varphi_\alpha \tag{8.81}$$

其中，φ_f 表示由弯度引起的速度势函数；φ_c 表示由厚度引起的速度势函数；φ_α 表示由迎角引起的速度势函数。对 y 方向求偏导，得

$$\begin{aligned} v'_{\mathrm{w}} &= \frac{\partial \varphi_{\mathrm{w}}}{\partial y} = \left(\frac{\partial \varphi_f}{\partial y}\right)_{\mathrm{w}} + \left(\frac{\partial \varphi_c}{\partial y}\right)_{\mathrm{w}} + \left(\frac{\partial \varphi_\alpha}{\partial y}\right)_{\mathrm{w}} \\ v'_{\mathrm{w}} &= v'_{\mathrm{w}f} + v'_{\mathrm{w}c} + v'_{\mathrm{w}\alpha} \\ &= V_\infty \frac{\mathrm{d}y_f}{\mathrm{d}x} \pm V_\infty \frac{\mathrm{d}y_c}{\mathrm{d}x} - V_\infty \alpha \end{aligned} \tag{8.82}$$

可见，扰动速度势函数、边界条件可以分解成弯度、厚度、迎角三部分单独存在时扰动速度势函数之和。

4. 压强系数 C_p 的线性表达式

对于理想不可压缩势流，根据伯努利方程，压强系数为

$$C_p = \frac{p - p_\infty}{\frac{1}{2}\rho V_\infty^2} = 1 - \left(\frac{V}{V_\infty}\right)^2 \tag{8.83}$$

把扰动速度场代入，得

$$C_p = 1 - \frac{(V_\infty \cos\alpha + u')^2 + (V_\infty \sin\alpha + v')^2}{V_\infty^2} \tag{8.84}$$

在弯度、厚度、迎角均为小量的假设下，如只保留一阶小量，得

$$
\begin{aligned}
u' &= \frac{\partial \varphi}{\partial x} = \frac{\partial \varphi_f}{\partial x} + \frac{\partial \varphi_c}{\partial x} + \frac{\partial \varphi_\alpha}{\partial x} \\
&= u'_f + u'_c + u'_\alpha \\
C_p &= -\frac{2u'}{V_\infty},\ C_p = -2\frac{u'_f + u'_c + u'_\alpha}{V_\infty} = C_{pf} + C_{pc} + C_{p\alpha} \\
C_{pw} &= C_{pfw} + C_{pcw} + C_{p\alpha w}
\end{aligned}
\tag{8.85}
$$

可见,在小扰动下,扰动速度势方程、物面边界条件、翼面压强系数均可进行线性叠加。

8.8.2 小迎角薄翼型势流分解

在小迎角下,对于薄翼型不可压缩绕流,扰动速度势、物面边界条件、压强系数均可进行线性叠加,作用在薄翼型上的升力、力矩可以视为弯度、厚度、迎角作用结果之和,因此绕薄翼型流动可用三个简单流动叠加,即:薄翼型绕流=弯度问题(中弧线弯板零迎角绕流)+厚度问题(厚度分布 y_c 对称翼型零迎角绕流)+迎角问题(迎角不为零的平板绕流),如图 8.69 所示。

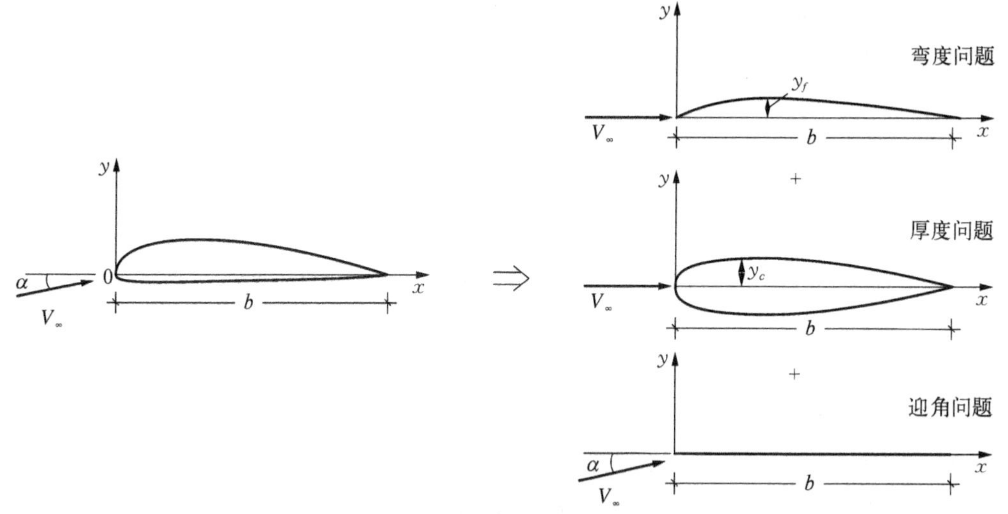

图 8.69 薄翼绕流分解

对于厚度问题,因翼型对称,翼面压强分布上下对称,不产生升力和力矩。弯度和迎角问题产生的流动上下不对称,所形成的压差获得升力和力矩。把弯度和迎角作用合起来处理,称为迎角弯度问题,因此对于小迎角的薄翼型绕流,升力和力矩可用小迎角中弧线弯板的绕流确定。

8.8.3 迎角弯度问题

迎角弯度问题相当于求解直匀流绕过有迎角的中弧线弯板的势流问题,需要使用面涡法求解,如图 8.70 所示,关键点是确定布置于中弧线 s 上的面涡强度的分布函数 $\gamma(s)$,

要求在中弧线上满足流线条件和库塔-茹科夫斯基后缘条件，即

$$v'_w = V_\infty\left(\frac{dy_f}{dx} - \alpha\right) \tag{8.86}$$

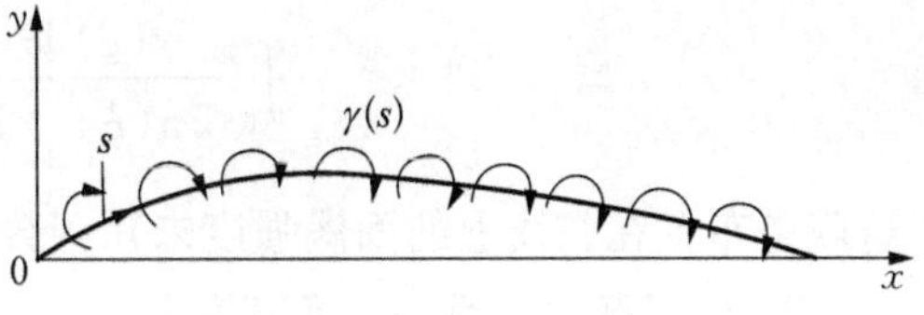

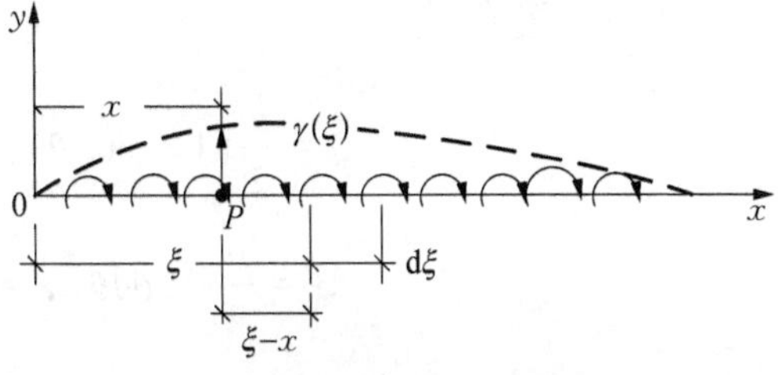

图 8.70　迎角弯度问题简化

1. 面涡强度函数的积分方程

因为翼型弯度很小，中弧线和弦线差距不大，因而在中弧线上布置面涡强度函数 $\gamma(s)$ 可近似用布置在弦线上的面涡强度 $\gamma(\xi)$ 来代替，翼面上 y 方向的扰动速度可近似用弦线上的值取代。按照泰勒级数展开，有

$$v'_w = v'_w(x,\ y_f) = v'(x,\ 0) + \frac{\partial v'}{\partial y}y_f + \cdots \tag{8.87}$$

略去小量，得

$$v'(x,\ y_f) = v'(x,\ 0) \tag{8.88}$$

在一级近似条件下，求解薄翼型的升力和力矩的问题，可归纳为求解满足下列条件的面涡强度沿弦线的分布函数 $\gamma(\xi)$，即

(1) 无穷远边界(扰动速度势)条件：

$$u'_\infty = 0,\ v'_\infty = 0 \tag{8.89}$$

(2) 物面边界条件：

$$v'_w(x,\ 0) = V_\infty\left(\frac{dy_f}{dx} - \alpha\right) \tag{8.90}$$

(3) 库塔-茹科夫斯基后缘条件：

$$\gamma(b) = 0 \tag{8.91}$$

在弦线上，某点的面涡强度为 $\gamma(\xi)$（顺时针为正），在 $d\xi$ 段上的涡强为 $\gamma(\xi)d\xi$，其在弦线上 x 点产生的诱导速度为

$$dv'(x,\ 0) = \frac{\gamma(\xi)d\xi}{2\pi(\xi - x)} \tag{8.92}$$

整个涡面的诱导速度为

$$v'(x,\ 0) = \int_0^b \frac{\gamma(\xi)d\xi}{2\pi(\xi - x)} \tag{8.93}$$

代入式(8.90)，得

$$\int_0^b \frac{\gamma(\xi)\,\mathrm{d}\xi}{2\pi(\xi - x)} = V_\infty\left(\frac{\mathrm{d}y_f}{\mathrm{d}x} - \alpha\right) \tag{8.94}$$

这就是布置在弦线上的面涡强度未知函数的积分方程。

2. 面涡强度函数的三角级数解

做变量置换,令

$$\begin{aligned} &\xi = \frac{b}{2}(1 - \cos\theta),\ x = \frac{b}{2}(1 - \cos\theta_1) \\ &\mathrm{d}\xi = \frac{b}{2}\sin\theta\mathrm{d}\theta,\ \xi = 0,\ \theta = 0;\ \xi = b,\ \theta = \pi \end{aligned} \tag{8.95}$$

$$-\int_0^\pi \frac{\gamma(\theta)\sin\theta\mathrm{d}\theta}{2\pi(\cos\theta - \cos\theta_1)} = V_\infty\left(\frac{\mathrm{d}y_f}{\mathrm{d}x} - \alpha\right) \tag{8.96}$$

然后,令

$$\gamma(\theta) = 2V_\infty\left(A_0\cot\frac{\theta}{2} + \sum_{n=1}^{\infty}A_n\sin n\theta\right) \tag{8.97}$$

在这个级数中,有两点要说明:① 右边第一项是为了表示理想流体绕过薄翼型前缘处无限大的负压(即无限大的流速)所必需的;② 在后缘处,这个级数等于零,因此使用了正弦函数的级数。后缘处面涡强度降为零,是由库塔-茹科夫斯基后缘条件决定的。

将式(8.97)代入式(8.96)中,得

$$\begin{aligned} &-\frac{1}{2\pi}\int_0^\pi \frac{\gamma(\theta)\sin\theta\mathrm{d}\theta}{\cos\theta - \cos\theta_1} \\ &= -\frac{1}{2\pi}\int_0^\pi \frac{2V_\infty\left(A_0\cot\frac{\theta}{2} + \sum_{n=1}^{\infty}A_n\sin n\theta\right)\sin\theta\mathrm{d}\theta}{\cos\theta - \cos\theta_1} \\ &= -\frac{V_\infty}{\pi}\int_0^\pi \frac{\left[A_0(1 + \cos\theta) + \sum_{n=1}^{\infty}A_n\sin\theta\sin n\theta\right]\mathrm{d}\theta}{\cos\theta - \cos\theta_1} \\ &= -\frac{V_\infty}{\pi}\int_0^\pi \frac{\left\{A_0(1 + \cos\theta) + \frac{1}{2}\sum_{n=1}^{\infty}A_n[\cos(n-1)\theta - \cos(n+1)\theta]\right\}\mathrm{d}\theta}{\cos\theta - \cos\theta_1} \end{aligned} \tag{8.98}$$

利用广义积分公式:

$$I_n = \int_0^\pi \frac{\cos n\theta\mathrm{d}\theta}{\cos\theta - \cos\theta_1} = \pi\frac{\sin n\theta_1}{\sin\theta_1}(n = 0,\ 1,\ 2,\ \cdots) \tag{8.99}$$

将式(8.99)代入式(8.98),得

$$\alpha - A_0 + \sum_{n=1}^{\infty} A_n \cos n\theta_1 = \frac{\mathrm{d}y_f}{\mathrm{d}x} \tag{8.100}$$

对式(8.100)两边在 θ_1 方向积分,积分限从 0 到 π,得

$$\begin{aligned} &\int_0^{\pi}\left(\alpha - A_0 + \sum_{n=1}^{\infty} A_n \cos n\theta_1\right)\mathrm{d}\theta_1 = \int_0^{\pi}\frac{\mathrm{d}y_f}{\mathrm{d}x}\mathrm{d}\theta_1 \\ &A_0 = \alpha - \frac{1}{\pi}\int_0^{\pi}\frac{\mathrm{d}y_f}{\mathrm{d}x}\mathrm{d}\theta_1 \end{aligned} \tag{8.101}$$

再对式(8.100)两边同乘以 $\cos m\theta_1(n = 1, 2, \cdots)$,积分得

$$\begin{aligned} &\int_0^{\pi}\left(\alpha - A_0 + \sum_{n=1}^{\infty} A_n \cos n\theta_1\right)\cos m\theta_1\mathrm{d}\theta_1 = \int_0^{\pi}\frac{\mathrm{d}y_f}{\mathrm{d}x}\cos m\theta_1\mathrm{d}\theta_1 \\ &\int_0^{\pi}A_m\cos^2(m\theta_1)\mathrm{d}\theta_1 = \int_0^{\pi}\frac{\mathrm{d}y_f}{\mathrm{d}x}\cos m\theta_1\mathrm{d}\theta_1 \\ &A_m = \frac{2}{\pi}\int_0^{\pi}\frac{\mathrm{d}y_f}{\mathrm{d}x}\cos m\theta_1\mathrm{d}\theta_1(m = 1, 2, 3, \cdots) \end{aligned} \tag{8.102}$$

对于给定弯度和迎角的薄翼型绕流,可以由式(8.101)和式(8.102)确定 A_0、A_1、$A_2\cdots$

3. *薄翼型绕流的气动力特性*

利用已知的面涡强度函数,可以方便求出作用在薄翼型上的力和力矩值。在翼型面上的压强系数为

$$C_p = -2\frac{u'(x, \pm 0)}{V_\infty} = \mp\frac{\gamma(x)}{V_\infty} \tag{8.103}$$

$$C_p = -2\frac{u'(x, \pm 0)}{V_\infty} = \mp 2\left(A_0\cot\frac{\theta}{2} + \sum_{n=1}^{\infty}A_n\sin n\theta\right) \tag{8.104}$$

绕翼型的速度环量为

$$\Gamma = \int_0^b\gamma(x)\mathrm{d}x = bV_\infty\int_0^{\pi}\left(A_0\cot\frac{\theta}{2} + \sum_{n=1}^{\infty}A_n\sin n\theta\right)\sin\theta\mathrm{d}\theta = \pi bV_\infty\left(A_0 + \frac{A_1}{2}\right) \tag{8.105}$$

翼型的升力为

$$L = \rho\pi bV_\infty^2\left(A_0 + \frac{A_1}{2}\right) \tag{8.106}$$

(1) 升力系数为

$$C_L = \frac{L}{\frac{1}{2}\rho V_\infty^2 b} = \frac{\rho\pi bV_\infty^2\left(A_0 + \frac{A_1}{2}\right)}{\frac{1}{2}\rho V_\infty^2 b} = 2\pi\left(A_0 + \frac{A_1}{2}\right) \tag{8.107}$$

把 A_0、A_1 代入上式,得

$$C_L = 2\pi\left[\alpha + \frac{1}{\pi}\int_0^{\pi} \frac{\mathrm{d}y_f}{\mathrm{d}x}(\cos\theta_1 - 1)\mathrm{d}\theta_1\right] \tag{8.108}$$

(2) 升力线的斜率为

$$\frac{\mathrm{d}C_L}{\mathrm{d}\alpha} = 2\pi \tag{8.109}$$

上式表明,对于薄翼型而言,升力线的斜率与翼型的形状无关。如果写成一般的表达形式为

$$C_L = \frac{\mathrm{d}C_L}{\mathrm{d}\alpha}(\alpha - \alpha_0) = 2\pi(\alpha - \alpha_0) \tag{8.110}$$

其中,α_0 为翼型的零升力迎角,由翼型的中弧线形状决定(弯度效应)。对于对称翼型,$\alpha_0 = 0$; 对于非对称翼型, $\alpha_0 \neq 0$。

$$\alpha_0 = \frac{1}{\pi}\int_0^{\pi} \frac{\mathrm{d}y_f}{\mathrm{d}x}(1 - \cos\theta_1)\mathrm{d}\theta_1 \tag{8.111}$$

对前缘取矩,其俯仰力矩(以抬头为正)为

$$\begin{aligned} M_z &= -\int_0^b x\mathrm{d}L = -\int_0^b \rho V_\infty \gamma x\mathrm{d}x \\ &= -\frac{\rho}{2}V_\infty^2 b^2\int_0^{\pi}\left[A_0(1 - \cos^2\theta_1) + \sum_1^{\infty} A_n \sin n\theta_1 \sin\theta_1(1 - \cos\theta_1)\right]\mathrm{d}\theta_1 \\ &= -\frac{\pi}{4}\rho V_\infty^2 b^2\left(A_0 + A_1 - \frac{A_2}{2}\right) \end{aligned} \tag{8.112}$$

(3) 前缘力矩系数为

$$\begin{aligned} C_m &= \frac{M_z}{\frac{1}{2}\rho V_\infty^2 b^2} = -\frac{\pi}{2}\left(A_0 + A_1 - \frac{A_2}{2}\right) \\ &= -\frac{\pi}{2}\left[\left(A_0 + \frac{A_1}{2}\right) + \frac{1}{2}(A_1 - A_2)\right] \\ &= \frac{\pi}{4}(A_2 - A_1) - \frac{C_L}{4} = C_{m0} - \frac{C_L}{4} \end{aligned} \tag{8.113}$$

其中,C_{m0} 为零升力矩系数,其表达式为

$$C_{m0} = \frac{\pi}{4}(A_2 - A_1) = \frac{1}{2}\int_0^{\pi} \frac{\mathrm{d}y_f}{\mathrm{d}x}(\cos 2\theta_1 - \cos\theta_1)\mathrm{d}\theta_1 \tag{8.114}$$

对 $b/4$ 点取距，得

$$M_{\frac{1}{4}} = M_z + \frac{b}{4}L = -\frac{\pi}{4}\rho V_\infty^2 b^2\left(A_0 + A_1 - \frac{A_2}{2}\right) + \pi\rho V_\infty^2 b\left(A_0 + \frac{1}{2}A_1\right)\frac{b}{4}$$

$$= \frac{\pi}{4}\rho V_\infty^2 b^2\left(-A_0 - A_1 + \frac{A_2}{2} + A_0 + \frac{1}{2}A_1\right) = \frac{\pi}{4}\rho V_\infty^2 b^2\,\frac{A_2 - A_1}{2} \tag{8.115}$$

$$C_{m\frac{1}{4}} = \frac{M_{1/4}}{\frac{1}{2}\rho V_\infty^2 b^2} = \frac{\pi}{4}(A_2 - A_1) = C_m + \frac{C_L}{4} = C_{m0} = C_{ma} \tag{8.116}$$

式中没有迎角，说明这个力矩是常数（不随迎角改变），即使升力为零仍有此力矩，可称为剩余力矩。对于薄翼绕流，只要对 1/4 弦点取矩，力矩都等于这个零升力矩，这说明 1/4 弦点就是气动中心的位置。因为零升力矩不随迎角而变化，故气动中心也表示升力增量的作用点。另外，还有个特殊的点，称为压力中心，表示气动合力作用的点，该点的力矩为零。假设气动中心与压力中心之间的间距 Δx_p，由图 8.71 可得

$$\begin{aligned} 0 &= x_p L + M_z \\ M_{za} &= L x_a + M_z \\ 0 &= M_{za} + L\Delta x_p \end{aligned} \tag{8.117}$$

$$\begin{aligned} \frac{x_p}{b} &= -\frac{M_z}{bL} = \frac{1}{4} - \frac{C_{m0}}{C_L} \\ \frac{x_a}{b} &= \frac{M_{za}}{bL} - \frac{M_z}{bL} = \frac{C_{m0}}{C_L} + \frac{1}{4} - \frac{C_{m0}}{C_L} = \frac{1}{4} \\ \frac{\Delta x_p}{b} &= -\frac{M_{za}}{bL} = -\frac{C_{m0}}{C_L} \end{aligned} \tag{8.118}$$

由式(8.118)可见，压力中心与气动中心之间的距离取决于零升力矩系数与升力系数的比值，而且随着升力系数的增大，间距 Δx_p 减小，如图 8.71 所示。

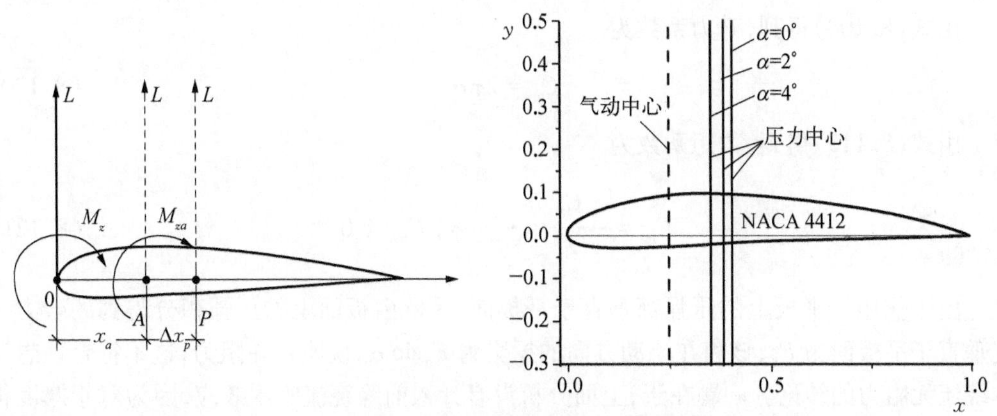

图 8.71　压力中心与气动中心的间距

当 $C_{m0} < 0$ 时, $\Delta x_p > 0$, 说明对于正弯翼型,压力中心位于气动中心之后;

当 $C_{m0} > 0$ 时, $\Delta x_p < 0$, 说明对于负弯翼型(上弯),压力中心位于气动中心之前;

当 $C_{m0} = 0$ 时, $\Delta x_p = 0$, 说明对于对称翼型,压力中心与气动中心重合。

4. 前缘吸力与吸力系数

1) 平板绕流的前缘吸力与吸力系数

首先以平板绕流为例,说明理想流体绕过薄翼型的前缘吸力和前缘吸力系数的物理概念。如图 8.72 所示,对于来流 V_∞、迎角 α 的平板绕流,求平板所受的气动力。根据薄翼理论,因平板的中弧线为零,即 $\frac{\mathrm{d}y_f}{\mathrm{d}x} = 0$, 代入式(8.101)和式(8.102),得 $A_0 = \alpha$, $A_1 = A_2 = A_3 = \cdots = 0$, 代入式(8.97),得平板绕流的面涡强度分布函数为

$$\gamma(\theta) = 2V_\infty \alpha \cot\frac{\theta}{2} = 2V_\infty \alpha\sqrt{\frac{b-x}{x}} \tag{8.119}$$

面涡强度沿 x 方向的分布曲线如图 8.72 所示,在前缘点 $x = 0$, $\gamma(0)$ 趋于无限大;在 $x = b$ 的后缘点,$\gamma(b) = 0$, 满足后缘条件。

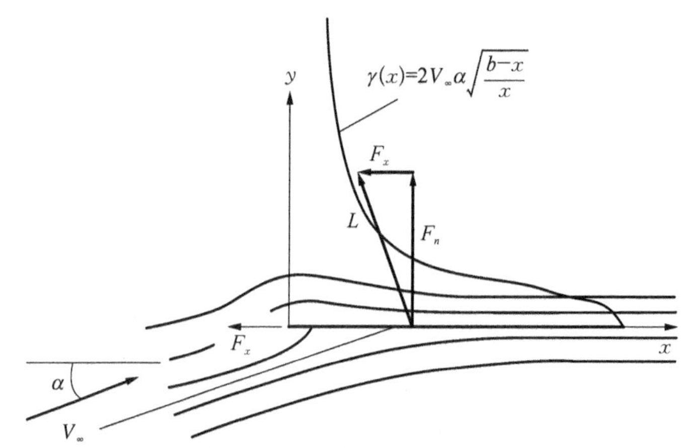

图 8.72　小迎角理想流体平板绕流

由式(8.108)得到,升力系数为

$$C_L = 2\pi\alpha \tag{8.120}$$

由式(8.113)得到,力矩系数为

$$C_m = -\frac{C_L}{4} = -\frac{\pi}{2}\alpha,\ C_{ma} = 0 \tag{8.121}$$

由于作用于平板上的压强都垂直于平板面,因此由板面上的压强积分得到的合力一定垂直于平板面为 F_n,该力在流动方向的投影为 $F_n\sin\alpha$,说明存在阻力,这不符合理想流体绕流无阻力的结论。问题在于,上面分析没有计入前缘绕流吸附效应,因为对于厚度很小的平板,前缘半径趋于零,当气流从平板前缘下面绕过前缘头部时,前缘速度因离心力

的作用趋于无限大,由伯努利方程可知,前缘处压强趋于负的无限大,而作用面趋于零,无限大的力与无限小的面积乘积是一个有限值,这个值就是前缘的吸力 F_x,方向沿着平板板面。吸力 F_x 与法向力 F_n 的合力为作用在平板上的升力 L,阻力 $D=0$, 即

$$L=\sqrt{F_x^2+F_n^2} \tag{8.122}$$

如图 8.72 所示,可知

$$\begin{aligned}&F_n=L\cos\alpha\approx L\\&F_x=F_n\tan\alpha=L\alpha=\frac{1}{2}\rho V_\infty^2 b(2\pi\alpha^2)\end{aligned} \tag{8.123}$$

平板的前缘吸力系数为

$$C_{Fx}=\frac{F_x}{\dfrac{1}{2}\rho V_\infty^2 b}=2\pi\alpha^2 \tag{8.124}$$

2）弯板翼型绕流的前缘吸力与吸力系数

如图 8.73 所示,在弯板线上任取一微段 ds,其上下面所受的压强差力为

$$\mathrm{d}F_n=(p_\mathrm{d}-p_\mathrm{u})\mathrm{d}s \tag{8.125}$$

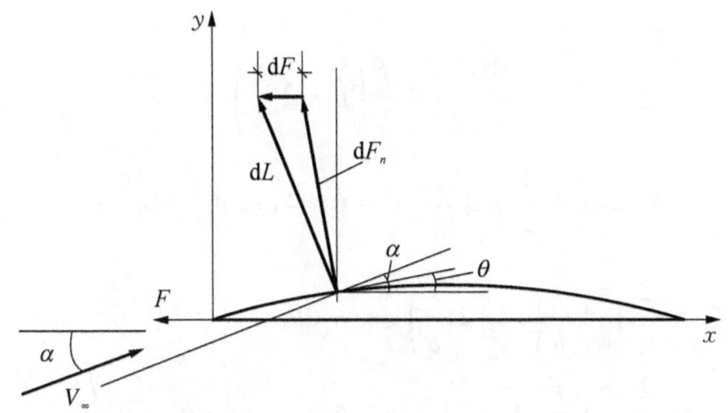

图 8.73　理想流体绕弯板的流动

根据图 8.73 给出的几何关系,并考虑到 α、θ 的小量,近似得

$$\begin{aligned}&\mathrm{d}s=\sqrt{\mathrm{d}x^2+\mathrm{d}y^2}\approx\mathrm{d}x\\&\mathrm{d}F_n=\mathrm{d}L\cos(\alpha-\theta)\approx\mathrm{d}L\\&\mathrm{d}F=\mathrm{d}L\sin\alpha-\mathrm{d}F_n\sin\theta\approx\mathrm{d}F_n\left(\alpha-\frac{\mathrm{d}y_f}{\mathrm{d}x}\right)\end{aligned} \tag{8.126}$$

代入式(8.125),得

$$F=\int_0^b\mathrm{d}F=\int_0^b(p_\mathrm{d}-p_\mathrm{u})\left(\alpha-\frac{\mathrm{d}y_f}{\mathrm{d}x}\right)\mathrm{d}x \tag{8.127}$$

根据库塔-茹科夫斯基定律,有

$$dL = \rho V_\infty \gamma(x)\,dx = (p_d - p_u)\,dx \tag{8.128}$$

由式(8.90)的边界流线方程,有

$$\alpha - \frac{dy_f}{dx} = -\frac{v'_w(x,\ 0)}{V_\infty} \tag{8.129}$$

将式(8.128)和式(8.129)代入式(8.127),得

$$F = \int_0^b dF = -\int_0^b \rho\gamma(x)v'_w(x,\ 0)\,dx \tag{8.130}$$

前缘吸力系数为

$$C_F = \frac{F}{\frac{1}{2}\rho V_\infty^2 b} = -\frac{2}{V_\infty^2 b}\int_0^b \gamma(x)v'_w(x,\ 0)\,dx = \frac{2}{V_\infty b}\int_0^b \gamma(x)\left(\alpha - \frac{dy_f}{dx}\right)dx \tag{8.131}$$

设有一弯板翼型,板面函数为抛物线,即

$$y_f = 4f\frac{x}{b}\left(1 - \frac{x}{b}\right) \tag{8.132}$$

由于

$$\frac{dy_f}{dx} = 4\frac{f}{b}\left(1 - 2\frac{x}{b}\right) \tag{8.133}$$

$$A_0 = \alpha - \frac{1}{\pi}\int_0^\pi 4\frac{f}{b}[1 - (1 - \cos\theta_1)]\,d\theta_1 = \alpha \tag{8.134}$$

$$\begin{aligned} A_1 &= \frac{2}{\pi}\int_0^\pi 4\frac{f}{b}\left(1 - 2\frac{x}{b}\right)\cos\theta_1\,d\theta_1 \\ &= \frac{2}{\pi}\int_0^\pi 4\frac{f}{b}[1 - (1 - \cos\theta_1)]\cos\theta_1\,d\theta_1 = 4\frac{f}{b} \end{aligned} \tag{8.135}$$

$$\begin{aligned} A_n &= \frac{2}{\pi}\int_0^\pi 4\frac{f}{b}\left(1 - 2\frac{x}{b}\right)\cos n\theta_1\,d\theta_1 \\ &= \frac{2}{\pi}\int_0^\pi 4\frac{f}{b}[1 - (1 - \cos\theta_1)]\cos n\theta_1\,d\theta_1 = 0,\ n = 2,\ 3,\ \cdots \end{aligned} \tag{8.136}$$

代入 $\gamma(\theta)$ 中,得

$$\begin{aligned} \gamma(\theta) &= 2V_\infty\alpha\cot\frac{\theta}{2} + 8V_\infty\frac{f}{b}\sin\theta \\ \gamma(x) &= 2V_\infty\alpha\sqrt{\frac{b - x}{x}} + 16V_\infty\frac{f}{b}\sqrt{\frac{x}{b}\left(1 - \frac{x}{b}\right)} \end{aligned} \tag{8.137}$$

前缘吸力系数为

$$
\begin{aligned}
C_F &= \frac{2}{V_\infty b}\int_0^b \gamma(x)\left(\alpha - \frac{\mathrm{d}y_f}{\mathrm{d}x}\right)\mathrm{d}x \\
&= \frac{2}{V_\infty b}\int_0^\pi \left(2V_\infty \alpha \frac{1+\cos\theta}{\sin\theta} + 8V_\infty \frac{f}{b}\sin\theta\right)\left(\alpha - 4\frac{f}{b}\cos\theta\right)\frac{b}{2}\sin\theta \mathrm{d}\theta \\
&= 2\pi\alpha^2
\end{aligned} \tag{8.138}
$$

零升迎角为

$$
\alpha_0 = \frac{1}{\pi}\int_0^\pi 4\frac{f}{b}\left(1 - 2\frac{x}{b}\right)(1-\cos\theta_1)\mathrm{d}\theta_1 = -2\frac{f}{b} \tag{8.139}
$$

零升力矩系数为

$$
C_{m0} = \frac{\pi}{4}(A_2 - A_1) = \frac{1}{2}\int_0^\pi \frac{\mathrm{d}y_f}{\mathrm{d}x}(\cos 2\theta_1 - \cos\theta_1)\mathrm{d}\theta_1 = -\pi\frac{f}{b} \tag{8.140}
$$

升力系数为

$$
C_L = 2\pi(\alpha - \alpha_0) = 2\pi\left(\alpha + 2\frac{f}{b}\right) \tag{8.141}
$$

压力中心离前缘点的距离为

$$
\frac{x_p}{b} = -\frac{M_z}{bL} = \frac{1}{4} - \frac{C_{m0}}{C_L} = \frac{1}{4} - \frac{-\pi\frac{f}{b}}{\pi\left(\alpha + 2\frac{f}{b}\right)} = \frac{1}{4} + \frac{f}{(b\alpha + 2f)} \tag{8.142}
$$

压力中心与气动中心的间距为

$$
\frac{\Delta x_p}{b} = \frac{f}{(b\alpha + 2f)} \tag{8.143}
$$

8.8.4 厚度问题的解

在零迎角下厚度分布函数 y_c 的对称翼型的绕流问题称为厚度问题。对于翼型绕流的厚度问题,可使用面源法求解,即在翼型表面上连续布置面源求解。但对薄翼型而言,可用弦线上布置面源近似代替翼面上布置面源,设在 x 轴上连续布置面源强度为 q(负值为汇),根据物面是流线条件确定 q,如图 8.74 所示。

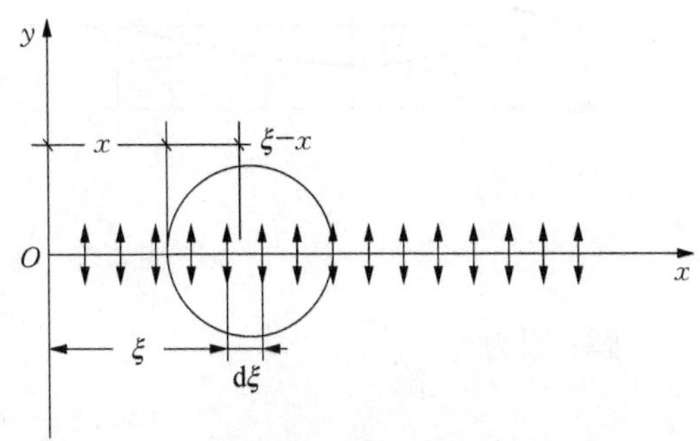

图 8.74　面源函数分布

物面是流线的边界条件为

$$v'_{w}|_{ud} = v'(x,\ \pm 0) = \pm V_{\infty} \frac{dy_c}{dx} \tag{8.144}$$

又由于

$$v'(x,\ +0) = -v'(x,\ -0) = \frac{q}{2} \tag{8.145}$$

$$q(\xi) = 2V_{\infty}\left(\frac{dy_c}{dx}\right)_{x=\xi} \tag{8.146}$$

翼型表面上的压强系数为

$$C_{pw} = -\frac{2u'_{wc}}{V_{\infty}} \tag{8.147}$$

$$u'_{wc} = u'(x,\ \pm 0) = -\int_0^b \frac{q\mathrm{d}\xi}{2\pi(\xi - x)} = \int_0^b \frac{V_{\infty}\left(\frac{dy_c}{dx}\right)\mathrm{d}\xi}{\pi(x - \xi)}$$

$$C_{pw} = -2\int_0^b \frac{\left(\frac{dy_c}{dx}\right)\mathrm{d}\xi}{\pi(x - \xi)} \tag{8.148}$$

例题 设迎角为零度的低速翼型绕流,薄翼型为对称的,如图 8.75 所示,型面函数为

$$y_c = 2c\frac{x}{b}\left(1 - \frac{x}{b}\right) \tag{8.149}$$

式中,c 为翼型的最大厚度。试用厚度问题求解翼型表面压强系数和最大厚度点的压强系数。

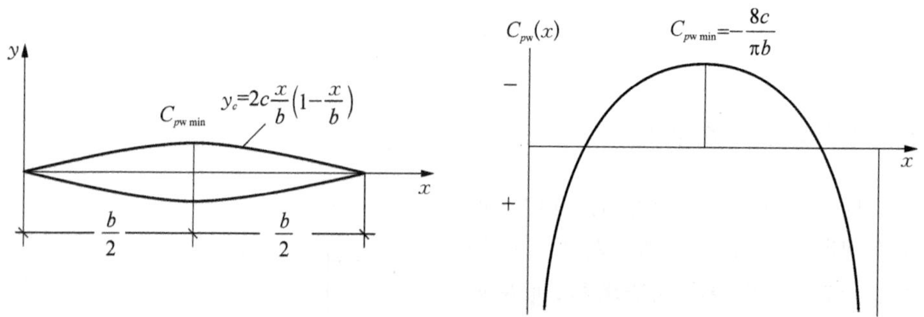

图 8.75 薄翼型厚度问题

解: 因为

$$\frac{dy_c}{dx} = 2\frac{c}{b}\left(1 - \frac{2x}{b}\right) \tag{8.150}$$

$$q(\xi) = 4\frac{V_\infty c}{b}\left(1 - \frac{2\xi}{b}\right) \tag{8.151}$$

翼型表面上的压强为

$$\begin{aligned}
u'_{wc} = u'(x,\ \pm 0) &= -\int_0^b \frac{q\mathrm{d}\xi}{2\pi(\xi - x)} = \int_0^b \frac{V_\infty \dfrac{2c}{b}\left(1 - \dfrac{2x}{b}\right)\mathrm{d}\xi}{\pi(x - \xi)} \\
&= \frac{2V_\infty c}{b}\int_0^b \frac{\left(1 - \dfrac{2x}{b}\right)\mathrm{d}\xi}{\pi(x - \xi)} \\
&= \frac{2V_\infty c}{\pi b}\left[2 + \left(2\frac{x}{b} - 1\right)\ln\frac{b - x}{x}\right]
\end{aligned} \tag{8.152}$$

$$C_{pw} = -\frac{2u'_{wc}}{V_\infty} = -\frac{4c}{\pi b}\left[2 + \left(2\frac{x}{b} - 1\right)\ln\frac{b - x}{x}\right] \tag{8.153}$$

在 $x = b/2$ 处,压强系数为

$$C_{pw\,\min} = -\frac{8c}{\pi b} \tag{8.154}$$

8.9　厚翼型理论

薄翼型理论只适用于绕薄翼型小迎角的流动。如果翼型的相对厚度大于 12%,或迎角较大,薄翼型理论和实验值相差较大,需要用厚翼型理论。

8.9.1　对称厚翼型无迎角绕流数值计算方法

对于理想不可压缩二维对称无升力的翼型绕流,用面源法进行数值模拟。也可以在对称轴上布置平面偶极子与来流叠加的方法求解。现考虑直匀流和在 x 轴上 AB 线段上布置偶极子源叠加的流动,如图 8.76 所示,假定偶极子强度为 $\mu(x)$。在 $P(x,\ y)$ 点处流函数为

$$\mathrm{d}\psi = -\frac{\mu(\xi)\mathrm{d}\xi y}{(x - \xi)^2 + y^2} \tag{8.155}$$

直匀流与偶极子的叠加结果为

$$\psi = V_\infty y - \int_0^b \frac{\mu(\xi)\mathrm{d}\xi y}{(x - \xi)^2 + y^2} \tag{8.156}$$

如果假设 $x = x_p$、$y = y_p$ 为物面,则由上式可

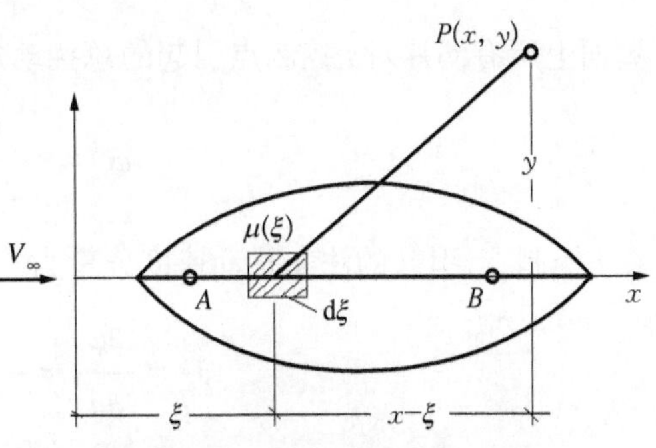

图 8.76　对称轴上布置偶极子分布

确定偶极子分布。在物面外任意一点的流函数为

$$\psi_p = V_\infty y_p - \int_0^b \frac{y_p \mu(\xi)\,\mathrm{d}\xi}{(x_p - \xi)^2 + y_p^2} = V_\infty y_p - \sum_{j=1}^{n} \frac{\mu(\xi_j)\Delta\xi y_p}{(x_p - \xi_j)^2 + y_p^2} \tag{8.157}$$

在物面上的速度分量为

$$u_s = \frac{\partial \psi_p}{\partial y},\ v_s = -\frac{\partial \psi_p}{\partial x} \tag{8.158}$$

物面压强系数为

$$C_{ps} = 1 - \frac{u_s^2 + v_s^2}{V_\infty^2} \tag{8.159}$$

8.9.2 任意厚翼型有迎角绕流的数值计算方法

对于任意形状、厚度、迎角的翼型绕流,翼型上压强分布、升力和力矩特性可以使用面涡法求解。该方法的思路是:将翼面分成 n 段,在每个子段上布置未知涡强,各点涡强度分别是 $\gamma_1, \gamma_2, \gamma_3, \cdots, \gamma_n$,在每个涡片上取适当的控制点,在这些控制点上满足物面边界条件。如图 8.77 所示,第 j 涡片在第 i 控制点上引起的扰动速度势函数为

$$\begin{gathered}\Delta\varphi_{ij} = -\frac{\gamma_j \Delta s_j}{2\pi}\theta_{ij} \\ \theta_{ij} = \tan^{-1}\frac{y_i - y_j}{x_i - x_j}\end{gathered} \tag{8.160}$$

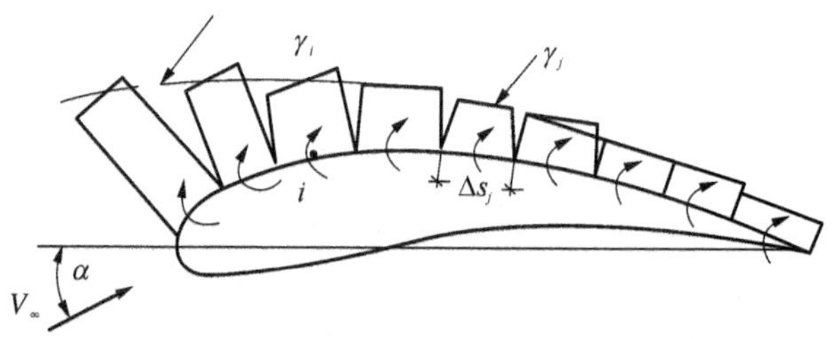

图 8.77 一般厚翼型的面涡方法

翼面上所有涡片对 i 控制点引起的总扰动速度势函数为

$$\varphi_i = -\frac{1}{2\pi}\sum_{j=1}^{n} \gamma_j \Delta s_j \theta_{ij} \tag{8.161}$$

在 i 控制点,引起的法向扰动速度分量为

$$v_{ni} = \frac{\partial \varphi_i}{\partial n_i} = -\frac{1}{2\pi}\sum_{j=1}^{n} \gamma_j \Delta s_j \frac{\partial \theta_{ij}}{\partial n_j} \tag{8.162}$$

在第 i 控制点上满足物面边界条件为

$$V_\infty \cos\beta_i - \frac{1}{2\pi}\sum_{j=1}^{n}\gamma_j \Delta s_j \frac{\partial \theta_{ij}}{\partial n_i} = 0 \tag{8.163}$$

式中,β_i 为来流与第 i 个涡片外法线间的夹角。这个方程是面涡法的关键。

对每个控制点应用上式,可建立 n 个线性方程组。为满足后缘条件,需要使下翼面的第 1 个涡片与上翼面的最后一个涡片的控制点尽可能接近后缘,取

$$\gamma_0(1) = \gamma_n(b) \tag{8.164}$$

求出各点涡强后,在控制点的切向速度和压强系数分别为

$$\begin{aligned} u_{si} &= V_\infty \sin\beta_i + \frac{\gamma_i}{2} - \sum_{\substack{j=1\\ j\neq 1}}^{n} \frac{\gamma_j}{2\pi}\Delta s_j \frac{\partial\theta_{ij}}{\partial s_i} \\ C_{pi} &= 1 - \left(\frac{u_{si}}{V_\infty}\right)^2 \end{aligned} \tag{8.165}$$

8.10　实用低速翼型的气动特性

8.10.1　翼面压强分布与升力特性

翼型面上的压强分布不仅决定了气动升力和力矩,也是飞机结构设计的外载依据,因此一直是风洞试验的重要测量科目。由上下翼面的压强系数分布可以积分得到升力系数,即

$$\begin{aligned} C_L &= \int_0^1 (C_{pl} - C_{pu})\,\mathrm{d}x \\ C_m &= -\int_0^1 x(C_{pl} - C_{pu})\,\mathrm{d}x \end{aligned} \tag{8.166}$$

升力系数与迎角的关系曲线是表征翼型升力特性的曲线。实验和计算结果表明,在小迎角下,升力系数与迎角的线性关系为

$$C_L = C_L^\alpha(\alpha - \alpha_0) \tag{8.167}$$

在失速迎角处,升力系数达到最大 $C_{L\max}$。因此,确定升力特性曲线的四个参数是升力线斜率、零升迎角、最大升力系数和失速迎角。具体如下。

(1) 升力线斜率与雷诺数关系不大,主要与翼型的形状有关。对薄翼型的理论值为 2π,厚翼的理论值大于 2π(厚度为 12%~20%,随厚度和后缘角的增加而增大)。由于未计入黏性的影响,实验值小于理论值。对于平板 $C_L^\alpha = 0.9\times 2\pi$,对于 NACA 翼型的升力线斜率与理论值较接近。经常用的一个经验公式为

$$C_L^\alpha = 0.9\times 2\pi\left(1 + 0.8\frac{c}{b}\right) \tag{8.168}$$

（2）零升力角主要与翼型弯度有关。NACA 四位数字翼型为

$$\alpha_0 = -\frac{f}{b} \times 100(°) \tag{8.169}$$

（3）最大升力系数主要与边界层分离有关，取决于翼型的几何参数、雷诺数、表面光洁度。常用低速翼型为 1.3~1.7，随着雷诺数的增加而增大，可以从翼型数据手册查到。

8.10.2 翼型的纵向力矩特性

翼型纵向力矩特性用 $C_m - C_L$ 曲线表示，即

$$C_m = C_{m0} + C'_m C_L \tag{8.170}$$

对于正弯度的翼型 C_{m0} 为一个小于零的小数；C'_m 为力矩系数斜率，也是负值。薄翼理论可以估计这两个值，C_{m0} 与翼型弯度有关，力矩斜率为-0.25。

8.10.3 压心位置与焦点（气动中心）位置

翼型上的合力作用点为压力中心，在小迎角时弦向位置为

$$\frac{x_p}{b} = -\frac{M_z}{L} = \frac{1}{4} - \frac{C_{m0}}{C_L} \tag{8.171}$$

迎角越小，压力中心越靠后。翼型的气动中心位置是力矩系数不变的位置，弦向位置是

$$\frac{x_a}{b} = \frac{x_p}{b} + \frac{C_{m0}}{C_L} \tag{8.172}$$

气动中心反映了翼型随迎角变化而引起的升力增量的作用点，位于压力中心之前。

8.10.4 翼型的阻力特性与极曲线

翼型阻力包括摩擦阻力和压差阻力。翼型阻力的产生实质是由空气黏性引起的。摩擦阻力是物面上直接摩擦切应力引起的，压差阻力是因物面边界层的存在改变了压强分布造成的。一般在翼型设计升力系数下，翼型阻力最小，其大小可由平板摩擦阻力系数经适当修正获得。翼型的最小阻力系数可近似为

$$\begin{aligned} C_{D\min} &= 0.925(2C_f)\eta_c \\ C_{D\min} &= 2C_f\left[1 + 2\frac{c}{b} + 6\left(\frac{c}{b}\right)^4\right] \end{aligned} \tag{8.173}$$

其中，C_f 为与翼型绕流相同流态的平板阻力系数；η_c 为厚度修正系数。黏性压差阻力系数为

$$C_{D\min} = kC_L^2 \tag{8.174}$$

式中，k 为黏性压阻系数。

在飞机设计中，常把升力系数为零的阻力系数称为零升阻力系数，C_{D0} 表示。通常，$C_{D0}=0.005\sim0.008$，在升力不为零的情况下，阻力系数为

$$C_D = C_{D0} + kC_L^2 \qquad (8.175)$$

升阻特性曲线称为极曲线，如图 8.78 所示，由德国航空先驱李林达尔提出。翼型的升阻比表征了翼型的气动效率，定义为

$$K = \frac{C_L}{C_D} \qquad (8.176)$$

性能好的翼型升阻比可达到 50 以上。

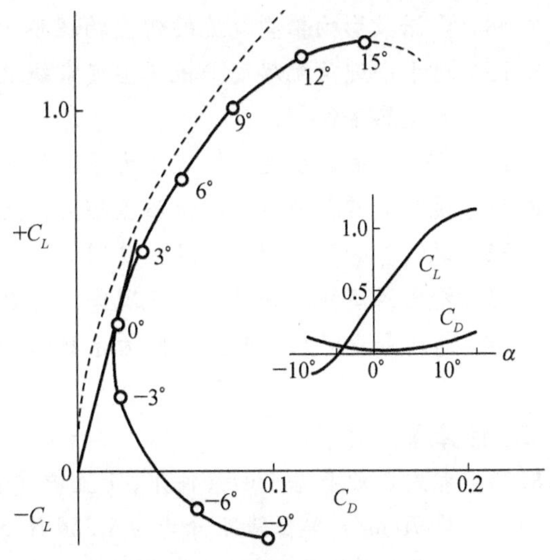

图 8.78　升阻特性曲线(极曲线)

习　题

一、思考题

8.1　请简述翼型的厚度、弯度和迎角的定义。指出 NACA 4412、NACA 23012 翼型的厚度、弯度、弯度最大的 x 值。

8.2　已知影响翼型的升力是来流速度 V_∞、密度 ρ_∞、弦长 b、声速 a_∞、厚度 C、弯度 f、迎角 α、侧滑角 β 和重力加速度 g，请利用量纲分析方法，给出升力系数无量的无量纲表达式。

8.3　说明低速翼型定常绕流现象，指出什么是后缘条件。

8.4　说明起动涡和附着涡的形成过程。

8.5　说明库塔-茹科夫斯基升力环量定律。

8.6　指出影响定常翼型绕流附着涡强度的因素，并说明理由。

8.7　建立附着涡强度与升力系数之间的关系是什么？

8.8　什么是定常翼型绕流的势流叠加法？

8.9　简述面源和面涡的基本特性。

8.10　在薄翼型定常绕流中，如何处理厚度、弯度、迎角问题？

8.11　如何求解薄翼理论的升力问题？指出面涡强度沿着弦线的变化趋势。

8.12　指出薄翼型绕流的升力线斜率、零升迎角和零升力矩系数大小。

8.13　指出前缘吸力的物理原因。

8.14　简单描述翼型厚度问题的求解思路。

8.15　什么是压力中心和气动中心？二者的关系是什么？

8.16　随着迎角的增大，为什么绕气动中心的力矩不变？

8.17　随着迎角增大，翼型的升力系数如何变化？为什么会出现翼型最大升力系数？

8.18 雷诺数影响翼型绕流的哪些物理参数？为什么？

8.19 对于小迎角无厚度平板翼型定常绕流，证明在1/4弦点布置集中涡，在3/4弦点满足边界条件。

8.20 指出影响翼型定常绕流阻力系数的主要参数。

8.21 说明定常翼型绕流黏性压差阻力产生的物理原因。

8.22 说明影响翼型升阻比的主要因素。

8.23 指出翼型绕流分离的物理现象。什么是后缘分离、前缘分离？

8.24 简述分离对翼型升力和阻力系数的影响。

二、计算题

8.25 考虑在标准海平面条件下，气流中弦长为0.64 m的NACA 2412翼型，自由流速度为70 m/s，单位跨距升力为1 254 N/m，计算攻角和单位跨距阻力。

8.26 一架低速飞机的平直机翼采用NACA 2415翼型，问此翼型的$\bar{f}$、$\bar{x}_f$和$\bar{c}$各等于多少？

8.27 有一个小α下的平板翼型，作为近似将其上分布的涡集中在1/4弦点上，见习题8.27图。试证明若取3/4弦点处满足边界条件，则$C_L^{\alpha} = 2\pi\ \text{rad}^{-1}$。

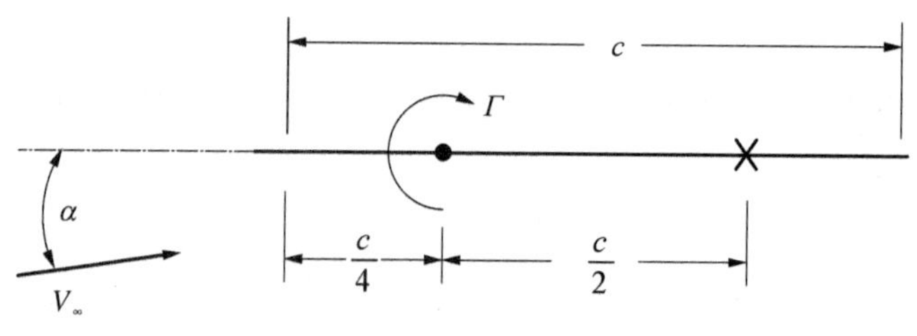

习题8.27图

8.28 考虑5°攻角的薄平板。计算：① 升力系数；② 关于前缘的力矩系数；③ 关于四弦点的力矩系数；④ 关于后缘的力矩系数。

8.29 小迎角下平板翼型的绕流问题，试证明$\gamma(0)$可以有以下两种形式的解：

(1) $\gamma(\theta) = \dfrac{\cos\theta}{\sin\theta} 2V_\infty \alpha$；

(2) $\gamma(\theta) = \dfrac{1+\cos\theta}{\sin\theta} 2V_\infty \alpha$。

而解(1)不满足后缘条件，解(2)则满足后缘条件。

8.30 NACA 2412翼型中弧线方程是

$$y_{f前} = \frac{1}{8}(0.80x - x^2) \qquad 0 \leqslant x \leqslant 0.4$$

$$y_{f后} = 0.0555(0.20 + 0.80x - x^2) \qquad 0.4 \leqslant x \leqslant 1.0$$

见习题8.30图，试根据薄翼型理论求C_L^{α}、α_0、$\bar{x}_f$和C_{m0}。

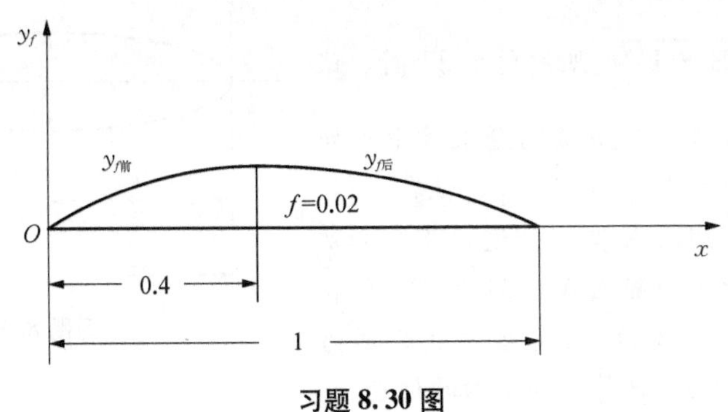

习题 8.30 图

8.31　考虑所研究的 NACA 23012 翼型,在 $\alpha=4°$ 时,$C_L=0.55$ 和 $C_{m,c/4}=-0.005$。零升力攻角为-1.1°。此外,在 $\alpha=-4°$ 时,$C_{m,c/4}=-0.0125$。根据给定的信息,计算 NACA 23012 翼型的气动中心位置。

8.32　考虑 1.5°攻角的薄对称翼型,根据薄翼型理论的计算结果,计算前缘的升力系数和力矩系数。

8.33　一个弯板翼型,$c=1$,$y_f=kx(x-1)(x-2)$,k 为常数,$\bar{f}=2\%$。试求 $a=3°$ 时的 C_L 和 C_m。

8.34　人们常问这样一个问题：机翼能倒飞吗？要回答这个问题,请进行以下计算。考虑零升力角为-3°的翼型,升力斜率为 0.1/(°)。

(1) 计算攻角为 5°时的升力系数;

(2) 现在想象同样的机翼上下颠倒,但在相同的 5°攻角作为(1)部分,计算其升力系数;

(3) 在什么攻角下,上下颠倒的翼型必须设置为产生与在 5°攻角下右侧朝上时相同的升力？

8.35　一个翼型前段是一平板,后段为下偏 15°的平板襟翼,见习题 8.35 图,试求当 $\alpha=5°$ 的 C_L 值。

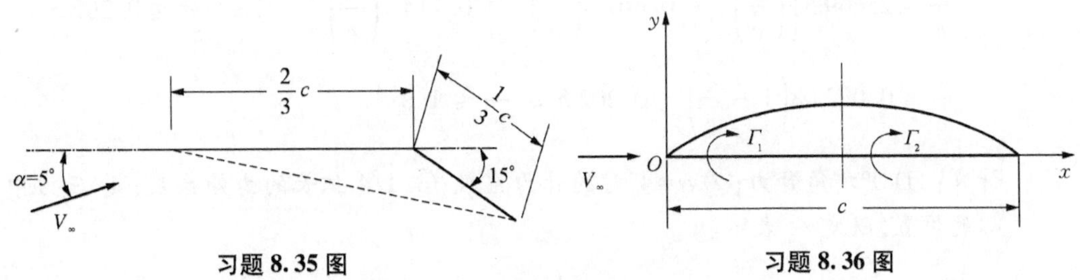

习题 8.35 图　　　　习题 8.36 图

8.36　$\alpha=0°$ 的气流流过一个 $\bar{f}\ll 1$ 抛物线弯板翼型,$\bar{y}_f=4\bar{f}\,\bar{x}(1-\bar{x})$。现将弯板上分布的涡集中在 $\bar{x}=1/8$ 和 $\bar{x}=5/8$ 两点,涡强分别为 Γ_1 和 Γ_2,见习题 8.36 图。现取前控制点 $\bar{x}=3/8$、后控制点 $\bar{x}=7/8$ 来满足翼面边界条件。试用此简化模型证明 $C_{L0}=4\pi\bar{f}$。

8.37 有一个扁椭圆翼型，$c = 1$，$t \ll 1$，$y_t = \frac{t}{2}\sqrt{1-(2x-1)^2}$，见习题 8.37 图。试应用薄翼型理论的厚度问题求弦中点处最低压强系数 $C_{po\ int} = C_{p(x=1/2)}$ 值。

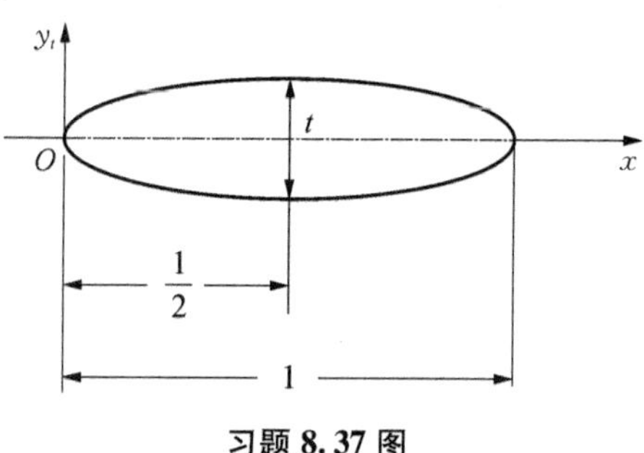

习题 8.37 图

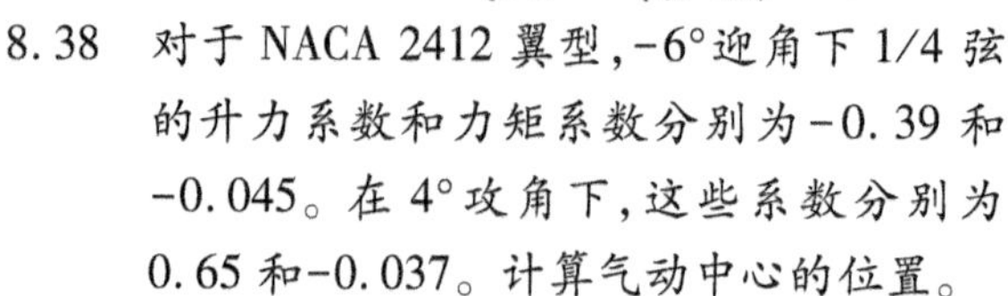

8.38 对于 NACA 2412 翼型，-6°迎角下 1/4 弦的升力系数和力矩系数分别为-0.39 和-0.045。在 4°攻角下，这些系数分别为 0.65 和-0.037。计算气动中心的位置。

8.39 有一弯板翼型 $c = 1$，$y_f = 8.28\bar{f}\left(x^3 - \frac{15}{8}x^2 + \frac{7}{8}x\right)$，见习题 8.39 图。证明 $C_{m0} = 0$ h 和 $\alpha_0 = -2.04\bar{f}$ rad。

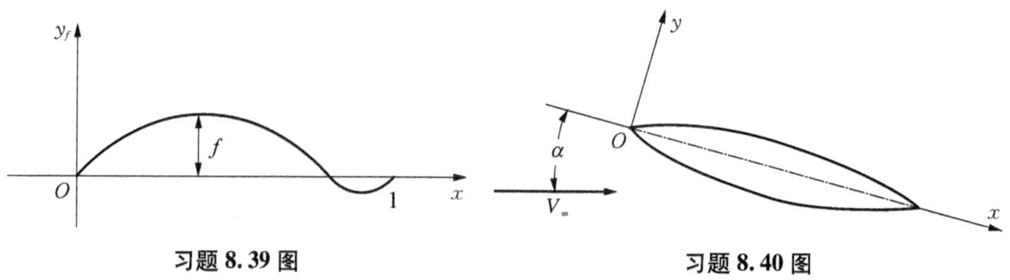

习题 8.39 图　　　　习题 8.40 图

8.40 低速气流 V_∞ 以小 α 流过一个薄对称翼型，见习题 8.40 图，$\bar{y}_t = 4\left(\frac{\bar{t}}{2}\right)\bar{x}(1-\bar{x})$，试用迎角问题和厚度问题求：

(1) 表面 C_p 和 $\bar{x}$ 的函数关系表达式；

(2) $C_{p(\bar{x}=1/2)}$ 值。

8.41 考虑 NACA 23012 翼型，翼型的平均弧线由下式给出：

$$\frac{z}{c} = 2.6595\left[\left(\frac{x}{c}\right)^3 - 0.6075\left(\frac{x}{c}\right)^2 + 0.1147\left(\frac{x}{c}\right)\right] \quad 0 \leqslant \frac{x}{c} \leqslant 0.2025$$

$$\frac{z}{c} = 0.02208\left(1 - \frac{x}{c}\right) \quad 0.2025 \leqslant \frac{x}{c} \leqslant 1.0$$

计算：① 0°攻角升力；② α=4°时的升力系数；③ 1/4 弦长的力矩系数；④ 压力中心的位置，以 x_{cp}/c 表示。

第9章
低速机翼绕流气动特性

本章介绍低速机翼绕流基本概念和原理,包括机翼几何特性与参数、机翼的空气动力系数、大展弦比直机翼低速绕流特性、低速机翼绕流涡模型、普朗特升力线理论、大展弦比直机翼的失速特性、后掠翼的低速气动特性、机翼升力面理论、小展弦比机翼的低速气动特性、机翼低速气动特性的工程估算以及控制舵面气动特性等。

学习要点:

(1) 熟悉低速机翼绕流的基本概念,包括绕流特性、空气动力特性与系数、低速机翼绕流涡模型等;

(2) 熟练掌握大展弦比直机翼绕流普朗特升力线理论的推导过程及其应用;

(3) 熟悉大展弦比直机翼的失速特性、后掠翼的低速气动特性、机翼升力面理论、小展弦比机翼的低速气动特性;

(4) 了解机翼低速气动特性的工程估算以及控制舵面气动特性等。

9.1 机翼的几何特性与参数

9.1.1 机翼的平面形状

机翼是飞机产生升力的气动部件,为了获得良好气动外形,一般机翼做成三维薄形细长翘体结构,布置在机身两侧(可位于机身上面、机身下面和机身中部),机翼的外形有各种各样,设计时可根据飞行速度和飞行任务不同进行优化选择。最早的机翼形状为平板,如中国风筝的外形,平板翼的升阻比最小,一般为2~3;然后是弯板,其升阻比可达到5以上;后来设计的机翼外形产生的升阻比可达到20以上,如大型客机纯机翼的升阻比可到30左右。受机翼翼梢的影响,三维机翼的升阻比要小于二维翼型的升阻比。由于机身主要产生阻力,因此加上机身等阻力部件,整架飞机的升阻比会更小。例如大型客机B747,在巡航时飞机的升阻比为17~18,相当于举起1 kg的重力只需要克服约 55 g 的阻力。

机翼外形虽然多种多样,但主要包括平直翼、三角翼和后掠翼(也有前掠翼)等,如图 9.1 所示。然而,不论采用什么样的形状,设计者都必须使飞机具有良好的气动外形,并且使结构质量尽可能轻。所谓良好的气动外形,是指机翼的升力大、阻力小、操纵稳定性好。对于低速机翼,为了减小诱导阻力,常采用较大展弦比的平直机翼。对于高亚声速运输机和大型客机,为了抑制和控制激波,一般采用后掠超临界机翼。对于超声速战斗机,为了减少激波阻力,多数采用大后掠三角翼。例如,美国战术运输机 C130(螺旋桨飞机,图 9.2),巡航速度 540 km/h,最大起飞质量 70.3 t,采用上单矩形平直机翼。我国自行研制的战略运输机运 20(图 1.50),巡航速度 800 km/h,最大起飞质量 220 t,机翼采用大展弦比、中等后掠的超临界机翼。我国自行研制的大型客机 C919(图 1.48),是一款单通道窄体 150 座级的高亚声速干线客机,巡航速度 850 km/h,最大起飞质量 72.5 t,机翼采用大展弦比、中等后掠的超临界机翼。我国自行研制的第五代战斗机歼 20(图 1.44),最大起飞质量 37 t,最大飞行速度马赫数 2.5,机翼采用后掠三角翼。

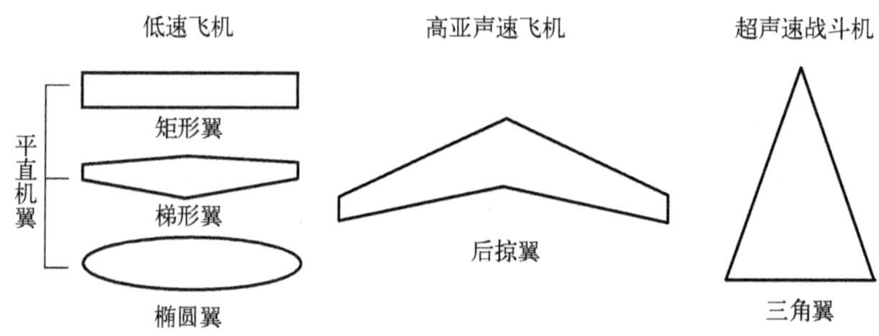

图 9.1 机翼的平面形状

图 9.2 美国 C130 战术运输机

9.1.2　机翼的几何形状表征

取如图 9.3 所示的机体坐标系。x 轴为机翼的纵轴，沿机翼对称面翼型弦线，向后为正；y 轴为机翼竖轴，在机翼对称面内，与 x 轴正交，向上为正；z 轴为机翼的横轴，与 x、y 轴构成右手坐标系，向左为正。衡量机翼气动外形的主要几何参数表示如下。

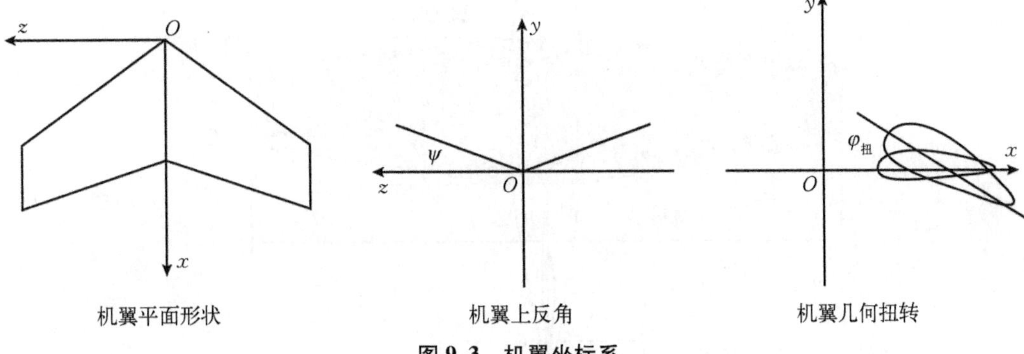

图 9.3　机翼坐标系

（1）机翼展长：翼展是指机翼左右翼尖之间的长度，用 l 表示。

（2）机翼面积：是指机翼在 Oxz 平面上的投影面积，用 S 表示。

（3）机翼弦长：机翼弦长是指机翼沿机身平行方向的弦长。除了矩形机翼外，机翼不同地方的弦长是不一样的，翼根弦长为 b_0 和翼尖弦长为 b_1，如图 9.4 所示。

（4）几何平均弦长 b_{pj} 定义为

$$b_{\text{pj}} = \frac{S}{l} \tag{9.1}$$

（5）展弦比：翼展 l 和平均几何弦长 b_{pj} 的比值称为展弦比，用 λ 表示，计算式为

$$\lambda = \frac{l}{b_{\text{pj}}} \tag{9.2}$$

展弦比也可以表示为翼展的平方与机翼面积的比值，即

$$\lambda = \frac{l^2}{S} \tag{9.3}$$

研究表明，展弦比增大，机翼的升力增大，诱导阻力减小，但摩擦阻力增大。高速飞机一般采用小展弦比的机翼。

（6）根梢比：根梢比是翼根弦长 b_0 与翼尖弦长 b_1 的比值，用 η 表示，即

$$\eta = \frac{b_0}{b_1} \tag{9.4}$$

（7）梢根比：是指翼尖弦长 b_1 与翼根弦长 b_0 的比值，用 ξ 表示，即

$$\xi = \frac{b_1}{b_0} \tag{9.5}$$

（8）上反角：指机翼弦平面和 xOz 平面的夹角（图 9.5），当机翼有扭转时，则是指扭转轴和 xoz 平面的夹角。当上反角为负时，就变成了下反角。低速机翼采用一定的上反角可改善横向稳定性，一般 $\psi=+7°\sim-3°$。

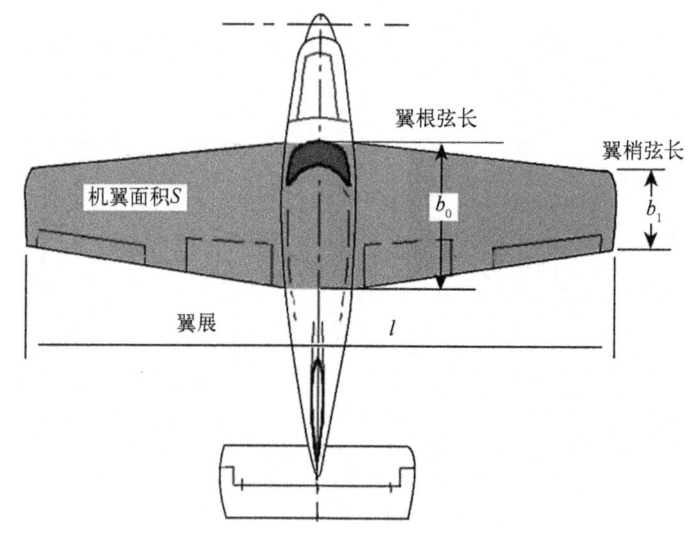

图 9.4　机翼的平面形状

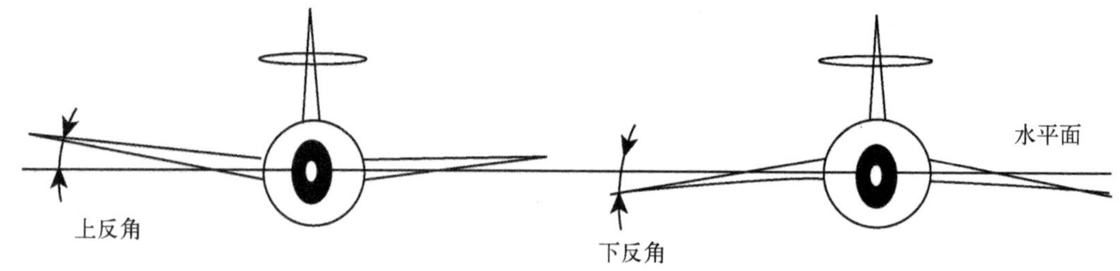

图 9.5　机翼上下反角布置

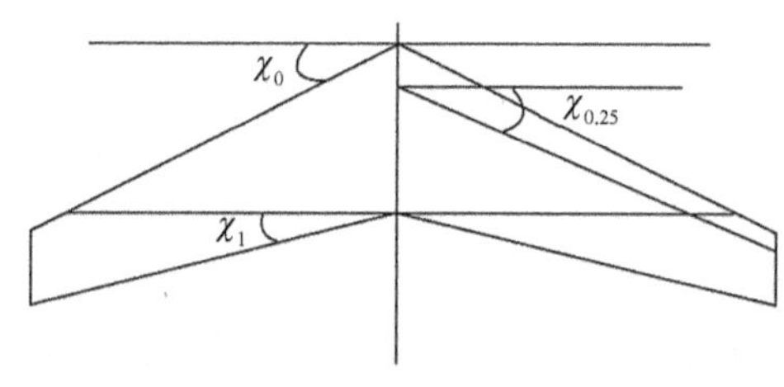

图 9.6　机翼的后掠角

（9）后掠角：指机翼边线或特定线与机身轴线垂线之间的夹角，如图 9.6 所示。不同的特定线对应不同的后掠角，包括：前缘后掠角表示机翼前缘与机身轴线垂线之间的夹角，用 χ_0 表示；后缘后掠角表示机翼后缘与机身轴线垂线之间的夹角，用 χ_1 表示；1/4 弦线后掠角表示机翼 1/4 弦线与机身轴线垂线之间的夹角，用 $\chi_{0.25}$ 表示。如果机翼向前掠，则后掠角就为负值，变成了前掠角。

（10）几何扭转角：机翼上平行于对称面翼剖面的弦线相对于翼根剖面弦线之间的角度称为机翼的几何扭转角 $\varphi_{扭}$，如图 9.7（a）所示。若该翼剖面的局部迎角大于翼根翼剖面的迎角，则扭转角为正。沿展向翼剖面的局部迎角从翼根到翼梢是减少的扭转称为外洗，扭转角为负；反之称为内洗。除了几何扭转角之外，还有气动扭转角，指的是平行于机翼对称面任一翼剖面的零升力线和翼根剖面的零升力线之间的夹角。

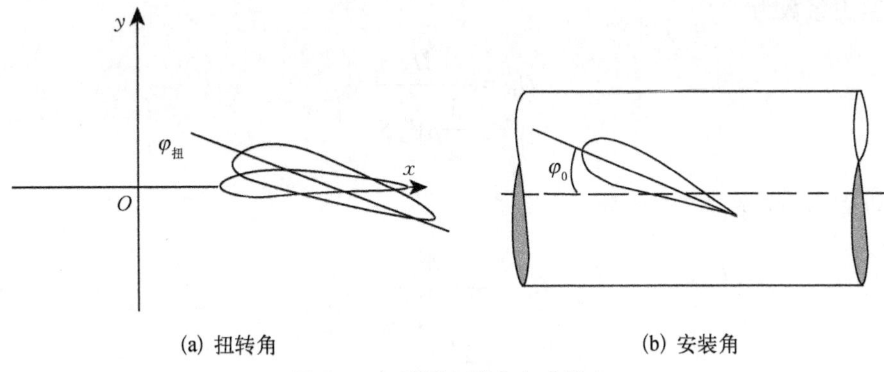

(a) 扭转角　　(b) 安装角

图 9.7　机翼的扭转角与安装角

(11) 安装角：机翼安装在机身上，翼根剖面弦线与机身轴线之间的夹角称为机翼的安装角，如图 9.7(b)所示。

9.2　机翼的空气动力系数、平均气动弦长和焦点

9.2.1　机翼的空气动力系数

取风轴系坐标 $Oxyz$，如图 9.8 所示，其中 x 轴沿来流 V_∞ 向后，y 和 z 轴与 x 轴组成右手坐标系。如果来流 V_∞ 与机翼对称面平行，则称为机翼的纵向绕流。V_∞ 与对称平面处翼剖面(翼根剖面)弦线间的夹角定义为机翼的迎角 α，机翼的面积为 S。纵向绕流时，作用在机翼上的空气动力包括：机翼升力 L(垂直 V_∞ 方向)、阻力 D(平行 V_∞ 方向)和纵向力矩 M_z(绕过某参考点 z 轴的力矩)。

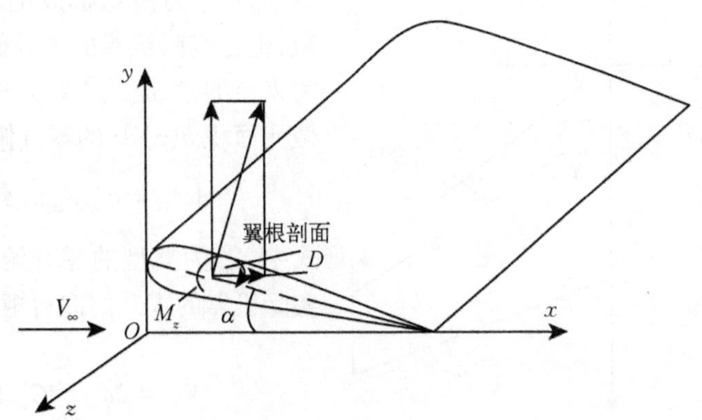

图 9.8　风轴坐标系

机翼的升力系数为

$$C_L = \frac{L}{\frac{1}{2}\rho V_\infty^2 S} \tag{9.6}$$

机翼的阻力系数为

$$C_D = \frac{D}{\frac{1}{2}\rho V_\infty^2 S} \tag{9.7}$$

机翼的纵向力矩系数为

$$C_m = \frac{M_z}{\frac{1}{2}\rho V_\infty^2 S b_A} \tag{9.8}$$

式中，b_A 为机翼的平均气动弦长。

9.2.2 机翼的平均气动弦长

根据翼型空气动力学，作用在翼型上的空气动力可以表示为作用在翼型焦点上的升力、阻力与绕焦点的力矩之和，力矩的参考长度是翼型的弦长。类似地，作用在机翼上的纵向气动力也可表示为作用于机翼焦点上的升力、阻力与绕该点的俯仰力矩之和，但力矩的参考长度用机翼的平均气动弦长 b_A 表示。

机翼的平均气动力弦长是一个假想矩形机翼的弦长，这一假想机翼的面积 S 和实际机翼的面积相等，它的力矩特性和实际机翼也相同。假想矩形机翼的零升俯仰力矩为

$$M'_{z0} = C_{m0}\frac{1}{2}\rho V_\infty^2 S b_A,\ q_\infty = \frac{1}{2}\rho V_\infty^2 \tag{9.9}$$

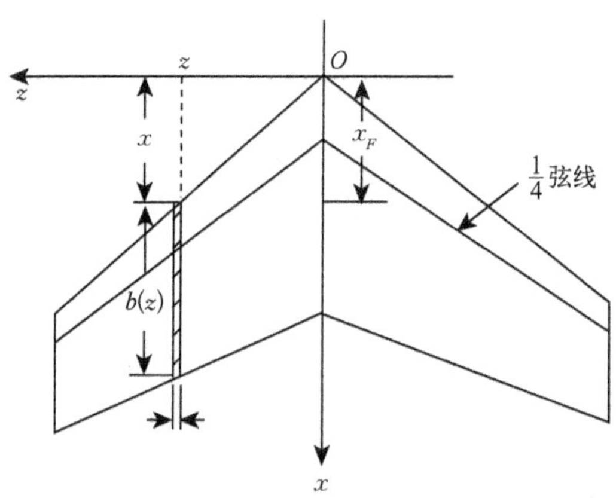

图 9.9 机翼的平均气动弦长

式中，C_{m0} 为假想机翼的零升俯仰力矩系数，也是实际机翼的零升俯仰力矩系数；q_∞ 为来流的动压。如图 9.9 所示，实际机翼微元面积 $b(z)\,\mathrm{d}z$ 的零升俯仰力矩为

$$\mathrm{d}M_{z0} = C'_{m0} q_\infty b(z) b(z)\,\mathrm{d}z \tag{9.10}$$

式中，C'_{m0} 为翼型的零升俯仰力矩系数。则实际机翼的零升俯仰力矩为

$$M_{z0} = 2q_\infty \int_0^{\frac{l}{2}} C'_{m0} b^2(z)\,\mathrm{d}z \tag{9.11}$$

假设 $C_{m0} = C'_{m0}$，则上式变为

$$M_{z0} = 2q_\infty C'_{m0}\int_0^{\frac{l}{2}} b^2(z)\,\mathrm{d}z \tag{9.12}$$

假设矩形机翼的零升俯仰力矩和实际机翼的零升俯仰力矩相等，则 $M_{z0} = M'_{z0}$，由式(9.9)和式(9.12)，可得

$$b_A = \frac{2}{S}\int_0^{\frac{l}{2}} b^2(z)\,\mathrm{d}z \tag{9.13}$$

对于梯形机翼，可用如图 9.10 所示的方法确定平均气动弦长。

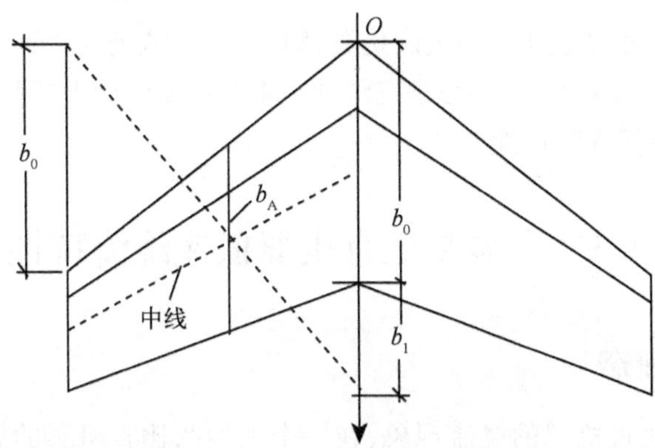

图 9.10　求平均气动弦长的图解法

9.2.3　机翼的焦点

因机翼左右对称，而且来流与机翼对称面平行，则机翼的焦点必位于机翼的对称面上（翼根剖面）。设机翼焦点离机翼顶点为 x_F，如图 9.9 所示，则作用于机翼焦点上总升力对通过顶点的 Oz 轴的力矩为

$$M_z = C_L q_\infty S x_F \tag{9.14}$$

假设机翼每个剖面的焦点与翼型一样仍在该剖面的 1/4 弦长处，则作用在微元面积 $b(z)\,\mathrm{d}z$ 上的升力为 $C'_L q_\infty b(z)\cdot\mathrm{d}z$，剖面前缘距 Oz 轴为 x，剖面焦点距 Oz 轴为 $x+\frac{1}{4}b(z)$，因此作用在微元上升力对焦点 Oz 轴的力矩为

$$C'_L q_\infty\left[x+\frac{1}{4}b(z)\right]b(z)\,\mathrm{d}z \tag{9.15}$$

式中，$C'_L(z)$ 为当地剖面的升力系数。对整个机翼积分，并与式(9.14)相等，得

$$M_z = C_L q_\infty S x_F = 2\int_0^{\frac{l}{2}} C'_L q_\infty\left(x+\frac{1}{4}b(z)\right)b(z)\,\mathrm{d}z \tag{9.16}$$

假设 $C_L \approx C'_L \approx$ 常数，则可以得到焦点位置为

$$x_F = \frac{2}{S}\int_0^{\frac{l}{2}}\left(x+\frac{1}{4}b(z)\right)b(z)\,\mathrm{d}z \tag{9.17}$$

将 b_A 表达式(9.13)代入，得

$$x_F = \frac{1}{4}b_A + \frac{2}{S}\int_0^{\frac{l}{2}} x b(z)\,\mathrm{d}z \tag{9.18}$$

所以,当机翼的平面形状给定后,机翼的焦点位置 x_F 就可以确定。由于在推导过程中曾假设剖面的焦点位置在 1/4 弦长处,这个假设对大展弦比直机翼是对的,但对后掠机翼和小展弦比机翼来存在一定的误差。要更精确地确定后掠机翼的焦点位置,需要依靠实验或数值计算给定。

翼型相当于翼展长度趋于无限大的机翼,即 $\lambda = \infty$,流动为二维绕流。而实际机翼的展长及相应的 λ 均为有限值,流动必是三维的。本章主要讨论大展弦比 ($\lambda \geqslant 5$)、直机翼($x_{1/4} < 20°$) 低速绕流气动特性。

9.3 大展弦比直机翼低速绕流特性

9.3.1 绕流流态

为了解大展弦比直机翼的绕流现象,在一个大展弦比直机翼的后缘上,沿其展向均匀地贴上一排丝线,在丝线的末端系着小棉花球,然后将机翼置于低速风洞中。通过改变机翼的迎角,观察气流绕过机翼时的流动现象,如图 9.11 所示,可以看出以下几点特性:

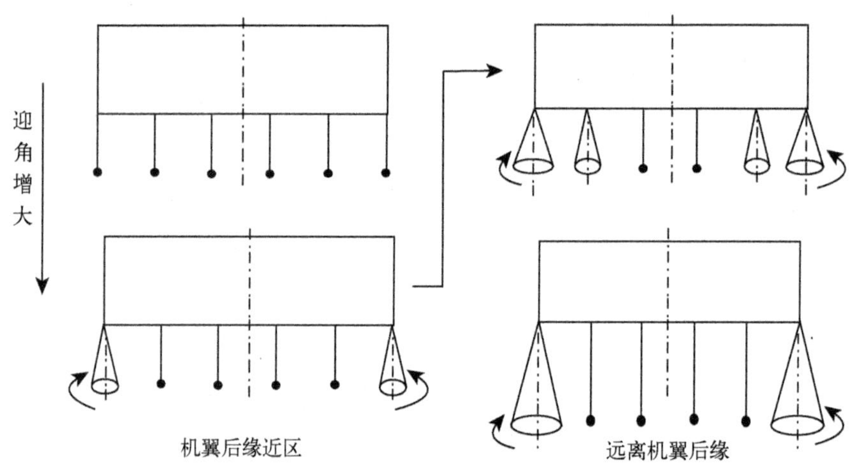

图 9.11 机翼绕流现象描述

(1) 在迎角为零时,绕流机翼的流动为附着流,机翼后缘下游丝线上的小棉花球静止不转;

(2) 当迎角很小时,绕过机翼为附着流,机翼后缘下游处的小棉花球,除两翼梢端出现方向相反的旋转外,其他地方均不旋转;

(3) 若迎角增大,机翼后缘下游丝线上的棉花球旋转的部分由翼梢逐渐向翼根发展,且旋转的快慢也不一样,在翼梢处的棉花球旋转最快,而靠近翼根的棉花球旋转慢一些;

(4) 无论迎角怎么变化,机翼对称处的棉花球始终不旋转;

(5) 在迎角不变的情况下,若将丝线加长一倍展长以上,发现只有在翼梢的棉花球旋转,而其他区域的小球不旋转。

这些现象清楚地说明,三维机翼绕流与二维翼型绕流相比,除了在机翼和翼型上出现附着流外,存在最大的差别是,绕过三维机翼的流动离开后缘后气流出现明显的旋涡运动,由机翼前的无涡流绕过机翼后有旋涡拖出,形成机翼后缘的自由涡层,且离开后缘较远处,这些自由涡将自诱导形成集中的尾涡,随飞机一起运动,如图 9. 12 所示和图 9. 13 所示。

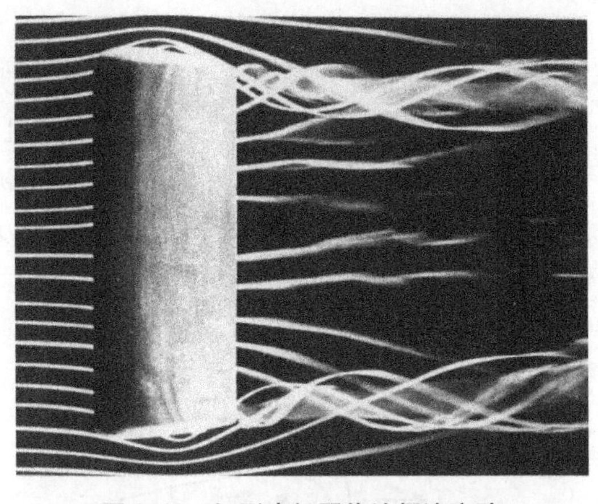

图 9. 12　矩形直机翼绕流烟流实验

图 9. 13　机翼的尾涡

9. 3. 2　三维机翼低速绕流的涡系结构

英国空气动力学家兰彻斯特(F. W. Lanchester, 1868~1946 年),1891 年首次提出用作用于机翼上的涡系代替机翼,提出估算机翼升力的方法。1894 年他先于德国物理学家库塔和俄国物理学家茹科夫斯基,解释了机翼产生升力原理;1915 年对有限翼展机翼升力计算提出附着涡和自由涡的概念,如图 9. 14 所示。这一概念后来经过世界流体力学大师德国力学家普朗特发展,于 1918 年提出著名的升力线理论。这项工作使人们认识到了有限翼展机翼的翼尖效应对机翼整体气动性能影响的重要性,指出翼尖涡和诱导阻力的本质关系。众所周知,对于二维翼型定常绕流,起动涡被远甩到翼型之后,随翼型一起运动的只有附着涡,在翼型之外为势流,无涡系的出现。相比而言,三维机翼绕就不同了,除了在机翼上的附着涡系外,还有随机翼一起运动的机翼后缘自由涡系。这些涡系构成机翼绕流的整体特征,它们之间存在怎样的关系,对升力贡献如何,需要给出详细分析。

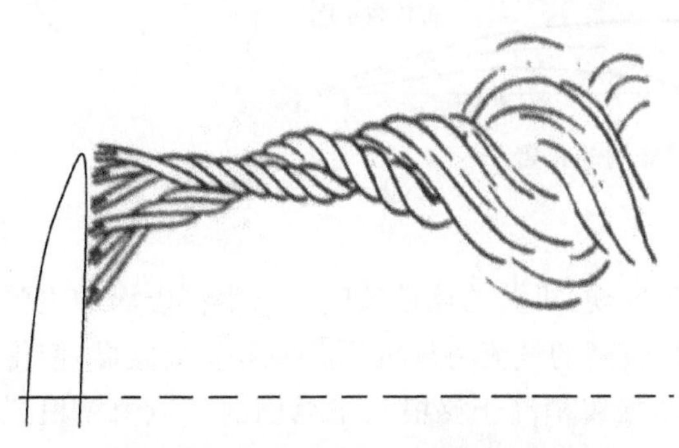

图 9. 14　兰彻斯特给出的机翼翼梢涡

1. 起动涡

当一个机翼在起动加速过程中，从机翼尖后缘不断脱落出旋涡，导致机翼面上的涡量不断增大，机翼面上的边界层逐渐形成，当机翼达到稳定速度时，边界层趋于稳定，附着涡量达到最大，气流从机翼后缘平顺离开。由机翼后缘脱落的旋涡集中在一起，形成一个与机翼附着涡大小相等、方向相反的涡随气流运动到远离机翼的下游无穷远处，称为起动涡，如图 9.15 所示。

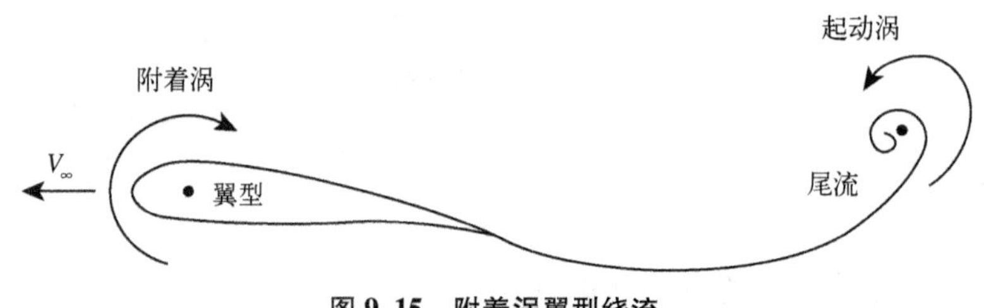

图 9.15　附着涡翼型绕流

2. 附着涡

附着涡随机翼一起运动，如果机翼做匀速直线运动，附着涡强度将保持不变，对于薄机翼绕流，如果忽略机翼厚度的影响，可用布置在机翼弦线上的附着涡系取代机翼，由其诱导的流场与机翼产生的流场在离机翼不远处基本一致，所以在计算气动力和力矩方面可用附着涡来估算。如果改变机翼的迎角将会改变气动力，所以改变迎角实际上等于改变了绕机翼的附着涡强度。用附着涡计算气动力时，在实际计算中根据精度的要求，附着涡可以布置于弦向平面、中弧面、机翼上下翼面布置，如图 9.16 所示。

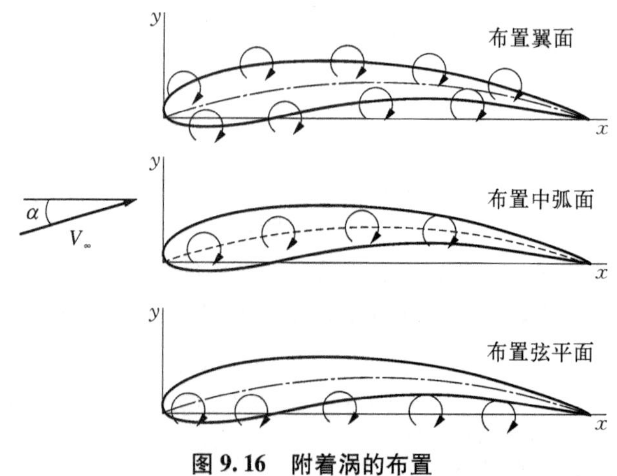

图 9.16　附着涡的布置

3. 自由涡面与尾涡(集中涡)

对于有限翼展机翼的绕流，通过大量实验发现，机翼的翼梢效应是产生自由涡的主要原因。这是因为，在正迎角下机翼下表面压强较高的气流将从机翼翼尖翻向上翼面，使得上翼面的气流由翼尖流向翼根(上翼面气流压强翼梢高于翼根)，下翼面的气流由翼根流向翼梢(下翼面气流压强翼根高于翼梢)，上下翼面展向流动存在反向和大的速度差，一且气流离开机翼后缘，这种上下翼面的展向速度差将对后缘空气产生展向剪切作用，从而产生了自由剪切层涡，也就是自由涡面，如图 9. 17 所示。在距中心轴 z 处，取一微段 $\mathrm{d}z$，由上下翼面后缘展向速度差产生的涡强增量为

$$\mathrm{d}\Gamma_{\mathrm{w}}(z) = (w_{\mathrm{d}} + w_{\mathrm{u}})\,\mathrm{d}z \tag{9.19}$$

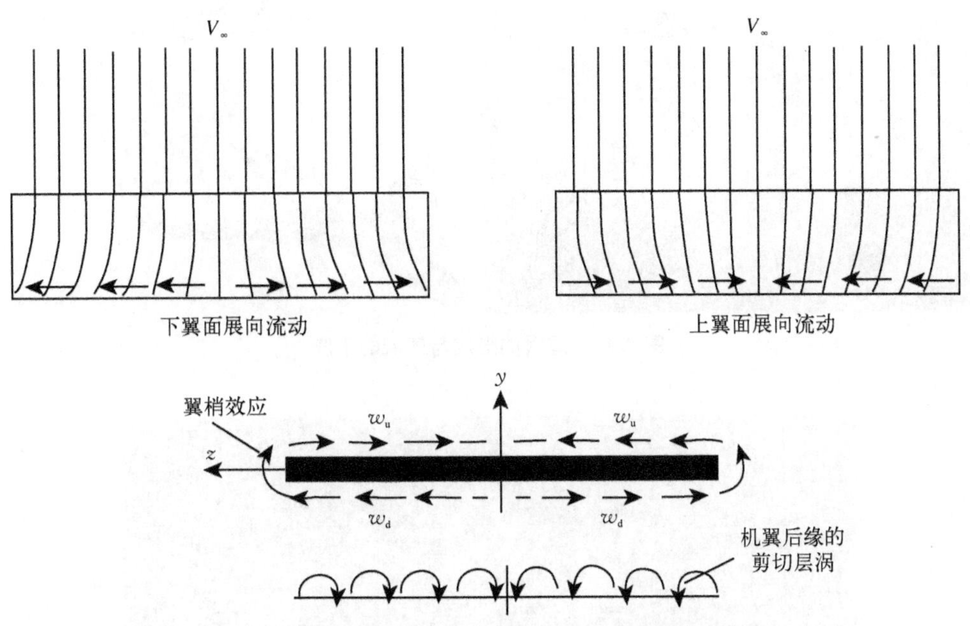

图 9. 17　有限翼展机翼后缘自由涡面的形成机制

显然，自由涡层的强度取决于展向速度在翼展方向的变化，鉴于展向速度在翼梢处大、翼根处小，因此自由涡强度在展向分布是翼梢处大翼根处小，而且尾涡的总强度为

$$\Gamma_{\mathrm{w}} = \int_0^{l/2} (w_{\mathrm{d}} + w_{\mathrm{u}})\,\mathrm{d}z \tag{9.20}$$

因此，自由涡面是由上下翼面的展向气流离开后缘后展向剪切作用引起的。离开机翼后缘的自由涡面，由于强度不同将会相互诱导，在离开后缘大约一倍展长的远区，这些自由涡面将卷成两条方向相反、强度相等的集中涡，即飞机的尾涡。尾涡从机翼后缘拖出，尾涡的轴线大约和来流的方向平行，如图 9. 18 所示。图 9. 19 为飞机尾涡的消散。

4. 马蹄涡

气流绕过机翼流动是一个整体，所出现的附着涡、起动涡和自由涡面，它们之间存在什么关系，它们对气动力影响如何？这涉及正确建立飞机涡系模型的物理概念。根据德国物理学家亥姆霍兹（Helmholtz，1821～1894 年）涡量守恒定理，对于理想正压流体，在质量力有势的条件下，涡量保持守恒。对于围绕机翼任意大的围线，初始无涡，以后也无涡。因此，在围线中的机翼绕流所出现的起动涡、附着涡和自由涡（尾涡）之间只能形成一个封闭的涡环。这个涡环的头部是附着涡，尾部是起动涡，两侧是尾涡，如图 9. 20 所示。因为起动涡被机翼远远甩在后面，对机翼气动力无影响，因此在气动力建模时，只考虑机翼

的附着涡和两侧的尾涡，形式上，像一个 Π 型马蹄涡。由于机翼后缘近区为自由涡面，所以实际建模时可以不考虑起动涡，而用一系列马蹄涡取代。

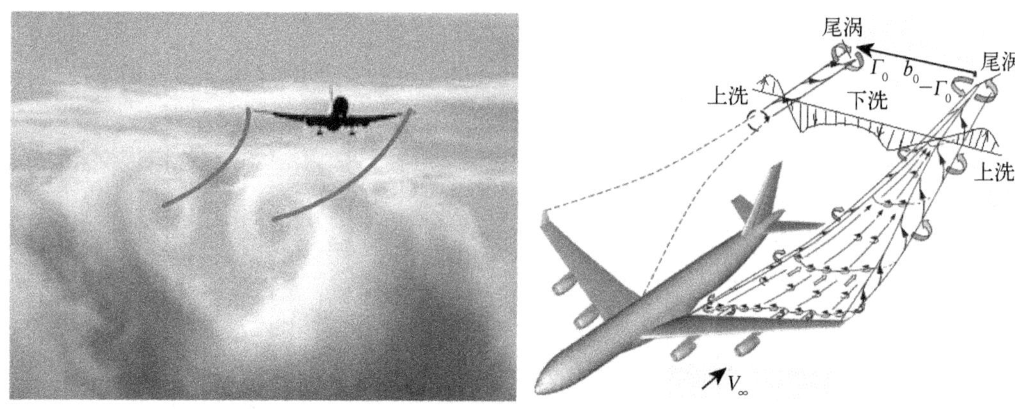

图 9.18　尾涡的形成与气流的下洗

图 9.19　大型飞机尾涡的扩散

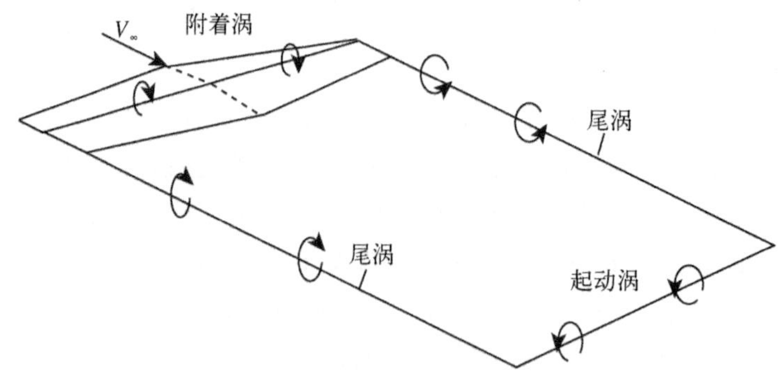

图 9.20　涡环模型

9.4 低速机翼绕流涡系模型

9.4.1 涡系模型特点

为了分析和估算机翼的气动力特性,需要建立适应的涡系模型,也称为气动模型。对于一个三维机翼绕流问题,如果把流动分解为纵向流动(弦向)和展向流动(图9.21),合气动力应是这两种分量运动气动力的合成。对于纵向流动分量的气动力,在翼型绕流问题中给出分析;对于展向流动的影响,关键点是如何计入自由面涡的诱导影响。显然,如果忽略这部分的影响,就回到了二维翼型的绕流,实际情况只有在无限翼展绕流中成立。对于有限翼展的机翼绕流,必须计入展向流动的影响,在建立涡系模型中,必须将自由涡系计入。

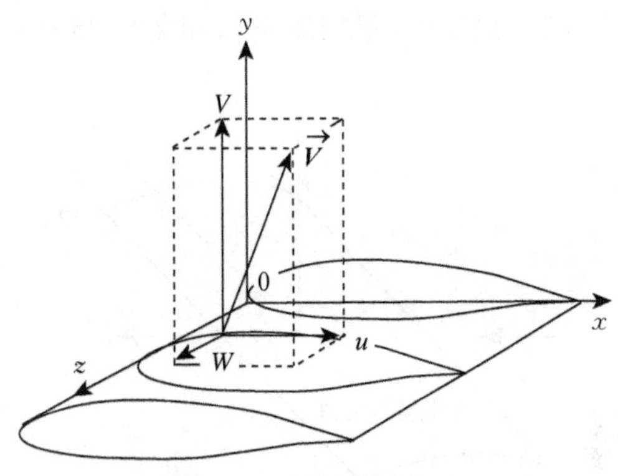

图9.21 三维机翼绕流分解

按照薄翼型理论,翼型(无限翼展机翼)的升力决定于翼型的迎角和弯度,可在翼型的型面上、中弧线或弦线上布置分布涡系代替翼型,这个涡系称为附着涡。翼型的总升力与此附着涡的总强度 Γ 成正比。由库塔-茹科夫斯基升力环量定理,可知

$$\Gamma = \int_0^b \gamma \mathrm{d}x \quad L = \rho V_\infty \Gamma \tag{9.21}$$

在三维机翼绕流中,除了可在机翼面上、中弧面或弦向平面上布置分布的涡系外,还需要考虑因展向流动引起的自由涡面,这样的涡系模型包括了附着涡与自由涡组合。当然,气动力的分析需要以这个组合涡系模型作为基础。

因三维机翼绕流的翼梢效应,从上下翼面的压强差而言,机翼各翼剖面升力大小由翼梢为零(上下翼面压力相等)到翼根剖面最大(压强差最大)。因此,沿展向布置附着涡强度时,涡量分布曲线也应该是中间最大、两翼梢为零的曲线。如图9.22所示,不同机翼平面形状涡强分布不同。

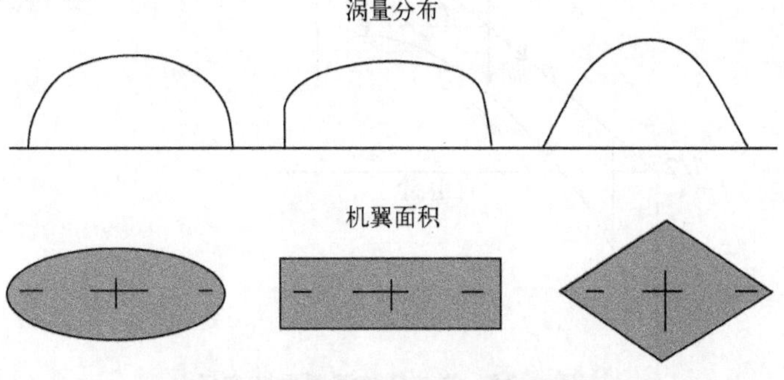

图9.22 不同平面形状的涡量分布曲线

由此说明,有限翼展直机翼与无限翼展机翼的主要差别是:① 附着涡强度沿展向是变化的(纵向流动),且 $\Gamma_{z=0}=\Gamma_{\max}$,$\Gamma_{z=\pm\frac{l}{2}}=0$;② 机翼后缘将拖出自由涡面(展向流动)。这两点也是三维机翼绕流有别于二维翼型绕流的主要原因。

9.4.2 直匀流叠加单一 Π 形马蹄涡气动模型

为了简化起见,早期人们用单一 Π 形马蹄涡模型来代替机翼。即用等强度的附着涡和自由涡模型(集中尾涡),如图 9.23 所示。

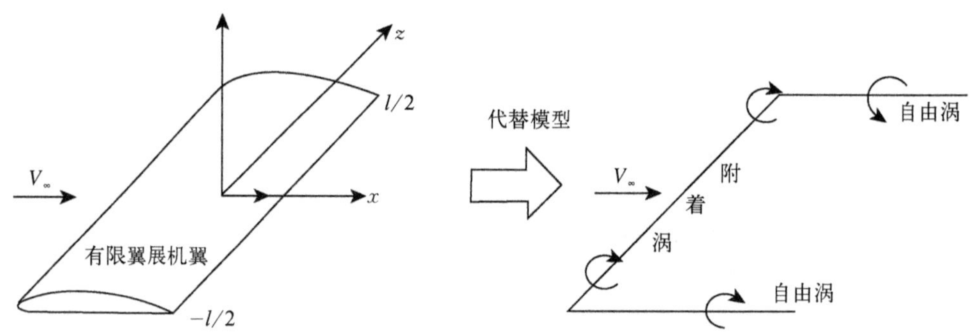

图 9.23 直匀流与单一 Π 形马蹄涡模型

利用毕奥-萨伐尔公式,附着涡沿其轴线不诱导速度,自由涡在附着涡线上诱导的下洗速度为

$$w=\frac{\Gamma}{4\pi(l/2+z)}+\frac{\Gamma}{4\pi(l/2-z)}=\frac{\Gamma}{4\pi(l^2/4-z^2)} \tag{9.22}$$

由上式可见,当 $z\to l/2$ 时,下洗速度趋于无限大,这是不符合实际,如图 9.24 所示。可见该模型与实际机翼绕流偏差较大。主要表现在:① 翼梢自由涡诱导下洗速度无限大,不符合实际;② 附着涡强度沿展向不变不符合实际。

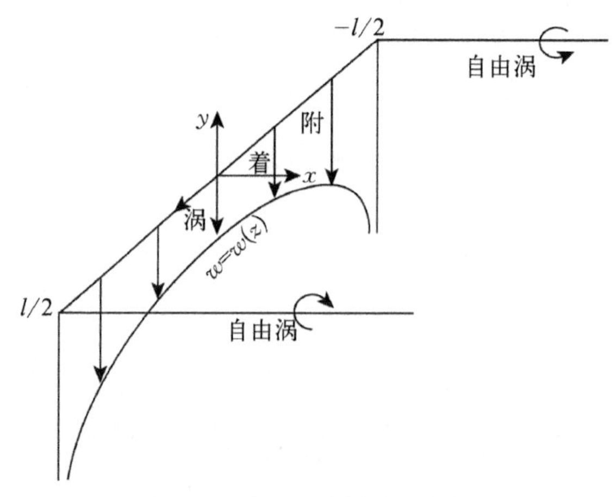

图 9.24 单一马蹄涡诱导速度场

9.4.3　直匀流叠加附着涡面和自由涡面的气动模型

对大展弦比直机翼,自由涡面的卷起主要发生在远离机翼的地方(大约距机翼后缘一倍展长)。为了简化,假设自由涡面既不卷起,也不耗散,顺着来流方向延伸到无穷远处。因此,大展弦比直机翼绕流可采用直匀流叠加附着涡面和自由涡面的气动模型,该模型也称为升力面模型,如果能从理论上求出涡面的强度分布,就可求出机翼所受的气动力和力矩。附着涡面和自由涡面组合模型是用无数条 Π 形马蹄涡组成的。Π 形马蹄涡系与直匀流叠加对大展弦比直机翼来说是既合理又实用的气动模型,这是因为: ① 该模型符合沿一根涡线强度不变且不能在流场中中断,基本涡模型为马蹄涡;② Π 形马蹄涡垂直来流那部分是附着涡系,沿展向各剖面上通过的涡线数目不同代表不同的强度,中间剖面通过的涡线最多、环量最大,翼端剖面无涡线通过、环量为零,模拟了环量和升力的展向分布;③ Π 形马蹄涡系平行来流且拖向下游无限远,模拟了自由涡面。由于展向相邻两剖面间拖出的自由涡强度等于这两个剖面上附着涡的环量差,从而建立了展向自由涡线强度与机翼上附着涡环量之间的关系,如图 9.25 所示。

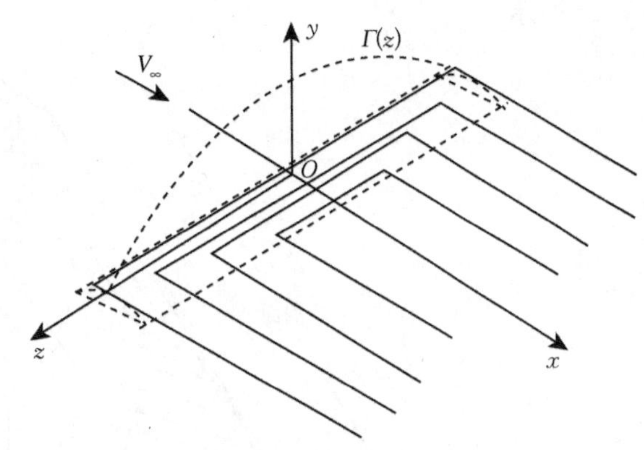

图 9.25　附着涡面与自由涡面的组合模型

9.4.4　直匀流叠加附着涡线和自由涡面的气动模型

对于大展弦比直机翼,由于机翼弦长比展长小得多,1918 年德国著名力学家普朗特对直匀流叠加附着涡面和自由涡面的气动模型进行了简化,提出将机翼上的附着涡面用机翼上的一条附着涡系代替,该涡线是由弦向一系列涡线合并而成,在涡线上涡的强度沿展向是变化的,这条涡线称为附着涡线,在这条涡线上各点的涡强度决定了各剖面的升力大小。简化后的气动模型为直匀流叠加附着涡线和自由涡面的气动模型,称为升力线模型。因为低速翼型的升力增量位于 1/4 弦点,因此附着涡线可放在展向各剖面的 1/4 弦点的连线上,此线即为升力线。

9.5　普朗特的升力线理论

基于升力线模型建立起来的机翼气动力计算方法称为升力线理论。

9.5.1　剖面假设

有限翼展机翼上的翼剖面与二维翼型不同,其差别反映绕机翼的三维效应。对大展弦比直机翼小迎角下的绕流来说,各剖面上的展向速度分量以及各流动参数沿展向的变化,比其他两个方向上的速度分量以及各流动参数变化要小得多,因此可近似地把每个剖面上的流动看作是二维的，而在展向不同剖面上的二维流动，由于自由涡的影响彼此又是不相同的。这种从局部剖面看是二维流动，从整个机翼看又是三维流动，故称为剖面假设。剖面假设实际上是准二维流假设，机翼的 λ 值越大，这种假设越接近实际，当且 $\lambda \to \infty$ 时，此假设是准确的。

9.5.2 下洗速度、下洗角、升力、诱导阻力

对于大展弦比直机翼，普朗特的升力线理论用一根位于 1/4 弦线处的变强度 $\Gamma(z)$ 的附着涡线和从附着涡线拖出的自由涡面的气动模型代替。取 x 轴顺来流方向，y 轴向上，z 轴与 xOy 形成右手螺旋法则。自由涡面与 xOz 平面重合，各涡线沿 x 轴拖向 $+\infty$，如图 9.26 所示。

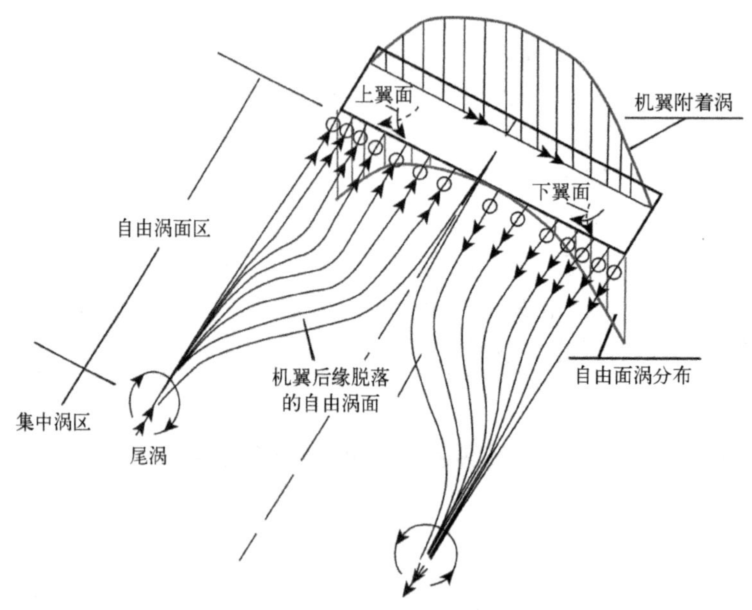

图 9.26 升力线模型

大展弦比直机翼展向剖面和二维翼型的主要差别在于自由涡面在展向剖面处引起一个向下（正升力时）的诱导速度，称为下洗速度。由于机翼已用一条展向变强度 $\Gamma(z)$ 的附着涡线——升力线所代替，所以自由涡对机翼诱导下洗速度，也可用对附着涡线上的诱导下洗速度代替，如图 9.27 所示。设附着涡线在展向位置 ζ 处的强度为 $\Gamma(\zeta)$，在 $\zeta+\mathrm{d}\zeta$ 处涡强为 $\Gamma(\zeta)+\dfrac{\mathrm{d}\Gamma}{\mathrm{d}\zeta}\mathrm{d}\zeta$，根据涡量守恒定理，$\mathrm{d}\zeta$ 微段拖出的自由涡强为 $\dfrac{\mathrm{d}\Gamma}{\mathrm{d}\zeta}\mathrm{d}\zeta$。此自由涡在附着涡线上任一点 z 处的下洗速度为

$$\mathrm{d}w=\frac{|\mathrm{d}\Gamma|}{4\pi(\zeta-z)}=\frac{-\dfrac{\mathrm{d}\Gamma}{\mathrm{d}\zeta}}{4\pi(\zeta-z)}\mathrm{d}\zeta \tag{9.23}$$

整个涡系在 z 点产生的下洗速度为

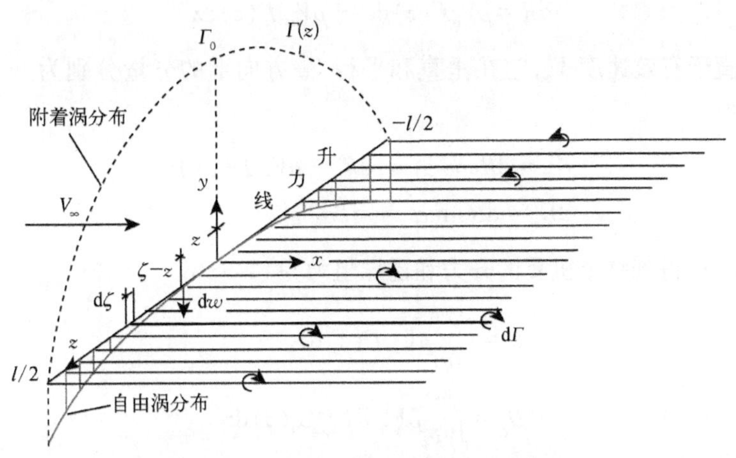

图 9.27　升力线模型及其下洗速度

$$w(z)=\int_{-l/2}^{l/2}\frac{-\frac{\mathrm{d}\Gamma}{\mathrm{d}\zeta}}{4\pi(\zeta-z)}\mathrm{d}\zeta \tag{9.24}$$

由于下洗速度的存在，机翼展向每个剖面上的实际有效速度 V_e 为无限远处来流速度 V_∞ 与下洗速度的矢量和，有效迎角 α_e 也比几何迎角 α 减小了 α_i，α_i 称为下洗角，如图 9.28 所示。根据速度三角形，可得

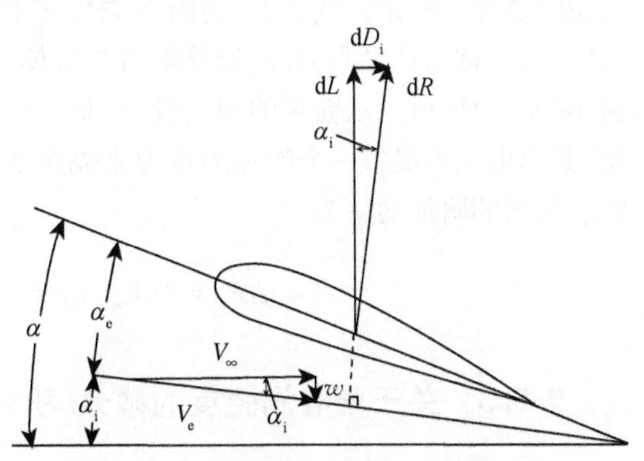

图 9.28　下洗速度对机翼剖面流动的影响

$$\begin{aligned}\alpha_i &= \tan^{-1}\left(\frac{w(z)}{V_\infty}\right)\approx\frac{w(z)}{V_\infty}\\ \alpha_e &= \alpha-\alpha_i\\ V_e &= \frac{V_\infty}{\cos\alpha_i}=\sqrt{V_\infty^2+w^2}\approx V_\infty\end{aligned} \tag{9.25}$$

由于下洗速度远小于来流速度，可得

$$\alpha_i=\tan^{-1}\left(\frac{w(z)}{V_\infty}\right)\approx\frac{w(z)}{V_\infty}=\frac{1}{V_\infty}\int_{-l/2}^{l/2}\frac{-\frac{\mathrm{d}\Gamma}{\mathrm{d}\zeta}}{4\pi(\zeta-z)}\mathrm{d}\zeta \tag{9.26}$$

求作用在机翼微段上的升力时，需要先引入“剖面流动”假设，假设有限翼展机翼各剖面所受的气动力与以有效速度 V_e 流过形状与该剖面相同、迎角为 α_e 的二维翼型所受的气动力相同。因此，作用在 $P(z)$ 点处，机翼微段 $\mathrm{d}z$ 上的力 R 由库塔-茹科夫斯基升力环量定理确定，即

$$dR = \rho V_e \Gamma(z)\,dz \approx \rho V_\infty \Gamma(z)\,dz \tag{9.27}$$

dR 的方向垂直于有效速度 V_e，它在垂直和平行 V_∞ 方向上的分量分别为升力 dL 和阻力 dD_i，表达式为

$$\begin{aligned} dL &= dR\cos\alpha_i \approx dR \approx \rho V_\infty \Gamma(z)\,dz \\ dD_i &= dR\sin\alpha_i \approx dL\alpha_i \end{aligned} \tag{9.28}$$

沿整个翼展积分，得到整个机翼的升力和诱导阻力为

$$\begin{aligned} L &= \int_{-l/2}^{l/2} \rho V_\infty \Gamma(z)\,dz \\ D_i &= \int_{-l/2}^{l/2} \rho V_\infty \Gamma(z)\alpha_i(z)\,dz \end{aligned} \tag{9.29}$$

式中，D_i 阻力项在理想二维翼型绕流中是不存在的，其是由于有限翼展机翼后缘拖出的自由涡诱导的结果。或者说，是因下洗角的出现使剖面有效迎角减小而在来流方向形成的阻力，故称为诱导阻力，此诱导阻力与流体的黏性无关，是有限翼展机翼产生升力必须付出的阻力代价。从能量的观点看，机翼后缘拖出的自由涡面上流体微团所需的旋转动能，必须由飞机提供一个附加的推力来克服诱导阻力才能维持有升力的飞行。由推进系统所付出的附加功率为

$$\Delta P_w = D_i V_\infty = \rho V_\infty^2 \int_{-l/2}^{l/2} \Gamma(z)\alpha_i(z)\,dz \tag{9.30}$$

9.5.3 关于附着涡强度的微分-积分方程

由上面分析可知，求解大展弦比直机翼的升力和阻力问题，归结为确定附着涡强度沿展向的分布 $\Gamma(z)$。以下推导确定 $\Gamma(z)$ 的连接方程式。由翼型理论可知，作用在微段机翼 dz 上的升力 dL 为

$$dL = C_L' \frac{1}{2}\rho V_\infty^2(z) b(z)\,dz,\ dL = \rho V_\infty \Gamma(z)\,dz \tag{9.31}$$

由剖面流动假设，剖面升力系数可表示为

$$C_L'(z) = C_{L\infty}^{\alpha}(\alpha_e - \alpha_{0\infty}) = C_{L\infty}^{\alpha}(\alpha - \alpha_i - \alpha_{0\infty}) = C_{L\infty}^{\alpha}(\alpha_a - \alpha_i) \tag{9.32}$$

式中，$C_{L\infty}^{\alpha}(z)$、$\alpha_{0\infty}(z)$ 为二维翼型的升力线斜率和零升迎角；$\alpha_a = \alpha - \alpha_{0\infty}$ 称为绝对迎角。由式(9.26)、式(9.31)和式(9.32)，可得

$$\Gamma(z) = \frac{1}{2} V_\infty b(z) C_{L\infty}^{\alpha} \left[\alpha_a + \frac{1}{V_\infty} \int_{-l/2}^{l/2} \frac{\dfrac{d\Gamma}{d\zeta}}{4\pi(\zeta - z)} d\zeta \right] \tag{9.33}$$

此式即为给定迎角和机翼几何形状（翼型）条件下确定附着涡强度 $\Gamma(z)$ 的微分-积分方程。这个方程只有在少数特殊情况下才能得到精确的解，椭圆形环量分布是其中最重要

的一种。如果机翼的环量分布 $\Gamma(z)$ 是椭圆形分布，则

$$\frac{\Gamma(z)}{\Gamma_0}=\sqrt{1-\left(\frac{2z}{l}\right)^2} \tag{9.34}$$

其中，Γ_0 为机翼对称面上的最大环量值。由环量分布函数可以求得在 z 点处的下洗速度和下洗角为

$$w(z)=\int_{-l/2}^{l/2}\frac{-\dfrac{\mathrm{d}\Gamma}{\mathrm{d}\zeta}}{4\pi(\zeta-z)}\mathrm{d}\zeta=\frac{\Gamma_0}{2l} \tag{9.35}$$

$$\alpha_{\mathrm{i}}=\frac{1}{V_\infty}\int_{-l/2}^{l/2}\frac{-\dfrac{\mathrm{d}\Gamma}{\mathrm{d}\zeta}}{4\pi(\zeta-z)}\mathrm{d}\zeta=\frac{\Gamma_0}{2lV_\infty} \tag{9.36}$$

以上结果说明，对于椭圆形环量分布的机翼，其下洗速度和下洗角沿展向是不变的常量。如果机翼是无扭转的，既无几何扭转也无气动扭转，则几何迎角 α、零升迎角 $\alpha_{0\infty}$、剖面升力线斜率 $C_{L\infty}^{\alpha}$ 沿展向也是不变的，所以沿展向有

$$\begin{aligned}
&\alpha_{\mathrm{e}}-\alpha_{0\infty}=\alpha-\alpha_{\mathrm{i}}-\alpha_{0\infty}=\alpha_{\mathrm{a}}-\alpha_{\mathrm{i}}=\text{常数}\\
&C'_L=C_{L\infty}^{\alpha}(\alpha-\alpha_{\mathrm{i}}-\alpha_{0\infty})=\text{常数}\\
&C'_{D\mathrm{i}}=C'_L\alpha_{\mathrm{i}}=\text{常数}
\end{aligned} \tag{9.37}$$

对整个机翼则有

$$\begin{aligned}
&C_L=\frac{L}{\frac{1}{2}\rho V_\infty^2 S}=\frac{\int_{-l/2}^{l/2}C'_L\frac{1}{2}\rho V_\infty^2 b(z)\,\mathrm{d}z}{\frac{1}{2}\rho V_\infty^2 S}=C'_L\frac{\int_{-l/2}^{l/2}b(z)\,\mathrm{d}z}{S}=C'_L\\
&C_{D\mathrm{i}}=\frac{D_{\mathrm{i}}}{\frac{1}{2}\rho V_\infty^2 S}=\frac{\int_{-l/2}^{l/2}C'_{D\mathrm{i}}\frac{1}{2}\rho V_\infty^2 b(z)\,\mathrm{d}z}{\frac{1}{2}\rho V_\infty^2 S}=C'_{D\mathrm{i}}\frac{\int_{-l/2}^{l/2}b(z)\,\mathrm{d}z}{S}=C'_{D\mathrm{i}}
\end{aligned} \tag{9.38}$$

上两式表明，椭圆形环量分布无扭转平直机翼的升力系数和诱导阻力系数就等于沿展向各剖面的升力系数和诱导阻力系数。下面求出椭圆形环量分布平直机翼的气动系数表达式，即

$$L=\rho V_\infty\int_{-\frac{1}{2}}^{\frac{1}{2}}\Gamma(z)\,\mathrm{d}z,\ \frac{\Gamma(z)}{\Gamma_0}=\sqrt{1-\left(\frac{2z}{l}\right)^2} \tag{9.39}$$

$$C_L=\frac{2}{V_\infty S}\int_{-l/2}^{l/2}\Gamma(z)\,\mathrm{d}z=\frac{\Gamma_0\pi l}{2V_\infty S},\ \Gamma_0=C_L\frac{2V_\infty S}{\pi l} \tag{9.40}$$

$$\alpha_{\mathrm{i}} = \frac{1}{V_\infty}\int_{-l/2}^{l/2} \frac{-\frac{\mathrm{d}\Gamma}{\mathrm{d}\zeta}}{4\pi(\zeta - z)}\mathrm{d}\zeta = \frac{\Gamma_0}{2lV_\infty} = \frac{C_L}{\pi\lambda} \tag{9.41}$$

由于

$$C_L = C'_L = C^{\alpha}_{L\infty}(\alpha_{\mathrm{a}} - \alpha_{\mathrm{i}}) = C^{\alpha}_{L\infty}\left(\alpha_{\mathrm{a}} - \frac{C_L}{\pi\lambda}\right) \tag{9.42}$$

从而得到升力系数为

$$C_L = \frac{C^{\alpha}_{L\infty}}{1 + \frac{C^{\alpha}_{L\infty}}{\pi\lambda}}(\alpha - \alpha_{0\infty}) \tag{9.43}$$

诱导阻力系数为

$$C_{D\mathrm{i}} = \frac{C_L^2}{\pi\lambda} \tag{9.44}$$

上两式说明,椭圆环量分布的平直机翼与无限翼展机翼(翼型)相比,在气动特性上主要差别如下:

(1) 有限翼展机翼的升力线斜率小于无限翼展机翼,而且随着展弦比 λ 值的减小而减小;

(2) 有限翼展机翼存在诱导阻力,诱导阻力系数与升力系数的平方成正比,与展弦比 λ 呈反比。当 C_L 值给定时,增大 λ,可减小 $C_{D\mathrm{i}}$ 值;增大展弦比,可以提高机翼的升力线斜率值。

下面给出椭圆形环量分布的机翼平面形状。作用在微段机翼 dz 上的升力 dL 为

$$\mathrm{d}L = C'_L(z)\,\frac{1}{2}\rho V_\infty^2\, b(z)\,\mathrm{d}z,\ \mathrm{d}L = \rho V_\infty\,\Gamma(z)\,\mathrm{d}z \tag{9.45}$$

$$\Gamma(z) = \frac{1}{2}V_\infty\, b(z)\, C'_L \tag{9.46}$$

由于,$z = 0$, $b(z) = b_0$, $\Gamma(z) = \Gamma_0$,代入上式得

$$\Gamma_0 = \frac{1}{2}V_\infty\, b_0 C'_L \tag{9.47}$$

由于,$C'_L(z) = C'_L(0) =$ 常数,所以有

$$\frac{\Gamma(z)}{\Gamma_0} = \frac{b(z)}{b_0} = \sqrt{1 - \left(\frac{2z}{l}\right)^2} \tag{9.48}$$

上式表明,具有椭圆形环量分布的机翼弦长展向分布也是椭圆形的,称为椭圆形机翼,如图 9.29 和图 9.30 所示。椭圆形机翼的下洗速度和下洗角是常数,不随展向位置 z 而变,如图 9.31 所示。

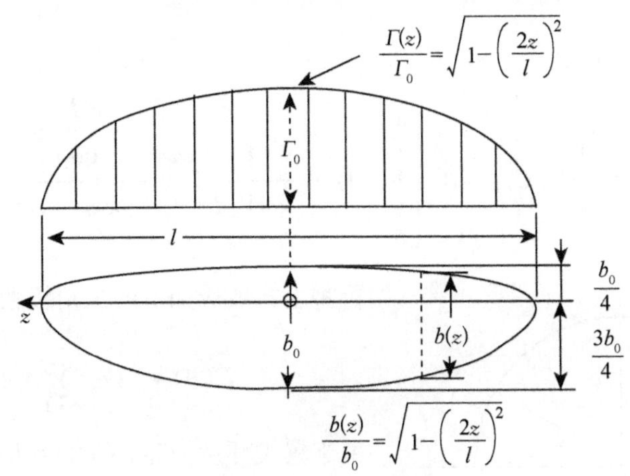

图 9.29　椭圆形机翼

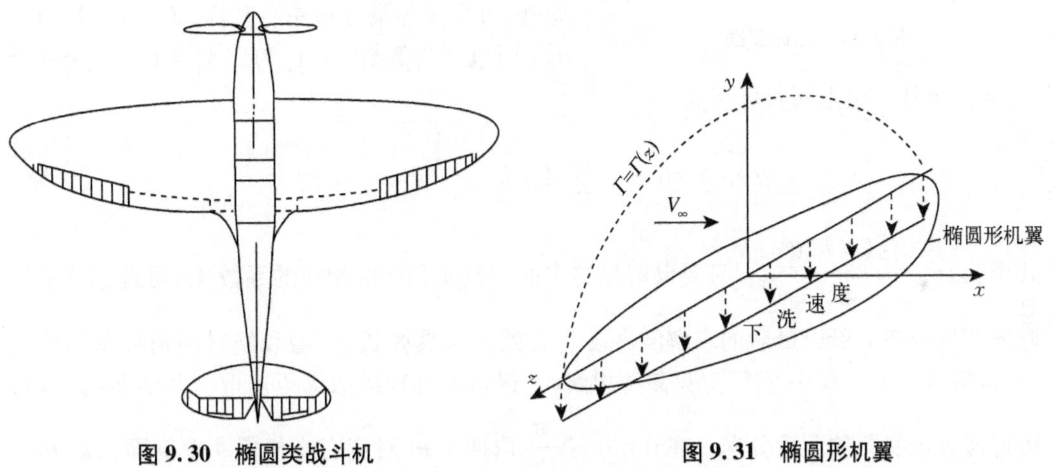

图 9.30　椭圆类战斗机

图 9.31　椭圆形机翼

9.5.4　一般平面形状大展弦比直机翼的气动力特性

椭圆形机翼的环量分布是椭圆形的,这是升力线理论中最简单的解析解。虽然升力线理论可以证明椭圆翼是相同展弦比下具有最佳升阻特性的平面形状,但因结构和工艺上的便利,工业上采用矩形翼和梯形翼的情况也很普遍。使用升力线理论在给定迎角下求解这些非椭圆的 $\Gamma(z)$,常采用三角级数法。

基本微分-积分方程的三角级数解为

$$\Gamma(z)=\frac{1}{2}V_\infty C_{L\infty}^{\alpha}b(z)\left[\alpha_a(z)+\frac{1}{4\pi V_\infty}\int_{-l/2}^{l/2}\frac{\frac{\mathrm{d}\Gamma}{\mathrm{d}\zeta}\mathrm{d}\zeta}{\zeta-z}\right] \tag{9.49}$$

进行变量置换,如图 9.32 所示,令

$$z=-\frac{l}{2}\cos\theta,\ \zeta=-\frac{l}{2}\cos\theta_1 \tag{9.50}$$

则

$$\Gamma(\theta)=\frac{1}{2}V_\infty C_{L\infty}^{\alpha}b(\theta)\left[\alpha_a(\theta)+\frac{1}{2\pi V_\infty l}\int_{-l/2}^{l/2}\frac{\frac{\mathrm{d}\Gamma}{\mathrm{d}\theta_1}\mathrm{d}\theta_1}{\cos\theta-\cos\theta_1}\right] \tag{9.51}$$

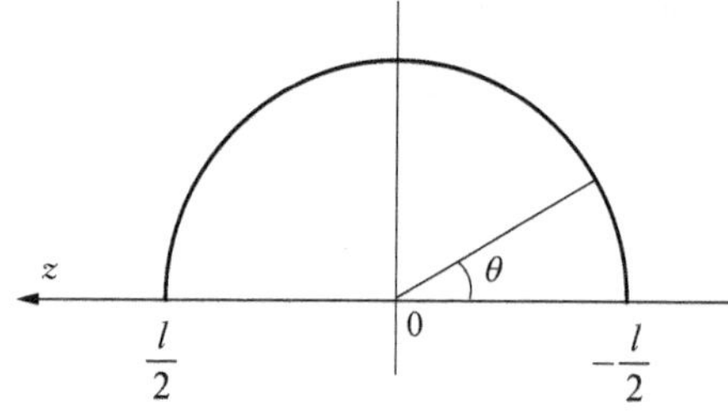

图 9.32　坐标变换

再将上式展成如下的三角级数为

$$\Gamma(\theta)=2lV_\infty\sum_{n=1}^{\infty}A_n\sin(n\theta) \tag{9.52}$$

由于翼尖环量为零,$\Gamma(0)=\Gamma(\pi)=0$,所以上式只能取正弦项。

此外,机翼上环量分布左右对称,$\Gamma(\theta)=\Gamma(\pi-\theta)$,所以 n 为偶数时,A_n 为0,$A_2=A_4=A_6=\cdots=A_{2n}=\cdots=0$。由上两式可得到

$$\mu\alpha_a(\theta)\sin\theta=\sum_{n=1}^{\infty}A_n\sin(n\theta)(\mu n+\sin\theta) \tag{9.53}$$

式中,$\mu=\dfrac{C_{L\infty}^{\alpha}(\theta)b(\theta)}{4l}$。只要保留足够多的项数 n 和选取相应的系数 A_n,可近似表示实际的环量分布。所以最后的求解问题变为在给定机翼弦长、翼型和绝对迎角分布的情况下,求解 A_1、A_3、A_5 … 实际上只需要求解时,保留前几项级数即可。取三角级数的四项,可近似表示实际的环量分布。在 $0=0\sim\dfrac{\pi}{2}$ 取四个 θ(对应右半机翼 4 个剖面),取 $\theta_1=22.5°$,$\theta_2=45°$,$\theta_3=67.5°$,$\theta_4=90°$,代入式(9.53),即可得到 A_1、A_3、A_5、A_7 的四个代数方程。

椭圆形机翼的环量分布是环量三角级数表达式中的一个特例。在环量三角级数表达式中只取一项时,椭圆形机翼的环量分布是三角级数表达式中的一个特例。在环量三角级数表达式中只取一项时,$\Gamma(\theta)=2lV_\infty A_1\sin\theta$,把变量 θ 还原为 z,则

$$\Gamma(z)=2lV_\infty A_1\sqrt{1-\left(\frac{2z}{l}\right)^2} \tag{9.54}$$

在 $z=0$ 时,$\Gamma=\Gamma_0$,可得

$$A_1=\frac{\Gamma_0}{2V_\infty l} \tag{9.55}$$

所以，有 $\dfrac{\Gamma(z)}{\Gamma_0} = \sqrt{1 - \left(\dfrac{2z}{l}\right)^2}$。

9.5.5　平面形状对机翼展向环量分布的影响

使用三角级数方法可以求得不同平面形状机翼的环量沿展向分布规律。有了 $\Gamma(z)$ 后，就可求出机翼剖面升力系数沿展向的分布规律。图 9.33 给出展弦比 $\lambda = 6$ 四种典型平面形状无扭转机翼的环量沿展向分布，图 9.34 绘出展弦比 $\lambda = 6$ 不同根梢比无扭转梯形机翼的剖面升力系数分布。

由上面的结果，可以得到下面结论：

(1) 矩形机翼的剖面升力系数的最大值在翼根剖面处；

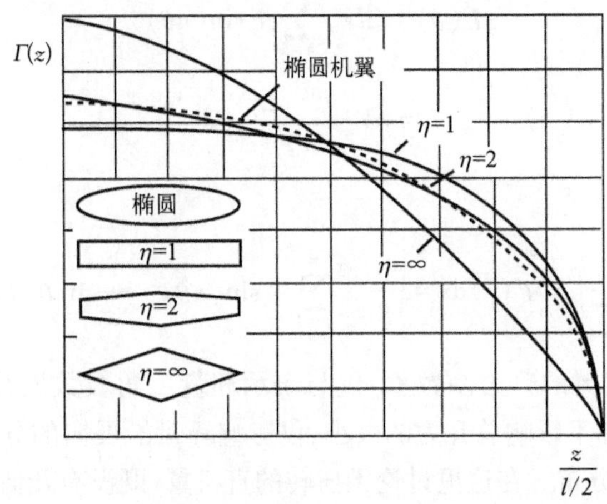

图 9.33　$\lambda=6$ 四种典型平面形状无扭转机翼的环量沿展向分布

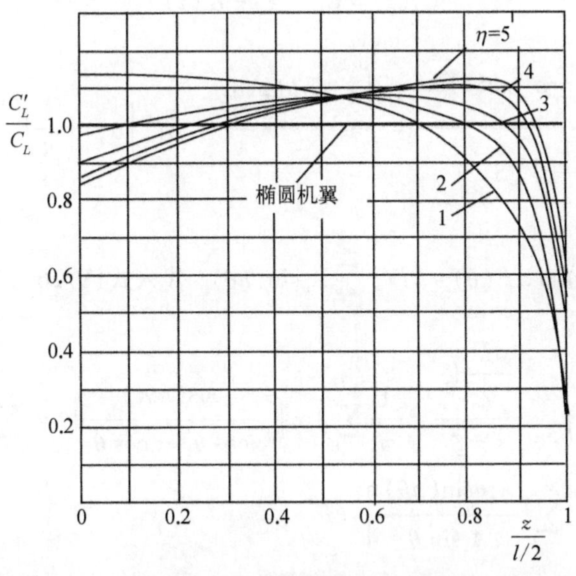

图 9.34　$\lambda=6$ 不同根梢比无扭转梯形机翼的剖面升力系数分布

（2）根梢比较大（$\eta > 2$）的梯形机翼，最大剖面升力系数则发生在翼尖附近，而且随根梢比的增大，最大剖面升力系数越靠近翼尖；

（3）$\eta = 2 \sim 3$ 梯形机翼的环量分布和剖面升力系数分布最接近椭圆机翼。

根梢比较大的梯形机翼剖面升力系数的分布规律对失速特性是不利的，因此根梢比必须选用恰当，否则需要采取适当措施（例如几何扭转或气动扭转）来改善失速特性。

9.5.6 一般无扭转直机翼的气动特性

1. 升力系数

对环量分布函数积分得到升力，为

$$\Gamma(\theta) = 2lV_\infty \sum_{n=1}^{\infty} A_n \sin(n\theta)$$

$$L = \rho V_\infty \int_{-l/2}^{l/2} \Gamma(z)\,\mathrm{d}z$$

升力系数为

$$C_L = \frac{2}{V_\infty S}\int_{-l/2}^{l/2}\Gamma(z)\,\mathrm{d}z = \frac{4l}{S}\int_0^{\pi}\sum_{n=1}^{\infty}A_n\sin(n\theta)\cdot\frac{l}{2}\sin\theta\,\mathrm{d}\theta = \pi\lambda A_1 \tag{9.56}$$

上式表明，有限翼展机翼的升力系数 C_L 仅与表示环量三角级数展开式中的第一个系数 A_1 有关，其余的系数并不影响总升力的大小，仅影响环量沿展向的分布规律，即只影响剖面升力系数沿展向的分布。在这里讨论无扭转的直机翼，既没有几何扭转，也没有气动扭转 α_a，$C_{L\infty}^{\alpha}$ 沿展向为一常量，即

$$C_L'(z) = C_{L\infty}^{\alpha}[\alpha_a - \alpha_i(z)] \tag{9.57}$$

$$C_L = \frac{\int_{-l/2}^{l/2} C_L'\frac{1}{2}\rho V_\infty^2 b(z)\,\mathrm{d}z}{\frac{1}{2}\rho V_\infty^2 S} = \frac{\int_{-l/2}^{l/2} C_L' b(z)\,\mathrm{d}z}{S} = C_{L\infty}^{\alpha}\left[\alpha_a - \frac{1}{S}\int_{-l/2}^{l/2}\alpha_i b(z)\,\mathrm{d}z\right] \tag{9.58}$$

由三角级数的环量分布，$\Gamma(\theta) = 2lV_\infty \sum_{n=1}^{\infty} A_n \sin(n\theta)$，代入式(9.26)，得

$$\alpha_i(z) = \frac{1}{4\pi V_\infty}\int_{-l/2}^{l/2}\frac{\frac{\mathrm{d}\Gamma}{\mathrm{d}\zeta}\mathrm{d}\zeta}{z-\zeta} = \frac{1}{\pi}\sum_{n=1}^{\infty}A_n n\int_0^{\pi}\frac{\cos(n\theta_1)}{\cos\theta_1 - \cos\theta}\mathrm{d}\theta = \sum_{n=1}^{\infty}\frac{A_n n\sin(n\theta)}{\sin\theta}$$

$$\alpha_i(z) = A_1\left[1 + \sum_{n=2}^{\infty}\frac{A_n n\sin(n\theta)}{A_1\sin\theta}\right] \tag{9.59}$$

机翼的升力系数为

$$
\begin{aligned}
C_L &= C_{L\infty}^{\alpha}\left[\alpha_{\mathrm{a}} - \frac{1}{S}\int_{-l/2}^{l/2}\alpha_{\mathrm{i}}(z)b(z)\,\mathrm{d}z\right] \\
&= C_{L\infty}^{\alpha}\left\{\alpha_{\mathrm{a}} - A_1\left[1 + \frac{l}{2S}\int_0^{\pi}\frac{\sum\limits_{n=2}^{\infty} nA_n\sin(n\theta)}{A_1}b(\theta)\,\mathrm{d}\theta\right]\right\} \\
&= C_{L\infty}^{\alpha}\left[\alpha_{\mathrm{a}} - A_1(1+\tau)\right]
\end{aligned}
\tag{9.60}
$$

式中,τ 为一个与机翼平面形状有关的正值小量,其表达式为

$$
\tau = \frac{l}{2S}\int_0^{\pi}\frac{\sum\limits_{n=2}^{\infty} nA_n\sin(n\theta)}{A_1}b(\theta)\,\mathrm{d}\theta \tag{9.61}
$$

又因为, $C_L = \pi\lambda A_1$, 从而可得

$$
C_L = \frac{C_{L\infty}^{\alpha}}{1 + \dfrac{C_{L\infty}^{\alpha}}{\pi\lambda}(1+\tau)}\alpha_{\mathrm{a}} = C_L^{\alpha}(\alpha - \alpha_{0\infty}),\quad C_L^{\alpha} = \frac{C_{L\infty}^{\alpha}}{1 + \dfrac{C_{L\infty}^{\alpha}}{\pi\lambda}(1+\tau)} \tag{9.62}
$$

2. 诱导阻力系数

$$
C_{D\mathrm{i}} = \frac{2}{V_\infty S}\int_{-l/2}^{l/2}\Gamma(z)\alpha_{\mathrm{i}}(z)\,\mathrm{d}z \tag{9.63}
$$

将式 $\Gamma(\theta) = 2lV_\infty\sum\limits_{m=1}^{\infty}A_m\sin(m\theta)$, 代入式(9.26)得到

$$
\alpha_{\mathrm{i}} = \frac{1}{V}\int_{-l/2}^{l/2}\frac{-\dfrac{\mathrm{d}\Gamma}{\mathrm{d}\zeta}}{4\pi(\zeta - z)}\mathrm{d}\zeta = \sum_{n=1}^{\infty}\frac{A_n n\sin(n\theta)}{\sin\theta} \tag{9.64}
$$

代入式(9.63)中,得

$$
\begin{aligned}
C_{D\mathrm{i}} &= \frac{2}{V_\infty S}\int_{-l/2}^{l/2}\Gamma(z)\alpha_{\mathrm{i}}(z)\,\mathrm{d}z \\
&= \frac{2l^2}{S}\int_0^{\pi}\sum_{m=1}^{\infty}A_m\sin(m\theta)\sum_{n=1}^{\infty}A_n n\sin(n\theta)\,\mathrm{d}\theta \\
&= 2\lambda\sum_{m=1}^{\infty}\sum_{n=1}^{\infty}A_mA_n n\int_0^{\pi}\sin(m\theta)\sin(n\theta)\,\mathrm{d}\theta = \pi\lambda\sum_{n=1}^{\infty}nA_n^2
\end{aligned}
\tag{9.65}
$$

整理得到

$$C_{Di}=\pi\lambda\sum_{n=1}^{\infty}nA_n^2=\pi\lambda A_1^2\left(1+\sum_{n=2}^{\infty}\frac{nA_n^2}{A_1^2}\right)=\frac{C_L^2}{\pi\lambda}(1+\delta) \tag{9.66}$$

式中,参数 δ 为

$$\delta=\sum_{n=2}^{\infty}\frac{nA_n^2}{A_1^2}=\frac{3A_3^2}{A_1^2}+\frac{5A_5^2}{A_1^2}+\frac{7A_7^2}{A_1^2}+\cdots \tag{9.67}$$

是一个与平面形状有关的小正数。因为总是正数,所以诱导阻力总是正的,这说明三维有限翼展机翼只要升力不为零,产生诱导阻力是不可避免的。从物理意义上来说,诱导阻力是与机翼后自由涡系所消耗的能量相关的。对于椭圆机翼,因为 $A_2=A_3=\cdots=A_n=0$,此时

$$\tau=\frac{l}{2S}\int_0^{\pi}\frac{\sum_{n=2}^{\infty}nA_n\sin(n\theta)}{A_1}b(\theta)\,\mathrm{d}\theta=0$$

$$\delta=\sum_{n=2}^{\infty}\frac{nA_n^2}{A_1^2}=\frac{3A_3^2}{A_1^2}+\frac{5A_5^2}{A_1^2}+\frac{7A_7^2}{A_1^2}+\cdots=0$$

对于非椭圆机翼,$\tau>0$, $\delta>0$。这说明,在相同展弦比下,椭圆形机翼的升力线斜率最大,诱导阻力系数最小,升阻比最大,因此椭圆形机翼是升阻比最佳的平面形状。任意平面形状大展弦比直机翼的气动特性,均可在椭圆机翼计算公式的基础上,通过 τ 和 δ 的修正而求得,即

$$\begin{aligned}C_L&=C_L^{\alpha}(\alpha-\alpha_{0\infty}),\\ C_L^{\alpha}&=\frac{C_{L\infty}^{\alpha}}{1+\frac{C_{L\infty}^{\alpha}}{\pi\lambda}(1+\tau)},\\ C_{Di}&=\frac{C_L^2}{\pi\lambda}(1+\delta)\end{aligned} \tag{9.68}$$

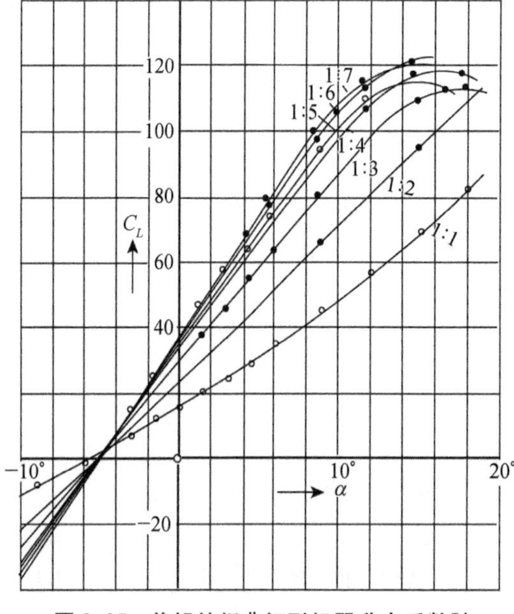

图 9.35 普朗特经典矩形机翼升力系数随迎角的变化曲线

式中,τ 和 δ 通常称为一般机翼对椭圆机翼气动力的修正系数,表示其他平面形状机翼偏离最佳平面形状机翼的程度。τ 和 δ 主要取决于机翼的平面形状和展弦比,可通过三角级数法计算求得。图 9.35 给出不同展弦比矩形机翼升力系数随迎角的变化曲线。表 9.1 给出展弦比 $\lambda=6$ 的几种常见平面形状的 τ 和 δ 值。

表 9.1　展弦比不同机翼的修正系数取值

平面形状	根梢比	τ	δ
椭圆形	/	0	0
矩　形	1	0.17	0.049
梯　形	4/3	0.10	0.026
梯　形	2.5	0.01	0.01
菱　形	∞	0.17	0.141

综上所述,可以得出:

(1) 低速飞机的机翼广泛采用根梢比 $\eta = 2 \sim 3$ 的梯形机翼,升力系数和诱导阻力系数修正系数值最小,最接近椭圆翼;

(2) 诱导阻力系 C_{Di} 与升力系数的平方成正比,而与 λ 成反比,在低亚声速时为了得到大的升阻比,最好采用大的展弦比 λ,但实际上因结构的考虑,采用的展弦比一般为 6~10;

(3) 从理论上说,椭圆机翼是最佳平面形状的机翼,气动特性最好,但结构设计和加工不方便,实际常用根梢比 $\eta = 2 \sim 3$ 的梯形机翼,此时机翼的环量分布最接近椭圆形机翼的环量分布。

9.5.7　展弦比对机翼气动特性的影响

有两个大展弦比直机翼,它们由同一翼型组成,但展弦比不同,分别为 λ_1 和 λ_2。由式(9.68)可得

$$\alpha_a = \alpha - \alpha_{0\infty} = \frac{C_L}{C_{L\infty}^{\alpha}} + \frac{C_L}{\pi\lambda}(1+\tau) \tag{9.69}$$

式中, $\dfrac{C_L}{C_{L\infty}^{\alpha}} = \alpha_{a\infty}$, 表示无限翼展机翼得到同样大小升力系数值的绝对迎角,有

$$\alpha_a = (\alpha_a)_\infty + \frac{C_L}{\pi\lambda}(1+\tau) \tag{9.70}$$

上式表明,达到同样 C_L 值三维机翼所需的绝对迎角要比无限翼展机翼大,也就是说,三维机翼的升力线斜率要比无限翼展机翼小,且升力线斜率随着展弦比的减小而减小。在相同的 C_L 下,对于两种展弦比机翼的绝对迎角关系为

$$(\alpha_a)_{\lambda_2} = (\alpha_a)_{\lambda_1} + \frac{C_L}{\pi}\left(\frac{1+\tau_2}{\lambda_2} - \frac{1+\tau_1}{\lambda_1}\right) \tag{9.71}$$

上式可将 λ_1 机翼的 C_L-α 曲线换算到 λ_2 机翼上,如图 9.36 所示。由式(9.68)得到相同 C_L 下不同展弦比阻力系数换算公式为

$$(C_{Di})_{\lambda_2} = (C_{Di})_{\lambda_1} + \frac{C_L^2}{\pi}\left(\frac{1+\delta_2}{\lambda_2} - \frac{1+\delta_1}{\lambda_1}\right) \tag{9.72}$$

如果已知展弦比 λ_1 机翼的升力系数和诱导阻力系数曲线，就可以用上面的换算方法，得到展弦比为 λ_2 机翼的升力系数和阻力系数，如图 9.37 所示。图 9.38 给出普朗特经典矩形机翼升力系数与阻力系数的变化曲线。这样的换算方法经过实验证明，对大展弦比的机翼是令人满意的。

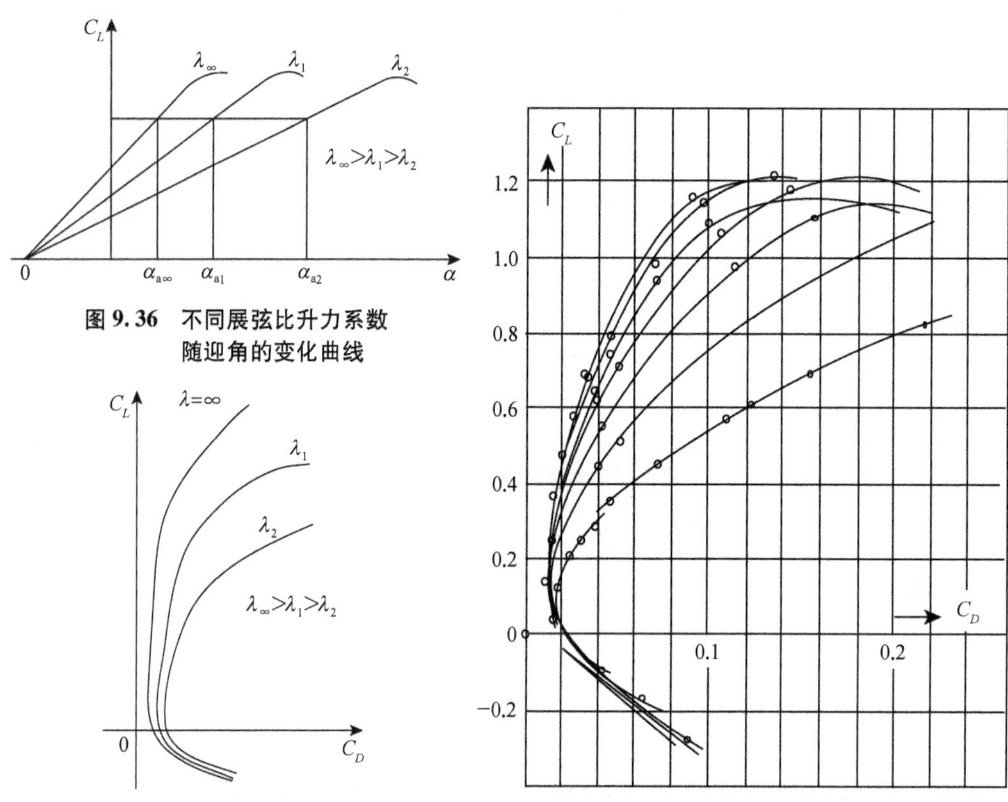

图 9.36　不同展弦比升力系数随迎角的变化曲线

图 9.37　不同展弦比升力系数与诱导阻力系数的变化曲线

图 9.38　普朗特经典矩形机翼升力系数与阻力系数的变化曲线

9.5.8　升力线理论的应用范围

升力线理论是求解大展弦比直机翼的近似势流理论。在知道机翼的平面形状和翼型气动数据后，就可以求出环量分布、剖面升力系数分布及整个机翼的升力系数、升力线斜率以及诱导阻力系数。其突出的优点是可以明确地给出机翼平面参数对机翼气动特性的影响。该理论可概括为：

（1）机翼用一条升力线代表，布置在 1/4 弦线处；

（2）升力线上附着涡强度（附着涡环量）沿展向是变化的；

（3）变强度的附着涡线拖出向下游伸展的自由涡面；

（4）涡系引起的扰动速度可以认为是一种小扰动；

(5) 自由涡面与飞行方向平行;

(6) 绕过翼剖面附近的流动可以用库塔-茹科夫斯基升力环量定理求解。

升力线理论为大展弦比直机翼气动设计参数选择和性能计算提供了理论指导。升力线理论的适应条件如下:

(1) 迎角不能太大 ($\alpha < 10°$), 升力线理论没有考虑空气的黏性,而在大迎角下的流动出现了明显的分离;

(2) 展弦比不能太小 ($\lambda \geqslant 5$);

(3) 后掠角不能太大 ($\chi \leqslant 20°$)。

展弦比较小或后掠角较大时,升力线模型和剖面假设已不再适用。对后掠翼和小展弦比机翼的势流气动特性,应采用升力面理论或其他方法计算。

根据式(9.43),对于大展弦比椭圆直机翼 ($\lambda \geqslant 5$), 其升力线斜率为

$$\frac{\mathrm{d}C_L}{\mathrm{d}\alpha} = \frac{C_{L\infty}^{\alpha}}{1 + \dfrac{C_{L\infty}^{\alpha}}{\pi\lambda}} \tag{9.73}$$

对于小展弦比直机翼 ($\lambda \leqslant 4$), 德国空气动力学家赫尔姆博尔德(H. B. Helmbold, 1942)在式(9.73)基础上,给出的升力线斜率修正式为

$$\frac{\mathrm{d}C_L}{\mathrm{d}\alpha} = \frac{C_{L\infty}^{\alpha}}{\sqrt{1 + \left(\dfrac{C_{L\infty}^{\alpha}}{\pi\lambda}\right)^2} + \dfrac{C_{L\infty}^{\alpha}}{\pi\lambda}} \tag{9.74}$$

对于后掠机翼,德国空气动力学家屈西曼(D. Kuchemann, 1978 年)给出的升力线斜率的修正式为

$$\frac{\mathrm{d}C_L}{\mathrm{d}\alpha} = \frac{C_{L\infty}^{\alpha}\cos\chi}{\sqrt{1 + \left(\dfrac{C_{L\infty}^{\alpha}\cos\chi}{\pi\lambda}\right)^2} + \dfrac{C_{L\infty}^{\alpha}\cos\chi}{\pi\lambda}} \tag{9.75}$$

其中, χ 为中线后掠角。图 9.39 给出式(9.73)、式(9.74)和式(9.128)的比较。

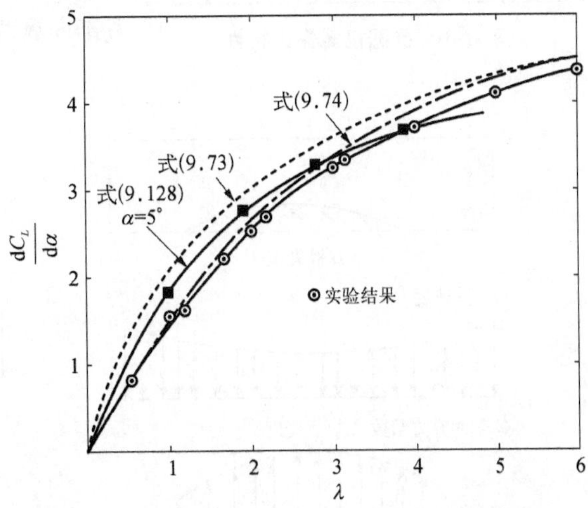

图 9.39　不同展弦比直机翼升力线斜率的变化曲线

9.6　大展弦比直机翼的失速特性

在小迎角时,机翼的升力系数 C_L 和迎角 α 呈线性关系。但当 α 继续增大到一定值

时，C_L-α 曲线开始偏离直线关系。这时翼面上后缘附近的边界层开始出现局部分离，但还没有遍及整个翼面。所以，再继续增大迎角时，升力系数 C_L 仍然会有所增大，但偏离线性规律。而后，由于分离区逐渐扩展，升力系数越来越偏低，最后分离区达到一定范围时，升力系数 C_L 达到最大值 $C_{L\max}$，以后随着 α 继续增大，C_L 开始下降。这就是机翼的失速现象，达到最大升力系数对应的迎角为失速迎角。实验发现，影响机翼失速特性的因素很多，例如所用的翼型、雷诺数、马赫数和机翼的平面形状、扭角、厚度、弯度等。下面仅讨论无扭转的椭圆、矩形和梯形机翼低速绕流失速特性。

9.6.1 椭圆机翼的失速特性

从升力线理论可知，对于椭圆形的机翼，其下洗速度沿翼展是不变的（下洗角不变），因而沿展向各翼剖面的有效迎角不变。这样，如果采用同一翼型设计椭圆机翼，则随着 α 的增大，整个机翼展向各翼剖面同时出现分离，同时达到 $C_{L\max}$，同时发生失速，失速特性良好，如图 9.40 所示。

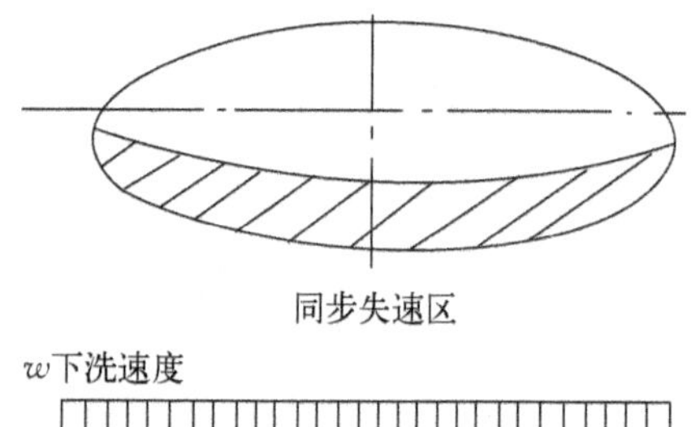

图 9.40 椭圆机翼失速特性

9.6.2 矩形机翼的失速特性

由于矩形机翼的下洗速度从翼根向翼梢增大（下洗角的变化也是如此），所以翼根剖面的有效迎角将比翼梢剖面的大，相应的剖面升力系数比翼梢的大。因此，分离首先发生在翼根部分，然后分离区逐渐向翼两端扩展，失速是渐进的，如图 9.41 所示。

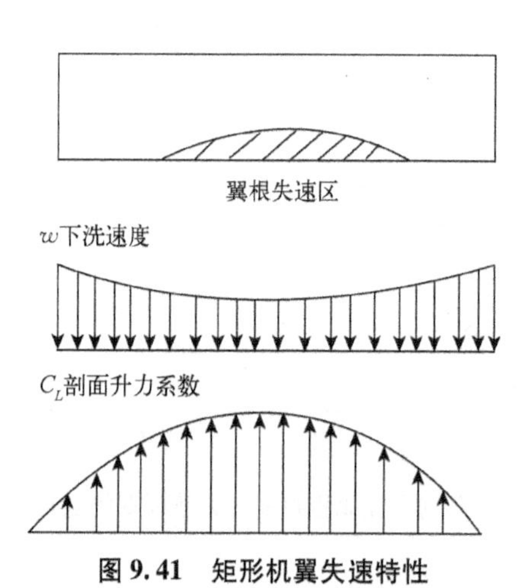

图 9.41 矩形机翼失速特性

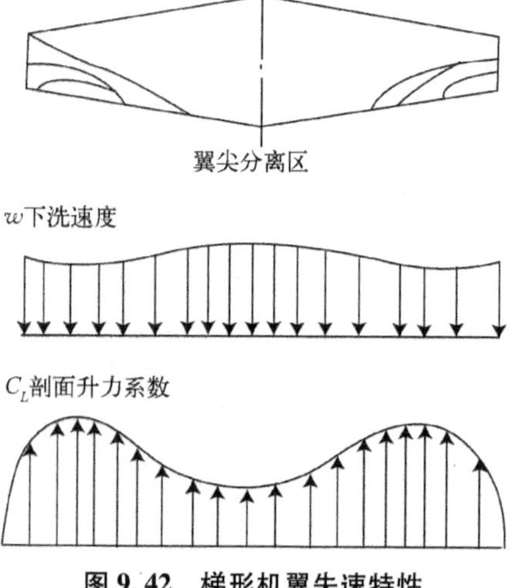

图 9.42 梯形机翼失速特性

9.6.3 梯形机翼的失速特性

与矩形机翼相比，梯形直机翼的失速特性正好相反，下洗速度从翼根向翼梢方向减小。因此,翼剖面的有效迎角是向着翼梢方向增大,而且随着根梢比的增大,这种趋势越明显。所以分离首先发生在翼梢附近,不仅使机翼的最大升力系数下降,而且会影响到副翼等操纵面效率,如图 9.42 所示。

由此可见,椭圆形机翼不仅在中小迎角下的升阻特性好,在大迎角下的失速特性也好。矩形翼在中小迎角下的升阻特性不如椭圆翼,大迎角下的 $C_{L\max}$ 值也小,但翼根区先分离不会引起副翼特性的恶化,可给驾驶员一个快要失速的警告。梯形机翼由于中小迎角下的升阻特性接近椭圆翼,结构质量也较轻,使用甚为广泛。但是,分离首先发生在翼梢附近,使翼梢先失速。所以就失速特性来说,上述三种机翼中,梯形直机翼最差。尤其是翼梢先分离所造成的副翼效率下降可能会导致飞行安全问题。但是正如前面已指出梯形机翼的平面形状最接近椭圆形,升阻特性最好,所以还是经常采用梯形机翼,不过要采取措施来改善翼梢失速特性。

常用的改善方法有:

(1) 采用几何扭转,通过外洗扭转减少翼梢区域迎角,以避免翼梢过早达到失速状态,扭转角取值 $\varphi=-4°\sim-2°$;

(2) 采用气动扭转,在翼梢附近选用失速迎角大的翼型;

(3) 在机翼外段采用前缘缝翼,使压强较大的气流从下翼面通过前缘缝隙流向上表面,加速上翼面的气流,从而延缓了机翼外段附面层的分离。

9.6.4 控制机翼分离的常用方法

为了减缓展向流动、拟制机翼分离,飞机设计中常用产生流向涡的方法来实现。

1. 涡流发生器

在机翼上翼面适当位置,沿展向布置一排垂直于翼面的小翼片。这些小翼片的高度与所在位置气流边界层高度相当,为 2~3 cm。翼片相对于局部气流存在一定的偏角,在飞行中将产生一系列流向涡,这些小涡加大了高速主流与低速边界层流动的混合,使边界层获得额外的动能,从而延迟了气流的分离和机翼的失速,如图 9.43 所示。一个明显的缺点是,在巡航状态下不需要拟制分离时这些小翼片会增加阻力。

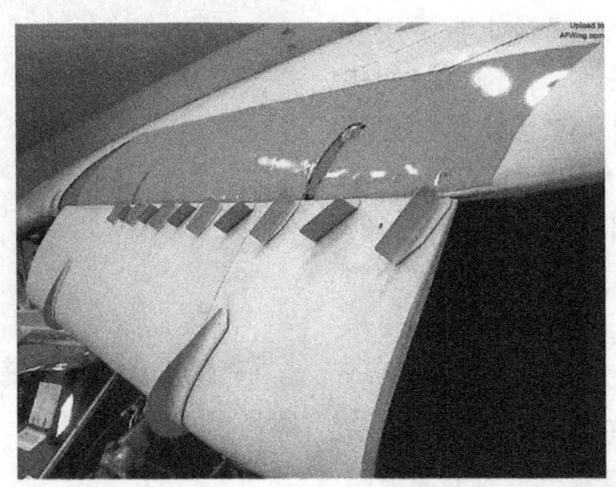
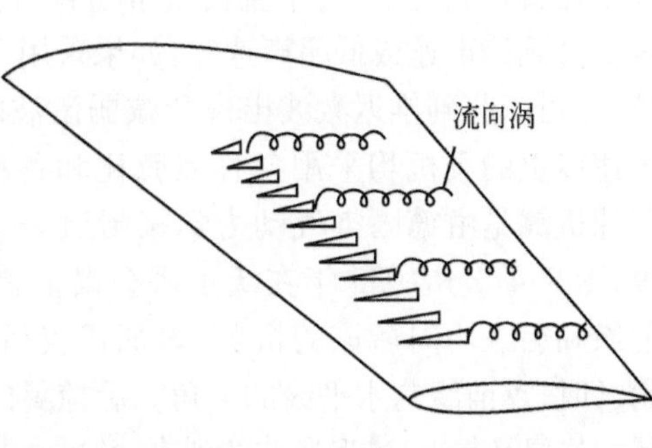

图 9.43　涡流发生器及其流向涡

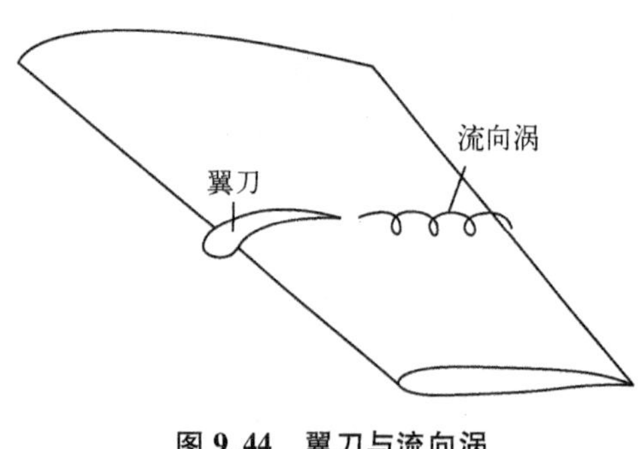

图 9.44　翼刀与流向涡

2. 翼刀

翼刀一般布置于飞机机翼前缘，像刀子一样的小翼。气流通过翼刀产生流向涡，阻止附面层向外翼流动，以减缓展向流动和拟制翼尖分离，如图 9.44 所示。

3. 锯齿前缘

锯齿前缘常布置机翼翼梢区，气流通过锯齿前缘产生流向涡，以减缓展向流动和拟制翼梢分离，如图 9.45 所示。

4. 前缘边条

前缘边条是指位于机翼前缘翼根处，前缘向前延伸的大后掠的狭长翼片。气流通过前缘边条产生流向涡，可以延缓机翼翼根区气流的分离，增加机翼升力，改善机翼的失速特性，如图 9.46 所示。

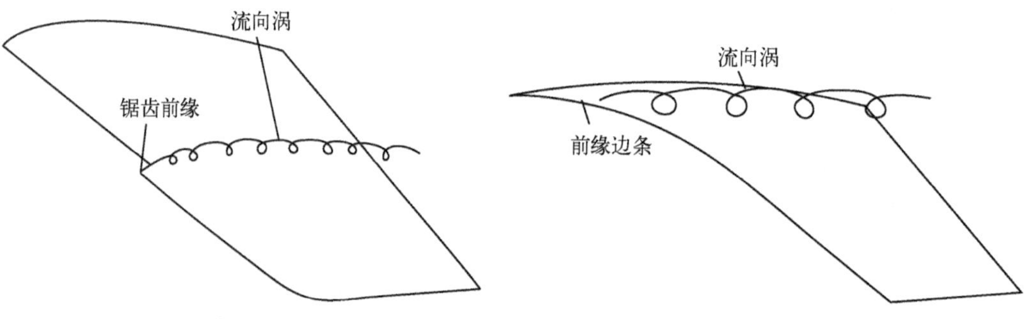

图 9.45　锯齿前缘及其流向涡

图 9.46　前缘边条及其流向涡

9.7　后掠翼的低速气动特性

9.7.1　后掠翼绕流现象

对于低速飞机，为了获得良好的气动外形，设计上常采用大展弦比直机翼（无扭转平直翼或带扭转直机翼）。但当飞机的速度提高到跨声速或低超声速时，如果采用 35°～65°后掠角的后掠翼时，可以起到推迟激波出现和减弱激波阻力的作用，因此高亚声速以上的飞机均采用各种展弦比和各种平面形状的后掠翼。后掠机翼是由德国空气动力学家阿道夫·布斯曼（普朗特的同事，图 9.47）于 1935 年在沃尔塔会议上首次提出的。后掠翼指前缘和后缘均向后掠的机翼，表征机翼后掠程度的指标是后掠角，即机翼前缘与水平线的夹角。后掠翼的气动特点是可增大机翼的临界马赫数，推迟激波的到来，并减小超声速飞行时的激波阻力。因为气流绕过后掠翼时，决定机翼气动力的是垂直于机翼前

图 9.47　德国空气动力学家阿道夫·布斯曼（Adolph Busemann，1901～1986 年）

缘的速度分量，而非平直机翼的来流速度，所以后掠翼只有在更高的飞行速度下才会出现激波，从而推迟了机翼面上激波的产生，即使出现激波，也有助于减弱激波强度、降低激波阻力。

现将一等弦长的后掠翼置于风洞中，当来流 V_∞ 以一小的正迎角绕机翼流动时，可以发现机翼上表面出现"S"形的流线，如图 9.48 所示。为了分析后掠翼的这个绕流特点，首先讨论无限翼展斜置翼的绕流问题。设无限翼展斜置机翼的后掠角为χ，绕流速度 V_∞ 可分解为一个是垂直于前缘的法向分速 $V_n = V_\infty \cos\chi$，另一个是平行于前缘的展向分速 $V_t = V_\infty \sin\chi$，如图 9.49 所示。取坐标$x'Oz'$，绕过上翼面任意一点气流的流线方程近似为

$$\frac{\mathrm{d}x'}{\mathrm{d}z'} = \frac{u'}{w'} \approx \frac{u'}{V_\infty \sin\chi} \tag{9.76}$$

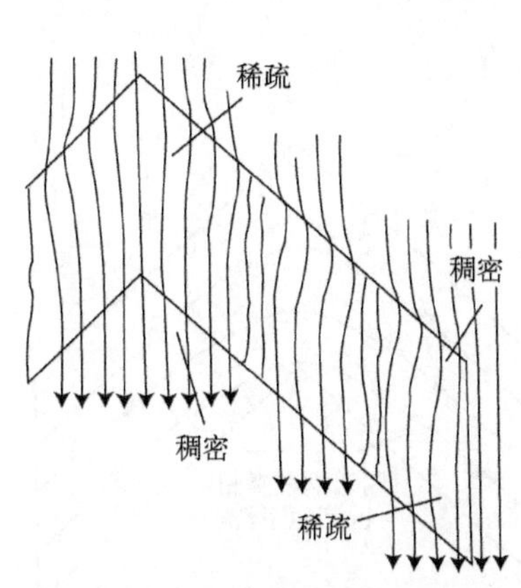

图 9.48　绕后掠翼上翼面 S 形流线

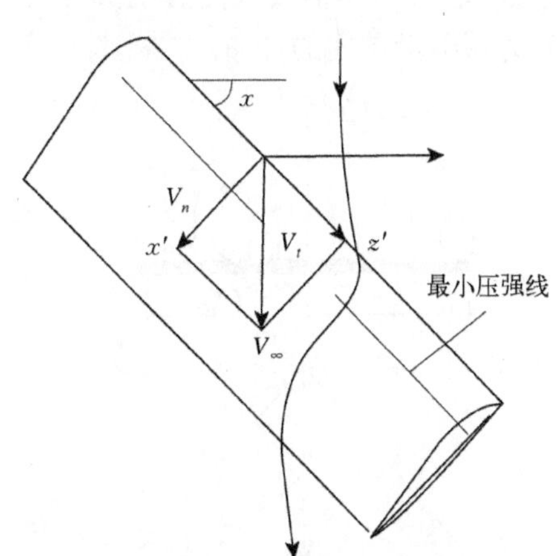

图 9.49　前缘速度分解

其中，u'为沿着 x'方向的速度分量（垂直于前缘）；w'为沿着 z'方向的速度分量（平行于前缘）。当 $u' = V_\infty \cos\chi$ 时，在绕流上游和下游流线与来流方向一致。随着气流逼近机翼前缘，u'逐渐减小，流线向外偏斜；当达到 $u' = 0$、$w' = V_\infty \sin\chi$，流线向外偏斜最大。随着气流绕过前缘的加速运动，u'快速增大，流线开始向反向偏斜，当达到最小压强点时，$u' = u'_{\max}$，$w' = V_\infty \sin\chi$，流线向内偏斜方向最大。过了最小压强点，u'减小，流线偏斜方向不断减小，最后向来流方向靠近，绕过上翼面的流线呈现"S"形。后掠机翼可认为是由两个对称的斜置机翼所组成的。后掠机翼半翼展的中间部分的绕流图画与无限翼展斜置机翼十分接近。无限翼展斜置翼的分析结论可用来定性地分析后掠角对机翼绕流的影响。

9.7.2　后掠翼载荷分布特性

有限翼展后掠翼存在翼根和翼梢区，因 S 形流线影响，将会引起翼根效应和翼梢效应，由此会造成后掠翼的气动特性和无限翼展斜置翼有所不同。对于翼根效应，从图 9.48 可见，在翼根上表面的前段，流线偏离对称面，流管扩张变粗，而在后段流线向内偏斜，流管收缩变细。在低速或亚声速时，由于前段流管变粗，流速减慢，压强升高（吸力变

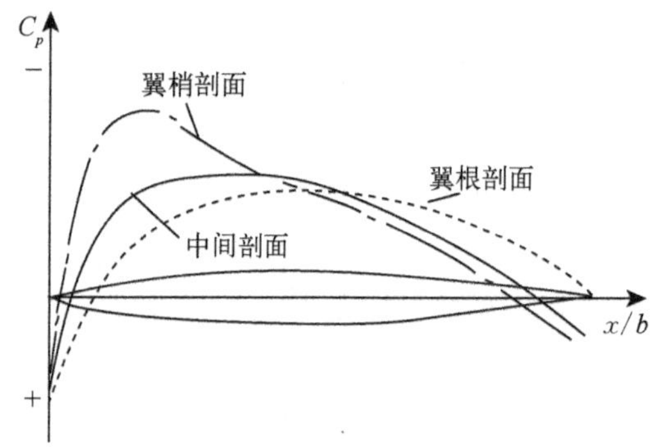

图 9.50　翼根与翼梢效应

小)，而后段流管变细，流速加快，压强降低(吸力增大)。而对于翼梢效应，流线的稠密与稀疏正好与翼根区的情况相反，在翼剖面前段吸力变大，后段吸力变小。因此，在翼根和翼梢区的压强分布与中间区的相比，将形成如图 9.50 所示差别。

后掠机翼的翼根效应与翼梢效应引起机翼弦的压强分布发生变化，这种变化在机翼上表面前段较为明显。由于上表面前段对升力贡献较大，所以翼根效应使翼根部分的升力系数减小，而翼梢效应使翼梢部分的升力系数增大，形成如图 9.51 所示的后掠机翼剖面升力系数沿展向的分布。

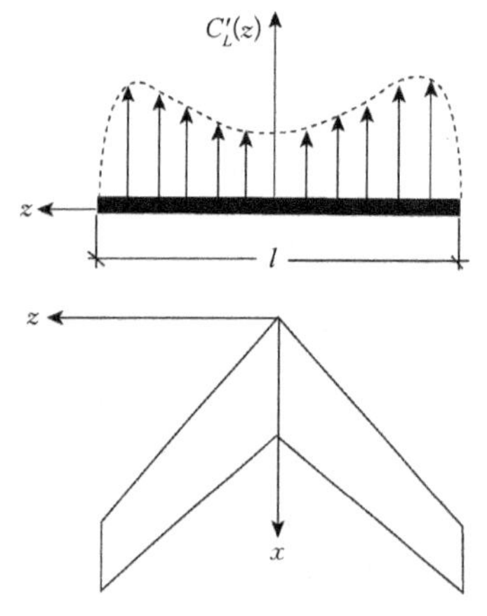

图 9.51　后掠机翼剖面升力系数沿展向的分布

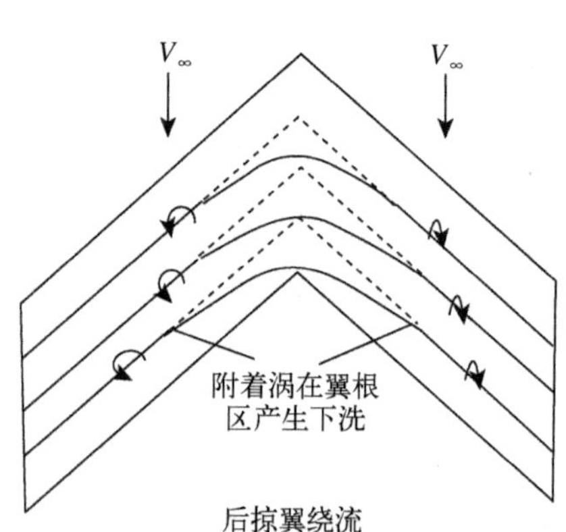

图 9.52　后掠翼翼根区涡系

从涡量诱导的角度看，由于后掠翼附着涡在翼根存在下洗，如图 9.52 所示。与直机翼上的压强分布相比，后掠翼的翼根区压强吸力峰明显小于直机翼的情况，如图 9.53 所示。再有，后掠翼沿展向存在顺压梯度，而直机翼沿展向是逆压梯度，因此后掠翼的展向速度要远大于直机翼，所以后掠翼翼梢容易失速。

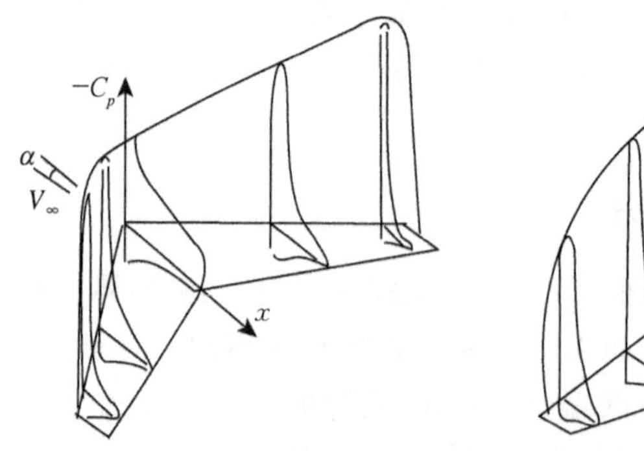

图 9.53　后掠翼与直机翼压强分布

9.7.3　无限翼展斜置翼的气动特性

如前所述,对于无限翼展斜置机翼,其压强分布仅与法向分速 V_n 有关。换句话说,来流以速度 V_∞ 流过无限翼展斜置翼时,机翼所受的气动力等于来流以法向速度 V_n 流过该斜置翼正置后的无限翼展直机翼的气动力,如图 9.54 所示。所以可以借助气流以法向分速 V_n 绕正置翼二维翼型的流动来计算绕无限翼展斜置翼的气动力,如图 9.55 所示。从几何角度,正置翼的弦长 b_n 和迎角 α_n 与斜置翼的 b 和 α 关系为

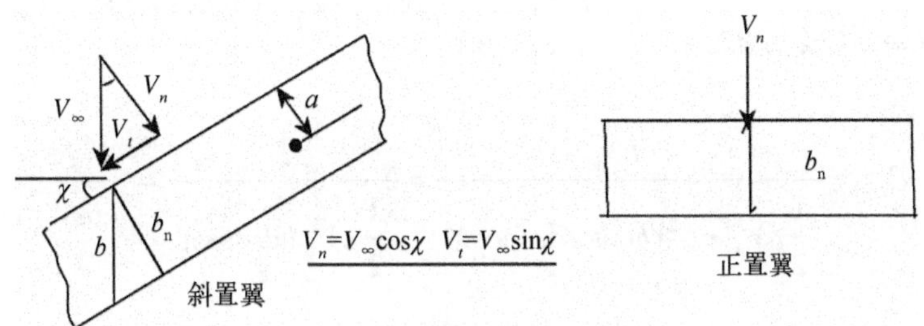

图 9.54　斜置翼与正置翼弦长

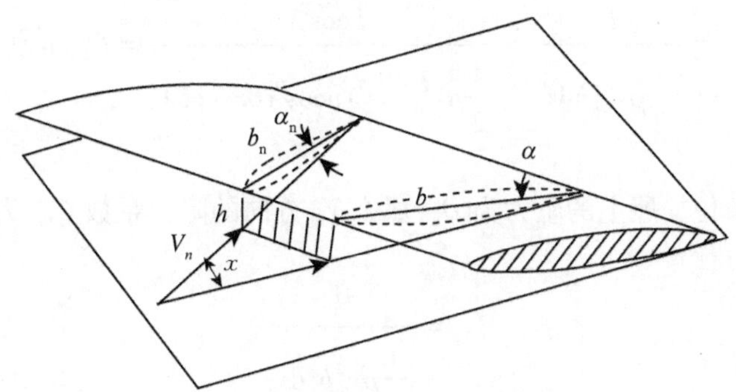

图 9.55　斜置翼与正置翼的迎角

$$b_n = b\cos\chi \tag{9.77}$$

$$\sin\alpha_n = \frac{h}{b_n} = \frac{b\sin\alpha}{b\cos\chi} = \frac{\sin\alpha}{\cos\chi} \tag{9.78}$$

当 α 很小时, $\sin\alpha \approx \alpha$, $\sin\alpha_n \approx \alpha_n$, 代入上式为

$$\alpha_n \approx \frac{\alpha}{\cos\chi} \tag{9.79}$$

表明正置翼的弦长较斜置翼短,正置翼的迎角比斜置翼的迎角大。根据定义,翼面上某点的压强为 p,其压强系数为 C_p 为

$$C_p = \frac{p - p_\infty}{\frac{1}{2}\rho_\infty V_\infty^2} = \frac{p - p_\infty}{\frac{1}{2}\rho_\infty V_\infty^2\cos^2\chi}\cos^2\chi = C_{pn}\cos^2\chi \tag{9.80}$$

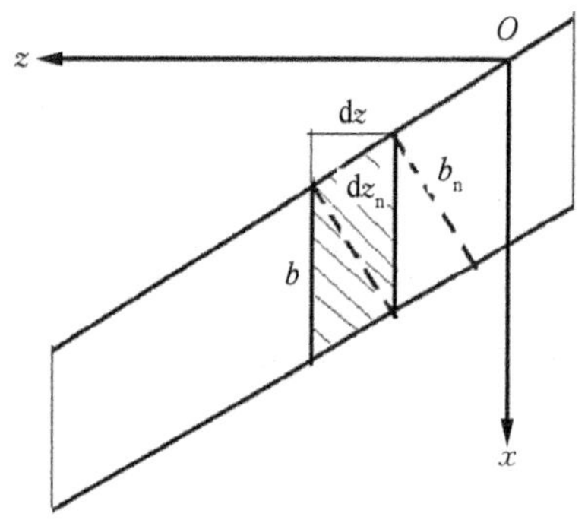

图 9.56　斜置翼与正置翼的面积关系

式中，下角 n 表示正置翼。如图 9.56 所示，对于正置翼的 dz_n，设作用在正置翼上的升力为 L，升力系数 C_{Ln} 为

$$C_{Ln}=\frac{L}{\frac{1}{2}\rho V_n^2 b_n dz_n} \tag{9.81}$$

由于，$b_n=b\cos\chi$、$dz_n=dz/\cos\chi$、$V_n=V_\infty\cos\chi$，代入式(9.81)，得

$$C_{Ln}=\frac{L}{\frac{1}{2}\rho V_\infty^2\cos^2\chi b\cos\chi dz/\cos\chi}=\frac{L}{\frac{1}{2}\rho V_\infty^2 bdz\cos^2\chi}=\frac{C_L}{\cos^2\chi} \tag{9.82}$$

或者写为

$$C_L=\frac{L}{\frac{1}{2}\rho V_\infty^2 bdz}=\frac{L\cos^2\chi}{\frac{1}{2}\rho V_\infty^2\cos^2\chi b\cos\chi dz/\cos\chi}=C_{Ln}\cos^2\chi \tag{9.83}$$

设作用在正置翼单位翼展上的阻力为 D_n，那么 V_n 方向的阻力系数 C_{Dn} 为

$$C_{Dn}=\frac{D_n}{\frac{1}{2}\rho V_n^2 b_n dz_n} \tag{9.84}$$

而作用在斜置翼相应段上，以 V_∞ 方向的阻力 $D=D_n\cos\chi$，所以阻力系数 C_D 为

$$C_D=\frac{D_n\cos\chi}{\frac{1}{2}\rho V_\infty^2 bdz}=\frac{D_n\cos^3\chi}{\frac{1}{2}\rho V_\infty^2\cos^2\chi b\cos\chi dz/\cos\chi}=C_{Dn}\cos^3\chi \tag{9.85}$$

斜置翼的升力线斜率为

$$C_L^\alpha=\frac{dC_L}{d\alpha}=\frac{d(C_{Ln}\cos^2\chi)}{d(\alpha_n\cos\chi)}=\frac{dC_{Ln}}{d\alpha_n}\cos\chi=(C_L^\alpha)_n\cos\chi$$

从上面的结果可以看出，斜置翼的压强系数、升力系数、升力线斜率和阻力系数都比相应的正置翼小。另外，无论是低速还是高速，无限斜置翼和正置翼之间的简单后掠理论关系均成立。

9.8　机翼升力面理论

对于后掠角不大、展弦比较大的机翼，其气动特性用升力线理论得出的结果和实验结果比较吻合。但对后掠角较大或展弦比较小的机翼，升力线理论和剖面假设均已不能正确刻画实际流场，计算出的气动特性与实验偏差较大，需要改用升力面理论。

9.8.1　升力面气动模型

如图 9.57 所示，表示一个来流 V_∞、小迎角 α 的微弯薄翼绕流，取风轴系 $Oxyz$，机翼上下表面与 Oxz 平面很靠近，其在 Oxz 面上的投影即为基本平面。求解大后掠角或中小展弦比机翼的迎角-弯度问题虽然仍可用 Π 形马蹄涡作为基本解与直匀流叠加，但应放弃使用一条附着涡线来代替机翼附着涡面的假设，这样需要将机翼改用附着涡面代替，此时涡密度为面涡密度 $\gamma(\xi,\ \zeta)$，单位是速度的单位。升力面模型是直匀流叠加附着涡面和自由涡面组合。

升力面理论是针对小迎角微弯薄翼绕流，机翼上的附着涡面和向后拖出的自由涡面均假设位于 Oxz 平面内。

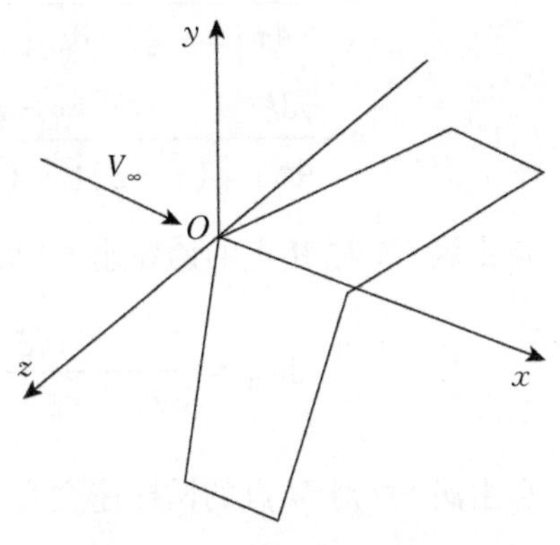

图 9.57　三维薄机翼绕流

9.8.2　面涡强度 $\gamma(\xi,\ \zeta)$ 的积分方程

如图 9.58 所示，在机翼 Oxz 投影面上任取微元面积 $\mathrm{d}\xi\mathrm{d}\zeta$，附着涡 AB 的强度为 $\gamma\mathrm{d}\xi$，从附着涡 AB 两个角点向下游伸出的自由涡 AC 和 BD，强度也为 $\gamma\mathrm{d}\xi$，两者方向相反，且沿来流方向拖向无穷远处。根据毕奥-萨伐尔公式，对于任意线段 EF 对 P 的诱导速度（图 9.58）为

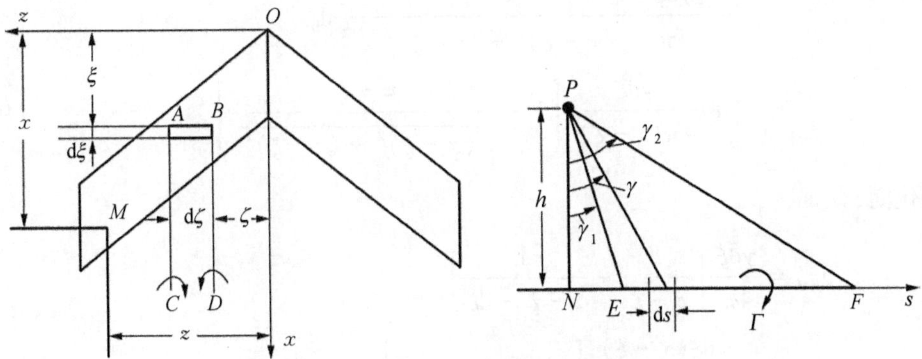

图 9.58　面涡布置与直段涡的诱导速度

$$v_P = \frac{\Gamma}{4\pi h}(\sin\gamma_2 - \sin\gamma_1) \tag{9.86}$$

式中，h 为 P 点到线段 EF 的距离。

现在利用式(9.86)，导出 $CA-AB-BD$ 微段马蹄涡的诱导速度。对于翼面上任意一点 $M(x, z)$ 诱导速度为

$$dv_M = dv_{CA} + dv_{AB} + dv_{BD} \tag{9.87}$$

对于附着涡 AB 的诱导速度为

$$\begin{aligned} dv_{AB} &= \frac{\gamma d\xi}{4\pi(x-\xi)}\left[\frac{z-\zeta}{\sqrt{(x-\xi)^2+(z-\zeta)^2}} - \frac{z-\zeta-d\zeta}{\sqrt{(x-\xi)^2+(z-\zeta-d\zeta)^2}}\right] \\ &= -\frac{\gamma d\xi}{4\pi(x-\xi)}\frac{\partial}{\partial\zeta}\left[\frac{z-\zeta}{\sqrt{(x-\xi)^2+(z-\zeta)^2}}\right]d\zeta \\ &= \frac{\gamma d\xi}{4\pi}\frac{x-\xi}{[(x-\xi)^2+(z-\zeta)^2]^{3/2}}d\zeta \end{aligned} \tag{9.88}$$

自由涡 CA 对 M 点的诱导速度(负号表示上洗)为

$$dv_{CA} = \frac{-\gamma d\xi}{4\pi(z-\zeta-d\zeta)}\left[1+\frac{x-\xi}{\sqrt{(x-\xi)^2+(z-\zeta-d\zeta)^2}}\right] \tag{9.89}$$

自由涡 BD 对 M 点的诱导速度为

$$dv_{\mathrm{BD}} = \frac{\gamma d\xi}{4\pi(z-\zeta)}\left[1+\frac{x-\xi}{\sqrt{(x-\xi)^2+(z-\zeta)^2}}\right] \tag{9.90}$$

把以上各式代入式(9.87)中，得到马蹄涡 $CABD$ 对 $M(x, z)$ 的诱导速度为

$$\begin{aligned} dv_M = &\frac{-\gamma d\xi}{4\pi(z-\zeta-d\zeta)}\left[1+\frac{x-\xi}{\sqrt{(x-\xi)^2+(z-\zeta-d\zeta)^2}}\right] \\ &+\frac{\gamma d\xi}{4\pi}\frac{x-\xi}{[(x-\xi)^2+(z-\zeta)^2]^{3/2}}d\zeta \\ &+\frac{\gamma d\xi}{4\pi(z-\zeta)}\left[1+\frac{x-\xi}{\sqrt{(x-\xi)^2+(z-\zeta)^2}}\right] \end{aligned} \tag{9.91}$$

整理化简，有

$$\begin{aligned} dv_M = &\frac{\gamma d\xi}{4\pi}\left[\frac{1}{z-\zeta} - \frac{1}{z-\zeta-d\zeta}\right] \\ &+\frac{\gamma d\xi(x-\xi)}{4\pi}\left[\frac{1}{(z-\zeta)\sqrt{(x-\xi)^2+(z-\zeta)^2}}\right. \\ &\left.-\frac{1}{(z-\zeta-d\zeta)\sqrt{(x-\xi)^2+(z-\zeta-d\zeta)^2}}\right] \end{aligned}$$

$$+\frac{\gamma \mathrm{d}\xi}{4\pi}\frac{x-\xi}{[(x-\xi)^2+(z-\zeta)^2]^{3/2}}\mathrm{d}\zeta \tag{9.92}$$

$$\begin{aligned}\mathrm{d}v_M = &-\frac{\gamma \mathrm{d}\xi}{4\pi}\frac{\partial}{\partial\zeta}\left(\frac{1}{z-\zeta}\right)\mathrm{d}\zeta\\ &-\frac{\gamma \mathrm{d}\xi(x-\xi)}{4\pi}\frac{\partial}{\partial\zeta}\left[\frac{1}{(z-\zeta)\sqrt{(x-\xi)^2+(z-\zeta)^2}}\right]\mathrm{d}\zeta\\ &+\frac{\gamma \mathrm{d}\xi}{4\pi}\frac{x-\xi}{[(x-\xi)^2+(z-\zeta)^2]^{3/2}}\mathrm{d}\zeta\end{aligned} \tag{9.93}$$

$$\begin{aligned}\mathrm{d}v_M = &-\frac{\gamma \mathrm{d}\xi}{4\pi}\frac{\mathrm{d}\zeta}{(z-\zeta)^2}\\ &-\frac{\gamma}{4\pi}\frac{x-\xi}{(z-\zeta)^2\sqrt{(x-\xi)^2+(z-\zeta)^2}}\mathrm{d}\xi\mathrm{d}\zeta\\ =&-\frac{1}{4\pi}\frac{\gamma\mathrm{d}\xi\mathrm{d}\zeta}{(z-\zeta)^2}\left[1+\frac{x-\xi}{\sqrt{(x-\xi)^2+(z-\zeta)^2}}\right]\end{aligned} \tag{9.94}$$

在机翼面 xOz 上积分，得到翼面上全部附着涡和自由面涡在 M 点的诱导速度为

$$v_M(x,\ z)=-\frac{1}{4\pi}\iint_S\frac{\gamma(\xi,\ \zeta)}{(z-\zeta)^2}\left[1+\frac{x-\xi}{\sqrt{(x-\xi)^2+(z-\zeta)^2}}\right]\mathrm{d}\xi\mathrm{d}\zeta \tag{9.95}$$

现在考察机翼物面条件。对于机翼的中弧面方程为

$$y=y(x,\ z) \tag{9.96}$$

法向量为

$$\boldsymbol{n}=\frac{\partial y}{\partial x}\boldsymbol{i}-\boldsymbol{j}+\frac{\partial y}{\partial z}\boldsymbol{k} \tag{9.97}$$

势流物面边界(不穿透条件)条件为

$$\boldsymbol{V}_s\cdot\boldsymbol{n}=u_s\frac{\partial y}{\partial x}-v_s+w_s\frac{\partial y}{\partial z}=0 \tag{9.98}$$

对于小迎角、微弯薄翼来说，假设机翼对流动产生的扰动是小量，上式可得到线化处理。在风轴坐标系中，流场中任一点处的速度分量为

$$\begin{cases}u=V_\infty+u'\\ v=v'\\ w=w'\end{cases}$$

式中，u'、v'、w'分别表示扰动速度分量。在小扰动条件下，这些量均为一阶小量。现假设

翼面边界条件,近似在 $y=0$ 平面上满足,则有

$$(V_\infty + u')_s \frac{\partial y}{\partial x} - v'_s + w'_s \frac{\partial y}{\partial z} = 0 \tag{9.99}$$

$$v'_s = v'(x,\ 0,\ z) + \frac{\partial v'}{\partial y}\mathrm{d}y \approx v'(x,\ 0,\ z) \tag{9.100}$$

化简后,得到物面边界条件为

$$v_s(x,\ 0,\ z) = V_\infty \frac{\partial y}{\partial x} \tag{9.101}$$

由于,$v_s(x,\ 0,\ z) = -v_M$,利用式(9.95),得到确定面涡强度的基本方程为

$$\frac{\partial y}{\partial x} = \frac{1}{4\pi V_\infty}\iint_S \left[\frac{\gamma(\xi,\ \zeta)}{(z-\zeta)^2}\left(1 + \frac{x-\xi}{\sqrt{(x-\xi)^2 + (z-\zeta)^2}}\right)\right]\mathrm{d}\xi\mathrm{d}\zeta \tag{9.102}$$

原则上,只要能通过数学方法解出 $\gamma(\xi,\ \zeta)$,即可求得机翼的气动特性。

9.8.3 涡格法

1. 基本思想

数学上得到面涡强度的积分方程解析解是很困难的,因此人们借助了数值求解的方法。法克纳将环量沿展向的连续变化近似为阶梯的环量分布,在弦向用四个离散的附着涡来代替弦向连续分布的涡线,在每条附着涡的两端点拖出自由涡,沿着来流方向伸向无穷远。魏斯辛格把上述离散的模型进一步简化,把附着涡集中在机翼的 1/4 弦点,并取 3/4 弦线上的点满足边界条件(称为控制点)。这两种简化的模型都曾得到广泛的应用。由于计算机的快速发展,展向和弦向分布的离散马蹄涡可以布置多层,目前常用的一种数值计算法称为涡格法。

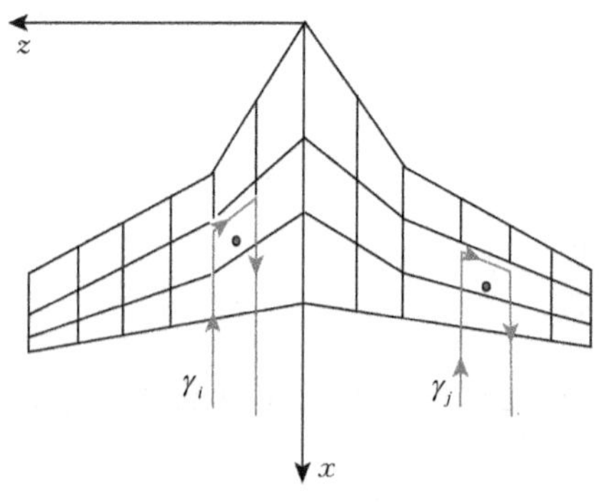

图 9.59 涡格法

具体做法是把机翼在 Oxz 的投影面上先沿展向分成若干平行于 x 轴的列,然后再沿等百分比弦线分成若干行,将整个投影面分成有限个微小面元,称为网格。在每个网格上布置一个马蹄涡,其附着涡线与该网格面元的 1/4 弦线重合,两条自由涡线从 1/4 弦线的两个端点沿 x 轴伸向下游无限远处。如图 9.59 所示,涡格法不仅沿展向布置离散的马蹄涡,沿弦向也布置了离散的马蹄涡,整个机翼用有限多个离散马蹄涡系来代替。每个马蹄涡的强度为常值,但不同网格上的涡强不同。布涡的网格称为涡格,相应的气动模型称为涡格模型。

每个涡格 3/4 弦线的中点取为控制点,在这些点上计算全部离散马蹄涡引起的诱导

速度，并满足翼面上不穿透条件。选取 3/4 弦线点为控制点的理由是从二维翼型引出的。对于二维平板机翼(如图 9.60 所示)，如在其 1/4 弦点放一强度为 Γ 的旋涡来代替翼型，则可证明 3/4 弦点处满足物面不穿透条件。在薄翼理论中，迎角-弯度问题的解为 $A_0=\alpha$，$A_1=A_2=\cdots A_n=\cdots=0$，则有

$$\Gamma=\pi V_\infty b\left(A_0+\frac{A_1}{2}\right)=\pi V_\infty b\alpha$$

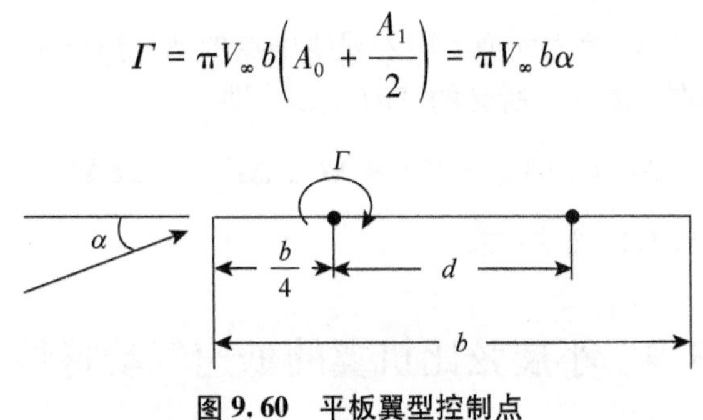

图 9.60　平板翼型控制点

在控制点处满足物面边界条件

$$-\frac{\Gamma}{2\pi d}+V_\infty\sin\alpha=0 \tag{9.103}$$

解出 d 为

$$d=\frac{\Gamma}{2\pi V_\infty\sin\alpha}=\frac{\pi V_\infty b\alpha}{2\pi V_\infty\alpha}=\frac{b}{2} \tag{9.104}$$

上式表明在 1/4 弦点后 $0.5b$ 处，即在 3/4 弦点处满足物面不穿透条件，因此选取该点为涡格的控制点。

三维机翼的控制点位置是把二维翼型得出的结论加以推广，取 3/4 弦点作为控制点。计算结果表明，这样选控制点，后缘条件也自动满足。

2. 数值求解过程

1) 划分面元、布置马蹄涡和控制点

设有 N 个面元、N 个控制点。N 个涡格上的马蹄涡分别用 $\gamma_1,\gamma_2,\cdots,\gamma_N$ 表示。位于第 j 个涡格上的涡强 γ_j 对第 i 个涡格上的控制点诱导的速度为 v_{ij}，按照毕奥-萨伐尔公式计算(三段涡)，得

$$v_{ij}=V_\infty C_{ij}\gamma_j \tag{9.105}$$

式中，C_{ij} 为影响系数。对 j 求和，得到所有涡格对 i 点的诱导速度为

$$v_i=V_\infty\sum_{j=1}^{N}C_{ij}\gamma_j \tag{9.106}$$

2) 确定涡格强度的线性代数方程组

在物面边界上，第 i 控制点处的边界条件为

$$v_i=V_\infty\sum_{j=1}^{N}C_{ij}\gamma_j=V_\infty\left.\frac{\partial y}{\partial x}\right|_i=V_\infty\beta_i \tag{9.107}$$

由此得到关于 γ_j 的线性方程阻为

$$\sum_{j=1}^{N} C_{ij}\gamma_j = \beta_i,\ \beta_i = \left.\frac{\partial \gamma}{\partial x}\right|_i (i = 1,\ 2,\ \cdots,\ N) \tag{9.108}$$

3）求气动力和气动系数

先求出所有涡系对第 j 个涡元面上附着涡线中点的诱导速度 V_j,然后根据库塔-茹科夫斯基升力环量定理求该面元上所受的气动力 ΔL_j,即

$$\Delta L_j = \rho(\boldsymbol{V}_\infty + \boldsymbol{V}_j) \times \Delta \boldsymbol{\Gamma}_j,\ \Delta \Gamma_j = \gamma_j \Delta\xi\Delta\zeta \tag{9.109}$$

然后再求和,得总的气动力、气动系数。

9.9 小展弦比机翼的低速气动特性

9.9.1 涡升力

通常把展弦比 $\lambda < 3$ 的机翼称为小展弦比机翼。由于超声速飞行时小展弦比机翼具有低波阻的特性,所以这种机翼常用于战术导弹和超声速歼击机。其基本形状有三角形、切角三角形、双三角形等,通常采用锐缘无弯扭对称薄翼。实现发现,对于圆角小展弦比薄翼,在小迎角下绕流为附着流,在前缘存在前缘吸力,如图 9.61 所示。但当迎角大于 3°~4°时,绕前缘的气流由附着流将变成分离流,下翼面高压气流绕过侧缘流向上表面,必定会在侧缘产生分离,在上翼面形成脱体涡。如图 9.62 所示,这些脱体涡的出现将对

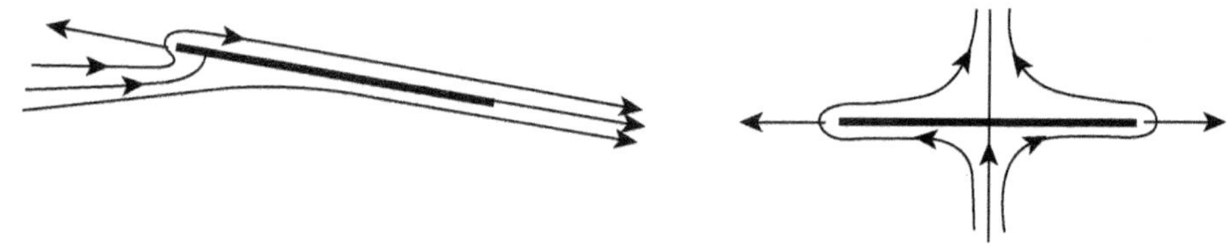

图 9.61　小迎角前缘吸力和侧缘吸力

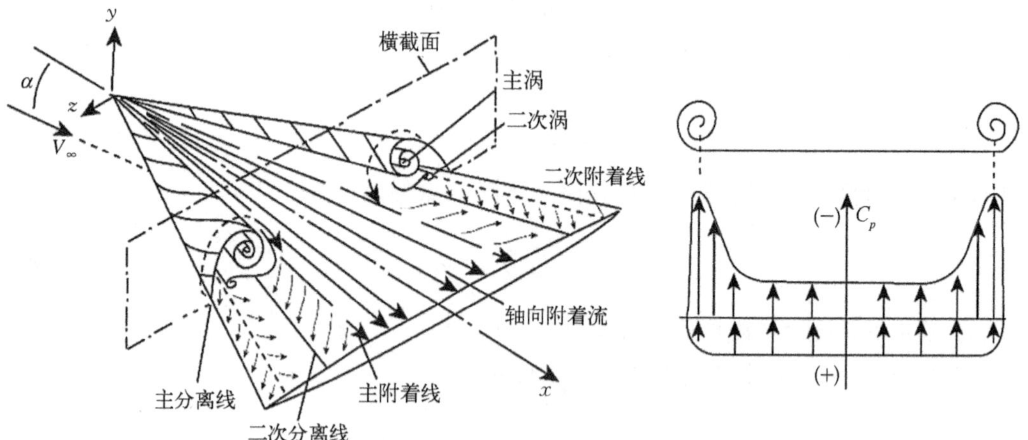

图 9.62　前缘分离涡与涡升力

上翼面产生更大的负压，从而造成更大的升力，这个前缘分离形成的旋涡诱导的升力称为涡升力。图 9.63 为实验和实际中的前缘涡。图 9.64 给出小展弦比机翼上翼面压强分布与升力特性曲线。图 9.65 给出鸭式布局飞机大迎角绕流的复杂涡系。

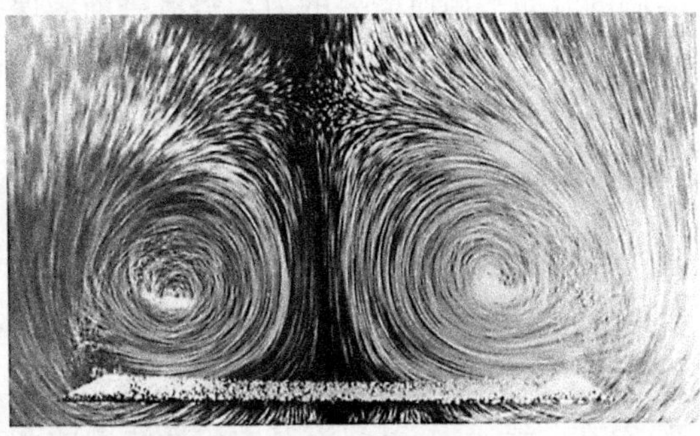

图 9.63　实验和实际中的前缘涡

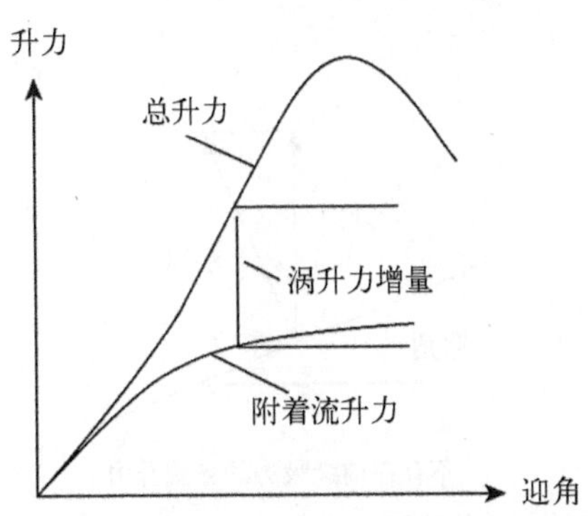

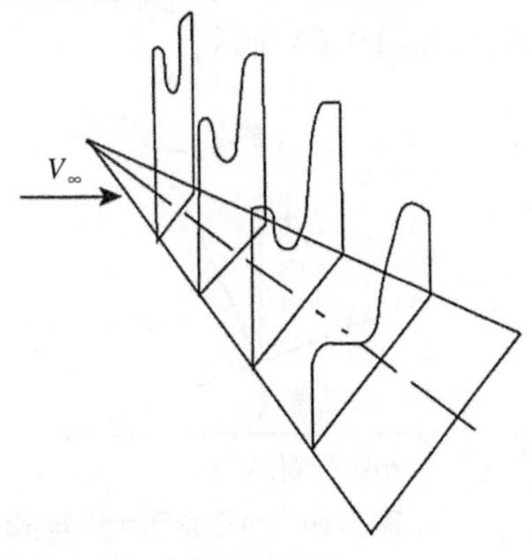

图 9.64　小展弦比机翼上翼面压强分布与升力特性曲线

图 9.65　鸭式布局飞机大迎角绕流的复杂涡系

9.9.2　前缘吸力比拟法

1966 年，美国空气动力学家波尔豪森(Pohlhamus)提出前缘吸力比拟法。该方法的基本思路是将存在脱体涡的机翼总升力分解为势流升力和涡流升力两部分。波尔豪森认为,前缘涡在翼面上产生的法向力与绕过前缘所产生的吸力大小相等,方向旋转90°向上。从物理上讲,这种比拟实际上是设想当气流在前缘分离并再附于机翼上表面时,保持绕分离涡的流动平衡所需要的力与势流绕前缘保持附体流动所产生的吸力相等。这个比拟适应于小展弦比三角翼,在较大迎角下,翼面上存在拖向后方的脱体涡的情况。根据前缘吸力比拟,因前缘分离涡造成的法向力增量与前缘吸力相等,而涡升力等于该法向力增量在垂直于来流方向的投影。对于升力系数而言,有

$$C_L = C_{L\mathrm{p}} + C_{L\mathrm{v}} \tag{9.110}$$

式中,$C_{L\mathrm{p}}$ 为势流升力系数;$C_{L\mathrm{v}}$ 为涡流升力系数。对于小展弦比三角翼,在小迎角下线化小扰动势流升力与较大迎角下的势流升力 L_p 是不同的,前者气流绕过机翼时未发生分离,存在前缘吸力,其势流升力包括法向力和前缘吸力的贡献;后者气流绕过机翼时出现分离,前缘吸力丧失,但分离流在上表面再附,其势流升力仅是法向力在垂直于来流方向的投影部分,如图 9.66 所示。

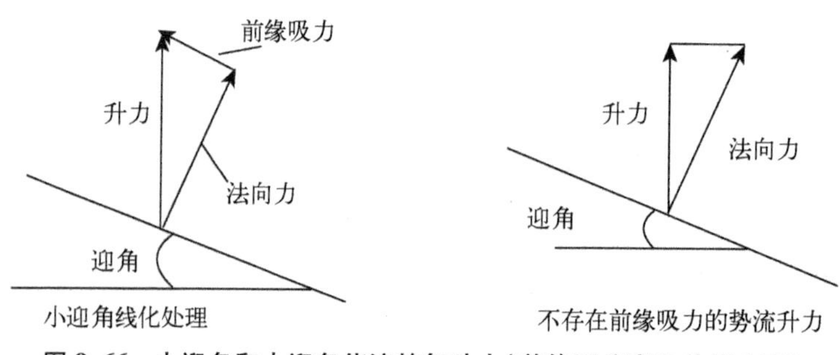

图 9.66　小迎角和大迎角绕流的气动力(前缘不分离和前缘分离)

9.9.3　小展弦比机翼的势流解

假设绕过小展弦比的机翼附着绕流,取如图 9.67 所示的 $Oxyz$ 坐标系,绕流速度分量为

$$u = V_\infty \cos\alpha + u'$$
$$v = V_\infty \sin\alpha + v' \tag{9.111}$$
$$w = w'$$

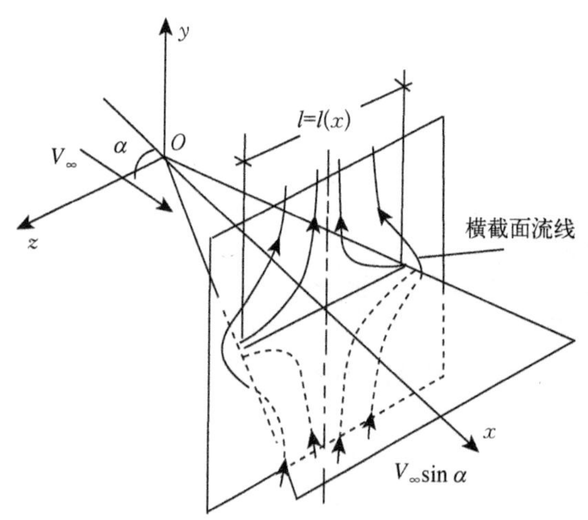

图 9.67　三角翼横流势流

式中,u'、v'、w'为扰动速度分量,相应的绕动速度势函数为 φ',即

$$u' = \frac{\partial \varphi'}{\partial x},\ v' = \frac{\partial \varphi'}{\partial y},\ w' = \frac{\partial \varphi'}{\partial z} \tag{9.112}$$

对于细长三角形机翼,假设 φ' 由气流绕过展向机翼剖面的二维势流决定。满

足控制方程为

$$\frac{\partial^2 \varphi'}{\partial y^2} + \frac{\partial^2 \varphi'}{\partial z^2} = 0 \tag{9.113}$$

对于无厚度的直机翼,绕过剖面的流动相当于横流 $V_\infty \sin \alpha$ 绕过展长平板的势流,其速度势函数为

$$\varphi' = \pm V_\infty \sin \alpha \sqrt{(l/2)^2 - z^2} \tag{9.114}$$

式中,$l = l(x)$ 为在 x 处的展长,正、负表示上下翼面的速度势函数。利用式(9.114),可得

$$u' = \frac{\partial \varphi'}{\partial x} = \pm \frac{V_\infty \sin \alpha}{2} \frac{l}{\sqrt{l^2 - 4z^2}} \frac{\mathrm{d}l}{\mathrm{d}x} \tag{9.115}$$

根据伯努利方程,翼面的压强为

$$p = p_\infty + \frac{1}{2}\rho V_\infty^2 - \frac{1}{2}\rho (V_\infty + u' + v' + w')^2 \approx p_\infty + \frac{1}{2}\rho V_\infty^2 - \rho V_\infty u' \tag{9.116}$$

将式(9.115)代入式(9.116),得

$$\Delta p = p_\mathrm{d} - p_\mathrm{u} \approx \frac{\rho V_\infty^2 \sin \alpha}{2} \frac{2l}{\sqrt{l^2 - 4z^2}} \frac{\mathrm{d}l}{\mathrm{d}x} \tag{9.117}$$

积分上式,并在垂直于流动方向投影,得到势流升力为

$$L_\mathrm{p} = \frac{\rho V_\infty^2 \sin \alpha \cos \alpha}{2} \int_0^{b0} l(x) \frac{\mathrm{d}l}{\mathrm{d}x} \int_{-1}^{1} \frac{\mathrm{d}\zeta}{\sqrt{1 - \zeta^2}} \mathrm{d}x \tag{9.118}$$

式中,$\zeta = 2z/l$。由于

$$\int_{-1}^{1} \frac{\mathrm{d}\zeta}{\sqrt{1 - \zeta^2}} = \pi \tag{9.119}$$

对于三角翼,有

$$l(x) = \frac{2x}{\tan \chi} \tag{9.120}$$

$$L_\mathrm{p} = \frac{\rho V_\infty^2 \sin \alpha \cos \alpha}{2} \int_0^{b0} l(x) \frac{\mathrm{d}l}{\mathrm{d}x} \int_{-1}^{1} \frac{\mathrm{d}\zeta}{\sqrt{1 - \zeta^2}} \mathrm{d}x = \pi \frac{\rho V_\infty^2 \sin \alpha \cos \alpha}{2} \frac{2b_0^2}{\tan^2 \chi} \tag{9.121}$$

升力系数为

$$C_{L\mathrm{p}} = \frac{L_\mathrm{p}}{\dfrac{\rho V_\infty^2}{2} \dfrac{b_0^2}{\tan \chi}} = \frac{2\pi}{\tan \chi} \sin \alpha \cos \alpha \tag{9.122}$$

令

$$C_{Lp}=\frac{2\pi}{\tan\chi\cos\alpha}\sin\alpha\cos^2\alpha=K_p\sin\alpha\cos^2\alpha \tag{9.123}$$

式中,K_p 为系数。对于小迎角的情况

$$C_{Lp}=K_p\alpha \tag{9.124}$$

说明 K_p 为势流升力线斜率。

9.9.4 涡升力系数 C_{Lv}

旋涡升力增量,根据前缘吸力比拟,假设主涡对翼面所产生的法向力增量等于附着流时的前缘吸力。由图 9.68 所示,结合式(9.121),在小迎角下,前缘吸力

$$F_s=L\sin\alpha\propto\frac{1}{2}\rho V_\infty^2 S\sin\alpha\sin\alpha=\frac{1}{2}\rho V_\infty^2 S\sin^2\alpha \tag{9.125}$$

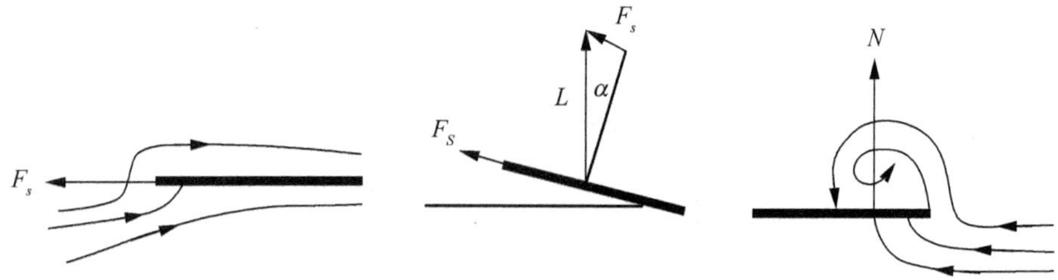

图 9.68 前缘吸力比拟

式中,S 为机翼面积。涡升力为

$$L_v=N\cos\alpha=F_s\cos\alpha\propto\frac{1}{2}\rho V_\infty^2 S\sin^2\alpha\cos\alpha \tag{9.126}$$

涡升力系数为

$$C_{Lv}=\frac{L_v}{\frac{1}{2}\rho V_\infty^2 S}=K_v\sin^2\alpha\cos\alpha \tag{9.127}$$

该方法适用于展弦比 0.5~1.0 的情况。

9.9.5 K_p 和 K_v 的确定

将式(9.123)和式(9.127)组合起来,得到总的升力系数为

$$C_L=C_{Lp}+C_{Lv}=K_p\sin\alpha\cos^2\alpha+K_v\sin^2\alpha\cos\alpha \tag{9.128}$$

因为三角翼在大迎角下形成脱体涡,前缘吸力丧失,故机翼的升致阻力系数为

$$C_{Di} = C_L \tan\alpha = K_p \sin^2\alpha\cos\alpha + K_v \sin^3\alpha \tag{9.129}$$

对于锐缘三角形机翼，K_p 和 K_v 值可由面涡法确定（图 9.69），近似取值为

$$\begin{aligned} K_p &= -0.8223 - 0.0612\lambda + 2.2142\lambda^{0.5} \\ K_v &= 3.0941 + 0.1181\lambda - 0.0069\lambda^2 \end{aligned} \tag{9.130}$$

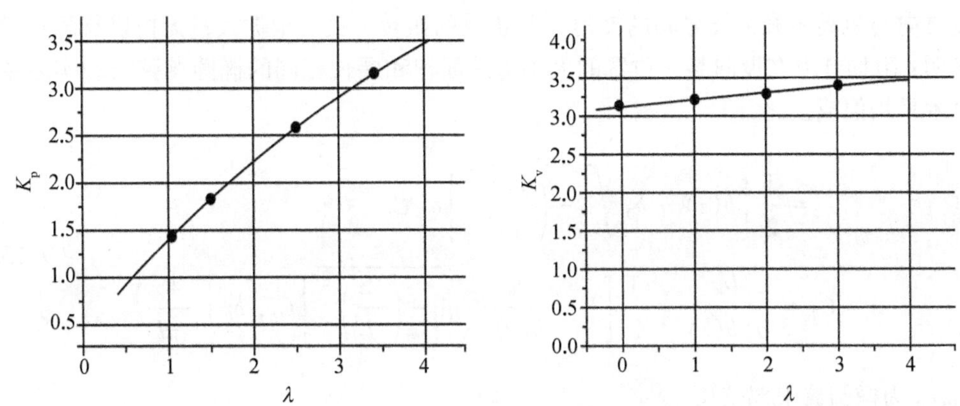

图 9.69　K_p 和 K_v 的近似取值

9.10　机翼低速气动特性的工程算法

1. *剖面升力系数展向分布*

机翼剖面升力系数展向分布是计算机翼升力、力矩、诱导阻力的重要依据。一般大展弦比直机翼的剖面升力系数用升力线理论获得，小展弦比机翼或后掠翼用升力面理论获得。对于大展弦比直机翼，令

$$C'_L(z) = C'_{Lb}(z) + C'_{La}(z) \tag{9.131}$$

式中，右边第一项 $C'_{Lb}(z)$ 为基本升力系数，表示整个机翼升力系数为零时，剖面升力系数的分布。当机翼有扭转时，取决于零升力时的局部绝对迎角。当机翼无扭转时，这一项为零。如机翼无气动扭转，但存在几何扭转，则基本升力系数为

$$C'_{Lb}(z) = \frac{C^{\alpha}_{L\infty}}{2}[\alpha_{0a} + \varphi(z)] \tag{9.132}$$

式中，α_{0a} 为因机翼几何扭转而出现的机翼绝对零升迎角，即机翼零升力线与中间剖面零升力线之间的夹角。

$$\begin{aligned} &\int_{-l/2}^{l/2} C'_{Lb}(z)b(z)\,dz = \int_{-l/2}^{l/2} \frac{C^{\alpha}_{L\infty}}{2}[\alpha_{0a} + \varphi(z)]b(z)\,dz = 0 \\ &\alpha_{0a} = -\frac{1}{S}\int_{-L/2}^{L/2} \varphi(z)b(z)\,dz \end{aligned} \tag{9.133}$$

对于梯形翼，有

$$\alpha_{0a} = -\frac{\varphi_1}{3}\frac{\eta + 2}{\eta + 1} \tag{9.134}$$

式中，φ_1 为翼梢剖面的扭角。

式(9.131)右边第二项 $C'_{La}(z)$ 为附加升力系数分布，取决于机翼的附加绝对迎角（即来流方向与机翼零升力线之间的夹角），与机翼的扭转无关。根据大量无扭机翼的实验结果表明：附加升力在展向某一位置的大小与总面积和展长相同的椭圆翼弦长和实际弦长的算术平均值成正比，即

$$\begin{aligned} L'_a &= \frac{1}{2}\left[b(z) + b_0\sqrt{1 - \left(\frac{2z}{l}\right)^2}\right] q_\infty C_L \\ C'_{La} &= \frac{L'_a}{q_\infty b(z)} = \frac{1}{2}\left[1 + \frac{b_0}{b(z)}\sqrt{1 - \left(\frac{2z}{l}\right)^2}\right] C_L,\ b_0 = \frac{4S}{\pi l} \end{aligned} \tag{9.135}$$

式中，b_0 为椭圆翼根部弦长。

一般计算公式为

$$C'_L(z) = C'_{Lb}(z) + C_{La}(z) C_L \tag{9.136}$$

2. 升力线特性

机翼的升力线用零升迎角 α_0、升力线斜率 C_{La} 和最大升力系数 $C_{L\max}$ 可表示为

$$C_L = C_L^\alpha(\alpha - \alpha_0) \tag{9.137}$$

1）零升迎角 α_0

机翼升力为零的迎角（从中间剖面弦线量起）称为零升迎角。对于无扭机翼，$\alpha_0 = \alpha_{0\infty}$。对于线性几何扭转的大展弦比梯形翼，有

$$\alpha_0 = \alpha_{0\infty} - \frac{\varphi_1}{3}\frac{\eta + 2}{\eta + 1} \tag{9.138}$$

2）机翼升力线斜率

对于任意平面形状的机翼升力线斜率用升力面理论计算。通常用的一个计算公式为

$$\frac{C_L^\alpha}{\lambda} = \frac{2\pi}{2 + \sqrt{4 + \left(\dfrac{\lambda}{\dfrac{C_{L\infty}^\alpha}{2\pi}\cos\chi_{1/2}}\right)^2}} \tag{9.139}$$

式中，λ 为展弦比；$\chi_{1/2}$ 为 0.5 弦长后掠角。

3）最大升力系数

$$C_{L\max}=k_s\frac{C_{L\max 0}+C_{L\max 1}}{2} \tag{9.140}$$

式中，$C_{L\max 0}$ 表示中间剖面最大升力系数；$C_{L\max 1}$ 表示翼梢剖面最大升力系数。

对于 $\eta=1$（矩形翼），$k_s=0.88$；对于 $\eta>1$（梯形翼），$k_s=0.95$。对于后掠翼，有

$$C_{L\max}=(C_{L\max})_0\cos\chi_{1/4} \tag{9.141}$$

3. 阻力特性

机翼的阻力系数可表示为零升阻力系数和升致阻力系数之和。即

$$C_D=C_{D0}+C_{DL} \tag{9.142}$$

1）零升阻力系数

当机翼无弯度或弯度不大时，有

$$C_{D0}=C_{D\min}=\frac{2}{S}\int_0^{L/2}C'_{D\min}(z)b(z)\,\mathrm{d}z \tag{9.143}$$

式中，$C_{D\min}$ 为机翼的最小阻力系数；$C'_{D\min}(z)$ 为翼剖面最小阻力系数。工程估算时，可用几何平均弦长处的参数计算。即

$$C_{D0}=(C'_{D\min})_{\mathrm{bav}}=0.925(2C_F\eta_c)_{\mathrm{bav}} \tag{9.144}$$

$$C_{D0}=(C'_{D\min})_{\mathrm{bav}}=(2C_F)_{\mathrm{bav}}(1+0.1C+0.4C^2) \tag{9.145}$$

式中，C_F 为同等弦长的平板摩擦阻力系数；η_c 为厚度修正系数；C 为相对厚度。

2）升致阻力系数

升致阻力系数为诱导阻力系数与黏性压差阻力系数之和。

升致阻力系数表示为

$$C_{DL}=C_{Di}+C_{Dn} \tag{9.146}$$

诱导阻力系数为

$$C_{Di}=\frac{C_L^2}{\pi\lambda}(1+\delta) \tag{9.147}$$

黏性压差阻力系数为

$$C_{Dn}=kC_L^2 \tag{9.148}$$

式中，k 为修正系数，由实验确定。近似为

$$k=\frac{0.025\lambda-\delta}{\pi\lambda} \tag{9.149}$$

升致阻力因子与有效展弦比为

$$C_{DL} = C_{Di} + C_{Dn} = AC_L^2,\ A = \frac{1}{\pi\lambda}[(1+\delta) + \pi\lambda k] \tag{9.150}$$

有效展弦比为

$$C_{DL} = \frac{C_L^2}{\pi\lambda_e},\ \lambda_e = \frac{\lambda}{1+\delta+k\pi\lambda} < \lambda \tag{9.151}$$

9.11　控制舵面气动特性

9.11.1　力矩与尾翼

飞机要想平稳飞行，除了升力与重力、发动机推力与阻力平衡外，还有绕重心的力矩要平衡。如图 9.70 所示，升力作用在机翼的焦点，飞机的重心在升力的前方，升力与飞机重力不在同一点上，如此一来会产生绕飞机重心的低头力矩，如果在机身后面无平尾，飞机不可能稳定飞行。

图 9.70　飞机平衡飞行

为了使飞机在飞行时不低头，必须有一个使飞机抬头的力矩，这样就在机身尾部安置一个平尾，产生向下的力（负升力），如同秤杆的秤砣，以使飞机抬头。飞机在飞行时，这个平尾翼产生一个小的负升力，向上的升力和向下的重力与负升力平衡，且对飞机重心总力矩为零，飞机就可以平稳飞行了。设计飞机时，要合理地匹配尾翼的相对位置和面积。平尾面积大的虽然力臂短（机身短些），但负升力大。负升力大，一方面会过多减小机翼的升力，导致飞机总升力不足；另一方面大的平尾面积，将产生大的平尾阻力。相反，过小的平尾面积力臂过大，导致机身过长，不便于起飞。所以飞机设计师一定要匹配好主翼和平翼的相对位置、面积的大小等，使飞机在飞行中，在各种姿态下都能够较好地保持力矩平衡。

由于在小迎角下，升力与迎角呈线性关系。当迎角为负时，气流绕过翼型会产生负升力，因此尾翼通常采取负迎角安装。

9.11.2　飞机尾翼设计

水平尾翼气动设计的基本要求如下。

(1) 平尾布局设计必须做到与总体布局协调。如图9.71所示,常见平尾布局有:安装在机身后部的低平尾;T尾形式或与垂尾成十字形;V形或蝶形。一般原则,平尾最好不直接置于螺旋桨滑流区。虽然实际上有一些飞机把平尾置于滑流中,以提高起飞滑跑期间的升降舵效率,但是滑流通常会引起尾翼抖振,导致机体噪声和过早的结构疲劳。另外,迅速的功率变化会引起大的配平变化。

(a) 低平尾

(b) 高平尾

(c) V形翼

图9.71　常见平尾布局

(2) 为了尽可能降低飞机结构质量和减小飞机阻力,要尽量减小尾翼浸润面积,因此平尾的尾力臂相对飞机重心要尽可能大。对于发动机舱吊挂在后机身的布局,把平尾置于垂尾上,并加大垂尾后掠角,以此增大尾力臂,使该种布局平尾面积不致过大的有效措施。

(3) 平尾的布局与参数设计要与飞机其他部件一起达到所期望的配平升阻比和襟翼在收起、起飞和着陆各个姿态下的最大升力系数。

(4) 平面形状与参数选择要满足稳定性、操作性和飞行品质要求,这些要求将在国军标和民用航空规章给出,并在飞机设计过程中,逐步由简单到详细地分析计算,以使平尾满足各项要求。

(5) 平尾和升降舵的操纵效率要使飞机具有良好的失速特性,对T尾布局,要使飞机有从深失速中恢复的能力。

(6) 平尾的结构布置与其他飞机部件要协调。

(7) 平尾翼型配置。平尾在上、下两个方向均需提供升力,因此大部分平尾采用对称翼型,或者对称翼型的修形。典型的翼型为NACA 0009~NACA 0018。如果发现在襟翼放下时前重心的配平或起飞抬前轮时的平尾设计处于临界状态,可用反弯度翼型,以减小平尾的面积。

9.11.3　飞机垂尾设计

平尾的设计要求大部分适用于垂直尾翼(垂尾),垂尾的布局可有下列选择:安装在机身后部;双尾撑安装;单垂尾或双垂尾;V形或蝶形。垂尾在机身后部处于螺旋桨滑流区之中,通常在起飞滑跑期间可提高方向舵的效率。为了减小垂尾的面积,尽可能使垂尾位置对应的升力线斜率与尾力臂的乘积为最大值。垂尾的平面形状设计除了满足稳定性和操纵性外,有些飞机制造商从美观要求出发,把垂尾形状作为本公司的商标。

垂尾均采用对称翼型,这样才能保证飞机无侧滑时垂尾不产生侧滑力矩。改进垂尾、方向舵效率的措施有:① 平尾参数对平尾效率的影响也适用于垂尾;② 减小方向舵前缘与基本尾翼之间的间隙能明显提高方向舵效率,某些飞机采用弦向双铰链的方向舵可以大大提高方向舵最大偏度时的垂尾升力系数。

机翼上的主横侧操纵面是指副翼和扰流板(图 9.72)。这些操纵面应能实现快速倾角变化,在规定的侧风值下无倾侧机动中维持机翼水平,以及在一台发动机故障或在定常侧滑以提供配平和机动能力。

图 9.72 扰流板与副翼

9.11.4 飞机静平衡对横向操纵面的要求

(1) 在起飞过程中,当临界发动机突然停车,方向舵松浮,副翼和扰流板的横向操纵效能应足够,完成侧滑协调。对于小速度和小飞行质量横向操纵效能应足以用于静操纵,且能有剩余的操纵效能要求用来控制侧滑角的超调量。

(2) 在正常飞行包线内,副翼和扰流板构成的横向操纵功能,应当超过方向舵的横向操纵功能,尤其在小速度、小质量的着陆形态,克服全偏方向舵的侧滑时,横向操纵功能应足够有余,且有余量控制与突风有关的扰动。

(3) 在起飞着陆形态,横向操纵应足以控制单一前缘装置的失效,除非该失效概率是极低的。

(4) 飞机滚转响应对横向操纵面的要求,横向操纵应当足以实现飞机快速倾侧角变化。

9.11.5 副翼配置的气动要求

(1) 在满足飞机对横向操纵要求下,副翼展长应尽可能小,以使襟翼展长尽可能长。

(2) 在高速机翼上,为防止薄机翼上副翼偏转载荷会引起机翼朝相反方向扭转(副翼反效),降低副翼效率,可设置高、低速副翼。外侧副翼只在低速时使用,而在翼根区设置高速副翼在高、低速时均可使用。一个适当位置是在(内侧)发动机之后,因为这位置设置襟翼可能受喷流影响。

(3) 高速飞机的横向操纵常采用扰流板/副翼共同操纵,从而减小副翼面积。在采用绕流板/副翼的飞机上,横向操纵大部分由绕流板提供。

9.11.6　扰流板配置基本要求

(1) 扰流板有多种作用，做横向操纵时称为飞行扰流板，空中增加阻力时称为减速板（刹车板），减少地面运动升力时称为地面扰流板（减升板）。

(2) 扰流板一般配置在后缘襟翼之前的主翼上表面，紧接在后梁后面的位置上，常占襟翼展长的大部分。

(3) 扰流板一般有内、中、外三部分，其功能根据型号的需要而定。内侧扰流板一般用于使地面滑跑刹车更加有效，起减升和增阻作用，中、外侧扰流板常作横向操纵和减速板使用，多使用外侧扰流板可避免内、中侧扰流板扰乱尾翼气流和防止抖振。

(4) 做横向操纵时绕流板经常与副翼操纵形成联动关系，其规律根据型号特征和各飞行阶段对横向操纵效能的要求而定。

(5) 外侧扰流板偏度在空中随动压的增大而减小，这可降低扰流板液压作动器所需要的功率以及绕流板本身的刚度要求。

(6) 横向操纵通常是副翼加扰流板的联合操纵。这种操纵形式结构简单、质量轻、维修性好，能满足一定速度使用范围内的横向操纵要求。高速时，副翼由于气动弹性影响，效率下降，但对扰流板操纵效率的影响甚小。当绕流板在着陆滑行作减速增阻使用时，增加了轮胎上的作用力，使刹车减速更为有效。

习　　题

9.1　有一平直梯形翼，$S = 35\ \text{m}^2$，$\eta = 4$，$b_1 = 1.5\ \text{m}$，求该机翼的 λ 值。

9.2　试从几何关系证明三角翼的 $\lambda\tan\chi_0 = 4$。

9.3　考虑一个展弦比为 8，锥度比为 0.8 的有限机翼。翼型截面薄且对称。求机翼在 5° 迎角时的升力和诱导阻力系数（假设 $\delta = \tau$）。

9.4　试从几何关系推导出梯形后掠翼：

$$S = b_1\frac{1+\eta}{2}l$$

$$\lambda = \frac{l^2}{S},\ \frac{b_1}{l} = \frac{2}{\lambda(1+\eta)},\ b_0 = \frac{2l\eta}{\lambda(1+\eta)},\ \tan\chi_0 - \tan\chi_1 = \frac{4(\eta-1)}{\lambda(\eta+1)}$$

$$b_A = \frac{2}{S}\int_0^{l/2} b(z)^2\mathrm{d}z = \frac{4}{3}\frac{l}{\lambda}\left[1 - \frac{\eta}{(1+\eta)^2}\right]$$

9.5　考虑展弦比为 6、诱导阻力系数 $C_{Di} = 0.055$ 和零升力迎角为 −2° 的矩形机翼。在迎角为 3.4° 时，该机翼的诱导阻力系数为 0.01。计算相同迎角、展弦比为 10 的相似机翼（具有相同翼型截面的矩形机翼）的诱导阻力系数。假设阻力和升力线斜率的诱导因子 δ 和 τ 相等（即 $\delta = \tau$）。

9.6　假定一个大展弦比直机翼的展向环量分布为抛物线形，$\Gamma(z) = \Gamma_0\left[1 - \left(\frac{2z}{l}\right)^2\right]$，

见习题9.6图。若其总升力与椭圆环量分布的机翼相等，试求在对称面上两种环量分布的 Γ_0 和 w_i 的对应关系式。

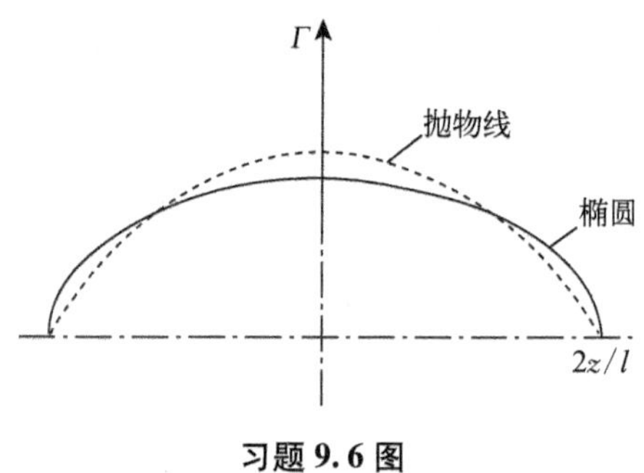

习题 9.6 图

9.7 NACA 23012 翼型的测量升力斜率为 0.108 0/(°)，$\alpha_{L=0}=-1.3$。考虑使用该翼型的有限机翼，$\lambda=8$，锥度比 = 0.8，假设 $\delta=\tau$，以几何迎角 = 7° 计算该机翼的升力和诱导阻力系数。

9.8 已知某大展弦比机翼展向环量分布为 $\Gamma(z)=\Gamma_0\left[1-\left(\dfrac{2z}{l}\right)^2\right]^{3/2}$，试用升力线理论求解：

(1) $z=l/4$ 处的下洗速度 w_i；

(2) $z=l/2$ 处的下洗速度 w_i。

提示：利用积分式

$$\int_0^{\pi}\frac{\cos(n\theta)}{\cos\theta-\cos\theta_1}\mathrm{d}\theta=\pi\frac{\sin(n\theta_1)}{\sin\theta_1}$$

9.9 若机翼使用一条 Π 形马蹄涡线代替，附着涡展长为 l，如习题 9.9 图所示，试证明：

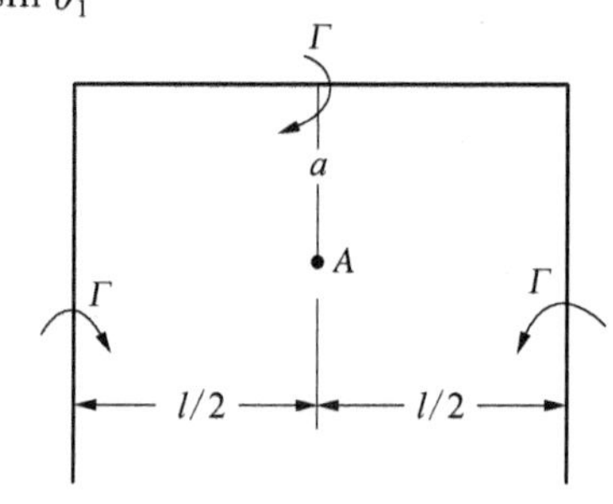

习题 9.9 图

(1) 机翼中间距离附着涡后 a 处的下洗角为

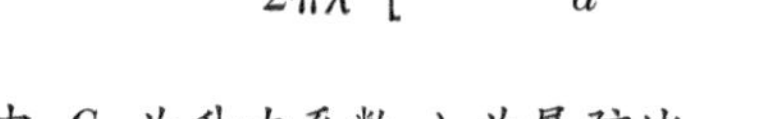

$$\alpha_i=\frac{C_L}{2\pi\lambda}\left[\frac{\sqrt{(l/2)^2+a^2}}{a}+1\right]$$

式中，C_L 为升力系数；λ 为展弦比。

(2) 若翼型的 $C_{L\infty}^{\alpha}=2\pi$，设展弦比的修正采用椭圆机翼的修正式，则机翼中间处后面 a 处下洗角对迎角的变化率为

$$\frac{\mathrm{d}\alpha_i}{\mathrm{d}\alpha}=\frac{1}{\lambda+2}\left[\frac{\sqrt{(l/2)^2+a^2}}{a}+1\right]$$

并计算 $\lambda=8$，$a=0.4l$ 时的 $\dfrac{\mathrm{d}\alpha_i}{\mathrm{d}\alpha}$ 值。

9.10 一种轻型单引擎通用航空飞机的机翼面积为 15 m²，翼展为 9.7 m，最大毛重为 1 111 kg。机翼采用 NACA 65-415 翼型，升力系数为 0.103 3/(°)，$\alpha_{L=0}=-3°$，假设 $\tau=0.12$。如果飞机在其最大总重的标准海平面以 222 km/h 巡航，并且处于直线和水平飞行中，计算机翼的几何迎角。

9.11 一架重量 $G=14\,700$ N 的飞机，在 $h=3\,000$ m 以 $V_\infty=300$ km/h 巡航平飞 ($Y=G$)，机翼面积 $S=17\ \mathrm{m}^2$，$\lambda=6.2$，采用 NACA 23012 翼型，$a_{0\infty}=-4°$，$C_L^{\alpha}=0.108/(°)$，

无扭转椭圆形平面形状。试计算 C_L、α 和 C_{Di} 值。

9.12　有一架重量 $G = 7.38 \times 10^4$ N 的单翼飞机，机翼为椭圆形平面形状，翼展 l = 15.23 m，现以 90 m/s 的速度在海平面直线飞行，试计算其诱导阻力 D_i 及根部剖面处的 Γ_0 值。

9.13　试证明若用展长为 l'、强度为原机翼根部剖面环量 Γ_0 的一根马蹄涡线来模拟展长为 l 椭圆翼的总升力，则可得

$$\frac{l'}{l} = \frac{\pi}{4}$$

9.14　一个有弯度的翼型，$a_{0\infty} = -4°$，$C_L^\alpha = 2\pi/\text{rad}$。若将此翼型放到一个无扭转 λ = 5 的椭圆翼上，试求此机翼在 $\alpha = 8°$ 时的 C_L。

9.15　$\lambda = 3$ 平板三角翼，已知 $C_{L\infty}^\alpha = 2\pi$，试用工程计算法求很小 α 下的 C_L^α 和 $\frac{x_F}{b_A}$ 值。

9.16　矩形机翼，$\lambda = 6$，$l = 12$ m，翼载荷 $G/S = 900\ \text{N/m}^2$。试计算飞机在海平面以 V_∞ = 150 km/h 平飞时的诱导阻力以及诱导阻力与总升力之比。

9.17　一个 $\lambda = 9$、$\eta = 2.5$ 无扭转直机翼在某雷诺数下实验所得到的 C_{L-a} 曲线，见习题 9.17 图，由图得机翼的 $a_{0\infty} = -1.5°$，$C_L^\alpha = 0.084/(°)$，$C_{L\max}$ = 1.22。若其他参数不变，只是 λ 减小为 5，求此时的 a_0 和 C_L^α 并画出 $\lambda = 5$ 时机翼的 $C_L - \alpha$ 曲线。

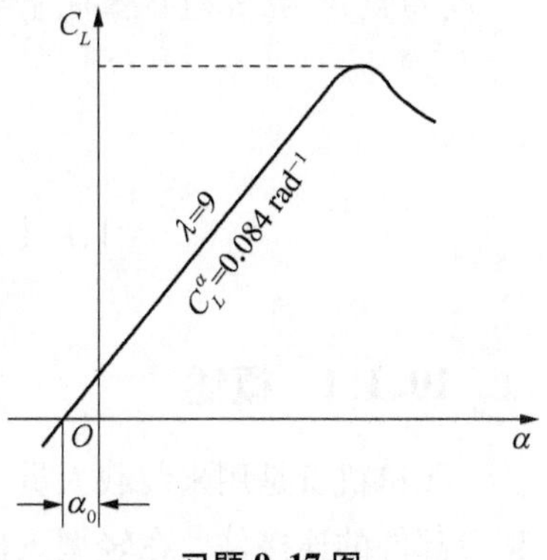

习题 9.17 图

9.18　考虑一个展弦比为 6 的有限机翼，假设升力呈椭圆形分布。翼型截面的升力斜率为 0.1/(°)。计算并比较直翼和后掠翼的升力系数，半弦线后掠角为 45°。

9.19　一架民航机使用 $\lambda = 8$、$\eta = 2$、$\chi_0 = 45°$ 梯形后掠翼，试使用工程计算方法求此机翼的 C_L^α 和 $\frac{x_F}{b_A}$ 值。

9.20　设在迎角不大时机翼的极曲线可表为抛物线 $C_D = C_{D0} + AC_L^2$，试证：

$$K_{\max} = \left(\frac{C_L}{C_D}\right)_{\max} = \frac{1}{2\sqrt{AC_{D0}}}$$

第 10 章
低速机身与翼身组合体气动特性

本章介绍飞机机翼与机身组合体低速绕流气动特性,包括低速机身气动特性、细长旋成体绕流理论与应用、翼身组合体低速气动特性工程估算方法以及流体数值计算绕过机翼的气动特性等。

学习要点:

熟悉低速机身和机翼组合体绕流的基本概念和气动特性、细长旋成体绕流理论与应用、翼身组合体低速气动特性工程估算方法等。

10.1 低速机身气动特性概述

10.1.1 概述

飞机机身是用来装载人员、货物、武器和机载设备的部件,同时也是机翼、尾翼、起落架等部件的连接件。在轻型飞机和歼击机上,常将发动机装在机身内。飞行中机身的阻力占全机阻力的 30%~40%。因此,细长流线型机身对减小飞机阻力、改善飞行性能具有重要的作用。

由于驾驶员、旅客、货物和机载设备等都集中在机身上,与之有关的飞机使用方面的大部分要求(如驾驶员的视界、座舱的环境要求、货物和武器装备的装卸、系统设备的检查维修等)都对机身的外形和结构有直接的影响。同样,鸟在翱翔时候,也是追求低阻体形的,此时鸟把腿收到肚子底下,而且收完以后,还用羽毛把它给遮盖起来,形成一个细长的锥体,以便减小空气阻力。观察海鸥翱翔时身体的外形,是一个细长比大的锥形体。长细比是指身体长度与最大直径的比值,这个比值一般飞机在 6~13 时,空气阻力很小。通过模仿鸟的身体外形,人类造的飞机机身也是一个长细比大的锥形体,这样可获得最小的阻力。

对于运输类飞机,根据加工结构面,将机身分为机头、前机身、中机身、后机身和尾锥五大段(图 10.1),各段的基本任务和结构要求不同。机身外形的总体气动设计基本要求如下。

(1) 在给定动压下,阻力主要取决于飞机形状与浸润面积。满足同样载客和装货要求下,机身的截面积尽量选用小的,以便减小机身的迎风阻力,是机身剖面设计的准则。

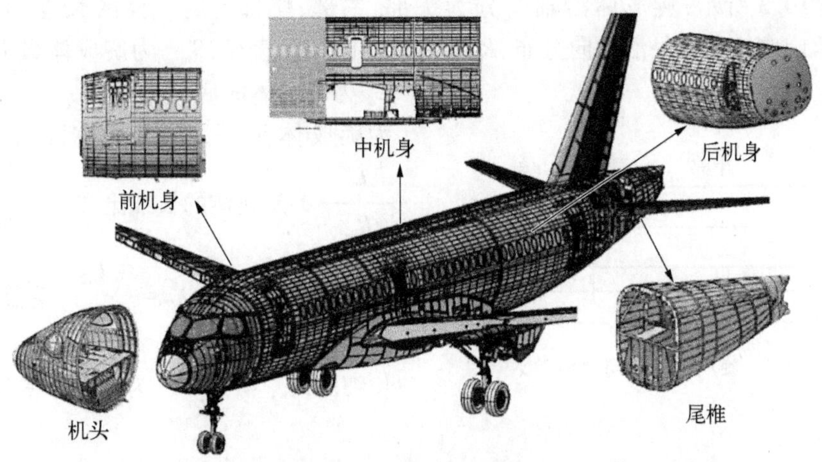

图 10.1　机身结构组成

(2) 实际机身所采用的长细比,可根据总体布置的需要而定,对巡航马赫数低于 0.85 的亚声速飞机,只要不影响商载,设计尽可能接近细长型的流线外形。

(3) 前机身外形主要根据机头雷达罩、驾驶舱、天窗玻璃外形光滑过渡要求,充分考虑视野和驾驶舱、电子设备舱等总体布置的要求,气动上避免产生分离而增加阻力。前机身的长细比(前机身长度/直径之比)的常用值为 2.0~2.5。

(4) 后机身的长细比(后机身长度/直径之比)通常为 3.0~3.5,收缩太快易发生边界层分离。为了在起飞或者着陆时获取所需要的抬前轮角度(机身尾部不致擦地),机身后部常常稍微上翘。从阻力的角度看,尾翘角(决定了飞机的擦地角)不宜超过 6°~7°。如果尾翘角取得过大,特别是货机后机身,受机翼下洗、起落架整流鼓包合后机身绕流的影响,可能出现大的不利干扰,如在机身后部形成不稳定涡系,引起横向振荡,特别是在低速、大襟翼偏角时更为严重。大型飞机机身尾翘角布置在巡航时要产生大的阻力。

10.1.2　旋成体的几何参数

飞机的机身多数做成旋成体,所谓旋成体是指由一条光滑(或折线)的母线绕某个轴旋转一周而围成的体积,如圆锥、圆柱、球体等。该轴为旋转轴。旋成体垂直于旋转轴的任意截面均是圆形的,通过旋转轴的任意平面称为旋成体的子午面,任一子午面上旋成体的边界形状均相同。旋成体与垂直于子午面的交线为母线。某个点绕轴旋转的轨迹,称为旋成体的纬圆。为了减小机身阻力,机身的形状与飞机的飞行速度存在密切的关系,涉及机身绕流的边界层发展(与摩擦阻力、压差阻力有关)、边界层分离、激波形状与控制(与波阻有关)等。一般而言,对于低速和亚声速飞行的飞机,机身形状为圆头尖尾形(流线型);超声速飞行的机身为尖头形(以减小激波阻力),如图 10.2 所示。

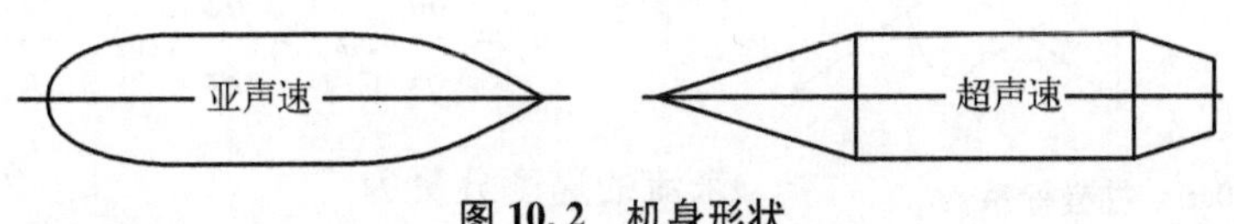

图 10.2　机身形状

如图 10.3 所示，旋成体沿轴向分为头部、中部、尾部。旋成体的长度用 L_r 表示，$R(x)$ 表示旋成体的半径沿轴向分布，R_{max} 为旋成体最大直径，S_{max} 为旋成体最大截面积，R_d 为旋成体的底圆半径，L_{r1}、L_{r2}、L_{r3} 分别为旋成体头部、中部、尾部的长度，$\lambda = \dfrac{L_r}{2R_{max}}$ 为旋成体的长细比，$\lambda_1 = \dfrac{L_{r1}}{2R_{max}}$ 为旋成体头部长细比，$\lambda_2 = \dfrac{L_{r2}}{2R_{max}}$ 为旋成体中部长细比，$\lambda_3 = \dfrac{L_{r3}}{2R_{max}}$ 为旋成体尾部长细比。

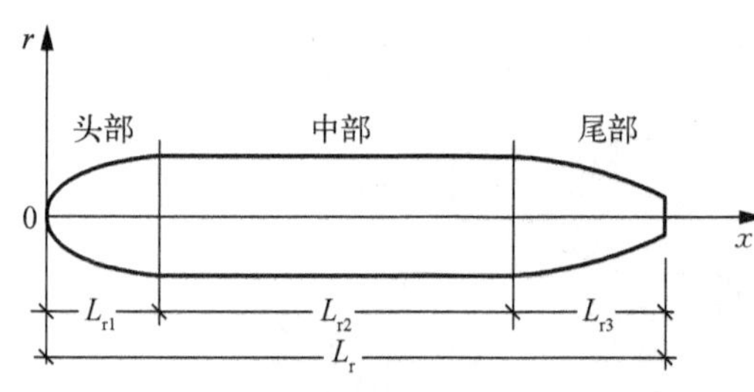

图 10.3　旋成体外形与几何参数

10.2　细长旋成体理论与应用

10.2.1　细长旋成体的线化理论

针对旋成体的特点，当气流顺着旋成体对称轴流动时，其绕流流动在旋成体的任一子午面都相同，称为轴对称流动。其特点是：① 气流在通过转轴的平面内流动；② 所有通过子午面的流动性质相同。旋成体的低、亚声速轴对称流动，绕流图画类似绕对称翼型的流动，可用布置在轴线上的源叠加而成。对于超声速轴对称流动，在流场中出现激波和膨胀波。在有来流迎角下，绕过旋成体的流动是不对称的，背风面边界层增厚，迎风面边界层变薄。当迎角达到一定值以后，旋成体上表面边界层分离，出现旋涡，如图 10.4 所示。

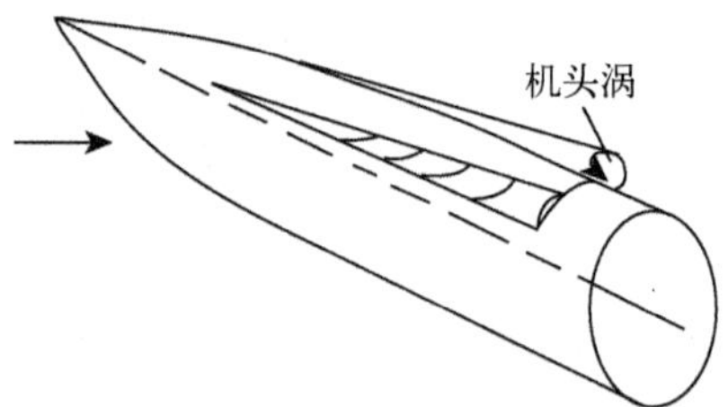

图 10.4　细长体大迎角边界层分离与旋涡

10.2.2　柱坐标系下的线化势流方程

一般飞机采用旋成体机身都是比较细长且飞机迎角也比较小，因此机身对流场的扰动是小扰动，整个流场可认为是无旋流动，扰动速度势函数满足线化势流方程。取如图 10.5 所示的柱坐标系，流场中任意一点 $P(x, r, \theta)$，扰动速度分量分别为 V_x、V_r、V_θ，在理想势流情况下，存在扰动速度势函数 φ，速度分量为

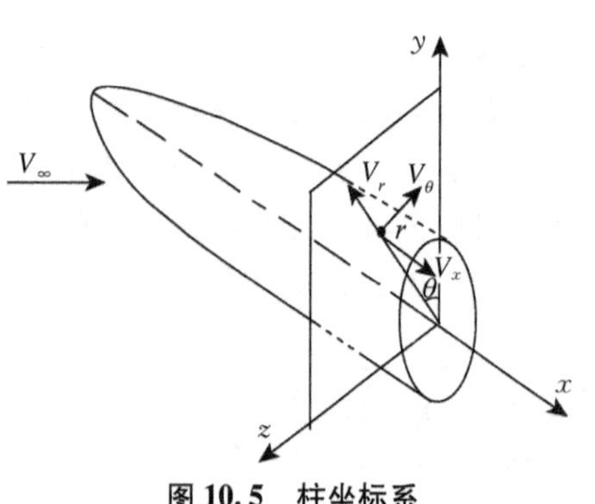

图 10.5　柱坐标系

$$v_x = \frac{\partial \varphi}{\partial x},\ v_r = \frac{\partial \varphi}{\partial r},\ v_\theta = \frac{1}{r}\frac{\partial \varphi}{\partial \theta} \quad (10.1)$$

来流的速度分量为

$$
\begin{aligned}
V_{x\infty} &= V_\infty \cos\alpha \\
V_{r\infty} &= V_\infty \sin\alpha\cos\theta \\
V_{\theta\infty} &= -V_\infty \sin\alpha\sin\theta
\end{aligned}
\tag{10.2}
$$

在小迎角下,来流速度分量可简化为

$$
\begin{aligned}
V_{x\infty} &\approx V_\infty \\
V_{r\infty} &\approx V_\infty \alpha\cos\theta \\
V_{\theta\infty} &\approx -V_\infty \alpha\sin\theta
\end{aligned}
\tag{10.3}
$$

在小迎角下,流场上任意点的速度分量可写成为未受扰动的速度分量和扰动速度分量之和。

$$
\begin{aligned}
V_x &= V_{x\infty} + v_x \approx V_\infty + v_x \\
V_r &= V_{r\infty} + v_r \approx V_\infty \alpha\cos\theta + v_r \\
V_\theta &= V_{\theta\infty} + v_\theta \approx -V_\infty \alpha\sin\theta + v_\theta
\end{aligned}
\tag{10.4}
$$

在小扰动下,忽略二阶小量,能量方程为

$$
a^2 = a_\infty^2 - \frac{\kappa - 1}{2}(V^2 - V_\infty^2) \approx a_\infty^2 - (\kappa - 1)V_\infty v_x \tag{10.5}
$$

当马赫数不接近 1,也不是马赫数很大的超声速流,略去高于一阶的小量,得到扰动速度势函数方程为

$$
(1 - Ma_\infty^2)\frac{\partial^2\varphi}{\partial x^2} + \frac{\partial^2\varphi}{\partial r^2} + \frac{1}{r^2}\frac{\partial^2\varphi}{\partial\theta^2} + \frac{1}{r}\frac{\partial\varphi}{\partial r} = 0 \tag{10.6}
$$

上式的适用条件是旋成体必须是细长体,旋成母线上任意点的斜率小于 1,这意味着旋成体的顶点必须是尖的,而且来流马赫数不接近 1,也不是很高。扰动速度势函数需要满足的边界条件为在旋成体表面上满足气流不穿透条件,即

$$
\left(\frac{V_r}{V_x}\right)_{r=R} = \left(\frac{\dfrac{\partial\varphi}{\partial r} + V_\infty \alpha\cos\theta}{V_\infty + \dfrac{\partial\varphi}{\partial x}}\right)_{r=R} = \frac{\mathrm{d}R(x)}{\mathrm{d}x} \tag{10.7}
$$

对于有迎角的机身绕流(边界层没有分离),由于方程是线性的,可将扰动速度势函数分解为轴向势流和横向势流速度势函数,如图 10.6 所示,即

$$
\begin{aligned}
&\varphi = \varphi_1 + \varphi_2 \\
&\varphi_1 \text{ 由来流速度 } V_\infty \cos\alpha \approx V_\infty \text{ 产生的速度势函数} \\
&\varphi_2 \text{ 由来流速度 } V_\infty \sin\alpha \approx V_\infty \alpha \text{ 产生的速度势函数}
\end{aligned}
\tag{10.8}
$$

对于亚声速细长机身绕流,轴向速度势函数控制方程为

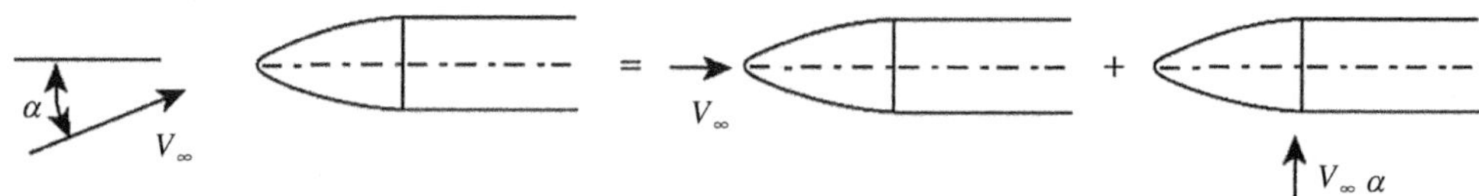

图 10.6　小扰动速度势函数分解

$$(1-Ma_\infty^2)\frac{\partial^2\varphi_1}{\partial x^2}+\frac{\partial^2\varphi_1}{\partial r^2}+\frac{1}{r}\frac{\partial\varphi_1}{\partial r}=0 \tag{10.9}$$

横向速度势函数的控制方程为

$$(1-Ma_\infty^2)\frac{\partial^2\varphi_2}{\partial x^2}+\frac{\partial^2\varphi_2}{\partial r^2}+\frac{1}{r^2}\frac{\partial^2\varphi_2}{\partial\theta^2}+\frac{1}{r}\frac{\partial\varphi_2}{\partial r}=0 \tag{10.10}$$

由以上两式可见，φ_1（轴对称）和 φ_2（非轴对称）的关系为

$$\varphi_2=\frac{\partial\varphi_1}{\partial r}\cos\theta \tag{10.11}$$

将旋成体的物面条件代入，有

$$\left(V_\infty+\frac{\partial\varphi_1}{\partial x}+\frac{\partial\varphi_2}{\partial x}\right)_{r=R}\frac{\mathrm{d}R(x)}{\mathrm{d}x}=\left(V_\infty\alpha\cos\theta+\frac{\partial\varphi_1}{\partial r}+\frac{\partial\varphi_2}{\partial r}\right)_{r=R} \tag{10.12}$$

当 $\alpha=0$ 时，轴向流动的物面条件为

$$\left(V_\infty+\frac{\partial\varphi_1}{\partial x}\right)_{r=R}\frac{\mathrm{d}R(x)}{\mathrm{d}x}=\left(\frac{\partial\varphi_1}{\partial r}\right)_{r=R} \tag{10.13}$$

忽略二阶小量后，得

$$\left(\frac{\partial\varphi_1}{\partial r}\right)_{r=R}=V_\infty\frac{\mathrm{d}R(x)}{\mathrm{d}x} \tag{10.14}$$

横向流动的物面边界条件[分解式(10.12)]为

$$\left(\frac{\partial\varphi_2}{\partial x}\right)_{r=R}\frac{\mathrm{d}R(x)}{\mathrm{d}x}=\left(V_\infty\alpha\cos\theta+\frac{\partial\varphi_2}{\partial r}\right)_{r=R} \tag{10.15}$$

忽略二阶小量后得

$$\left(\frac{\partial\varphi_2}{\partial r}\right)_{r=R}=-V_\infty\alpha\cos\theta \tag{10.16}$$

细长旋成体压强系数在风轴坐标系的表达式为

$$C_p = -\frac{2}{V_\infty}\frac{\partial \varphi'}{\partial x} - \frac{1}{V_\infty^2}\left[\left(\frac{\partial \varphi'}{\partial y}\right)^2 + \left(\frac{\partial \varphi'}{\partial z}\right)^2\right] \tag{10.17}$$

利用风轴坐标系与体轴坐标系的关系，如图 10.7 所示。风轴坐标系与体轴坐标系的关系为

$$\begin{aligned} x &= x'\cos\alpha - y'\sin\alpha \approx x' - y'\alpha \\ y &= y'\cos\alpha + x'\sin\alpha \approx y' + x'\alpha \\ z &= z' \end{aligned} \tag{10.18}$$

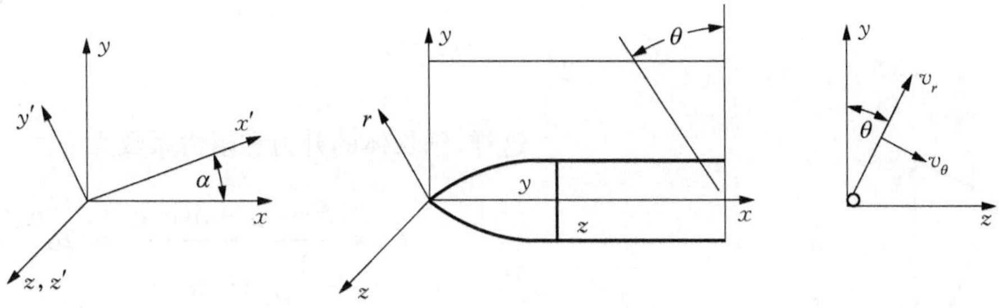

图 10.7　坐标系变换关系

所以，有

$$\varphi'_x = \frac{\partial \varphi}{\partial x}\frac{\partial x}{\partial x'} + \frac{\partial \varphi}{\partial y}\frac{\partial y}{\partial x'} + \frac{\partial \varphi}{\partial z}\frac{\partial z}{\partial x'} = \varphi_x + \varphi_y \alpha \tag{10.19}$$

而且

$$\begin{aligned} \varphi_y &= v_y = v_r\cos\theta - v_\theta\sin\theta = \varphi_r\cos\theta - \frac{1}{r}\varphi_\theta\sin\theta \\ \varphi_r &= \varphi'_r,\ \varphi_\theta = \varphi'_\theta \end{aligned} \tag{10.20}$$

因此对于体轴坐标系，压强系数的表达式为

$$C_p = -\frac{2\varphi_x}{V_\infty} - \frac{1}{V_\infty}\left[(V_\infty\alpha\cos\theta + \varphi_r)^2 + \left(V_\infty\alpha\sin\theta - \frac{1}{r}\varphi_\theta\right)^2 - V_\infty^2\alpha^2\right] \tag{10.21}$$

$$\begin{aligned} C_p = &-\frac{2}{V_\infty}\left(\frac{\partial \varphi_1}{\partial x} + \frac{\partial \varphi_2}{\partial x}\right) - \frac{1}{V_\infty^2}\left[\left(V_\infty\alpha\cos\theta + \frac{\partial \varphi_1}{\partial r} + \frac{\partial \varphi_2}{\partial r}\right)^2\right. \\ &\left. + \left(V_\infty\alpha\sin\theta - \frac{1}{r}\frac{\partial \varphi_2}{\partial \theta}\right)^2 - V_\infty^2\alpha^2\right] \end{aligned} \tag{10.22}$$

由上式可以看出，在有迎角的绕流时，流场中任一点的压强系数一般说来不等于轴向流动产生的压强系数与横向流动压强系数之和。只有在求旋成体表面上压强系数时，压强系数才存在叠加性。假设细长体的长度为 l，底部面积为 $S(l)$，如果尾部面积为零，用最大

横截面积。来流速度 V_∞，迎角 α，法向力为 N，轴向力为 A，由此得到亚声速绕流的升力和阻力的计算式为

$$\begin{aligned} F_L &= N\cos\alpha - A\sin\alpha \\ F_D &= N\sin\alpha + A\cos\alpha \end{aligned} \tag{10.23}$$

对于小迎角细长体，由势流理论可得法向力和轴向力，为

$$\begin{aligned} N &= \frac{1}{2}\rho_\infty V_\infty^2 S(l_r)(2\alpha) \\ A &= -\frac{1}{2}\rho_\infty V_\infty^2 S(l_r)(\alpha^2) \end{aligned} \tag{10.24}$$

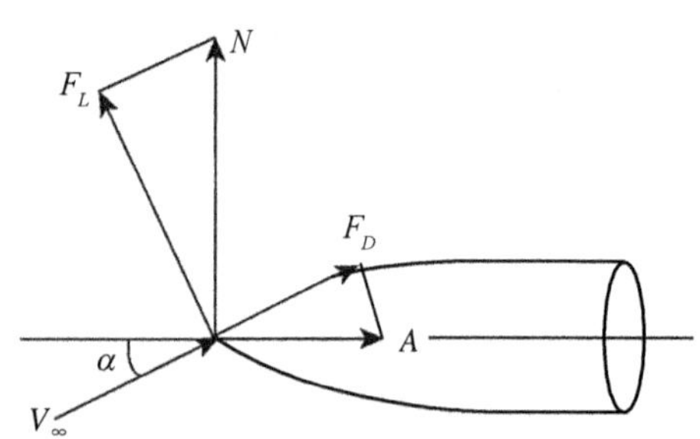

图 10.8　细长体绕流的气动力

这样，细长体的升力和阻力系数为

$$\begin{aligned} C_L &= \frac{N\cos\alpha - A\sin\alpha}{\frac{1}{2}\rho_\infty V_\infty^2 S(l_r)} \approx 2\alpha \\ C_D &= \frac{N\sin\alpha + A\cos\alpha}{\frac{1}{2}\rho_\infty V_\infty^2 S(l_r)} \approx \alpha^2 \end{aligned} \tag{10.25}$$

如果以最大面积 S_{max} 作为特征面积，升力系数和阻力系数变为

$$C_L \approx 2\alpha \frac{S(l_r)}{S_{max}},\ C_D \approx \alpha^2 \frac{S(l_r)}{S_{max}} \tag{10.26}$$

10.2.3　大迎角绕流时的横流理论

如果细长体扰流出现背风面上方分离涡时，将对表面压强分布产生很大影响，因而在计算法向力和轴向力时需要考虑横流的分离问题。由于旋成体细长，假设横向绕流的壁面压强与来流 $V_\infty \sin\alpha$ 绕横截面圆柱流动压强一样，由此产生的法向力近似看作圆柱绕流阻力。

如图 10.9 所示，单位长度旋成体上的附加法向力可以表示为

$$N = 2\alpha\left(\frac{1}{2}\rho_\infty V_\infty^2\right)S(l_r) + C_x\left(\frac{1}{2}\rho_\infty V_\infty^2\right)\alpha^2 S(l_r) \tag{10.27}$$

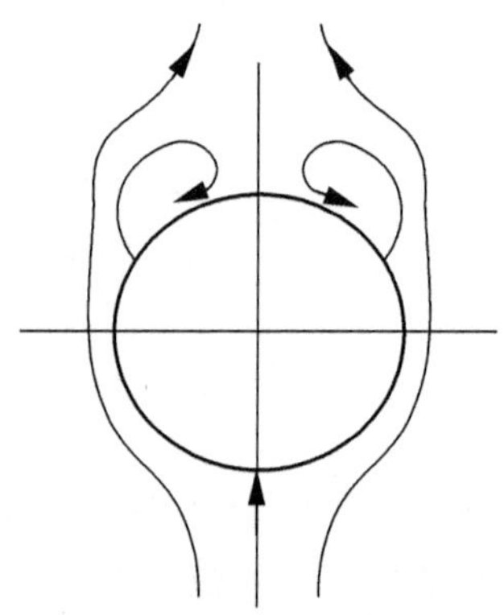
图 10.9　横流分离与旋涡

升力系数和阻力系数为

$$C_L = \frac{N\cos\alpha - A\sin\alpha}{\frac{1}{2}\rho_\infty V_\infty^2 S(l_r)} \approx 2\alpha + C_x\alpha^2$$
$$C_D = \frac{N\sin\alpha + A\cos\alpha}{\frac{1}{2}\rho_\infty V_\infty^2 S(l_r)} \approx \alpha^2 + C_x\alpha^3 \tag{10.28}$$

式中,C_x 为横流产生分离二维圆柱的阻力系数。上述理论结果与实验的比较发现,黏性影响较大,升力系数远比势流理论的计算结果大,压力中心也后移得很多,而横流理论计算出的结果更符合实验结果。

10.3　翼身组合体气动特性工程估算方法

10.3.1　翼身组合体及其干扰

飞机的主要气动部件是翼身组合体,因此各部件的气动力将受到相互影响,与单独部件的气动力有所不同,这主要是各部件扰流的边界状态发生变化。翼身组合体的升力不能简单地通过将单独机翼的升力与单独机身的升力相加得到。确切地说,一旦机翼与机身组合在一起后,流经机身的流场会改变流经机翼的流场,反之亦然,这一现象称为翼身干扰,这样气动力存在干扰项。翼身组合体对升力的干扰,同样对阻力也干扰。与升力情况相同,由于受到翼身干扰的影响,飞机所受到的阻力也不能通过将各个部分所受到的阻力简单地相加得到。

1. 机身对机翼的干扰

由于机身横流的影响,将对机翼产生上洗流动,所以会增大机身附近机翼的有效迎角,产生附加升力,如图 10.10 所示。

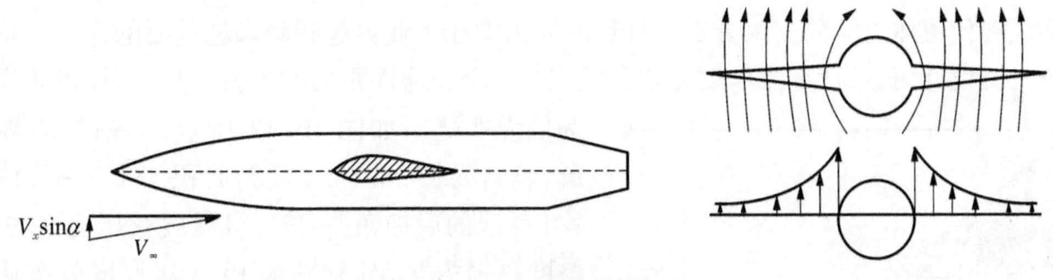

图 10.10　机翼与机身扰流

2. 机翼对机身的干扰

若将机翼的升力效应用沿着机翼弦平面布置涡系取代,这些涡系在垂向将产生诱导速度,与来流速度合成,改变了沿机身轴线的迎角分布。在附着涡诱导作用下,机身头部产生上洗,有效迎角增大;在机翼自由涡面下洗诱导下,使机身中部迎角减小;在机翼机身连接处气流沿机翼流动,当机翼无安装角时,这部分气流无迎角;否则为有迎角的扰流。

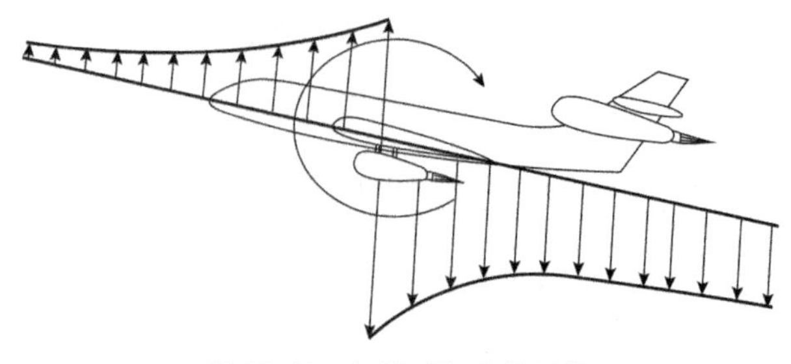

图 10.11　机翼对机身的干扰

机翼产生升力，导致机身也要产生附加升力，如图 10.11 所示。

10.3.2　翼身组合体升力的干扰

从翼身组合体的扰流现象和干扰，对中单翼无安装角情况下，翼身组合体所产生的升力 L_t 可写为

$$L_t = L_{ws} + L_{sw} \tag{10.29}$$

式中，L_{ws} 为因机身存在机翼产生的升力部分；L_{sw} 为因机翼的存在机身产生的升力部分。定义机翼的特征面积（单独毛机翼面积或机翼的外露面积）为 S_0，则翼身组合体升力系数为

$$C_{Lt} = \frac{L_{ws} + L_{sw}}{\frac{1}{2}\rho_\infty V_\infty^2 S_0} \tag{10.30}$$

10.4　流体数值计算机翼绕流

计算流体力学是 20 世纪 60 年代发展起来的一门科学，与理论流体力学、实验流体力学构成现代流体力学的三大分支。计算流体力学在工业界起到越来越重要的作用。特别是对飞机设计而言，计算流体动力学已经成为一个普遍而重要的分析工具。以 CRM 模型为例说明之。如图 10.12 所示，一幅超临界机翼，机翼展长 58.8 m，机翼面积 383.7 m^2，机翼 1/4 弦线的后掠角为 35°，机翼展弦比为 9，机翼厚度翼梢为 9.5% 到翼根 15.5%，厚度分布从翼根到翼梢逐渐减小。机翼扭角为 -3.8°~6.8°，安装角分布从翼根到翼梢逐渐减小，翼根正扭转，翼梢负扭转，称为外洗。图 10.13 给出数值计算用的机身和机翼附近的网格。图 10.14 给出迎角 2.7°、马赫数 0.8 时计算的压强分布。图 10.15 为迎角 2.7°、马赫数 0.8 时绕过机翼的流线。

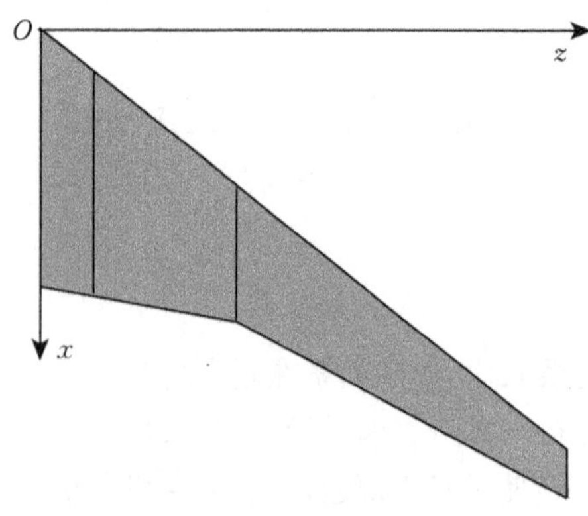

图 10.12　超临界机翼

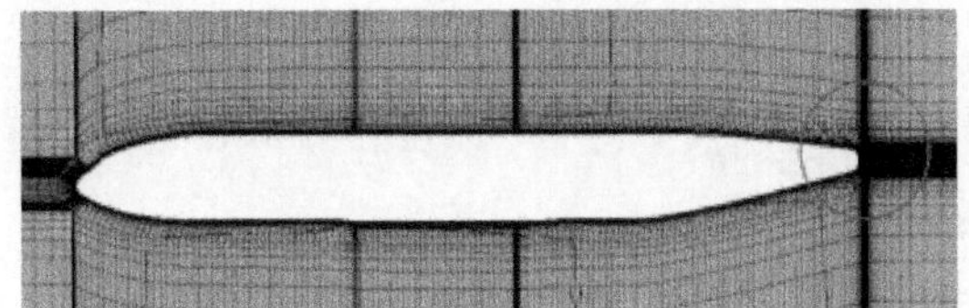
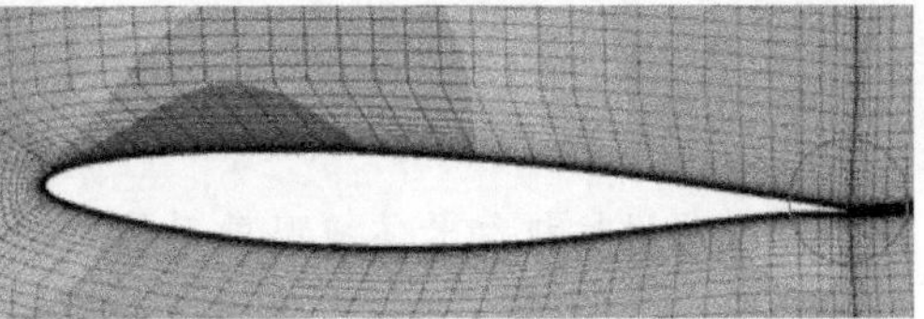

图 10.13　数值计算用的机身和机翼附近的网格

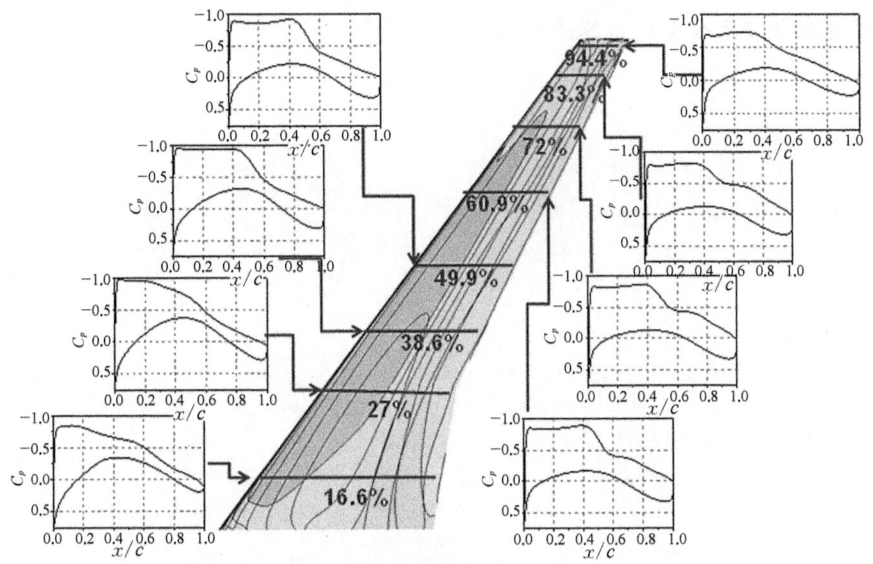

图 10.14　迎角 2.7°、马赫数 0.8 时计算的压强分布

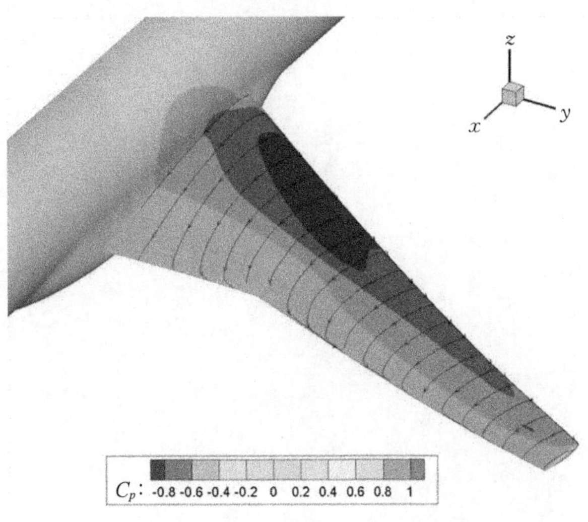

图 10.15　迎角 2.7°、马赫数 0.8 时绕过机翼的流线

习　题

10.1　说明运输机细长体机身气动设计的一般原则。

10.2　给出细长旋成体的线化假设和控制方程。

10.3　说明细长体大迎角绕流的横流理论的基本思想。

10.4　说明翼身组合体绕流中翼身干扰的物理概念。

10.5　简述细长旋成体大迎角绕流分离现象。

第 11 章
亚声速薄翼型和机翼绕流的气动特性

本章介绍亚声速薄翼型和机翼绕流特性，包括亚声速可压缩翼型绕流现象、理想定常可压缩流动速度势函数方程推导、小扰动线化理论、二维波纹壁面亚声速绕流线化理论解、压缩性修正方法及其应用(普朗特-格劳特压缩性修正、卡门-钱学森压缩性修正和赖特压缩性修正)、亚声速薄机翼绕流与气动特性以及来流马赫数对机翼气动特性的影响等。

学习要点：

(1) 熟悉亚声速薄翼型绕流现象及其理想定常可压缩流动速度势函数方程推导；

(2) 熟练掌握小扰动线化理论和求解过程以及压缩性修正方法及其应用(普朗特-格劳特压缩性修正、卡门-钱学森压缩性修正和赖特压缩性修正)；

(3) 了解亚声速薄机翼绕流与气动特性以及来流马赫数对机翼气动特性的影响等。

11.1 亚声速可压缩翼型绕流现象

业已知道，当马赫数小于 0.3 时，可以忽略空气的压缩性，按不可压缩流动处理。当马赫数大于 0.3 时，就需要考虑压缩性的影响，否则会导致较大误差。如果在流场中，处处都是亚声速流动，则称这样的流场为亚声速流场。亚声速翼型绕流与低速不可压缩流动绕流相比，无本质区别，只是通过翼型的上下流管，亚声速可压流在竖向受到扰动的扩张，要比低速不可压流的流管大，即压缩性使翼型在垂向产生的扰动，要比低速不可压流更强，扰动影响的范围更大。如图 11.1 所示，图中虚线为低速不可压流动，实线为亚声速可压流动。

利用一维等熵流动理论可以清楚地说明这一点。如图 11.1 所示，取 AA' 和 BB' 之间的流管分析。由一维等熵流动的连续方程和动量方程，可知

$$\mathrm{d}m = \mathrm{d}(\rho AV) = 0,\ \frac{\mathrm{d}A}{A} + \frac{\mathrm{d}V}{V} + \frac{\mathrm{d}\rho}{\rho} = 0 \tag{11.1}$$

$$\mathrm{d}p = -\rho V\mathrm{d}V$$

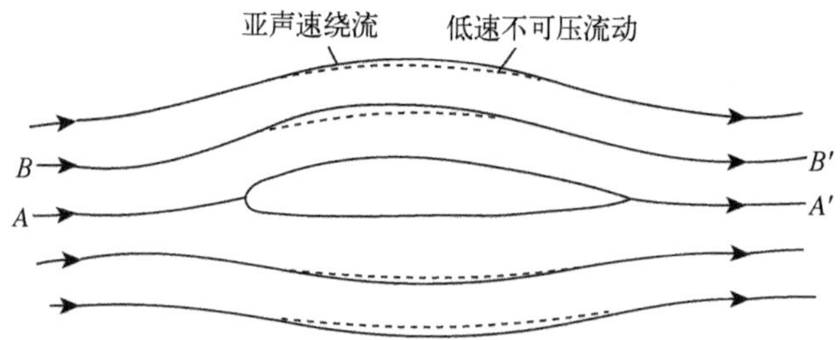

图 11.1　不可压翼型绕流和亚声速可压翼型绕流的流线

由声波方程,有

$$a^2 = \frac{\mathrm{d}p}{\mathrm{d}\rho} \tag{11.2}$$

根据式(11.1)和式(11.2)可以解出

$$\frac{\mathrm{d}A}{A} = -(1 - Ma^2)\frac{\mathrm{d}V}{V} \tag{11.3}$$

对于低速不可压缩绕流,式(11.3)简化为

$$\frac{\mathrm{d}A}{A} = -\frac{\mathrm{d}V}{V} \tag{11.4}$$

由上两式可见,对于相同的相对速度增量 $\mathrm{d}V/V$,亚声速可压流动引起的流管截面积相对减小量 $\mathrm{d}A/A$,要小于低速不可压缩流动的情况,故当地流管要比不可缩流动的流管大,因为可压流时,随着速度的增加,密度要减小,故为保持质量守恒,截面积减小的程度就要小于不可压流动,即流管比不可压情况大。在亚声速可压流中,压强和密度的相对增量为

$$\begin{aligned}\frac{\mathrm{d}p}{\rho a^2} &= -Ma^2\frac{\mathrm{d}V}{V}\\ \frac{\mathrm{d}\rho}{\rho} &= -Ma^2\frac{\mathrm{d}V}{V}\end{aligned} \tag{11.5}$$

说明对于亚声速翼型绕流上表面的负压区,在相对速度 $\frac{\mathrm{d}V}{V}$ 增量不变的情况下,可压缩流动将引起密度下降(相对密度变化率为负值),气流要膨胀,为了保持流管中质量守恒,与不可缩流动相比,可压缩流动的流管要增大,所以流线必须在垂向扩张以增大流管面积。

11.2　理想定常可压流动速度势函数方程

对于理想流体、定常、不可压缩有势流动,速度势函数满足拉普拉斯方程。但对于理想流体、定常、等熵可压缩有势流动,由于密度不是常数,连续方程不再满足不可压缩条件,所以关于速度势函数的控制方程不再满足拉普拉斯方程。对于理想流体、定常、等熵

可压缩势流,连续方程为

$$\frac{\partial(\rho u)}{\partial x}+\frac{\partial(\rho v)}{\partial y}+\frac{\partial(\rho w)}{\partial z}=0 \tag{11.6}$$

如果不计质量力,流体运动的欧拉方程组为

$$\begin{aligned}
u\frac{\partial u}{\partial x}+v\frac{\partial u}{\partial y}+w\frac{\partial u}{\partial z}&=-\frac{1}{\rho}\frac{\partial p}{\partial x}\\
u\frac{\partial v}{\partial x}+v\frac{\partial v}{\partial y}+w\frac{\partial v}{\partial z}&=-\frac{1}{\rho}\frac{\partial p}{\partial y}\\
u\frac{\partial w}{\partial x}+v\frac{\partial w}{\partial y}+w\frac{\partial w}{\partial z}&=-\frac{1}{\rho}\frac{\partial p}{\partial z}
\end{aligned} \tag{11.7}$$

在等熵流动中,密度只是压强的函数,为正压流体。由于$\rho=\rho(p)$与波速方程$a^2=\dfrac{\mathrm{d}p}{\mathrm{d}\rho}$,可得

$$\frac{\partial\rho}{\partial x}=\frac{d\rho}{dp}\frac{\partial p}{\partial x}=\frac{1}{a^2}\frac{\partial p}{\partial x}\quad \frac{\partial\rho}{\partial y}=\frac{1}{a^2}\frac{\partial p}{\partial y}\quad \frac{\partial\rho}{\partial z}=\frac{1}{a^2}\frac{\partial p}{\partial z} \tag{11.8}$$

代入连续方程(11.6),得

$$\begin{aligned}
&u\frac{\partial\rho}{\partial x}+v\frac{\partial\rho}{\partial y}+w\frac{\partial\rho}{\partial z}+\rho\left(\frac{\partial u}{\partial x}+\frac{\partial v}{\partial y}+\frac{\partial w}{\partial z}\right)=0\\
&\frac{1}{a^2}\left(\frac{u}{\rho}\frac{\partial p}{\partial x}+\frac{v}{\rho}\frac{\partial p}{\partial y}+\frac{w}{\rho}\frac{\partial p}{\partial z}\right)+\frac{\partial u}{\partial x}+\frac{\partial v}{\partial y}+\frac{\partial w}{\partial z}=0
\end{aligned} \tag{11.9}$$

将欧拉方程中的压强偏导数通过声波方程代换成密度导数,代入连续方程,即可得只含速度和声速的方程形式为

$$\begin{aligned}
&\frac{-u}{a^2}\left(u\frac{\partial u}{\partial x}+v\frac{\partial u}{\partial y}+w\frac{\partial u}{\partial z}\right)-\frac{v}{a^2}\left(u\frac{\partial v}{\partial x}+v\frac{\partial v}{\partial y}+w\frac{\partial v}{\partial z}\right)\\
&\quad-\frac{w}{a^2}\left(u\frac{\partial w}{\partial x}+v\frac{\partial w}{\partial y}+w\frac{\partial w}{\partial z}\right)+\frac{\partial u}{\partial x}+\frac{\partial v}{\partial y}+\frac{\partial w}{\partial z}=0
\end{aligned} \tag{11.10}$$

整理后,得

$$\begin{aligned}
&\left(1-\frac{u^2}{a^2}\right)\frac{\partial u}{\partial x}+\left(1-\frac{v^2}{a^2}\right)\frac{\partial v}{\partial y}+\left(1-\frac{w^2}{a^2}\right)\frac{\partial w}{\partial z}\\
&\quad-\frac{uv}{a^2}\left(\frac{\partial u}{\partial y}+\frac{\partial v}{\partial x}\right)-\frac{vw}{a^2}\left(\frac{\partial v}{\partial z}+\frac{\partial w}{\partial y}\right)-\frac{uw}{a^2}\left(\frac{\partial u}{\partial z}+\frac{\partial w}{\partial x}\right)=0
\end{aligned} \tag{11.11}$$

对于势流,存在速度势函数φ,且有

$$u=\frac{\partial\varphi}{\partial x},\ v=\frac{\partial\varphi}{\partial y},\ w=\frac{\partial\varphi}{\partial z}$$

代入式(11.11),有

$$\left(1-\frac{u^2}{a^2}\right)\frac{\partial^2\varphi}{\partial x^2}+\left(1-\frac{v^2}{a^2}\right)\frac{\partial^2\varphi}{\partial y^2}+\left(1-\frac{w^2}{a^2}\right)\frac{\partial^2\varphi}{\partial z^2}$$
$$-2\frac{uv}{a^2}\frac{\partial^2\varphi}{\partial x\partial y}-2\frac{vw}{a^2}\frac{\partial^2\varphi}{\partial y\partial z}-2\frac{uw}{a^2}\frac{\partial^2\varphi}{\partial x\partial z}=0 \tag{11.12}$$

或者

$$(a^2-u^2)\frac{\partial^2\varphi}{\partial x^2}+(a^2-v^2)\frac{\partial^2\varphi}{\partial y^2}+(a^2-w^2)\frac{\partial^2\varphi}{\partial z^2}$$
$$-2uv\frac{\partial^2\varphi}{\partial x\partial y}-2vw\frac{\partial^2\varphi}{\partial y\partial z}-2wu\frac{\partial^2\varphi}{\partial z\partial x}=0 \tag{11.13}$$

式(11.12)或式(11.13)称为理想定常可压流全速度势函数方程,又称全速度势方程(或全速位方程),该方程是一个关于速度势函数的二阶非线性偏微分方程。对于不可压流动,相当于声速趋于无穷大的情况,代入全速势方程,即得拉普拉斯方程(二阶线性偏微分方程)。由等熵流动的能量方程,可知

$$\frac{V^2}{2}+\int\frac{\mathrm{d}p}{\rho}=C \tag{11.14}$$

将等熵关系 $p=C\rho^\gamma$ 代入,得

$$\frac{V^2}{2}+\frac{\gamma}{\gamma-1}\frac{p}{\rho}=C \tag{11.15}$$

其中,$\frac{V^2}{2}=\frac{u^2+v^2+w^2}{2}$。又根据理想气体状态方程和声波方程,有 $\frac{p}{\rho}=RT$, $a^2=\gamma RT$,代入式(11.15)得

$$\frac{V^2}{2}+\frac{\gamma}{\gamma-1}RT=C,\ \frac{V^2}{2}+\frac{a^2}{\gamma-1}=C \tag{11.16}$$

对于来流速度为 V_∞、压强 p_∞,得

$$\frac{V^2}{2}+\frac{a^2}{\gamma-1}=\frac{V_\infty^2}{2}+\frac{a_\infty^2}{\gamma-1}$$
$$a=\sqrt{a_\infty^2+\frac{\gamma-1}{2}(V_\infty^2-V^2)} \tag{11.17}$$

这样,声速可用速度形式表达。因此,全速度势方程中仅包含一个未知函数,即速度势函数。对于轴对称绕流,速度势函数满足的方程为

$$\left(1-\frac{u_x^2}{a^2}\right)\frac{\partial^2\varphi}{\partial x^2}-2\frac{u_xv_r}{a^2}\frac{\partial^2\varphi}{\partial x\partial r}+\left(1-\frac{v_r^2}{a^2}\right)\frac{\partial^2\varphi}{\partial r^2}+\frac{v_r}{r}=0 \tag{11.18}$$

对于一个理想、定常、等熵可压缩绕流，应为满足具体边界条件的全速度势方程的定解问题。由于方程的非线性，对于实际物体绕流问题，一般无法求精确解，可采用小扰动线化的近似解法及数值解法等。

11.3　小扰动线化理论

11.3.1　小扰动近似处理

飞行器高速飞行时，为减小阻力，机翼的相对厚度、弯度都较小，且迎角也不大。图 11.2 所示为无穷远来流的扰动流场，除个别地方外，总的扰动不大，满足小扰动条件。

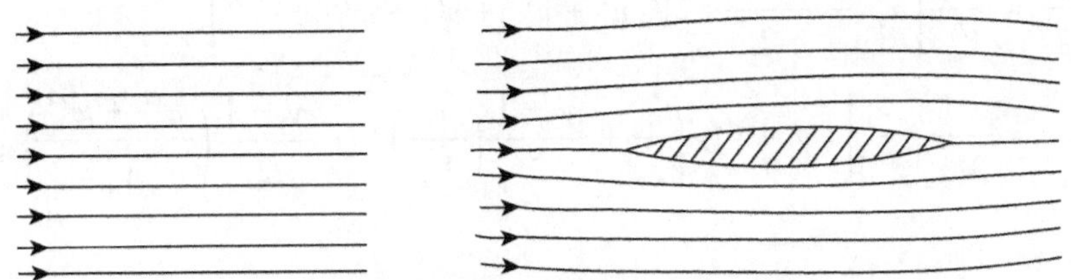

图 11.2　直匀流绕过薄翼型流动(直匀流与受扰动流场)

取 x 轴与未经扰动的直匀来流一致，即在风轴坐标系中，流场中各点的速度为 u、v、w，可以将其分成两部分，一是前方来流速度 V_∞，二是由于物体的存在，对流场产生的扰动速度为 u'、v'、w'，有

$$\begin{aligned} u &= V_\infty + u' \\ v &= v' \\ w &= w' \end{aligned} \tag{11.19}$$

若扰动分速与来流相比都是小量，即

$$\frac{u'}{V_\infty} \ll 1, \ \frac{v'}{V_\infty} \ll 1, \ \frac{w'}{V_\infty} \ll 1 \tag{11.20}$$

称这样的流动为小扰动绕流。在小扰动条件下，全速度势方程可以简化为扰动速度势的线化方程。将上式代入全速度势方程中，并通过能量方程给出声速 a 为

$$\begin{aligned} a^2 &= a_\infty^2 + \frac{\gamma - 1}{2}(V_\infty^2 - V^2) \\ a^2 &= a_\infty^2 - \frac{\gamma - 1}{2}(2V_\infty u' + u'^2 + v'^2 + w'^2) \end{aligned} \tag{11.21}$$

利用式(11.11)有

$$(a^2 - u^2)\frac{\partial u}{\partial x} + (a^2 - v^2)\frac{\partial v}{\partial y} + (a^2 - w^2)\frac{\partial w}{\partial z}$$

$$= uv\left(\frac{\partial u}{\partial y} + \frac{\partial v}{\partial x}\right) + vw\left(\frac{\partial v}{\partial z} + \frac{\partial w}{\partial y}\right) + uw\left(\frac{\partial u}{\partial z} + \frac{\partial w}{\partial x}\right) \tag{11.22}$$

利用式(11.21)简化式(11.22),得

$$\begin{aligned}\frac{a^2 - u^2}{V_\infty^2} &= \frac{1}{V_\infty^2}\left[a_\infty^2 - \frac{\gamma - 1}{2}(2V_\infty u' + u'^2 + v'^2 + w'^2) - (V_\infty + u')^2\right] \\ &= \frac{1}{Ma_\infty^2} - \left[(\gamma + 1)\frac{u'}{V_\infty} + \frac{\gamma + 1}{2}\left(\frac{u'}{V_\infty}\right)^2 + \frac{\gamma - 1}{2}\left(\frac{v'^2 + w'^2}{V_\infty^2}\right)\right] - 1\end{aligned} \tag{11.23}$$

$$\begin{aligned}\frac{a^2 - v^2}{V_\infty^2} &= \frac{1}{V_\infty^2}\left[a_\infty^2 - \frac{\gamma - 1}{2}(2V_\infty u' + u'^2 + v'^2 + w'^2) - v'^2\right] \\ &= \frac{1}{Ma_\infty^2} - \left[(\gamma - 1)\frac{u'}{V_\infty} + \frac{\gamma + 1}{2}\left(\frac{v'}{V_\infty}\right)^2 + \frac{\gamma - 1}{2}\left(\frac{u'^2 + w'^2}{V_\infty^2}\right)\right]\end{aligned} \tag{11.24}$$

$$\begin{aligned}\frac{a^2 - w^2}{V_\infty^2} &= \frac{1}{V_\infty^2}\left[a_\infty^2 - \frac{\gamma - 1}{2}(2V_\infty u' + u'^2 + v'^2 + w'^2) - w'^2\right] \\ &= \frac{1}{Ma_\infty^2} - \left[(\gamma - 1)\frac{u'}{V_\infty} + \frac{\gamma + 1}{2}\left(\frac{w'}{V_\infty}\right)^2 + \frac{\gamma - 1}{2}\left(\frac{u'^2 + v'^2}{V_\infty^2}\right)\right]\end{aligned} \tag{11.25}$$

整理后得

$$\begin{aligned}&(1 - Ma_\infty^2)\frac{\partial u'}{\partial x} + \frac{\partial v'}{\partial y} + \frac{\partial w'}{\partial z} = \\ &Ma_\infty^2\left[(\gamma + 1)\frac{u'}{V_\infty} + \frac{\gamma + 1}{2}\left(\frac{u'}{V_\infty}\right)^2 + \frac{\gamma - 1}{2}\left(\frac{v'^2 + w'^2}{V_\infty^2}\right)\right]\frac{\partial u'}{\partial x} \\ &+ Ma_\infty^2\left[(\gamma - 1)\frac{u'}{V_\infty} + \frac{\gamma + 1}{2}\left(\frac{v'}{V_\infty}\right)^2 + \frac{\gamma - 1}{2}\left(\frac{u'^2 + w'^2}{V_\infty^2}\right)\right]\frac{\partial v'}{\partial y} \\ &+ Ma_\infty^2\left[(\gamma - 1)\frac{u'}{V_\infty} + \frac{\gamma + 1}{2}\left(\frac{w'}{V_\infty}\right)^2 + \frac{\gamma - 1}{2}\left(\frac{v'^2 + u'^2}{V_\infty^2}\right)\right]\frac{\partial w'}{\partial z} \\ &+ Ma_\infty^2\frac{v'}{V_\infty}\left(1 + \frac{u'}{V_\infty}\right)\left(\frac{\partial u'}{\partial y} + \frac{\partial v'}{\partial x}\right) + Ma_\infty^2\frac{v'}{V_\infty}\frac{w'}{V_\infty}\left(\frac{\partial v'}{\partial z} + \frac{\partial w'}{\partial y}\right) \\ &+ Ma_\infty^2\frac{w'}{V_\infty}\left(1 + \frac{u'}{V_\infty}\right)\left(\frac{\partial u'}{\partial z} + \frac{\partial w'}{\partial x}\right)\end{aligned} \tag{11.26}$$

式(11.26)的左边是常系数的线性算子,右边则是非线性项。如果利用小扰动假设,忽略三阶小量,有

$$\begin{aligned}&(1-Ma_\infty^2)\frac{\partial u'}{\partial x}+\frac{\partial v'}{\partial y}+\frac{\partial w'}{\partial z}\\&=Ma_\infty^2(\gamma+1)\frac{u'}{V_\infty}\frac{\partial u'}{\partial x}+Ma_\infty^2(\gamma-1)\frac{u'}{V_\infty}\frac{\partial v'}{\partial y}+Ma_\infty^2(\gamma-1)\frac{u'}{V_\infty}\frac{\partial w'}{\partial z}\\&\quad+Ma_\infty^2\frac{v'}{V_\infty}\left(\frac{\partial u'}{\partial y}+\frac{\partial v'}{\partial x}\right)+Ma_\infty^2\frac{w'}{V_\infty}\left(\frac{\partial u'}{\partial z}+\frac{\partial w'}{\partial x}\right)\end{aligned}\tag{11.27}$$

为了书写方便，把扰动速度的“′”去掉，得

$$\begin{aligned}&(1-Ma_\infty^2)\frac{\partial u}{\partial x}+\frac{\partial v}{\partial y}+\frac{\partial w}{\partial z}\\&=Ma_\infty^2(\gamma+1)\frac{u}{V_\infty}\frac{\partial u}{\partial x}+Ma_\infty^2(\gamma-1)\frac{u}{V_\infty}\left(\frac{\partial v}{\partial y}+\frac{\partial w}{\partial z}\right)\\&\quad+Ma_\infty^2\frac{v}{V_\infty}\left(\frac{\partial u}{\partial y}+\frac{\partial v}{\partial x}\right)+Ma_\infty^2\frac{w}{V_\infty}\left(\frac{\partial u}{\partial z}+\frac{\partial w}{\partial x}\right)\end{aligned}\tag{11.28}$$

11.3.2　扰动速度势函数的线化方程

除流动满足小扰动条件外，流动为非跨声速流动，即 Ma_∞ 不太接近于 1，故 $|1-Ma_\infty^2|$ 不是小量；非高超声速流，即 Ma_∞ 不是很大。此时，式(11.28)左侧为一阶小量，右侧为二阶小量可以略去，得

$$(1-Ma_\infty^2)\frac{\partial u}{\partial x}+\frac{\partial v}{\partial y}+\frac{\partial w}{\partial z}=0\tag{11.29}$$

对于无旋流动，存在扰动速度势函数，方程变为

$$(1-Ma_\infty^2)\frac{\partial^2\varphi}{\partial x^2}+\frac{\partial^2\varphi}{\partial y^2}+\frac{\partial^2\varphi}{\partial z^2}=0\tag{11.30}$$

该方程为线性二阶偏微分方程，故称为全速度势函数方程的小扰动线化方程。当 $Ma_\infty<1$ 时，令 $\beta=\sqrt{1-Ma_\infty^2}$，得

$$\beta^2\frac{\partial^2\varphi}{\partial x^2}+\frac{\partial^2\varphi}{\partial y^2}+\frac{\partial^2\varphi}{\partial z^2}=0\tag{11.31}$$

当 $Ma_\infty>1$ 时，令 $B=\sqrt{Ma_\infty^2-1}$，式(11.30)变为

$$B^2\frac{\partial^2\varphi}{\partial x^2}-\frac{\partial^2\varphi}{\partial y^2}-\frac{\partial^2\varphi}{\partial z^2}=0\tag{11.32}$$

可见，扰动速度势函数的小扰动线化方程在亚声速时为椭圆型方程，在超声速时为双曲型

方程。

11.3.3 压强系数线化处理

按压强系数的定义，压强正比于速度的平方，如果用小扰动线化处理，压强系数也可以表示成速度的线性关系，即

$$C_p = \frac{p - p_\infty}{\frac{1}{2}\rho_\infty V_\infty^2} = \frac{2\left(\frac{p}{p_\infty} - 1\right)}{V_\infty^2} \frac{p_\infty}{\rho_\infty} = \frac{2\left(\frac{p}{p_\infty} - 1\right)}{\gamma V_\infty^2} \gamma R T_\infty$$

$$= \frac{2\left(\frac{p}{p_\infty} - 1\right)}{\gamma V_\infty^2} a_\infty^2 = \frac{2\left(\frac{p}{p_\infty} - 1\right)}{\gamma Ma_\infty^2} \tag{11.33}$$

利用能量方程和等熵关系，有

$$\frac{V_\infty^2}{2} + \frac{\gamma}{\gamma - 1}\frac{p_\infty}{\rho_\infty} = \frac{V^2}{2} + \frac{\gamma}{\gamma - 1}\frac{p}{\rho},\ p = C\rho^\gamma \tag{11.34}$$

$$\frac{\gamma}{\gamma - 1}\frac{p_\infty}{\rho_\infty}\left(\frac{p}{p_\infty}\frac{\rho_\infty}{\rho} - 1\right) = \frac{V_\infty^2}{2}\left(1 - \frac{V^2}{V_\infty^2}\right) \quad \left(\frac{p}{p_\infty}\frac{\rho_\infty}{\rho} - 1\right) = \frac{\gamma - 1}{2}Ma_\infty^2\left(1 - \frac{V^2}{V_\infty^2}\right) \tag{11.35}$$

$$\frac{p}{p_\infty} = \left[1 + \frac{\gamma - 1}{2}Ma_\infty^2\left(1 - \frac{V^2}{V_\infty^2}\right)\right]^{\frac{\gamma}{\gamma-1}} \tag{11.36}$$

由此得到压强系数为

$$C_p = \frac{2}{\gamma Ma_\infty^2}\left\{\left[1 + \frac{\gamma - 1}{2}Ma_\infty^2\left(1 - \frac{V^2}{V_\infty^2}\right)\right]^{\frac{\gamma}{\gamma-1}} - 1\right\} \tag{11.37}$$

将上式按二项式展开，在小扰动情况下，略去扰动速度的三阶以上的小量，得

$$C_p = -\left(\frac{2u}{V_\infty} + \frac{u^2}{V_\infty^2} + \frac{v^2 + w^2}{V_\infty^2}\right) \tag{11.38}$$

对机翼等扁平物体，只取一阶近似，得

$$C_p = -\frac{2u}{V_\infty} \tag{11.39}$$

该式与不可压流动压强系数线化公式完全一样，说明压强系数仅决定于 x 向的扰动速度分量。

11.3.4　边界条件线化处理

边界条件包括远方和物面上的边界条件。理想流体的物面边界条件是流体的法向速度为零,即不穿透条件。在小扰动条件下,可获得较简单的线化物面边界条件。设物面的中弧线方程为 $y = f(x, z)$, 如图 11.3 所示,物面不穿透条件,要求在物面上的法向速度分量为零,即

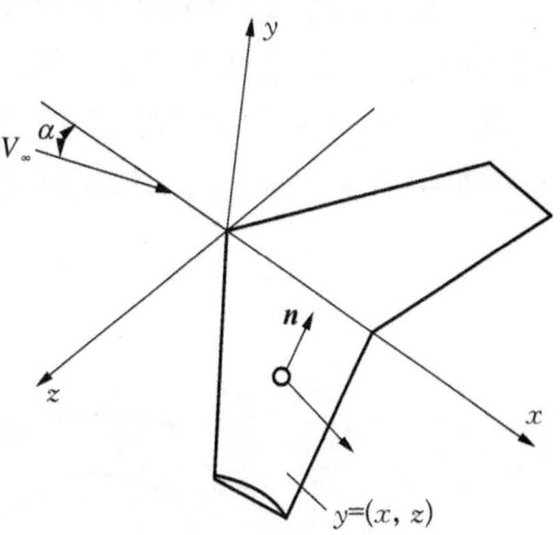

图 11.3　物面边界条件

$$\boldsymbol{V} \cdot \boldsymbol{n} = 0 \tag{11.40}$$

$$(V_\infty + u)\frac{\partial f}{\partial x} - v + w\frac{\partial f}{\partial z} = 0 \tag{11.41}$$

在小扰动条件下,物体厚度和弯度都很小,即 $\dfrac{\partial f}{\partial x}$、

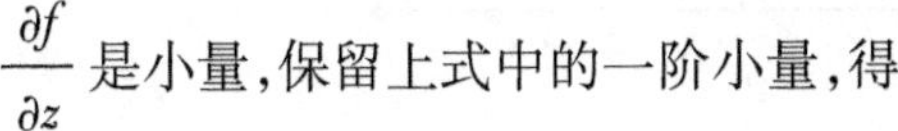
$\dfrac{\partial f}{\partial z}$ 是小量,保留上式中的一阶小量,得

$$V_\infty \frac{\partial f}{\partial x} - v = 0 \tag{11.42}$$

$$v|_s = V_\infty \frac{\partial y}{\partial x} \tag{11.43}$$

上面速度为物面上的速度值,在物体扁平,且迎角很小的情况下,可以用 xOz 平面上的值代替,即

$$(v)_s = v(x, y_s) \approx v(x, 0) \tag{11.44}$$

则边界条件可以写为

$$v(x, 0) = \left(\frac{\partial \phi}{\partial y}\right)_{y=0} = V_\infty \left(\frac{\partial y}{\partial x}\right)_s \tag{11.45}$$

用于平面流问题时,上式变成

$$v(x, 0) = V_\infty \left(\frac{\mathrm{d}y}{\mathrm{d}x}\right)_s \tag{11.46}$$

式中, $(\mathrm{d}y/\mathrm{d}x)_s$ 是物面的斜率。

对于无限远处的来流条件,在直匀流流过一个机翼后,扰动速度总是趋于零。但对于有升力的有限翼展机翼的绕流将有尾涡系。在理想流体流动中,这个涡系应该向下游伸展到无穷远处。在无穷远处,这个有涡的局部区域的扰动速度是不趋于零的。不过无须另外用什么条件去满足它,因为满足了机翼上边界条件的涡系是自然伸展到下游无限远处的。

11.4 二维波纹壁面亚声速绕流线化理论解

先用扰动速度势函数的线化方程(11.31)求解一个二维绕过无限长(x 向)波纹壁面的流动问题。通过这个例子,可以从定性和定量两方面说明压缩性对流动和压强分布的影响。如图 11.4 所示,设波形壁面是正弦曲线,波长为 l,波幅为 d。将 x 轴放在波峰和波谷的平均线上。有直匀流从左侧流过壁面,其方向与 x 轴平行。波纹壁面的方程为

$$y_s = d\sin\frac{2\pi x}{l} \tag{11.47}$$

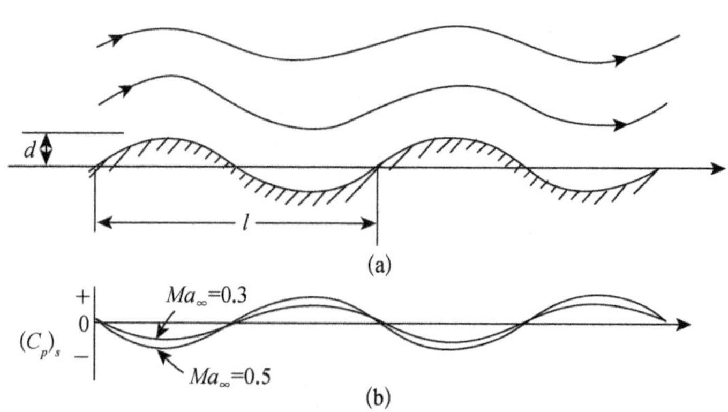

图 11.4 波纹壁面可压缩绕流压强系数分布

相应的定解问题是

$$\begin{cases} \beta^2 \dfrac{\partial^2\varphi}{\partial x^2} + \dfrac{\partial^2\varphi}{\partial y^2} = 0 \\ \left(\dfrac{\partial\varphi}{\partial y}\right)_{y=0} = V_\infty \dfrac{\mathrm{d}y_s}{\mathrm{d}x} \end{cases} \tag{11.48}$$

利用分离变量法,假设扰动速度势函数 $\varphi = F(x)G(y)$,代入上式可得

$$\begin{aligned} &\beta^2 G\frac{\mathrm{d}^2F}{\mathrm{d}x^2} + F\frac{\mathrm{d}^2G}{\mathrm{d}y^2} = 0 \quad \frac{1}{F}\frac{\mathrm{d}^2F}{\mathrm{d}x^2} = -\frac{1}{\beta^2 G}\frac{\mathrm{d}^2G}{\mathrm{d}y^2} = -k^2 \\ &\frac{\mathrm{d}^2F}{\mathrm{d}x^2} + k^2F = 0 \qquad\qquad \frac{\mathrm{d}^2G}{\mathrm{d}y^2} = \beta^2k^2G \end{aligned} \tag{11.49}$$

得到的解为

$$\varphi = (C_1\cos kx + C_2\sin kx)(C_3\mathrm{e}^{k\beta y} + C_4\mathrm{e}^{-k\beta y}) \tag{11.50}$$

y 方向的速度为

$$v = \frac{\partial\varphi}{\partial y} = (C_1\cos kx + C_2\sin kx)k\beta(C_3\mathrm{e}^{k\beta y} - C_4\mathrm{e}^{-k\beta y}) \tag{11.51}$$

当 $y \to \infty$ 时，扰动速度 v 应趋向零，由此得到 $C_3 = 0$。用 $y = 0$ 的 v 值近似物面速度 v 值。波纹壁面的斜率为

$$\frac{\mathrm{d}y_s}{\mathrm{d}x} = \frac{2\pi d}{l}\cos\frac{2\pi x}{l} \tag{11.52}$$

$$-C_4\beta k(C_1\cos kx + C_2\sin kx) = V_\infty\frac{2\pi d}{l}\cos\frac{2\pi x}{l} \tag{11.53}$$

求解上式，得

$$C_2 = 0 \quad C_1C_4 = -V_\infty\frac{d}{\beta} \qquad k = \frac{2\pi}{l} \tag{11.54}$$

故绕波纹壁面的二维亚声速流动的扰动速度势函数为

$$\begin{aligned} \varphi(x,\ y) &= C_1C_4\mathrm{e}^{-\beta ky}\cos kx \\ \varphi(x,\ y) &= -\frac{V_\infty d}{\beta}\mathrm{e}^{-\beta\frac{2\pi}{l}y}\cos\frac{2\pi x}{l} \end{aligned} \tag{11.55}$$

速度分量为

$$\begin{aligned} u &= \frac{\partial\varphi}{\partial x} = -C_1C_4k\mathrm{e}^{-\beta ky}\sin kx = \frac{V_\infty}{\beta}\frac{2\pi d}{l}e^{-\beta\frac{2\pi y}{l}}\sin\frac{2\pi x}{l} \\ v &= \frac{\partial\varphi}{\partial y} = -C_1C_4\beta k\mathrm{e}^{-\beta ky}\cos kx = V_\infty\frac{2\pi d}{l}\mathrm{e}^{-\beta\frac{2\pi y}{l}}\cos\frac{2\pi x}{l} \end{aligned} \tag{11.56}$$

流线方程为

$$\begin{aligned} &\frac{\mathrm{d}y}{v} = \frac{\mathrm{d}x}{V_\infty + u} \approx \frac{\mathrm{d}x}{V_\infty},\ \frac{\mathrm{d}y}{\mathrm{d}x} = \frac{v}{V_\infty} \\ &\frac{\mathrm{d}y}{\mathrm{d}x} = \frac{2\pi d}{l}\mathrm{e}^{-\beta\frac{2\pi y}{l}}\cos\frac{2\pi x}{l} \\ &y = d\mathrm{e}^{-\beta\frac{2\pi h}{l}}\sin\frac{2\pi x}{l} \end{aligned} \tag{11.57}$$

壁面上的压强系数为

$$C_{ps} = -\frac{2u(x,\ 0)}{V_\infty} = -\frac{1}{\beta}\frac{4\pi d}{l}\sin\frac{2\pi x}{l} \tag{11.58}$$

流线的起伏和壁面同相位。离壁面越远，起伏的幅度越小；但在同一高度上，对于不同的来流马赫数，Ma_∞ 越大，β 越小，$\mathrm{e}^{-\beta ky}$ 值越大，幅度越大，或说 Ma_∞ 越大，在同一点受到的扰动越大，随 y 减弱得越少。壁面上的 $(C_p)_s$ 沿 x 的分布，如图 11.4 所示，压强的起伏也是正弦规律，但和壁面的起伏差一个负号，亚声速流和不可压流之间的流动没有本质的

差别，因为当 $Ma_\infty \to 0$ 时，$\beta \to 1$，流场就由亚声速流变为不可压流。$(C_p)_s$ 的绝对值随 Ma_∞ 增大而增大，其放大因子是 $1/\beta$。图中给出 $Ma_\infty=0.3$ 和 0.5 的两条 $(C_p)_s$ 曲线对比。如果取 $Ma_\infty \to 0$，$\beta \to 1.0$，式(11.58)得到的压强系数为不可压缩流体绕流的压强系数，用 $C_{ps}(0)$ 表示，而在任意 Ma_∞ 下，壁面压强系数用 $C_{ps}(Ma_\infty)$ 表示。由式(11.58)得

$$C_{ps}(Ma_\infty) = \frac{1}{\beta}\left(-\frac{4\pi d}{l}\sin\frac{2\pi x}{l}\right) = \frac{1}{\beta}C_{ps}(0) \tag{11.59}$$

11.5 二维亚声速流动普朗特-格劳特压缩性修正

对亚声速可压流绕过物体的流动，在小扰动条件下，扰动速度势函数满足线化方程及线化边界条件，可以求出物体表面压强，进而求得其气动特性。对于同一物体绕流，由于亚声速流场与不可压流场没有本质区别，仅在数量上有一定差异，如果已经知道了低速气动特性，能否通过一定的变换关系，获得亚声速气动特性？答案是肯定的。

亚声速流线化方程是椭圆型的，与不可压流的拉普拉斯方程相比，区别在于第一项的系数不是 1.0，而是常数因子 β^2。这可以通过适当的坐标变换，将线化方程转换为拉普拉斯型方程，并将边界条件和压强系数也做相应变换，这样就把求解线化方程满足边界条件的问题变为求解拉普拉斯方程满足边界条件的问题。

11.5.1 线化方程的变换

1. 仿射变换

做如下仿射变换：

$$\begin{aligned} &X = x,\ Y = \beta y,\ Z = \beta z \\ &\Phi = k\varphi \\ &V_\infty = V_\infty \end{aligned} \tag{11.60}$$

式中，纵向 x 和其他两个方向 y、z 用的不同缩尺，这种保持纵向尺度不变，只把其他两个方向的尺度加以放大或缩小的变换称为仿射变换，经此变换之后，两流场中的物体不是几何相似的，而是仿射相似的。用大写 X、Y、Z、Φ 表示不可压的坐标和扰动速度势函数，代入线化方程中，可得

$$\frac{\partial^2\varphi}{\partial x^2} = \frac{1}{k}\frac{\partial^2\Phi}{\partial X^2},\ \frac{\partial^2\varphi}{\partial y^2} = \frac{\beta^2}{k}\frac{\partial^2\Phi}{\partial Y^2},\ \frac{\partial^2\varphi}{\partial z^2} = \frac{\beta^2}{k}\frac{\partial^2\Phi}{\partial Z^2} \tag{11.61}$$

代入式(11.31)得

$$\frac{\partial^2\Phi}{\partial X^2} + \frac{\partial^2\Phi}{\partial Y^2} + \frac{\partial^2\Phi}{\partial Z^2} = 0 \tag{11.62}$$

变换后的方程式(11.62)，形式上与不可压缩流体流动速度势函数满足的拉普拉斯方程

一样。对于平面流动，有

$$\frac{\partial^2 \Phi}{\partial X^2} + \frac{\partial^2 \Phi}{\partial Y^2} = 0 \tag{11.63}$$

2. 边界条件的变换

远前方边界条件，扰动速度为零，经仿射变换后仍然满足。对于二维物面边界条件，将仿射变换代入，得

$$\begin{aligned} v(x,\ 0) &= \left(\frac{\partial \varphi}{\partial y}\right)_{y=0} = \frac{\beta}{k}\left(\frac{\partial \Phi}{\partial Y}\right)_{Y=0} \\ V_\infty \left(\frac{\mathrm{d}y}{\mathrm{d}x}\right)_s &= \frac{V_\infty}{\beta}\left(\frac{\mathrm{d}Y}{\mathrm{d}X}\right)_s \end{aligned} \tag{11.64}$$

利用式(11.46)，得到

$$\frac{\beta}{k}\left(\frac{\partial \Phi}{\partial Y}\right)_{Y=0} = \frac{V_\infty}{\beta}\left(\frac{\mathrm{d}Y}{\mathrm{d}X}\right)_s,\ \left(\frac{\partial \Phi}{\partial Y}\right)_{Y=0} = k\,\frac{V_\infty}{\beta^2}\left(\frac{\mathrm{d}Y}{\mathrm{d}X}\right)_s \tag{11.65}$$

若令 $k = \beta^2$，则上式变为

$$\left.\frac{\partial \Phi}{\partial Y}\right|_{Y=0} = V_\infty \left(\frac{\mathrm{d}Y}{\mathrm{d}X}\right)_s \tag{11.66}$$

由此，可获得与不可压缩流动相同形式的边界条件。这样，解可压缩流动速度势函数线化方程加线化边界条件问题就转化为解拉普拉斯方程加相同边界条件的不可压缩流动问题，即亚声速薄翼型绕流问题已变换为不可压绕流问题。

3. 定解问题变换

1）仿射变换

$$\begin{aligned} &X = x,\ Y = \beta y,\ Z = \beta z \\ &\Phi = \beta^2 \varphi \\ &V_\infty = V_\infty \end{aligned} \tag{11.67}$$

2）亚声速可压缩绕流问题

$$\begin{cases} \beta^2 \dfrac{\partial^2 \varphi}{\partial x^2} + \dfrac{\partial^2 \varphi}{\partial y^2} = 0 \\ v(x,\ 0) = V_\infty \dfrac{\mathrm{d}y_s}{\mathrm{d}x} \end{cases} \tag{11.68}$$

3）仿射变换后的不可压缩绕流问题

$$\begin{cases} \dfrac{\partial^2 \Phi}{\partial X^2} + \dfrac{\partial^2 \Phi}{\partial Y^2} = 0 \\ \left.\dfrac{\partial \Phi}{\partial Y}\right|_{Y=0} = V_\infty \dfrac{\mathrm{d}Y_s}{\mathrm{d}X},\ Y_s = \beta y_s \end{cases} \tag{11.69}$$

4）可压缩薄翼型绕流的变换

现给出亚声速薄翼型与相应的不可压低速薄翼型之间的几何参数关系。根据仿射变换关系，不可压流的翼型 X 向尺寸不变，Y 方向等于亚声速翼型 y 向尺寸乘以 β（缩小）。故对应不可压翼型的相对厚度、相对弯度均为可压流翼型对应值的 β 倍，同样，迎角也乘以 β。可见，对应不可压翼型绕流比原始翼型厚度变薄、弯度变小、迎角变小，如图 11.5 所示。

$$\begin{aligned} c' &= \beta c \\ f' &= \beta c \\ \alpha' &= \beta\alpha \end{aligned} \tag{11.70}$$

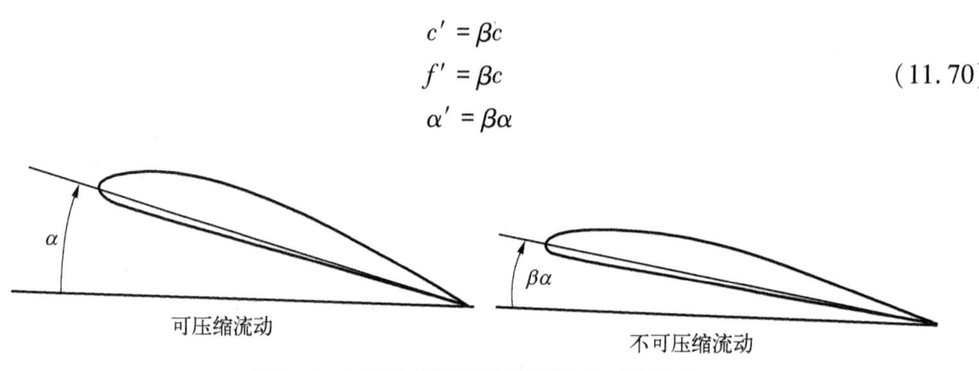

图 11.5　可压与不可压翼型绕流的对应关系

11.5.2　基于线化理论的压缩性修正

1. 翼型上对应点压强系数之间的变换

将式（11.66）的仿射变换关系代入压强系数的线化公式（11.39），得

$$\begin{aligned} C_{ps}(Ma_\infty) &= -\frac{2u}{V_\infty} = -\frac{2}{V_\infty}\frac{\partial\varphi}{\partial x} = \frac{1}{\beta^2}\left(-\frac{2}{V_\infty}\frac{\partial\Phi}{\partial X}\right) = \frac{1}{\beta^2}C_p(0) \\ C_p(0) &= -\frac{2}{V_\infty}\frac{\partial\Phi}{\partial X} \end{aligned} \tag{11.71}$$

式中，$C_p(0)$ 为不可压缩势流的压强系数。或将上式写为

$$C_p(Ma_\infty,\ \alpha,\ c,\ f) = \frac{1}{\beta^2}C_p(0,\ \beta\alpha,\ \beta c,\ \beta f) \tag{11.72}$$

即可压缩流场某点的压强系数等于仿射变换后不可压缩流场对应点的压强系数乘以 $1/\beta^2$，这个变换法则称为格泰特法则（Gothert，德国空气动力学家，1939 年提出）。这只是一种换算法，该方法表明：为获得亚声速翼型的气动特性，需计算不可压流中不同翼型在不同迎角下的绕流流场，给研究带来不便，能否建立同一个翼型在同样迎角下可压流和不可压流压强系数之间的关系呢？答案也是可行的。

根据薄翼理论，小扰动不可压翼型绕流特性，可认为翼型的厚度、弯度和迎角三者所引起扰动符合线性叠加原理，且扰动的大小分别与它们呈正比。根据此原理，在不可压流场中将翼型厚度、弯度和迎角按照同样比例放大或缩小，无量纲势流的解是一样的。如果将仿射变换后的外形放大 $1/\beta$ 倍，其引起的扰动速度也必放大 $1/\beta$ 倍，线化压强系数也应放大 $1/\beta$ 倍，则有

$$C_p(0,\ \alpha,\ c,\ f) = \frac{1}{\beta}C_p(0,\ \beta\alpha,\ \beta c,\ \beta f) \tag{11.73}$$

将式(11.73)代入式(11.72)中的压强系数变换式,可得

$$C_p(Ma_\infty,\ \alpha,\ c,\ f) = \frac{1}{\beta}C_p(0,\ \alpha,\ c,\ f) \tag{11.74}$$

这就是说,不可压流和可压流在完全相同的翼型和迎角条件下,其对应点上压强系数的关系是:把不可压流的 C_p 乘以 $1/\beta$ 就是亚声速可压流的 C_p 值。该换算法则称为普朗特-格劳特法则(Prandtl - Glauert Rules)。这个法则于 1927 年由格劳特理论导出,1922 年普朗特首先使用过。$1/\beta$ 称为亚声速流的压缩性因子。

2. 翼型的亚声速气动特性

翼型的升力系数 C_L 是由翼面上各点压强系数积分得到,力矩系数 C_m 和升力系数只差一个 x 向的力臂,所以同一翼型在同一迎角下,亚声速的 C_L 和 C_m 等于 $1/\beta$ 乘以不可压流的 C_L 和 C_m 值,即

$$C_L(Ma_\infty,\ \alpha,\ c,\ f) = \frac{1}{\beta}C_L(0,\ \alpha,\ c,\ f) \tag{11.75}$$

由于对应翼型的迎角相同,故有

$$C_m = (Ma_\infty,\ \alpha,\ c,\ f) = \frac{1}{\beta}C_m(0,\ \alpha,\ c,\ f) \tag{11.76}$$

$$C_L^\alpha(Ma_\infty,\ \alpha,\ c,\ f) = \frac{1}{\beta}C_L^\alpha(0,\ \alpha,\ c,\ f) \tag{11.77}$$

图 11.6 给出 NACA 4415 翼型在同一个迎角和三个来流马赫数下的 C_p 分布曲线,Ma_∞ 分

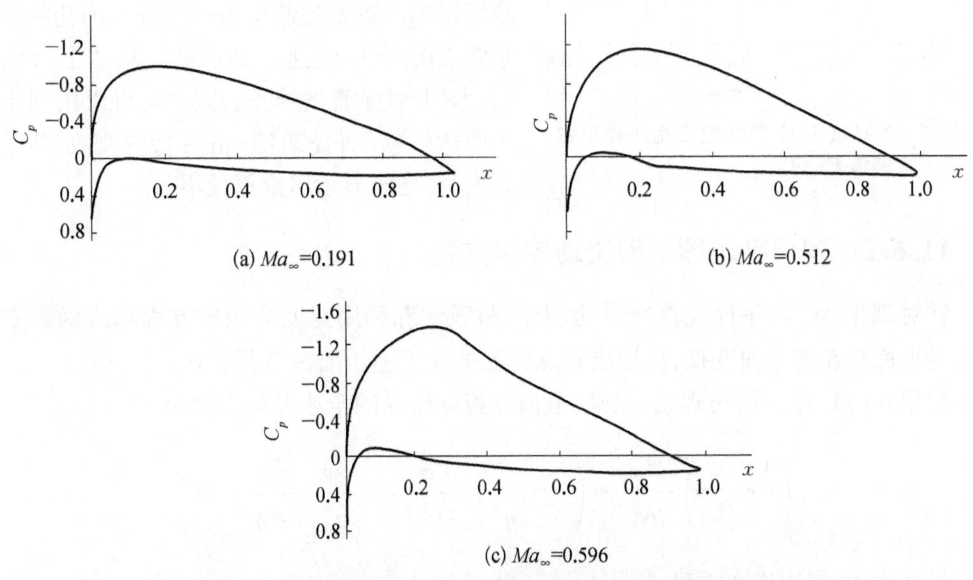

图 11.6　NACA 4415 在不同马赫数下的压强系数分布

别为 0.191、0.512、0.596。这三条曲线是实验的结果,按普朗特-格劳特法则,这三条曲线可按 $1/\beta$ 彼此换算。从实验结果来看,压强系数绝对值分布确实随马赫数的增大而增大,吸力峰增高。

11.6 卡门-钱学森压缩性修正

11.6.1 卡门-钱学森压缩性修正特征

实验发现,当 Ma_∞ 为 0.5~0.7 时,普朗特-格劳特法则的修正结果与实验数据的差别较大。1939 年,冯·卡门和钱学森提出了一个新的压缩性修正公式,称为卡门-钱学森公式。

$$C_p(Ma_\infty, \alpha, c, f) = \frac{C_p(0, \alpha, c, f)}{\sqrt{1 - Ma_\infty^2} + \dfrac{Ma_\infty^2}{\sqrt{1 - Ma_\infty^2} + 1} \dfrac{C_p(0, \alpha, c, f)}{2}} \tag{11.78}$$

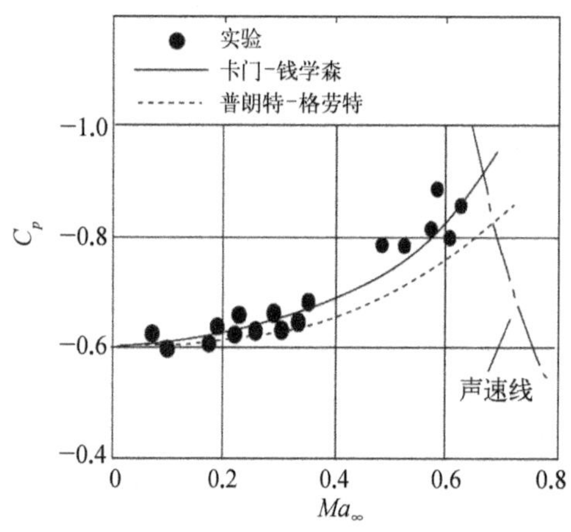

图 11.7 NACA 4412 翼型的三组压强系数曲线 C_p 对比

该公式的修正量不再是常数 $1/\beta$,而与当地的压强系数 $(C_p)_{0,\alpha,c,f}$ 有关,如果是负压强点,在翼型的背风面,修正量比 $1/\beta$ 大;如果是正压强点,在翼型的迎风面,修正量比 $1/\beta$ 小,修正的准确度更高。图 11.7 给出 NACA 4412 翼型在不同马赫数下压强系数 C_p 对比曲线:实圆点是二维亚声速风洞实验数据;实线是卡门-钱学森公式的修正结果;虚线是普朗特-格劳特法则修正结果。翼型的迎角为−2°,静压测孔距前缘 30%弦长,当地流速达到声速。从图上可以看到,卡门-钱学森的修正公式一直可以用到当地流速达声速,而普朗特-格劳特法则在 Ma_∞ 不太大时,已经显示出修正量不足。

11.6.2 理想可压缩平面流动控制方程

针对理想、定常、平面亚声速流动,卡门和钱学森利用速度势函数方程和流函数方程在物理平面与速度平面变换,推导出对点压强的亚声速压缩性修正公式。

利用式(11.12),可得理想、定常、平面亚声速流动的全速度势方程为

$$\left(1 - \frac{u^2}{a^2}\right)\frac{\partial^2 \varphi}{\partial x^2} + \left(1 - \frac{v^2}{a^2}\right)\frac{\partial^2 \varphi}{\partial y^2} - 2\frac{uv}{a^2}\frac{\partial^2 \varphi}{\partial x \partial y} = 0 \tag{11.79}$$

对于平面流动,利用连续方程

$$\frac{\partial \rho u}{\partial x} + \frac{\partial \rho v}{\partial y} = 0 \tag{11.80}$$

如果在流函数的定义中包含密度ρ,流函数定义为

$$\rho u = \frac{\partial \psi}{\partial y},\ \rho v = -\frac{\partial \psi}{\partial x} \tag{11.81}$$

利用式(11.81),得

$$\begin{aligned}
&\rho \frac{\partial u}{\partial x} = \frac{\partial^2 \psi}{\partial x \partial y} - u \frac{\partial \rho}{\partial x},\ \rho \frac{\partial u}{\partial y} = \frac{\partial^2 \psi}{\partial y^2} - u \frac{\partial \rho}{\partial y} \\
&\rho \frac{\partial v}{\partial x} = -\frac{\partial^2 \psi}{\partial x^2} - v \frac{\partial \rho}{\partial x},\ \rho \frac{\partial v}{\partial y} = -\frac{\partial^2 \psi}{\partial x \partial y} - v \frac{\partial \rho}{\partial y}
\end{aligned} \tag{11.82}$$

对于理想平面势流,由旋转角度为零,可知

$$\frac{\partial v}{\partial x} - \frac{\partial u}{\partial y} = 0 \tag{11.83}$$

将式(11.81)代入式(11.83),得到关于流函数方程为

$$\begin{aligned}
&-\rho\left(\frac{\partial v}{\partial x} - \frac{\partial u}{\partial y}\right) = -\frac{\partial \rho v}{\partial x} + \frac{\partial \rho u}{\partial y} + v \frac{\partial \rho}{\partial x} - u \frac{\partial \rho}{\partial y} = 0 \\
&\frac{\partial^2 \psi}{\partial x^2} + \frac{\partial^2 \psi}{\partial y^2} + v \frac{\partial \rho}{\partial x} - u \frac{\partial \rho}{\partial y} = 0
\end{aligned} \tag{11.84}$$

对于理想正压流体$\rho = \rho(p)$和等熵声波方程,有

$$\frac{\mathrm{d}p}{\mathrm{d}\rho} = a^2,\ \frac{\partial \rho}{\partial x} = \frac{\partial \rho}{\partial p}\frac{\partial p}{\partial x} = \frac{1}{a^2}\frac{\partial p}{\partial x},\ \frac{\partial \rho}{\partial y} = \frac{1}{a^2}\frac{\partial p}{\partial y} \tag{11.85}$$

利用欧拉方程(11.7),代入式(11.84),得

$$\begin{aligned}
&\frac{\partial^2 \psi}{\partial x^2} + \frac{\partial^2 \psi}{\partial y^2} + v \frac{\partial \rho}{\partial x} - u \frac{\partial \rho}{\partial y} = 0 \\
&\frac{\partial^2 \psi}{\partial x^2} + \frac{\partial^2 \psi}{\partial y^2} - \frac{\rho v}{a^2}\left(u \frac{\partial u}{\partial x} + v \frac{\partial u}{\partial y}\right) + \frac{\rho u}{a^2}\left(u \frac{\partial v}{\partial x} + v \frac{\partial v}{\partial y}\right) = 0
\end{aligned} \tag{11.86}$$

利用式(11.82),得

$$\begin{aligned}
&\frac{\partial^2 \psi}{\partial x^2} + \frac{\partial^2 \psi}{\partial y^2} - \frac{\rho v}{a^2}\left(u \frac{\partial u}{\partial x} + v \frac{\partial u}{\partial y}\right) + \frac{\rho u}{a^2}\left(u \frac{\partial v}{\partial x} + v \frac{\partial v}{\partial y}\right) = 0 \\
&\frac{\partial^2 \psi}{\partial x^2} + \frac{\partial^2 \psi}{\partial y^2} + \frac{1}{a^2}\left(-vu \frac{\partial^2 \psi}{\partial x \partial y} + vu^2 \frac{\partial \rho}{\partial x} - v^2 \frac{\partial^2 \psi}{\partial y^2} + v^2 u \frac{\partial \rho}{\partial y}\right) \\
&\quad + \frac{1}{a^2}\left(-u^2 \frac{\partial^2 \psi}{\partial x^2} - u^2 v \frac{\partial \rho}{\partial x} - uv \frac{\partial^2 \psi}{\partial x \partial y} - uv^2 \frac{\partial \rho}{\partial y}\right) = 0
\end{aligned} \tag{11.87}$$

简化后得

$$\left(1 - \frac{u^2}{a^2}\right)\frac{\partial^2\psi}{\partial x^2} + \left(1 - \frac{v^2}{a^2}\right)\frac{\partial^2\psi}{\partial y^2} - 2\frac{uv}{a^2}\frac{\partial^2\psi}{\partial x\partial y} = 0 \tag{11.88}$$

这就是平面可压缩流的流函数方程。

鉴于式(11.79)和式(11.88)在物理平面(x, y)内的非线性特征,为了求解变换到速度面(V, θ)上,变换后的方程为线性的,然后在速度面求解,这种方法称为速度图法,如图11.8所示。

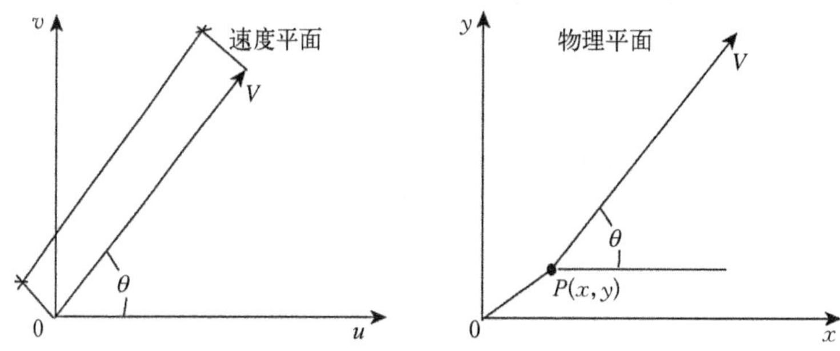

图 11.8　物理平面与速度平面

11.6.3　速度面变换

在物理平面上,按照速度势函数 φ 和流函数 ψ 的定义,可得

$$\begin{aligned} d\varphi &= \frac{\partial\varphi}{\partial x}dx + \frac{\partial\varphi}{\partial y}dy = udx + vdy = V(\cos\theta dx + \sin\theta dy) \\ d\psi &= \frac{\partial\psi}{\partial x}dx + \frac{\partial\psi}{\partial y}dy = \frac{\rho}{\rho_0}(udy - vdx) = \frac{\rho}{\rho_0}V(-\sin\theta dx + \cos\theta dy) \end{aligned} \tag{11.89}$$

这里流函数的定义中除以 ρ_0(为常数),ρ_0 为驻点密度。解出 dx 和 dy,得

$$\begin{aligned} dx &= \frac{\cos\theta}{V}d\varphi - \frac{\rho_0}{\rho}\frac{\sin\theta}{V}d\psi \\ dy &= \frac{\sin\theta}{V}d\varphi + \frac{\rho_0}{\rho}\frac{\cos\theta}{V}d\psi \end{aligned} \tag{11.90}$$

在速度面上,用(V, θ)作为自变量,把流函数和速度势函数可表示为

$$\begin{aligned} d\varphi &= \frac{\partial\varphi}{\partial V}dV + \frac{\partial\varphi}{\partial\theta}d\theta \\ d\psi &= \frac{\partial\psi}{\partial V}dV + \frac{\partial\psi}{\partial\theta}d\theta \end{aligned} \tag{11.91}$$

将式(11.91)代入式(11.90),得

$$dx = \left(\frac{\cos\theta}{V}\frac{\partial\varphi}{\partial V} - \frac{\rho_0}{\rho}\frac{\sin\theta}{V}\frac{\partial\psi}{\partial V}\right)dV + \left(\frac{\cos\theta}{V}\frac{\partial\varphi}{\partial\theta} - \frac{\rho_0}{\rho}\frac{\sin\theta}{V}\frac{\partial\psi}{\partial\theta}\right)d\theta$$

$$dy = \left(\frac{\sin\theta}{V}\frac{\partial\varphi}{\partial V} + \frac{\rho_0}{\rho}\frac{\cos\theta}{V}\frac{\partial\psi}{\partial V}\right)dV + \left(\frac{\sin\theta}{V}\frac{\partial\varphi}{\partial\theta} + \frac{\rho_0}{\rho}\frac{\cos\theta}{V}\frac{\partial\psi}{\partial\theta}\right)d\theta \tag{11.92}$$

如果用复变数 $z(=x+iy)$ 表示,可有

$$dz = dx + idy = \frac{\partial z}{\partial V}dV + \frac{\partial z}{\partial\theta}d\theta \tag{11.93}$$

将式(11.92)代入上式得

$$dz = e^{i\theta}\left(\frac{1}{V}\frac{\partial\varphi}{\partial V} + i\frac{\rho_0}{\rho}\frac{1}{V}\frac{\partial\psi}{\partial V}\right)dV + e^{i\theta}\left(\frac{1}{V}\frac{\partial\varphi}{\partial\theta} + i\frac{\rho_0}{\rho}\frac{1}{V}\frac{\partial\psi}{\partial\theta}\right)d\theta \tag{11.94}$$

比较上两式,得

$$\frac{\partial z}{\partial V} = e^{i\theta}\left(\frac{1}{V}\frac{\partial\varphi}{\partial V} + i\frac{\rho_0}{\rho}\frac{1}{V}\frac{\partial\psi}{\partial V}\right)$$

$$\frac{\partial z}{\partial\theta} = e^{i\theta}\left(\frac{1}{V}\frac{\partial\varphi}{\partial\theta} + i\frac{\rho_0}{\rho}\frac{1}{V}\frac{\partial\psi}{\partial\theta}\right) \tag{11.95}$$

对上式第一式求 θ 的偏导数,第二式求 V 的偏导数,有

$$\frac{\partial^2 z}{\partial\theta\partial V} = e^{i\theta}\left[\left(\frac{1}{V}\frac{\partial^2\varphi}{\partial\theta\partial V} - \frac{\rho_0}{\rho}\frac{1}{V}\frac{\partial\psi}{\partial V}\right) + i\left(\frac{\rho_0}{\rho}\frac{1}{V}\frac{\partial\psi}{\partial\theta\partial V} + \frac{1}{V}\frac{\partial\varphi}{\partial V}\right)\right]$$

$$\frac{\partial^2 z}{\partial V\partial\theta} = e^{i\theta}\left\{\left(\frac{1}{V}\frac{\partial^2\varphi}{\partial\theta\partial V} - \frac{1}{V^2}\frac{\partial\varphi}{\partial\theta}\right) + i\left[\frac{\rho_0}{\rho}\frac{1}{V}\frac{\partial\psi}{\partial V\partial\theta} + \frac{\partial}{\partial V}\left(\frac{\rho_0}{\rho}\frac{1}{V}\right)\frac{\partial\psi}{\partial\theta}\right]\right\} \tag{11.96}$$

比较式(11.96)中,第一式等于第二式,分开实部和虚部,得

$$\frac{\rho_0}{\rho}\frac{\partial\psi}{\partial V} = \frac{1}{V}\frac{\partial\varphi}{\partial\theta}$$

$$V\frac{\partial}{\partial V}\left(\frac{\rho_0}{\rho}\frac{1}{V}\right)\frac{\partial\psi}{\partial\theta} = \frac{\partial\varphi}{\partial V} \tag{11.97}$$

利用等熵关系 $\frac{\partial p}{\partial\rho} = a^2$ 和欧拉方程 $\frac{\partial p}{\partial V} = -\rho V$, 得

$$\frac{\partial\rho}{\partial V} = -\frac{\rho V}{a^2} \tag{11.98}$$

利用式(11.98),式(11.97)得

$$\frac{\partial}{\partial V}\left(\frac{\rho_0}{\rho}\frac{1}{V}\right)=-\frac{\rho_0}{\rho^2 V}\frac{\partial\rho}{\partial V}-\frac{\rho_0}{\rho V^2}=-\frac{\rho_0}{\rho V^2}(1-Ma^2) \tag{11.99}$$

由此,式(11.97)变为

$$\begin{aligned}\frac{\rho_0}{\rho}\frac{\partial\psi}{\partial V}&=\frac{1}{V}\frac{\partial\varphi}{\partial\theta}\\ -\frac{\rho_0}{\rho}(1-Ma^2)\frac{1}{V}\frac{\partial\psi}{\partial\theta}&=\frac{\partial\varphi}{\partial V}\end{aligned} \tag{11.100}$$

式(11.100)称为莫伦勃欧克-恰普雷金变换的基本方程。对该式交叉求偏导数,消去势函数,得到流函数的方程为

$$\begin{aligned}&\frac{\partial}{\partial V}\left(V\frac{\rho_0}{\rho}\frac{\partial\psi}{\partial V}\right)+\frac{\rho_0}{\rho}(1-Ma^2)\frac{1}{V}\frac{\partial^2\psi}{\partial\theta^2}=0\\ &V^2\frac{\partial^2\psi}{\partial V^2}+(1+Ma^2)V\frac{\partial\psi}{\partial V}+(1-Ma^2)\frac{\partial^2\psi}{\partial\theta^2}=0\end{aligned} \tag{11.101}$$

同样,通过交叉求偏导数,消去流函数,得到速度势函数的方程为

$$V^2(1-Ma^2)\frac{\partial^2\varphi}{\partial V^2}+V(1+\gamma Ma^4)\frac{\partial\varphi}{\partial V}+(1-Ma^2)^2\frac{\partial^2\varphi}{\partial\theta^2}=0 \tag{11.102}$$

如果找到速度面上流函数满足式(11.101),就可以找到物理平面上对应的流动,具体办法是:① 由流函数 $\psi(V,\theta)$,求导得到 $\frac{\partial\psi}{\partial V}$、$\frac{\partial\psi}{\partial\theta}$;② 由变换关系式(11.100),求势函数的偏导数 $\frac{\partial\varphi}{\partial V}$、$\frac{\partial\varphi}{\partial\theta}$;③ 对流函数和势函数积分,得到物理平面上的流线坐标 x、y。

11.6.4 可压缩与不可压缩流动速度面关系

对于不可压缩流动,$Ma\to 0$, $\rho_0=\rho$,代入式(11.100),有

$$\begin{aligned}W\frac{\partial\psi}{\partial W}&=\frac{\partial\varphi}{\partial\theta}\\ -\frac{1}{W}\frac{\partial\psi}{\partial\theta}&=\frac{\partial\varphi}{\partial W}\end{aligned} \tag{11.103}$$

其中,在不可压缩流场中,速度为 W,指向性 θ。如果把

$$W\frac{\partial}{\partial W}=\frac{\partial}{\partial(\ln W)} \tag{11.104}$$

令 $Q=\ln W$。由此,得到柯西-黎曼条件为

$$\begin{aligned}\frac{\partial \psi}{\partial Q} &= \frac{\partial \varphi}{\partial \theta} \\ -\frac{\partial \psi}{\partial \theta} &= \frac{\partial \varphi}{\partial Q}\end{aligned} \tag{11.105}$$

对于可压缩流动,也可以把式(11.100)变成类似式(11.103)的形式。令

$$\mathrm{d}\Pi = \sqrt{1 - Ma^2}\,\frac{\mathrm{d}V}{V} \tag{11.106}$$

利用此式,可以建立可压缩流动与不可缩流动的关系,即

$$Ma \to 0,\ \rho_0 = \rho,\ V \to W, \Pi \to Q \tag{11.107}$$

将式(11.106)代入式(11.100),得

$$\begin{aligned}\frac{\partial \varphi}{\partial \Pi} &= -\frac{\rho_0}{\rho}\sqrt{1 - Ma^2}\,\frac{\partial \psi}{\partial \theta} \\ \frac{\partial \varphi}{\partial \theta} &= \frac{\rho_0}{\rho}\sqrt{1 - Ma^2}\,\frac{\partial \psi}{\partial \Pi}\end{aligned} \tag{11.108}$$

恰普雷金发现,在 Ma 不太接近 1 的亚声速范围内,下式接近于 1,即

$$\frac{\rho_0}{\rho}\sqrt{1 - Ma^2} \approx 1.0 \tag{11.109}$$

因为

$$\begin{aligned}\frac{\rho_0}{\rho}\sqrt{1 - Ma^2} &= \left(1 + \frac{\gamma - 1}{2}Ma^2\right)^{\frac{1}{\gamma-1}}(1 - Ma^2)^{\frac{1}{2}} \\ &\approx \left[1 + \frac{Ma^2}{2} + (2 - \gamma)\frac{Ma^4}{8} + \cdots\right]\left(1 - \frac{Ma^2}{2} - \frac{Ma^4}{8} + \cdots\right) \\ &\approx 1 - \frac{\gamma + 1}{8}Ma^4 + \cdots\end{aligned} \tag{11.110}$$

对于 $\gamma = 1.4$, $Ma = 0.5$, 取上式的值为 1.0 所产生的误差不到 2%。代入式(11.108),得

$$\begin{aligned}\frac{\partial \varphi}{\partial \Pi} &= -\frac{\partial \psi}{\partial \theta} \\ \frac{\partial \varphi}{\partial \theta} &= \frac{\partial \psi}{\partial \Pi}\end{aligned} \tag{11.111}$$

上式也简化为柯西-黎曼条件。说明通过变换,可以把可压缩流动问题与不可压缩流动问题建立相似关系。利用 $\frac{\rho_0}{\rho}\sqrt{1 - Ma^2} \approx 1.0$, 由式(11.110)得出, $\gamma = -1.0$。

虽然，$\gamma=-1.0$ 的气体不存在。但利用等熵关系 $p=C\rho^{\gamma}$，可看作为在 p 与$\dfrac{1}{\rho}$的关系中，用 $\gamma=-1.0$ 的切线代替曲线关系。因为

$$\frac{\mathrm{d}p}{\mathrm{d}\rho}=C\gamma\rho^{\gamma-1},\ \mathrm{d}\left(\frac{1}{\rho}\right)=-\frac{\mathrm{d}\rho}{\rho^{2}} \tag{11.112}$$

所以，有

$$\frac{\mathrm{d}p}{\mathrm{d}\left(\frac{1}{\rho}\right)}=-C\gamma\rho^{\gamma+1} \tag{11.113}$$

在 $r=-1$ 的条件下，由上式得

$$\frac{\mathrm{d}p}{\mathrm{d}\left(\frac{1}{\rho}\right)}=-C(-1)\rho^{-1+1}=C \tag{11.114}$$

利用式(11.114)，取代等熵关系，得

$$p=\frac{C}{\rho}+B \tag{11.115}$$

式中，C 和 B 为常数。如图 11.9 所示，如果取来流条件(V_{∞}，p_{∞})作为切点计算。由于 $\dfrac{\mathrm{d}p}{\mathrm{d}\rho}=a^{2}$，根据式(11.114)，有

$$C=\frac{\mathrm{d}p}{\mathrm{d}\left(\frac{1}{\rho}\right)}=-\rho^{2}\frac{\mathrm{d}p}{\mathrm{d}\rho}=-\rho^{2}a^{2}=-\rho_{\infty}^{2}a_{\infty}^{2} \tag{11.116}$$

利用该切线方程，有

$$p-p_{\infty}=\rho_{\infty}^{2}a_{\infty}^{2}\left(\frac{1}{\rho_{\infty}}-\frac{1}{\rho}\right) \tag{11.117}$$

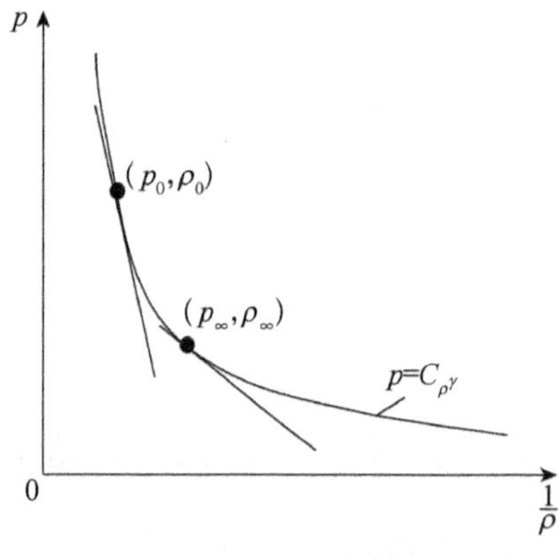

图 11.9　切线近似气体

既然表征可压缩流动的式(11.111)和不可缩流动的式(11.105)在形式上是完全一样的，因此可令可压缩流动的速度与不可压缩流动的速度存在如下关系为

$$\mathrm{d}\Pi=\mathrm{d}Q,\ \frac{\mathrm{d}W}{W}=\sqrt{1-Ma^{2}}\,\frac{\mathrm{d}V}{V} \tag{11.118}$$

这样两种流动可以用同一方程描述。其求解过程为：先求不可压缩流动速度面上的流函数 $\psi(Q, \theta)$，然后求可压缩流动的速度面上的流函数 $\psi(\Pi, \theta)$，再转换到物理平面的流函数 $\psi(x, y)$，如图 11.10 所示。

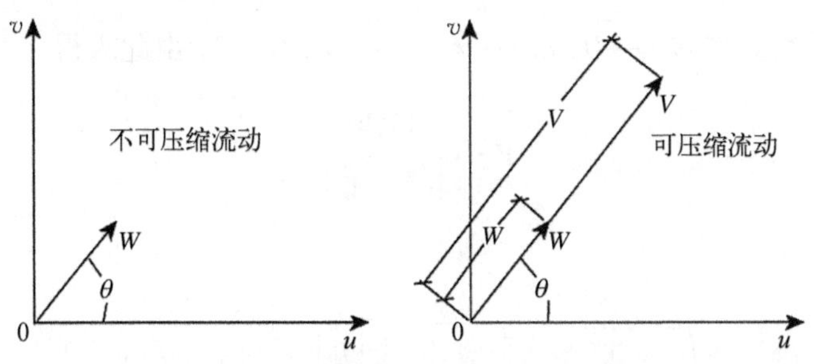

图 11.10　不可压缩与可压缩流动变换

对式(11.118)积分，得

$$\ln W = \int \sqrt{1 - Ma^2}\,\frac{\mathrm{d}V}{V} = \int \frac{\rho}{\rho_0}\frac{\mathrm{d}V}{V} = \int \frac{\rho}{\rho_0}\frac{\mathrm{d}V}{V} \tag{11.119}$$

利用

$$\frac{\rho_0}{\rho} = \left(1 + \frac{\gamma - 1}{2}Ma^2\right)^{\frac{1}{\gamma-1}},\quad \frac{a_0^2}{a^2} = 1 + \frac{\gamma - 1}{2}Ma^2 \tag{11.120}$$

由此可得

$$\frac{\rho_0}{\rho} = \left(1 - \frac{\gamma - 1}{2}\frac{V^2}{a_0^2}\right)^{\frac{-1}{\gamma-1}} \tag{11.121}$$

取 $\gamma = -1$，代入上式，得

$$\frac{\rho_0}{\rho} = \left(1 - \frac{\gamma - 1}{2}\frac{V^2}{a_0^2}\right)^{\frac{-1}{\gamma-1}} = \sqrt{1 + \frac{V^2}{a_0^2}} \tag{11.122}$$

代入式(11.119)，有

$$\ln W = \int \frac{\mathrm{d}V}{V\sqrt{1 + \frac{V^2}{a_0^2}}} \tag{11.123}$$

积分上式，得

$$\ln W = \int \frac{\mathrm{d}V}{V\sqrt{1 + \frac{V^2}{a_0^2}}} = \ln \frac{CV}{1 + \sqrt{1 + \frac{V^2}{a_0^2}}} \tag{11.124}$$

$$W=\frac{CV}{1+\sqrt{1+\dfrac{V^2}{a_0^2}}} \tag{11.125}$$

式中,C 为积分常数。在 $Ma \to 0$, $a_0 \to \infty$, $V \to W$, $C=2$, 由此求得

$$V=\frac{4a_0^2 W}{4a_0^2-W^2} \tag{11.126}$$

代入式(11.122),得

$$\frac{\rho_0}{\rho}=\sqrt{1+\frac{V^2}{a_0^2}}=\sqrt{1+\frac{(4a_0^2 W)^2}{a_0^2(4a_0^2-W^2)^2}}=\frac{4a_0^2+W^2}{4a_0^2-W^2} \tag{11.127}$$

对于可压来流 V_∞,假定不可压来流为 W_∞,代入式(11.126)得

$$W_\infty=\frac{2a_0 V_\infty}{a_0+\sqrt{a_0^2+V_\infty^2}},\ V_\infty=\frac{4a_0^2 W_\infty}{4a_0^2-W_\infty^2} \tag{11.128}$$

利用式(11.117),可压缩流动的压强系数为

$$C_p=\frac{p-p_\infty}{\dfrac{1}{2}\rho_\infty V_\infty^2}=\frac{2a_\infty^2}{V_\infty^2}\left(1-\frac{\rho_\infty}{\rho}\right) \tag{11.129}$$

式中,关于 $\dfrac{\rho_\infty}{\rho}$ 的表达式为

$$\frac{\rho_\infty}{\rho}=\frac{\rho_\infty}{\rho_0}\frac{\rho_0}{\rho}=\frac{4a_0^2-W_\infty^2}{4a_0^2+W_\infty^2}\cdot\frac{4a_0^2+W^2}{4a_0^2-W^2}=\frac{1-E}{1+E}\cdot\frac{1+E\dfrac{W^2}{W_\infty^2}}{1-E\dfrac{W^2}{W_\infty^2}} \tag{11.130}$$

式中,E 表示为

$$E=\frac{W_\infty^2}{4a_0^2}=\frac{V_\infty^2}{\left(a_0+\sqrt{a_0^2+V_\infty^2}\right)^2} \tag{11.131}$$

由于 $\gamma=-1$, 代入式(11.120),得

$$\frac{a_0^2}{a_\infty^2}=1-Ma_\infty^2 \tag{11.132}$$

代入式(11.131),有

$$E=\frac{W_\infty^2}{4a_0^2}=\frac{Ma_\infty^2}{\left[\frac{a_0}{a_\infty}+\sqrt{\left(\frac{a_0}{a_\infty}\right)^2+Ma_\infty^2}\right]^2}=\frac{Ma_\infty^2}{\left(\sqrt{1-Ma_\infty^2}+1\right)^2}\tag{11.133}$$

代入式(11.129),有

$$C_p=\frac{4E}{Ma_\infty^2(1+E)}\cdot\frac{1-\frac{W^2}{W_\infty^2}}{(1-E)+E\left(1-\frac{W^2}{W_\infty^2}\right)}\tag{11.134}$$

对于不可压缩流动,有

$$C_p(0)=1-\frac{W^2}{W_\infty^2}\tag{11.135}$$

将式(11.133)和式(11.135)代入式(11.134),得

$$C_p(Ma_\infty)=\frac{C_p(0)}{\sqrt{1-Ma_\infty^2}+\frac{Ma_\infty^2}{1+\sqrt{1-Ma_\infty^2}}\frac{C_p(0)}{2}}\tag{11.136}$$

这就是卡门-钱学森修正公式。

11.7　赖特压缩性修正方法

1951 年,美国加利福尼亚大学的赖特(E. V. Laitone)用当地马赫数代替普朗特-格劳特法则中的来流马赫数,给出一种新的压缩性修正方法,即将式(11.74)中的来流马赫数用当地马赫数代替

$$C_p(Ma_\infty,\ \alpha,\ c,\ f)=\frac{1}{\sqrt{1-Ma^2}}C_p(0,\ \alpha,\ c,\ f)\tag{11.137}$$

式中,Ma 为当地马赫数,而不是来流马赫数。根据压强系数定义:

$$C_p(Ma)=\frac{p-p_\infty}{\frac{1}{2}\rho_\infty V_\infty^2}=\frac{2p_\infty}{\rho_\infty V_\infty^2}\left(\frac{p}{p_\infty}-1\right)=\frac{2}{\gamma Ma_\infty^2}\left(\frac{p}{p_\infty}-1\right)\tag{11.138}$$

利用可压缩等熵流动式(7.117):

$$\frac{p_0}{p}=\left(\frac{T_0}{T}\right)^{\frac{\gamma}{\gamma-1}}=\left(1+\frac{\gamma-1}{2}Ma^2\right)^{\frac{\gamma}{\gamma-1}}$$

可知

$$\frac{p}{p_\infty}=\left(\frac{1+\dfrac{\gamma-1}{2}Ma_\infty^2}{1+\dfrac{\gamma-1}{2}Ma^2}\right)^{\frac{\gamma}{\gamma-1}} \tag{11.139}$$

将式(11.139)代入式(11.138),解出当地马赫数为

$$Ma^2=\left(Ma_\infty^2+\frac{2}{\gamma-1}\right)\left[1+\frac{\gamma Ma_\infty^2}{2}C_p(Ma)\right]^{-\frac{\gamma}{\gamma-1}}-\frac{2}{\gamma-1} \tag{11.140}$$

考虑到小扰动一阶近似,有

$$Ma^2=Ma_\infty^2-\left(1+\frac{\gamma-1}{2}Ma_\infty^2\right)Ma_\infty^2C_p(0) \tag{11.141}$$

将式(11.141)代入式(11.137)得

$$C_p(Ma)=\frac{C_p(0)}{\sqrt{1-Ma_\infty^2}+\dfrac{Ma_\infty^2}{\sqrt{1-Ma_\infty^2}}\left(1+\dfrac{\gamma-1}{2}Ma_\infty^2\right)\dfrac{C_p(0)}{2}} \tag{11.142}$$

这个修正关系在推导中利用了标准的等熵关系 $p=C\rho^\gamma$,其与普朗特-格劳特修正式(11.74)、卡门-钱学森修正公式(11.136)的比较如图11.11所示。由该图可见,赖特修正值大于卡门-钱学森修正值。

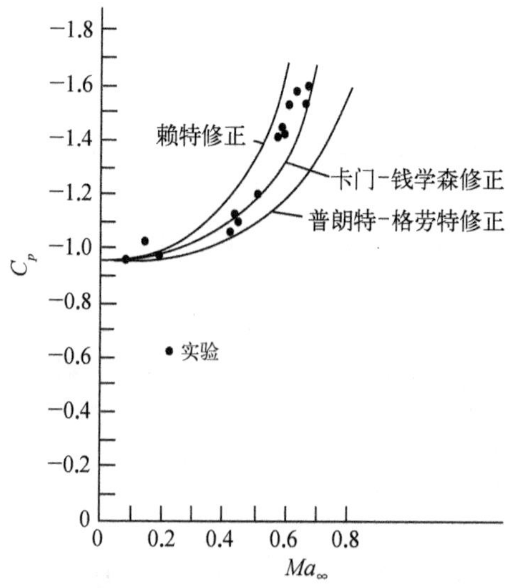

图11.11 赖特压缩性修正

11.8　亚声速薄机翼绕流气动特性

将二维的普朗特−格劳特法则推广到三维，即可获得亚声速机翼和不可压缩机翼绕流之间的对应关系。

11.8.1　无限翼展斜置翼的压缩性修正

如图 11.12 所示，对于无限翼展斜置翼，来流马赫数可以分解为法向马赫数和切向马赫数。对于理想气体情况，切向马赫数不影响压强分布。对于法向马赫数，线化理论的势函数为

$$(1 - Ma_{\infty}^2 \cos^2\chi)\frac{\partial^2\varphi}{\partial x^2} + \frac{\partial^2\varphi}{\partial y^2} + \frac{\partial^2\varphi}{\partial z^2} = 0 \quad (11.143)$$

这样，因法向马赫数引起的压缩性修正因子为

$$\frac{1}{\beta} = \frac{1}{\sqrt{1 - Ma_{\infty}^2 \cos^2\chi}} \quad (11.144)$$

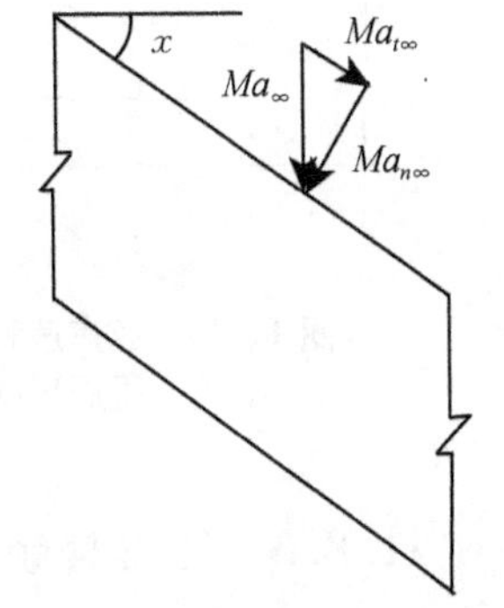

图 11.12　无限翼展斜置翼的压缩性修正

11.8.2　机翼平面形状之间的变换

对机翼等扁平物体，压强系数的一次近似式为

$$C_p = -\frac{2u}{V_{\infty}}$$

该式与不可压流动压强系数线化公式完全一样，压强系数仅决定于 x 向的扰动速度。对于机翼，根据仿射变换关系，X 向不变，Z 向缩小，$Z = \beta z$，故相应机翼之间平面几何参数存在以下关系。

根梢比（弦长保持不变）：

$$\eta' = \eta \quad (11.145)$$

展弦比（展长变小）：

$$\lambda' = \beta\lambda \quad (11.146)$$

后掠角（后掠角变大）：

$$\tan\chi' = \frac{1}{\beta}\tan\chi \quad (11.147)$$

可见，对应不可压流中的机翼，其展弦比变小，后掠角变大，而根梢比不变，如图 11.13 所示。图 11.14 给出扁平物体绕流在不同马赫数下的外形。

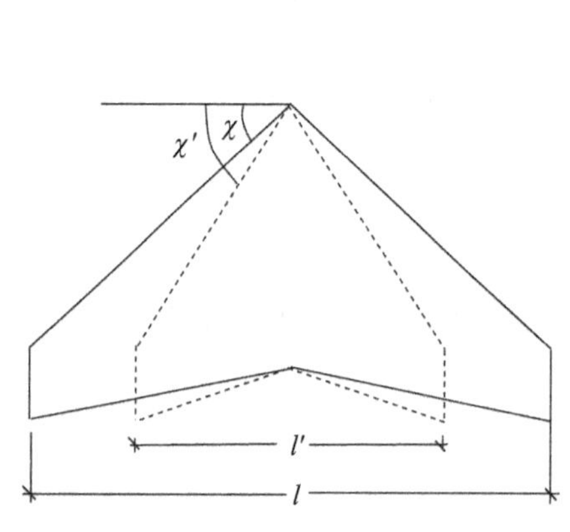

图 11.13　亚声速和对应不可压机翼平面形状之间的关系

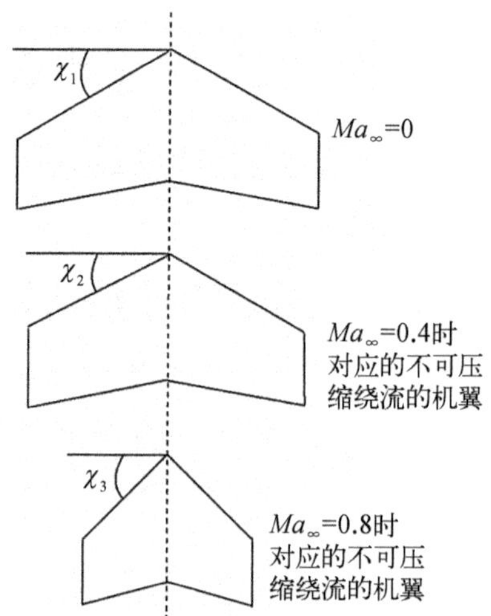

图 11.14　扁平物体绕流在不同马赫数下的压缩性修正

11.8.3　三维普朗特-格劳特法则

通过仿射变换,可压流机翼与相应的不可压流机翼相比,变换后不可压流机翼的平面形状为:展弦比变成$\beta\lambda$,后掠角的正切变成$\tan\chi'=\dfrac{1}{\beta}\tan\chi$,翼型不变,迎角不变,推广应用普朗特-格劳特法则至三维,可得可压流中机翼的压强系数等于对应不可压流机翼上对应点压强系数的$1/\beta$倍,即

(1) 压强系数:

$$C_p(Ma_\infty,\ \alpha,\ c,\ f,\ \lambda,\ \tan\chi,\ \eta)=\frac{1}{\beta}C_p\left(0,\ \alpha,\ c,\ f,\ \beta\lambda,\ \frac{1}{\beta}\tan\chi,\ \eta\right) \tag{11.148}$$

或

$$C_p(Ma_\infty,\ \alpha,\ \lambda,\ \tan\chi,\ \eta)=\frac{1}{\beta}C_p\left(0,\ \alpha,\ \beta\lambda,\ \frac{1}{\beta}\tan\chi,\ \eta\right) \tag{11.149}$$

根据普朗特-格劳特法则,亚声速可压流中机翼的气动力特性,可从不可压流中相应机翼的气动力特性求出。

(2) 升力系数和力矩系数:

$$\begin{aligned}C_L(Ma_\infty,\ \alpha,\ \lambda,\ \tan\chi,\ \eta)&=\frac{1}{\beta}C_L\left(0,\ \alpha,\ \beta\lambda,\ \frac{1}{\beta}\tan\chi,\ \eta\right)\\C_m(Ma_\infty,\ \alpha,\ \lambda,\ \tan\chi,\ \eta)&=\frac{1}{\beta}C_m\left(0,\ \alpha,\ \beta\lambda,\ \frac{1}{\beta}\tan\chi,\ \eta\right)\end{aligned} \tag{11.150}$$

(3) 升力线斜率：

$$C_L^{\alpha}(Ma_{\infty},\ \alpha,\ \lambda,\ \tan\chi,\ \eta)=\frac{1}{\beta}C_L^{\alpha}\left(0,\ \alpha,\ \beta\lambda,\ \frac{1}{\beta}\tan\chi,\ \eta\right) \tag{11.151}$$

$$\frac{C_L^{\alpha}}{\lambda}(Ma_{\infty},\ \alpha,\ \lambda,\ \tan\chi,\ \eta)=\frac{1}{\beta\lambda}C_L^{\alpha}\left(0,\ \alpha,\ \beta\lambda,\ \frac{1}{\beta}\tan\chi,\ \eta\right) \tag{11.152}$$

式(11.152)右边是平面几何参数 $\beta\lambda$、$\lambda\tan\chi$、η 的函数,称为仿射组合参数。上式可写成如下形式：

$$\frac{C_L^{\alpha}}{\lambda}=Y\left(\beta\lambda,\ \frac{\lambda\tan\chi}{\beta\lambda},\ \eta\right) \tag{11.153}$$

式中,Y 是仿射组合参数的某一函数。可见,只要 $\beta\lambda$、$\lambda\tan\chi$、η 相同,亚声速机翼的 $\dfrac{C_L^{\alpha}}{\lambda}$ 就相同。因此,如果把不同平面形状无扭转对称翼型的机翼计算值或实验值按 $\beta\lambda$、$\lambda\tan\chi$、η 三个仿射组合参数来整理曲线,所得曲线将能提供任意平面形状机翼在亚声速流中的 $\dfrac{C_L^{\alpha}}{\lambda}$ 值。整理时,可先固定一个参数不变,如 $\lambda\tan\chi$,得到一组曲线,如图 11.15 左边点划线所示(左边为亚声速,右边为超声速),这时,η 的影响可忽略不计;换一个 $\lambda\tan\chi$ 又得一组类似曲线,这样,就可得到一套计算可压流中机翼升力线斜率的曲线。图 11.15 中,横坐标是 $\beta\lambda$,纵坐标是 $\dfrac{C_L^{\alpha}}{\lambda}$,参数 $\lambda C^{1/3}$(C 为相对厚度);$\chi_{0.5}$ 表示机翼中线后掠角。

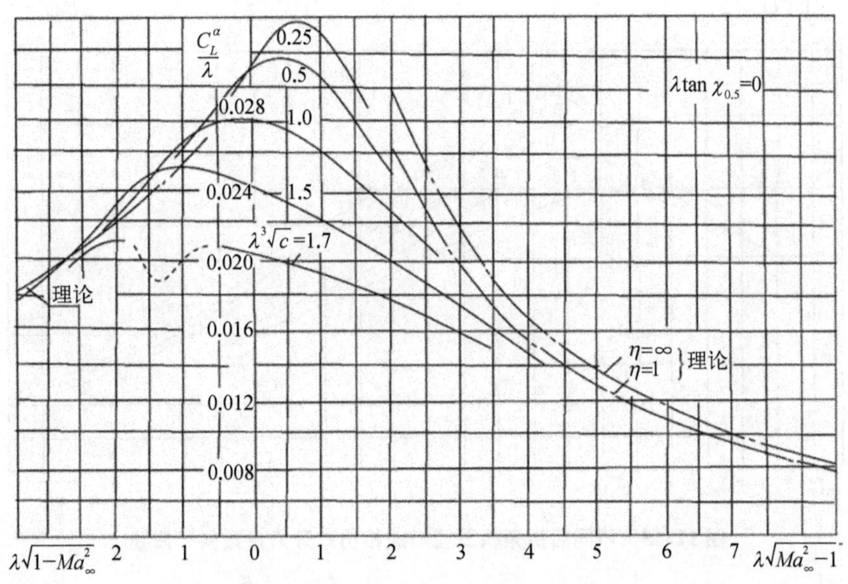

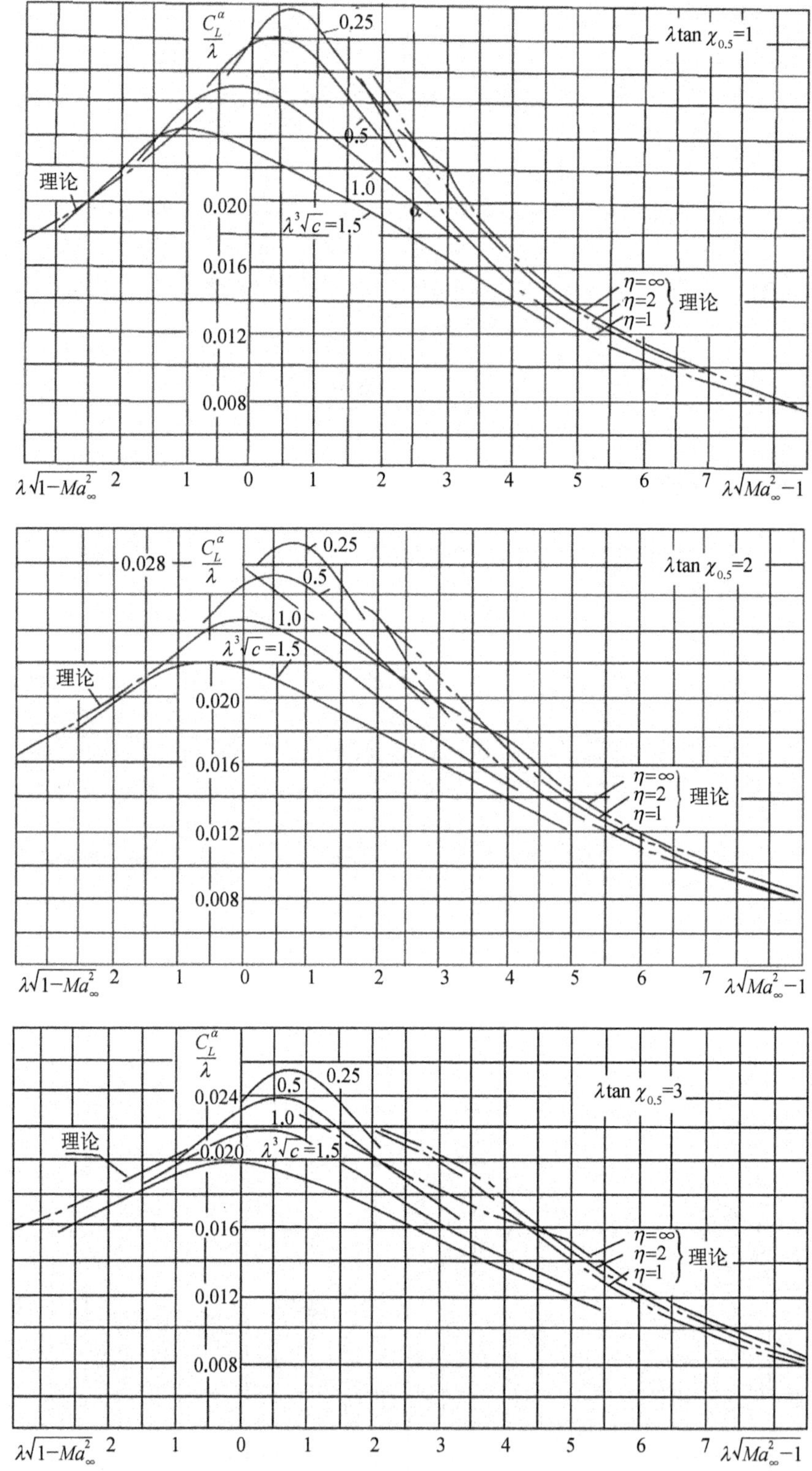

图 11.15　不同后掠角机翼亚声速相仿率升力系数斜率曲线

（4）压力中心：

设可压流机翼的压力中心距机翼平均气动弦前缘的 x 向距离为 $(x_p)_{Ma,\,\lambda,\,\tan\chi,\,\eta}$，而对应不可压机翼的值为 $(x_p)_{0,\,\alpha,\,\beta\lambda,\,\frac{\lambda\tan\chi}{\beta\lambda},\,\eta}$，则有对前缘点力矩系数为

$$C_m(Ma_\infty,\alpha,\lambda,\tan\chi,\eta)=C_L(Ma_\infty,\alpha,\lambda,\tan\chi,\eta)\left(\frac{x_p}{b_A}\right)(Ma_\infty,\alpha,\lambda,\tan\chi,\eta)$$

$$C_m\left(0,\alpha,\beta\lambda,\frac{\lambda\tan\chi}{\beta\lambda},\eta\right)=C_L\left(0,\alpha,\beta\lambda,\frac{\lambda\tan\chi}{\beta\lambda},\eta\right)\left(\frac{x_p}{b_A}\right)\left(0,\alpha,\beta\lambda,\frac{\lambda\tan\chi}{\beta\lambda},\eta\right) \tag{11.154}$$

$$C_m(Ma_\infty,\alpha,\lambda,\tan\chi,\eta)=\frac{1}{\beta}C_m\left(0,\alpha,\beta\lambda,\frac{\lambda\tan\chi}{\beta\lambda},\eta\right) \tag{11.155}$$

式中，$(b_A)_{Ma,\,\lambda,\,\tan\chi,\,\eta}$ 和 $(b_A)_{0,\,\beta\lambda,\,\frac{1}{\beta}\tan\chi,\,\eta}$ 分别是亚声速机翼和不可压机翼的平均气动弦长，利用普朗特-格劳特法则，可得

$$\left(\frac{x_p}{b_A}\right)(Ma_\infty,\alpha,\lambda,\tan\chi,\eta)=\left(\frac{x_p}{b_A}\right)\left(0,\alpha,\beta\lambda,\frac{\lambda\tan\chi}{\beta\lambda},\eta\right) \tag{11.156}$$

由于无扭转对称翼型，其压力中心即是焦点。可压流中机翼焦点相对位置与不可压流机翼焦点位置之间的关系为

$$\left(\frac{x_F}{b_A}\right)(Ma_\infty,\alpha,\lambda,\tan\chi,\eta)=\left(\frac{x_F}{b_A}\right)\left(0,\alpha,\beta\lambda,\frac{\lambda\tan\chi}{\beta\lambda},\eta\right) \tag{11.157}$$

故可压流机翼的相对压力中心和焦点也是仿射组合参数的某一函数，即可采用与升力特性相同的方法，按仿射组合参数整理数据曲线，获得任意平面形状无扭转对称翼型机翼在亚声速可压流中的相对压力中心和焦点，如图 11.16 所示。

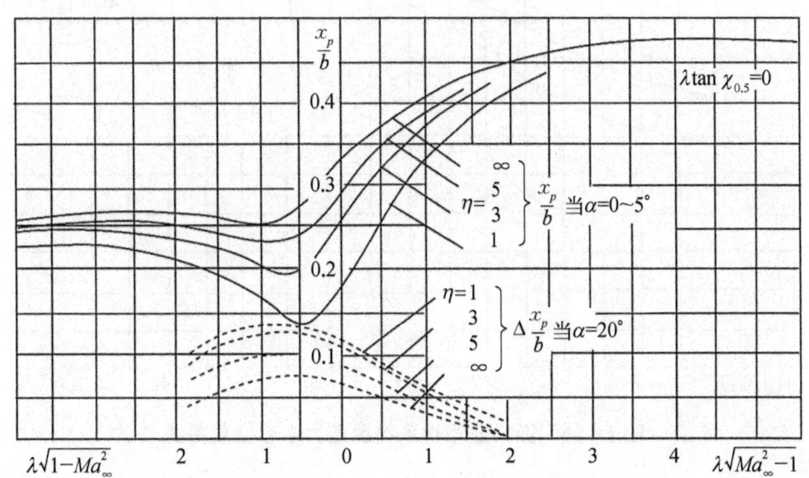

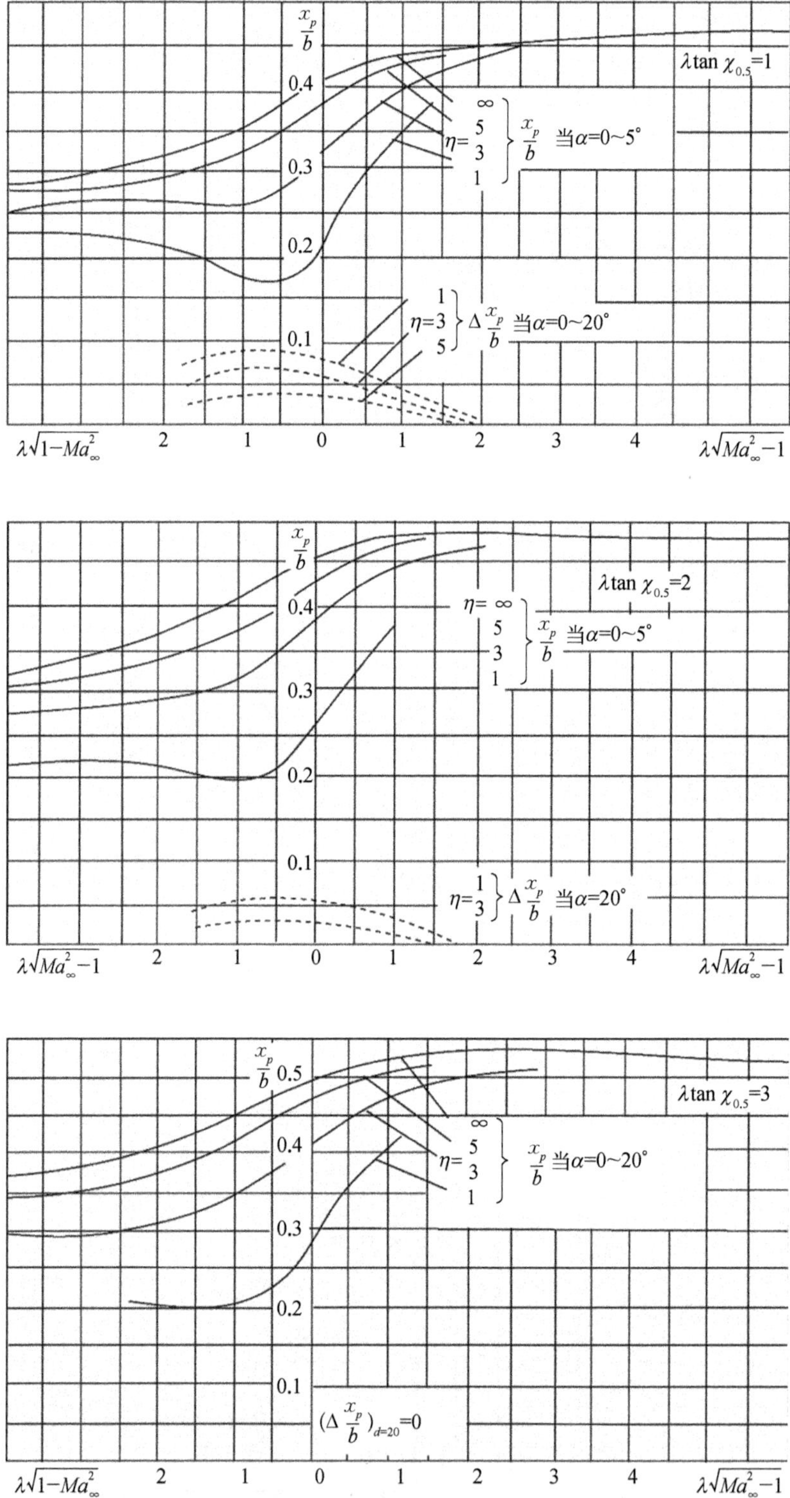

图 11.16　亚声速相仿率机翼压力中心位置曲线

实验表明，当迎角继续增大时，机翼的压力中心要向后移动，实用上近似认为在 $5° < \alpha < 20°$ 的范围内，存在以下线性关系：

$$\left(\frac{x_p}{b_A}\right) = \left(\frac{x_p}{b_A}\right)_{\alpha=5°} + \frac{\alpha-5}{15}\Delta\left(\frac{x_p}{b}\right) \tag{11.158}$$

类似亚声速流动的一套图线，在超声速依然成立，相似参数的形式亦不变，只需将 $\sqrt{1-Ma_\infty^2}$ 改为 $\sqrt{Ma_\infty^2-1}$ 即可。

11.9　来流马赫数对机翼气动特性的影响

11.9.1　马赫数对机翼升力特性的影响

在亚声速范围内，同一平面形状的机翼，其升力线斜率随马赫数的增大而增大，因为在同一迎角下，随着 C_L^α 的增大，机翼上表面负压强系数的绝对值和下表面正压强系数的绝对值都增大，所以增大。在亚声速范围内，机翼的最大升力系数 $C_{L\max}$ 与翼型形状有关，一般随马赫数的增大而下降，如图 11.17 所示。这是由于随马赫数的增大，翼型表面压强系数的绝对值按同样的比例系数 $\frac{1}{\beta}$ 增大，故翼型上最小压强点的压强降低很多，使翼型最小压强点以后区域的逆压梯度增大，导致翼型在较小迎角下就分离，故机翼升力系数降低。

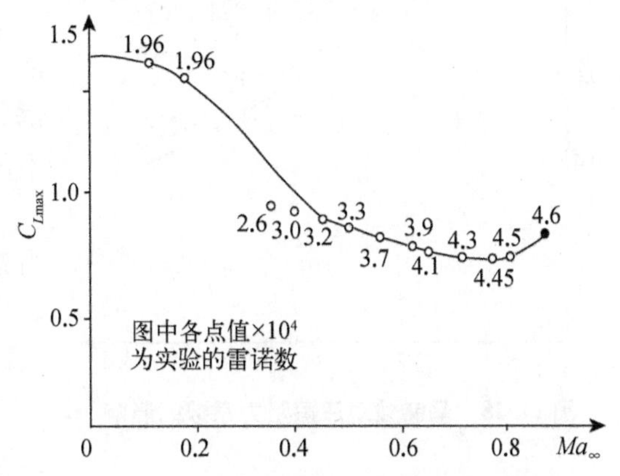

图 11.17　马赫数对最大升力系数的影响

11.9.2　马赫数对机翼压力中心位置的影响

对无扭转且具有对称翼型的薄翼，按线化理论，机翼的压力中心即为焦点。从亚声速相仿率压力中心位置曲线可见，在给定的 $\lambda\tan\chi_{0.5}$ 和 η 下，随着马赫数的增大，压力中心位置有前移，也有后移，变化较为复杂。根据普朗特-格劳特法则，机翼在亚声速流中的压力中心位置与展弦比变小为 $\beta\lambda$、后掠角增大为 $\frac{1}{\beta}\tan\chi$ 的机翼在不可压流中的压力中心位置一样，即随着马赫数的增大，其对应的不可压流机翼展弦比变小、后掠角增大，低速实验表明：展弦比越小，机翼的压力中心位置越靠前，而后掠角越大，压力中心位置越靠后，这两种因素的作用是相反的，故压力中心的位置取决于两者的综合作用。一般来说，η 和 $\lambda\tan\chi_{0.5}$ 较大的后掠翼，通常起主要作用的是后掠角，故随马赫数增大，压力中心后移，$\bar{x}_p$ 变大；相反，压力中心略有前移，$\bar{x}_p$ 变小。

11.9.3 马赫数对机翼阻力特性的影响

与低速情况一样，机翼在亚声速流的阻力系数，仍由型阻系数和诱导阻力系数两部分组成。型阻系数为

$$C_{Dp} = (2C_f)_{Ma_\infty=0}\eta_C\eta_M \tag{11.159}$$

其中，$C_{fMa_\infty=0}$ 为低速平板摩擦阻力系数，与雷诺数和转捩点有关；η_C 为机翼厚度修正系数；η_M 为压缩性修正系数，随马赫数、转捩点位置 $X_T=\dfrac{X_T}{b}$ 变化，η_M 均小于 1，且随马赫数增大而变小，如图 11.18 所示。摩擦系数随马赫数增大而变小的原因是：随马赫数增大，边界层温度升高，密度随之变小，从而摩阻系数减小，黏性系数增加很少，影响不大。

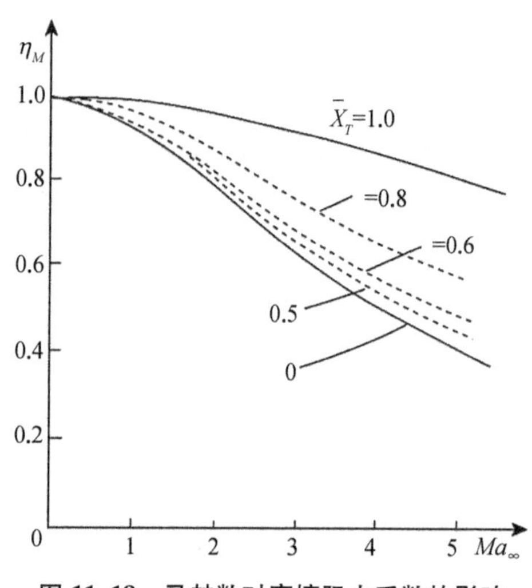

图 11.18 马赫数对摩擦阻力系数的影响

当马赫数低于临界马赫数（被绕流物体表面上的最大流速达到声速时的来流马赫数）时，诱导阻力系数的压缩性影响可忽略不计，误差不超过 5%，仍按不可压流方法处理。

对中等以上的展弦比，亚声速机翼诱导阻力系数为

$$C_{Di} = AC_L^2,\ A = \frac{1+\delta}{\pi\lambda} \tag{11.160}$$

来流马赫数对诱导阻力因子 A 的影响不大，其中 $1+\delta$ 仍可按照低速不可压流动确定。对展弦比较小的机翼，除了自由涡产生的诱导阻力外，迎角不大时，就可能分离出前缘涡和侧缘涡，也要产生诱导阻力，故更为复杂。

习　　题

11.1　在翼型表面的给定点上，在非常低的速度下，压力系数为−0.3。如果自由流马赫数为 0.6，则在此点计算 C_p。

11.2　不可压缩流中对称薄翼型的理论升力系数为 $C_L=2\pi\alpha$。计算 $Ma_\infty=0.7$ 时升力系数。

11.3　如习题 11.3 图所示，在低速风洞中测量的翼型上的压力系数分布 $Re=3.65\times10^6$。根据这些信息，估计在零攻角下 NACA 0012 翼型的临界马赫数。

11.4　试证函数：

$$\phi = \frac{V_\infty}{\beta}\frac{d}{1-\mathrm{e}^{-4\pi\beta y/l}}\sin\left(\frac{2\pi}{l}x\right)\mathrm{e}^{-2\pi\beta y/l}\left[1+e^{4\pi\beta(y-h)/l}\right]$$

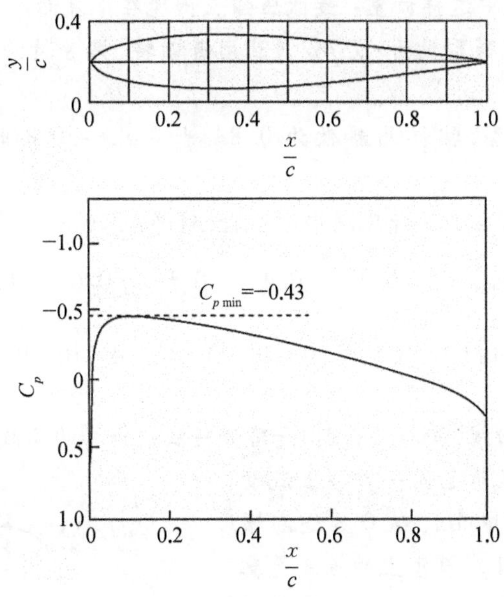

习题 11.3 图

是亚声速线化方程的一个解。这是上下壁相距 h 的二维平行通道中间有一波纹板(正弦曲线)的亚声速流扰动位函数。题中 $\beta=\sqrt{1-Ma_\infty^2}$。

11.5　考虑笛卡儿坐标系中的亚声速可压缩流,其中速度势为

$$\phi(x,\ y)=V_\infty x+\frac{70}{\sqrt{1-Ma_\infty^2}}\mathrm{e}^{-2\pi\sqrt{1-Ma_\infty^2}\,y}\sin(2\pi x)$$

如果自由流特性由 $V_\infty=213$ m/s、$p_\infty=101\ 325$ Pa 和 $T_\infty=15$℃ 给出,则在位置 $(x,\ y)=(0.061\ \mathrm{m},\ 0.061\ \mathrm{m})$ 处计算 Ma、p 和 T。

11.6　试证势函数:

$$\phi=\frac{V_\infty}{\beta}h\sin\left(\frac{2\pi}{l}x\right)\mathrm{e}^{-2\pi\beta y/l}$$

满足亚声速小扰动线化方程,式中 $\beta=\sqrt{1-Ma_\infty^2}$。试写出流线的微分方程,并用积分求解流线方程。假定 h 十分微小,求在 x 坐标轴附近的一条流线的近似表达式及 y 很大时的流线形状。

11.7　在低速不可压缩流动条件下,机翼上给定点处的压力系数为−0.54。当自由流马赫数为 0.58 时,使用:

(1) 普朗特−格劳特规则;

(2) 卡门−钱规则;

(3) 赖特法则。

11.8　在很低的马赫数下,二维翼型上某一点处的压强系数是−0.5。试按线化理论,求 $Ma_\infty=0.5$ 和 0.8 时该点的压强系数。

11.9　二维翼型在气流中这样放置：最低压强点出现在下表面。当远前方来流马赫数为 0.3 时，这点的压强系数为−0.782。试用普朗特−格劳特法则，求该翼型的临界马赫数。

11.10　对于给定的翼型，临界马赫数为 0.8。当 $Ma_\infty = 0.8$ 时，计算最小压强点的 p/p_∞ 值。

11.11　翼型 NACA 006 在亚声速风洞中做实验，测得 $a = 0$ 附近的升力曲线斜率如下：

Ma_∞	0.3	0.4	0.5	0.6	0.7	0.8
$\frac{dC_L}{d\alpha}\text{rad}^{-1}$	0.596	0.620	0.654	0.710	0.801	0.963

试绘制此实验曲线，并与按普朗特−格劳特法则推算的曲线相比较。

11.12　习题 11.12 图显示了同一翼型上流动的四种情况，其中 Ma_∞ 从 0.3 逐渐增加到 $Ma_{cr} = 0.61$。翼型上的点 A 是翼型上的最小压力点（因此是最大马赫数）。假设最小压力（最大马赫数）继续出现在 Ma_∞ 增加的同一点上。在习题 11.12 图(a)部分，对于 $Ma_\infty = 0.3$，A 点的局部马赫数被任意选择为 $Ma_A = 0.435$，这种任意性是合理的，因为没有指定翼型形状，无论形状如何，最大马赫数 0.435 出现在翼型表面的 A 点。然而，一旦给出了习题 11.12(a)部分的数字，那么习题 11.12(b)、(c)和(d)就不是任意的了。相反，Ma_A 是 Ma_∞ 在剩余图片中的唯一函数。以所有这些作为背景信息，从习题 11.12 图(a)所示的数据开始，当 $Ma_\infty = 0.61$ 时，计算 Ma_A。显然，从习题 11.12 图(d)来看，结果应该是 $Ma_A = 1.0$，因为 $Ma_\infty = 0.61$ 被认为是临界马赫数。证明这个翼型的临界马赫数是 0.61。提示：假设普朗特−格劳特法则适用于此问题的条件。

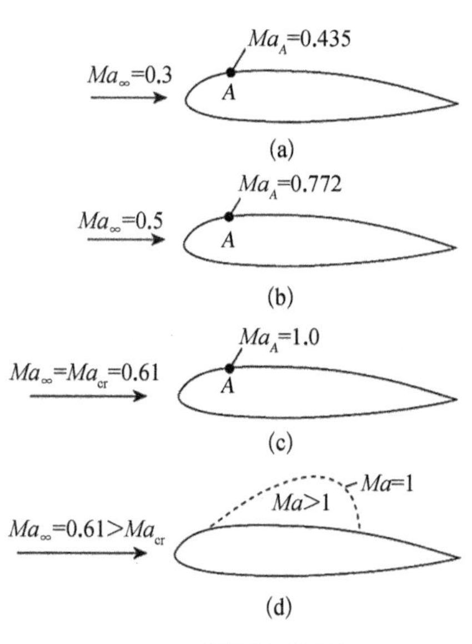

习题 11.12 图

11.13　考虑圆柱上的流动。圆柱体和球体上的亚声速可压缩流动在性质上相似，但在量上不同于它们的不可压缩流动。实际上，由于这些物体的“钝性”，它们的临界马赫数相对较低。特别是：对于圆柱体，$Ma_{cr} = 0.404$；对于球体，$Ma_{cr} = 0.57$。在物理基础上解释为什么球体的 Ma_{cr} 高于圆柱体。

第 12 章
超声速薄翼型与机翼绕流气动特性

本章介绍超声速薄翼型与机翼绕流现象及其气动特性，包括超声速薄翼型绕流线化理论与气动力特性、无限翼展斜置翼超声速绕流气动特性、超声速薄机翼绕流现象与气动特性、矩形平板机翼超声速绕流升力特性以及超声速流特征线理论等。

学习要点：

（1）熟练掌握超声速薄翼型绕流线化理论与气动力特性；

（2）熟悉无限翼展斜置翼超声速绕流气动特性、超声速薄机翼绕流现象与气动特性；

（3）了解矩形平板机翼超声速绕流升力特性以及超声速流特征线理论。

12.1 超声速薄翼型绕流现象

12.1.1 超声速薄翼型绕流激波阻力

与亚声速翼型绕流不同，超声速翼型绕流涉及激波和膨胀波，特别是激波阻力，这是超声速空气动力特性与亚声速空气动力特性的主要区别之一。为了说明超声速机翼绕流承受的波阻，现以薄翼型绕流为例说明。假设气体是理想气体，不考虑气流黏性，翼型绕流属于薄翼型、小弯度、小迎角的小扰动问题。翼型做亚声速运动和做超声速运动时，对气流扰动传播的影响不同，如图 12.1 所示。

对于亚声速流动，翼型的扰动传遍全流场。对超声速翼型绕流，情况就不同了，翼型的扰动传播仅限于前马赫锥内，在前半部气流受到压缩，后半部气流受到膨胀，扰动的传播方向垂直于马赫波。如果跟随翼型一起运动，就能看到气流绕过翼型头部时受到强力压缩的现象，称为激波。与亚声速流动相比，超声速翼型绕流要克服因激波产生的附加阻力（简称激波阻力），显然这种激波阻力与翼型对气流扰动引起的激波强弱有很大关系。因为激波的强度与翼型的头部形状有直接的关系，所以翼型的激波阻力与翼型的头部钝度存在密切的关系。如图 12.2 所示，超声速气流钝物体绕流将产生离体激波，激波强度

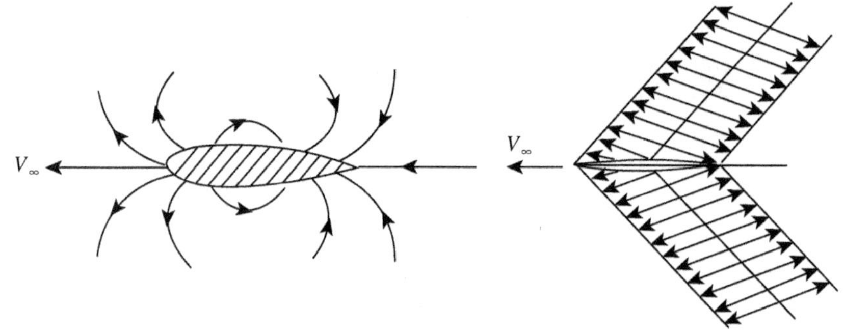

图 12.1　亚声速和超声速翼型绕流扰动传播的影响

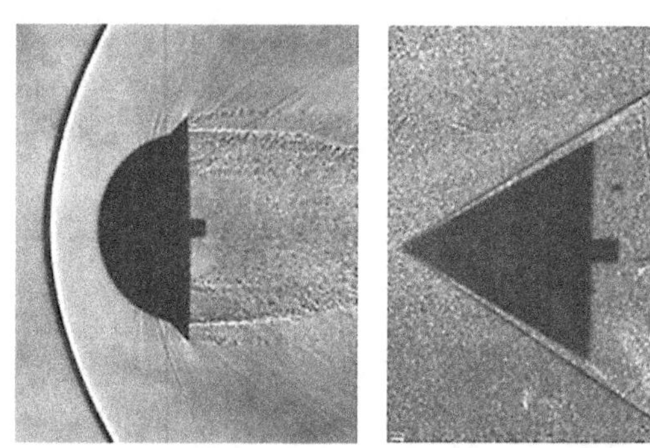

图 12.2　超声速气流绕过不同头部形状物体的激波强弱

大，激波阻力也大；而超气流尖头体绕流将产生附体激波（斜激波），激波强度弱，激波阻力也小。

因此，超声速翼型，不像低亚声速翼型采用圆头尖尾型（减小形状阻力），而是采用尖头尖尾翼型（减小激波阻力和形状阻力），如菱形、四边形、双弧形等。但是，对于超声速飞机，总是要经历起飞和着陆的低速阶段，尖头翼型在低速绕流时，较小迎角下气流就要发生分离，使翼型的气动性能变坏。为此，为了解决超声速飞机的低速绕流问题，对于低超声速飞机的翼型，常采用小圆头、尖尾对称的薄翼型，如图 12.3 所示。

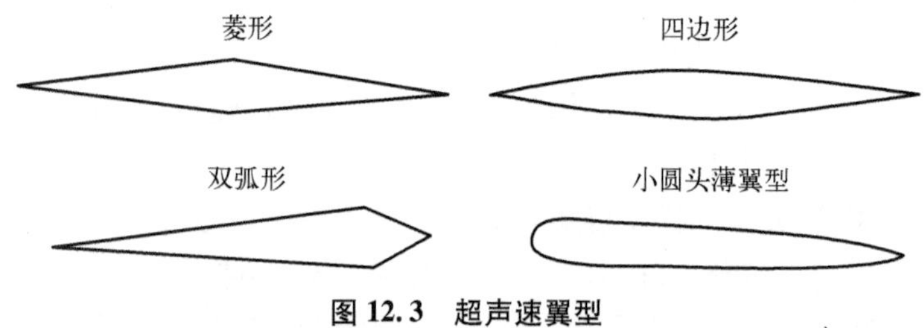

图 12.3　超声速翼型

12.1.2　双圆弧翼型超声速绕流

图 12.4 所示为超声速以小迎角绕双弧翼型的流动。对于 $\alpha < \theta$ 的情况[图 12.4(a)]，前缘上下均受到压缩，形成不同强度的斜激波，其中下翼面激波强度大，上翼面激

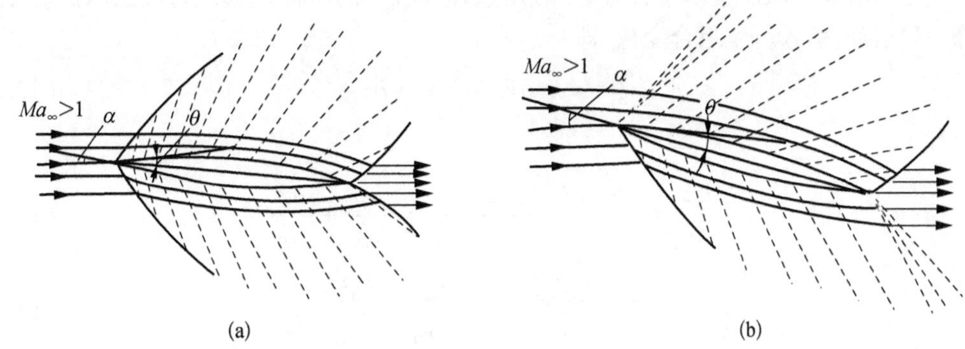

图 12.4　超声速双弧翼型绕流(α 为迎角,θ 为半顶角)

波强度小;对于 $\alpha > \theta$ 的情况[图 12.4(b)],上翼面出现膨胀波,下翼面出现斜激波。

对于迎角小于半顶角的情况,通过前缘斜激波的气流,经上下翼面一系列膨胀波后在后缘汇合,由于后缘处的流动方向和压强不一致,从而形成两道斜激波,激波后使汇合的气流具有相同的指向和相等的压强(近似与来流相同)。对于迎角大于半顶角的情况,上翼面前缘出现膨胀波,下翼面前缘出现斜激波,经上下翼面一系列膨胀波后在后缘汇合,并通过一道斜激波和一族膨胀波,使气流具有相同的指向和相等的压强(近似与来流相同)。

受激波(强压缩波)和膨胀波的影响,翼面上压强在激波后变大,在膨胀波后变小。激波阻力和升力与翼面上的压强分布有关。翼面上的气流通过激波受到压缩,以后气流沿翼面经一系列膨胀波而发展。由于翼面前半段的压强大于后半段压强,因而翼面上压强的合力在来流方向将有一个向后的分力,即为激波阻力。当翼型处于小的正迎角时,因上翼面前缘的切线相对于来流所组成的压缩角比下翼面小,故上翼面的激波比下翼面弱,其波后马赫数比下翼面的大,波后压强比下翼面低,所以上翼面压强小于下翼面压强,压强合力在与来流垂直方向上存在分力,即为升力。

12.2　超声速线化理论

12.2.1　线化理论基本解

为了减小激波阻力,超声速翼型厚度都比较薄,弯度很小甚至为零且在飞行时迎角也很小,因此产生的激波较弱,作为一阶近似可忽略通过激波气流熵的增加,对于理想气体流动,假设是等熵有势流动,从而可用线化后的势流方程求解。

对于理想气体、超声速薄翼型小迎角的二维绕流,扰动速度势函数满足线化势方程为

$$B^2\frac{\partial^2\varphi}{\partial x^2}-\frac{\partial^2\varphi}{\partial y^2}=0 \tag{12.1}$$

式中,$B=\sqrt{Ma_\infty^2-1}$;x 沿来流方向;y 垂直于来流方向;φ 为翼型绕流扰动速度势函数。

该方程为二阶线性双曲型偏微分方程,可用数理方程中的特征线法或行波法求解。跟随波峰一起运动,引入行波组合变量,即

$$\xi = x - By,\ \eta = x + By \tag{12.2}$$

从而有

$$\frac{\partial\varphi}{\partial x} = \frac{\partial\varphi}{\partial\xi}\frac{\partial\xi}{\partial x} + \frac{\partial\varphi}{\partial\eta}\frac{\partial\eta}{\partial x} = \frac{\partial\varphi}{\partial\xi} + \frac{\partial\varphi}{\partial\eta} \tag{12.3}$$

$$\frac{\partial^2\varphi}{\partial x^2} = \frac{\partial^2\varphi}{\partial\xi^2} + 2\frac{\partial^2\varphi}{\partial\xi\partial\eta} + \frac{\partial^2\varphi}{\partial\eta^2} \tag{12.4}$$

同理,有

$$\frac{\partial^2\varphi}{\partial y^2} = B^2\left(\frac{\partial^2\varphi}{\partial\xi^2} - 2\frac{\partial^2\varphi}{\partial\xi\partial\eta} + \frac{\partial^2\varphi}{\partial\eta^2}\right) \tag{12.5}$$

将式(12.4)和式(12.5)代入式(12.1)中,得

$$\frac{\partial^2\varphi(\xi,\ \eta)}{\partial\xi\partial\eta} = 0 \tag{12.6}$$

沿 ξ 积分上式,得

$$\frac{\partial\varphi(\xi,\ \eta)}{\partial\eta} = f^*(\eta) \tag{12.7}$$

式中,f^* 为自变量 η 的函数,然后对式(12.7)沿 η 积分,得

$$\varphi(\xi,\ \eta) = \int f^*(\eta)\,\mathrm{d}\eta + f_1(\xi) = f_1(\xi) + f_2(\eta) \tag{12.8}$$

式中,$f_2(\eta) = \int f^*(\eta)\,\mathrm{d}\eta$ 为负向波形函数;$f_1(\xi)$ 为正向波形函数。将变换式(12.2)代入到上式中,得到线化方程的通解形式为

$$\varphi(\xi,\ \eta) = f_1(x - By) + f_2(x + By) \tag{12.9}$$

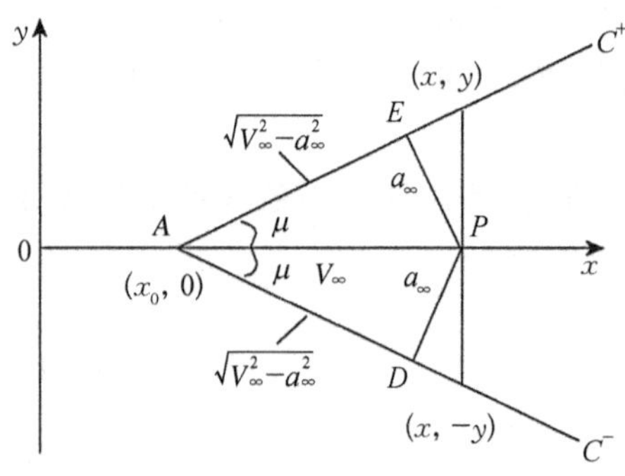

图 12.5　超声速马赫锥

如图 12.5 所示,在超声速流场,位于 $A(x_0,\ 0)$ 点的扰动,传播范围位于以 A 点发出的马赫锥内,正向马赫线为 AC^+,负向马赫线为 AC^-。

沿着正向马赫线 AC^+,由 A 点发出的扰动($t=0$),在 t 时刻沿着 x 传播的距离为 $V_\infty t$(V_∞ 为气流速度),如图 12.5 所示。传播时间 t 为

$$t = \frac{x - x_0}{V_\infty},\ x = x_0 + V_\infty t \tag{12.10}$$

同时扰动波的波阵面为球面,半径为 at,即

$$R = a_\infty t = a_\infty \frac{x - x_0}{V_\infty},\ x = x_0 + RMa_\infty \tag{12.11}$$

由几何关系，马赫线与 x 轴向之间的夹角为马赫角，即

$$\sin\mu = \frac{R}{x - x_0} = \frac{R}{RMa_\infty} = \frac{1}{Ma_\infty} \tag{12.12}$$

马赫线的斜率为

$$\tan\mu = \frac{y}{x - x_0} = \frac{R}{\sqrt{(x - x_0)^2 - R^2}} = \frac{1}{\sqrt{Ma_\infty^2 - 1}} = \frac{1}{B} \tag{12.13}$$

因此在 $y > 0$ 平面内，马赫波阵面的方程为

$$x = x_0 + By,\ x_0 = x - By,\ \xi = x - By \tag{12.14}$$

同样，沿着负向马赫线 AC^-，在 $y<0$ 的区域内，AC^- 马赫波阵面的方程为

$$\tan\mu = \frac{-y}{x - x_0} = \frac{R}{\sqrt{(x - x_0)^2 - R^2}} = \frac{1}{\sqrt{Ma_\infty^2 - 1}} = \frac{1}{B} \tag{12.15}$$

在 $y < 0$ 的区域内，马赫波阵面的方程为

$$x = x_0 - By,\ x_0 = x + By,\ \eta = x + By \tag{12.16}$$

由此可见，对于 $\xi = x - By$，为正向（y 正向）马赫波阵面，$f_1(\xi)$ 为正向马赫波阵面的波形函数在传播过程中波形不变；同样，对于 $\eta = x + By$，为负向（y 负向）马赫波阵面，$f_2(\eta)$ 为负向马赫波阵面的波形函数在传播过程中波形不变。式(12.8)物理意义是在超声速流场中，任意一点的速度势函数由正向波波形函数和负向波波形函数叠加的结果。

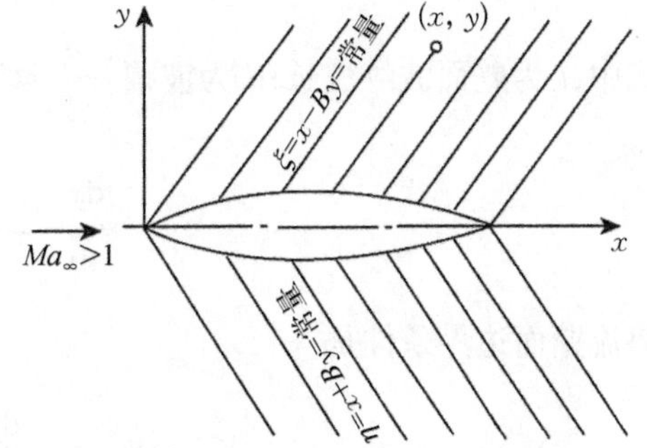

图 12.6　超声速零迎角翼型绕流

如图 12.6 所示，对于一个零迎角平飞的对称翼型，飞行马赫数为 $Ma_\infty > 1$，在 $y > 0$ 的平面内，任意一点 $P(x,\ y)$ 由翼型扰动（正向马赫波）引起的扰动速度势函数为

$$\varphi(x,\ y) = f_1(\xi) = f_1(x - By) \tag{12.17}$$

式(12.17)是翼型上半平面引起的扰动速度势函数的解。沿 x 和 y 方向的扰动速度分量为

$$\begin{aligned} u &= \frac{\partial\varphi(x,\ y)}{\partial x} = \frac{\partial f_1}{\partial\xi}\frac{\partial\xi}{\partial x} = \frac{\mathrm{d}f_1}{\mathrm{d}\xi} = f_1'(x - By) \\ v &= \frac{\partial\varphi(x,\ y)}{\partial y} = \frac{\partial f_1}{\partial\xi}\frac{\partial\xi}{\partial y} = -B\frac{\mathrm{d}f_1}{\mathrm{d}\xi} = -Bf_1'(x - By) \end{aligned} \tag{12.18}$$

可见,在上半平面,扰动速度 u、v 沿马赫线 $\xi = x - By$ 是常数,说明在线化理论中翼型上的波形无论是激波、压缩波和膨胀波都是不衰减的。

在 $y < 0$ 的平面内,任意一点 $P(x, -y)$ 由翼型扰动(负向马赫波)引起的扰动速度势函数为

$$\varphi(x, y) = f_2(\eta) = f_2(x + By) \tag{12.19}$$

式(12.19)是翼型下半平面引起的扰动速度势函数的解。沿 x 和 y 方向的扰动速度分量为

$$\begin{aligned} u &= \frac{\partial\varphi(x, y)}{\partial x} = \frac{\partial f_2}{\partial\eta}\frac{\partial\eta}{\partial x} = \frac{\mathrm{d}f_2}{\mathrm{d}\eta} = f'_2(x + By) \\ v &= \frac{\partial\varphi(x, y)}{\partial y} = \frac{\partial f_2}{\partial\eta}\frac{\partial\eta}{\partial y} = B\frac{\mathrm{d}f_2}{\mathrm{d}\eta} = Bf'_2(x + By) \end{aligned} \tag{12.20}$$

可见,在下半平面,扰动速度 u、v 沿马赫线 $\eta = x + By$ 是常数,说明在线化理论中翼型上的波形无论是压缩波还是膨胀波都是不衰减的。

12.2.2 超声速气流绕波纹壁面的流动

当超声速气流绕过二维波纹壁面时,设波纹壁面的曲线为

$$y_s = d\sin\frac{2\pi x}{l} \tag{12.21}$$

式中,l 为壁面波纹波长;d 为波幅,$\dfrac{d}{l} \ll 1$。由壁面边界条件可知,在 $y = 0$ 时,有

$$\frac{\mathrm{d}y_s}{\mathrm{d}x} = \frac{2\pi d}{l}\cos\frac{2\pi x}{l} \tag{12.22}$$

势流壁面边界条件是

$$v(x, 0) = V_\infty\frac{\mathrm{d}y_s}{\mathrm{d}x} = V_\infty\frac{2\pi d}{l}\cos\frac{2\pi x}{l} \tag{12.23}$$

利用式(12.18),可以得到

$$v = -Bf'_1(x) = V_\infty\frac{2\pi d}{l}\cos\frac{2\pi x}{l} \tag{12.24}$$

积分上式,得

$$\varphi(x, y) = -\frac{V_\infty d}{B}\sin\frac{2\pi(x - By)}{l} \tag{12.25}$$

在流场内任意一点的扰动速度分量为

$$
\begin{aligned}
u &= \frac{\partial\varphi(x,\ y)}{\partial x} = \frac{\partial f_1}{\partial\xi}\frac{\partial\xi}{\partial x} = -\frac{V_\infty d}{B}\frac{2\pi}{l}\cos\frac{2\pi(x - By)}{l} \\
v &= \frac{\partial\varphi(x,\ y)}{\partial y} = \frac{\partial f_1}{\partial\xi}\frac{\partial\xi}{\partial y} = V_\infty\frac{2\pi d}{l}\cos\frac{2\pi(x - By)}{l}
\end{aligned}
\tag{12.26}
$$

压强系数为

$$
C_p = -\frac{2u}{V_\infty} = +\frac{4\pi}{B}\frac{d}{l}\cos\frac{2\pi(x - By)}{l} \tag{12.27}
$$

流线方程为

$$
\begin{aligned}
&\frac{\mathrm{d}y}{v} = \frac{\mathrm{d}x}{V_\infty + u} \approx \frac{\mathrm{d}x}{V_\infty},\ \frac{\mathrm{d}y}{\mathrm{d}x} = \frac{v}{V_\infty} = \frac{2\pi d}{l}\cos\frac{2\pi(x - By)}{l} \\
&y = d\sin\frac{2\pi(x - Bh)}{l}
\end{aligned}
\tag{12.28}
$$

由线化理论得到，对于超声速气流绕过波纹壁面的扰动速度和流线的幅值均不随离开壁面的距离增大而减小。在 $y = 0$ 的壁面上，压强系数为

$$
C_{ps} = -\frac{2u}{V_\infty} = +\frac{4\pi}{B}\frac{d}{l}\cos\frac{2\pi x}{l} \tag{12.29}
$$

超声速绕流压强系数与波纹壁面相位差 $\pi/2$，而亚声速相差 π，如图 12.7 所示。

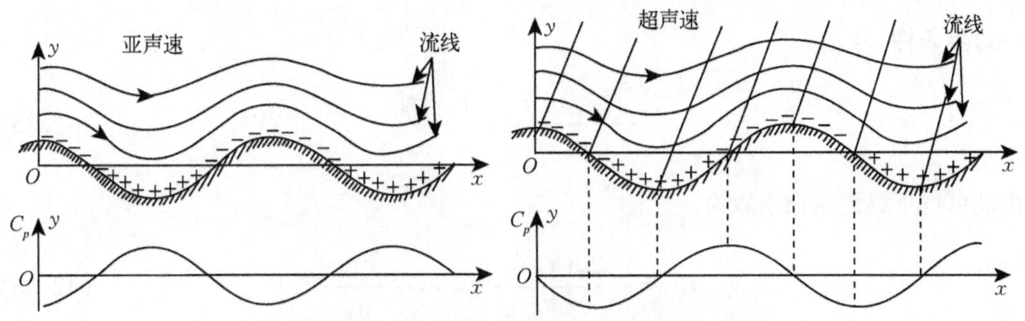

图 12.7　亚声速和超声速气流绕过波纹壁面

12.3　超声速薄翼型绕流线化理论与载荷系数

12.3.1　超声速薄翼型绕流线化理论

设翼型上表面的斜率为 $\dfrac{\mathrm{d}y_{\mathrm{u}}}{\mathrm{d}x}$，根据翼型绕流的线化边界条件为

$$v(x,\ 0^+) = V_\infty \frac{\mathrm{d}y_u}{\mathrm{d}x} \tag{12.30}$$

由式(12.18),在 $y = 0$ 处的速度分量为

$$\begin{aligned} u(x,\ 0^+) &= \frac{\partial\varphi(x,\ 0^+)}{\partial x} = \frac{\partial f_1}{\partial\xi}\frac{\partial\xi}{\partial x} = \frac{\mathrm{d}f_1}{\mathrm{d}\xi} = f_1'(x) \\ v(x,\ 0^+) &= \frac{\partial\varphi(x,\ 0^+)}{\partial y} = \frac{\partial f_1}{\partial\xi}\frac{\partial\xi}{\partial y} = -B\frac{\mathrm{d}f_1}{\mathrm{d}\xi} = -Bf_1'(x) \end{aligned} \tag{12.31}$$

由此得到

$$f_1'(x) = u(x,\ 0^+) = -\frac{V_\infty}{B}\frac{\mathrm{d}y_u}{\mathrm{d}x} \tag{12.32}$$

将上式代入线化压强系数公式中,可得到上翼面压强系数为

$$C_{pu} = -\frac{2u(x,\ 0^+)}{V_\infty} = \frac{2}{B}\frac{\mathrm{d}y_u}{\mathrm{d}x} \tag{12.33}$$

对下半平面的流动,扰动速度势函数为式(12.17),在 $y=0^-$ 处速度分量由式(12.18)得到

$$\begin{aligned} u(x,\ 0^-) &= \frac{\partial\varphi(x,\ 0^-)}{\partial x} = f_2'(x) \\ v(x,\ 0^-) &= \frac{\partial\varphi(x,\ 0^-)}{\partial y} = Bf_2'(x) \end{aligned} \tag{12.34}$$

由边界条件,得

$$\frac{u(x,\ 0^-)}{V_\infty} = \frac{1}{B}\frac{\mathrm{d}y_d}{\mathrm{d}x} \tag{12.35}$$

由此可得下翼面压强系数为

$$C_{pd} = -\frac{2u(x,\ 0^-)}{V_\infty} = -\frac{2}{B}\frac{\mathrm{d}y_d}{\mathrm{d}x} \tag{12.36}$$

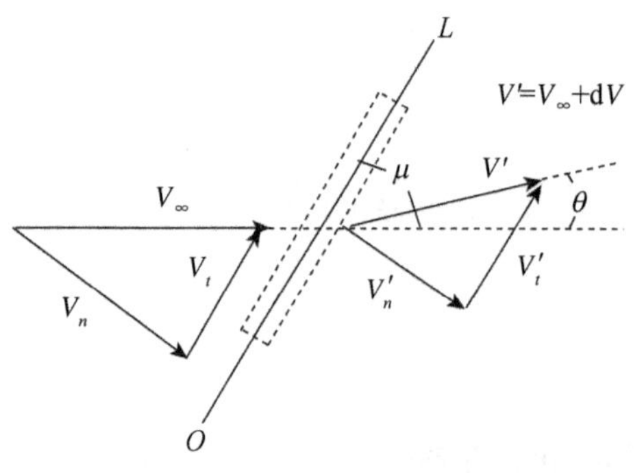

图 12.8　气流通过马赫波的变化

式中,0^+和0^-是 $y=0$ 平面的上下表面,分别近似代表翼型的上下表面。上述结果也可以通过超声速气流通过微小压缩角的一元流分析获得。气流通过微小压缩角 θ 时,利用弱斜激波或马赫压缩波前后切向速度不变的原则,推导压强系数与转折角的关系,如图 12.8 所示,由 $V_t' = V_t$, 得

$$V_\infty \cos\mu = (V_\infty + \mathrm{d}V)\cos(\mu - \theta) \tag{12.37}$$

将上式展开,压缩角 θ 是个小量,取一阶近似,得

$$\frac{\mathrm{d}V}{V_\infty} = -\frac{\sin\mu}{\cos\mu}\theta \tag{12.38}$$

由于

$$\sin\mu = \frac{1}{Ma_\infty},\ \cos\mu = \sqrt{1-\sin^2\mu} = \frac{\sqrt{Ma_\infty^2 - 1}}{Ma_\infty} \tag{12.39}$$

将上式代入式(12.38),可得

$$\frac{\mathrm{d}V}{V_\infty} = -\frac{\theta}{\sqrt{Ma_\infty^2 - 1}} = -\frac{\theta}{B} \tag{12.40}$$

式中,$Ma_\infty(=V_\infty/a_\infty)$ 为来流马赫数;θ 为引起小扰动的压缩角。如果 θ 为膨胀角,上式取+号即可。压缩角是小量,马赫压缩波前后近似为等熵,因而马赫波前后的速度与压强关系满足(欧拉方程)

$$\mathrm{d}p = -\rho_\infty V_\infty \mathrm{d}V,\ \frac{\mathrm{d}p}{p_\infty} = -\gamma Ma_\infty^2 \frac{\mathrm{d}V}{V_\infty} \tag{12.41}$$

将速度与折角关系代入,得

$$\frac{\mathrm{d}p}{p_\infty} = \frac{\gamma Ma_\infty^2}{\sqrt{Ma_\infty^2 - 1}}\theta \tag{12.42}$$

压强系数为

$$C_p = \frac{(p_\infty + \mathrm{d}p) - p_\infty}{\frac{1}{2}\rho_\infty V_\infty^2} = \frac{2\mathrm{d}p}{\gamma Ma_\infty^2 p_\infty} = -2\frac{\mathrm{d}V}{V_\infty} = \frac{2\theta}{\sqrt{Ma_\infty^2 - 1}} = \frac{2\theta}{B} \tag{12.43}$$

当 θ 为压缩角时,C_p 为正值;当 θ 为膨胀角时,C_p 为负值。与式(12.33)相比,此处 θ 在小量条件下,有 $\theta \approx \frac{\mathrm{d}y_\mathrm{u}}{\mathrm{d}x}$。这就是壁面压强系数的一阶小量近似公式。对于壁面压强系数的二阶近似公式为

$$C_{p壁} = \frac{p - p_\infty}{\frac{1}{2}\rho_\infty V_\infty^2} = \frac{2\theta}{\sqrt{Ma_\infty^2 - 1}} + \frac{(\gamma+1)Ma_\infty^4 - 4(Ma_\infty^2 - 1)}{2(Ma_\infty^2 - 1)^2}\theta^2 + \cdots \tag{12.44}$$

在壁面折角 θ 小量的情况下,可将 θ 看成是翼型上某点切线与沿 x 轴来流的夹角的斜率 $\mathrm{d}y/\mathrm{d}x$。

线化理论压强系数计算公式与实验的比较如图 12.9 所示,选用双弧翼型(前缘半顶

角为 11. 3°,翼型为厚度 10%,迎角为-10°,来流马赫数为 2. 13。图 12. 9 给出翼型上下翼面风洞试验结果、一阶近似和二阶近似的对比。可见,受头部强激波的影响,上翼面前半段一阶近似理论压缩不足,二阶近似理论符合良好。受尾部激波的影响下翼面后半段一阶近似理论膨胀有余,二阶近似理论符合良好。

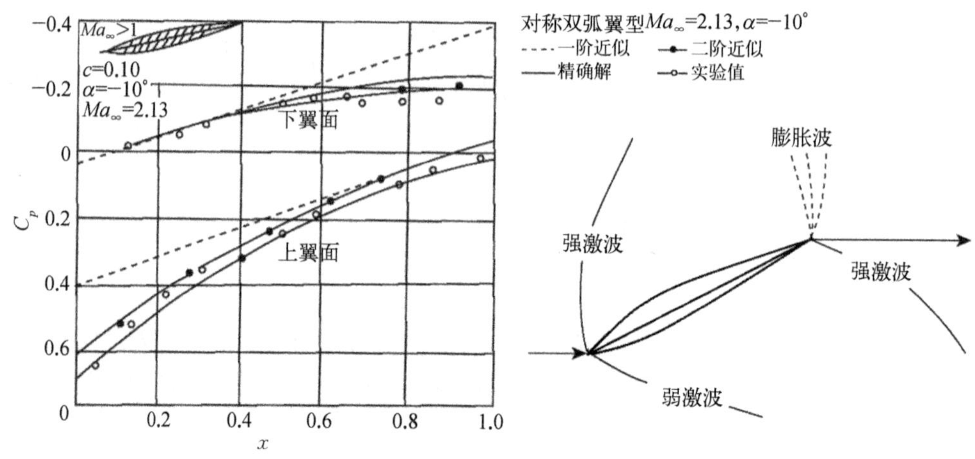

图 12. 9　超声速双弧翼型绕流翼面压强分布

图 12. 10 给出不同迎角下,对称双圆弧翼型(前缘半顶角为 11. 3°,翼型为厚度 10%)在迎角为 0°、4°、8°,来流马赫数为 2. 13 的翼面压强分布。下翼面后半段实际压强系数的增大一方面是由于存在边界层,尾激波后高压会通过边界层的亚声速区向上游传播;另一方面是由于尾激波与边界层干扰使边界层增厚甚至分离,使实际膨胀角减小,形成 λ 形激波从而使压强系数增大,一阶近似理论没有考虑上述情况因此膨胀有余。

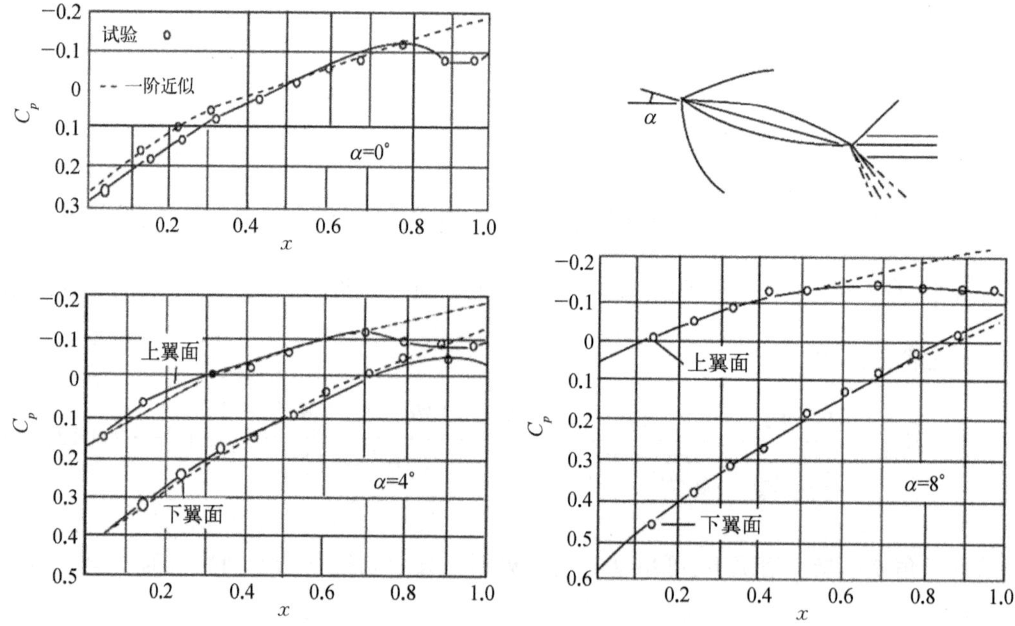

图 12. 10　超声速双弧翼型绕流在不同迎角(小于半顶角)下翼面压强分布

12.3.2　超声速与亚声速流动压强系数随马赫数的变化关系

在可压缩流动中，任意一点的压强系数随马赫数的变化关系，对于亚声速和超声速流场是不一样的。在亚声速流场中，根据普朗特-格劳特法则，压强系数与马赫数的关系[式(11.74)]是

$$C_p \propto \frac{1}{\beta} = \frac{1}{\sqrt{1 - Ma_\infty^2}} \tag{12.45}$$

在超声速流场中，压强系数与马赫数的关系[式(12.43)]为

$$C_p \propto \frac{1}{B} = \frac{1}{\sqrt{Ma_\infty^2 - 1}} \tag{12.46}$$

由此可见，对于亚声速流动，随来流马赫数的增大，压强系数也增大；对于超声流动，随来流马赫数的增大，压强系数在减小，如图 12.11 所示。在马赫数趋于 1.0 时，压强系数趋于无穷大，说明线化理论不适用于跨声速区。

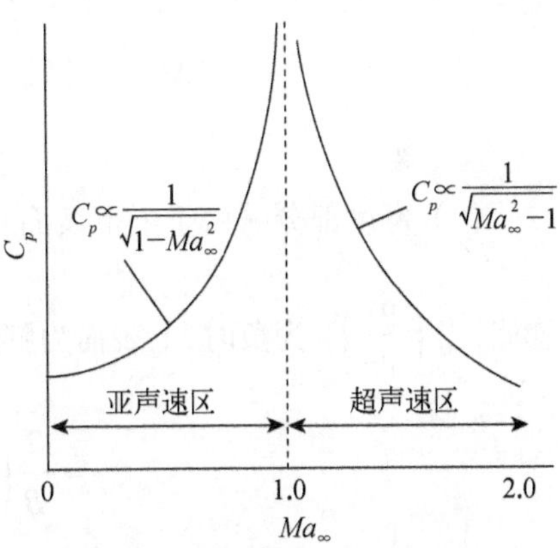

图 12.11　压强系数随马赫数的变化关系

12.3.3　超声速薄翼型绕流载荷系数

超声速薄翼型线化理论或一阶近似表明：压强系数与翼面斜率呈线性关系，可以将翼型几何因素的影响分解为迎角、弯度和厚度三部分，翼型压强系数可有这三部分叠加而得，即

$$C_p = C_{p\alpha} + C_{pf} + C_{pc} \tag{12.47}$$

式中，下标 α 表示迎角为 α 的平板绕流；f 表示迎角为零、中弧线弯度为 f 的弯板绕流；c 表示迎角、弯度均为零、厚度为 c 的对称翼型绕流，如图 12.12 所示。

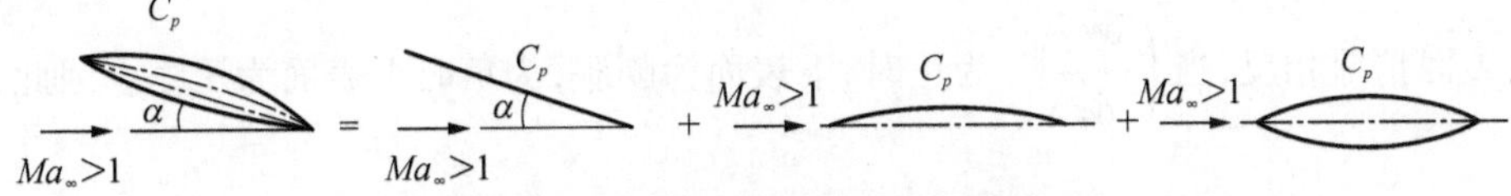

图 12.12　超声速翼型绕流线性分解

因此，对上、下翼面的压强系数可分别写为

$$C_{pu}(x, 0^+) = (C_{pu})_\alpha + (C_{pu})_f + (C_{pu})_c \tag{12.48}$$

$$C_{pd}(x, 0^-) = (C_{pd})_\alpha + (C_{pd})_f + (C_{pd})_c \tag{12.49}$$

利用式(12.33)和式(12.36)，可得

$$C_{pu}(x,\ 0^{+})=\frac{2}{B}\left[\left(\frac{\mathrm{d}y_{\mathrm{u}}}{\mathrm{d}x}\right)_{\alpha}+\left(\frac{\mathrm{d}y_{\mathrm{u}}}{\mathrm{d}x}\right)_{f}+\left(\frac{\mathrm{d}y_{\mathrm{u}}}{\mathrm{d}x}\right)_{c}\right] \tag{12.50}$$

$$C_{pd}(x,\ 0^{-})=-\frac{2}{B}\left[\left(\frac{\mathrm{d}y_{\mathrm{d}}}{\mathrm{d}x}\right)_{\alpha}+\left(\frac{\mathrm{d}y_{\mathrm{d}}}{\mathrm{d}x}\right)_{f}+\left(\frac{\mathrm{d}y_{\mathrm{d}}}{\mathrm{d}x}\right)_{c}\right] \tag{12.51}$$

载荷系数分布如下。

(1) 迎角部分。由于上下表面斜率相同 $\left(\frac{\mathrm{d}y}{\mathrm{d}x}\right)_{\alpha}=-\alpha$，使上表面膨胀、下表面压缩，故有

$$C_{pu}(x,\ 0^{+})=-\frac{2}{B}\alpha,\ C_{pd}(x,\ 0^{-})=\frac{2}{B}\alpha \tag{12.52}$$

载荷系数为

$$\Delta C_{p\alpha}=(C_{pd}-C_{pu})_{\alpha}=\frac{4}{B}\alpha=\frac{4\alpha}{\sqrt{Ma_{\infty}^{2}-1}} \tag{12.53}$$

(2) 弯度部分。由于上下表面斜率相同，当 $\left(\frac{\mathrm{d}y}{\mathrm{d}x}\right)_{f}$ 为正时，上表面为压缩，下表面为膨胀；当 $\left(\frac{\mathrm{d}y}{\mathrm{d}x}\right)_{f}$ 为负时，上表面为膨胀，下表面为压缩。因此有

$$(C_{pu})_{f}=\frac{2}{B}\left(\frac{\mathrm{d}y}{\mathrm{d}x}\right)_{f},\ (C_{pd})_{f}=-\frac{2}{B}\left(\frac{\mathrm{d}y}{\mathrm{d}x}\right)_{f} \tag{12.54}$$

载荷系数为

$$\Delta C_{pf}=(C_{pd}-C_{pu})_{f}=-\frac{4}{B}\left(\frac{\mathrm{d}y}{\mathrm{d}x}\right)_{f} \tag{12.55}$$

(3) 厚度部分。当上表面斜率 $\left(\frac{\mathrm{d}y_{\mathrm{u}}}{\mathrm{d}x}\right)_{c}$ 为正时，上表面为压缩，为负时上表面为膨胀；下表面情况相反，当 $\left(\frac{\mathrm{d}y_{\mathrm{d}}}{\mathrm{d}x}\right)_{c}$ 为正时，下表面为膨胀，为负时下表面为压缩。因此，有

$$(C_{pu})_{c}=\frac{2}{B}\left(\frac{\mathrm{d}y_{\mathrm{u}}}{\mathrm{d}x}\right)_{c},\ (C_{pd})_{c}=-\frac{2}{B}\left(\frac{\mathrm{d}y_{\mathrm{d}}}{\mathrm{d}x}\right)_{c} \tag{12.56}$$

由于上下翼面斜率大小相等方向相反，$\left(\frac{\mathrm{d}y_{\mathrm{u}}}{\mathrm{d}x}\right)_{c}=-\left(\frac{\mathrm{d}y_{\mathrm{d}}}{\mathrm{d}x}\right)_{c}$，故载荷系数为

$$\Delta C_{pc}=(C_{pd}-C_{pu})_{c}=0 \tag{12.57}$$

因此薄翼型上、下翼面任一点的压强系数为

$$C_{pu}(x,\ 0^+) = \frac{2}{B}\left[-\alpha + \left(\frac{dy}{dx}\right)_f + \left(\frac{dy_u}{dx}\right)_c\right] \tag{12.58}$$

$$C_{pd}(x,\ 0^-) = -\frac{2}{B}\left[-\alpha + \left(\frac{dy}{dx}\right)_f + \left(\frac{dy_d}{dx}\right)_c\right] \tag{12.59}$$

薄翼型上、下翼面任一点的载荷系数可表示为

$$\begin{aligned}\Delta C_p &= (C_{pd} - C_{pu})_\alpha + (C_{pd} - C_{pu})_f + (C_{pd} - C_{pu})_c \\ &= \frac{4}{B}\alpha - \frac{4}{B}\left(\frac{dy}{dx}\right)_f\end{aligned} \tag{12.60}$$

上式给出的翼型平板、弯度和厚度部分压强系数分布如图 12.13 所示。在该图中，左边是亚声速和超声速平板翼型绕流载荷系数分布，从中可以看出亚声速平板绕流与超声速平板绕流时载荷系数分布的差别。其中，亚声速平板前缘载荷大，原因是前缘绕流速度大造成的，后缘载荷为零(以保证后缘满足库塔-茹科夫斯基后缘条件)；而超声速平板绕流上下翼面压强系数大小相等，载荷系数为常数，因为超声速平板绕流上下表面流动互不影响。对于超声速绕对称翼型(厚度)流动问题有：前半段压缩，后半段膨胀，不产生升力，只产生阻力。超声速弯板绕流问题有：上翼面前半段压缩，后半段膨胀；下翼面前半段膨胀，后半段压缩，也不产生升力，只产生阻力，这一点与亚声速绕流完全不同。

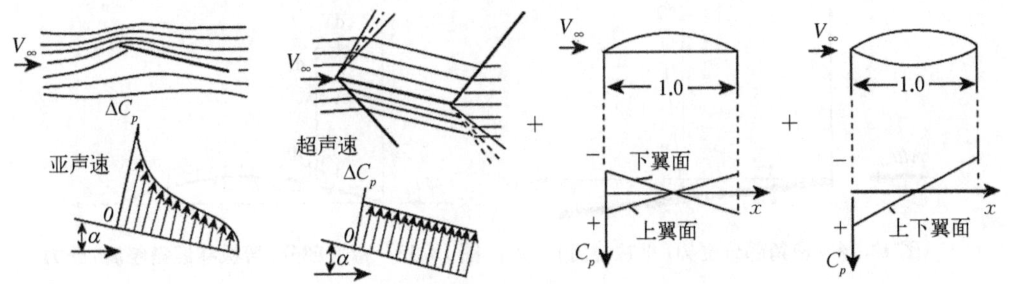

图 12.13　超声速薄翼型绕流迎角、弯度、厚度的分解

12.4　超声速薄翼型绕流气动力特性

超声速薄翼型绕流的升力系数、波阻系数和对前缘的俯仰力矩系数，基于线化理论，可与压强系数一样表示为迎角、弯度、厚度三部分贡献的叠加。

12.4.1　超声速薄翼型绕流升力系数

按照翼型升力系数定义

$$C_L = \frac{L}{\frac{1}{2}\rho_\infty V_\infty^2 S} = \frac{L}{q_\infty \cdot b \cdot 1} \tag{12.61}$$

其中,L 为单位展长翼型所受的升力; $q_\infty = \frac{1}{2}\rho_\infty V_\infty^2$ 为来流动压;b 为翼型弦长。按照线化理论,将升力可写为

$$L = L_\alpha + L_f + L_c \tag{12.62}$$

(1) 迎角部分(平板绕流)。由于压强沿弦向分布为常数,且因上下表面均垂直于平板,故垂直于平板的法向力 N_α 为

$$N_\alpha = (C_{pd} - C_{pu})_\alpha q_\infty b \tag{12.63}$$

将平板载荷系数式(12.53)代入上式,有

$$N_\alpha = \frac{4\alpha}{B} \cdot q_\infty b \tag{12.64}$$

如图 12.14 所示,垂直于来流的升力为

$$L_\alpha = N_\alpha \cos\alpha \approx N_\alpha = \frac{4\alpha}{B} q_\infty b \tag{12.65}$$

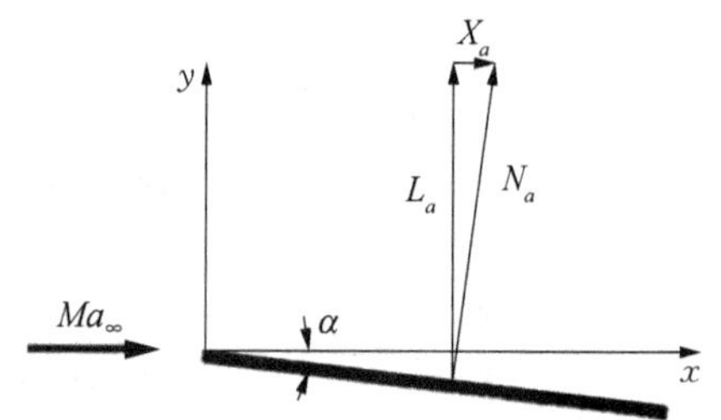

图 12.14 迎角部分受力(平板绕流)

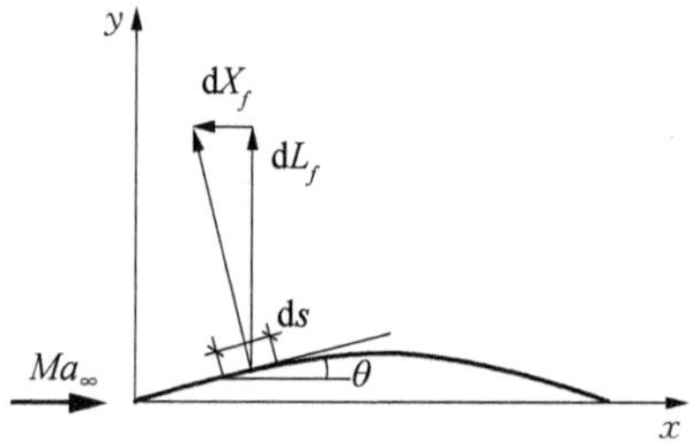

图 12.15 弯度部分(弯板零迎角绕流)受力

(2) 弯度部分。如图 12.15 所示,作用于微段 ds 上的升力为

$$\mathrm{d}L_f = (C_{pd} - C_{pu})_f q_\infty \mathrm{d}s\cos\theta \tag{12.66}$$

由于, $\mathrm{d}x = \mathrm{d}S\cos\theta$, 则有

$$L_f = \int_0^b (C_{pd} - C_{pu})_f q_\infty \mathrm{d}x \tag{12.67}$$

将式(12.55)代入上式,得

$$L_f = -\int_0^b \frac{4\left(\frac{\mathrm{d}y}{\mathrm{d}x}\right)_f}{B} q_\infty \mathrm{d}x = -\frac{4q_\infty}{B}\int_0^0 \mathrm{d}y_f = 0 \tag{12.68}$$

这个结果说明,在线化小扰动条件下,翼型弯度在超声速流动中不产生升力,这与低亚声速流动情况不同。

(3) 厚度部分。如图 12.16 所示,由于上下翼面对称,对应点处 dL_{cu} 与 dL_{cd} 相互抵消,所以

$$L_c = \int_0^b dL_{cu} + \int_0^b dL_{cd} = 0 \tag{12.69}$$

由此可得,在超声速小线化理论中,翼型厚度和弯度不会产生升力,升力仅由平板部分的迎角产生,即

$$C_L = (C_L)_\alpha = \frac{4\alpha}{B} \tag{12.70}$$

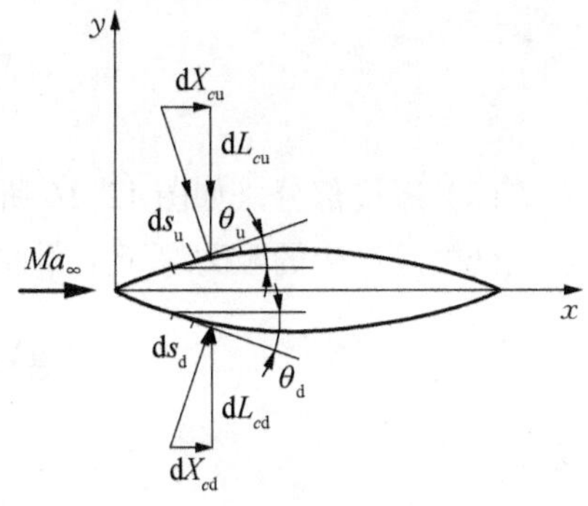

图 12.16　厚度问题(对称翼型零迎角绕流)受力

12.4.2　超声速薄翼型绕流激波阻系数

按照翼型激波阻力系数定义:

$$C_{Dw} = \frac{X}{\frac{1}{2}\rho_\infty V_\infty^2 b} = \frac{X}{q_\infty b} \tag{12.71}$$

其中,X 为单位展长翼型所受的激波阻力。按照线化理论,将阻力写为

$$X = X_\alpha + X_f + X_c \tag{12.72}$$

(1) 迎角部分(平板绕流)。如图 12.14 所示,利用式(12.64)可得法向力在来流方向分力为

$$X_\alpha = N_a \sin\alpha = \frac{4\alpha^2}{B} q_\infty b \tag{12.73}$$

(2) 弯度部分(弯板零迎角绕流)。如图 12.15 所示,作用于微段 ds 上的法向力在来流方向的分力为

$$dX_f = -(C_{pd} - C_{pu})_f q_\infty ds \sin\theta \tag{12.74}$$

由于

$$\tan\theta = \frac{\sin\theta}{\cos\theta} = \left(\frac{dy}{dx}\right)_f, \quad ds\cos\theta = dx \tag{12.75}$$

代入式(12.74),得

$$dX_f = -(C_{pd} - C_{pu})_f \left(\frac{dy}{dx}\right)_f q_\infty dx \tag{12.76}$$

将式(12.55)代入,并对 x 积分,得

$$X_f = \frac{4q_\infty}{B}\int_0^b \left(\frac{\mathrm{d}y}{\mathrm{d}x}\right)_f^2 \mathrm{d}x \tag{12.77}$$

（3）厚度部分。如图 12.16 所示，由于上下翼面对阻力的贡献相同，因此上下翼面对应点处微段产生的阻力等于上翼面微段阻力的两倍。即

$$\mathrm{d}X_c = 2(C_{p\mathrm{u}})_c q_\infty \mathrm{d}s_\mathrm{u} \sin\theta_\mathrm{u} \tag{12.78}$$

由于

$$\tan\theta_\mathrm{u} = \frac{\sin\theta_\mathrm{u}}{\cos\theta_\mathrm{u}} = \left(\frac{\mathrm{d}y}{\mathrm{d}x}\right)_{c\mathrm{u}},\quad \mathrm{d}s_\mathrm{u}\cos\theta_\mathrm{u} = \mathrm{d}x \tag{12.79}$$

代入式(12.78)，得

$$\mathrm{d}X_c = 2(C_{p\mathrm{u}})_c \left(\frac{\mathrm{d}y_\mathrm{u}}{\mathrm{d}x}\right)_c q_\infty \mathrm{d}x \tag{12.80}$$

根据式(12.56)，对于 $(C_{p\mathrm{u}})_c$ 可写成为

$$(C_{p\mathrm{u}})_c = \frac{2}{B}\left(\frac{\mathrm{d}y_\mathrm{u}}{\mathrm{d}x}\right)_c \tag{12.81}$$

沿 x 方向积分，得

$$X_c = \frac{4q_\infty}{B}\int_0^b \left(\frac{\mathrm{d}y_\mathrm{u}}{\mathrm{d}x}\right)_c^2 \mathrm{d}x \tag{12.82}$$

将式(12.73)、式(12.77)和式(12.82)代入式(12.72)，得到总的激波阻力为

$$X = X_\alpha + X_f + X_c = \frac{4\alpha^2}{B}q_\infty b + \frac{4q_\infty}{B}\left[\int_0^b \left(\frac{\mathrm{d}y}{\mathrm{d}x}\right)_f^2 \mathrm{d}x + \int_0^b \left(\frac{\mathrm{d}y_\mathrm{u}}{\mathrm{d}x}\right)_c^2 \mathrm{d}x\right] \tag{12.83}$$

总的激波阻力系数为

$$C_{D\mathrm{w}} = \frac{X}{q_\infty b} = \frac{4\alpha^2}{B} + \frac{4}{Bb}\left[\int_0^b \left(\frac{\mathrm{d}y}{\mathrm{d}x}\right)_f^2 \mathrm{d}x + \int_0^b \left(\frac{\mathrm{d}y_\mathrm{u}}{\mathrm{d}x}\right)_c^2 \mathrm{d}x\right] \tag{12.84}$$

或

$$C_{D\mathrm{w}} = \frac{X}{q_\infty b} = C_L\alpha + \frac{4}{Bb}\left[\int_0^b \left(\frac{\mathrm{d}y}{\mathrm{d}x}\right)_f^2 \mathrm{d}x + \int_0^b \left(\frac{\mathrm{d}y_\mathrm{u}}{\mathrm{d}x}\right)_c^2 \mathrm{d}x\right] \tag{12.85}$$

上式表明，超声速薄翼型绕流的激波阻力系数由两部分组成：一部分与升力有关；另一部分与弯度和厚度有关。把与升力无关而与弯度和厚度有关的波阻系数称为零升波阻系数。即

$$C_{D\mathrm{w}0} = \frac{4}{Bb}\left[\int_0^b \left(\frac{\mathrm{d}y}{\mathrm{d}x}\right)_f^2 \mathrm{d}x + \int_0^b \left(\frac{\mathrm{d}y_\mathrm{u}}{\mathrm{d}x}\right)_c^2 \mathrm{d}x\right] \tag{12.86}$$

综上所述,由于弯度对超声速薄翼型绕流的升力无贡献,为了降低零升波阻,超声速翼型一般为无弯度的对称翼型,且厚度不大;为了降低飞行阻力,飞行迎角也不大,这样得到 $C_L \propto \alpha$、$C_{D\mathrm{w}} \propto \alpha^2$。如果迎角较大时,超声速翼型绕流的升阻比下降较快。

例题 1　对称菱形翼型,厚度为 c,弦长为 b,用线化理论求升力系数和波阻系数。

解: 根据超声速薄翼型绕流的线化理论,菱形翼型的升力系数为

$$C_L = \frac{4\alpha}{B} = \frac{4\alpha}{\sqrt{Ma_\infty^2 - 1}}$$

升力线斜率为

$$C_L^\alpha = \frac{\mathrm{d}C_L}{\mathrm{d}\alpha} = \frac{4}{\sqrt{Ma_\infty^2 - 1}}$$

由此得到,超声速翼型升力线斜率随来流马赫数增大而减小。激波阻力系数为

$$C_{D\mathrm{w}} = \frac{X}{q_\infty b} = \frac{4\alpha^2}{B} + \frac{4}{Bb}\left[\int_0^b \left(\frac{\mathrm{d}y}{\mathrm{d}x}\right)_f^2 \mathrm{d}x + \int_0^b \left(\frac{\mathrm{d}y_\mathrm{u}}{\mathrm{d}x}\right)_c^2 \mathrm{d}x\right]$$

利用图 12.17 的几何关系,有

$$\begin{aligned} C_{D\mathrm{w}} &= \frac{X}{q_\infty b} \\ &= \frac{4\alpha^2}{B} + \frac{4}{Bb}\left[\int_0^{b/2} \left(\frac{c}{b}\right)^2 \mathrm{d}x + \int_{b/2}^b \left(-\frac{c}{b}\right)^2 \mathrm{d}x\right] \\ &= \frac{4\alpha^2}{B} + \frac{4}{B}\left(\frac{c}{b}\right)^2 \end{aligned} \tag{12.87}$$

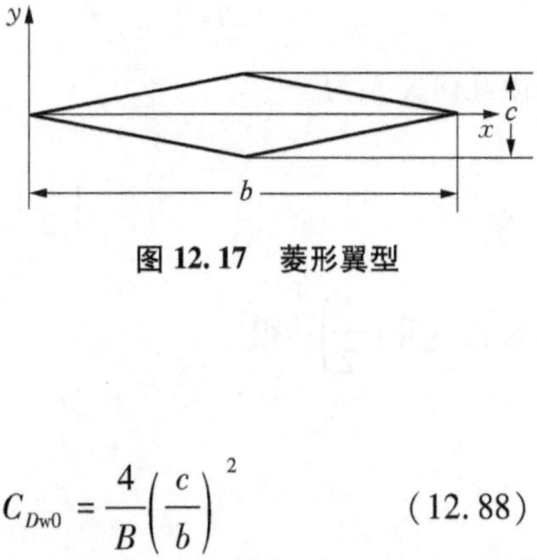

图 12.17　菱形翼型

零升波阻系数为

$$C_{D\mathrm{w}0} = \frac{4}{B}\left(\frac{c}{b}\right)^2 \tag{12.88}$$

例题 2　设有一对称双圆弧薄翼型,如图 12.18 所示。厚度为 c,弦长为 b,薄翼型的上翼面圆弧方程为

$$x^2 + (y_\mathrm{u} + a)^2 = R^2 \tag{12.89}$$

用线化理论求圆弧翼型的升力系数和激波阻力系数。

解: 根据超声速薄翼型绕流的线化理论,菱形翼型的升力系数为

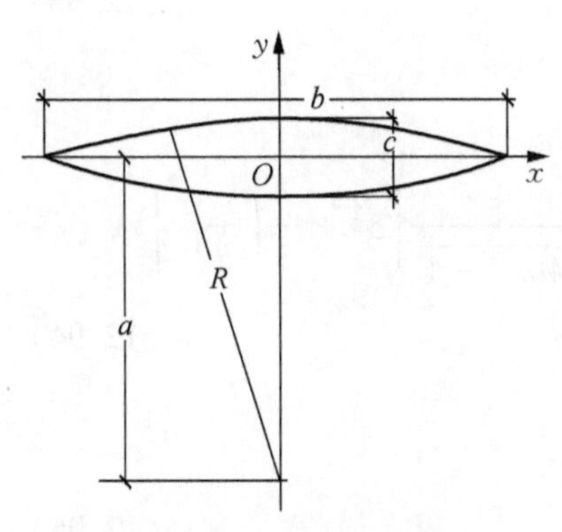

图 12.18　双圆弧薄翼型

$$C_L = \frac{4\alpha}{B} = \frac{4\alpha}{\sqrt{Ma_\infty^2 - 1}}$$

升力线斜率为

$$C_L^\alpha = \frac{\mathrm{d}C_L}{\mathrm{d}\alpha} = \frac{4}{\sqrt{Ma_\infty^2 - 1}}$$

激波阻力系数为

$$C_{D\mathrm{w}} = \frac{X}{q_\infty b} = \frac{4\alpha^2}{B} + \frac{4}{Bb}\left[\int_{-b/2}^{b/2}\left(\frac{\mathrm{d}y_\mathrm{u}}{\mathrm{d}x}\right)_c^2 \mathrm{d}x\right]$$

根据如图 12.18 所示的几何关系,并考虑到薄翼型,$\frac{y_\mathrm{u}}{a} \ll 1$,只取一阶小量,利用式(12.89),得到

$$\frac{\mathrm{d}y_\mathrm{u}}{\mathrm{d}x} = -\frac{x}{a} \tag{12.90}$$

由此可得

$$C_{D\mathrm{w}} = \frac{X}{q_\infty b} = \frac{4\alpha^2}{B} + \frac{4}{Bb}\left[\int_{-b/2}^{b/2}\left(-\frac{x}{a}\right)_c^2 \mathrm{d}x\right] = \frac{4\alpha^2}{B} + \frac{4}{12B}\frac{b^2}{a^2} \tag{12.91}$$

由几何关系为

$$\left(\frac{b}{2}\right)^2 + a^2 = R^2 = \left(a + \frac{c}{2}\right)^2 \tag{12.92}$$

略去小量$\left(\frac{c}{2}\right)^2$得

$$a = \frac{b^2}{4c} \tag{12.93}$$

将式(12.93)代入式(12.91),得

$$C_{D\mathrm{w}} = \frac{4\alpha^2}{B} + \frac{4}{12B}\frac{b^2}{a^2} = \frac{4}{B}\left[\alpha^2 + \frac{4}{3}\left(\frac{c}{b}\right)^2\right] = \frac{4}{\sqrt{Ma_\infty^2 - 1}}\left[\alpha^2 + \frac{4}{3}\left(\frac{c}{b}\right)^2\right] \tag{12.94}$$

零升波阻系数为

$$C_{D\mathrm{w}0} = \frac{4}{B}\frac{4}{3}\left(\frac{c}{b}\right)^2 \tag{12.95}$$

12.4.3 超声速薄翼型绕流俯仰力矩系数

超声速薄翼型绕流气动力对翼型前缘的俯仰力矩系数定义为

$$C_m = \frac{M_z}{q_\infty b^2} \tag{12.96}$$

式中，M_z 为对翼型前缘的俯仰力矩，规定抬头为正。

(1) 迎角部分(平板绕流)。由于压强分布沿平板为常数，升力作用位于平板中点(图 12.13)，故对前缘力矩为

$$(M_z)_\alpha = C_L q_\infty b\left(-\frac{b}{2}\right) = -\frac{1}{2}C_L q_\infty b^2 \tag{12.97}$$

(2) 弯度部分(零迎角弯板绕流)。如图 12.15 所示，对于微段 ds 距前缘距离为 x，微段受力对前缘力矩为

$$(\mathrm{d}M_z)_f = -\mathrm{d}L_f x = \frac{4\left(\frac{\mathrm{d}y}{\mathrm{d}x}\right)_f}{B} q_\infty x\mathrm{d}x \tag{12.98}$$

$$(M_z)_f = \int_0^b \frac{4}{B} q_\infty \left(\frac{\mathrm{d}y}{\mathrm{d}x}\right)_f x\mathrm{d}x \tag{12.99}$$

注意到 $y_f\Big|_0^b = 0$，对上式分步积分，得

$$(M_z)_f = -\int_0^b \frac{4}{B} q_\infty y_f\,\mathrm{d}x \tag{12.100}$$

当翼型弯度中弧线方程 $y = y_f(x)$ 已知时，从上式积分可得弯度力矩。

(3) 厚度部分(对称翼型零迎角绕流)。如图 12.16 所示，由于上下翼面压强对称，对应点处的 dL_u 与 dL_d 相互抵消，所以翼型厚度部分对前缘力矩的贡献为零。

合力矩为

$$M_z = -\frac{1}{2}C_L q_\infty b^2 - \int_0^b \frac{4}{B} q_\infty y_f \mathrm{d}x \tag{12.101}$$

对前缘点力矩系数为

$$C_m = \frac{M_z}{q_\infty b^2} = \frac{-\frac{1}{2}C_L q_\infty b^2 - \int_0^b \frac{4}{B} q_\infty y_f \mathrm{d}x}{q_\infty b^2} = -\frac{1}{2}C_L - \frac{4}{Bb^2}\int_0^b y_f \mathrm{d}x \tag{12.102}$$

由线化理论可知，翼型弯度和厚度不产生升力，翼型厚度也不产生前缘力矩，因此弯度力矩系数也称为零升力矩系数。设翼型的压力中心距前缘的距离为 x_p，则有

$$\frac{x_p}{b}=\frac{1}{2}+\frac{4}{C_L B b^2}\int_0^b y_f \mathrm{d}x \tag{12.103}$$

压力中心与弯度有关，当弯度为零时，压力中心在中点。根据焦点的定义：

$$\frac{x_F}{b}=-\frac{\partial C_m}{\partial C_L}=\frac{1}{2} \tag{12.104}$$

上式说明，超声速薄翼型绕流的焦点位于翼弦中点。因为焦点是升力增量的作用点，而升力只与迎角有关。因其载荷随在平板上均匀分布，因此焦点位于翼弦中点。当翼型无弯度时，压力中心与焦点重合，都位于翼弦中点。与低速翼型绕流相比，低速翼型绕流时焦点位于距前缘 1/4 弦长处，而超声速薄翼型绕流焦点位于距前缘 1/2 弦长处，即从低速到超声速绕流翼型焦点显著后移，这对飞机的稳定性和操纵性都有很大影响。

12.4.4 超声速薄翼型绕流线化理论与实验结果对比

对于双圆弧对称薄翼型超声速绕流，由线化理论所得到的气动力与实验结果比较如图 12.19 所示，由此可以看出：

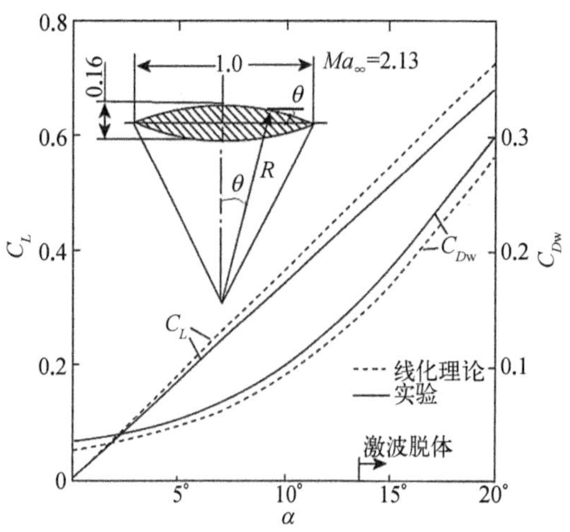

图 12.19 超声速薄翼型绕流升力系数理论与实验结果比较

（1）薄翼型超声速线化理论所得的升力线斜率比实验值高 2.5%，原因是线化理论未考虑上表面边界层及其与后缘激波干扰造成的后缘压强升高，导致升力下降；

（2）线化理论得到的激波阻力系数略小于实验值，在整个迎角范围几乎是常数，该常数大约等于理论未计入的黏性产生的摩擦阻力和压差阻力；

（3）超声速线化理论所得的力矩系数与实验结果对比，如图 12.20 所示，可见线化理论力矩系数略低于实验结果，原因是上表面后缘附近实际压强比线化理论结果偏高，而力臂又较大，造成线化理论值比实验偏低。

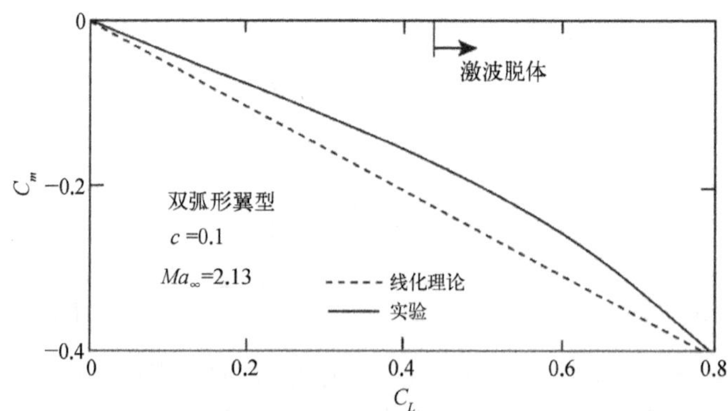

图 12.20 超声速薄翼型绕流前缘力矩系数理论与实验结果比较

12.5　无限翼展斜置翼超声速绕流气动特性

如图 12.21 所示，对于无限翼展斜置翼，斜置翼的后掠角为χ，来流马赫数可分解为垂直于前缘的法向分量和平行于前缘的切向分量，即

$$Ma_{\infty n} = Ma_{\infty}\cos\chi,\ Ma_{\infty t} = Ma_{\infty}\sin\chi \qquad (12.105)$$

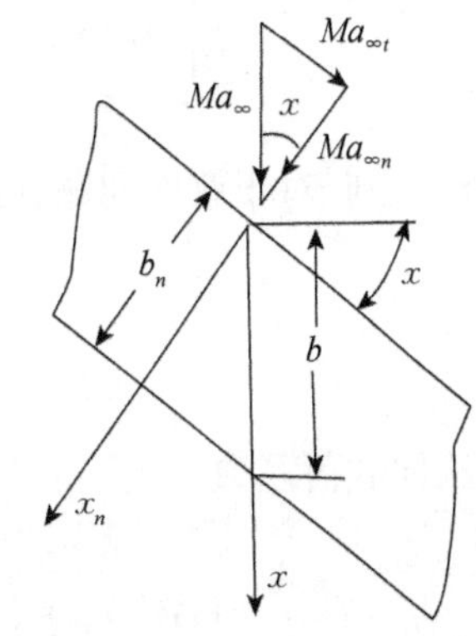

图 12.21　无限翼展斜置翼

若不考虑气流黏性，则切向分量对机翼的气动特性不产生影响，无限翼展斜置翼的气动特性取决于来流马赫数的法向分量，且仅当 $Ma_{\infty n} > 1$ 时斜置翼才具有超声速绕流特性，否则即使 $Ma_{\infty} > 1$，无限斜置翼的绕流特性仍为亚声速或跨声速特性，激波阻力几乎为零。以下给出 $Ma_{\infty n} > 1$ 的无限斜置翼的超声速气动特性。

根据第 9 章斜置翼的推导，无限翼展斜置翼和正置翼之间的压强系数、升力系数和激波阻力系数存在如下关系。

斜置翼与正置翼压强系数的关系：

$$C_p = (C_p)_n \cos^2\chi \qquad (12.106)$$

斜置翼与正置翼升力系数的关系：

$$C_L = (C_L)_n \cos^2\chi \qquad (12.107)$$

斜置翼与正置翼激波阻力系数的关系：

$$C_{D\mathrm{w}} = (C_{D\mathrm{w}})_n \cos^3\chi \qquad (12.108)$$

由几何关系可知，斜置翼与正置翼弦长、厚度、迎角之间的关系为

$$b_n = b\cos\chi \qquad (12.109)$$

$$\frac{\mathrm{d}y}{\mathrm{d}x_n} = \frac{\mathrm{d}y}{\mathrm{d}x}\frac{1}{\cos\chi} \qquad (12.110)$$

$$\alpha_n = \frac{\alpha}{\cos\chi} \qquad (12.111)$$

1. 无限翼展斜置翼的压强系数和载荷系数公式

根据超声速翼型上下表面的压强系数公式，将其中的马赫数写为法向马赫数 $Ma_{\infty n}$，迎角写为法向迎角，表面导数写为法向导数，得上下翼面法向压强系数为

$$\begin{cases} (C_{p\mathrm{u}})_n = \dfrac{2}{\sqrt{Ma_{\infty}^2\cos^2\chi - 1}}\left[-\alpha_n + \left(\dfrac{\mathrm{d}y}{\mathrm{d}x_n}\right)_f + \left(\dfrac{\mathrm{d}y_\mathrm{u}}{\mathrm{d}x_n}\right)_c\right] \\ (C_{p\mathrm{d}})_n = \dfrac{2}{\sqrt{Ma_{\infty}^2\cos^2\chi - 1}}\left[+\alpha_n - \left(\dfrac{\mathrm{d}y}{\mathrm{d}x_n}\right)_f - \left(\dfrac{\mathrm{d}y_\mathrm{d}}{\mathrm{d}x_n}\right)_c\right] \end{cases} \qquad (12.112)$$

将法向导数和法向迎角进行替换,得

$$\begin{cases}(C_{pu})_n = \dfrac{2}{\cos\chi\sqrt{Ma_\infty^2\cos^2\chi - 1}}\left[-\alpha + \left(\dfrac{dy}{dx}\right)_f + \left(\dfrac{dy_u}{dx}\right)_c\right] \\ (C_{pd})_n = \dfrac{2}{\cos\chi\sqrt{Ma_\infty^2\cos^2\chi - 1}}\left[+\alpha - \left(\dfrac{dy}{dx}\right)_f - \left(\dfrac{dy_d}{dx}\right)_c\right]\end{cases} \tag{12.113}$$

注意到,对于厚度问题,因翼型对称,在同一 x 处,有

$$\left(\frac{dy_u}{dx}\right)_c = -\left(\frac{dy_d}{dx}\right)_c \tag{12.114}$$

法向载荷系数为

$$(\Delta C_p)_n = (C_{pu} - C_{pd})_n = \frac{4}{\cos\chi\sqrt{Ma_\infty^2\cos^2\chi - 1}}\left[\alpha - \left(\frac{dy}{dx}\right)_f\right] \tag{12.115}$$

利用式(12.106),可得到斜置翼压强和载荷系数为

$$\begin{cases}C_{pu} = (C_{pu})_n\cos^2\chi = \dfrac{2\cos\chi}{\sqrt{Ma_\infty^2\cos^2\chi - 1}}\left[-\alpha + \left(\dfrac{dy}{dx}\right)_f + \left(\dfrac{dy_u}{dx}\right)_c\right] \\ C_{pd} = (C_{pd})_n\cos^2\chi = \dfrac{2\cos\chi}{\sqrt{Ma_\infty^2\cos^2\chi - 1}}\left[+\alpha - \left(\dfrac{dy}{dx}\right)_f - \left(\dfrac{dy_d}{dx}\right)_c\right]\end{cases} \tag{12.116}$$

由式(12.115)得斜置翼的载荷系数为

$$\Delta C_p = (\Delta C_p)_n\cos^2\chi = \frac{4\cos\chi}{\sqrt{Ma_\infty^2\cos^2\chi - 1}}\left[\alpha - \left(\frac{dy}{dx}\right)_f\right] \tag{12.117}$$

2. 无限翼展斜置翼的升力系数

利用超声速薄翼型绕流的升力系数,将其中的马赫数写为法向马赫数 $Ma_{\infty n}$,迎角写为法向迎角,得法向升力系数为

$$C_{Ln} = \frac{4\alpha_n}{\sqrt{Ma_\infty^2\cos^2\chi - 1}} = \frac{4\alpha}{\cos\chi\sqrt{Ma_\infty^2\cos^2\chi - 1}} \tag{12.118}$$

利用式(12.107)得无限斜置翼升力系数为

$$C_L = \frac{4\alpha\cos\chi}{\sqrt{Ma_\infty^2\cos^2\chi - 1}} \tag{12.119}$$

3. 无限翼展斜置翼激波阻力系数

法向激波阻力系数为

$$C_{Dwn}=\frac{4}{\sqrt{Ma_{\infty}^{2}\cos^{2}\chi-1}}\left[\alpha_{n}^{2}+\frac{1}{b_{n}}\int_{0}^{b_{n}}\left(\frac{dy}{dx_{n}}\right)_{f}^{2}dx_{n}+\frac{1}{b_{n}}\int_{0}^{b_{n}}\left(\frac{dy_{u}}{dx_{n}}\right)_{c}^{2}dx_{n}\right] \tag{12.120}$$

利用法向关系得

$$C_{Dwn}=\frac{4}{\cos^{2}\chi\sqrt{Ma_{\infty}^{2}\cos^{2}\chi-1}}\left[\alpha^{2}+\frac{1}{b}\int_{0}^{b}\left(\frac{dy}{dx}\right)_{f}^{2}dx+\frac{1}{b}\int_{0}^{b}\left(\frac{dy_{u}}{dx}\right)_{c}^{2}dx\right] \tag{12.121}$$

利用式(12.108),可得无限翼展斜置翼激波阻力系数为

$$\begin{aligned}C_{Dw}&=C_{Dwn}\cos^{3}\chi\\&=\frac{4\cos\chi}{\sqrt{Ma_{\infty}^{2}\cos^{2}\chi-1}}\left[\alpha^{2}+\frac{1}{b}\int_{0}^{b}\left(\frac{dy}{dx}\right)_{f}^{2}dx+\frac{1}{b}\int_{0}^{b}\left(\frac{dy_{u}}{dx}\right)_{c}^{2}dx\right]\end{aligned} \tag{12.122}$$

如果在上述激波阻力系数中,表面导数保持为法向导数不作代换,则激波阻力系数可表达为

$$\begin{aligned}C_{Dw}&=\frac{4\cos^{3}\chi}{\sqrt{Ma_{\infty}^{2}\cos^{2}\chi-1}}\left[\alpha_{n}^{2}+\frac{1}{b_{n}}\int_{0}^{b_{n}}\left(\frac{dy}{dx_{n}}\right)_{f}^{2}dx_{n}+\frac{1}{b_{n}}\int_{0}^{b_{n}}\left(\frac{dy_{u}}{dx_{n}}\right)_{c}^{2}dx_{n}\right]\\&=\frac{4\alpha^{2}\cos\chi}{\sqrt{Ma_{\infty}^{2}\cos^{2}\chi-1}}+\frac{4\cos^{3}\chi}{\sqrt{Ma_{\infty}^{2}\cos^{2}\chi-1}}I\end{aligned} \tag{12.123}$$

$$C_{Dw0}=\frac{4\cos^{3}\chi}{\sqrt{Ma_{\infty}^{2}\cos^{2}\chi-1}}I,\ I=\frac{1}{b_{n}}\int_{0}^{b_{n}}\left(\frac{dy}{dx_{n}}\right)_{f}^{2}dx_{n}+\frac{1}{b_{n}}\int_{0}^{b_{n}}\left(\frac{dy_{u}}{dx_{n}}\right)_{c}^{2}dx_{n}$$

上式中,阻力公式右边第二项是无限翼展斜置翼的零升激波阻力系数(用翼面的法向导数表达)。令

$$\frac{d}{d\chi}\left(\frac{C_{Dw0}}{4I}\right)=\frac{d}{d\chi}\left(\frac{\cos^{3}\chi}{\sqrt{Ma_{\infty}^{2}\cos^{2}\chi-1}}\right)=0$$

可得到零升激波阻力系数出现极值(最小值)的后掠角为

$$\cos\chi=\frac{1}{Ma_{\infty}}\sqrt{\frac{3}{2}} \tag{12.124}$$

代入式(12.123),得到最小零升激波阻力系数为

$$C_{Dw0\min}=4I\frac{\left(\dfrac{1}{Ma_{\infty}}\sqrt{\dfrac{3}{2}}\right)^{3}}{\sqrt{Ma_{\infty}^{2}\left(\dfrac{1}{Ma_{\infty}}\sqrt{\dfrac{3}{2}}\right)^{2}-1}}=4I\sqrt{2}\left(\frac{1}{Ma_{\infty}}\sqrt{\frac{3}{2}}\right)^{3}=2I\frac{3^{1.5}}{Ma_{\infty}^{3}} \tag{12.125}$$

根据上述超声速无限翼展斜置翼气动特性公式,可计算出升力线斜率随后掠角的变化和零升波阻系数随后掠角的变化曲线,如图 12.22 所示。由该图可见,与斜置翼的亚声速绕流相反,增加后掠角可提高超声速斜置翼的升力线斜率;同时在一定后掠角范围内,增加后掠角将减小机翼的零升波阻系数。这就是为什么超声速飞机大多采用后掠翼的原因。

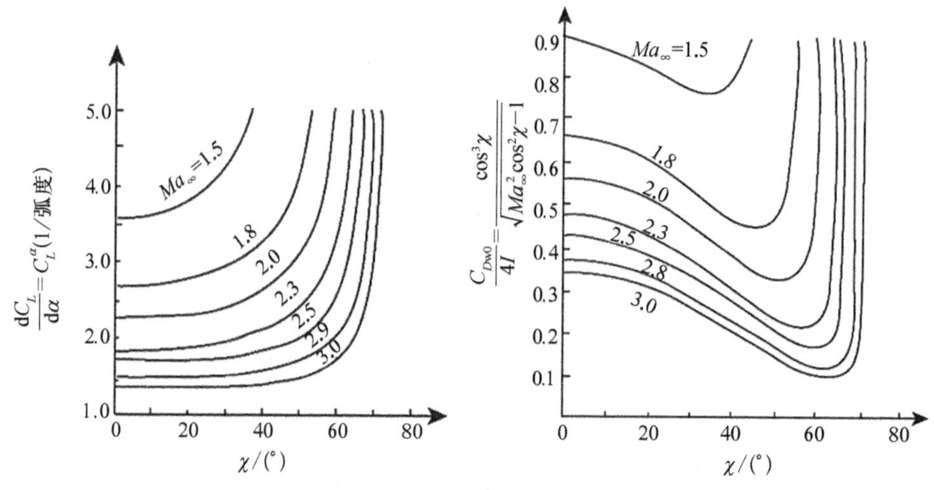

图 12.22 超声速薄翼型后掠翼绕流特性曲线

12.6 超声速薄机翼绕流的基本概念

12.6.1 前、后马赫锥概念

为更好地了解超声速薄机翼绕流的气动特性,需要说明几个超声速薄机翼的基本概念。在超声速流场内,从任意一点 P 可作两个轴线与来流方向平行的马赫锥,P 点上游的锥称为前马赫锥,P 点下游的锥称为后马赫锥,如图 12.23 所示。马赫锥的半顶角为

$$\mu_\infty = \tan^{-1}\frac{1}{\sqrt{Ma_\infty^2 - 1}} \tag{12.126}$$

前马赫锥所围的区域称为 P 点的依赖区,在该马赫锥内所有扰源都对 P 的解都产生影响。后马赫锥所围的区域称为 P 点的影响区,在该马赫锥内所有空间点都会受到 P 扰动源的影响。

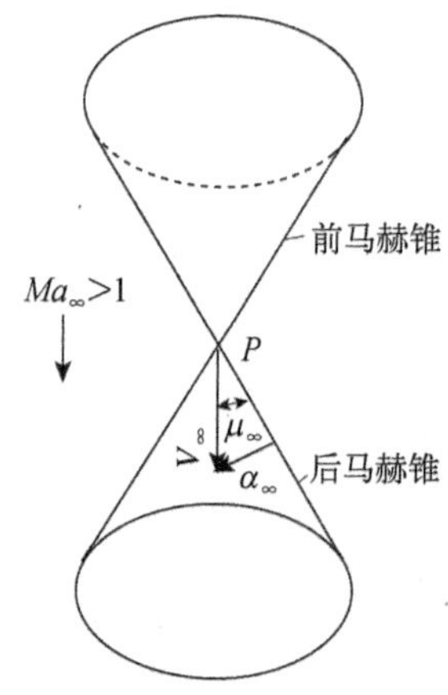

图 12.23 超声速前后马赫锥

如图 12.24 所示,例如 P 点位于机翼平板上,P 点的坐标为 $(x, 0, z)$,仅受到位于前马赫锥内机翼部分的影响,但当 P 点位于机翼上方时,P 点的坐标为 (x, y, z),其依赖区为空间马赫锥

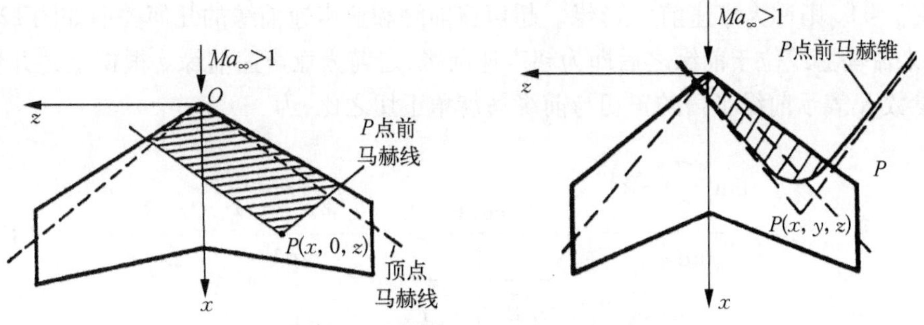

图 12.24　P 点对平板翼上的依赖区

与机翼表面的交线范围区域。

12.6.2　前缘、后缘和侧缘

在超声速机翼绕流，根据超声速流场中扰动波的传播特征，不同边界对气动特性影响不同，因此需将机翼的边界划分为前缘、后缘和侧缘。通过机翼与来流方向平行的直线首先相交的边界为前缘，第二次相交的边界为后缘，与来流平行的机翼边界为侧缘。前缘、后缘或侧缘自然还和来流与机翼的相对方向有关，如图 12.25 所示。如果来流相对于前(后)缘的法向分速小于声速 ($Ma_{\infty n} < 1$)，则称该前(后)缘为亚声速前(后)缘，如图 12.26(a)所示；反之若 $Ma_{\infty n} > 1$，称该前(后)缘为超声速前(后)缘，如图 12.26(b)；如

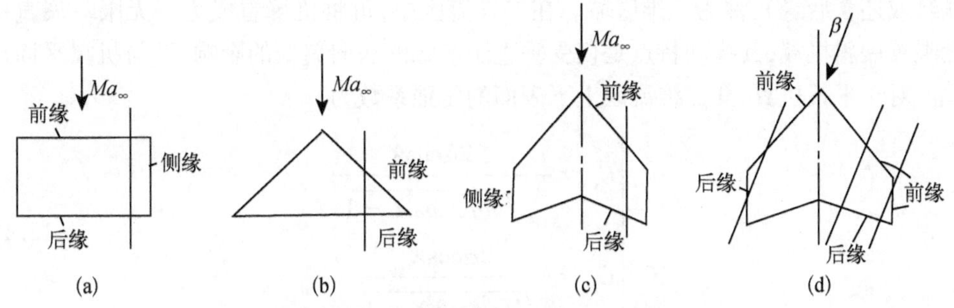

图 12.25　超声速机翼绕流的边缘名称

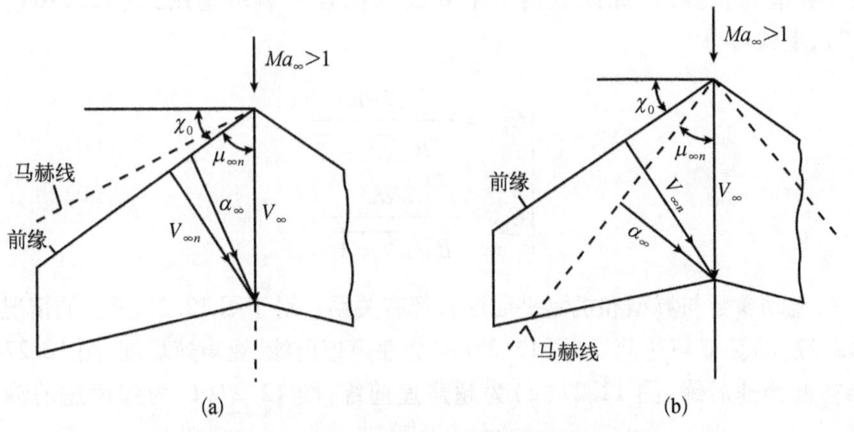

图 12.26　超声速机翼绕流前缘法向流动性质

果 $Ma_{\infty n}=1$，则称为声速前（后）缘。超声速前缘和亚声速前缘的几何关系如图 12.26 所示，当来流马赫线位于前缘之后即为超声速前缘，之前为亚声速前缘。根据上述几何关系引入参数 K 表示前缘半角的正切与前缘马赫角正切之比，为

$$K=\frac{\tan\left(\frac{\pi}{2}-\chi\right)}{\tan\mu_\infty}=\frac{\cot\chi}{\frac{1}{\sqrt{Ma_\infty^2-1}}}=\frac{\sqrt{Ma_\infty^2-1}}{\tan\chi}=\frac{B}{\tan\chi} \tag{12.127}$$

式中，$B=\sqrt{Ma_\infty^2-1}$。显然有，$K>1$，为超声速前（后）缘；$K<1$，为亚声速前（后）缘；$K=1$，为声速前（后）缘。综上所述，可用三种判别超声速前（后）缘的方法分别是

（1）$Ma_{\infty n}>1$ 或 $V_{\infty n}>a_\infty$；

（2）几何上马赫线位于前（后）缘之后；

（3）$K>1$，为超声速前（后）缘。

12.6.3 二维流区和三维流区

在超声速机翼绕流中，根据扰动波的传播性质，存在不同的扰动波及区域。仅受单一前缘影响的区域称为二维流区（在流动区域中，每一点的依赖区只包含一个前缘），如图 12.27 所示的阴影部分区域。其余非阴影部分的区域，其影响区包含两个前缘（或一前缘一侧缘或还含后缘），称为三维区域。在二维流区中，可将机翼看成为一无限翼展直机翼或无限翼展斜机翼，其扰动特点是仅受垂直于前缘的法向翼型的影响，而与机翼平面形状无关。对于平板机翼，其二维流区上下表面的压强系数为

$$\begin{cases}C_{pu}=-\dfrac{2\alpha\cos\chi}{\sqrt{Ma_\infty^2\cos^2\chi-1}}\\[2ex]C_{pd}=\dfrac{2\alpha\cos\chi}{\sqrt{Ma_\infty^2\cos^2\chi-1}}\end{cases} \tag{12.128}$$

如果是有翼型的机翼，在此区域内上下翼面的压强系数可选用式（12.116）。利用式（12.127），上式可得

$$\begin{cases}C_{pu}=-\dfrac{2\alpha K}{B\sqrt{K^2-1}}\\[2ex]C_{pd}=\dfrac{2\alpha K}{B\sqrt{K^2-1}}\end{cases} \tag{12.129}$$

在三维区，流动参数与翼型和机翼平面形状都有关系。对于图 12.27 所示的情况，可以看出，图 12.27（b）为亚声速前缘，图 12.27（c）为亚声速前缘、亚声速后缘，图 12.27（d）为亚声速前缘、超声速后缘，图 12.27（e）为超声速前缘，图 12.27（f）为超声速前缘、超声速后缘。

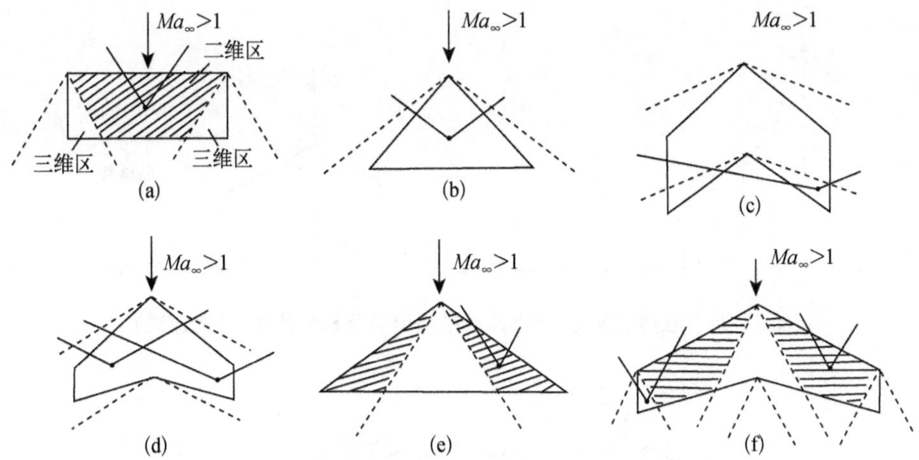

图 12.27　超声速机翼绕流二维流区和三维流区

12.7　有限翼展薄机翼超声速绕流特性

有限翼展薄机翼的超声速绕流气动特性与其前后缘性质有密切的关系，同一后掠机翼在不同来流马赫数下，气动特性也是不同的，可能出现亚声速前缘、亚声速后缘、超声速前缘、超声速后缘等。以平板后掠翼为例，说明法向流动的特征，即不同前缘和后缘条件的绕流特性。

1. 亚声速前缘、亚声速后缘绕流

如图 12.28 所示，上下翼面的绕流要通过前缘产生相互影响，结果垂直于前缘的截面在前缘显示出亚声速的绕流特性。对于亚声速后缘，则垂直于后缘的截面在后缘要求满足库塔-茹科夫斯基条件。图 12.29 所示为亚声速前缘、亚声速后缘绕流载荷系数分布。在亚声速前缘压强系数趋于负无限大，而在亚声速后缘载荷系数为零。

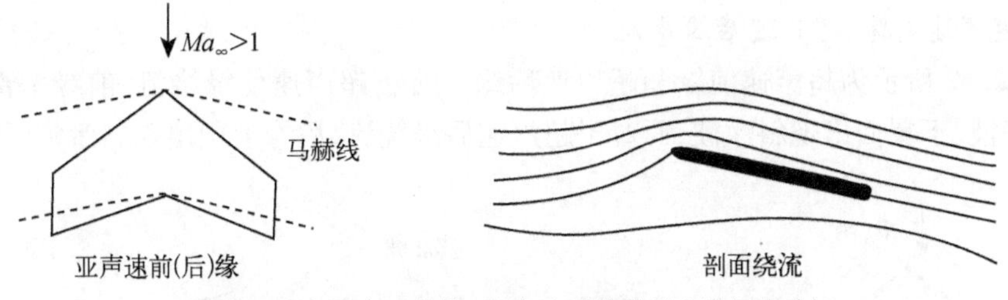

图 12.28　亚声速前缘、亚声速后缘绕流(法向流动)

2. 亚声速前缘、超声速后缘绕流

如图 12.30 所示，前缘为亚声速绕流特点与图 12.28 前缘绕流类似。而后缘为超声速后缘，此时上翼面的法向气流达到超声速区，在后缘处要发生激波，使气流偏转，达到来流的条件。而后缘下翼面绕流将出现一系列膨胀波加速到来流条件。亚声速前缘载荷系数分布与图 12.29 所示一样。而在超声速后缘出现激波，在上翼面压强系数出现有限值，其大小取决于后缘法向马赫数的大小，如图 12.31 所示。

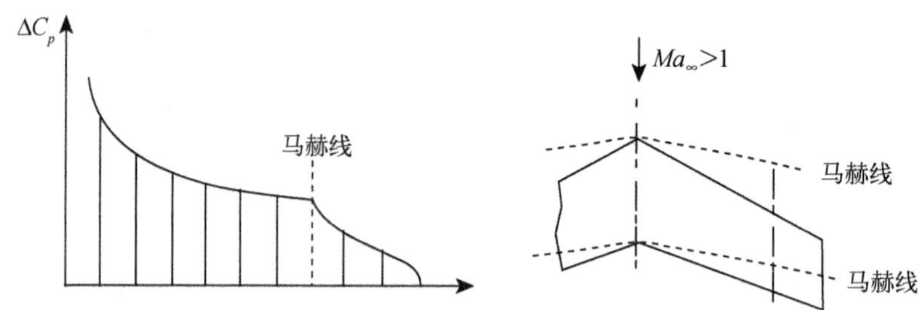

图 12.29　亚声速前缘、亚声速后缘绕流载荷系数分布(法向流动)

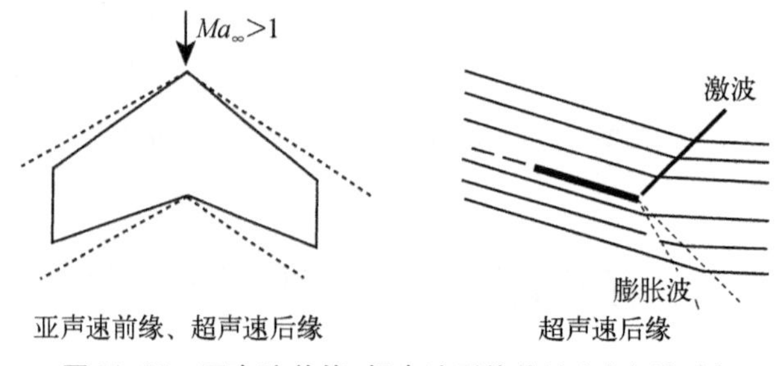

图 12.30　亚声速前缘、超声速后缘绕流(法向流动)

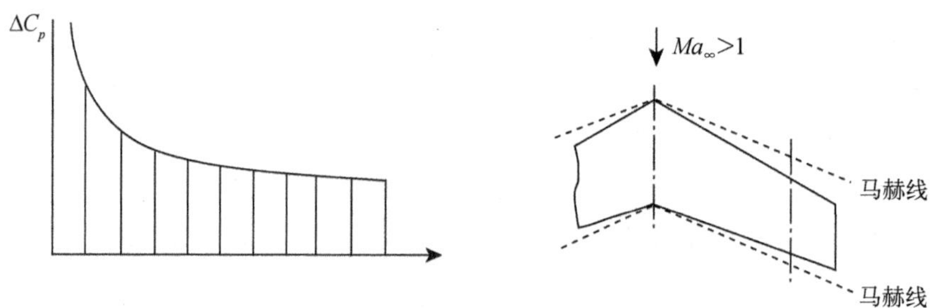

图 12.31　亚声速前缘、超声速后缘载荷系数分布(法向流动)

3. 超声速前缘、超声速后缘绕流

图 12.32 所示为超声速前缘和超声速后缘。对于超声速前缘绕流,前缘头部上翼面出现膨胀波、下翼面出现斜激波;而对于超声速后缘绕流,后缘上面出现斜激波、下翼面出

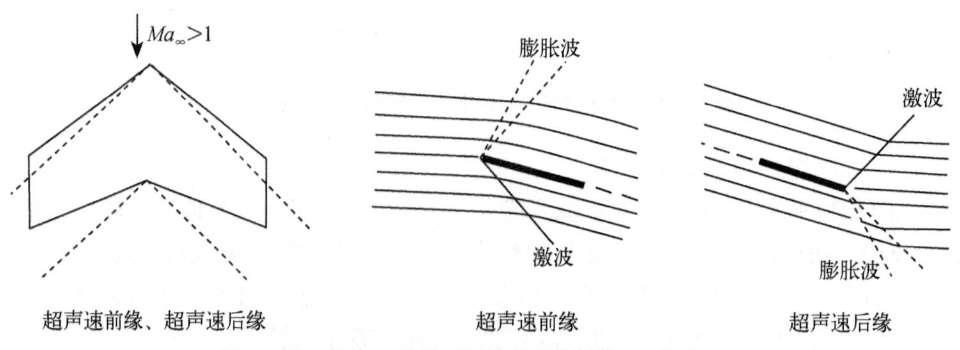

图 12.32　超声速前缘、超声速后缘绕流(法向流动)

现膨胀波。如图 12.33 所示,在此种情况下,在上翼面前缘和尾缘处载荷系数出现有限值。

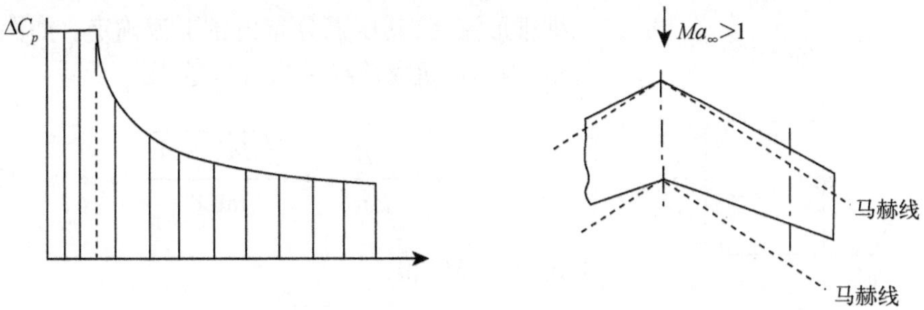

图 12.33　超声速前缘、超声速后缘载荷系数分布(法向流动)

12.8　矩形平板机翼超声速绕流气动特性

12.8.1　超声速前缘三维区的锥形流

如图 12.34 所示,对于超声速前(后)缘绕流,从顶点 O 和 O'发出的马赫射线在机翼后缘交点分别为 A 和 F,其中 AF 大于等于零,在机翼平面上存在二维区和三维区,如该图所示的阴影区为二维区,非阴影区为三维区。对于后掠翼的二维区,对于平板机翼的二维区,在迎角为 α 情况下,上下翼面的压强系数由式(12.129)得到。

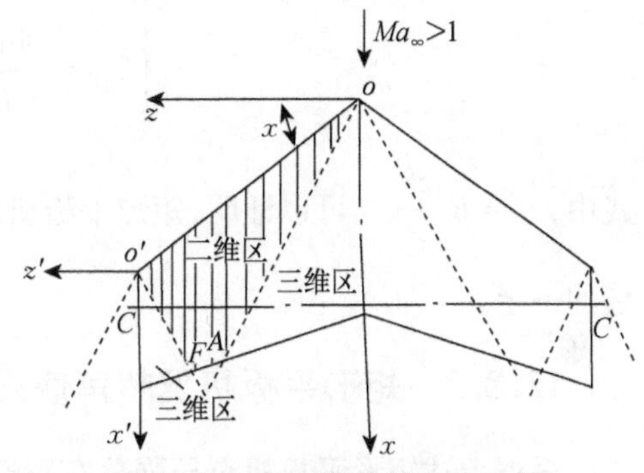

图 12.34　超声速前(后)缘平板绕流(法向流动)

而在三维区,受角点和侧缘的影响,机翼下翼面的高压通过侧缘抵消一部分上翼面的低压,使该区的压强高于二维区的负压强值。在超声速区,扰动按照马赫线传播特征,取锥形坐标系。

$$t' = B\frac{z'}{x'} \tag{12.130}$$

根据马赫射线的特点,在三维区压强的变化,一端与二维区的负压强值相等,令一端侧缘为来流压强。在此区域,由锥形流理论(可参考有关资料)得到压强的变化为

$$\begin{cases} C_{pu} = -\dfrac{2\alpha K}{\pi B\sqrt{K^2-1}}\cos^{-1}\left(1+2t'\dfrac{K+1}{K-t'}\right) \\ C_{pd} = \dfrac{2\alpha K}{\pi B\sqrt{K^2-1}}\cos^{-1}\left(1+2t'\dfrac{K+1}{K-t'}\right) \end{cases} \tag{12.131}$$

12.8.2 矩形平板机翼超声速绕流三维区

对于矩形平板机翼超声速绕流，由机翼翼梢顶点发出的马赫射线，在机翼翼梢区存在三维锥形流区，其压强分布由锥形流确定。如图 12.35 所示，因矩形机翼前缘后掠角为零，则

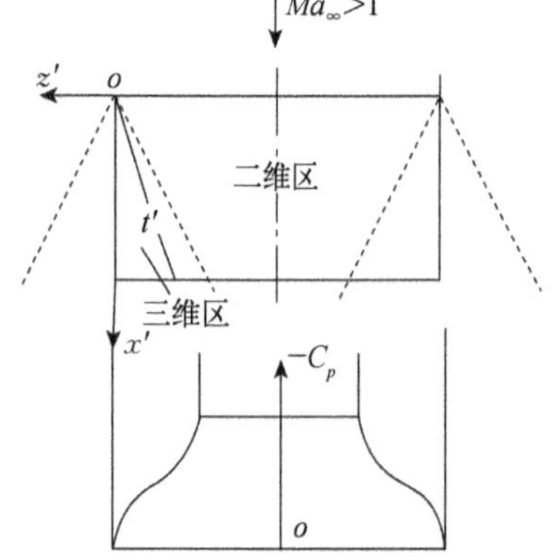

图 12.35 矩形平板机翼超声速绕流

$$K=\frac{B}{\tan\chi}=\frac{\sqrt{Ma_\infty^2-1}}{\tan\chi}\to\infty \tag{12.132}$$

由式(12.131)得

$$\begin{cases}C_{pu}=-\dfrac{2\alpha}{\pi B}\cos^{-1}(1+2t')\\ C_{pd}=\dfrac{2\alpha}{\pi B}\cos^{-1}(1+2t')\end{cases} \tag{12.133}$$

或者

$$\begin{cases}C_{pu}=-\dfrac{4\alpha}{\pi B}\sin^{-1}(\sqrt{-t'})\\ C_{pd}=\dfrac{4\alpha}{\pi B}\sin^{-1}(\sqrt{-t'})\end{cases} \tag{12.134}$$

式中，$t'=B\dfrac{z'}{x'}$。可以证明，矩形平板机翼的翼梢三维区，其压强的平均值为二维区压强值的一半。

12.8.3 矩形平板机翼超声速绕流升力特性

根据上述矩形平板机翼压强分布特性，对于机翼面三维区积分载荷系数，得到机翼的升力系数(小迎角)为

$$C_L=\frac{1}{S}\iint_S\Delta C_p\mathrm{d}S \tag{12.135}$$

式中，S 为矩形平板机翼的面积。机翼面可分为三维区和二维区，设三维区面积为 $2S_1$(S_1 为翼梢端三角区面积)，二维区面积为 S_2，则

$$S=2S_1+S_2 \tag{12.136}$$

代入式(12.135)得

$$C_L=\frac{1}{S}\iint_{2S_1+S_2}\Delta C_p\mathrm{d}S=\frac{1}{S}\left(2\iint_{S_1}\Delta C_p\mathrm{d}S+\iint_{S_2}\Delta C_p\mathrm{d}S\right)=C_{L1}+C_{L2} \tag{12.137}$$

如图 12.35 所示，根据式(12.134)，得三维区的载荷系数为

$$\Delta C_p = C_{pd} - C_{pu} = \frac{8\alpha}{\pi B}\sin^{-1}(\sqrt{-t'}) \tag{12.138}$$

如图 12.36 所示，对于三角区几何关系为

$$S = \frac{b\tan\theta}{2}b,\ t' = B\frac{z'}{x'} = B\tan\theta,\ S = \frac{b^2}{2}\frac{t'}{B} \tag{12.139}$$

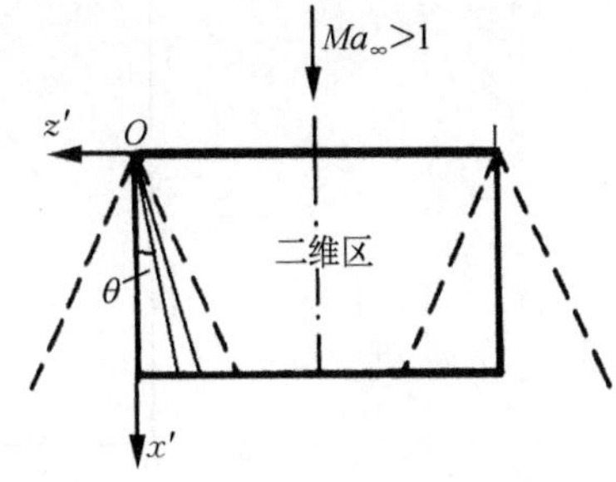

图 12.36　矩形平板翼的三维区示

由于 $dS = \frac{b^2}{2}\frac{dt}{B}$，代入式(12.137)，则可得到矩形平板机翼三维区对平均升力系数的贡献为

$$C_{L1} = \frac{2}{S}\iint_{S_1}\Delta C_p dS = \frac{8\alpha b^2}{S\pi B^2}\int_{-1}^{0}\sin^{-1}\sqrt{-t'}dt' = \frac{2\alpha}{B^2\lambda} \tag{12.140}$$

式中，$\lambda = \frac{S}{b^2}$。对于机翼中间的二维区，面积 S_2 为

$$\Delta l = b\tan\mu_\infty = b\frac{\sin\mu_\infty}{\cos\mu_\infty} = b\frac{\sin\mu_\infty}{\sqrt{1-\sin^2\mu_\infty}} = \frac{b}{\sqrt{Ma_\infty^2 - 1}} = \frac{b}{B} \tag{12.141}$$

则 S_2 为

$$S_2 = b\frac{l + l - 2\Delta l}{2} = b\left(1 - \frac{b}{B}\right) \tag{12.142}$$

在二维区载荷系数为 $\Delta C_p = \frac{4\alpha}{B}$，代入式(12.137)中第二部分，有

$$C_{L2} = \frac{1}{S}\iint_{S_2}\Delta C_p dS = \frac{4\alpha}{B}\left(1 - \frac{1}{\lambda B}\right) \tag{12.143}$$

最后得到矩形平板机翼的升力系数为

$$C_L = C_{L1} + C_{L2} = \frac{2\alpha}{B^2\lambda} + \frac{4\alpha}{B}\left(1 - \frac{1}{\lambda B}\right) = \frac{4\alpha}{B}\left(1 - \frac{1}{2\lambda B}\right) \tag{12.144}$$

$$BC_L^\alpha = B\frac{dC_L}{d\alpha} = 4\left(1 - \frac{1}{2\lambda B}\right) \tag{12.145}$$

由式(12.145)可得，当矩形机翼展弦比趋于无限大时，升力系数趋于二维翼型的升力系数 $\frac{4\alpha}{B}$。图 12.37 给出矩形平板机翼展弦比与升力线斜率的关系[式(12.145)]。

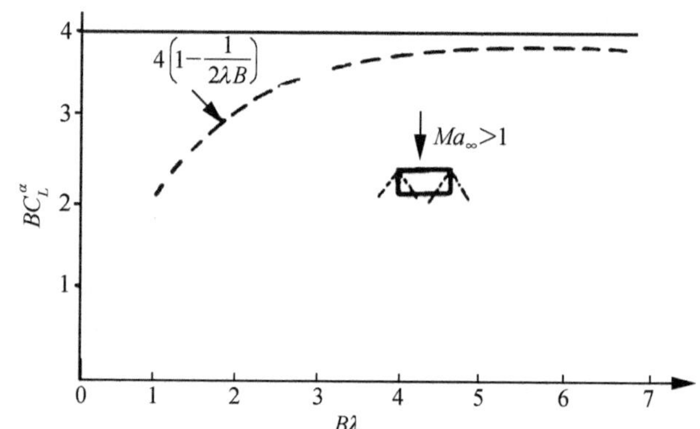

图 12.37　矩形平板机翼超声速绕流升力线斜率曲线

12.9　超声速流特征线理论

在定常超声速流场中,扰动以波的形式传播出去,根据扰动波所到之处是否引起气流压缩或膨胀,扰动波又分为压缩波和膨胀波。激波是一种强扰动压缩波,其典型特征是在激波面处引起流动参数发生突变,导致速度、压强等出现间断。而对于弱扰动波(弱压缩波、膨胀波),虽然经过波动的界限马赫线流动参数不会出现间断,但它们的偏导数是不连续的。

对于二维超声速流动,假设为理想、定常、有势流动,根据式(11.12),其全速度势函数(不是扰动速度势函数)的控制方程为

$$\left(1-\frac{u^2}{a^2}\right)\frac{\partial^2\varphi}{\partial x^2}-\frac{2uv}{a^2}\frac{\partial^2\varphi}{\partial x\partial y}+\left(1-\frac{v^2}{a^2}\right)\frac{\partial^2\varphi}{\partial y^2}=0 \tag{12.146}$$

利用全速度势函数与速度分量的关系:

$$u=\frac{\partial\varphi}{\partial x},\ v=\frac{\partial\varphi}{\partial y} \tag{12.147}$$

可得

$$\mathrm{d}u=\frac{\partial u}{\partial x}\mathrm{d}x+\frac{\partial u}{\partial y}\mathrm{d}y=\frac{\partial^2\varphi}{\partial x^2}\mathrm{d}x+\frac{\partial^2\varphi}{\partial x\partial y}\mathrm{d}y \tag{12.148}$$

$$\mathrm{d}v=\frac{\partial v}{\partial x}\mathrm{d}x+\frac{\partial v}{\partial y}\mathrm{d}y=\frac{\partial^2\varphi}{\partial x\partial y}\mathrm{d}x+\frac{\partial^2\varphi}{\partial y^2}\mathrm{d}y \tag{12.149}$$

在超声速流场中,扰动波所到之处,将使该处的流动参数偏导数$\left(\frac{\partial u}{\partial x}、\frac{\partial v}{\partial y}、\frac{\partial p}{\partial x}\cdots\right)$为不确定量,把在流场中存在不确定量的这些线称为特征线(扰动波的波阵面、马赫波线)。由于

$$\frac{\partial u}{\partial x}=\frac{\partial^2\varphi}{\partial x^2},\ \frac{\partial v}{\partial x}=\frac{\partial u}{\partial y}=\frac{\partial^2\varphi}{\partial x\partial y},\ \frac{\partial v}{\partial y}=\frac{\partial^2\varphi}{\partial y^2} \tag{12.150}$$

根据式(12.146)、式(12.148)和式(12.149),在扰动波阵面处,下列方程组的系数矩阵和置换矩阵行列式均为零,即

$$\begin{vmatrix} 1-\dfrac{u^2}{a^2} & -\dfrac{2uv}{a^2} & 1-\dfrac{v^2}{a^2} \\ \mathrm{d}x & \mathrm{d}y & 0 \\ 0 & \mathrm{d}x & \mathrm{d}y \end{vmatrix} \begin{Bmatrix} \dfrac{\partial^2\varphi}{\partial x^2} \\ \dfrac{\partial^2\varphi}{\partial x\partial y} \\ \dfrac{\partial^2\varphi}{\partial y^2} \end{Bmatrix} = \begin{Bmatrix} 0 \\ \mathrm{d}u \\ \mathrm{d}v \end{Bmatrix} \tag{12.151}$$

1. 特征线方程

由式(12.151)系数行列为零,得

$$\begin{vmatrix} 1-\dfrac{u^2}{a^2} & -\dfrac{2uv}{a^2} & 1-\dfrac{v^2}{a^2} \\ \mathrm{d}x & \mathrm{d}y & 0 \\ 0 & \mathrm{d}x & \mathrm{d}y \end{vmatrix} = 0 \tag{12.152}$$

展开上式,可得特征线方程为

$$\left(1-\frac{u^2}{a^2}\right)\mathrm{d}y^2+\frac{2uv}{a^2}\mathrm{d}x\mathrm{d}y+\left(1-\frac{v^2}{a^2}\right)\mathrm{d}x^2=0 \tag{12.153}$$

$$\left(1-\frac{u^2}{a^2}\right)\frac{\mathrm{d}y^2}{\mathrm{d}x^2}+\frac{2uv}{a^2}\frac{\mathrm{d}y}{\mathrm{d}x}+\left(1-\frac{v^2}{a^2}\right)=0 \tag{12.154}$$

解之,得

$$\frac{\mathrm{d}y}{\mathrm{d}x}=\frac{-\dfrac{uv}{a^2}\pm\sqrt{\dfrac{u^2+v^2}{a^2}-1}}{1-\dfrac{u^2}{a^2}} \tag{12.155}$$

把 $u=V\cos\theta$、$v=V\sin\theta$ 代入上式,得

$$\frac{\mathrm{d}y}{\mathrm{d}x}=\frac{-Ma^2\cos\theta\sin\theta\pm\sqrt{Ma^2-1}}{1-Ma^2\cos^2\theta} \tag{12.156}$$

将 $\sin\mu=\dfrac{1}{Ma}$ 代入上式,得

$$\frac{dy}{dx} = \frac{-\cos\theta\sin\theta \pm \sin\mu\cos\mu}{\sin^2\mu - \cos^2\theta} \tag{12.157}$$

用 $\cos\theta\cos\mu \pm \sin\theta\sin\mu$ 同乘以上式的分子分母，再利用三角恒等式：

$$\sin^2\mu - \cos^2\theta = \sin^2\theta - \cos^2\mu \tag{12.158}$$

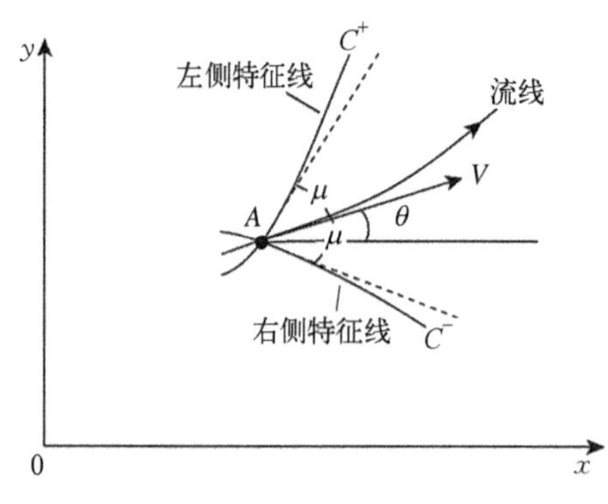

图 12.38　过 A 点的特征线

由式(12.157)可得

$$\frac{dy}{dx} = \tan(\theta \mp \mu) \tag{12.159}$$

这个方程反映了特征线在物理平面上的斜率。其中，负号代表的特征线为右伸特征线，用 C^- 表示；正号代表的特征线为左伸特征线，用 C^+ 表示。这个左右延伸指观察者顺着速度矢量方向指向的左右侧，如图 12.38 所示。

2. 函数导数沿特征线的变化规律

利用式(12.151)的置换系数行列为零，得

$$\begin{vmatrix} 1-\dfrac{u^2}{a^2} & 0 & 1-\dfrac{v^2}{a^2} \\ dx & du & 0 \\ 0 & dv & dy \end{vmatrix} = 0 \tag{12.160}$$

展开得

$$\left(1-\frac{u^2}{a^2}\right)dudy + \left(1-\frac{v^2}{a^2}\right)dvdx = 0 \tag{12.161}$$

解出的结果为

$$\frac{dv}{du} = -\frac{1-\dfrac{u^2}{a^2}}{1-\dfrac{v^2}{a^2}}\frac{dy}{dx} \tag{12.162}$$

将式(12.155)代入上式，有

$$\frac{dv}{du} = -\frac{1-\dfrac{u^2}{a^2}}{1-\dfrac{v^2}{a^2}} \frac{-\dfrac{uv}{a^2} \pm \sqrt{\dfrac{u^2+v^2}{a^2}-1}}{1-\dfrac{u^2}{a^2}} = -\frac{-\dfrac{uv}{a^2} \pm \sqrt{\dfrac{u^2+v^2}{a^2}-1}}{1-\dfrac{v^2}{a^2}} \tag{12.163}$$

对 $u = V\cos\theta$、$v = V\sin\theta$ 微分，得

$$\begin{aligned} du &= d(V\cos\theta) = \cos\theta dV - V\sin\theta d\theta \\ dv &= d(V\sin\theta) = \sin\theta dV + V\cos\theta d\theta \end{aligned} \tag{12.164}$$

并代入式(12.163)，得

$$\frac{d(V\sin\theta)}{d(V\cos\theta)} = \frac{\sin\theta dV + V\cos\theta d\theta}{\cos\theta dV - V\sin\theta d\theta} = \frac{Ma^2\cos\theta\sin\theta \mp \sqrt{Ma^2-1}}{1 - Ma^2\sin^2\theta} \tag{12.165}$$

$$d\theta = \sqrt{Ma^2-1}\,\frac{\tan\theta\sqrt{Ma^2-1} \mp 1}{1 \mp \tan\theta\sqrt{Ma^2-1}}\,\frac{dV}{V} = \mp\sqrt{Ma^2-1}\,\frac{dV}{V} \tag{12.166}$$

3. 特征线方程组

把两族特征线方程(12.159)及沿特征线上流动参数的关系式(12.166)组合起来，就可以将求解二阶非线性偏微分方程(12.146)转换为求解一组常微分方程组，即

沿着正向 C^+ 特征线：

$$\begin{cases} \dfrac{dy}{dx} = \tan(\theta + \mu) \\ d\theta = \sqrt{Ma^2-1}\,\dfrac{dV}{V} \end{cases} \tag{12.167}$$

沿着负向 C^- 特征线：

$$\begin{cases} \dfrac{dy}{dx} = \tan(\theta - \mu) \\ d\theta = -\sqrt{Ma^2-1}\,\dfrac{dV}{V} \end{cases} \tag{12.168}$$

对特征线关系积分，可得到普朗特–迈耶尔[式(7.175)]为

$$\delta(Ma) = \sqrt{\frac{\gamma+1}{\gamma-1}}\arctan\sqrt{\frac{\gamma-1}{\gamma+1}(Ma^2-1)} - \arctan\sqrt{Ma^2-1} \tag{12.169}$$

这样式(12.167)和式(12.168)变为

沿着正向 C+特征线：

$$\begin{cases} \dfrac{dy}{dx} = \tan(\theta + \mu) \\ \theta - \delta(Ma) = 0 \end{cases} \tag{12.170}$$

沿着负向 C−特征线：

$$\begin{cases}\dfrac{dy}{dx} = \tan(\theta - \mu) \\ \theta + \delta(Ma) = 0\end{cases} \tag{12.171}$$

习　题

12.1　利用线化理论的结果,计算马赫数为 2.6 的自由流中无限薄平板在迎角为① $\alpha = 5°$、② $\alpha = 15°$、③ $\alpha = 30°$ 的升力和波阻。

12.2　具有对称菱形剖面的无限翼展机翼,见习题 12.2 图,以 $Ma = 2$ 在海平面空气中向左运动。相对厚度 $c = 0.15$, $\alpha = 2°$, 试求图示翼型上 B 点的压强。

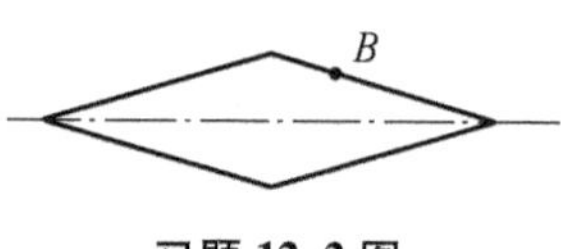

习题 12.2 图

12.3　假设上题中机翼迎角为零度,试求 B 点的压强。

12.4　洛克希德 F－104 超声速战斗机,如习题 12.4 图所示,是第一架设计用于 $Ma=2$ 持续飞行的战斗机。F－104 体现了良好的超声速飞机设计,翼型厚度为 3.4%。机翼的平面面积为 18.21 m²。以 F－104 为例,在 11 km 的高度上以马赫数 2 的速度进行稳定的水平飞行。这架飞机的质量为 9 400 kg。假设飞机的所有升力来自机翼上的升力(即忽略机身的升力)。计算机翼相对于自由流的迎角多少时,在 11 km 高度上的飞行马赫数为 2。

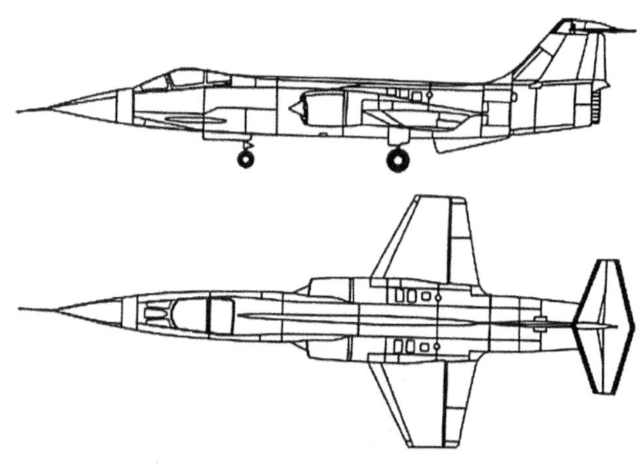

习题 12.4 图

12.5　计算马赫数为 2.6 的自由流中无限薄平板在迎角为① $\alpha = 5°$、② $\alpha = 15°$、③ $\alpha = 30°$ 的平板上下表面的压强(以 p/p_∞ 的形式)。

12.6　二维平板在 6 km 高度,以 $Ma_\infty = 2$ 飞行,迎角为 10°。试用线化理论,计算上下表面间的压强差。

12.7　如习题 12.7 图所示翼型,以 $Ma_\infty = 3$、$\alpha = 2°$ 运动,厚度与弦长之比为 0.1,且最大厚度出现在前缘之后 30%弦长处。利用线化理论计算:

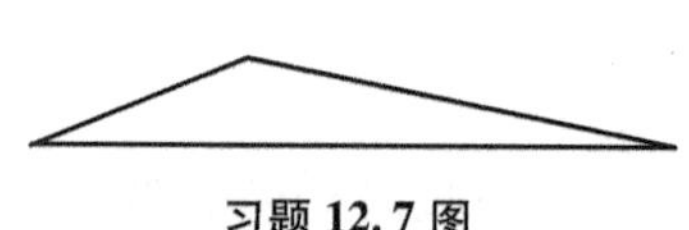

习题 12.7 图

(1) 绕焦点的力矩系数；
(2) 压力中心的位置；
(3) 波阻系数；
(4) 零升力角。

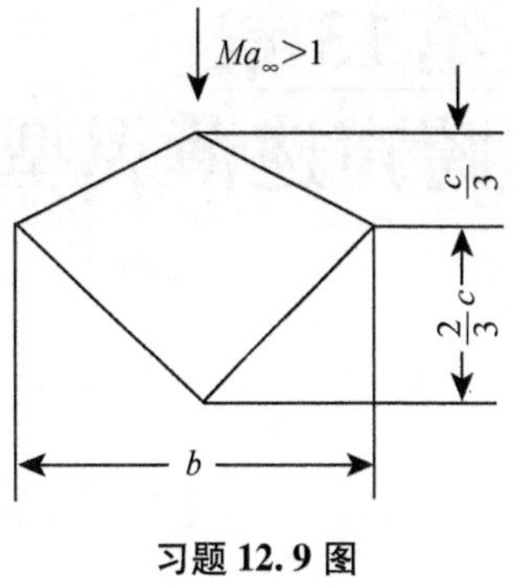

习题 12.9 图

12.8 根据线性超声速理论，方程 $C_D = \dfrac{4\alpha^2}{\sqrt{Ma_\infty^2 - 1}}$ 预测平板的 C_D 随 Ma_∞ 的增加而减小，这是否意味着阻力本身随着 Ma_∞ 的增加而减少？为了回答这个问题，导出一个方程式将阻力作为 Ma_∞ 的函数。

12.9 有一机翼，平面形状如习题 12.9 图所示，试求超声速前缘和亚声速后缘的 Ma_∞ 范围。

12.10 有一三角形机翼，前缘后掠角 χ_0 为 45°，现以 V_∞ = 450 m/s 速度飞行，试考虑飞行高度分别在海平面 5 500 m 和 11 000 m 时，该机翼前缘性质作何变化？

12.11 试证明如习题 12.11 图所示矩形平板翼面区域Ⅰ的升力，等于该区为超声速二维区所产生升力的一半。

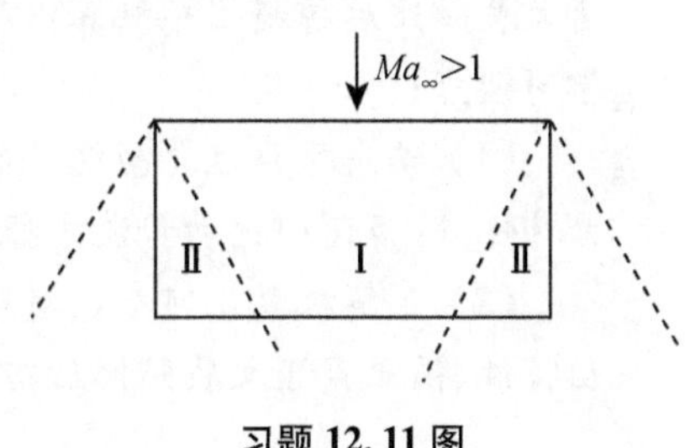

习题 12.11 图

第 13 章
跨声速薄翼型与机翼绕流气动特性

本章介绍跨声速薄翼型与机翼绕流气动特性，包括跨声速翼型绕流临界马赫数的概念、跨声速薄翼型绕流现象与气动力特性、跨声速小扰动势流方程与相仿律、机翼几何参数对跨声速临界马赫数的影响、超临界翼型绕流气动特性、高亚声速大展弦比后掠超临界机翼以及跨声速面积律等。

学习要点：

(1) 熟悉跨声速翼型绕流临界马赫数的概念、跨声速薄翼型绕流现象与气动力特性、跨声速小扰动势流方程与相仿律；

(2) 了解机翼几何参数对跨声速绕流临界马赫数的影响、超临界翼型绕流气动特性、高亚声速大展弦比后掠超临界机翼以及跨声速面积律等。

13.1 跨声速翼型绕流临界马赫数

13.1.1 跨声速流动问题

气流绕过物体时，除亚声速和超声速流动外，如果在亚声速流场中包含局部超声速区或在超声速流场中包含局部亚声速流动区，这样的流动称为跨声速流动。由于从超声速到亚声速往往要通过激波实现，因此跨声速流场中往往包含了局部激波现象。绕过薄机翼的跨声速流动，主要发生在来流马赫数接近 1 的情况；钝头物体超声速绕流时，头部脱体激波之后的部分区域也出现跨声速流。跨声速流场远比亚声速和超声速流场复杂，因为流场是混合型（流动和波动的耦合）的，且存在局部激波，目前在理论和实验技术上还需要进一步研究。

13.1.2 临界马赫数

当来流马赫数以亚声速绕过物体（或机翼）时，物体表面上各点的流速虽然不同，但不大于声速，有些区域大于来流速度，有些区域小于来流速度。随来流马赫数增大，物面上的流速也相应增大，当来流马赫数达到某一值时（$Ma_\infty < 1$），物面上最大点速度（最小

压强点)恰好等于当地声速($Ma = 1$),此时对应的来流马赫数称为临界马赫数(或称下临界马赫数)$Ma_{\infty c}$,对应 $Ma = 1$ 处的压强称为临界压强用 p_c 表示。对于薄翼型绕流,其压强大小与翼型厚度、弯度和迎角等参数有关,因此翼型的临界马赫数也与这些参数有关。对机翼来说,其临界马赫数还与其平面形状有关。如果来流马赫数 Ma_∞ 继续增大($Ma_\infty > Ma_{\infty c}$),翼型表面上将产生局部超声速区和激波,气动特性将发生剧烈变化。显然这种变化将从来流马赫数超过临界马赫数开始,因此确定 $Ma_{\infty c}$ 就十分重要。

根据等熵流动压强比公式,对于翼型表面上某点的 Ma、p 与来流 Ma_∞、p_∞ 的关系是

$$\frac{p}{p_\infty} = \left(\frac{1 + \frac{\gamma - 1}{2}Ma_\infty^2}{1 + \frac{\gamma - 1}{2}Ma^2}\right)^{\frac{\gamma}{\gamma-1}} \tag{13.1}$$

当 $Ma_\infty = Ma_{\infty c}$ 时,$Ma = 1$,$p = p_c$,由上式可得

$$\frac{p_c}{p_\infty} = \left(\frac{1 + \frac{\gamma - 1}{2}Ma_{\infty c}^2}{\frac{\gamma + 1}{2}}\right)^{\frac{\gamma}{\gamma-1}} \tag{13.2}$$

根据定义,临界压强系数为

$$C_{pc} = \frac{p_c - p_\infty}{\frac{1}{2}\rho_\infty V_{\infty c}^2} = \frac{2}{\gamma Ma_{\infty c}^2}\left(\frac{p_c}{p_\infty} - 1\right) \tag{13.3}$$

将式(13.2)代入式(13.3),得

$$C_{pc} = \frac{p_c - p_\infty}{\frac{1}{2}\rho_\infty V_{\infty c}^2} = \frac{2}{\gamma Ma_{\infty c}^2}\left\{\left[\frac{2}{\gamma + 1}\left(1 + \frac{\gamma - 1}{2}Ma_{\infty c}^2\right)\right]^{\frac{\gamma}{\gamma-1}} - 1\right\} \tag{13.4}$$

此式表明,在等熵流场中,物体表面上某点 $Ma = 1$ 时,对应的临界压强系数 C_{pc} 与临界马赫数之间的关系。对于亚声速翼型绕流,图 13.1 给出临界马赫数与临界压强系数之间的关系。可见临界马赫数越小,翼面临界压强系数负值就越大。对已知翼型,随来流 Ma_∞ 加大,翼面最低压强点首先达到临界状态,如图 13.2 所示。翼型最低压强点的压强系数 $C_{p\min}$ 随马赫数 Ma_∞ 的变化可按普朗特-格劳特压缩性修正法则计算,即

$$(C_{p\min})_{Ma_\infty} = \frac{(C_{p\min})_0}{\sqrt{1 - Ma_\infty^2}} \tag{13.5}$$

也可用卡门-钱学森公式修正确定,即

$$(C_{p\min})_{Ma_\infty} = \frac{(C_{p\min})_0}{\sqrt{1-Ma_\infty^2} + \frac{Ma_\infty^2}{1+\sqrt{1-Ma_\infty^2}} \frac{(C_{p\min})_0}{2}} \tag{13.6}$$

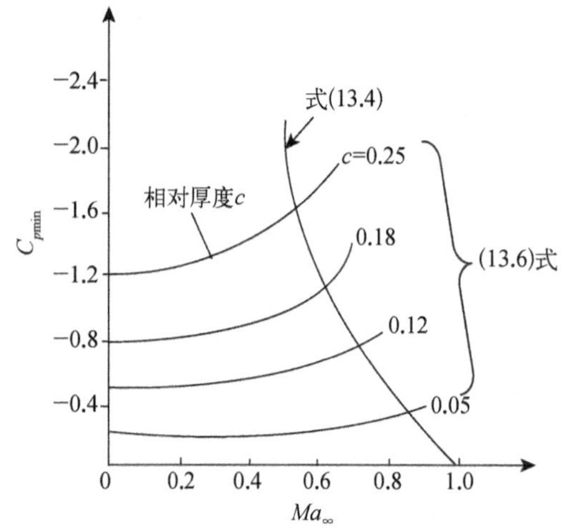

图 13.1　确定临界马赫数的图线

其中，$(C_{p\min})_0$ 为翼型在不可压缩流动中的最小压强系数，可由低速流动计算获得，也可以通过实验确定。在图 13.1 给出不同厚度的对称翼型，按照卡门-钱学森公式(13.6)计算的最小压强系数与来流马赫数的关系，两种曲线的交点对应的 $C_{p\min}$ 和 Ma_∞ 就是该翼型的临界压强系数 C_{pc} 和临界马赫数 $Ma_{\infty c}$。该图表明，随着翼型相对厚度增大，翼型的临界马赫数下降。图 13.2 给出不同来流马赫数下翼型上表面最低压强点对应的局部马赫数。

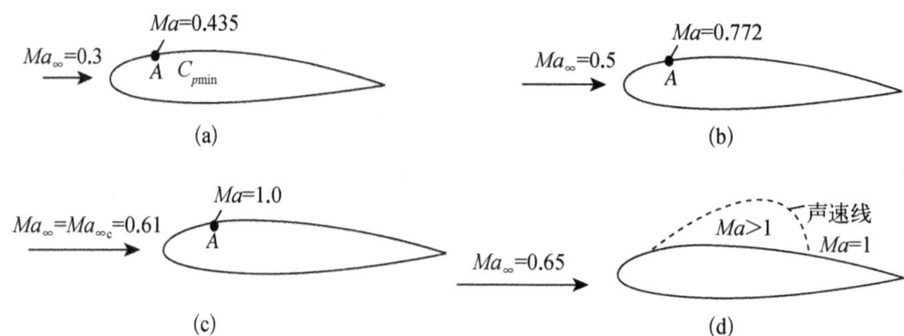

图 13.2　不同来流马赫数下翼型上表面最低压强点马赫数的变化

例如，对于 NACA 0012 翼型，在不可压缩绕流中，最低压强系数为 $C_{p\min}=-0.43$，求该翼型的临界马赫数。根据普朗特-格劳特压缩性修正式(13.5)，在可压缩绕流中，最小压强系数为

$$(C_{p\min})_{Ma_\infty} = \frac{(C_{p\min})_0}{\sqrt{1-Ma_\infty^2}} = \frac{-0.43}{\sqrt{1-Ma_\infty^2}} \tag{13.7}$$

在临界处，令式(13.7)与式(13.4)相等，得

$$\frac{-0.43}{\sqrt{1-Ma_{\infty c}^2}} = \frac{2}{\gamma Ma_{\infty c}^2}\left\{\left[\frac{2}{\gamma+1}\left(1+\frac{\gamma-1}{2}Ma_{\infty c}^2\right)\right]^{\frac{\gamma}{\gamma-1}} - 1\right\} \tag{13.8}$$

解的结果是，对于 NACA 0012 翼型，临界马赫数 $Ma_{\infty c}=0.74$。

13.2　跨声速薄翼型绕流现象

现就某一薄翼型在同一小迎角和在不同马赫数下，跨声速翼型绕流流场对应的局部激波系和翼面的压强分布进行讨论。在来流马赫数小于临界马赫数时，翼型绕流全区域为亚声速流，当来流马赫数增大到临界马赫数（图 13.3 所示翼型的临界马赫数为 0.57）时，翼型绕流的部分区域开始出现超声速流区和激波等复杂现象，从而严重影响翼型绕流的气动力。

(1) 当来流 Ma_∞ 逐步增大且略超过临界马赫数时，上翼面某点首先达到声速，并有一小范围超声速区；点划线为亚超声速界限，称为声速线，由于超声速区较小，气流从亚声速到超声速还可光滑过渡无激波，压强分布也无突跃，如图 13.3(a) 和图 13.4(b) 所示，$Ma_\infty = 0.6$。

(2) 当来流 Ma_∞ 继续增大，上翼面超声速区随之扩大，由于压强条件所致，超声速区以局部激波结尾，激波后压强突跃增大，速度不再光滑过渡，如图 13.3(b) 和图 13.4(c) 所示，$Ma_\infty = 0.7$。

(3) 随来流 Ma_∞ 继续增大，上翼面超声速区范围继续扩大，激波位置继续后移，而下表面也出现了激波，并且比上翼面更快移到后缘，如图 13.3(c) ~ (e) 和图 13.4(d) ~ (f) 所示，$Ma_\infty = 0.76$、0.8、0.85、0.88、0.95。在这些马赫数下，翼型上下翼面大部分区域都是超声速气流。当上下翼面的尾激波移至后缘，上下翼面压强分布不出现突跃。

(4) 当来流 $Ma_\infty > 1$ 时，翼型前方出现弓形脱体激波，并且随着 Ma_∞ 增大弓形激波逐步向翼型前缘靠近，如图 13.3(f) 所示。由于脱体激波存在一段正激波区，因此前缘附近某一范围内激波后出现亚声速区，随后沿翼面气流不断加速而达到超声速区；在翼型后缘，气流通过后缘激波而减速到接近于来流的马赫数。

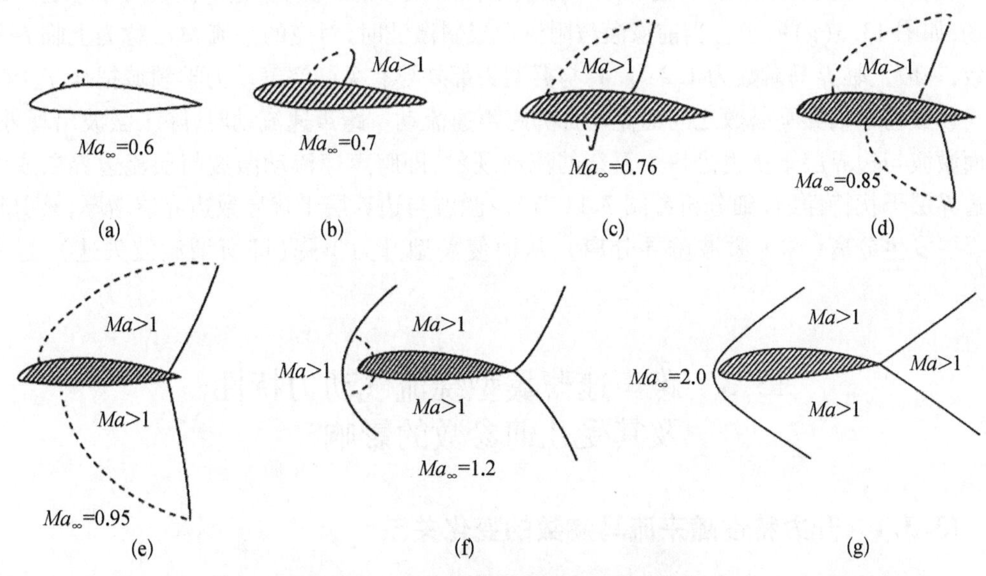

图 13.3　不同马赫数下的薄翼型跨声速绕流

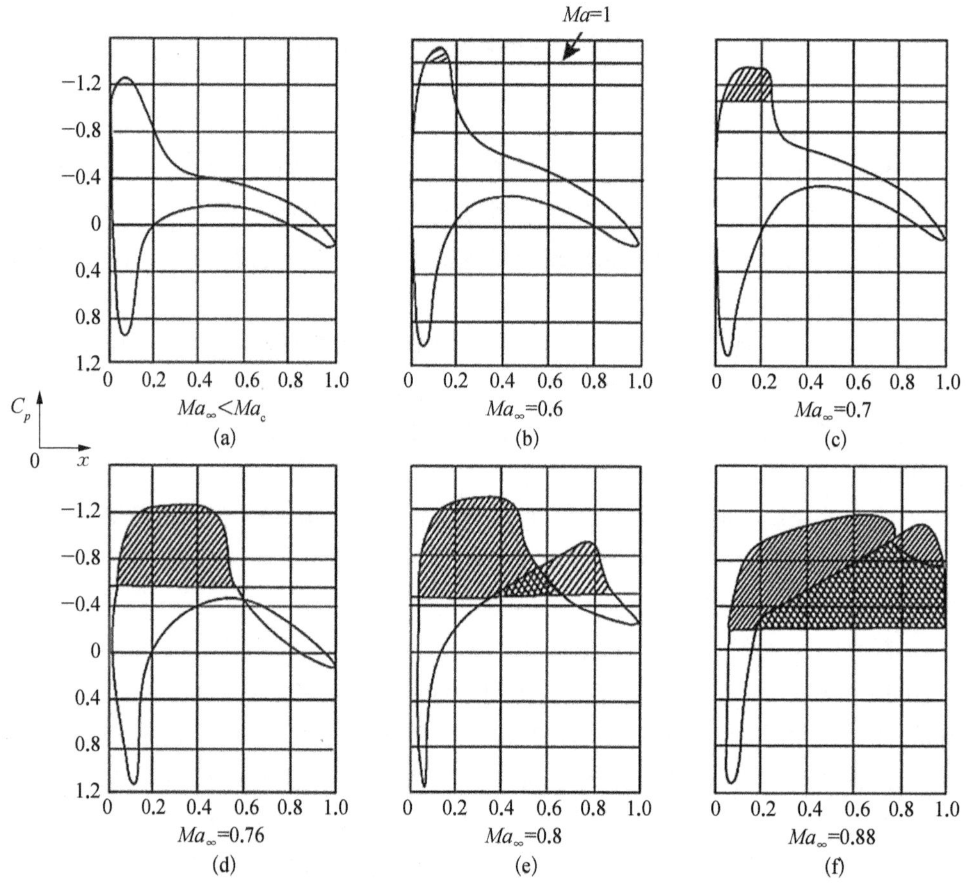

图 13.4　不同马赫数下的薄翼型跨声速绕流上下翼面的压强系数分布

（5）当 Ma_∞ 再继续增大，前缘脱体激波附体形成头部斜激波，整个流场为单一超声速流场，如图 13.3(g)所示。当前缘激波附体形成斜激波时，对应的来流 Ma_∞ 称为上临界马赫数，一般上临界马赫数为 1.2~1.4，与翼型头部外形有关。空气动力学领域把介于上临界马赫数与下临界马赫数之间的流动称为跨声速流动。跨声速流动时，除了激波出现外，翼面激波与边界层干扰也是一个复杂的流动现象，即跨声速流动激波与层流边界层或湍流边界层干扰特性（详细分析参阅 7.11 节）。激波与边界层干扰导致边界层增厚，易引起边界层发生分离（称为激波诱导分离），从而使翼型升力下降（即所谓激波失速），阻力增大。

13.3　跨声速薄翼型绕流气动力特性及其受几何参数的影响

13.3.1　升力特性随来流马赫数的变化关系

图 13.5 所示为跨声速翼型绕流升力系数随来流马赫数的变化曲线。由该图可见，在

A 点以前和 E 点之后升力系数 C_L 分别按亚声速和超声速规律变化。在亚声速绕流时，升力系数 C_L 随来流马赫数 Ma_∞ 增大而增加；在超声速绕流时，升力系数 C_L 随来流马赫数 Ma_∞ 增大而降低。来流马赫数 Ma_∞ 在 A 点到 B 点之间，由于上翼面超声速区域不断扩大，压强降低，导致升力系数继续增大。当来流马赫数增到 B 点之后，上翼面激波继续后移，且强度增大，边界层内逆压梯度剧增，导致上表面边界层分离，使升力系数骤然下降，这个由于激波边界层干扰引起的现象叫作激波失速。随着来流马赫数的增大，下翼面也出现超声速区和激波，且下翼面激波要比上翼面激波更快地移至后缘，使下翼面压强降低，引起升力系数继续下降至 C 点。随着马赫数进一步增大，上翼面激波移到后缘，边界层分离点也后移，上翼面压强继续降低，使升力系数又重新回升到 D 点。D 点之后，翼型前方出现弓形脱体激波，在脱体激波未附体之前，上下翼面压强分布基本不随马赫数而变，但马赫数增大使来流动压增大，所以升力系数仍随马赫数增加而下降。

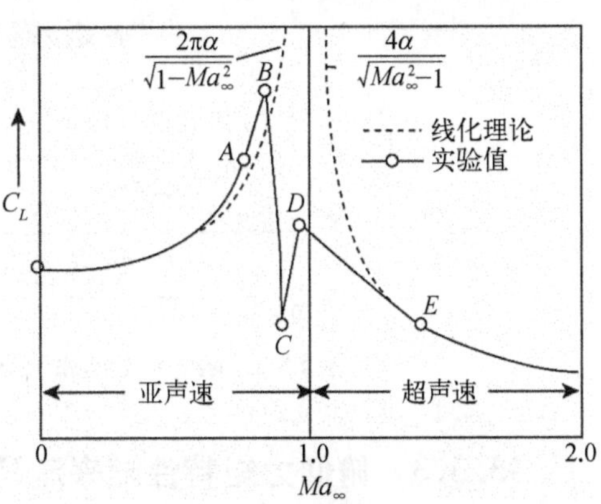

图 13.5　跨声速翼型绕流升力系数随马赫数的变化曲线

由上可见，在跨声速范围内，翼型升力系数随马赫数的变化将随复杂的物理现象而变化，在这个过程中，将出现上下翼面激波、激波移动、激波与边界层干扰、激波诱导分离等复杂现象。

13.3.2　阻力特性随来流马赫数的变化关系(阻力发散马赫数)

如图 13.6 所示，当来流马赫数 Ma_∞ 小于临界马赫数 $Ma_{\infty c}$ 时，翼型绕流为亚声速绕流，翼型阻力主要由气流黏性引起的压差阻力和摩擦阻力构成，所以阻力系数随来流马赫数 Ma_∞ 的变化不大。当来流马赫数 Ma_∞ 超过 $Ma_{\infty c}$ 时，翼型绕流为跨声速绕流，随着来流马赫数 Ma_∞ 增大，翼面上超声速区逐渐扩大出现激波而产生激波阻力。当激波越过翼型顶点(对于零迎角绕流，翼型最大厚度点为翼型顶点；对于有迎角的绕流，翼型顶点定义为平行于来流方向的直线与翼型上表面的切点)后，激波强度迅速加大，导致激波阻力系数急剧增大而出现阻力发散现象。把激波越过顶点，对应的来流马赫数称为阻力发散马赫数 Ma_{DD}。阻力发散马赫数也可用 $C_D \sim Ma_\infty$ 曲线上急剧增大阻力系数点所对应的来流马赫数来定义 Ma_{DD}(在飞行器气动设计中，把阻力系数关于来流马赫数导数等于 0.1 时所对应的来流马赫数，称为阻力发散马赫数)。随来流马赫数的继续增大，激波继续后移，波前超声速继续膨胀加速，激波强度继续增大，阻力系数继续增大。当来流马赫数接近 1 时，上下翼面的激波均移至后缘，这时翼型后段负压强所产生的吸力而形成的激波阻力系数达到最大，出现所谓的声障。随后，虽然来流马赫数继续增大，但由于翼面压强分布基本不变，而来流动压却随 Ma_∞ 增大而继续增大，因此阻力系数逐渐下降。

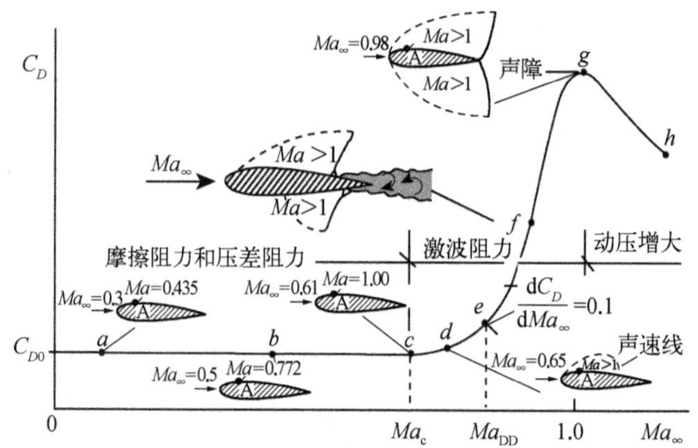

图 13.6　阻力系数随来流马赫数的变化关系(阻力发散马赫数)

13.3.3　俯仰力矩特性随来流马赫数的变化关系

跨声速翼型绕流的俯仰力矩特性随来流马赫数 Ma_∞ 的变化与压力中心相对位置随 Ma_∞ 的变化密切相关。在亚声速绕流中,翼型的压力中心在不同 Ma_∞ 下略有变化,但变化不大,在弦长 1/4 上下浮动。当来流 Ma_∞ 超过 $Ma_{\infty c}$ 后,由于上翼面出现局部超声速区并随来流 Ma_∞ 而增大,低压区随之向后扩展,引起压力中心向后移动,使低头力矩增大。当 Ma_∞ 继续增大,下翼面也出现局部超声速和局部激波,并且下翼面的局部激波比上翼面后移得快,低压的局部超声速区向后扩展得快,所以下翼面后段的吸力迅速增大,使得压力中心前移引起抬头力矩。由此可见,在跨声速范围内,由于翼面激波的移动使得压力中心位置随之前后剧烈移动,导致翼型纵向力矩发生很大变化,如图 13.7 所示。

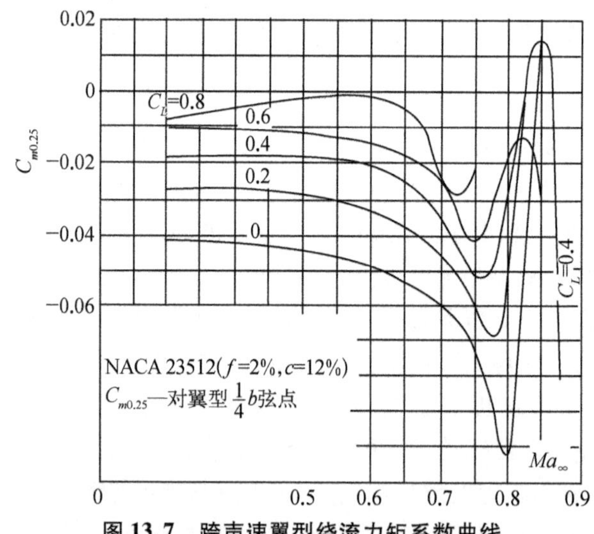

图 13.7　跨声速翼型绕流力矩系数曲线

13.3.4　翼型几何参数对跨声速气动特性的影响

鉴于翼型临界马赫数与翼型低速绕流时最小压强系数$(C_{p\min})_0$ 有关。由于在小升力系数下,增大翼型相对厚度 c、相对弯度 f 都将使翼型的最小压强系数绝对值增大,因此翼型的临界马赫数将随 c、f 及升力系数(迎角)的增大而降低。

(1) 在同一升力系数下,随着翼型厚度的增大,临界马赫数减小,如图 13.8 所示;

(2) 在同一升力系数下,随着翼型弯度的增大,临界马赫数减小,如图 13.9 所示;

(3) 在小 C_L(即小迎角)下,相对厚度越大,临界来流马赫数越小,如图 13.10 所示。

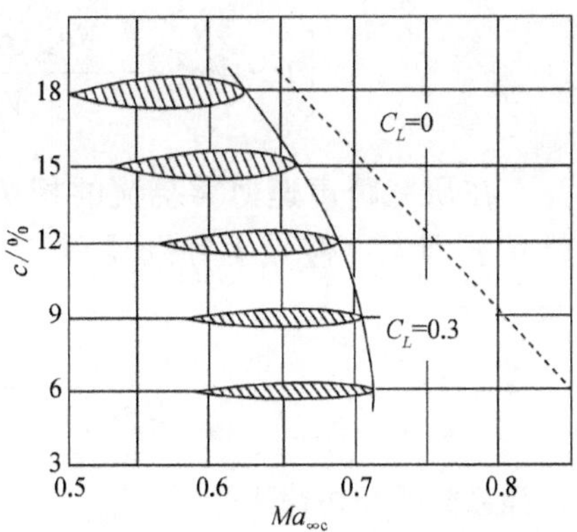

图 13.8　翼型厚度与临界马赫数的关系

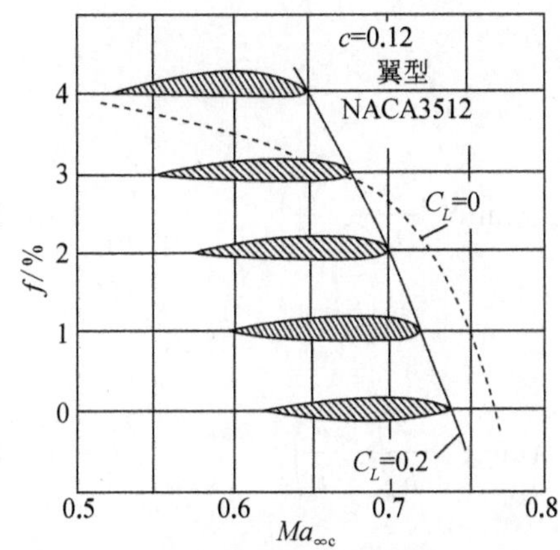

图 13.9　翼型弯度与临界马赫数的关系

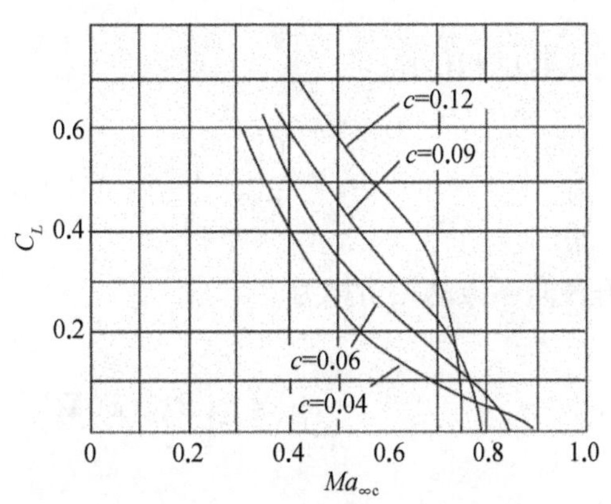

图 13.10　翼型的升力系数与临界马赫数的关系

13.4　跨声速小扰动势流方程与相仿律

跨声速薄翼绕流主要在来流马赫数接近 1 时出现的复杂流动现象,钝头物体作超声速运动时,在头部脱体激波之后也会出现跨声速流。当来流马赫数接近 1 时,$(Ma_\infty - 1)$就是一个小量,此时在小扰动势流方程简化时,需要考虑由此带来的影响。简化后,保留 2 阶小量,方程出现非线性部分。保留方程(11.28)中右边第一项,得

$$(1 - Ma_\infty^2)\frac{\partial u}{\partial x} + \frac{\partial v}{\partial y} + \frac{\partial w}{\partial z} = Ma_\infty^2(\gamma + 1)\frac{u}{V_\infty}\frac{\partial u}{\partial x} \tag{13.9}$$

或

$$(1 - Ma_\infty^2)\frac{\partial^2 \varphi}{\partial x^2} + \frac{\partial^2 \varphi}{\partial y^2} + \frac{\partial^2 \varphi}{\partial z^2} = Ma_\infty^2(\gamma + 1)\frac{1}{V_\infty}\frac{\partial \varphi}{\partial x}\frac{\partial^2 \varphi}{\partial x^2} \tag{13.10}$$

这是个非线性二阶偏微分方程,如果方程中第一项大于零,为椭圆型方程;如果第一项小于零,为双曲型方程。把方程右边项移到左边,变为

$$\left[1 - Ma_\infty^2 - \frac{Ma_\infty^2(\gamma + 1)}{V_\infty}\frac{\partial\varphi}{\partial x}\right]\frac{\partial^2\varphi}{\partial x^2} + \frac{\partial^2\varphi}{\partial y^2} + \frac{\partial^2\varphi}{\partial z^2} = 0 \tag{13.11}$$

在研究跨声速薄翼绕流的相仿律时,可以定性认识影响薄翼跨声速空气动力特性主要因素。假设 l 为机翼展长,c_{jm} 为机翼平均相对厚度,b_{jm} 为机翼平均几何弦长。令

$$B = \sqrt{|1 - Ma_\infty^2|},\ K = (\gamma + 1)Ma_\infty^2 \tag{13.12}$$

压强系数的相仿律为

$$C_p = \frac{C_{jm}^{2/3}}{K^{1/3}}f_p\left(B\lambda,\ \lambda(KC_{jm})^{1/3},\ \lambda\tan\chi,\ \frac{x}{b_{jm}},\ \frac{z}{l}\right) \tag{13.13}$$

升力系数的相仿律为

$$C_L = \frac{C_{jm}^{2/3}}{K^{1/3}}f_L\left(B\lambda,\ \lambda(KC_{jm})^{1/3},\ \lambda\tan\chi,\ \frac{x}{b_{jm}},\ \frac{z}{l}\right) \tag{13.14}$$

零升波阻系数的相仿律为

$$\frac{C_{D0}}{\lambda c_{jm}^2} = f_D\left(B\lambda,\ \lambda(KC_{jm})^{1/3},\ \lambda\tan\chi,\ \frac{x}{b_{jm}},\ \frac{z}{l}\right) \tag{13.15}$$

13.5 机翼几何参数对跨声速临界马赫数的影响

对于斜置翼,翼面压强仅与垂直于前缘的法向马赫数及其剖面绕流有关,翼面上任意一点的压强 p 与来流压强 p_∞ 之间的关系由法向马赫数决定,即

$$\frac{p}{p_\infty} = \left(\frac{1 + \frac{\gamma - 1}{2}Ma_\infty^2\cos^2\chi}{1 + \frac{\gamma - 1}{2}Ma_n^2}\right)^{\frac{\gamma}{\gamma-1}} \tag{13.16}$$

其中,Ma_n 为翼面法向剖面绕流对应的法向马赫数。相应的压强系数为

$$C_p = \frac{2}{\gamma Ma_\infty^2}\left(\frac{p}{p_\infty} - 1\right) = \frac{2}{\gamma Ma_\infty^2}\left[\left(\frac{1 + \frac{\gamma - 1}{2}Ma_\infty^2\cos^2\chi}{1 + \frac{\gamma - 1}{2}Ma_n^2}\right)^{\frac{\gamma}{\gamma-1}} - 1\right] \tag{13.17}$$

当斜置翼法向剖面最低压强点 $Ma_n = 1$ 时,对应的来流马赫数称为斜置翼临界马赫数,其

临界压强系数为

$$C_{pc}=\frac{p_c-p_\infty}{\frac{1}{2}\rho_\infty V_{\infty c}^2}=\frac{2}{\gamma Ma_{\infty c}^2}\left\{\left[\frac{2}{\gamma+1}\left(1+\frac{\gamma-1}{2}Ma_{\infty c}^2\cos^2\chi\right)\right]^{\frac{\gamma}{\gamma-1}}-1\right\} \tag{13.18}$$

利用上式，可以建立 $Ma_{\infty c}$ 和临界压强系数的关系，如图 13.11 所示。由该图表明，对于给定的临界压强系数，增大后掠角将使机翼的临界马赫数提高。在给定来流马赫数 Ma_∞ 和升力系数情况下，如果所设计的斜置翼法向剖面最小压强系数，小于式(13.18)确定的临界压强系数，则无限翼展斜置翼的绕流为亚声速绕流，即翼面上的气流法向马赫数小于 1。所以，增大机翼后掠角，是提高机翼临界马赫数的一种有效措施。

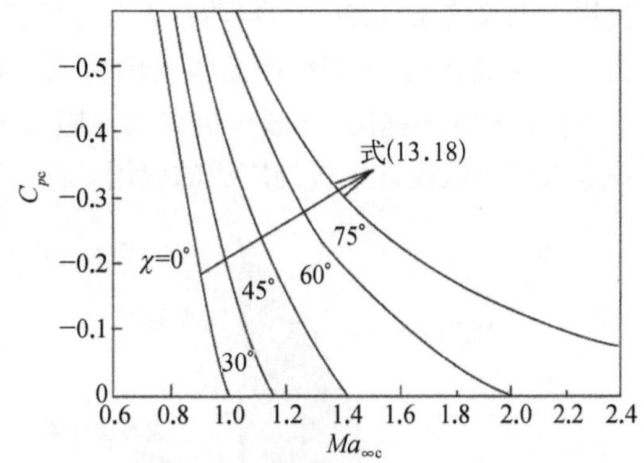

图 13.11　斜置翼法向剖面临界压强系数

展弦比对机翼临界马赫数的影响是显然的。展弦比越小，机翼的临界马赫数就越高，因为机翼上下表面气流的相互影响将随展弦比减小而增大，从而减小了翼面气流的最大流速。或者说，展弦比越小，在同样来流马赫数和 C_L 下，机翼各剖面的最大速度增量，要比展弦比较大的机翼各剖面最大速度增量为小。

后掠角和展弦比对机翼临界马赫数的影响，按下式进行估算为

$$(Ma_{\infty c})_{机翼}=(Ma_{\infty c})_{翼型}+(\Delta Ma_{\infty c})_\chi+(\Delta Ma_{\infty c})_\lambda \tag{13.19}$$

式中考虑展弦比和后掠角影响的修正，可由图 13.12 查得。可见后掠角越大，展弦比越小时，机翼的临界马赫数越高。

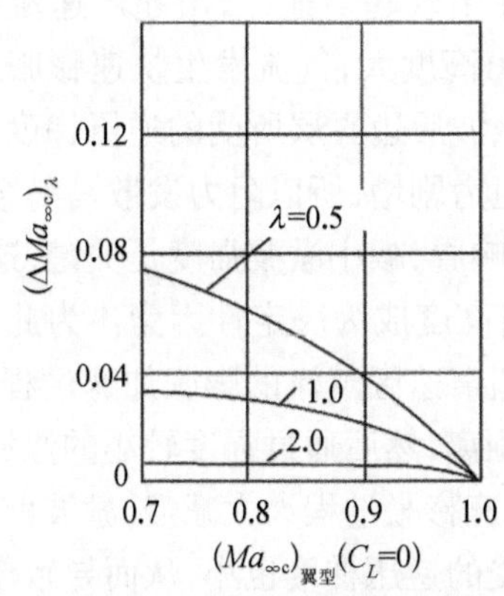

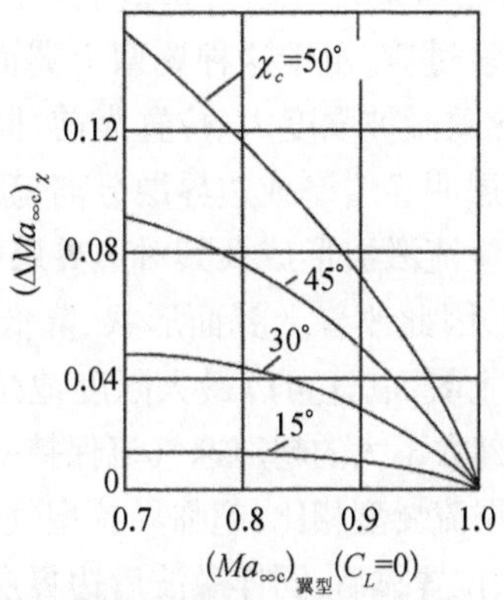

图 13.12　机翼展弦比和后掠角对临界马赫数的影响

13.6 超临界翼型绕流气动特性

13.6.1 超临界翼型的基本概念

超临界翼型的概念(图 13.13)是由 NASA 兰利研究中心风洞实验室主任惠特科姆(图 1.41),于 1967 年为了提高高亚声速运输机阻力发散 Ma_{DD} 数而提出的,其型面如图 13.14 所示。超临界翼型首次应用在大型客机 A300(空客公司,1972 年)上,20 世纪 80 年代用在大型客机 A320 上,目前是大型运输机(涡轮风扇发动机)机翼设计的核心技术(称为超临界机翼)。惠特科姆另两项创新成果是:减少跨声速和超声速飞行的零升波阻的面积律(1955 年提出)和减少机翼诱导阻力的翼梢小翼(20 世纪 70 年代初提出)。这三项成果在飞机设计中得到广泛的应用。

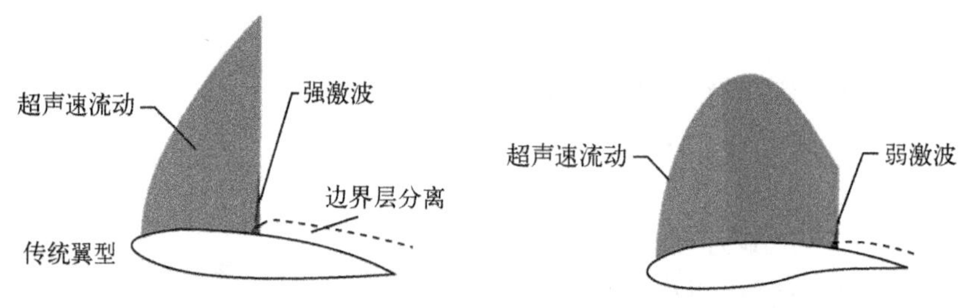

图 13.13 跨声速翼型绕流(普通翼型和超临界翼型)

如图 13.14 所示,与层流翼型(尖峰翼型)相比,超临界翼型的型面特征是头部较层流翼型钝圆,上表面平坦、下表面接近后缘处有下凹,后缘薄而向下弯曲。气流绕过层流翼型前缘时,流动加速较快(前缘越尖,迎角越大,加速越大),相对比绕过钝圆的超临界翼型头部加速较慢。同样,在翼型上表面,层流翼型上表面向上隆起,绕流顺压梯度大、加速快,而超临界翼型上翼面平坦,气流加速缓慢。当飞行速度足够大时(来流马赫数为 0.8~0.9),翼型上表面将出现局部超声速流动区域,这时翼型绕流属于跨声速流动,在超声速流区的下游边界,将通过激波于亚声速外流场衔接,如图 13.15 所示。对于层流翼型,当来流 Ma_∞ 超过临界 $Ma_{\infty c}$ 以后,翼型上翼面气流出现超声速区,由超声速流到亚声速流,必然要经过激波过渡,由于这种翼型上翼面凸出高度大,气流发生快速膨胀,因此激波前的马赫数大,导致激波强度大、位置靠前,同样激波后边界层所受的逆压梯度也大,从而导致激波后边界层明显增厚或边界层分离,激波阻力剧增,所以阻力发散马赫数偏低。从层流翼型跨声速绕流激波形成及其对边界层的影响看,减小激波强度是关键,这就需要降低激波前马赫数,因此改善上翼面形状、降低凸出高度成为决定性因素。为此,超临界翼型采用了平坦的上翼面,这可以最大限度地减少超声速区气流的膨胀加速过程,使上翼面气流将以一个马赫数不大的超声速气流保持一段距离,然后通过强度较小的激波过渡到亚声速外流区。与层流翼型相比,超临界翼型气流加速膨胀过程大大减慢,激波前马赫数小,导致激波强度小、位置靠后,同样激波后边界层所受的逆压梯度也小,从而导致激波与边界层干扰小,激波后边界层厚度薄不易分离,激波阻力减弱,有效增大了阻力发散马赫数。

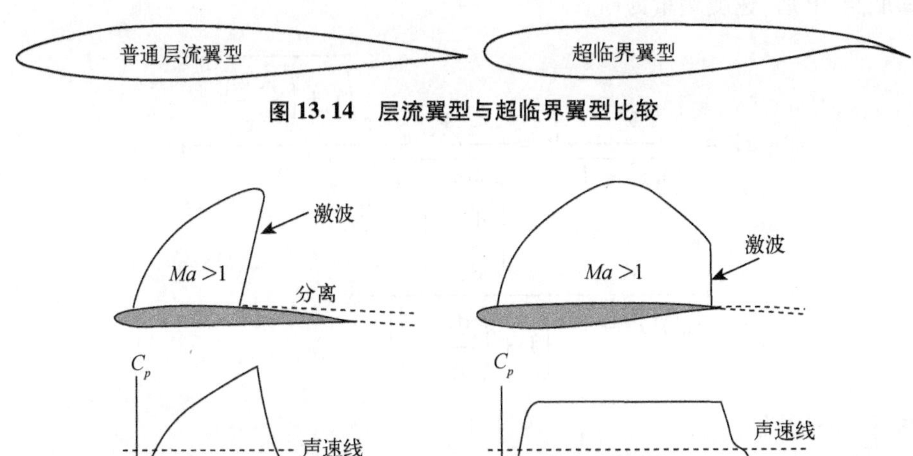

图 13.14　层流翼型与超临界翼型比较

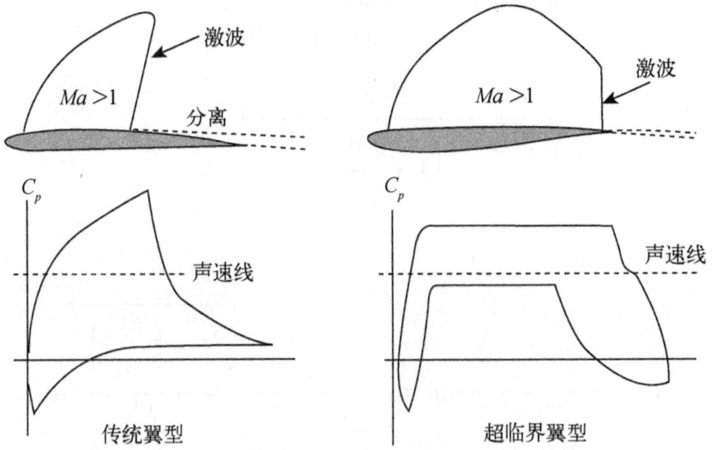

图 13.15　普通翼型与超临界翼型跨声速绕流比较

13.6.2　超临界翼型上翼面超声区气流膨胀机理

超临界翼型上翼面平坦,造成超声速区气流的膨胀角减小,因此减缓了该区气流的加速膨胀过程。如图 13.16 所示,在超声速区,气流从 1 点到 2 点发生膨胀,从马赫 1 线到马赫 2 线的气流所受到的膨胀角为

$$\mathrm{d}\theta = \theta_1 - \theta_2 \approx \frac{\mathrm{d}s}{R} = \frac{\sqrt{1 + \left(\dfrac{\mathrm{d}y_\mathrm{u}}{\mathrm{d}x}\right)^2}}{R}\mathrm{d}x,\ \mathrm{d}s = \sqrt{\mathrm{d}x^2 + \mathrm{d}y_\mathrm{u}^2} \tag{13.20}$$

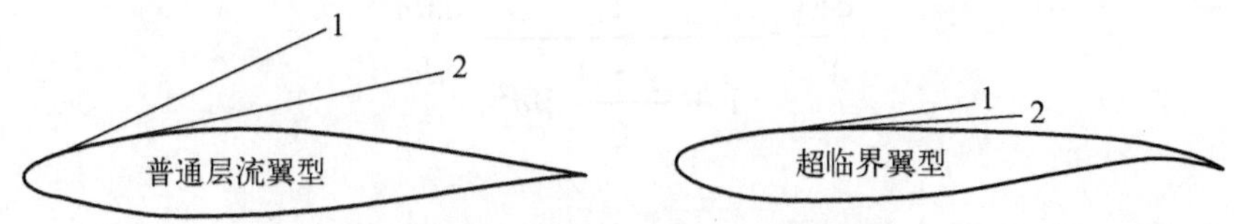

图 13.16　超声速区气流的加速膨胀过程

其中,上翼面的曲率半径为 R,有

$$R = \frac{\left[1 + \left(\dfrac{\mathrm{d}y_\mathrm{u}}{\mathrm{d}x}\right)^2\right]^{3/2}}{\left|\dfrac{\mathrm{d}^2 y_\mathrm{u}}{\mathrm{d}x^2}\right|} \tag{13.21}$$

通过膨胀角 $d\theta$ 后,速度增量为

$$dV = \frac{V}{\sqrt{Ma^2 - 1}} d\theta = \frac{V}{\sqrt{Ma^2 - 1}} \frac{\sqrt{1 + \left(\frac{dy_u}{dx}\right)^2}}{R} dx$$

$$= \frac{V}{\sqrt{Ma^2 - 1}} \frac{\left|\frac{d^2 y_u}{dx^2}\right|}{\left[1 + \left(\frac{dy_u}{dx}\right)^2\right]} dx \tag{13.22}$$

压强增量(负值)为

$$dC_p = -\frac{2}{\sqrt{Ma^2 - 1}} d\theta = -\frac{2}{\sqrt{Ma^2 - 1}} \frac{\sqrt{1 + \left(\frac{dy_u}{dx}\right)^2}}{R} dx$$

$$= -\frac{2}{\sqrt{Ma^2 - 1}} \frac{\left|\frac{d^2 y_u}{dx^2}\right|}{\left[1 + \left(\frac{dy_u}{dx}\right)^2\right]} dx \tag{13.23}$$

根据等熵流动的能量方程为

$$\frac{a^2}{\gamma - 1} + \frac{V^2}{2} = C$$

对上式微分,得

$$\frac{dV}{V} = \frac{1}{1 + \frac{\gamma - 1}{2} Ma^2} \frac{dMa}{Ma} \tag{13.24}$$

代入式(13.22),得

$$\frac{\left|\frac{d^2 y_u}{dx^2}\right|}{1 + \left(\frac{dy_u}{dx}\right)^2} dx = \frac{\sqrt{Ma^2 - 1}}{1 + \frac{\gamma - 1}{2} Ma^2} \frac{dMa}{Ma} \tag{13.25}$$

从上翼面临界点($Ma = 1$)出发积分,得

$$\tan^{-1}\left(\frac{\mathrm{d}y_{\mathrm{u}}}{\mathrm{d}x}\right)=\sqrt{\frac{\gamma+1}{\gamma-1}}\tan^{-1}\sqrt{\frac{\gamma-1}{\gamma+1}(Ma^2-1)}-\tan^{-1}\sqrt{Ma^2-1} \tag{13.26}$$

当给定马赫数沿翼面变化规律，就可以由式(13.26)确定超声速区上翼面外形线。由式(13.22)和式(13.23)可见，减小速度增量、降低负压增量，需要增大上翼面曲率半径或减小上翼面坐标曲线的二阶导数值。比较普通层流翼型和超临界翼型上翼面曲率半径沿 x 方向的变化，可以清楚地看出，超临界翼型的曲率半径远大于层流翼型，所以超临界翼型的加速膨胀过程明显小于层流翼型。这就是超临界翼型减弱激波强度的原因。

13.6.3　超临界翼型绕流的气动特征

如图 13.17 所示，超临界翼型绕流主要的气动特性是：

(1) 上翼面曲率较小，比较平坦，使来流马赫数超过临界马赫数后，大约从距前缘 5%弦长处沿上表面为加速度很小的超声速流动，这样结尾激波前的超声速马赫数较低，激波强度较弱，且伸展范围不大，波后逆压梯度较小，边界层不易分离，从而缓和了阻力发散现象；

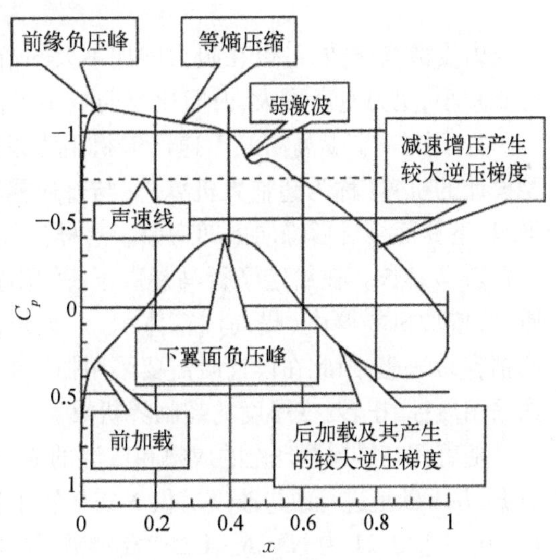

图 13.17　超临界翼型压力分布特点

(2) 为了补偿超临界翼型上翼面前段加速不足，前缘负压减小，升力不足，可通过后缘附近的下翼面做成内凹形成逆压梯度，减小下翼面后缘区的速度，增大压强，从而增大了下翼面后段对升力的贡献，弥补了上翼面平坦引起的升力不足，这种由后段下翼面内凹而增加升力的效应称为后加载效应；下翼面内凹的外形，实际上也是增大翼型的弯度；

(3) 与层流翼型绕流相比，下翼面内凹布局确实可以弥补升力不足的缺陷，但却明显增大了翼型的低头力矩，这就增大了尾翼的负担；

(4) 与普通尖峰翼型相比，超临界翼型可使阻力发散马赫数提高 0.05~0.12，或者使翼型的最大相对厚度提高 2%~5%。采用加厚的翼型可使机翼展弦比加大 2.5~3.0，或者在保持阻力发散马赫数不变的条件下，可使机翼的后掠角减小 5°~10°。

13.7　高亚声速大展弦比后掠超临界机翼

超临界机翼由于具有较好的跨声速气动效果、较高的巡航马赫数及较大的机翼相对厚度(有利于机翼结构和油箱体积)，而被广泛应用于现代运输机、战斗机上，从 20 世纪

80 年代起，几乎现在所有的跨声速飞机均采用这种机翼。特别是现代大型运输机均采用涡轮风扇发动机，翼吊或尾吊布置。为了提高经济效益，巡航速度为 800~970 km/h，飞行马赫数为 $Ma_\infty = 0.75 \sim 0.90$，称为高亚声速飞行。在这个飞行速度范围内，飞机达到速度和效益的统一，即速度不低且能耗少。在高亚声速飞行中，将会在机翼上翼面局部区域出现超声速流动，机翼处于跨声速绕流，将出现激波。为了控制激波、减小激波阻力，提高阻力发散马赫数，除了采用后掠机翼、薄翼型的机翼(图 13.18，后掠薄翼型的机翼具有大的阻力发散马赫数)外，采用超临界翼型设计机翼也是一种有效措施。一般大型运输机的后掠角为 25°~35°。与平直翼相比，后掠翼虽然提高了阻力发散马赫数，可以在阻力增加不大的情况下，明显提高飞行速度。但后掠翼的升力有所减小，阻力有所增大，升阻比反而减小了，因此在低速飞行时尽量不采用后掠翼。

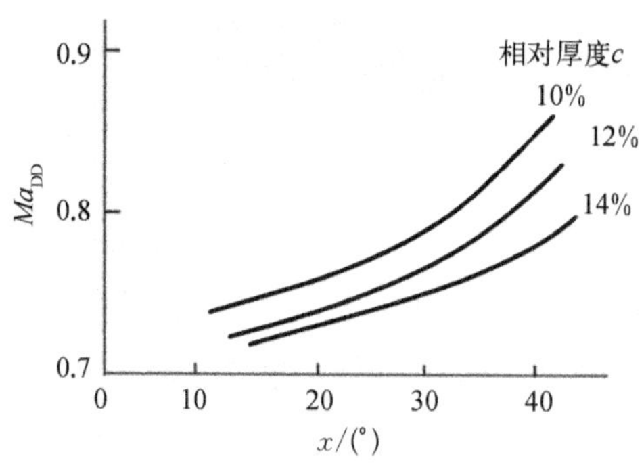

图 13.18　机翼后掠角、相对厚度和阻力发散马赫数之间关系

为了进一步提高高亚声速运输机阻力发散马赫数，现代大型运输机均采用超临界翼型设计的机翼(称为超临界机翼)。与普通翼型相比，这种翼型前缘较厚、较钝，上翼面较平坦，下翼面接近后缘向下凹弯曲。这样使气流绕过前缘时速度增加不大，从而提高了阻力发散马赫数。在给定飞行马赫数下，采用超临界机翼，可以减小机翼后掠角，减轻飞机质量，增加机翼厚度(提高油箱体积)。另外，后掠机翼，由于增大了展向流动速度，导致翼梢容易失速，因此在设计时需要采用扭转的机翼。这样对于高亚声速运输机的机翼，多数采用后掠、扭转、变厚度的超临界机翼。

随着超临界翼型理论的成熟和广泛的应用，在超临界翼型和机翼设计中积累了大量的数据，并不断地进行改进改型。仅 NASA 公开发布的超临界翼型族就有二代(图 13.19 和图 13.20)，图 13.21 为 NACA 第二代翼型族，图 13.22 给出空客公司研制的大型客机(A320、A340、A380)典型的超临界翼型，A350 客机机翼也采用了超临界机翼。美国波音公司的 B777、B787 等也均采用了超临界机翼，我国研制的 C919 也采用了超临界机翼设计。

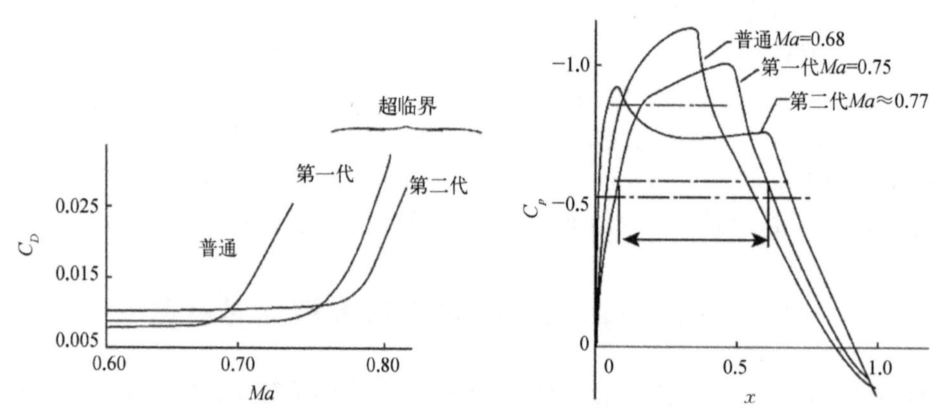

图 13.19　超临界翼型与普通翼型阻力发散特性及其压力分布

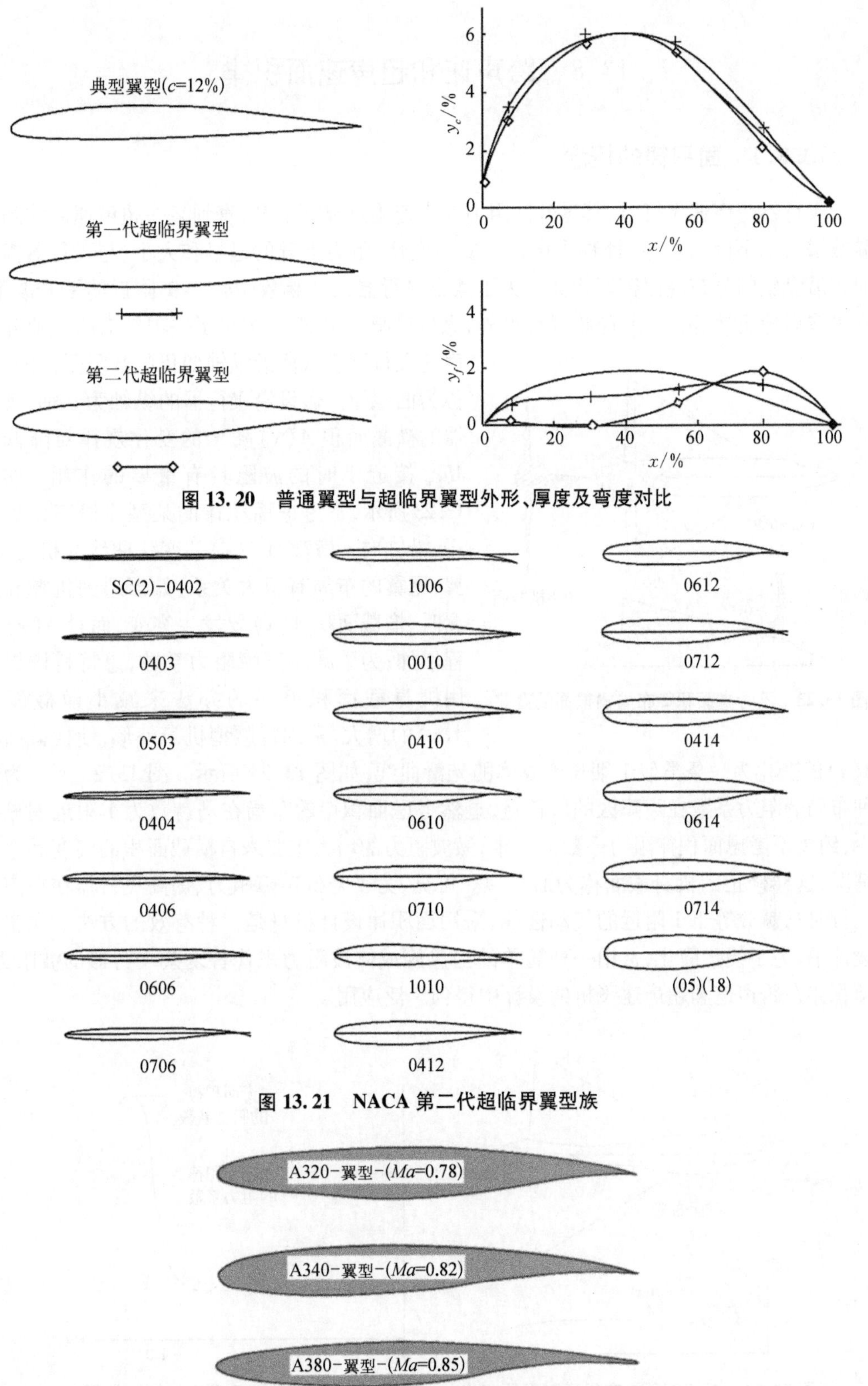

图 13.20　普通翼型与超临界翼型外形、厚度及弯度对比

图 13.21　NACA 第二代超临界翼型族

图 13.22　空客飞机典型翼剖面

13.8 跨声速和超声速面积律

13.8.1 面积律的概念

飞行器跨声速飞行时,其零升波阻力在声速附近显著上升,直到某一超声速后才随马赫数增大而下降,这个特性称为声障。实验发现,阻力上升的迟早和大小,与飞行器横截面积沿纵轴的分布规律密切相关。为了减小飞行器在马赫数 $Ma_\infty = 1$ 附近的零升波阻,除采取后掠机翼、薄翼型、超临界翼型外,惠特科姆于1955年提出了一项针对跨声速和超声速飞行器横截面沿纵轴变化的减阻限制规律,称为面积律。假设沿飞行器的纵轴为 x 轴,飞行器的横截面积 $A(x)$ 随 x 的变化规律对降低在 Ma_∞ 接近1时的波阻具有重要的作用。如图13.23所示,不考虑面积律的某型飞机三角翼布局,沿轴向 x 横截面 $A(x)$ 的变化曲线与机身、机翼、尾翼的布局有很大关系,如当遇到机翼和尾翼时,横截面积 $A(x)$ 要发生突变,而且 $A(x)$ 沿程增加;为了减小声障阻力系数,惠特科姆提出用机身截面积缩小的办法来减小横截面积 $A(x)$ 的增大,采用蜂腰型机身外形,使横截面积 $A(x)$ 的变化为一条类似于细长旋成体的光滑曲线,如图13.24所示。图13.25所示为两种布局的阻力系数在声障区的增长量,显然考虑面积律的布局在马赫数为1附近明显减少,约为不考虑面积律阻力系数的一半,激波阻力的增大主要来自横截面积的突变和增大情况,这样修正的机身截面称为面积律。可见,为了降低声障阻力、提高飞行器在跨声速飞行时马赫数等于1附近的气动性能,采用面积律设计机身是一种有效的方法。在实际设计中,为了便于简化,常用一种简单的当量旋成体波阻力来代替复杂飞行器的波阻力。面积律在跨声速和超声速飞机的设计中得到广泛应用。

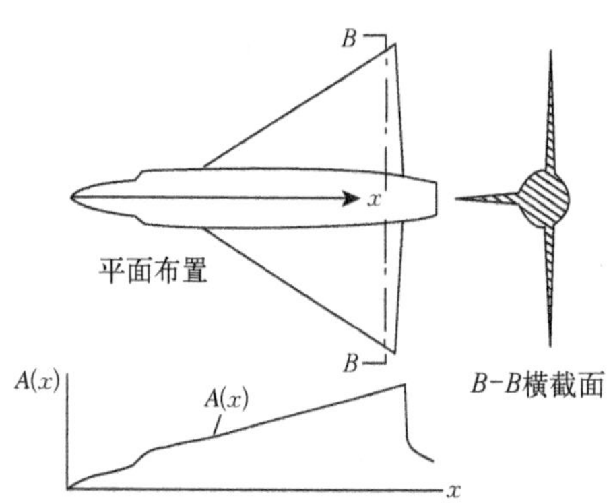

图13.23 不考虑面积律布局横截面的变化

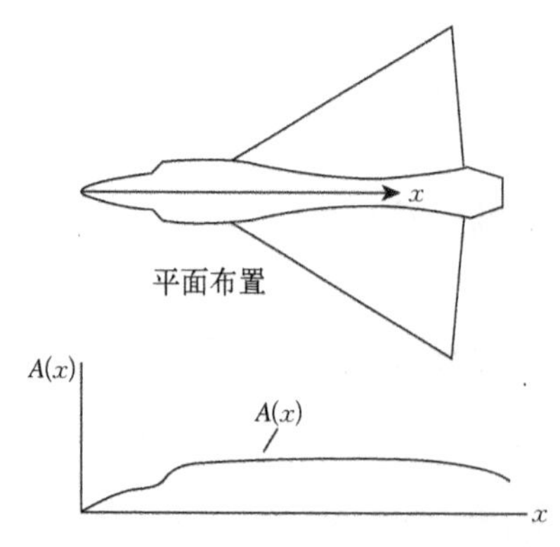

图13.24 考虑面积律布局横截面的变化

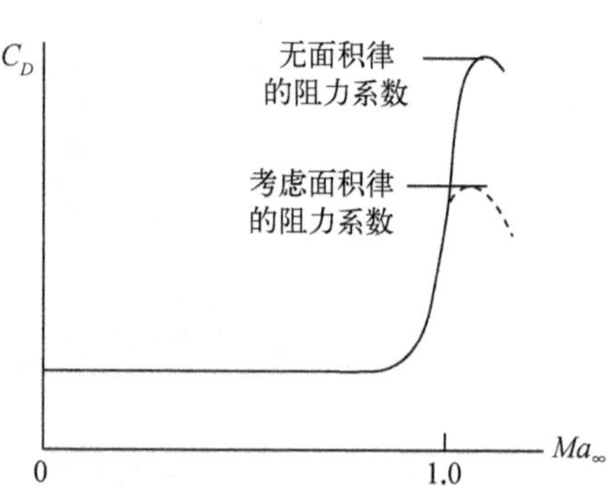

图13.25 面积律对声障阻力系数的影响

风洞试验发现,带机翼的旋成体阻力上升较早(对应的马赫数可小于 0.9),上升量也数倍于不带机翼的光滑旋成体。如果把一架飞机的横截面积折算成一个当量的旋成体,而该当量旋成体的横截面积沿纵轴变化平缓且光滑(无突变)时,则飞机在跨声速范围内的波阻上升推迟、上升量减小,这就是跨声速面积律。为了满足横截面积无突变的要求,在设计上可将有机翼之处的机身横截面缩小,甚至还可把机翼之前的那段机身放大些。鉴于飞行器横截面积的形状对波阻影响较小,在设计中提出:采用什么样的横面积纵向分布规律可使声障阻力最小?满足这种特性的旋成体称为西亚斯−哈克旋成体(Sears-Haack,S－H,飞行器后半体的曲线,图 13.26)。实验发现,在跨声速区,面积律减阻效果显著,但随着马赫数增大,面积律的减阻效果逐渐减弱,当马赫数在 1.8~2.0 时,面积律效果几乎为零。

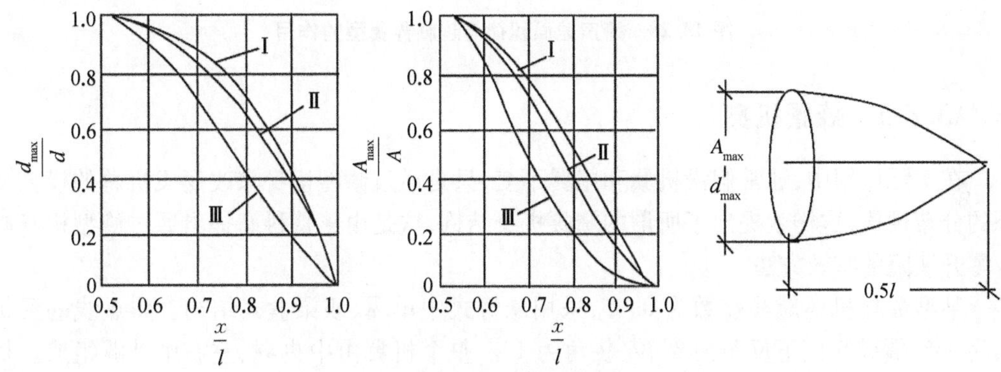

图 13.26　西亚斯−哈克旋成体

在图 13.26 中,Ⅰ型曲线为长度与容积给定时,零升波阻最小的旋成体曲线;Ⅱ型曲线表示长度与直径给定时,零升波阻最小的旋成体曲线;Ⅲ曲线表示直径与容积给定时,零升波阻最小的旋成体曲线。在飞行器设计中,根据对长度(舰载机)、容积(油箱)和直径(驾驶舱)的限制要求,需要优化折中考虑。图 13.27 给出机身与三角翼组合考虑与不考虑面积律的零升波阻的变化曲线,可见采用面积律可以明显减小声障阻力系数。关于跨声速面积律与超临界翼型的作用由图 13.28 所示。

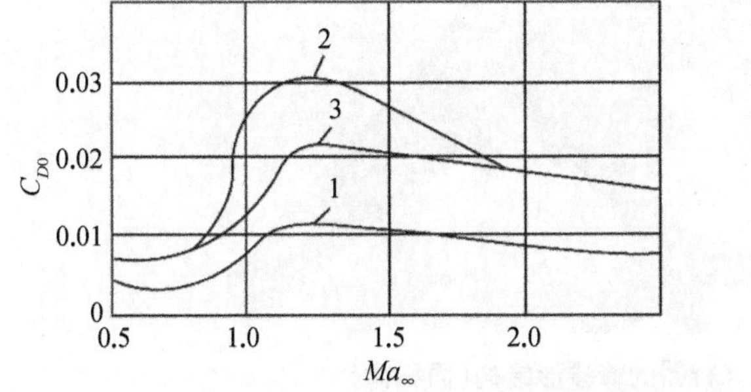

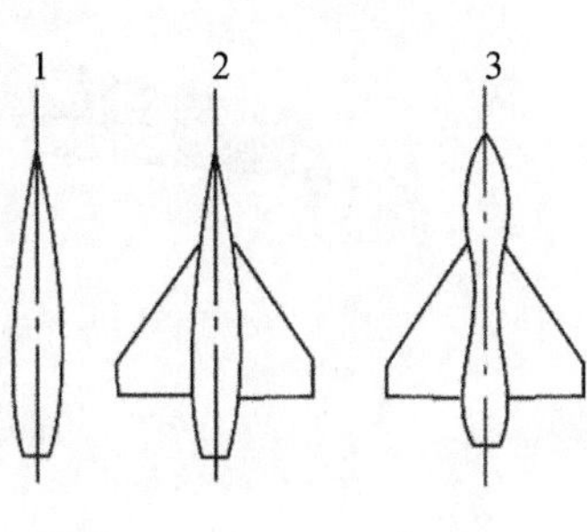

图 13.27　考虑面积律修正的零升波阻变化

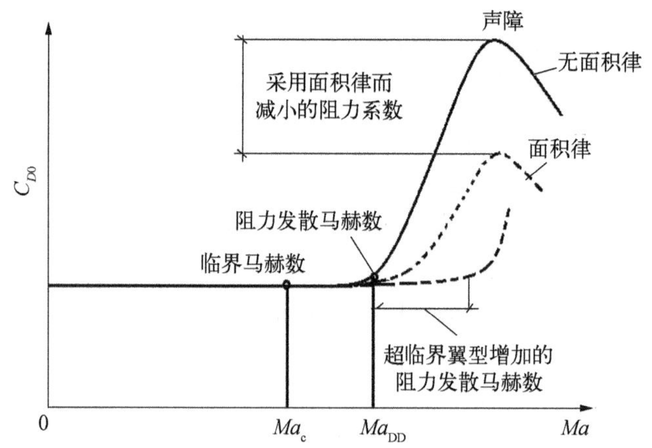

图 13.28　跨声速面积律与超临界翼型的作用

13.8.2　蜂腰机身

在实际应用中,通常假设机翼和尾翼不变,只是通过修型机身来改变飞机总的横截面积的分布规律,这样就提出了所谓的蜂腰机身结构,这是由惠特科姆提出通过修型机身减少零升波阻的有效方法。

某型轰炸机巡航马赫数为 0.75,采用悬臂式中单翼、双梁盒式结构。焦点线的后掠角为 35°,翼弦平面下反角为 3°,安装角为 1°。整个机翼由中央翼、左右中外翼组成。机翼后缘全展长上装有内、外襟翼和副翼。襟翼为后退开缝式,最大偏转角为 35°。全金属半硬壳机身结构,蜂腰流线形机身。实验发现,应用面积律可使跨声速的零升波阻降低 25%~30%(图 13.29)。

图 13.29　飞行器的蜂腰形结构(面积律)

习　题

13.1　某翼型在 Ma_∞ 增大到 0.8 时，翼型上最大速度点的速度已达声速。问此翼型在低速时最大速度点的压强系数是多少？假设普朗特–格劳特法则可用。

13.2　有一展弦比 λ 为 3.5 的矩形机翼，其剖面为 NACA 0006 翼型，在高度为 12 km 处以马赫数 $Ma_\infty = 0.85$ 做定常直线飞行。试计算仿射变换后对应于不可压流动中的机翼的翼型相对厚度 c 和展弦比 λ。

13.3　一组仿射翼型在 $\alpha = 0°$ 条件下在低速风洞中做压强系数分布实验，取得最低压强系数和相对厚度的关系如下：

c	0.05	0.10	0.15	0.20
$C_{p\min}$	−0.135 7	−0.178 6	−0.228 6	−0.300

求 $c = 0.10$ 时这个翼型来流的临界马赫数。

13.4　一展弦比 λ 为 10 的矩形机翼，以马赫数 $Ma_\infty = 0.6$ 等速直线飞行，试求该机翼的升力线斜率 C_L^α，并将此结果与相同机翼在不可压流中的 C_L^α 进行比较。

13.5　已知一展弦比 $\lambda = 3$ 的矩形薄机翼，在风洞中进行吹风试验，得到的数据如下：

Ma_∞	0.40	0.70	0.80	0.90	0.95
$\dfrac{dC_L}{d\alpha}\text{rad}^{-1}$	0.060 0	0.066 0	0.069 0	0.075 0	0.082 5

试根据上述实验数据，计算 $\lambda = 4$ 并具有相同翼型的矩形机翼在 $Ma_\infty = 0.80$ 时的升力线斜率 C_L^α 值。

13.6　展弦比 $\lambda = 5$ 的矩形薄翼，以马赫数 $Ma_\infty = 0.85$ 等速直线飞行，试分别用普朗特–格劳特法则和根据仿射组合参数查图线法，计算该机翼在迎角 $\alpha = 5.73°$ 时的升力系数。

13.7　现有跨声速流动 $Ma_\infty = 0.95$，设一矩形机翼，翼型的相对厚度 $c = 0.08$，展弦比 $\lambda = 4$。若保持流动相似，试求该机翼在跨声速流 $Ma_\infty = 1.07$ 时的展弦比和翼型的相对厚度。

13.8　对二维跨声速流动在小扰动理论范围内，可认为流动为无旋，其条件为

$$\frac{\partial u}{\partial y} - \frac{\partial v}{\partial x} = 0$$

试证明：如将上述以 x 和 y 为自变量的微分方程进行变换，以 u 和 v 作为自变量，即

$$x = X(u,\ v)$$
$$y = Y(u,\ v)$$

则可把上述 xy 平面上的非线性方程组变为速度平面上的线性方程组为

$$(1 - Ma_{\infty}^{2})\frac{\partial y}{\partial v} + \frac{\partial x}{\partial u} = (\gamma + 1)Ma_{\infty}^{2}\frac{u}{V_{\infty}}\frac{\partial y}{\partial v}$$

$$\frac{\partial x}{\partial u} - \frac{\partial y}{\partial u} = 0$$

式中,Ma_{∞} 为来流马赫数;V 为来流速度。

第 14 章
高升力装置及其气动性能

本章介绍大型飞机高升力装置及其气动特性，包括高升力装置发展历程、高升力装置基本形式、高升力装置支撑与驱动机构、高升力装置气动原理、高升力装置气动噪声、高升力装置风洞实验与计算方法以及后缘铰链襟翼与扰流板下偏联合控制技术等。

学习要点：

(1) 了解高升力装置发展历程、高升力装置基本形式、高升力装置支撑与驱动机构；

(2) 熟悉高升力装置气动原理、高升力装置气动噪声和高升力装置风洞实验与计算方法；

(3) 了解后缘铰链襟翼与扰流板下偏的联合控制技术。

14.1 高升力装置的发展

高升力装置对于飞机起飞、着陆、爬升性能以及控制进场的最佳姿态等具有重要作用，是关系到飞机安全性的重要部件。现代飞机高升力装置设计属于多学科、多目标、多技术综合的优化设计问题。在气动上，满足飞机起飞、着陆和爬升的要求；在结构上，要求构件少、质量轻、连接简单，具有足够强度和刚度；在操纵上，便于维修、可靠、成本低、满足损伤容限要求等。早期的低速运输机不需要高升力装置，因为这些飞机的机翼载荷低，而且它们的巡航速度和起飞与着陆速度之比不大于 2∶1。随着更大功率发动机的发展，运输机的巡航速度不断地提高，大型飞机机翼载荷也不断提高，一般在 450～650 kg/m^2，因此实用的高升力装置开始出现，以保持起飞和着陆速度在合理的安全范围之内。那时高升力装置主要是后缘襟翼。随着大推力的涡轮风扇发动机的使用，飞机的巡航速度可到达高亚声速区，巡航马赫数为 0.78～0.85，以满足发动机的经济巡航速度要求。但为了使飞机在起飞和着陆时满足安全速度要求，在飞机上必须装有强大、安全、可靠的高升力装置。机翼后缘高升力装置从简单襟翼演变成单缝、双缝，甚至三缝的富勒襟翼。机翼的前缘装置从固定前缘演变成简单的克鲁格襟翼，从固定带缝的前缘襟翼演变成两位置或者三位置前缘缝翼和变弯度的克鲁格襟翼。高升力装置的复杂性可能最大限度地体现在波音 B747－400 飞机上(图 14.1,其高升力装置包括：内段机翼前缘为圆头克鲁格襟翼、中段机翼和外段机翼前缘为变弯度克鲁格襟翼,而后缘均为三缝襟翼)。从 B747－400 以后,高升力装置发展的趋势开始变为使用更简单的装置与主动流动控制相结合来获得质量轻、噪声低、升力大和成本低廉装置。总体上,现代高效高升力装置设计主要包括总体布置与机构设计、气动设计与优化、流动控制与降噪技术、结构设计等。

图 14.1　B747－400 高升力装置

波音公司和空客公司在大型运输机研制上的成功,为高升力装置设计和制造提供了丰富的经验和数据。目前的基本趋势是,为了避免沿袭 B747 飞机复杂的高升力装置机构,空客公司从简单化出发进行了大胆的创新性设计,利用气动、机构、结构、强度、维修、经济等多目标和综合设计理念,简化机构形式在 A320 飞机上获得成功应用,特别是在满足气动要求的前期下,对支撑和驱动系统进行了大胆改革。空客公司在 A380 高升力装置(图 14.2,其高升力装置包括：内段机翼前缘为前缘下垂,中段机翼和外段机翼前缘为前缘缝翼,后缘都为单缝富勒襟翼)设计中打破了气动与机构分开设计的缺陷,提出气动、机

图 14.2　空客 A380 高升力装置

构、驱动系统一体化设计理念,目前 B787 和 A350 大型客机采用了后缘铰链襟翼和扰流板联合控制的高升力装置。如图 14.3 所示,B787 的内段机翼和外段机翼前缘均为前缘缝翼(在起飞时,为了提高升阻比和降低气动噪声,内段机翼前缘缝翼采用封闭形式),后缘均为新型简单铰链襟翼与扰流板主动下偏联合控制。如图 14.4 所示,A350 的内段机翼前缘为前缘下垂,外段机翼前缘为前缘缝翼,而后缘均为新型简单铰链襟翼和扰流板下偏联合控制。

图 14.3　B787 高升力装置

图 14.4　A350 高升力装置

14.2　高升力装置的基本形式

根据高升力装置的位置不同,分为前缘和后缘高升力装置。具体形式如下。

14.2.1　后缘高升力装置

1. 简单襟翼(plain flap)

如图 14.5 所示,将原翼型的后缘部分作成活动的,然后适当下弯形成襟翼。这种襟翼的特点是通过襟翼下弯，增加机翼的弯度，提高翼型的零升迎角，从提高了升力系数。这种襟翼容易发生后缘分离，尾迹不稳定，在中等偏角下出现分离，升力增加不大，阻力增加较大。

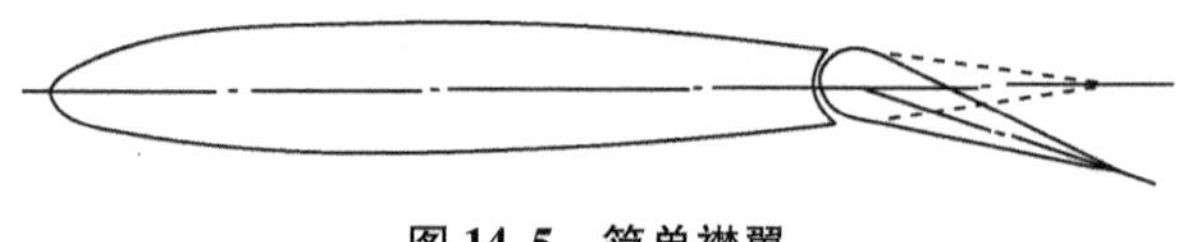

图 14.5　简单襟翼

2. 开裂襟翼(split flap)

如图 14.6 所示，这种襟翼是在原翼型后缘部分下翼面开裂形成活动面。其原理为：襟翼下偏，适当增大了弯度，更重要的是在襟翼和固定翼面之间形成低压区，造成翼型后缘上表面负压增大，从而增大升力，也增大了最大升力系数。其特点是结构简单、升力增加较大、阻力增加也大。

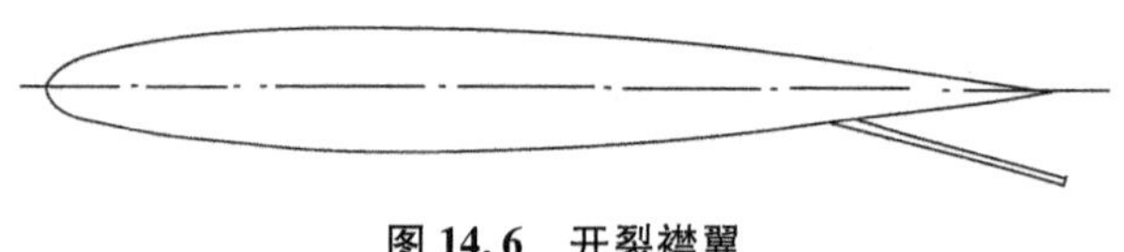

图 14.6　开裂襟翼

3. 单缝襟翼(single slotted flap)

如图 14.7 所示，这种襟翼是用铰链轴略低于基本翼的弦线，通过襟翼下偏形成缝隙，当高速气流从缝隙中穿过，从而改变了襟翼上翼面区的边界层流动，延迟了襟翼面的分离，大大提高了整体翼型的最大升力系数。襟翼下偏角度可达到 40°。其增升效果十分明显。其作用是弯度增加、弦长略增大、缝隙流延迟了后缘的分离。

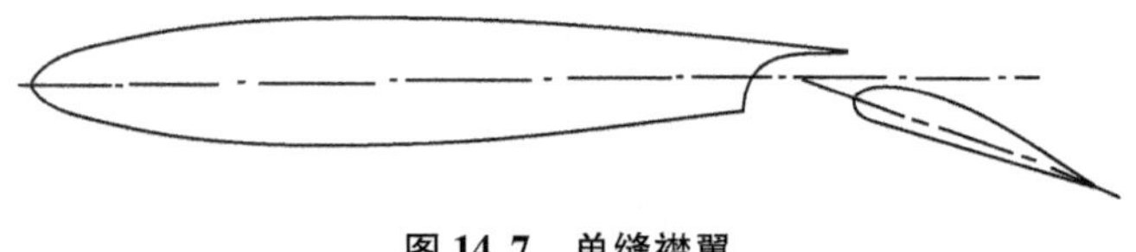

图 14.7　单缝襟翼

4. 富勒襟翼(Fowler flap)

如图 14.8 所示，这种襟翼是将翼型的后缘部分做成活动面，在襟翼偏转时同时后退形成的，由富勒提出。其原理是：除具有单缝襟翼的气动特点外，大大增加了翼型的弦长，从增大了机翼的有效面积，比单缝襟翼升力增加更大。富勒襟翼是现代大型民用飞机广泛采用的一种后缘高升力装置。

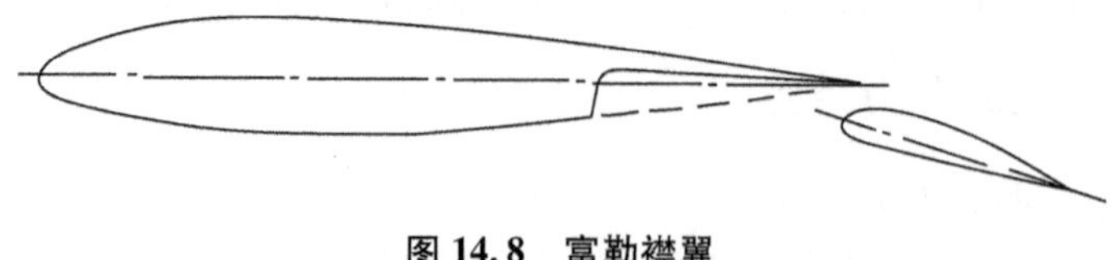

图 14.8　富勒襟翼

5. 双缝襟翼(double slotted flap)

如图 14.9 所示,双缝襟翼主要存在两种形式: 一种是导流片与主襟翼的双缝襟翼,另一种是主襟翼与后襟翼组成的双缝襟翼。导流片的作用是通过导流片形成双缝道,对主翼和襟翼的边界层起双重控制作用,对延迟气流分离起到更大的作用(vane/main double slotted flap)。后一种形式是在主襟翼后缘做一个襟翼舱,其后安装一个常规的后襟翼。这种双缝翼与前一种相比在缝道流动控制和增大有效面积方面更为明显(main/aft double slotted flap)。其作用包括: 增大机翼弯度;增大机翼的有效面积;利用高速缝道流动控制翼面分离,提高最大升力系数。由于双缝襟翼的增升效果明显,在现代大型客机中普遍采用。对于带导流片双缝襟翼,起飞时通常采用单缝状态,此时升力不是最大,但升阻比较大;着陆时双缝全部打开,偏角最大,升力最大,阻力最大,这对减小接地速度和滑跑距离是有利的。

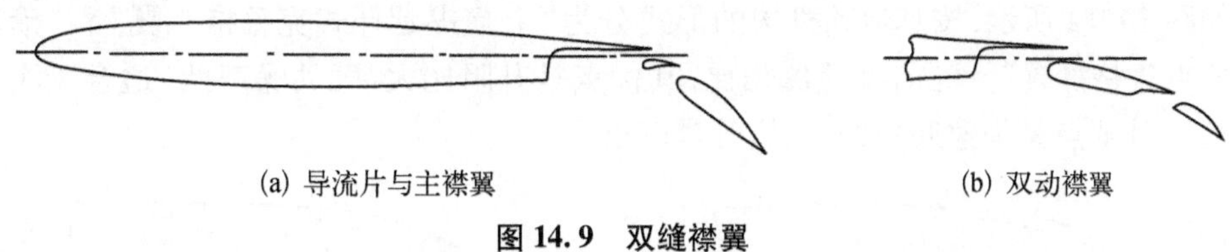

图 14.9　双缝襟翼

6. 三缝襟翼(triple slotted flap)

如图 14.10 所示,这种襟翼组成部分包括: 主翼、导流片、主襟翼、后襟翼。相当于在后一种双缝的基础上增加了导流片而形成的。这种襟翼在弯度增大、有效面积增大、缝道流控制方面更加有效,因此增升效果更好。其缺点是结构复杂,使用范围远不如单缝翼和双缝翼。

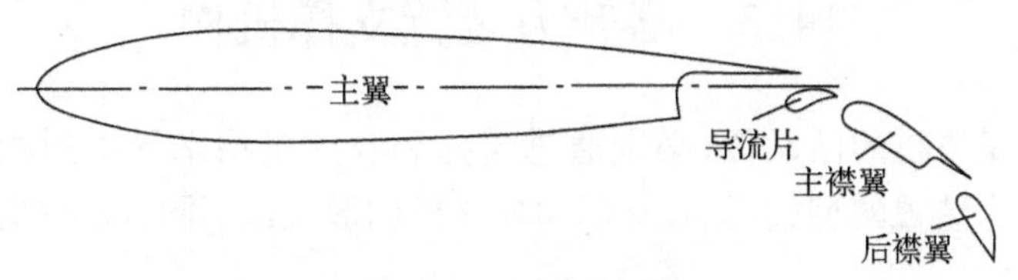

图 14.10　三缝襟翼

14.2.2　前缘高升力装置

1. 前缘襟翼(plain leading edge flap)

如图 14.11 所示,这种襟翼是指前缘无缝道的简单式前缘襟翼。当前缘襟翼下偏时,除襟翼与主翼外,还有一个过渡段,称为关节段。头部弯度增大,增加了前缘吸力峰值(弯度增大),使得临界迎角增大,增大了最大升力系数。

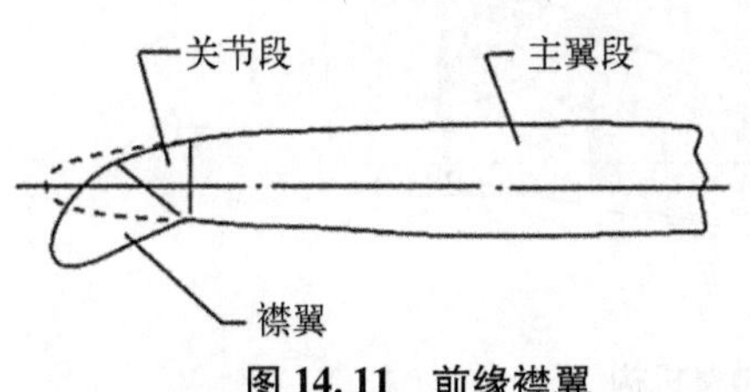

图 14.11　前缘襟翼

2. 机翼前缘下垂(dropped leading edge)

如图 14.12 所示,其机制与前缘襟翼是相同的。不过,前缘下垂是固定的,不能随飞行状态的变化而改变外形。因此,它要受到其他飞行状态(如高速飞行)的前缘限制。

3. 前缘缝翼(slat)

如图 14.13 所示,前缘缝翼是前伸到翼型之前的辅助翼型。它用于帮助气流在高升力状态平顺地(无分离)绕过前缘。为了获得良好的气动性能,前缘缝翼必须有可收放的机构。前缘缝翼偏转产生较大的升力增量,失速迎角增大,失速特性好。常用的前缘缝翼有两个偏角和三个位置,即巡航、起飞和着陆三个位置。

图 14.12 机翼前缘下垂　　　图 14.13 前缘缝翼

4. 克鲁格襟翼(Krueger flap)

如图 14.14 所示,按其运动机构的形式分为“上蒙皮延伸式克鲁格襟翼”和“沿前缘旋转式克鲁格襟翼”。与前缘缝翼相比,其优点是升阻比大、气动噪声低(适合于飞机起飞构型),其缺点是失速迎角偏小、增升量偏小。

(a) 上蒙皮延伸式　　　(b) 前缘下蒙皮延伸式

图 14.14 克鲁格襟翼

14.3 高升力装置支撑机构

高升力装置是飞机的活动面,必须通过支撑和收放机构来导引到相应的预定位置。前缘和后缘高升力装置的型式不同,支撑和收放机构形式也不同,以下列出不同形式支撑系统。

1. 下垂式前缘襟翼机构

如图 14.15 所示,这种机构(称为铰链式机构)是针对无缝且下偏式前缘襟翼的,其利用铰链机构实现机翼前缘襟翼下偏一定角度,由于加大了机翼前缘的弯度而降低吸力峰值,减小了上翼面前缘的逆压梯度,从而增大了失速迎角,因此增加了最大升力系数。缺

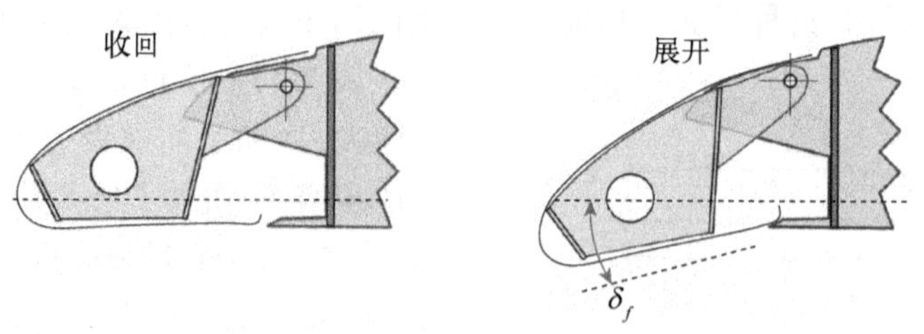

图 14.15 简单下垂前缘襟翼机构

点是机翼前缘曲率半径过小,容易引起气流分离,在以往的商用运输机上并没有广泛使用,但是由于其可延迟层流转捩,致使在最新的 A350 上使用了该装置。

2. 克鲁格襟翼机构

克鲁格襟翼是一种广泛用于高性能大型飞机的前缘高升力装置,如图 14.16 所示。其主要包括简单克鲁格襟翼、圆头克鲁格襟翼和变弯度克鲁格襟翼。简单克鲁格襟翼由一个可绕铰链转动的平板组成。圆头克鲁格襟翼是在简单克鲁格襟翼的基础上加装一个可折叠的圆头。变弯度克鲁格襟翼与圆头克鲁格襟翼不同的地方在于主克鲁格襟翼的表面是柔性的玻璃纤维,可以改变翼型的外形曲线。克鲁格襟翼打开后,既增大了机翼面积,又增大了机翼弯度,起到了良好的增升效果。这三种形式的增升效果依次递增,但付出的代价机构复杂度也相应增加。

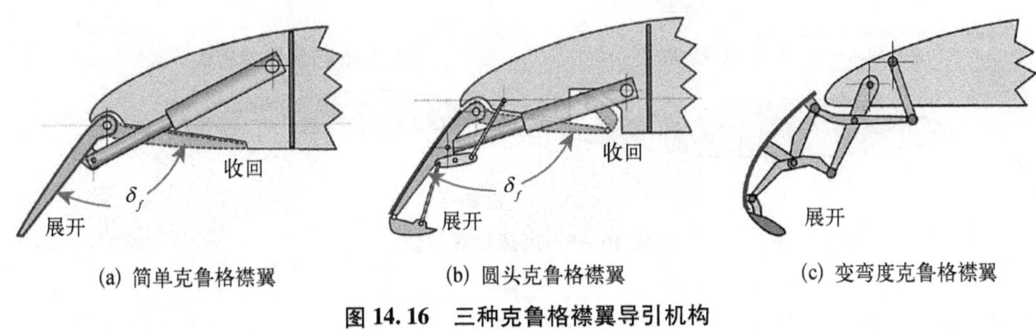

(a) 简单克鲁格襟翼　(b) 圆头克鲁格襟翼　(c) 变弯度克鲁格襟翼

图 14.16　三种克鲁格襟翼导引机构

3. 前缘缝翼机构

前缘缝翼(图 14.17)是目前商用飞机使用最多的前缘高升力装置。其由巡航、起飞、着陆三个位置组成,在起飞位置缝翼尾部与主翼前缘上表面可以密封也可不密封,密封的情况升阻比高、噪声低(如波音 B787),不密封的情况如空客 A380。在着陆位置缝翼完全向前展开到 20°~38°,且与机翼前缘形成一个缝道。

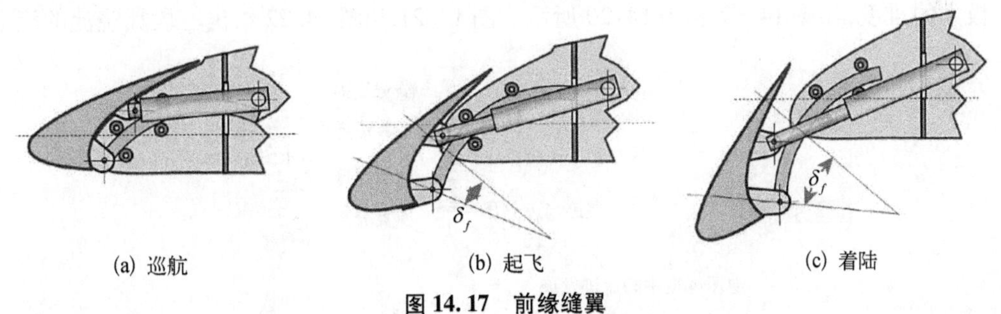

(a) 巡航　(b) 起飞　(c) 着陆

图 14.17　前缘缝翼

4. 后缘高升力装置机构

目前大型民用飞机的后缘高升力装置主要是后缘富勒襟翼(图 14.18),根据缝道数不同可分为单缝襟翼、双缝襟翼和三缝襟翼。其中双缝襟翼又分为固定子翼/主翼双缝襟翼、活动子翼/主翼双缝襟翼和主翼/子翼双缝襟翼这三种类型。单缝襟翼应用较广,增升效果虽不及双缝和三缝襟翼,但是机构简单,质量轻。带子翼(导流片)的双缝襟翼主要通过子翼与襟翼形成双缝道，对主翼与襟翼的边界层起双重控制作用，延迟气流分离；主翼带后翼的双缝襟翼则在缝道流动控制和加大有效面积方面效果更明显。三缝襟翼由前襟翼、主襟翼和后襟翼组成，三缝襟翼能极大地增加机翼有效面积，提高增升效果，但是机构复杂，质量重。

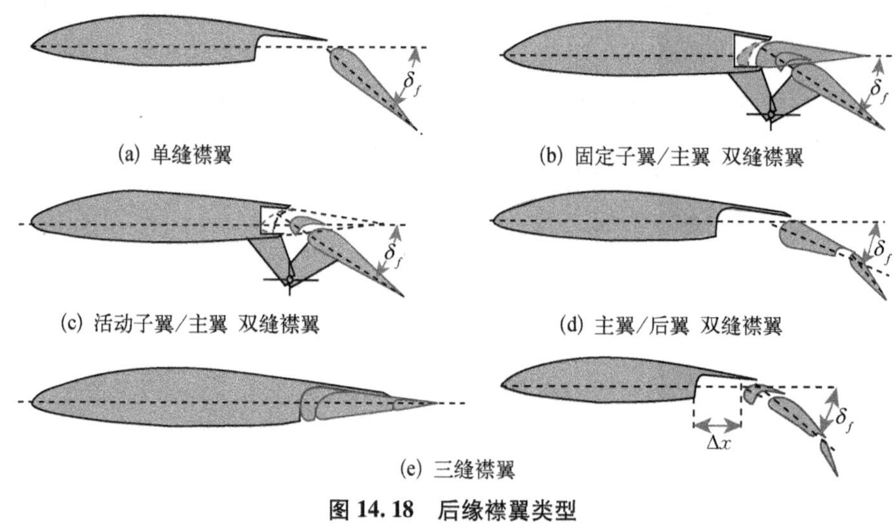

图 14.18 后缘襟翼类型

14.4 高升力装置气动原理

当高升力装置打开时，绕过这些构型气流的气动原理极其复杂，主要涉及多段翼绕流的空气动力学机制。对于二维多段翼型绕流而言，可能出现的各种流动现象包括：边界层转捩、激波/边界层干扰、尾迹/边界层掺混、边界层分离、层流分离泡、分离的凹角流动、流线大幅弯曲等，几乎涉及所有黏性流体力学的复杂问题，这为设计与优化高升力装置带来极大的难度，如图 14.19 和图 14.20 所示。图 14.21 和图 14.22 给出三段翼绕流的流场

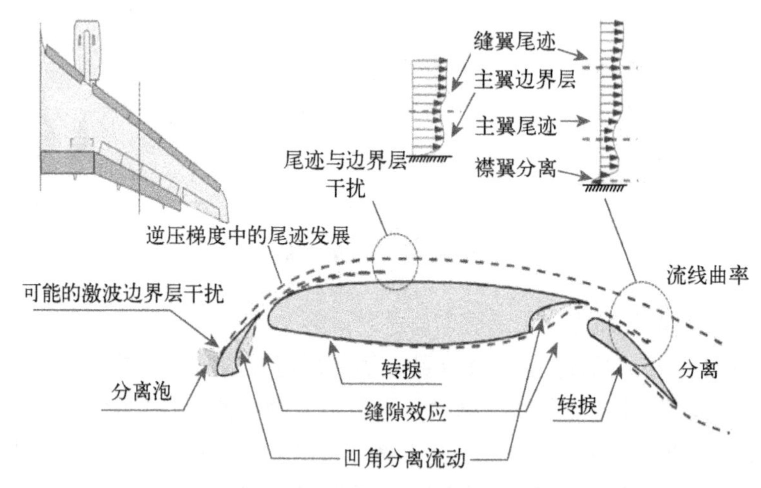

图 14.19 多段翼型绕流现象的复杂性

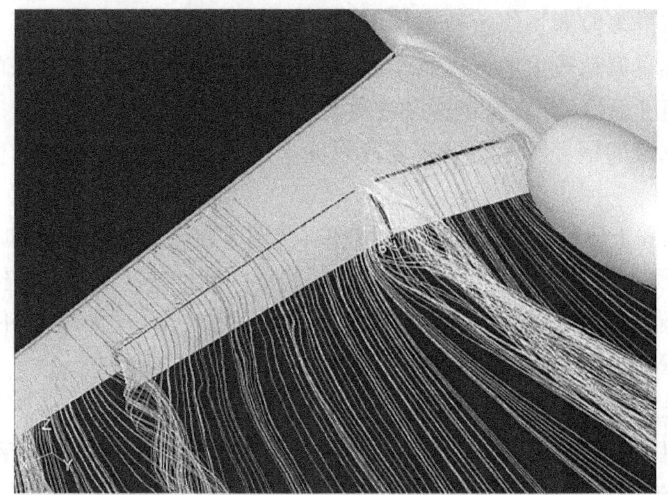

图 14.20　高升力装置后缘不连续处脱出的尾涡

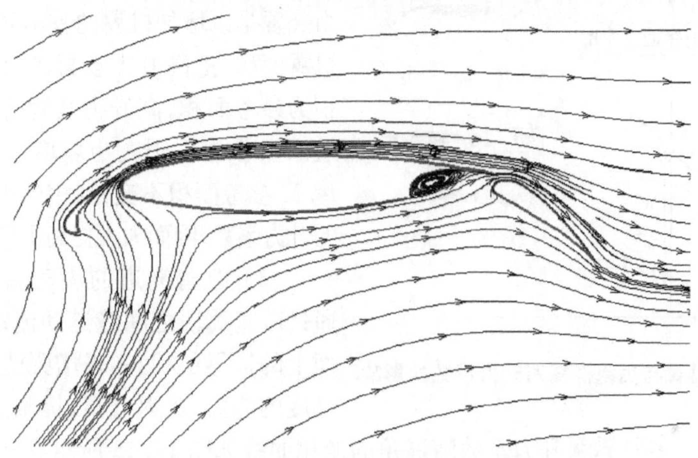

图 14.21　前缘缝翼、后缘富勒襟翼三段翼绕流流场

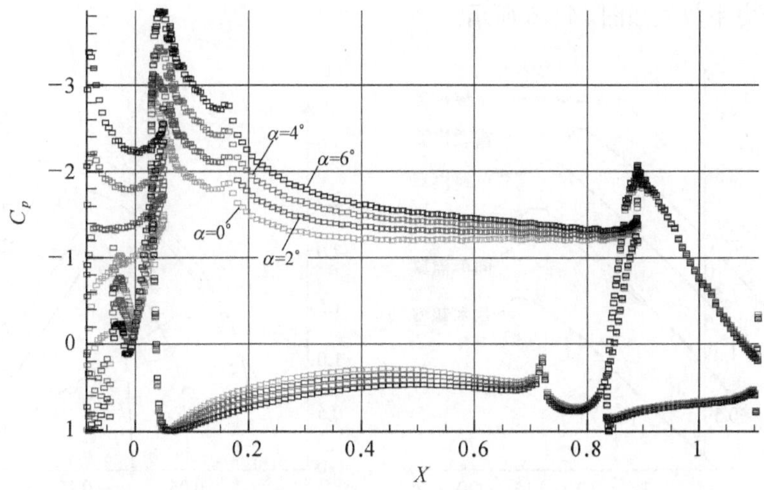

图 14.22　前缘缝翼、后缘富勒襟翼三段翼绕流压强分布系数

和压强系数分布。多段翼型绕流特点如下：

（1）对于襟翼偏角较大的多段翼型，即使来流马赫数不高，在其前缘的上表面也可能出现有限的超声速流区，存在跨声速区或激波边界层干扰；

（2）上游翼段的尾迹经常与下游翼段表面上的边界层混合，合成的剪切层是一个混合边界层；

（3）后缘襟翼上翼面的黏性流区相对较厚，特别是在着陆构型下。即使在正常飞行条件下（即在远离最大升力系数达到之前），这相对较厚的黏性流区域也会导致流动分离；

（4）当后缘襟翼偏转时，在主翼后缘处会形成分离气泡，当前缘高升力装置（前缘缝翼或克鲁格襟翼）偏转时，在小迎角下也可能产生同样的流动状态。

多段翼型升力增大的主要原因如下。

（1）增加机翼的弯度效应。增加机翼的弯度，即增加环量，这时会产生较大的低头力矩，特别是在着陆进场时，需要水平安定面或升降舵后缘下偏来进行配平。

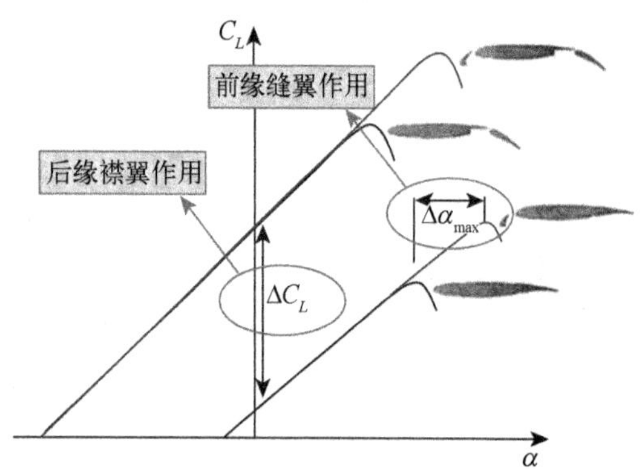

图 14.23 前缘缝翼与后缘襟翼对升力系数的影响

（2）增加机翼的有效面积。大多数高升力装置是以增加机翼的基本弦长来实现增加机翼面积，把高升力装置未打开时的机翼面积为参考面积，高升力装置打开后机翼的有效面积增加了，升力也就增大了。这样，如图 14.23 参考面积不变，则相当于增加了零迎角的升力系数，因而大大提高了最大升力系数。

（3）改善缝道的流动品质、延迟分离。通过改善翼段之间缝道的流动品质，改善翼面上的边界层状态，来增强边界层承受逆压梯度的能力，延迟分离，提高失速迎角，增大最大升力系数。多段翼型升力系数随迎角的变化曲线如图 14.23 所示。不同形式的多段翼型，升力系数特性曲线如图 14.24 所示，升阻特性曲线如图 14.25 所示，不同类多段翼型的最大升力系数值如图 14.26 所示。

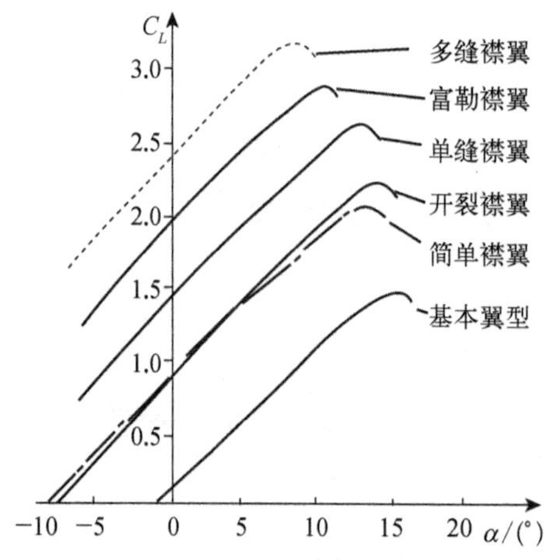

图 14.24 多段翼型升力系数特性曲线

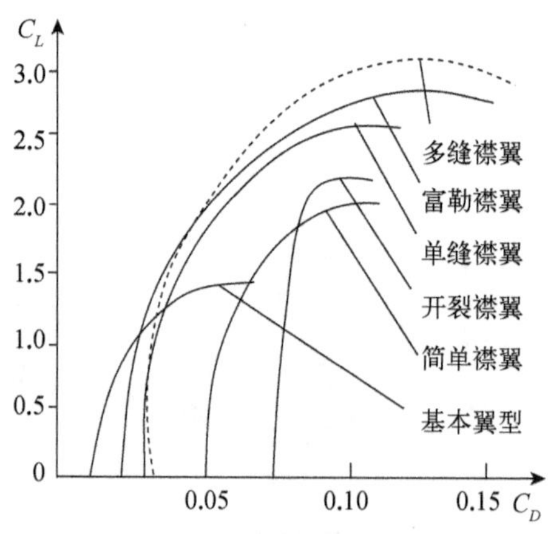

图 14.25 多段翼型升阻特性曲线

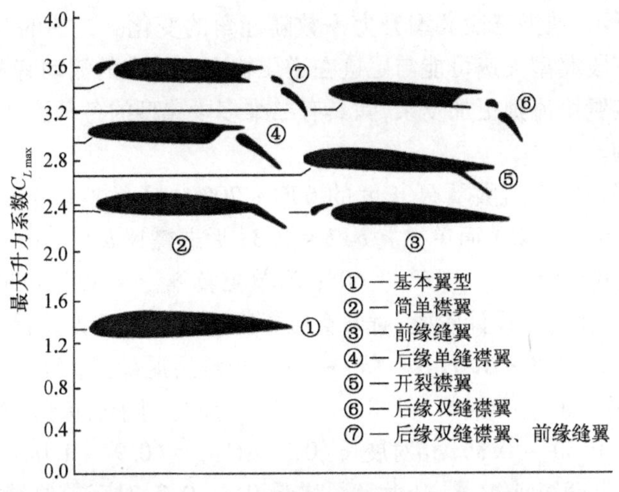

图 14.26　不同类多段翼型最大升力系数

1975 年,美国著名飞机设计师 A. M. O. 史密斯在其著名的论文《高升力空气动力学》里对多段翼的空气动力学原理做了详尽的阐述。概括起来多段翼型主要有五种效应影响升力系数的增量。

(1) 缝翼效应: 前翼环量在后翼前缘附近产生的速度,与后翼前缘原有的速度方向相反,从而压制了后翼上翼面的吸力峰;

(2) 环量效应: 后翼前缘附近的速度增大了前翼尾缘绕流的局部迎角,从而诱导增强了前翼环量;

(3) 倾卸效应: 后翼前缘附近的速度使前翼尾缘的边界层以一个更高的速度离开前翼,降低了前翼上翼面的逆压梯度,从而抑制可能的分离;

(4) 无壁面存在的压力恢复效应: 前翼倾卸出的速度更高,导致边界层离开前翼后开始减速并恢复压力,此过程中与壁面无接触,这种方式比与壁面接触时的压力恢复更高效,如图 14.27 所示。

(5) 新边界层效应: 每个翼段都会在其前缘形成新的更薄的边界层,因此对逆压梯度的抵抗能力更强,从而更不容易分离。

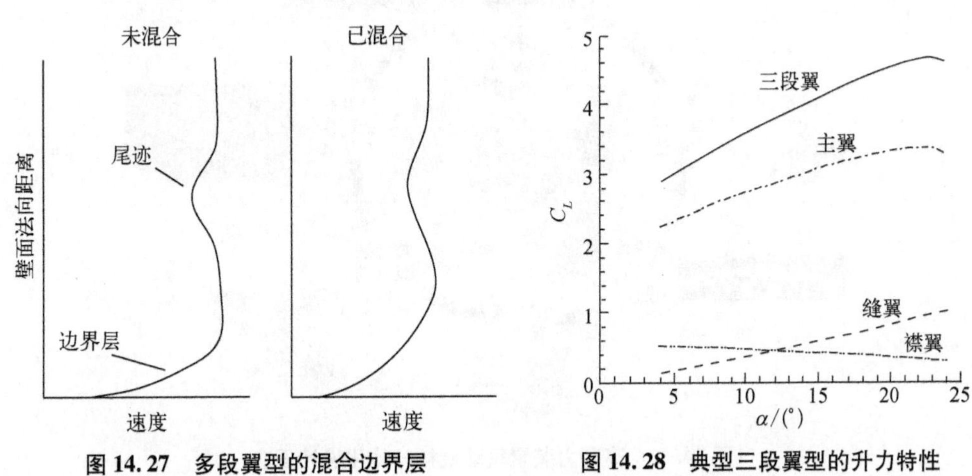

图 14.27　多段翼型的混合边界层　　**图 14.28　典型三段翼型的升力特性**

如图 14.28 所示,典型三段翼型升力系数随迎角的变化。主翼的升力系数在失速时达到了最大值。三段翼型失速可能与尾迹在逆压梯度空间中的流动有关。对于后掠机翼上的三维高升力装置绕流则更加复杂,除具有二维多段翼型的各种流动现象外,还受边界层转捩和位置影响。

一般襟翼翼展长度占机翼翼展长度的 60%~70%。通常按以下比值选择襟翼的弦长:开裂式襟翼 $b_j/b=0.25$;简单襟翼 $b_j/b=0.3$;后退襟翼 $b_j/b=0.30\sim0.4$。最大偏转角的范围:开裂式襟翼 $\delta_{j\max}=55°\sim60°$;简单襟翼 $\delta_{j\max}=40°\sim50°$;多缝后退襟翼 $\delta_{j\max}=50°\sim60°$。在初步设计阶段,对于直机翼后缘不同高升力装置的增升效果为:普通开缝襟翼,$\Delta C_{L\max}=0.8\sim1.0$,$\alpha=13°\sim14°$;单缝后退襟翼,$\Delta C_{L\max}=1.4\sim1.5$,$\alpha=12°$;多缝后退襟翼,$\Delta C_{L\max}=1.6\sim1.8$,$\alpha=12°\sim13°$;对于后掠角 35°的机翼,多缝后退襟翼的弦长 $b_j/b=0.30\sim0.35$,相对展长 60%,$\Delta C_{L\max}=0.9\sim1.0$。对于前缘增升装置的增升效果为:固定开缝前襟翼,升力系数增量 0.1~0.2;对于前缘缝翼,升力系数增量 0.5~0.7;对于克鲁格襟翼,升力系数增量 0.3~0.4。机翼高升力装置的最大升力增量属于多学科多目标优化问题,如图 14.29 和图 14.30 所示。一般取决于:增升装置的类型及其展

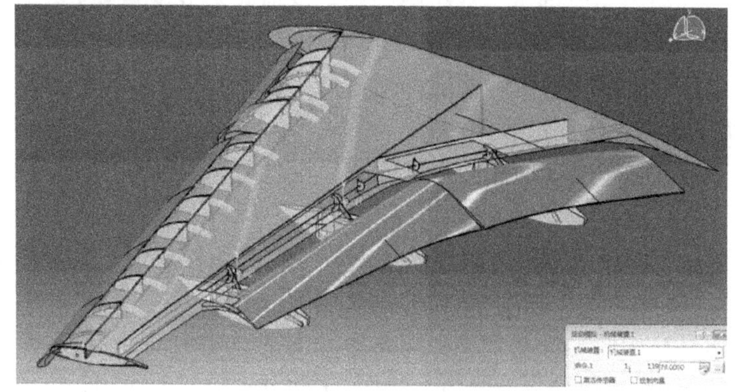

图 14.29　三维多段机翼

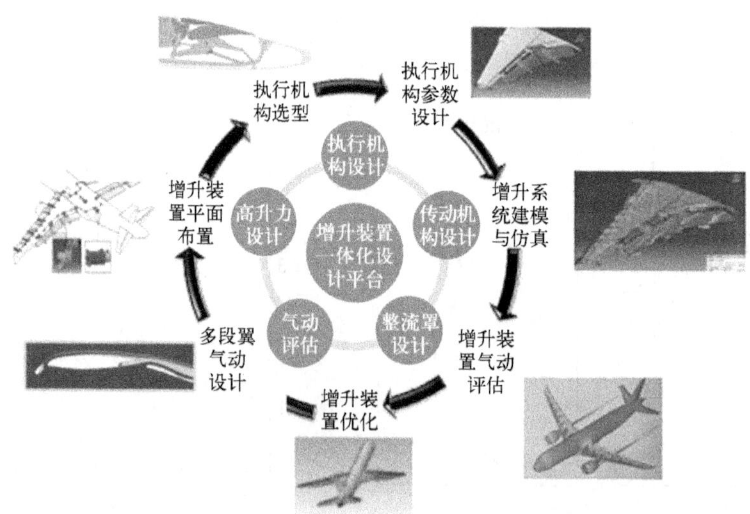

图 14.30　高升力装置气动机构一体化设计理念

长;机翼根梢比 η;机翼展弦比 λ;机翼后掠角 χ;缝翼或襟翼的弦长 b_j;机翼翼型的类型和相对厚度 c;增升面的偏转角 δ_j;后退襟翼的后退量;襟翼与机翼之间的缝隙形式与缝道宽度等。

14.5　高升力装置气动噪声

一般来说,飞机噪声主要包括推进系统噪声和机体噪声,如图 14.31 所示,机体噪声则主要由起落架噪声和高升力装置噪声组成。大涵道比涡轮风扇发动机的使用,不仅使得飞机的耗油率大大减小,而且在很大程度上降低了推进系统的噪声。再加上如消声短舱、V 型花瓣喷嘴和先进声衬等降低发动机噪声技术的应用,使得飞机机体噪声在整体噪声中所占比例日益增大,高升力装置噪声又占据了机体噪声中的主要部分,如图 14.32 所示。

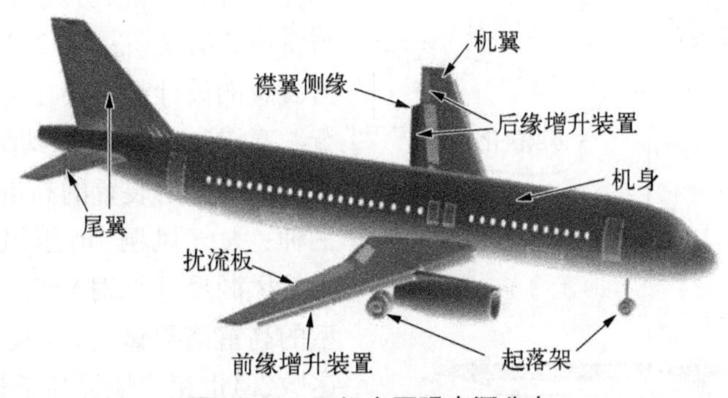

图 14.31　飞机主要噪声源分布

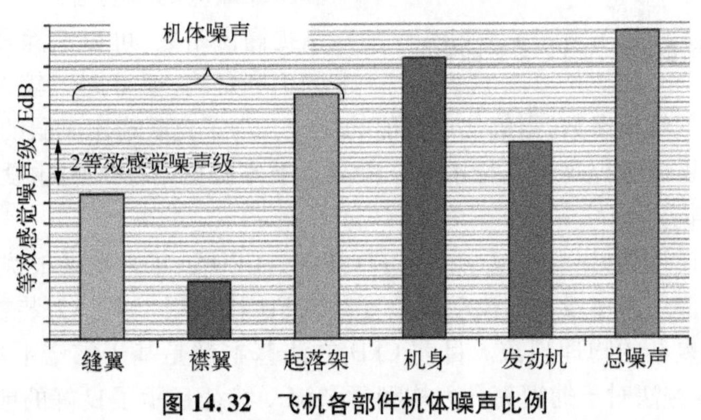

图 14.32　飞机各部件机体噪声比例

研究表明,前缘缝翼的主要噪声源位于缝翼尾缘、凹槽内部剪切层和流动再附区,在这些区域内,湍动能的数值最大,压力脉动也最为强烈。后缘襟翼的侧缘产生了强大的涡,包括高频的小尺度不稳定涡和低频的大尺度涡,这两种不同尺度的涡形成了襟翼的侧缘噪声源,在高升力装置的设计中,需要充分认识到噪声的产生原因和机制,寻求相应的减噪方法。目前,前缘缝翼的减噪方法有: ① 缝翼尾缘微穿孔;② 缝翼凹槽遮挡;③ 缝翼凹槽填充;④ 减小尾缘厚度;⑤ 锯齿状尾缘;⑥ 下垂前缘;⑦ 缝翼下表面和主翼安装声衬。后缘襟翼侧缘噪声的控制,主要采用被动控制方法:其一是加装多孔材料;其二是襟翼侧缘安装栅栏,类似翼梢小翼的结构,使用襟翼栅栏可以削弱侧缘剪切层的不稳定性,避免侧缘涡结构与尖锐侧缘的相互干扰,更为关键的是,栅栏延迟了涡结构的融合,这些都使得栅栏结构对流场产生了有利的干扰。实验发现,使用襟翼侧缘栅栏可以在进场和着陆构型下减噪 5~7 dB;其三是连续型线法,这种方法设计的初衷是消除襟翼侧缘,使襟翼与主翼光滑连续连接,从而从根本上解除襟翼侧缘噪声。

14.6 高升力装置风洞试验与计算方法

高升力装置的设计以往多依赖于风洞实验。尽管现在 CFD 技术发展很快,但是风洞实验仍然是评估高升力装置气动性能并决定最后选型的重要手段。高升力装置的物理流动现象对于实验雷诺数非常敏感,包括附着线转捩、湍流边界层的再层流化、黏性尾迹的相互干扰和掺混、分离流动等复杂流动都与雷诺数有关(图 14.33)。因此一般高升力装置的设计都需要在高雷诺数风洞中进行。高雷诺数试验对风洞的要求较高,目前研究高升力装置的高雷诺数风洞主要有三种:大气风洞、增压风洞和低温风洞。大气风洞尺寸相对较大,可以进行全机模型的高雷诺数试验,靠提高风速来提高雷诺数,但也相应地提高了马赫数,导致黏性和压缩效应的影响增大。增压风洞靠增压来提高雷诺数,可以消除马赫数提高带来的不利影响,但是同时较大的压力可能会改变高升力装置的缝道参数,引起气动性能的变化。为了克服增压风洞的缺点,可以使用低温风洞将实验雷诺数提高到飞行水平。世界上航空强国对于风洞建设都极为重视,投入了巨大的人力物力。

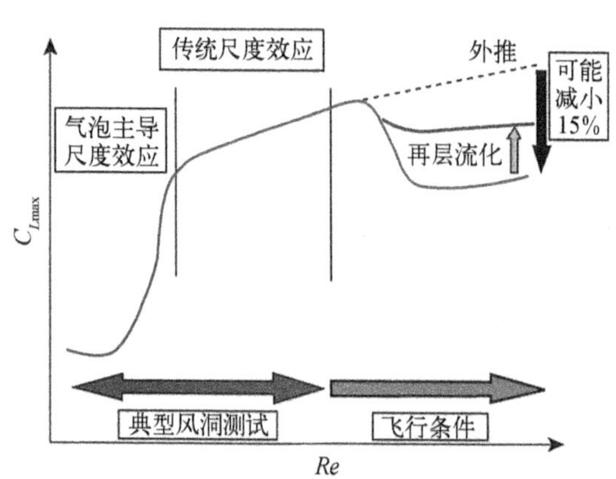

图 14.33 雷诺数对最大升力系数的影响

高升力装置设计的另一种方法就是 CFD 技术。CFD 近年来发展很快,已经在世界范围内得到广泛的应用。多段翼的流动现象复杂,CFD 技术用于高升力装置设计的难点在于能否准确捕捉复杂的物理现象。目前 CFD 方法基本都是基于雷诺平均 N－S 方程组(RANS)。RANS 方法对于捕捉高升力构型复杂流动特征显示了良好的能力,RANS 方法最大的不确定性来源于湍流模式的选择。通过对比,早期的代数模型(BL)和经典的 $k-\varepsilon$ 两方程模型已被证实用于计算带分离的多段翼型绕流误差较大,目前主要采用 20 世纪 90 年代以来发展起来的一方程模型(SA)、二方程模型(SST－$k-\omega$)等,可以有效改进分离流计算结果。在当前条件下,因为风洞试验和 CFD 技术各自的局限性,高升力装置的设计不能使用任何单一方法完成,而需要两者高效的结合。CFD 技术主要用于高升力装置的选型和优化设计,在短周期内评估修改设计带来的性能改变,大大缩短了研发时间。风洞实验则用来检验 CFD 方法准确性和设计定型,任何利用 CFD 方法设计的飞机都需要接受风洞实验最终定型。

14.7　后缘铰链襟翼与扰流板下偏联合控制技术

后缘铰链襟翼和扰流板下偏联合控制技术在 B787 和 A350 上得到应用。其基本思想是：在单缝后缘铰链襟翼向下偏转时，由计算机控制扰流板同时下偏到一个最有利的位置，使缝道参数可以达到流动品质最佳的状态，襟翼可以偏转更大的角度，从而大大地改善了单缝襟翼的气动性能，如图 14.34 所示。图 14.35 给出了 A350 采用的后缘自适应下偏铰链襟翼(adaptive dropped hinge flap，ADHF)与普通单缝富勒(Fowler)襟翼的升力系数对比。可见，在两种襟翼偏转相同的角度时，自适应下偏铰链襟翼在大部分迎角范围内升力系数要优于普通单缝襟翼，只是在最大升力系数上低于普通单缝襟翼。如果两种襟翼都偏转到各自最大的角度后(图中所示 ADHF 能偏转 45°，单缝襟翼能偏转 35°)，自适应下偏铰链襟翼在所有迎角下的升力系数要明显高于普通单缝襟翼，因此扰流板下偏能较好地改善普通单缝襟翼的气动性能。另外，以往的后缘襟翼仅在飞机起飞和着陆过程起作用，而现在的后缘襟翼还可以在飞行过程中，通过后缘襟翼和扰流板同时发生轻微偏

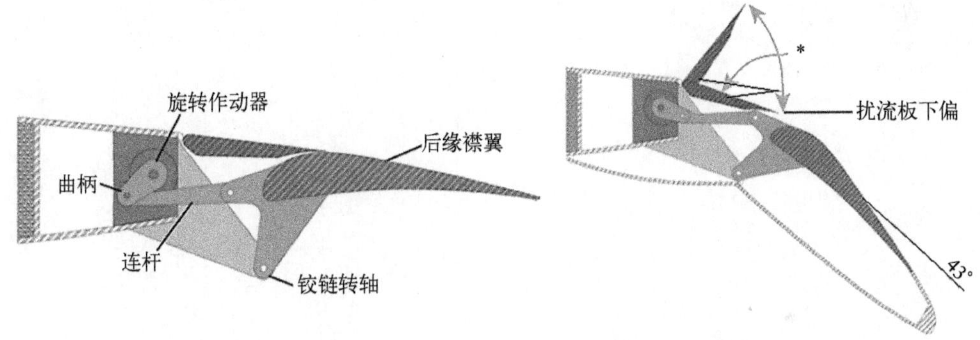

图 14.34　A350 与 787 采用的后缘铰链襟翼与扰流板下偏联合控制技术

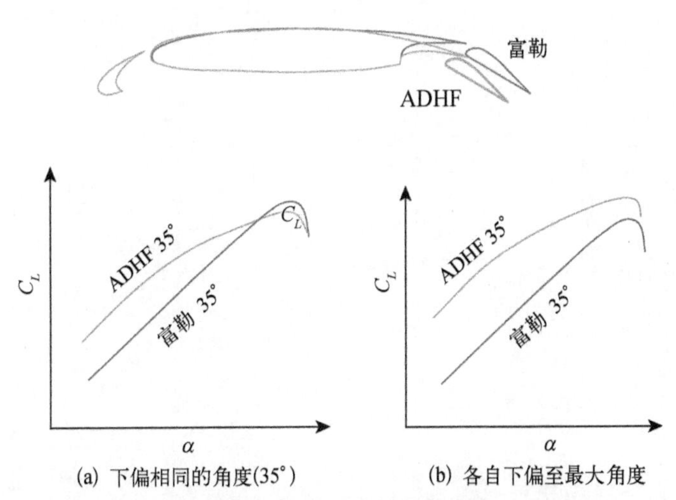

(a) 下偏相同的角度(35°)　(b) 各自下偏至最大角度

图 14.35　扰流板下偏襟翼与普通单缝襟翼升力曲线对比

转而改变机翼的后缘弯度。通常飞机在巡航过程中，机翼形状保持不变，升力系数不变。然而燃油却在不断消耗，导致飞机质量不断减小，所需升力减小，一般通过增加巡航高度来解决这一矛盾。机翼可变弯度技术通过改变机翼后缘弯度调整机翼升力，巧妙地解决了这个问题，该项措施可以减小阻力，提高升阻比，提高燃油效率。B787 与 A350 也采用了变弯度技术。

习　题

14.1　请说明多段翼型绕流的主要特点和增大升力的物理机制。

14.2　前缘缝翼对升力系数增大的物理原因是什么？说明缝道流动对增升所起的作用。

14.3　说明后缘襟翼下偏对增大升力所起的作用。

14.4　前缘下垂和前缘缝翼绕流的主要差别是什么？

14.5　多段翼高升力装置绕流气动噪声产生的主要物理原因是什么？

14.6　简述后缘铰链襟翼与扰流板下偏联合控制技术特点。

14.7　说明未来高升力装置的发展趋势。

参考文献

陈懋章,2002. 粘性流体动力学基础[M]. 北京：高等教育出版社.

陈再新,刘福长,鲍国华,1993. 空气动力学[M]. 北京：航空工业出版社.

董曾南,张梓雄,2003. 非粘性流体力学[M]. 北京：清华大学出版社.

李桦,田正雨,潘沙,2017. 飞行器气动设计[M]. 北京：科学出版社.

李素循,2007. 激波与边界层主导的复杂流动[M]. 北京：科学出版社.

李周复,2015. 风洞试验手册[M]. 北京：航空工业出版社.

刘沛清,2008. 空气螺旋桨理论及其应用[M]. 北京：北京航空航天大学出版社.

刘沛清,2017. 流体力学通论[M]. 北京：科学出版社.

刘沛清,2020. 湍流模式理论[M]. 北京：科学出版社.

陆志良,2009. 空气动力学[M]. 北京：北京航空航天大学出版社.

钱翼稷,2004. 空气动力学[M]. 北京：北京航空航天大学出版社.

是勋刚,1994. 湍流[M]. 天津：天津大学出版社.

王铁城,1995. 空气动力学实验技术[M]. 北京：航空工业出版社.

吴望一,1983. 流体力学[M]. 北京：北京大学出版社.

吴子牛,2007. 空气动力学(上下册)[M]. 北京：清华大学出版社.

徐华舫,1987. 空气动力学基础(上下册)[M]. 北京：北京航空航天大学出版社.

徐文熙,徐文灿,1989. 粘性流体力学[M]. 北京：北京理工大学出版社.

许维德,1979. 流体力学[M]. 北京：国防工业出版社.

颜大椿,1992. 实验流体力学[M]. 北京：高等教育出版社.

杨卫,赵沛,王宏涛,2020. 力学导论[M]. 北京：科学出版社.

杨云军,龚安龙,白鹏,2019. 高超声速空气动力学设计与评估方法[M]. 北京：中国宇航出版社.

杨岞生、俞守勤,1981. 飞行器部件空气动力学[M]. 北京：国防工业出版社.

恽起麟,1991. 实验空气动力学[M]. 北京：国防工业出版社.

曾明,刘伟,邹建军,2017. 空气动力学基础[M]. 北京：科学出版社.

张长高,1993. 水动力学[M]. 北京：高等教育出版社.

张涵信,2005. 分离流与旋涡运动的结构分析[M]. 北京：国防工业出版社.

张兆顺,崔桂香,1999. 流体力学[M]. 北京：清华大学出版社.

张兆顺,崔桂香,许春晓,2005. 湍流理论与模拟[M]. 北京：清华大学出版社.

张梓雄,董曾南,1998. 粘性流体力学[M]. 北京：清华大学出版社.

赵学端,廖其奠,1983. 粘性流体力学[M]. 北京：机械工业出版社.

周光坰,严宗毅,许世雄,等,2000. 流体力学(上下册)[M]. 北京：高等教育出版社.

Batchelor G H, 1953. The theory of homogeneous turbulence[M]. New York：Cambridge University Press.

Cumpsty N A, 1998. Compressor Aerodynamics[M]. Malabar：Krieger Publishing Company.

Doug McLean, 2014. Understanding aerodynamics[M]. New York: John Wiley and Sons.

Doulas J F, Gasiorek J M, Swaffield J A, 2000. Fluid mechanics[M]. 3rd Edition. 北京：世界图书出版社.

Fox R W, McDonald A, 2001. Introduction to fluid mechanics[M]. New York: John Wiley and Sons.

Frisch U, 1995. Turbulnce[M]. New York: Cambridge University Press.

G. K. 巴切勒,1997. 流体动力学引论[M]. 沈青,贾复,译. 北京：科学出版社.

Green S I, 1995. Fluid vortices[M]. Netherlands: Kluwer Academic Publishers.

Hinze J O, 1987. 湍流(上下册)[M]. 黄永念,颜大椿,译. 北京：科学出版社.

Houghton E L, Carpenter P W, Steven H C, et al, 2013. Aerodynamics for engineering students[M]. London: Amsterdam Boston Heidelberg.

John D. Anderson Jr., 2001. Fundamentals of aerodynamics[M]. 3rd Edition, International Edition. Mechanical Engineering Series. New York: McGaw-Hill.

John D. Anderson Jr., 2003. Modern compressible flow[M]. New York: McGraw-Hill Education.

John D. Anderson Jr., 2016. Introduction to flight[M]. New York: McGraw-Hill Education.

Launder B E, Spalding D B, 1972. Mathematical models of turbulence[M]. London: Academic Press.

McCormack P D, Crane L, 1973. Physical fluid dynamics[M]. New York and London: Academic Press.

McCormick B W, 1995. Aerodynamics, aeronautics and flight mechanics[M]. Canada: John Wiley and Sons.

Milne-Thomson L M, 1948. Theoretical aerodynamics[M]. London: Macmillan and Co.

Obert Ed, 2009. Aerodynamic design of transport aircraft[M]. Delft: Delft University Press.

Prandtl L, 1987. 流体力学概论[M]. 郭永怀,陆士嘉,译. 北京：科学出版社.

Raymer D P, 2006. Aircraft design: A conceptual approach[M]. Virginia: American Institute of Aeronautics and Astronautics.

Saad M A, 1985. Compressible fluid flow[M]. London: Prentice-Hall International.

Schlichting H, 1979. Boundary layer theory[M]. New York: McGraw Hill Book Company.

Stanisic M M, 1984. The Mathematical theory of turbulence[M]. New York: Springer-Verlag.

Streeter V L, Wylie E B, 1979. Fluid mechanics[M]. New York: McGraw-Hill Book Company.

Townsend A A, 1956. The structure of turbulent shear flow[M]. Cambridge: The University Press.

Tsien S H, 1946. Superaerodynamics, mechanics of rarefied gases[J]. Journal of the Aeronautical Sciences, 13: 653-664.

White F M, 2011. Fluid mechanics[M]. 7th Edition. New York: Mcgraw-Hill.

Wu J Z, Ma H Y, Zhou M D, 2015. Vortical Flows[M]. New York/Dordrecht/London: Springer Heidelberg

附录一
矢量运算与正交曲线坐标系下的控制方程组

1. 矢量及其运算

1）矢量定义

$$\boldsymbol{A} = A_x\boldsymbol{i} + A_y\boldsymbol{j} + A_z\boldsymbol{k}$$

$$\boldsymbol{B} = B_x\boldsymbol{i} + B_y\boldsymbol{j} + B_z\boldsymbol{k}$$

$$\boldsymbol{C} = C_x\boldsymbol{i} + C_y\boldsymbol{j} + C_z\boldsymbol{k}$$

2）矢量运算

$$\boldsymbol{A} \cdot \boldsymbol{B} = A_xB_x + A_yB_y + A_zB_z$$

$$\boldsymbol{A} \times \boldsymbol{B} = \begin{vmatrix} \boldsymbol{i} & \boldsymbol{j} & \boldsymbol{k} \\ A_x & A_y & A_z \\ B_x & B_y & B_z \end{vmatrix} = (A_yB_z - A_zB_y)\boldsymbol{i} + (A_zB_x - A_xB_z)\boldsymbol{j} + (A_xB_y - A_yB_x)\boldsymbol{k}$$

$$(\boldsymbol{A} \times \boldsymbol{B}) \cdot \boldsymbol{C} = \boldsymbol{A} \cdot (\boldsymbol{B} \times \boldsymbol{C}) = (\boldsymbol{A} \times \boldsymbol{B}) \cdot \boldsymbol{C} = \boldsymbol{B} \cdot (\boldsymbol{C} \times \boldsymbol{A})$$

$$\boldsymbol{A} \times (\boldsymbol{B} \times \boldsymbol{C}) = (\boldsymbol{A} \cdot \boldsymbol{C})\boldsymbol{B} - (\boldsymbol{A} \cdot \boldsymbol{B})\boldsymbol{C}$$

2. 矢量场运算公式

1）哈密尔顿(Hamilton)算子

哈密尔顿算子 ∇是一个具有微分和矢量的双重运算的算子，哈密尔顿算子在直角坐标系中定义为

$$\nabla = \frac{\partial}{\partial x}\boldsymbol{i} + \frac{\partial}{\partial y}\boldsymbol{j} + \frac{\partial}{\partial z}\boldsymbol{k}$$

2）标量和矢量场的梯度

标量场 φ 的梯度：

$$\nabla\varphi = \frac{\partial\varphi}{\partial x}\boldsymbol{i} + \frac{\partial\varphi}{\partial y}\boldsymbol{j} + \frac{\partial\varphi}{\partial z}\boldsymbol{k}$$

矢量场的梯度：

$$\nabla \boldsymbol{A} = \boldsymbol{i}\frac{\partial \boldsymbol{A}}{\partial x} + \boldsymbol{j}\frac{\partial \boldsymbol{A}}{\partial y} + \boldsymbol{k}\frac{\partial \boldsymbol{A}}{\partial z}$$

3）矢量场的散度

$$\nabla \cdot \boldsymbol{A} = \frac{\partial A_x}{\partial x} + \frac{\partial A_y}{\partial y} + \frac{\partial A_z}{\partial z}$$

4）矢量场的旋度

$$\mathrm{rot}\,\boldsymbol{A} = \nabla \times \boldsymbol{A} = \boldsymbol{i}\left(\frac{\partial A_z}{\partial y} - \frac{\partial A_y}{\partial z}\right) + \boldsymbol{j}\left(\frac{\partial A_x}{\partial z} - \frac{\partial A_z}{\partial x}\right) + \boldsymbol{k}\left(\frac{\partial A_y}{\partial x} - \frac{\partial A_x}{\partial y}\right)$$

5）哈密尔顿算子运算公式

$$\nabla(\varphi + \psi) = \nabla\varphi + \nabla\psi$$

$$\nabla(\varphi\psi) = \psi\,\nabla\varphi + \varphi\,\nabla\psi$$

$$\nabla F(\varphi) = \frac{\mathrm{d}F}{\mathrm{d}\varphi}\nabla\varphi$$

$$\nabla \cdot (\boldsymbol{A} + \boldsymbol{B}) = \nabla \cdot \boldsymbol{A} + \nabla \cdot \boldsymbol{B}$$

$$\nabla \cdot (\varphi \boldsymbol{A}) = \varphi\,\nabla \cdot \boldsymbol{A} + \boldsymbol{A} \cdot \nabla\varphi$$

$$\nabla \times (\boldsymbol{A} \times \boldsymbol{B}) = (\boldsymbol{B} \cdot \nabla)\boldsymbol{A} - (\boldsymbol{A} \cdot \nabla)\boldsymbol{B} + \boldsymbol{A}(\nabla \cdot \boldsymbol{B}) - \boldsymbol{B}(\nabla \cdot \boldsymbol{A})$$

$$(\boldsymbol{A} \cdot \nabla)\boldsymbol{A} = \nabla\left(\frac{A^2}{2}\right) - \boldsymbol{A} \times (\nabla \times \boldsymbol{A})$$

$$\nabla \cdot (\nabla\varphi) = \nabla^2\varphi = \Delta\varphi,\ \Delta = \frac{\partial^2}{\partial x^2} + \frac{\partial^2}{\partial y^2} + \frac{\partial^2}{\partial z^2}$$

$$\nabla \times (\nabla\varphi) = 0$$

$$\nabla \cdot (\nabla \times \boldsymbol{A}) = 0$$

$$\nabla \times (\nabla \times \boldsymbol{A}) = \nabla(\nabla \cdot \boldsymbol{A}) - \nabla^2 \boldsymbol{A}$$

$$\nabla \cdot (\varphi\,\nabla\psi) = \varphi\,\nabla^2\psi + \nabla\varphi \cdot \nabla\psi$$

$$\nabla^2(\varphi\psi) = \psi\,\nabla^2\varphi + \varphi\,\nabla^2\psi + 2\,\nabla\varphi \cdot \nabla\psi$$

3. 广义高斯定理和斯托克斯定理

1）广义高斯定理

如果 S 为空间体积 τ 的封闭曲面，物理量 $\boldsymbol{A}$ 或 φ 的体积与面积分关系为

$$\iiint_{\tau} \nabla \cdot \boldsymbol{A}\mathrm{d}\tau = \oint\!\!\!\oint_{S} \boldsymbol{n} \cdot \boldsymbol{A}\mathrm{d}S$$

$$\iiint_{\tau} \nabla\varphi \mathrm{d}\tau = \oint_S \boldsymbol{n}\varphi \mathrm{d}S$$

$$\iiint_{\tau} \nabla\times \boldsymbol{A}\mathrm{d}\tau = \oint_S \boldsymbol{n} \times \boldsymbol{A}\mathrm{d}S$$

其中，$\boldsymbol{n}$ 为积分面的外法线方向单位向量。

2）哈密尔顿算子的积分公式

$$\iiint_{\tau} \nabla\varphi \mathrm{d}\tau = \oint_S \boldsymbol{n}\varphi \mathrm{d}S$$

$$\iiint_{\tau} \nabla\cdot \boldsymbol{A}\mathrm{d}\tau = \oint_S \boldsymbol{n} \cdot \boldsymbol{A}\mathrm{d}S$$

$$\iiint_{\tau} (\boldsymbol{V}\cdot\nabla)\boldsymbol{A}\mathrm{d}\tau = \oint_S (\boldsymbol{V}\cdot\boldsymbol{n})\boldsymbol{A}\mathrm{d}S - \iiint_{\tau} \boldsymbol{A}(\nabla\cdot\boldsymbol{V})\mathrm{d}\tau$$

$$\iiint_{\tau} \nabla^2\varphi \mathrm{d}\tau = \oint_S \boldsymbol{n}\cdot\nabla\varphi \mathrm{d}S = \oint_S \frac{\partial\varphi}{\partial n}\mathrm{d}S$$

$$\iiint_{\tau} \nabla^2\boldsymbol{A} \mathrm{d}\tau = \oint_S \boldsymbol{n}\cdot\nabla\boldsymbol{A} \mathrm{d}S = \oint_S \frac{\partial\boldsymbol{A}}{\partial n}\mathrm{d}S$$

$$\iiint_{\tau} (\varphi\nabla^2\psi + \nabla\varphi\cdot\nabla\psi)\mathrm{d}\tau = \oint_S \varphi\frac{\partial\psi}{\partial n}\mathrm{d}S$$

$$\iiint_{\tau} (\varphi\nabla^2\psi - \psi\nabla^2\varphi)\mathrm{d}\tau = \oint_S \left(\varphi\frac{\partial\psi}{\partial n} - \psi\frac{\partial\varphi}{\partial n}\right)\mathrm{d}S$$

3）斯托克斯定理

如果 L 为曲面 S 的边界封闭曲线，且为可收缩曲线，矢量 $\boldsymbol{A}$ 在曲线 L 和曲面 S 上的线积分和面积分关系为

$$\oint_L \boldsymbol{A}\cdot\mathrm{d}\boldsymbol{r} = \iint_S (\nabla\times\boldsymbol{A})\cdot\mathrm{d}\boldsymbol{S}$$

4. 正交曲线坐标系

1）正交曲线坐标系

空间曲线坐标系由三组空间曲面的交线组成，如果空间三组曲面交线相互垂直，则构成正交曲线坐标系（附录图 1），空间曲面在直角坐标系（x, y, z）中的方程写为

$$\boldsymbol{r} = \boldsymbol{r}(q_1, q_2, q_3)$$

其中，q_1、q_2、q_3 表示曲线坐标。在任意微元线段上曲线坐标系中的表达式为

$$\mathrm{d}\boldsymbol{r} = h_1\mathrm{d}q_1\boldsymbol{e}_1 + h_2\mathrm{d}q_2\boldsymbol{e}_2 + h_3\mathrm{d}q_3\boldsymbol{e}_3$$

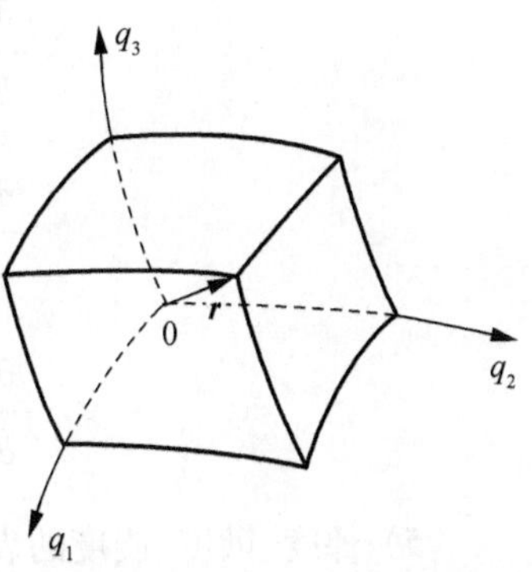

附录一图 1　正交曲线坐标系

式中，h_1、h_2、h_3 分别为拉梅系数；$\boldsymbol{e}_1$、$\boldsymbol{e}_2$、$\boldsymbol{e}_3$ 为曲线坐标上的单位矢量(坐标基矢量)。

2）拉梅系数

$$h_1 = \left|\frac{\partial \boldsymbol{r}}{\partial q_1}\right| = \sqrt{\left(\frac{\partial x}{\partial q_1}\right)^2 + \left(\frac{\partial y}{\partial q_1}\right)^2 + \left(\frac{\partial z}{\partial q_1}\right)^2}$$

$$h_2 = \left|\frac{\partial \boldsymbol{r}}{\partial q_2}\right| = \sqrt{\left(\frac{\partial x}{\partial q_2}\right)^2 + \left(\frac{\partial y}{\partial q_2}\right)^2 + \left(\frac{\partial z}{\partial q_2}\right)^2}$$

$$h_3 = \left|\frac{\partial \boldsymbol{r}}{\partial q_3}\right| = \sqrt{\left(\frac{\partial x}{\partial q_3}\right)^2 + \left(\frac{\partial y}{\partial q_3}\right)^2 + \left(\frac{\partial z}{\partial q_3}\right)^2}$$

3）坐标基矢量

$$\boldsymbol{e}_1 = \frac{\dfrac{\partial x}{\partial q_1}\boldsymbol{i} + \dfrac{\partial y}{\partial q_1}\boldsymbol{j} + \dfrac{\partial z}{\partial q_1}\boldsymbol{k}}{h_1}$$

$$\boldsymbol{e}_2 = \frac{\dfrac{\partial x}{\partial q_2}\boldsymbol{i} + \dfrac{\partial y}{\partial q_2}\boldsymbol{j} + \dfrac{\partial z}{\partial q_2}\boldsymbol{k}}{h_2}$$

$$\boldsymbol{e}_3 = \frac{\dfrac{\partial x}{\partial q_3}\boldsymbol{i} + \dfrac{\partial y}{\partial q_3}\boldsymbol{j} + \dfrac{\partial z}{\partial q_3}\boldsymbol{k}}{h_3}$$

4）坐标基矢量导数

在曲线坐标系中，单位矢量对坐标的偏导数为

$$\frac{\partial \boldsymbol{e}_i}{\partial q_j} = \frac{1}{h_i}\frac{\partial h_j}{\partial q_i}\boldsymbol{e}_j \quad (\boldsymbol{i} \neq \boldsymbol{j},\ \boldsymbol{i}、\boldsymbol{j}\ \text{不求和})$$

$$\frac{\partial \boldsymbol{e}_1}{\partial q_1} = -\left(\frac{1}{h_2}\frac{\partial h_1}{\partial q_2}\boldsymbol{e}_2 + \frac{1}{h_3}\frac{\partial h_1}{\partial q_3}\boldsymbol{e}_3\right)$$

$$\frac{\partial \boldsymbol{e}_2}{\partial q_2} = -\left(\frac{1}{h_1}\frac{\partial h_2}{\partial q_1}\boldsymbol{e}_1 + \frac{1}{h_3}\frac{\partial h_2}{\partial q_3}\boldsymbol{e}_3\right)$$

$$\frac{\partial \boldsymbol{e}_3}{\partial q_3} = -\left(\frac{1}{h_2}\frac{\partial h_3}{\partial q_2}\boldsymbol{e}_2 + \frac{1}{h_1}\frac{\partial h_3}{\partial q_1}\boldsymbol{e}_1\right)$$

5）梯度、散度、旋度的表达式

标量梯度：

$$\nabla\varphi = \frac{1}{h_1}\frac{\partial\varphi}{\partial q_1}\boldsymbol{e}_1 + \frac{1}{h_2}\frac{\partial\varphi}{\partial q_2}\boldsymbol{e}_2 + \frac{1}{h_3}\frac{\partial\varphi}{\partial q_3}\boldsymbol{e}_3$$

矢量散度：

$$\nabla\cdot\boldsymbol{A} = \frac{1}{h_1h_2h_3}\left[\frac{\partial(A_1h_2h_3)}{\partial q_1} + \frac{\partial(A_2h_3h_1)}{\partial q_2} + \frac{\partial(A_3h_1h_2)}{\partial q_3}\right]$$

矢量旋度：

$$\nabla\times\boldsymbol{A} = \frac{1}{h_1h_2h_3}\begin{vmatrix} h_1\boldsymbol{e}_1 & h_2\boldsymbol{e}_2 & h_3\boldsymbol{e}_3 \\ \dfrac{\partial}{\partial q_1} & \dfrac{\partial}{\partial q_2} & \dfrac{\partial}{\partial q_3} \\ h_1A_1 & h_2A_2 & h_3A_3 \end{vmatrix}$$

拉普拉斯算子：

$$\Delta\varphi = \frac{1}{h_1h_2h_3}\left[\frac{\partial}{\partial q_1}\left(\frac{h_2h_3}{h_1}\frac{\partial\varphi}{\partial q_1}\right) + \frac{\partial}{\partial q_2}\left(\frac{h_3h_1}{h_2}\frac{\partial\varphi}{\partial q_2}\right) + \frac{\partial}{\partial q_3}\left(\frac{h_1h_2}{h_3}\frac{\partial\varphi}{\partial q_3}\right)\right]$$

6）在柱坐标系中标量梯度等表达式

在柱坐标系中，$q_1 = r$，$q_2 = \theta$，$q_3 = z$，拉梅系数为 $h_1 = 1$，$h_2 = r$，$h_3 = 1$，则有

标量梯度：

$$\nabla\varphi = \frac{\partial\varphi}{\partial r}\boldsymbol{e}_r + \frac{1}{r}\frac{\partial\varphi}{\partial\theta}\boldsymbol{e}_\theta + \frac{\partial\varphi}{\partial z}\boldsymbol{e}_z$$

矢量散度：

$$\nabla\cdot\boldsymbol{A} = \frac{1}{r}\left[\frac{\partial(rA_r)}{\partial r} + \frac{\partial A_\theta}{\partial\theta} + \frac{\partial(rA_z)}{\partial z}\right]$$

矢量旋度：

$$\nabla\times\boldsymbol{A} = \frac{1}{r}\begin{vmatrix} \boldsymbol{e}_r & r\boldsymbol{e}_\theta & \boldsymbol{e}_z \\ \dfrac{\partial}{\partial r} & \dfrac{\partial}{\partial\theta} & \dfrac{\partial}{\partial z} \\ A_r & rA_\theta & A_z \end{vmatrix}$$

拉普拉斯算子：

$$\nabla^2\varphi = \frac{1}{r}\frac{\partial}{\partial r}\left(r\frac{\partial\varphi}{\partial r}\right) + \frac{1}{r^2}\frac{\partial^2\varphi}{\partial\theta^2} + \frac{\partial^2\varphi}{\partial z^2}$$

7）在球坐标系中，标量梯度等表达式

在球坐标系中，$q_1 = r$，$q_2 = \theta$，$q_3 = \gamma$，拉梅系数为 $h_1 = 1$，$h_2 = r$，$h_3 = r\sin\theta$，则有

标量梯度：

$$\nabla\varphi = \frac{\partial\varphi}{\partial r}\boldsymbol{e}_r + \frac{1}{r}\frac{\partial\varphi}{\partial\theta}\boldsymbol{e}_\theta + \frac{1}{r\sin\theta}\frac{\partial\varphi}{\partial\gamma}\boldsymbol{e}_\gamma$$

矢量散度：

$$\nabla\cdot\boldsymbol{A} = \frac{1}{r^2}\frac{\partial(r^2A_r)}{\partial r} + \frac{1}{r\sin\theta}\frac{\partial(\sin\theta A_\theta)}{\partial\theta} + \frac{1}{r\sin\theta}\frac{\partial A_\gamma}{\partial\gamma}$$

矢量旋度：

$$\nabla\times\boldsymbol{A} = \frac{1}{r^2\sin\theta}\begin{vmatrix} \boldsymbol{e}_r & r\boldsymbol{e}_\theta & r\sin\theta\boldsymbol{e}_\gamma \\ \dfrac{\partial}{\partial r} & \dfrac{\partial}{\partial\theta} & \dfrac{\partial}{\partial\gamma} \\ A_r & rA_\theta & r\sin\theta A_\gamma \end{vmatrix}$$

拉普拉斯算子：

$$\nabla^2\varphi = \frac{1}{r^2}\frac{\partial}{\partial r}\left(r^2\frac{\partial\varphi}{\partial r}\right) + \frac{1}{r^2\sin\theta}\frac{\partial}{\partial\theta}\left(\sin\theta\frac{\partial\varphi}{\partial\theta}\right) + \frac{1}{r^2\sin\theta}\frac{\partial^2\varphi}{\partial\gamma^2}$$

5. 流体的变形率矩阵与牛顿流体本构关系式

流体的变形速率矩阵为

$$[\varepsilon] = \begin{bmatrix} \varepsilon_{11} & \varepsilon_{12} & \varepsilon_{13} \\ \varepsilon_{21} & \varepsilon_{22} & \varepsilon_{23} \\ \varepsilon_{31} & \varepsilon_{32} & \varepsilon_{33} \end{bmatrix} (x = 1,\ y = 2,\ z = 3)$$

应力矩阵为

$$[\tau] = \begin{bmatrix} \tau_{11} & \tau_{12} & \tau_{13} \\ \tau_{21} & \tau_{22} & \tau_{23} \\ \tau_{31} & \tau_{32} & \tau_{33} \end{bmatrix} (x = 1,\ y = 2,\ z = 3)$$

广义牛顿内摩擦定理：

$$[\tau] = 2\mu[\varepsilon] - \left(p + \frac{2}{3}\mu\,\nabla\cdot\boldsymbol{V}\right)[I]$$

1）正交曲线坐标系中变形率矩阵

速度矢量：

$$\boldsymbol{V} = V_1\boldsymbol{e}_1 + V_2\boldsymbol{e}_2 + V_3\boldsymbol{e}_3$$

$$\varepsilon_{11} = \frac{1}{h_1}\frac{\partial V_1}{\partial q_1} + \frac{V_2}{h_1h_2}\frac{\partial h_1}{\partial q_2} + \frac{V_3}{h_1h_3}\frac{\partial h_1}{\partial q_3}$$

$$\varepsilon_{22}=\frac{1}{h_2}\frac{\partial V_2}{\partial q_2}+\frac{V_3}{h_2h_3}\frac{\partial h_2}{\partial q_3}+\frac{V_1}{h_1h_2}\frac{\partial h_2}{\partial q_1}$$

$$\varepsilon_{33}=\frac{1}{h_3}\frac{\partial V_3}{\partial q_3}+\frac{V_1}{h_1h_3}\frac{\partial h_3}{\partial q_1}+\frac{V_2}{h_2h_3}\frac{\partial h_3}{\partial q_2}$$

$$\varepsilon_{12}=\varepsilon_{21}=\frac{1}{2}\left[\frac{h_2}{h_1}\frac{\partial}{\partial q_1}\left(\frac{V_2}{h_2}\right)+\frac{h_1}{h_2}\frac{\partial}{\partial q_2}\left(\frac{V_1}{h_1}\right)\right]$$

$$\varepsilon_{23}=\varepsilon_{32}=\frac{1}{2}\left[\frac{h_3}{h_2}\frac{\partial}{\partial q_2}\left(\frac{V_3}{h_3}\right)+\frac{h_2}{h_3}\frac{\partial}{\partial q_3}\left(\frac{V_2}{h_2}\right)\right]$$

$$\varepsilon_{31}=\varepsilon_{13}=\frac{1}{2}\left[\frac{h_1}{h_3}\frac{\partial}{\partial q_3}\left(\frac{V_1}{h_1}\right)+\frac{h_3}{h_1}\frac{\partial}{\partial q_1}\left(\frac{V_3}{h_3}\right)\right]$$

2）直角坐标系中的变形率矩阵

速度矢量：

$$\boldsymbol{V}=V_x\boldsymbol{i}+V_y\boldsymbol{j}+V_z\boldsymbol{k}$$

$$\varepsilon_{xx}=\frac{\partial V_x}{\partial x},\ \varepsilon_{yy}=\frac{\partial V_y}{\partial y},\ \varepsilon_{zz}=\frac{\partial V_z}{\partial z}$$

$$\varepsilon_{xy}=\varepsilon_{yx}=\frac{1}{2}\left(\frac{\partial V_y}{\partial x}+\frac{\partial V_x}{\partial y}\right)$$

$$\varepsilon_{yz}=\varepsilon_{zy}=\frac{1}{2}\left(\frac{\partial V_z}{\partial y}+\frac{\partial V_y}{\partial z}\right)$$

$$\varepsilon_{zx}=\varepsilon_{xz}=\frac{1}{2}\left(\frac{\partial V_x}{\partial z}+\frac{\partial V_z}{\partial x}\right)$$

3）柱坐标系中的变形率矩阵

速度矢量：

$$\boldsymbol{V}=V_r\boldsymbol{e}_r+V_\theta\boldsymbol{e}_\theta+V_z\boldsymbol{e}_z$$

$$\varepsilon_{rr}=\frac{\partial V_r}{\partial r},\varepsilon_{\theta\theta}=\frac{1}{r}\frac{\partial V_\theta}{\partial \theta}+\frac{V_r}{r},\varepsilon_{zz}=\frac{\partial V_z}{\partial z}$$

$$\varepsilon_{r\theta}=\varepsilon_{\theta r}=\frac{1}{2}\left[\frac{1}{r}\frac{\partial V_r}{\partial \theta}+r\frac{\partial}{\partial r}\left(\frac{V_\theta}{r}\right)\right]$$

$$\varepsilon_{z\theta}=\varepsilon_{\theta z}=\frac{1}{2}\left[r\frac{\partial}{\partial z}\left(\frac{V_\theta}{r}\right)+\frac{1}{r}\frac{\partial V_z}{\partial \theta}\right]$$

$$\varepsilon_{zr} = \varepsilon_{rz} = \frac{1}{2}\left[\frac{\partial V_z}{\partial r} + \frac{\partial V_r}{\partial z}\right]$$

4）球坐标系中的变形率矩阵

速度矢量：

$$\boldsymbol{V} = V_r\boldsymbol{e}_r + V_\theta\boldsymbol{e}_\theta + V_\gamma\boldsymbol{e}_\gamma$$

$$\varepsilon_{rr} = \frac{\partial V_r}{\partial r}，\varepsilon_{\theta\theta} = \frac{1}{r}\frac{\partial V_\theta}{\partial \theta} + \frac{V_r}{r}，\varepsilon_{\gamma\gamma} = \frac{1}{r\sin\theta}\frac{\partial V_\gamma}{\partial \gamma} + \frac{V_r}{r} + \frac{V_\theta}{r}\frac{\cos\theta}{\sin\theta}$$

$$\varepsilon_{r\theta} = \varepsilon_{\theta r} = \frac{1}{2}\left[\frac{1}{r}\frac{\partial V_r}{\partial \theta} + r\frac{\partial}{\partial r}\left(\frac{V_\theta}{r}\right)\right]$$

$$\varepsilon_{\gamma\theta} = \varepsilon_{\theta\gamma} = \frac{1}{2}\left[\frac{1}{r\sin\theta}\frac{\partial V_\theta}{\partial \gamma} + \frac{1}{r}\frac{\partial V_\gamma}{\partial \theta} - \frac{V_\gamma}{r}\frac{\cos\theta}{\sin\theta}\right]$$

$$\varepsilon_{\gamma r} = \varepsilon_{r\gamma} = \frac{1}{2}\left[\frac{\partial V_\gamma}{\partial r} + \frac{1}{r\sin\theta}\frac{\partial V_r}{\partial \gamma} - \frac{V_\gamma}{r}\right]$$

6. 黏性流体运动微分方程组(Navier–Stokes 方程组)

1）矢量形式

连续性微分方程：

$$\frac{\partial \rho}{\partial t} + \nabla\cdot(\rho\boldsymbol{A}) = 0$$

运动微分方程：

$$\frac{\mathrm{d}\boldsymbol{V}}{\mathrm{d}t} = \boldsymbol{f} + \frac{1}{\rho}\nabla\cdot[\tau]$$

分量形式为

$$\begin{cases}\dfrac{\mathrm{d}V_x}{\mathrm{d}t} = f_x + \dfrac{1}{\rho}\left(\dfrac{\partial \tau_{xx}}{\partial x} + \dfrac{\partial \tau_{yx}}{\partial y} + \dfrac{\partial \tau_{zx}}{\partial z}\right)\\ \dfrac{\mathrm{d}V_y}{\mathrm{d}t} = f_y + \dfrac{1}{\rho}\left(\dfrac{\partial \tau_{xy}}{\partial x} + \dfrac{\partial \tau_{yy}}{\partial y} + \dfrac{\partial \tau_{zy}}{\partial z}\right)\\ \dfrac{\mathrm{d}V_z}{\mathrm{d}t} = f_z + \dfrac{1}{\rho}\left(\dfrac{\partial \tau_{xz}}{\partial x} + \dfrac{\partial \tau_{yz}}{\partial y} + \dfrac{\partial \tau_{zz}}{\partial z}\right)\end{cases}$$

能量方程：

$$\rho\frac{\mathrm{d}h}{\mathrm{d}t} = \frac{\mathrm{d}p}{\mathrm{d}t} + \nabla\cdot(\kappa\nabla T) + \rho q + \Phi$$

对于不可压缩流体流动：

$$\rho \frac{\mathrm{d}e}{\mathrm{d}t} = \nabla \cdot (\kappa \nabla T) + \rho q + \Phi$$

2）直角坐标系的微分方程组

对于可压缩流体运动为

连续性微分方程：

$$\frac{\partial \rho}{\partial t} + \frac{\partial(\rho u)}{\partial x} + \frac{\partial(\rho v)}{\partial y} + \frac{\partial(\rho w)}{\partial z} = 0$$

运动微分方程组：

$$\frac{\mathrm{d}u}{\mathrm{d}t} = f_x - \frac{1}{\rho}\frac{\partial p}{\partial x} + \frac{1}{\rho}\frac{\partial}{\partial x}\left(2\mu \frac{\partial u}{\partial x} - \frac{2}{3}\mu \nabla \cdot \boldsymbol{V}\right) + \frac{1}{\rho}\frac{\partial}{\partial y}\left[\mu\left(\frac{\partial v}{\partial x} + \frac{\partial u}{\partial y}\right)\right] + \frac{1}{\rho}\frac{\partial}{\partial z}\left[\mu\left(\frac{\partial w}{\partial x} + \frac{\partial u}{\partial z}\right)\right]$$

$$\frac{\mathrm{d}v}{\mathrm{d}t} = f_y - \frac{1}{\rho}\frac{\partial p}{\partial y} + \frac{1}{\rho}\frac{\partial}{\partial x}\left[\mu\left(\frac{\partial v}{\partial x} + \frac{\partial u}{\partial y}\right)\right] + \frac{1}{\rho}\frac{\partial}{\partial y}\left(2\mu \frac{\partial v}{\partial y} - \frac{2}{3}\mu \nabla \cdot \boldsymbol{V}\right) + \frac{1}{\rho}\frac{\partial}{\partial z}\left[\mu\left(\frac{\partial w}{\partial y} + \frac{\partial v}{\partial z}\right)\right]$$

$$\frac{\mathrm{d}w}{\mathrm{d}t} = f_z - \frac{1}{\rho}\frac{\partial p}{\partial z} + \frac{1}{\rho}\frac{\partial}{\partial x}\left[\mu\left(\frac{\partial w}{\partial x} + \frac{\partial u}{\partial z}\right)\right] + \frac{1}{\rho}\frac{\partial}{\partial y}\left[\mu\left(\frac{\partial w}{\partial y} + \frac{\partial v}{\partial z}\right)\right] + \frac{1}{\rho}\frac{\partial}{\partial z}\left(2\mu \frac{\partial w}{\partial z} - \frac{2}{3}\mu \nabla \cdot \boldsymbol{V}\right)$$

能量方程：

$$\rho C_p \frac{\mathrm{d}T}{\mathrm{d}t} = \frac{\mathrm{d}p}{\mathrm{d}t} + \frac{\partial}{\partial x}\left(\kappa \frac{\partial T}{\partial x}\right) + \frac{\partial}{\partial y}\left(\kappa \frac{\partial T}{\partial y}\right) + \frac{\partial}{\partial z}\left(\kappa \frac{\partial T}{\partial z}\right) + \rho q + \phi$$

$$\phi = -\frac{2}{3}\mu\left(\frac{\partial u}{\partial x} + \frac{\partial v}{\partial y} + \frac{\partial w}{\partial z}\right)^2 + \mu\left[2\left(\frac{\partial u}{\partial x}\right)^2 + 2\left(\frac{\partial v}{\partial y}\right)^2 + 2\left(\frac{\partial w}{\partial z}\right)^2\right] + \mu\left[\left(\frac{\partial v}{\partial x} + \frac{\partial u}{\partial y}\right)^2 + \left(\frac{\partial w}{\partial y} + \frac{\partial v}{\partial z}\right)^2 + \left(\frac{\partial u}{\partial z} + \frac{\partial w}{\partial x}\right)^2\right]$$

对于不可压缩流体运动为

连续性微分方程：

$$\frac{\partial u}{\partial x} + \frac{\partial v}{\partial y} + \frac{\partial w}{\partial z} = 0$$

运动微分方程组：

$$\frac{\mathrm{d}u}{\mathrm{d}t}=f_x-\frac{1}{\rho}\frac{\partial p}{\partial x}+\frac{\mu}{\rho}\left(\frac{\partial^2 u}{\partial x^2}+\frac{\partial^2 u}{\partial y^2}+\frac{\partial^2 u}{\partial z^2}\right)$$

$$\frac{\mathrm{d}v}{\mathrm{d}t}=f_y-\frac{1}{\rho}\frac{\partial p}{\partial y}+\frac{\mu}{\rho}\left(\frac{\partial^2 v}{\partial x^2}+\frac{\partial^2 v}{\partial y^2}+\frac{\partial^2 v}{\partial z^2}\right)$$

$$\frac{\mathrm{d}w}{\mathrm{d}t}=f_z-\frac{1}{\rho}\frac{\partial p}{\partial z}+\frac{\mu}{\rho}\left(\frac{\partial^2 w}{\partial x^2}+\frac{\partial^2 w}{\partial y^2}+\frac{\partial^2 w}{\partial z^2}\right)$$

能量方程为：

$$\begin{aligned}\rho C_v\frac{\mathrm{d}T}{\mathrm{d}t}=&\mu\left[2\left(\frac{\partial u}{\partial x}\right)^2+2\left(\frac{\partial v}{\partial y}\right)^2+2\left(\frac{\partial w}{\partial z}\right)^2\right]\\&+\mu\left[\left(\frac{\partial v}{\partial x}+\frac{\partial u}{\partial y}\right)^2+\left(\frac{\partial w}{\partial y}+\frac{\partial v}{\partial z}\right)^2+\left(\frac{\partial u}{\partial z}+\frac{\partial w}{\partial x}\right)^2\right]\\&+\kappa\left(\frac{\partial^2 T}{\partial x^2}+\frac{\partial^2 T}{\partial y^2}+\frac{\partial^2 T}{\partial z^2}\right)+\rho q\end{aligned}$$

3）柱坐标系的黏性流体运动微分方程组

对于可压缩流体运动为

连续性微分方程：

$$\frac{\partial\rho}{\partial t}+\frac{1}{r}\frac{\partial(r\rho V_r)}{\partial r}+\frac{1}{r}\frac{\partial(\rho V_\theta)}{\partial\theta}+\frac{\partial(\rho V_z)}{\partial z}=0$$

运动微分方程组：

$$\begin{aligned}&\frac{\partial V_r}{\partial t}+V_r\frac{\partial V_r}{\partial r}+\frac{V_\theta}{r}\frac{\partial V_r}{\partial\theta}+V_z\frac{\partial V_r}{\partial z}-\frac{V_\theta^2}{r}\\&=f_r+\frac{1}{\rho r}\left[\frac{\partial(r\tau_{rr})}{\partial r}+\frac{\partial\tau_{\theta r}}{\partial\theta}+\frac{\partial(r\tau_{zr})}{\partial z}\right]-\frac{\tau_{\theta\theta}}{\rho r}\\&\frac{\partial V_\theta}{\partial t}+V_r\frac{\partial V_\theta}{\partial r}+\frac{V_\theta}{r}\frac{\partial V_\theta}{\partial\theta}+V_z\frac{\partial V_\theta}{\partial z}+\frac{V_rV_\theta}{r}\\&=f_\theta+\frac{1}{\rho r}\left[\frac{\partial(r\tau_{r\theta})}{\partial r}+\frac{\partial\tau_{\theta\theta}}{\partial\theta}+\frac{\partial(r\tau_{z\theta})}{\partial z}\right]+\frac{\tau_{r\theta}}{\rho r}\\&\frac{\partial V_z}{\partial t}+V_r\frac{\partial V_z}{\partial r}+\frac{V_\theta}{r}\frac{\partial V_z}{\partial\theta}+V_z\frac{\partial V_z}{\partial z}\\&=f_z+\frac{1}{\rho r}\left[\frac{\partial(r\tau_{rz})}{\partial r}+\frac{\partial\tau_{\theta z}}{\partial\theta}+\frac{\partial(r\tau_{zz})}{\partial z}\right]\end{aligned}$$

能量方程：

$$\rho\left(\frac{\partial e}{\partial t}+V_r\frac{\partial e}{\partial r}+\frac{V_\theta}{r}\frac{\partial e}{\partial \theta}+V_z\frac{\partial e}{\partial z}\right)$$

$$=\tau_{rr}\frac{\partial V_r}{\partial r}+\tau_{\theta\theta}\left(\frac{1}{r}\frac{\partial V_\theta}{\partial \theta}+\frac{V_r}{r}\right)+\tau_{zz}\frac{\partial V_z}{\partial z}$$

$$+\tau_{r\theta}\left(\frac{\partial V_\theta}{\partial r}+\frac{1}{r}\frac{\partial V_r}{\partial \theta}-\frac{V_\theta}{r}\right)+\tau_{\theta z}\left(\frac{1}{r}\frac{\partial V_z}{\partial \theta}+\frac{\partial V_\theta}{\partial z}\right)$$

$$+\tau_{rz}\left(\frac{\partial V_r}{\partial z}+\frac{\partial V_z}{\partial r}\right)+\frac{1}{r}\left[\frac{\partial}{\partial r}\left(\kappa r\frac{\partial T}{\partial r}\right)+\frac{\partial}{\partial \theta}\left(\frac{k}{r}\frac{\partial T}{\partial \theta}\right)+\frac{\partial}{\partial z}\left(\kappa r\frac{\partial T}{\partial z}\right)\right]+\rho q$$

应力与变形率之间的本构关系为

$$\tau_{rr}=\left(-p-\frac{2}{3}\mu\,\nabla\cdot\boldsymbol{V}\right)+2\mu\frac{\partial V_r}{\partial r}$$

$$\tau_{\theta\theta}=\left(-p-\frac{2}{3}\mu\,\nabla\cdot\boldsymbol{V}\right)+2\mu\left(\frac{1}{r}\frac{\partial V_\theta}{\partial \theta}+\frac{V_r}{r}\right)$$

$$\tau_{zz}=\left(-p-\frac{2}{3}\mu\,\nabla\cdot\boldsymbol{V}\right)+2\mu\frac{\partial V_z}{\partial z}$$

$$\tau_{r\theta}=2\mu\varepsilon_{\theta r}=\mu\left[\frac{1}{r}\frac{\partial V_r}{\partial \theta}+r\frac{\partial}{\partial r}\left(\frac{V_\theta}{r}\right)\right]$$

$$\tau_{\theta z}=2\mu\varepsilon_{\theta z}=\mu\left[\frac{1}{r}\frac{\partial V_z}{\partial \theta}+\frac{\partial V_\theta}{\partial z}\right]$$

$$\tau_{zr}=2\mu\varepsilon_{zr}=\mu\left[\frac{\partial V_r}{\partial z}+\frac{\partial V_z}{\partial r}\right]$$

对于不可压缩流体运动为

连续性微分方程：

$$\frac{1}{r}\frac{\partial(rV_r)}{\partial r}+\frac{1}{r}\frac{\partial V_\theta}{\partial \theta}+\frac{\partial V_z}{\partial z}=0$$

运动微分方程组：

$$\frac{\partial V_r}{\partial t}+V_r\frac{\partial V_r}{\partial r}+\frac{V_\theta}{r}\frac{\partial V_r}{\partial \theta}+V_z\frac{\partial V_r}{\partial z}-\frac{V_\theta^2}{r}$$

$$=f_r-\frac{1}{\rho}\frac{\partial p}{\partial r}+\frac{\mu}{\rho}\left(\frac{\partial^2 V_r}{\partial r^2}+\frac{1}{r}\frac{\partial V_r}{\partial r}+\frac{1}{r^2}\frac{\partial^2 V_r}{\partial \theta^2}+\frac{\partial^2 V_r}{\partial z^2}-\frac{2}{r^2}\frac{\partial V_\theta}{\partial \theta}-\frac{V_r}{r^2}\right)$$

$$\frac{\partial V_\theta}{\partial t}+V_r\frac{\partial V_\theta}{\partial r}+\frac{V_\theta}{r}\frac{\partial V_\theta}{\partial \theta}+V_z\frac{\partial V_\theta}{\partial z}+\frac{V_rV_\theta}{r}$$

$$=f_\theta-\frac{1}{\rho r}\frac{\partial p}{\partial \theta}+\frac{\mu}{\rho}\left(\frac{\partial^2 V_\theta}{\partial r^2}+\frac{1}{r}\frac{\partial V_\theta}{\partial r}+\frac{1}{r^2}\frac{\partial^2 V_\theta}{\partial \theta^2}+\frac{\partial^2 V_\theta}{\partial z^2}-\frac{V_\theta}{r^2}+\frac{2}{r^2}\frac{\partial V_r}{\partial \theta}\right)$$

$$\frac{\partial V_z}{\partial t}+V_r\frac{\partial V_z}{\partial r}+\frac{V_\theta}{r}\frac{\partial V_z}{\partial \theta}+V_z\frac{\partial V_z}{\partial z}$$

$$=f_z-\frac{1}{\rho}\frac{\partial p}{\partial z}+\frac{\mu}{\rho}\left(\frac{\partial^2 V_z}{\partial r^2}+\frac{1}{r}\frac{\partial V_z}{\partial r}+\frac{1}{r^2}\frac{\partial^2 V_z}{\partial \theta^2}+\frac{\partial^2 V_z}{\partial z^2}\right)$$

能量方程：

$$\rho C_v\left(\frac{\partial T}{\partial t}+V_r\frac{\partial T}{\partial r}+\frac{V_\theta}{r}\frac{\partial T}{\partial \theta}+V_z\frac{\partial T}{\partial z}\right)$$

$$=\kappa\left(\frac{\partial^2 T}{\partial r^2}+\frac{1}{r}\frac{\partial T}{\partial r}+\frac{1}{r^2}\frac{\partial^2 T}{\partial \theta^2}+\frac{\partial^2 T}{\partial z^2}\right)+q+\phi$$

$$\phi=2\mu\left[\left(\frac{\partial V_r}{\partial r}\right)^2+\left(\frac{1}{r}\frac{\partial V_\theta}{\partial \theta}+\frac{V_r}{r}\right)^2+\left(\frac{\partial V_z}{\partial z}\right)^2\right]$$

$$+\mu\left[\left(\frac{1}{r}\frac{\partial V_r}{\partial \theta}+\frac{\partial V_\theta}{\partial r}-\frac{V_\theta}{r}\right)^2+\left(\frac{1}{r}\frac{\partial V_z}{\partial \theta}+\frac{\partial V_\theta}{\partial z}\right)^2+\left(\frac{\partial V_r}{\partial z}+\frac{\partial V_z}{\partial r}\right)^2\right]$$

4）球坐标系的黏性流体运动微分方程组

对于可压缩流体运动为

连续性微分方程：

$$\frac{\partial \rho}{\partial t}+\frac{1}{r^2}\frac{\partial(r^2\rho V_r)}{\partial r}+\frac{1}{r\sin\theta}\frac{\partial(\rho\sin\theta V_\theta)}{\partial \theta}+\frac{1}{r\sin\theta}\frac{\partial(\rho V_\gamma)}{\partial \gamma}=0$$

运动微分方程组：

$$\frac{\partial V_r}{\partial t}+V_r\frac{\partial V_r}{\partial r}+\frac{V_\theta}{r}\frac{\partial V_r}{\partial \theta}+\frac{V_\gamma}{r\sin\theta}\frac{\partial V_r}{\partial \gamma}-\frac{V_\theta^2+V_\gamma^2}{r}$$

$$=f_r+\frac{1}{\rho r^2\sin\theta}\left[\frac{\partial(r^2\sin\theta\tau_{rr})}{\partial r}+\frac{\partial(r\sin\theta\tau_{\theta r})}{\partial \theta}+\frac{\partial(r\tau_{\gamma r})}{\partial \gamma}\right]-\frac{\tau_{\theta\theta}+\tau_{\gamma\gamma}}{\rho r}$$

$$\frac{\partial V_\theta}{\partial t}+V_r\frac{\partial V_\theta}{\partial r}+\frac{V_\theta}{r}\frac{\partial V_\theta}{\partial \theta}+\frac{V_\gamma}{r\sin\theta}\frac{\partial V_\theta}{\partial \gamma}+\frac{V_rV_\theta}{r}-\frac{V_\gamma^2}{r}\frac{\cos\theta}{\sin\theta}$$

$$=f_\theta+\frac{1}{\rho r^2\sin\theta}\left[\frac{\partial(r^2\sin\theta\tau_{r\theta})}{\partial r}+\frac{\partial(r\sin\theta\tau_{\theta\theta})}{\partial \theta}+\frac{\partial(r\tau_{\gamma\theta})}{\partial \gamma}\right]+\frac{\tau_{r\theta}}{\rho r}-\frac{\tau_{\gamma\gamma}}{r}\frac{\cos\theta}{\sin\theta}$$

$$\frac{\partial V_\gamma}{\partial t}+V_r\frac{\partial V_\gamma}{\partial r}+\frac{V_\theta}{r}\frac{\partial V_\gamma}{\partial \theta}+\frac{V_\gamma}{r\sin\theta}\frac{\partial V_\gamma}{\partial \gamma}+\frac{V_rV_\gamma}{r}+\frac{V_\theta V_\gamma}{r}\frac{\cos\theta}{\sin\theta}$$

$$=f_\gamma+\frac{1}{\rho r^2\sin\theta}\left[\frac{\partial(r^2\sin\theta\tau_{r\gamma})}{\partial r}+\frac{\partial(r\sin\theta\tau_{\gamma\theta})}{\partial \theta}+\frac{\partial(r\tau_{\gamma\gamma})}{\partial \gamma}\right]+\frac{\tau_{r\gamma}}{\rho r}+\frac{\tau_{\theta\gamma}}{r}\frac{\cos\theta}{\sin\theta}$$

能量方程：

$$\rho\left(\frac{\partial e}{\partial t}+V_r\frac{\partial e}{\partial r}+\frac{V_\theta}{r}\frac{\partial e}{\partial\theta}+\frac{V_\gamma}{r\sin\theta}\frac{\partial e}{\partial\gamma}\right)$$

$$=\tau_{rr}\frac{\partial V_r}{\partial r}+\tau_{\theta\theta}\left(\frac{1}{r}\frac{\partial V_\theta}{\partial\theta}+\frac{V_r}{r}\right)+\tau_{\gamma\gamma}\left(\frac{1}{r\sin\theta}\frac{\partial V_\gamma}{\partial\gamma}+\frac{V_r}{r}+\frac{V_\theta}{r}\frac{\cos\theta}{\sin\theta}\right)$$

$$+\tau_{r\theta}\left(\frac{1}{r}\frac{\partial V_r}{\partial\theta}+\frac{\partial V_\theta}{\partial r}-\frac{V_\theta}{r}\right)+\tau_{\theta\gamma}\left(\frac{1}{r\sin\theta}\frac{\partial V_\theta}{\partial\gamma}+\frac{1}{r}\frac{\partial V_\gamma}{\partial\theta}-\frac{V_\gamma}{r}\frac{\cos\theta}{\sin\theta}\right)$$

$$+\tau_{r\gamma}\left(\frac{\partial V_\gamma}{\partial r}+\frac{1}{r\sin\theta}\frac{\partial V_r}{\partial\gamma}-\frac{V_\gamma}{r}\right)$$

$$+\frac{1}{r^2\sin\theta}\left[\frac{\partial}{\partial r}\left(\kappa r^2\sin\theta\frac{\partial T}{\partial r}\right)+\frac{\partial}{\partial\theta}\left(\sin\theta k\frac{\partial T}{\partial\theta}\right)+\frac{\partial}{\partial\gamma}\left(\frac{k}{\sin\theta}\frac{\partial T}{\partial\gamma}\right)\right]+\rho q$$

应力与变形率之间的本构关系为

$$\tau_{rr}=\left(-p-\frac{2}{3}\mu\,\nabla\cdot\boldsymbol{V}\right)+2\mu\frac{\partial V_r}{\partial r}$$

$$\tau_{\theta\theta}=\left(-p-\frac{2}{3}\mu\,\nabla\cdot\boldsymbol{V}\right)+2\mu\left(\frac{1}{r}\frac{\partial V_\theta}{\partial\theta}+\frac{V_r}{r}\right)$$

$$\tau_{\gamma\gamma}=\left(-p-\frac{2}{3}\mu\,\nabla\cdot\boldsymbol{V}\right)+2\mu\left(\frac{1}{r\sin\theta}\frac{\partial V_\gamma}{\partial\gamma}+\frac{V_r}{r}+\frac{V_\theta}{r}\frac{\cos\theta}{\sin\theta}\right)$$

$$\tau_{r\theta}=2\mu\varepsilon_{\theta r}=\mu\left[\frac{1}{r}\frac{\partial V_r}{\partial\theta}+r\frac{\partial}{\partial r}\left(\frac{V_\theta}{r}\right)\right]$$

$$\tau_{\theta\gamma}=2\mu\varepsilon_{\theta\gamma}=\mu\left(\frac{1}{r\sin\theta}\frac{\partial V_\theta}{\partial\gamma}+\frac{1}{r}\frac{\partial V_\gamma}{\partial\theta}-\frac{V_\gamma}{r}\frac{\cos\theta}{\sin\theta}\right)$$

$$\tau_{\gamma r}=2\mu\varepsilon_{\gamma r}=\mu\left(\frac{\partial V_\gamma}{\partial r}+\frac{1}{r\sin\theta}\frac{\partial V_r}{\partial\gamma}-\frac{V_\gamma}{r}\right)$$

对于不可压缩流体运动为

连续性微分方程：

$$\frac{1}{r^2}\frac{\partial(r^2V_r)}{\partial r}+\frac{1}{r\sin\theta}\frac{\partial(\sin\theta V_\theta)}{\partial\theta}+\frac{1}{r\sin\theta}\frac{\partial(V_\gamma)}{\partial\gamma}=0$$

运动微分方程组：

$$\frac{\partial V_r}{\partial t}+V_r\frac{\partial V_r}{\partial r}+\frac{V_\theta}{r}\frac{\partial V_r}{\partial\theta}+\frac{V_\gamma}{r\sin\theta}\frac{\partial V_r}{\partial\gamma}-\frac{V_\theta^2+V_\gamma^2}{r}$$

$$=f_r-\frac{1}{\rho}\frac{\partial p}{\partial r}+\frac{\mu}{\rho}\left[\frac{\partial^2V_r}{\partial r^2}+\frac{2}{r}\frac{\partial V_r}{\partial r}+\frac{1}{r^2}\frac{\partial^2V_r}{\partial\theta^2}+\frac{\cot\theta}{r^2}\frac{\partial V_r}{\partial\theta}\right.$$

$$\left.+\frac{1}{r^2\sin^2\theta}\frac{\partial^2V_r}{\partial\gamma^2}-\frac{2}{r^2}\frac{\partial V_\theta}{\partial\theta}-\frac{2}{r^2\sin\theta}\frac{\partial V_\gamma}{\partial\gamma}-\frac{2}{r^2}V_r-\frac{2V_\theta\cot\theta}{r^2}\right]$$

$$\frac{\partial V_\theta}{\partial t}+V_r\frac{\partial V_\theta}{\partial r}+\frac{V_\theta}{r}\frac{\partial V_\theta}{\partial \theta}+\frac{V_\gamma}{r\sin\theta}\frac{\partial V_\theta}{\partial \gamma}+\frac{V_rV_\theta}{r}-\frac{V_\gamma^2}{r}\frac{\cos\theta}{\sin\theta}$$

$$=f_\theta-\frac{1}{\rho r}\frac{\partial p}{\partial \theta}+\frac{\mu}{\rho}\left[\frac{\partial^2 V_\theta}{\partial r^2}+\frac{2}{r}\frac{\partial V_\theta}{\partial r}+\frac{1}{r^2}\frac{\partial^2 V_\theta}{\partial \theta^2}+\frac{\cot\theta}{r^2}\frac{\partial V_\theta}{\partial \theta}\right.$$

$$\left.+\frac{1}{r^2\sin^2\theta}\frac{\partial^2 V_\theta}{\partial \gamma^2}+\frac{2}{r^2}\frac{\partial V_r}{\partial \theta}-\frac{2\cos\theta}{r^2\sin^2\theta}\frac{\partial V_\gamma}{\partial \gamma}-\frac{V_\theta}{r^2\sin^2\theta}\right]$$

$$\frac{\partial V_\gamma}{\partial t}+V_r\frac{\partial V_\gamma}{\partial r}+\frac{V_\theta}{r}\frac{\partial V_\gamma}{\partial \theta}+\frac{V_\gamma}{r\sin\theta}\frac{\partial V_\gamma}{\partial \gamma}+\frac{V_rV_\gamma}{r}+\frac{V_\theta V_\gamma}{r}\frac{\cos\theta}{\sin\theta}$$

$$=f_\gamma-\frac{1}{\rho r\sin\theta}\frac{\partial p}{\partial \gamma}+\frac{\mu}{\rho}\left[\frac{\partial^2 V_\gamma}{\partial r^2}+\frac{2}{r}\frac{\partial V_\gamma}{\partial r}+\frac{1}{r^2}\frac{\partial^2 V_\gamma}{\partial \theta^2}+\frac{\cot\theta}{r^2}\frac{\partial V_\gamma}{\partial \theta}\right.$$

$$\left.+\frac{1}{r^2\sin^2\theta}\frac{\partial^2 V_\gamma}{\partial \gamma^2}+\frac{2}{r^2\sin\theta}\frac{\partial V_r}{\partial \gamma}+\frac{2\cos\theta}{r^2\sin^2\theta}\frac{\partial V_\theta}{\partial \gamma}-\frac{V_\gamma}{r^2\sin^2\theta}\right]$$

能量方程:

$$\rho C_v\left(\frac{\partial T}{\partial t}+V_r\frac{\partial T}{\partial r}+\frac{V_\theta}{r}\frac{\partial T}{\partial \theta}+\frac{V_\gamma}{r\sin\theta}\frac{\partial T}{\partial \gamma}\right)$$

$$=k\left(\frac{\partial^2 T}{\partial r^2}+\frac{2}{r}\frac{\partial T}{\partial r}+\frac{1}{r^2}\frac{\partial^2 T}{\partial \theta^2}+\frac{\cot\theta}{r^2}\frac{\partial T}{\partial \theta}+\frac{1}{r^2\sin^2\theta}\frac{\partial^2 T}{\partial \gamma^2}\right)+\rho q+\phi$$

$$\phi=2\mu\left[\left(\frac{\partial V_r}{\partial r}\right)^2+\left(\frac{1}{r}\frac{\partial V_\theta}{\partial \theta}+\frac{V_r}{r}\right)^2+\left(\frac{1}{r\sin\theta}\frac{\partial V_\gamma}{\partial \gamma}+\frac{V_r}{r}+\frac{V_\theta}{r}\frac{\cos\theta}{\sin\theta}\right)^2\right]$$

$$+\mu\left(\frac{1}{r}\frac{\partial V_r}{\partial \theta}+\frac{\partial V_\theta}{\partial r}-\frac{V_\theta}{r}\right)^2+\mu\left(\frac{1}{r\sin\theta}\frac{\partial V_\theta}{\partial \gamma}+\frac{1}{r}\frac{\partial V_\gamma}{\partial \theta}-\frac{V_\gamma}{r}\frac{\cos\theta}{\sin\theta}\right)^2$$

$$+\mu\left(\frac{\partial V_\gamma}{\partial r}+\frac{1}{r\sin\theta}\frac{\partial V_r}{\partial \gamma}-\frac{V_\gamma}{r}\right)^2$$

附录二 大气参数表

附表 1　常见流体的密度和重度

流　体	t/℃	ρ/(kg/m^3)	重度 γ/(N/m^3)
空　气	0	1.293	12.68
空　气	15	1.225	12.01
氧	0	1.429	14.02
氢	0	0.089 9	0.881
氮	0	1.251	12.28
一氧化碳	0	1.251	12.27
二氧化碳	0	1.976	19.4
蒸馏水	4	1 000	9 806
海　水	15	1 020~1 030	10 000~10 100
汽　油	15	700~750	6 860~7 350
石　油	15	880~890	8 630~8 730
润滑油	15	890~920	8 730~9 030
酒　精	15	790~800	7 750~7 840
汞	0	13 600	13 400

附表 2　空气和水的密度、动力和运动黏性系数的属性

空气 p = 1.013 2 × 10^5 N/m^2			
t/℃	ρ/(kg/m^3)	μ×10^6/[kg/(m·s)](Pa·s)	ν×10^6/(m^2/s)
-20	1.39	15.6	11.2
-10	1.35	16.2	12.0
0	1.29	16.8	13.0
10	1.25	17.3	13.9
*15	1.23	17.8	14.4
20	1.21	18.0	14.9
40	1.12	19.1	17.1
60	1.06	20.3	19.2
80	0.99	21.5	21.7
100	0.94	22.8	24.3

续 表

水	ρ/(kg/m³)	$\mu\times10^6$/[kg/(m·s)](Pa·s)	$\nu\times10^6$/(m²/s)
-20			
-10			
0	1 000	1 787	1.80
10	1 000	1 307	1.31
* 15	999	1 054	1.16
20	997	1 002	1.01
40	992	635	0.66
60	983	467	0.48
80	972	355	0.37
100	959	282	0.30

* 标准状态。

附表 3　标准大气的物性参数表

H/km	t/℃	a/(m/s)	$p\times10^{-4}$/(N/m²)(Pa)	ρ/(kg/m³)	$\mu\times10^5$/(Pa·s)
0	15.0	340	10.132	1.225	1.780
1	8.5	336	8.987	1.112	1.749
2	2.0	332	7.948	1.007	1.717
3	-4.5	329	7.010	0.909	1.684
4	-11.0	325	6.163	0.820	1.652
5	-17.5	320	5.400	0.737	1.619
6	-24.0	316	4.717	0.660	1.586
7	-30.5	312	4.104	0.589	1.552
8	-37.0	308	3.558	0.526	1.517
9	-43.5	304	3.073	0.467	1.482
10	-50.0	299	2.642	0.413	1.447
11	-56.5	295	2.261	0.364	1.418
12	-56.5	295	1.932	0.311	1.418
13	-56.5	295	1.650	0.265	1.418
14	-56.5	295	1.409	0.227	1.418
15	-56.5	295	1.203	0.194	1.418
16	-56.5	295	1.027	0.163	1.418
17	-56.5	295	0.785	0.141	1.418
18	-56.5	295	0.749	0.121	1.418
19	-56.5	295	0.640	0.103	1.418
20	-56.5	295	0.546	0.088	1.418
30	-56.5	295	0.117	0.019	1.418
45	40.0	355	0.017	0.002	1.912
60	70.8	372	0.003	3.9×10^{-4}	2.047
75	-10.0	325	0.000 6	8×10^{-5}	1.667

附表 4　亚声速流($\gamma=1.4$)的流动参数与马赫数的关系

Ma	p/p_o	ρ/ρ_o	T/T_0	a/a_0	A^*/A	λ
0.00	1.000 0	1.000 0	1.000 0	1.000 0	0.000 0	0.000 00
0.01	0.999 9	1.000 0	1.000 0	1.000 0	0.017 28	0.010 96
0.02	0.999 7	0.999 8	0.999 9	1.000 0	0.034 55	0.021 91
0.03	0.999 4	0.999 6	0.999 8	0.999 9	0.051 81	0.032 86
0.04	0.998 9	0.999 2	0.999 7	0.999 8	0.069 05	0.043 81
0.05	0.998 3	0.998 8	0.999 5	0.999 8	0.086 27	0.054 76
0.06	0.997 5	0.998 2	0.999 3	0.999 6	0.103 5	0.065 70
0.07	0.996 6	0.997 6	0.999 0	0.999 5	0.120 6	0.076 64
0.08	0.995 5	0.996 8	0.998 7	0.999 4	0.137 7	0.087 58
0.09	0.994 4	0.996 0	0.998 4	0.999 2	0.154 8	0.098 51
0.10	0.993 0	0.995 0	0.998 0	0.999 0	0.171 8	0.109 4
0.11	0.991 6	0.994 0	0.997 6	0.998 8	0.188 7	0.120 4
0.12	0.990 0	0.992 8	0.997 1	0.9 986	0.205 6	0.131 3
0.13	0.988 3	0.991 6	0.996 6	0.998 3	0.222 4	0.142 2
0.14	0.956 4	0.990 3	0.996 1	0.998 0	0.239 1	0.153 1
0.15	0.984 4	0.988 8	0.995 5	0.997 8	0.255 7	0.164 0
0.16	0.982 3	0.987 3	0.994 9	0.997 4	0.272 3	0.174 8
0.17	0.980 0	0.985 7	0.994 3	0.997 1	0.288 7	0.185 7
0.18	0.977 6	0.984 0	0.993 6	0.996 8	0.305 1	0.196 5
0.19	0.975 1	0.982 2	0.992 8	0.996 4	0.321 3	0.207 4
0.20	0.972 5	0.980 3	0.992 1	0.996 0	0.337 4	0.218 2
0.21	0.969 7	0.978 3	0.991 3	0.995 6	0.353 4	0.229 0
0.22	0.966 8	0.976 2	0.990 4	0.995 2	0.369 3	0.239 9
0.23	0.963 8	0.974 0	0.989 5	0.994 8	0.385 1	0.250 6
0.24	0.960 7	0.971 8	0.988 6	0.994 3	0.400 7	0.261 4
0.25	0.957 5	0.969 4	0.987 7	0.993 8	0.416 2	0.272 2
0.26	0.954 1	0.967 0	0.986 7	0.993 3	0.431 5	0.282 9
0.27	0.950 6	0.964 5	0.985 6	0.992 8	0.446 7	0.293 6
0.28	0.947 0	0.961 9	0.984 6	0.992 3	0.461 8	0.304 4
0.29	0.943 3	0.959 2	0.983 5	0.991 7	0.476 7	0.315 0
0.30	0.939 5	0.956 4	0.982 3	0.991 1	0.491 4	0.325 7
0.31	0.935 5	0.953 5	0.981 1	0.990 5	0.505 9	0.336 4
0.32	0.931 5	0.950 6	0.979 9	0.989 9	0.520 3	0.347 0
0.33	0.927 4	0.947 6	0.978 7	0.989 3	0.534 5	0.357 6
0.34	0.923 1	0.944 5	0.977 4	0.988 6	0.548 6	0.368 2
0.35	0.918 8	0.941 3	0.976 1	0.988 0	0.562 4	0.378 8
0.36	0.914 3	0.938 0	0.974 7	0.987 3	0.576 1	0.389 4
0.37	0.909 8	0.934 7	0.973 3	0.986 6	0.589 6	0.399 9
0.38	0.905 2	0.931 3	0.971 9	0.985 9	0.602 9	0.410 4
0.39	0.900 4	0.927 8	0.970 5	0.985 1	0.616 0	0.420 9
0.40	0.895 6	0.924 3	0.969 0	0.984 4	0.628 9	0.431 3
0.41	0.890 7	0.920 7	0.967 5	0.983 6	0.641 6	0.441 8
0.42	0.885 7	0.917 0	0.965 9	0.982 8	0.654 1	0.452 2
0.43	0.880 7	0.913 2	0.964 3	0.982 0	0.666 3	0.462 6

续 表

Ma	p/p_0	ρ/ρ_0	T/T_0	a/a_0	A^*/A	λ
0.44	0.875 5	0.909 4	0.962 7	0.981 2	0.678 4	0.473 0
0.45	0.870 3	0.905 5	0.961 1	0.980 3	0.690 3	0.483 3
0.46	0.865 0	0.901 6	0.959 4	0.979 5	0.701 9	0.493 6
0.47	0.859 6	0.897 6	0.957 7	0.978 6	0.713 4	0.503 9
0.48	0.854 1	0.893 5	0.956 0	0.977 7	0.724 6	0.514 1
0.49	0.848 6	0.889 4	0.954 2	0.976 8	0.735 6	0.524 3
0.50	0.843 0	0.885 2	0.952 4	0.975 9	0.746 4	0.534 5
0.51	0.837 4	0.880 9	0.950 6	0.975 0	0.756 9	0.544 7
0.52	0.831 7	0.876 6	0.948 7	0.974 0	0.767 2	0.554 8
0.53	0.825 9	0.872 3	0.946 9	0.973 0	0.777 3	0.564 9
0.54	0.820 1	0.867 9	0.944 9	0.972 1	0.787 2	0.575 0
0.55	0.814 2	0.863 4	0.943 0	0.971 1	0.796 8	0.575 1
0.56	0.808 2	0.858 9	0.941 0	0.970 1	0.806 3	0.595 1
0.57	0.802 2	0.854 4	0.939 0	0.969 0	0.815 5	0.605 1
0.58	0.796 2	0.859 8	0.937 0	0.968 0	0.824 4	0.615 0
0.59	0.790 1	0.845 1	0.934 9	0.966 9	0.833 1	0.624 9
0.60	0.784 0	0.840 5	0.932 8	0.965 8	0.841 6	0.634 8
0.61	0.777 8	0.835 7	0.930 7	0.964 7	0.849 9	0.644 7
0.62	0.771 6	0.831 0	0.928 6	0.963 6	0.857 9	0.654 5
0.63	0.765 4	0.826 2	0.926 5	0.962 5	0.865 7	0.664 3
0.64	0.759 1	0.821 3	0.924 3	0.961 4	0.873 2	0.674 0
0.65	0.752 8	0.816 4	0.922 1	0.960 3	0.880 6	0.683 7
0.66	0.746 5	0.811 5	0.919 9	0.959 1	0.887 7	0.693 4
0.67	0.740 1	0.806 6	0.917 6	0.957 9	0.894 5	0.703 1
0.68	0.733 8	0.801 6	0.915 3	0.956 7	0.901 2	0.712 7
0.69	0.727 4	0.796 6	0.911 3	0.955 5	0.907 6	0.722 3
0.70	0.720 9	0.791 6	0.910 7	0.954 3	0.913 8	0.731 8
0.71	0.714 5	0.786 5	0.908 4	0.953 1	0.919 7	0.741 3
0.72	0.708 0	0.781 4	0.906 1	0.951 9	0.925 0	0.750 8
0.73	0.701 6	0.776 3	0.903 7	0.950 6	0.930 9	0.760 2
0.74	0.695 1	0.771 2	0.901 3	0.949 4	0.936 2	0.769 6
0.75	0.688 6	0.766 0	0.898 9	0.948 1	0.941 2	0.778 9
0.76	0.682 1	0.760 9	0.896 4	0.946 8	0.946 1	0.788 3
0.77	0.675 6	0.755 7	0.894 0	0.945 5	0.950 7	0.797 5
0.78	0.669 0	0.750 5	0.891 5	0.944 2	0.955 1	0.806 8
0.79	0.662 5	0.745 2	0.889 0	0.942 9	0.959 2	0.816 0
0.80	0.656 0	0.740 0	0.886 5	0.941 6	0.963 2	0.825 1
0.81	0.649 5	0.734 7	0.884 0	0.940 2	0.966 9	0.834 3
0.82	0.643 0	0.729 5	0.881 5	0.938 9	0.970 4	0.843 3
0.83	0.636 5	0.724 2	0.878 9	0.937 5	0.973 7	0.852 4
0.84	0.630 0	0.718 9	0.876 3	0.936 1	0.976 9	0.861 4
0.85	0.623 5	0.713 6	0.873 7	0.934 7	0.979 7	0.870 4
0.86	0.617 0	0.708 3	0.871 1	0.933 3	0.982 4	0.879 3
0.87	0.610 6	0.703 0	0.868 5	0.931 9	0.984 9	0.888 2

续　表

Ma	p/p_o	ρ/ρ_o	T/T_0	a/a_0	A^*/A	λ
0.88	0.604 1	0.697 7	0.865 9	0.930 5	0.987 2	0.897 0
0.89	0.597 7	0.692 4	0.863 2	0.929 1	0.989 3	0.905 8
0.90	0.591 3	0.687 0	0.860 6	0.927 7	0.991 2	0.914 6
0.91	0.584 9	0.681 7	0.857 9	0.926 2	0.992 9	0.923 3
0.92	0.578 5	0.676 4	0.855 2	0.924 8	0.994 4	0.932 0
0.93	0.572 1	0.671 1	0.852 5	0.923 3	0.995 8	0.940 7
0.94	0.565 8	0.665 8	0.879 8	0.921 8	0.996 9	0.949 3
0.95	0.559 5	0.660 4	0.847 1	0.920 4	0.997 9	0.957 8
0.96	0.553 2	0.655 1	0.844 4	0.918 9	0.998 6	0.966 3
0.97	0.546 9	0.649 8	0.841 6	0.917 4	0.999 2	0.974 8
0.98	0.540 7	0.644 5	0.838 9	0.915 9	0.999 7	0.983 3
0.99	0.534 5	0.639 2	0.836 1	0.914 4	0.999 9	0.991 7
0.100	0.528 3	0.633 9	0.833 3	0.912 9	1.000 0	1.000 0

数值取自 NACA TM1428。

附表 5　超声速流($\gamma=1.4$)的流动参数与马赫数的关系

Ma	p/p_0	ρ/ρ_0	T/T_0	a/a_0	A^*/A	$\delta/(°)$	λ
1.00	0.528 3	0.633 9	0.833 3	0.919 2	1.000 0	0	1.000 0
1.01	0.522 1	0.628 7	0.830 6	0.911 3	0.999 9	0.044 73	1.008 3
1.02	0.516 0	0.6 234	0.827 8	0.909 8	0.999 7	0.125 7	1.016 6
1.03	0.509 9	0.618 1	0.825 0	0.908 3	0.999 3	0.229 4	1.024 8
1.04	0.503 9	0.612 9	0.822 2	0.906 7	0.998 7	0.351 0	1.033 0
1.05	0.497 9	0.607 7	0.819 3	0.905 2	0.998 0	0.487 4	1.041 1
1.06	0.491 9	0.602 4	0.816 5	0.903 6	0.997 1	0.636 7	1.049 2
1.07	0.486 0	0.597 2	0.813 7	0.902 0	0.996 1	0.797 3	1.057 3
1.08	0.480 0	0.592 0	0.810 8	0.900 5	0.994 9	0.968 0	1.065 3
1.09	0.474 2	0.586 9	0.808 0	0.898 9	0.993 6	1.148	1.073 3
1.10	0.468 4	0.581 7	0.805 2	0.897 3	0.992 1	1.336	1.081 2
1.11	0.462 6	0.576 6	0.802 3	0.895 7	0.990 5	1.532	1.089 1
1.12	0.456 8	0.571 4	0.799 4	0.894 1	0.988 8	1.735	1.097 0
1.13	0.451 1	0.566 3	0.796 6	0.892 5	0.987 0	1.944	1.104 8
1.14	0.445 5	0.561 2	0.793 7	0.890 9	0.985 0	2.160	1.112 6
1.15	0.439 8	0.556 2	0.790 8	0.889 3	0.982 8	2.381	1.120 3
1.16	0.434 3	0.551 1	0.787 9	0.887 7	0.980 6	2.607	1.128 0
1.17	0.428 7	0.546 1	0.785 1	0.886 0	0.978 2	2.839	1.135 6
1.18	0.423 2	0.541 1	0.782 2	0.884 4	0.975 8	3.074	1.143 2
1.19	0.417 8	0.536 1	0.779 3	0.882 8	0.973 2	3.314	1.150 8
1.20	0.412 4	0.531 1	0.776 4	0.881 1	0.970 5	3.558	1.158 2
1.21	0.407 0	0.526 2	0.773 5	0.879 5	0.967 6	3.806	1.165 8
1.22	0.401 7	0.521 3	0.770 6	0.877 8	0.964 7	4.057	1.173 2
1.23	0.396 4	0.516 4	0.767 7	0.876 2	0.961 7	4.312	1.180 6
1.24	0.391 2	0.511 5	0.764 8	0.874 5	0.958 6	4.569	1.187 9

续 表

Ma	p/p_0	ρ/ρ_0	T/T_0	a/a_0	A^*/A	$\delta/(°)$	λ
1.25	0.386 1	0.506 7	0.761 9	0.872 9	0.955 3	4.830	1.195 2
1.26	0.380 09	0.501 9	0.759 0	0.871 2	0.952 0	5.093	1.202 5
1.27	0.375 9	0.497 1	0.756 1	0.869 5	0.948 6	5.359	1.209 7
1.28	0.370 8	0.492 3	0.753 2	0.867 9	0.945 1	5.627	1.216 9
1.29	0.365 8	0.487 6	0.785 03	0.866 2	0.941 5	5.898	1.224 0
1.30	0.360 9	0.482 9	0.747 4	0.864 5	0.937 8	6.170	1.231 1
1.31	0.356 0	0.472 8	0.744 5	0.862 8	0.934 1	6.445	1.238 2
1.32	0.351 2	0.473 6	0.741 6	0.861 1	0.930 2	6.721	1.245 2
1.33	0.346 4	0.469 0	0.738 7	0.859 5	0.926 3	7.000	1.252 2
1.34	0.341 7	0.464 4	0.735 8	0.857 8	0.922 3	7.279	1.259 1
1.35	0.337 0	0.459 8	0.732 9	0.856 1	0.918 2	4.561	1.266 0
1.36	0.332 3	0.455 3	0.730 0	0.854 4	0.914 1	7.844	1.272 9
1.37	0.327 7	0.450 8	0.727 1	0.852 7	0.909 9	8.128	1.279 7
1.38	0.323 2	0.446 3	0.724 2	0.851 0	0.905 6	8.413	1.286 5
1.39	0.318 7	0.441 8	0.721 3	0.849 3	0.901 3	8.699	1.293 2
1.40	0.314 2	0.437 4	0.718 4	0.847 6	0.896 9	8.987	1.299 9
1.41	0.309 8	0.433 0	0.715 5	0.845 9	0.892 5	9.276	1.306 5
1.42	0.305 5	0.428 7	0.712 6	0.844 2	0.888 0	9.565	1.313 1
1.43	0.301 2	0.424 4	0.709 7	0.842 5	0.883 4	9.855	1.319 7
1.44	0.296 9	0.420 1	0.706 9	0.840 7	0.878 8	10.15	1.326 2
1.45	0.292 7	0.415 8	0.704 0	0.839 0	0.874 2	10.44	1.332 7
1.46	0.288 6	0.411 6	0.701 1	0.837 3	0.869 5	10.73	1.332 9
1.47	0.284 5	0.407 4	0.698 2	0.835 6	0.864 7	11.02	1.345 6
1.48	0.280 4	0.403 2	0.695 4	0.833 9	0.859 9	11.32	1.352 0
1.49	0.276 4	0.399 1	0.692 5	0.832 2	0.855 1	11.61	1.358 3
1.50	0.272 4	0.395 0	0.689 7	0.830 5	0.850 2	11.91	1.364 6
1.51	0.268 5	0.390 9	0.686 8	0.828 7	0.845 3	12.20	1.370 8
1.52	0.264 6	0.386 9	0.684 0	0.827 0	0.840 4	12.49	1.377 0
1.53	0.260 8	0.392 8	0.681 1	0.825 3	0.835 4	12.79	1.383 2
1.54	0.257 0	0.378 9	0.678 3	0.823 6	0.830 4	13.09	1.389 4
1.55	0.253 3	0.375 0	0.675 4	0.821 9	0.825 4	13.38	1.395 5
1.56	0.249 6	0.371 0	0.672 6	0.820 1	0.820 3	13.38	1.401 6
1.57	0.245 9	0.367 2	0.669 8	0.818 4	0.815 2	13.97	1.407 6
1.58	0.242 3	0.363 3	0.667 0	0.816 7	0.810 1	14.27	1.413 5
1.59	0.238 8	0.359 5	0.664 2	0.815 0	0.805 0	14.56	1.419 5
1.60	0.235 3	0.355 7	0.661 4	0.813 3	0.799 8	14.86	1.425 4
1.61	0.231 8	0.352 0	0.658 6	0.811 5	0.794 7	15.16	1.313 0
1.62	0.228 4	0.348 3	0.655 8	0.809 8	0.789 5	15.45	1.437 1
1.63	0.225 0	0.344 6	0.653 0	0.808 1	0.784 3	15.75	1.442 9
1.64	0.221 7	0.340 9	0.650 2	0.806 4	0.779 1	16.04	1.448 7
1.65	0.218 4	0.337 3	0.647 5	0.804 6	0.773 9	16.34	1.451 1
1.66	0.215 1	0.333 7	0.644 7	0.802 9	0.768 6	16.63	1.460 1
1.67	0.211 9	0.330 2	0.641 9	0.801 2	0.763 4	16.93	1.465 7
1.68	0.208 8	0.326 6	0.639 2	0.799 5	0.758 1	17.22	1.471 3

续 表

Ma	p/p_0	ρ/ρ_0	T/T_0	a/a_0	A^*/A	$\delta/(°)$	λ
1.69	0.2057	0.3232	0.6364	0.7978	0.7529	17.52	1.4769
1.70	0.2026	0.3197	0.6337	0.7961	0.7476	17.81	1.4825
1.71	0.1996	0.3163	0.6310	0.7943	0.7423	18.10	1.4880
1.72	0.1966	0.3129	0.6283	0.7926	0.7371	18.40	1.4935
1.73	0.1936	0.3095	0.6256	0.7909	0.7318	18.69	1.4989
1.74	0.1907	0.3062	0.6229	0.7892	0.7265	18.98	1.5043
1.75	0.1878	0.3029	0.6202	0.7875	0.7212	19.27	1.5097
1.76	0.1850	0.2996	0.6175	0.7858	0.7160	19.56	1.5150
1.77	0.1822	0.2964	0.6148	0.7841	0.7107	19.86	1.5203
1.78	0.1794	0.2932	0.6121	0.7824	0.7054	20.15	1.5256
1.79	0.1767	0.2900	0.6095	0.7807	0.7002	20.44	1.5308
1.80	0.1740	0.2868	0.6068	0.7790	0.6949	20.73	1.5360
1.81	0.1714	0.2837	0.6041	0.7773	0.6897	21.01	1.5412
1.82	0.1688	0.2806	0.6015	0.7756	0.6845	21.30	1.5463
1.83	0.1662	0.2776	0.5989	0.7739	0.6792	21.59	1.5514
1.84	0.1637	0.2745	0.5963	0.7722	0.6740	21.88	1.5564
1.85	0.1612	0.2715	0.5963	0.7705	0.6688	22.16	1.5614
1.86	0.1587	0.2686	0.5910	0.7688	0.6636	22.45	1.5664
1.87	0.1563	0.2656	0.5884	0.7671	0.6584	22.73	1.5714
1.88	0.1539	0.2627	0.5859	0.7654	0.6533	23.02	1.5763
1.89	0.1516	0.2598	0.5833	0.7637	0.6481	23.30	1.5812
1.90	0.1492	0.2570	0.5807	0.7620	0.6430	23.59	1.5861
1.91	0.1470	0.2542	0.5782	0.7604	0.6379	23.87	1.5909
1.92	0.1447	0.2514	0.5756	0.7587	0.6328	24.15	1.5957
1.93	0.1425	0.2486	0.5731	0.7570	0.6277	24.43	1.6005
1.94	0.1403	0.2459	0.5705	0.7553	0.6226	24.71	1.6052
1.95	0.1381	0.2432	0.5680	0.7537	0.6175	24.99	1.6099
1.96	0.1360	0.2405	0.5655	0.7520	0.6125	25.27	1.6146
1.97	0.1339	0.2378	0.5630	0.7503	0.6075	25.55	1.6193
1.98	0.1318	0.2352	0.5605	0.7487	0.6025	25.83	1.6239
1.99	0.1298	0.2326	0.5580	0.7470	0.5975	26.10	1.6285
2.00	0.1278	0.2300	0.5556	0.7454	0.5926	26.38	1.6330
2.01	0.1258	0.2275	0.5531	0.7437	0.5877	26.66	1.6375
2.02	0.1239	0.2250	0.5506	0.7420	0.5828	26.93	1.6420
2.03	0.1220	0.2225	0.5482	0.7404	0.5779	27.20	1.6465
2.04	0.1201	0.2200	0.5458	0.7388	0.5730	27.48	1.6509
2.05	0.1182	0.2176	0.5433	0.7371	0.5682	27.75	1.6553
2.06	0.1164	0.2152	0.5409	0.7355	0.5634	28.02	1.6597
2.07	0.1146	0.2128	0.5385	0.7338	0.5586	28.29	1.6640
2.08	0.1128	0.2104	0.5361	0.7322	0.5538	28.56	1.6683
2.09	0.1111	0.2081	0.5337	0.7306	0.5491	28.83	1.6726
2.10	0.1094	0.2058	0.5313	0.7289	0.5444	29.10	1.6769
2.11	0.1077	0.2035	0.5290	0.7273	0.5379	29.36	1.6811
2.12	0.1060	0.2013	0.5266	0.7257	0.5350	29.63	1.6853

续 表

Ma	p/p_0	ρ/ρ_0	T/T_0	a/a_0	A^*/A	$\delta/(°)$	λ
2.13	0.1043	0.1990	0.5243	0.7241	0.5304	29.90	1.6895
2.14	0.1027	0.1968	0.5219	0.7225	0.5258	30.16	1.6936
2.15	0.1011	0.1946	0.5196	0.7208	0.5212	30.43	1.6977
2.16	0.09956	0.1925	0.5173	0.7192	0.5167	30.69	1.7018
2.17	0.09802	0.1903	0.5150	0.7176	0.5122	30.95	1.7059
2.18	0.09650	0.1882	0.5127	0.7160	0.5077	31.21	1.7099
2.19	0.09500	0.1861	0.5104	0.7144	0.5032	31.47	1.7139
2.20	0.09352	0.1841	0.5081	0.7128	0.4988	31.73	1.7179
2.21	0.09207	0.1820	0.5059	0.7112	0.4944	31.99	1.7219
2.22	0.09064	0.1800	0.5036	0.7097	0.4900	32.25	1.7258
2.23	0.08923	0.1780	0.5014	0.7081	0.4856	32.51	1.7297
2.24	0.08785	0.1760	0.4991	0.7065	0.4813	32.76	1.7336
2.25	0.08648	0.1740	0.4969	0.7049	0.4770	33.02	1.7374
2.26	0.08514	0.1721	0.4947	0.7033	0.4727	33.27	1.7412
2.27	0.08382	0.1702	0.4925	0.7018	0.4685	33.53	1.7450
2.28	0.82520	0.1683	0.4903	0.7002	0.4643	33.78	1.7488
2.29	0.08123	0.1664	0.4881	0.6986	0.4601	34.03	1.7526
2.30	0.07997	0.1646	0.4859	0.6971	0.4560	34.28	1.7563
2.31	0.07873	0.1628	0.4837	0.6955	0.4519	34.53	1.7600
2.32	0.07751	0.1609	0.4816	0.6940	0.4478	34.78	1.7637
2.33	0.07631	0.1592	0.4794	0.6924	0.4437	35.03	1.7673
2.34	0.07512	0.1574	0.4773	0.6909	0.4397	35.28	1.7709
2.35	0.07396	0.1556	0.4752	0.6893	0.4357	35.53	1.7745
2.36	0.07281	0.1539	0.4731	0.6878	0.4317	35.77	1.7781
2.37	0.07168	0.1522	0.4709	0.6863	0.4278	36.02	1.7781
2.38	0.07057	0.1505	0.4688	0.6847	0.4239	36.26	1.7852
2.39	0.06948	0.1488	0.4668	0.6832	0.4200	36.50	1.7887
2.40	0.06840	0.1472	0.4647	0.6817	0.4161	36.75	1.7922
2.41	0.06734	0.1456	0.4626	0.6802	0.4123	36.99	1.7957
2.42	0.06630	0.1439	0.4606	0.6786	0.4085	37.23	1.7991
2.43	0.06527	0.1424	0.4585	0.6771	0.4048	37.47	1.8025
2.44	0.06426	0.1408	0.4565	0.6756	0.4010	37.71	1.8059
2.45	0.06327	0.1392	0.4544	0.6741	0.3973	37.95	1.8093
2.46	0.06229	0.1377	0.4524	0.6726	0.3937	38.18	1.8126
2.47	0.06133	0.1362	0.4504	0.6711	0.3900	38.42	1.8159
2.48	0.06038	0.1347	0.4484	0.6696	0.3864	38.66	1.8192
2.49	0.05945	0.1332	0.4464	0.6681	0.3828	38.89	1.8225
2.50	0.05853	0.1317	0.4444	0.6667	0.3793	39.12	1.8258
2.51	0.05762	0.1302	0.4425	0.6652	0.3757	39.36	1.8290
2.52	0.05674	0.1288	0.4405	0.6637	0.3722	39.59	1.8322
2.53	0.05586	0.1274	0.4386	0.6622	0.3688	39.28	1.8354
2.54	0.05500	0.1260	0.4366	0.6608	0.3653	40.05	1.8386
2.55	0.05415	0.1246	0.4347	0.6593	0.3619	40.28	1.8417
2.56	0.05332	0.1232	0.1328	0.6579	0.3585	40.51	1.8448

续　表

Ma	p/p_0	ρ/ρ_0	T/T_0	a/a_0	A^*/A	$\delta/(°)$	λ
2.57	0.052 50	0.121 8	0.430 9	0.656 4	0.355 2	40.75	1.847 9
2.58	0.051 69	0.120 5	0.428 9	0.654 9	0.351 9	40.96	1.851 0
2.59	0.050 90	0.119 2	0.427 1	0.653 5	0.348 6	41.19	1.854 1
2.60	0.050 12	0.117 9	0.425 2	0.652 1	0.345 3	41.41	1.857 2
2.61	0.049 35	0.116 6	0.423 3	0.650 6	0.342 1	41.64	1.860 2
2.62	0.048 59	0.115 3	0.421 4	0.649 2	0.338 9	41.86	1.863 2
2.63	0.047 84	0.114 0	0.419 6	0.647 7	0.335 7	42.09	1.866 2
2.64	0.047 11	0.112 8	0.417 7	0.646 3	0.332 5	42.31	1.869 2
2.65	0.046 39	0.111 5	0.415 9	0.644 9	0.329 4	42.53	1.872 1
2.66	0.045 68	0.110 3	0.414 1	0.643 5	0.326 3	42.75	1.875 0
2.67	0.044 98	0.109 1	0.412 2	0.642 1	0.623 2	42.97	1.877 9
2.68	0.044 29	0.107 9	0.410 4	0.640 6	0.320 2	43.19	1.880 8
2.69	0.043 62	0.106 7	0.408 6	0.639 2	0.317 2	43.40	1.883 7
2.70	0.042 95	0.105 6	0.408 6	0.637 8	0.314 2	43.62	1.886 5
2.71	0.042 29	0.104 4	0.405 1	0.636 4	0.311 2	43.84	1.889 4
2.72	0.041 65	0.103 3	0.403 3	0.635 0	0.308 3	44.05	1.892 2
2.73	0.041 02	0.102 2	0.401 5	0.633 7	0.305 4	44.27	1.895 0
2.74	0.040 39	0.101 0	0.399 8	0.632 3	0.302 5	44.48	1.897 8
2.75	0.039 78	0.099 94	0.398 0	0.630 9	0.299 6	44.69	1.900 5
2.76	0.039 17	0.098 85	0.396 3	0.629 5	0.296 8	44.91	1.903 2
2.77	0.038 58	0.097 78	0.394 5	0.628 1	0.294 0	45.12	1.906 0
2.78	0.037 99	0.096 71	0.392 8	0.626 8	0.291 2	45.33	1.908 1
2.79	0.037 42	0.095 66	0.391 1	0.625 4	0.288 4	45.54	1.911 4
2.80	0.036 85	0.094 63	0.389 4	0.624 0	0.285 7	45.75	1.914 0
2.81	0.036 29	0.093 60	0.387 7	0.622 7	0.283 0	45.95	1.916 7
2.82	0.035 74	0.092 59	0.386 0	0.621 3	0.280 3	46.16	1.919 3
2.83	0.035 20	0.091 58	0.384 4	0.620 0	0.277 7	46.37	1.922 0
2.84	0.034 67	0.090 59	0.382 7	0.618 6	0.275 0	46.57	1.924 6
2.85	0.034 15	0.089 62	0.381 0	0.617 3	0.272 4	46.78	1.927 1
2.86	0.033 63	0.088 65	0.379 4	0.615 9	0.269 8	46.98	1.929 7
2.87	0.033 12	0.087 69	0.377 7	0.614 6	0.267 3	47.19	1.932 2
2.88	0.032 63	0.086 75	0.376 1	0.613 3	0.264 8	47.39	1.934 8
2.89	0.032 13	0.085 81	0.374 5	0.611 9	0.262 2	47.59	1.937 3
2.90	0.031 65	0.084 89	0.372 9	0.610 6	0.259 8	47.79	1.939 8
2.91	0.031 18	0.083 98	0.371 2	0.609 3	0.257 3	47.99	1.942 4
2.92	0.030 71	0.083 07	0.369 6	0.608 0	0.254 9	48.19	1.944 8
2.93	0.030 25	0.082 18	0.368 1	0.606 7	0.252 4	48.39	1.947 2
2.94	0.029 80	0.081 30	0.366 5	0.605 4	0.250 0	48.59	1.949 7
2.95	0.029 35	0.080 43	0.364 9	0.604 1	0.247 7	48.78	1.952 1
2.96	0.028 91	0.079 57	0.363 3	0.602 8	0.245 3	48.98	1.954 5
2.97	0.028 48	0.078 52	0.361 8	0.601 5	0.243 0	49.18	1.956 9
2.98	0.028 05	0.077 88	0.360 2	0.600 2	0.240 7	49.37	1.959 3
2.99	0.027 64	0.077 05	0.358 7	0.598 9	0.238 4	49.56	1.961 6
3.00	0.027 22	0.076 23	0.357 1	0.597 6	0.236 2	49.76	1.964 0

续 表

Ma	p/p_0	ρ/ρ_0	T/T_0	a/a_0	A^*/A	$\delta/(°)$	λ
3.01	0.026 82	0.075 41	0.355 6	0.596 3	0.233 9	49.95	
3.02	0.026 42	0.074 61	0.354 1	0.595 1	0.231 7	50.14	
3.03	0.026 03	0.7 382	0.352 6	0.593 8	0.229 5	50.33	
3.04	0.025 64	0.073 03	0.351 1	0.592 5	0.227 3	50.52	
3.05	0.025 26	0.072 26	0.349 6	0.591 3	0.225 2	50.71	
3.06	0.024 89	0.071 49	0.348 1	0.590 0	0.223 0	50.90	
3.07	0.024 52	0.070 74	0.346 6	0.588 7	0.220 9	51.09	
3.08	0.024 16	0.069 99	0.345 2	0.587 5	0.218 8	51.28	
3.09	0.023 80	0.069 25	0.343 7	0.586 2	0.216 8	51.46	
3.10	0.023 45	0.068 52	0.342 2	0.585 0	0.214 7	51.65	1.886 6
3.11	0.023 10	0.067 79	0.340 8	0.583 8	0.212 7	51.84	
3.12	0.022 76	0.067 08	0.339 3	0.582 5	0.210 7	52.02	
3.13	0.022 43	0.066 37	0.337 9	0.581 3	0.208 7	52.20	
3.14	0.022 10	0.065 68	0.336 5	0.580 1	0.206 7	52.39	
3.15	0.021 77	0.064 99	0.335 1	0.578 8	0.204 8	52.57	
3.16	0.021 46	0.064 30	0.333 7	0.577 6	0.202 8	52.75	
3.17	0.021 14	0.063 63	0.332 3	0.576 4	0.200 9	52.93	
3.18	0.020 83	0.062 69	0.330 9	0.575 2	0.199 0	53.11	
3.19	0.020 53	0.062 31	0.329 5	0.574 0	0.197 1	53.29	
3.20	0.020 23	0.061 65	0.328 1	0.572 8	0.195 3	53.47	2.007 9
3.21	0.019 93	0.061 01	0.326 7	0.571 6	0.193 4	53.65	
3.22	0.019 64	0.060 37	0.325 3	0.570 4	0.191 6	53.83	
3.23	0.019 36	0.059 75	0.324 0	0.569 2	0.189 8	54.00	
3.24	0.019 08	0.059 12	0.322 6	0.568 0	0.188 0	54.18	
3.25	0.018 80	0.058 51	0.321 3	0.566 8	0.186 3	54.35	
3.26	0.018 53	0.059 90	0.319 9	0.565 6	0.184 5	54.53	
3.27	0.018 26	0.057 30	0.318 6	0.564 5	0.182 8	54.71	
3.28	0.017 99	0.056 71	0.317 3	0.563 3	0.181 0	54.88	
3.29	0.017 73	0.056 12	0.316 0	0.562 1	0.179 3	55.05	
3.30	0.017 48	0.055 54	0.314 7	0.560 9	0.177 7	55.22	2.027 9
3.31	0.017 22	0.054 97	0.313 4	0.559 8	0.176 0	55.39	
3.32	0.016 98	0.054 40	0.312 1	0.558 6	0.174 3	55.56	
3.33	0.016 73	0.053 84	0.308 0	0.557 5	0.172 7	55.73	
3.34	0.016 49	0.053 29	0.309 5	0.556 3	0.171 1	55.90	
3.35	0.016 25	0.052 74	0.308 2	0.555 2	0.169 5	56.07	
3.36	0.016 02	0.052 20	0.306 9	0.554 0	0.167 9	56.24	
3.37	0.015 79	0.051 66	0.305 7	0.552 9	0.166 3	56.41	
3.38	0.015 57	0.051 13	0.304 4	0.551 7	0.164 8	56.58	
3.39	0.015 34	0.050 61	0.303 2	0.550 6	0.163 2	56.75	
3.40	0.015 13	0.050 09	0.301 9	0.559 5	0.161 7	56.91	2.046 6
3.41	0.014 91	0.049 58	0.300 7	0.548 4	0.160 2	57.07	
3.42	0.014 70	0.049 08	0.299 5	0.547 2	0.158 7	57.24	
3.43	0.014 49	0.048 58	0.298 2	0.546 1	0.157 2	57.40	
3.44	0.014 28	0.048 08	0.297 0	0.545 0	0.155 8	57.56	

续 表

Ma	p/p_0	ρ/ρ_0	T/T_0	a/a_0	A^*/A	$\delta/(°)$	λ
3.45	0.014 08	0.047 59	0.295 8	0.543 9	0.154 3	57.73	
3.46	0.013 88	0.047 11	0.294 6	0.542 8	0.152 9	57.89	
3.47	0.013 68	0.046 63	0.293 4	0.541 7	0.151 5	58.05	
3.48	0.013 49	0.046 16	0.292 2	0.540 6	0.150 1	58.21	
3.49	0.013 30	0.045 69	0.291 0	0.539 5	0.148 7	58.37	
3.50	0.013 11	0.045 23	0.289 9	0.538 4	0.147 3	58.53	2.064 2
3.60	0.011 38	0.040 89	0.278 4	0.527 6	0.134 2	60.09	2.080 8
3.70	9.903×10^{-3}	0.037 02	0.267 5	0.517 2	0.122 4	61.60	2.096 4
3.80	8.629×10^{-3}	0.033 55	0.257 2	0.507 2	0.111 7	63.04	2.111 1
3.90	7.532×10^{-3}	0.030 44	0.247 4	0.497 4	0.102 1	64.44	2.125 0
4.00	6.586×10^{-3}	0.027 66	0.238 1	0.488 0	0.092 39	64.78	2.138 1
4.10	5.769×10^{-3}	0.025 16	0.229 3	0.478 8	0.085 36	67.08	2.150 5
4.20	5.062×10^{-3}	0.022 92	0.220 8	0.469 9	0.078 18	68.33	1.162 2
4.30	4.449×10^{-3}	0.020 90	0.212 9	0.461 4	0.071 66	69.54	2.173 2
4.40	3.918×10^{-3}	0.019 09	0.205 3	0.453 1	0.065 75	70.71	2.183 7
4.50	3.455×10^{-3}	0.017 45	0.198 0	0.445 0	0.000 38	71.83	2.193 6
4.60	3.053×10^{-3}	0.015 97	0.191 1	0.437 2	0.055 50	72.92	2.203 0
4.70	2.701×10^{-3}	0.014 64	0.184 6	0.429 6	0.051 07	73.97	2.211 9
4.80	2.394×10^{-3}	0.013 43	0.178 3	0.422 3	0.047 03	74.99	2.220 4
4.90	2.126×10^{-3}	0.012 33	0.173 4	0.415 2	0.043 35	75.97	2.228 4
5.00	1.890×10^{-3}	0.011 34	0.166 7	0.408 2	0.040 00	76.92	2.236 1
6.00	6.334×10^{-4}	5.194×10^{-3}	0.122 0	0.349 2	$0.018\ 80\times10^{-3}$	84.96	2.295 3
7.00	2.416×10^{-4}	2.609×10^{-3}	0.092 59	0.304 3	9.602×10^{-3}	90.97	2.333 3
8.00	1.024×10^{-4}	1.414×10^{-3}	0.072 46	0.269 2	5.260×10^{-3}	95.62	2.359 1
9.00	4.739×10^{-5}	8.150×10^{-4}	0.058 14	0.241 1	3.056×10^{-3}	99.32	2.377 2
10.00	2.356×10^{-5}	4.948×10^{-4}	0.047 62	0.218 2	1.866×10^{-3}	102.3	2.390 4
100.00	2.790×10^{-12}	5.583×10^{-9}	4.998×10^{-4}	0.022 36	2.157×10^{-8}	127.6	
∞	0	0	0	0	0	130.5	2.449 5

附表 6 普朗特-迈耶尔膨胀流动(γ=1.4)

$\delta/(°)$	Ma	$\mu/(°)$	$\delta/(°)$	Ma	$\mu/(°)$
0.0	1.000	90.000	22.5	1.862	32.488
0.5	1.051	72.099	23.0	1.879	32.148
1.0	1.082	67.574	23.5	1.897	31.814
1.5	1.108	64.451	24.0	1.915	31.486
2.0	1.133	61.997	24.5	1.932	31.164
2.5	1.155	59.950	25.0	1.950	30.847
3.0	1.177	58.180	25.5	1.968	30.536
3.5	1.198	56.614	26.0	1.986	30.229
4.0	1.218	55.205	26.5	2.004	29.928
4.5	1.237	53.920	27.0	2.023	29.632
5.0	1.256	52.738	27.5	2.041	29.340
5.5	1.275	51.642	28.0	2.059	39.052

续 表

δ/(°)	Ma	μ/(°)	δ/(°)	Ma	μ/(°)
6.0	1.294	50.619	28.5	2.078	28.769
6.5	1.312	49.658	29.0	2.096	28.491
7.0	1.330	48.753	29.5	2.115	28.216
7.5	1.348	47.896	30.0	2.134	27.945
8.0	1.366	47.082	30.5	2.153	27.678
8.5	1.383	46.306	31.0	2.172	27.415
9.0	1.400	45.566	31.5	1.191	27.155
9.5	1.418	44.857	32.0	2.210	26.899
10.0	1.435	44.177	32.5	2.230	26.646
10.5	1.452	43.523	33.0	2.246	26.397
11.0	1.469	42.894	33.5	2.269	26.151
11.5	1.486	42.287	34.0	2.289	25.908
12.0	1.503	41.701	34.5	2.309	25.668
12.5	1.520	41.134	35.0	2.329	25.430
13.0	1.537	40.585	35.5	2.349	25.196
13.5	1.554	40.053	36.0	2.369	24.965
14.0	1.571	39.537	36.5	2.390	24.736
14.5	1.588	39.035	37.0	2.410	24.510
15.0	1.605	38.547	37.5	2.431	24.287
15.5	1.622	38.073	38.0	2.452	24.066
16.0	1.639	37.611	38.5	2.473	23.847
16.5	1.655	37.160	39.0	2.495	23.631
17.0	1.672	36.721	39.5	2.516	23.418
17.5	1.689	36.293	40.0	2.538	23.206
18.0	1.706	35.874	40.5	2.560	22.997
18.5	1.724	35.465	41.0	2.583	22.790
19.0	1.741	35.065	41.5	2.604	22.585
19.5	1.758	34.673	42.0	2.626	22.382
20.0	1.775	34.290	42.5	2.649	22.182
20.5	1.792	33.915	43.0	2.671	21.983
21.0	1.810	33.548	43.5	2.694	21.786
21.5	1.827	33.188	44.0	2.718	21.591
22.0	1.844	32.834	44.5	2.741	21.398
45.0	2.764	21.207	67.5	4.133	14.002
45.5	2.788	21.017	68.0	4.173	13.865
46.0	2.812	20.830	68.5	4.214	13.729
46.5	2.836	20.644	69.0	4.255	13.593
47.0	2.861	20.459	69.5	4.297	13.459
47.5	2.886	20.277	70.0	4.339	13.325
48.0	2.910	20.096	70.5	4.382	13.191
48.5	2.936	19.916	71.0	4.426	13.059
49.0	2.961	19.738	71.5	4.470	12.927
49.5	2.987	15.561	72.0	4.515	12.795
50.0	3.013	19.386	72.5	4.561	12.665

续　表

δ/(°)	Ma	μ/(°)	δ/(°)	Ma	μ/(°)
50.5	3.039	19.213	73.0	4.608	12.535
51.0	3.065	19.041	73.5	4.655	12.406
51.5	3.092	18.870	74.0	4.703	12.277
52.0	3.119	18.701	74.5	4.752	12.149
52.5	3.146	18.532	75.0	4.801	12.021
53.0	3.174	18.366	75.5	4.852	11.894
53.5	3.202	18.200	76.0	4.903	11.768
54.0	3.230	18.036	76.5	4.955	11.642
54.5	3.258	17.873	77.0	4.009	11.517
55.0	3.287	17.711	77.5	5.063	11.392
55.5	3.316	17.551	78.0	5.118	11.268
56.0	3.346	17.391	78.5	5.175	11.145
56.5	3.375	17.233	79.0	5.231	11.022
57.0	3.106	17.076	79.5	5.289	10.899
57.5	3.436	16.920	80.0	5.348	10.777
58.0	3.467	16.765	80.5	5.408	10.656
58.5	3.498	16.611	81.0	5.470	10.535
59.0	3.530	16.458	81.5	5.532	10.414
59.5	3.562	16.306	82.0	5.596	10.294
60.0	3.594	16.158 5	82.5	5.661	10.175
60.5	3.627	16.006	83.0	5.727	10.056
61.0	3.660	15.856	83.5	5.795	9.937
61.5	3.694	15.708	84.0	5.864	9.819
62.0	3.728	15.561	84.5	5.864	9.819
62.5	3.762	15.415	85.0	6.006	9.584
63.0	3.797	15.270	85.5	6.080	9.467
63.5	3.832	15.126	86.0	6.155	9.350
64.0	3.868	14.983	86.5	6.232	9.234
64.5	3.904	14.830	87.0	6.310	9.119
65.0	3.941	14.698	87.5	6.390	9.003
65.5	3.979	14.557	88.0	6.472	8.888
66.0	4.016	14.417	88.5	6.556	8.774
66.5	4.055	14.278	89.0	6.642	8.660
67.0	4.094	14.140	89.5	6.729	8.546
90.0	6.819	8.433	97.5	8.480	6.772
90.5	6.911	8.320	98.0	8.618	6.664
91.0	7.005	8.207	98.5	8.759	6.556
91.5	7.102	8.095	99.0	8.905	6.448
92.0	7.201	7.983	99.5	9.055	6.340
92.5	7.302	7.871	100.0	9.210	6.233
93.0	7.406	7.760	100.5	9.371	6.126
93.5	7.513	7.649	101.0	9.536	6.019
94.0	7.623	7.538	101.5	9.708	5.913
94.5	7.735	7.428	102.0	9.885	5.806

续　表

δ/(°)	Ma	μ/(°)	δ/(°)	Ma	μ/(°)
95.0	7.851	7.318			
95.5	7.970	7.208			
96.0	8.092	7.099			
96.5	8.218	6.989			
97.0	8.347	6.881			

附表 7　激波流动的参数(r=1.4)

M_{1n}	p_2/p_1	ρ_2/ρ_1	T_2/T_1	a_2/a_1	p_{20}/p_{10}	Ma_2 只对正激波
1.00	1.000	1.000	1.000	1.000	1.000 0	1.000 0
1.01	1.023	1.017	1.007	1.003	1.000 0	0.990 1
1.02	1.047	1.033	1.013	1.007	1.000 0	0.980 5
1.03	1.071	1.050	1.020	1.010	1.000 0	0.971 2
1.04	1.095	1.067	1.026	1.013	0.999 9	0.962 0
1.05	1.120	1.084	1.033	1.016	0.999 9	0.953 1
1.06	1.144	1.101	1.039	1.019	0.999 8	0.944 4
1.07	1.169	1.118	1.046	1.023	0.999 9	0.936 0
1.08	1.194	1.135	1.052	1.026	0.999 4	0.927 7
1.09	1.219	1.152	1.059	1.029	0.999 2	0.919 6
1.10	1.245	1.169	1.065	1.032	0.998 9	0.911 8
1.11	1.271	1.186	1.071	1.035	0.998 6	0.904 1
1.12	1.297	1.203	1.078	1.038	0.998 2	0.896 6
1.13	1.323	1.221	1.084	1.041	0.997 8	0.889 2
1.14	1.350	1.238	1.090	1.044	0.997 3	0.882 0
1.15	1.376	1.255	1.097	1.047	0.996 7	0.875 0
1.16	1.403	1.272	1.103	1.050	0.996 1	0.868 2
1.17	1.430	1.290	1.109	1.053	0.995 3	0.861 5
1.18	1.458	1.307	1.115	1.056	0.994 6	0.854 9
1.19	1.485	1.324	1.122	1.059	0.993 7	0.848 5
1.20	1.513	1.342	1.128	1.062	0.992 8	0.842 2
1.21	1.541	1.359	1.134	1.065	0.991 8	0.836 0
1.22	1.570	1.376	1.141	1.068	0.990 7	0.830 0
1.23	1.598	1.394	1.147	1.071	0.989 6	0.824 1
1.24	1.627	1.411	1.153	1.074	0.988 4	0.818 3
1.25	1.656	1.429	1.159	1.077	0.987 1	0.812 6
1.26	1.686	1.446	1.166	1.080	0.985 7	0.807 1
1.27	1.715	1.463	1.172	1.083	0.984 2	0.801 6
1.28	1.745	1.481	1.178	1.085	0.982 7	0.796 3
1.29	1.775	1.498	1.185	1.088	0.981 1	0.791 1
1.30	1.805	1.516	1.191	1.091	0.979 4	0.786 0
1.31	1.835	1.533	1.197	1.094	0.977 6	0.780 9
1.32	1.866	1.551	1.204	1.097	0.975 8	0.776 0
1.33	1.897	1.568	1.210	1.100	0.973 8	0.771 2
1.34	1.928	1.585	1.216	1.103	0.971 8	0.766 4

续 表

M_{1n}	p_2/p_1	ρ_2/ρ_1	T_2/T_1	a_2/a_1	p_{20}/p_{10}	Ma_2 只对正激波
1.35	1.960	1.603	1.223	1.106	0.969 7	0.761 8
1.36	1.991	1.620	1.229	1.109	0.967 6	0.757 2
1.37	2.023	1.638	1.235	1.111	0.965 3	0.752 7
1.38	2.055	1.655	1.242	1.114	0.963 0	0.748 3
1.39	2.087	1.672	1.248	1.117	0.960 6	0.744 0
1.40	2.120	1.690	1.255	1.120	0.958 2	0.737 9
1.41	2.153	1.707	1.261	1.123	0.955 7	0.735 5
1.42	2.186	1.724	1.268	1.126	0.953 1	0.731 4
1.43	2.219	1.742	1.274	1.129	0.950 4	0.727 4
1.44	2.253	1.759	1.281	1.132	0.947 6	0.723 5
1.45	2.286	1.776	1.287	1.135	0.944 8	0.719 6
1.46	2.320	1.793	1.294	1.137	0.942 0	0.715 7
1.47	2.354	1.811	1.300	1.140	0.939 0	0.712 0
1.48	2.389	1.828	1.307	1.143	0.936 0	0.708 3
1.49	2.423	1.845	1.314	1.146	0.932 9	0.704 7
1.50	2.458	1.862	1.320	1.149	0.929 8	0.701 1
1.51	2.493	1.879	1.327	1.152	0.926 6	0.696 7
1.52	2.529	1.896	1.334	1.155	0.923 3	0.694 1
1.53	2.564	1.913	1.340	1.158	0.920 0	0.690 7
1.54	2.600	1.930	1.347	1.161	0.916 6	0.687 4
1.55	2.636	1.947	1.354	1.164	0.913 2	0.684 1
1.56	2.673	1.964	1.361	1.166	0.909 7	0.680 9
1.57	2.709	1.981	1.367	1.169	0.906 1	0.677 7
1.58	2.746	1.998	1.374	1.172	0.902 6	0.674 6
1.59	1.783	2.015	1.381	1.175	0.898 9	0.671 5
1.60	2.280	2.032	1.388	1.178	0.895 2	0.668 4
1.61	2.857	2.049	1.395	1.181	0.891 4	0.665 5
1.62	2.895	2.065	1.402	1.184	0.887 7	0.662 5
1.63	2.933	2.082	1.409	1.187	0.883 8	0.659 6
1.64	2.971	2.099	1.416	1.190	0.879 9	0.656 8
1.65	3.010	2.115	1.423	1.193	0.876 0	0.654 0
1.66	3.048	2.132	1.430	1.196	0.872 0	0.651 2
1.67	3.087	2.148	1.437	1.199	0.868 0	0.648 5
1.68	3.126	2.165	1.444	1.202	0.864 0	0.645 8
1.69	3.165	2.181	1.451	1.205	0.859 9	0.643 1
1.70	3.205	2.198	1.458	1.208	0.855 7	0.640 5
1.71	2.245	2.214	1.466	1.211	0.851 6	0.638 0
1.72	3.285	2.230	1.473	1.214	0.847 4	0.635 5
1.73	2.325	2.247	1.480	1.217	0.843 1	0.633 0
1.74	3.366	2.263	1.487	1.220	0.838 9	0.630 5
1.75	3.406	2.279	1.495	1.223	0.834 6	0.628 1
1.76	3.447	2.295	1.502	1.226	0.830 2	0.625 7
1.77	3.488	2.311	1.509	1.229	0.825 9	0.623 4
1.78	3.530	2.327	1.517	1.232	0.821 5	0.621 0

续 表

M_{1n}	p_2/p_1	ρ_2/ρ_1	T_2/T_1	a_2/a_1	p_{20}/p_{10}	Ma_2 只对正激波
1.79	3.571	2.343	1.524	1.235	0.817 1	0.618 8
1.80	3.613	2.359	1.532	1.238	0.812 7	0.616 5
1.81	3.655	3.375	1.539	1.241	0.808 2	0.614 3
1.82	3.698	2.391	1.547	1.244	0.803 8	0.612 1
1.83	3.740	2.407	1.554	1.247	0.799 3	0.609 9
1.84	3.783	2.422	1.562	1.250	0.794 8	0.607 8
1.85	3.826	2.483	1.569	1.253	0.790 2	0.605 7
1.86	3.870	2.454	1.577	1.256	0.785 7	0.603 6
1.87	3.913	2.469	1.585	1.259	0.781 1	0.601 6
1.88	3.957	2.485	1.592	1.262	0.776 5	0.599 6
1.89	4.001	2.500	1.600	1.265	0.772 0	0.597 6
1.90	4.045	2.516	1.608	1.268	0.767 4	0.595 6
1.91	4.089	2.531	1.616	1.271	0.762 8	0.593 7
1.92	4.134	2.546	1.624	1.274	0.758 1	0.591 8
1.93	4.179	2.562	1.631	1.277	0.753 5	0.589 9
1.94	4.224	2.577	1.639	1.280	0.748 8	0.588 9
1.95	4.270	2.592	1.647	1.283	0.744 2	0.586 2
1.96	4.315	2.607	1.655	1.287	0.739 5	0.584 4
1.97	4.361	2.622	1.663	1.290	0.734 9	0.582 6
1.98	4.407	2.637	1.671	1.293	0.730 2	0.580 8
1.99	4.453	2.652	1.679	1.296	0.725 5	0.579 1
2.00	4.500	2.667	1.688	1.299	0.720 9	0.577 3
2.01	4.547	2.681	1.696	1.302	0.716 2	0.575 7
2.02	4.594	2.696	1.704	1.305	0.711 5	0.574 0
2.03	4.641	2.711	1.712	1.308	0.706 9	0.572 3
2.04	4.689	2.725	1.720	1.312	0.702 2	0.570 7
2.05	4.736	2.740	1.729	1.315	0.697 5	0.569 1
2.06	4.784	2.755	1.737	1.318	0.692 8	0.567 5
2.07	4.832	2.769	1.745	1.321	0.692 8	0.565 9
2.08	4.881	2.783	1.754	1.324	0.683 5	0.564 3
2.09	4.929	2.798	1.762	1.327	0.678 9	0.562 8
2.10	4.978	2.812	1.770	1.331	0.674 2	0.561 3
2.11	5.027	2.826	1.779	1.334	0.669 6	0.559 8
2.12	5.077	2.840	1.787	1.337	0.664 9	0.558 3
2.13	5.126	2.854	1.796	1.340	0.660 3	0.556 8
2.14	5.176	2.868	1.805	1.343	0.655 7	0.555 4
2.15	5.226	2.882	1.813	1.347	0.651 1	0.554 0
2.16	5.277	0.289 6	1.822	1.350	0.646 4	0.552 5
2.17	5.327	2.910	1.831	1.353	0.641 9	0.551 1
2.18	5.378	2.924	1.839	1.356	0.637 3	0.549 8
2.19	5.429	2.938	1.848	1.359	0.632 7	0.548 4
2.20	5.480	2.951	1.857	1.363	0.628 1	0.547 1
2.21	5.531	2.965	1.866	1.366	0.626 3	0.545 7
2.22	5.583	2.978	1.875	1.369	0.619 1	0.544 4

续 表

M_{1n}	p_2/p_1	ρ_2/ρ_1	T_2/T_1	a_2/a_1	p_{20}/p_{10}	Ma_2 只对正激波
2.23	5.635	2.992	1.883	1.372	0.6145	0.5431
2.24	5.687	3.005	1.892	1.376	0.6100	0.5418
2.25	5.740	3.019	1.901	1.379	0.6055	0.5406
2.26	5.792	3.032	1.910	1.382	0.6011	0.5393
2.27	5.845	3.045	1.919	1.385	0.5966	0.5381
2.28	5.898	3.058	1.929	1.389	0.5921	0.5368
2.29	5.951	3.071	1.938	1.392	0.5877	0.5356
2.30	6.005	3.085	1.947	1.395	0.5833	0.5344
2.31	6.059	3.098	1.956	1.399	0.5789	0.5332
2.32	6.113	3.110	1.965	1.402	0.5745	0.5321
2.33	6.167	3.123	1.947	1.405	0.5702	0.5309
2.34	6.222	3.136	1.984	1.408	0.5658	0.5297
2.35	6.276	3.149	1.993	1.412	0.5615	0.5286
2.36	6.331	3.162	2.002	1.415	0.5572	0.5275
2.37	6.386	3.174	2.012	1.418	0.5529	0.5264
2.38	6.442	3.187	2.021	1.422	0.5486	0.5253
2.39	6.497	3.199	2.031	1.425	0.5444	0.5242
2.40	6.553	3.212	2.040	1.428	0.5401	0.5231
2.41	6.609	3.224	2.050	1.432	0.5359	0.5221
2.42	6.666	3.237	2.059	1.435	0.5317	0.5210
2.43	6.722	3.249	2.069	1.438	0.5276	0.5200
2.44	6.779	3.261	2.079	1.442	0.5234	0.5189
2.45	6.836	3.273	2.088	1.445	0.5193	0.5179
2.46	6.894	3.285	2.098	1.449	0.5152	0.5169
2.47	6.951	3.298	2.108	1.452	0.5111	0.5159
2.48	7.009	3.310	2.118	1.445	0.5071	0.5149
2.49	7.067	3.321	2.128	1.459	0.5030	0.5140
2.50	7.125	3.333	2.138	1.462	0.4990	0.5130
2.51	7.183	3.345	2.147	1.465	0.4950	0.5120
2.52	7.242	3.357	2.157	1.469	0.4911	0.5111
2.53	7.301	3.369	2.167	1.472	0.4871	0.5102
2.54	7.360	3.380	2.177	1.476	0.4832	0.5092
2.55	7.420	3.392	2.187	1.479	0.4793	0.5083
2.56	7.479	3.403	2.198	1.482	0.4754	0.5074
2.57	7.539	3.415	2.208	1.486	0.4715	0.5065
2.58	7.599	3.426	2.218	1.489	0.4677	0.5056
2.59	7.659	3.438	2.228	1.493	0.4639	0.5047
2.60	7.720	3.449	2.238	1.496	0.4601	0.5039
2.61	7.781	3.460	2.249	1.500	0.4564	0.5030
2.62	7.842	3.471	2.259	1.503	0.4526	0.5022
2.63	7.903	3.483	2.269	1.506	0.4489	0.5013
2.64	7.965	3.494	2.280	1.510	0.4452	0.5005
2.65	8.026	3.505	2.290	1.513	0.4416	0.4996
2.66	8.088	3.516	2.301	1.517	0.4379	0.4988

续 表

M_{1n}	p_2/p_1	ρ_2/ρ_1	T_2/T_1	a_2/a_1	p_{20}/p_{10}	Ma_2 只对正激波
2.67	8.150	3.527	2.311	1.520	0.434 3	0.498 0
2.68	8.213	3.537	2.322	1.524	0.430 7	0.497 2
2.69	8.275	3.548	2.332	1.527	0.427 1	0.496 4
2.70	8.338	3.559	2.343	1.531	0.423 6	0.495 6
2.71	8.401	3.570	2.354	1.534	0.420 1	0.494 9
2.72	8.465	3.680	2.364	1.538	0.416 6	0.494 1
2.73	8.528	3.591	2.375	1.541	0.413 1	0.493 3
2.74	8.592	3.601	2.386	1.545	0.409 7	0.492 6
2.75	8.656	3.612	2.397	1.548	0.406 2	0.491 8
2.76	8.721	3.622	2.407	1.552	0.402 8	0.491 1
2.77	8.785	3.633	2.418	1.555	0.399 4	0.490 3
2.78	8.850	3.643	2.429	1.559	0.396 1	0.489 6
2.79	8.915	3.653	2.440	1.562	0.392 8	0.488 9
2.80	8.980	3.664	2.451	1.566	0.389 5	0.488 2
2.81	9.045	3.674	2.462	1.569	0.386 2	0.487 5
2.82	9.111	3.684	2.473	1.573	0.382 9	0.486 8
2.83	9.177	3.694	2.484	1.576	0.379 7	0.486 1
2.84	9.243	3.704	2.496	1.580	0.376 5	0.485 4
2.85	9.310	3.714	2.507	1.583	0.373 3	0.484 7
2.86	9.376	3.724	2.518	1.587	0.370 1	0.484 0
2.87	9.443	3.734	2.529	1.590	0.367 0	0.483 3
2.88	9.510	3.743	2.540	1.594	0.363 9	0.482 7
2.89	9.577	3.753	2.552	1.597	0.360 8	0.482 0
2.90	9.645	3.763	2.563	1.601	0.357 7	0.481 4
2.91	9.713	3.773	2.575	1.605	0.354 7	0.480 7
2.92	9.781	3.782	2.586	1.608	0.351 7	0.480 1
2.93	9.849	3.792	2.598	1.612	0.348 7	0.479 5
2.94	9.918	3.801	2.609	1.615	0.345 7	0.478 8
2.95	9.986	3.811	2.621	1.619	0.342 8	0.478 2
2.96	10.06	3.820	2.632	1.622	0.339 8	0.477 6
2.97	10.12	3.829	2.644	1.626	0.336 9	0.477 0
2.98	10.19	3.839	2.656	1.630	0.334 0	0.476 4
2.99	10.26	3.848	2.667	1.633	0.331 2	0.475 8
3.00	10.33	3.857	2.679	1.637	0.328 3	0.475 2
3.10	11.05	3.947	2.799	1.673	0.301 2	0.469 5
3.20	11.78	4.031	2.922	1.709	0.276 2	0.464 3
3.30	12.54	4.112	3.049	1.746	0.253 3	0.459 6
3.40	13.32	4.188	3.180	1.783	0.232 2	0.455 2
3.50	14.13	4.261	3.315	1.821	0.212 9	0.451 2
3.60	14.95	4.330	3.454	1.858	0.195 3	0.447 4
3.70	15.80	4.395	3.596	1.896	0.179 2	0.443 9
3.80	16.68	4.457	3.743	1.935	0.164 5	0.440 7
3.90	17.58	4.516	3.893	1.973	0.151 0	0.437 7
4.00	18.50	4.517	4.047	2.012		0.435 0

续 表

M_{1n}	p_2/p_1	ρ_2/ρ_1	T_2/T_1	a_2/a_1	p_{20}/p_{10}	Ma_2 只对正激波
5.00	29.00	5.000	5.800	2.408	0.138 8	0.415 2
6.00	41.83	5.268	7.941	2.818	0.061 72	0.404 2
7.00	57.00	5.444	10.47	3.236	0.029 65	0.394 7
8.00	74.50	5.565	13.39	3.659	0.015 35	0.392 9
9.00	94.33	5.651	16.69	4.086	8.488×10^{-3}	0.389 8
10.00	116.5	5.714	20.39	4.515	4.964×10^{-3}	0.387 6
100.00	11 666.5	5.997	1 945.4	44.11	3.045×10^{-3}	0.378 1
∞	∞	6	∞	∞	3.593×10^{-3}	0.378 0

数据取自 NACA TN1428。